Astronomie

Dieses Buch gehört:

Mattea

Neil F. Comins

Astronomie

Eine Entdeckungsreise zu Sternen, Galaxien und was sonst noch im Kosmos ist

Aus dem Amerikanischen übersetzt von

Michael Basler, Anna Schleitzer und Michael Zillgitt

Spektrum
AKADEMISCHER VERLAG

Titel der Originalausgabe: Discovering the Essential Universe. Fourth Edition

Die amerikanische Originalausgabe ist erschienen in den Vereinigten Staaten bei W.H. Freeman and Company, New York.

First published in the United States by W.H. Freeman and Company, New York.

Aus dem Amerikanischen übersetzt von Michael Basler, Anna Schleitzer und Michael Zillgitt.

Wichtiger Hinweis für den Benutzer
Der Verlag und die Autoren haben alle Sorgfalt walten lassen, um vollständige und akkurate Informationen in diesem Buch zu publizieren. Der Verlag übernimmt weder Garantie noch die juristische Verantwortung oder irgendeine Haftung für die Nutzung dieser Informationen, für deren Wirtschaftlichkeit oder fehlerfreie Funktion für einen bestimmten Zweck. Der Verlag übernimmt keine Gewähr dafür, dass die beschriebenen Verfahren, Programme usw. frei von Schutzrechten Dritter sind. Die Wiedergabe von Gebrauchsnamen, Handelsnamen, Warenbezeichnungen usw. in diesem Buch berechtigt auch ohne besondere Kennzeichnung nicht zu der Annahme, dass solche Namen im Sinne der Warenzeichen- und Markenschutz-Gesetzgebung als frei zu betrachten wären und daher von jedermann benutzt werden dürften. Der Verlag hat sich bemüht, sämtliche Rechteinhaber von Abbildungen zu ermitteln. Sollte dem Verlag gegenüber dennoch der Nachweis der Rechtsinhaberschaft geführt werden, wird das branchenübliche Honorar gezahlt.

Bibliografische Information der Deutschen Nationalbibliothek
Die Deutsche Nationalbibliothek verzeichnet diese Publikation in der Deutschen Nationalbibliografie; detaillierte bibliografische Daten sind im Internet über http://dnb.d-nb.de abrufbar.

Springer ist ein Unternehmen von Springer Science+Business Media
springer.de

Spektrum Akademischer Verlag ist ein Imprint von Springer

11 12 13 14 15 5 4 3 2 1

Planung und Lektorat: Katharina Neuser-von Oettingen, Stefanie Adam
Redaktion: Regine Zimmerschied
Beratung: Stephan Fichtner, Heidelberg
Satz: TypoDesign Hecker, Leimen
Umschlaggestaltung: wsp design Werbeagentur GmbH, Heidelberg
Titelfotografie: © Spectral-Design, Fotolia.com
Zeichnungen: Imagineering Media Services

ISBN 978-3-8274-2498-3

Inhalt

Vorwort zur deutschen Übersetzung

Mit dieser Einführung in die Astronomie liegt nun ein amerikanischer Lehrbuchklassiker in deutscher Sprache vor, der für amerikanische Studierende gedacht ist, die ohne mathematisches oder physikalisches Grundwissen einen naturwissenschaftlichen Pflichtkurs absolvieren müssen. Der Stoff wird durchgängig in einer für Physiker ungewohnten nichtmathematischen Sprache anhand von astronomischen Aufnahmen und theoretischen Konzepten vorgestellt, die durch Zeichnungen und anschauliche Beschreibungen verständlich und auf die wesentlichen Aussagen fokussiert dargestellt werden.

Der didaktische Ansatz, den Stoff nicht über mathematisch hergeleitete Formeln zu erschließen, macht dieses Buch nicht nur für astronomieinteressierte Physikstudierende interessant, die über die Zusammenhänge hinter den Formeln nachdenken möchten, sondern auch für Hobbyastronomen, die über ihr Faible für Sterne und Galaxien hinaus in die Grundlagen der modernen Astronomie einsteigen möchten. Lehrer finden hier viele Anhaltspunkte, wie sie physikalische Zusammenhänge didaktisch so einfach wie möglich darstellen können, ohne die Grenze zum vereinfachenden Verzerren zu verletzen. Und Schüler der Sekundarstufe bietet sich mit diesem Buch die Möglichkeit, schon einmal in ein Astronomie-Studium hineinzuschnuppern. Insofern unterstützt es die Initiativen, Astronomie an die Schulen zu bringen.

Bei der Herausgabe des Buches haben wir – das Redaktionsteam der Übersetzer und Lektorinnen – uns an die amerikanische Vorlage gehalten, mit wenigen Abweichungen. Die erste betrifft die mathematischen Formeln, die im Original nur in Worten formuliert sind, die wir aber entsprechend den Lehrplänen im deutschsprachigen Raum in mathematischer Sprache angegeben haben – da es sich um sehr elementare Formeln aus dem Schulstoff handelt, die sich aus dem Lehrbuch sehr leicht erschließen lassen.

Weiterhin haben wir das Glossar für die deutsche Leserschaft redaktionell überarbeitet und Begriffsdefinitionen so formuliert, dass sie über den speziellen Kontext dieses Buches hinaus verwendbar sind. Dabei haben wir uns an verschiedenen Lexika und Glossaren orientiert und bemüht, uns vor eklatant falschen Definitionen zu hüten. Wir danken Stephan Fichtner für seine sorgsame Lektüre und Beratung bei der Abfassung des Glossars, aber für eventuelle Fehler in der Endfassung träge ich als verantwortliche Lektorin die alleinige Verantwortung – ich würde mich über Rückmeldungen solcher Fehler freuen, um in einer Errata-Liste diese Fehler richtigzustellen und mich auf diese Weise aktiv entschuldigen zu können.

Die größte Abweichung im Text betrifft den Bezug zu Planetariumsprogrammen. Bei Abbildungen und am Ende der Kapitel haben wir die Bezüge zu den in Amerika verbreiteten Programmen *Starry Night Enthusiast*™ und *World Wide Telescope* aufgegeben und die Installationsanleitungen zu diesen Programmen gestrichen. Für die ersten sechs Kapitel haben wir ersatzweise einige Bewegungsanimationen auf unsere Website zum Buch gestellt, die Redshift für diesen Zweck programmiert und als Himmelsführungen zum Herunterladen zur Verfügung gestellt hat.

Ihr Redaktionsteam

Himmelsführungen im kostenlosen Redshift-Planetarium zu diesem Buch:

Himmelsführung zu Kapitel 1:

Jahreszeiten – wie kommen sie zustande?
Die Bewegungen der Erde um die Sonne, die Neigung der Erdachse gegen die Erdbahnebene (Ekliptik) und die jahreszeitlichen Schwankungen der örtlichen Sonneneinstrahlung.

Himmelsführung zu Kapitel 2:

Gravitation und Planetenbewegung.
Schleifenbahnen am Himmel, die Kepler'schen Gesetzen für die Planetenbahnen, Modellbeispiele für Bewegungen nach dem Gravitationsgesetz: die Phasen der Venus und die Monde des Jupiter, die Galilei als Beispiele anführte, der Halley'sche Komet, Exoplaneten und die galaktische Rotation.

Himmelsführung zu Kapitel 3:

Licht und Teleskope
Licht und Luftverschmutzung, Vergrößerung durch Teleskope, Beobachten im sichtbaren Licht und in nichtsichtbaren Spektralbereichen.

Himmelsführung zu Kapitel 4:

Blick vom Mond auf die Erde
Erdaufnahmen von Apollo 11 mit Erdphasen und Erddrehung aus der Sicht der Mondastronauten.

Himmelsführung zu Kapitel 5:

Die größten Planeten und ihre Monde
Eine 3D-Reise zu den größten Planeten des Sonnensystems und ihren Monden.

Himmelsführung zu Kapitel 6:

Vagabunden des Sonnensystems
Zwergplaneten, Asteroiden und Kometen im Sonnensystem.

Aus dem Vorwort zur englischen Ausgabe

Die vierte Auflage von *Discovering the Essential Universe* [dem englischen Originaltitel des vorliegenden Buchs] ist besonders auf die Probleme gerichtet, denen sich Lehrkräfte der Astronomie wie Studenten bei amerikanischen Einfürhungskursen gegenübersehen. Das vorliegende Lehrbuch ist eines der kürzesten und knappsten einführenden Lehrbücher, die es gibt. Es beruht auf einem Lernverfahren, das den Studenten helfen soll, falsche Auffassungen über die Astronomie zu überwinden.

Trotz seiner Kürze bleibt der Umfang im Einklang mit den meisten Einführungskursen, und Sie werden feststellen, dass es mindestens genauso reichhaltige Fotos des Himmels und Grafiken wie die meisten anderen Lehrbücher für denselben Hörerkreis enthält. Gewisse unwichtige Punkte wie ausführliche mathematische Erläuterungen, Erweiterungskästen und ein Teil des Materials am Ende der Kapitel wurden weggelassen. Die vierte Auflage von *Discovering the Essential Universe* setzt die Tradition des Buchs fort, aktuelle Konzeptionen klar und präzise darzustellen und alle didaktischen Hilfsmittel bereitzustellen, um den Lernprozess effizient gestalten zu können. Hierzu zählen:

- der Einsatz sowohl von Text als auch von Grafiken zur Darstellung von Konzeptionen, um Studenten entgegenzukommen, die auf unterschiedliche Weise lernen;
- Studenten dabei zu helfen, ihre Erwartungen mit den Ergebnissen der modernen Wissenschaft zu vergleichen und zu verstehen, weshalb die wissenschaftliche Ansicht richtig ist;
- die Nutzung von Analogien aus dem Alltag, um kosmische Erscheinungen besser erfassbar zu machen;
- die Darstellung der Beobachtungen und der grundlegenden physikalischen Konzepte, um astronomische Beobachtungen mit Theorien verknüpfen zu können, die sie schlüssig und sinnvoll deuten.

Neue Elemente rücken das Universum stärker in den Mittelpunkt

Artikel aus der Zeitschrift Scientific American

Der Autor hat diese ausgewählt, um die Kerngedanken zu beleuchten. Die kurzen, aktuellen und sachbezogenen Artikel veranschaulichen den Prozess der Wissenschaft und Entdeckung und bieten zudem Anstöße für die Diskussion im Seminar.

Ein neues Kapitel über Astrobiologie

soll den Studenten eine solide Übersicht über diesen anregenden und aufregenden Bereich der Astronomie bieten, verbreitete irrige Annahmen geraderücken und die ständige Weiterentwicklung unserer wissenschaftlichen Kenntnisse veranschaulichen.

Schwerpunktfragen

Zu wichtigen Problemkreisen sind Fragen in das Buch integriert worden, die die Studenten anregen sollen, ihr Wissen zu dem in den vorangegangenen Abschnitten dargestellten Material häufig zu überprüfen und gegebenenfalls zu korrigieren, ehe sich Fehler summieren. So werden die Studenten z. B., nachdem sie in Abschnitt 5.29 das Ringsystem des Uranus kennengelernt haben, gefragt, wodurch die Ringe auf ihrer Bahn gehalten werden. Antworten zu etwa einem Drittel dieser Fragen finden Sie am Ende des Buchs.

? Wie werden die Uranusringe auf ihren Bahnen gehalten?

Sternkarten

zeigen den Ort wichtiger im Text angesprochener astronomischer Objekte am Himmel. Die Sternkarten enthalten so viele Einzelheiten, dass der Student die Objekte damit mit bloßem Auge oder mit einem kleinen Fernrohr auffinden kann.

a M104, eine Sa-Galaxie

Neue Behandlung der Planeten

In der Astronomie ist ein neues Klassifizierungsschema für die Körper im Sonnensystem eingeführt worden. Diese *Planeten*, *Zwergplaneten* und *Kleinkörper des Sonnensystems* zusammen mit neuen Unterklassen wie *Plutoiden* werden erläutert und mit der herkömmlichen Klassifizierung in Planeten, Monde, Asteroiden, Meteoriten und Kometen verglichen. Zudem ist dargestellt, weshalb Pluto besser zu den Zwergplaneten als zu den acht Planeten passt.

Neue lebendige Grafiken

Das Buch enthält durchgängig zusammenfassende Abbildungen, die entweder die Wechselbeziehungen zwischen wichtigen Konzeptionen oder die Entwicklung wichtiger Objekte zeigen. So ist der Ort der Sonne am Himmel im Verlauf der Jahreszeiten zusammen mit der Stärke des Lichteinfalls und der entsprechenden ausgeleuchteten Fläche am Boden in einer Abfolge von Zeichnungen in einer Abbildung dargestellt.

Bewährte Merkmale unterstützen beim Lernen

Was meinen Sie? Was haben Sie gedacht?

Diese Fragen werden den Studenten in jedem Kapitel vorgelegt, damit sie sich ihr gegenwärtiges Wissen vor Augen halten und angeregt werden, dieses aktiv mit den im Buch dargestellten exakten wissenschaftlichen Erkenntnissen zu vergleichen. An den Stellen, an denen die jeweilige Problemstellung im Text erörtert ist, finden sie in der Randspalte entsprechende Ziffern. Damit sollen die Studenten angeregt werden, sich zunächst über die ihrer Meinung nach richtige Antwort auf die Frage Klarheit zu verschaffen. Anschließend können sie sich dann schrittweise das exakte Wissen erarbeiten. Es hat sich gezeigt, dass dies ein fruchtbares Lernverfahren ist, insbesondere dann, wenn der Lehrende nicht genügend Zeit hat, den tatsächlichen Sachverhalt ausgehend von falschen Annahmen direkt mit den Studenten zu erarbeiten.

Lernziele

heben die wichtigsten Problemkreise der Kapitel hervor.

Abschnittsüberschriften

sind kurze Sätze, die den Inhalt des jeweiligen Abschnitts zusammenfassen und bei der Wiederholung des Stoffs als schneller Wegweiser durch das Kapitel dienen.

Einblicke in die Wissenschaft

Dies sind kurze Ergänzungen, die die behandelten Fragen mit dem Vorgehen in der Forschung in Beziehung setzen und zum kritischen Durchdenken anregen sollen.

Wellenlängenkästchen

bei den Fotos zeigen, ob eine Aufnahme mit Radiowellen (R), Infrarotlicht (I), sichtbarem Licht (V), Ultraviolettstrahlung (U), Röntgenstrahlung (X) oder Gammastrahlung (G) erfolgte.

R I V U X G

Zusammenfassungen und Übungen

- **Schlüsselbegriffe** ist eine Aufzählung der wichtigsten Konzeptionen des Kapitels.
- **Was haben Sie gedacht?** Hier finden Sie Antworten auf die zu Beginn jedes Kapitels unter Was meinen Sie? gestellten Fragen.
- **Hervorgehobene zentrale Begriffe, eingestreute Wiederholungsfragen** sowie **weiterführende Fragen** sollen den Studenten beim Verständnis des Materials in dem Kapitel unterstützen.

Medien- und Ergänzungspaket

Für Studenten

Frei zugängliche begleitende Website

Die begleitende Website www.whfreeman.com/deu4e [in englischer Sprache] enthält eine Vielzahl von Material für Studium und Wiederholung, um den Studenten beim Verständnis zu unterstützen. Hierzu zählen:

- **Online Quizzing** Fragen und Antworten mit unmittelbarer Rückkopplung, die Studenten für die Wiederholung und Vorbereitung auf die Prüfung heranziehen können. Lehrkräfte können auf die Antworten zugreifen.
- **Animations und Videos,** sowohl eigene als auch solche der NASA, sind auf bestimmte Kapitel gerichtet.
- **WebLinks** bieten dem Studenten eine Fülle an Online-Material.

Für Lehrkräfte

Die begleitende Website www.whfreeman.com/deu4e enthält außerdem passwortgeschützte Anleitungen für Lehrkräfte. Diese umfassen:

- alle Abbildungen und Fotos aus dem Lehrbuch sowohl im JPEG- als auch im PowerPoint-Format
- PowerPoint-Präsentationen für die Vorlesung
- Antworten auf die Wiederholungsfragen im Text.

Danksagungen

Den folgenden Astronomen und Lehrkräften bin ich dankbar für die Durchsicht von Kapiteln dieser und der vorangegangenen Auflagen.

William R. Alexander, *James Madison University*
Gordon Baird, *University of Mississippi*
Henry E. Bass, *University of Mississippi*
J. David Batchelor, *Community College of Southern Nevada*
Jill Bechtold, *University of Arizona*
Peter A. Becker, *George Mason University*
Michael Bennett, *DeAnza College*
John Bieging, *University of Arizona*
Greg Black, *University of Virginia*
Julie Bray-Ali, *Mt. San Antonio College*
John B. Bulman, *Loyola Marymount University*
John W. Burns, *Mt. San Antonio College*
Alison Byer, *Widener University*
Gene Byrd, *University of Alabama*
Eugene R. Capriotti, *Michigan State University*
Michael W. Castelaz, *Pisgah Astronomical Research Institute*
Gerald Cecil, *University of North Carolina*
David S. Chandler, *Porterville College*
David Chernoff, *Cornell University*
Tom Christensen, *University of Colorado, Colorado Springs*
Chris Clemens, *University of North Carolina*
Christine Clement, *University of Toronto*
Halden Cohn, *Indiana University*
John Cowan, *University of Oklahoma*
Antoinette Cowie, *University of Hawaii*
Volker Credé, *Florida State University*
Charles Curry, *University of Waterloo*

James J. D_Amario, *Harford Community College*
Purnas Das, *Purdue University*
Peter Dawson, *Trent University*
John M. Dickey, *University of Minnesota, Twin Cities*
Dan Durben, *Black Hills State University*
John D. Eggert, *Daytona Beach Community College*
Bernd Enders, *College of Marin*
Mark W. F. Fischer, *The College of Mt. St. Joseph*
Robert Frostick, *West Virginia State College*
Martin Gaskell, *University of Nebraska*
Bruce Gronich, *University of Texas – El Paso*
Siegbert Hagmann, *Kansas State University*
David Hedin, *Northern Illinois University*
Chuck Higgins, *Penn State University*
James L. Hunt, *University of Guelph*
Nathan Israeloff, *Northeastern College*
Kenneth Janes, *Boston University*
William C. Keel, *University of Alabama*
William Keller, *St. Petersburg Junior College*
Marvin D. Kemple, *Indiana University – Purdue University Indianapolis (IUPUI)*
Julia Kennefick, *University of Arkansas*
Pushpa Khare, *University of Illinois at Chicago*
F. W. Kleinhaus, *Indiana University – Purdue University Indianapolis (IUPUI)*
Rob Klinger, *Parkland College*
George F. Kraus, *College of Southern Maryland*
Patrick M. Len, *Cuesta College*
John Patrick Lestrade, *Mississippi State University*
C. L. Littler, *University of North Texas*
M. A. K. Lohdi, *Texas Tech University*
Michael C. LoPresto, *Henry Ford Community College*
Phyllis Lugger, *Indiana University*
R. M. MacQueen, *Rhodes College*
Robert Manning, *Davidson College*
Paul Mason, *University of Texas – El Paso*
P. L. Matheson, *Salt Lake Community College*
Rahul Mehta, *University of Central Arkansas*
J. Scott Miller, *University of Louisville*
L. D. Mitchell, *Cambria County Area Community College*
J. Ward Moody, *Brigham Young University*
Siobahn M. Morgan, *University of Northern Iowa*
David Morris, *Eastern Arizona College*
Steven Mutz, *Scottsdale Community College*
Paul J. Neinaber, *Saint Mary_s University of Minnesota*
Gerald H. Newson, *Ohio State University*
Bob O_Connell, *College of the Redwoods*
William C Oelfke, *Valencia Community College*
Richard P. Olenick, *University of Dallas*
John P. Oliver, *University of Florida*
Melvyn Jay Oremland, *Pace University*
Jerome A. Orosz, *San Diego State University*
David Patton, *Trent University*
Jon Pedicino, *College of the Redwoods*
Sidney Perkowitz, *Emory University*
David D. Reid, *Wayne State University*
Adam W. Rengstorf, *Indiana University*
James A. Roberts, *University of North Texas*
Henry Robinson, *Montgomery College*
Dwight P. Russell, *University of Texas – El Paso*
Barbara Ryden, *Ohio State University*
Larry Sessions, *Metropolitan State College*
C. Ian Short, *Florida Atlantic University*
John D. Silva, *University of Massachusetts at Dartmouth*
Michael L. Sitko, *University of Cincinnati*
Earl F. Skelton, *George Washington University*
George F. Smoot, *University of California at Berkeley*
Alex G. Smith, *University of Florida*
Michael Sterner, *University of Montevallo*
Brent W. Studer, *Kirkwood Community College*
David Sturm, *University of Maine, Orono*
Paula Szkody, *University of Washington*
Michael T. Vaughan, *Northeastern University*
Robert Vaughn, *Graceland University*
Andreas Veh, *Kenai Peninsula College*
John Wallin, *George Mason University*
William F. Welsh, *San Diego State University*
R. M. Williamon, *Emory University*
Edward L. (Ned) Wright, *University of California at Los Angeles*
Jeff S. Wright, *Elon College*
Nicolle E. B. Zellner, *Rensselaer Polytechnic Institute*

Mein besonderer Dank geht an das wundervolle Team von W. H. Freeman and Company, das die Neuauflage so erfreulich gestaltet hat. Dazu zählen u. a. Anthony Palmiotto, Kharissia Pettus, Kerry O_Shaughnessy, Blake Logan, Ted Szczepanski, Bill Page, Lawrence Guerra und Kathryn Treadway. Mein Dank geht außerdem an Louise B. Ketz, Anna Paganelli und die Black Dot Group. Herzlichen Dank auch an David Sturm, University of Maine, Orono, für seine Hilfe bei der Erhebung aktueller Daten über die Körper des Sonnensystems, an meinen Astronomiekollegen David Batuski an der UM und an meine Frau Sue sowie meine Söhne James und Josh für ihre Geduld und Unterstützung während der Vorbereitung dieses Buchs.

Neil F. Comins
neil_comins@umit.maine.edu

Über den Autor

Professor Neil F. Comins, der an der University of Maine lehrt, ist 1951 geboren und in New York und in den New-England-Staaten der USA aufgewachsen. Seinen Bachelor in technischer Physik erwarb er an der Cornell University, seinen Master in Physik an der University of Maryland und seinen Doktor in Astrophysik unter Berhard F. Schutz als Doktorvater am University College Cardiff, Wales. Die Doktorarbeit von Neil F. Comins über ein Thema aus der allgemeinen Relativitätstheorie wurde von Subramanyan Chandrasekhar in seiner Rede zur Verleihung des Nobel-Preises erwähnt. Zu seinen Forschungsgebieten zählen theoretische und experimentelle Untersuchungen zur allgemeinen Relativitätstheorie, zur beobachtenden Astronomie, zu Computersimulationen der Galaxienentwicklung und zu didaktischen Fragen der Wissenschaftsvermittlung. Die vierte Auflage von *Discovering the Universe*, dem englischen Original des vorliegenden Buchs, war das erste Lehrbuch, das Prof. Comins für den Verlag W.H.Freeman and Company nach dem Tod von Bill Kaufmann, Mitverfasser des Vorgängerwerks, allein verfasste. Inzwischen sind neun Folgeauflagen erschienen. Weitere Bücher von Neil F. Comins sind *What If the Moon Didn't Exist?*, *Heavenly Errors* und *The Hazard of Space Travel: A Tourist's Guide*. Auf der Grundlage von *What If the Moon Didn't Exist?* wurden Planetariumsprogramme erarbeitet, Ausschnitte wurden in Funk und Fernsehen vorgestellt und das Buch wurde in verschiedene Sprachen übersetzt. Der Pavillion von Mitsubishi bei der Weltausstellung Expo 2005 in Aichi, Japan, baute thematisch darauf auf. *Heavenly Errors* – auf Deutsch unter dem Titel *Der Schweif des Kometen. Irrtümer und Legenden über das Universum* erschienen – beschreibt verbreitete Irrtümer über die Astronomie, ihre Ursachen und wie sie zu beheben sind. Prof. Comins hat in zahlreichen Funk- und Fernsehsendungen sowie öffentlichen Vorträgen dazu beigetragen, sein Fachgebiet auch breiten Kreisen nahezubringen. Während seines Armeedienstes war er Fallschirmspringer, er hat bis heute eine aktive Privatpilotenlizenz und ist zudem leidenschaftlicher Segler – und als solcher auch schon angetreten gegen Prinz Philip, den Herzog von Edinburgh.

Kapitel 1
Erkunden des Nachthimmels

R I V U X G

Lichtspuren von Zirkumpolarsternen, also von Sternen, die einen Pol (in diesem Fall den südlichen Himmelspol) umlaufen und dabei niemals unter den Beobachtungshorizont sinken. Im Vordergrund ist das Anglo-Australian Telescope beim Siding Springs Mountain, New South Wales, Australien, zu sehen. (Anglo-Australian Observatory/David Malin Images)

Was meinen Sie?

1 **Ist der Polarstern der hellste Stern am Nachthimmel?**

2 **Wodurch werden die Jahreszeiten verursacht?**

3 **Wann ist die Erde der Sonne am nächsten?**

4 **Wie viele Tierkreissternbilder gibt es?**

5 **Hat der Mond eine dunkle Seite, die von der Erde aus niemals sichtbar ist?**

6 **Ist der Mond auch tagsüber sichtbar?**

Die Antworten finden Sie bei der jeweiligen Ziffer im Text und noch einmal zusammengefasst am Ende des Kapitels.

Sie haben eine aufregende Zeit gewählt, um sich der Astronomie intensiver zu widmen. Unser Wissen über den Kosmos (oder *das Universum*) wächst derzeit viel schneller als jemals zuvor. Mithilfe der modernsten Teleskope können die Astronomen Objekte beobachten, die noch vor wenigen Jahren sozusagen unsichtbar waren. Diese neuen Beobachtungen haben unser Verständnis praktisch aller Aspekte des Universums vertieft. Wir können jetzt zusehen, wie es sich ausdehnt, und können Sterne in entfernten Galaxien explodieren sehen; wir haben Planeten entdeckt, die andere, uns relativ nahe gelegene Sterne umlaufen; wir haben neu entstandene Sterne gefunden, die eigentlich von Wolken aus Gas und Staub verhüllt sind; und wir haben Schwarze Löcher und andere Überbleibsel der Entwicklung von Sternen identifiziert. Viele dieser Objekte sind so weit von uns entfernt, dass ihr Licht bis zu uns eine Millionen oder gar Milliarden von Jahren dauernde Reise zu absolvieren hatte. Daher dringen wir mit unseren „Blicken“ immer tiefer in das Universum ein – das wir als all das definieren, was wir sehen können oder was prinzipiell sein könnte – und schauen dabei auch in eine immer weiter zurückliegende Vergangenheit.

Teleskope sind nicht die einzigen Hilfsmittel, mit denen wir unser Verständnis des Sternenhimmels vertiefen können. Wir haben nämlich schon damit begonnen, unsere unmittelbare Nachbarschaft im Weltall zu untersuchen: Seit im Jahre 1969 Menschen den Mond betreten haben, sind auch Sondenfahrzeuge auf dem Mars umhergefahren und haben Gesteinsproben analysiert. Bei anderen Projekten sind Sonden auf Planetoiden (Asteroiden) gelandet oder haben Teile von Kometen zur Erde zurückgebracht. Auch aktive Vulkane und kahle Eisfelder auf Monden des Jupiter wurden aus relativ geringer Entfernung aufgenommen, ebenso die schimmernden Ringe des Saturn und seine düsteren, riesigen Monde. Sogar bis über das Sonnensystem hinaus reichten derartige Erkundungen. – Und das sind nur einige der wichtigsten Erfolge aus der jüngeren Zeit.

Wenn Sie sich in dieses Buch vertiefen, werden Sie sicherlich noch besser würdigen können, welche enormen wissenschaftlichen Leistungen im Beobachten, Erforschen und Erklären unserer näheren und ferneren Umgebung im Universum stecken. Dabei lehrt uns die moderne Astronomie, wie wir durch Sammeln, Weitergeben und gemeinsames Nutzen vielfältigster wissenschaftlicher Erkenntnisse die Beschränkungen in Raum und Zeit überwinden können, die uns unser Körper und die Kürze unseres Lebens auferlegen.

In diesem Kapitel geht es darum,

- wie sich die Astronomen am Nachthimmel orientieren, um Objekte und deren Positionen zu bestimmen;
- dass die Drehung der Erde um ihre Achse den Wechsel zwischen Tag und Nacht hervorruft;
- wie die Neigung der Erdachse (um die die Erde ja rotiert) und die Bewegung der Erde um die Sonne gemeinsam die Jahreszeiten bewirken;
- dass die Umlaufbahn des Monds um die Erde zu den Mondphasen sowie zu den Mond- und den Sonnenfinsternissen führt;
- wie das Jahr zu definieren ist und wie der heute übliche Kalender entstand.

Größenordnungen im Universum

Wenn man in ein neues Fachgebiet eindringt, ist es oft nützlich, sich einen Überblick zu verschaffen, bevor man sich den Einzelheiten zuwendet. Aus diesem Grund beginnen wir mit den wichtigsten Typen von Objekten im Universum und sehen uns an, wie groß sie sind und welche mittleren Entfernungen sie voneinander haben.

1.1 Astronomische Entfernungen sind – nun: astronomisch

Zu den interessantesten und herausforderndsten Aspekten der Astronomie gehören die enormen Größenordnungen, mit denen man sich vertraut machen muss. Im Alltag haben wir es gewöhnlich mit Abmessungen zwischen einigen Millimetern und Tausenden von Kilometern zu tun. Daher können wir uns Größen oder Abstände von Hundertsteln eines Meters oder von Hunderten von Kilometern gut vorstellen. In der Astronomie gibt es einerseits unzählige Systeme aus Sternen und Sternhaufen, aber auch aus Galaxien und Galaxienhaufen mit schier unvorstellbar großen Ausdehnungen und Abständen voneinander, die Tausende von Milliarden Milliarden von Kilometern ausmachen. Andererseits untersuchen die Astronomen winzigste Teilchen, deren Durchmesser nur Millionstel eines Milliardstels eines Meters ausmachen. Ähnlich ist es bei der Lichtgeschwindigkeit: Das Licht breitet sich dermaßen schnell aus, dass die Menschen lange Zeit glaubten, es brauche überhaupt keine Zeit, um von einem Ort zu einem anderen zu gelangen. Heute wissen wir natürlich, dass es pro Sekunde knapp 300 Mio. m zurücklegt. Die im Anhang A erläuterte *Potenzschreibweise* der Zahlen ermöglicht es, sowohl extrem kleine als auch extrem große Zahlen bequem und übersichtlich niederzuschreiben.

Die Abmessung des Universums, das unserer Beobachtung zugänglich ist, und die Längen oder Durchmesser der verschiedensten Objekte in ihm umfassen enorm viele Größenordnungen. Das ist in Abb. 1.1 veranschaulicht. Die am Bogen eingetragenen Zahlen werden bei jedem Schritt nach unten um fünf Größenordnungen kleiner. Daher erscheint der Schritt vom Proton zum Atom (eine Steigerung um den Faktor 10^5) ebenso groß wie der Übergang vom Abstand Sonne–Erde zur Entfernung von den uns am nächsten gelegenen Sternen.

Dieser weite Bereich von Größenordnungen macht verständlich, warum in der Astronomie mehrere unterschiedliche Gebiete der Naturwissenschaft sozusagen zusammenfließen. Beispielsweise geht es darum, woraus einzelne Atome bestehen und wie sie sich verhalten, außerdem um die Beschaffenheit und Ausbreitung des Lichts; um die Reaktion von Materie und Energie auf die Gravitationskraft, um die Erzeugung von Energie in den Sternen durch Fusion kleiner Atomkerne zu größeren, um die Fähigkeit des Kohlenstoffs – und nur des Kohlenstoffs –, als Basis für die Naturstoffe und damit des Lebens zu dienen. Diese Aufzählung ist natürlich keineswegs vollständig. Wir

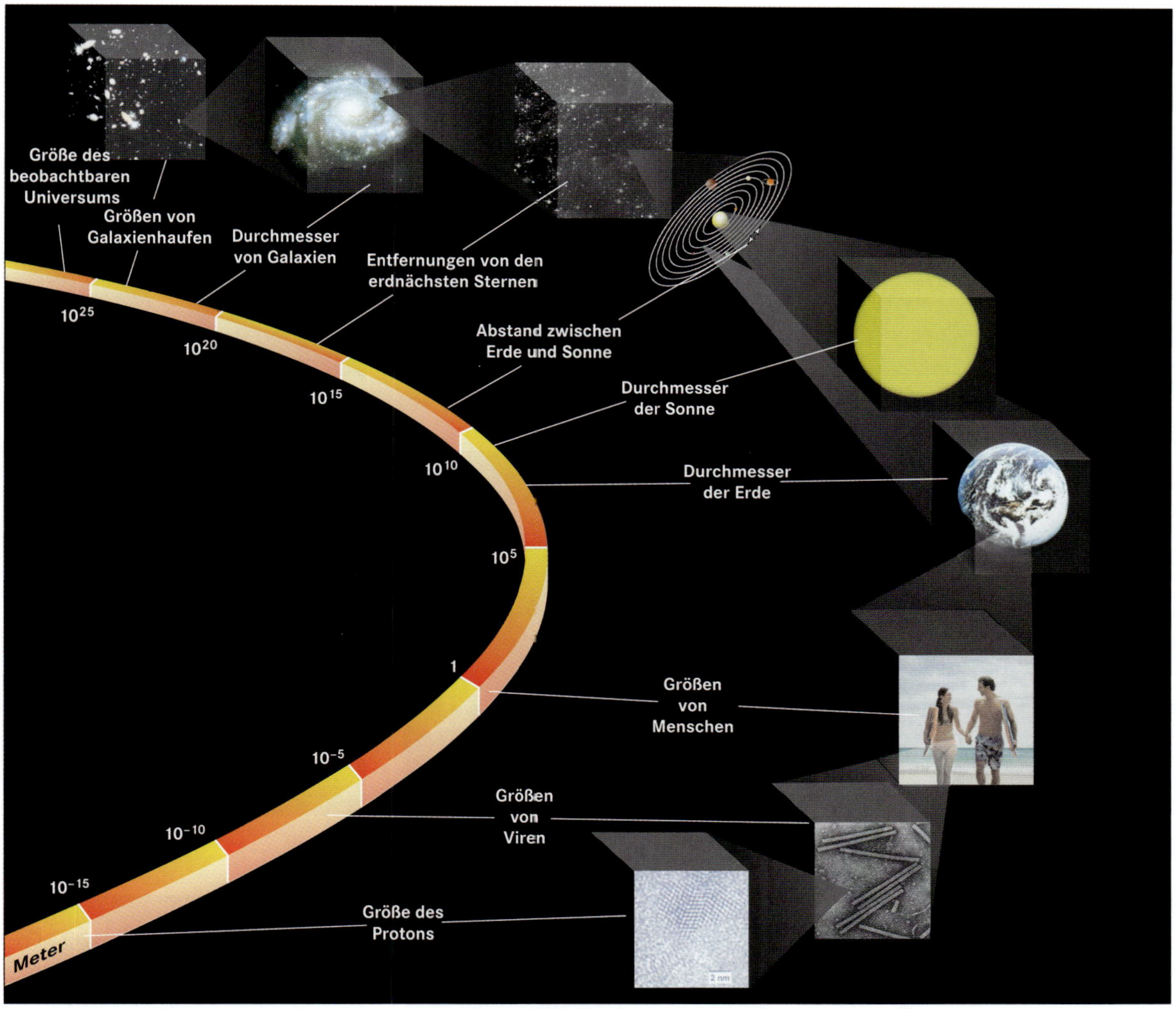

Abb. 1.1 Die Größenordnungen im Universum. Diese Übersicht reicht vom gesamten beobachtbaren Universum bis hinunter zu subatomaren Teilchen. Mehrere typische Größen sind der Skala zugeordnet, deren Werte in Metern angegeben sind. (Von oben nach unten: R. Williams und Hubble Deep Field Team [STScI] sowie NASA; AAT; L. Golub, Naval Observatory, IBM Research, NASA; Richard Bickel/Corbis; Scientific American Books; Jose Luis Pelaez/Getty Images; Rothamsted Research Centre for Bioimaging; mit freundlicher Genehmigung von Florian Banhart/Universität Mainz)

werden die einzelnen Konzepte jeweils gründlich einführen, wo sie benötigt werden.

Was haben die Astronomen eigentlich bisher vom Universum gesehen? In Abb. 1.2 sind die wichtigsten Typen von Objekten aufgeführt, mit denen wir uns in diesem Buch beschäftigen. So konnte man bereits zahlreiche Planeten nachweisen, die sehr weit von uns entfernte Sterne umlaufen. Dazu gehören riesige Gasplaneten, die wie der Jupiter reich an Wasserstoff und Helium sind (Abb. 1.2a), aber auch Gesteinsplaneten, die kaum größer als die Erde sind. Weitere Beispiele sind große Gesteins- oder Metallbrocken, die sogenannten **Planetoiden** oder **Asteroiden** bzw. **Meteroiden** (Abb. 1.2b), außerdem **Kometen** (Abb. 1.2c), die aus Gestein und Eis bestehen und auf lang gestreckten Ellipsen die Sonne oder andere Sterne (Abb. 1.2d) umlaufen. In vielen Galaxien wurden gewaltige Mengen von Gas und Staub gefunden, die man als interstellar bezeichnet (Abb. 1.2e), weil sie sich im ausgedehnten Raum zwischen den Sternen befinden; sie stellen häufig die Geburtsstätten von Sternen dar. In den Galaxien werden Millionen, Milliarden oder sogar Billionen von Sternen durch die Gravitationskraft zusammengehalten (Abb. 1.2f). Galaxien, die unserer Galaxis (der Milchstraße) ähneln, enthalten oft große Mengen an interstellarem Gas und

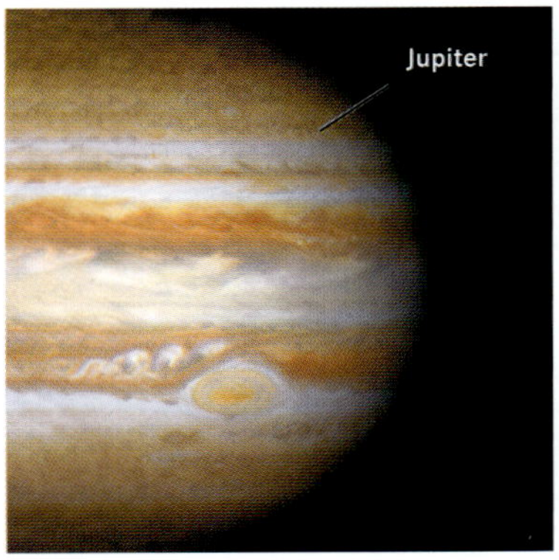

a Planeten R I V U X G

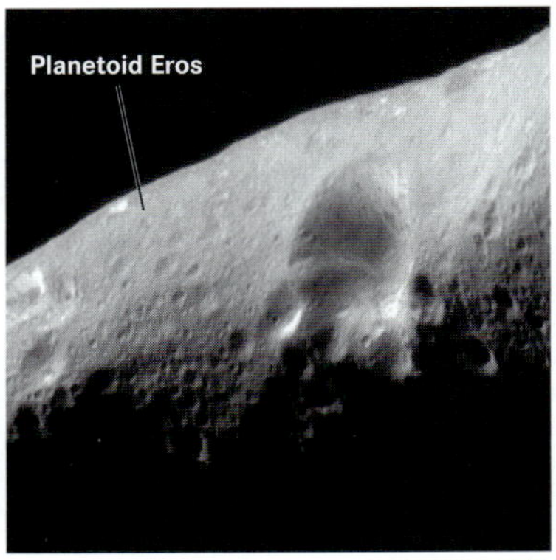

b Gesteins- und Metallbrocken R I V U X G

c Gesteins- und Eisbrocken R I V U X G

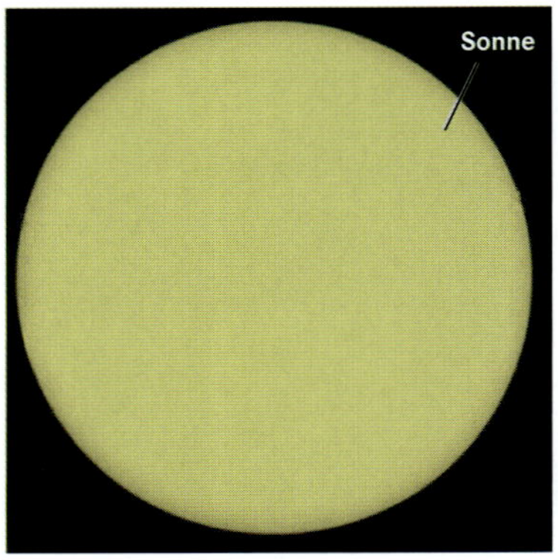

d Sterne R I V U X G

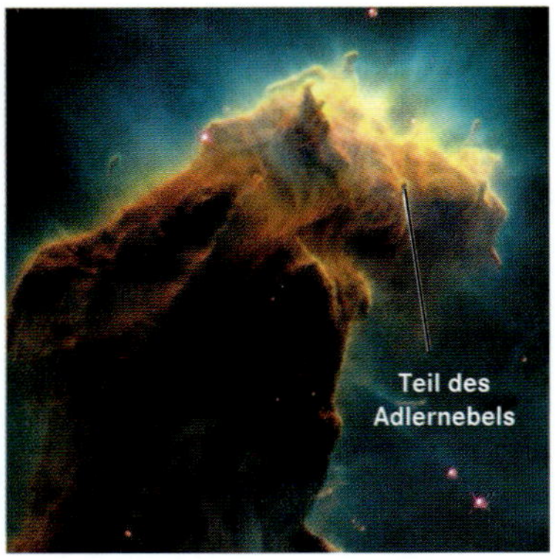

e Interstellare Gas- und Staubmassen R I V U X G

f Galaxien R I V U X G

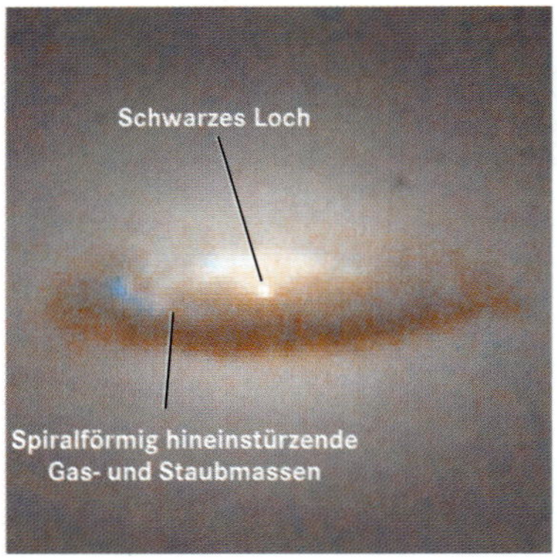

g Schwarze Löcher R I V U X G

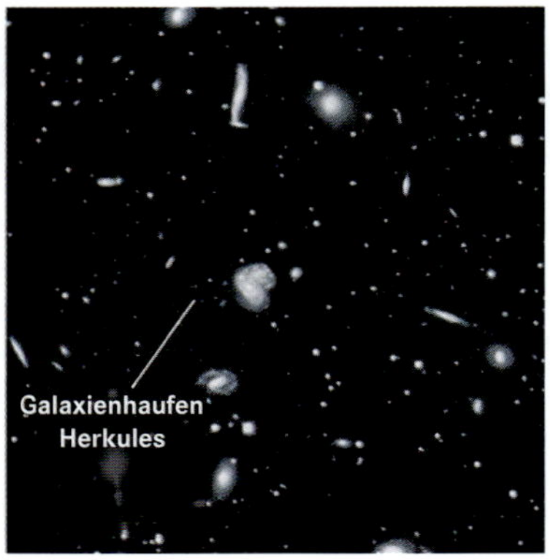

h Galaxienhaufen R I V U X G

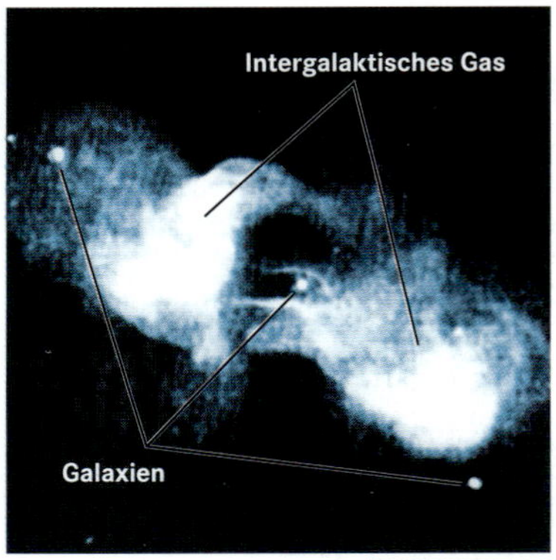

i Intergalaktisches Gas R I V U X G

Abb. 1.2 Inventur des Universums. Hier sind die wichtigsten Typen von Objekten aufgeführt, die im Universum anzutreffen sind. Mehr darüber erfahren Sie in den folgenden Kapiteln. (a: NASA/Hubblesite; b: NASA; c: Peter Stättmayer/Europäische Südsternwarte; d: Big Bear Observatory; e: NASA/Jeff Hester & Paul Scowen; f: Anglo-Australian Observatory; g: NOAO; h: NASA; i: N. F. Comins & F. N. Owen/NRAO)

Staub, weisen aber auch Bereiche auf, in denen die Materie so dicht ist, dass kein Licht sie durchdringen kann; dabei spricht man von **Schwarzen Löchern** (Abb. 1.2g). Oft werden auch Gruppen von Galaxien durch die Gravitationskraft in Haufen zusammengehalten (Abb. 1.2h), und sogar Galaxienhaufen vereinigen sich aus derselben Ursache zu Superhaufen. Schließlich finden sich auch zwischen Galaxien enorme Gasmengen, wobei man von intergalaktischem Gas spricht (Abb. 1.2i).

Jeder Stern unterliegt einem ständigen, zuweilen langsamem Wandel: Er hat einen Ursprung, eine aktive Periode, die man als seine „Lebensdauer" bezeichnen kann, und auch ein Ende, den „Tod". Auch diese Vorgänge werden wir uns genau ansehen und versuchen, die zugrunde liegenden physikalischen Vorstellungen zu ergründen. Dabei werden wir feststellen, dass alle nachweisbare Materie sozusagen nur die Spitze eines kosmischen Eisbergs ist, denn im Universum befindet sich noch weitaus mehr, dessen Beschaffenheit aber noch nicht geklärt werden konnte.

Muster von Sternen

Angenommen, Sie betrachten in einer klaren, dunklen Nacht den Himmel, wenn die Luft sauber ist und keine künstlichen Lichtquellen die Beobachtung stören. Dann kommt es Ihnen vor, als sähen Sie Millionen von Sternen flimmern. Aber mit dem bloßen Auge können wir am ganzen Himmel insgesamt nur ungefähr 6000 Sterne entdecken. Das heißt, von Ihrem Standpunkt aus können Sie höchstens 3000 Sterne sehen, weil die andere Hälfte der Sterne unter dem *Horizont* liegt, der die Grenze zwischen Erde und Himmel bildet. Wenn die Luft jedoch verunreinigt ist und vielleicht noch die Lichtverschmutzung durch eine Stadt hinzukommt, dann sieht man vielleicht nur ein Zehntel der 3000 Sterne, oft aber noch weniger (Abb. 1.3).

Sicherlich haben Sie im Sternenhimmel schon oft auffällige Muster bemerkt. Das sind *Sterngruppen* (**Asterismen**) oder **Sternbilder** (siehe Abschnitt 1.3), die auch *Konstellationen* genannt werden. Sie bestehen meist aus relativ hellen Sternen und haben jeweils eine sehr charakteristische Form. Wohl am bekanntesten und sehr leicht zu erkennen sind der *Große Wagen*, ein Teil des Sternbilds Großer Bär in der Nähe des Polarsterns, und der bei uns nur im Winter sichtbare breitschultrige Jäger *Orion*. Die meisten Namen der Sternbilder gehen auf Mythen, Legenden oder Sagen des frühen Altertums zurück. Als erstes Beispiel ist in Abb. 1.4a das Sternbild Orion gezeigt.

1.2 Sternbilder helfen, sich am Himmel und auf der Erde zu orientieren

1

Auf der Erde können wir uns mithilfe mancher Sternbilder sehr gut orientieren. Das bekannteste Beispiel dafür ist das Feststellen der Nordrichtung auf der Nordhalbkugel der Erde. Dazu suchen wir das Sternbild Großer Wagen, das aus der „Deichsel" mit drei Sternen und dem „Wagenkasten" mit vier Sternen besteht (Abb. 1.5). Wir betrachten nun die beiden von

a

b

R I V U X G

Abb. 1.3 Der Nachthimmel, ohne bzw. mit etwas Fremdlicht aufgenommen. (a) Das Sonnenlicht wirkt wie ein Vorhang, der praktisch alles am Himmel unseren Blicken entzieht. Doch nach Sonnenuntergang bietet der Sternenhimmel (bei klarem Wetter, sauberer Luft und ohne Fremdlicht) einen überwältigenden Anblick, der die Menschen seit Anbeginn fasziniert und viele Dichter und Romantiker inspiriert hat. Dieses Foto zeigt den Nachthimmel über Goodwood in der kanadischen Provinz Ontario während eines recht weiträumigen Stromausfalls. (b) Diese Aufnahme entstand einige Tage später an derselben Stelle und etwa zur gleichen Uhrzeit bei normaler Stadtbeleuchtung. (©Todd Carlson/SkyNews Magazine)

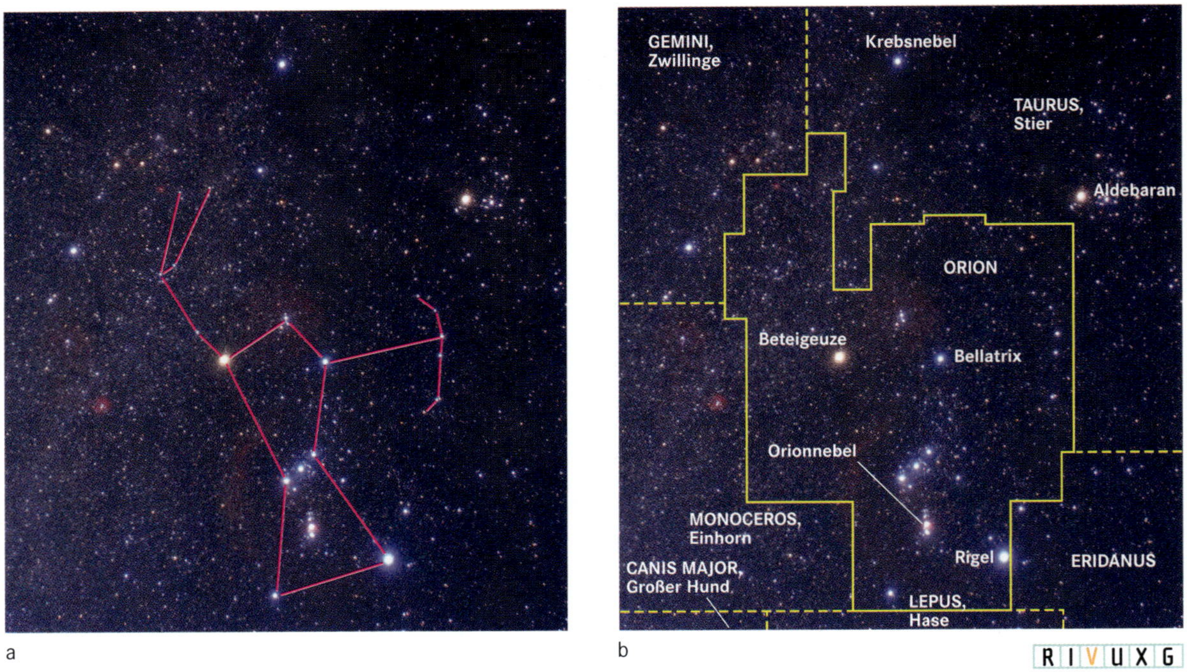

Abb. 1.4 Das Sternbild Orion. (a) Der Orion ist eines der auffälligsten Sternbilder. Auf der Nordhalbkugel der Erde ist er von Anfang Dezember bis in den März hinein über dem südlichen Horizont zu sehen. In dieser Aufnahme sind auch die unterschiedlichen Farben einiger seiner Sterne zu erkennen. (b) Viele Sternbilder überstreichen größere Teile des Himmels. Dieses Foto ist das gleiche wie links, wobei nicht nur Orion, sondern auch Teile anderer, ihm benachbarter Sternbilder benannt sind. Zum Orion gehören alle Sterne innerhalb der durchgezogen eingezeichneten, geradlinigen Begrenzungen. Der gesamte Sternenhimmel umfasst 88 Sternbilder mit ganz unterschiedlichen Größen und Formen. (© 2004 Jerry Lodriguss/www.astropix.com)

der Deichsel abgewandten Sterne, d. h. die an der Rückseite des Wagenkastens. Nun verlängern wir, wie der Pfeil rechts oben in der Abbildung andeutet, in Gedanken ihre Verbindungslinie um das Fünffache ihrer Länge, und zwar nach oben, wenn die Deichsel oben links liegt, jedoch nach unten, wenn der Große Wagen „auf dem Kopf steht". Der Endpunkt dieser gedachten Verlängerungslinie liegt ziemlich genau beim Polarstern. Er hat seinen Namen daher, dass er praktisch exakt auf der Verlängerung der Erdachse und damit über dem Nordpol liegt. Nur deshalb ist er so leicht zu finden, also nicht etwa wegen seiner Helligkeit, denn er gehört nicht einmal zu den 20 hellsten Sternen (siehe Anhang C.5). Jedes Mal, wenn Sie zum Polarstern blicken, schauen Sie genau nach Norden, wobei Süden hinter Ihnen und Westen links von Ihnen liegt. Am südlichen Sternenhimmel gibt es keinen entsprechenden Stern, der über dem Südpol stünde.

Am Großen Wagen lässt sich auch gut zeigen, dass man – ausgehend von einem bekannten Sternbild – meist andere Sternbilder finden kann. Hierzu noch zwei Beispiele, die ebenfalls in Abb. 1.5 illustriert sind. Zunächst suchen wir die beiden vorderen Sterne des Wagenkastens (nahe der Deichsel) und verlängern deren Abstand um das Achtfache nach unten. Damit gelangen wir zum Regulus, den hellsten Stern im Sternbild Löwe. – Aller guten Dinge sind drei; also versuchen wir es noch einmal: Wir verlängern den Bogen der Deichsel nach links zu einem noch viel längeren Bogen mit ungefähr gleicher Krümmung. Dabei passieren wir, wie die linke rote Linie in Abb. 1.5 angibt, zuerst den Arcturus im Sternbild Bärenhüter und schließlich beim Spica im Sternbild Jungfrau.

Auf der Nordhalbkugel der Erde stehen im Winter einige der hellsten Sterne am Nachthimmel. Viele von ihnen befinden sich nahe beim sogenannten *Winterdreieck*. Es besteht, wie in Abb. 1.6 gezeigt ist, aus drei hellen Sternen der Sternbilder Orion, Großer Hund bzw. Kleiner Hund, nämlich Beteigeuze, Sirius und Procyon. Das Winterdreieck zieht sich mitten im Winter hoch über den Nachthimmel. Der Stern Sirius, der hellste aller Sterne, ist leicht zu finden: Wir suchen die drei Gürtelsterne in der Mitte des Orion und verlängern deren Verbindungslinie nach links. Sirius ist der erste sehr helle Stern, auf den wir dabei treffen.

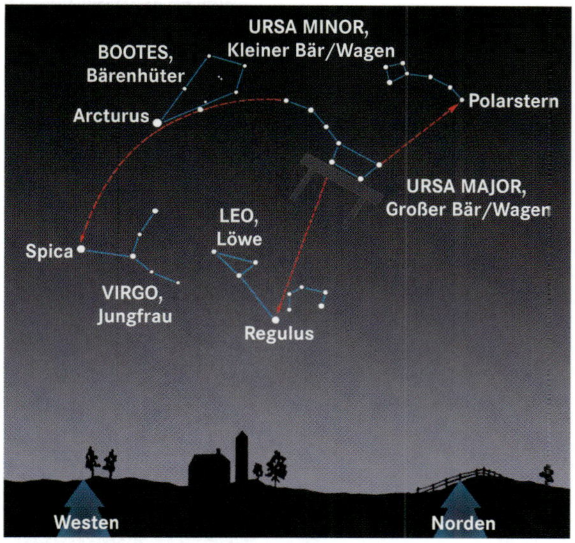

Abb. 1.5 Der Große Wagen als Orientierungshilfe. Auf der Nordhalbkugel der Erde ist die Nordrichtung mithilfe des berühmten Sternbilds Großer Wagen zu finden, wie im Text beschrieben ist. Hier sind der Große Wagen, der Teil des Sternbilds Großer Bär ist, sowie drei benachbarte Sternbilder dargestellt. Kurz vor Sonnenaufgang liegt der Große Wagen mit der Deichsel oben links, wie hier gezeigt. Dagegen steht er zu den übrigen Zeiten auf dem Kopf. Auch das Auffinden der Sterne Regulus im Sternbild Löwe und Spica im Sternbild Jungfrau ist im Text erläutert.

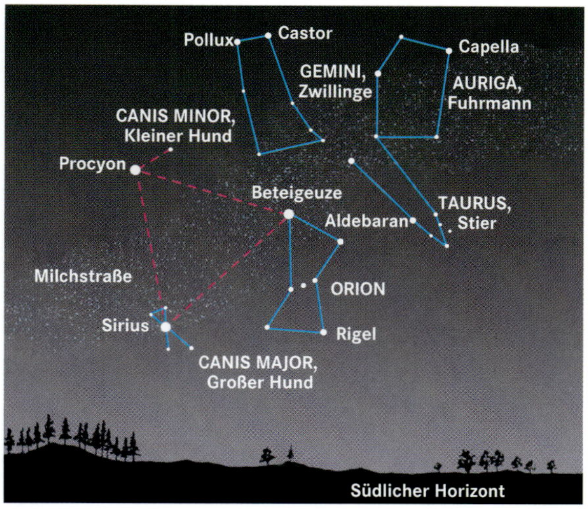

Abb. 1.6 Das Winterdreieck. Hier ist der abendliche Sternenhimmel auf der Nordhalbkugel im Dezember gezeigt, mit Blick nach Süden. Drei der hier hellsten Sterne bilden das rot eingezeichnete Winterdreieck. Auch die Sternbilder Zwillinge, Fuhrmann bzw. Stier, zu denen diese drei Sterne gehören, sind eingezeichnet.

? Denken Sie sich eine Geschichte aus, die an den Zusammenhang zwischen den Figuren Orion und Stier erinnern soll. (Das Sternbild Stier ist rechts oberhalb des Sternbilds Orion zu finden.)

Das in Abb. 1.7 gezeigte *Sommerdreieck* ziert, wie der Name schon sagt, den sommerlichen Nachthimmel. Es verbindet die hellen Sterne Wega, Deneb und Altair in den Sternbildern Leier, Schwan bzw. Adler miteinander. Ein auffälliger Teil der Galaxis bildet einen schönen Hintergrund für diese Sternbilder, die mitten im Sommer um Mitternacht fast senkrecht über uns stehen.

Sollen beispielsweise weniger bekannte Objekte am Nachthimmel lokalisiert werden, dann genügt es natürlich nicht, die jeweilige Position einfach auf das nächstgelegene Sternbild zu beziehen. Daher haben die Astronomen eine Art Himmelskarte entworfen, die man **Himmelskugel** nennt. Sie ist genauso ange-

Einblicke in die Wissenschaft

Flexibles Denken Zur wissenschaftlichen Methode gehört es, die Dinge möglichst aus verschiedenen Blickwinkeln zu betrachten, sei es im wörtlichen oder auch im übertragenen Sinne. Versuchen Sie daher, mehrere Sternbilder auch dann am Himmel zu finden, während Sie die Sternkarte in verschiedenen Orientierungen bzw. Winkeln vor sich halten. Probieren Sie das auch zu ganz verschiedenen Uhrzeiten oder in unterschiedlichen Jahreszeiten.

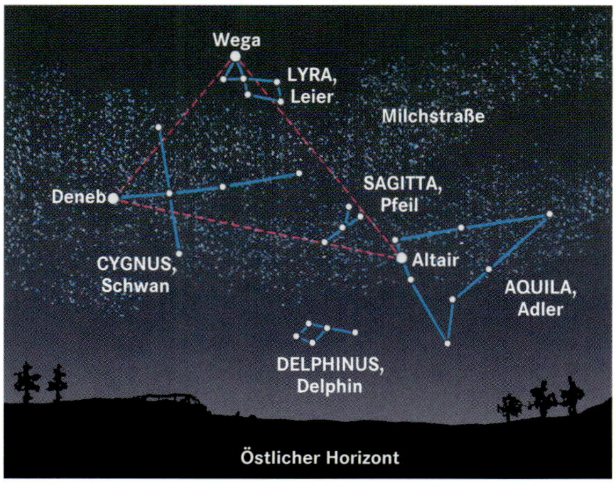

Abb. 1.7 Das Sommerdreieck. Hier ist der nordöstliche Sternenhimmel gezeigt, wie er im Juni abends von der Nordhalbkugel aus erscheint. Außer den drei Sternbildern, von denen Sterne zum Sommerdreieck gehören, sind auch die Sternbilder Pfeil und Delphin mit ihren recht lichtschwachen Sternen dargestellt.

legt und zu verwenden wie die uns geläufigen Globen und Landkarten, denn darin sind jeweils die westliche bzw. die östliche Länge sowie die nördliche und die südliche Breite des betreffenden Objekts angegeben. Damit ist eine eindeutige und übersichtliche Lokalisierung möglich.

1.3 Die Himmelskugel ist bei der Orientierung am Himmel nützlich

Wenn Sie jedes Jahr zur selben Zeit den Nachthimmel betrachten, dann erkennen Sie, dass sich die Fixsterne relativ zueinander offenbar nicht bewegen. Außerdem umläuft das starre Muster der Fixsterne als Gesamtheit einmal pro Tag die Erde. Diese Eigenschaften des Himmelsgewölbes nutzt man schon seit langer Zeit aus, um Himmelskarten zu erstellen. Dabei nimmt man das Himmelsgewölbe als riesige Hohlkugel an, in deren Zentrum sich die Erde befindet (Abb. 1.8). Bei einer anderen Visualisierung stellt man sich die jeweils gerade sichtbare Hälfte der Himmelskugel wie eine kreisrunde Kuppel vor, die über der ganzen Erde liegt.

Im Alltag nennen wir die wohlbekannten Sterngruppen (z. B. den Großen Wagen) am Himmel einfach *Sternbilder*, während in der Astronomie hierfür der Begriff **Asterismen** eingeführt wurde. Ein **Sternbild** ist gemäß der Konvention der IAU (der Internationalen Astronomischen Union) ein von mehreren stets rechtwinklig aufeinandertreffenden Linien begrenzter Bereich, und die Eckpunkte dieser Linien liegen bei ganz bestimmten Koordinaten. Dieser Bereich wird mit dem lateinischen Namen des Sternbilds bezeichnet. Häufig trägt der Asterismus denselben Namen wie das Sternbild, das zu ihm gehört oder ihm entspricht; ein Beispiel dafür ist der Orion (siehe Abb. 1.4b). Daher muss man ggf. klarstellen, ob das Sternbild oder der Asterismus gemeint ist. Die gesamte Himmelskugel weist 88 Sternbilder mit ganz unterschiedlichen Größen und Formen auf. Einige *Sternbilder*, wie der Große Bär, sind sehr groß, während andere, wie der Pfeil, recht klein sind. Um anzugeben, wo sich ein Stern ungefähr befindet, können wir beispielsweise von „Albireo im Sternbild Schwan" sprechen, ähnlich wie wir „Chicago im Staat Illinois" oder „Ottawa in der Provinz Ontario" sagen.

Die Sterne sind an der Himmelskugel relativ zueinander offenbar unbeweglich (woher ja die Bezeichnung *Fixsterne* rührt). Das liegt daran, dass sie von uns so weit entfernt sind, dass wir Verschiebungen gegeneinander nicht wahrnehmen können. Dazu ein Beispiel: Ein Verkehrsflugzeug fliegt mit 1000 km pro

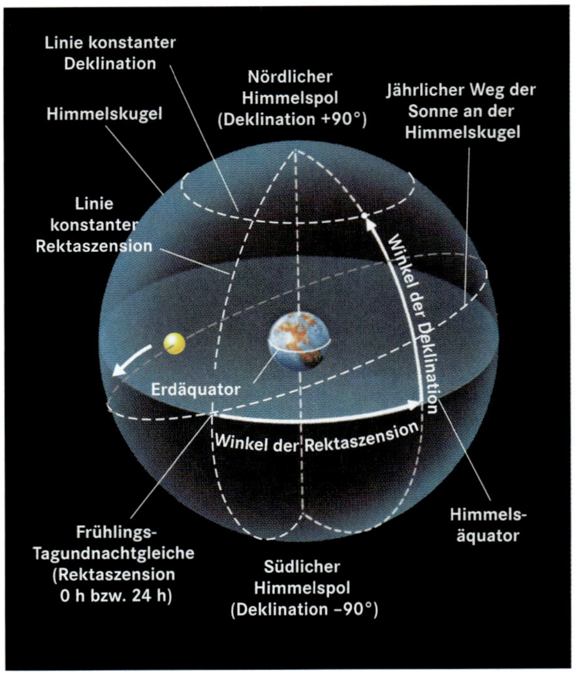

Abb. 1.8 Die Himmelskugel. Die Himmelskugel ist die scheinbare Schüssel oder Hohlkugel, die die Erde überspannt. Der Himmelsäquator und die Himmelspole sind die Projektionen des Erdäquators bzw. der Erdachse auf die Himmelskugel. Der nördliche Himmelspol liegt daher über dem Nordpol der Erde und entsprechend der südliche Himmelspol über dem Südpol der Erde. Die der geografischen Länge und Breite auf der Erde entsprechenden Koordinaten im Raum sind die Rektaszension α bzw. die Deklination δ. Die beiden Pfeile geben den Winkel der Rektaszension bzw. der Deklination des rechts oben an der Himmelskugel eingezeichneten Sterns an.

Stunde in einer Höhe von nur 1 km über uns hinweg. Dabei können wir seine schnelle Bewegung gar nicht übersehen. Fliegt es jedoch sehr weit von uns entfernt, beispielsweise fast am Horizont, aber in derselben Höhe und mit derselben Geschwindigkeit, dann glauben wir, dass es weitaus langsamer ist. Und würde es nahe der Sonne ebenso schell fliegen, dann wäre praktisch keine Bewegung zu bemerken.

Abgesehen von unserer Sonne sind alle Sterne mehr als 40 Billionen Kilometer von uns entfernt. Deswegen können wir Verschiebungen von Sternen gegeneinander nicht einmal im zeitlichen Abstand mehrerer Jahrzehnte feststellen. Das hat natürlich den großen Vorteil, dass die Himmelskugel als unveränderlich anzusehen ist, sodass sich die Astronomen an ihr genauso zuverlässig orientieren können wie die Geografen auf der Erde z. B. anhand bestimmter Berge.

Wie in Abb. 1.8 gezeigt ist, können wir von bestimmten Punkten auf der Erdoberfläche (beispielsweise den Polen) jeweils einen radialen Strahl in den Raum projizieren. Tun wir das am Nordpol und am Südpol, dann erhalten wir an der Himmelskugel den **nördlichen Himmelspol** bzw. den **südlichen Himmelspol**, die in Abb. 1.8 dargestellt sind. Außerdem können wir den Erdäquator in Gedanken in den Kosmos hinein ausdehnen, sodass er zum **Himmelsäquator** wird. Dieser teilt die Himmelskugel in eine nördliche und eine südliche Halbkugel, ebenso wie der Äquator die Erde in die beiden Hemisphären teilt.

Zur Orientierung und für Positionsangaben an der Himmelskugel wird diese relativ zu den Himmelspolen und zum Himmelsäquator der Länge und der Breite nach in ein Gitter aufgeteilt. Das Gegenstück zur geografischen Breite auf der Erde ist die **Deklination** δ, die nördlich bzw. südlich jeweils Werte zwischen 0° und 90° haben kann. Das Gegenstück zur geografischen Länge auf der Erde ist die **Rektaszension** α. Sie wird aber nur selten als Winkel, sondern gewöhnlich als Zeitspanne angegeben und nimmt beim Umlauf um den Himmelsäquator Werte von 0 h bis 24 h an (siehe Abb. 1.8). Die Grenzen der Sternbilder, wie sie beispielsweise in Abb. 1.4b eingezeichnet sind, folgen also Linien mit konstanter Rektaszension bzw. mit konstanter Deklination.

? Die Planeten bewegen sich zuweilen durch Sternbilder hindurch, während das bei Sternen nicht vorkommen kann. Welche zwei möglichen Eigenschaften der Planeten könnten dafür verantwortlich sein?

Auf der Erde wurde als *Nullmeridian* der durch Greenwich, England, verlaufende Meridian definiert. Entsprechend musste am Himmel ein Bezugspunkt für die Rektaszension festgelegt werden. Hierfür wählte man einen der Punkte, an denen der jährliche Weg der Sonne an der Himmelskugel den Himmelsäquator schneidet. (Wir werden später in diesem Kapitel noch untersuchen, warum die Sonne im Laufe eines Jahres an der Himmelskugel einem Kreis zu folgen scheint.) Der Himmelsäquator und der Weg der Sonne schneiden sich in zwei Punkten, und das Gegenstück zum Nullmeridian auf der Erde liegt auf der Himmelskugel dort, wo die Sonne auf ihrem Weg nach Norden den Himmelsäquator überquert. Die Winkel der Rektaszension werden also relativ zu diesem Punkt angegeben, der *Frühlings-Tagundnachtgleiche* genannt wird (siehe Abb. 1.8).

In der Astronomie gibt man Abstände von Objekten auf der Himmelskugel nicht als Strecken, sondern als Winkel an. Schon im Altertum wurde das noch heute verwendete System der Winkel und der Winkelmessung erfunden. Die Angabe von Winkeln reicht hier aus, weil es für die Positionen an der Himmelskugel keine Rolle spielt, wie weit die einzelnen Sterne von der Erde entfernt sind. Die Winkel zwischen den Betrachtungsrichtungen zu irgendwelchen Sternen bzw. deren relative Positionen auf der Himmelskugel bleiben, wie schon erläutert, über wenigstens ein Menschenalter unverändert, weil die Entfernungen von der Erde so unvorstellbar groß sind.

Ein **Winkel** (zuweilen auch *Bogenwinkel* genannt) ist ein Maß für die scherenartige Öffnung zwischen zwei Linien, die sich in einem Punkt treffen oder von diesem ausgehen. Die Einheit des Winkels ist das **Grad**, das mit dem Symbol ° bezeichnet wird. Ein voller Kreis hat 360°, und ein rechter Winkel misst 90°. Beispielsweise beträgt in Abb. 1.9 der Winkel zwischen den zwei Sternen an der Rückseite des „Wagenkastens" des Sternbilds Großer Wagen rund 5°.

Nicht nur die Positionen, sondern auch die scheinbaren Größen der Objekte an der Himmelskugel werden mithilfe von Winkelangaben beschrieben. So erscheint uns der Durchmesser des Vollmonds unter einem Winkel von ungefähr ½°. Dies ist also der sogenannte **Winkeldurchmesser** oder die *Winkelgröße* des Monds. Man kann auch sagen, der Vollmond überstreicht am Himmel einen Winkel von ½°.

Die Winkeleinheit Grad wird unterteilt in 60 Minuten (meist als 60′ geschrieben), und jede Minute besteht ihrerseits aus 60 Sekunden (meist als 60″ geschrieben). Um mögliche Verwechslungen mit den Zeiteinheiten Minute und Sekunde zu vermeiden, muss man ggf. von Winkelminute oder Bogenminute bzw. von Winkelsekunde oder Bogensekunde spre-

Abb. 1.9 Der Große Wagen. Der Winkel (oder Winkelabstand) zwischen den zwei Sternen hinten am Wagenkasten beträgt ungefähr 5°. Zum Vergleich: Der Vollmond nimmt am Himmel einen Winkel von etwa ½° ein.

chen. Eine Euromünze erscheint im Abstand von 1,5 km unter einem Winkel von etwa 2″, also von zwei Bogensekunden.

Aus Erfahrung wissen wir, dass uns ein Objekt umso größer erscheint, je näher es uns ist, weil der Betrachtungswinkel dabei größer ist. Aber aus der Winkelgröße bzw. dem Winkeldurchmesser eines Objekts können wir nicht direkt auf seine tatsächliche Größe schließen. So müssten wir auch die Entfernung des Monds von uns kennen, um aus seinem Winkel von ½° seinen Durchmesser zu ermitteln.

Einige Zyklusdauern bei der Erde

Im Laufe eines Jahres vollziehen sich der tägliche Aufgang und Untergang der Sonne zu wechselnden Zeiten und an wechselnden Orten des Horizonts. Gleiches gilt auch für den Mond. Allerdings ist die Regelmäßigkeit hier nicht so leicht zu durchschauen, weil seine Bewegungen sich in Zyklen von jeweils 29 ½ Tagen wiederholen. Und bei den Sternbildern, von denen wir einige schon in Abschnitt 1.2 kennengelernt haben, sehen wir erst nach einem Jahr wieder die gleiche Formation bzw. Anordnung. – Die Ursache für diese unterschiedlichen Regelmäßigkeiten liegt in drei verschiedenen Bewegungen. Die erste Bewegung ist die Erdumdrehung, d. h. die Rotation der Erde um ihre Achse, die durch ihre Pole verläuft; sie bewirkt den Wechsel von Tag und Nacht und die scheinbare Drehung der Himmelskugel und aller Objekte auf ihr am Himmel. Die zweite Bewegung ist der Umlauf der Erde um die Sonne; sie verursacht die verschiedenen Jahreszeiten, denn sie dauert jeweils ein Jahr, und sie bewirkt, dass im Laufe eines Jahres teilweise andere Sternbilder den Nachthimmel an einem bestimmten Standort beherrschen. Die dritte Bewegung schließlich ist der Umlauf des Monds um die Erde; sie bewirkt die Mondphasen, beeinflusst aber auch maßgeblich die Gezeiten und ist verantwortlich für die spektakulären Phänomene, die wir Finsternisse nennen.

1.4 Die Rotation der Erde führt zum Tag-Nacht-Zyklus, und ihr Umlauf um die Sonne definiert das Jahr

Wie eben schon bemerkt, dreht sich die Erde um ihre Nord-Süd-Achse, was man als **Erdrotation** bezeichnet. Aber wir spüren davon nichts, weil diese Umdrehung gleichmäßig verläuft und weil uns die Schwerkraft an der Erdoberfläche festhält. Aufgrund der Erdrotation scheinen die Sterne sowie Sonne, Mond und Planeten im Osten aufzugehen und sich auf kreisförmigen Bahnen am Himmel zu bewegen, um schließlich im Westen unterzugehen, d. h. dort hinter dem Horizont zu verschwinden (das gilt allerdings nicht für alle Sterne und Planeten). Durch die Erdrotation entstehen also die Tageszeiten (Tag und Nacht), weil ja auch die Sonne jeden Tag auf- und wieder untergeht. Die **tägliche Bewegung** von Himmelskörpern wird in Abb. 1.10 sehr gut deutlich.

Gehen Sie einmal an einem klaren Abend nach draußen, wo wenig künstliches Licht stört, um sich die Bewegung der Sterne am Himmel anzuschauen. Sobald es dunkel genug ist, erkennen Sie sicherlich einige Sternbilder. Merken Sie sich deren Position relativ zu bestimmten Markierungen in der Nähe (Berge, Türme o. Ä.). Wenn Sie die Beobachtung nach einigen Stunden von derselben Stelle aus wiederholen, werden Sie feststellen, dass das gesamte Muster der Sterne (und auch des Monds, sofern er gerade sichtbar ist) sich verändert hat. Am östlichen Horizont kamen an-

R I V U X G

Abb. 1.10 Lichtspuren von Zirkumpolarsternen. Diese Langzeitbelichtung, in Richtung Süden aufgenommen, zeigt Lichtspuren von Zirkumpolarsternen. Das sind Sterne, die hier den südlichen Himmelspol umlaufen und dabei niemals unter den Beobachtungshorizont sinken. Die Kreisform der Bahnen rührt von der Erdrotation her. (Anglo-Australian Observatory/ David Malin Images) dere Sterne oder Sternbilder hinzu, während einige zuvor sichtbare unter dem westlichen Horizont verschwunden sind. Und noch später, kurz vor der Morgendämmerung, werden Sie bemerken, dass die Sterne, die am Abend gerade aufgegangen waren, nun tief im Westen stehen.

Einige Sternbilder sind nachts nur zu bestimmten Jahreszeiten sichtbar. Das liegt daran, dass die Erde einmal pro Jahr die Sonne umläuft. Unter einem **Umlauf** versteht man allgemein die Bewegung eines astronomischen Objekts um ein anderes. Am bekanntesten sind natürlich die Umläufe der Planeten um unsere Sonne. Die Erde benötigt ein Jahr mit rund 365 1/4 Tagen, um die Sonne einmal zu umlaufen. Ein Jahr ist dann vergangen, wenn die Erde relativ zu den Sternen wieder denselben Punkt auf ihrer Bahn um die Sonne erreicht hat. Wir ziehen nun in Gedanken zu einem bestimmten Zeitpunkt eine gerade Linie von der Sonne durch die Erde und weiter bis zu irgendeinem (natürlich sehr weit entfernten) Stern auf der von der Sonne abgewandten Seite der Erde. Während die Erde die Sonne umläuft, bewegt sich diese Linie in einer Ebene, und wenn 365 1/4 Tage später genau ein Umlauf vollendet ist, dann fällt diese Linie exakt mit der anfangs gedachten Linie zusammen. Eine Zeitspanne, nach der immer wieder die gleiche Position relativ zu den Sternen erreicht wird, nennt man **siderische Periode** (das Wort *siderisch* bedeutet „auf die Sterne bezogen" und ist vom lateinischen Wort *sidus* = Gestirn abgeleitet).

Würde die Erde nur um ihre Achse rotieren, aber auf der Umlaufbahn um die Sonne an derselben Stelle verharren, dann ginge jeder am betreffenden Standort überhaupt sichtbare Stern zu jeder Jahreszeit zur gleichen Tageszeit auf bzw. unter. Doch weil sich die Erde auf ihrer Bahn um die Sonne fortbewegt, gehen die Sterne pro Tag jeweils um ungefähr vier Minuten früher auf als am vorigen Tag bzw. in der vorigen Nacht. Diese Verschiebungen summieren sich beim Umlauf um die Sonne, sodass nach und nach andere Sternbilder am Nachthimmel auftreten können, während andere verschwinden. In Abb. 1.11 ist das beispielhaft dargestellt: Wenn die Sonne (zwischen dem 18. September und dem 1. November) im Sternbild Jungfrau steht, dann liegen Sonne und Jungfrau samt deren benachbarten Sternbildern in derselben Himmelshalbkugel, wie in Abb. 1.11a gezeigt ist. Doch weil tagsüber die Sonne scheint, sind eben diese Sternbilder *nicht* zu sehen, weil sie ja gleichzeitig mit der Sonne über dem Horizont liegen. Während derselben Zeitspanne liegen die das Sternbild Fische umgebenden Sternbilder auf der anderen Seite der Himmelskugel und damit im Dunklen. Das bedeutet: Während die Sonne im Sternbild Jungfrau steht, erscheint am

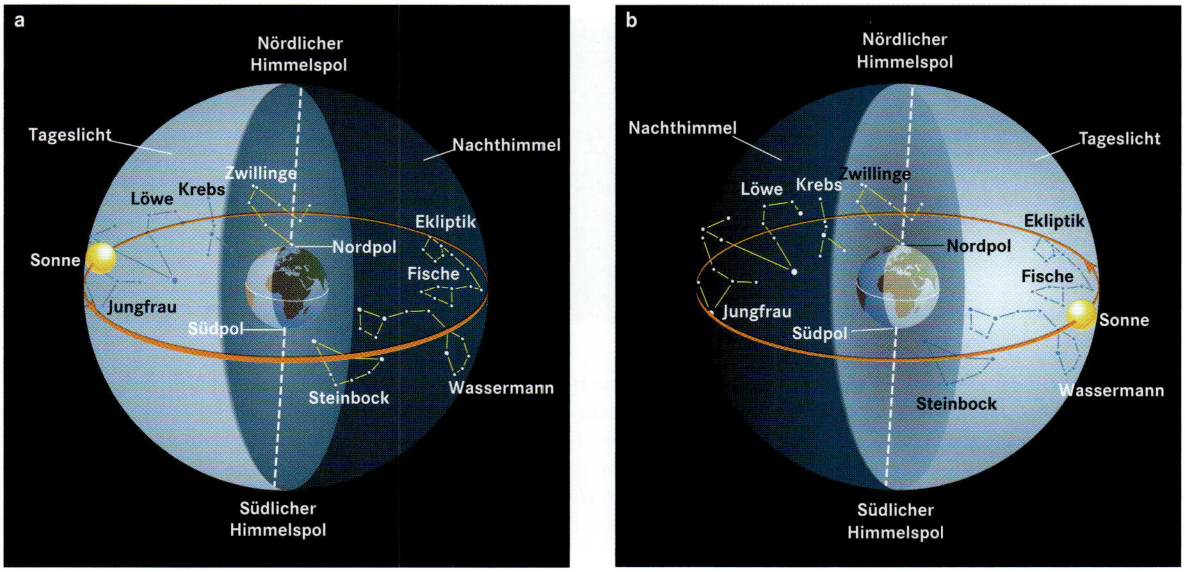

Abb. 1.11 Warum zu verschiedenen Jahreszeiten unterschiedliche Sternbilder sichtbar sind. (a) Jedes Jahr steht die Sonne, von der Erde aus gesehen, ungefähr ab der Herbst-Tagundnachtgleiche für einige Wochen im Sternbild Jungfrau. Von der Erde aus gesehen liegt dieser Teil der Himmelskugel (samt allen Sternen darin) dabei im Sonnenlicht, und wir sehen nachts nur Sterne auf der anderen Seite des Himmels, wobei das Sternbild Fische in der Mitte liegt. (b) Sechs Monate später steht die Sonne im Sternbild Fische. Nun liegt diese Hälfte der Himmelskugel für uns im Sonnenlicht, und die andere Hälfte, mit der Jungfrau in der Mitte, liegt im Dunklen.

Nachthimmel das Sternbild Fische mit seiner Umgebung.

Sechs Monate später, wenn die Sonne im Sternbild Fische steht, liegt diese Seite der Himmelskugel im Tageslicht, während die Jungfrau mit ihren benachbarten Sternbildern hoch am Nachthimmel steht (siehe Abb. 1.11b). Diese Überlegungen gelten jeweils überall auf der Erde, weil sich die Sonne – von der Erde aus gesehen – auf ihrer Bahn sehr langsam durch die Sternbilder bewegt; sie benötigt ja für einen kompletten Durchlauf ein Jahr.

Wir hatten vorhin erwähnt, dass Sterne am östlichen Horizont auf- und am westlichen Horizont untergehen. Aber je nach der geografischen Breite auf der Erde verschwinden etliche Sterne und Sternbilder niemals unter dem Horizont, sondern vollführen am Himmel jede Nacht vollständige Kreisbahnen (siehe Abb. 1.10). Um das zu verstehen, stellen wir uns in Gedanken nachts auf den Nordpol der Erde. Dabei dreht sich die Erde direkt unter unseren Füßen um ihre Achse. Wenn wir uns relativ zur Erde nicht bewegen und dabei stets nach vorn schauen, dann bewegen sich alle sichtbaren Sterne auf ebenen Kreisen von links nach rechts um uns herum (im Uhrzeigersinn). Nun blicken wir genau senkrecht nach oben, also zum Polarstern, der ja hier im **Zenit** liegt. (An anderen Stellen auf der Erdoberfläche liegt im Zenit vielleicht auch ein bekannter Stern, meist aber nicht.) Um den unbeweglich erscheinenden Polarstern herum bewegen sich jetzt alle Sterne links herum auf waagerechten Kreisbahnen, wobei keiner von ihnen auf- oder untergeht (Abb. 1.12). Sterne und Sternbilder, die vom jeweiligen Standpunkt aus niemals unter dem Horizont verschwinden, werden **zirkumpolar** genannt. Über dem Südpol der Erde steht kein von dort aus unbeweglich erscheinender, heller Stern, und hier bewegen sich beim Blick nach oben die sichtbaren Sterne auf Kreisbahnen von rechts nach links (entgegen dem Uhrzeigersinn).

? Warum erscheinen Sternbilder wie der Große Wagen zeitweise aufrecht und zeitweise auf dem Kopf stehend?

Alle Bewohner der nördlichen Erdhalbkugel sehen nachts den Polarstern über dem nördlichen Horizont, und zwar in demjenigen Winkel über dem Horizont, der der jeweiligen geografischen Breite entspricht. An irgendeinem Punkt auf der Nordhalbkugel sind nur diejenigen Sterne und Sternbilder zirkumpolar, die bei Winkeln zwischen dem Polarstern und dem Horizont liegen. Je weiter man hier nach Süden – zum Äquator hin – fortschreitet, desto weniger zirkumpolare Sterne und Sternbilder gibt es. Gleiches gilt, wenn

Abb. 1.12 Die Bewegungen der Sterne an den Polen. Weil die Erde um ihre Achse rotiert, die durch den Nord- und den Südpol verläuft, vollführen die Sterne an den Polen waagerechte Kreise. Entsprechendes können Sie beobachten, wenn Sie sich in einem Zimmer auf einen Schemel stellen und dieser gedreht wird: Alles um Sie herum scheint sich dann im Gegensinn zu drehen. Am Nordpol beschreiben die Sterne Kreisbahnen von links nach rechts und am Südpol in der Gegenrichtung.

Abb. 1.13 Auf- und Untergang von Sternen am Äquator. Wenn jemand auf dem Äquator aufrecht steht, dann bildet sein Körper mit der Rotationsachse der Erde einen rechten Winkel. Deshalb gehen die Sterne am östlichen Horizont geradlinig (senkrecht nach oben) auf und am westlichen Horizont geradlinig (senkrecht nach unten) unter. Das kann man vergleichen mit der Fahrt über eine Bergkuppe: Sobald man den obersten Punkt passiert hat, scheinen sich die Objekte jenseits des Hügels senkrecht nach oben zu bewegen.

Abb. 1.14 Auf- und Untergang von Sternen in mittleren südlichen Breitengraden. Im Unterschied zu den Bewegungen der Sterne an den Polen (siehe Abb. 1.12), ändert sich im Laufe der Nacht ständig der Winkel, den die Bahnen der Sterne mit dem Erdboden bilden. Diese Langzeitaufnahme zeigt untergehende Sterne. Der Winkel, den sie beim Aufgang und beim Untergang mit dem Horizont bilden, hängt von der geografischen Breite ab, an der der Beobachter steht. (David Miller/DMI)

man auf der Südhalbkugel den Standpunkt vom Südpol aus in Richtung Norden (ebenfalls zum Äquator hin) verschiebt.

Nun stellen wir uns irgendwo auf den Erdäquator. Von hier aus gesehen bewegen sich alle Sterne auf senkrechten Bahnen im Osten nach oben und im Westen nach unten (Abb. 1.13). Der Polarstern ist am nördlichen Horizont gerade noch sichtbar. Nur er geht hier niemals auf oder unter, wohl aber alle anderen Sterne. Daher gibt es am Äquator keine zirkumpolaren Sterne.

Aus den Überlegungen zu den Abb. 1.12 und 1.13 können wir ableiten: Der Winkel, in dem die Sterne am Horizont auf- bzw. untergehen, hängt von der geografischen Breite ab, auf der sich der Beobachter befindet. Das prüfen wir natürlich nach. Dazu zeigt Abb. 1.14 mehrere Sterne, die bei 35° nördlicher Breite untergehen. Hier liegt der Polarstern, wie schon erläutert wurde, unbeweglich bei einem Winkel von 35° über dem Horizont, und zwar rechts außerhalb der Abbildung. Noch ein letztes Beispiel hierzu: Alle in Abb. 1.10 auf ihren Kreisbahnen sichtbaren Sterne sind zirkumpolar.

1.5 Die Neigung der Erdachse und der Umlauf um die Sonne bewirken die Jahreszeiten

Könnten wir die Sterne auch tagsüber sehen, dann wäre es uns möglich, den Lauf der Sonne vor dem Hintergrund der Sternbilder während des gesamten Jahres zu verfolgen. (Die Sonne bewegt sich – von uns aus gesehen – relativ zu den Sternen, weil die Erde die Sonne umläuft.) Von einem Tag zum nächsten legt die Sonne auf der Himmelskugel dabei ein nahezu geradliniges Stückchen Weg zurück. Alle diese Wegstückchen ergeben insgesamt die **Ekliptik**, d. h. die *Sonnenbahn* an der Himmelskugel. Wie in Abb. 1.15a zu erkennen ist, bildet die Ekliptik einen geschlossenen Kreis, der die Himmelskugel in eine obere und eine untere Hälfte teilt. Diese Ekliptik ist somit nichts anderes als der in Abb. 1.8 eingezeichnete jährliche Weg der Sonne an der Himmelskugel.

Der Begriff **Ekliptik** hat in der Astronomie aber noch eine zweite Bedeutung, nämlich die *Ebene der Erdbahn um die Sonne.* Die Ebenen der beiden Ekliptiken fallen exakt zusammen. Stellen wir uns vor, wir stehen auf der Sonnenoberfläche und betrachten jeden Tag den Umlauf der Erde. Der Weg der Erde an der Himmelskugel, wie wir ihn von der Sonne aus sehen, ist genau derselbe wie der Weg der Sonne, wie wir ihn von der Erde aus sehen (Abb. 1.15b). Erinnern Sie sich dazu an die Linie, die wir in Abschnitt 1.4 von der Sonne durch die Erde bis zur Himmelskugel gezogen haben.

Tagundnachtgleichen und Sonnenwenden Die Ekliptik (die Sonnenbahn an der Himmelskugel) und der Himmelsäquator sind unterschiedliche Kreise, die an der Himmelskugel um 23 ½° gegeneinander geneigt sind. Dies rührt daher, dass die Rotationsachse der Erde einen Winkel von eben diesen 23 ½° gegen die Senkrechte auf der Erdbahn um die Sonne geneigt

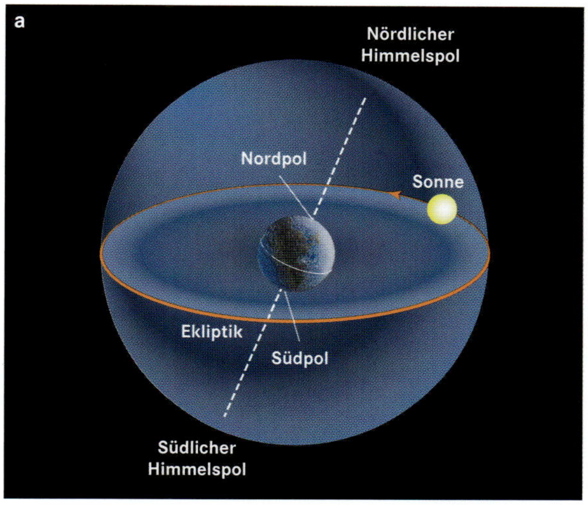

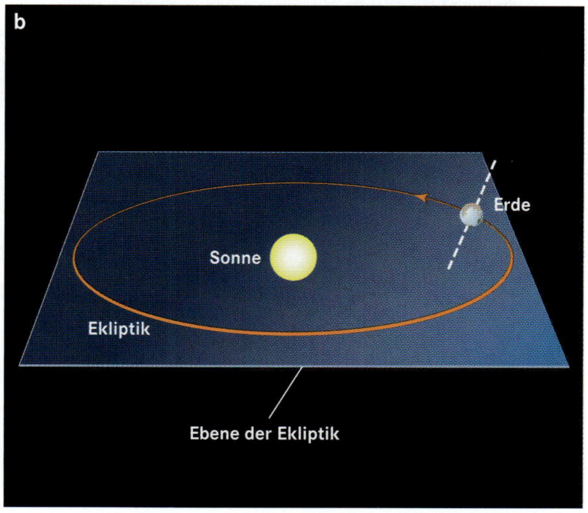

Abb. 1.15 Die Ekliptik. (a) Die Ekliptik ist der scheinbare jährliche Weg der Sonne an der Himmelskugel. (b) Unter Ekliptik versteht man aber auch die Ebene, in der die Bahn der Erde um die Sonne liegt. Die Ebenen, die von diesen beiden Ekliptiken gebildet werden, fallen zusammen. Die Rotationsachse der Erde ist in beiden Teilabbildungen mit ihrem Winkel von 23½° gegen die Senkrechte auf der jeweiligen Ekliptik dargestellt.

Einblicke in die Wissenschaft

Definieren der Begriffe Noch viel mehr als bei einem normalen Gespräch kommt es in der Wissenschaft darauf an, für jeden Sachverhalt den richtigen Begriff zu verwenden. Auf die Bewegung der Erde bezogen heißt das: Wir müssen klar unterscheiden zwischen der Umdrehung (genauer: der *Rotation*) der Erde um ihre Nord-Süd-Achse einerseits und der Drehbewegung (genauer: dem *Umlauf*) der Erde um die Sonne. Und bei der *Ekliptik* muss ggf. deutlich gemacht werden, welche Bedeutung gemeint ist (vgl. Abb. 1.15).

ist (Abb. 1.15 und 1.16). Diese zwei Kreise schneiden sich in nur zwei Punkten, die an der Himmelskugel einander exakt gegenüber liegen (Abb. 1.17) und jeweils einer der beiden **Tagundnachtgleichen** entsprechen. Diese nennt man auch **Äquinoktien** (Singular: Äquinoktium), abgeleitet von den lateinischen Wörtern *aequus* = gleich und *nox* = Nacht). Wenn die Sonne an einem dieser beiden Punkte steht, sind nämlich Tag und Nacht überall auf der Erde mit 12 h gleich lang.

Abgesehen von äußerst geringen Abweichungen innerhalb eines Jahres bleibt der Neigungswinkel der Erdachse gegen die Ebene der Umlaufbahn beim Umlaufen der Sonne praktisch gleich. Daher steht der Polarstern, wie schon erwähnt, während des ganzen Jahres über dem Nordpol. Während eines Halbjahres ist die nördliche Hemisphäre zur Sonne hin geneigt, sodass die Sonne hier zu den gleichen Tageszeiten jeweils höher steht als im anderen Halbjahr (Abb. 1.18). Entsprechend steht die Sonne im anderen Halbjahr in der südlichen Hemisphäre jeweils höher, weil nun diese zur Sonne hin geneigt ist.

Wir stellen uns in Gedanken auf irgendeinen Punkt auf der nördlichen Hemisphäre und verfolgen den Lauf der Sonne während eines Jahres. Der Tag, an dem der Sonnenaufgang von der Ostrichtung am weitesten nach Süden verschoben ist, liegt in jedem Jahr um den 22. Dezember (Abb. 1.18a). Hierbei spricht man von der **Wintersonnenwende** oder vom *Wintersolstitium* (lat. *solstitium* = Sonnenstillstand). Dieser Punkt ist also der am weitesten südlich vom Himmelsäquator gelegene Punkt der Sonnenbahn (siehe Abb. 1.17). Es ist gleichzeitig der Tag, an dem die Sonne auf der nördlichen Hemisphäre ihre geringste Mittagshöhe erreicht (Abb. 1.18a) und der Tag die wenigsten Sonnenstunden hat.

Während ihres Laufs an der Himmelskugel geht die Sonne nach der Wintersonnenwende an jedem folgenden Tag etwas früher auf, steht am östlichen Horizont etwas weiter nördlich und erreicht eine et-

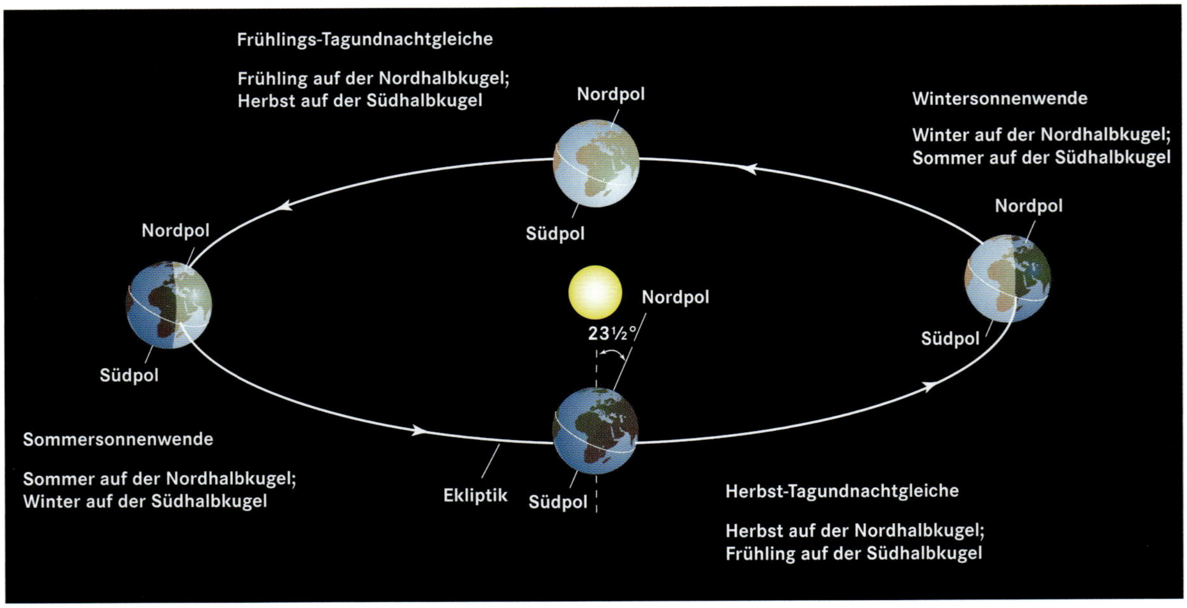

Abb. 1.16 Die Neigung der Erdachse. Die Rotationsachse der Erde ist um 23½° gegen die Senkrechte auf der Erdbahn um die Sonne geneigt. Diese Orientierung der Erdachse ändert sich beim Umlauf um die Sonne niemals, sodass die Verlängerung der Erdachse nach Norden stets auf den Polarstern gerichtet ist. Wegen der Neigung der Erdachse ändern sich an allen Punkten auf der Erde die Intensität des tagsüber einfallenden Sonnenlichts und die Dauer der Nacht ständig, wobei sich auch die unterschiedlichen Jahreszeiten ergeben.

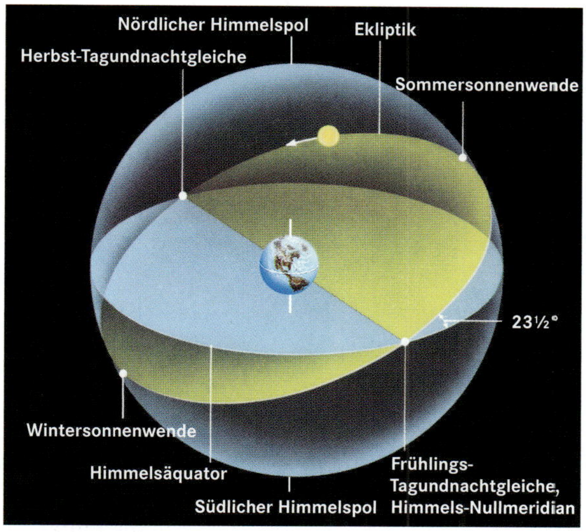

Abb. 1.17 Der Zusammenhang zwischen den Jahreszeiten sowie den Tagundnachtgleichen und den Sonnenwenden. Die Ekliptik ist gegen den Himmelsäquator um 23½° geneigt, weil die Erdachse um den gleichen Winkel gegen die Senkrechte auf der Erdbahn um die Sonne geneigt ist. Die Ekliptik und der Himmelsäquator schneiden sich in zwei Punkten, den sogenannten Tagundnachtgleichen. Der nördlichste Punkt der Sonnenbahn ist die Sommersonnenwende und der südlichste die Wintersonnenwende.

was größere Mittagshöhe. Drei Monate später, um den 21. März, überquert die Sonne in nördlicher Richtung den Himmelsäquator. Dies ist die **Frühlings-Tagundnachtgleiche**, also einer der zwei Tage des Jahres, an denen die Sonne genau im Osten auf- und im Westen untergeht (Abb. 1.18b). Die Frühlings-Tagundnachtgleiche entspricht damit dem Nullmeridian an der Himmelskugel, wie weiter oben schon erläutert wurde. Drei Monate nach der Frühlings-Tagundnachtgleiche, um den 21. Juni, geht die Sonne am weitesten nördlich von der Ostrichtung auf und erreicht auf der Nordhalbkugel die größte Mittagshöhe (Abb. 1.18c). Das ist die **Sommersonnenwende** (siehe auch Abb. 1.17). Dieser Tag des Jahres hat auf der nördlichen Halbkugel die meisten Sonnenstunden.

Vom 21. Juni bis zum 21. Dezember geht die Sonne jeweils etwas weiter südlich auf bzw. unter und erreicht eine etwas geringere Mittagshöhe als am Vortag. Die Veränderungen verlaufen in dieser Zeit also in der gegenteiligen Richtung wie in den vorhergehenden sechs Monaten. Die **Herbst-Tagundnachtgleiche** tritt um den 22. September auf (Abb. 1.18d), wobei die Sonne den Himmelsäquator, von der Erde aus gesehen, in südlicher Richtung überschreitet.

2 Je höher die Sonne am Himmel zur Mittagszeit steigt, desto mehr Licht- und Wärmeintensität strahlt sie auf die Erde ein (siehe Abb. 1.18). Außerdem steht sie bei größerer Mittagshöhe mehr Stunden pro Tag am Himmel, was die täglich eingestrahlte Gesamtenergie zusätzlich erhöht. Die verschiedenen Jahreszeiten auf den beiden Halbkugeln (Hemisphären) der Erde rühren somit von den unterschiedlichen Einstrahlungswinkeln und täglichen Dauern des Sonnenlichts her – und deren Ursache ist letztlich die Neigung der Erdachse gegen die Ebene der Erdbahn um die Sonne. (Von anderen Einflüssen auf das Wetter, vor allem Wind und Bewölkung, wollen wir dabei absehen.)

Fassen wir die Gegebenheiten auf der Nordhalbkugel der Erde kurz zusammen: Zur Wintersonnenwende (dem Winteranfang) steht die Sonne am niedrigsten. Während der täglichen Verlagerung ihrer Bahn am Himmel nach Norden nimmt die Anzahl der täglichen Sonnenstunden zu, wie auch der Einstrahlungswinkel des Sonnenlichts an der Erdoberfläche. Zur Frühlings-Tagundnachtgleiche (dem Frühlingsanfang) haben Mittagshöhe und Einstrahlungswinkel jeweils den Mittelwert, somit auch die täglich auf die Erde gelangende gesamte Sonnenenergie. Zur Sommersonnenwende (dem Sommeranfang) steht die Sonne am höchsten und scheint pro Tag am längsten. Zur Herbst-Tagundnachtgleiche (dem Herbstanfang) schneidet die Sonnenbahn erneut den Himmelsäquator, und die Bedingungen sind an diesem Tag die gleichen wie beim Frühlingsanfang.

3 Die Umlaufbahn der Erde um die Sonne ist eine Ellipse (worauf wir in Kapitel 2 noch näher eingehen werden). Zwar ändert sich daher der Abstand zwischen Erde und Sonne während eines Jahres um bis zu 5 Mio. km. Aber das hat auf die Jahreszeiten praktisch keinen Einfluss. Man könnte zwar annehmen, dass es auf der Erde wärmer wird, wenn sie der Sonne näher ist. Das ist im Prinzip auch der Fall. Aber die Änderung des Abstands um 5 Mio. km ist relativ zum mittleren Abstand von 150 Mio. km sehr klein. Den weitaus größeren Einfluss auf die pro Quadratmeter und Sekunde zur Erde gelangende Wärmeenergie hat der Einstrahlungswinkel. Daher rühren die Jahreszeiten nur von der Neigung der Erdachse her, wie eben beschrieben wurde. Deswegen herrschen auf der Nord- und der Südhalbkugel jeweils die entgegengesetzten Jahreszeiten. – Übrigens ist die Erde jeweils um den 3. Januar, also auf der Nordhalbkugel mitten im Winter, der Sonne am nächsten.

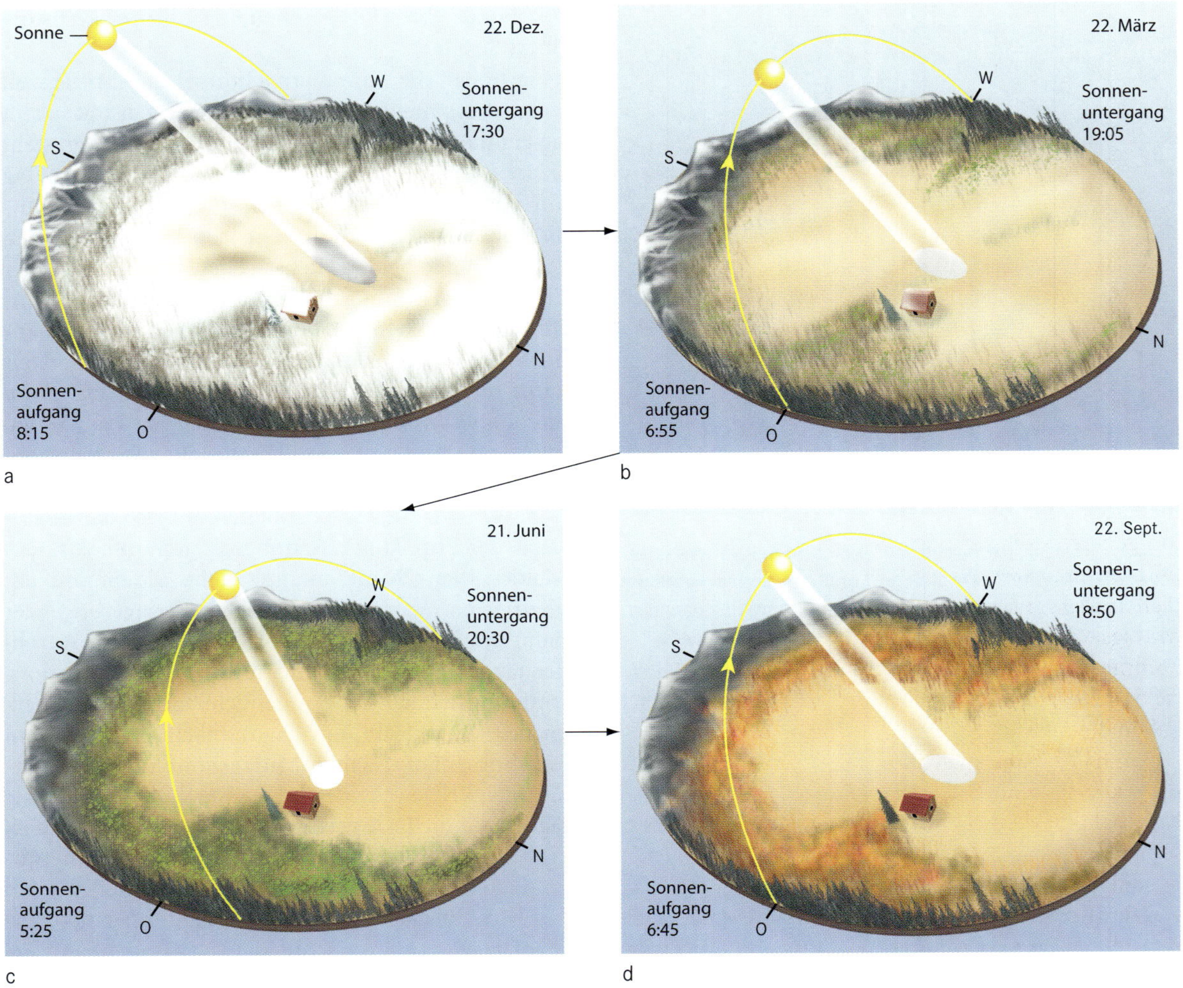

Abb. 1.18 Der tägliche Weg der Sonne und die von ihr auf die Erde eingestrahlte Lichtenergie. (a) Zur Wintersonnenwende, also am Winteranfang, geht die Sonne relativ zur Ostrichtung am weitesten südlich auf, erreicht auf der Nordhalbkugel die geringste Mittagshöhe, steht hier für die kürzeste Zeit am Himmel und strahlt die geringste Licht- und Wärmeintensität (bzw. Energie pro Flächen- und pro Zeiteinheit) auf die Erdoberfläche ein. (b) Zur Frühlings-Tagundnachtgleiche, dem Frühlingsanfang, geht die Sonne genau im Osten auf und im Westen unter. Die eingestrahlte Intensität ist hierbei auf der Nordhalbkugel größer als zur Wintersonnenwende, was in der Abbildung an der kleineren und helleren beleuchteten Fläche als in (a) erkennbar ist. (c) Zur Sommersonnenwende, dem Sommeranfang, geht die Sonne relativ zur Ostrichtung am weitesten nördlich auf, erreicht auf der Nordhalbkugel die größte Mittagshöhe, steht hier die meisten Stunden am Himmel und strahlt die höchste Licht- und Wärmeintensität ein. (d) Zur Herbst-Tagundnachtgleiche herrschen die gleichen astronomischen Bedingungen wie zur Frühlings-Tagundnachtgleiche.

? Warum muss das Foto in Abb. 1.14 in Richtung Westen aufgenommen worden sein? *Hinweis:* Schauen Sie sich Abb. 1.18 näher an.

Die Unterschiede im Abstand zwischen Erde und Sonne hätten einen etwas größeren Einfluss auf die Jahreszeiten, wenn die Südhalbkugel nicht wesentlich mehr Meeresfläche aufwiese als die Nordhalbkugel. Während die Erde der Sonne am nächsten ist (während des Winters auf der Nordhalbkugel), wobei die Sonne auf der Südhalbkugel höher steht, strahlen deren große Wasserflächen dadurch mehr Sonnenlicht und -wärme in den Weltraum zurück. Könnte diese zusätzliche Energie von der Erde wieder absorbiert werden, dann würde diese, während auf der Nordhalbkugel Winter ist, insgesamt stärker erwärmt werden.

Einblicke in die Wissenschaft

Das Unerwartete nicht ausschließen Viele Phänomene, die wir im Universum beobachten können, widersprechen unseren Erwartungen bzw. unseren Alltagserfahrungen. In den Naturwissenschaften müssen wir daher stets auch das scheinbar Offensichtliche hinterfragen. Das bedeutet, wir dürfen zunächst einmal nichts als selbstverständlich voraussetzen, was wir aus anderen Zusammenhängen wissen. Ein ausgezeichnetes Beispiel hierfür ist die Tatsache, dass der sich regelmäßig ändernde Abstand zwischen Erde und Sonne kaum einen Einfluss auf die Jahreszeiten hat.

Der Weg der Sonne am Himmel Während der Sommermonate auf der Nordhalbkugel ist diese zur Sonne hin geneigt, sodass die Sonne hier im Nordosten auf- und im Nordwesten untergeht. Daher scheint sie täglich mehr als 12 h lang und erreicht eine größere Mittagshöhe als zu anderen Zeiten des Jahres. Zur Sommersonnenwende auf der Nordhalbkugel steht sie dabei hier am weitesten im Norden, und die Tage haben die meisten Sonnenstunden.

Ein halbes Jahr später sind die Verhältnisse gerade umgekehrt: Während der Wintermonate auf der Nordhalbkugel ist diese von der Sonne weg geneigt, sodass die Sonne hier im Südosten auf- und im Südwesten untergeht. Daher scheint sie täglich weniger als 12 h lang und erreicht eine geringere Mittagshöhe als zu anderen Zeiten des Jahres. Zur Wintersonnenwende auf der Nordhalbkugel haben die Tage dort die wenigsten Sonnenstunden.

Der maximale Winkel, in dem die Sonne über dem südlichen Horizont steht (also die maximale Mittagshöhe) hat bei unterschiedlichen geografischen Breiten verschiedene Werte. Je weiter man einem der Pole kommt, desto geringer ist dieser maximale Winkel. Bei Breiten zwischen 66 ½° nördlicher bzw. südlicher Breite und dem jeweiligen Pol geht die Sonne für eine bestimmte Zeit während des Winters gar nicht auf. Entsprechend geht sie im Sommer in diesen Breiten bis zu mehrere Tage oder Wochen lang gar nicht unter (Abb. 1.19). Dieses Phänomen nennt man *Mitternachtssonne.*

Die Sonne benötigt ein Jahr für einen vollständigen 4
Umlauf um die Ekliptik. Weil das Jahr ungefähr 365 ¼ Tage hat und ein kompletter Umlauf 360° entspricht, kommt die Sonne bei ihrem Umlauf pro Tag um knapp 1° voran. Die Sternbilder, durch die sie sich dabei während des gesamten Jahres bewegt, nennt man **Tierkreissternbilder**. Wir können diese Sternbilder nicht sehen, wenn die Sonne zwischen ihnen steht, aber wir können den Weg der Sonne auf der Himmelskugel aufzeichnen, um zu ermitteln, durch welche Sternbilder sie sich bewegt. Schon im frühen Altertum wurden die bekannten zwölf Tierkreissternbilder mit ihren Grenzen am Himmel festgelegt. Doch im Jahre 1930 wurden in der Astronomie diese Grenzen neu definiert, sodass die Sonne sich heute in einem Jahr durch 13 Sternbilder bewegt. (Das 13. Tierkreissternbild ist der Schlangenträger. Ihn passiert die Sonne vom 1. bis zum 19. Dezember eines jeden Jahres.) In Tab. 1.1 sind alle Tierkreissternbilder mit den Zeiten aufgeführt, zu denen die Sonne sie passiert. Vielleicht sind Sie ja gar nicht in demjenigen Sternbild geboren, das Sie bisher angenommen haben.

1.6 Die Uhrzeiten nach Sonnenstand führten zu beträchtlicher Verwirrung

Die tägliche Bewegung der Sonne am Himmel gab den Menschen schon in allerfrühester Zeit einen Hinweis auf die jeweilige Tageszeit. Wenn sie untergegan-

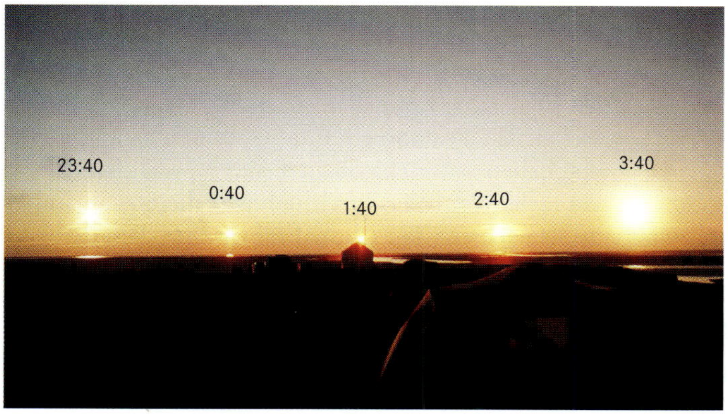

Abb. 1.19 Die Mitternachtssonne. Diese Zeitrafferaufnahme entstand am 19. Juli 1985 im Nordosten Alaskas bei 69° nördlicher Breite. Hier steht die Sonne von Mitte Mai bis Ende Juli ununterbrochen oberhalb des Horizonts. (Doug Plummer/ Science Photo Library)

R I V U X G

Tab. 1.1 Die 13 Tierkreissternbilder

Sternbild	Daten des Sonnendurchgangs
Fische	13. März – 20. April
Widder	20. April – 13. Mai
Stier	13. Mai – 21. Juni
Zwillinge	21. Juni – 20. Juli
Krebs	20. Juli – 11. August
Löwe	11. August – 18. September
Jungfrau	18. September – 1. November
Waage	1. November – 22. November
Skorpion	22. November – 1. Dezember
Schlangenträger	1. Dezember – 19. Dezember
Schütze	19. Dezember – 19. Januar
Steinbock	19. Januar – 18. Februar
Wassermann	18. Februar – 13. März

gen war, dann war es natürlich Nacht, und am Tage konnte man am Sonnenstand zumindest ablesen, ob es Vor- oder Nachmittag war. Der zeitliche Abstand zwischen zwei aufeinanderfolgenden Mittagshöhen der Sonne wurde als sogenannter **Sonnentag** definiert, den die Menschen schon seit langer Zeit in 24 h unterteilen. Aber die Länge des Sonnentages ändert sich während eines Jahres ständig. Das rührt zum einen daher, dass die Erdumlaufbahn um die Sonne kein Kreis, sondern eine Ellipse ist, auf der die Erde bei der Annäherung an die Sonne periodisch schneller und dann wieder langsamer wird, wenn sie sich von der Sonne entfernt. Größeren Einfluss auf die Länge des Sonnentages hat aber die Tatsache, dass die Rotationsachse der Erde um 23 ½° gegen die Senkrechte auf der Erdumlaufbahn geneigt ist. Anders ausgedrückt: Die Ellipsenbahn und vor allem die Achsenneigung verändern im Laufe des Jahres die scheinbare Geschwindigkeit der Sonne am Himmel. Über das ganze Jahr gerechnet beträgt die *mittlere* (oder *durchschnittliche*) Zeitspanne zwischen aufeinanderfolgenden Mittagshöhen 24 h. Das ist der *mittlere Sonnentag*, auf dessen Grundlage unsere Uhrzeit konzipiert wurde.

? In welchen Gebieten der Erde sind die jahreszeitlichen Temperaturschwankungen am geringsten, und welchen Grund hat das?

Früher wurde die Mittagszeit einfach als der Zeitpunkt definiert, zu dem die Sonne im Himmel am höchsten steht. Aber als wir eben gesehen haben, wird schon die Mittagshöhe des jeweils nächsten Tags nicht nach genau 24 h erreicht. Der Unterschied zwischen dem „Mittag" nach genau 24 h und dem astronomischem Mittag (wenn die Sonne wirklich am höchsten steht), kann je nach der geografischen Breite bis zu 16 min ausmachen. Hinzu kommt noch ein anderer Effekt. Die gedachten Längengrade sind ja die 360 Kreise, die in gleichen Winkelabständen die beiden Erdpole verbinden. Weil die Erde in Richtung Osten rotiert, steht die Sonne bei anderen geografischen Längen zu anderen Zeitpunkten am höchsten, und zwar umso später, je größer die westliche Länge ist. So ist es beispielsweise in London schon astronomischer Mittag, wenn es in New York erst sieben Uhr früh ist. Als die Verkehrsmittel noch sehr langsam waren, genügte es im Prinzip, die Uhrzeit in irgendeinem Ort auf den jeweiligen astronomischem Mittag zu beziehen. Aber schon mit dem Aufkommen der Eisenbahn führte das bald zu Verwirrungen, denn bereits nach wenigen Stunden Fahrzeit konnte ein anderer Ort erreicht werden, dessen astronomischer Mittag von dem des Ausgangspunkts abwich – nun ging die Uhr des Ankommenden auf einmal ziemlich „falsch".

Um derartige Probleme zu vermeiden, führte man gegen Ende des 19. Jahrhunderts die **Zeitzonen** ein, wobei in jeder einzelnen Zeitzone überall dieselbe Uhrzeit gilt. Die sozusagen zentrale Zeitzone ist die von Greenwich, das heute zu London gehört und definitionsgemäß auf 0° westlicher Länge, also auf dem Nullmeridian liegt, wie bereits erwähnt wurde. Mit einigen mehr oder weniger geringen Abweichungen aufgrund von politischen oder geografischen Grenzen haben die Zeitzonen jeweils einen Abstand von 15° östlicher bzw. westlicher Länge voneinander. Der Wert 15° ergibt sich aus der Division der 360° der gesamten Erdkugel durch 24 h. Jede Zeitzone hat also von der nächsten bzw. von der vorigen eine Zeitdifferenz von 1 h, wie in Abb. 1.20 deutlich wird.

Neben dem Sonnentag gibt es auch den **Sterntag**. Seine Dauer ist die Zeitspanne, nach der ein bestimmter Stern am Himmel am nächsten Tag wieder genau die gleiche Position einnimmt. Sonnentag und Sterntag haben unterschiedliche Dauern, weil die Erde die Sonne umläuft. Dadurch nehmen die Sterne am jeweils nächsten Tag schon 4 min früher dieselbe Position am Himmel ein. Also ist der Sterntag 23 h, 56 min lang, aber der Sonnentag dauert 24 h.

? Warum wären wir mit einem Kalender nicht zufrieden, der auf dem Sterntag beruht?

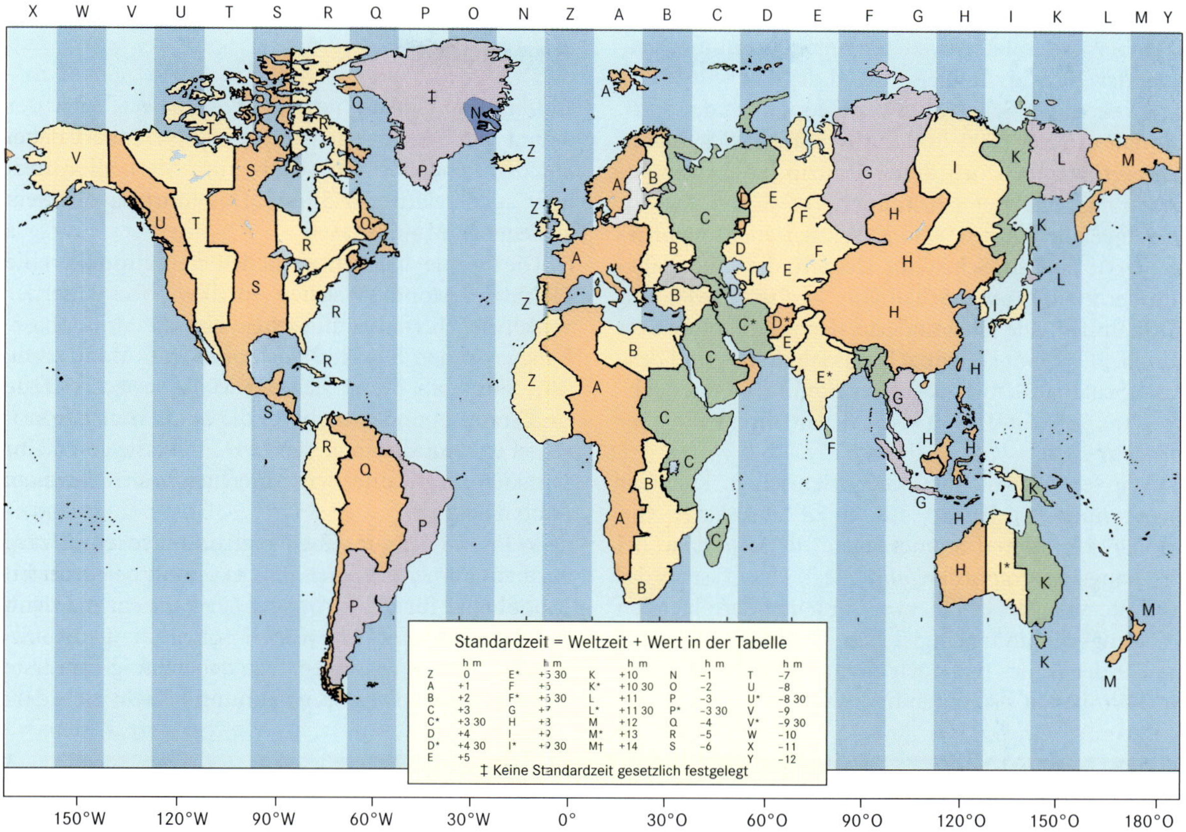

Abb. 1.20 Die 24 Zeitzonen der Welt. Die Sonne bewegt sich am Himmel pro Stunde um 15° weiter, da die Erde einmal in 24 h um volle 360° rotiert. Daher wurde die Erde in 24 gleiche Zeitzonen von je 1 h aufgeteilt. Die Grenzen der Zeitzonen weichen sehr oft von den zugehörigen Längengraden ab, was an geografischen oder politischen Grenzen liegt. Es gibt auch einige Zeitzonen, deren Zeit um plus bzw. minus 0,5 h von diesem Schema abweicht.

1.7 Kalender mit fester Jahreslänge wären unbrauchbar

Ebenso wie die Zeiteinheit Tag auf die Erdrotation zurückgeht, ist die Zeiteinheit Jahr durch den Umlauf der Erde um die Sonne definiert. Ein Umlauf dauert aber nicht genau 365 Tage, sodass auch das Jahr nicht exakt so lang sein kann. Das bedeutet jedoch, dass es aus keiner ganzen Anzahl von Tagen besteht. Das führte schon im Altertum zu Problemen, denn das Jahr hat ja rund 365 1/4 Tage. Dadurch fielen wichtige Ereignisse oder Feste irgendwann nicht mehr auf den richtigen Tag. Um dieses Problem zu lösen, reformierte der römische Staatsmann Julius Cäsar im Jahre 46 v. Chr. den Kalender. Bei dem später nach ihm als **Julianischer Kalender** bezeichneten System wurde den 365 Tagen des Jahres ein Viertel eines Tags hinzugefügt, und zwar in Form eines sogenannten Schalttages, des 29. Februar, der alle vier Jahre hinzukam. So fielen bestimmte astronomische Ereignisse, wie z. B. der Frühlingsanfang, in jedem Jahr wieder auf das gleiche Datum.

Der Julianische Kalender hätte wunderbar funktioniert, wenn das Jahr wirklich genau 365 1/4 Tage lang wäre und wenn die Rotationsachse der Erde (die heute auf den Polarstern gerichtet ist, wie schon besprochen) immer genau dieselbe Richtung hätte. Beides ist leider nicht der Fall. Daher sammelte sich im Laufe etlicher Jahrhunderte eine Diskrepanz an, sodass sich die Termine astronomischer Gegebenheiten und kirchlicher Feste immer weiter verschoben. Wieder war eine Reform nötig, zu der Papst Gregor XIII. eine Kommission einsetzte. Sie empfahl im Jahre 1582 den heute nach ihm benannten **Gregorianischen Kalender**. Erstens wurden dabei, da die Abweichungen schon stark zugenommen hatten, zehn Tage gestrichen, sodass auf den 5. Oktober 1582 direkt der 15. Oktober 1582 folgte. Zweitens wurde als Frühlingsanfang der 21. März festgelegt. Und drittens wurde Cäsars System der Schaltjahre verfeinert, nach dem z. B. die Jahre 1996, 2000 und 2004 sämtlich Schaltjahre gewesen wären. Doch dieses Prinzip hatte dazu geführt, dass alle vier Jahrhunderte etwa drei Tage zu viel angefallen wären. Also ist seitdem nicht mehr *jedes* vierte Jahr ein Schaltjahr, sondern die vollen Jahrhunderte sind *keine* Schaltjahre – aber wieder mit Ausnahmen: Die Jahrhunderte, deren Zahl ohne Rest durch 400 teilbar ist (wie z. B. das Jahr 2000) sind *dennoch* Schaltjahre mit 366 Tagen. Somit waren die Jahre 1700, 1800 und 1900 keine Schaltjahre, wohl aber das Jahr 2000.

Wir verwenden den Gregorianischen Kalender heute noch. Er beruht auf einer Jahreslänge von 365,2425 mittleren Sonnentagen, die sehr nahe bei der Länge des *tropischen Jahres* liegt. Dieses ist als das Zeitintervall zwischen zwei aufeinanderfolgenden Frühlings-Tagundnachtgleichen definiert. Hierbei macht der Fehler nur noch einen Tag pro 3300 Jahre aus. Wir haben also vorläufig Ruhe.

1.8 Die Mondphasen brachten uns den Monat

Bei seinem Umlauf um die Erde bewegt sich der Mond von Westen nach Osten und verändert dabei ständig seine Position relativ zum Sternenhimmel, aber auch relativ zur Sonne. Das führt zu den verschiedenen **Mondphasen**.

Die Sonne beleuchtet zu jedem Zeitpunkt eine Hälfte des Monds. Welchen Anteil wir von dieser jeweils beleuchteten Hälfte sehen, also die Mondphase, hängt von den relativen Positionen von Mond, Erde und Sonne ab. Wenn sich der Mond zwischen Erde und Sonne befindet (wobei er dieser am nächsten ist), sehen wir nur diejenige seiner Hälften, die gerade im Dunklen liegt, und wir sprechen vom *Neumond* (Abb. 1.21).

Während der gut sieben Tage nach dem Neumond wird ein immer größerer Teil der jeweils beleuchteten Mondhälfte für uns sichtbar. Dabei spricht man von der *zunehmenden Mondsichel* (oben in der Abbildung). Weitere gut sieben Tage danach folgt das erste „Mondviertel“. Diese Bezeichnung bezieht sich dar-

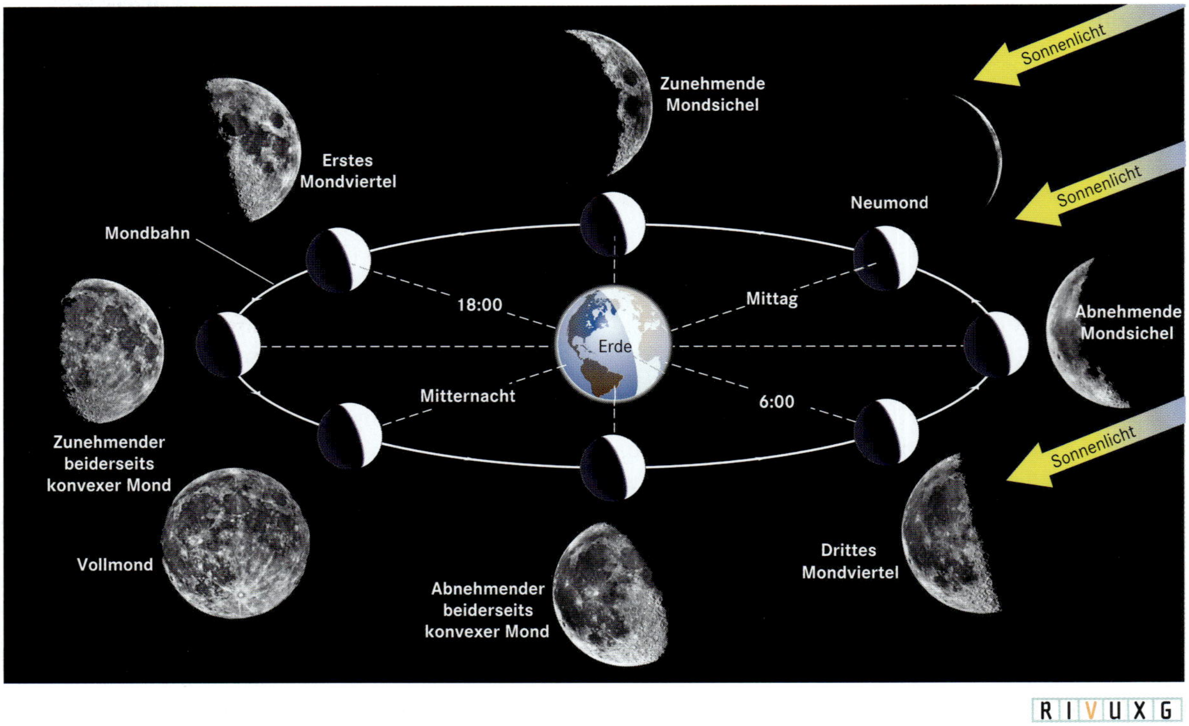

Abb. 1.21 Die Mondphasen. Das Diagramm stellt den Mond an acht Positionen seiner links herum durchlaufenen Umlaufbahn dar, wie man sie aus großer Entfernung schräg von oben aus einem Raumschiff sehen könnte. Außerdem ist jeweils ein Foto des Monds in der betreffenden Phase gezeigt, wie sie von der Erde aus gesehen würde. Das gilt auch für die beiden Fotos der abnehmenden Sichel und des dritten Viertels, obwohl diese scheinbar spiegelverkehrt aussehen. Es liegt immer nur eine (sich natürlich ständig ändernde) Hälfte des Monds im Sonnenlicht. Nach jeweils rund 29 ½ Tagen wiederholen sich die Mondphasen wieder. (Yerkes Observatory und Lick Observatory)

auf, dass der Mond von seinem gesamten Zyklus durch alle Phasen hier gerade ein Viertel absolviert hat, wobei wir aber nur eine Hälfte der beleuchteten Mondoberfläche sehen. Das ist der (hier zunehmende) *Halbmond*. Danach nimmt der Mond während etwas mehr als einer weiteren Woche weiter zu, und für uns erscheint sein beleuchteter Teil als beiderseits konvex. Schließlich ist uns die gesamte beleuchtete Mondhälfte zugewandt, und wir haben *Vollmond*. Dabei liegt der Mond auf der von der Sonne abgewandten Seite der Erde. Während der darauffolgenden gut zwei Wochen seines Umlaufs um die Erde wird der sichtbare beleuchtete Teil des Monds wieder kleiner. Zunächst ist die helle Fläche beiderseits konvex, dann ist Halbmond, gefolgt von der abnehmenden Sichel und schließlich dem Neumond. Der Mond durchläuft in jeweils 29 1/2 Tagen einen vollständigen Zyklus seiner Phasen.

5 Bei der Bezeichnung der Mondhälften bzw. Mondseiten muss man sorgfältig unterscheiden: Die jeweils „dunkle Seite" ist die gerade nicht im Sonnenlicht liegende Mondseite, während die „Rückseite" die von der Erde abgewandte Mondhälfte ist. Aus den Fotos in Abb. 1.21 geht hervor, dass die Rückseite im Wesentlichen immer die gleiche Mondhälfte ist. Anders ausgedrückt: Der Mond kehrt uns (mit geringen Schwankungen) immer dieselbe Hälfte zu, und seine „Rückseite" ist von der Erde aus niemals sichtbar. Jedoch ist dies nur bei Vollmond auch die dunkle Seite. Zu allen anderen Zeiten (wenn wir weniger als den Vollmond sehen) liegt immer mindestens ein Teil der Rückseite des Monds im Sonnenlicht.

In Abb. 1.21 sind nicht nur die Mondphasen dargestellt, sondern auch die Umlaufbahn des Monds um die Erde, wobei wir schräg oben auf den Nordpol blicken. Weil das Sonnenlicht von rechts her einfällt, wird immer seine jeweils nach rechts gewandte Hälfte von der Sonne beleuchtet. Daher liegt der helle Teil des Monds immer im rechten (nach Westen gewandten) Teil des zunehmenden Monds, aber im linken (nach Osten gewandten) Teil des abnehmenden Monds. Wenn Sie das wissen, genügt ein kurzer Blick auf den Mond, um zu erkennen, ob er gerade zunimmt oder abnimmt. Wenn Sie den Mond durch ein Teleskop betrachten, können Sie Einzelheiten an seiner Oberfläche am besten nahe der **Trennlinie** zwischen Hell und Dunkel erkennen. Dort trifft das Sonnenlicht ja flach auf die Oberfläche, sodass die Schatten lang sind.

6 In Abb. 1.21 sind auch die Ortszeiten angegeben, zu denen bestimmte Mondphasen beobachtet werden können. Am Mittag steht die Sonne ja am höchsten, und um Mitternacht genau gegenüber, also genau hinter der momentanen Rückseite der Erde. Zu den eingetragenen Zeiten steht der Mond jeweils ungefähr am höchsten Punkt seiner Bahn, wie sie von der Erde aus zu sehen ist. Beispielsweise steht der Mond im ersten Viertel (also bei Halbmond) um 90° östlich von der Sonne am Himmel, sodass er bei Sonnenuntergang am höchsten steht. Bei Vollmond befindet er sich der Sonne gegenüber und steht daher um Mitternacht am höchsten. Aus diesen Sachverhalten lässt sich ableiten, dass der Mond an den meisten Tagen des Jahres zumindest teilweise auch tagsüber sichtbar ist (Abb. 1.22).

Seit Anbeginn der Zivilisation haben die Menschen versucht, die Tageszeiten und die Jahreszeiten möglichst genau zu bestimmen. Das war beispielsweise im alten Ägypten wichtig, um zu wissen, wann der Nil das Land wieder überschwemmen wird. Aber auch die Bauern in anderen Gebieten müssen seit jeher wissen, wann sie säen und wann sie ernten müssen. Und für Nomadenstämme kam es darauf an, jahreszeitliche Wetteränderungen vorauszusehen. Nicht zu vergessen

R I V U X G

Abb. 1.22 Mondschein am Tage. Der Mond ist nahezu an jedem Tag wenigstens zeitweise auch während der Sonnenstunden (d. h. tagsüber) sichtbar. Zu welchen Uhrzeiten er am Tage bzw. in der Nacht am Himmel steht, hängt von seiner jeweiligen Phase ab. (Richard Cummins/SuperStock)

seien auch die Priester, die die verschiedenen religiösen Riten zu ganz bestimmten Zeiten im Jahr zu zelebrieren hatten. Die Priester bzw. ihre Vorläufer gehörten daher sicherlich zu den Ersten, die sich dazu astronomischer Beobachtungen bedienten, also bestimmte Himmelsereignisse verfolgten. Daher waren während vieler Jahrhunderte die Astronomen für die Festlegung der offiziellen Zeit verantwortlich. In der Tat haben von den vier prinzipiellen Methoden, Zeitzyklen festzulegen, drei ihren Ursprung in der Astronomie, nämlich die Bestimmungen der Positionen von Mond, Sonne bzw. Sternen. Die vierte grundlegende Methode besteht in technischen Uhrwerken. Das waren lange Zeit mechanische Vorrichtungen, während in jüngerer Zeit die Quarzuhr und zuletzt die Atomuhr hinzukamen.

Die Zeitspanne von gut vier Wochen, in denen der Mond einen kompletten Zyklus seiner Phasen durchläuft, war wohl – abgesehen vom Tag – die erste Zeiteinheit unserer Urahnen. Damit ist natürlich der Monat gemeint. Später unterschieden die Astronomen zwei Arten von Monaten, je nachdem, ob die Bewegung des Monds relativ zu den Sternen oder relativ zur Sonne zugrunde gelegt wird. Doch keiner dieser Monate ist mit dem Monat unseres heutigen Kalenders identisch, der ja im Laufe eines Jahres unterschiedliche Längen hat.

Der **siderische Monat** (sozusagen der *Sternmonat*) ist die Zeitspanne, in der der Mond einmal die Erde umläuft, also eine Umlaufbahn mit 360° vollendet (Abb. 1.23). Analog zur Festlegung des Sterntags oder siderischen Tags ist der siderische Monat die Zeitspanne, nach der der Mond an der Himmelskugel wieder dieselbe Position relativ zu den Sternen erreicht. Der siderische Monat dauert ungefähr 27,3 Tage. Dagegen ist der **synodische Monat** (oder *Mondmonat*) die Dauer des schon erwähnten 29 1/2-Tage-Zyklus, in dem der Mond alle Phasen genau einmal durchläuft, beispielsweise vom Neumond bis zum nächsten Neumond oder vom Vollmond bis zum nächsten Vollmond. Hierbei liegen also die Positionen relativ zur Sonne und nicht die relativ zu den Sternen zugrunde.

? Nimmt der Mond in Abb. 1.22 zu oder ab?

Der synodische Monat ist länger als der siderische Monat, weil die Erde die Sonne umläuft, während der Mond seine verschiedenen Phasen durchläuft. Wie in Abb. 1.23 gezeigt ist, muss der Mond auf seiner Umlaufbahn mehr als 360° zurücklegen, um einen vollständigen Zyklus seiner Phasen (beispielsweise von einem Neumond zum nächsten) zu durchlaufen. Somit ist der synodische Monat um ungefähr 2,2 Tage länger als der siderische Monat.

Die Dauern des siderischen und des synodischen Monats variieren beide ein wenig, weil die Gravitationsanziehung zwischen Sonne und Mond dessen Geschwindigkeit unterschiedlich stark beeinflusst, während dieser die Erde umläuft. Der siderische Monat kann sich dadurch um bis zu 7 h und der synodische Monat sogar um bis zu 12 h ändern.

Die Begriffe *synodisch* und *siderisch* werden auch verwendet, wenn man die Bewegungen anderer Objekte im Sonnensystem beschreibt. Die synodische Periode eines Planeten ist die Zeitspanne zwischen auf-

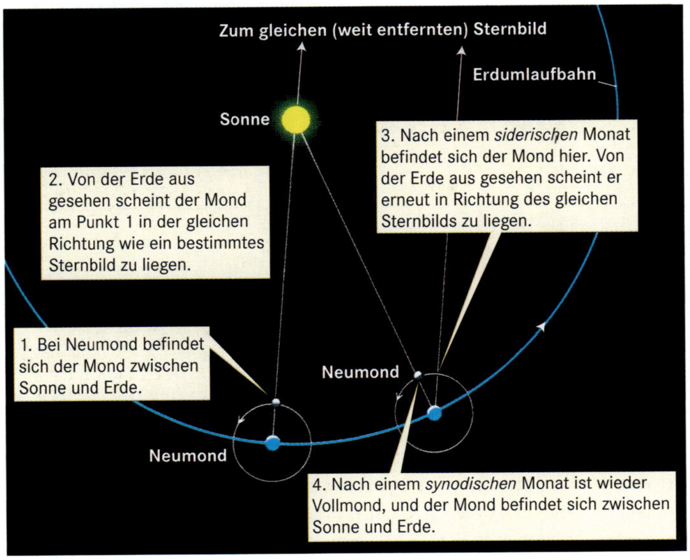

Abb. 1.23 Der siderische und der synodische Monat. Der siderische Monat ist die Zeitspanne, nach der der Mond relativ zu den Sternen einen vollständigen Umlauf um die Erde ausführt, also wieder die gleiche Position relativ zu den Sternen erreicht. Aber weil die Erde auf ihrer Bahn die Sonne umläuft, muss der Mond von einem zum nächsten Vollmond die Erde um mehr als 360° umlaufen. Der synodische Monat ist die Zeitspanne zwischen aufeinanderfolgenden Neumonden oder aufeinanderfolgenden Vollmonden. Daher ist der synodische Monat etwas länger als der siderische Monat.

einanderfolgenden geradlinigen Ausrichtungen der Sonne, der Erde und des betreffenden Planeten. (Während dieser Zeit durchläuft der betreffende Planet, von der Erde gesehen, einen Zyklus von Phasen, ebenso wie der Mond). Dagegen wird jede in Bezug auf die Sterne gemessene Periode „siderisch" genannt. Das gilt also für die Umläufe der Planeten um die Sonne, aber auch der Monde um ihren jeweiligen Planeten. Das *siderische Jahr* der Erde ist 365,2564 Tage lang. Es unterscheidet sich ein wenig von ihrem *tropischen Jahr*, d. h. von der Zeitspanne zwischen aufeinanderfolgenden Frühlings-Tagundnachtgleichen. Die Ursache dafür liegt im Wesentlichen darin, dass die Rotationsachse der Erde allmählich ihre Richtung im Raum verändert; dieser Effekt heißt *Präzession*.

Finsternisse

Finsternisse (*Eklipsen*) gehören zu den spektakulärsten Phänomenen in der Natur. Bei einer **Mondfinsternis** wird der ansonsten ziemlich helle Vollmond meist zu einer dunkelroten Scheibe am Himmel. Eine Mondfinsternis tritt auf, wenn der Mond den Schatten der Erde passiert. Dies ist nur möglich, wenn Sonne, Erde und Mond bei Vollmond (nahezu) auf einer geraden Linie liegen. Während einer **Sonnenfinsternis** wird das helle Tageslicht für wenige Minuten zu einer unheimlich anmutenden Dämmerung, als würde die Sonne am Himmel mit einem dunklen Schleier verhüllt. Bei einer Sonnenfinsternis huscht der Schatten des Monds über die Erdoberfläche, weil sich der Mond zwischen Erde und Sonne schiebt.

1.9 Finsternisse sind nur möglich, wenn der Mond die Ekliptik bei Voll- oder Neumond kreuzt

Auf den ersten Blick könnte man vermuten, dass Finsternisse bei jedem Neu- oder Vollmond eintreten müssen. Aber sie sind weitaus weniger häufig, da die Umlaufbahn des Monds um 5° gegenüber der Erdumlaufbahn und die Sonne geneigt ist (Abb. 1.24). Daher befindet sich der Mond bei Vollmond oder bei Neumond meistens etwas oberhalb oder unterhalb der Ebene der Erdbahn. Weil Mond, Erde und Sonne dabei nicht auf einer geraden Linie hintereinander liegen, kann es keine Finsternis geben.

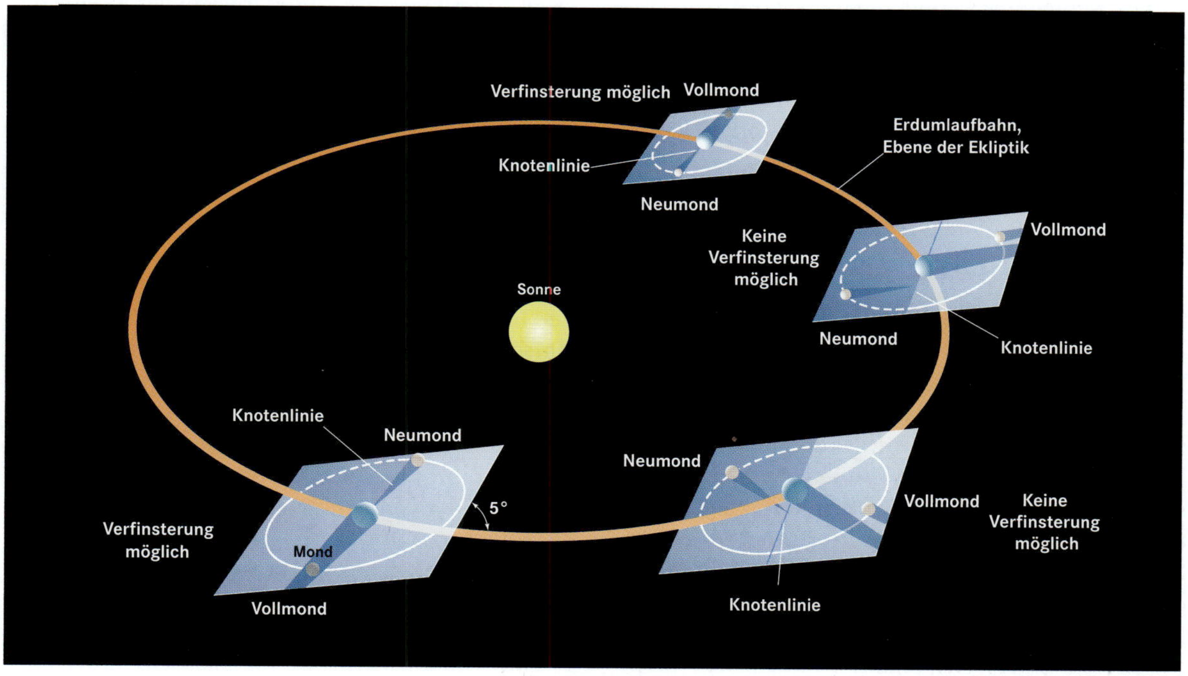

Abb. 1.24 Bedingungen für Finsternisse. Damit eine Sonnenfinsternis eintritt, muss der Mond bei Neumond praktisch in der Ebene der Erdbahn um die Sonne liegen. Entsprechend ist eine Mondfinsternis nur möglich, wenn sich der Mond bei Vollmond in derselben Ebene befindet. Wenn der Mond bei Neumond oder bei Vollmond außerhalb der Erdbahnebene liegt, tritt keine Finsternis ein, weil weder Mond noch Erde den Schatten des jeweils anderen Objekts passieren können.

Tab. 1.2 Mondfinsternisse 2009–2012

Datum	Sichtbar von bzw. vom	Art	Dauer der Totalität (h:min)
9. Febr. 2009	östlichen Europa, Asien, Australien, Pazifik, westlichen Nordamerika	Halbschatten	
7. Juli 2009	Australien, Pazifik, Nord- und Südamerika	Halbschatten	
6. Aug. 2009	Nord- und Südamerika, Europa, Afrika, westlichen Asien	Halbschatten	
31. Dez. 2009	Europa, Afrika, Asien, Australien	Partiell	
26. Juni 2010	östlichen Asien, Australien, Pazifik, westlichen Nord- und Südamerika	Partiell	
21. Dez. 2010	östlichen Asien, Australien, Pazifik, Nord- und Südamerika, Europa	Total	1:13
15. Juni 2011	Südamerika, Europa, Afrika, Asien, Australien	Total	1:41
10. Dez. 2011	Europa, östlichen Afrika, Asien, Australien, Nordamerika	Total	0:52
4. Juni 2012	Asien, Australien, Pazifik, Nord- und Südamerika	Partiell	
28. Nov. 2012	Europa, östlichen Afrika, Asien, Australien, Nordamerika	Halbschatten	

Weil die Umlaufbahn des Monds um die Erde um 5° gegen die Ekliptik (die Erdumlaufbahn um die Sonne) geneigt ist, befindet sich der Mond im allergrößten Teil der Zeit oberhalb oder unterhalb der Ekliptik. Diese schneidet seine Bahn in der **Knotenlinie** (siehe Abb. 1.24). Nur dabei und gleichzeitig bei Neu- oder Vollmond kann eine Finsternis auftreten. Wenn wir berechnen, wie oft sich der Mond pro Jahr an der Knotenlinie befindet, dann können wir feststellen, dass jährlich mindestens zwei und höchstens fünf Sonnenfinsternisse eintreten. Mondfinsternisse sind ebenso häufig wie Sonnenfinsternisse. Damit sind pro Jahr insgesamt sieben (Sonnen- oder Mond-) Finsternisse möglich.

1.10 Es gibt drei Arten von Mondfinsternissen

Der Schatten der Erde besteht aus zwei verschiedenen Teilen, die in Abb. 1.25a dargestellt sind. In den **Kernschatten** gelangt gar kein direktes Sonnenlicht. Daher können beispielsweise Astronauten die Sonne nicht sehen, wenn ihr Raumschiff in den Kernschatten eintritt. In den **Halbschatten** dagegen gelangt ein Teil des Sonnenlichts. In diesem Fall sehen die Astronauten an der Erde einen Teil der Sonne in Form einer Sichel. Auch der Schatten, den der Mond auf die Erde wirft, besteht aus einem Halbschatten- und einem Kernschattenbereich.

Je nachdem, welche Bereiche oder welchen Bereich des Erdschattens der Mond passiert, gibt es drei Arten von Mondfinsternissen. Bei der **Halbschatten-Mondfinsternis** bewegt sich der Mond nur durch den Halbschatten der Erde (Weg 1 in Abb. 1.25a). Daher kann eine solche Finsternis auf der Erde leicht übersehen werden. Dabei steht zwar der Vollmond am Himmel, aber er ist nur wenig dunkler als normalerweise; allerdings ist er zuweilen etwas rötlich.

Wenn nur ein Teil des Monds den Kernschatten passiert, tritt eine **partielle Mondfinsternis** ein (Weg 2 in Abb. 1.25a). Und nur wenn der Mond vollständig in den Kernschatten der Erde gelangt, sehen wir eine **totale Mondfinsternis** (Weg 3 in Abb. 1.25a). Totale Mondfinsternisse können maximal 1 h, 47 min dauern. Dazu muss der Mond seinen geringsten Abstand von der Erde haben und außerdem die Mitte des Kernschattens passieren. In Tab. 1.2 sind sämtliche Mondfinsternisse der Jahre 2009 bis 2012 aufgeführt.

Auch während einer totalen Finsternis ist der Mond unseren Blicken nicht ganz entzogen. Ein kleiner Teil des Sonnenlichts, das in die Erdatmosphäre eintritt, wird in ihr so gebrochen, dass er in den Kernschatten der Erde gelangt. Dieser Anteil des Lichts ist vorwiegend rot-orange gefärbt, sodass der Mond bei einer totalen Mondfinsternis „verrostet" aussieht (Abb. 1.25b). Ebenfalls von der verschieden starken Brechung des Lichts unterschiedlicher Farben rührt die rötliche Himmelsfarbe bei Sonnenaufgang bzw. bei Sonnenuntergang her, denn zu diesen Zeitpunkten legt das noch zu uns gelangende Licht einen sehr langen Weg in der Atmosphäre zurück.

Eine Mondfinsternis ist von allen Orten der Erdhalbkugel zu sehen, die zum betreffenden Zeitpunkt die Nachtseite ist, also kein direktes Sonnenlicht erhält – sofern keine Wolken die Beobachtung verhindern. Mondfinsternisse können, im Unterschied zu Son-

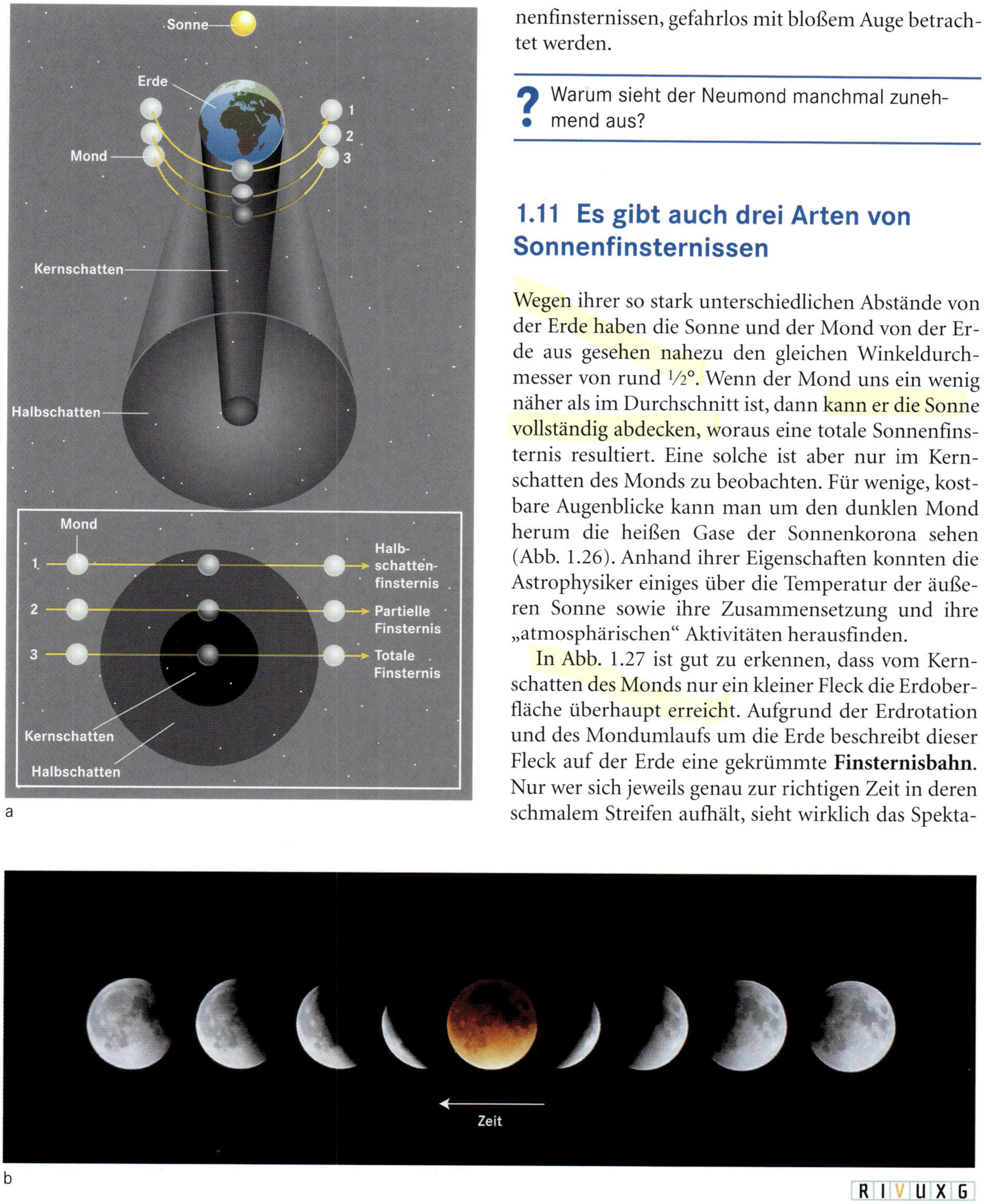

Abb. 1.25 **Die drei Arten von Mondfinsternissen.** (a) Nach Sonnenuntergang können wir eine Mondfinsternis dann sehen, wenn der Mond den Schatten der Erde passiert. Der Kernschatten ist der deutlich dunklere Teil des gesamten Schattens. Im Halbschatten wird das auf den Mond gerichtete Sonnenlicht nur teilweise durch die Erde abgedeckt. Die untere Teilabbildung in (a) zeigt die drei möglichen Arten der Mondfinsternis. Ihre Unterschiede rühren von den drei verschiedenen Wegen des Monds durch den Erdschatten her. (b) Diese Abfolge von neun Fotos entstand innerhalb von drei Stunden während der totalen Mondfinsternis vom 20. Januar 2000. Während der Totalitätsphase nimmt der Mond eine recht dunkle rötliche Färbung an. (Fred Espenak, NASA/Goddard Space Flight Center; © Fred Espenak, MrEclipse.com)

nenfinsternissen, gefahrlos mit bloßem Auge betrachtet werden.

? Warum sieht der Neumond manchmal zunehmend aus?

1.11 Es gibt auch drei Arten von Sonnenfinsternissen

Wegen ihrer so stark unterschiedlichen Abstände von der Erde haben die Sonne und der Mond von der Erde aus gesehen nahezu den gleichen Winkeldurchmesser von rund ½°. Wenn der Mond uns ein wenig näher als im Durchschnitt ist, dann kann er die Sonne vollständig abdecken, woraus eine totale Sonnenfinsternis resultiert. Eine solche ist aber nur im Kernschatten des Monds zu beobachten. Für wenige, kostbare Augenblicke kann man um den dunklen Mond herum die heißen Gase der Sonnenkorona sehen (Abb. 1.26). Anhand ihrer Eigenschaften konnten die Astrophysiker einiges über die Temperatur der äußeren Sonne sowie ihre Zusammensetzung und ihre „atmosphärischen" Aktivitäten herausfinden.

In Abb. 1.27 ist gut zu erkennen, dass vom Kernschatten des Monds nur ein kleiner Fleck die Erdoberfläche überhaupt erreicht. Aufgrund der Erdrotation und des Mondumlaufs um die Erde beschreibt dieser Fleck auf der Erde eine gekrümmte **Finsternisbahn.** Nur wer sich jeweils genau zur richtigen Zeit in deren schmalem Streifen aufhält, sieht wirklich das Spekta-

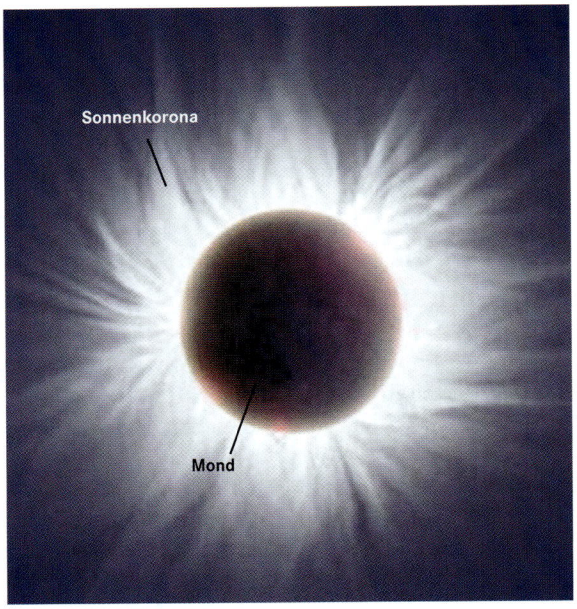

Abb. 1.26 **Eine totale Sonnenfinsternis.** Während einer totalen Sonnenfinsternis bedeckt der Mond die „Sonnenscheibe" vollständig, sodass man für kurze Zeit die sie umgebende Sonnenkorona sehen und fotografieren kann. Ihre heißen Gase werden Millionen von Kilometern weit in den Weltraum hinausgeschleudert. Dieses wunderbare Bild entstand durch Kombination mehrerer Aufnahmen, die während der Sonnenfinsternis des 21. Juni 2001 in Chisamba, Sambia, entstanden. (F. Espenak)

kel einer totalen Sonnenfinsternis. Weil sie am betreffenden Standort nur sehr kurz ist, erscheint gleich wieder eine sehr schmale Sichel der Sonne – aber auch diese schmale Sichel ist für unsere Augen sehr gefährlich.

ACHTUNG: Man darf nur für einen ganz winzigen Moment ohne wirksamen Schutzfilter in die Sonne schauen! Andernfalls drohen irreparable Augenschäden.

Eine andere Möglichkeit zum Beobachten einer Sonnenfinsternis ist die Projektion des Sonnenlichts auf eine ebene, helle Fläche, wofür ein kleines Teleskop oder eine Lochkamera verwendet werden kann.

Aufgrund der Erdrotation und der Bewegung des Monds um die Erde huscht der Kernschatten einer Sonnenfinsternis mit Geschwindigkeiten über etwa 1700 km/h über uns hinweg. Daher kann eine totale Sonnenfinsternis höchstens 7 1/2 min dauern; meist ist die Dauer der Totalität aber deutlich geringer.

Auch der Kernschatten des Monds ist von einem Halbschatten umgeben (siehe Abb. 1.26 und 1.27). Während einer Sonnenfinsternis erstreckt sich der Halbschatten des Monds über einen relativ großen Teil der Erdoberfläche. Es gibt – in polnahen Breiten der Erde – auch Sonnenfinsternisse, bei denen kein Kernschatten, sondern nur Halbschatten des Monds die Erde erreicht. Dann liegt eine rein *partielle Sonnenfinsternis* vor, weil die Sonne, von der Erde aus gesehen, nur teilweise vom Mond abgedeckt wird. Eine partielle Finsternis sehen aber auch alle Beobachter, die sich während einer totalen Sonnenfinsternis neben deren dunklem Streifen, also nur im Halbschatten befinden. Dabei ist von der Sonne zeitweise nur ein sichelförmiger Teil zu sehen.

Die Umlaufbahn des Monds um die Erde ist kein vollkommener Kreis, sondern eine Ellipse. Die Entfernung zwischen Erde und Mond beträgt im Durchschnitt 384.400 km und schwankt während eines jeden Umlaufs um einige Prozent. Die Breite der Finsternisbahn (bzw. des Kernschattens) auf der Erdoberfläche hängt vom momentanen Abstand zwischen

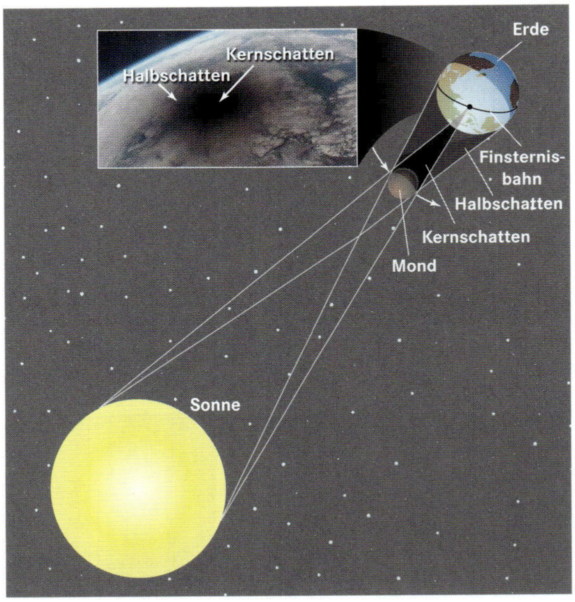

Abb. 1.27 **Das Zustandekommen einer totalen Sonnenfinsternis.** Während einer totalen Sonnenfinsternis zieht die Spitze des Mondkernschattens einen dunklen Fleck über die Erdoberfläche. Wer sich jeweils im richtigen Moment in dem dabei entstehenden gekrümmten Streifen aufhält, sieht eine totale Sonnenfinsternis, während rechts und links des Streifens nur eine partielle Finsternis sichtbar ist. Das in dieser Abbildung oben eingesetzte Foto zeigt den Mondschatten auf der Erde. Es wurde während der totalen Sonnenfinsternis am 11. August 1999 aus der Raumstation Mir aufgenommen. Die Mondkernschatten fällt hier auf die Ostküste der USA und ist von hellerem Halbschatten umgeben. (Jean-Pierre Haigneré, Centre National d'Etudes Spatiales, France/GSFS)

Erde und Mond ab. Diese Breite ist mit 270 km am größten, wenn der Neumond der Erde am nächsten ist. Normalerweise ist die Finsternisbahn aber deutlich schmaler.

Wenn der Mond während einer Sonnenfinsternis gerade (fast) seinen größten Abstand von der Erde hat, dann ist keine totale, sondern nur eine **ringförmige Sonnenfinsternis** möglich (Abb. 1.28). Der Grund dafür ist folgender: Weil der Mond etwas weiter als normal von uns entfernt ist, ist sein Winkeldurchmesser am Himmel etwas kleiner, sodass er die Sonne nicht vollständig abdecken kann. Es gelangt also kein Kernschatten, sondern nur Halbschatten auf die Erdoberfläche. Der Kernschatten des Monds reicht rund 5000 km weniger weit, als der mittlere Abstand zwischen Mond und Erde lang ist. Daher gelangt bei einer Sonnenfinsternis der Kernschatten des Monds nicht sehr oft auf die Erde, sodass ringförmige Finsternisse etwas häufiger als totale Finsternisse auftreten. In Tab. 1.3 sind sämtliche Sonnenfinsternisse der Jahre 2009 bis 2012 aufgeführt.

ACHTUNG: Auch eine partielle oder ringförmige Sonnenfinsternis darf man niemals mit ungeschütztem Auge direkt betrachten!

Eine totale Sonnenfinsternis ist ein beeindruckendes, geradezu dramatisches Schauspiel. Der Himmel wird allmählich dunkler, die Luft kühlt sich merklich ab, und der Wind wird stärker, je näher der Kernschatten auf uns zu rast. Die Natur hält ganz kurz den Atem an: Die Vögel suchen die Bäume auf, einige Blüten beginnen sich zu schließen, und die Grillen machen sich vernehmbar, als würde es Abend. Ganz kurz vor dem Einsetzen der totalen Verfinsterung scheint

Abb. 1.28 Eine ringförmige Sonnenfinsternis. Diese miteinander kombinierten fünf Aufnahmen entstanden kurz nach Sonnenaufgang in Costa Rica. Sie zeigen das Fortschreiten der ringförmigen Sonnenfinsternis vom 24. Dezember 1974. Beachten Sie, dass zur Mitte der Finsternisdauer ein vollständiger Ring der Sonne um den Mond herum sichtbar blieb. (Dennis Di Cicco)

Tab. 1.3 Sonnenfinsternisse 2009–2012

Datum	Sichtbar von bzw. vom	Art	Dauer der Totalität bzw. der Ringfinsternis (h:min)
26. Jan. 2009	Afrika, Südostasien, Australien	Ringförmig	7:54
22. Juli 2009	östlichen Asien, Pazifik, Hawaii	Total	6:39
15. Jan. 2010	Afrika, Asien	Ringförmig	11:08
11. Juli 2010	südlichen Südamerika	Total	5:20
11. Jan. 2011	Europa, Afrika, Zentralasien	Partiell	
1. Juni 2011	Ostasien, nördlichen Nordamerika, Island	Partiell	
1. Juli 2011	südlichen Indischen Ozean	Partiell	
25. Nov. 2011	südlichen Afrika, Tasmanien, Neuseeland	Partiell	
20. Mai 2012	Asien, Pazifik, Nordamerika	Ringförmig	5:46
13. Nov. 2012	Australien, Neuseeland, südlichen Südamerika	Total	4:02

die umgebende Landschaft in schimmernde, von dunklen Streifen durchsetzte Lichtbänder getaucht, während noch einige letzte Lichtstrahlen am Mond vorbei zur Erde gelangen. Schließlich umlodert nur noch die Sonnenkorona die dunkle Mondscheibe. Es ist ein ehrfurchtgebietender Anblick – aber vergessen Sie dabei nicht die nötige Vorsicht.

1.12 An den Grenzen unseres Wissens

In diesem Kapitel haben wir untersucht, wie die verschiedenen Jahreszeiten auf der Erde zustande kommen. Darüber hinaus haben die Geologen etliche andere Zyklen globaler Temperaturveränderungen ermittelt, die sich im Laufe der Erdgeschichte vollzogen haben. Beispielsweise ist seit einiger Zeit bekannt, dass in großen Teilen der Erde zeitweise sehr tiefe Temperaturen herrschten. Wir erleben mit der globalen Erwärmung derzeit einen Schritt in die entgegengesetzte Richtung. Die früheren Veränderungen vollzogen sich jeweils während Tausenden oder Hunderttausenden von Jahren oder vielleicht in noch längeren Zyklen. Die meisten Wissenschaftler sind sich heute einig darin, dass die momentane Klimaveränderung teils auf menschliche Aktivitäten zurückzuführen ist und teils andere, noch zu klärende Ursachen hat.

? Warum gibt es keine ringförmigen Mondfinsternisse?

Schlüsselbegriffe

Größenordnungen in der Astronomie

- Die Astronomen befassen sich mit Objekten, die von der Größe von Elementarteilchen (um 10^{-15} m) bis zur Größe des wahrnehmbaren Universums (um 10^{26} m) reichen.
- Sehr große oder sehr kleine Zahlen werden am besten in der Potenzschreibweise angegeben.

Muster von Sternen

- An der Himmelskugel befinden sich 88 sehr unterschiedlich große und verschieden geformte Sternbilder.
- Die Grenzen der Sternbilder sind jeweils Linien konstanter Rektaszension bzw. konstanter Deklination.

Einige Zyklusdauern bei der Erde

- Die Himmelskugel scheint sich pro Tag (d. h. in einem Tag-Nacht-Zyklus) einmal um die Erde zu drehen. Diese scheinbare Bewegung rührt von der Rotation der Erde um ihre Achse her, die durch die Pole verläuft.
- Die Pole und der Äquator der Himmelskugel werden bestimmt, indem die Rotationsachse und die äquatoriale Ebene der Erde auf die Himmelskugel projiziert werden.
- Die Rotationsachse der Erde ist um einen Winkel von 23 ½° gegen die Senkrechte auf der Ekliptik (der Ebene der Umlaufbahn der Erde um die Sonne) geneigt. Diese Neigung bewirkt die Jahreszeiten auf der Erde.
- Tagundnachtgleichen und Sonnenwenden sind spezielle Punkte längs der Umlaufbahn der Erde; sie ergeben sich aus der Beziehung zwischen der Ekliptik (dem Weg der Sonne an der Himmelskugel) und dem Himmelsäquator.
- Die Tageslänge wird durch die Rotationsgeschwindigkeit der Erde und durch ihre Umlaufgeschwindigkeit um die Sonne bestimmt; sie beträgt im Mittel 24 h. Darauf beruht die Definition der Uhrzeit.
- Die Mondphasen rühren von den unterschiedlichen relativen Positionen von Erde, Mond und Sonne her. Der Mond vollführt in einem synodischen Monat mit einer mittleren Länge von 29 ½ Tagen einen kompletten Zyklus seiner Phasen.
- Der Mond vollendet – relativ zu den Sternen – in einem siderischen Monat mit einer mittleren Länge von 27,3 Tagen einen kompletten Umlauf um die Erde.

Finsternisse

- Der Schatten eines astronomischen Objekts hat zwei Teile: den Kernschatten, in den kein direktes Licht der Quelle gelangt, und den Halbschatten, in dem die Lichtquelle nur teilweise abgedeckt ist.
- Eine Mondfinsternis tritt auf, wenn sich der Mond durch den Schatten der Erde bewegt. Während einer Mondfinsternis liegen Sonne, Erde und Mond (in dieser Reihenfolge) praktisch auf einer geraden Linie, wobei sich der Mond in der Ekliptik (der Ebene der Erdbahn um die Sonne) befindet.
- Eine Sonnenfinsternis tritt auf, wenn der Schatten des Monds in Form eines dunklen Flecks über die Erdoberfläche hinwegstreicht. Während einer Sonnenfinsternis liegen Sonne, Mond und Erde (in dieser Reihenfolge) praktisch auf einer geraden Linie, wobei sich der Mond in der Ekliptik (der Ebene der Erdbahn um die Sonne) befindet.

- Eine Mondfinsternis kann – je nach den genauen relativen Positionen von Sonne, Mond und Erde – eine Halbschatten-, eine partielle oder eine totale Mondfinsternis sein.
- Eine Sonnenfinsternis kann – je nach den genauen relativen Positionen von Sonne, Mond und Erde – ringförmig, partiell oder total sein.

Was haben Sie gedacht?

1 *Ist der Polarstern der hellste Stern am Nachthimmel?* Nein; der Polarstern ist ein Stern mittlerer Helligkeit und ist daher, wie zahlreiche andere Sterne auch, mit bloßem Auge sichtbar.

2 *Wodurch werden die Jahreszeiten verursacht?* Für die Jahreszeiten ist die Neigung der Rotationsachse gegen die Senkrechte auf der Ebene der Erdbahn um die Sonne verantwortlich. Dagegen ist der (im Winter sogar geringere) Abstand zwischen Erde und Sonne für die Jahreszeiten unerheblich.

3 *Wann ist die Erde der Sonne am nächsten?* Am oder um den 3. Januar eines jeden Jahres.

4 *Wie viele Tierkreissternbilder gibt es?* Es gibt 13 Tierkreissternbilder, wobei das wohl unbekannteste das Sternbild Schlangenträger ist.

5 *Hat der Mond eine dunkle Seite, die von der Erde aus niemals sichtbar ist?* Zu irgendeinem Zeitpunkt ist jeweils eine Hälfte des Monds dunkel. Wenn wir den Vollmond sehen, ist seine von der Sonne beleuchtete, helle Hälfte identisch mit der uns zugewandten Seite des Monds, die immer dieselbe ist. Zu anderen Zeiten sehen wir nur einen Teil der jeweils gerade hellen Hälfte und bei Neumond nur die gerade dunkle Hälfte. Diese darf nicht verwechselt werden mit der von uns abgewandten Seite, also der „Rückseite" des Monds, die immer dieselbe ist und die wir daher niemals sehen können.

6 *Ist der Mond auch tagsüber sichtbar?* Der Mond ist an nahezu jedem Tag des Jahres zumindest zeitweise auch bei Tageslicht sichtbar.

Nachlese

1. Wo liegt der Horizont? **a.** Senkrecht über uns, **b.** längs des Himmelsäquators, **c.** an der Grenze zwischen Land und Himmel, **d.** längs des Wegs, den die Sonne während des Tags am Himmel folgt, **e.** längs der Linie, die von Norden nach Süden entlang der Himmelskugel über uns hinweg führt.
2. Wie viele Sternbilder gibt es? **a.** 2, **b.** 12, **c.** 13, **d.** 56, **e.** 88.
3. Welches der folgenden Objekte liegt auf der Himmelskugel direkt über dem Erdäquator? **a.** Die Sonnenbahn, **b.** der Himmelsäquator, **c.** der nördliche Himmelspol, **d.** der südliche Himmelspol, **e.** der Horizont.
4. Wie lange dauert es, bis die Erde die Sonne einmal umlaufen hat? **a.** Eine Stunde, **b.** einen Tag, **c.** einen Monat, **d.** ein Jahr, **e.** ein Jahrhundert.
5. Wie kann man den in Abb. 1.8 eingezeichneten „jährlichen Weg der Sonne an der Himmelskugel" noch bezeichnen?
6. Welchen Nutzen haben die Sternbilder für die Astronomen?
7. Wie ist die Himmelskugel definiert, und warum ist diese schon im Altertum eingeführte Vorstellung noch heute nützlich?
8. Wie ist der Himmelsäquator definiert und wie hängt er mit dem Erdäquator zusammen? Welche Beziehung besteht zwischen den beiden Himmelspolen (dem nördlichen und dem südlichen) und der Rotationsachse der Erde?
9. Wie ist die Ekliptik zu definieren, und warum ist sie gegen den Himmelsäquator geneigt?
10. Um wie viele Winkelgrade bewegt sich die Sonne pro Tag auf der Ekliptik?
11. Durch wie viele Sternbilder bewegt sich die Sonne in jedem Tag?
12. Durch wie viele Sternbilder bewegt sich die Sonne in jedem Jahr?
13. Warum bewirkt die Neigung der Erdachse relativ zur Senkrechten auf der Ekliptik die Jahreszeiten, während die Erde die Sonne umläuft? Erläutern Sie Ihre Antwort anhand einer Skizze.
14. Erklären Sie folgende Begriffe: Frühlings- und Herbst-Tagundnachtgleiche sowie Sommer- und Wintersonnenwende. Wie hängen diese vier Punkte mit der Ekliptik und mit dem Himmelsäquator zusammen?
15. Wie ändert sich im Laufe eines Jahres, also mit den Jahreszeiten, der tägliche Weg der Sonne am Himmel?
16. Warum ist es im Sommer wärmer als im Winter?
17. Warum ist es zweckmäßig, die Erde in Zeitzonen aufzuteilen?
18. Welche Ursache(n) haben die verschiedenen Mondphasen?
19. Worin besteht der Unterschied zwischen einem siderischen Monat und einem synodischen Monat? Welcher ist länger, und warum ist er das?
20. Wie ist die Knotenlinie der Mondbahn definiert, und welche Bedeutung hat sie für die Sonnen- und die Mondfinsternisse?

21. Was ist der Unterschied zwischen Kernschatten und Halbschatten?
22. Wodurch ist eine Halbschatten-Mondfinsternis gekennzeichnet? Warum kann man sie leicht übersehen?
23. Welche Art von Finsternis haben bislang die meisten Menschen gesehen: Mond- oder Sonnenfinsternisse? Warum?
24. Wodurch unterscheidet sich eine ringförmige Sonnenfinsternis von einer totalen? Welchen Grund hat dieser Unterschied?
25. Welches Jahr nach 2010 ist das nächste Schaltjahr?
26. Bei welcher Phase oder welchen Phasen des Monds kann **a.** eine Sonnenfinsternis bzw. **b.** eine Mondfinsternis auftreten?
27. Darf man mit ungeschütztem Auge **a.** eine Sonnenfinsternis bzw. **b.** eine Mondfinsternis beobachten?
28. Während welcher seiner Phasen steht der Mond tagsüber am wenigsten weit oben am Himmel?

Kapitel 2 Gravitation und Planetenbewegung

In der Raumfahrt, beispielsweise zum Mond, muss man bei der Planung und der Durchführung unter anderem das Gravitationsgesetz und die Newton'schen Axiome anwenden, um eine sichere Rückkehr zu gewährleisten. (NASA)

R I V U X G

Was meinen Sie?

1 Wodurch ist eine Theorie als wissenschaftlich gekennzeichnet?

2 Welche Form hat die Umlaufbahn der Erde um die Sonne?

3 Umlaufen die Planeten die Sonne mit konstanten Geschwindigkeiten?

4 Umlaufen alle Planeten die Sonne mit gleich hohen Geschwindigkeiten?

5 Welche Kraft ist aufzubringen, damit ein Körper seine geradlinige Bewegung mit konstanter Geschwindigkeit fortsetzt?

6 Wie unterscheiden sich die Messwerte der Masse ein und desselben Körpers auf der Erde und auf dem Mond?

7 Spüren Astronauten, deren Raumstation die Erde umläuft, die Schwerkraft?

8 Gehören die Sonne und die Planeten zu den im Universum zuerst entstandenen Körpern?

9 Wie lange existiert die Erde bereits, und woher kennen wir ihr Alter?

10 Welche typische(n) Form(en) haben Monde, und was bewirkte diese Form(en)?

11 Wurden schon erdähnliche Planeten entdeckt, die sonnenähnliche Sterne umlaufen?

Die Antworten finden Sie bei der jeweiligen Ziffer im Text und noch einmal zusammengefasst am Ende des Kapitels.

Die Naturwissenschaften bieten Erklärungen von Sachverhalten und Effekten, sei es in der Gegenwart oder in der Vergangenheit. Sie ermöglichten aber auch entsprechende Vorhersagen für die Zukunft. Die wissenschaftlichen Methoden sind inzwischen enorm leistungsfähig. Mit ihrer Hilfe können wir Vorgänge beobachten, deuten und verstehen, ohne sie – wie zu früheren Zeiten – einfach hinnehmen oder gar fürchten zu müssen, dass sie sich auf unerwartete Weise ändern. Die Naturwissenschaften ermöglichen eine gewisse Vereinfachung oder besser Abstraktion und nehmen uns einen Teil der Ungewissheit, mit der die Welt uns seit jeher konfrontiert. In diesem Kapitel beschäftigen wir uns mit dem Wesen der Wissenschaften, insbesondere der Naturwissenschaften. Dabei werden wir erkennen, welchen Gesetzmäßigkeiten die Planeten, aber auch die unzähligen anderen Himmelskörper unterliegen.

In diesem Kapitel geht es darum,

- wodurch eine Theorie als wissenschaftlich gekennzeichnet ist;
- dass im Laufe einer wissenschaftlichen „Revolution" die Erde ihre Stellung im Zentrum des Universums verlor;
- welche Anschauung Kopernikus über den Umlauf der Planeten um die Sonne hatte;
- warum sich die Bewegungsrichtungen der Planeten an der Himmelskugel von Zeit zu Zeit umkehren;
- dass Kepler bei seiner Beschreibung der Planetenbahnen auf die sorgfältigen Beobachtungen seines Mentors Tycho Brahe zurückgriff;
- dass Isaac Newton eine Gleichung aufstellte, um die Gravitationskraft zu beschreiben, und dass er mit ihr erklärte, warum die Planeten und die Monde in ihren Umlaufbahnen bleiben;
- wie sich das Sonnensystem bildete;
- warum die Umgebung des Sonnensystems in seiner Frühzeit weitaus lebensfeindlicher als heute war;
- wie Astronomen die verschiedenartigen Objekte im Sonnensystem klassifizieren;
- wie die Planeten angeordnet sind;
- wie nahezu im gesamten Sonnensystem etliche Monde entstanden;
- woraus die Reste des frühen Sonnensystems bestehen;
- dass Scheiben aus Gas und Staub, aber auch Planeten in der Nähe von immer mehr Sternen nachgewiesen wurden;
- dass die Entstehung neuer Sterne oder Planetensysteme beobachtet wird.

Die Naturwissenschaften: Der Schlüssel zum Verstehen

Wenn wir die Zusammenhänge und Gesetzmäßigkeiten verstehen, die die Natur beherrschen, dann können wir die Materie und die Energie, die unsere Umgebung darstellen, sozusagen manipulieren und dabei Neues hervorbringen, um Vorteile daraus zu ziehen. So führen technische Verbesserungen zu neuen Erfolgen in der Forschung, sodass wir noch tiefere Erkenntnisse über Raum, Zeit, Materie und Energie sowie über deren Beziehungen zueinander gewinnen können. Diese Spirale des Verstehens und der Anwendung begann schon vor Jahrhunderten. In diesem Kapitel betrachten wir zunächst, wie schon angedeutet, das Wesen der Naturwissenschaften. Dabei verstehen wir unter anderem, wie die Gravitationskraft die Planeten und anderen Objekte, die die Sonne umlaufen, sowie die Monde, die ihren jeweiligen Planeten umlaufen, auf ihren Bahnen hält.

2.1 Wissenschaft ist beides: Wissen und der Prozess des Erforschens

Wir können die Naturwissenschaften in zwei Aspekte aufteilen. Der erste ist eine inzwischen gewaltige Ansammlung von Wissen, das im Laufe langer Zeit bei Beobachtungen und Experimenten anfiel. Beispiele dafür sind die Details der Bewegungen des Monds, der Planeten und der Sonne an der Himmelskugel, wie wir sie in Kapitel 1 beschrieben haben. Das angesammelte Wissen ermöglicht eine anschauliche Beschreibung der Gegebenheiten, wie sie in diesem Buch in den allermeisten Fällen gegeben wird. Aber mithilfe des Wissensfundus konnten und können auch mathematische Gleichungen aufgestellt werden, aus denen quantitative Aussagen oder Vorhersagen abzuleiten sind.

Der zweite Aspekt der Naturwissenschaften besteht darin, dass neu hinzukommendes Wissen stets von jedermann überprüft und ggf. allgemein akzeptiert werden kann. Diese Vorgehensweise ist der Kern der **wissenschaftlichen Methode**, die in Abb. 2.1 schematisch skizziert ist. Im Prinzip verläuft der Erkenntnisweg über Beobachtungen und/oder Experimente, sodann das Erklären der Sachverhalte und schließlich das Vorhersagen künftiger Gegebenheiten. Zwar ist der „Einstieg" in den Prozess auch an jeder anderen Stelle in Abb. 2.1 möglich. Allerdings wird er – um bei der Astronomie zu bleiben – meist so durchlaufen, dass die Bewegungen irgendwelcher Körper (z. B. von Planeten) an der Himmelskugel beobachtet werden und dass eine Erklärung dafür gesucht wird, dass die Sterne diesen Bewegungen nicht folgen. Die Ergebnisse späterer Beobachtungen oder Experimente müssen dann mit den zuvor aufgestellten Theorien verglichen werden. Ergeben sich dabei Widersprüche, dann muss eine *Hypothese* aufgestellt werden, die die bisher anerkannte Erklärung modifiziert oder ersetzt. Die Gesamtheit der Hypothesen für miteinander zusammenhängende Sachverhalte bezeichnet man als **wissenschaftliche Theorie** oder einfach **Theorie**.

Im Alltag verstehen wir unter einer Theorie meist eine Vorstellung, die auf logischem Denken, Intuition oder persönlichen Überzeugungen gegründet ist. Eine derartige Theorie führt natürlich weder zu Gleichungen, noch ermöglicht sie konkrete Vorhersagen. In der Wissenschaft dagegen stellt eine *Theorie* eine Erklärung von Beobachtungen oder Versuchsergebnissen dar, die quantitativ beschrieben und auch überprüft werden können. Die mathematische Beschreibung einer wissenschaftlichen Theorie bezeichnet man meist als **Modell** des betrachteten Systems. Beispielsweise kann die von Newton aufgestellte Theorie der Gravitation als Gleichung formuliert werden. Anhand seines Gravitationsgesetzes können wir für jeden einzelnen Fall vorhersagen, wie die beteiligten Körper einander anziehen.

1 Wie bereits erwähnt, muss eine Theorie, die als wissenschaftlich gelten soll, *überprüfbare* Vorhersagen liefern. Das bedeutet, es muss möglich sein, sie im Rahmen weiterer Beobachtungen oder Experimente zu bestätigen oder zu widerlegen. Außerdem muss bei der Theorie auch deren Gültigkeitsbereich angegeben werden, damit die Überprüfung sinnvoll ist. Gemäß dem Newton'schen Gravitationsgesetz sollten die Planeten die Sonne auf Ellipsen oder Kreisen umlaufen, wofür sie umso länger brauchen, je weiter sie von ihr entfernt sind. Wie wir gleich sehen werden, konnten diese Vorhersagen in den allermeisten Fällen bestätigt werden.

Wissenschaftler, die ein neues oder genaueres Modell entwickeln, betreten natürlich Neuland. Für viele von ihnen ist dies ein kreativer Prozess, der ebenso befriedigend ist wie für einen Künstler das Schaffen eines Meisterwerks, für einen Athleten ein neuer Weltrekord oder für einen Astronauten eine Erdumrundung oder gar ein Weltraumspaziergang.

Aber die Überprüfung einer Theorie kann nicht nur die Bestätigung, sondern auch die Widerlegung zur Folge haben. Dementsprechend ist eine Theorie nur dann als wissenschaftlich anzusehen, wenn sie prinzipiell auch widerlegt werden könnte. Beispielsweise könnten ja eines Tages unwiderlegbare experimentelle Befunde dem Newton'schen Gravitationsgesetz widersprechen, sodass man die Theorie verbes-

Einblicke in die Wissenschaft

Die Naturwissenschaft ist weltumspannend Der wissenschaftliche Fortschritt vollzieht sich im Grunde als praktisch weltweites Teamwork. Im Prinzip kann eine Theorie hierbei von jedermann aufgestellt, modifiziert oder überprüft werden, der sich dazu berufen fühlt. In der Praxis muss er aber zumindest das nötige mathematische Rüstzeug mitbringen. Dass die Theorie in Form konkreter Gleichungen zu formulieren ist, sorgt für die nötige Eindeutigkeit. Nur wenn diese sichergestellt ist, kann die Theorie jederzeit und überall von anderen Wissenschaftlern überprüft werden.

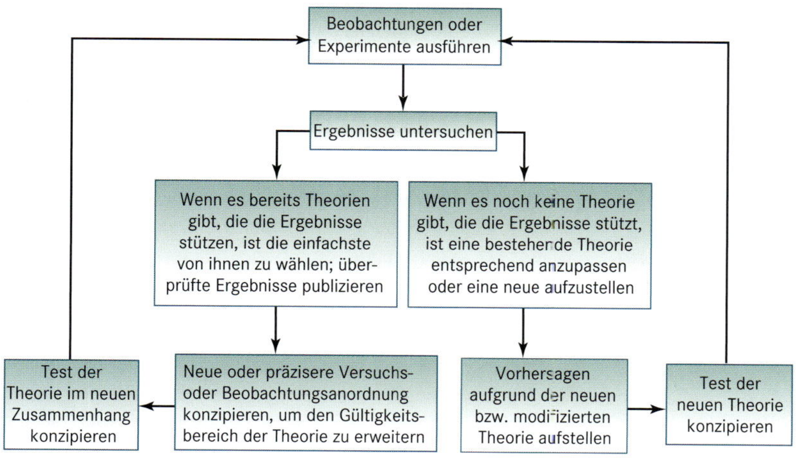

Abb. 2.1 Die wissenschaftliche Methode. Dieses Flussdiagramm zeigt die wesentlichen Schritte beim Entwickeln und Überprüfen neuer Theorien. Jeder Forscher kann an irgendeiner Stelle in den Prozess eintreten, also Beobachtungen bzw. Experimente ausführen oder eine Theorie modifizieren bzw. eine neue aufstellen oder anhand neuer Theorien bestimmte Sachverhalte vorhersagen. (© Neil F. Comins)

Einblicke in die Wissenschaft

Theorien und Glaube Neue Theorien sind individuelle Schöpfungen, aber die Naturwissenschaften sind kein persönliches Glaubenssystem. Wie schon im vorhergehenden Kasten zur wissenschaftlichen Methode angemerkt wurde, liefern wissenschaftliche Theorien grundsätzlich Aussagen, die von vielen Wissenschaftlern unabhängig voneinander überprüft werden können. Wenn jede Überprüfung die Theorie bestätigt, dann wird diese in ihrem Bereich als gültig angesehen. Im Unterschied dazu ist es aber beispielsweise nicht überprüfbar, welches politische System das beste ist, denn hier wird es immer unterschiedliche persönliche Überzeugungen oder Meinungen geben.

sern oder durch eine andere ersetzen müsste. Dagegen kann eine Behauptung wie „Die Erde wurde in sechs Tagen erschaffen“ *nicht* überprüft werden. Dies kennzeichnet sie als unwissenschaftliche Theorie.

? Nennen Sie jeweils ein Beispiel für eine wissenschaftliche und eine unwissenschaftliche Hypothese oder Theorie.

Wenn die Vorhersagen einer Theorie mit den Beobachtungen unvereinbar sind, dann kann sie ggf. modifiziert oder auf einen kleineren Gültigkeitsbereich eingeengt werden. Aber es kann auch nötig sein, sie ganz zu verwerfen und eine neue Erklärung zu suchen. Ein Beispiel bietet wiederum das Newton'sche Gravitationsgesetz: Es beschreibt bestens den Fall eines Apfels vom Baum, den Flug eines Geschosses oder den Umlauf der Erde um die Sonne. Doch für Vorgänge nahe bei einem Schwarzen Loch, in dem die Materie extrem dicht ist, liefert es unbrauchbare Werte. In diesem Fall ist das Newton'sche Gravitationsgesetz durch Einsteins allgemeine Relativitätstheorie zu ersetzen, die die Merkmale der Gravitation sogar für solche extremen Sonderfälle beschreibt – allerdings zum Preis einer größeren mathematischen Kompliziertheit.

In den Naturwissenschaften ist man stets bemüht, so viele Sachverhalte wie möglich mithilfe von möglichst wenigen Theorien zu erklären. Wir können im Universum im Prinzip Milliarden von Milliarden an Objekten sehen. Es ist nun ein Ding der Unmöglichkeit, sie sämtlich einzeln zu untersuchen, um jeweils eine detaillierte Beschreibung zu erhalten. Glücklicherweise braucht man nicht jedes Mal eine einzelne Theorie, die genau das betreffende Objekt beschreibt. Hier kommt den Forschern nämlich der Umstand zugute, dass viele der physikalischen Objekte im Raum sich sehr ähnlich verhalten. Die Objekte werden entsprechend klassifiziert, sodass nur für jede Klasse oder Gruppe eine Theorie aufgestellt werden muss. Dann sind zahlreiche Objekte mit wenigen Theorien zu beschreiben, und diese Theorien können anschließend überprüft und nötigenfalls verfeinert oder verbessert werden. Solche Klassifizierungen sind eine Methode von unschätzbarem Wert, denn damit konnten Einblicke in die Struktur und die Anordnung von Milliarden von Sternen und Galaxien gewonnen werden, die einander tatsächlich sehr ähnlich sind.

Obwohl die weitaus meisten Wissenschaftler den Regeln der wissenschaftlichen Forschung gewissenhaft folgen, gibt es etliche Experimente, deren Ausführung und/oder Auswertung fragwürdig ist. Zuweilen wurden experimentelle Fakten oder Beobachtungen ignoriert, die dem Forscher nicht „in den Kram passten“ oder seinen Grundüberzeugungen irgendwie zuwiderliefen. Zuweilen wurden sogar Daten gefälscht oder von anderen Forschern gestohlen. Doch praktisch alle diese Fälle von Irrtum oder Fehlverhalten wurden letztlich entdeckt und aufgeklärt – eben weil die Theorien und ihre Vorhersagen gewöhnlich von mehreren unabhängigen Forschern überprüft werden.

Im Grund besteht die naturwissenschaftliche Methode aus sechs grundlegenden Schritten: Beobachtungen oder Experimente anstellen, eine Hypothese

Einblicke in die Wissenschaft

Nach Einfachheit streben Wenn mehrere konkurrierende Theorien die gleichen Sachverhalte mit gleicher Genauigkeit beschreiben, dann wählt man stets die einfachste dieser Theorien – d. h. diejenige, die die wenigsten unbewiesenen Annahmen beinhaltet. Dieser Grundsatz wurde schon in der ersten Hälfte des 14. Jahrhunderts von dem englischen Philosophen Wilhelm von Ockham aufgestellt. Er nannte es das Prinzip der logischen Beschränkung, und heute spricht man auch von **Ockhams Rasiermesser**. Weil sie dieses Prinzip befolgte, war die ursprüngliche Form des heliozentrischen (sonnenzentrierten) Weltbilds, der wir uns gleich zuwenden wollen, so ansprechend. Sie lieferte nämlich mit einem wesentlich einfacheren Modell die gleichen Vorhersagen über die Planetenbewegungen am Himmel wie das geozentrische Weltbild. – *Denken Sie immer an Ockhams Rasiermesser.*

oder Theorie aufstellen, Vorhersagen daraus ableiten, sodann die Theorie überprüfen, modifizieren oder vereinfachen. Achten Sie bei der Lektüre dieses Buchs immer wieder auf diese mehrschrittige Vorgehensweise. Wir begegnen ihr prompt bei unserem ersten Beispiel, nämlich der Entdeckung, dass die Erde die Sonne umläuft.

Die Abkehr vom geozentrischen Weltbild

Im Altertum versuchten die griechischen Astronomen, die Bewegungen der fünf damals bekannten Planeten – Merkur, Venus, Mars, Jupiter und Saturn – zu erklären. Aus den beobachteten Bewegungen der Himmelskörper folgerten sie, dass Sonne, Mond, Sterne und Planeten die Erde umlaufen. Also war man davon überzeugt, dass die Erde den Mittelpunkt (das Zentrum) des Kosmos einnimmt; man hatte also ein *geozentrisches* Weltbild. Eine Theorie der Struktur und Entwicklung des Universums wird als **Kosmologie** bezeichnet. Somit hing man in der Antike weitestgehend einer *geozentrischen Kosmologie* bzw. einem *geozentrischen Weltbild* an. Sie wäre nur zu widerlegen gewesen, wenn man die Planetenbewegungen sehr genau verfolgt und aufgezeichnet hätte. Daher konnte sie sich über 2000 Jahre lang halten (zu näheren Einzelheiten siehe Anhang G.1).

2.2 Das heliozentrische Weltbild setzte sich nur langsam durch

Eine der großen Herausforderungen für die Astronomen des Altertums bestand darin, die komplizierten Bewegungen der fünf Planeten zu erklären. Dabei wurde ja vorausgesetzt, dass die Erde sich im Mittelpunkt aller Bewegungen befindet. Die Griechen der Antike wussten natürlich schon, dass sich die Positionen der Planeten relativ zu den (unbeweglichen) Fixsternen ständig verschieben. Daher rührt die Bezeichnung *Planeten* (bzw. Wandelsterne, nach dem griechischen Wort *planes* = umherschweifend). Ebenfalls schon im Altertum war bekannt, dass sich die Planeten nicht gleichmäßig schnell gegen die Sternbilder der Fixsterne verschieben. Von der Nordhalbkugel der Erde aus gesehen bewegen sich die Planeten vor den Hintergrundsternen im größten Teil der Zeit langsam nach links (ostwärts). Dies ist die **rechtläufige Bewegung.** Jeder Planet scheint nach einiger Zeit innezuhalten und sich danach über Wochen oder Monate hinweg in die entgegengesetzte Richtung zu verschieben. Dies ist die **rückläufige Bewegung** (relativ zu den Hintergrundsternen westwärts). Sowohl die rechtläufige als auch die rückläufige Bewegung sind zu erkennen, wenn man über längere Zeit die nächtlichen Positionen des betreffenden Planeten vor den Hintergrundsternen erfasst (Abb. 2.2).

Die Bewegungen der Planeten an der Himmelskugel relativ zu den Hintergrund- oder Fixsternen sind

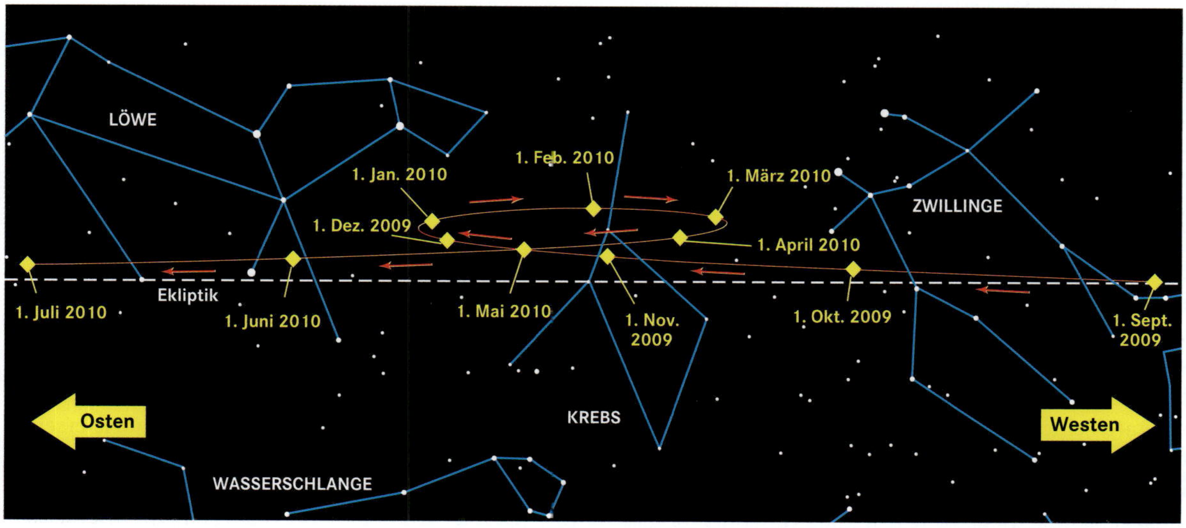

Abb. 2.2 Die Bewegung des Mars an der Himmelskugel. Von September 2009 bis zum Juni 2010 passierte der Mars die Sternbilder Zwillinge, Krebs und Löwe. Vom 23. Dezember 2009 bis 12. März 2010 vollführte er dagegen eine rückläufige Bewegung. Die rückläufige Schleife liegt manchmal nördlich und manchmal südlich der gewöhnlichen Bahn (siehe Abb. 2.3).

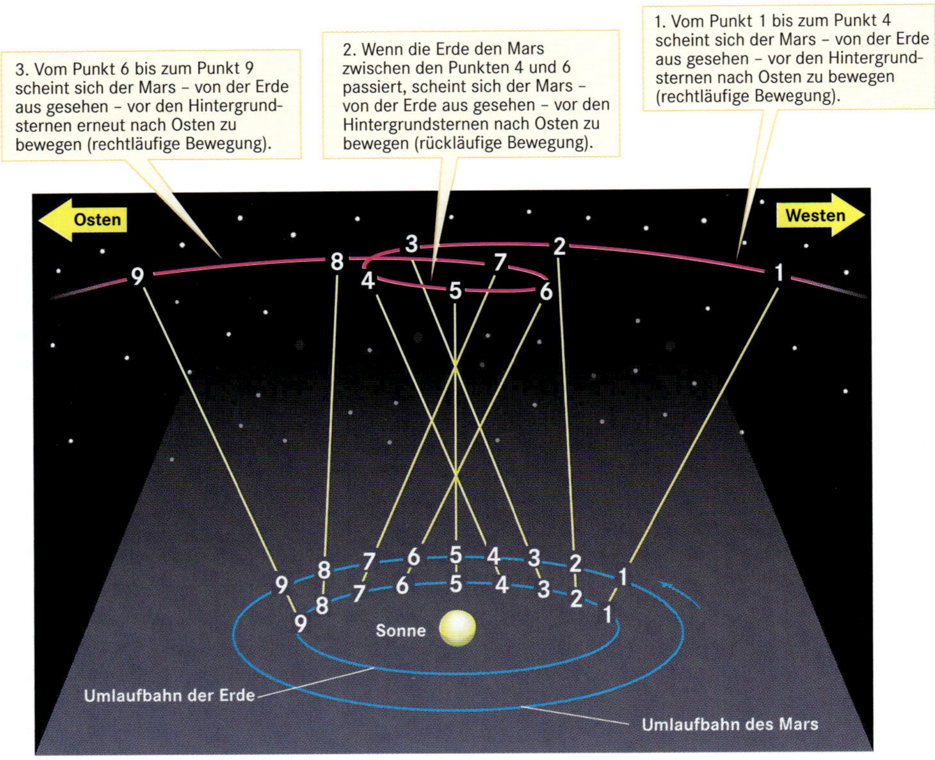

Abb. 2.3 Eine heliozentrische Erklärung der Planetenbewegungen. Die Erde umläuft die Sonne mit höherer Geschwindigkeit und mit kürzerer Umlaufdauer als der Mars. Infolgedessen überholt die Erde ihn von Zeit zu Zeit, wobei er sich einige Monate lang vor den Hintergrundsternen rückläufig zu bewegen scheint (hier zwischen den Punkten 4 und 6).

weitaus langsamer als die scheinbare tägliche Bewegung (Drehung) der ganzen Himmelskugel, die von der Erdrotation herrührt. Die relativen Planetenbewegungen überlagern sich dabei der scheinbaren Drehung der Himmelskugel. Daher gehen die Planeten, wie auch die Fixsterne, immer in der östlichen Hälfte des Himmels auf und in der westlichen Hälfte unter.

? Warum ist der Planet Mars manchmal oberhalb und manchmal unterhalb der Ekliptik zu sehen?

Beim Bemühen, die Bewegungen der Planeten – insbesondere deren rückläufige Anteile – zu erklären, wurde das Modell, das die Erde im Zentrum voraussetzte, immer komplizierter. Doch schon im 3. Jahrhundert v. Chr. schlug der griechische Astronom Aristarch eine viel einfachere Erklärung der Planetenbewegungen vor. Dabei nahm er an, dass sich alle Planeten, einschließlich der Erde, um die Sonne drehten. Die rückläufige Bewegung des Mars rührt bei diesem **heliozentrischen** (*sonnenzentrierten*) **Ansatz** daher, dass sich die Erde schneller bewegt und dabei den roten Planeten überholt (Abb. 2.3). Die gelegentliche rückläufige Bewegung eines Planeten rührt also von der Veränderung unseres Standorts her, während die Erde die Sonne umläuft. Diese Vorstellung ist von wunderbarer Einfachheit, wenn man sie mit dem geozentrischen System vergleicht, das ja viele komplizierte Planetenbewegungen voraussetzt. (Streng genommen ist der Ausdruck *heliozentrisch* irreführend. Zwar umlaufen unsere Planeten, deren Monde und sehr viele kleine Bruchstücke unsere Sonne, aber die Sterne sowie unzählige andere Objekte im Weltraum umlaufen sie nicht. Vielmehr bewegt sich das gesamte Sonnensystem – mit der Sonne in der Mitte – um das Zentrum unserer Galaxis, der Milchstraße.)

Weil Einfachheit und Genauigkeit für die Wissenschaften kennzeichnend sind, wurden die komplexen geozentrischen Modelle letztlich durch das einfachere und auch elegantere heliozentrische Modell ersetzt. Aber das Entthronen der Erde, d. h. die Vertreibung aus dem Zentrum des Kosmos, konnte nur allmählich durchgesetzt werden. Schließlich schien es doch klar zu sein, dass sich die Erde nicht bewegt! Der von Aristarch schon im Altertum vorgeschlagene Ansatz, dass die Sonne im Zentrum steht, fand daher lange Zeit keine Anerkennung. Das lag nicht zuletzt auch an den kirchlichen Lehrmeinungen von der zentralen Stellung der Erde, wie auch am Bedürfnis des Menschen, sich selbst im Zentrum der Schöpfung zu sehen. Erst ab dem 16. Jahrhundert erwog man erneut die Vorteile eines heliozentrischen Weltbilds.

2.3 Kopernikus entwarf das erste umfassende heliozentrische Weltbild

Nach und nach offenbarten die genauer gewordenen Beobachtungen der Planetenpositionen deutliche Abweichungen von den Berechnungen gemäß dem geozentrischen Modell. Daher mussten den Planeten immer kompliziertere Bewegungen zugeschrieben werden. Aber auch damit wurde um die Mitte des 16. Jahrhunderts die Vorhersage der exakten Planetenpositionen immer schwieriger. In jener Zeit trat der deutsche Astronom und Mathematiker Nikolaus Kopernikus auf den Plan, der außerdem als Arzt und als Kleriker wirkte (siehe Exkurs „Wegbereiter der modernen Astronomie"). Bei seinem Bemühen, das Modell der Planetenbewegungen zu vereinfachen, ließ er Aristarchs Theorie wieder aufleben.

Kopernikus nahm also an, dass die Planeten die Sonne anstatt die Erde umlaufen. Dadurch konnte er aus den jahrhundertelang angefallenen und inzwischen verbesserten Ergebnissen erschließen, welche Planeten der Sonne näher als die Erde und welche weiter entfernt sind. Aus der Tatsache, dass Merkur und Venus nur in der Nähe der Sonne zu beobachten sind, folgerte er richtigerweise, dass ihre Umlaufbahnen innerhalb derjenigen der Erde liegen müssen. Die anderen zu Kopernikus' Zeit bekannten Planeten – Mars, Jupiter und Saturn – sind zuweilen hoch am Nachthimmel zu sehen, während die Sonne weit unter dem Horizont steht. Daraus schloss er, dass sich die Erde zwischen der Sonne und diesen Planeten befindet, d. h., dass die Umlaufbahnen von Mars, Jupiter und Saturn außerhalb der Erdumlaufbahn liegen.

Die geometrische Anordnung der Erde, des jeweils betrachteten Planeten und der Sonne nennt man **Konstellation**. Wenn sich beispielsweise Merkur (oder Venus) direkt zwischen Erde und Sonne befindet (Abb. 2.4), dann ist die momentane Konstellation dieses Planeten die **untere Konjunktion**. Wenn er sich aber – von der Erde aus gesehen – genau hinter der Sonne befindet, spricht man von der **oberen Konjunktion**.

Der Winkel zwischen der Sonne und einem Planeten, wie er von der Erde aus zum jeweiligen Zeitpunkt zu sehen ist, heißt **Elongation** dieses Planeten. Die Elongation eines Planeten variiert also zwischen 0° bis zu einem bestimmten Maximalwert. Die momentane Elongation hängt davon ab, wo sich der Planet auf seiner Umlaufbahn um die Sonne gerade befindet. Bei *größter östlicher bzw. größter westlicher Elongation* eines Planeten bilden unsere Sichtlinien zu ihm und zur Sonne jeweils den größtmöglichen Winkel. Dieser Maximalwinkel beträgt beim Merkur ungefähr 28° und bei der Venus rund 47°. Wenn Merkur oder Venus vor der Sonne aufgehen, erscheint er bzw. sie als heller „Stern" am Osthimmel. Daher nennt man die Venus auch *Morgenstern*. Und wenn Merkur oder Venus nach der Sonne untergehen, erscheint er bzw. sie am westlichen Himmel, und die Venus ist der *Abendstern*. Im größten Teil der Zeit befinden sich diese zwei Planeten natürlich nicht bei großer Elongation, sondern

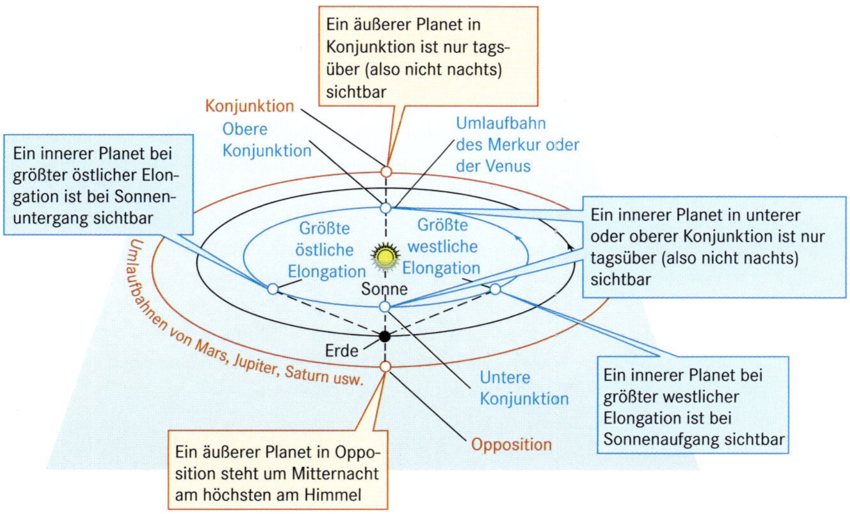

Abb. 2.4 Planetenkonstellationen. Einige ausgezeichnete Punkte der Umlaufbahn eines jeden Planeten entsprechen bestimmten *Konstellationen*. Ihre Bezeichnungen sind in der Skizze eingetragen. Hier liegt jeweils eine spezielle relative Position der Erde, des betreffenden Planeten und der Sonne vor.

Wegbereiter der modernen Astronomie

Im 16. und 17. Jahrhundert erfuhr die Astronomie enorme Fortschritte und geradezu Umwälzungen, die sich aus den neuen Erkenntnissen ergaben. Die Bewegungen der Himmelskörper konnten jetzt nämlich durch das Wirken der Gravitationskraft erklärt werden, und die Erde verlor endgültig ihre besondere Stellung als Zentrum des Kosmos. Die maßgebenden Theorien wurden von glänzenden Denkern aufgestellt; sie widerlegten das heliozentrische Modell des Sonnensystems und klärten die Bedeutung der Schwerkraft.

(E. Lessing/ Art Resource)

Nikolaus Kopernikus (1473–1543)

Kopernikus wurde als jüngstes von vier Kindern einer deutschen Familie in Thorn an der Weichsel geboren, das zwei Jahrzehnte zuvor an Polen gefallen war. Er studierte in Krakau Mathematik und Astronomie sowie in Bologna und Padua Medizin und Rechtswissenschaften. Er konzipierte eine heliozentrische Theorie des seinerzeit bekannten Universums und veröffentlichte 1543, kurz vor seinem Tode, sein Hauptwerk *De Revolutionibus Orbium Coelestium* (*Über die Kreisbewegungen der Himmelssphären*). Seine revolutionäre Theorie hatte allerdings noch den Nachteil, dass die Umlaufbahnen der Planeten um die Sonne als Kreise angenommen wurden. Dies wurde später von Johannes Kepler korrigiert.

(Gemälde von Jean-Leon Huens, mit freundlicher Genehmigung der National Geographic Society)

Tycho Brahe (1546–1601) und Johannes Kepler (1571–1630)

Tycho Brahe (in diesem Porträt Keplers im Hintergrund dargestellt) wurde als Sohn einer adligen Familie in der dänischen Stadt Knudstrup geboren, die heute zu Schweden gehört. Im Alter von 20 Jahren verlor er bei einem Duell einen Teil seiner Nase und trug seitdem eine Prothese bzw. Maske aus Metall. Im Jahre 1576 gewährte ihm der dänische König Frederik II. die Mittel für den Bau einer Sternwarte. Brahe nannte sie Uraniborg (nach Urania, der griechischen Muse der Astronomie). Brahe lehnte sowohl die heliozentrische Theorie des Kopernikus als auch die geozentrische Theorie des Ptolemäus aus dem 2. Jahrhundert n. Chr. ab. Er kombinierte beide Ansätze miteinander und hielt die Erde für ruhend, die von Sonne und Mond umlaufen wird, während sich alle anderen Planeten um die Sonne drehen.

Der nahe Stuttgart geborene Johannes Kepler studierte drei Jahre lang in Deutschland Mathematik, Philosophie und Theologie. Im Jahre 1596 publizierte er mathematische Formeln zum Berechnen der Umlaufbahnen der Planeten. Obwohl diese Theorie unzutreffend war, erregten sein Mut und seine Originalität die Aufmerksamkeit von Tycho Brahe, dessen Mitarbeiter Kepler im Jahre 1600 wurde. Dieser leitete später seine drei Gesetze aus den Ergebnissen von Brahes Beobachtungen ab.

(Art Resource)

Galileo Galilei (1564–1642)

Galilei, der in Pisa geboren wurde, studierte hier Medizin und Philosophie. Bald wandte er sich aber der Mathematik und der Physik zu. Er erhielt an der Universität Padua den Lehrstuhl für Mathematik und kehrte später in gleicher Funktion an die Universität Pisa zurück. Hier stellte er sein berühmtes Fallgesetz auf, nach dem alle Objekte mit der gleichen Beschleunigung zur Erde fallen, gleichgültig wie schwer sie sind. Im Jahre 1609 verbesserte er die Konstruktion des Teleskops. Hiermit gelangen ihm zahlreiche bahnbrechende Entdeckungen, die den von der römisch-katholischen Kirche als einzig wahr anerkannten Lehren des Aristoteles widersprachen. Seine Arbeiten zur Astronomie sowie zu den Begriffen Bewegung, Beschleunigung und Scherkraft fasste er 1632 in seinem Werk *Dialogo sopra le due massimi systemi* (*Dialog über die zwei hauptsächlichsten Weltsysteme*) zusammen.

(National Portrait Gallery, London)

Isaac Newton (1643–1727)

Newton beschäftige sich gern mit der Konstruktion mechanischer Vorrichtungen wie beispielsweise Sonnenuhren oder Windmühlenmodellen; er konzipierte auch eine Wasseruhr und eine mechanische Kutsche. Sein Studium in London und Cambridge schloss er 1665 ab. Als Professor für Mathematik in Cambridge entwickelte er danach (unabhängig vom Gottfried Wilhelm Leibniz) die Infinitesimalrechnung. Bei seinen Experimenten zur Optik konstruierte Newton ein Spiegelteleskop und entdeckte, dass weißes Licht eine Mischung von Licht aller Farben ist. Seine bahnbrechenden Erkenntnisse über Kräfte allgemein und über die Gravitationskraft im Besonderen publizierte er 1687 in dem umfangreichen Werk *Philosophiae Naturalis Principia Mathematica* (*Mathematische Prinzipien der Naturlehre*). Im Jahre 1704 legte Newton seine zweite große Abhandlung *Opticks* (*Optik*) vor, in der er seine Experimente und Theorien über Licht und Farben beschrieb. Newton starb 1727 und wurde in der Westminster Abbey beigesetzt – eine Ehre, die zuvor noch keinem Wissenschaftler zuteil geworden war.

erscheinen bei recht kleinen Winkeln zur Sonne. Das gilt vor allem für den Merkur, weil er ja die innerste Umlaufbahn hat. Er ist daher von der Erde aus oft nur schwer zu sehen. Im Gegensatz dazu ist die Venus (der nach Sonne und Mond hellste Himmelskörper) während des größten Teils ihrer Umlaufbahn zu sehen. Bei Sonnenaufgang bzw. bei Sonnenuntergang steht sie oft in mäßiger Höhe über dem Horizont. Wegen ihrer großen Helligkeit und weil sie aufgrund von Fluktuationen in der Erdatmosphäre zuweilen ihre Farbe zu ändern scheinen, werden Merkur und Venus manchmal sogar für UFOs gehalten.

Planeten, die von der Sonne weiter entfernt sind als die Erde, zeigen unterschiedliche Konstellationen. Bei **Konjunktion** steht ein Planet, von der Erde aus gesehen, vor oder hinter der Sonne, und bei **Opposition** steht er am Himmel der Sonne gegenüber (Abb. 2.4). Wenn sich Mars beispielsweise in Opposition befindet, erscheint er um Mitternacht als heller „Stern" hoch oben am Himmel.

Ein Planet kann relativ leicht verfolgt werden, wenn er sich von einer Konstellation zu einer anderen bewegt. Aber aus solchen Beobachtungen allein können wir seine tatsächliche Umlaufbahn nicht erschließen, weil sich auch die Erde bewegt (von der aus wir ihn ja beobachten). Daher unterschied Kopernikus bei jedem Planeten sorgfältig zwischen zwei charakteristischen Zeitintervallen oder **Perioden**.

Wie wir in Kapitel 1 am Beispiel des Monds gesehen haben, ist die wahre Umlaufdauer eines astronomischen Objekts dessen **siderische Periode**. Dies ist die Zeitspanne, in der ein Himmelskörper relativ zu den Hintergrundsternen einen vollständigen Umlauf (beispielsweise um die Sonne) vollendet. Die siderische Periode eines Planeten ist dessen Jahreslänge.

Das andere nützliche Zeitintervall, das Kopernikus ansetzte, ist die **synodische Periode**. Dies ist die Zeitspanne zwischen zwei aufeinanderfolgenden, von der Erde aus gesehen gleichen Konstellationen eines Himmelskörpers. Das kann also der Zeitraum von einer Opposition bis zur nächsten oder von einer Konjunktion bis zur nächsten sein (Abb. 2.5). Bei Kenntnis seiner synodischen Periode können wir berechnen, wann ein Planet das nächste Mal der Erde am nächsten kommt und daher am besten zu beobachten ist.

Vor rund 500 Jahren konnte Kopernikus also die Werte ermitteln, die den ersten sechs Zeilen in Tab. 2.1 entsprechen (die anderen Werte sind Ergebnisse aus unserer Zeit, die der Vollständigkeit halber angegeben sind). Kopernikus konzipierte nun eine einfache geometrische Methode, um die Abstände der Planeten von der Sonne zu bestimmen. Seine Ergebnisse kamen den heutigen Werten schon recht nahe, wie aus Tab. 2.2 deutlich wird. Aus ihr und aus Tab. 2.1 geht hervor, dass die Umlaufdauer eines Planeten umso länger ist, je weiter er von der Sonne entfernt ist.

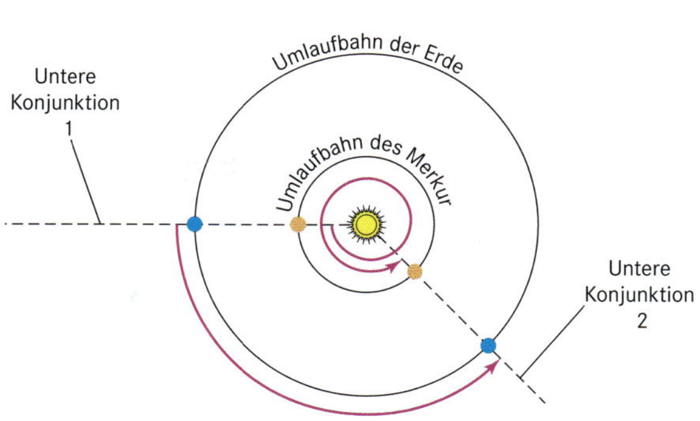

Abb. 2.5 Die synodische Periode. Die Zeitspanne zwischen aufeinanderfolgenden Konjunktionen von Erde und Merkur beträgt 116 Tage. Für alle synodischen Perioden von Planeten ist es typisch, dass sich die Erde am Anfang und am Ende der Periode an unterschiedlichen Positionen befindet. Diese Abbildung zeigt auch die Konstellationen eines äußeren Planeten; dazu muss man hier nur die Erde an die Stelle des Merkur und den äußeren Planeten an die Stelle der Erde setzen.

Kopernikus präsentierte seinen heliozentrischen Ansatz zusammen mit Beobachtungsergebnissen und Berechnungen, die ihn unermauerten, unter dem Titel *De Revolutionibus Orbium Coelestium* (*Über die Kreisbewegungen der Himmelssphären*). Diese Schrift erschien 1543 kurz vor seinem Tode. Kopernikus' Erkenntnisse zeichneten sich durch die begriffliche Einfachheit des heliozentrischen Planetensystems gegenüber dem geozentrischen aus. Das zeigte sich vor allem bei der Erklärung der zeitweise rückläufigen Pla-

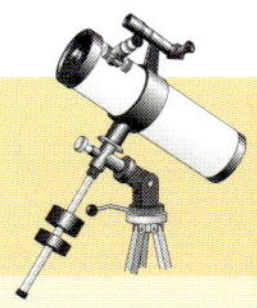

Einblicke in die Wissenschaft

Auch eine andere Perspektive einnehmen Zuweilen ist eine wissenschaftliche Theorie oder Hypothese schwer nachzuvollziehen. Dann sollte man sie einmal aus einer anderen Perspektive betrachten. Beispielsweise würde die siderische Umlaufdauer eines Planeten um die Sonne viel anschaulicher, wenn man seine Bewegung auf der Umlaufbahn von der Sonne anstatt von der Erde aus betrachten würde. Andererseits ist die synodische Umlaufdauer eines Planeten von der Erde aus leichter zu erklären. Eine entscheidende Rolle spielt also der Standort des Beobachters. Man kann hierbei auch von einem **Bezugssystem** sprechen; hierauf werden wir im Zusammenhang mit Einsteins Relativitätstheorien (der speziellen und der allgemeinen) noch zurückkommen.

Tab. 2.1 Synodische und siderische Umlaufdauern der Planeten (in siderischen Erdenjahren)

	synodisch	siderisch
Merkur	0,318	0,241
Venus	1,599	0,616
Erde	–	1,0
Mars	2,136	1,9
Jupiter	1,092	11,9
Saturn	1,035	29,5
Uranus	1,013	84,0
Neptun	1,008	164,8

Tab. 2.2 Mittlere Abstände der Planeten von der Sonne

	Messwert (AE) nach Kopernikus	heute
Merkur	0,38	0,39
Venus	0,72	0,72
Erde	1,00	1,00
Mars	1,52	1,52
Jupiter	5,22	5,20
Saturn	9,07	9,54
Uranus	Unbekannt	19,19
Neptun	Unbekannt	30,06

netenbewegungen. Allerdings irrte Kopernikus mit seiner Theorie, dass die Planeten auf Kreisbahnen die Sonne umlaufen. Daher waren viele seiner Voraussagen der Planetenpositionen ohne Annahme von Epizykeln auch nicht genauer als beim geozentrischen Ansatz (siehe Anhang G.1). Wie wir gleich sehen werden, erzielte Johannes Kepler später genauere Vorhersagen. Dazu nahm er ellipsenförmige statt kreisförmiger Umlaufbahnen an und konnte auf jegliche Epizykeln verzichten.

Abb. 2.6 Die Parallaxe. Nahe gelegene Objekte erscheinen von verschiedenen Standorten unter verschiedenen Blickwinkeln. Diese Objekte scheinen sich dabei relativ zu weit entfernten Objekten für jeden Betrachter zur selben Zeit an einer anderen Position zu befinden. Diese beiden als **Parallaxe** bezeichneten Effekte werden beispielsweise von Astronomen, Landvermessern und Seeleuten ausgenutzt, um Entfernungen zu bestimmen. (Tobi Zausner)

2.4 Tycho Brahes astronomische Beobachtungen widersprachen dem alten Weltbild

Im November 1572 erschien im Sternbild Kassiopeia plötzlich ein heller Stern. Zunächst war er sogar heller als die Venus. Doch wurde er nach und nach dunkler und verschwand nach 18 Monaten wieder vom Himmel. Heute weiß man, dass es sich um eine Supernovaexplosion gehandelt hatte, also um den Tod eines Sterns, der einem bestimmten Typ angehörte (siehe Kapitel 10). Im 16. Jahrhundert war das Auftauchen eines neuen Sterns mit den anerkannten Lehren unvereinbar, die seit der Antike galten und vornehmlich auf Aristoteles und Platon zurückgingen. Sie besagten unter anderem, dass die Himmelskugel mit den Fixsternen völlig unveränderlich ist. Demnach konnte der „neue Stern“ von 1572 überhaupt kein Stern sein, denn sein Erscheinen würde ja eine Veränderung darstellen. Daher waren viele Astronomen und Theologen jener Zeit davon überzeugt, dass das neue, helle Objekt sich sehr nahe bei der Erde befinden musste, vielleicht sogar relativ dicht über den Wolken. Doch ein 25-jähriger dänischer Astronom namens Tycho Brahe (siehe Exkurs „Wegbereiter der modernen Astronomie") erkannte, dass der enorm große Abstand dieses seltsamen Objekts von der Erde durch ganz bestimmte Beobachtungen zu ermitteln war.

Nehmen wir einmal an, zwei Personen betrachten ein nahe gelegenes Objekt von ihren beiden etwas unterschiedlichen Standorten aus. Jede von ihnen sieht sie relativ zum weit entfernten Hintergrund in einer anderen Position. Außerdem bilden ihre Blickrichtungen dabei einen bestimmten Winkel miteinander. Dieser Winkelunterschied wird **Parallaxe** genannt (Abb. 2.6).

Vollziehen wir einmal Brahes Überlegungen nach: Befände sich der neue Stern recht nahe bei der Erde, dann müsste sich seine Position relativ zu den Hintergrundsternen im Laufe einer Nacht verändern (Abb. 2.7a). Doch Brahes mit größter Akribie vorgenommenen Beobachtungen ließen keinerlei Parallaxe erkennen. Daher musste der neue Stern wirklich sehr weit von der Erde entfernt sein, also viel weiter, als irgend jemand seinerzeit vermutet hätte (Abb. 2.7b). Brahe publizierte seine Ergebnisse im Jahre 1573 unter dem Titel *De Stella Nova* (*Über den neuen Stern*).

Brahe führte zwischen 1576 und 1597 umfassende astronomische Beobachtungen aus und bestimmte dabei die Planetenpositionen mit einer Genauigkeit von einer Winkelminute, was mit bloßem Auge gerade noch möglich ist. Seine überaus umfangreichen Aufzeichnungen sollten bald danach die weitere Entwicklung eines heliozentrischen Modells ganz entscheidend beeinflussen. Nach Brahes Tod im Jahre 1601 wurden die meisten seiner überaus wertvollen Aufzeichnungen seinem Assistenten Johannes Kepler (siehe Exkurs „Wegbereiter der modernen Astronomie") übergeben.

? Beschreiben Sie ein einfaches Experiment, um zu demonstrieren, dass Ihre Augen (bzw. letztlich Ihr Gehirn) die Parallaxe ausnutzt, um Abstände abzuschätzen.

Die Kepler'schen Gesetze und die Newton'schen Axiome

Bis zur Zeit Keplers galt es als ausgemacht, dass sich die Himmelskörper auf Kreisbahnen bewegen. Aus philosophischen und ästhetischen Gründen galt der Kreis als die perfekteste und harmonischste aller geometrischen Formen. Allerdings waren die beobachteten Planetenpositionen mit kreisförmigen Umlaufbahnen nicht vereinbar. Über einige Jahre hinweg versuchte Kepler, eine solche Form der Umlaufbahnen zu finden, die mit Brahes Beobachtungen vereinbar war. Schließlich hatte er Erfolg, und zwar mit ellipsenförmigen Bahnen.

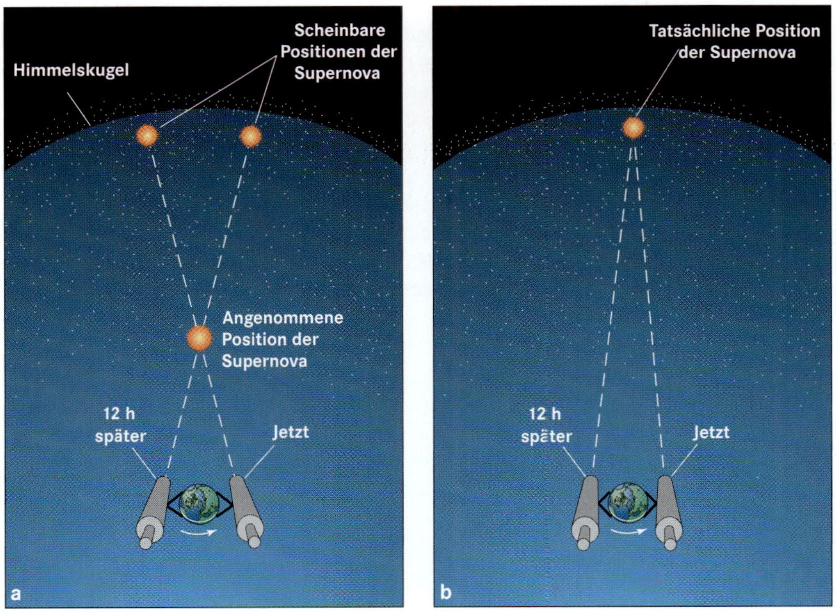

Abb. 2.7 Die Parallaxe eines nahe gelegenen Objekts im Raum. (a) Brahe argumentierte, dass ein sehr nahe bei der Erde befindlicher Himmelskörper im Laufe einer Nacht an verschiedenen Positionen relativ zu den Hintergrundsternen erscheinen muss. (b) Bei dem neuen Stern (der Supernova) von 1572 konnte Brahe jedoch keine solchen Veränderungen feststellen; das ist hier durch die beiden parallel ausgerichteten Teleskope angedeutet. Also musste der neue Stern sehr weit entfernt sein.

2.5 Die Kepler'schen Gesetze beschreiben Bahnform, Jahreslänge und Geschwindigkeitsschwankung jedes Planeten

Eine Ellipse kann man ganz einfach zeichnen, wie es in Abb. 2.8a gezeigt ist. Der längste Durchmesser (die große Achse) einer Ellipse verläuft durch beide **Brennpunkte**, und die Hälfte dieser Länge heißt **große Halbachse**. Bei einem Planeten entspricht die Länge der großen Halbachse dem mittleren Abstand von der Sonne.

2 Wie Kepler also herausfand, sind die beobachteten Planetenbewegungen bzw. -positionen mit ellipsenförmigen Umlaufbahnen bestens vereinbar. Dieses Ergebnis veröffentlichte er im Jahre 1609 unter dem Titel *Astronomia Nova* (*Neue Astronomie*). Heute wird dieser Sachverhalt als **erstes Kepler'sches Gesetz** bezeichnet:

> **! Erstes Kepler'sches Gesetz:** Die Umlaufbahn eines Planeten um die Sonne ist eine Ellipse, in deren einem Brennpunkt sich die Sonne befindet.

Es gibt zwei extreme Formen von Ellipsen. Die eine ist der Kreis, bei dem sozusagen beide Brennpunkte zusammenfallen. Die am stärksten gestreckte Ellipse entspricht nahezu einer geraden Linie. In Abb. 2.8b sind einige Beispiele dargestellt, wobei jeweils auch die *Exzentrizität e* der Bahn angegeben ist. Sämtliche Beobachtungen ergaben, dass sich im zweiten Brennpunkt einer ellipsenförmigen Planetenbahn niemals ein Objekt befindet.

Aus Brahes Beobachtungsergebnissen konnte Kepler außerdem ableiten, dass sich die Planeten auf ihren Umlaufbahnen nicht mit gleichförmigen Geschwindigkeiten bewegen. Ein Planet ist dort am schnellsten, wo er der Sonne am nächsten ist. Dieser Punkt heißt **Perihel**. Umgekehrt ist er am langsamsten, wenn er von der Sonne am weitesten entfernt ist, sich also im **Aphel** befindet. 3

Nach mühevollen Ansätzen und Berechnungen konnte Kepler auch die Gesetzmäßigkeit für die Planetengeschwindigkeiten längs der Umlaufbahn finden. Dieses Ergebnis, das ebenfalls Gegenstand seiner Schrift *Astronomia Nova* (*Neue Astronomie*) war, ist in Abb. 2.9 veranschaulicht. Nehmen wir an, ein bestimmter Planet benötigt 30 Tage, um vom Punkt A seiner Umlaufbahn zum Punkt B zu gelangen. Während dieser Zeit überstreicht die gedachte Gerade zwischen der Sonne und dem Planeten eine ungefähr dreieckige Fläche (in Abb. 2.9 rotbraun gezeichnet). Kepler erkannte, dass die gedachte Gerade in *irgendeinem* 30 Tage dauernden Zeitintervall stets eine gleich große Fläche überstreicht, so beispielsweise auch zwischen den Punkten C und D seiner Umlaufbahn. Dies ist die Aussage des **zweiten Kepler'schen**

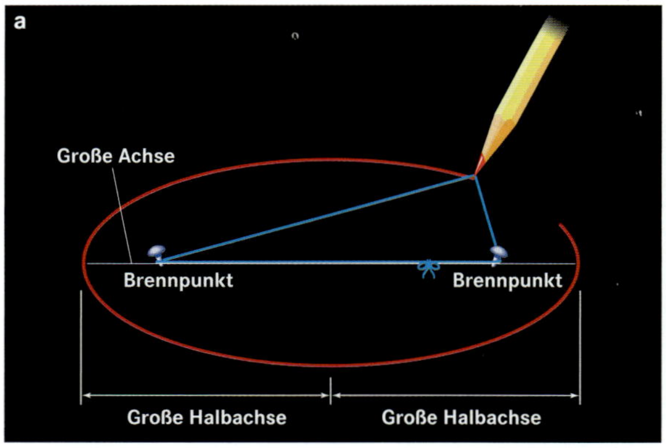

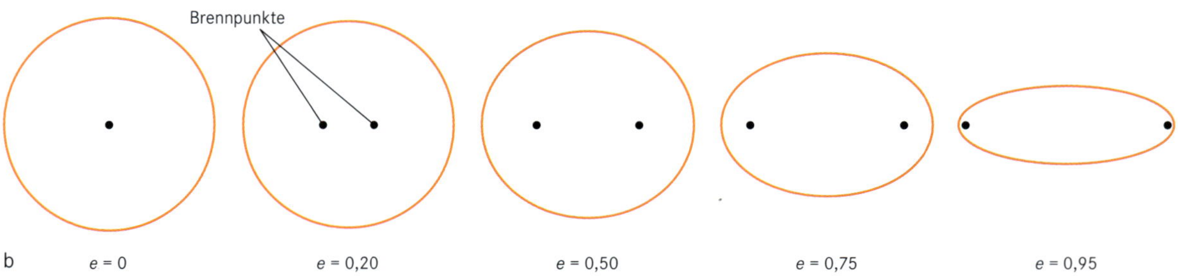

Abb. 2.8 Ellipsen. (a) Die hier gezeigte einfache Konstruktion einer Ellipse beruht auf folgendem Sachverhalt: An jedem Punkt der Ellipse ist die Summe seiner Abstände von den zwei *Brennpunkten* konstant. Zum Zeichnen einer Ellipse wird in jeden Brennpunkt ein Reißnagel gesteckt, und zwischen die beiden Reißnägel wird eine Schnur gebunden, die länger als der Abstand der Brennpunkte ist. Dann fährt man mit einem nach außen gedrückten Stift so herum, das dieser die Schnur stets straff hält. (b) Einige Ellipsen mit unterschiedlichen Exzentrizitäten *e*. Die Exzentrizität einer Ellipse liegt zwischen 0 (dem Grenzfall des Kreises) bis nahezu 1,0 (beinahe eine gerade Linie). Die Ellipsenbahnen aller acht Planeten unseres Sonnensystems haben Exzentrizitäten von weniger als 0,21.

Gesetzes, das man auch Gesetz der gleichen Flächen nennt:

> **Zweites Kepler'sches Gesetz:** Die gedachte gerade Linie zwischen einem Planeten und der Sonne überstreicht in gleichen Zeitspannen gleiche Flächen.

Aus dem zweiten Kepler'schen Gesetz ergibt sich, dass die Geschwindigkeit eines Planeten stetig geringer wird, während er sich vom Perihel zum Aphel bewegt. Danach, also vom Aphel bis zum Perihel, wird er wieder schneller.

Schließlich konnte Kepler auch den Zusammenhang zwischen dem mittleren Abstand eines Planeten von der Sonne und der Dauer seines Jahres ermitteln. Dieses heute so bezeichnete **dritte Kepler'sche Gesetz** veröffentlichte er im Jahre 1619. Es beschreibt den Zusammenhang zwischen der siderischen Umlaufdauer eines Planeten und der Länge der großen Halbachse seiner Umlaufbahn:

> **Drittes Kepler'sches Gesetz:** Das Quadrat der siderischen Umlaufdauer eines Planeten um die Sonne ist direkt proportional zur dritten Potenz der Länge der großen Halbachse seiner Umlaufbahn.

Wenden wir dieses Gesetz einmal auf die Erde an. Wir bezeichnen ihre siderische Umlaufdauer mit T und geben sie in der Einheit Jahr (a, abgeleitet vom lateinischen Wort *annus* = Jahr) an. Die Länge ihrer großen Halbachse nennen wir r und geben Sie in **astronomischen Einheiten** (AE) an. Diese Längeneinheit bietet sich für Betrachtungen im Sonnensystem an, denn sie entspricht dem mittleren Abstand zwischen Erde und Sonne. Damit bleiben die Zahlenwerte recht „handlich" (zu den Längeneinheiten in der Astronomie siehe Anhang H.1). Damit lautet das dritte Kepler'sche Gesetz:

$$(T/\mathrm{a})^2 = (r/\mathrm{AE})^3.$$

Hieraus können wir unmittelbar ablesen, dass ein der Sonne näherer Planet ein kürzeres Jahr hat als ein weiter außen umlaufender Planet. Und in Verbindung mit dem zweiten Kepler'schen Gesetz erkennen wir, dass ein der Sonne näherer (d. h. innerer) Planet diese mit durchschnittlich höherer Geschwindigkeit umläuft als ein äußerer Planet. Mithilfe der Werte der Jahreslängen (also der siderischen Umlaufdauern) und der mittleren Abstände von der Sonne in Tab. 2.1 und 2.2 können wir nun Tab. 2.3 aufstellen, die das dritte Kepler'sche Gesetz veranschaulicht.

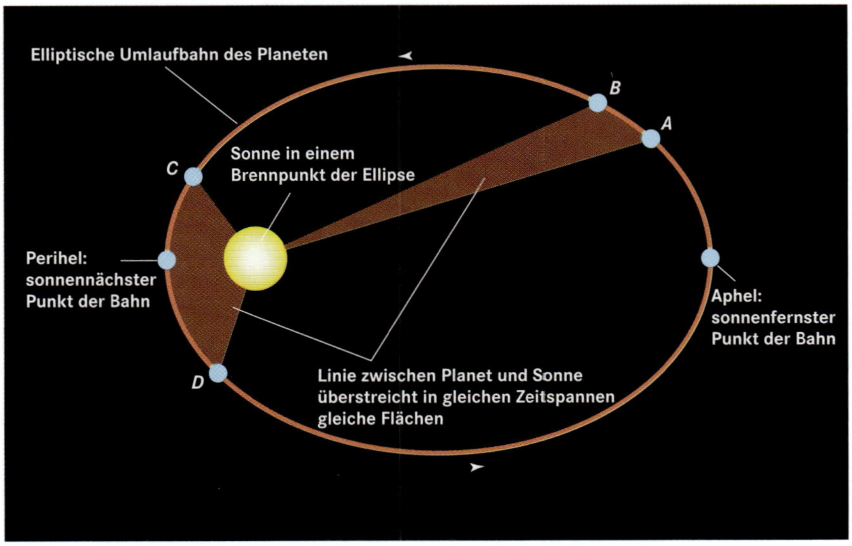

Abb. 2.9 Das erste und das zweite Kepler'sche Gesetz. Gemäß dem *ersten Kepler'schen Gesetz* bewegt sich jeder Planet auf einer elliptischen Umlaufbahn um die Sonne, die in einem der Brennpunkte liegt. Gemäß dem *zweiten Kepler'schen Gesetz* überstreicht die gedachte Gerade zwischen der Sonne und dem Planeten in gleichen Zeitspannen gleiche Flächen, die in der Abbildung jeweils rotbraun gefärbt sind, beispielsweise von A nach B sowie von C nach D. Beachten sie, dass hier eine relativ lang gestreckte Ellipse mit der großen Exzentrizität $e = 0{,}74$ dargestellt ist. Die Planetenbahnen im Sonnensystem haben Exzentrizitäten von weniger als 0,21. Das zweite Kepler'sche Gesetz gilt jedoch für alle elliptischen Umlaufbahnen.

Tab. 2.3 Eine Demonstration des dritten Kepler'schen Gesetzes

	Siderische Umlaufdauer T (a)	Große Halbachse r (AE)	$(T/\text{a})^2$	=	$(r/\text{AE})^3$
Merkur	0,24	0,39	0,06		0,06
Venus	0,61	0,72	0,37		0,37
Erde	1,00	1,00	1,00		1,00
Mars	1,88	1,52	3,53		3,51
Jupiter	11,86	5,20	140,7		140,6
Saturn	29,46	9,54	867,9		868,3
Uranus	84,01	19,19	7.058		7.067
Neptun	164,79	30,06	27.160		27.160

Etliche Jahrzehnte später beschäftigte sich Newton beim Erarbeiten seines Gravitationsgesetzes (worauf wir in diesem Kapitel noch zurückkommen) natürlich auch mit dem dritten Kepler'schen Gesetz, das er aus seinen Gleichungen ableiten konnte. Dabei fiel ihm auf, dass auch die Masse eines Planeten dessen Umlaufdauer beeinflusst. Das macht aber nur sehr wenig aus, weil die Sonnenmasse weitaus größer als jede Planetenmasse ist. Betrachtet man aber zwei ähnlich schwere Objekte, die einander umlaufen, dann müssen beide Massen berücksichtigt werden.

Die drei Kepler'schen Gesetze gelten, wie schon angedeutet, nicht nur für die Planeten, die die Sonne umlaufen, sondern für jedes Objekt, das ein anderes Objekt unter dem Einfluss ihrer gegenseitigen Gravitationsanziehung umläuft. Daher können wir die Kepler'schen Gesetze auf die Monde der Planeten ebenso anwenden wie auf künstliche Satelliten, die die Erde umlaufen – und mit dem eben erwähnten Vorbehalt auch auf zwei einander umlaufende Sterne.

? Wir haben in Kapitel 1 gesehen, dass die Umlaufbahn des Monds um die Erde kein perfekter Kreis ist. An welcher Stelle seiner Umlaufbahn bewegt sich der Mond am schnellsten und an welcher am langsamsten?

2.6 Galileis Entdeckungen stützten das heliozentrische Weltbild

Während Kepler in Mitteleuropa die Gesetzmäßigkeiten der Planetenbewegungen klärte, gelangen einem Physiker in Italien bahnbrechende Beobachtungen. Galileo Galilei (siehe Exkurs „Wegbereiter der modernen Astronomie") hatte das Teleskop zwar nicht erfunden, war aber einer der ersten Forscher, die dieses neuartige Gerät systematisch auf den Himmel richteten. Er sah Dinge, die vor ihm noch kein Mensch hatte erblicken können, darunter Berge und „Meere" auf dem Mond und relativ dunkle Flecken auf der Sonne. Außerdem entdeckte er, dass die scheinbare Größe des Planeten Venus von ihrer Phase abhängt (Abb. 2.10). Venus erscheint am kleinsten, wenn ihr von uns aus sichtbarer beleuchteter Teil beiderseits konvex ist, und am größten in der dem Halbmond entsprechenden Phase. Diese Beobachtungen versetzten dem geozentrischen Modell einen schweren Schlag, weil dieses ja weder die Phasen noch die veränderliche scheinbare Größe der Venus erklären konnte. Dagegen sind beide Beobachtungen mit dem heliozentrischen Modell leicht vereinbar. Unter anderem deswegen kam Galilei

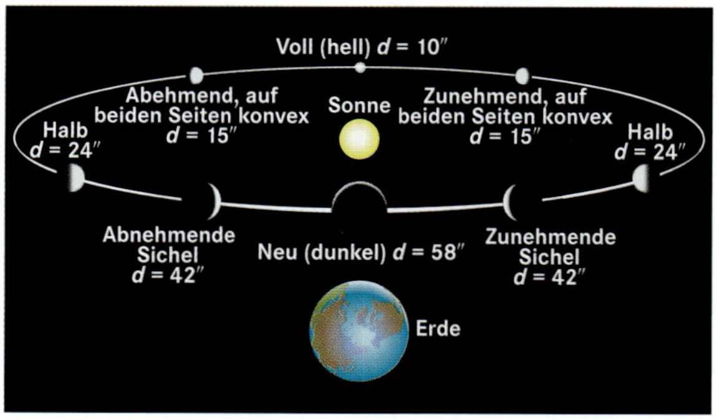

Abb. 2.10 Die Phasen des Planeten Venus. Diese Abbildung zeigt die von der Erde aus sichtbaren Phasen der Venus während ihres kompletten Umlaufs um die Sonne. Der Wert d ist die jeweilige scheinbare Größe der Venus in Winkelsekunden, von der Erde aus gesehen. Es fällt auf, dass die Phasen mit der Winkelgröße des Planeten und seinem Winkelabstand von der Sonne (beide ebenfalls von der Erde aus gesehen) zusammenhängen. Diese Beobachtungen bestätigen eindeutig die Aussage, dass der Planet Venus die Sonne umläuft.

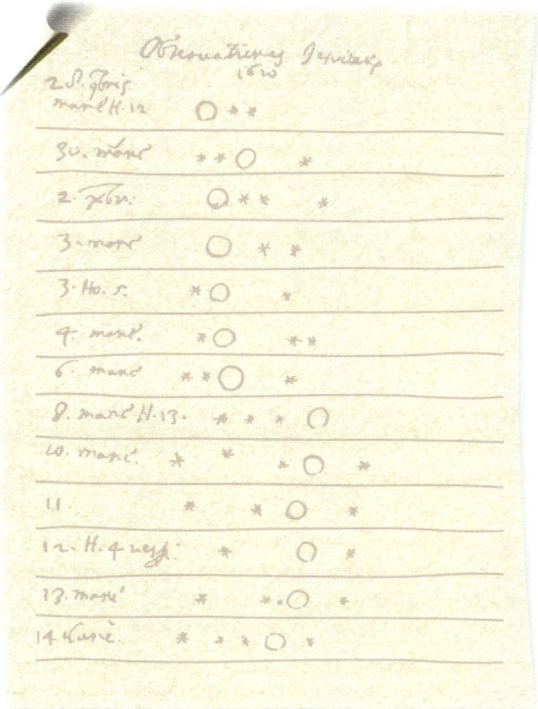

a

b

RIVUXG

Abb. 2.11 Jupiter und seine größten Monde. Im Jahre 1610 entdeckte Galilei vier Himmelskörper, die sich über den Planeten Jupiter hin und her bewegen. Er kam zu der Überzeugung, dass dies Monde sind, die den Jupiter ebenso umlaufen, wie unser Mond die Erde umläuft. (a) Hier ist ein Auszug aus den Aufzeichnungen von Jesuiten abgedruckt, die im Jahre 1620 den Jupiter und seine damals sichtbaren vier Monde beobachtet hatten. (b) Dieses Foto des Amateurastronomen C. Holmes zeigt die vier Galilei'schen Monde neben dem überbelichteten Bild des Jupiter. Jeder dieser Monde ist so hell, dass wir ihn mit bloßem Auge sehen könnten, wenn er nicht durch den sehr hellen Jupiter überstrahlt würde.
(b: Mit freundlicher Genehmigung von C. Holmes)

zu dem Schluss, dass die Venus die Sonne und nicht die Erde umläuft.

Im Jahre 1610 entdeckte Galilei vier Monde des Planeten Jupiter. Wir bezeichnen sie heute zu seinen Ehren als Galilei'sche Monde. Dass diese Himmelskörper den Jupiter umlaufen, schloss Galilei daraus, dass sie sich von einer Seite dieses Planeten zur anderen bewegen. Zehn Jahre später, 1620, gelangen anderen Forschern weitere Beobachtungen, die das bestätigten (Abb. 2.11). All das lieferte weitere Beweise dafür, dass sich die Erde nicht im Zentrum des Kosmos befindet. Ebenso wie die Erde auf ihrer Umlaufbahn um die Sonne gehorchen Jupiters vier Monde dem dritten Kepler'schen Gesetz: Das Quadrat der Umlaufdauer eines Monds um Jupiter ist proportional zur dritten Potenz seines mittleren Abstands von diesem Planeten.

Galileis mithilfe des Teleskops angestellte Beobachtungen lieferten grundlegend neue astronomische Befunde. Diese standen in krassem Widerspruch zu den damals vorherrschenden Lehren, denn sie stützten die heliozentrische Sicht des Kosmos. Jedoch sah die katholische Kirche in Galileis Folgerungen aus seinen Beobachtungen einen Widerspruch zu einigen Passagen der Bibel wie auch zu den anerkannten Schriften von Aristoteles und Platon. In einem sich länger hinziehenden Inquisitionsverfahren wurde Galilei der Ketzerei beschuldigt. Angesichts seines fortgeschrittenen Alters wurde er letztlich zu lebenslangem Hausarrest in einem Dorf nahe Florenz verurteilt, aber natürlich auch dazu, seine Aussagen zu widerrufen und sie nicht zu wiederholen. Erst 1992 erklärte Papst Johannes Paul II., dass die Kirche mit diesem Urteil im Unrecht gewesen war.

Aber auch eine andere seinerzeit gültige Lehrmeinung hinderte die Denker und Forscher des 17. Jahrhunderts daran, die Kepler'schen Gesetze und Galileis Aussagen über den heliozentrischen Kosmos anzuerkennen. War es denn nicht offensichtlich, dass jeder auf der Erde in Bewegung gesetzte und sich dann selbst überlassene Gegenstand letztlich zur Ruhe kam? Warum sollte das nun für die Planeten bei ihren angeblichen Umläufen um die Sonne nicht auch gelten?

? Welche Form hat die Umlaufbahn der Internationalen Raumstation um die Erde?

Diese Fragen konnten erst durch die Arbeiten von Isaac Newton geklärt werden, der – nach dem alten Julianischen Kalender – am Weihnachtstag 1642, also noch in Galileis Todesjahr, geboren wurde. Nach dem in England erst 1752 eingeführten Gregorianischen Kalender war sein Geburtsdatum der 4. Januar 1643. Newton, ein überaus brillanter, aber auch etwas ex-

Einblicke in die Wissenschaft

Theorien und Erklärungen Wissenschaftliche Theorien oder Gesetze, deren Ursprung bestimmte Beobachtungen sind, können auch dann für die Vorhersage von Effekten und Sachverhalten nützlich sein, wenn die Gründe für ihre Richtigkeit nicht bekannt sind. Beispielsweise konnten die Kepler'schen Gesetze, aufgestellt zwischen 1609 und 1619, erst fünf Jahrzehnte später erklärt werden, als Newton sein berühmt gewordenes Gravitationsgesetz herleitete. Dieses beschreibt unter anderem die Kraft, die die Planeten auf ihren Umlaufbahnen hält.

zentrischer Forscher (er betrieb beispielsweise auch Alchimie) konnte die allermeisten Fragen hinsichtlich der Planetenbahnen abschließend klären. Er stellte unter anderem die zentralen Gleichungen für die Bewegungen von Körpern und auch das Gravitationsgesetz auf. Wie kaum ein anderer hat Newton die Naturwissenschaften revolutioniert. Mit mathematisch fundierten Aussagen bestätigte er unwiderlegbar die Richtigkeit des heliozentrischen Weltbilds.

2.7 Newton stellte drei grundlegende Bewegungsgesetze auf

Bis zur Mitte des 17. Jahrhunderts wurde die Astronomie rein empirisch betrieben. Es gab keine allgemein gültigen Gleichungen, sondern die Beobachtungsergebnisse konnten nur in Einzelfällen mithilfe von Gleichungen ausgedrückt werden. Das galt vom Altertum bis in Keplers und Galileis Zeit.

Erst Isaac Newton (siehe Exkurs „Wegbereiter der modernen Astronomie") schuf in Form seiner drei **Bewegungsgesetze** oder **Axiome** einen neuen Ansatz. Aus ihnen lassen sich die *Bewegungsgleichungen* herleiten, die im Rahmen der für uns beobachtbaren mechanischen Vorgänge gültig sind. Außerdem stellte er die Gleichung auf, die die Abstandsabhängigkeit der **Gravitationskraft** (oder **Schwerkraft**) zwischen irgendwelchen Körpern beschreibt. Mithilfe seiner Gleichungen konnte er die drei Kepler'schen Gesetze nachvollziehen bzw. formal herleiten. Also sind mit den Newton'schen Gleichungen auch die Umlaufbahnen anderer Körper im Sonnensystem, etwa von Kometen oder Asteroiden, zu berechnen bzw. vorherzusagen, ebenso die Flugbahnen von Geschossen oder die Geschwindigkeiten von Fallbewegungen auf der Erde.

! Erstes Newton'sches Axiom (Trägheitsprinzip): Die Trägheit ist eine der Materie innewohnende Eigenschaft. Durch sie bleibt ein ruhender Körper in Ruhe oder bewegt sich mit konstanter Geschwindigkeit geradlinig weiter, solange *keine* resultierende Kraft auf ihn einwirkt.

Wenn alle äußeren Kräfte, die auf einen Körper wirken, einander *nicht* aufheben, so wirkt eine *resultierende* äußere Kraft auf den Körper. Dazu ein Beispiel: Sie nehmen einen Fußball zwischen Ihre Hände und drücken beide Hände seitlich so zusammen, dass sich der Ball nicht bewegt. Dann bilden die Kräfte Ihrer beiden Hände ein ausgeglichenes Kräftepaar, und der Ball erfährt keine resultierende äußere Kraft. Folglich bleibt er gemäß dem Trägheitsprinzip in Ruhe. Wenn Sie aber mit dem Fuß gegen den Fußball treten, dann fliegt er weg, weil Ihr Fuß eine resultierende äußere Kraft auf ihn ausgeübt hat.

Man könnte meinen, dass das Trägheitsprinzip unserer Alltagserfahrung widerspricht. Wenn Sie beispielsweise seitlich gegen einen Stuhl stoßen, dann rutscht dieser weg. Gemäß dem Trägheitsprinzip müsste er sich mit konstanter Geschwindigkeit immer weiter bewegen. Auf einer völlig reibungsfreien Eisfläche würde er das auch tun, aber auf dem Fußboden kommt er nach kurzer Strecke wieder zur Ruhe. Dafür ist die Reibungskraft zwischen den Stuhlbeinen und dem Fußboden verantwortlich, für die es keine entgegengesetzte, sie ausgleichende Gegenkraft gibt.

Das erste Newton'sche Axiom besagt außerdem, dass auf einen die Sonne umlaufenden Planeten eine äußere Kraft einwirken muss, denn er bleibt auf seiner gekrümmten Umlaufbahn, indem er ständig seine Richtung ändert. Ohne eine solche Kraft würde er geradlinig und mit konstanter Geschwindigkeit in den Weltraum hinaus fliegen. Aus der Tatsache, dass das nicht geschieht, schloss Newton, dass irgendeine Kraft den Planeten auf seiner Umlaufbahn hält und ihn zu ständigen Richtungsänderungen zwingt. Wie wir gleich sehen werden, ist diese Kraft die Gravitationskraft.

Das *zweite* Newton'sche Axiom beschreibt quantitativ, wie eine Kraft den Bewegungszustand eines Körpers verändert. Um diesen Zusammenhang zu verstehen, müssen wir zwei physikalische Größen klären: Geschwindigkeit und Beschleunigung.

Angenommen, ein Holzblock liegt unbeweglich auf einem Tisch. Nun drücken wir seitlich dagegen, sodass er sich bewegt. Dabei können wir in jedem Moment seine Bewegung exakt beschreiben, indem wir sowohl seine Geschwindigkeit als auch deren Richtung angeben. In der Physik wird eine **Geschwindigkeit** daher durch einen sogenannten Vektor gekennzeichnet. Seine Länge gibt an, wie schnell sich der Körper bewegt, und seine Richtung entspricht der Bewegungsrichtung. Je länger wir gegen unseren Block drücken, desto schneller wird seine Bewegung, denn dadurch wird er beschleunigt.

Die **Beschleunigung** ist die Änderung der Geschwindigkeit pro Zeiteinheit; sie hat stets dieselbe Richtung wie die resultierende Kraft, durch die sie hervorgerufen wird. Wirkt auf einen sich bewegenden Körper eine Kraft entgegen seiner Bewegungsrichtung, dann wird er verzögert. Eine Verzögerung ist also nichts anderes als eine Beschleunigung entgegen der momentanen Bewegungsrichtung. Der dritte Fall von Beschleunigungen sind bloße Richtungsänderungen bei gleich bleibender Schnelligkeit. Dieser Fall liegt beispielsweise bei einem (hypothetischen) Objekt vor, das die Sonne auf einer exakt kreisförmigen Bahn gleichförmig umläuft. Aber auf der Kreisbahn ändert es ständig seine Bewegungsrichtung. Und dafür muss gemäß dem Trägheitsprinzip eine Kraft verantwortlich sein. Deren Richtung, und damit auch die Richtung dieser Beschleunigung, ist stets diejenige zum Mittelpunkt der Kreisbahn hin.

! **Zweites Newton'sches Axiom (Aktions- oder Kraftprinzip):** Die Beschleunigung a eines Körpers ist direkt proportional zur resultierenden Kraft F, die auf ihn einwirkt, wobei die Proportionalitätskonstante seine reziproke Masse m ist: $a = F/m$.

Das bedeutet nun genau das, was wir aus Erfahrung wissen: Je stärker wir einen Körper „anschieben", desto stärker wird er beschleunigt. Ebenso plausibel ist es, dass ein schwererer Körper durch dieselbe Kraft schwächer beschleunigt wird. Einen Kinderwagen können wir schnell anschieben, ein Auto aber nicht.

Die Gleichung für das zweite Newton'sche Axiom können wir auch umformen:

Die Kraft F ist gleich dem Produkt aus der Masse m und der Beschleunigung a, sodass gilt: $F = m \cdot a$.

6 Die **Masse** eines Körpers ist ein Maß für die Materiemenge, die er enthält. Sie wird meist in der Einheit *Kilogramm* angegeben. Die Sonne hat beispielsweise die Masse $2 \cdot 10^{30}$ kg, ein Wasserstoffatom die Masse $1{,}7 \cdot 10^{-27}$ kg und der Autor dieses Buches die Masse 83 kg. Jeder dieser drei Körper hat daher, weil die Masse der Materiemenge entspricht, überall jeweils dieselbe Masse, unabhängig davon, wo er sich im Universum befindet (das gilt streng genommen nur dann, wenn er in Ruhe ist bzw. seine Geschwindigkeit nur einen kleinen Bruchteil der Lichtgeschwindigkeit ausmacht). Die Begriffe *Masse* und *Gewicht* dürfen nicht verwechselt werden. Das **Gewicht** (genauer: die **Gewichtskraft**) eines Körpers ist die Kraft, die er – beispielsweise auf der Erde – auf eine Waage ausübt.

? Sie sitzen in einem fahrenden Auto. Durch welches Experiment können Sie bestätigen, dass Ihr Körper - physikalisch gesehen - Trägheit aufweist?

Die Kraft wird im Alltag meist in Kilogramm angegeben. Aber das ist falsch, weil das Kilogramm (kg) eine Masseneinheit ist. Richtig ist dagegen die Angabe in der Krafteinheit Newton (N), wobei der Zahlenwert in Newton knapp zehnmal größer als der in Kilogramm ist. Meine Masse von 83 kg erfährt auf der Erde eine Gewichtskraft von $9{,}81 \cdot 83$ N = 814 N (näherungsweise kann man sie zu $10 \cdot 83$ N = 830 N angeben, wobei der Fehler nur knapp 2 % ausmacht). Aber auf dem Mond, dessen Gravitationskraft an der Oberfläche rund sechsmal kleiner ist als die der Erde, betrüge mein Gewicht nur 136 N. Und in einem Raumschiff, das weit draußen zum Mars fliegt, würde eine Waage den Wert null anzeigen. Doch überall wäre meine Masse mit 83 kg immer noch dieselbe. Aber was ist, wenn ein Astronautenkollege im Raumschiff mich beiseite schieben wollte? Dann müsste er sehr wohl eine Kraft auf mich ausüben, weil er meinen Körper ja (von dem seinen weg) beschleunigen müsste. Übrigens nennen wir bei den Planeten und allen anderen Himmelskörpern immer nur die Masse und niemals ein Gewicht, denn dazu müssten sie sich ja auf der Erde oder auf einem anderen Himmelskörper befinden.

Das dritte Newton'sche Axiom beschreibt den Zusammenhang von Aktion und Reaktion:

! **Drittes Newton'sches Axiom (Reaktionsprinzip):** Wenn ein Körper eine Kraft auf einen zweiten Körper ausübt, dann übt dieser zweite Körper eine gleich große, aber entgegengesetzt gerichtete Kraft auf den ersten Körper aus.

Wie schon erwähnt, übt mein Körper auf die Erde (nach unten) eine Gewichtskraft von 814 N aus. Gemäß dem dritten Newton'schen Axiom muss der Erdboden dabei eine exakt gleich große Kraft nach oben auf meinen Körper ausüben. (Wäre diese Kraft geringer, würde ich nach oben schweben, und wäre sie größer, würde ich im Boden versinken.) Entsprechend erkannte Newton, dass die Sonne eine Kraft auf jeden Planeten ausübt, durch die er in seiner Umlaufbahn bleibt, aber dass jeder Planet auch eine gleich große, entgegengesetzt gerichtete Kraft auf die Sonne ausübt.

Warum stürzen die Planeten eigentlich nicht in die Sonne hinein, die ja eine Anziehungskraft auf sie ausübt? Das liegt an der Erhaltung des sogenannten Drehimpulses. Diese physikalische Größe ist ein Maß für den „Schwung", mit dem sich ein Körper um seine eigene Achse dreht, oder auch (wie bei einem Planeten) dafür, mit welchem „Schwung" er einen anderen Körper oder eine gedachte Achse umläuft. Der Drehimpuls ist eine Größe, die stets erhalten bleibt, wenn keine äußeren Einwirkungen vorliegen. Nähere Einzelheiten können Sie in Anhang H.2 nachlesen. Die die Sonne umlaufenden Planeten werden durch eine von ihrem Drehimpuls herrührende Kraft daran gehindert, in die Sonne hinein zu stürzen.

? Sie stehen auf einem sich drehenden plattenförmigen Karussell. Was geschieht, wenn Sie zu dessen Mitte gehen?

7 Auf die Astronauten in der Internationalen Raumstation wirkt natürlich auch die von der Erde hervorgerufene Schwerkraft. In der rund 330 km hohen Umlaufbahn ist ihre Gewichtskraft um etwa 10 % geringer als auf der Erde. Aber vom Drehimpuls aufgrund der schnell durchlaufenen Umlaufbahn rührt (wie eben im Fall der Planeten erläutert) eine entgegengesetzte Kraft her. Beide Kräfte gleichen also einander aus, und die Astronauten „fühlen sich schwerelos".

Der Drehimpuls eines Körpers hängt von drei Größen ab: von seiner Umlauf- oder Rotationsgeschwindigkeit, von seiner Masse und von deren Abstand von der Achse der Umlauf- bzw. Rotationsbewegung. Der Drehimpuls eines Körpers ist umso größer, je größer der pro Zeiteinheit zurückgelegte Winkel und/oder je größer seine Masse ist und/oder je weiter diese von der Drehachse entfernt ist. Betrachten Sie die Eiskunstläuferin in Abb. 2.12. Angenommen, sie dreht sich, wie in Bild a gezeigt, mit einer bestimmten Rotationsgeschwindigkeit um ihre Achse, ohne irgendeinen Körperteil zu bewegen. Wenn das Eis völlig reibungsfrei ist, wirken keinerlei äußere Kräfte auf sie ein. Nun bringt sie die Arme und das ausgestreckte Beim nahe an die Körperachse heran (Bild b), und ihre Drehung wird deutlich schneller. Das liegt daran, dass ihr Drehimpuls erhalten bleiben muss. Weil jetzt der mittlere Abstand ihrer Masse von der Drehachse kleiner wird, muss die Drehgeschwindigkeit zunehmen. Eine derartige Beschleunigung der Rotation erfährt beispielsweise ein Stern, der sich aus irgendeinem Grund kontrahiert.

a b R I V U X G

Abb. 2.12 Die Erhaltung des Drehimpulses. Wenn die Eiskunstläuferin bei einer Pirouette ihre Arme und das freie Bein anlegt, dann dreht sie sich deutlich schneller, weil der Drehimpuls erhalten bleibt. (Getty Images)

Nun haben wir die wichtigsten Beziehungen zwischen Materie und Bewegung kennengelernt. Aber die wissenschaftliche Beschreibung des heliozentrischen Modells ist erst vollständig, wenn wir die Natur derjenigen Kraft kennen, die die Planeten in ihren Umlaufbahnen um die Sonne und die Monde in ihren Umlaufbahnen um die Planeten hält. Newton konnte auch diese Kraft identifizieren.

2.8 Newtons Beschreibung der Gravitationskraft erklärt die Kepler'schen Gesetze

Die Vorstellung einer Schwerkraft gab es bereits vor Newton. Schließlich war es schon im 17. Jahrhundert plausibel, dass irgendeine Kraft alle Gegenstände und auch uns Menschen zum Erdboden hin zieht. Aber erst Newton konnte für die Wirkung der Schwerkraft eine Formel angeben. Ausgehend von seinen ersten beiden Axiomen (siehe oben), bewies er mathematisch, dass die Kraft, die auf jeden der Planeten wirkt, zur Sonne hin gerichtet ist. Hinzu kam seine Erkenntnis, dass z. B. der Fall eines Apfels vom Baum derselben Art von Kraft unterworfen ist. Mit anderen Worten: Zwischen Körpern auf dem Erdboden und der Erde selbst sowie zwischen den Planeten und der Sonne wirkt (wenn auch in unterschiedlichen Stärken) ein und dieselbe Gravitationskraft. Durch sie ziehen nämlich alle Körper einander an, die eine Masse haben.

Auch für die Gravitationskraft, die beispielsweise die Planeten auf ihren Bahnen hält, konnte Newton eine mathematisch auszudrückende Gesetzmäßigkeit aufstellen:

> **Newton'sches Gravitationsgesetz:** Zwei Körper ziehen einander mit einer Kraft F an, die direkt proportional zum Produkt ihrer Massen m_1 und m_2 sowie umgekehrt proportional zum Quadrat des Abstands r zwischen ihnen ist, also proportional zu $m_1 \cdot m_2/r^2$.

Das bedeutet beispielsweise, dass die Gravitationskraft bei zunehmendem Abstand abnimmt. Wenn sich also ein Astronaut in seiner Raumkapsel in einer Umlaufbahn befindet, die einen Erdradius über dem Erdboden verläuft, dann hat er vom Erdmittelpunkt den doppelten Abstand wie auf der Erdoberfläche, und die auf ihn einwirkende Gravitations- oder Schwerkraft ist viermal geringer. Zwar ist die Gravitationskraft zwischen Objekten bei größerem Abstand grundsätzlich schwächer, aber sie wirkt überall im Universum. Aus dem Gravitationsgesetz geht auch hervor, dass ein Körper mit beispielsweise doppelter Masse bei ansonsten gleichen Bedingungen eine doppelt so hohe Gravitationskraft ausübt.

Mithilfe seiner drei oben erläuterten Axiome und seines Gravitationsgesetzes konnte Newton die drei Kepler'schen Gesetze herleiten bzw. nachvollziehen. Kepler hatte ja durch Probieren herausgefunden, dass bei jedem Planeten die zweite Potenz der Umlaufdauer und die dritte Potenz der großen Halbachse seiner Umlaufbahn proportional zueinander sind: $T^2 = C \cdot r^3$. Newtons Gleichungen enthielten in Unterschied hierzu auch einen kleinen Korrekturfaktor, der (wie bereits erwähnt) die Masse des Planeten berücksichtigte. Die Planeten bleiben, wie ebenfalls schon gesagt, aufgrund der Gravitationskraft auf ihren elliptischen Umlaufbahnen.

Newton erkannte außerdem, dass die von der Gravitationskraft erzwungenen Bahnen – mathematisch gesehen – nicht unbedingt elliptisch sein müssen. Gemäß seinen Gleichungen könnten es auch **Parabeln** oder **Hyperbeln** sein (Abb. 2.13). Doch in diesen beiden Fällen würde der Körper der Sonne nur einmal nahe kommen und dann für immer in den Weiten des Weltraums verschwinden. Dagegen hatten die heute im Sonnensystem vorhandenen Objekte von Anfang an elliptische Umlaufbahnen. Nur einige Kometen (relativ kleine Objekte aus Gestein und /oder Eis) erhielten irgendwann so viel „Schwung", dass ihre Bahn parabolisch oder hyperbolisch wurde. Danach kommen sie höchstens einmal in unsere Nähe und kehren danach nie mehr zurück.

Mithilfe der Newton'schen Gleichungen konnten ab etwa 1700 die Umlaufbahnen der damals bekannten Planeten und ihrer Monde mit zuvor unerreichter Genauigkeit berechnet werden. Natürlich wurden auch andere Effekte und Vorgänge im Lichte der neuen Erkenntnisse untersucht, und es wurden neue, exaktere Erklärungen gefunden. Beispielsweise hatte sich Edmond Halley mit historischen Aufzeichnungen über einen Kometen beschäftigt, der durchschnittlich alle 76 Jahre gesichtet wurde. Nun wandte er die von

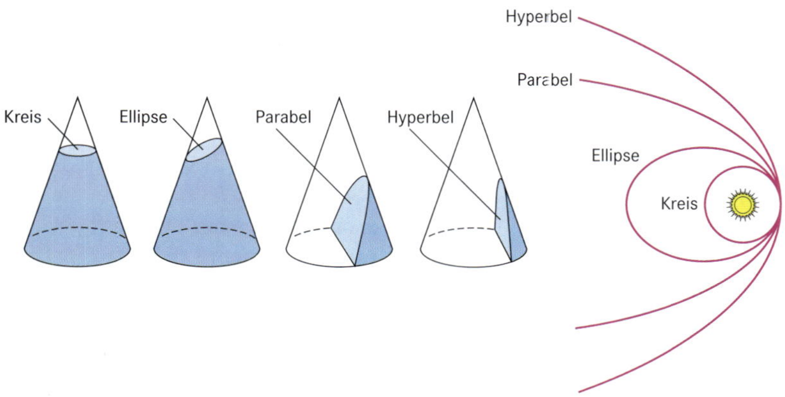

Abb. 2.13 Kegelschnitte. Die vier Kegelschnitte ergeben sich, wenn man einen Kegel in bestimmten Winkeln gegen seine Achse bzw. seinen Mantel schneidet. Parallel zur Basis ergibt sich ein Kreis und schräg dazu eine Ellipse. Ein Schnitt parallel zur Mantelfläche liefert eine Parabel, und parallel zur Achse wird eine Hyperbel erzielt. Alle vier Kurvenformen sind mögliche Umlaufbahnen bzw. Bahnen eines Körpers um einen anderen, wenn zwischen beiden nur die Gravitationskraft wirkt. Der umlaufende Körper kehrt nur bei einer Ellipse oder einem Kreis periodisch wieder. Ein Kreis entspricht einer Ellipse, deren beide Brennpunkte zusammenfallen.

R I V U X G

Abb. 2.14 Der Halley'sche Komet. Dieser Komet umläuft die Sonne mit einer durchschnittlichen Periode von rund 76 Jahren. Im 20. Jahrhundert kam er zweimal (1910 und 1986) der Sonne relativ nahe, sodass er gesichtet werden konnte. Der Komet wird erst wieder im Jahre 2061 auftauchen. Beim letzten Mal, also im Jahre 1986, als diese Aufnahme entstand, war er nicht sehr hell, aber mit einem Winkeldurchmesser von über 5° zehnmal größer als der Mond. (Harvard College Observatory/Photo Researchers, Inc.)

seinem Freund Newton erarbeiteten Methoden an und konnte damit das nächste Erscheinen dieses Kometen für das Jahr 1758 (das war dann zwölf Jahre nach seinem Tode) sehr genau voraussagen. Nachdem der Komet pünktlich am Weihnachtstag jenes Jahres erschienen war, wurde er zu Ehren Halleys nach ihm benannt (Abb. 2.14).

Die wohl spektakulärste Anwendung von Newtons wissenschaftlichen Methoden war etwas später die Entdeckung des Neptun, des achten Planeten in unserem Sonnensystem. Den siebten Planeten, Uranus, hatte Wilhelm Herschel 1781 während einer systematischen Durchmusterung des Himmels entdeckt. Allerdings wurde rund 50 Jahre später klar, dass die Umlaufbahn des Uranus von den Werten abwich, die gemäß den Newton'schen Gesetzen berechnet worden waren. Unabhängig voneinander kamen zwei Mathematiker, John Couch Adams in England und Urbain Jean Joseph Le Verrier in Frankreich, zu dem Ergebnis, dass die Abweichungen von der Gravitationskraft eines damals noch unbekannten, weiter außen befindlichen Planeten herrühren mussten. Beide Forscher gaben an, bei welchen Koordinaten im Sternbild Wassermann jener Planet im September 1846 zu finden sein müsste. Und tatsächlich wurde Neptun am 23. September 1846 im Teleskop gesichtet – weniger als eine Winkelminute

Einblicke in die Wissenschaft

Quantifizieren der Vorhersagen Die Mathematik ist das Werkzeug, mit dem quantitative Angaben oder Vorhersagen möglich sind, die dann von jedermann überprüft werden können. Wir haben in diesem Kapitel gerade gesehen, wie mithilfe der Kepler'schen Gesetze sowie des dritten Newton'schen Axioms und des Newton'schen Gravitationsgesetzes die Bewegungen von Objekten unter dem Einfluss der Gravitationsanziehung der Sonne zutreffend vorhergesagt werden konnten.

von der berechneten Position entfernt! Trotzdem kann man mit Fug und Recht sagen, dass Neptun „mit Bleistift und Papier“ entdeckt wurde.

Zu Newtons bedeutendstem Vermächtnis gehören seine drei Axiome und sein Gravitationsgesetz, die so viel zum Verständnis der Naturgesetze beigetragen haben. Unter anderem konnten mit ihnen ja die Kepler'schen Gesetze nachvollzogen werden. Abb. 2.15 zeigt einige Beispiele für die Wirkung der Gravitationskraft in ganz unterschiedlichen Größenordnungen.

Das Sonnensystem enthält schwere Elemente aus erloschenen Sternen

Wie bildete sich unser Sonnensystem? Wie entstanden seine verschiedenartigen Bausteine aus Gestein, Metall, Eis und Gas? Wie hat sich das Sonnensystem seit seiner Entstehung verändert, und was können wir aus seiner Geschichte über die Planeten lernen, wie wir sie heute sehen? Innerhalb der letzten Jahrzehnte konnten wir mithilfe von Teleskopen und Raumsonden, aber auch von neueren wissenschaftlichen Theorien einige Antworten auf diese Fragen finden, die nicht nur die Astronomen seit jeher beschäftigen. Als treibende Kraft hinter allem stellte sich die Gravitationskraft heraus.

2.9 Sterne verwandeln Wasserstoff und Helium in schwere Elemente

Untersucht man die Entstehung des Sonnensystems, dann stößt man gleich auf eine Unstimmigkeit: Die Erde, der Mond und viele andere Körper, die die

Abb. 2.15 Die Gravitationskraft wirkt in allen Größenordnungen. Diese Abbildung zeigt einige Wirkungen der Gravitationskraft, und zwar auf der Erde und im Sonnensystem sowie in unserer Galaxis (der Milchstraße) und auch darüber hinaus. (Oben: Internationale Raumstation (NASA); Ehepaar (Paul Burns/Digital Vision/Getty Images); Mitte: Schwarzes Loch (NASA); unten: Galaxienhaufen (ESA, NASA, J.-P. Kneib [Caltech/Observatoire Midi-Pyrénées] und R. Ellis [Caltech])

Sonne umlaufen, bestehen hauptsächlich aus schweren Elementen wie Sauerstoff, Silicium, Aluminium, Eisen, Kohlenstoff und Calcium. Die meisten dieser Körper enthalten außerdem extrem wenig Wasserstoff und Helium. Doch aus den Spektren der Sonne sowie anderer Sterne und auch interstellarer (zwischen Sternen befindlicher) Wolken konnte man folgern, dass Wasserstoff und Helium die bei weitem häufigsten Elemente im Universum sind. Sie machen zusammen ungefähr 99,9 % aller nachweisbaren Atome (bzw. 98 % der beobachtbaren Masse) aus. Sämtliche anderen Elemente tragen also nur zu rund 0,1 % der nachweisbaren Atome (bzw. 2 % der beobachtbaren Masse) des Universums bei. Wie kommt es dann, dass die Erde mit ihrem Mond sowie Mars, Venus, Merkur und viele andere kleinere Körper im Sonnensystem gewöhnlich kaum 0,15 % Wasserstoff und Helium enthalten? Irgendwie haben sich diese uns so vertrauten Materieobjekte aus Materie gebildet, die an schweren Elementen angereichert, aber an Wasserstoff und Helium ärmer geworden war.

Es gibt natürlich einen plausiblen Grund für den Überfluss an Wasserstoff und Helium im gesamten Universum. Die Astrophysiker sind überzeugt, dass das Universum vor ungefähr 13,7 Mrd. Jahren aus einem überaus gewaltsamen Ereignis hervorging, das wir *Urknall* nennen. Dabei entstanden nur die leichtesten Elemente (Wasserstoff und Helium sowie eine sehr geringe Menge an Lithium). Aus der ursprünglichen Materie mit nur diesen drei Elementen ballten sich wahrscheinlich innerhalb einiger Hundert Jahrmillionen die ersten Sterne zusammen.

Der Unterschied der chemischen Zusammensetzungen des frühen Universums und des Sonnensystems zeigt, dass das Sonnensystem nicht als *direktes* Ergebnis des Urknalls entstand. Schauen wir uns die Umwandlung der Elemente kurz an, die in den ersten Sternen begann. Schon bald nach ihrer Entstehung presste die Gravitationskraft die Materie im innersten *Kern* der Sterne so stark zusammen, dass der Wasserstoff dort durch die *Fusion* oder *Kernfusion* zu Helium umgesetzt wurde. Die Fusion von Wasserstoffkernen hat die interessante Eigenschaft, dass ein

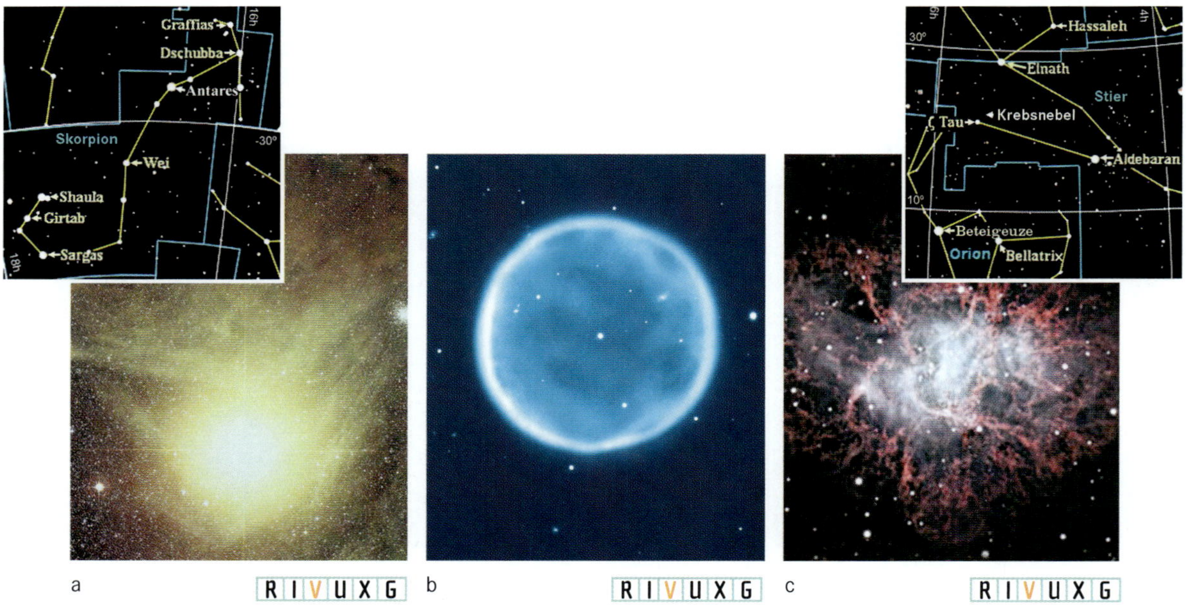

Abb. 2.16 Wie Sterne Masse verlieren. (a) Antares, der hellste Stern im Sternbild Skorpion, nähert sich dem Ende seiner Existenz. Starke Winde, die aus seiner Oberfläche austreten, stoßen große Mengen von Gas und Staub aus. Dadurch entstand dieser an ein impressionistisches Gemälde erinnernde Nebel. Der helle Schein, den wir noch im Abstand von 604 Lichtjahren bemerken, rührt von der Streuung von Sternenlicht an ihm her. (b) Dieser planetarische Nebel namens Abell 39 ist 7000 Lichtjahre von der Erde entfernt. Bei seinem relativ schwachen Ausstoß von Materie verlor der Stern seine äußeren Schichten aus Gas und Staub, die nun eine immer noch expandierende Kugelschale mit einem Durchmesser von derzeit ungefähr sechs Lichtjahren bildet. (c) Eine Supernova ist der intensivste bislang bekannte Mechanismus, bei dem ein Stern Masse verliert. Der hier abgebildete Krebsnebel ist rund 6000 Lichtjahre von der Erde entfernt. Trotzdem war der Ausbruch dieser Supernova im Jahre 1054 rund drei Wochen lang sogar tagsüber und mit bloßem Auge sichtbar. (a: David Malin/Anglo-Australian Observatory; b: George Jacoby [WIYN Obs.] u. a., WIYN, AURA, NOAO, NSF; c: Malin/Pasachoff)

kleiner Teil ihrer Gesamtmasse in elektromagnetische Strahlungsenergie umgewandelt wird. Von dieser kann ein Teil in Form von Photonen letztlich bis zur Oberfläche des Sterns gelangen und aus ihm austreten. Das sehen wir als Leuchten der Sterne. Die Heliumkerne im Kern des Sterns fusionieren dann weiter zu Kohlenstoffkernen, wobei wiederum ein Teil der Masse in Energie umgewandelt wird. Wenn der Druck im Kern des Sterns hoch genug wird, entstehen bei weiteren Fusionsreaktionen aus dem Kohlenstoff auch andere schwere Elemente, vor allem Stickstoff, Sauerstoff, Neon, Silicium und Eisen. Diese Prozesse schauen wir uns in den Kapiteln 9 und 10 noch genauer an.

Sterne schleudern aber auch Materie in den Weltraum hinaus (Abb. 2.16). So gelangen schwere Elemente letztlich aus dem Stern heraus, und zwar durch die äußeren Schichten der Sterne hindurch, die vorwiegend aus Wasserstoff und Helium bestehen. Die äußeren Schichten der Sterne werden mit anderen Geschwindigkeiten abgestoßen. Diese können unterschiedlich hoch sein, und man unterscheidet hier im Wesentlichen die kontinuierlichen *Sternenwinde* (Abb. 2.16a), ferner intensivere Ausbrüche, d. h. die sogenannten *planetarischen Nebel* (Abb. 2.16b), die jedoch nichts mit Planeten zu tun haben, sondern so heißen, weil sie in älteren Teleskopen mit geringer Auflösung wie Planeten aussehen, und schließlich auch die spektakulären *Supernovae* (Abb. 2.16c). Supernovae sind derart heftige Explosionen von Sternen, dass in ihrem Verlauf weitere Fusionsreaktionen ablaufen, aus denen noch schwerere Elemente hervorgehen; diese werden ebenfalls ausgestoßen. Planetarische Nebel und Supernovae hinterlassen als Überreste von einstmals hellen und heißen Sternen nur winzige, aber massereiche Kerne von Sternen.

Ein Teil der Materie, die die Sterne ausstoßen, tritt in Form kleiner Staubteilchen aus, ähnlich wie Ruß aus einem Feuer oder aus dem Auspuff eines alten Dieselmotors. Im Verlauf sehr langer Zeiträume wurde von unzähligen Sternen insgesamt so viel Staub und Gas ausgestoßen, dass sich interstellare Wolken mit viel Wasserstoff und Helium, aber auch Metallen bildeten. (In einer seltsamen Abweichung von der alltäglichen Bedeutung bezeichnen die Astronomen alle Elemente im Universum als **Metalle**, die schwerer als Helium sind; das betrifft also sämtliche Elemente außer Wasserstoff und Helium.) Mit diesen Gas- und Staubwolken wollen wir uns nun beschäftigen, um die Entstehung von Sonnensystemen und von dichten Planeten, darunter der Erde, zu verstehen.

2.10 Gravitation, Rotation und Wärme formten das junge Sonnensystem

Das Sonnensystem entstand aus Teilen einer gewaltigen Wolke aus interstellarem Gas und Staub, die man **solaren Urnebel** oder auch **Sonnennebel** nennt. Er hatte einen Durchmesser von wenigstens 100 AE und eine Masse, die etwa der doppelten bis dreifachen Masse der später entstandenen Sonne entsprach. Wenn sich Materiemengen zusammenfügten, wobei Gebilde wie beispielsweise unser Sonnensystem entstanden, dann konnte das aus wenigstens vier Gründen geschehen. Erstens komprimierten Teilchenwinde von einigen Sternen die nahe gelegenen Gas- und Staubmassen. Zweitens komprimierte die Explosionskraft einer nahe gelegenen Supernova Bereiche bereits existierender interstellarer Wolken. Drittens kollidierten zuweilen Wolkenpaare, sodass sie einander verdichteten. Und viertens strahlten Gas- und Staubmassen genug Wärme ab, sodass sie abkühlten und sich ohne weitere Einwirkung von außen verdichteten. Bei jedem dieser vier Vorgänge bewirkt die gegenseitige Gravitationsanziehung der Gas- und Staubteilchen im Wolkenfragment, sofern es ausreichend dicht geworden ist, ein Kollabieren, wobei ein neuer Stern mit einem Planetensystem entstehen kann (Abb. 2.17).

Die Entstehung und die Entwicklung von Sternen sind andauernde Prozesse. Wir können heute sogar mit bloßem Auge einer Wolke sozusagen dabei zusehen, wie sich Sterne in ihr bilden. Diese im Teleskop wie ein ausgefranster Fleck wirkende Wolke, der sogenannte Orionnebel (siehe Abb. 1.4), ist der mittlere „Stern“ im Schwertgehänge des Orion. Im Grunde ist er Teil eines gigantischen interstellaren Wolkenfeldes, in dem ständig neue Sterne und Planeten entstehen.

? Welche chemischen Elemente auf der Erde können seit Anbeginn des Universums unverändert vorliegen?

Zu Beginn war der Sonnennebel eine sehr kalte Ansammlung von Gas und Staub, deren Temperatur unter dem Gefrierpunkt des Wassers lag. Sie bestand zum größten Teil aus Wasserstoff und Helium, aber in ihrem gewaltigen Volumen waren auch unzählige Eiskörnchen und eisbedeckte Staubkörnchen aus schweren Elementen verstreut. Tief im Inneren dieses Nebels bewirkte die Gravitationsanziehung, dass Gas und Staub schnell in sein Zentrum stürzten. (Physikalisch ausgedrückt: Die potenzielle Energie der Gravitation wurde in der Wolke in kinetische Energie, d. h. in Bewegungsenergie umgesetzt.) Dadurch nahmen

a RIVUXG b RIVUXG

Abb. 2.17 Staubmassen und die Entstehung von Sternen. (a) Diese drei hellen, jungen Sterne im Sternbild Einhorn sind noch von Resten großer Gas- und Staubwolken umgeben, aus denen sie gebildet wurden. Das ist ein winziger Teil einer viel größeren Wolke, des Kegelnebels. Eine Hypothese besagt, dass das Sonnensystem aus einem ähnlichen Fragment einer interstellaren Gas- und Staubwolke entstand. (b) Neu gebildete Sterne im Orionnebel. Das sichtbare Licht vieler dieser Sterne kann den Nebel nicht durchdringen, aber das von ihnen ausgehende Infrarotlicht gelangt durch das Gas und den Staub zu uns. (a: ACS-Science & Engineering Team, NASA; b: NASA; K. L. Luhman/Harvard-Smithsonian Center for Astrophysics und G. Schneider, E. Young, G. Rieke, A. Cotera, H. Chen, M. Rieke, R. Thomson/Steward Observatory, University of Arizona, Tucson)

die Dichte, der Druck und die Temperatur im Zentrum des Nebels zu, sodass eine sehr dichte Materiemenge, die sogenannte **Protosonne**, entstand (der Begriff Proto- bedeutet so viel wie „erste" oder „Ur-").

Während die Protosonne von außen mehr Masse erhielt und sich dabei weiter kontrahierte, stießen die Atome in ihr immer häufiger und schneller miteinander zusammen, wobei die Temperatur stark anstieg. Daher rührte die erste Licht- und Wärmestrahlung unserer frühen Sonne von den kollidierenden Gasteilchen her und nicht von Kernfusionen wie heute.

Eine weitere entscheidende Rolle bei der Entwicklung unseres Sonnensystems spielte die Rotation. Kurz nach seiner Entstehung war der Sonnennebel eine sehr langsam rotierende Ansammlung von Teilchen. Die Rotation rührte daher, dass die Bildung interstellarer Wolken ein turbulenter Vorgang ist; das bedeutet, dass verschiedene Teile der Gasmassen umeinander wirbeln, ähnlich Rauchfahnen über einem großen Feuer. Infolge dieser Rotation hatte der Nebel einen gewissen Drehimpuls (siehe Anhang H.2), der seine äußeren Gebiete daran hinderte, in die Protosonne hineinzustürzen. Ein Hineinstürzen ohne Verwirbelung hätte zur Bildung eines Sterns ohne irgendwelche Planeten oder andere umlaufende Materiemengen geführt. Wegen der Erhaltung des Drehimpulses (siehe Abschnitt 2.7) musste eine rotierende Gasmasse, die sich zum Zentrum des Nebels hin bewegte, dabei immer schneller rotieren, im Prinzip wie eine Eiskunstläuferin, die bei der Pirouette die Arme anlegt (siehe Abb. 2.12). Auch die Bruchstücke, aus denen die Protosonne hervorging, rotierten beim Hineinstürzen in das Zentrum, ähnlich wie sich Wasser spiralförmig in einen Abfluss ergießt. Daher rotierte die Protosonne und später auch die Sonne (siehe Kapitel 7).

Die äußeren Teile des Sonnennebels stürzten langsamer ins Zentrum als die inneren Teile, die die Protosonne bildeten. Der äußere Bereich war vermutlich sehr ausgefranst, aber mithilfe mathematischer Modelle konnte man zeigen, dass das Zusammenwirken von Gravitationskräften, Stößen und Rotationen sogar ein unregelmäßiges Wolkenfragment in eine rotierende Scheibe mit heißem Zentrum und kalten Rändern umformen können (Abb. 2.18). Eine ähnliche „Scheibenbildung" zeigt sich beim weiten Röckchen der Eiskunstläuferin in Abb. 2.12, das bei schneller Pirouette nach außen und damit in eine Ebene geschleudert wird.

Natürlich können wir unser Sonnensystem nicht so sehen, wie es vor der Entwicklung der Planeten aussah. Doch man fand ähnliche Scheiben aus Gas und Staub, die vermutlich – ähnlich wie die in Abb. 2.19 gezeigten Scheiben – andere junge Sterne umgeben. Diese Systeme, die man **protoplanetarische Scheiben** oder kurz **Proplyden** nennt, durchlaufen anfangs die gleiche Entwicklungsphase, die wir eben für unser Sonnensystem beschrieben haben.

Die Temperatur der Protosonne wurde umso höher, je dichter sie wurde, wobei immer mehr Atome in ihr immer häufiger zusammenstießen. Aufgrund der zunehmenden Temperatur wurde die Wärmestrahlung intensiver, sodass auch die Umgebung des Zentrums stärker erwärmt wurde. Dadurch wurde alles Eis im inneren Gebiet des Sonnennebels verdampft, und außerdem wurden leichte Gase wie Wasserstoff und Helium nach außen gedrückt. Im inneren Bereich, in dem heute auch unsere Erde ihre Bahn durchläuft, blieben hauptsächlich schwere Elemente zurück. Diese trugen dann zur Bildung der vier inne-

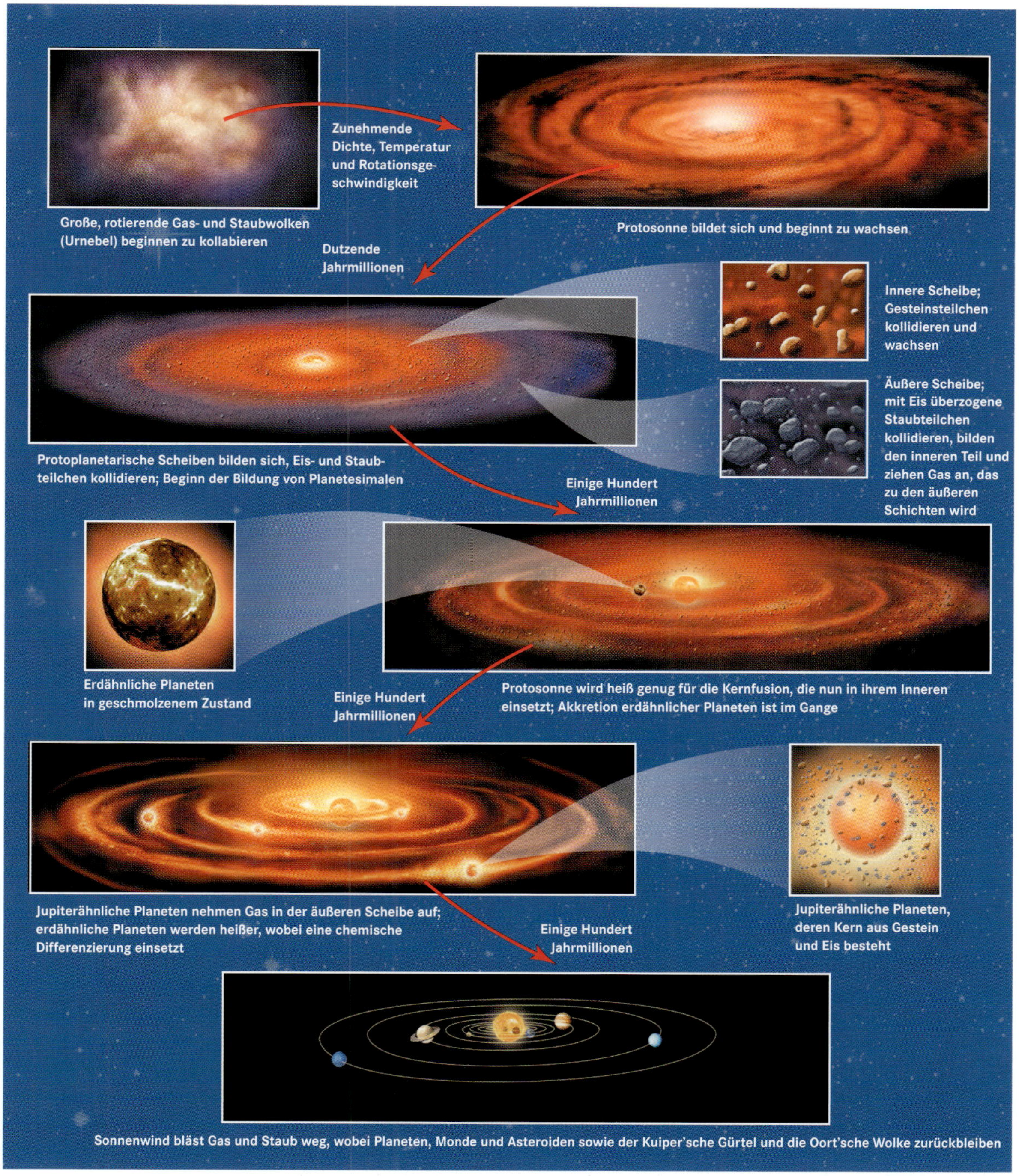

Abb. 2.18 Die Entstehung des Sonnensystems. Diese Sequenz von Zeichnungen zeigt die Phasen bei der Entstehung unseres Sonnensystems.

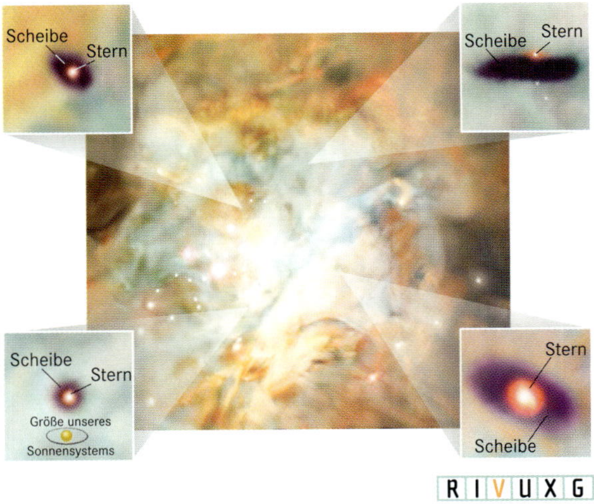

Abb. 2.19 Junge zirkumstellare Materiescheiben. Das Herz des Orionnebels, aufgenommen vom Weltraumteleskop Hubble. Die vier kleinen Abbildungen sind Falschfarbenbilder von protoplanetarischen Scheiben innerhalb des Nebels. Im Zentrum jeder Scheibe befindet sich ein vor Kurzem entstandener Stern. Bei der Scheibe oben rechts blicken wir fast genau auf ihre Kante. Im Bild links unten ist unser Sonnensystem maßstabsgerecht eingezeichnet. (C. R. O'Dell und S. K. Wong, Rice University; NASA)

ren Planeten – Merkur, Venus, Erde und Mars – bei. Dass die Protosonne die leichteren Elemente aus ihrer Mitte entfernte, erklärt, warum die inneren Planeten vor allem aus diesen schweren Elementen bestehen. Mit anderen Worten: Wir sind buchstäblich aus Sternenstaub (*stardust*) hervorgegangen!

2.11 Kollisionen im frühen Sonnensystem ließen Planeten entstehen

Zwar haben wir das Wort *Planet* bisher in seiner alltäglichen Bedeutung verwendet. Aber jetzt sollten wir seine formale Definition einführen. Ein **Planet** ist ein Körper, der einen Stern unmittelbar umläuft. Das bedeutet, er umläuft nicht (wie etwa unser Mond) einen Körper, der seinerseits einen Planeten umläuft. Weiterhin muss ein Planet eine so hohe Masse haben, dass er aufgrund der Gravitationskraft eine im Wesentlichen kugelförmige Gestalt annimmt. Außerdem muss er infolge derselben Kraft praktisch alle kleineren Bruchstücke aus seiner näheren Umgebung eingefangen haben. Wenn der Planet um seine Achse rotiert, dann kann seine Kugelform leicht verzerrt sein, wobei er in der Ebene seines Äquators etwas dicker ist als in der Ebene seiner Rotationsachse, die die Pole verbindet. Ein Objekt, das einen größeren Körper umläuft, der seinerseits einen Stern umläuft, nennt man **Mond** oder **natürlichen Satelliten**.

Die inneren Planeten unseres Sonnensystems entstanden also durch unzählige Wechselwirkungen kleiner Gesteinsbrocken in der protoplanetarischen Scheibe des Sonnensystems. Anfangs stießen benachbarte Staubkörnchen und Steinchen im Sonnennebel zusammen und blieben aneinander haften. Nach einigen Millionen Jahren vereinigten sich diese Ansammlungen von Staubkörnchen und Steinchen zu größeren Körpern, den sogenannten **Planetesimalen**, deren Durchmesser bei einigen Kilometern lag (siehe Abb. 2.18).

? Welche Kraft bewirkte, dass sich der Sonnennebel weiterhin kontrahierte, nachdem dieser Vorgang einmal begonnen hatte?

Jedes Planetesimal kollidierte mit allen Objekten, die in seine Bahn gerieten. Viele von diesen wurden pulverisiert, und viele andere stürzten in die Sonne. Doch zuweilen führte die gegenseitige Gravitationsanziehung dazu, dass dabei ein größerer Körper gebildet wurde, nämlich ein **Protoplanet**. Auf der Grundlage der Newton'schen Axiome (siehe Abschnitt 2.7) wurden Computersimulationen des frühen Sonnensystems angestellt; sie ergaben, dass eine **Akkretion**, d. h. eine Zusammenballung kleinerer Materiestückchen zu größeren Brocken, rund 100 Mio. Jahre gedauert haben muss, damit weniger als ein halbes Dutzend Gesteinsplaneten entstanden (Abb. 2.20). Die Übereinstimmung dieses Simulationsergebnisses mit der tatsächlichen Anzahl (vier) der Planeten im inneren Sonnensystem ist ermutigend. Im Jahre 2004 ergaben Beobachtungen an vergleichbaren Systemen, die sämtliche Phasen der Planetenbildung durchlaufen hatten, dass der gesamte Vorgang, der häufig durch Kollisionen großer Protoplaneten verzögert wird, gewöhnlich mehrere Hundert Millionen Jahre dauert.

Die herkömmliche Theorie der Entstehung der Riesenplaneten ist das **Kernakkretionsmodell**. Gemäß diesem blieben die äußeren Bereiche des Sonnennebels recht kühl, während er sich in den inneren Teilen stark erwärmte. Daher konnten Eiskörnchen und eisbedeckte Staubkörnchen sowie Wasserstoff- und Heliumgas in den kühleren Bereichen erhalten bleiben. Dabei bildeten sich nach und nach die äußeren Planeten – Jupiter, Saturn, Uranus und Neptun – durch Akkretion von Planetesimalen. Bei jedem dieser Planeten bildete offenbar ein Gesteinskern, der sogar größer als die Erde war, einen „Keim", der über etwa

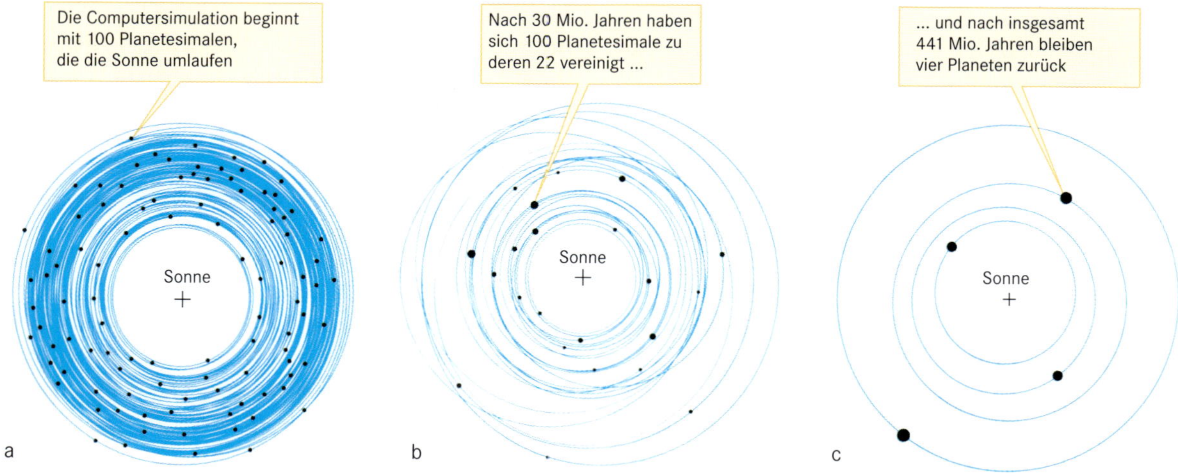

Abb. 2.20 Die Akkretion der inneren Planeten. Diese Computersimulation zeigt den zeitlichen Ablauf der Entstehung der vier inneren Planeten unseres Sonnensystems.

1 Mio. Jahre hinweg weiteres Gestein, Gas und Eis an sich zog. Während die gasreiche Umhüllung allmählich beinahe so fest und dicht wurde wie der Gesteinskern, sammelten sich Gas und Eis nun immer stärker an der Oberfläche, angezogen durch die Gravitationskraft des wachsenden Planeten. Danach zog die Umhüllung den größten Teil des Eises und Gases aus der Nähe in sich hinein, sodass schließlich eine Umhüllung aus Wasser von einem riesigen Volumen aus Wasserstoff und Helium umgeben war.

Die äußeren Planeten enthalten heute unterschiedliche Mengen an Wasserstoff, Helium, Methan, Ammoniak und Wasser. Auch viele ihrer Monde bestehen teilweise aus diesen Substanzen mit geringer Dichte. Pluto, im Jahre 1930 von dem französischen Astronomen Clyde Tombaugh entdeckt, wurde ursprünglich als neunter Planet geführt, verlor diesen „Titel" aber im Jahre 2006 und wird seitdem als *Zwergplanet* eingestuft. Im Unterschied zu einem Planeten hat ein Zwergplanet keine ausreichend hohe Gravitationskraft (da er nicht genug Masse hat), um seine Umlaufbahn von den allermeisten Bruchstücken und Teilchen zu befreien. Nähere Einzelheiten zur neuen Einstufung des Pluto können Sie in Anhang F nachlesen.

In den 1980er Jahren wurde eine alternative Theorie aufgestellt. Dieses sogenannte Gravitationsinstabilitätsmodell beruht auf komplexen Computersimulationen und erklärt die Entstehung der Riesenplaneten völlig anders. Danach haben sich die Riesenplaneten innerhalb von 100.000 Jahren zusammengeballt, ohne dass ein erdähnlicher Gesteinskern als „Keim" fungierte.

Bei Systemen wie unserem Sonnensystem kommt das Kernakkretionsmodell der Wahrheit wahrscheinlich näher. Doch wie wir gleich sehen werden, finden sich bei vielen Sternen Riesenplaneten, die ihnen sogar näher sind als der Merkur unserer Sonne. Bei diesen Systemen müssten die Vorgänge gemäß dem Kernakkretionsmodell zu langsam ablaufen, während sich gemäß dem Gravitationsinstabilitätsmodell solche Planeten bilden könnten, bevor das Gas in der Nähe des Sterns entweicht.

Während der Jahrmillionen, in denen sich unsere inneren Planeten bildeten, entwickelte sich auch die Sonne. Während dieser gesamten Zeitspanne nahmen Temperatur und Druck im Zentrum der sich kontrahierenden Protosonne ständig zu. Schließlich war der Kern mit rund ungefähr 10^7 K so heiß, dass die Fusion der Wasserstoffkerne einsetzen konnte. Dieser Vorgang stoppte die Kontraktion der Protosonne, und die heutige Sonne war geboren. Diese Fusion dauert heute noch an und versorgt die Erde mit der Energie, die für die Erhaltung allen Lebens auf ihr unerlässlich ist.

Einblicke in die Wissenschaft

Rechnergestützte Modelle Viele Gleichungssysteme sind so komplex, dass sie nur mithilfe von Computern gelöst bzw. interpretiert werden können. Ein Beispiel dafür sind die Vorgänge, die zur Entstehung der Sonne und der Planeten führten. Ergebnisse weiterer Beobachtungen ermöglichen dann verfeinerte Computermodelle.

Sonnenähnliche Sterne benötigen ungefähr 100 Mio. Jahre, um sich aus einem Nebel zu bilden und „zur Ruhe zu kommen". Vermutlich war unsere Sonne schon ein ausgewachsener Stern, bevor die Akkretion der inneren Planeten abgeschlossen war. Die von der Sonne ausgehende Strahlung erhitzte und verteilte die restlichen Gase im Sonnensystem, wodurch die Größe der Planeten begrenzt und die Entstehung neuer Planetesimale verhindert wurde.

Wenn sich die Planeten aus einer Scheibe entwickelten, dann müssen alle ihre Umlaufbahnen zumindest ungefähr in der gleichen Ebene liegen wie die der Erde, also in der Ekliptik. Und genau das ist der Fall: Die **Neigungswinkel der Umlaufbahnen** gegen die Ekliptik betragen höchstens 7° (Abb. 2.21). Außerdem müssen gemäß dem „Scheibenmodell" alle Planeten die Sonne im gleichen Drehsinn umlaufen. Von oben auf das Sonnensystem gesehen, also auf den Nordpol der Erde, bewegen sich alle Planeten entgegen dem Uhrzeigersinn um die Sonne.

Um mehr über die Ursprünge des Sonnensystems herauszufinden, untersucht man die verbliebenen interplanetarischen Bruchstücke: Asteroiden, Meteoroiden und Kometen. Viele dieser Objekte hält man für praktisch unveränderte Reste des Sonnensystems aus der Zeit von dessen Entstehung. Radiometrische Altersbestimmungen (siehe Anhang H.3) an den ältesten jemals gefundenen Bruchstücken aus dem 9

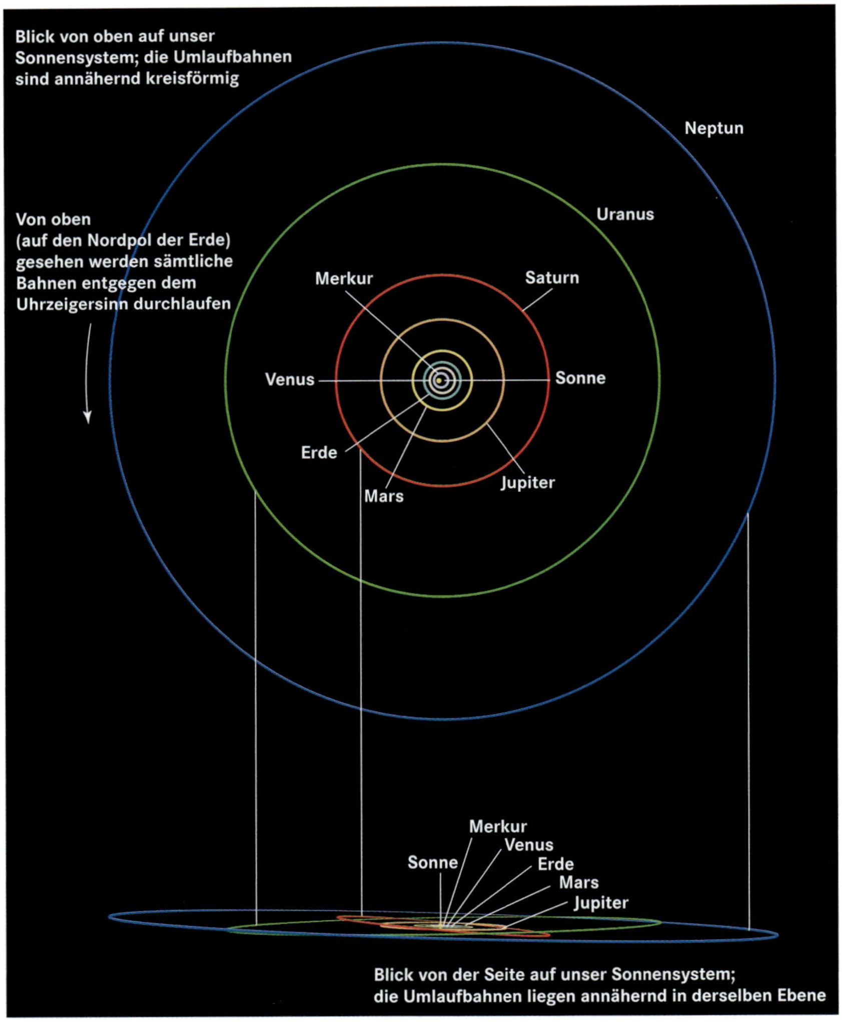

Abb. 2.21 Das Sonnensystem. Hier sind die Planetenbahnen um die Sonne maßstäblich dargestellt. Jeder Planet umläuft – von oben, also auf den Nordpol der Erde gesehen – die Sonne entgegen dem Uhrzeigersinn. Die vier erdähnlichen Planeten (Merkur, Venus, Erde und Mars) sind der der Sonne recht nahe, während die vier Riesenplaneten (Jupiter, Saturn, Uranus und Neptun) in viel größeren Abständen umlaufen. Die Umlaufbahnen sind nahezu kreisförmig, wobei diejenige des Merkur am stärksten von der Kreisform abweicht.

Weltraum ergaben, dass das Sonnensystem vor knapp 4,6 Mrd. Jahren seine heutige Form angenommen hat.

Die meisten Monde im Sonnensystem sind Planetesimale, die infolge der Gravitationsanziehung von Planeten eingefangen wurden. Die größeren Monde, die den Jupiter und den Saturn umlaufen, gingen wahrscheinlich aus Scheiben von Gas- und Staubmassen hervor, die die frühen Planeten umliefen – ähnlich jener Scheibe, die die Sonne umlief und aus der dann die Planeten entstanden. Ein Mond, nämlich der unsere, entstand dagegen durch die Kollision der Erde mit einem Objekt, das etwa so groß wie der Mars war und die Sonne in einer stark elliptischen (d. h. ziemlich länglichen) Umlaufbahn umlief; nähere Einzelheiten werden wir in Kapitel 4 besprechen.

Während der ersten mehrere Hundert Jahrmillionen veränderten sich die Oberflächen der Planeten und ihrer Monde aufgrund häufiger Einschläge anderer Objekte ständig. Dabei entstanden teils gewaltige **Krater**. Zumindest auf der Erdoberfläche verschwanden die meisten dieser Krater; darauf kommen wir im nächsten Kapitel noch zurück. Aber auf dem Mond blieben sie meist erhalten (Abb. 2.22). Das liegt vor allem daran, dass es auf dem Mond keine Atmosphäre und daher keine Verwitterung gibt. Die zum Teil sehr alten Mondkrater liefern uns wichtige Informationen über die frühe Geschichte des Sonnensystems.

Abb. 2.22 Unser Mond. Dieses Foto, im Jahre 1972 von Astronauten aufgenommen, zeigt Tausende von Kratern auf dem Mond. Sie entstanden durch Einschläge von Gesteinsstücken, die noch aus der Anfangszeit des Sonnensystems stammten. Der Mond ist ungefähr 4,5 Mrd. Jahre alt, wie Altersbestimmungen an Mondgestein ergaben, das von den Apollo-Missionen zur Erde gebracht wurde. Die meisten Krater auf dem Mond wurden während der ersten 700 Mio. Jahre seiner Existenz gebildet. Zu jener Zeit schlugen viel mehr Bruchstücke auf ihm ein als in den letzten rund 3,8 Mrd. Jahren. (NASA)

An Mondgestein, das die Apollo-Astronauten zur Erde gebracht hatten, wurden radiometrische Altersbestimmungen vorgenommen. Aus ihnen konnte man schließen, dass die Aufprallhäufigkeit von Objekten auf den Mond vor ungefähr 3,8 Mrd. Jahren drastisch abgenommen hatte. Seitdem blieb sie vergleichsweise gering. Daher stammen die meisten Krater auf dem Mond und den anderen Objekten im Sonnensystem aus den ersten rund 700 Mio. Jahren von dessen Existenz. In jener Zeit zogen die noch jungen Planeten zahlreiche Gesteinsbrocken an, die aus den Entwicklungsjahren des Sonnennebels übrig geblieben waren.

Auf der Erde veränderten sich die Bedingungen allmählich in einer solchen Weise, dass die Entwicklung von Leben möglich wurde. Vor allem die Gegenwart flüssigen Wassers war dafür entscheidend. Es gibt starke Indizien dafür, dass auch auf dem Mars einst viel flüssiges Wasser vorhanden war, denn in jüngster Zeit konnte man Wasser auf ihm nachweisen. Es wird sogar diskutiert, ob sich auf den Jupitermonden Europa und Ganymed einfache Lebensformen entwickelt haben können.

? Aus welchen beiden Elementen besteht größtenteils die Hülle des Planeten Saturn?

2.12 Kleine Bruchstücke aus dem frühen Sonnensystem existieren heute noch

Als sich das Sonnensystem bildete, entstanden neben den acht Planeten und ihren Monden auch zahlreiche andere Objekte, die heute noch die Sonne umlaufen. Zwischen den Umlaufbahnen von Mars und Jupiter vermutet man sogar Millionen von **Asteroiden**; das sind Objekte, die zum größten Teil aus Gestein und Metall bestehen und gewöhnlich einen Durchmesser von weniger als 1 km haben. Diesen Bereich nennt man daher **Asteroidengürtel**. Der größte Asteroid, Ceres, hat einen Durchmesser von ungefähr 900 km. Die nächstgrößeren, Pallas und Vesta, sind ungefähr 500 km groß. Je kleiner die Asteroiden im Asteroidengürtel sind, desto zahlreicher sind sie. Es wurden bereits über 100.000 Asteroiden mit Durchmessern bis zu 1 km gefunden. Abb. 2.23 zeigt eine Nahaufnahme des Asteroiden Gaspra.

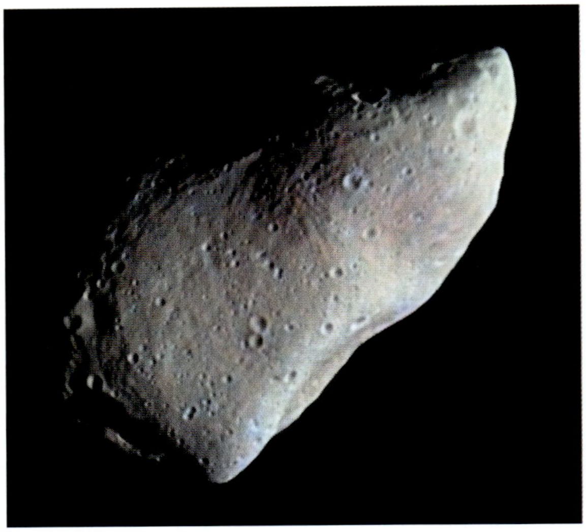

Abb. 2.23 Ein Asteroid. Dieses Foto des Asteroiden Gaspra entstand im Jahre 1991, als ihn die Raumsonde Galileo auf ihrem Weg zum Planeten Jupiter passierte. Der Asteroid ist 12 km mal 20 km mal 11 km groß. Im Asteroidengürtel (zwischen den Umlaufbahnen von Mars und Jupiter) umlaufen vermutlich einige Millionen ähnlicher Gesteinsbrocken die Sonne. (NASA)

Abb. 2.24 Ein Komet. Der Kometenkern, der feste Teil eines Kometen, ist gewöhnlich ein unregelmäßig geformter Brocken aus Eis und Gestein mit einem Durchmesser bis 10 km. Wenn ein Komet der Sonne nahe kommt, verdampft deren Strahlungsenergie einen Teil seines Eises. Dabei bilden sich ein oder zwei Schweife aus Dampf und Staub, die Millionen von Kilometern lang sein können. (Dennis diCicco/CORBIS)

Viele Asteroiden haben stark elliptische (also längliche) Umlaufbahnen, auf denen sie die Bahnen einiger Planeten kreuzen. Manche Asteroiden haben sogar einen eigenen Mond; beispielsweise wird der Asteroid Ida von dem mit Kratern überzogenen Begleiter Dactyl umlaufen.

Bruchstücke aus Gestein und Metall, die noch kleiner als Asteroiden sind, bezeichnet man als **Meteoroiden**. Sie sind gewöhnlich höchstens so groß wie Findlinge auf der Erde und kommen offenbar in der gesamten Scheibe des Sonnensystems vor. Allerdings befinden sich die meisten im Asteroidengürtel. Chemische Analysen ergaben, dass viele Meteoroiden kleine Fragmente von Asteroiden sind, die auseinanderbrachen, als größere Körper kollidierten.

Jenseits der Umlaufbahn des Neptun befinden sich Hunderte von Milliarden Gesteins- und Eisbrocken, die **Kometen** oder, genauer, *Kometenkerne* genannt werden. Viele dieser Kometenkerne finden sich in einem Kreisring, den man nach dem niederländisch-amerikanischen Astronomen Gerard Kuiper als *Kuiper-Gürtel* bezeichnet und der symmetrisch zur Ekliptik liegt. Die Objekte im Kuiper-Gürtel nennt man auch KBOs (nach dem englischen Begriff *Kuiper belt objects*). Weitere Meteoroiden befinden sich noch weiter außerhalb des Sonnensystems in der etwa kugelförmigen *Oort'schen Kometenwolke* oder *Oort'schen Wolke*, benannt nach dem niederländischen Astronomen Jan Hendrik Oort. Viele Kometenkerne haben sehr längliche Umlaufbahnen, die sie in mehr oder weniger großen Zeitabständen in die Nähe der Sonne bringen. Hier wird durch die Sonneneinstrahlung ein Teil ihres Eises verdampft, wobei der für die Kometen charakteristische Schweif entsteht (Abb. 2.24).

In letzter Zeit wurde in den Medien berichtet, dass im Kuiper-Gürtel Objekte entdeckt wurden, die dem Pluto ähneln. Wie dieser haben sie Umlaufbahnen, die stärker elliptisch (länglicher) sind als die der Planeten, und bestehen aus Gestein und Eis. Vermutlich stoßen die Objekte im Kuiper-Gürtel und in der Oort'schen Kometenwolke häufig mit anderen zusammen, wobei sie auseinanderbrechen. Einige der dabei gebildeten Kometenkerne können in das innere Sonnensystem gelangen und hier als Kometen auftreten. Bekannte Beispiele für besonders große KBOs sind Pluto selbst sowie, Eris, Quaoar und Sedna.

Vergleichende Planetologie

Beim Erforschen der Objekte im Sonnensystem bedient man sich zwei verschiedener Methoden. Bei der einen vergleicht man bestimmte Merkmale aller einander ähnlichen Objekte, beispielsweise die Atmosphären oder die Oberflächen aller Planeten, und geht dann zum nächsten Merkmal über. Das hat den Vorteil, dass bei jedem Merkmal bestimmte Übereinstimmungen erkannt werden können. Bei der zweiten Methode untersucht man möglichst viele Merkmale eines Objekts und geht dann zum nächsten Objekt über. Das hat den Vorteil, dass man Zusammenhänge zwischen den verschiedenen Eigenschaften eines einzelnen Körpers erkennt. Wegen der unterschiedlichen Vorzüge der Methoden werden wir sie beide anwenden.

2.13 Die acht Planeten zeigen bestimmte Ähnlichkeiten, aber auch ausgeprägte Unterschiede

Aus der Akkretion von Planetesimalen im jungen Sonnensystem gingen unter anderem unsere acht Planeten hervor: Merkur, Venus, Erde, Mars, Jupiter, Saturn, Uranus und Neptun. In den folgenden Kapiteln werden wir ihre einzelnen Eigenschaften näher untersuchen. Aber zuvor wollen wir, da es recht aufschlussreich ist, ihre Umlaufbahnen sowie etliche ihrer physikalischen Eigenschaften miteinander vergleichen.

Umlaufbahnen In Tab. 2.4 sind einige Daten der Planetenbahnen zusammengefasst. Wie schon in Abb. 2.21 gezeigt wurde, sind die vier inneren Planeten (Merkur, Venus, Erde und Mars) der Sonne relativ nahe. Dagegen haben die vier großen Planeten (Jupiter, Saturn, Uranus und Neptun) deutlich größere Abstände von der Sonne. Gemäß den Kepler'schen Gesetzen sind die Umlaufbahnen sämtlich elliptisch. Allerdings sind die meisten nahezu kreisförmig; nur Merkur hat eine merklich ovale Umlaufbahn.

Tab. 2.4 Einige Daten der Umlaufbahnen der Planeten

	Mittlerer Abstand von der Sonne (AE)	(10^6 km)	Umlaufdauer (Erdenjahre)
Merkur	0,39	58	0,24
Venus	0,72	108	0,62
Erde	1,00	150	1,00
Mars	1,52	228	1,88
Jupiter	5,20	778	11,86
Saturn	9,54	1427	29,46
Uranus	19,19	2871	84,01

? Welcher Zusammenhang besteht zwischen Asteroiden und vielen der Meteoroide im Sonnensystem?

Größe Wir können die Planeten nach ihren Größen in drei Gruppen einteilen (Abb. 2.25). Die erste umfasst die leichtesten Planeten, die die vier inneren Umlaufbahnen besetzen. Eine weitere Gruppe besteht aus den zwei schwersten Planeten Jupiter und Saturn, während die mittelschweren beiden Planeten Uranus und Neptun die dritte Gruppe bilden. Jupiter hat von allen Planeten den größten Durchmesser, der etwa elf Erddurchmessern entspricht. Der kleinste Planet ist

R I V U X G

Abb. 2.25 Die Sonne und die Planeten. Hier sind, in der Reihenfolge von innen nach außen, die Planeten in ihren Größen (nicht aber in den Abständen von der Sonne!) maßstäblich dargestellt. Die vier inneren Planeten – Merkur, Venus, Erde und Mars – mit den engsten Umlaufbahnen sind klein und bestehen vorwiegend aus Gestein und Metall. Die nächsten zwei Planeten – Jupiter und Saturn – sind die größten und bestehen hauptsächlich aus Wasserstoff und Helium. Uranus und Neptun, ebenfalls vorwiegend aus Wasserstoff und Helium, haben mittlere Größen und Massen; sie enthalten außerdem viel Wasser. (Calvin J. Hamilton und NASA/JPL)

Merkur mit einem Drittel des Erddurchmessers. Im Sonnensystem gibt es sogar zwei Monde, die größer als der Planet Merkur sind, nämlich den Jupitermond Ganymed und den Saturnmond Titan. Neptun und Uranus haben rund vier Erddurchmesser. Die Erde ist übrigens der größte der vier inneren Planeten, die die erste Gruppe darstellen. In Tab. 2.5 sind die Durchmesser, die Massen und die mittleren Dichten der Planeten zusammengefasst.

Masse Die Masse ist ein Maß für die Materiemenge, die der betreffende Körper aufweist. Auch in ihren Massen, die wesentlich geringer als die der beiden Riesenplaneten Jupiter und Saturn sind, unterscheiden sich die vier inneren Planeten deutlich von den anderen Planeten. Der größte Planet, Jupiter, ist mit 318 Erdmassen auch der massereichste Planet (siehe Tab. 2.5).

Dichte Ermittelt man aus der Masse und dem Volumen die mittlere Dichte eines Planeten, dann gibt das erste Anhaltspunkte für seine chemische Zusammensetzung (was natürlich für jeden Körper gilt). Besteht ein Körper eher aus schwereren chemischen Elementen, wie Eisen oder Blei, dann hat er eine größere Masse als ein anderer gleichvolumiger Körper aus leichteren Elementen wie beispielsweise Wasserstoff, Helium oder Kohlenstoff. Die **mittlere Dichte** ρ eines Körpers ist definiert als der Quotient aus seiner Masse m und seinem Volumen V, sodass gilt: $\rho = m/V$.

Hieraus ergibt sich der eben erwähnte Zusammenhang zwischen Zusammensetzung und mittlerer Dichte (Abb. 2.26), die meist in Kilogramm pro Kubikmeter (kg/m^3) angegeben wird. Weil flüssiges Wasser eine Dichte von 1000 kg/m^3 hat, können wir am Zahlenwert einer Dichte sofort erkennen, wie viel Mal höher sie ist als die Dichte des Wassers.

R I V U X G

Abb. 2.26 Die Volumina von Körpern mit unterschiedlichen Dichten. Alle hier angebildeten Gegenstände bzw. Gruppen von Gegenständen haben die gleiche Masse. Aber sie bestehen aus unterschiedlichen Substanzen und haben daher verschiedene Dichten, sodass sich auch ihre Volumina unterscheiden. (© 2002 Richard Megna/Fundamentals Photographs, NYC)

Die vier inneren Planeten haben mittlere Dichten, die deutlich höher als die des Wassers sind (siehe Tab. 2.5). Bei der Erde beträgt sie 5520 kg/m^3. Weil die Dichte von Gestein nur bei knapp 3000 kg/m^3 liegt,

Tab. 2.5 Einige Daten der Planeten im Sonnensystem

	Durchmesser (km)	(Erde = 1)	Masse (kg)	(Erde = 1)	Mittlere Dichte (kg/m^3)
Merkur	4.878	0,38	$3{,}3 \cdot 10^{23}$	0,06	5.430
Venus	12.100	0,95	$4{,}9 \cdot 10^{24}$	0,81	5.250
Erde	12.756	1,00	$6{,}0 \cdot 10^{24}$	1,00	5.520
Mars	6.786	0,53	$6{,}4 \cdot 10^{23}$	0,11	3.950
Jupiter	142.984	11,21	$1{,}9 \cdot 10^{27}$	317,94	1.330
Saturn	120.536	9,45	$5{,}7 \cdot 10^{26}$	95,18	690
Uranus	51.118	4,01	$8{,}7 \cdot 10^{25}$	14,53	1.290
Neptun	49.528	3,88	$1{,}0 \cdot 10^{26}$	17,14	1.640

muss die Erde hohe Anteile von Elementen mit merklich höherer Dichte enthalten; dies sind vor allem Eisen und Nickel, die den Erdkern ausmachen. Weil die drei anderen der vier inneren Planeten ähnliche Dichten wie die Erde haben, bestehen sie höchstwahrscheinlich aus sehr ähnlichen Substanzen und werden daher **erdähnliche Planeten** genannt. Mit ihnen werden wir uns in Kapitel 5 noch befassen.

Im Gegensatz dazu haben Jupiter, Saturn, Uranus und Neptun recht geringe mittlere Dichten (siehe Tab. 2.5), wobei die Dichte des Saturn sogar geringer als die von Wasser ist. Die niedrigen Dichten stützen die Auffassung, dass diese Planeten insgesamt hohe Anteile der leichtesten Elemente Wasserstoff und Helium enthalten, wie weiter oben bereits erwähnt wurde. Wir werden noch sehen, dass Jupiter und Saturn ähnliche Zusammensetzungen (hauptsächlich aus Wasserstoff und Helium) haben, während Uranus und Neptun zusätzlich vergleichbar große Mengen an Wasser aufweisen. Weil diese vier Planeten viel größer und schwerer als die Erde sind und außerdem einander ähneln, werden sie gemeinsam als *jupiterähnlich* oder *jovianisch* (abgeleitet vom Genitiv *Jovis* des lateinischen Namens *Jupiter*) bezeichnet. Doch wegen der Unterschiede der Zusammensetzungen von Jupiter und Saturn einerseits sowie Uranus und Neptun andererseits ist die Bezeichnung *Riesenplaneten* (riesig im Vergleich zur Erde) vorzuziehen. Wir werden die Riesenplaneten in Kapitel 5 näher betrachten, wobei wir sie in die beiden Zweiergruppen einteilen.

Spektren Aufschlüsse über die chemische Zusammensetzung von Körpern kann man auch aus ihren Spektren erhalten. Im Sonnensystem besteht die Strahlung aller Objekte außer der Sonne hauptsächlich in dem von seiner Oberfläche oder von den Wolken oder dem Gas darüber reflektierten und/oder gestreuten Sonnenlicht. Daher kann man aus den Spektren auf Details der Oberfläche eines Körpers oder auf die chemische Zusammensetzung seiner Atmosphäre schließen. Und anhand der Spektren wurde auch bewiesen, dass die äußeren Schichten der Riesenplaneten hauptsächlich aus Wasserstoff und Helium bestehen und dass die Oberfläche des Mars unter anderem reich an Eisenoxiden ist.

Albedo Die Oberfläche eines Planeten oder Asteroiden bzw. seiner oberen Wolken- oder Gasschichten streut das auftreffende Sonnenlicht in unterschiedlichem Ausmaß in alle Richtungen. Der Anteil des auftreffenden Lichts, der dabei direkt in den Weltraum zurückgestreut wird, ist die **Albedo** des astronomischen Objekts. Ein Objekt, das überhaupt kein Licht zurückstreut, hat eine Albedo von 0,0. Beispielsweise hat feiner Kohlenstaub eine Albedo von nahezu 0,0. Dagegen hat ein Objekt, das das gesamte eingestrahlte Licht zurückstreut, eine Albedo von 1,0 (ein hochwertiger Spiegel kommt diesem Wert recht nahe). Der mit 100 multiplizierte Zahlenwert der Albedo gibt den Prozentsatz des eingestrahlten Lichts an, der vom Objekt direkt zurückgestreut wird. Die drei Planeten Merkur, Erde und Mars haben Albedos von höchstens 0,37. Solche geringen Werte rühren von dunklen, trockenen Oberflächen oder von einer Mischung aus hellen Oberflächen (Wasser und Wolken) und dunklen Oberflächen (Kontinenten) her, auf die das eingestrahlte Licht gelangt. Dagegen haben Venus, Jupiter, Saturn, Uranus und Neptun Albedos von mindestens 0,47. Diese hohen Werte deuten darauf hin, dass das eingestrahlte Licht auf vorwiegend helle Materialien trifft. Die Albedos von Venus, Jupiter, Saturn, Uranus und Neptun sind hoch, weil ihre Oberflächen vollständig von Wolken bedeckt sind.

Einblicke in die Wissenschaft

Indirekte Messungen in der Astronomie Die Astronomen nutzen verschiedene physikalische Gesetze aus, um Größen zu messen oder Sachverhalte zu klären, die nicht direkt zu beobachten sind. Beispielsweise kann man – zumindest grob – aus der mittleren Dichte eines Planeten auf seine chemische Zusammensetzung schließen. Dazu muss die Dichte als Quotient von Masse und Volumen ermittelt werden. Die Masse eines Planeten wird anhand der Kepler'schen und der Newton'schen Axiome aus den Perioden der Umlaufbahnen seiner Monde bestimmt, und das Volumen ergibt sich aus dem Durchmesser, der seinerseits aus seinem Abstand von der Erde und seinem Winkeldurchmesser am Himmel berechnet wird.

? Warum verändert sich die Albedo der Erde ständig?

Monde Alle Planeten außer Merkur und Venus haben mindestens einen Mond. Inzwischen wurden im Sonnensystem über 166 Monde von Planeten gefunden (noch im Jahre 2001 waren nur 99 Monde bekannt), und es werden ständig weitere entdeckt. Anders als der Mond unserer Erde sind die meisten Monde unregelmäßig geformt und ähneln eher riesigen Kartoffeln als „ordentlichen" Kugeln. Wir werden gleich sehen, dass es bei unseren Planeten durchaus unterschiedliche Monde gibt.

Planeten außerhalb unseres Sonnensystems

Wenn wir die Bildung des Sonnensystems besser verstehen wollen, dann wird das durch die Beobachtung der Entstehungsphasen von Planeten unterstützt, die entfernte Sterne umlaufen. Zwar suchte man schon lange nach Planeten außerhalb unseres Sonnensystems (sogenannten Exoplaneten), aber erst in den 1980er Jahren konnten die ersten nachgewiesen werden.

2.14 Es wurden Planeten entdeckt, die andere „Sonnen" umlaufen

Wie in diesem Kapitel bereits erwähnt, wurden in jüngerer Zeit Sterne in frühen Phasen ihrer Entstehung entdeckt, wobei sie noch von Proplyden umgeben sind, also von Gas- und Staubmengen, die die Form einer Scheibe haben. Diese Scheiben ähneln offenbar dem Sonnennebel von vor über 4,5 Mrd. Jahren. Erste, indirekte Hinweise auf die Existenz von Planeten außerhalb des Sonnensystems, also auf sogenannte *extrasolare Planeten* oder *Exoplaneten*, ergaben sich aus der Verzerrung von Proplyden.

Wenn ein oder mehrere Planeten in einer Proplyde einen jungen Stern umlaufen, dann verzerrt die Gravitationskraft des Planeten diese Scheibe aus Gas und Staub, sodass sie sich krümmt oder nicht mehr symmetrisch zum Stern liegt. Eine deutliche Verzerrung fand man beispielsweise bei den Scheiben um den Stern Beta Pictoris (also im Sternbild Pictor = Maler, am Südhimmel), auf deren Kanten wir von der Erde aus schauen (Abb. 2.27). Dieser Stern und das Material, das ihn umläuft, entstanden vor nur 20 Mio. Jahren. Im Jahre 2006 gelangen hochaufgelöste Aufnahmen einer sekundären Scheibe, deren Position in Abb. 2.27b eingezeichnet ist. Computermodelle zeigen, dass ein dem Jupiter ähnlicher Planet, der außerhalb der Ebene der großen Scheibe den Stern umläuft, Bruchstücke aus dieser Scheibe anzieht und dadurch die kleinere Scheibe in der Ebene seiner Umlaufbahn erzeugt. Sozusagen ebenfalls zum Stern Beta Pictoris (im Sternbild Pictor) gehören Millionen von Kometenkernen, die 2001 entdeckt wurden. Durch nähere Untersuchung solcher Systeme wie das bei Beta Pictoris kann vermutlich geklärt werden, ob die Erde ihr Wasser von Kometen im jungen Sonnensystem erhalten hatte.

Die Wechselwirkung zwischen Planeten und Proplyden kann man bei anderen Systemen gut beobachten. Der uns recht nahe gelegene Stern Formalhaut ist von einer exzentrischen Scheibe aus Gas und Staub

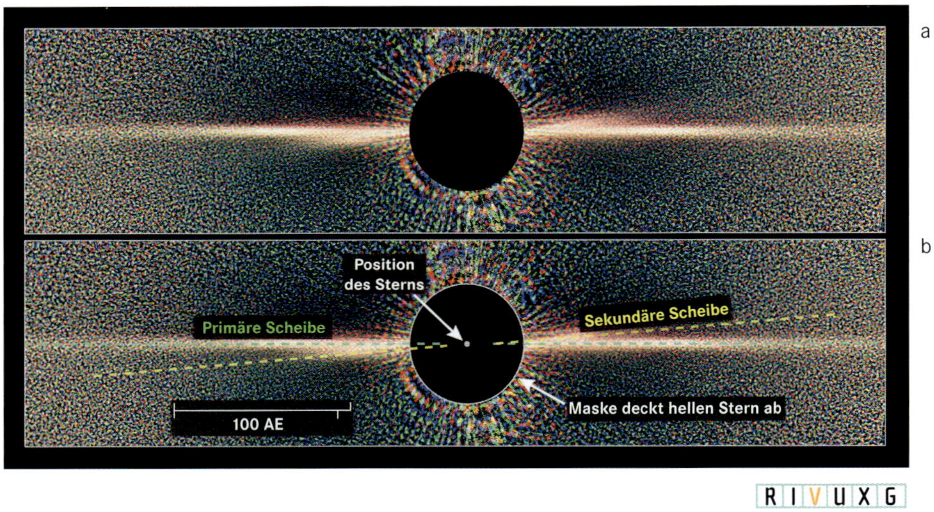

Abb. 2.27 Eine zirkumstellare Materiescheibe. Diese Bilder, vom Weltraumteleskop Hubble im sichtbaren Lichtbereich aufgenommen, zeigen mit Blick auf die Kante zwei Proplyden, die den Stern Beta Pictoris umlaufen. Er ist 50 Lichtjahre von der Erde entfernt. (a) Die längere Scheibe erstreckt sich über rund 225 Mrd. km. Damit die Scheiben erkennbar sind, wurde das Bild des Sterns in der Abbildungsoptik durch eine Maske abgedeckt. Die Scheiben bestehen wahrscheinlich vor allem aus Eisbrocken, die den Stern umlaufen. Die kleinere, sekundäre Scheibe entstand vermutlich infolge der Gravitationskraft eines Planeten, der eine Masse ähnlich der des Jupiter hat und den Stern ebenfalls umläuft. Weil die sekundäre Scheibe so lichtschwach ist, wurde ihre Position in der Teilabbildung (b) eingezeichnet. (NASA, ESA und D. Golimawski)

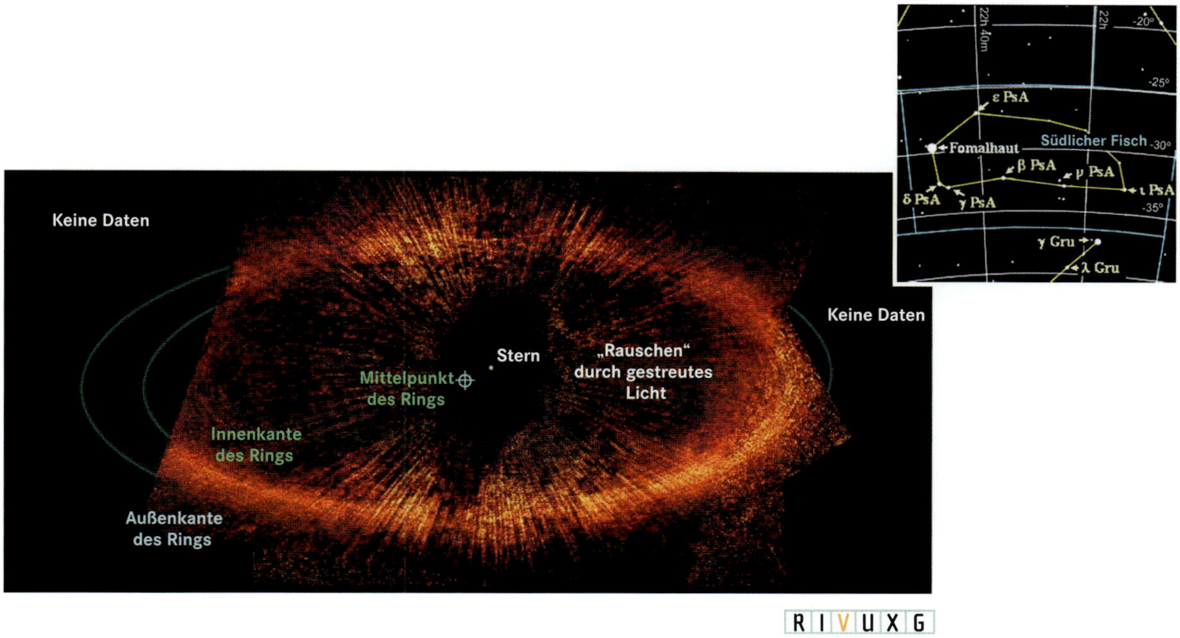

Abb. 2.28 Eine exzentrische Scheibe. Der Stern Formalhaut, der bei der Aufnahme abgedeckt wurde, damit sein Licht die Scheibe nicht verdeckt, ist von Gas- und Staubmengen in Form eines Ringes umgeben, dessen Mittelpunkt um 15 AE abseits vom Stern liegt. (Diese Strecke entspricht dem mittleren Abstand des Uranus von der Sonne.) Die Verschiebung aus dem Zentrum rührt sicherlich von der Gravitationswirkung eines Riesenplaneten her, der den Stern Formalhaut umläuft. Das gesamte System ist 25 Lichtjahre von der Erde entfernt. Die Bruchstücke, die sich in diesem System sowie in dem Raum zwischen ihm und uns befinden, streuen das Licht, wodurch das optische „Rauschen“ in der Aufnahme verursacht wurde. (NASA, ESA, P. Kalas und J. Graham [University of California, Berkeley] und M. Clampin)

umgeben. Dieser Stern und die ihn begleitende Materie sind nur rund 200 Mio. Jahre alt. Man fand Hinweise darauf, dass die Verschiebung aus dem Zentrum (Abb. 2.28) von der Gravitationskraft eines Planeten herrührt, die auf die den Stern umlaufende Gasmenge einwirkt. Diese Kraft ist so stark, dass das Zentrum der Scheibe rund 15 AE vom Stern entfernt ist.

Neben Scheiben bzw. Proplyden aus Gas und Staub sowie zahlreichen Kometen wurden auch Asteroiden entdeckt, die andere Sterne umlaufen. Das erste System mit Asteroiden, das man finden konnte, ist das beim Stern Zeta Leporis (also im Sternbild Lepus = Hase). Dieser junge Stern ist nur 70 Lichtjahre von der Erde entfernt. Sein Asteroidengürtel hat von ihm etwa den gleichen Abstand wie der Asteroidengürtel des Sonnensystems von der Sonne, hat aber vermutlich rund 200-mal so viel Masse wie dieser. Die Bruchstücke in jenem Asteroidengürtel sind allerdings nicht direkt zu beobachten, sondern ihre Existenz erschloss sich aus der Gegenwart von heißem (rund 300 K warmem) Staub, der den Stern Zeta Leporis umgibt und aus Kollisionen von Asteroiden hervorging.

Die direkte Beobachtung von extrasolaren Planeten beim Umlaufen anderer Sterne ist äußerst schwierig, denn selbst Planeten mit einer hohen Albedo wie Jupiter sind im Vergleich zu ihrem Zentralstern extrem lichtschwach. Daher konnte man noch keine derartigen Planeten abbilden. Diesem Ziel kam man jedoch bei einem als 2M1207b bezeichneten Objekt sehr nahe (Abb. 2.29), das im Jahre 2004 gefunden wurde. Seine Masse liegt zwischen dem Fünf- und dem Achtfachen der Jupitermasse, und es umläuft ein etwas größeres Objekt, das aber zu klein ist, als dass in seinem Inneren Kernfusionen ablaufen könnten. Daher ist keines dieser beiden Objekte sehr hell. Beobachtungen ergaben, dass sie gemeinsam entstanden; das bedeutet, dass sich 2M1207b nicht aus einer Gas- und Staubscheibe bildete, die das größere Objekt umlief. Allerdings kann man bei zwei Objekten, die gemeinsam entstanden, auch dann nicht von Planeten sprechen, wenn sie zu leicht sind, um Sterne zu sein.

Seit 1995 wurden praktisch alle extrasolaren Planeten nur aufgrund ihrer Wirkungen auf den Stern gefunden, den sie umlaufen (Abb. 2.30a). Einige solche Entdeckungen gelangen dadurch, dass Änderungen der Geschwindigkeit des jeweiligen Sterns (von uns weg oder auf uns zu) festgestellt wurden. Wenn sich ein Körper, der Strahlung emittiert, relativ zu uns be-

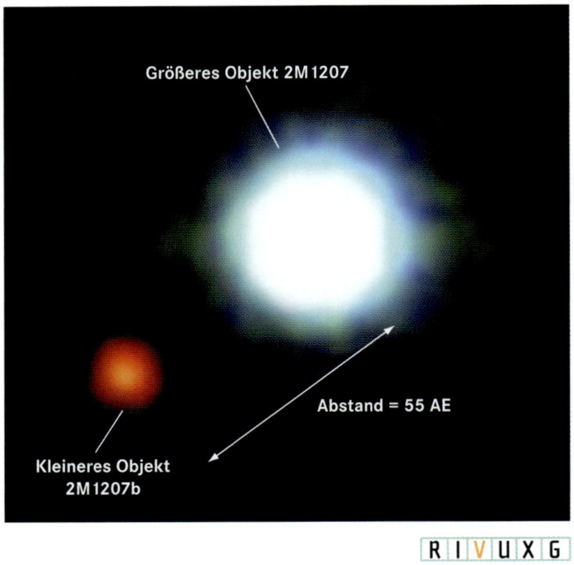

Abb. 2.29 Ein Objekt, das einem extrasolaren Planeten ähnelt. Dieses Infrarotbild, aufgenommen in der Europäischen Südsternwarte, zeigt die zwei Objekte 2M1207 und 2M1207b. Beide haben nicht die für einen Stern nötige Mindestmasse oder -größe. Es gibt Anzeichen dafür, dass 2M1207b nicht aus einer Scheibe aus Gas und Staub hervorging, die das größere Objekt umlief; also ist es wohl kein Planet. Dieses System befindet sich ungefähr 170 Lichtjahre von uns entfernt und liegt im Sternbild Wasserschlange. (ESO/VLT/NACO)

wegt, dann tritt der sogenannte *Doppler-Effekt* auf. Er besteht darin, dass die von uns wahrgenommene Wellenlänge der Strahlung größer als im Normalfall ist, wenn sich der Körper von uns weg bewegt, und umgekehrt. Das gilt auch für das Licht, das uns von den Sternen erreicht (Abb. 2.30b). Nun fand man bei manchen Sternen periodisch auftretende Verschiebungen ihrer Spektrallinien, d. h. periodische Veränderungen der bei uns ankommenden Lichtwellenlänge. Also müssen sich die Geschwindigkeiten dieser Sterne längs der Sichtlinie zur Erde periodisch ändern. Dafür ist die Gravitationskraft eines umlaufenden Planeten verantwortlich, und die Periodendauer der Verschiebungen entspricht seiner Umlaufdauer um den Stern. Die heutigen spektroskopischen Verfahren sind so leistungsfähig, dass anhand des Doppler-Effekts bei Spektrallinien sogar Geschwindigkeitsänderungen von Sternen um nur 4 km/h festzustellen sind.

Andere extrasolare Planeten wurden anhand der Variation der Bewegung ihres Sterns relativ zu den Hintergrundsternen gefunden. Die Gravitationskraft eines Planeten bewirkt, dass der Stern, den er umläuft, aus dessen geradliniger Bewegung abgelenkt wird. Bei dieser *astrometrischen* Methode sucht man also nach solchen Zitterbewegungen (Abb. 2.30c).

Wieder andere Planeten wurden anhand von Veränderungen der Helligkeit ihres Sterns gefunden.

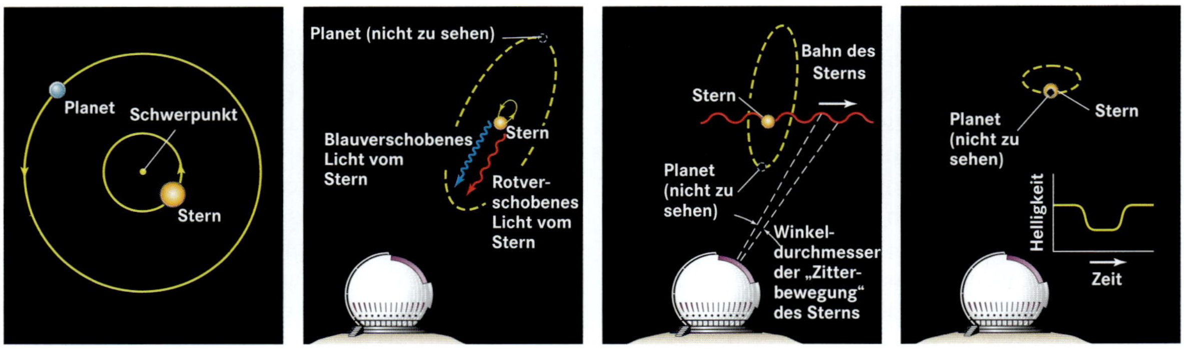

a Ein Stern und sein Planet b Radialgeschwindigkeitsmethode c Astrometrische Methode d Transitmethode

Abb. 2.30 Die Entdeckung von extrasolaren Planeten. (a) Ein Planet und sein Stern umlaufen streng genommen beide ihren gemeinsamen Schwerpunkt, der dabei immer auf der Verbindungsgeraden zwischen ihnen liegt. Die Bewegung des Sterns um einen relativ nahe gelegenen Punkt beweist in der Regel, dass er einen Planeten umläuft. (b) Wenn sich ein Planet auf uns zu oder von uns weg bewegt, dann bewegt sich sein Stern in der entgegengesetzten Richtung. Dadurch verschieben sich aufgrund des Doppler-Effekts die von ihm emittierten Spektrallinien, und zwar zum Roten hin, wenn sich der Stern von uns weg bewegt, und zum Violetten hin, wenn er sich auf uns zu bewegt. Die Periodendauer dieser Verschiebungen entspricht der Umlaufdauer des nicht direkt zu erkennenden Planeten. (c) Während sich ein Stern und sein Planet am Himmel (von uns aus gesehen) gemeinsam bewegen, umlaufen beide, also auch der Stern, ihren gemeinsamen Schwerpunkt. Dies führt zu einer Zitterbewegung des Sterns an der Himmelskugel. (d) Wenn ein Planet, von uns aus gesehen, in derselben Ebene wie sein Stern diesen umläuft und ihn dabei passiert, dann deckt er periodisch einen Teil des Sternenlichts ab, wobei sich der Stern verdunkelt. Dies wiederholt sich periodisch und kann die Gegenwart des Planeten beweisen. [Urheberrecht beim Autor]

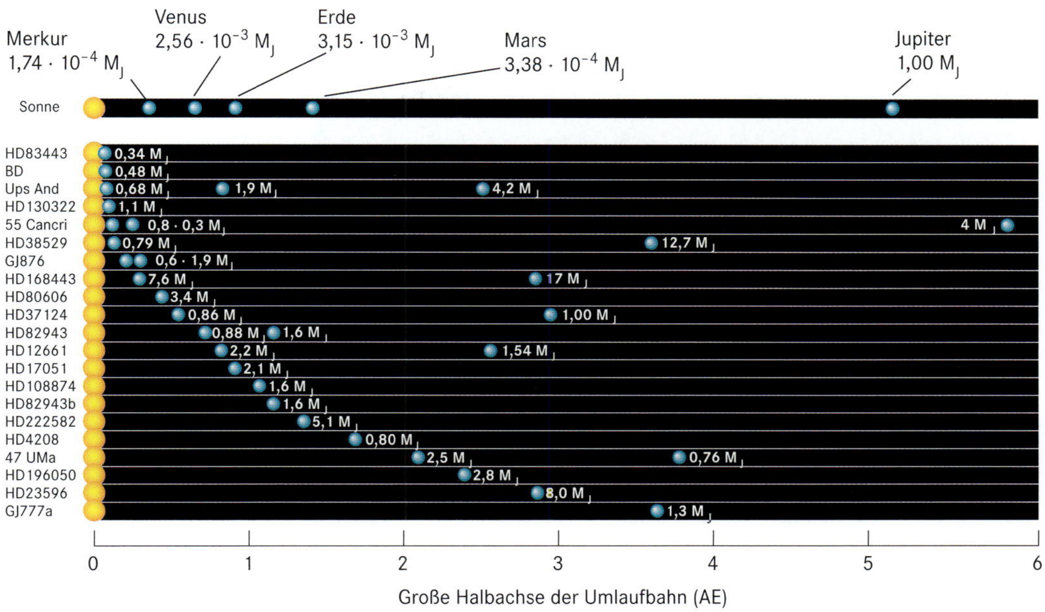

Abb. 2.31 Planeten und ihre Sterne. Diese Abbildung zeigt die Abstände einiger extrasolarer Planeten vom jeweiligen Stern, dessen Bezeichnung links angegeben ist. Es fällt auf, dass bei vielen derartigen Systemen ein oder mehrere Riesenplaneten den Stern in einem Abstand von nur 1 AE umlaufen. (M_J steht für die Jupitermasse.) Ganz oben ist zum Vergleich das Sonnensystem dargestellt. (California and Carnegie Planet Search)

Wenn ein Planet von uns aus gesehen vor seinem Stern vorbeizieht, d. h. bei einem *Transit*, verfinstert er den Stern teilweise (Abb. 2.30d). Im Jahre 2003 konnte man mithilfe dieser Transitmethode einen Planeten finden, der seinem Stern 16-mal näher ist als der Merkur unserer Sonne. Seine Umlaufdauer beträgt nur 28 h, 33 min.

Beim Transit eines Planeten kann sich auch das Spektrum des Sterns ändern. Vor dem Stern HD 209458 (hierbei steht HD für Henry-Draper-Katalog) zieht periodisch ein riesiger Gasplanet vorbei. Dabei absorbieren die Elemente Wasserstoff, Natrium, Sauerstoff und Kohlenstoff in der Atmosphäre des Planeten bestimmte Wellenlängen des Sternenlichts. Aufnahmen des Weltraumteleskops Hubble ergaben, dass die äußeren Schichten dieses Planeten so stark aufgeheizt sind, dass pro Sekunde mindestens 10.000 t Wasserstoff in den Weltraum entweichen. Bei einem konstanten Massenverlust dieses Ausmaßes hätte der Planet während seiner bisherigen Lebensdauer von 5 Mrd. Jahren etwa 0,1 % seiner Masse verloren.

Einige mit der Transitmethode ermittelte Daten ergaben, dass manche Kerne von extrasolaren Planeten einen Kern mit weitaus höherer Dichte haben als unsere Riesenplaneten. Aus der periodisch variierenden Intensität des Lichts vom Stern HD 149026 wurde berechnet, dass der ihn passierende Planet eine etwa 115-mal höhere Masse als die Erde hat, aber wesentlich kleiner ist als andere Planeten mit einer solchen Masse. Demnach bestehen bei ihm ungefähr 70 Erdmassen (also etwa zwei Drittel seiner Masse) aus Gestein in seinem Kern. Zum Vergleich: Bei Jupiter macht der erdähnliche Kern nur ca. 4 % seiner gesamten Masse aus.

Viele extrasolare Riesenplaneten umlaufen ihren Stern in überraschend geringem Abstand (Abb. 2.31), d. h. viel näher, als die Erde der Sonne ist. Wenn das Kernakkretionsmodell für die Entstehung von Riesenplaneten zutrifft, dann bewegen sie sich derzeit spiralig auf ihren Stern zu, nachdem sie vor einiger Zeit weiter weg von ihm entstanden waren.

Seit 2004 gibt es auch eine andere Methode, extrasolare Planeten zu finden. Dabei wird eine von Albert Einstein entdeckte Eigenschaft des Raums ausgenutzt. Gemäß seiner 1916 publizierten allgemeinen Relativitätstheorie, die wir in Kapitel 10 näher betrachten werden, bewirkt die Gravitationskraft sehr großer Massen eine Krümmung des sie umgebenden Raums, sodass das Licht in ihrer Nähe aus seiner geradlinigen Ausbreitung merklich abgelenkt wird. Das kann man mit der Fokussierung von Licht durch eine Linse vergleichen, und man spricht daher von der **Gravitationsfokussierung** oder vom **Microlensing** bzw. vom *Gravitationslinseneffekt*. Abb. 2.32a zeigt, wie ein

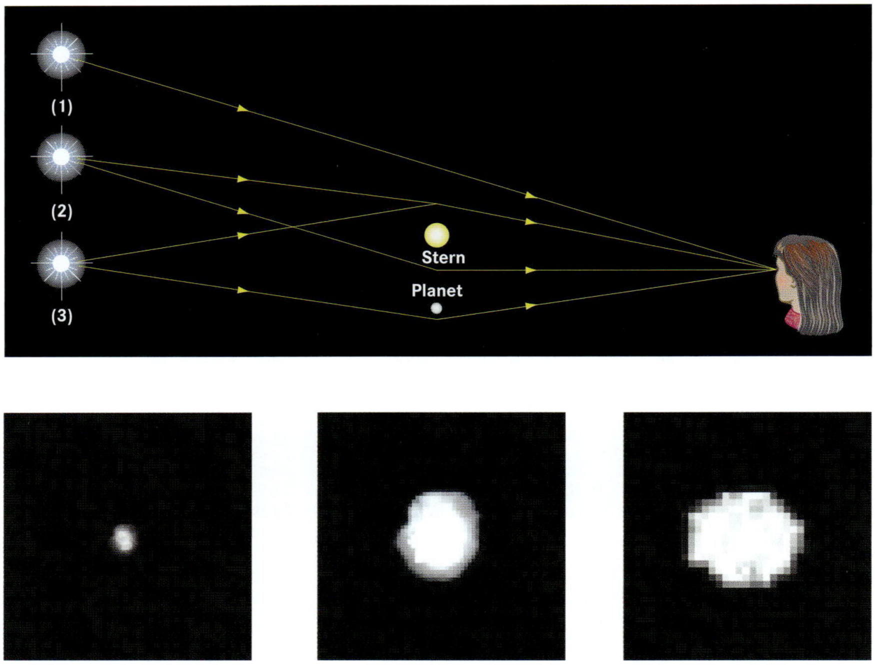

(1) Kein Microlensing (2) Microlensing durch den Stern (3) Microlensing durch den Stern und den Planeten

Abb. 2.32 Das Microlensing verrät einen extrasolaren Planeten. (a) Gravitationsfelder führen zu einer Ablenkung des Lichts aus seiner geradlinigen Ausbreitung. Wenn sich ein Stern mit seinem Planeten zwischen der Erde und einem weiter entfernten Stern bewegt, wird dessen Licht zu uns hin fokussiert, sodass wir ihn mit größerer Helligkeit sehen. (b) Das Fokussieren und damit eine Helligkeitsänderung des weit entfernten Sterns tritt zweimal auf, nämlich einmal durch den (näheren) Stern und einmal auch durch dessen Planeten. Im vorliegenden Fall sind der nähere Stern und sein Planet 17.000 Lichtjahre von uns entfernt, der fernere Stern dagegen 24.000 Lichtjahre.

Stern, der mit seinem Planeten zwischen der Erde und einem weit entfernten Stern hindurchläuft, das von diesem Stern emittierte Licht fokussieren kann, wobei sich dessen von uns wahrgenommene Helligkeit verändert. Insgesamt erfolgen dabei zwei Veränderungen: Bei der einen wird das Licht des weit entfernten Sterns durch den näheren Stern zu uns hin fokussiert, bei der anderen dagegen auch durch dessen Planeten.

Die allermeisten Planeten, die Sterne ähnlich unserer Sonne umlaufen, haben Massen zwischen einer halben und mehreren Jupitermassen (siehe beispielsweise Abb. 2.31). Der leichteste der sicher nachgewiesenen extrasolaren Planeten hat etwa die doppelte Masse unseres Monds. Aber er umläuft – gemeinsam mit wenigstens zwei anderen Planeten – den Überrest eines Sterns, der bei seiner Explosion jegliches Leben zerstört hätte, das auf seinen Planeten möglicherweise existiert hatte. Die beiden anderen Planeten dieses Systems haben etwa vier Erdmassen.

11 Im Jahre 2005 wurde mithilfe des Microlensing ein erdähnlicher Planet mit rund 5,5 Erdmassen entdeckt, der einen leuchtenden Stern umläuft. Ein ähnlich schwerer Planet namens Gliese 581c wurde 2007 gefunden. Während diese zwei Planeten vermutlich aus Gestein und Metall bestehen und auf ihren Oberflächen Wasser aufweisen, ist keiner der Sterne, die sie umlaufen, sonnenähnlich. Beide Sterne sind im Vergleich zu unserer Sonne so kalt, dass sie bewohnbar sein könnten, und die sie umlaufenden Planeten sind ihrem jeweiligen Stern offenbar näher als der Merkur unserer Sonne. In derartigen Fällen befinden sich die Planeten ebenso in synchroner Rotation wie der Mond um die Erde. Dadurch ist das Wasser auf der einen Seite solcher Planeten permanent gefroren, während es auf der anderen Seite nur als Dampf vorliegt.

Schon früher, 1999, fielen den Astronomen einige Sterne mit derart komplizierten Zitterbewegungen auf, dass sie nicht von einem einzelnen Planeten herrühren können. Bei einem Mehrplanetensystem bestehen Gravitationswechselwirkungen zwischen jedem der Planeten und dem Stern sowie zwischen allen Planeten. Wenn man diese Wirkungen von zwei oder

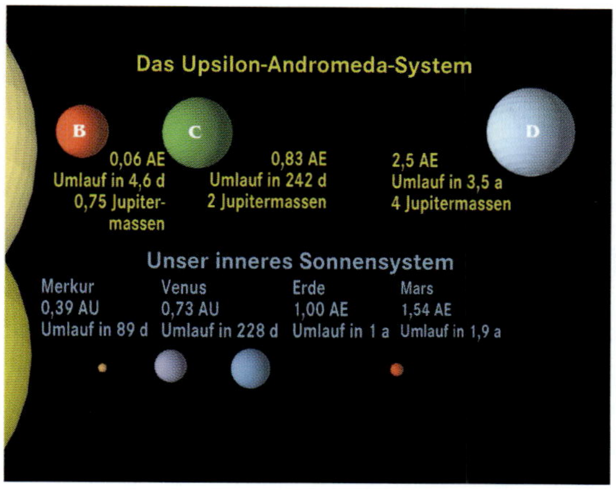

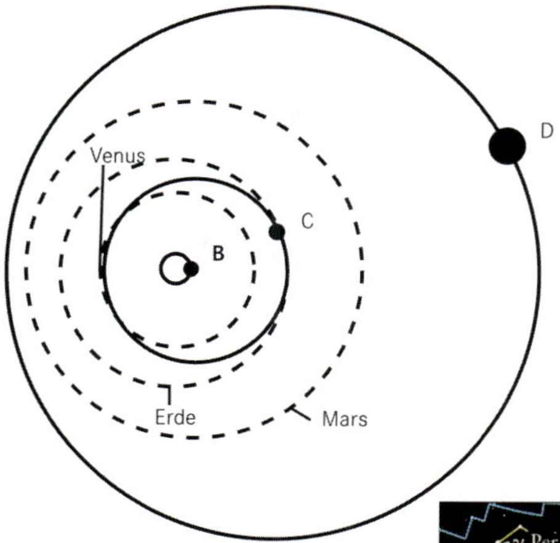

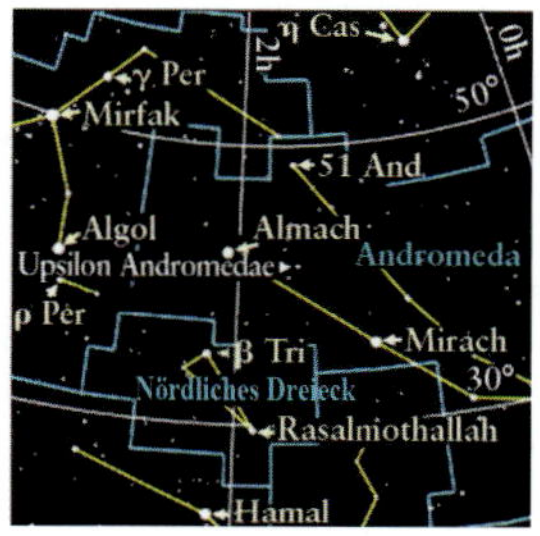

Abb. 2.33 Ein Stern mit drei Planeten. (a) Der Stern Upsilon Andromedae hat wenigstens drei Planeten. Sie wurden durch Messung der komplizierten Doppler-Verschiebungen des von ihm emittierten Lichts entdeckt. Dieses Sternsystem ist 44 Lichtjahre von der Erde entfernt, und die in ihm bisher gefundenen Planeten haben sämtlich Massen ähnlich der des Jupiter. (b) Hier sind die mit B, C und D beschrifteten Umlaufbahnen dieser drei Planeten eingezeichnet; zum Vergleich enthält die Skizze auch die Bahnen von Venus, Erde und Mars. (Adam Contos, Harvard-Smithsonian Center for Astrophysics)

mehreren Planeten kombiniert, kann das (mithilfe des Doppler-Effekts oder astrometrisch) beobachtete Muster der Bewegung des Sterns erklärt werden. Der erste Stern, bei dem mehrere Planeten nachgewiesen wurden, ist Upsilon Andromedae (Abb. 2.33). Einer seiner Planeten, als *Upsilon Andromedae B* bezeichnet, ist seinem Stern zehnmal näher als Merkur der Sonne. Anhand von Aufnahmen des infrarotempfindlichen Weltraumteleskops Spitzer wurde der Temperaturunterschied zwischen der Tag- und der Nachtseite von Upsilon Andromedae B zu 1400 K ermittelt. Der Stern 55 Cancri (im Sternbild Cancer = Krebs) hat mindestens vier Planeten. Bislang wurden über 20 Sterne mit zwei oder mehr sie umlaufenden Planeten beobachtet; einige wurden in Abb. 2.31 aufgeführt.

Eine dramatische Konsequenz von spiralig nach innen verlaufenden Planetenbahnen wurde 2001 entdeckt. Man fand nämlich die Überreste von wenigstens einem Planeten in der Atmosphäre eines Sterns, der immer noch von wenigstens zwei anderen Planeten umlaufen wird. Die Atmosphäre dieses Sterns enthält das seltene Lithium-Isotop ^{6}Li, das zwar in Planeten anzutreffen ist, aber in Sternen innerhalb von 30 Mio. Jahren nach deren Entstehung zersetzt wird. Die Gegenwart dieses Isotops bedeutet daher, dass sich wenigstens ein Planet auf einer Spiralbahn dem Stern so stark genähert hatte, dass das Material auf ihm verdampfte.

2.15 Staub und extrasolare Planeten umlaufen atemberaubend viele Sterne

Etliche Planeten umlaufen sonnenähnliche Sterne, andere dagegen ausgebrannte Reste von Sternen, und es gibt sogar Planeten, die zwei oder drei Sterne umlaufen. Die meisten der bisher gefundenen extrasolaren Planeten gehören zu Sternen in der im Wesentlichen scheibenförmigen Galaxis, in der sich auch unser Sonnensystem befindet. Doch einige solcher Planeten konnten in großen, kugelförmigen Sternhaufen außerhalb der Galaxis nachgewiesen werden. Diese *Kugelsternhaufen* enthalten sehr alte Sterne, die schon bald nach dem Ursprung des Universums gebildet wurden. Der älteste bekannte extrasolare Planet ist mit etwa 13 Mrd. Jahren so alt wie der Kugelsternhaufen, in dem er sich befindet.

Die allermeisten der weit über 300 bislang entdeckten extrasolaren Planeten haben stark elliptische (d. h. lang gestreckte) Umlaufbahnen, deren Exzentrizität e bis zu 0,71 betragen kann (siehe Abschnitt 2.5). Sternsysteme mit massereichen Planeten auf stark exzentrischen Umlaufbahnen können wahrscheinlich keine anderen, erdähnlichen Planeten aufweisen, die Leben beherbergen. Das liegt daran, dass kleinere Planeten wegen der starken Abstandsänderungen der massereichen Planeten keine stabilen, weniger exzentrischen Bahnen einnehmen können.

Angesichts der ständig zunehmenden Anzahl bisher nachgewiesener extrasolarer Planeten, die zu ganz unterschiedlichen Sternen gehören, schätzt man die Anzahl jupiterähnlicher Planeten in unserer Galaxis auf eine bis 30 Milliarden, wobei vermutlich bis zu zwei Milliarden von ihnen sonnenähnliche Sterne umlaufen. Diese Schätzungen werden sicherlich genauer werden, wenn man die relative Häufigkeit von Sternsystemen mit Planeten exakter bestimmen kann.

Man hatte erwartet, Scheiben aus Gas und Staub zu finden, die junge Sterne umlaufen, denn das stimmt mit der Theorie für die Entstehung unseres Sonnensystems überein. Doch es fanden sich auch scheibenförmige Gebilde aus Gesteinsbrocken, die Sterne umlaufen, die mit über 4 Mrd. Jahren so alt sind wie unsere Sonne. Von diesen Sternen weiß man, dass sie sämtlich Planeten haben. Höchstwahrscheinlich stammen die Bruchstücke bei ihnen aus Kollisionen von Asteroiden und Kometen miteinander, vielleicht auch aus Zusammenstößen mit den Planeten in diesen Systemen.

In den nächsten Jahren werden vermutlich auch erdähnliche Planeten entdeckt, die sonnenähnliche Sterne umlaufen. Das wird dadurch möglich, dass die Geräte empfindlicher werden und höhere Auflösungen bieten. Dass solche Planeten so schwer zu finden sind, liegt daran, dass – verglichen mit ihrem Stern – ihre Masse, ihre Größe und ihre Helligkeit weitaus geringer sind. Ihre Helligkeit rührt ja nur von dem sehr geringen Anteil des Lichts ihres Sterns her, der an ihnen gestreut bzw. reflektiert wird, und dieser Anteil ist gegenüber dem Licht des Sterns selbst natürlich verschwindend klein. Wenn ein solcher Planet, von uns aus gesehen, seinen Stern passiert und ihn dabei teilweise verfinstert, dann ist diese Verdunklung wegen seiner geringen Größe äußerst schwer festzustellen. Schließlich bewirken die geringen Massen solcher Planeten nur geringe Abweichungen der Position des Sterns, sodass die Doppler-Verschiebung seines Lichts so schwach ist, dass sie vorläufig an der Grenze der Nachweisbarkeit liegt.

Wir wissen natürlich nicht, wann wir erdähnliche Planeten entdecken können, die andere Sterne umlaufen und auch Leben beherbergen könnten. Höchstwahrscheinlich werden solche extrasolaren Planeten einen Stern mit ungefähr einer halben bis zwei Sonnenmassen in einem Abstand von etwa 1 AE umlaufen. Dabei führt die Strahlung des Sterns dem Planeten ausreichend Wärme zu, um das Wasser auf ihm flüssig zu halten. Wenn der Stern lange genug aktiv ist, dann besteht also eine Chance, dass sich auf dem Planeten Leben entwickelt. Fragen im Zusammenhang mit anderen Lebensformen im Universum werden wir in Kapitel 13 behandeln.

2.16 An den Grenzen unseres Wissens

Die Gesetzmäßigkeiten, denen die Kräfte und die Umlaufbahnen beispielsweise im Sonnensystem unterliegen und die wir in diesem Kapitel besprochen haben, waren bald nach dem Beginn des 19. Jahrhunderts sämtlich bekannt. Aber es sind immer noch einige Fragen offen. Welche Gemeinsamkeiten haben beispielsweise die „träge Masse“ (gemäß dem zweiten Newton'schen Axiom) und die in das Newton'sche Gravitationsgesetz eingehende „schwere Masse“?

Die Entstehung und die Entwicklung des Sonnensystems und anderer Planetensysteme sind so komplex, dass wir unsere Modelle dafür ständig verfeinern müssen. Wir können unser Verständnis von der Entwicklung des Sonnensystems vermutlich durch weitere Untersuchungen von Proplyden und Planeten vertiefen, die andere Sterne umlaufen. Beispielsweise können wir dann die Zeitskalen für die Entwicklung von Planetensystemen genauer festlegen. Andere noch zu klärende Fragen betreffen die Verteilung der chemischen Elemente. Wie kam es zu der in unserem Sonnensystem vorliegenden Verteilung? Warum sind unsere vier inneren Planeten in ihrer Zusammensetzung erdähnlich, während in anderen Planetensystemen jupiterähnliche Gasriesen ihren Stern in deutlich geringeren Abständen umlaufen? Ist das Kernakkretionsmodell zutreffend, und erklärt es allgemein die Entstehung von Planeten, oder entstehen einige Systeme gemäß dem Modell der Gravitationsinstabilität?

Eine andere große Herausforderung in der Astronomie des Sonnensystems bilden die noch kaum bekannten Eigenschaften der unzähligen Objekte im Kuiper-Gürtel und in der Oort'schen Kometenwolke.

Die extrasolaren Planeten und ihre Umgebungen bieten noch viele Rätsel. Warum sind solche Planeten mit einer Masse ähnlich der des Jupiter ihrem Stern näher als vergleichbare Objekte in unserem Sonnensystem? Wie häufig sind erdähnliche Planeten, und wie sind die Sterne beschaffen, in deren Umgebung sie entstanden?

Die eingehende Betrachtung unseres Sonnensystems beginnen wir in Kapitel 4, und zwar mit den beiden uns am besten bekannten Körpern: der Erde und ihrem Mond. Danach können wir die Eigenheiten anderer, fremdartiger Welten besser einordnen, denen wir in den darauffolgenden Kapiteln begegnen werden.

Schlüsselbegriffe

Die Naturwissenschaften sind der Schlüssel zum Verstehen des Kosmos

- Die Griechen der Antike legten den Grundstein für die Entwicklung der Wissenschaften, indem sie postulierten, dass der Mensch den Kosmos verstehen kann.
- Die wissenschaftliche Methode legt fest, wie Theorien aufgestellt werden, die Eigenschaften und Vorgänge richtig beschreiben (sollen).
- Eine wissenschaftliche Theorie muss überprüfbar sein; das bedeutet, sie muss im Prinzip auch widerlegt werden können.
- Theorien werden durch Beobachtungen oder Experimente überprüft und ggf. bestätigt. Bei diesem gesamten Prozess werden sie häufig verfeinert, können aber auch frühere Theorien ersetzen. Darin besteht im Wesentlichen der wissenschaftliche Fortschritt.
- Aus Beobachtungen des Kosmos konnten Astronomen und Physiker einige grundlegende physikalische Gesetzmäßigkeiten ableiten, die im Universum gelten.

Die Ursprünge des heliozentrischen Modells

- Die griechischen Astronomen in der Antike erdachten ein geozentrisches Modell, bei dem also die Erde das Zentrum des Kosmos darstellte.
- Das heliozentrische („sonnenzentrierte") Modell des Kopernikus ermöglichte letztlich eine einfachere Erklärung der Planetenbewegungen als das geozentrische Modell.
- Das heliozentrische Modell beschreibt die Bewegungen von Planeten und kleineren Bruchstücken, die die Sonne umlaufen. Andere Sterne umlaufen nicht unsere Sonne.
- Die siderische Umlaufdauer eines Planeten wird relativ zu den Sternen gemessen und gibt die Dauer seines Jahres an. Seine synodische Umlaufdauer wird relativ zur Sonne gemessen, wie sie von der Erde aus beobachtet wird (beispielsweise von einer Opposition zur nächsten).

Die Kepler'schen Gesetze und die Newton'schen Axiome

- Ellipsen beschreiben die Bahnen der Planeten um die Sonne viel genauer als Kreise, die in früheren Theorien angenommen worden waren. Die drei Kepler'schen Gesetze beschreiben die Merkmale der elliptischen Umlaufbahnen der Planeten um die Sonne.
- Mithilfe des seinerzeit gerade erfundenen Teleskops gelangen Galilei einige wichtige Entdeckungen, darunter der Venusphasen und der Jupitermonde. Seine Erkenntnisse stützten das heliozentrische Modell des Kosmos.
- Newton fasste die Beschreibung von Kräften und Bewegungen in seinen drei Axiomen zusammen. Aus ihnen können, in Verbindung mit seinem Gravitationsgesetz, auch die drei Kepler'schen Gesetze hergeleitet werden, die die Planetenbewegungen sehr genau beschreiben.
- Die Masse eines Körpers ist ein Maß für die in ihm enthaltene Menge an Materie; dagegen ist das Gewicht die Kraft, mit der die Gravitations- oder Schwerkraft eines Planeten oder Monds diesen Körper anzieht, der beispielsweise auf ihm ruht. (Das Gewicht kann beispielsweise mithilfe einer Federwaage gemessen werden.)
- Die Bahn, auf der ein astronomisches Objekt ein anderes umläuft, kann eine Ellipse (im Spezialfall ein Kreis), eine Parabel oder eine Hyperbel sein. Aber nur Kreis- oder Ellipsenbahnen sind wirklich Umlaufbahnen, auf denen das Objekt wieder zurückkehrt; dagegen verschwindet es auf einer parabolischen oder einer hyperbolischen Bahn nach einmaliger Annäherung wieder im Weltraum.

Entstehung des Sonnensystems

- Die drei leichtesten Elemente, nämlich Wasserstoff, Helium und Lithium (dieses nur in Spuren), entstanden kurz nach dem Ursprung des Universums. Die schwereren Elemente wurden viel später durch Sterne erzeugt und bei deren Tod in den Weltraum ausgestoßen. Auf die Masse bezogen, bestehen 98 % der nachweisbaren Materie im Universum aus Wasserstoff oder Helium.
- Das Sonnensystem entstand vor 4,6 Mrd. Jahren aus einer verwirbelten scheibenförmigen Wolke aus Gas, Eis und Staub, die man Sonnennebel nennt.
- Die vier inneren Planeten entstanden durch die Akkretion von Staubteilchen zu Planetesimalen und dann zu größeren Protoplaneten. Die vier äußeren Planeten bildeten sich möglicherweise während Millionen von Jahren durch den Einfang von Gas und Eis durch protoplanetarische Kerne. Aber sie können auch durch einen Kollaps infolge Gravitationseinwirkung in weniger als 100.000 Jahren entstanden sein.

- Die Sonne entstand im Zentrum des Sonnennebels. Nach etwa 100 Mio. Jahren war die Temperatur im Zentrum der Protosonne so hoch geworden, dass thermonukleare Fusionsreaktionen einsetzen konnten.
- Rund 800 Mio. Jahre, nachdem sich die Sonne gebildet hatte, bestimmten die Einschläge von asteroidenähnlichen Objekten auf die noch jungen Planeten die Geschichte des Sonnensystems.

Vergleichende Planetologie

- Die vier inneren Planeten des Sonnensystems ähneln sich stark in vielen Merkmalen und unterscheiden sich deutlich von den vier äußeren Riesenplaneten.
- Die vier inneren, erdähnlichen Planeten sind relativ klein, haben hohe mittlere Dichten und bestehen hauptsächlich aus Gestein und Metall.
- Jupiter und Saturn haben besonders große Durchmesser und zudem geringe Dichten; sie bestehen hauptsächlich aus Wasserstoff und Helium. Uranus und Neptun weisen außerdem große Mengen von Wasser auf.
- Pluto, bis vor Kurzem als neunter, kleinster Planeten angesehen, ähnelt in Größe, Dichte und Zusammensetzung vielen anderen Objekten im Kuiper-Gürtel.
- Asteroiden sind im Sonnensystem befindliche Bruchstücke aus Gestein und Metall, mit Durchmessern von mehr als einigen Hundert Kilometern; sie umlaufen die Sonne vorwiegend zwischen den Umlaufbahnen von Mars und Jupiter. Meteoroide sind kleinere derartige Bruchstücke. Kometen sind Bruchstücke aus Eis und Gestein.

Planeten außerhalb unseres Sonnensystems (extrasolare Planeten)

- Es konnten Scheiben aus Gas und Staub nachgewiesen werden, die junge Sterne umlaufen.
- Bislang wurden über 310 Planeten entdeckt, die andere Sterne als unsere Sonne umlaufen.
- Die meisten der bisher bekannten extrasolaren Planeten ähneln in ihren Massen dem Jupiter.
- Extrasolare Planeten sind nur indirekt nachzuweisen, und zwar infolge des Einflusses auf die Bewegung ihres Sterns, den sie umlaufen.

Was haben Sie gedacht?

1. *Wodurch ist eine Theorie als wissenschaftlich gekennzeichnet?* Im Rahmen der Naturwissenschaften spricht man von einer Theorie, wenn mithilfe einer oder mehrerer Ideen bzw. Vorstellungen bestimmte Zustände oder Vorgänge in der Natur erklärt werden sollen. Eine Theorie ist dann wissenschaftlich, wenn ihre Aussagen oder Folgerungen überprüft und zumindest prinzipiell widerlegt werden können.
2. *Welche Form hat die Umlaufbahn der Erde um die Sonne?* Die Umlaufbahnen aller Planeten um die Sonne sind elliptisch.
3. *Umlaufen die Planeten die Sonne mit konstanten Geschwindigkeiten?* Nein. Je näher ein Planet auf seiner elliptischen Umlaufbahn der Sonne kommt, desto schneller bewegt er sich. Im Perihel ist er am schnellsten und im Aphel am langsamsten.
4. *Umlaufen alle Planeten die Sonne mit gleich hohen Geschwindigkeiten?* Nein. die Geschwindigkeit eines Planeten hängt von seinem mittleren Abstand von der Sonne ab. Der sonnennächste Planet bewegt sich im Mittel am schnellsten und der sonnenfernste Planet am langsamsten.
5. *Welche Kraft ist aufzubringen, damit ein Körper seine geradlinige Bewegung mit konstanter Geschwindigkeit fortsetzt?* Dazu ist überhaupt keine Kraft aufzuwenden, sofern der betreffende Körper keiner anderen resultierenden äußeren Kraft (z. B. einer Reibungskraft) unterliegt.
6. *Wie unterscheiden sich die Messwerte der Masse ein und desselben Körpers auf der Erde und auf dem Mond?* Weil die Masse ein Maß für die Materiemenge des (unveränderten) Körpers ist, ist sie auf dem Mond ebenso groß wie auf der Erde. Aber sein Gewicht ist auf dem Mond wegen der geringeren Schwerkraft geringer.
7. *Spüren Astronauten, deren Raumstation die Erde umläuft, die Schwerkraft?* Nein, denn ihre Gewichtskraft wird durch die Zentrifugalkraft infolge der kreisähnlichen Bahn der Raumstation ausgeglichen. Daher fühlen sie sich „schwerelos".
8. *Gehören die Sonne und die Planeten zu den im Universum zuerst entstandenen Körpern?* Nein. Sämtliche Materie und sämtliche Energie entstanden beim Urknall. Jedoch wurde ein großer Teil der Materie unseres Sonnensystems vor dessen Entstehung in Sternen umgewandelt. Das Sonnensystem bildete sich erst einige Milliarden Jahre nach dem Urknall.
9. *Wie lange existiert die Erde bereits, und woher kennen wir ihr Alter?* Die Erde entstand vor etwa 4,6 Mrd. Jahren, gemeinsam mit dem übrigen Sonnensystem. Ihr Alter wurde aus dem Ausmaß des radioaktiven Zerfalls ermittelt, der sich auf der Erde seit deren Entstehen vollzog.

10. *Welche typische(n) Form(en) haben Monde, und was bewirkte diese Form(en)?* Zwar sind einige Monde kugelförmig, aber die meisten ähneln in ihrer Form eher Kartoffeln. Nur die größeren bzw. schwereren Monde sind kugelförmig, weil bei ihnen die Gravitationskraft so stark ist, dass sie die Unregelmäßigkeiten im Wesentlichen ausgleichen konnte.
11. *Wurden schon erdähnliche Planeten entdeckt, die sonnenähnliche Sterne umlaufen?* Diese Planeten wurden durch ihren Einfluss auf die Bewegung ihres Sterns nachgewiesen, aber sie wurden nicht in dem Sinne „entdeckt", dass man sie direkt beobachten konnte. Die meisten extrasolaren Planeten sind jupiterähnliche Gasriesen. Andere extrasolare Planeten, die in Masse und Größe der Erde ähneln, umlaufen Überreste von explodierten Sternen oder – wie im Fall des Gliese 581 – einen Stern, der weitaus leichter und kühler als unsere Sonne ist.

Nachlese

1. Wer stellte die Gleichung für das Gravitationsgesetz auf? **a.** Kopernikus, **b.** Brahe, **c.** Newton, **d.** Galilei, **e.** Kepler.
2. Welche Kurvenform beschreibt am besten die Umlaufbahn der Erde um die Sonne? **a.** Kreis, **b.** Ellipse, **c.** Parabel, **d.** Hyperbel, **e.** Quadrat.
3. Welcher der folgenden Planeten hat die längste Umlaufdauer um die Sonne? **a.** Die Erde, **b.** Uranus, **c.** Merkur, **d.** Jupiter, **e.** Venus.
4. Wodurch ist das heliozentrische Modell des Sonnensystems gekennzeichnet?
5. In welcher Zeitspanne führt die Erde einen kompletten siderischen Umlauf um die Sonne aus?
6. Wie erklärte Kopernikus die rückläufigen Bewegungen der Planeten?
7. Welche Planeten können niemals in Opposition beobachtet werden? Welche Planeten passieren niemals eine untere Konjunktion?
8. Bei welcher Konstellation (obere Konjunktion, größte östliche Elongation usw.) sind Merkur oder Venus mit einem terrestrischen Teleskop am besten zu beobachten? Bei welcher Konfiguration ist dies bei Mars, Jupiter oder Saturn der Fall? Erläutern Sie Ihre Antworten.
9. Wie sind die synodische und die siderische Umlaufdauer eines Planeten definiert?
10. Wie lauten die drei Kepler'schen Gesetze? Welche Bedeutung haben sie für die Astronomie?
11. In welcher Weise stützten die astronomischen Beobachtungen von Galilei das heliozentrische Modell des Sonnensystems?
12. Worin unterschied sich die Newton'sche Erklärung der Planetenbewegungen von den früher aufgestellten Theorien?
13. Worin besteht der Unterschied zwischen Masse und Gewicht?
14. Warum war die Entdeckung des Planeten Neptun eine bedeutende Bestätigung des Newton'schen Gravitationsgesetzes?
15. Warum muss ein Astronaut eine Kraft auf einen schwerelosen Körper ausüben, damit dieser in Bewegung gerät?
16. Welche der folgenden Zeitspannen kommt dem Alter des Universums zu dem Zeitpunkt am nächsten, als sich unser Sonnensystem bildete? **a.** 0 Jahre (sie entstanden also gleichzeitig), **b.** 4 Mio. Jahre, **c.** 10 Mio. Jahre, **d.** 4 Mrd. Jahre, **e.** 10 Mrd. Jahre.
17. Welchem Objekt ist Pluto in seiner Zusammensetzung am ähnlichsten? **a.** Eris, **b.** Jupiter, **c.** unser Mond, **d.** die Erde, **e.** die Sonne.
18. Beschreiben Sie vier Methoden zum Nachweis von extrasolaren Planeten.

Kapitel 3
Licht und Teleskope

Ein Teil der Gebäude, die das Very Large Telescope (VLT) des Paranal-Observatoriums bei Atacama, Chile, beherbergen. (ESO)

R I V U X G

Was meinen Sie?

1. **Was ist Licht?**
2. **Welcher Bereich der elektromagnetischen Strahlung ist für lebende Organismen am gefährlichsten?**
3. **Welche beiden Hauptaufgaben hat ein Teleskop?**
4. **Warum verwendet man lieber Spiegelteleskope als Linsenteleskope, um das Licht entfernter astronomischer Objekte zu erfassen?**
5. **Warum flimmern die Sterne?**
6. **Welcher Körper ist heißer – ein rot glühender oder ein weißlich-blau glühender?**
7. **Welche sichtbare Farbe ist in der Sonnenstrahlung am hellsten?**

Die Antworten finden Sie bei der jeweiligen Ziffer im Text und noch einmal zusammengefasst am Ende des Kapitels.

Mit bloßem Auge können wir das Licht von einigen Tausend Sternen sehen. Bis zum 17. Jahrhundert vermutete kaum jemand, dass es noch weitere Sterne gibt. Doch dann, mithilfe des gerade erfundenen Teleskops, eröffneten sich buchstäblich neue Perspektiven, die das Verständnis des Universums revolutionierten. Nach und nach wurde nun deutlich, welch verschwindend geringen Teil des Kosmos wir normalerweise sehen können. Die Teleskope verschiedenster Typen werden immer ausgeklügelter und leistungsfähiger, sodass ständig neue Erkenntnisse möglich werden. Die von weit entfernten Himmelskörpern emittierte Strahlung können wir als Medium einer natürlichen kosmischen Kommunikation auffassen, wobei die Teleskope die Hilfsmittel sind, mit denen wir sozusagen Botschaften empfangen und lesen können.

Darüber hinaus wurde klar, dass das für unsere Augen sichtbare Licht nur einen winzigen Teil der Strahlung ausmacht, die von den verschiedensten Objekten emittiert wird. Zahlreiche Objekte, darunter interstellare Wolken aus Gas und Staub sowie andere Körper, die hinter ihnen liegen, ferner neu gebildete Sterne sowie intergalaktische Gaswolken und eine große Vielfalt exotischer Objekte (darunter Schwarze Löcher und Neutronensterne) sind selbst mit den besten optischen Teleskopen kaum zu erkennen. Aber alle diese Objekte emittieren eine Vielfalt von intensiven, unsichtbaren Strahlungen, und zwar Radiowellen, Mikrowellen, Infrarot- und Ultraviolettstrahlung sowie Röntgen- und Gammastrahlung. Inzwischen ist die Technik so weit fortgeschritten, dass wir alle diese Strahlungen nachweisen können. Heute gibt es Teleskope nicht nur auf der Erde, sondern auch auf Umlaufbahnen um die Erde (also im nahen Weltraum) und sogar in Raumsonden, die im Sonnensystem weite Strecken zurücklegen, um Myriaden von Himmelskörpern aufzuspüren.

In diesem Kapitel geht es darum,

- wie sichtbares Licht, Radiowellen und die anderen Arten bzw. Bereiche elektromagnetischer Strahlungen zusammenhängen;
- wie früher darüber debattiert wurde, was Licht ist, und wie Einstein diese Frage klärte;
- wie Teleskope Licht empfangen und fokussieren;
- warum für unterschiedliche Fragestellungen verschiedene Typen von Teleskopen verwendet werden;
- welchen Beschränkungen manche Teleskoptypen unterliegen, insbesondere solche, die das Licht mithilfe von Linsen fokussieren;
- was die mit Hochtechnologie ausgerüsteten terrestrischen Teleskope und Weltraumteleskope leisten können;
- wie Astronomen das gesamte Spektrum elektromagnetischer Strahlungen ausnutzen, um die Sterne sowie andere astronomische Objekte und auch spektakuläre Vorgänge zu beobachten;
- wie elektromagnetische Strahlungen zustandekommen können;
- wie die Atome aufgebaut sind;
- dass die Sterne je nach ihrer Oberflächentemperatur elektromagnetische Strahlung mit unterschiedlichen Intensitäten in den verschiedenen Bereichen emittieren;
- dass man die chemischen Zusammensetzungen von Sternen und interstellaren Wolken bestimmen kann, indem man die Wellenlängen der von ihnen emittierten elektromagnetischen Strahlung in den verschiedenen Bereichen untersucht;
- wie zu ermitteln ist, ob sich ein Objekt im Weltraum auf die Erde zu oder von ihr weg bewegt.

Die Natur des Lichts

Bisher haben wir in diesem Buch das Wort *Licht* in seiner Alltagsbedeutung verwendet. Sie bezeichnet ja den Sinneseindruck, den unsere Augen aufnehmen, und wir sollten dabei genauer vom *sichtbaren Licht* sprechen, das eine **elektromagnetische Strahlung** ist. Wie man seit knapp 100 Jahren weiß, haben elektromagnetische Strahlungen sowohl Teilchen- als auch Welleneigenschaften. Ihre Teilchen bezeichnet man als **Photonen**. Die beobachtende Astronomie nutzt elektromagnetische Strahlungen aus, die mithilfe von Teleskopen empfangen werden. Unsere optische Wahrnehmung von Objekten auf der Erde und am Himmel beruht auf dem von ihnen emittierten sichtbaren Licht. Aber dieses ist nur ein ganz winziger Teilbereich aller elektromagnetischen Strahlungen, die die Objekte im Universum ausstrahlen. Den allergrößten Teil dieser Strahlungen können wir also nicht mit den Augen sehen, sondern nur mithilfe spezieller Teleskope. In diesem Kapitel lernen wir die unterschiedlichen Typen von Teleskopen kennen, die für die verschiedenen Bereiche der elektromagnetischen Strahlung geeignet sind. Zunächst wollen wir aber das Funktionsprinzip der Teleskope überhaupt verstehen. Dazu schauen wir uns zunächst die Eigenschaften der elektromagnetischen Strahlung an, die sie auffangen.

3.1 Newton zerlegte weißes Licht in Spektralfarben und nahm an, dass es aus Teilchen besteht

Seit der Zeit des Aristoteles, der im 4. Jahrhundert v. Chr. lebte, bis gegen Ende des 17. Jahrhunderts herrschte die Auffassung vor, Weiß sei die Grundfarbe allen Lichts. Man glaubte also, die Farben des Regenbogens (oder auch die durch Brechung in einem Prisma entstandenen Farben) würden dem weißen Licht hinzugefügt, wenn es aus einem Medium (z. B. Luft) in ein anderes (z. B. Wasser oder Glas) gelangt und aus diesem wieder austritt. Diese Ansicht konnte Isaac Newton im späten 17. Jahrhundert mit seinen Experimenten widerlegen. Dabei ließ er Sonnenlicht durch ein Glasprisma treten und machte auf einem dahinter angebrachten Schirm die Regenbogenfarben sichtbar (Abb. 3.1a). Die Richtungsänderung des Lichts beim Eintritt in ein anderes Medium sowie beim Austritt daraus bezeichnet man als **Brechung**, und die daraus resultierende Aufteilung in verschiedene (entweder alle oder nur einige) Farben nennt man **Spektrum** (Plural: **Spektren**).

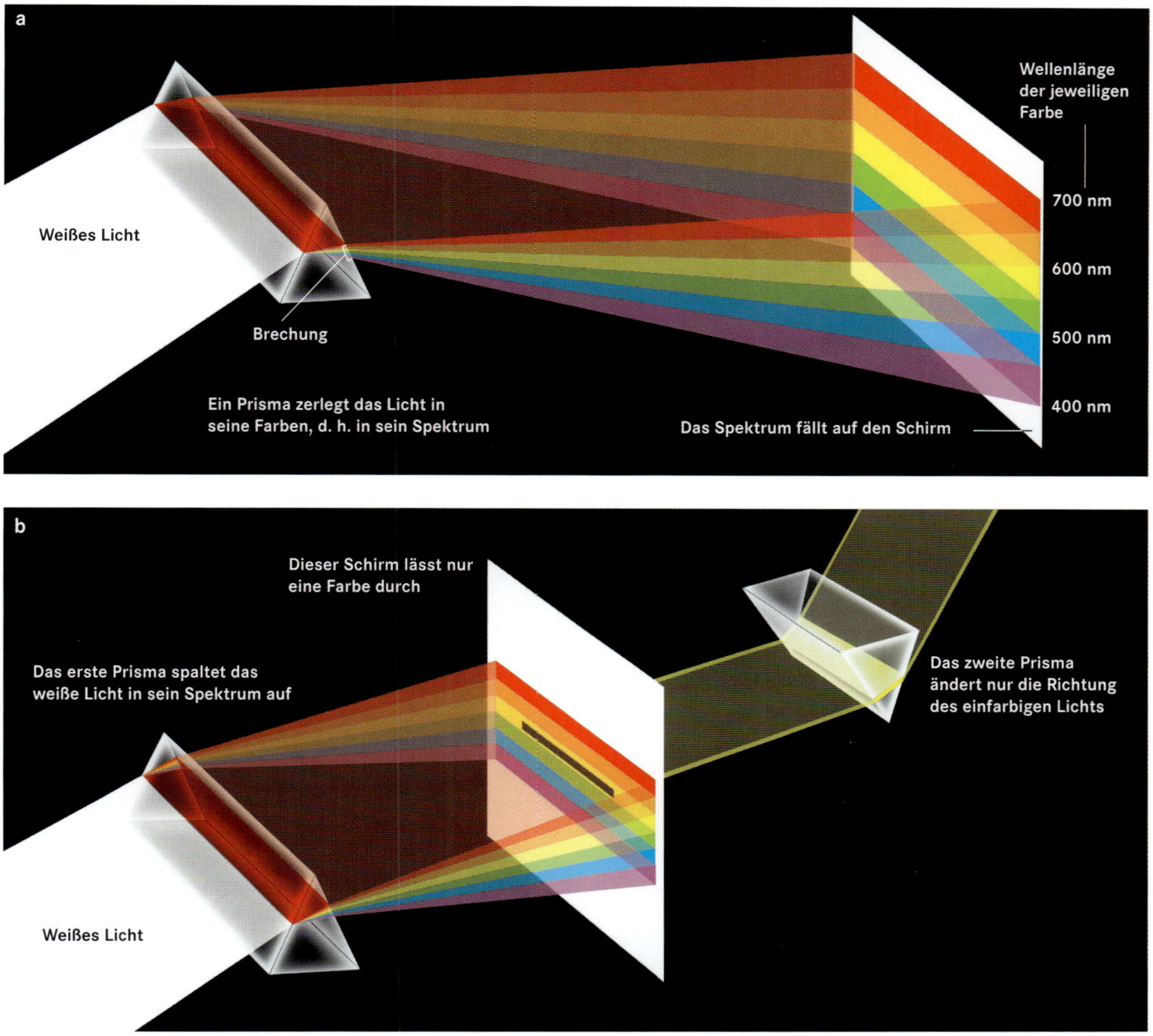

Abb. 3.1 Ein Prismenspektrum. (a) Wenn ein Strahl weißen Lichts in ein Glasprisma geführt wird, dann ist das an den beiden Grenzflächen gebrochene, austretende Licht in die Regenbogenfarben aufgetrennt. Dieses farbige Band heißt Spektrum. Rechts am Schirm ist jeweils die Wellenlänge in Nanometer (nm) angegeben, wobei 1 nm = 10^{-9} m ist. (b) Diese Skizze zeigt Newtons Experiment. Im zweiten Prisma wird Licht mit einer einzelnen Farbe des Spektrums nicht mehr zerlegt, sondern nur aus seiner Richtung abgelenkt. Das beweist, dass die Farbe eine dem jeweiligen Licht innewohnende Eigenschaft ist.

Newton leitete im zweiten Teil seines Experiments das Licht einer einzigen Farbe durch ein zweites Prisma (Abb. 3.1b). Hierin wurde es ebenfalls gebrochen, behielt aber seine Farbe bei. Daraus, dass einzelne Farben des gebrochenen Lichts durch ein zweites Prisma nicht mehr verändert werden, folgerte Newton, dass die Farben eines gesamten Spektrums (Rot, Orange, Gelb, Grün, Blau und Violett) verschiedene Eigenschaften des Lichts selbst sind, d. h., dass weißes Licht eine Mischung aller dieser Farben ist. Um dies zu beweisen, rekombinierte er sämtliche Spektralfarben, wobei wieder weißes Licht entstand. Die einzelnen Farben des Lichts sind also unterschiedliche Ausprägungen. Das bewog Newton natürlich zu der Frage nach der Natur des Lichts, d. h., warum es in seine einzelnen Farben zerlegt und danach aus ihnen wieder vollständig zusammengefügt werden kann.

Bereits Mitte des 17. Jahrhunderts hatte der holländische Wissenschaftler Christiaan Huygens die Theorie aufgestellt, dass sich Licht in Form von Wellen ausbreitet. Dagegen kam Newton anhand seiner umfassenden optischen Experimente zu der Überzeu-

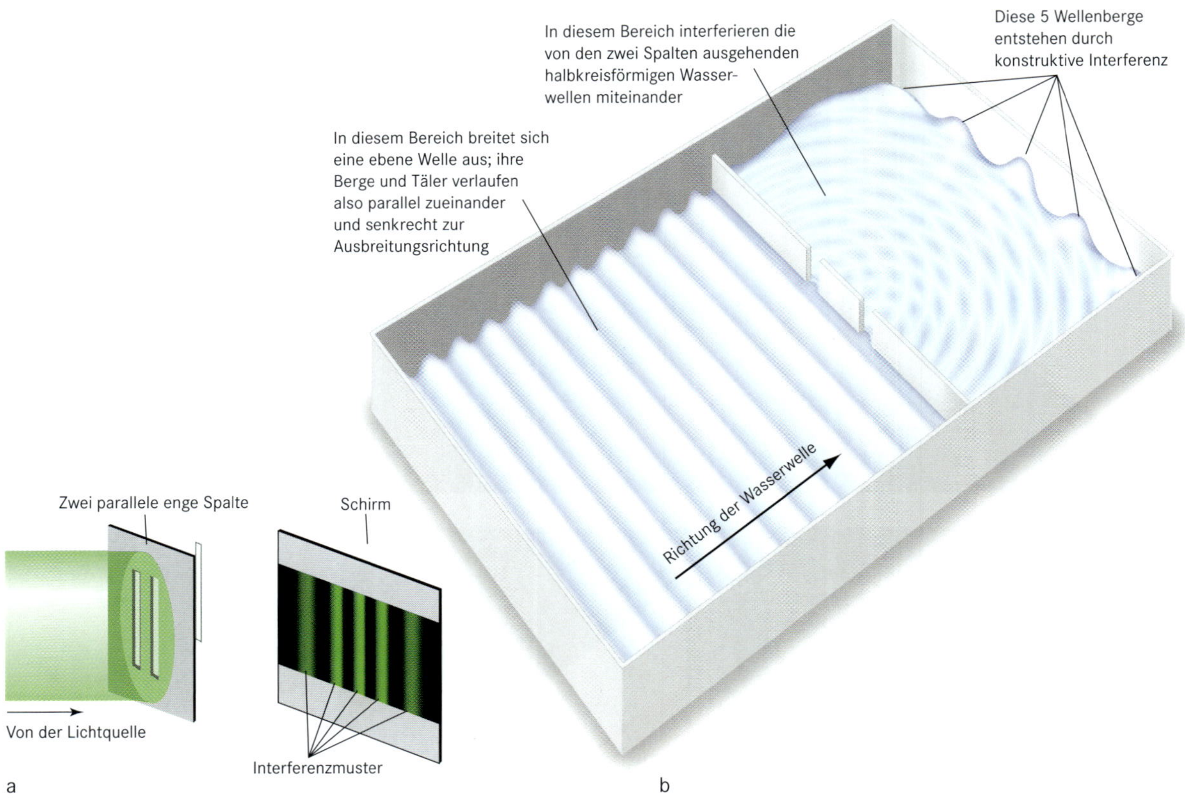

Abb. 3.2 Wellenausbreitung hinter zwei engen Spalten. (a) Elektromagnetische Strahlung breitet sich in Form von Wellen aus. Der berühmte Doppelspaltversuch von Thomas Young bewies die Interferenz von Licht einer einzigen Farbe, das zwei Spalte passierte. Auf dem Schirm zeigten sich nämlich *mehrere* abwechselnd helle und dunkle Streifen. (b) Zum Vergleich wird hier eine ebene Wasserwelle durch zwei enge Öffnungen geführt. An der Hinterwand jenseits der Öffnungen zeigen sich entsprechend Wellenberge, die durch konstruktive Interferenz entstanden, und Wellentäler, die durch destruktive Interferenz entstanden. (University of Colorado, Center for Integrated Plasma Studies, Boulder, CO)

gung, es bestehe aus winzigsten Teilchen, die Energie transportieren. Erst viel später sollte sich herausstellen, dass beide Vorstellungen zutreffen.

Im Jahre 1801 bewies der englische Physiker Thomas Young die Wellennatur des Lichts. Er führte einen einfarbigen Lichtstrahl durch zwei enge parallele Spalte (Abb. 3.2a). Falls sich Licht in Form von Wellen ausbreitet, dann müssten sich diese ähnlich wie Wasserwellen auf einem Teich verhalten, die man auf zwei enge Öffnungen treffen lässt (Abb. 3.2b). Hierbei interferieren die von den Öffnungen ausgehenden Wellen: An bestimmten Stellen löschen sie einander aus (weil ein Wellenberg auf ein Wellental trifft), an anderen Stellen aber nicht; hier kommt es, wenn ein Wellenberg auf einen Wellenberg trifft, sogar zur gegenseitigen Verstärkung. Entsprechend müssten sich an dem Schirm in Abb. 3.2a mehrere dunkle und helle Streifen zeigen – und genau dies geschah bei Youngs Experiment. (Bestünde das Licht aus einzelnen Teilchen, die die Spalte passieren, dann gäbe es keine solche gegenseitige Beeinflussung bzw. keine Interferenz, und am Schirm wären nur zwei helle, schmale Streifen zu beobachten, nämlich einer hinter jedem Spalt.) Aber hier endet die Analogie mit den Wasserwellen. Beispielsweise benötigen Lichtwellen für ihre Ausbreitung kein Medium, während mechanische Wellen (wie hier die Wasserwellen) nur in einer Substanz bzw. einem Medium auftreten können.

Weitere Erkenntnisse über die Natur des Lichts lieferten die Arbeiten des schottischen Physikers James Clerk Maxwell in den 1860er Jahren. In seinen berühmt gewordenen vier Gleichungen konnte er die Beschreibungen der Grundeigenschaften der Elektrizität und des Magnetismus miteinander kombinieren. Damit wurde bestätigt, dass elektrische und magnetische Wirkungen sich im Raum gemeinsam in Form kombinierter Wellen mit jeweils gleicher Frequenz ausbreiten (Abb. 3.3). Maxwell vermutete bereits, dass

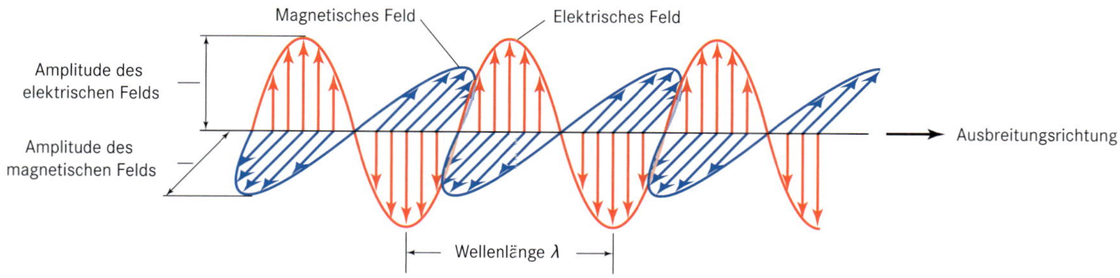

Abb. 3.3 Elektromagnetische Strahlung. Jede Art der elektromagnetischen Strahlung (Radiowellen-, Mikrowellen- und Infrarotstrahlung, ferner sichtbares Licht sowie Ultraviolett-, Röntgen- und Gammastrahlung) besteht aus einem elektrischen und einem magnetischen Feld, die senkrecht zueinander schwingen und sich senkrecht zu deren beiden Schwingungsrichtungen ausbreiten. Im Vakuum haben derartige Strahlen eine Geschwindigkeit von ziemlich genau $3 \cdot 10^5$ km/s. Der räumliche Abstand zweier aufeinanderfolgender Wellenberge (oder auch Wellentäler) ist die Wellenlänge λ.

manche derartigen Wellen (die man heute allgemein als elektromagnetische Wellen oder Strahlung bezeichnet) in Form von Licht auftreten können. Auch das wurde bald durch viele Experimente bestätigt.

Newton hatte ja schon um die Mitte des 17. Jahrhunderts gezeigt, dass das weiße Sonnenlicht aus allen Farben des Regenbogens zusammengesetzt ist. Young, Maxwell und andere bewiesen im 19. Jahrhundert, dass Licht sich in Form von Wellen ausbreitet. Wie aber sind dabei die verschiedenen Farben des Regenbogens zu beschreiben? Die Antwort ist überraschend einfach: Lichtstrahlen verschiedener Farben bestehen aus Wellen mit unterschiedlichen Wellenlängen. Das übliche Symbol für eine Wellenlänge ist der griechische Kleinbuchstabe λ (lambda). Dies ist der räumliche Abstand zwischen zwei aufeinanderfolgenden Wellenbergen (oder auch Wellentälern).

Die Wellenlängen des Lichts, gleichgültig welcher Farbe, sind mit weniger als einem Tausendstel eines Millimeters sehr klein. Daher werden sie meist in Nanometern angegeben. Ein Nanometer (nm) ist ein Milliardstel eines Meters: 1 nm = 10^{-9} m. Früher war auch die Einheit Ångström (Å) gebräuchlich, die einem Zehntel Nanometer entspricht: 1 Å = 0,1 nm = 10^{-10} m. Das sichtbare Licht hat Wellenlängen zwischen ungefähr 400 nm (Violett) und etwa 700 nm (Rot). Dazwischen liegen alle anderen Farben des Regenbogens (siehe Abb. 3.1a). Das vollständige Spektrum der Farben reicht also, bei abnehmender Wellenlänge, von Rot über Orange, Gelb, Grün und Blau bis zu Violett. Wie in Abb. 3.1 gezeigt wurde, hängt das Ausmaß der Brechung beim Übergang in ein dichteres Medium, beispielsweise Glas, von der Wellenlänge ab: Je kürzer diese ist, desto stärker wird das Licht gebrochen.

3.2 Licht breitet sich mit endlicher Geschwindigkeit unglaublich schnell aus

Wir alle haben schon bemerkt, dass man bei einem Gewitter zuerst den Blitz sieht, aber den Donner merklich später hört, oft erst nach einigen Sekunden. Aber beweist das schon, dass sich das Licht fast augenblicklich, also mit unendlich hoher Geschwindigkeit ausbreitet? Oder zeigt das nur, dass es viel, viel schneller ist als der Schall?

Im Jahre 1675 konnte der dänische Astronom Ole Römer erstmals beweisen, dass die Lichtgeschwindigkeit endlich hoch ist. Er hatte über einen längeren Zeitraum den zeitlichen Ablauf der Verfinsterungen der Jupitermonde durch ihren Planeten sorgfältig verfolgt (Abb. 3.4). Dabei erkannte er, dass der Augenblick, in dem ein Jupitermond, von der Erde aus gesehen, in den Schatten des Jupiter eintritt, vom Abstand zwischen Erde und Jupiter abhängt. Jupiter hat in Opposition (auf derselben Seite der Sonne wie die Erde) von der Erde den kleinstmöglichen Abstand. Dagegen ist er in Konjunktion (hinter der Sonne) am weitesten von ihr entfernt. Römer stellte nun fest, dass die Verfinsterungen bei Opposition etwas früher auftreten, als es nach den Kepler'schen Gesetzen zu erwarten ist, dagegen nahe der Konjunktion etwas später.

Römer folgerte aus seinen Beobachtungen zutreffend, dass sich das Licht mit endlich hoher Geschwindigkeit ausbreitet und daher für eine größere Entfernung eine längere Zeitspanne benötigt. Je weiter Jupiter von der Erde entfernt ist, desto später sehen wir also die Verfinsterung eines Jupitermonds. Aus seinen Messergebnissen errechnete Römer, dass das Licht 162 min benötigt, um den Durchmesser der Erdumlaufbahn, also eine Entfernung von 2 AE, zurückzule-

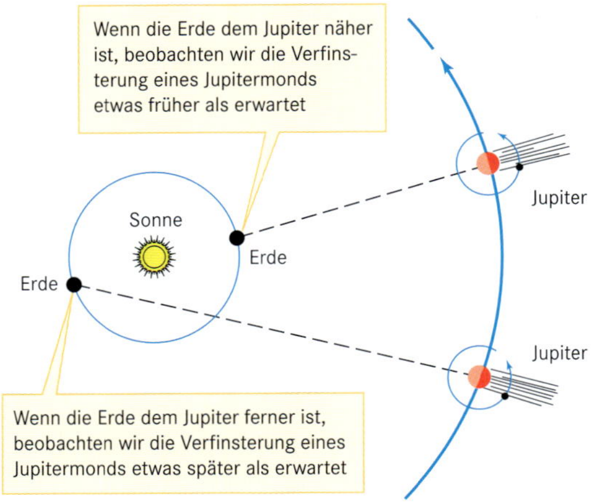

Abb. 3.4 Der Beweis, dass sich das Licht mit endlicher Geschwindigkeit ausbreitet. Die Zeitpunkte der (von der Erde aus zu beobachtenden) Verfinsterungen eines Jupitermonds durch seinen Planeten hängt davon ab, welche relativen Positionen Jupiter, Erde und Sonne gerade haben. Römer führte diese Variationen zutreffend auf die unterschiedlichen Zeitspannen zurück, die das Licht vom Jupiter aus benötigt, um zur Erde zu gelangen.

gen. Übrigens beruhte Römers Interpretation seiner Messergebnisse auf der Annahme eines heliozentrischen Sonnensystems, bei dem sowohl die Erde als auch Jupiter die Sonne umlaufen.

? Welche Farbe des Lichts wird in Glas oder Wasser am wenigsten stark gebrochen?

Römer gab seinerzeit nur die eben erwähnte Laufzeit des Lichts an, berechnete aber nicht die Lichtgeschwindigkeit. Aus seinen Messwerten ergibt sie sich um rund 25 % zu niedrig. Aber seine Folgerung war im Kern absolut korrekt: Licht hat eine endlich hohe Geschwindigkeit. Erst um die Mitte des 19. Jahrhunderts konnte die Lichtgeschwindigkeit auf der Erde mit Abweichungen von unter 10 % gemessen werden.

Gemäß den Maxwell'schen Gleichungen müssen sich Lichtwellen jeglicher Wellenlänge im Vakuum mit der gleichen Geschwindigkeit ausbreiten. Und der Weltraum (beispielsweise zwischen den Planeten und der Sonne sowie zwischen den Sternen) stellt ein sehr gutes Vakuum dar, da er im Durchschnitt nur einige Atome pro Kubikmeter enthält. Die Lichtgeschwindigkeit im Vakuum, gewöhnlich mit den Buchstaben *c* bezeichnet, beträgt heute definitionsgemäß 299.792.458 m/s. Auf diesem Wert beruht heute die Definition der SI-Einheit Meter. Gewöhnlich können wir mit dem leicht aufgerundeten Wert rechnen:

$$c = 299.792.458 \text{ m/s} \approx 3{,}0 \cdot 10^8 \text{ m/s}.$$

Licht breitet sich in Luft ein wenig langsamer aus als im Vakuum. Merklich langsamer ist es aber in dichteren Substanzen wie beispielsweise Wasser oder Glas.

Die Lichtgeschwindigkeit *c* spielt in der Physik des Universums eine zentrale Rolle. Sie begegnet uns daher in vielen Gleichungen, die Aspekte wie den Aufbau von Atomen, außerdem Schwerkraft, Elektrizität, Magnetismus wie auch Länge und Zeit beschreiben. Außerdem ist die Lichtgeschwindigkeit eine ganz besondere Größe: Könnte ein Raumschiff sich mit 99 % der Lichtgeschwindigkeit, also mit 0,99 *c*, im Weltraum fortbewegen, dann würden die Astronauten in ihm bei einem *ihnen entgegenkommenden* ebenso wie bei einem *sie überholenden* Lichtstrahl feststellen, dass er die Geschwindigkeit *c* hat!

Der Österreicher Christan Doppler, damals Mathematikprofessor in Prag, stellte im Jahre 1842 fest, dass sich die Wellenlänge (und damit die Farbe) des Lichts ändert, wenn sich die Lichtquelle auf den Beobachter zu bzw. von ihm weg bewegt. Dieser nach ihm benannte **Doppler-Effekt** tritt bei allen Wellen auf, so auch bei Schallwellen. Der Ton einer Autohupe ändert sich in dem Moment abrupt, in dem das Auto gerade am Beobachter vorbeifährt. In Abb. 3.5 ist der entsprechende Effekt bei einer elektromagnetischen

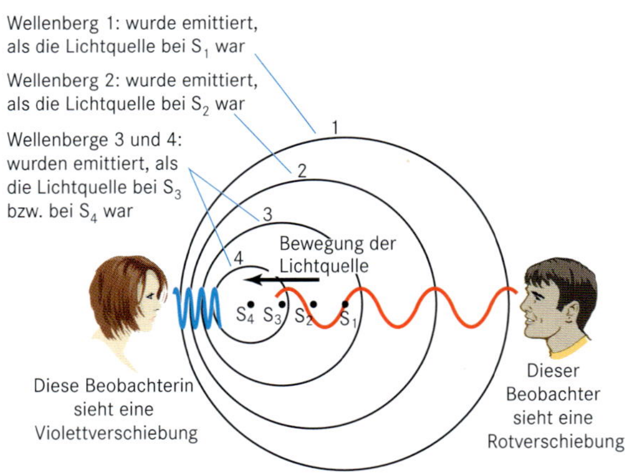

Abb. 3.5 Der Doppler-Effekt. Die von der ruhenden Beobachterin und vom ebenfalls ruhenden Beobachter empfangenen Wellenlängen unterscheiden sich, weil sich die Lichtquelle relativ zu ihnen bewegt. Hier sind vier Orte angegeben, die die Quelle nacheinander erreicht, und es sind die Positionen (1 bis 4) der Wellenberge eingezeichnet. Sie liegen jeweils auf einem Kreis, weil die Quelle gleichmäßig in alle Richtungen strahlt. In Richtung ihrer Bewegung werden die Wellen komprimiert, in der Gegenrichtung dagegen expandiert. (Nähere Erläuterung im Text.)

Strahlung dargestellt. Die links befindliche Beobachterin empfängt von der sich ihr nähernden Quelle eine komprimierte Welle. Die Kreise stellen die Orte aufeinanderfolgender Wellenberge dar, wenn die Lichtquelle nacheinander die Orte S_1 bis S_4 erreicht. Wegen der Bewegung der Lichtquelle kommt jeder Wellenberg bei der Beobachterin früher an, als es bei ruhender Lichtquelle der Fall wäre. (Das entspräche einem höheren Ton der Hupe eines sich nähernden Autos.) Umgekehrt empfängt der rechts befindliche Beobachter auseinandergezogene Wellenberge, weil sich die Lichtquelle von ihm entfernt (der Ton der Autohupe wäre für ihn tiefer). Auf das Licht von einem Stern übertragen, bedeutet das: Wenn er sich von der Erde entfernt, dann empfangen wir Licht, das eine **Rotverschiebung** (zu größeren Wellenlängen hin) erfahren hat. Bei der Annäherung an die Erde erführe das bei uns eintreffende Licht dagegen eine *Violett- oder Blauverschiebung*. Beim Doppler-Effekt spielt der momentane Abstand zwischen Quelle und Empfänger keine Rolle, sondern nur die zeitliche Änderung des Abstands, also die Geschwindigkeit des Annäherns bzw. des Entfernens. Beim Licht von Sternen beobachten wir ausschließlich Rotverschiebungen, weil sie sich von der Erde entfernen. Das Ausmaß der Doppler-Verschiebung ist proportional zum Betrag der Relativgeschwindigkeit zwischen Quelle und Empfänger, solange sie deutlich kleiner als die Lichtgeschwindigkeit ist.

? Die Schallgeschwindigkeit in Luft liegt bei 340 m/s. Wie können Sie bei einem Gewitter mithilfe dieses Wertes feststellen, in welcher Entfernung sich ein Blitz befand, den Sie gerade gesehen haben?

3.3 Nach Einstein kann sich Licht wie ein Strom von Teilchen verhalten, die Energie übertragen

1 Bis zum Jahre 1905 konnten die Physiker die Eigenschaften des Lichts problemlos mit dessen Wellennatur vereinbaren. Aber in jenem Jahr stellte Albert Einstein fest, dass bestimmte Effekte nur dadurch zu erklären sind, dass sich Licht wie ein Strom von Teilchen verhält. Das war die Geburtsstunde des sogenannten *Welle-Teilchen-Dualismus*. Das Phänomen, das Einstein mithilfe der Teilchennatur des Lichts erklären konnte, war der *photoelektrische Effekt*. Man wusste damals schon, dass Elektronen durch elektrische Kräfte an der Oberfläche eines Metalls gebunden sind und dass Energie erforderlich ist, um sie herauszulösen, also diese Kräfte zu überwinden. In Experimenten hatte sich nun gezeigt, dass nicht intensiveres Licht zu energiereicheren herausgeschlagenen Elektronen führt, sondern Licht mit höherer Frequenz bzw. mit einer anderen Farbe, die im sichtbaren Spektralbereich dem Violetten näher liegt. Das deutete darauf hin, dass das Licht bei gleicher Intensität umso energiereicher ist, je höher die Frequenz der Lichtwellen ist. Einstein kam zu dem Schluss, dass sich Licht zwar in Form von Wellen ausbreitet, diese aber in einzelnen „Wellenpaketen" vorliegen; diese bezeichnen wir heute als **Photonen**. Außerdem müssen, wie Einstein postulierte, Photonen mit unterschiedlichen Frequenzen jeweils eine andere Menge an Energie transportieren. Mathematisch ausgedrückt: Die Energie E eines Photons ist gleich dem Produkt aus dem Planck'schen Wirkungsquantum h und der Frequenz ν des Photons bzw. der Lichtwelle (wobei gilt $c = \nu \cdot \lambda$):

$$E = h \cdot \nu = h \cdot c / \lambda .$$

Das Planck'sche Wirkungsquantum (benannt nach dem deutschen Physiker Max Planck) hat den Wert $6{,}67 \cdot 10^{-34}$ J · s, wobei J die Energieeinheit Joule ist. Bei einer Welle, die sich mit der Lichtgeschwindigkeit c ausbreitet, ist die (beispielsweise in Abb. 3.3 eingezeichnete) Wellenlänge gegeben durch den Quotienten aus der Geschwindigkeit und der Frequenz: $\lambda = c/\nu$. Einstein erhielt für seine Deutung des photoelektrischen Effekts im Jahre 1921 den Nobelpreis. Experimentell erwies sich stets, dass sich Licht als Welle (z. B. beim Durchgang durch enge Spalte), aber auch als Teilchenstrom (z. B. beim Auftreffen auf Materie) beschreiben lässt.

Die in Abb. 3.3 gezeigte Welle schreitet nach rechts fort. Die Anzahl der pro Sekunde den Beobachtungspunkt passierenden Wellenberge ist die **Frequenz** des Photons. Ihre Einheit ist das *Hertz* (Einheitenzeichen Hz), benannt nach dem deutschen Physiker Heinrich Hertz. Bei einer Welle mit der Frequenz 1 Hz passiert ein Wellenberg pro Sekunde den Beobachter. Frequenzangaben sind uns auch bei Rundfunk und Fernsehen bekannt, denn jedes ihrer Programme wird mit einer elektromagnetischen Welle einer ganz bestimmten Frequenz ausgestrahlt, die in der Größenordnung einiger bis vieler Megahertz (MHz) liegt.

Alle Photonen mit derselben Frequenz gleichen einander; insbesondere trägt jedes dieser Photonen die gleiche Energiemenge, die gemäß der obigen Formel nur von der Frequenz abhängt. Ob ein Photon ausreichend viel Energie hat, um beim photoelektrischen Effekt ein Elektron aus einem Metall herauszuschlagen, hängt somit nur von seiner Frequenz ab. Ist diese nicht hoch genug, dann hilft es auch nichts, intensiveres Licht, also mehr Photonen auf das Metall zu führen. Stattdessen muss die Frequenz des Lichts erhöht werden.

Die Energie eines einzelnen Photons wird, wie gesagt, durch seine Frequenz bestimmt. Aber die Intensität einer elektromagnetischen Strahlung mit einer bestimmten Frequenz ist umso höher – und beispielsweise eine Lichtquelle umso heller –, je mehr Photonen pro Sekunde sie einstrahlt. Alle ihre Photonen haben die gleiche Energie.

? Wie kann man die Frequenzen von Meereswellen ermitteln?

3.4 Licht ist elektromagnetische Strahlung

Vorhin haben wir festgestellt, dass das sichtbares Licht nur einen kleinen Bereich von Wellenlängen (etwa zwischen 400 nm und 700 nm) umfasst. Aber die schon erwähnten Maxwell'schen Gleichungen gelten für elektromagnetische Strahlungen jeglicher Frequenz bzw. Wellenlänge. Welche Strahlungen liegen nun im sogenannten elektromagnetischen Spektrum beiderseits des sichtbaren Lichts? Um das Jahr 1800 entdeckte der deutsch-englische Astronom Wilhelm Herschel bei Experimenten mit einem Prisma die **Infrarotstrahlung**. Er hatte hinter dem Prisma ein Thermometer neben dem roten Teil des Spektrums angebracht und stellte beim Durchgang von Licht durch das Prisma in diesem Bereich eine Temperaturerhöhung fest. Also musste hier eine unsichtbare Form von Energie eingestrahlt werden (Abb. 3.6). Die Infrarotstrahlung wurde entdeckt, noch bevor Maxwell seine berühmt gewordenen Gleichungen aufstellte, und konnte später als elektromagnetische Strahlung identifiziert werden. Ihre Frequenzen sind etwas geringer (und ihre Wellenlängen etwas größer) als die des roten Lichts. Auf unseren Körper gelangende Infrarotstrahlung empfinden wir als Wärme.

Während seiner Experimente mit elektrischen Funken erzeugte Heinrich Hertz im Jahre 1888 andere elektromagnetische Strahlungen, deren Wellenlängen einige Zentimeter betrugen. Den großen Bereich der Strahlungen mit Wellenlängen oberhalb denen

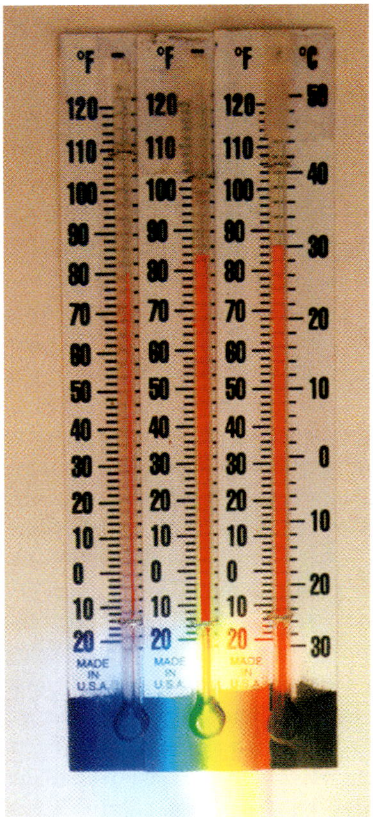

R I V U X G

Abb. 3.6 Der experimentelle Nachweis der Infrarotstrahlung. Dieses Foto zeigt unten die sichtbaren Farben, die beim Durchgang weißen Lichts durch ein Prisma erscheinen. Links befindet sich Violett und rechts Rot. Aber das noch weiter rechts angebrachte Thermometer zeigt die höchste Temperatur an. Also muss hier noch mehr Wärme eingestrahlt werden als bei den sichtbaren Farben. Dabei handelt es sich um die sogenannte Infrarotstrahlung, die unser Auge nicht wahrnehmen kann, die wir aber als Wärme empfinden. (NASA/JPL-Caltech)

des Infraroten, bis hin zu einigen Kilometern, fassen wir heute als **Radiowellen** zusammen. Hierzu gehören *Rundfunk-*, *Fernseh-*, *Radar-* und *Mikrowellen*. Bei Wellenlängen direkt unterhalb denen des sichtbaren Lichts, zwischen ungefähr 400 nm und 10 nm, liegt die **Ultraviolettstrahlung** oder *UV-Strahlung*. Noch kürzere Wellenlängen zwischen ungefähr 10 nm und 0,01 nm hat die 1895 von Wilhelm Röntgen entdeckte und daher nach ihm benannte **Röntgenstrahlung**. Sie findet heute nicht nur in der Medizin vielfältige Anwendungen, sondern z. B. auch bei Gepäckkontrollen in Flughäfen und bei der Werkstoffprüfung. Zu noch geringeren Wellenlängen hin schließt sich die **Gammastrahlung** an.

Die Abgrenzungen der hier genannten Bereiche sind im Grunde willkürlich und haben teilweise mit ihrer Entdeckungsgeschichte zu tun. – Wir müssen bei alledem bedenken, dass das gesamte Spektrum der elektromagnetischen Strahlungen kontinuierlich ist. Das heißt, es gibt keinen prinzipiellen Unterschied zwischen einer kurzwelligen Ultraviolett- und einer langwelligen Röntgenstrahlung, denn beide Bereiche schließen ja absolut nahtlos aneinander an. Das sichtbare Licht umfasst, wie gesagt, nur einen winzigen Bruchteil aller möglichen Wellenlängen des elektromagnetischen Spektrums, das in Abb. 3.7 vollständig dargestellt ist.

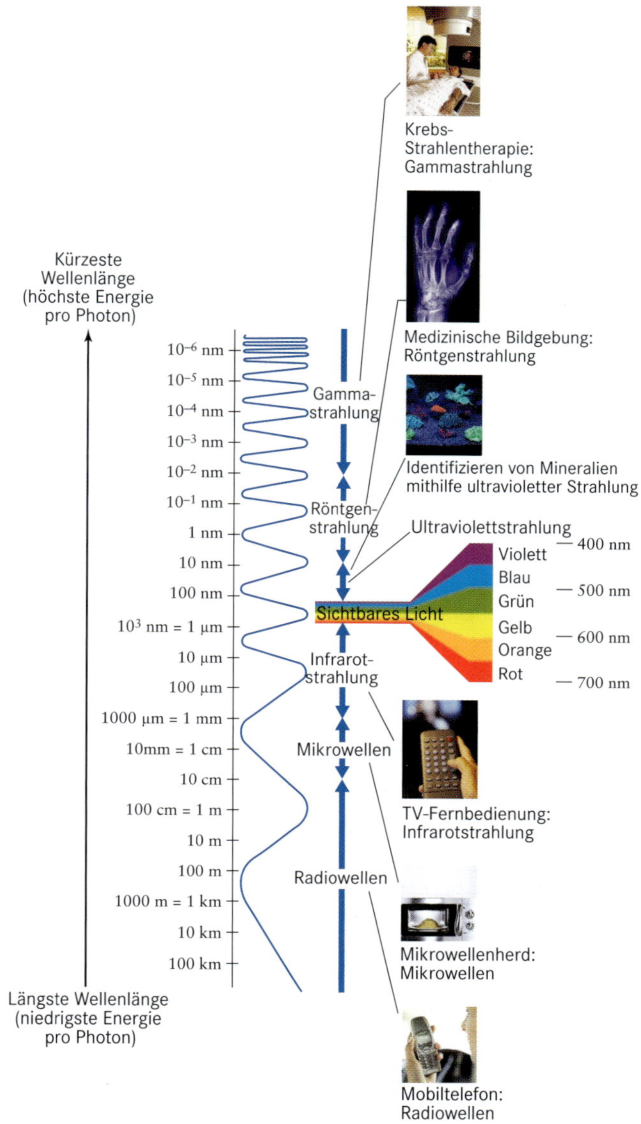

Abb. 3.7 Das gesamte elektromagnetische Spektrum. Es erstreckt sich von den längstwelligen Radiowellen bis zu den kürzestwelligen Gammastrahlen. Das sichtbare Licht macht nur einen winzigen Bruchteil des elektromagnetischen Spektrums aus. Beachten Sie, dass 1 µm = 10^{-6} m und 1 nm = 10^{-9} m ist. An den Fotos sind einige Beispiele für technische Anwendungen außerhalb der Astronomie vermerkt. (Will und Deni McIntyre/Science Photo Library, Edward Kinsman/Photo Researchers, Inc.; Chris Martin-Bahr/Science Photo Library, Bill Lush/Taxi/Getty, Michael Porsche/Corbis; Ian Britton, Royalty-Free/Corbis)

An die langwellige Seite des sichtbaren Lichts schließt die Infrarotstrahlung mit Wellenlängen zwischen rund 700 nm und 1 mm an. In der Astronomie werden die Infrarotwellenlängen meist einheitlich in *Mikrometern* (µm) angegeben; dabei gilt 1 µm = 1000 nm = 10^{-6} m. Längere Wellenlängen zwischen etwa 1 mm und 10 cm haben die Mikrowellen, die zuweilen zu den Radiowellen gezählt werden, die im Prinzip den gesamten Wellenlängenbereich oberhalb von 10 cm umfassen.

Die verschiedenen Arten der elektromagnetischen Strahlung haben viele fundamentalen Eigenschaften gemeinsam. So breiten sie sich im Vakuum mit Lichtgeschwindigkeit aus, und sie verhalten sich zuweilen wie Teilchen (Photonen) und zuweilen wie Wellen. Und nur wegen ihrer so unterschiedlichen Wellenlängen bzw. Frequenzen (und daher stark unterschiedlichen Energien pro Photon) wirken sie in ganz verschiedener Weise auf Materie. Beispielsweise dringen Röntgenstrahlen tief in Körpergewebe ein, während sichtbares Licht an den obersten Hautschichten absorbiert und vor allem zurückgestreut wird. Unsere Augen regieren nur auf sichtbares Licht, jedoch nicht auf Infrarotstrahlung, und ein Rundfunkempfänger erfasst Radiowellen, aber keine Ultraviolettstrahlung.

Die Atmosphäre der Erde lässt sichtbares Licht und Radiowellen sowie die Nachbarbereiche (kurzwelliges Infrarot und langwelliges Ultraviolett) relativ gut durch. Daher passieren diese Strahlungen die Atmosphäre nahezu verlustfrei und können von terrestrischen Teleskopen, die für sie eingerichtet sind, erfasst werden. In der Astronomie spricht man hierbei von einem *Fenster*, das die Atmosphäre für diese Teile des elektromagnetischen Spektrums bietet (Abb. 3.8).

Der längerwellige Teil der Ultraviolettstrahlung, als UV-A bezeichnet, ist die Ursache für die Sonnenbräune und den Sonnenbrand. Das in der oberen Atmosphäre normalerweise vorhandene Ozon (O_3) fängt die Ultraviolettstrahlung mit mittleren Wellenlängen (UV-B) ab. Inzwischen ist diese schützende *Ozonschicht* durch Substanzen stark beschädigt, die durch menschliche Aktivitäten in den letzten Jahrzehnten in die Erdatmosphäre gelangten. Hierzu zählen vor al-

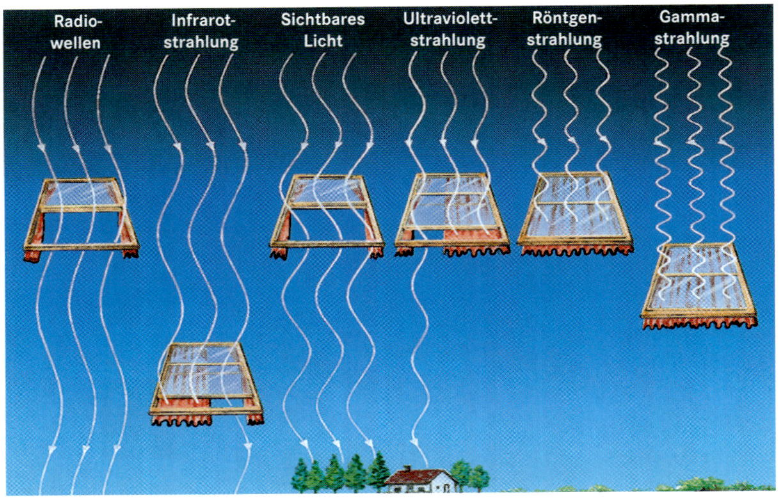

Abb. 3.8 „Fenster" in der Atmosphäre. Die Erdatmosphäre lässt verschiedene Arten elektromagnetischer Strahlung unterschiedlich gut durch. Am durchlässigsten ist sie für sichtbares Licht, Radiowellen, kurzwelliges Infrarot und langwelliges Ultraviolett; sie alle gelangen daher bis zum Erdboden. Die anderen Arten elektromagnetischer Strahlung werden in verschiedenen Höhen (angedeutet durch die Platzierungen der einzelnen Fenster) unterschiedlich stark gestreut oder absorbiert. Natürlich ist der Begriff „Fenster" nicht wörtlich zu verstehen, denn er soll nur die jeweilige Durchlässigkeit symbolisieren.

lem Fluorchlorkohlenwasserstoffe (FCKW) und bromhaltige Gase. Dadurch ist die bis zur Erde gelangende UV-B-Strahlung in letzter Zeit intensiver geworden. Sie schädigt Körpergewebe und führt dadurch unter anderem vermehrt zu Hautkrebs und Glaukomen.

2 Die Erdatmosphäre ist für die anderen Arten elektromagnetischer Strahlung nahezu undurchlässig, sodass diese nicht auf den Erdboden gelangen können. Das hat auch den Vorteil, dass wir der kurzwelligen Ultraviolettstrahlung (UV-C) sowie der Röntgen- und der Gammastrahlung nicht ausgesetzt sind, die wegen ihrer energiereichen Photonen für Lebewesen noch gefährlicher sind. Astronomische Beobachtungen in diesen Wellenlängenbereichen sind somit nur in den obersten Schichten der Atmosphäre oder im Weltraum möglich.

Wie bereits bemerkt, führen Photonen mit unterschiedlichen Energien bei Materie zu verschiedenen Effekten. Energiereichere Photonen können manche Substanzen passieren oder sie zersetzen, während energieärmere Photonen reflektiert würden. Bei der Konstruktion von Teleskopen muss daher die Art, also die Wellenlänge bzw. die Frequenz der Strahlung beachtet werden, die erfasst und fokussiert oder reflektiert werden soll. Auch die Registrier- oder Aufnahmevorrichtungen müssen natürlich daran angepasst sein. Im folgenden Abschnitt schauen wir uns an, bis in welche Wellenlängenbereiche die Astronomen bislang vorstoßen konnten, um mithilfe optischer oder nichtoptischer Strahlungen sichtbare bzw. unsichtbare Objekte zu finden.

Optiken und Teleskope

Seit der Zeit Galileis, also seit Anfang des 17. Jahrhunderts, gibt es optische Instrumente, die weit mehr Licht auffangen können, als es das menschliche Auge allein vermag. Je mehr Licht vom Auge oder von einer optischen Vorrichtung aufgefangen wird, desto heller ist das erzeugte Bild. Andere Merkmale der erwähnten Instrumente ermöglichen die Beobachtung weiter entfernter Objekte oder die Auflösung kleinerer Details eines Objekts. In der Astronomie geht es im Wesentlichen um die beiden Grundtypen des Teleskops. Diese sind das **Linsenteleskop**, bei dem das Licht mithilfe von Linsen aufgefangen, fokussiert und abgebildet wird, und das **Spiegelteleskop**, bei dem dies mithilfe von Spiegeln geschieht. Die ersten Teleskope, wie sie Galilei verwendete, enthielten Linsen, die aber mancherlei Nachteile haben. Daher wird das Licht in den modernen, leistungsfähigen Teleskopen fast immer durch Spiegel aufgefangen. Dagegen werden Linsen beispielsweise als Okulare in Hobbyteleskopen eingesetzt, um das Endbild zu erzeugen (wie später noch erläutert wird). Auch in Kameras und Fernrohren (Feldstechern) sind Linsen noch gebräuchlich. Spiegelteleskope und Linsenteleskope haben dieselbe Hauptaufgabe: möglichst viel Licht aufzufangen, damit ein helles und klares Bild vom betrachteten Ausschnitt des Himmels erzielt wird (siehe Abschnitt 3.6). Wir beginnen unsere Betrachtung bei der Funktionsweise von Spiegelteleskopen. Danach untersuchen wir, wie Linsen Licht auffangen und brechen; zuletzt schauen wir uns andere Teleskoptypen an, mit denen unsichtbare elektromagnetische Strahlungen erfasst werden.

3.5 Spiegelteleskope fokussieren Licht mithilfe von Spiegeln

Der erste Spiegelteleskop wurde im 17. Jahrhundert von Isaac Newton gebaut (Abb. 3.9). Um zu verstehen, wie ein solches Teleskop funktioniert, betrachten wir zunächst einen Photonenstrom – im Allgemeinen als *Lichtstrahl* bezeichnet –, der auf einen ebenen Spiegel gerichtet ist. In Abb. 3.10a trifft der Lichtstrahl den Spiegel. Am Auftreffpunkt zeichnen wir das Einfallslot auf die Spiegelebene. Gemäß dem **Reflexionsgesetz** ist der (Einfalls-)Winkel zwischen dem ankommenden Lichtstrahl und dem Einfallslot ebenso groß wie der (Reflexions-)Winkel zwischen dem reflektierten Lichtstrahl und dem Einfallslot. Dieses Prinzip gilt gleichermaßen bei Spiegeln mit gekrümmter Oberfläche (Abb. 3.10b).

? Welches Photon hat mehr Energie, ein infrarotes oder ein ultraviolettes?

Anhand des Reflexionsgesetzes stellte Newton fest, dass ein konkaver Spiegel (Hohlspiegel) mit parabelförmiger Krümmung die parallel einfallenden Strahlen am besten auf den **Brennpunkt** fokussiert (siehe Abb. 3.10b). Der Abstand zwischen diesem **Primärspiegel** und dem Brennpunkt, in dem das Bild des entfernten Objekts erzeugt wird, ist die **Brennweite** dieses Spiegels. Im Brennpunkt werden auch Lichtstrahlen von *sehr* weit entfernten Objekten, beispielsweise Sternen, fokussiert, da diese Strahlen ebenfalls parallel sind; das ist in Abb. 3.11 skizziert. Wenn das Objekt aber einen größeren Betrachtungswinkel einnimmt, wie etwa der Mond, dann entsteht sein Bild nicht im Brennpunkt allein, sondern es überstreicht einen gewissen Teil der **Brennebene**.

Zum Betrachten des Bildes platzierte Newton einen kleinen, ebenen Spiegel in einem Winkel von 45°

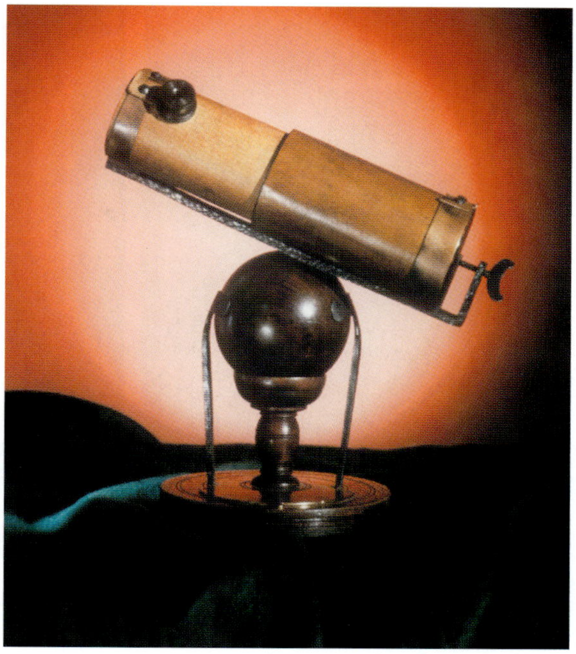

Abb. 3.9 Nachbau des Spiegelteleskops von Newton. Dieses Spiegelteleskop, im Jahre 1672 konstruiert, hat einen sphärischen Primärspiegel mit einem Durchmesser von 3 cm. Es vergrößert 40-fach. (Royal Greenwich Observatory/Science Photo Library)

zwischen den Primärspiegel und den eigentlichen Brennpunkt, wie in Abb. 3.10c und Abb. 3.12a skizziert. Dieser **Sekundärspiegel** reflektiert die Lichtstrahlen zu einer Seite des Teleskops, und der Astronom betrachtet das Bild durch eine **Okularlinse**. Deren Funktion werden wir in Abschnitt 3.8 noch betrachten. Ein nach diesem Prinzip aufgebautes Teleskop nennt man **Newton'sches Spiegelteleskop**.

Newton'sche Spiegelteleskope werden von Amateurastronomen gern verwendet, weil sie einfach anzuwenden sind, denn der Beobachter kann aufrecht stehen. In professionellen Observatorien werden sie aber nicht verwendet, da sie unsymmetrisch aufgebaut sind. Wenn man die schweren und sperrigen Zusatzinstrumente an ihnen anbringt, können sie verbogen werden, sodass sie verzerrte Bilder liefern.

Bei den in der Forschung angewandten Spiegelteleskopen gibt es drei Grundtypen. Beim ersten weist der Primärspiegel in der Mitte ein Loch auf. Zwischen dem Primärspiegel und seinem Brennpunkt befindet sich ein konvexer (nach außen gekrümmter) Sekundärspiegel, der die Lichtstrahlen durch das Loch zurückreflektiert (Abb. 3.12b). Dieser Typ des Spiegelteleskops heißt **Cassegrain-Fokus**, benannt nach dem

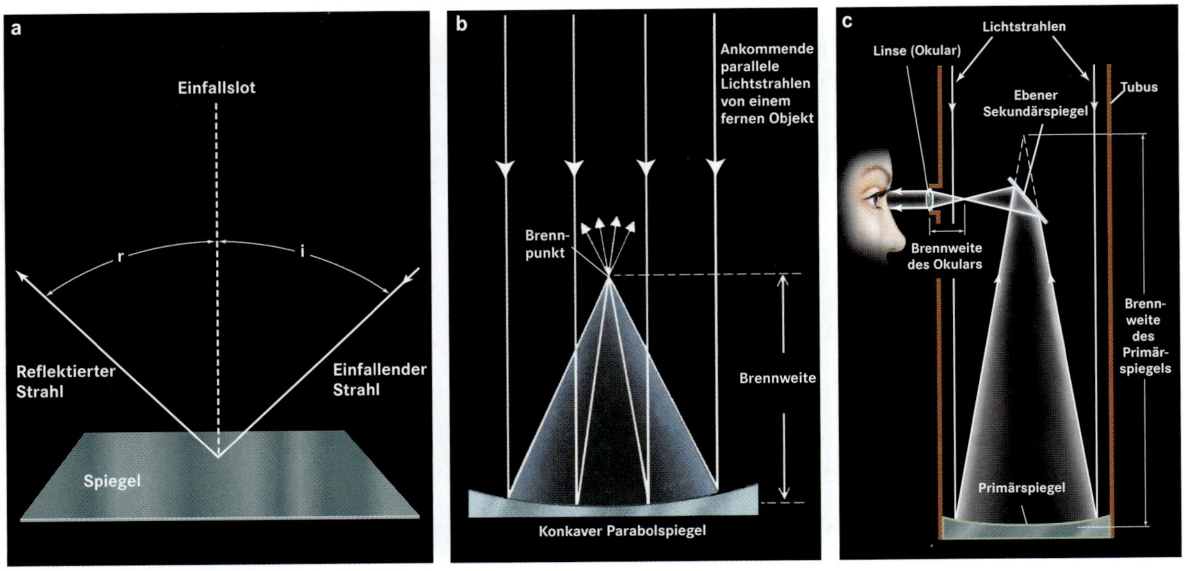

Abb. 3.10 Reflexion. (a) Der Reflexionswinkel (*r*) eines Lichtstrahls ist bei einem Spiegel stets ebenso groß wie der Einfallswinkel (*i*). Beide Winkel werden gegen das Einfallslot (gestrichelte Linie) gemessen. (b) Ein konkaver Parabolspiegel fokussiert parallel auftreffende Lichtstrahlen in seinem Brennpunkt. Der Abstand zwischen Spiegel und Brennpunkt heißt Brennweite. (c) Im Newton'schen Teleskop lenkt ein ebener Spiegel, der sogenannte Sekundärspiegel, das Licht zur Seite des Teleskops hin ab. Die von ihm reflektierten Lichtstrahlen werden dann mithilfe der Okularlinse parallel ausgerichtet. Am Schnittpunkt der gestrichelten Linien befände sich der Brennpunkt des Primärspiegels, wenn der Sekundärspiegel nicht, wie gezeigt, im Lichtweg läge.

französischen Naturforscher N. Cassegrain, der im 17. Jahrhundert lebte. Durch den Sekundärspiegel wird eine höhere Brennweite des Teleskops erzielt. Die kompakte, relativ leichte Zusatzausrüstung zur Beobachtung und/oder Aufzeichnung kann nahe der Unterseite angebracht werden, wohin das Licht letztlich fokussiert wird. Diese Anordnung hat dadurch eine größere Stabilität als der Newton'sche Aufbau, sodass kaum Bildverzerrungen auftreten.

Beim zweiten Grundtyp der professionellen Spiegelteleskope gibt es zwei Varianten (Abb. 3.12c). Die eine ist der *Nasmyth-Fokus* (benannt nach dem schottischem Ingenieur James Nasmyth, der diese Anordnung entwickelte). Hierbei kann eine recht schwere und sperrige Zusatzausrüstung beim Brennpunkt angebracht werden, wofür eine sehr stabile Halterung erforderlich ist. Die zweite Variante ist für extrem lange Brennweiten geeignet und wird als Coudé-Fokus bezeichnet (nach dem französischen Wort *coudé* = abgewinkelt). Bei beiden Varianten von Abb. 3.12c lenkt ein gekrümmter Tertiärspiegel (wörtlich: Drittspiegel) die Lichtstrahlen so ab, dass sie vom Teleskop weg zu einem entfernten Brennpunkt gelangen. Zu den Zusatzausrüstungen, die von den Vorteilen des Nasmyth- oder des Coudé-Fokus profitieren können, zählen vor allem verschiedene Typen von *Spektrographen.* Mit ihnen wird, wie der Name sagt, das vom Objekt emittierte und im Teleskop abgebildete Licht in seine Spektralfarben zerlegt und dieses Spektrum aufgenommen. Damit sind beispielsweise Informationen über die Zusammensetzung und die Oberflächentemperatur des Objekts zu erhalten. (Die Spektrographen besprechen wir in Abschnitt 3.19.)

Der dritte Grundtyp der professionellen Teleskope ist der **Primärfokus** (Abb. 3.12d). Hier befindet sich die Zusatzausrüstung zur Beobachtung und Aufzeichnung am Brennpunkt direkt vor dem Primärspiegel, wohin die Lichtstrahlen ohne jede Umlenkung gelangen. Diese Anordnung liefert von allen drei Typen bei ansonsten gleichen Bedingungen die hellsten Bilder, unter anderem weil sie die geringsten Reflexionsverluste aufweist, denn sie besitzt ja keinen Sekundärspiegel. Dadurch sind auch die Bildverzerrungen hier am geringsten.

? Wo werden in Abb. 3.10c die vom Primärspiegel reflektierten Lichtstrahlen tatsächlich in einen Punkt fokussiert?

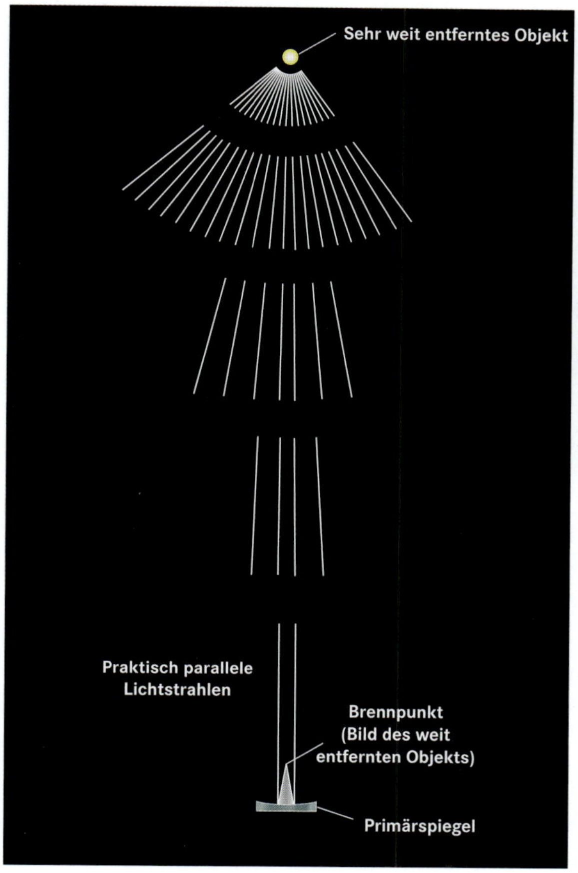

Abb. 3.11 Parallele Lichtstrahlen von einem sehr weit entfernten Objekt. Das von einem Gegenstand ausgehende Licht breitet sich in alle Richtungen geradlinig aus. Aber die wenigen Strahlen, die aus einer *sehr* großen Entfernung auf eine kleine Fläche, z. B. die eines Teleskopspiegels, fallen, sind praktisch parallel.

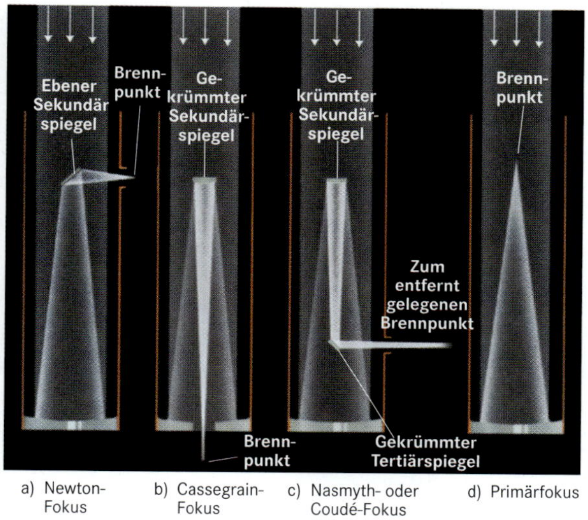

Abb. 3.12 Spiegelteleskope. Vier der häufigsten Konstruktionsprinzipien von Spiegelteleskopen: (a) der Newton'sche Fokus, der meist den Amateurteleskopen zugrunde liegt. Bei professionellen Teleskopen werden verwendet: (b) der Cassegrain-Fokus, (c) der Nasmyth-Fokus oder Coudé-Fokus und (d) der Primärfokus.

3.6 Teleskope liefern helle, vergrößerte Bilder mit guter Auflösung

Wie bereits erwähnt, besteht die eine Hauptaufgabe eines Teleskops darin, ein möglichst helles Bild bereitzustellen. Je heller ein astronomisches Objekt abgebildet wird, desto mehr Informationen über seine Eigenschaften kann man ermitteln. Ein Bild ist umso heller, je mehr Photonen zu seiner Entstehung „eingefangen" wurden. Die Anzahl der pro Zeiteinheit erfassten Photonen nimmt ihrerseits proportional zur Fläche des Primärspiegels zu. Wird das Bild beispielsweise eines Sterns mit gleichen Belichtungszeiten fotografiert, dann ist es umso heller, je größer der Primärspiegel ist (Abb. 3.13). Man spricht hierbei von der **Lichtstärke** des Teleskops. Mit größeren Teleskopspiegeln können daher lichtschwächere Objekte entdeckt werden.

Schauen wir uns genauer an, wie die Lichtstärke eines Teleskops von der Fläche seines Primärspiegels abhängt. Wir kennen ja die Formel, die eine Kreisfläche A mit ihrem Durchmesser d verknüpft: $A = \pi\ d^2/4$. Folglich hat ein Spiegel mit dem doppelten Durchmesser eine viermal größere Fläche und fängt daher in derselben Zeit viermal so viel Licht auf. Beispielsweise hat ein 36-cm-Spiegel eine viermal so hohe Lichtstärke wie ein 18-cm-Spiegel.

Die zweite Hauptaufgabe eines Teleskops besteht darin, dass es die Einzelheiten astronomischer Objek-

Einblicke in die Wissenschaft

Aufwand und Nutzen Bei naturwissenschaftlichen Experimenten oder Beobachtungen nutzt man seit jeher die jeweils neuesten technischen Entwicklungen aus. Die Kosten für ein hochmodernes Teleskop können Hunderte von Millionen Dollar oder noch mehr betragen. Die „Rendite" für einen derartigen Aufwand sind ein besseres Verständnis der Zustände und Vorgänge im Universum sowie der Möglichkeiten, sie für uns auszunutzen, und auch eine angemessenere Bewertung unserer Stellung im Kosmos.

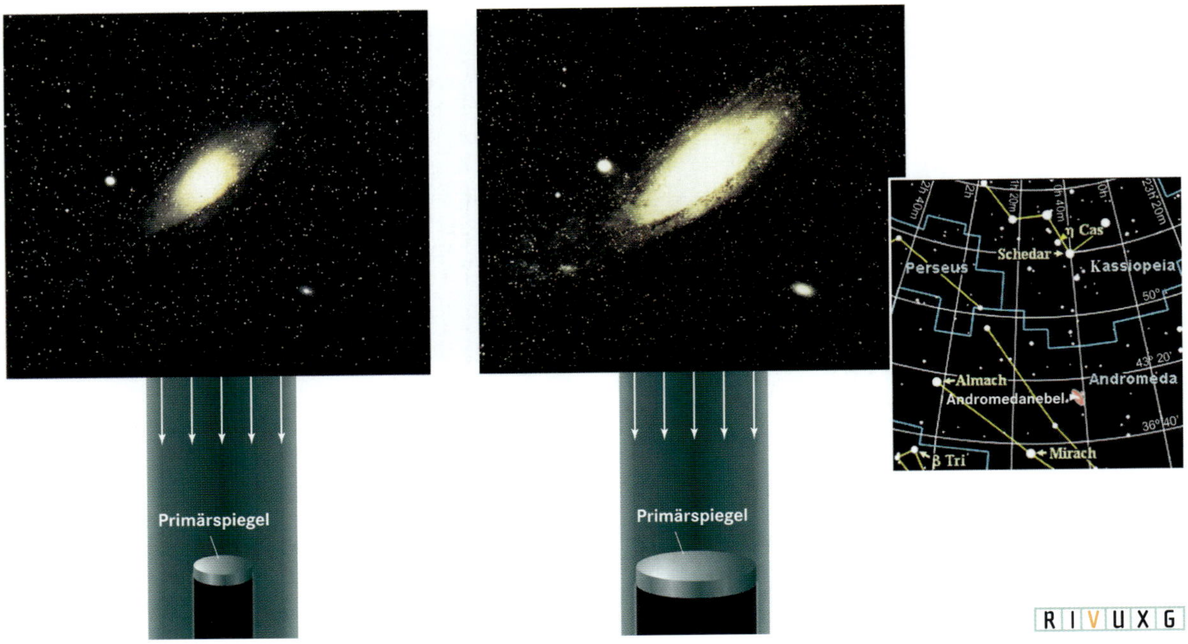

Abb. 3.13 Die Lichtstärke eines Teleskopspiegels. Weil ein großer Primärspiegel mehr Sternenlicht auffängt als ein kleinerer, erzeugt er – bei ansonsten gleichen Bedingungen – ein helleres Bild. Das gilt ebenso für Teleskoplinsen. Diese beiden Fotos des Andromedanebels wurden an Teleskopen mit unterschiedlichen Durchmessern des Primärspiegels aufgenommen. Die Belichtungszeiten und die Vergrößerungen waren gleich. (AURA)

te möglichst deutlich erkennen lässt, d. h. sie mit möglichst hohem **Auflösungsvermögen** abbildet. Je höher dieses bei ansonsten gleichen Bedingungen ist, desto detailreicher ist das Bild (Abb. 3.14). Das Auflösungsvermögen eines Teleskops ist definiert als der Winkelbstand zwischen zwei benachbarten Sternen, deren Bilder in diesem Teleskop gerade noch getrennt erkennbar sind. Große, moderne Teleskope, beispielsweise die Keck-Teleskope auf Hawaii, bieten Winkelauflösungen von weniger als 0,1 Bogensekunden. Das Auflösungsvermögen ist natürlich umso höher, je kleiner dieser Winkel ist. Allgemein hat ein Teleskop

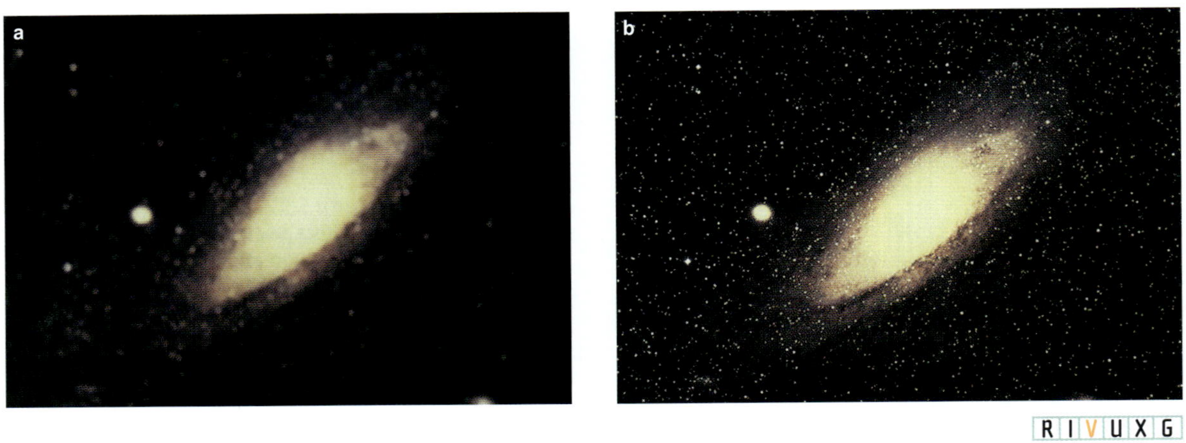

Abb. 3.14 Das Auflösungsvermögen eines Spiegelteleskops. Je größer der Durchmesser des Primärspiegels ist, desto feinere Details sind in dem von ihm erzeugten Bild zu erkennen. Das linke dieser beiden Bilder des Andromedanebels wurde an einem Teleskop mit kleinerem Primärspiegel aufgenommen. Hätte man hier die Belichtungszeit erhöht, dann wäre das Bild nur heller geworden, hätte aber keine weiteren Einzelheiten erkennen lassen; das Auflösungsvermögen wäre also nicht gesteigert worden. (AURA)

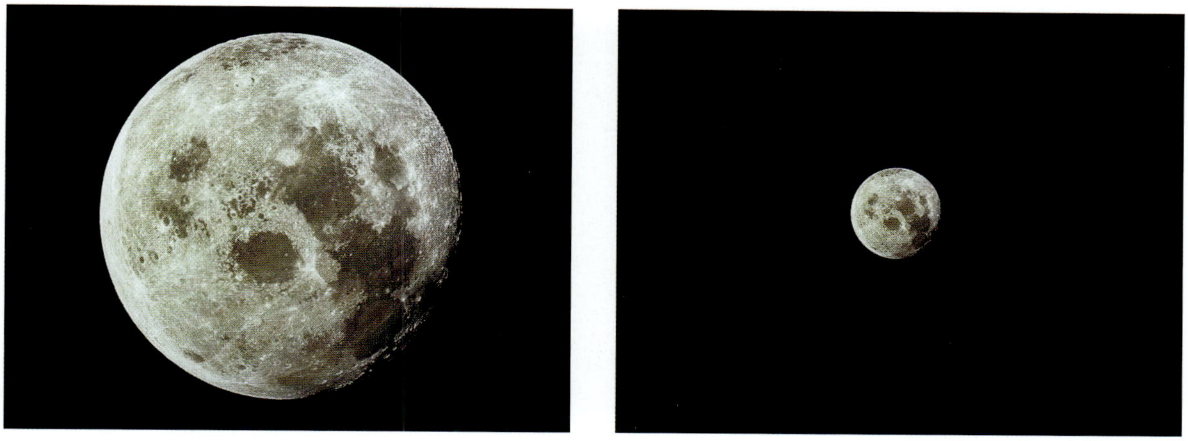

a b

R I V U X G

Abb. 3.15 Die Vergrößerung eines Spiegelteleskops. (a) Der Mond in viermal höherer Vergrößerung als in (b). Wenn man an einem Teleskop den Primärspiegel beibehält und nur das Okular durch eines mit geringerer Brennweite austauscht, dann erzielt man – wie in diesem Fall – eine stärkere Vergrößerung. Dadurch wird in gewissen Grenzen auch die Auflösung verbessert, sodass feinere Einzelheiten erkennbar werden. (NASA)

mit doppelt so großem Primärspiegel ein doppelt so gutes Auflösungsvermögen.

Schließlich hat ein Teleskop auch die Aufgabe, das Objekt vergrößert darzustellen. Seine **Vergrößerung** hängt mit seinem Auflösungsvermögen zusammen, denn je größer wir einen Gegenstand sehen, desto mehr Einzelheiten an ihm können wir im Prinzip erkennen (Abb. 3.15). Die Vergrößerung V eines Spiegelteleskops ist der Quotient aus der Brennweite f_P seines Primärspiegels und der Brennweite f_O seiner Okularlinse:

$$V = f_P / f_O \,.$$

Ein Beispiel: Der Primärspiegel eines Teleskops hat eine Brennweite von 100 cm und sein Okular eine Brennweite von 0,5 cm. Dann ist seine Vergrößerung

$$V = (100\text{ cm}) / (0{,}5\text{ cm}) = 200 \,.$$

An optischen Geräten wie beispielsweise Fernrohren oder Mikroskopen wird ein solcher Wert oft in der Form „200×“ angegeben.

Bei der Vergrößerung eines Teleskops mit einem bestimmten Primärspiegel gibt es aber eine Grenze, die vom Durchmesser dieses Spiegels abhängt. Sie kann durch ein Okular mit noch geringerer Brennweite nicht beliebig erhöht werden, ohne dass das Bild unscharf wird.

? Welche der eben besprochenen Eigenschaften der optischen Abbildung wird mit normalen Brillengläsern oder Kontaktlinsen verbessert?

3.7 Das Lichts aus dem Weltraum ist der Schlüssel zum Kosmos

Die Erfindung der Fotografie im 19. Jahrhundert war ein wahrer Segen für die Astronomie. Mit einer fotografischen Schicht (auf einem Film oder einer Platte) in der Brennebene eines Teleskops können mit ausreichend langer Belichtungszeit auch sehr lichtschwache Objekte erfasst werden, die man beim bloßen Blick durch das Teleskop nicht sehen kann. Dass diese Objekte nicht sichtbar sind, liegt daran, dass unser Sehsinn jedes Bild nach einem Sekundenbruchteil sozusagen löscht, und dadurch die auftreffende Lichtmenge nicht „sammeln“ bzw. akkumulieren kann. Dies tut jedoch eine fotografische Schicht: Je länger sie einem Bild ausgesetzt ist, desto stärker wird ihre – nach der Entwicklung sichtbare – Schwärzung. Bleibt das Teleskop auf das Objekt ausgerichtet, d. h., wird es exakt nachgeführt, dann sind sogar Belichtungszeiten von über einer Stunde möglich. Schauen wir uns nun astrofotografische Bilder (und ihre elektronischen Entsprechungen) von ausgedehnteren Objekten wie beispielsweise Galaxien, Sternhaufen und Planeten etwas näher an.

Natürlich wissen die Astronomen, dass eine fotografische Emulsion das Licht ziemlich schlecht ausnutzt, denn es trägt nur zu rund 2 % zur Schwärzung nach der Entwicklung bei, indem es die entsprechenden chemischen Reaktionen einleitet. Die restlichen ungefähr 98 % werden reflektiert oder ungenutzt absorbiert.

Es gibt aber modernere, elektronische Verfahren bzw. Vorrichtungen, die das Licht effizienter ausnutzen, beispielsweise die **ladungsgekoppelten Bauelemente** (abgekürzt **CCDs**, abgeleitet von der englischen Bezeichnung *charge-coupled devices*). Sie nutzen das Licht gewöhnlich zu etwa 70 % aus. Außerdem bieten sie meist ein höheres Auflösungsvermögen als fotografische Emulsionen und sprechen auch gleichmäßiger als diese auf die unterschiedlichen Farben des eingestrahlten Lichts an. Ein CCD besteht aus einer regelmäßigen Anordnung von vielen sehr kleinen quadratischen lichtempfindlichen Bauelementen, die jeweils einen Bildpunkt aufnehmen, also einem **Pixel** entsprechen (das Wort Pixel bedeutet *Bildpunkt* und entstand durch Zusammenziehen der englischen Wörter *picture element*). Ein CCD ist ein Quadrat oder ein Rechteck mit wenigen Zentimetern Seitenlänge. CCDs werden auch in Digitalkameras und in neueren Mobiltelefonen verwendet. Für großflächige Aufnahmen können mehrere CCDs aneinandergesetzt werden (Abb. 3.16). Die bis zum Jahre 2009 größte Gruppierung von CCDs, die an einem Teleskop eingesetzt wurde, erfasste 378 Megapixel (ein Megapixel entspricht einer Million Bildpunkten). Die meisten Digitalkameras haben zwischen 6 und 12 Megapixel.

? Warum „löscht" der menschliche Sehsinn jedes empfangene Bild nach einem kleinen Sekundenbruchteil wieder?

Wenn das von der Optik eines Teleskops erzeugte Bild auf ein CCD fokussiert wird, dann wird in jedem von dessen Pixeln eine elektrische Ladung freigesetzt, deren Betrag proportional zu der auftreffenden Lichtmenge (der Anzahl der Photonen) ist. Nach dem Ende der Belichtungszeit werden die Ladungen aus den einzelnen Pixeln des CCD in einen Computer übertragen. Abb. 3.17 zeigt ein Foto und zwei CCD-Aufnahmen, die am selben Teleskop entstanden und den gleichen Bereich des Nachthimmels zeigen. Die CCD-Aufnahme in Abb. 3.17b lässt wesentlich mehr Details erkennen als das normale Foto.

Abb. 3.16 Ein Mosaik aus ladungsgekoppelten Bauelementen (CCDs). (a) Hier wurden 40 CCDs miteinander kombiniert, sodass 378 Megapixel (das sind 378 Mio. Bildpunkte) aufgenommen werden konnten. Diese Anordnung gehört zum Canada-France-Hawaii Telescope (CFHT) auf dem ruhenden Vulkan Mauna Kea auf der Insel Hawaii. Elektronische Schaltungen übertragen die Bildsignale an einen Computer. (b) Dieses mit der in (a) gezeigten CCD-Kombination aufgenommene Bild zeigt den Rosettennebel, ein Gebiet, in dem Sterne gebildet werden und das 5000 Lichtjahre von uns entfernt im Sternbild Einhorn liegt. An dieser Aufnahme wird das enorm hohe Auflösungsvermögen deutlich, das mithilfe von CCDs erzielt werden kann. (J. C. Cuillandre/Canada-France-Hawaii Telescope)

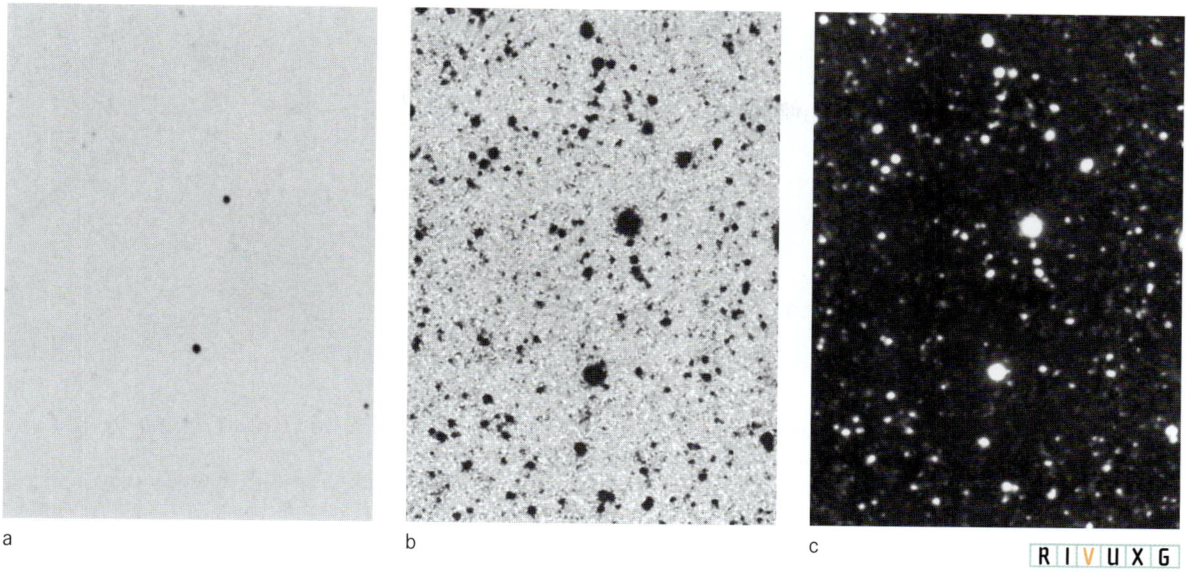

Abb. 3.17 Fotografien im Vergleich zu CCD-Aufnahmen. Diese drei Ansichten des gleichen Bereichs des Nachthimmels entstanden an ein und demselben 4-m-Teleskop. (a) Das Schwarzweißnegativ einer fotografischen Aufnahme. (b) Das Schwarzweißnegativ einer CCD-Aufnahme. Beachten Sie, dass hier etliche lichtschwache Sterne und Galaxien zu erkennen sind, die im Foto fehlen. (c) Dieses Farbbild entstand durch Kombination einer Serie von CCD-Aufnahmen, bei denen verschiedene Farbfilter vorgesetzt worden waren. (Patrick Seitzer, NOAO)

3.8 In Okularen, Linsenteleskopen, Ferngläsern und Brillen fokussieren Linsen das einfallende Licht

Licht breitet sich im Vakuum mit ungefähr 300.000 km/s aus, dagegen in einem optisch dichteren Medium, z. B. Glas oder Wasser, langsamer. Beim Eintritt in dieses Medium wird es also plötzlich abgebremst, ähnlich wie ein Spaziergänger, der von der asphaltierten Strandpromenade aus den Sandstrand betritt. Entsprechend erreicht es beim Austritt aus dem Medium sofort wieder seine anfängliche, höhere Geschwindigkeit.

Parallele Lichtstrahlen, die auf die Grenzfläche zwischen Luft und Medium schräg auftreffen, ändern nicht nur ihre Geschwindigkeit, sondern auch ihre Richtung. Diese sogenannte *Brechung* (die wir in Abschnitt 3.1 schon erwähnt haben) ist in Abb. 3.18a gezeigt. Wenn ein Lichtstrahl aus der Luft in eine ebene Glasscheibe eintritt, wird er zum Einfallslot hin gebrochen, sodass er mit diesem nun einen kleineren Winkel einschließt. Im selben Ausmaß wird er an der anderen Grenzfläche der Scheibe beim Austritt vom Einfallslot weg gebrochen. (Innerhalb des Glases schreitet er, wie auch in der Luft, geradlinig fort.) Hinter der Scheibe hat der Lichtstrahl also wieder dieselbe Richtung und dieselbe Geschwindigkeit wie vor dem Eintritt, ist aber seitlich leicht verschoben.

Im Unterschied zu Glasplatten, beispielsweise Fensterscheiben, ist bei Linsen mindestens eine der Oberflächen gekrümmt, sodass eine solche „Platte“ keine einheitliche Dicke hat (Abb. 3.18b). Dadurch werden die von der Mitte weiter entfernten Lichtstrahlen insgesamt (d. h. durch Eintritt und Wiederaustritt) stärker aus der ursprünglichen Richtung abgelenkt, weil sie hier einen größeren Winkel mit dem Einfallslot bilden. Sie treffen sich hinter einer auf mindestens einer Seite *konvexen* Linse in einem einzigen Punkt. Dagegen laufen sie hinter einer mindestens auf einer Seite *konkaven* Linse so auseinander, als kämen sie von einem einzigen Punkt auf der Eintrittsseite der Linse. Große Konvexlinsen können bei optischen Instrumenten, die der Vergrößerung dienen, als **Objektivlinsen** dienen. Allerdings werden in Teleskopen heute stattdessen stets Primärspiegel verwendet, während Objektivlinsen noch bei Hobbygeräten Einsatz finden. Nur die *Okulare* sind immer als (kleinere) Linsen ausgeführt. Sie richten die Strahlen, die von dem von der ersten Linse oder vom Primärspiegel erzeugten Bild ausgehen, wieder parallel aus, und das Bild kann letztlich mit entspanntem Auge betrachtet werden.

Treffen parallele Lichtstrahlen auf eine konvexe Linse, beispielsweise eine Objektivlinse, dann laufen

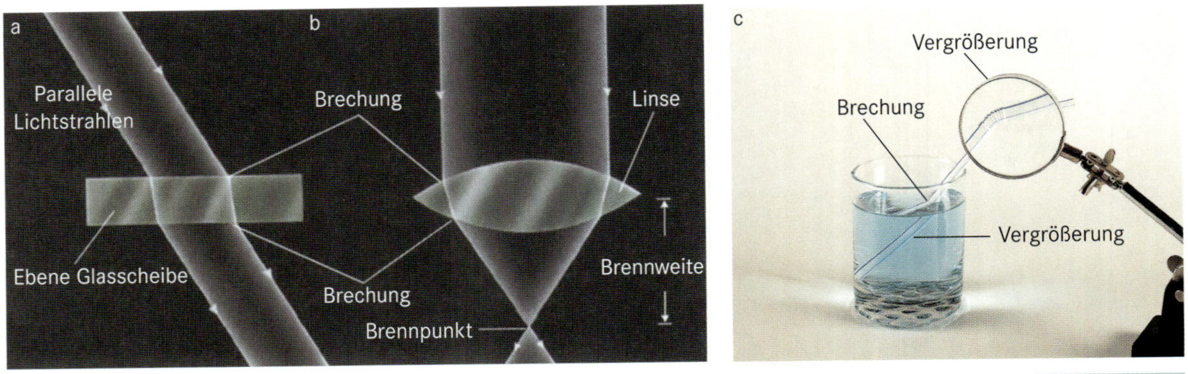

Abb. 3.18 Brechung bei gleichförmig und bei ungleichförmig dicken Glasscheiben. (a) Die Brechung eines Lichtstrahls besteht in der Änderung seiner Richtung beim Eintritt in ein anderes durchsichtiges Medium, in diesem Fall in Glas, das optisch dichter als Luft ist. Beim Eintritt in das dichtere Medium wird er zum Lot hin gebrochen, aber beim Austritt wieder vom Lot weg, und zwar um denselben Winkel, wenn die Platte eben und gleichmäßig dick ist. Dadurch ist seine Richtung jetzt dieselbe wie vor dem Eintritt. (b) Hier treten parallele Lichtstrahlen in eine beiderseits konvexe Glaslinse ein. Nach dem Austritt laufen sie in deren Brennpunkt (zuweilen auch Fokus genannt) zusammen. Eine solche Fokussierung ist auch bei einem Parabolspiegel zu beobachten. Den Abstand des Brennpunkts von der Mitte der Linse ist deren Brennweite. (c) Der im runden Becherglas im Wasser befindliche Teil des Strohhalms erscheint gegenüber dem Teil in der Luft vergrößert und außerdem seitlich versetzt. Das rührt von der runden Form des Becherglases her, die im Prinzip derjenigen einer Linse gleicht. Doch wenn man von oben in das Glas blickt, bemerkt man keine Vergrößerung, weil das Wasser in dieser Richtung wie eine (dicke) ebene Platte wirkt. (c: Ray Moller/Dorling Kindersley)

sie hinter ihr in deren **Brennpunkt** zusammen. Dessen Abstand von der Mitte der Linse ist deren **Brennweite** (Abb. 3.18b). Geht das eintreffende Licht von einem ausgedehnteren Objekt aus, so wird es nicht in einem einzigen Punkt fokussiert, sondern das Bild erscheint in der Brennebene des Objekts, ebenfalls mit einer gewissen Ausdehnung (Abb. 3.19).

Ein **Linsenteleskop** wird zuweilen als *Refraktor* bezeichnet, weil die Lichtbrechung auch *Refraktion* heißt. Wie in Abb. 3.20 gezeigt ist, besteht es im Prinzip aus zwei Konvexlinsen bzw. Sammellinsen. Die Objektivlinse, in die das Licht des Objekts eintritt, hat einen großen Durchmesser und eine lange Brennweite. Ebenso wie der Primärspiegel eines Spiegelteleskops hat sie den Zweck, so viel Licht wie möglich aufzufangen. Die Okularlinse am anderen Ende ist kleiner und hat eine kurze Brennweite. Für die Vergrößerung eines Linsenteleskops gilt dieselbe Gleichung wie beim Spiegelteleskop, wobei nur statt der Brennweite des Primärspiegels die Brennweite der Objektivlinse

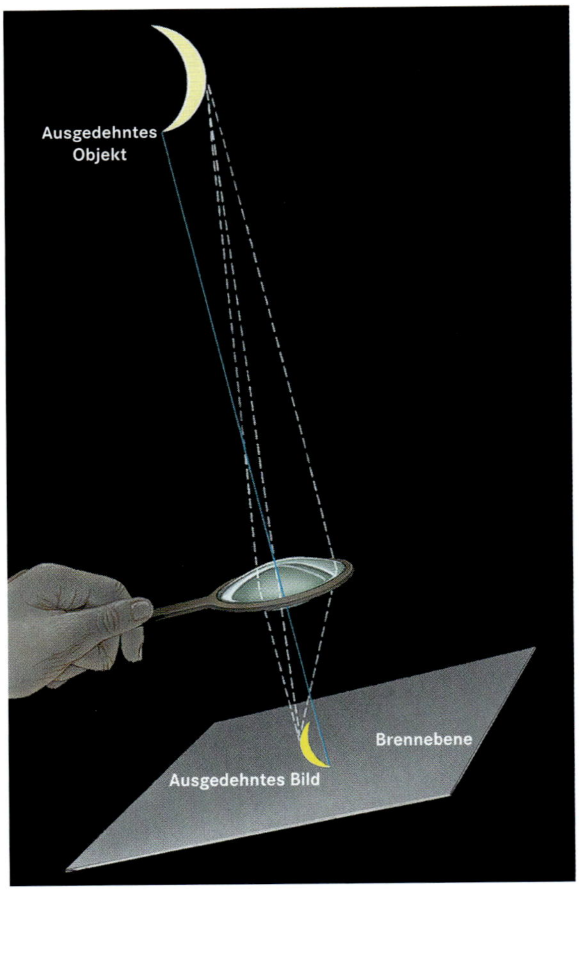

Abb. 3.19 Ausgedehntere Objekte werden in der Brennebene abgebildet. Lichtstrahlen, die von einem nicht nur punktförmigen Objekt ausgehen, werden so fokussiert, dass in der Brennebene der Linse ein ebenfalls ausgedehntes Bild des Objekts erscheint.

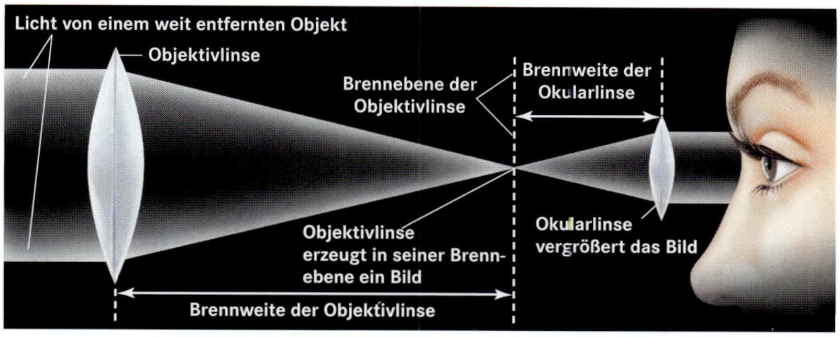

Abb. 3.20 Die wesentlichen Teile eines Linsenteleskops. Beim Linsenteleskop nimmt eine große, langbrennweitige Objektivlinse die vom Objekt her kommenden Lichtstrahlen auf und fokussiert sie. In der Brennebene der Objektivlinse liegt die Brennebene der kleinen, kurzbrennweitigen Okularlinse. Sie erzeugt also wieder parallele Lichtstrahlen, sodass hier das helle, vergrößerte Bild des Objekts mit entspanntem Auge zu betrachten ist.

einzusetzen ist. Alle in Abschnitt 3.6 gegebenen Erläuterungen zu Spiegelteleskopen gelten ebenso für Linsenteleskope.

Das größte jemals gebaute Linsenteleskop wurde 1897 im Yerkes-Observatorium in der Williams Bay im US-Bundesstaat Wisconsin in Betrieb genommen (Abb. 3.21). Seine Objektivlinse hat einen Durchmesser von 102 cm und eine Brennweite von 19⅓ m. Das zweitgrößte Linsenteleskop befindet sich im Lick-Observatorium nahe San José, Kalifornien. Seine Objek-

Abb. 3.21 Das größte Linsenteleskop. Dieses riesige Linsenteleskop vom Ende des 19. Jahrhunderts steht im Yerkes-Observatorium, das der Universität Chicago angegliedert ist. Die Objektivlinse misst 102 cm im Durchmesser, und seine Brennweite beträgt 19⅓ m. (Yerkes Observatory)

tivlinse misst 91 cm im Durchmesser. Im 20. Jahrhundert wurden keine größeren Linsenteleskope errichtet, und es werden auch künftig keine mehr gebaut werden.

Linsenteleskope haben einige prinzipielle Nachteile, die ihren Nutzen für die Forschung einschränken, darunter folgende:

- Die verschiedenen Farben des Lichts werden unterschiedlich stark gebrochen, sodass ihre Brennweiten voneinander abweichen. Diese **chromatische Aberration** kann bei Spiegeln naturgemäß nicht auftreten, weil das Licht bei der Reflexion nicht in das Glas eintritt.
- Es ist schwierig, große Linsen mit solchen Oberflächen exakt zu fertigen, dass auch die von der Mitte weiter entfernten Lichtstrahlen in den Brennpunkt fokussiert werden. Auch dieses Problem ist bei Spiegeln leichter zu vermeiden, und zwar durch Verwendung von Parabolspiegeln.
- Eine Linse kann nur an ihrem Umfang befestigt bzw. unterstützt werden, damit der Lichtweg frei bleibt. Daher können keine beliebig großen Linsen eingesetzt werden, denn sie würden sich durchbiegen. Dagegen können durchaus große Spiegel verwendet werden, weil sie an ihrer gesamten Unterseite unterstützt werden können.
- 4 Auch kleinste Luftblasen oder andere Fehler im Glas einer Linse führen zu unerwünschten Brechungen und damit zu Abbildungsfehlern.
- Glas lässt im Wesentlichen nur sichtbares Licht durch und ist in weiten Wellenlängenbereichen des Infraroten und des Ultravioletten undurchlässig.

Die beiden letztgenannten Punkte treffen auch auf kleinere Linsen zu, sodass Spiegelteleskope insgesamt vorteilhafter sind als Linsenteleskope. Deswegen werden in der Forschung seit längerer Zeit nur noch Spiegelteleskope eingesetzt. Die verspiegelten Oberflächen werden so fein poliert, dass die gröbsten Unebenheiten nicht einmal die 0,002-fache Dicke eines menschlichen Haares haben.

Zwar bieten, wie eben dargelegt, die Spiegelteleskope gegenüber den Linsenteleskopen viele Vorteile, aber auch sie sind nicht perfekt. Zu ihren wichtigsten Nachteilen zählen die teilweise Blockierung des Lichtwegs und die sphärische Aberration. Das schauen wir uns in den beiden nächsten Abschnitten näher an.

? Wie wird das Licht im menschlichen Auge fokussiert?

3.9 Sekundärspiegel verringern die Lichtausbeute, ohne ein Loch im Bild zu erzeugen

Beim Betrachten von Abb. 3.12 ist Ihnen vermutlich aufgefallen, dass der Sekundärspiegel den Lichteinlass teilweise blockiert. Das ist einer der beiden Nachteile von Spiegelteleskopen. Meistens wird der Lichteinfall auf den Primärspiegel durch den Sekundärspiegel um etwa 10 % verringert. (Um den Lichtverlust zu verringern, sieht man einfach einen entsprechend größeren Primärspiegel vor.) Außerdem könnte man vermuten, dass das letztlich beobachtete Bild in der Mitte ein Loch hat, weil der Sekundärspiegel mitten im Lichteintritt liegt. Doch das ist nicht der Fall, weil das Licht von jedem Teil des ausgedehnten Objekts auf einen ausreichend großen Teil des Primärspiegels trifft, sodass es stets vollständig abgebildet wird (Abb. 3.22). Die teilweise Abdeckung des Lichtwegs führt allerdings dazu, dass das Bild weniger hell ist, als es beim Ausnutzen des gesamten Primärspiegels wäre.

3.10 Spiegel und Linsen für Teleskope sind eine Wissenschaft für sich

Zum Herstellen eines Primärspiegels muss eine ausreichend große und dicke Glasplatte so geschliffen und poliert werden, dass die Oberfläche die gewünschte konkave Form annimmt. Bevor computergesteuertes Schleifen möglich war, konnten kugelförmige (d. h. sphärische) Oberflächen wesentlich leichter ausreichend exakt realisiert werden als parabolische Oberflächen. Jedoch treffen die Lichtstrahlen bei größeren Teleskopspiegeln auch in größeren Abständen von deren Achse auf, sodass sich bei einem sphärischen Spiegel unterschiedliche Brennweiten ergeben (Abb. 3.23a). Durch diese **sphärische Aberration** entsteht ein unscharfes Bild des Objekts.

Man kann die sphärische Aberration bei Spiegelteleskopen durch zwei Maßnahmen vermeiden. Die eine besteht darin, dass kein sphärischer (kugelförmiger) Spiegel verwendet wird, sondern ein Parabolspiegel (Abb. 3.23b). Bei der anderen Methode wird vor dem sphärischen Hohlspiegel, meist direkt in der Lichteintrittsöffnung des Teleskops, eine sogenannte **Schmidt'sche Korrekturplatte** angebracht (Abb. 3.23c). In ihr werden die Lichtstahlen je nach ihrem Abstand von der Mittelachse des Teleskops unterschiedlich stark gebrochen, sodass die am Spiegel auf-

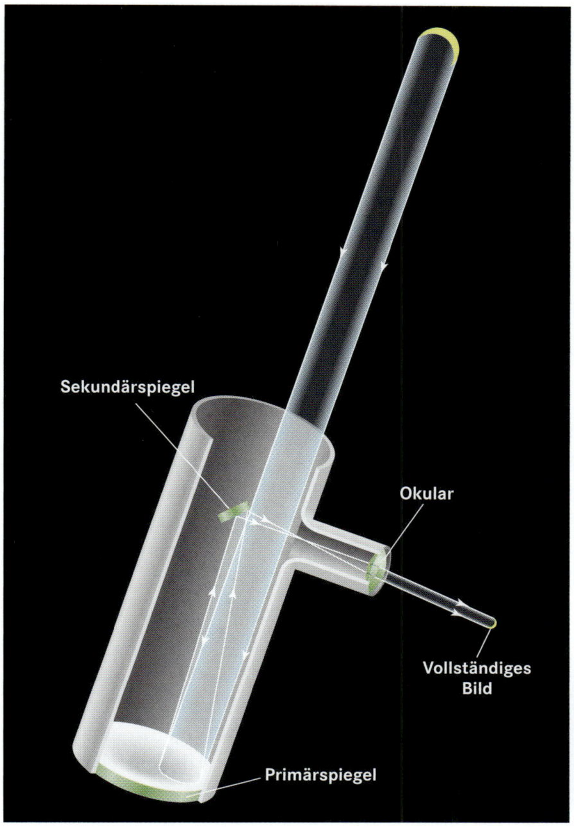

Abb. 3.22 Der Sekundärspiegel erzeugt kein Loch im Bild. Weil die Lichtstrahlen von einem sehr weit entfernten Objekt parallel zueinander sind, werden Lichtstrahlen vom gesamten Objekt von ausreichend großen Teilen des Primärspiegels reflektiert. Selbst wenn – wie hier beispielhaft dargestellt – nur ein kleiner Teil des Primärspiegels ausgenutzt würde, entstünde ein vollständiges Bild des Objekts, hier der Mondsichel.

tretende sphärische Aberration gerade ausgeglichen wird. Dadurch werden alle reflektierten Strahlen im Brennpunkt fokussiert. Weil die Schmidt'sche Korrekturplatte einen gewissen Weitwinkeleffekt einbringt, hat ihr Einsatz auch den Vorteil, dass ein etwas größerer Bereich des Himmels auf einmal erfasst werden kann – allerdings nicht mit sehr hohen Vergrößerungen. Schmidt'sche Korrekturplatten werden oft in Kombination mit einem Cassegrain-Fokus verwendet. Solche auch bei Hobbyastronomen beliebten *Schmidt-Cassegrain-Teleskope* sind kompakt und bieten ein relativ weites Sichtfeld. Allerdings sind, wie schon angedeutet, mit Parabolspiegeln höhere Vergrößerungen möglich.

Zwar gelang es auch früher zuweilen, parabolische Primärspiegel von Hand zu schleifen. Doch erst mit modernen computergesteuerten Schleif- und Poliermaschinen sowie speziellen rotierenden Öfen können sogar Parabolspiegel mit mehreren Metern Durchmesser rationell und in hoher Qualität hergestellt werden. In solchen Öfen (Abb. 3.24) nimmt die Glasoberfläche infolge der Rotation sozusagen selbsttätig eine Parabelform an.

3.11 Die Erdatmosphäre stört die Astronomen

Das von astronomischen Objekten ausgehende Licht muss die Atmosphäre durchqueren, damit auf der Erde beobachtet oder aufgenommen werden kann. Aber die Atmosphäre ist kein homogenes, ständig gleiches Gebilde. Sicherlich haben Sie beim Autofahren schon das Flirren über einer sonnenbeschienenen, heißen Fahrbahn gesehen. Es rührt von den unterschied-

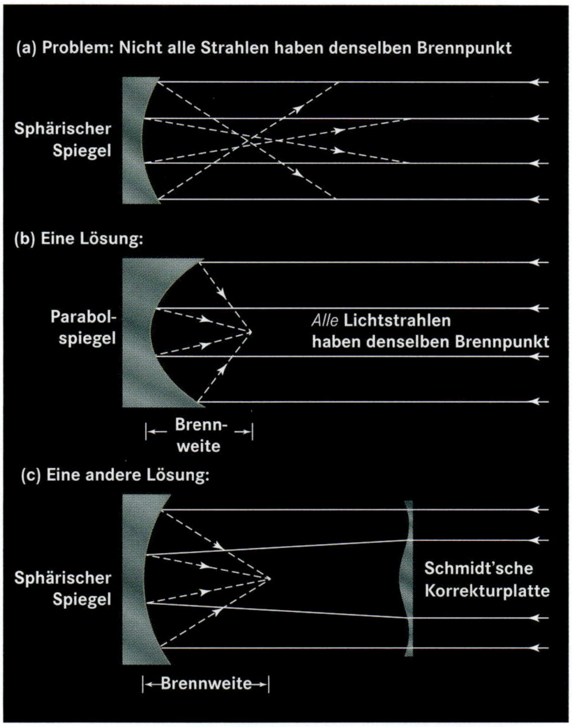

Abb. 3.23 Sphärische Aberration. (a) Bei einem sphärischen Konkavspiegel werden achsenfernere Lichtstrahlen in anderen Abständen fokussiert als achsennahe Lichtstrahlen. Diese sphärische Aberration, die zu einem unscharfen Bild führt, kann auf zwei Arten vermieden bzw. ausgeglichen werden. Die eine Möglichkeit ist das Verwenden eines Parabolspiegels (b) und die andere der Einsatz einer Schmidt'schen Korrekturplatte (c), die eine speziell geformte flache Linse ist (nähere Erläuterung im Text).

Abb. 3.24 Ein rotierender Ofen zum Herstellen parabolischer Teleskopspiegel. (a) Zum Herstellen der beiden 8,4-m-Primärspiegel des großen Doppelteleskops (Binokularteleskops) auf dem Mount Graham im US-Bundesstaat Arizona wurden 22 Tonnen Glas in einem rotierenden Ofen bei 1450 K geschmolzen. Dieses Foto zeigt das Beladen des zylindrischen Ofens. (b) Nach dem Schmelzen, Rotieren und Abkühlen ist die parabolische Oberfläche bereit für die letzten Arbeitsgänge, insbesondere das Polieren und das Beschichten mit einem speziellen, stark reflektierenden Material. (a: Roger Ressmeyer/Corbis; b: University of Arizona, Steward Observatory)

lichen Dichten wärmerer und kälterer „Luftportionen“ her, die sich ungeordnet nach oben bzw. nach unten bewegen und in denen das Licht unterschiedlich stark gebrochen wird. Diese „Luftportionen“ können wir in ihrer Wirkung daher mit Linsen vergleichen – und was wir sehen, sind immer wieder anders verzerrte Bilder der Gegenstände, auf die wir blicken.

5 Außerdem enthält die Luft in der Atmosphäre unterschiedliche Anteile an Verunreinigungen und Feuchtigkeit. Diese sowie thermische Unruhe wie die eben beschriebene führen dazu, dass das zu uns gelangende Sternenlicht auf ähnliche unregelmäßige Weise gebrochen wird. Dadurch scheint ein Stern, zu dem wir blicken, nicht exakt am selben Punkt zu bleiben, und auch seine Helligkeit wechselt in schneller Folge. Das ist das bekannte **Flimmern** der Sterne. Fotografiert man einen Stern mit einer Belichtungszeit von einigen Sekunden, dann gleichen sich die Unregelmäßigkeiten aus, und auf dem Bild erscheint kein Punkt, sondern ein verschmiertes Scheibchen (Abb. 3.25a). Die Astronomen sprechen vom *Seeing* (was so viel wie „Sicht“ oder „Sichtbarkeit“ bedeutet), wenn sie angeben, wie gleichmäßig die Atmosphäre jeweils ist. Je

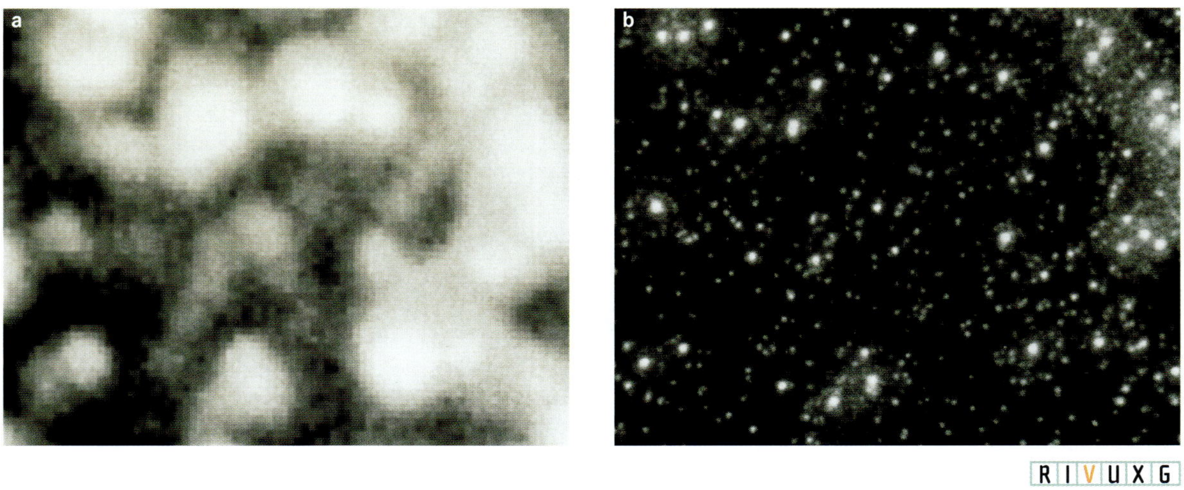

Abb. 3.25 Auswirkungen des Flimmerns. (a) Ein Ausschnitt aus dem Nachthimmel, fotografiert mit einem terrestrischen Teleskop bei schlechtem Seeing, d. h. starken Störungen durch eine unruhige Atmosphäre. (b) Der gleiche Bereich, aufgenommen mit dem Hubble-Teleskop, also außerhalb der Atmosphäre. Hier tritt naturgemäß kein Flimmern auf. (NASA/ESA)

schlechter das Seeing ist, desto unschärfer bzw. verschwommener sind die Teleskopaufnahmen.

Das verschmierte, also nicht mehr punktförmige Bild eines Sterns bezeichnet man als **Sternscheibchen**. Sein Winkeldurchmesser ist ein brauchbares Maß für das bestmögliche Auflösungsvermögen des jeweiligen Teleskops und hat dementsprechend bei den einzelnen Observatorien einen anderen Wert. Beim Mount-Palomar-Observatorium beträgt er rund eine Bogensekunde. Der mit 0,2 Bogensekunden beste Wert terrestrischer Teleskope wird beim Observatorium auf dem 4250 m hohen Gipfel des Mauna Kea erzielt, des größten ruhenden Vulkans auf der Insel Hawaii.

Wie in Abb. 3.25b deutlich wird, tritt das Flimmern der Sterne außerhalb der Erdatmosphäre nicht auf. Daher können hier wesentlich schärfere Bilder mit besserer Auflösung aufgenommen werden – sei es von Sternen oder auch von ausgedehnten Objekten wie Planeten oder Galaxien.

Ein weiteres Problem bei terrestrischen Teleskopen stellt die Lichtverschmutzung durch die Städte dar (Abb. 3.26). Das 5-m-Teleskop auf dem Mount Palomar zwischen San Diego und Los Angeles war das erste große Teleskop, das über Jahrzehnte hinweg wertvolle Einblicke in das Universum gewährte. Doch das Licht der beiden Städte erfüllte den Nachthimmel nach und nach immer stärker, sodass der Nutzen dieses Teleskops inzwischen deutlich eingeschränkt ist.

Einblicke in die Wissenschaft

Forschung erfordert Geduld Die Sichtbedingungen sind in der Astronomie selten ideal – wie überhaupt die Beobachtungsbedingungen in der Forschung. Die Wissenschaftler müssen sich mit solchen natürlichen, nicht zu beeinflussenden Phänomenen auseinandersetzen, aber auch mit Gerätedefekten, verspäteten Ersatzteillieferungen und sogar Konstruktionsfehlern. Geduld ist daher nicht nur in der Spitzenforschung eine Tugend, sondern in der Wissenschaft allgemein eine schiere Notwendigkeit. Wenn Sie ein Observatorium besuchen und die Astronomen fragen, wie das Seeing gerade ist, dann sollten Sie auf ein paar Kraftausdrücke gefasst sein!

Sehr gute Beobachtungspunkte befinden sich natürlich auf Berggipfeln, hoch über Smog, Wasserdampf und Wolken sowie weit weg von den erleuchteten Städten. Aber ideale Beobachtungspunkte liegen oberhalb der Atmosphäre, also im Weltraum. Davon konnten die Astronomen bis vor gut drei Jahrzehnten nur träumen.

? Wo können bei oder in einem Wohnhaus die eben beschriebenen Abbildungsprobleme beobachtet werden?

R I V U X G

Abb. 3.26 Lichtverschmutzung. Diese beiden Aufnahmen der Stadt Tucson in Arizona wurden von dem rund 60 Kilometer entfernten Kitt Peak National Observatory aus aufgenommen: das obere Bild im Jahre 1959 und das untere im Jahre 1989. Seit 1972 gibt es zumindest bei einigen Orten Vorschriften, die die Lichtverschmutzung eindämmen sollen, die vielen Observatorien auf der ganzen Welt Probleme bereiten. (NOAO/AURA/NSF/Galaxy)

3.12 Das Hubble-Teleskop zeigt atemberaubende Details

Die Weltraumteleskope, darunter das 1990 in seine Umlaufbahn um die Erde gebrachte Hubble-Teleskop, erfüllten schließlich viele Hoffnungen der Astronomen. Hierbei gibt es keine störenden Einflüsse wie beispielsweise das Flimmern der Sterne, Lichtverschmutzungen oder Staub und andere Verunreinigungen der Luft. Außerdem sind Weltraumteleskope fast rund um die Uhr nutzbar und können zudem in praktisch allen Wellenlängenbereichen – vom Infraroten über sichtbares Licht bis zur Gammastrahlung – arbeiten, da die ankommende Strahlung oberhalb der Atmosphäre ja nicht absorbiert wird. In den letzten Jahren haben die NASA und andere Raumfahrtagenturen zahlreiche verschiedene Weltraumteleskope in Betrieb gesetzt. Das erste und wohl auch bekannteste war das Hubble-Teleskop (zuweilen kurz HST genannt, nach der englischen Bezeichnung Hubble Space Telescope).

Schon bald nachdem es im Jahre in 1990 seinen Betrieb aufgenommen hatte, zeigte sich, dass bei seinem 2,4-m-Hauptspiegel die Krümmung nicht stimmte. Dadurch traten sphärische Aberrationen auf, die die Aufnahmen stark beeinträchtigten. Im Dezember 1993 konnten diese Probleme behoben werden; hierzu wurden im Rahmen einer Spaceshuttle-Mission an der optischen Vorrichtung einige Korrekturen vorgenommen (Abb. 3.27). Weitere Nachbesserungen erfolgten im Jahre 2002, sodass das Auflösungsvermögen des Hubble-Teleskops nun besser als 0,1 Bogensekunden ist. Ein so guter Wert kann bei terrestrischen Teleskopen nicht einmal mithilfe der neuesten Verfahren (siehe Abschnitt 3.13) erzielt werden.

Die vom Hubble-Teleskop gelieferten Aufnahmen erweiterten die Einblicke in das Universum ganz entscheidend. Sie lieferten neue Erkenntnisse über die Planeten unseres Sonnensystems sowie über Planetensysteme um andere Sterne, aber auch über ferne Galaxien und ihre Entfernungen von uns, ferner über Schwarze Löcher, Quasare, die Entstehung frühester Galaxien, das Alter des Universums – um nur die wichtigsten Punkte zu nennen.

Seit 2002 traten beim Hubble-Teleskop erneut technische Schwierigkeiten auf, doch konnten sie im Oktober 2008 durch eine letzte Reparaturaktion vollständig behoben werden. Sein enormer Erfolg hat die Forscher ermutigt, ein neues Weltraumteleskop mit modernster Technik zu konzipieren. Sein Spiegel wird einen Durchmesser von 6,5 m haben, und es soll 2013 unter dem Namen James-Webb-Teleskop in seine Umlaufbahn gebracht werden.

Abb. 3.27 Das Hubble-Teleskop. Dieses Foto wurde 1993 bei seiner ersten Reparatur aufgenommen, wobei es hier oberhalb der Ladebucht des Spaceshuttle schwebte. Das Hubble-Teleskop arbeitet im infraroten, im sichtbaren sowie im ultravioletten Bereich. (NASA)

3.13 Neue Technologien ermöglichen eine neue Generation terrestrischer Teleskope

Angesichts der enorm hohen Auflösung der Aufnahmen des Hubble-Teleskops könnte man vermuten, dass von der Erde aus künftig kaum noch astronomische Beobachtungen vorgenommen werden. Aber zwei sehr interessante Verfahren – die *aktive Optik* und die *adaptive Optik* – ermöglichen es, sogar auf der Erde die Qualität der Hubble-Aufnahmen zu erzielen, wenn nicht gar zu übertreffen. Bei der **aktiven Optik** wird anhand der momentanen Temperatur und der augenblicklichen Verzerrung der Teleskophalterung ständig die optimale Orientierung des Primärspiegels ermittelt. Dementsprechend wird jeweils innerhalb weniger Sekunden die Ausrichtung des Spiegels auf das angepeilte Objekt korrigiert. Mit einer aktiven Optik erreichen das New Technology Telescope in Chile und die Keck-Teleskope auf Hawaii meist ein Auflösungsvermögen von etwa 0,3 Bogensekunden, was bei den Keck-Teleskopen ein dreifach besserer Wert als ohne aktive Optik ist.

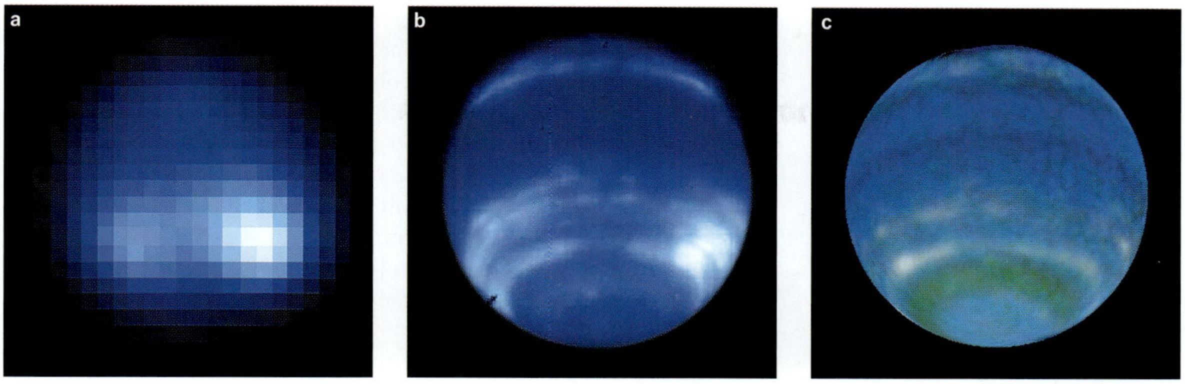

Abb. 3.28 Neuere Bilder, von der Erde und im Weltraum aufgenommen. (a) Der Planet Neptun, aufgenommen auf der Erde ohne adaptive Optik. (b) Das gleiche Objekt, aufgenommen mit demselben terrestrischen Teleskop, jedoch mit adaptiver Optik. (c) Wiederum das gleiche Objekt, hier in einer Aufnahme des Hubble-Teleskops, das keine adaptive Optik aufweist. (a und b: Mit freundlicher Genehmigung vom Center for Adaptive Optics, University of California; c: NASA, L. Sromovksy und P. Fry, University of Wisconsin, Madison)

Bei der **adaptiven Optik** wird mithilfe von Sensoren das Ausmaß des Flimmerns der Sterne ermittelt, das von dynamischen Ungleichmäßigkeiten in der Atmosphäre herrührt. Die dadurch hervorgerufenen scheinbaren Bewegungen der Sterne werden kompensiert durch eine entsprechende computergesteuerte Nachführung der zahlreichen Unterstützungspunkte des relativ dünn ausgelegten Primärspiegels oder vieler kleinerer Spiegel, aus denen er zusammengesetzt ist. Mit einer solchen adaptiven Optik können durch die Atmosphäre hervorgerufene Bildverzerrungen wirksam verhindert werden, sodass bemerkenswert scharfe Aufnahmen zu erzielen sind (Abb. 3.28). Die Methode der adaptiven Optik wird inzwischen bei vielen großen Observatorien zumindest an einigen terrestrischen Teleskopen eingesetzt, und ihre Aufnahmequalität ist durchaus vergleichbar mit der des Hubble-Teleskops (Abb. 3.28c).

Bis in die 1980er Jahre hinein hatten die größten Primärspiegel von Teleskopen Durchmesser zwischen 2 m und 6 m. Doch seit Beginn des 21. Jahrhunderts können sie deutlich größer angelegt werden, weil sie anders aufgebaut sind und mit computergesteuerten Halterungen versehen sind. Im Jahre 2009 hatten weltweit über 67 terrestrische Spiegelteleskope einen Primärspiegel mit mindestens 2 m Durchmesser. Diese Anzahl war innerhalb von nur drei Jahren um zwölf gestiegen. Von diesen 67 Teleskopen haben zwölf einen Primärspiegel mit einem Durchmesser zwischen 8 m und 10 m, und über ein Dutzend Teleskope mit noch größeren Spiegeln waren im Jahre 2009 im Entwurfsstadium oder bereits im Bau.

Weil die Baukosten für sehr große Spiegel enorm hoch sind, hat man schon lange nach Möglichkeiten gesucht, sie billiger zu produzieren, ohne Abstriche an der Leistungsfähigkeit machen zu müssen. Eine Methode besteht darin, den Spiegel aus sehr vielen kleinen Spiegeln zusammenzusetzen, ähnlich wie einen Fußboden aus Fliesen. Die größten derartigen Konstruktionen sind die 10-m-Spiegel der Teleskope Keck I und Keck II auf dem Gipfel des Mauna Kea auf Hawaii. Bei ihnen sind jeweils 36 sechseckige Spiegel aneinandergesetzt, und die gesamte Anordnung kann ebenso viel Licht aufnehmen wie ein einzelner Primärspiegel mit 10 m Durchmesser (Abb. 3.29). Eine andere Methode ist die sogenannte *Interferometrie*, bei der Bilder mehrerer Teleskope miteinander kombiniert werden. Richtet man beispielsweise die beiden Keck-Teleskope gemeinsam auf das gleiche Objekt, dann kann man dieses mit einer ebenso guten Auflösung aufnehmen wie bei einem einzigen 85-m-Spiegel. Und die vier 8,2-m-Spiegel des Very Large Telescope im Paranal-Observatorium (siehe das Foto am Anfang dieses Kapitels) erlauben zusammen eine Auflösung von rund 0,002 Bogensekunden, wie sie sonst nur mit einem 200-m-Spiegel erzielbar wäre.

? Warum sind Militär und Geheimdienste so sehr an der modernsten Teleskoptechnik in der Astronomie interessiert?

R I V U X G

Abb. 3.29 Die Keck-Teleskope mit 10-m-Spiegeln. Auf dem ruhenden (und hoffentlich wirklich erloschenen) Vulkan Mauna Kea auf der Insel Hawaii steht ein Zwillingsteleskop. Deren beide Spiegel sind aus jeweils 36 sechseckigen Spiegeln mit der Kantenlänge 1,8 m zusammengesetzt. Jeder der beiden Gesamtspiegel entspricht in Lichtaufnahme und Vergrößerung einem einzelnen Spiegel mit 10 m Durchmesser. Das kleine Foto zeigt den Blick auf das Keck-I-Teleskop. Nahe beim oberen Bildrand ist die Halterung für den 1,4-m-Sekundärspiegel zu erkennen. (W. M. Keck Observatory, mit freundlicher Genehmigung von Richard J. Wainscoat)

Nichtoptische Astronomie

In Abb. 3.7 haben wir gesehen, dass sichtbares Licht nur einen winzigen Anteil des elektromagnetischen Spektrums ausmacht. Noch gegen Ende der 1940er Jahre hatte man keine Vorstellung davon, wie viel unsichtbare Strahlung von astronomischen Objekten emittiert wird. Inzwischen wissen wir, dass viele Objekte im Weltraum zwar kein sichtbares Licht aussenden, dafür aber in unsichtbaren Wellenlängenbereichen intensiv strahlen. Es wurden spezielle Teleskoptypen entwickelt, um solche Emissionen aus dem Weltraum zu erfassen. Diese Strahlungen reichen von Radiowellen und Infrarotstrahlung aus gewaltigen interstellaren Gaswolken über die Ultraviolett- und Röntgenstrahlung der Überreste von Sternen bis zu unvorstellbar heftigen Ausbrüchen von Gammastrahlung aus sich vereinigenden Schwarzen Löchern oder aus anderen Quellen. Unsere inzwischen sehr ausgeklügelten Beobachtungsverfahren im gesamten elektromagnetischen Spektrum erlauben uns sozusagen einen immer tieferen Einblick in die faszinierenden Phänomene im Universum. Einen Eindruck davon, was wir mit unseren Augen allein *nicht* sehen können, gibt Abb. 3.30, in der das Sternbild Orion im Ultraviolett-, im Infrarot- sowie im sichtbaren Spektralbereich aufgenommen wurde.

3.14 Radioteleskope sammeln Radiowellen mithilfe einer großen konkaven Schüssel

Der erste Nachweis einer unsichtbaren elektromagnetischen Strahlung aus dem Weltraum gelang im Jahre 1932 dem jungen Rundfunkingenieur Karl Jansky, der bei den Bell Laboratories arbeitete. Er versuchte, mithilfe von Empfangsantennen die Quellen atmosphärischer Elektrizität zu finden, die Störungen im Kurzwellenbereich hervorriefen. Er stellte schließlich fest, dass ein bestimmtes Rauschen am stärksten war, wenn das Sternbild Schütze hoch am Himmel stand. Weil sich in dieser Richtung das Zentrum unserer Galaxis (der Milchstraße) befindet, kam Jansky zu dem zutreffenden Schluss, dass er Radiowellen aus der Galaxis erfasst hatte. Seit Janskys eher unbeabsichtigter Entdeckung von Radiowellensignalen aus dem Weltraum wird ständig nach weiteren Quellen unsichtbarer Strahlungen im Kosmos gefahndet, und es wird versucht, ihre Beschaffenheit und Ursache zu klären.

Radioteleskope erfassen Radiowellensignale, die aus dem Weltraum die Erdoberfläche erreichen. Die metallischen Oberflächen der Radioteleskope reflektieren Radiowellen, ähnlich wie Spiegel das sichtbare

Einblicke in die Wissenschaft

Über den Tellerrand hinausblicken Wenn man die Ergebnisse von Beobachtungen oder Experimenten interpretiert, muss man häufig auch Erkenntnisse aus ganz anderen Forschungsgebieten einbeziehen. Ein Beispiel dafür war Karl Janskys Feststellung, dass manche Strahlungen im Radiowellenbereich ihren Ursprung im Weltraum haben. Nun mussten Erkenntnisse auf zwei ganz verschiedenen Gebieten – der Astronomie und der Funktechnik – miteinander kombiniert werden.

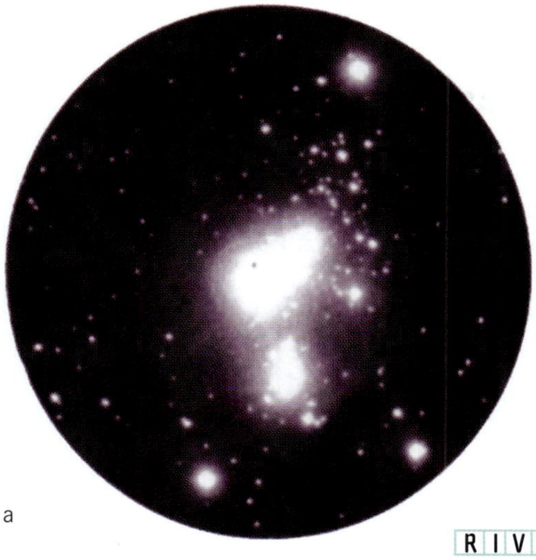

a

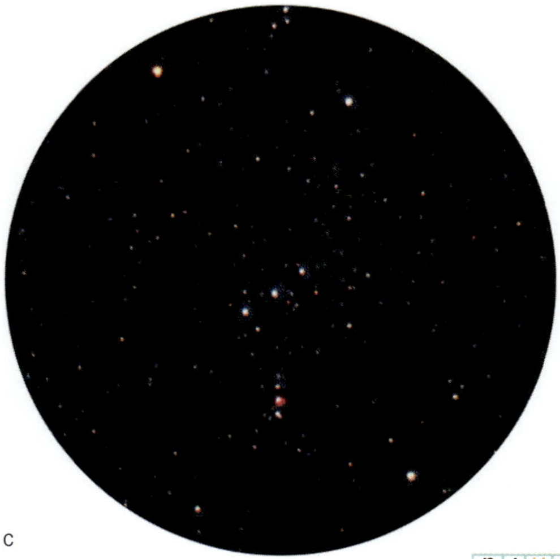

c

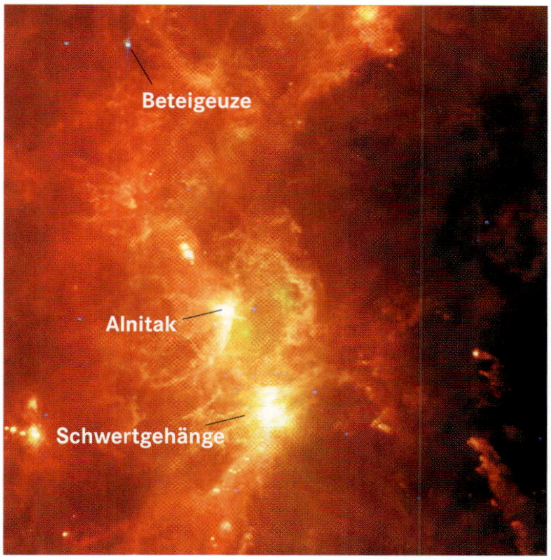

b

Abb. 3.30 Das Sternbild Orion, aufgenommen in drei verschiedenen Spektralbereichen. (a) Diese Ultraviolettaufnahme entstand am 5. Dezember 1975 während eines kurzen Raketenflugs. Die Belichtungszeit betrug 100 s, und es wurde der Wellenlängenbereich zwischen 125 nm und 200 nm erfasst. (b) Ein Falschfarbenbild, erzeugt aus einem Infrarotbild, das aus einem Satelliten aufgenommen wurde. Je heller die Farbe ist, desto intensiver ist die Infrarotstrahlung. (c) Ein gewöhnliches Foto des Orion. (a: G. R. Carruthers, NRL; b: NASA/JPL-Caltech; c: R. C. Mitchell, Central Washington University)

Licht. Hauptkomponente eines jeden Radioteleskops ist eine große konkave Schüssel (Abb. 3.31), die die Radiowellen auf die gleiche Weise fokussiert wie ein optischer Teleskopspiegel das sichtbare Licht. In ihrem Brennpunkt oder ihrem Cassegrain-Fokus ist eine kleine Antenne angebracht, die auf die jeweils gewünschte Wellenlänge abgestimmt wird. Die erfassten Signale werden dann an Verstärker und Aufzeichnungsgeräte weitergeleitet.

Die Radiowellen sind die elektromagnetischen Strahlungen mit den längsten Wellenlängen. Die Winkelauflösung eines Teleskops ist bei kleineren Wellenlängen besser. Daher lassen Aufnahmen mit Radioteleskopen bei gleichem Durchmesser des die Strahlung aufnehmenden Bauteils (der Empfangsantenne bzw. der Objektivlinse oder des Primärspiegels) weniger Einzelheiten erkennen als bei den anderen Teleskoptypen. Die Aufnahmen der ersten kleinen Radioteleskope waren dementsprechend recht verschwommen.

Je größer bei einem Radioteleskop der Schüsseldurchmesser ist, desto detailreicher sind die Aufnahmen, die es liefert; das ist bei einem optischen Teleskop genauso, bei dem dazu die Objektivlinse bzw. der Primärspiegel möglichst groß sein muss. Die Schüsseln der modernen Radioteleskope haben gewöhnlich Durchmesser über 25 m. Aber auch die mit 305 m Durchmesser riesige Radiowellenschüssel in Arecibo, Puerto Rico, kann das Auflösungsvermögen der besten optischen Teleskope keinesfalls erreichen. Beispielsweise ist das Auflösungsvermögen eines optischen 6-m-Teleskops 2000-mal besser als die eines 6-m-Radioteleskops, das Radiowellen mit 1 mm Wellenlänge erfasst.

Die durch den Schüsseldurchmesser gegebene Begrenzung des Auflösungsvermögens lässt sich aber mithilfe der *Interferometrie* überwinden. Wie wir in Abschnitt 3.13 gesehen haben, werden bei diesem Verfahren die von zwei oder mehreren Teleskopen gleich-

R I V U X G

Abb. 3.31 Ein Radioteleskop. Bei den meisten Spiegelteleskopen deckt der im Primärfokus angebrachte Sekundärspiegel einen Teil des auftreffenden Lichts ab. Aber beispielsweise bei diesem ovalen, 100 m mal 110 m großen Radioteleskopspiegel des National Radio Astronomy Observatory in Green Bank im US-Bundesstaat West Virginia ist die kleine Empfangsantenne in der Brennebene seitlich versetzt gegen die Einfallsrichtung angebracht. Dadurch wird die erfasste Strahlung nicht abgeschwächt. Auch für den Mikrowellenbereich werden meist solche Konfigurationen eingesetzt, beispielsweise bei den Satellitenschüsseln für den Fernsehempfang. (NRAO/AUI/NSF)

zeitig erfassten Signale bzw. Daten miteinander kombiniert. Dabei können die Schüsseln der Teleskope viele Kilometer weit voneinander entfernt sein; sie können sich sogar auf unterschiedlichen Kontinenten und/oder auf Satelliten befinden. Die Radiowellensignale aller beteiligten Schüsseln werden mithilfe spezieller Computerprogramme auf geeignete Weise kombiniert, sodass letztlich ein sehr detailreiches Bild der Strahlungsquelle entsteht. Die Ergebnisse sind beeindruckend: Das Auflösungsvermögen eines solchen Systems entspricht dem einer einzigen (hypothetischen) Schüssel mit einem Durchmesser, der gleich dem größten Abstand in der Anordnung der beteiligten Schüsseln ist.

Die Interferometrie wurde schon gegen Ende der 1940er Jahre erstmals in der Astronomie ausgenutzt, und eines der komplexesten derartigen Systeme von Radiowellenschüsseln wurde in den 1980er Jahren in der Prärie San Agustin nahe der Stadt Socorro in New Mexico errichtet. Dieses in Abb. 3.32 gezeigte sogenannte Very Large Array (VLA, wörtlich: „sehr große Anordnung") besteht aus 27 konkaven Schüsseln mit einem Durchmesser von jeweils 26 m. Sie befinden sich in den drei Armen eines gigantischen Y, das eine Strecke von bis zu 36 km überstreicht. Sein Auflösungsvermögen kann bis zu 0,1 Bogensekunden herunter betragen; dieser Wert ist vergleichbar mit dem der besten optischen Teleskope.

In jüngster Zeit wurden Radioteleskope miteinander kombiniert, die Tausende von Kilometern voneinander entfernt sind. Hierbei spricht man von der **Very Long Baseline Interferometry** (VLBI, wörtlich: „Interferometrie mit sehr langer Grundlinie"). Die Anordnung der Schüsseln heißt entsprechend Very Long Baseline Array (VLBA). Sie besteht aus zehn Schüsseln mit 25 m Durchmesser, die – von Hawaii bis New Hampshire – praktisch über die gesamten USA verteilt sind. Mit einer maximalen Grundlinie von 8000 km hat das VLBA ein Auflösungsvermögen von 0,001 Bogensekunden.

Die auf der Erde bestmögliche Winkelauflösung kann erzielt werden, indem man die Daten bzw. Signale von Teleskopen kombiniert, die sich auf gegen-

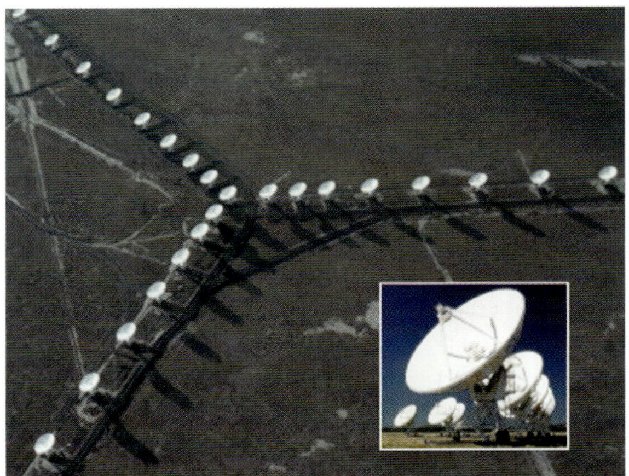

R I V U X G

Abb. 3.32 Das Very Large Array (VLA). Die 27 Radiowellenschüsseln des VLA sind bei Socorro im US-Bundesstaat New Mexico in den Armen eines riesigen Y angeordnet. Die einzelnen Schüsseln können nicht nur auf verschiedene Winkel relativ zum Erdboden eingestellt, also auf verschiedene Himmelskörper gerichtet werden, sondern sind auch entlang des jeweiligen Y-Arms auf Schienen verschiebbar. Wenn sie (wie hier gezeigt) vergleichsweise nahe beieinander stehen, kann ein größerer Bereich des Himmels erfasst werden. Dagegen wird bei größeren Abständen ein kleinerer Ausschnitt des Himmels mit besserer Auflösung erfasst. Das kleine Foto zeigt die übliche Anordnung der Empfangsantenne an einer der Schüsseln. (Jim Sugar/Corbis; kleines Bild: David Nunuk/Science Photo Library/Photo Researchers)

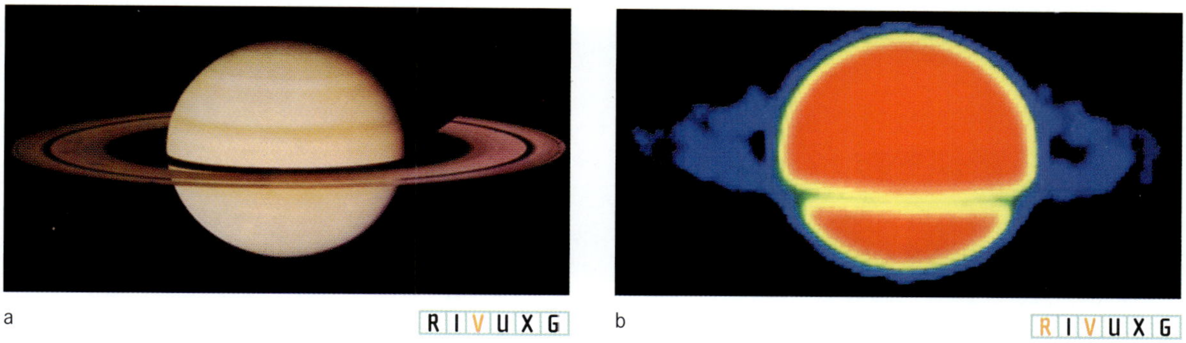

Abb. 3.33 Der Planet Saturn im sichtbaren und im Radiowellenbereich. (a) Dieses Foto wurde von der Kamera einer Raumsonde aufgenommen, die sich dem Saturn näherte. Das erfasste Licht rührt von der Streuung und Reflexion des Sonnenlichts an der Atmosphäre und an den Ringen des Saturn her. (b) Dieses Falschfarbenbild wurde aus Aufnahmen des VLA bei der Wellenlänge 2 cm erzeugt. (a: NASA; b: Foto mit freundlicher Genehmigung von NRAO/AUI)

überliegenden Seiten der Erdkugel, also bei maximaler Grundlinie, befinden. Das Auflösungsvermögen ist dabei mit 0,00001 Bogensekunden 10.000-mal besser als das des besten optischen Teleskops. Noch viel längere Grundlinien sind natürlich mit mehreren Radioteleskopen im Weltraum möglich, die beispielsweise die Erde umlaufen.

Weil Radiowellen nicht sichtbar sind, werden die Aufnahmen von Radioteleskopen zum Betrachten der erfassten Objekte meist in sogenannte Falschfarbenbilder oder in Bilder mit unterschiedlichen Graustufen umgesetzt. Ein Beispiel dafür ist in Abb. 3.33 gezeigt. Hier entspricht Rot der intensivsten und Blau der schwächsten Radiowellenstrahlung, und dazwischen liegen die anderen Regenbogenfarben, wobei Schwarz anzeigt, dass keine Radiowellenstrahlung vorliegt. Auch bei den anderen nicht sichtbaren Wellenlängenbereichen werden häufig Falschfarbenbilder verwendet.

Schauen wir uns ein Beispiel dafür an, wie die Radioastronomie, ein Teilgebiet der nichtoptischen Astronomie, bessere Auflösungen erzielt, als sie mit optischen Teleskopen möglich sind. Gegen Ende des 18. Jahrhunderts beobachtete der deutsch-englische Astronom Wilhelm Herschel bestimmte Bereiche unserer Galaxis (der Milchstraße), die kein sichtbares Licht emittieren, und berichtete: „Hier weist der Himmel ein Loch auf." (Allerdings hatte er kein Schwarzes Loch beobachtet, sondern einfach einen Bereich, der in den damaligen Teleskopen nur besonders dunkel war.) Doch im 20. Jahrhundert entdeckte man in diesem Gebiet Wolken aus interstellarem Gas und Staub, die das sichtbare Licht von hinter ihnen gelegenen Sternen abfangen. Ähnlich absorbieren dicke Wolken in der Erdatmosphäre einen Teil des Sonnenlichts. Aber Strahlungen in einigen für unser Auge unsichtbaren Bereichen, darunter Radiowellen, durchdringen auch solche interstellaren Gas- oder Staubwolken. Folglich konnten jene zuvor verborgenen Sterne – wie auch etliche andere Typen von Objekten – erst mithilfe von Radioteleskopen gefunden werden.

Die längstwelligen Radiowellen, also diejenigen mit Wellenlängen dicht über denen des Infrarot, sind die sogenannten Mikrowellen. Inzwischen gibt es auf Umlaufbahnen um die Erde etliche Teleskope, die in diesem Wellenlängenbereich arbeiten. Dazu gehören der 1989 in Betrieb gegangene Cosmic Background Explorer (COBE, wörtlich: „Erforscher des kosmischen Hintergrunds") und die Wilkinson Microwave Anisotropy Probe (WMAP, wörtlich: „Wilkinson-Mikrowellen-Anisotropie-Sonde"), die 2001 gestartet wurde. Mit diesen Geräten wird die kosmische Hintergrundstrahlung untersucht, die unter anderem Informationen über die Temperatur des Universums liefert. Die Ergebnisse werden wir in Kapitel 12 besprechen.

3.15 Infrarot- und Ultraviolettteleskope sammeln elektromagnetische Strahlung mithilfe von Spiegeln

Wie die Radiowellen- und die Mikrowellenteleskope sind auch die Infrarot- und Ultraviolettteleskope sämtlich Spiegelteleskope. Allerdings können Infrarot- und Ultraviolettstrahlungen mit Wellenlängen nahe beim sichtbaren Bereich auch mit geeigneten CCDs an optischen Spiegelteleskopen aufgenommen werden. Die empfindlichsten infrarotempfindlichen CCDs müssen gekühlt werden, um eine Erwärmung

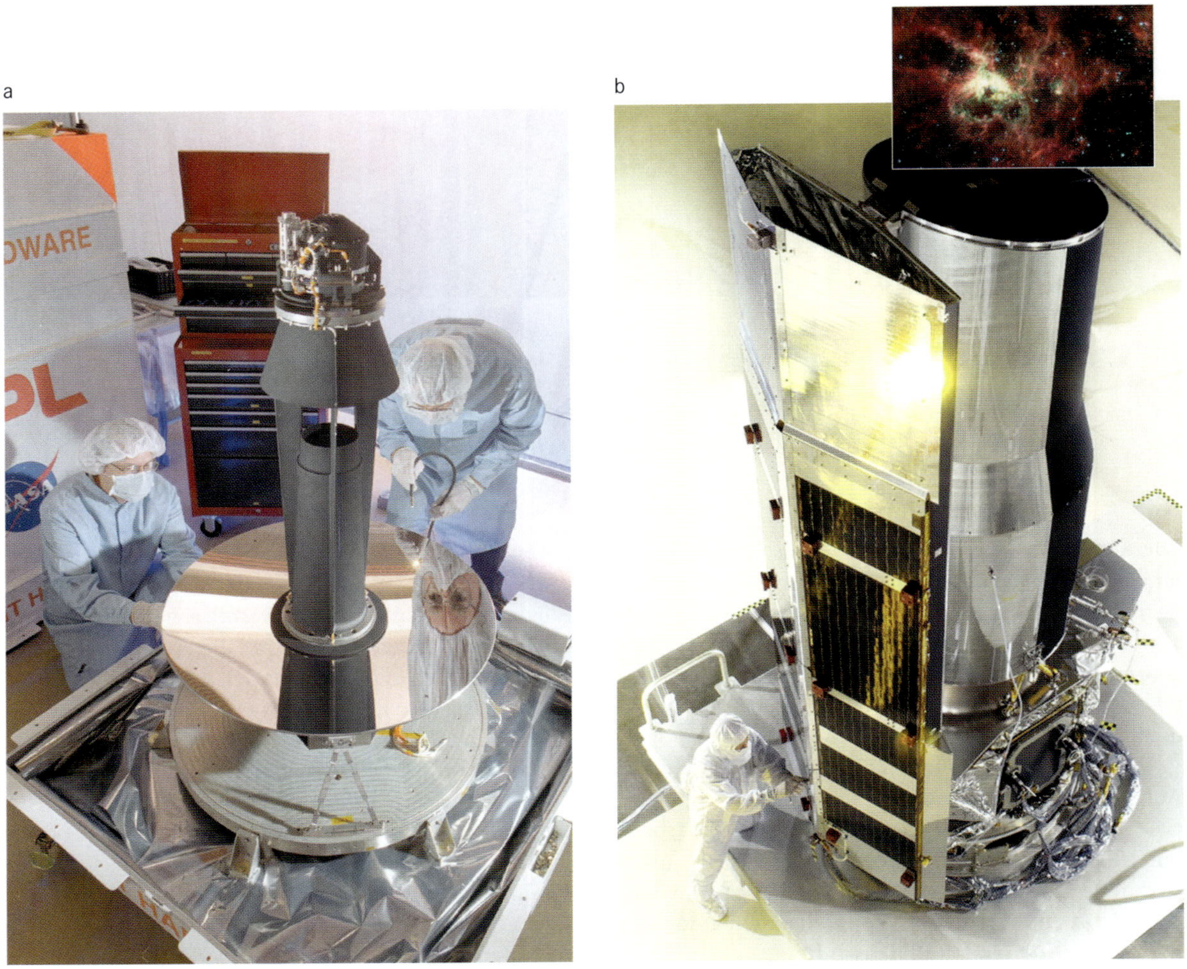

Abb. 3.34 Das Spitzer-Teleskop. (a) Hier ist der 85-cm-Primärspiegel zu erkennen. (b) Das 2003 in Betrieb genommene Spitzer-Teleskop nimmt Bilder und Spektren von Planeten, Kometen sowie Gas- und Staubwolken auf, die andere Sterne umgeben oder sich im interstellaren Raum befinden. Auch Galaxien und die großräumige Verteilung von Materie im Universum werden mit dem Spitzer-Teleskop erforscht. Das kleine Foto zeigt in Falschfarben eine Infrarotaufnahme eines im optischen Bereich unsichtbaren Gebiets, in dem Sterne entstehen. (a: Balz/SIRTF Science Center; b: NASA/JPL-Caltech; kleines Bild: NASA/JPL)

durch die auftreffende Infrarot- bzw. Wärmestrahlung zu verhindern; andernfalls würde diese Erwärmung die Messung der Infrarotstrahlung stark verfälschen.

Weil die Infrarotstrahlung in der Atmosphäre vor allem durch Wasserdampf absorbiert wird, errichtet man Infrarotteleskope stets an Stellen mit geringer Luftfeuchtigkeit. Beispielsweise ist der Gipfel des ruhenden Vulkans Mauna Kea auf Hawaii außergewöhnlich trocken (der größte Teil der Luftfeuchtigkeit findet sich hier in tieferen Luftschichten). Infrarotmessungen werden hier an dem hauptsächlich im optischen Bereich betriebenen Subaru-Teleskop und an den beiden Keck-Teleskopen ausgeführt, wie auch an dem 3-m-Infrarotteleskop (IRTF, für Infrared Telescope Facility) der NASA. Alle diese Einrichtungen befinden sich auf dem Mauna Kea.

Am wirksamsten lässt sich die störende Absorption von Strahlungen durch den Wasserdampf natürlich umgehen, wenn das Teleskop im Weltraum betrieben wird, beispielsweise in einer Umlaufbahn um die Erde. Beispiele hierfür sind der Infrared Astronomical Satellite (IRAS) aus dem Jahre 1983, das Near Infrared Camera and Multi-Object Spectrometer (NICMOS) im Hubble-Teleskop aus dem Jahre 1990 sowie das Infrared Space Observatory (ISO) aus dem Jahre 1995 und schließlich das Weltraumteleskop Spitzer (Spitzer Space Telescope, SST) aus dem Jahre 2003, das in Abb. 3.34 gezeigt ist. Vor allem mithilfe dieser Geräte gewann man wichtige Erkenntnisse über die Vielfalt

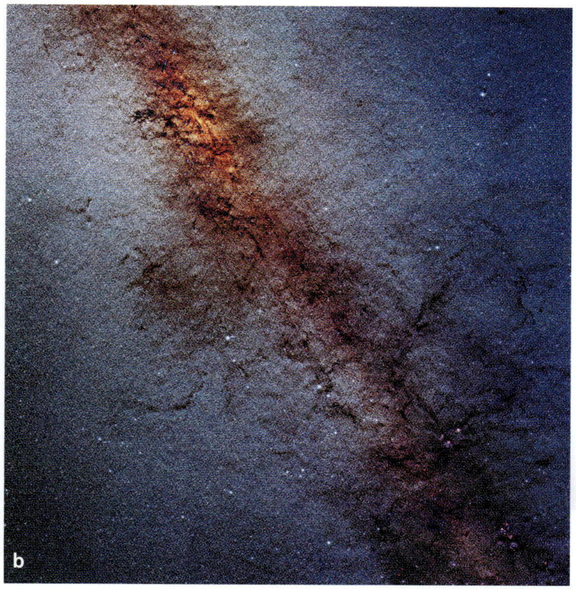

Abb. 3.35 Zwei Ansichten des Zentrums unserer Galaxis. (a) Ein im optischen Bereich in Richtung des Sternbilds Schütze aufgenommenes Bild. Die dunklen Bereiche sind interstellare Gas- und Staubwolken, die sichtbares Licht von hinter ihnen befindlichen Objekten abfangen. (b) Diese Infrarotaufnahme des gleichen Bereichs zeigt (in Falschfarben) viele weiter entfernte Sterne, deren Infrarotstrahlung die Wolken durchdringt, sodass sie im Teleskop erfasst wird. (Howard McCallon und Gene Kopan/ 2 MASS Project)

der Infrarotquellen des Himmels. Das Spitzer-Teleskop ist sozusagen das infrarote Gegenstück zum Hubble-Teleskop und gehört wie dieses zu den vier großen Observatorien der NASA.

Infrarotteleskope erfassen die Strahlung von kleinen Körpern im Sonnensystem, außerdem von Staubbändern in unserer Galaxis, aber auch von gerade entstandenen Sternen, von Staubscheiben um Sterne in verschiedenen Entwicklungsphasen und aus sehr weit entfernten Galaxien, deren Strahlung vorwiegend als Infrarotstrahlung auf die Erde gelangt, und schließlich auch von anderen im Infrarotbereich strahlenden Objekten. Bislang wurden über eine halbe Million Infrarotquellen im Himmel gefunden, von denen die meisten im optischen Bereich unsichtbar sind. Wie die Radiowellenstrahlung durchdringt die Infrarotstrahlung interstellare Gas- und Staubwolken; dadurch können wir sogar einzelne Sterne im Zentrum unserer Galaxis erkennen, die rund 245 Billionen Kilometer von uns entfernt sind (Abb. 3.35).

Schon in den frühen 1970er Jahren hob die Ultraviolettastronomie ab – im wörtlichen wie im übertragenen Sinne. Die Astronauten der Apollo- und der Skylab-Missionen nahmen mit kleinen Teleskopen erstmals oberhalb der Erdatmosphäre Bilder von Ultraviolettquellen im Universum auf. Auch mit kleinen Raketen wurden Ultraviolettteleskope dicht über die Atmosphäre befördert. Eine beispielhafte Ultraviolettaufnahme wurde in Abb. 3.30a gezeigt.

? An welchen Gegenständen in einem Wohnhaus spricht ein Infrarotdetektor am stärksten an?

Große Fortschritte in der frühen Ultraviolettastronomie wurden ab 1978 mithilfe des International Ultraviolet Explorer (IUE) erzielt, der bis zum Jahre 1996 in Betrieb war. Außerdem wurden in den 1990er Jahren die Spaceshuttles zweimal sozusagen als Weltraumobservatorien eingesetzt, wobei sie jedes Mal drei Ultraviolettteleskope in die Umlaufbahn mitnahmen und wieder auf die Erde zurückbrachten. Im Jahre 1992 wurde der Extreme Ultraviolet Explorer (EUVE) in seine Umlaufbahn gebracht. Wie zuvor schon die Infrarotbilder ließen auch die Ultraviolettaufnahmen manche unerwarteten Details erkennen, die in den anderen Wellenlängenbereichen unsichtbar sind. Viele Objekte im Weltraum emittieren Ultraviolettstrahlung, aus der man ihre chemische Zusammensetzung ermitteln kann. Ab 1999 lieferte der Far Ultraviolet Spectroscopic Explorer (FUSE) weitere Informationen, beispielsweise über die Menge des bei der Entstehung des Universums gebildeten Deuteriums (des Wasserstoffisotops mit einem Neutron im Atomkern), außerdem über die Verteilung bestimmter heißer interstellarer Gas- und Staubwolken sowie über die chemischen Veränderungen in Galaxien im Lauf der Zeit.

Schon 1941 dienten spezielle Teleskope zum Beobachten der Sonne vom Erdboden aus, und seit 1984 sind auch Teleskope auf Erdumlaufbahnen ständig auf die Sonne gerichtet. Von diesen ist beispielsweise das Solar and Heliospheric Observatory (SOHO) mit seinen Ultraviolettdetektoren immer noch in Betrieb. Mit ihm kann unter anderem beobachtet werden, wie sich die äußeren Schichten der Sonne in ihren unterschiedlichen Aktivitätszuständen mehr oder weniger weit ausdehnen, und es erfasst neben der Strahlung auch die von der Sonne jeweils ausgehenden Teilchenströme. In Kapitel 7 werden wir die physikalischen Ursachen dieser Vorgänge besprechen.

3.16 Röntgen- und Gammateleskope sammeln die Strahlung nicht mit gewöhnlichen Spiegeln

Röntgen- und Gammastrahlung wechselwirken stark mit den Gasen in der oberen Erdatmosphäre. Dadurch werden sie – glücklicherweise, weil sie für die Lebewesen auf der Erde sehr gefährlich sind – abgefangen und können den Erdboden nicht erreichen. Deshalb sind Beobachtungen bei diesen sehr kurzen (unsichtbaren) Wellenlängen nur aus dem Weltraum heraus möglich. Die ersten derartigen „Blicke" konnten die Astronomen schon Ende der 1940er Jahre durch einige kurze Raketenflüge erhaschen, und in den frühen 1970er Jahren wurden mehrere kleine Satelliten gestartet. Sie erfassten etliche Röntgen- und Gammaquellen im Weltraum, wobei auch Hunderte zuvor unbekannter Objekte entdeckt wurden, darunter mehrere Schwarze Löcher (siehe Kapitel 10). Auch die Spaceshuttles führten zuweilen Röntgenteleskope mit sich. Die kleinen Fotos in Abb. 3.36 lassen erkennen, wie unterschiedlich unsere Sonne im Röntgenstrahlungsbereich und im sichtbaren Licht erscheint.

Die Photonen der Röntgenstrahlung sind schwierig aufzufangen. Wegen ihrer hohen Energie durchdringen Röntgenstrahlen bei senkrechtem Einfall auch absolut glatt polierte Oberflächen. Daher sind sie mit gewöhnlichen Spiegeln nicht zu fokussieren oder abzubilden. In den Röntgenteleskopen treffen sie deswegen sehr flach (fast streifend) ein, sodass sie reflektiert werden können. (Das kann man mit einem Stein vergleichen, den man fast parallel auf eine Wasseroberfläche wirft, sodass er auf ihr hüpft. Wirft man ihn aber steil hinein, dann geht er sofort unter.) Abb. 3.37 zeigt die Konstruktion von Röntgenteleskopen mit streifendem Strahlungseintritt.

Nach dem Fokussieren können Röntgenstrahlen auf unterschiedliche Arten nachgewiesen und aufgezeichnet werden. Wie bei infrarotem, sichtbarem oder ultraviolettem Licht können sie mithilfe von CCDs erfasst werden. Eine andere Möglichkeit bieten sogenannte *Szintillatoren*, die sichtbares Licht abgeben, wenn Röntgenstrahlen sie passieren. Bei einer dritten Methode bedient man sich spezieller *Kalorimeter*, die sich beim Durchgang von Röntgenstrahlen entsprechend erwärmen.

Im Jahre 2009 befanden sich mindestens sieben Röntgenteleskope auf Erdumlaufbahnen. Zu ihnen gehört das Röntgenteleskop Chandra, eines der großen Teleskope der NASA; es ist benannt nach dem Astrophysiker Subrahmanyan Chandrasekhar, der 1983 den Nobelpreis für Physik erhielt. Sein Auflösungsvermögen ist besser als eine Bogensekunde, und das des XMM-Newton-Teleskops der ESA (European Space Agency) beträgt sechs Bogensekunden. Röntgenteleskope wurden und werden auch mithilfe von Ballons in die oberste Atmosphäre befördert, wo sie zuweilen mehrere Wochen lang in rund 40 km Höhe verbleiben. Röntgenstrahlen mit geringer Energie (vergleichsweise langen Wellenlängen) dringen nicht bis hierhin in die Atmosphäre ein, wohl aber energiereichere (kürzerwellige) Röntgenstrahlen. Damit eröffnen sich den „Ballonteleskopen" zahlreiche Aufnahmemöglichkeiten.

Bisher wurden am Himmel über 10.000 Röntgenquellen entdeckt. Dazu gehören Atmosphären von Planeten, vor allem aber Sterne (beispielsweise auch unsere Sonne; siehe Abb. 3.36) sowie Überreste von Sternen, ferner ausgedehnte Wolken intergalaktischen Gases, von Galaxien emittierte Gasströmungen, schließlich Schwarze Löcher, Quasare, Galaxienhaufen und eine diffus „glimmende", das gesamte Universum erfüllende Röntgenstrahlung.

Die elektromagnetische Strahlung mit den kürzesten Wellenlängen und dementsprechend der höchsten Energie ist die Gammastrahlung. Im Jahre 1991 wurde das Compton Gamma Ray Observatory, ebenfalls eines der vier großen Teleskope der NASA, von einem Spaceshuttle in seine Erdumlaufbahn gebracht. Es ist benannt nach dem amerikanischen Physiker Arthur Holly Compton, der schon 1927 den Nobelpreis für Physik erhalten hatte und entscheidende Erkenntnisse über die Wechselwirkung von Strahlung und Materie erzielte. Das Compton Gamma Ray Observatory ist

Abb. 3.36 Unsichtbare und sichtbare Strahlung. (a) Dieses Röntgenteleskop wurde im Jahre 1994 von einem Spaceshuttle in seine Umlaufbahn gebracht. Es war vom Lockheed-Martin Solar and Astrophysics Laboratory sowie vom japanischen National Astronomical Observatory sowie der Universität Tokio, mit Unterstützung durch NASA und ISAS, konstruiert und aufgebaut worden. Das kleine Bild zeigt eine Aufnahme der Sonne im Röntgenbereich, die im Rahmen der Yohkoh-Mission der ISAS, Japan, entstand. (b) Das wie ein umgekehrtes V geformte Gebilde ist das McMath-Pierce Solar Telescope des Kitt-Peak-Observatoriums nahe Tucson, Arizona. Es nimmt Fotos der Sonne im Bereich des sichtbaren Lichts auf. Das kleine Bild ist ein Beispiel dafür. Der Vergleich der beiden kleinen Fotos vermittelt einen Eindruck davon, wie unterschiedlich die Erkenntnisse aus Aufnahmen in verschiedenen Wellenlängenbereichen sein können und wie wichtig solche Aufnahmen daher sind, wenn man weitere Erkenntnisse über Strukturen und Vorgänge im Universum gewinnen will. (Kleine Bilder: L. Golub, Naval Observatory, IBM Research, NASA; a: NASA; b: NOAO)

mit vier Instrumenten bestückt und lieferte bis zu seinem Totalausfall im Jahre 2000 vielfältige Messergebnisse und faszinierende Aufnahmen der Gammastrahlung in verschiedenen Bereichen des Himmels. Im Jahre 2009 arbeiteten wenigstens zehn Gammateleskope in ihrer jeweiligen Umlaufbahn, und etliche weitere wurden an Ballons in sehr große Höhen gebracht.

Man kennt heute mehrere Tausend Quellen von Gammastrahlungen. Um diese extrem energiereichen Strahlen erfassen und abbilden zu können, benötigt man andere Verfahren als den streifenden Eintritt, wie er bei Röntgenstrahlen angewandt wird. Beispielsweise lässt man sie von Kristallen absorbieren oder führt sie durch sehr enge Öffnungen, sogenannte Kollimatoren, wobei sie sehr exakt ausgerichtet werden. Schließlich kann man sie auch in spezielle Kammern leiten, in denen sie zu Elektronen und Positronen (im Prinzip positiv geladene Elektronen) umgewandelt werden. Aus den Richtungen ihrer Spuren kann man bestimmte Rückschlüsse ziehen. Diese Verfahren liefern mit einer Auflösung von bestenfalls ungefähr fünf Bogenminuten deutlich unschärfere Abbildungen, als sie in anderen Teilen des Spektrums möglich sind.

Auch die Wechselwirkung zwischen sehr energiereichen Gammastrahlen und der Erdatmosphäre kann auf dem Erdboden bei Teleskopen ausgenutzt werden, wobei diese die Gammastrahlen indirekt erfassen. Die Gammaphotonen können bewirken, dass sich bestimmte Teilchen in der Atmosphäre sogar schneller als mit der Lichtgeschwindigkeit in Luft bewegen (jedoch langsamer als mit der Lichtgeschwindigkeit im Vakuum, die eine absolute Grenze darstellt). Bei ihrer enorm starken Verzögerung emittieren solche Teilchen kurze blaue Lichtblitze, die die gleiche Richtung wie die ankommenden Gammastrahlen haben. Dadurch ist zu ermitteln, aus welchem Bereich am Himmel die betreffende Strahlung stammt.

Nun haben wir im Prinzip alle Teleskoptypen kennengelernt, die in den verschiedensten Teilen des elektromagnetischen Spektrums die aus dem Universum auf die Erde gelangende Energie erfassen (Abb. 3.38). Die verschiedenen Teleskope liefern atemberaubende Aufnahmen astronomischer Objekte, aber auch Informationen über die Zusammensetzungen von Sternen sowie interstellaren Gas- und Staubwolken. Andere Aspekte betreffen beispielsweise die Bewegung der Objekte zu uns hin oder von uns weg, die Rotation von Sternen oder die Gegenwart von Begleitern (Planeten) ferner Sterne. Auf welche Weise diese einzelnen Informationen aus den Messergebnissen abzuleiten sind, werden wir besprechen, wenn wir die verschiedenen Objekte im Weltraum im Einzelnen untersuchen.

Bis vor wenigen Jahrzehnten konnten astronomische Beobachtungen naturgemäß nur mithilfe von elektromagnetischen Strahlungen angestellt werden, die ja auch als Photonenströme ausgefasst werden können. Aber in den vergangenen rund 40 Jahren wurden auch Detektoren für Wellen und für Teilchen konzipiert, die nicht elektromagnetischer Natur sind. In den Kapiteln 7 und 10 lernen wir zwei solcher Detektoren kennen, nämlich die für Neutrinos und die für Gravitationswellen.

In diesem Kapitel haben wir bisher die grundlegenden Eigenschaften elektromagnetischer Strahlungen sowie die Methoden betrachtet, mit denen sie von Astronomen erfasst werden. Nun wollen wir unser Verständnis der elektromagnetischen Strahlungen vertiefen und schauen uns dazu die Eigenschaften der Materie und ihre Wechselwirkung mit Strahlungen noch genauer an. Am Ende dieses Kapitels wird dann klar sein, wie und warum verschiedene Typen von Materie unterschiedliche Wellenlängen elektromagnetischer Strahlung emittieren oder absorbieren.

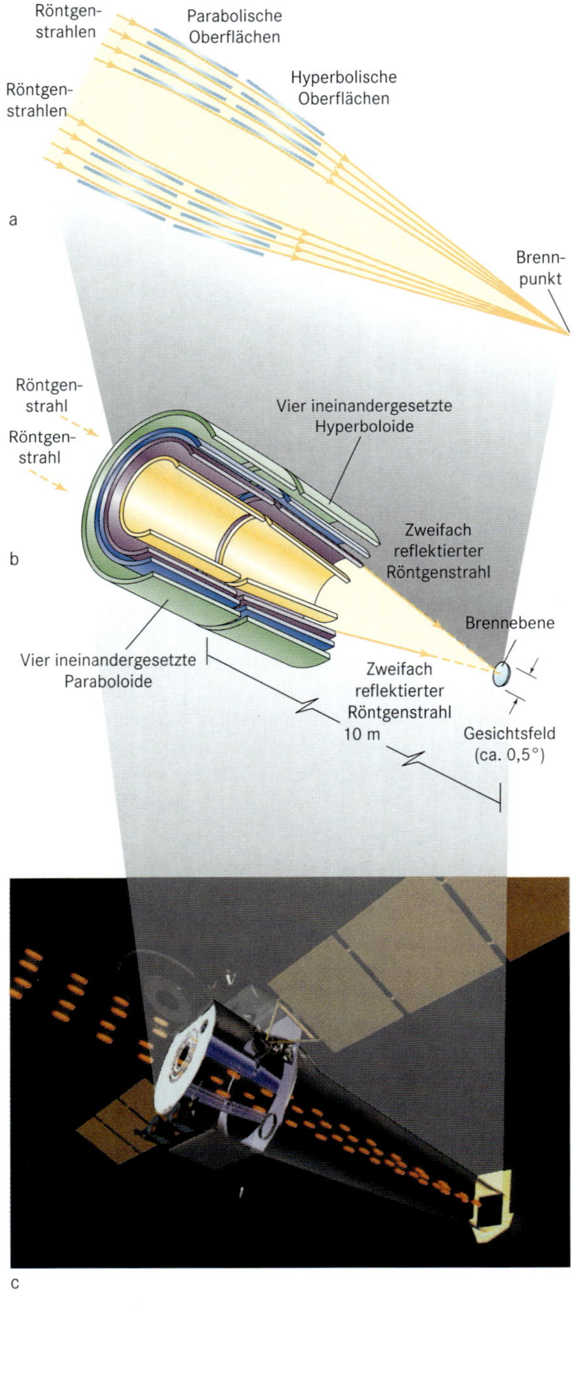

Abb. 3.37 Röntgenteleskope mit streifendem Einfall. Damit Röntgenstrahlen nicht in einen Gegenstand eindringen, müssen sie sehr flach auf dessen Oberfläche auftreffen. Um sie zu fokussieren, verwendet man röhrenförmige „Spiegel“ mit unterschiedlichen Formen, wie dargestellt. Die untere Abbildung zeigt die Fokussierung von Röntgenstrahlen im Röntgenteleskop Chandra. (a und b: NASA/JPL Caltech; c: NASA/Chandra X-ray Observatory Center/Smithsonian Astrophysical Observatory)

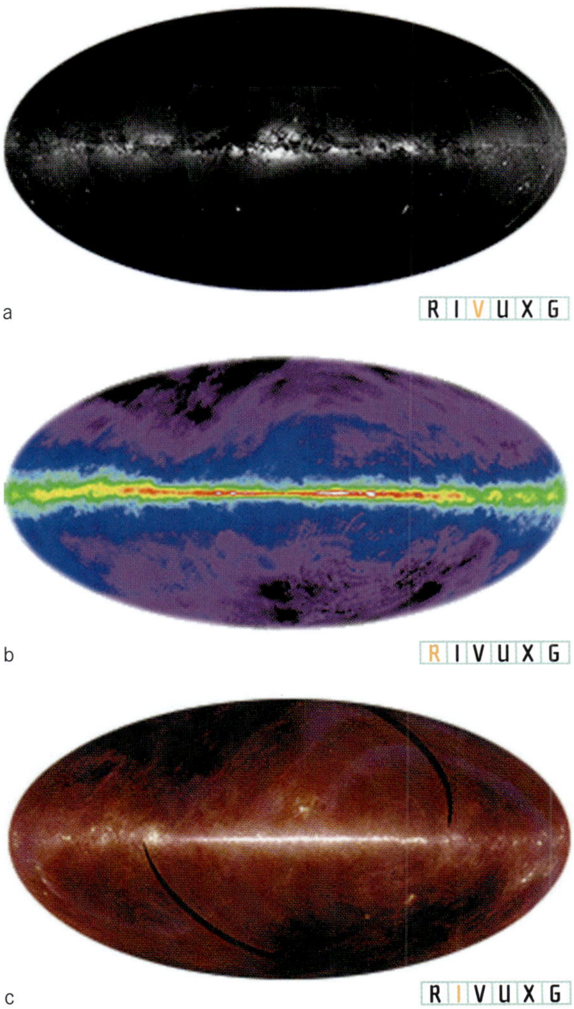

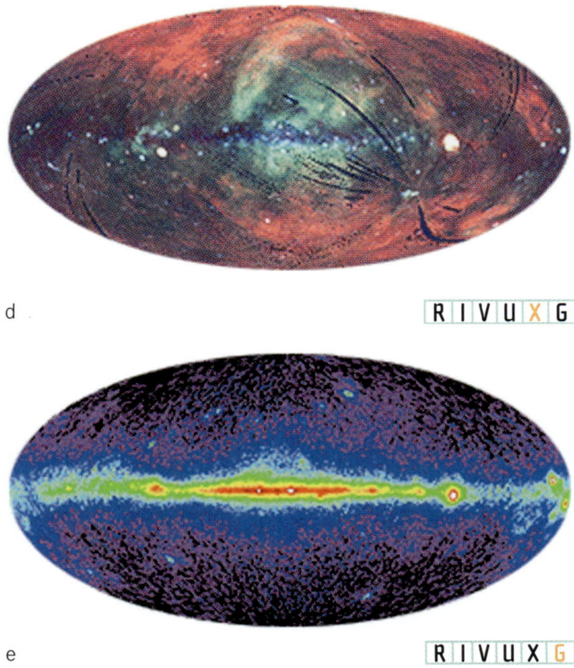

Abb. 3.38 Ein Überblick über das Universum in verschiedenen Bereichen des elektromagnetischen Spektrums. Wenn man das gesamte Universum bzw. den Anblick der Himmelskugel auf die Zeichenebene projiziert, erhält man sozusagen eine Weltkarte des Universums, die den üblichen Weltkarten in unseren Atlanten ähnelt. Je nach dem Spektralbereich, in dem die einzelnen Bilder aufgenommen wurden, ist darauf die gesamte Verteilung starker oder nahe bei uns gelegener Energiequellen im Weltraum zu erkennen. Die Mitte unserer scheibenförmigen Galaxis unterteilt jede dieser „Weltkarten“ horizontal in zwei Hälften. Weil die stärksten Strahlungen in diesem mittleren Bereich auftreten, müssen die meisten intensiven Quellen elektromagnetischer Strahlung (abgesehen von der Röntgenstrahlung) aus unserem Blickwinkel in der Galaxis liegen: (a) sichtbares Licht, (b) Radiowellenstrahlung, (c) Infrarotstrahlung, (d) Röntgenstrahlung und (e) Gammastrahlung. (GFSC/NASA)

Die Schwarzkörperstrahlung

Wie Teleskope funktionieren, haben wir nun gesehen. Aber warum sehen wir das, was wir sehen? Warum emittieren die Sterne verschiedene Arten elektromagnetischer Strahlung, und warum werden andere Objekte von deren Photonen beleuchtet? – Wir beginnen unsere Betrachtung mit einer uns vertrauten Eigenschaft: der Temperatur. Dabei werden wir feststellen, dass bei vielen (nicht nur astronomischen) leuchtenden Objekten ihre Temperatur dafür maßgebend ist, in welchen Anteilen die Photonen der einzelnen Wellenlängenbereiche vorliegen.

3.17 Je heißer ein Körper ist, desto stärker strahlt er bei kürzeren Wellenlängen

Nehmen Sie an, in einem völlig abgedunkelten Zimmer ist ein Eisenstab am Ende in einen Schraubstock eingespannt. Er hat die gleiche Temperatur wie die Luft im Zimmer, sodass Sie seine Temperatur nicht erspüren können, wenn Sie ihn nicht anfassen. Und sehen können Sie ihn auch nicht, weil er praktisch keine sichtbaren Photonen emittiert. Jetzt wird der Stab (beispielsweise mit einem kleinen Schweißbrenner) erwärmt, sodass seine Temperatur allmählich ansteigt. Nach einiger Zeit sehen Sie ihn dunkelrot glühen. Dass er nun heißer ist, können Sie – nach dem Abschalten des Brenners – mit Ihrer Haut in geringem Abstand spüren. Also emittiert er neben dem dunkelroten Licht auch Wärme- bzw. Infrarotstrahlung.

6 Wie gesagt, bei zunehmender Temperatur des Stabes wird zuerst eine dunkelrote Farbe sichtbar (Abb. 3.39a, oben). Sie wird bei weiter steigender Temperatur allmählich heller, fast orangefarben (Abb. 3.39b, oben). Danach wird der Farbton immer heller (Abb. 3.39c, oben), bis er letztlich in Weißglut mit immer stärkerem Blauschimmer übergeht. Die Fotos bestätigen daher, dass die Intensität und die Art der elektromagnetischen Strahlung, die irgendein Körper emittiert, von seiner Temperatur abhängen. Sofern er überhaupt sichtbar glüht, ist ein rot glühender Körper am „kältesten".

Wenn man das von einem glühenden Körper emittierte Licht auf ein Glasprisma oder ein Beugungsgitter führt, dann erkennt man am Spektrum, dass (unter anderem) alle Wellenlängen des sichtbaren Lichts vorliegen. Allerdings sind ihre Intensitäten nicht gleich, sondern bei einer bestimmten Wellenlänge zeigt sich ein Maximum. Diese Wellenlänge entspricht im Wesentlichen der Farbe, in der der Körper gerade glüht. Aus dem Experiment mit dem Stab können wir zwei Folgerungen über die von ihm emittierte elektromagnetische Strahlung ziehen:

1. Wird ein Körper auf eine immer höhere Temperatur gebracht, dann wird er heller und strahlt bei allen Wellenlängen intensiver.

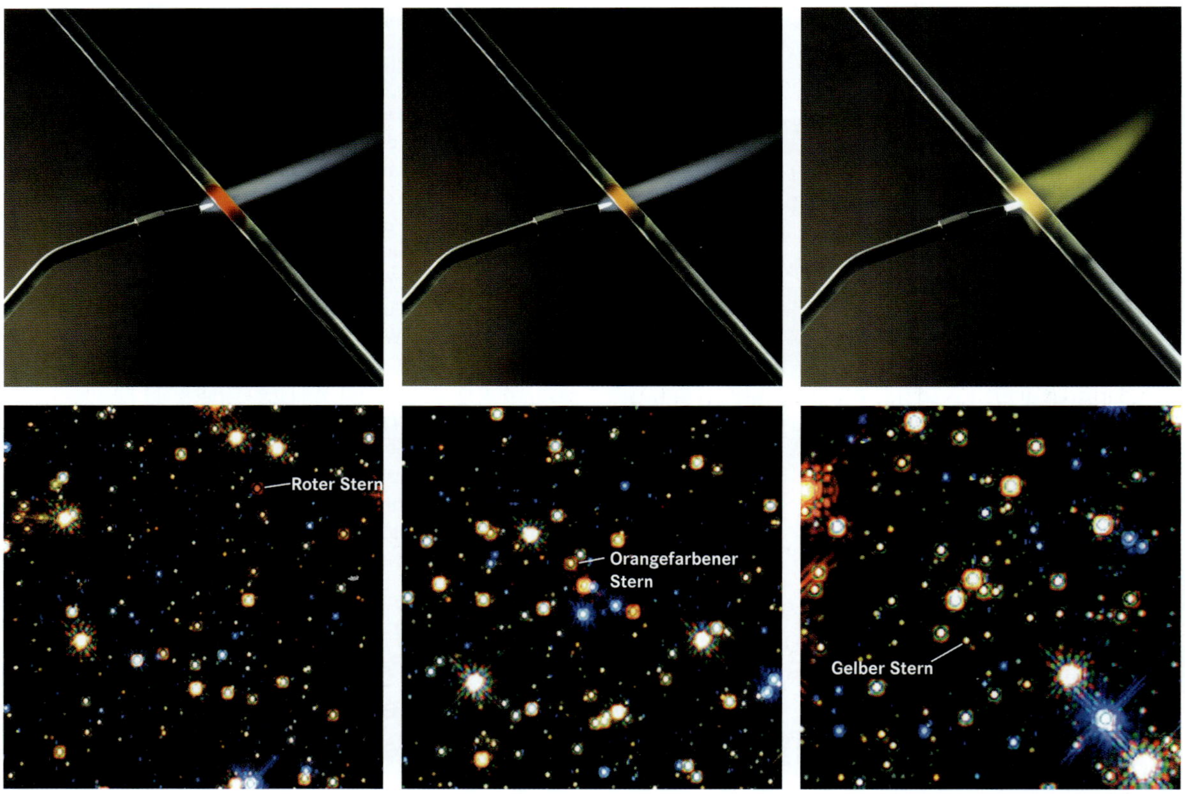

a RIVUXG b RIVUXG c RIVUXG

Abb. 3.39 Ein Körper zeigt bei unterschiedlichen Temperaturen verschiedene Farben und Helligkeiten. Die Fotos in der oberen Reihe zeigen von links nach rechts einen Eisenstab, der auf eine immer höhere Temperatur gebracht wird. Dadurch nimmt die pro Zeiteinheit von ihm abgestrahlte Energie, also die Intensität seiner Strahlung, allmählich zu. Das heißt, er wird nicht nur heißer, sondern er leuchtet auch heller. Dabei ändert sich außerdem sein Farbton: von dunklem Rot über Weiß bis zu einem blaustichigen Weiß (nicht gezeigt). Demnach wird die Wellenlänge des von ihm emittierten Lichts immer kleiner, je heißer der Körper ist. Die Oberflächen der in der unteren Fotoreihe beschrifteten Sterne haben von links nach rechts zunehmende Temperaturen, die jeweils ungefähr der des Stabes entsprechen. (Obere Fotoreihe: © 1984 Richard Megna/Fundamental Photographs; untere Fotoreihe: NASA)

2. Die hellste Farbe (bzw. die am intensivsten abgestrahlte Wellenlänge) ändert sich mit der Temperatur.

Diese Effekte zeigen sich bei allen Körpern, die mindestens so groß sind, dass wir sie mit dem bloßem Auge sehen können. Die Wellenlänge der jeweils intensivsten Strahlung eines heißen Körpers wird als λ_{max} bezeichnet. Ist der Körper relativ kalt, beispielsweise wie ein Stein auf dem Weg, dann liegt λ_{max} im Radiowellen-, Mikrowellen- oder Infrarotbereich. Ist er aber heiß, wie ein Feuer oder eine Schweißflamme oder gar die Sonne, dann liegt λ_{max} im Bereich des sichtbaren Lichts und verleiht dem heißen Körper seine charakteristische Färbung. Bei extrem heißen Körpern, wie bestimmten Sternen, liegt λ_{max} sogar im Ultraviolettbereich des elektromagnetischen Spektrums.

Sterne, geschmolzenes Gestein oder Eisenstäbe können näherungsweise als Vertreter einer wichtigen Klasse von Körpern aufgefasst werden, die man in der Physik **Schwarze Körper** nennt. Ein idealer Schwarzer Körper absorbiert vollständig die auf ihn auftreffende elektromagnetische Strahlung. Dadurch wird er erwärmt und gibt eine Strahlung ab, die charakteristisch für seine momentane Temperatur ist. Die **Intensitätsverteilung** der von einem idealen Schwarzen Körper emittierten Strahlung (Abb. 3.40) ist unabhängig von seiner chemischen Zusammensetzung. (Nähere Einzelheiten zum Interpretieren von Diagrammen siehe Anhang D). Ein idealer Schwarzer Körper zeichnet sich dadurch aus, dass seine Strahlungskurve glatt ist. Reale Körper, wie etwa die Sonne, weisen hier Unregelmäßigkeiten auf, die von bestimmten physikalischen Vorgängen herrühren.

Die von einem Schwarzen Körper bei den einzelnen Wellenlängen emittierte Strahlungsintensität ist umso höher, je höher die Temperatur und je größer die strahlende Oberfläche ist. Aber die *relativen* Intensitäten bei den verschiedenen Wellenlängen (beispielsweise bei 750 nm und bei 425 nm) hängen nur von der Temperatur ab. Daher kann man aus den Intensitätsverhältnissen die Temperatur eines strahlenden Schwarzen Körpers ermitteln – und dabei kann er beliebig weit entfernt und auch beliebig groß sein. (Wenn Sie bei sich die Fiebertemperatur messen, ist das Ergebnis ja auch unabhängig davon, wie groß Sie sind.)

Die Sterne emittieren elektromagnetische Strahlungen (darunter auch sichtbares Licht), die in ihrem Inneren erzeugt wird. Dagegen spielen bei ihnen die Absorption und die Reflexion von Strahlungen anderer Objekte praktisch keine Rolle. Dennoch kann man

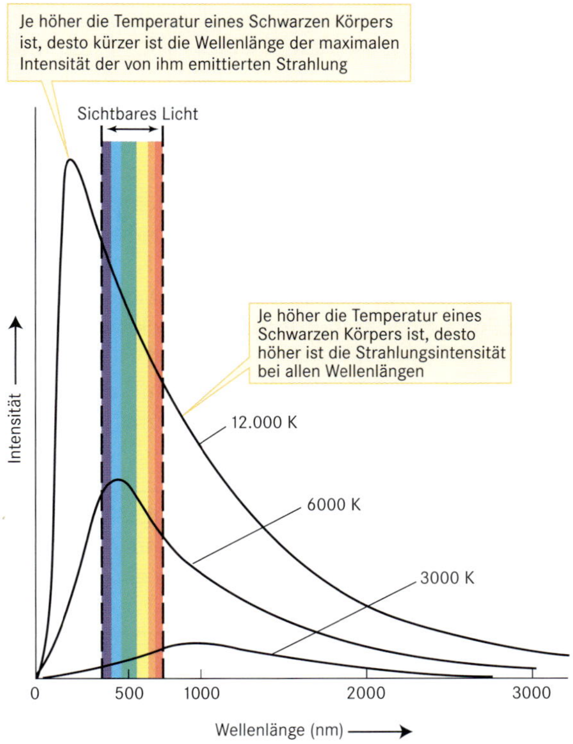

Abb. 3.40 Strahlungskurven eines Schwarzen Körpers. Diese drei Kurven zeigen die relativen Intensitäten der Strahlung eines Schwarzen Körpers bei drei unterschiedlichen Temperaturen.

sie als „Schwarze Körper" auffassen, deren Intensitätskurven denen in Abb. 3.40 entsprechen.

? Welche Farbe zeigt ein Schwarzer Körper, dessen Strahlungsintensität ihr Maximum im Infrarotbereich hat?

3.18 Die relativen Intensitäten der einzelnen Farben verraten die Temperatur eines Sterns

Im Jahre 1893 fand der deutsche Physiker Wilhelm Wien die folgende Gesetzmäßigkeit:

! Die Wellenlänge λ_{max}, bei der ein Schwarzer Körper die höchste Strahlungsintensität emittiert, ist umgekehrt proportional zu seiner absoluten Temperatur (in Kelvin).

Dieses **Wien'sche Verschiebungsgesetz** besagt also: Je heißer ein Körper ist, desto kleiner ist λ_{max} und umgekehrt. Das können Sie in Abb. 3.40 nachvollziehen, wenn Sie sich anschauen, bei welchen Wellenlängen die Maxima der drei Kurven liegen. Mithilfe des Wien'schen Verschiebungsgesetzes lässt sich also aus der Strahlungskurve die Oberflächentemperatur eines Sterns leicht ermitteln. Andere Größen müssen dazu nicht gemessen werden.

Eine weitere in diesem Zusammenhang wichtige Beziehung ist das **Stefan-Boltzmann'sche Gesetz**. Es wurde 1879 von dem österreichischen Physiker Josef Stefan experimentell gefunden und fünf Jahre später von seinem Landsmann Ludwig Boltzmann theoretisch begründet:

! Die von einem Schwarzen Körper abgestrahlte Leistung ist proportional zur strahlenden Fläche und zur vierten Potenz der (in Kelvin einzusetzenden) absoluten Temperatur.

Das bedeutet, dass beispielsweise ein Heizstrahler nach Verdopplung seiner Temperatur (z. B. von 500 K auf 1000 K) eine 16-mal höhere Leistung abstrahlt, denn es ist ja $2^4 = 16$. Und bei Verdreifachung der Temperatur von 500 K auf 1500 K steigt die Strahlungsleistung um den Faktor $3^4 = 81$.

Das Stefan-Boltzmann'sche Gesetz und das Wien'sche Verschiebungsgesetz beschreiben quantitativ die wichtigsten in Abb. 3.40 dargestellten Sachverhalte, z. B. auch den Umstand, dass sich die Strahlungskurven bei den verschiedenen Temperaturen niemals berühren oder gar schneiden, denn bei allen Wellenlängen wird die Intensität mit steigender Temperatur höher. Daher kann man die Temperatur eines Sterns aus den bei einigen Wellenlängen gemessenen Strahlungsintensitäten ermitteln, indem man die Werte mit den Strahlungskurven eines idealen Schwarzen Körpers vergleicht.

7 Allerdings entspricht ein Stern hinsichtlich seiner Strahlung praktisch niemals genau einem idealen Schwarzen Körper. Doch eben diese *Abweichungen* können Aufschluss über seine chemische Zusammensetzung geben. Sie können aber auch auf die Gegenwart anderer Sterne oder Planeten hinweisen, die selbst zu schwach leuchten, um erfasst zu werden, oder auf eine Bewegung des Sterns von uns weg oder auf uns zu.

In Abb. 3.41 ist die Strahlungskurve des Sonnenlichts in Abhängigkeit von der Wellenlänge dargestellt, also das Sonnenspektrum. Die zweite Kurve zeigt zum Vergleich die Strahlungskurve eines Schwarzen Körpers mit einer Temperatur von 5800 K.

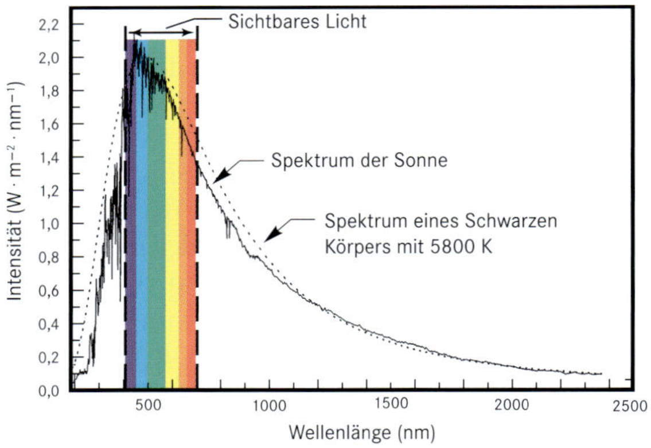

Abb. 3.41 Die Sonne als Schwarzer Körper. Hier sind zum Vergleich die Strahlungskurven des oberhalb der Erdatmosphäre erfassten Sonnenlichts und eines Schwarzen Körpers mit der Temperatur 5800 K dargestellt. Die Erdatmosphäre streut das eintreffende Licht, und zwar kürzerwelliges stärker als längerwelliges. Dadurch wird die Intensität des die Erdoberfläche erreichenden Sonnenlichts bei allen Wellenlängenbereichen etwas geringer als beim Schwarzen Körper, und das Maximum der Strahlungskurve wird zu einer etwas größeren Wellenlänge verschoben. Das hier gezeigte Sonnenspektrum wurde daher im Weltraum aufgenommen.

Beide Kurven ähneln sich sehr, was einmal mehr bestätigt, dass die Strahlung von Sternen annähernd der eines Schwarzen Körpers mit der jeweiligen Oberflächentemperatur entspricht. Das Sonnenspektrum hat sein Maximum bei einer Wellenlänge von rund 500 nm, die im blau-grünen Teil des sichtbaren Spektrums liegt.

Die genaue Form der Strahlungskurven eines idealen Schwarzen Körpers konnte Max Planck im Jahre 1900 mathematisch beschreiben. Dabei postulierte er, dass jeder Körper elektromagnetische Strahlung in Form einzelner „Energiepakete", sogenannter Quanten, absorbiert oder emittiert. Heute bezeichnen wir sie als Photonen (siehe Abschnitt 3.3). Diese Annahme widersprach zwar eklatant den bis dahin bekannten Gesetzmäßigkeiten, wurde aber 1905 von Albert Einstein theoretisch bestätigt. Seitdem ist es unbestritten, dass sich Licht – wie hier in Abschnitt 3.3 bereits besprochen – nicht nur wie eine Welle, sondern auch wie ein Teilchenstrahl verhalten kann.

Jetzt können wir unser Experiment mit dem Eisenstab in Abschnitt 3.17 im Hinblick auf die Energien und die Intensitäten von Photonen erklären. In Abschnitt 3.3 haben wir gesehen, dass die durch ein Photon übertragene Energie umgekehrt proportional zur Wellenlänge ist. Also haben langwellige Photonen (z. B. der Radiowellen) wenig Energie, aber kurzwelli-

Tab. 3.1 Einige Merkmale elektromagnetischer Strahlungen

	Wellenlänge (nm)	Photonenenergie (eV)*	Temperatur (K) eines Schwarzen Körpers
Radiowellen	$>10^7$	$<10^{-4}$	<0,03
Mikrowellen**	10^7 bis $4 \cdot 10^5$	10^{-4} bis $3 \cdot 10{-}3$	0,03 bis 30
Infrarot	$4 \cdot 10^5$ bis $7 \cdot 10^2$	$3 \cdot 10^{-3}$ bis 2	30 bis 4100
Sichtbar	$7 \cdot 10^2$ bis $4 \cdot 10^2$	2 bis 3	4100 bis 7300
Ultraviolett	$4 \cdot 10^2$ bis 10^1	3 bis 10^3	7300 bis $3 \cdot 10^6$
Röntgenstrahlung	10^1 bis 10^{-2}	10^3 bis 10^5	$3 \cdot 10^6$ bis $3 \cdot 10^8$
Gammastrahlung	$<10^{-2}$	$>10^5$	$>3 \cdot 10^8$

* 1eV = $1{,}6 \cdot 10^{-19}$ J

** Die Mikrowellen sind hier separat aufgeführt, können aber auch den Radiowellen oder der Infrarotstrahlung zugeordnet werden.

ge Photonen (z. B. der Röntgen- oder Gammastrahlung) weitaus mehr Energie. Der noch nicht so heiße Eisenstab emittierte daher vorwiegend energieärmere Infrarot- und Radiowellenphotonen. Doch als er heiß war, herrschten Photonen des sichtbaren Lichts vor, wobei seine Strahlung in allen Wellenlängenbereichen intensiver als bei geringerer Temperatur war.

In Tab. 3.1 sind die Wellenlängen und die Energien der Photonen der verschiedenen elektromagnetischen Strahlungen zusammengefasst. Außerdem ist die angenäherte Temperatur eines Schwarzen Körpers angegeben, dessen Strahlungsmaximum bei der jeweiligen Wellenlänge liegt. Hier wird wiederum deutlich, dass dessen Wellenlänge λ_{max} umso kleiner ist, je höher die Temperatur ist. In späteren Kapiteln werden wir sehen, wie wichtig diese Zusammenhänge sind, wenn die Wechselwirkungen von Sternen unterschiedlicher Temperaturen mit Gas und Staub im Weltraum untersucht werden.

Identifizieren der Elemente anhand ihrer eindeutigen Spektren

In 1814 wiederholte der deutsche Physiker und Glastechniker Joseph von Fraunhofer Newtons klassisches Experiment, bei dem Sonnenlicht durch ein Prisma geführt wird (siehe Abb. 3.1). Aber Fraunhofer bildete die regenbogenartige Verteilung stark vergrößert ab und entdeckte, dass das Sonnenspektrum Hunderte feiner dunkler Linien aufweist. Diese sogenannten **Absorptionslinien** entstehen dadurch, dass das Licht mit der jeweiligen Wellenlänge bzw. Farbe durch Gase zwischen der Sonne und dem Betrachter auf der Erde absorbiert werden. Fraunhofer fand über 600 derartige Linien, während man heute mehr als 30.000 kennt. Beispiele sind in Abb. 3.42 gezeigt.

Mitte des 19. Jahrhunderts konnten die Chemiker erstmals Spektrallinien im Labor erzeugen. Das wurde mit dem 1857 von dem deutschen Chemiker Robert Bunsen erfundenen Bunsenbrenner möglich, der eine saubere, gleichmäßige Flamme hervorbringt. Viele chemische Elemente können sehr einfach anhand der Flammenfärbung identifiziert werden, wenn man eine kleine Substanzprobe in die Bunsenbrennerflamme gibt. – Aber das ist noch längst nicht alles.

In enger Zusammenarbeit mit Bunsen legte der deutsche Physiker Gustav Kirchhoff die Grundlage für die *Spektralanalyse* bzw. die *Spektroskopie.* Dabei führten sie das Licht der Bunsenbrennerflamme durch einen engen Spalt und dann durch Glasprisma (sowie vor und hinter diesem durch je eine Linse), sodass es in die Spektralfarben zerlegt wurde. Der Aufbau dieses ersten **Spektroskops** ist in Abb. 3.43 dargestellt.

Bunsen und Kirchhoff stellten fest, dass das Spektrum der Brennerflamme, in die eine Substanzprobe gebracht wurde, ein Muster aus schmalen, hellen Spektrallinien, sogenannten **Emissionslinien**, besteht, die vor einem dunklen Hintergrund (nicht zu verwechseln mit einem Schwarzen Körper) zu beobachten sind. Weiterhin ergab sich, dass jedes chemische Element eine bestimmte Anzahl von Linien bei bestimmten Farben bzw. Wellenlängen erzeugt. Anders ausgedrückt: *Diese Gesamtheit von Linien ist eindeutig und für das jeweilige chemische Element charakteristisch* wie ein „Fingerabdruck". Das war die Grundlage für die **Spektralanalyse**, d. h. die Identifikation chemischer Elemente aus ihren Spektrallinien.

Abb. 3.42 Das Sonnenspektrum. Sonnenlicht, das durch ein Prisma oder ein Beugungsgitter geführt wurde, ist in seine einzelnen Farben aufgeteilt; d. h., sein Spektrum wird sichtbar. Aus Spektren lassen sich die verschiedensten Informationen über den jeweiligen Stern gewinnen, vor allem hinsichtlich der Oberflächentemperaturen, der chemischen Zusammensetzung, aber auch der Rotations- und der Bewegungsgeschwindigkeit (von uns weg oder auf uns zu). In dieser Abbildung ist das Sonnenspektrum im sichtbaren Bereich in zahlreiche, untereinander angeordnete Streifen unterteilt, weil es andernfalls viel zu breit wäre. Es zeigt Tausende von Absorptionslinien. Beim Auswerten von Spektren sind die Unterschiede in den Intensitäten und den Wellenlängen bestimmter Linien bei verschiedenen Sternen zu beachten. (N. A. Sharp, NOAO/AURA/NSF)

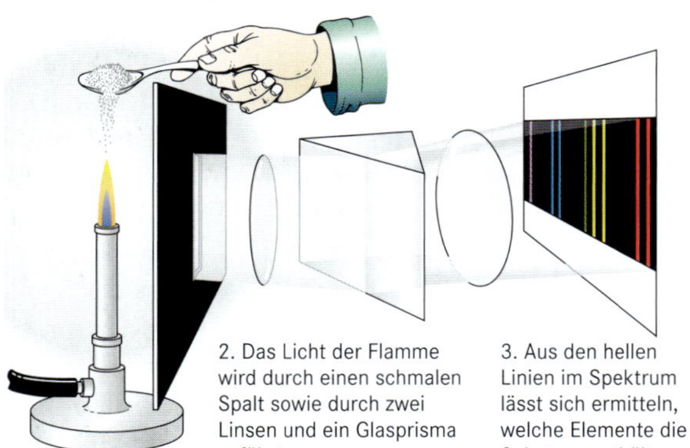

Abb. 3.43 Ein frühes Spektroskop. Um das Jahr 1860 entwickelten Gustav Kirchhoff und Robert Bunsen die Spektroskopie. Dabei wird eine Substanzprobe in einer Brennerflamme verdampft, und deren Licht wird durch einen Spalt sowie ein Prisma und zwei Linsen geführt. Das auf dem dahinter angebrachten Schirm erscheinende Spektrum zeigt eine Reihe heller Spektrallinien, die für die in der Substanzprobe enthaltenen chemischen Elemente charakteristisch sind. Die Linsen dienen dazu, das Licht zu fokussieren und das Spektrum zu vergrößern.

? Wo wären auf der waagerechten Achse von Abb. 3.40 die Radiowellen einzutragen?

3.19 Jedes chemische Element hat seinen spektralen „Fingerabdruck“

Ein chemisches Element ist dadurch gekennzeichnet, dass es aus gleichen Atomen besteht, die nicht mehr teilbar sind, ohne dass die Eigenschaften dieses Elements verloren gehen. Bis zur Mitte des 19. Jahrhunderts hatten die Chemiker bereits etliche Substanzen als Elemente erkannt, vor allem Wasserstoff, Sauerstoff, Kohlenstoff, Eisen, Gold und Silber. Mit der Spektralanalyse kamen dann schnell weitere hinzu, von denen einige recht selten sind. Beispielsweise fanden Bunsen und Kirchhoff im Jahre 1860, nachdem sie die markanten Spektrallinien aller seinerzeit bekannten Elemente katalogisiert hatten, in Mineralwässern eine weitere Linie im blauen Spektralbereich. Das für diese Linie verantwortliche Element konnten sie isolieren und nannten es *Cäsium* (vom lateinischen Wort *caesius* = blaugrau). Im darauffolgenden Jahr führte eine rote Spektrallinie zur Entdeckung des Elements *Rubidium* (von *rubidus* = rot).

Während einer Sonnenfinsternis des Jahres 1868 stießen Astronomen im Licht aus den obersten Schichten der Sonnenhülle auf eine weitere Spektrallinie. Das war möglich, weil der Mond die Sonne während der Finsternis zeitweise nicht vollständig bedeckte. Diese Linie stammte von einem gasförmigen Element, das man *Helium* nannte (abgeleitet vom griechischen Wort *helios* = Sonne). Auf der Erde wurde Helium aber erst 1895 gefunden, und zwar in den Produkten aus dem radioaktiven Zerfall des Urans in einem Mineral dieses Metalls.

Die chemischen Elemente werden am besten in Form des bekannten **Periodensystems** zusammengestellt (siehe Anhang E), weil diese Anordnung auf ihren wichtigsten Eigenschaften bzw. Unterschieden beruht. Die Elemente bis zur Ordnungszahl 92 kommen in der Natur vor, während alle schwereren (im Jahre 2008 bis zur Ordnungszahl 111) im Labor erzeugt wurden. Ihre Atome haben meist extrem kurze Lebensdauern von weit unter einer Sekunde, weil sie einem sehr schnellen radioaktiven Zerfall unterliegen.

Bunsen und Kirchhoff führten im Zusammenhang mit der Spektralanalyse auch andere Experimente durch. So ließen sie die Strahlungen heißer Lichtquellen ein Gefäß mit kühlem Gas passieren. Dahinter fanden sie aber nicht das kontinuierliche (d. h. linienlose, regenbogenartige) Spektrum der Lichtquelle, sondern dunkle Linien darin. Solche sogenannten *Absorptionslinien* hatte Fraunhofer zuvor im Sonnenspektrum beobachtet; sie rührten daher, dass die kühlen Gase der Erdatmosphäre und auch teilweise der äußersten Sonnenschichten absorbierend wirken. Dagegen hatten die früheren Experimente von Bunsen und Kirchhoff mit leuchtenden Gasen dieselben Linien geliefert, jedoch als helle Linien (*Emissionslinien*) im ansonsten dunklen Spektrum des jeweiligen Gases. Daraus folgerten die beiden Forscher, *dass die Emissionslinien eines bestimmten Gases bei genau den gleichen Wellenlängen liegen wie seine Absorptionslinien, wenn es von Licht mit allen Wellenlängen durchstrahlt wird.*

Einblicke in die Wissenschaft

Nach Beziehungen suchen Neue Erkenntnisse ergeben sich häufig dadurch, dass man bestimmte Merkmale verschiedener Sachverhalte miteinander in Beziehung setzt. Ein einfaches Beispiel dafür ist das Periodensystem der chemischen Elemente, in dem diese nach ihren Eigenschaften gruppiert sind. Dadurch konnten in schneller Folge weitere zuvor unbekannte Elemente gefunden werden. Achten Sie in diesem Buch stets auf derartige Verknüpfungen oder Zusammenhänge.

Weil jedes chemische Element sein eigenes, eindeutiges Muster von Spektrallinien hat, kann man die chemische Zusammensetzung auch entfernter Objekte, wie beispielsweise von Sternen, aus den Linien in seinem Spektrum ermitteln. Abb. 3.44 zeigt als Beispiel einen Ausschnitt aus dem Spektrum der Sonne, der zahlreiche Absorptionslinien aufweist. Sie entstehen dadurch, dass die von weiter innen kommende Strahlung die äußersten, „kälteren" Schichten der Sonnenhülle passiert hat. Weil diese Linien den Emissionslinien von verdampftem Eisen entsprechen, muss sich in den äußersten Bereichen der Sonne etwas Eisen befinden.

Große Fortschritte in der Spektroskopie ermöglichte dann die Erfindung der Fotografie. Schließlich ist es von unschätzbarem Vorteil, das Spektrum dau-

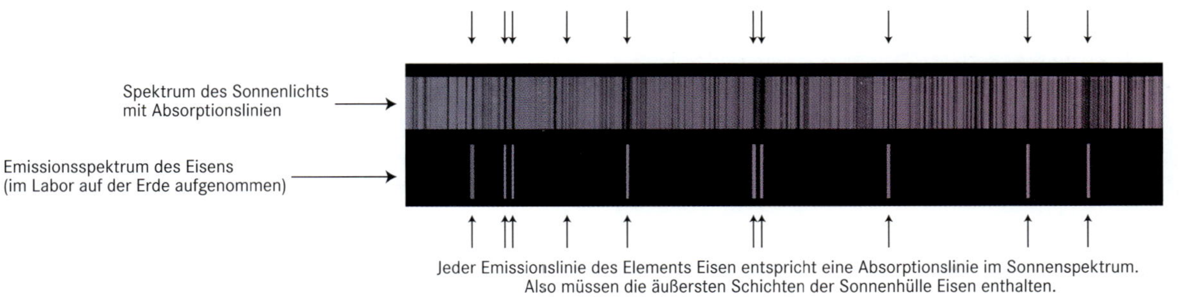

Abb. 3.44 Eisen in den äußersten Schichten der Sonnenhülle. Oben ist ein schmaler Ausschnitt (von 425 nm bis 430 nm) aus dem Sonnenspektrum gezeigt. Er weist zahlreiche dunkle Absorptionslinien auf. Einige von ihnen entsprechen den Emissionslinien des Elements Eisen, die darunter abgebildet sind. Dies beweist, dass in den obersten Schichten der Sonne gasförmiges Eisen vorhanden ist (wenn auch in geringer Menge). (Carnegie Observatories)

erhaft bewahren zu können. Ein Gerät zum Aufzeichnen eines Spektrums nennt man **Spektrograph**. Die inzwischen vielfältigen Ausführungsformen von Spektrographen zählen schon lange zu den wichtigsten Hilfsmitteln der Astronomen.

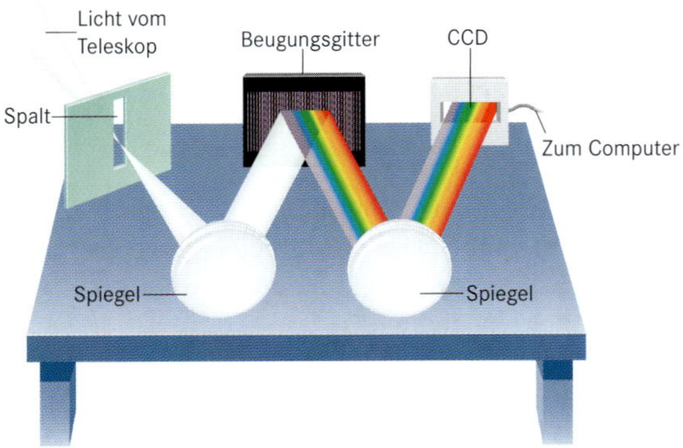

a

b R I V U X G

c R I V U X G

Anfangs wurden die Spektrographen für astronomische Zwecke direkt am Teleskop angebracht. Ihre wichtigsten Bauteile waren ein enger Spalt, zwei Linsen und ein Prisma, und das Spektrum des Objekts wurde auf einen Film oder eine Platte mit einer fotografischen Emulsion fokussiert; das Prinzip wurde hier in Abb. 3.43 skizziert. Leider hatten die ersten in der Astronomie verwendeten Spektrographen große Nachteile. Ein Glasprisma spreizt die verschiedenen Farben nicht gleichmäßig zu einem Spektrum. Das heißt, die Ablenkung aus der ursprünglichen Richtung des Lichtstrahls ist nicht umgekehrt proportional zur Wellenlänge, wobei die blauen und violetten Anteile des Lichts im Verhältnis stärker abgelenkt werden. Außerdem legen diese Anteile innerhalb des Prismas einen längeren Weg zurück als beispielsweise die roten Anteile (vgl. Abb. 3.1). Und schließlich lässt Glas praktisch kein ultraviolettes Licht durch.

Der prinzipielle Aufbau der heute in der Astronomie eingesetzten Spektrographen ist in Abb. 3.45a skizziert. Dabei wird das Licht nicht in einem Prisma gebrochen, sondern auf ein **Beugungsgitter** geführt, das beim Durchgang bzw. bei der Reflexion (je nach dem Typ des Gitters) das auftreffende Licht in die Regenbogenfarben auftrennt (vgl. Abb. 3.2a). Ein Beugungsgitter ist eine Glas- oder Metallplatte mit sehr vielen Linien, die parallel und sehr eng beieinander auf ihr eingeritzt sind. Der Abstand der Linien muss extrem gleichmäßig sein. Die besten Gitter weisen über 10.000 Linien pro Zentimeter auf, und die Auftrennung in die Spektralfarben ist umso deutlicher, je mehr Linien pro Zentimeter das Beugungsgitter hat. Der Ablenkungswinkel aus der ursprünglichen Richtung des Lichtstrahls ist beim Gitter proportional zur Wellenlänge.

Der in Abb. 3.45a schematisch dargestellte Gitterspektrograph ist mit einem CCD (ladungsgekoppelten Bauelement; siehe Abb. 3.16) ausgestattet. Dieses dient – anstelle der früher verwendeten fotografischen Emulsion – zum Aufzeichnen des Spektrums. Das zu-

Abb. 3.45 Ein Gitterspektrograph. (a) Das Beugungsgitter eines Gitterspektrographen weist zahlreiche sehr enge, parallele parallelen Linien auf. Bei der Reflexion (oder beim Durchgang, je nach Typ) wird das Licht in seine Spektralfarben zerlegt, und dieses Spektrum wird aufgezeichnet. (b) Auch eine Pfauenfeder wirkt mit ihren sehr vielen eng beieinanderliegenden Fasern wie ein Beugungsgitter, sodass sie in den verschiedensten Farben schillert. (c) Ebenso sind Beugungseffekte an der Datenseite von CDs und DVDs zu beobachten. Hier wirken die parallelen, eng beieinander liegenden Datenspuren wie die Linien eines Beugungsgitters. (b: Paul Silverman/ Fundamental Photos; c: W. Cody/CORBIS) gehörige Teleskop ist häufig als Nasmyth-, Coudé- oder Cassegrain-Fokus ausgeführt, wobei der Spalt in der Brennebene angebracht ist. Nachdem das Spektrum des jeweiligen astronomischen Objekts erfasst wurde, wird eine in ihren Eigenschaften genau bekannte Lichtquelle (z. B. eine Helium-, Neon- oder Argon-Gasentladungslampe) auf den Spalt abgebildet, um ein Vergleichsspektrum aufzunehmen. (So wurde beispielsweise in Abb. 3.44 für die Aufnahme des Eisenspektrums verfahren.) Anhand der bekannten Wellenlängen der Linien im Vergleichsspektrum können dann die Linien im anderen Spektrum zugeordnet werden. Abb. 3.45b und 3.45c zeigen zwei interessante Beugungseffekte, die an anderen Gegenständen als eigentlichen Beugungsgittern auftreten.

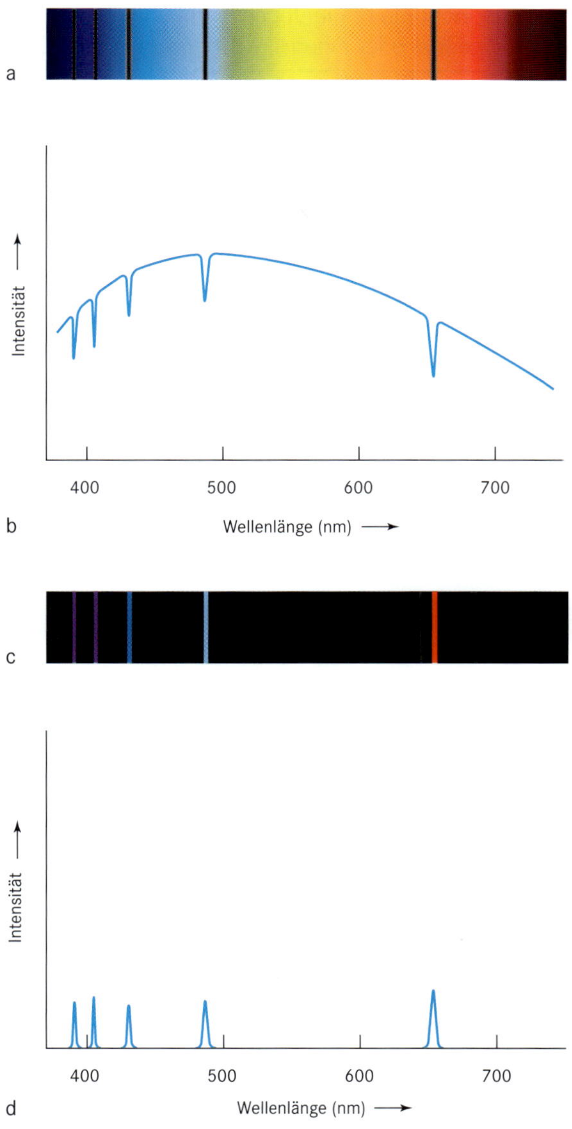

Die Spektraldaten werden mithilfe eines Computers grafisch dargestellt, wobei die Lichtintensität gegen die Wellenlänge aufgetragen wird. Dunkle Spektrallinien (Absorptionslinien) erscheinen in solchen Spektren als schmale Einschnitte, aber helle Spektrallinien (Emissionslinien) als spitze Erhebungen, wie in Abb. 3.46 am Beispiel des Spektrums für Wasserstoff gezeigt ist.

? Überlegen Sie anhand der vorstehenden Ausführungen, woher die Farben bei einem Feuerwerk rühren können.

3.20 Die Struktur eines Spektrums hängt von den Bedingungen in der Quelle ab

Zu Beginn der 1860er Jahre konnte Gustav Kirchhoff anhand seiner Experimente ergründen, unter welchen Bedingungen die verschiedenen Typen von Spektren zustande kommen. Seine Erkenntnisse fasste er in den heute nach ihm benannten drei **Kirchhoff'schen Strahlungsgesetzen** zusammen:

! **1. Strahlungsgesetz:** Ein Festkörper, eine Flüssigkeit oder ein dichtes Gas erzeugt bei hoher Temperatur ein **kontinuierliches Spektrum** (ähnlich einem Regenbogen). Dieses Spektrum weist keine Spektrallinien auf und gleicht insofern dem eines Schwarzen Körpers.

Beispiele hierfür finden sich bei dem erhitzten Eisenstab von Abb. 3.39 oder auch bei einer Glühbirne.

! **2. Strahlungsgesetz:** Ein verdünntes Gas erzeugt bei hoher Temperatur ein **Emissionsspektrum** mit mehr oder weniger zahlreichen hellen Linien über einem dunklen Untergrund.

Abb. 3.46 Spektrum des Wasserstoffgases. (a) Ein Spektrum kann beispielsweise mit einem im Brennpunkt eines Spektrographen platzierten CCD aufgezeichnet werden. Das hier wiedergegebene Spektrum entstand dadurch, dass Licht von einem sehr heißen Körper durch kälteres Wasserstoffgas geführt wurde. (b) Hier ist das gleiche Spektrum dargestellt, und zwar als Auftragung der Intensität gegen die Wellenlänge. Beachten Sie, dass die Absorptionslinien darin als schmale Einschnitte erscheinen. (c) und (d) zeigen entsprechend das Emissionsspektrum heißen Wasserstoffgases. Im Diagramm treten die Emissionslinien als schmale Erhebungen auf.

Beispiele hierfür finden sich bei Neonlampen (mit hellroten Spektrallinien) oder bei Unterdruck-Natriumdampflampen (mit gelben Spektrallinien).

> **3. Strahlungsgesetz:** Wird das von einem Festkörper bei hoher Temperatur emittierte Licht (mit kontinuierlichem Spektrum) durch ein kälteres Gas geführt, dann entsteht ein **Absorptionsspektrum**, das im kontinuierlichen Spektrum dunkle Linien aufweist.

Beispiele hierfür finden sich beim Sonnen- oder beim Sternenlicht, das durch die Erdatmosphäre zu uns gelangt, wobei durch deren Bestandteile unterschiedliche Absorptionslinien entstehen.

Diese Zusammenhänge sind in Abb. 3.47 dargestellt: Ein kontinuierliches Spektrum entsteht, wenn sich zwischen einem heißen Körper, beispielsweise einem Schwarzen Körper, und dem Beobachter kein Gas befindet. Dagegen führt ein Gas im Lichtweg, das kälter als der Körper ist, zu dunklen Absorptionslinien. Entsprechend ergeben sich Emissionslinien, wenn ein heißes Gas direkt beobachtet wird.

Betrachten wir als Beispiel das Spektrum der Sonne. Wir wissen, dass ihre Oberfläche ein kontinuierliches Spektrum emittiert, das dem eines Schwarzen Körpers gleicht. Aber auf der Erde beobachten wir im Sonnenspektrum zahlreiche dunkle Absorptionslinien (siehe Abb. 3.42). Gemäß dem dritten Kirchhoff'schen Strahlungsgesetz muss also zwischen der Lichtquelle und dem Beobachter ein kälteres Gas vorliegen. In diesem Fall sind es sogar zwei Gase. Das eine befindet sich oberhalb der eigentlichen Sonnenoberfläche, also in ihren äußersten Gasschichten, und das andere ist die gesamte Erdatmosphäre. Wie schon früher dargelegt, lässt sich aus den Absorptionslinien ermitteln, welche chemischen Elemente im jeweiligen Gas vorliegen.

Wir alle kennen die Neugier vor allem kleinerer Kinder, die uns bei allem und jedem gleich fragen: „Warum?" Gute Wissenschaftler sollten sich ihre Neugier bewahrt haben, denn sie ist nicht nur beim Interpretieren von Spektren durchaus angebracht. Zum Glück ist die Frage nach dem Warum hier lösbar, und die Antwort liefert wichtige Erkenntnisse über die Bausteine der Materie: die Atome.

> **?** Zum Erzeugen von Spektren gibt es Beugungsgitter, die das auftreffende Licht reflektieren, und solche, die es durchlassen (transmittieren). Entspricht die Pfauenfeder in Abb. 3.45b einem Reflexions- oder einem Transmissionsgitter?

Atome und ihre Spektren

Ein Atom ist das kleinste Teilchen eines chemischen Elements, bei dem dessen Eigenschaften noch erhalten bleiben. Dies wusste man schon zur Zeit von Kirchhoffs Entdeckungen, kurz nach der Mitte des 19. Jahrhunderts; aber man wusste nicht, wie die Atome ihrerseits aufgebaut sind. In jener Zeit erkannten die Wissenschaftler (wie schon gesagt), dass Atome eines bestimmten Gases aus eingestrahltem weißen Licht ganz bestimmte Wellenlängen „entfernen", was

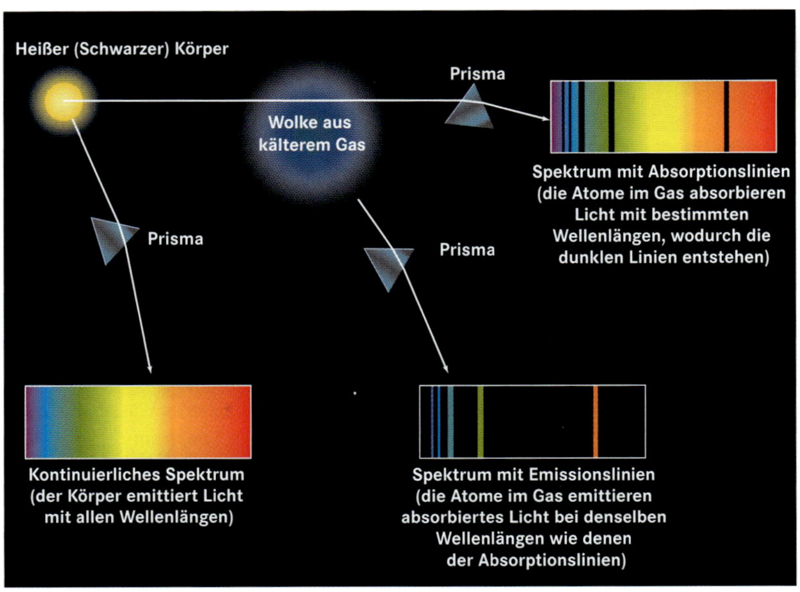

Abb. 3.47 Kontinuierliche sowie Absorptions- und Emissionsspektren. Hier ist dargestellt, wie die verschiedenen Typen der Spektren zustande kommen. Die Prismen deuten schematisch an, wo die Zerlegung in die Spektralfarben vorgenommen wird, denn heutzutage werden hierfür fast ausschließlich Beugungsgitter verwendet. Ein heißer, glühender (Schwarzer) Körper strahlt ein kontinuierliches Spektrum aus. Befindet sich zwischen ihm und dem Beobachter ein kälteres Gas, dann hat das resultierende Spektrum dunkle Absorptionslinien. Befindet sich aber das gleiche Gas mit hoher Temperatur vor einem kälteren, dunklen Hintergrund, dann treten helle Emissionslinien auf.

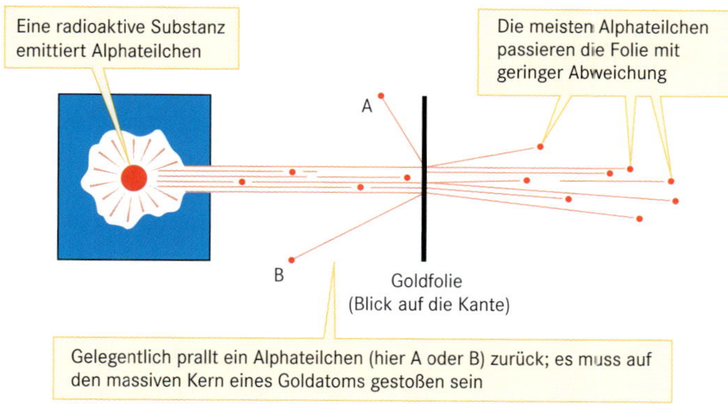

Abb. 3.48 Der Rutherford'sche Streuversuch. Die allermeisten Alphateilchen (Heliumkerne), die auf eine sehr dünne Goldfolie geschossen werden, durchdringen diese mit geringer oder keiner Richtungsänderung. Aber einige Teilchen werden fast nach hinten reflektiert. Das weist darauf hin, dass sie auf einen schweren Körper aufgeprallt sein müssen. Dieses Experiment war der erste Beweis dafür, dass fast die gesamte Masse eines Atoms in dessen sehr kleinem Kern konzentriert ist.

zu den dunklen Absorptionslinien führt. Und es konnte gezeigt werden, dass ein heißes Gas Licht mit hellen Emissionslinien ausstrahlt, deren Wellenlängen denen der Absorptionslinien entsprechen (siehe Abb. 3.44). Doch mit der hergebrachten Theorie des Elektromagnetismus war dieser Befund nicht zu erklären. Das wurde erst im 20. Jahrhundert möglich, als die Quantenmechanik und schließlich die Kernphysik erarbeitet wurden.

3.21 Ein Atom besteht aus einem kleinen, sehr dichten Kern und einer Elektronenhülle

Die innere Struktur der Atome kam ins Blickfeld, nachdem Ernest Rutherford an der Universität Manchester ab 1908 die Radioaktivität näher untersucht hatte. Ein **radioaktives** Element gibt spontan bestimmte Teilchen und zuweilen auch eine Strahlung ab, wobei es sich in ein anderes Element umwandelt. Die ersten Elemente, bei denen man dies beobachtete, waren Uran und Radium, die Teilchen mit beträchtlicher Geschwindigkeit abgeben. Man nahm an, dass derart schnelle Teilchen eine sehr dünne Goldfolie ohne Weiteres durchdringen können. Doch Rutherford stellte mit seinem Team fest, dass zwar fast alle Teilchen die Folie ohne jede oder nur mit geringer Ablenkung aus ihrer Richtung passierten. Doch überraschenderweise prallte ein sehr geringer Anteil der Teilchen zurück (Abb. 3.48). Diese Teilchen mussten also auf etwas sehr Massives gestoßen sein.

In den ersten Jahrzehnten des 20. Jahrhunderts wurde der Aufbau der Atome nach und nach klar, und man erkannte später, dass die **Atomkerne** aus positiv geladenen **Protonen** und ungeladenen **Neutronen** bestehen. Sie sind von den negativ geladenen **Elektronen** umgeben. Gemäß dem zweiten Newton'schen Axiom (siehe Abschnitt 2.7) bewegen sich die Elektronen weitaus schneller als die Atomkerne, weil sie eine 2000-mal kleinere Masse als ein Proton oder ein Neutron haben.

Zwar kann man sich – stark vereinfacht – vorstellen, dass die Elektronen den Atomkern so ähnlich wie Planeten die Sonne umlaufen. Aber die entscheidende Kraft ist hier eine andere, nämlich die auf den Ladungen beruhenden *elektrische* bzw. *elektromagnetische Kraft*. Jedes Proton hat eine ebenso große positive Ladung, wie ein Elektron eine negative Ladung hat. Die Bezeichnungen *positiv* und *negativ* sind willkürlich gewählt; wichtig ist nur, dass die Ladungen von Proton und Elektron entgegengesetzte Vorzeichen haben. Dadurch ziehen diese beiden Teilchensorten einander an, sodass die Elektronen in ihren Umlaufbahnen bleiben. Die Wechselwirkung zwischen geladenen Teilchen beruht fast ausschließlich auf der **elektromagnetischen Kraft**. Sie ist, wie auch die schon besprochene Gravitationskraft, eine der vier fundamentalen Kräfte in der Natur.

Teilchen mit gleichnamigen Ladungen, beispielsweise zwei Protonen oder zwei Elektronen, stoßen einander ab. In einem Atomkern, der ja (abgesehen von dem des Wasserstoffatoms) mehr als ein Proton aufweist, stoßen die Protonen einander ab. Da die Atomkerne stabil sind, muss es also eine anziehende Kraft geben, die die elektrische Anziehungskraft mindestens ausgleicht – und das ist die dritte der vier Fundamentalkräfte, nämlich die **starke Kernkraft**. An ihrem Zustandekommen sind die Neutronen im Atomkern beteiligt. Es ist recht faszinierend, dass *sämtliche* in der Natur auftretenden Wechselwirkungen zwischen Materie und Energie auf nur vier Kräften beruhen, zu denen als vierte Kraft die **schwache Kernkraft** gehört. Sie spielt bei Prozessen des radioaktiven Zerfalls eine Rolle, beispielsweise wenn ein Neutron in ein Proton umgewandelt wird. In Kapitel 12 werden wir der schwachen Kernkraft begegnen, wenn wir die Entwicklung des gesamten Universums betrachten. Die Eigenschaften der vier Fundamentalkräfte sind in Tab. 3.2 zusammengefasst.

Die Anzahl der Protonen im Atomkern ist die für das jeweilige chemische Element charakteristische Ordnungszahl. Alle Wasserstoffkerne haben ein Proton, alle Heliumkerne haben zwei Protonen usw. Es gibt 92 natürlich vorkommende Elemente, bis zum Uran mit der Ordnungszahl 92 (siehe Anhang E).

Außer dem Kern des gewöhnlichen Wasserstoffs weisen die Atomkerne aller Elemente auch Neutronen auf, deren Anzahlen aber recht unterschiedlich sind. So gibt es auch den schweren und den überschweren Wasserstoffkern mit 1 bzw. 2 Protonen, und der Kern des Sauerstoffatoms mit der Ordnungszahl 8 hat gewöhnlich 8 Protonen, kann aber auch 9 oder 10 Neutronen enthalten. Atomkerne ein und desselben Elements haben definitionsgemäß gleich viele Protonen, und wenn sie unterschiedlich viele Neutronen aufweisen, nennt man sie **Isotope**. Wasserstoff und Sauerstoff haben jeweils drei Isotope. Das häufigste ist in diesen beiden Fällen das mit den wenigsten Protonen: 0 beim Wasserstoff und 8 beim Sauerstoff.

Einige Isotope sind stabil; das bedeutet, die Zusammensetzung ihres Atomkerns aus Protonen und Neutronen ändert sich nicht. Ein Beispiel dafür ist das weitaus häufigste Isotop ^{12}C („Kohlenstoff zwölf") des Kohlenstoffs mit 6 Protonen und 6 Neutronen. Jedoch weisen etliche Elemente instabile Isotope auf. Diese bezeichnet man als radioaktiv, weil sie unter Abgabe von Teilchen und/oder Strahlung spontan zerfallen. Ein Beispiel dafür ist das Kohlenstoffisotop ^{14}C („Kohlenstoff vierzehn") mit 6 Neutronen und 8 Neutronen. Seine Atomkerne zerfallen zu gewöhnlichen Stickstoffkernen ^{14}N mit 7 Protonen und 7 Neutronen. Anhand der Isotopenanteile bestimmter Elemente kann bei sehr alten Objekten eine Altersbestimmung vorgenommen werden (zu näheren Einzelheiten siehe Anhang H.3). Beispielsweise konnte das Alter von Mondgestein, das von Apollo-Astronauten zur Erde gebracht wurde, auf diese Weise zu rund 4,5 Mrd. Jahren ermittelt werden. Und aus dem Alter des Materials von Meteoriten ergab sich, dass das Sonnensystem vor etwa 4,62 Mrd. Jahren entstand.

Im Normalzustand ist ein Atom elektrisch neutral, weil es gleich viele Elektronen und Protonen aufweist. In der Astronomie wird dieser Zustand meist mit der römischen Ziffer I kenntlich gemacht. Neutrale Wasserstoffatome werden also als H^{I} und neutrale Eisenatome als Fe^{I} geschrieben.

Wenn ein Atom aber mehr oder weniger Elektronen als Protonen enthält, so ist es elektrisch geladen und wird dann als **Ion** bezeichnet. Die Erzeugung eines Ions ist die sogenannte **Ionisierung** oder *Ionisation*. In der Astronomie wird die positive Ladung eines Ions durch eine um eins größere römische Ziffer als der für das Atom gekennzeichnet. Ein einfach positives Wasserstoffion wir daher als H^{II} notiert und ein zweifach positives Eisenion als Fe^{III}. Es gibt außerdem negativ geladene Ionen, die mehr Elektronen als das neutrale Atom haben.

Viele Elemente können chemische Verbindungen mit anderen Elementen dadurch eingehen, dass die verschiedenen Atome zwei oder mehrere Elektronen gemeinsam besitzen. Dann ergeben sich **Moleküle**, also die kleinsten Teilchen, die noch die chemischen Eigenschaften der Verbindung aufweisen. Zu den (komplexeren) Molekülen zählen auch die Grundbausteine allen Lebens.

3.22 Spektren entstehen, weil Elektronen nur bei ganz bestimmten Wellenlängen Photonen aufnehmen oder abstrahlen

Weil ein Proton und ein Neutron jeweils eine rund 2000-mal höhere Masse als ein Elektron haben, sind über 99,95 % der Masse eines jeden Atoms in dessen Kern konzentriert. Die Elektronen befinden sich – vereinfacht gesagt – auf Umlaufbahnen um den Kern,

Tab. 3.2 Die vier Fundamentalkräfte

Bezeichnung	Stärke (im Vergleich zur starken Kernkraft)	Wirkungsbereich
Starke Kernkraft	1	In Atomkernen
Elektromagnetische Kraft	1/137	Im gesamten Universum
Schwache Kernkraft	10^{-5}	In Atomkernen
Gravitationskraft	$6 \cdot 10^{-39}$	Im gesamten Universum

die von diesem rund 10.000 Kernradien weit entfernt sind. Daher kann man scherzhaft behaupten, dass z. B. jeder Mensch praktisch nur aus völlig leerem Raum besteht.

Aber die Vorstellung, dass die Elektronen ähnlich wie winzige Planeten den Atomkern (sozusagen eine submikroskopische Sonne) umrunden, darf man keinesfalls wörtlich auffassen. Protonen, Neutronen und Elektronen sind keineswegs massive kleine Objekte. Vielmehr müssen wir sie uns als Teilchen vorstellen, die gleichzeitig auch Welleneigenschaften haben können. Die Beschreibung ihrer Eigenschaften und ihrer Wechselwirkungen ist Gegenstand der **Quantenmechanik**.

Gemäß den quantenmechanischen Gesetzmäßigkeiten können sich die Elektronen – je nach ihrem mittleren Abstand vom Kern – in bestimmten Bereichen aufhalten. Diese bezeichnet man als erlaubte **Orbitale** (abgeleitet vom englischen Wort *orbit* = Umlaufbahn). Nur wenn wir uns dessen bewusst sind, dürfen wir von Bahnen sprechen. Für unsere Zwecke genügt es, die Energie des Elektrons im jeweiligen Orbital zu betrachten. Jedes Orbital entspricht dann einem bestimmten **Energieniveau** oder einfach *Niveau*. Entscheidend sind nun zwei Sachverhalte: Erstens kann sich jedes Elektron (wie schon angedeutet) nur in ganz bestimmten Energieniveaus befinden, und zweitens kann es einen **Übergang** von einem Energieniveau in ein anderes ausführen. In diesen beiden Sachverhalten liegen nun die prinzipiellen Unterschiede zwischen den Planeten, die die Sonne umrunden, und den Elektronen, die den Atomkern umgeben: Planeten können theoretisch in jedem beliebigen Abstand von der Sonne auftreten, aber dieser kann sich nicht ändern. – Die erlaubten Energieniveaus und die Übergänge zwischen ihnen sind zum einen charakteristisch für das betreffende Atom oder Molekül, und zum anderen lässt sich mit ihnen das Zustandekommen der *Spektren* erklären, die wir ja schon kurz betrachtet haben.

Wir untersuchen das am einfachsten aufgebaute Atom, nämlich das des gewöhnlichen Wasserstoffisotops ^{1}H. Es besteht nur aus einem Proton, das von einem einzelnen Elektron umgeben ist. (Die folgende Betrachtung gilt sinngemäß auch für alle anderen, komplizierter aufgebauten Atome wie auch für Moleküle.) Abb. 3.49 zeigt schematisch einige Energieniveaus des Wasserstoffatoms.

Im Normal- oder **Grundzustand** befindet sich das Elektron des Wasserstoffatoms im niedrigsten gerade erlaubten Niveau, hat also die geringste erlaubte Energie. Dies ist in Abb. 3.49 das Niveau mit $n = 1$. Die nächsthöheren erlaubten Energieniveaus haben entsprechend die sogenannten *Quantenzahlen* $n = 2, 3, 4$ usw. Befindet sich das Elektron in einem höheren Niveau als dem des Grundzustands, dann spricht man von einem **angeregten Zustand**.

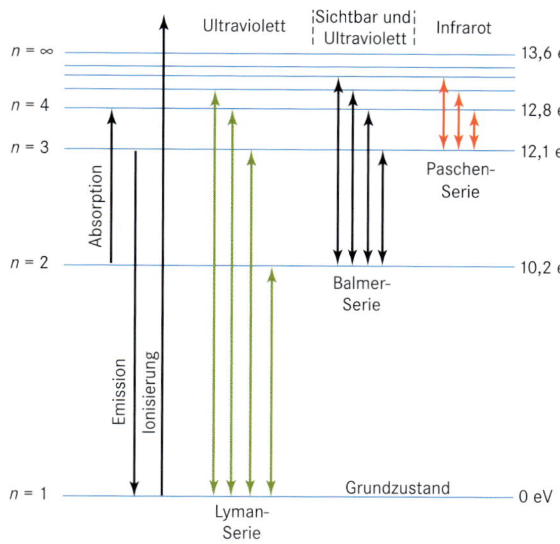

Abb. 3.49 Energieniveaus des Wasserstoffatoms. Hier sind, mit der jeweiligen Quantenzahl *n*, die niedrigeren Energieniveaus des Elektrons im Wasserstoffatom schematisch dargestellt. Die Energie eines Elektrons im Atom ist umso höher, je höher seine Quantenzahl bzw. je größer sein mittlerer Abstand vom Atomkern ist. Hier sind etliche Übergänge zwischen verschiedenen quantenmechanischen Niveaus eingezeichnet, auf denen sich Elektronen befinden können. Ein Übergang auf ein höheres Niveau führt zu einer Absorptionslinie im Spektrum, und ein Übergang zwischen denselben Niveaus, jedoch vom höheren auf das tiefere, führt zu einer Emissionslinie bei derselben Wellenlänge.

Ein Elektron im Atom kann Energie aufnehmen oder abgeben, indem es ein Photon absorbiert bzw. emittiert. Dabei muss die Energie des Photons betragsmäßig genau der Energiedifferenz zwischen dem momentanen Niveau des Elektrons und dessen Niveau nach dem Übergang entsprechen. Weil die Energie eines Photons umgekehrt proportional zu seiner Wellenlänge ist, kann aus der Wellenlänge direkt die Energiedifferenz der am Übergang beteiligten Niveaus des Elektrons ermittelt werden. Alle Photonen mit anderen Wellenlängen, die keinem möglichen Übergang entsprechen, passieren das Atom ohne Wechselwirkung.

Schauen wir uns in Abb. 3.49 ein Beispiel dafür an: Bei einem Übergang zwischen den Energieniveaus $n = 2$ und $n = 3$ wird vom Elektron ein Photon mit dem Energiebetrag 12,1 eV – 10,2 eV = 1,9 eV absorbiert oder emittiert (die Einheit eV = Elektronenvolt

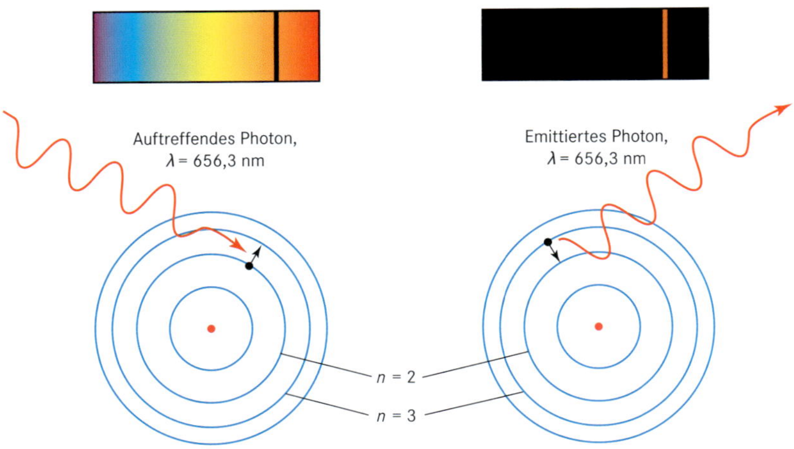

a Das Elektron im Atom absorbiert ein Photon mit der Wellenlänge 656,3 nm, sodass sich seine Energie entsprechend erhöht, wobei es vom Niveau $n = 2$ in das mit $n = 3$ angehoben wird.

b Beim Übergang vom Niveau $n = 3$ in das mit $n = 2$ wird dieselbe Energiemenge in Form eines Photons emittiert, das daher ebenfalls die Wellenlänge 656,3 nm hat.

Abb. 3.50 Absorption und Emission eines Photons. Hier sind die vier niedrigsten erlaubten Energieniveaus des Elektrons im Wasserstoffatom schematisch als Umlaufbahnen dargestellt. (a) Wenn sich das Elektron im Niveau mit $n = 2$ befindet und ein Photon absorbiert, geht es in das Niveau mit $n = 3$ über. Das Photon hat die Wellenlänge 656,28 nm und liegt daher im roten Bereich. Über der Skizze ist die zugehörige Spektrallinie gezeigt. (b) Beim Übergang aus dem höheren Niveau mit $n = 3$ emittiert das Elektron ein Photon mit derselben Wellenlänge wie in (a), wobei es in das Niveau mit $n = 2$ übergeht.

ist eine in der Atomphysik übliche Energieeinheit). In Abb. 3.50a ist die Wellenlänge eines solchen Photons bei der Absorption angegeben. Mit 656,3 nm liegt es im roten Teil des sichtbaren Spektrums (siehe Abb. 3.7).

Das eben betrachtete Beispiel betrifft Übergänge mit Linien im sichtbaren Spektralbereich. Aber viele Übergänge vollziehen sich bei höheren (oder geringeren) Energien, also bei kleineren (bzw. größeren) Wellenlängen, die auch außerhalb des sichtbaren Bereichs liegen können. Beim Wasserstoffatom ist das sogar bei den meisten in Abb. 3.49 gezeigten Übergängen der Fall. Das gilt für die Lyman-Serie (bei Übergängen von oder zu $n = 1$) und für die Paschen-Serie (bei Übergängen von oder zu $n = 3$). Nur einige Linien der Balmer-Serie (bei Übergängen von oder zu $n = 2$) liegen im sichtbaren Bereich, während alle anderen Linien zum Ultraviolettbereich gehören. Bei den Spektren der Sterne sind für uns vor allem die Balmer-Linien interessant. Sie sind nach dem schweizerischen Mathematiker und Physiker Johann Balmer benannt, dem es gelang, die Wellenlängen dieser Serie zu berechnen. Die in Abb. 3.49 gezeigte längstwellige Balmer-Linie wird als H_α-Linie bezeichnet, die mit der nächstkleineren Wellenlänge als H_β-Linie, die nächste als H_γ-Linie usw., bis hin zur H_∞-Linie („H-unendlich-Linie") mit der kleinsten Wellenlänge. (Nur die ersten 12 Linien werden mit einem griechischen Buchstaben gekennzeichnet, die weiteren dagegen mit Zahlen ab 13.) In Abb. 3.51 ist ein Ausschnitt aus dem Spektrum eines Sterns gezeigt, wobei die Absorptionslinien H_α bis H_θ („H-theta") der Balmer-Serie auftreten.

Eine Absorptionslinie rührt also daher, dass ein Elektron in einem Atom aus dem auftreffenden Licht-

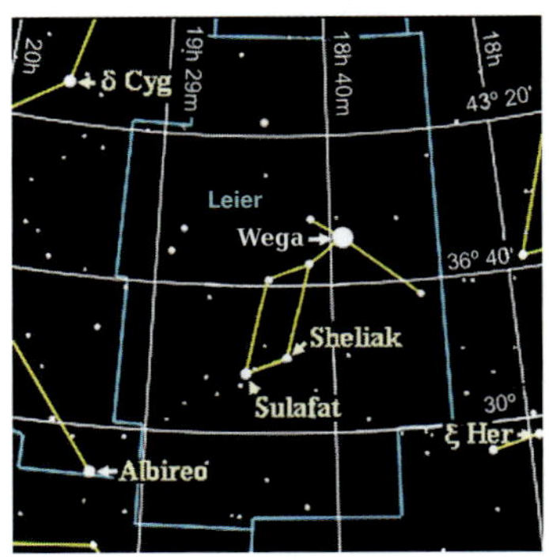

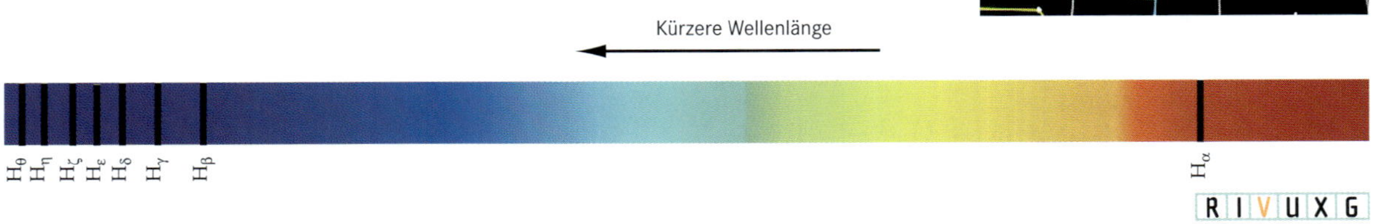

Abb. 3.51 Balmer-Linien im Spektrum eines Sterns. Dieser Ausschnitt aus dem Spektrum des Sterns Wega weist acht Balmer-Linien auf: von H_α bei 656,3 nm bis H_θ („H-theta") bei 388,9 nm. (NOAO)

strom ein Photon mit gerade der richtigen Energie bzw. Wellenlänge „herauspickt", um in ein höheres erlaubtes Energieniveau überzugehen. Ein Beobachter, der sich in Abb. 3.47 rechts befände, also durch die Wolke aus kälterem Gas auf den heißen Schwarzen Körper blickte, fände im Spektrum dunkle Absorptionslinien, weil vom kälteren Gas Photonen absorbiert werden.

Höhere, normalerweise unbesetzte Energieniveaus entsprechen angeregten Zuständen; in diesen sind Elektronen instabil. Das bedeutet, sie verlieren die höhere Energie wieder, indem sie in ein tieferes Niveau übergehen, meist in das des Grundzustands, teilweise aber auch in ein dazwischenliegendes Niveau. Beim Übergang des Elektrons in ein tieferes Niveau wird, wie schon erläutert, ein Photon mit der „passenden" Energie bzw. Wellenlänge *emittiert* (siehe Abb. 3.50b). Hier wird wiederum klar, warum ein emittiertes und ein absorbiertes Photon bei denselben beteiligten zwei Niveaus stets dieselbe Wellenlänge aufweisen. Die emittierten Photonen haben beliebige Richtungen und tragen häufig zum sichtbaren „Glühen" des heißen Gases bei. Die dabei auftretende Farbe hängt von der jeweiligen Substanz, also von der Beschaffenheit ihrer Atome oder Moleküle ab. Wasserstoffreiche Gaswolken leuchten wegen der H_α-Emission rot (Abb. 3.51 und 3.52a) und sauerstoffreiche Gaswolken vorwiegend grün (Abb. 3.52b).

? Welcher Übergang in Abb. 3.49 entspricht der Balmer-Linie H_α?

Wenn ein Photon mit einer Energie von *mehr als* 13,6 eV auf ein Elektron in einem Wasserstoffatom trifft, dann wird es absorbiert, wobei das Elektron aus dem Atom herausgeschlagen wird. Diesen Vorgang nennt man *Photoionisierung*. Die hierfür nötige Energie ist für jede Art von Atom charakteristisch. Die Photoionisierung tritt auch in Sternen und in interstellaren Nebeln auf (Abb. 3.52b). Übrigens gehen viele Spektrallinien von Sternen und Nebeln von ionisierten Atomen aus, die zumindest noch ein Elektron behalten haben.

3.23 Spektrallinien verschieben sich durch Relativbewegungen von Quelle und Beobachter

Die Geschwindigkeit, mit der sich ein Himmelskörper direkt auf uns zu oder von uns weg bewegt, ist seine

a R I V U X G b R I V U X G

Abb. 3.52 Emissionsspektren von interstellaren Gaswolken. (a) Sterne in der interstellaren Gaswolke NGC 2363 (im Sternbild Giraffe) emittieren Spektren, die denen von Schwarzen Körpern mit der entsprechenden Temperatur gleichen. Doch Elektronen in den Wasserstoffatomen der Gaswolke absorbieren rote Photonen aus dem Licht dieser Sterne und emittieren sie wieder. Die Gaswolke NGC 2363 ist von uns rund 10 Mio. Lichtjahre entfernt. (b) Ein Ausschnitt aus dem Rosettennebel (NGC 2237), einer interstellaren Gaswolke im Sternbild Einhorn. Der grüne Schimmer rührt von Sauerstoffionen O III her, also von Sauerstoffatomen, denen zwei Elektronen entrissen wurden. Beim Wiedereinfang von Elektronen emittieren sie Photonen mit der Wellenlänge 501 nm. Der Rosettennebel ist 3000 Lichtjahre von uns entfernt. (a: L. Drissen, J.-R. Roy und C. Robert/Département de Physique und Observatoire du Mont Mégantic, Université Laval; und NASA; b: T. A. Rector, B. Wolpa, M. Hanna, AURA/NOAO/NSF)

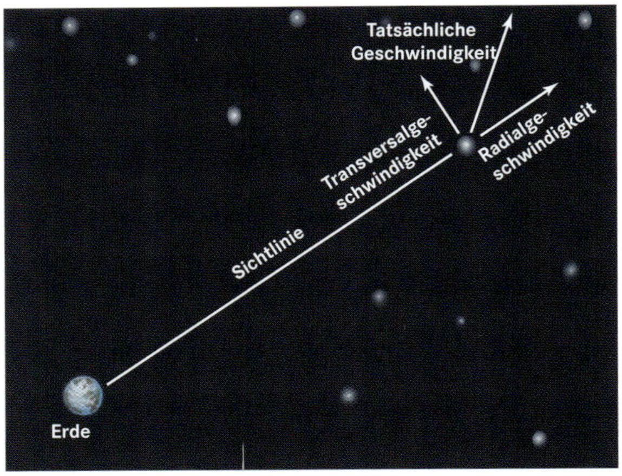

Abb. 3.53 Radial- und Transversalgeschwindigkeit eines Sterns. Die tatsächliche Geschwindigkeit eines Sterns (oder eines anderen Körpers) kann in ihre radiale und ihre transversale Komponente zerlegt werden. Die Radialgeschwindigkeit ist die Geschwindigkeit längs der Sichtlinie. Sie führt zu einer Doppler-Verschiebung des vom Stern emittierten Spektrums. Die Transversalgeschwindigkeit ist die Geschwindigkeit quer (senkrecht) zur Sichtlinie. Sie beeinflusst das Spektrum nicht. Die Eigenbewegung des Sterns ist seine Orts- oder Positionsänderung an der Himmelskugel und vollzieht sich in Richtung seiner Transversalgeschwindigkeit.

Radialgeschwindigkeit (Abb. 3.53), denn die Bewegung vollzieht sich dabei entlang des gedachten Strahls (lateinisch *radius*) zwischen dem Himmelskörper und uns. Wir können es uns auch so vorstellen, dass sich der Himmelskörper, von uns aus gesehen, entlang des Radius der Himmelskugel bewegt. In den allermeisten Fällen bewegt sich der Himmelskörper aber gleichzeitig auch quer zu dieser Richtung (wie ein Auto, das seitlich an uns vorbeifährt), und die Geschwindigkeit dieser Bewegung quer zu unserer Sichtlinie nennt man **Transversalgeschwindigkeit** (abgeleitet vom lateinischen Wort *transversarius* = quer liegend). In der Astronomie werden Radial- und Transversalgeschwindigkeit gewöhnlich in km/s angegeben.

Bei einem Himmelskörper kann die Transversalgeschwindigkeit nicht direkt gemessen werden, sondern nur seine Winkelgeschwindigkeit an der Himmelskugel. Diese Änderung pro Zeiteinheit seiner Winkelposition am Himmel rührt von seiner **Eigenbewegung** her und wird in Bogensekunden pro Jahr oder Bogensekunden pro Jahrhundert angegeben. Der Stern mit der, von der Erde aus gesehen, schnellsten bekannten Eigenbewegung ist Barnards Stern (Abb. 3.54). Die Eigenbewegung eines Himmelskörpers beeinflusst die bei seiner Strahlung gemessenen Wellenlängen ja nicht, kann also nicht anhand der Doppler-Verschiebung ermittelt werden. Zum Messen der Eigenbewegung muss man die Positionen von Objekten mit schnelleren Eigenbewegungen mit den Positionen von Objekten mit langsameren Eigenbewegungen vergleichen. Besonders schnelle Eigenbewegungen haben die Planeten, denn sie bewegen sich relativ zu den Fixsternen recht zügig.

Die Eigenbewegungen von Sternen sind allgemein so langsam, dass sie nur bei relativ nahen Sternen in unserer Galaxis gemessen werden können. Aber die Radialgeschwindigkeit von Himmelskörpern lässt sich praktisch immer messen. Auch die geringen Geschwindigkeiten der Auf-und-ab-Bewegungen der Gasmassen an der Sonnenoberfläche können anhand der Doppler-Verschiebungen in ihren Spektren gemessen werden. Messungen der Doppler-Verschiebung an den Spektren von Doppelsternen lieferten Aufschlüsse über die Geschwindigkeiten dieser einander umlaufenden Sterne. Ähnliche Messungen an Planeten und der Sonne sowie anderen Sternen ergaben, dass viele dieser Körper um ihre Achse rotieren. Das wird daran deutlich, dass die Doppler-Verschiebung bei der sich auf uns zu drehenden Hälfte ein anderes Vorzeichen hat als diejenige der anderen Hälfte, die sich gerade von uns weg bewegt. Schließlich ging aus solchen Messungen auch hervor, dass sämtliche weit von uns entfernten Galaxien sich von uns entfernen. Demnach dehnt sich das Universum aus. Aus den Verschiebungen der Spektren sehr weit entfernter Galaxien konnte auch die Geschwindigkeit dieser Ausdehnung ermittelt werden. In späteren Kapiteln werden wir sehen, wie die Doppler-Verschiebung ausgenutzt wird, um die Geschwindigkeiten von Himmelskörpern auf uns zu oder von uns weg zu ermitteln.

? Wie hören Sie den Ton einer Hupe eines Autos, das sich Ihnen nähert? Ist er höher oder tiefer als beim stehenden Auto?

Nachdem wir die wichtigsten Grundzüge der Spektroskopie und der Atomphysik sowie die Doppler-Verschiebung rekapituliert haben, können wir nun viele wesentlichen Eigenschaften der Materie im Weltraum nennen, die der Beobachtung zugänglich sind. Hierzu gehören die chemischen Zusammensetzungen und die Temperaturen von Sternen, interstellaren Gaswolken sowie anderen astronomischen Objekten, ferner deren Rotation und andere Bewegungen (beispielsweise auf uns zu oder von uns weg), die Gegenwart von Planeten und lichtschwachen Begleitsternen, schließlich die Geschwindigkeit, mit der sich das Universum ausdehnt. Anhand solcher Eigenschaften haben die Astrophysiker Modelle entwickelt, die zahlrei-

Einblicke in die Wissenschaft

Untersuchung weit entfernter Objekte Die Objekte astronomischer Beobachtungen und Messungen sind extrem weit vom Beobachter und seinen Geräten entfernt. Daher ist es meist äußerst schwierig, die Ergebnisse richtig zu interpretieren sowie störende Einflüsse zu erkennen und auszuschließen. Wird beispielsweise das Spektrum einer fernen Galaxie aufgenommen, dann spielen das Auflösungsvermögen des Teleskops und das des Beugungsgitters eine Rolle. Außerdem muss ausgeschlossen werden, dass das Licht anderer Objekte die Messung verfälscht. All das bedeutet, dass die Geräte und Methoden sowie auch die Theorien ständig hinterfragt und aktualisiert werden müssen.

che Aussagen erlauben, etwa über das Alter, die Masse, die Aktivität oder die Rotation von Sternen oder auch über den Einfluss von Planeten in ihrer Umgebung.

Der Ursprung der modernen Physik war in der zweiten Hälfte des 17. Jahrhunderts die Aufstellung der Newton'schen Bewegungsgesetze oder Axiome, mit denen auch die Planetenbahnen zu erklären sind. In den nächsten gut zweieinhalb Jahrhunderten konnten (unter anderem durch die Arbeiten von Maxwell, Planck, Einstein, Rutherford und Doppler) die Eigenschaften der elektromagnetischen Strahlungen und der Aufbau der Atome geklärt werden. In den nächsten Kapiteln werden wir sehen, welch große Bedeutung ihre Ergebnisse für die Astronomie auch heute noch haben.

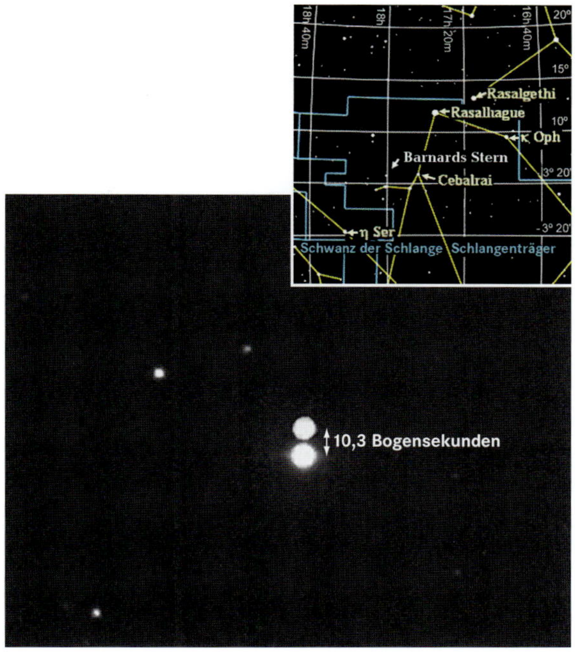

R I V U X G

Abb. 3.54 Die Eigenbewegung von Barnards Stern. Diese beiden Aufnahmen von Barnards Stern entstanden 2000 und 2001, im zeitlichen Abstand von genau einem Jahr. Daraus wird seine Eigenbewegung während dieser Zeitspanne deutlich. Barnards Stern hat mit 10,3 Bogensekunden pro Jahr die schnellste Eigenbewegung und ist mit 5,9 Lichtjahren Entfernung auch einer der uns nächsten Sterne. (John Sanford/Science Photo Library/Photo Researchers)

3.24 An den Grenzen unseres Wissens

Etwa bis zum Beginn des 20. Jahrhunderts mussten sich die Astronomen so ähnlich wie die blinden Männer in der Fabel fühlen, die einen Elefanten zu beschreiben versuchen. Ihre Beobachtungsergebnisse waren sehr bruchstückhaft, und sie konnten nur einige wenige Merkmale des Universums beschreiben. Doch inzwischen verfügen wir über moderne Geräte und Verfahren, die ganz andere Möglichkeiten bieten. Jetzt nimmt das ganze Bild des Universums allmählich Konturen an. In den folgenden Kapiteln wird deutlich werden, wie zügig sich unser Verständnis des Kosmos vertieft. Doch es sind noch enorm aufwendige Beobachtungen und Messungen anzustellen, um weitere Einzelheiten zu ermitteln. Im Grund können uns alle Planeten und Monde, ja sogar interplanetarische Bruchstückchen, aber auch Überreste von Sternen sowie Gas- und Staubwolken, Galaxien, Quasare, Galaxienhaufen und -superhaufen ihre individuelle Geschichte erzählen. In der beobachtenden Astronomie gelingen daher noch immer, sozusagen täglich, neue und zuweilen unerwartete Entdeckungen.

Die Spektren astronomischer Objekte geben ständig weitere Aufschlüsse über die chemischen Zusammensetzungen von Planeten, Monden, Kometen, Sternen, interstellaren Gas- und Staubwolken sowie ganzen Galaxien. Weiterhin können wir mithilfe genauerer Messungen der Doppler-Verschiebungen der Spektren von Objekten in unserer Galaxis wie auch in anderen, uns relativ nahen Galaxien die Geschwindigkeiten immer genauer bestimmen, mit der sich die einzelnen Objekte relativ zueinander bewegen. Je besser wir die Zusammensetzungen und die Bewegungen von Objekten im Weltraum kennen, desto klarer sehen wir beispielsweise den Ursprung und die Entwicklung von Sonnensystemen, aber auch von Sternen, Galaxien und letztlich des Universums. Wir haben den Elefanten noch längst nicht vollständig erkannt.

Schlüsselbegriffe

Die Natur des Lichts

- Photonen – sozusagen die Teilchen des Lichts, das ja auch Welleneigenschaften hat – übertragen Energie durch den leeren Raum, wobei sie Lichtgeschwindigkeit haben; diese beträgt im leeren Raum ziemlich genau 300.000 km/s und ist in anderen Medien etwas geringer.
- Radiowellen-, Mikrowellen- und Infrarotstrahlung, außerdem sichtbares Licht sowie Ultraviolett-, Röntgen- und Gammastrahlung sind die Formen der elektromagnetischen Strahlung. Sie alle breiten sich wie Wellen aus, können aber auch Teilcheneigenschaften haben; dann spricht man von Photonen.
- Das sichtbare Licht macht nur einen sehr kleinen Teil des elektromagnetischen Spektrums aus.
- Die Wellenlänge ist beim sichtbaren Licht maßgebend für die Farbe, die wir wahrnehmen. Das sichtbare Licht hat Wellenlängen von etwa 400 nm (violetten) bis zu etwa 700 nm (rot).
- Die Wellenlängen der Infrarot-, der Mikrowellen- und der Radiowellenstrahlung haben größere Wellenlängen als das sichtbare Licht, während Ultraviolett-, Röntgen- und Gammastrahlung kürzerwellig sind.

Optiken und Teleskope

- Eine Hauptaufgabe eines Teleskops besteht darin, so viel Licht wie möglich aufzufangen. Im Rahmen seines Auflösungsvermögens stellt es das Objekt vergrößert dar und lässt ggf. Details erkennen.
- Ein Spiegelteleskop erzeugt das Bild durch Reflexion der eintreffenden Lichtstrahlen am konkaven Objektivspiegel, der sie in seinem Brennpunkt oder in seiner Brennebene fokussiert.
- Ein Linsenteleskop (Refraktor) erzeugt das Bild durch Brechung der eintreffenden Lichtstrahlen in der Objektivlinse, die sie in ihrem Brennpunkt oder in ihrer Brennebene fokussiert. Weil Glas praktisch nur sichtbares Licht ausreichend durchlässt, haben Linsenteleskope einen recht begrenzten Nutzen. Zudem sind sie wegen Problemen bei der Aufhängung der Linsen nur in beschränkter Größe zu bauen. Diese Nachteile haben Spiegelteleskope nicht.
- Die für die Forschung vorgesehenen terrestrischen Teleskope können mit einer aktiven oder mit einer adaptiven Optik versehen sein. Diese ausgeklügelten Vorrichtungen ermöglichen ein Auflösungsvermögen, das zuweilen dem des Hubble-Teleskops gleicht.

Nichtoptische Astronomie

- Radioteleskope haben große Antennenschüsseln, die – ähnlich wie ein Hohlspiegel – Radiowellen fokussieren.
- Im Radiowellenbereich sind Aufnahmen mit sehr hoher Auflösung möglich, wenn man mehrere, in größeren Abständen voneinander angebrachte Hohlspiegel miteinander kombiniert, d. h. ihre Signale entsprechend kombiniert. Dieses Verfahren nennt man Interferometrie.
- Die Erdatmosphäre lässt sichtbares Licht und Radiowellen gut durch, ist aber im Infrarot- und im Ultraviolettbereich nur teilweise durchlässig. Sie absorbiert aber den größten Teil der elektromagnetischen Strahlungen außerhalb der genannten Bereiche.
- Für Beobachtungen bei anderen Wellenlängen dienen meistens Teleskope, die mit Raketen oder Raumfähren auf eine Umlaufbahn oberhalb der Erdatmosphäre gebracht wurden. Solche satellitenbasierten Teleskope liefern eine Fülle von Informationen, an die man früher nicht gelangen konnte. Sie ermöglichen auch das ständige, koordinierte Erfassen unterschiedlicher Strahlungen aus dem gesamten Weltraum.
- Ladungsgekoppelte Bauelemente (CCDs) erfassen inzwischen bei vielen Teleskopen das Bild; sie können vom Infrarot- bis hin zum Röntgenbereich verwendet werden.
- Durch Analysieren der Wellenlängenverteilung der von einem astronomischen Objekt emittierten und absorbierten elektromagnetischen Strahlung erhält man Informationen über Temperatur, chemische Zusammensetzung und Rotationsgeschwindigkeit, aber auch über ihn begleitende Objekte und über seine Bewegung im Raum.

Die Schwarzkörperstrahlung

- Ein Schwarzer Körper ist ein hypothetischer Körper, der die auftreffende elektromagnetische Strahlung in ihrem gesamten Wellenlängenbereich vollständig absorbiert. Er kann am besten durch einen Hohlraum realisiert werden, der nur ein kleines Loch zum Ein- und Austritt der Strahlung aufweist.

Die relativen Intensitäten der Strahlung bei den einzelnen Wellenlängen hängen nur von seiner Temperatur ab. Sterne ähneln hinsichtlich ihrer Strahlung einem Schwarzen Körper.
- Gemäß dem Wien'schen Verschiebungsgesetz ist die Wellenlänge, bei der ein Schwarzer Körper die höchste Strahlungsintensität emittiert, umgekehrt proportional zu seiner absoluten Temperatur. Daher liegt das Maximum der Strahlungskurve (der Auftragung der Intensität gegen die Wellenlänge) eines heißeren Schwarzen Körpers bei einer kleineren Wellenlänge. Die Form der Strahlungskurve ist charakteristisch für die jeweilige Temperatur.
- Gemäß dem Stefan-Boltzmann'schen Gesetz ist die von einem Schwarzen Körper abgestrahlte Leistung proportional zur strahlenden Fläche und zur vierten Potenz der (in Kelvin einzusetzenden) absoluten Temperatur. Ein heißerer Körper strahlt also intensiver als ein kälterer.
- Die Bewegung einer Strahlungsquelle von einem Beobachter weg bewirkt, dass dieser eine Strahlung (oder auch einen Ton) mit größerer Wellenlänge empfängt, die also beim Licht zum Roten hin verschoben ist. Umgekehrt wird die Wellenlänge kleiner, d. h. das Licht zum Violetten hin verschoben, wenn sich die Quelle dem Beobachter nähert. Diese beiden Änderungen der Wellenlänge bezeichnet man als Doppler-Verschiebung.

Die Aufnahme von Spektren

- Mithilfe der Spektroskopie gewinnt man Informationen über die chemische Zusammensetzung von astronomischen Objekten.
- Die drei Kirchhoff'schen Strahlungsgesetze beschreiben die Bedingungen, unter denen Absorptionslinien, Emissionslinien bzw. kontinuierliche Spektren auftreten.
- Anhand ihrer Spektrallinien können die chemischen Elemente oder bestimmte Verbindungen identifiziert werden, die eine Lichtquelle umfassen.

Atome und ihre Spektren

- Ein Atom besteht aus einem kleinen, dichten Kern, der aus Protonen und Neutronen besteht und von Elektronen umgeben ist. Atome verschiedener Elemente haben unterschiedliche Anzahlen von Protonen, während Isotope unterschiedlich viele Neutronen, aber gleich viele Protonen haben.
- Die Quantenmechanik beschreibt das Verhalten kleinster Teilchen. Gemäß ihren Gesetzmäßigkeiten können sich die Elektronen eines Atoms je nach ihrer Energie nur in bestimmten Bereichen (Abständen vom Atomkern) aufhalten.
- Die Kerne vieler Atome sind stabil, während andere (radioaktive) Kerne spontan zerfallen.
- Eine Spektrallinie eines Atoms rührt daher, dass ein Elektron einen Übergang zwischen zwei erlaubten Energieniveaus ausführt. Der Betrag der Energiedifferenz der beteiligten Energieniveaus ist maßgebend für die Wellenlänge der Spektrallinie bzw. des emittierten oder absorbierten Photons.
- Das Spektrum des gasförmigen Wasserstoffs besteht im sichtbaren Wellenlängenbereich aus einem Teil der Balmer-Serie. Diese rührt von Übergängen zum bzw. vom zweitniedrigsten Energieniveau des Wasserstoffatoms her.
- Jedes Atom oder Molekül hat einen charakteristischen Satz von Spektrallinien.
- Wenn ein neutrales Atom ein oder mehrere Elektronen abgibt bzw. aufnimmt, dann wird es zu einem positiven bzw. negativen Ion.
- Anhand der Doppler-Verschiebung der Spektrallinien eines astronomischen Objekts kann man dessen Radialgeschwindigkeit relativ zur Erde berechnen. Der Betrag der Wellenlängenänderung ist dabei proportional zum Betrag der Radialgeschwindigkeit.

Was haben Sie gedacht?

1 *Was ist Licht?* Licht – genauer gesagt: sichtbares Licht – ist eine Art der elektromagnetischen Strahlung, und zwar im Wellenlängenbereich zwischen etwa 400 nm und 800 nm. Zu den elektromagnetischen Strahlungen gehören auch Radiowellen-, Mikrowellen- und Infrarotstrahlung mit größeren Wellenlängen sowie Ultraviolett-, Röntgen- und Gammastrahlung mit kleineren Wellenlängen. Alle elektromagnetischen Strahlungen haben Wellen- und auch Teilcheneigenschaften.

2 *Welcher Bereich der elektromagnetischen Strahlung ist für lebende Organismen am gefährlichsten?* Bei der Gammastrahlung haben die Photonen die höchsten Energien; daher sind sie für Lebewesen am gefährlichsten. Die schädliche Strahlung, der wir gewöhnlich am meisten ausgesetzt sind, ist der Anteil der Ultraviolettstrahlung von der Sonne, der von der Erdatmosphäre durchgelassen wird.

3 *Welche beiden Hauptaufgaben hat ein Teleskop?* Ein Teleskop soll ein helles, scharfes Bild mit hoher Vergrößerung liefern. Dazu muss es möglichst viel

Licht auffangen und ein möglichst hohes Auflösungsvermögen haben.

4 *Warum verwendet man lieber Spiegelteleskope als Linsenteleskope, um das Licht entfernter astronomischer Objekte zu erfassen?* Linsenteleskope haben etliche Nachteile, darunter vor allem die chromatische Aberration und die schwierige verformungsfreie Aufhängung großer Linsen.

5 *Warum flimmern die Sterne?* Schnelle, unregelmäßige Änderungen in der Luftdichte in der Atmosphäre führen dazu, dass das eintreffende Sternenlicht kurzzeitig abgelenkt wird. Dadurch wird das eigentlich punktförmige Licht eines Sterns zu einem Sternscheibchen verschmiert.

6 *Welcher Körper ist heißer – ein rot glühender oder ein weißlich-blau glühender?* Der weißlich-blau glühende Körper ist heißer als der rot glühende.

7 *Welche sichtbare Farbe ist in der Sonnenstrahlung am hellsten?* Die Sonne strahlt elektromagnetische Strahlungen mit praktisch allen Wellenlängen aus. Im sichtbaren Teil des Spektrums emittiert sie im blau-grünen Bereich am intensivsten. Aber hier ist unser Auge deutlich weniger empfindlich als bei gelbem Licht. Deswegen und weil die Erdatmosphäre das sichtbare Licht im blau-grünen Bereich am stärksten streut, erscheint uns das gelbe Licht in der Sonnenstrahlung am hellsten.

Nachlese

1. Beschreiben Sie die Reflexion und die Brechung. Wie werden diese Effekte in Teleskopen ausgenutzt?
2. Nennen Sie Beispiele aus dem Alltag, bei denen Brechung bzw. Reflexion auftreten.
3. Wie viel Licht erfasst ein 3-m-Teleskop im Vergleich zu einem 1-m-Teleskop?
4. Beschreiben Sie einige Vorteile von Spiegelteleskopen gegenüber Linsenteleskopen.
5. Worin bestehen die drei Hauptfunktionen eines Teleskops?
6. Was versteht man unter der Winkelauflösung eines Teleskops?
7. Wodurch ist die Fähigkeit des 5-m-Teleskops des Mount-Palomar-Observatoriums begrenzt, Sternenlicht zu erfassen? Hier sind mehrere Antworten richtig.
8. Warum werden bei sehr großen Teleskopen künftig immer öfter Kombinationen von kleineren Spiegeln verwendet?
9. Was versteht man unter der adaptiven Optik? Welches Problem wird mit dieser Methode gelöst?
10. Vergleichen Sie ein optisches Spiegelteleskop mit einem Radioteleskop. Was haben sie gemeinsam? Worin unterscheiden sie sich?
11. Warum können Radioteleskope auch tagsüber betrieben werden, optische Teleskope aber praktisch nur nachts?
12. Warum müssen Teleskope auf Erdumlaufbahnen oder anderweitig im Weltraum verwendet werden, wenn die Himmelskugel im Röntgenbereich untersucht werden soll?
13. Nennen Sie mindestens zwei der vier großen Teleskope der NASA, die im Weltraum betrieben werden, und geben Sie jeweils den Wellenlängenbereich an, in dem sie arbeiten.
14. Warum unterstützten Ole Römers Beobachtungen der Verfinsterungen der Jupitermonde das heliozentrische Modell des Kosmos, nicht aber das geozentrische?
15. Bei welcher der nachfolgend genannten Farben ist ein Schwarzer Körper am heißesten? **a.** Gelb, **b.** rot, **c.** orangefarben, **d.** violett, **e.** blau.
16. Welche der nachfolgend genannten elektromagnetischen Strahlungen hat Photonen mit der geringsten Energie? **a.** Infrarotstrahlung, **b.** Gammastrahlung, **c.** sichtbares Licht, **d.** Ultraviolettstrahlung, **e.** Röntgenstrahlung.
17. Bei welcher Bewegung eines Objekts relativ zum Beobachter zeigt sein auf der Erde aufgenommenes Spektrum eine Verschiebung zum Violetten hin? **a.** An der Himmelskugel geradlinig nach ostwärts, **b.** an der Himmelskugel geradlinig nach Norden, **c.** direkt zur Erde hin, **d.** direkt von der Erde weg, **e.** relativ zur Erde ruhend.
18. Wodurch ist ein Schwarzer Körper gekennzeichnet? Warum können beispielsweise auch Sterne als Schwarze Körper aufgefasst werden, obwohl sie gar nicht schwarz sind?
19. Was besagt das Wien'sche Verschiebungsgesetz? Wie kann man mit seiner Hilfe die Temperatur an der Oberfläche eines Sterns ermitteln?
20. Was besagt das Stefan-Boltzmann'sche Gesetz? Welchen Nutzen hat es in der Astronomie?
21. Wie ändern sich bei zunehmender Temperatur die Farbe und die Intensitäten des von einem Körper bei den einzelnen Wellenlängen ausgestrahlten Lichts? (Ziehen Sie das Wien'sche Verschiebungsgesetz und das Stefan-Boltzmann'sche Gesetz heran.)

22. In welcher Farbe leuchtet ein interstellares Gas, das praktisch nur aus Wasserstoff besteht? Warum?
23. Wodurch ist ein chemisches Element gekennzeichnet? Nennen Sie fünf Elemente und erklären Sie kurz, worin sie sich unterscheiden.
24. Welche drei Isotope des Wasserstoffs gibt es, und worin unterscheiden sie sich?
25. Erklären Sie, wie das Spektrum des Wasserstoffgases mit dem Aufbau des Wasserstoffatoms zusammenhängt.
26. Erklären Sie, warum die Doppler-Verschiebung nur von der Komponente der Bewegung eines astronomischen Objekts direkt auf uns zu oder direkt von uns weg herrührt, also nicht von der Transversalgeschwindigkeit, d. h. der Bewegungsgeschwindigkeit an der Himmelskugel.
27. Was versteht man unter der Doppler-Verschiebung, und welche Bedeutung hat sie in der Astronomie?

Scientific American-Beitrag

Sterne über einem ruhenden Vulkan

Auf dem Vulkan Mauna Kea auf der Insel Hawaii befindet sich das größte Observatorium der Welt. Der Ausblick ist spektakulär – nach oben wie nach unten

Von Marguerite Holloway

Scientific American, Juli 2004, S. 112–113

Das Canada-France-Hawaii Telescope auf dem Mauna Kea wurde im Jahre 1979 gebaut. Zwar ist der im Foto zu erkennende Umgang für Besucher nicht zugänglich, aber ein ähnlich faszinierender Ausblick wie hier ist vom Umgang um das 2,2-Meter-Teleskop der Universität Hawaii zu genießen. Beide Teleskope waren in jüngster Zeit bei der Entdeckung vieler Jupitermonde hilfreich.

Nach einer halbstündigen Fahrt nordwärts, die in Kona auf der Insel Hawaii begonnen hatte, biege ich etwas beklommen in die Saddle Road ein. Ich erwarte nämlich eine mit schrecklichen Schlaglöchern übersäte Fahrbahn, denn nur eine einzige Mietwagenfirma lässt ihre Kunden ohne unbegrenzten Versicherungsschutz diese Straße benutzen. Doch wider Erwarten hat die Saddle Road, die den höchsten Teil der Insel durchquert, einen glatten Fahrbahnbelag. Auf ihrer Länge von rund 140 Kilometern weist sie keine Tankstellen oder Läden auf und ist bei Nacht unbeleuchtet. Obwohl sie zwei größeren und mehreren kleineren Städten nahe ist, erscheint diese Straße von der Welt abgeschieden zu sein.

Dieser Eindruck verstärkt sich beim Abbiegen nach 45 Kilometern noch, denn jetzt kann man sozusagen über diese Welt hinausblicken. In jedem Jahr wollen hier über 100.000 Besucher den Mauna Kea betrachten, einen seit langer Zeit ruhenden Vulkan, der den Hawaiianern als heilige Stätte gilt. Auf ihm wurde eine der weltweit größten Kombination von Teleskopen errichtet, mit denen der Ursprung und die Entwicklung des Universums und seiner Objekte näher erforscht wird.

Der Mauna Kea, übersetzt der „Weiße Berg", ist ein idealer Standort zum Beobachten des Kosmos. Bei Nacht ist es hier ungewöhnlich klar, weil mögliche Wolken durch Fallwinde unten gehalten werden. In 4200 Metern Meereshöhe befindet man sich höher als 40 Prozent der Erdatmosphäre und oberhalb einer Wolkenschicht, die die feuchte Meeresluft unten hält. Dadurch ist die Luft am Gipfel frei von Staub, Smog und Feuchtigkeit, sodass die Astronomen schon lange mit diesem Berg geliebäugelt hatten, zumal der Vulkan Mauna Kea seit rund 4500 Jahren nicht mehr aktiv war. (Knapp 50 Kilometer entfernt von diesem Mantel-Hotspot blühte die Stadt Mauna Loa auf, und in südlicher Richtung etwas weiter entfernt entstand ein U-Boot-Stützpunkt.) Die ersten Teleskope wurden auf dem Gipfel gegen Ende der 1960er Jahre errichtet, und in-

Keck I und Keck II (*links*) sind die wohl bekanntesten Teleskope auf dem Mauna Kea. Einige Messungen erfolgten hier mit der Vorrichtung HIRES (dem weißen kistenförmigen Gebilde auf der Plattform im rechten Bild). Mithilfe dieses leistungsfähigen Instrumentariums wurden bis zum Jahre 2004 über die Hälfte der bis dahin bekannten 120 extrasolaren Planeten entdeckt. (Scientific American)

zwischen betreiben die Forscher hier 13 Teleskope unterschiedlicher Typen, darunter die beiden berühmten Teleskope Keck I und Keck II.

Bevor die Besucher zum Gipfel fahren dürfen, um die beeindruckenden Teleskope zu besichtigen, müssen sie im Besucherzentrum verweilen, das nach Ellison S. Onizuka benannt ist, einem aus Hawaii stammenden Mitglied der Challenger-Besatzung. Dieser Aufenthalt dient zur besseren Anpassung an die enorme Höhe. (Offizielle Touren auf den Gipfel werden nur an Wochenenden ab 13 Uhr angeboten, während Himmelsbeobachtungen jeden Abend ab 18 möglich sind; siehe www.ifa.hawaii.edu/mko).

Am Tag meines Besuchs, einem Sonntag, wurde uns etwa 25 Besuchern zunächst ein Film über die Geschichte des Observatoriums und über laufende Forschungsarbeiten gezeigt. Dann bestiegen wir vierradangetriebene Fahrzeuge, um die lange, gewundene und nicht asphaltierte steile Straße zum Gipfel zu bewältigen. In dieser Höhe arbeiten die Motoren wenig effizient, sodass man darauf achten muss, ausreichend Benzin getankt zu haben.

Den ersten Halt machen wir auf dem unfruchtbaren, braunen und vom Wind blankgefegten Berg am Teleskop Keck I, einem der Zwillingsteleskope des W.-M.-Keck-Observatoriums, die im optischen und im infraroten Bereich arbeiten. Sie sind mit 300 Tonnen Gewicht und acht Stockwerken Höhe die größten derartigen Teleskope. Mit ihnen wurden frühe Sterne wie auch deren Bildung in alten Gaswolken untersucht, die sehr bald nach dem Urknall vor rund 13,7 Milliarden Jahren entstanden. Ferner wurden hiermit Planeten außerhalb unseres Sonnensystems entdeckt, die jeweils ihren eigenen Stern umlaufen. Und vor kurzem konnte man mithilfe des Keck-II-Teleskops Methan in der Atmosphäre von Mars nachweisen. Dieses Gas könnte durch einen Kometen auf den Mars gelangt, durch vulkanische Aktivität auf dem Planeten selbst freigesetzt oder vielleicht durch den Stoffwechsel von Bakterien entstanden sein.

Auf dem Gipfel ist es kühl, aber im Observatorium scheint es noch kälter zu sein. Unser Führer erklärte, dass es pro Monat rund 35.000 Dollar kostet, die Kuppeln des Observatoriums auf etwa 0 °C zu halten. Andernfalls würden sich durch die Erwärmung der 10-Meter-Spiegel und/oder die weitgehend aus Metall bestehende Zusatzausrüstung verziehen. (Für Besuche an Wochentagen sind beim Keck I der Besucherbereich und die Galerie montags bis freitags von 10 bis 16 Uhr geöffnet; siehe www2.keck.hawaii.edu).

Als Nächstes suchen wir das 2,2-Meter-Teleskop der Universität Hawaii auf. Von seinem Umgang aus blicken wir auf die beiden weißen Kuppeln der Keck-Teleskope sowie auf ein Meer von Wolken unter und hinter ihnen. Dieses 2,2-Meter-Teleskop ist das einzige andere Teleskop, das Besuchern auf dem Gipfel offensteht. Zusammen mit den weiteren Teleskopen auf dem Mauna Kea diente es dazu, rund ein Dutzend weitere Monde des Jupiter zu entdecken. Bis zum Jahre 2004 kannte man schon deren 63. Im Februar jenes Jahres wurde mit diesem Teleskop ein Roter Zwerg entdeckt, der nur 33 Lichtjahre von uns entfernt ist und Planeten um sich herum bildet. Weitere Untersuchungen an diesem Stern namens AU Mic sollen die Prozesse bei der Entstehung von Planeten klären.

Die Besucher können leider nur wenige Teleskope besichtigen und auch die Arbeit der Astronomen nicht aus der Nähe verfolgen. Aber man fühlt sich sehr klein neben den gewaltigen weißen Kuppeln und winzig wie ein Staubkörnchen vor der gigantischen Kulisse des Himmels. Viele Besucher, die an den Führungen teilnehmen, sind Amateurastronomen, die ihre Freizeit zum Beobachten der Sterne nutzen und im Urlaub Observatorien besichtigen. „Mauna Kea ist eindeutig das beste", seufzte einer, als wir zu den Autos zurückgingen.

Am späten Nachmittag ist die Tour zu Ende, und die Luft ist noch kälter geworden. Die vierradgetriebenen Autos bilden eine zwanglose Kolonne und schleichen die Serpentinen hinunter. Gerade beim Sonnenuntergang erreiche ich wieder die Saddle Road. Das Scheinwerferlicht erfasst kleine Blumen, die die Straße wie Lampions säumen. Büschel hellen Grases heben sich vor den schwarzen Lavaflächen ab, und überall entspringt Licht aus der Dunkelheit.

Kapitel 4
Erde und Mond

R I V U X G

Erde und Mond, vom Weltraum aus gesehen. (NASA)

Was meinen Sie?

1 **Kann die Ozonschicht der Erde, die momentan dünner wird, wieder aufgefüllt werden?**

2 **Wer war der erste Mensch, der einen Fuß auf den Mond setzte, und wann fand dieses Ereignis statt?**

3 **Können wir während eines Mondzyklus alle Teile der Mondoberfläche irgendwann sehen?**

4 **Dreht sich der Mond um seine eigene Achse, und wenn ja, wie schnell?**

5 **Was ist die Ursache der Gezeiten der Weltmeere?**

6 **Wann findet eine Springflut statt?**

Die Antworten finden Sie bei der jeweiligen Ziffer im Text und noch einmal zusammengefasst am Ende des Kapitels.

In diesem Kapitel erkunden wir die Erde und ihren Mond; dabei untersuchen wir auch, wieso sich die Erde für die Entwicklung organischen Lebens eignet. Unser Wissen über unseren Heimatplaneten ist umfangreich und wächst ständig an. Deswegen können wir hier im Detail Phänomene wie das Magnetfeld der Erde, ihre Atmosphäre, die Dicke und Zusammensetzung ihrer Kruste und die Eigenschaften in größeren Tiefen bis hin zum metallischen Kern besprechen. Wie Sie sehen werden, wissen wir über den Mond wesentlich weniger gut Bescheid. Im nachfolgenden Kapitel untersuchen wir andere Welten, deren Eigenschaften sich in vieler Hinsicht von denen der Erde unterscheiden und die deshalb völlig andere Umgebungen bieten als unser Planet.

In diesem Kapitel geht es darum,

- warum die Erde eine ideale Umgebung für organisches Leben ist;
- dass die Erde an der Oberfläche und im Inneren ständig in Bewegung ist;
- inwieweit uns das Magnetfeld vor Gefahren aus dem All schützt;
- wie die Mondkrater entstanden sind;
- wie Sonne und Mond gemeinsam Ebbe und Flut bewirken;
- dass es sowohl auf der Erde als auch dem Mond zwei verschiedene hauptsächliche Landschaftstypen gibt;
- dass in den Polargebieten des Monds vielleicht Wassereis gefunden wurde.

Die Erde – eine lebendige und dynamische Welt

Betrachtet man unseren Planeten aus dem Weltraum (Abb. 4.1), erkennt man Wolken, Wasser- und Landmassen, die gemeinsam im Mittel 37 % des einfallenden Sonnenlichts diffus reflektieren. Diese „Albedo" von 0,37 und ihre Schwankung im Jahreslauf sind im Sonnensystem einmalig: Planeten mit dichter Wolkendecke wie die Venus reflektieren viel mehr Licht, Himmelskörper mit staubtrockener Oberfläche wie Mars oder der Erdmond dagegen viel weniger. Überdies hängt die Albedo der Erde von der wechselnden Wolken- und Eisbedeckung ab, aber auch von der Verteilung von Wasser und Land auf der Seite des Planeten, die jeweils der Sonne zugewandt ist. Zu rund 71 % ist die Erde mit Ozeanen aus flüssigem Wasser, einem fast universellen Lösungsmittel, bedeckt, in denen einst das Leben entstand. (Als Lösungsmittel bezeichnet man eine Flüssigkeit, in der sich andere Stoffe auflösen.)

Die Erde ist eine geologisch aktive, wandelbare Welt. Viele Gebiete werden regelmäßig von Erdbeben erschüttert. Aus Vulkanen ergießen sich riesige Mengen geschmolzenen Gesteins aus Schichten unmittelbar unter der Erdkruste (der Außenschicht) über die Oberfläche. Gase aus dem Erdinneren werden in die Atmosphäre und in Gewässer geblasen. Einige Gebirge heben sich noch, andere senken sich. Fließgewässer tragen den Oberboden ab und bahnen sich in tief eingeschnittenen Tälern ihren Weg. Regen und Schnee reinigen die Atmosphäre von Staubteilchen. Und überall wächst und gedeiht Leben. Die Erde nimmt im Sonnensystem eine Sonderstellung ein.

4.1 Die Atmosphäre der Erde entwickelte sich in Jahrmilliarden

Ein zentraler Faktor der dynamischen Aktivitäten der Erde und ihrer Fähigkeit, Leben hervorzubringen, ist die Atmosphäre. Komplexe Lebensformen sind auf die Verfügbarkeit von freiem Sauerstoff angewiesen. Die Luft, die wir atmen, ist grob gesagt ein 4:1-Gemisch aus Stickstoff und Sauerstoff, zwei Gasen, die sich in den Atmosphären anderer Planeten nur in Spuren finden. Die Theorie der Planetenbildung und verschiedene Modelle, die im Laufe der Zeit entwickelt wurden, um die Frühgeschichte der Erde nachzubilden, lassen vermuten, dass unsere heutige Atmosphäre die dritte Atmosphäre unseres Heimatplaneten ist.

Die früheren Atmosphären enthielten keinen freien Sauerstoff. Zunächst war die Erde von einem Gemisch aus Wasserstoff und Helium, Resten aus der Zeit der Bildung des Sonnensystems, umgeben. Diese Atmosphäre war nicht stabil: Ihre Bestandteile waren so leicht, dass sie, aufgeheizt von der Sonnenstrahlung, bald über genügend kinetische Energie verfügten, um die Gravitation der Erde zu überwinden und ins All davonzufliegen.

Die Gase der zweiten Atmosphäre drangen durch Spalten, Risse und Vulkane aus dem Erdinneren an die Oberfläche. Vorwiegend handelte es sich um Kohlendioxid, Wasserdampf und Schwefelwasserstoff. Die zweite Atmosphäre enthielt rund 100-mal so viel Gas wie die heutige Lufthülle der Erde. Kohlendioxid und Wasser speichern viel Wärme. Damit setzte der sogenannte *Treibhauseffekt* ein, auf den wir gleich zurückkommen werden. Die zweite Atmosphäre hielt mehr Wärme an der Erdoberfläche, als es die heutige Lufthülle vermag. Hätte die Sonne damals bereits ihre volle Strahlungsleistung erreicht, dann hätte sich der Blaue Planet in einen Backofen verwandelt. Mit ziemlicher Sicherheit wissen wir aber, dass die Sonne damals schwächer strahlte als heute. Die hohen Konzentrationen von Kohlendioxid und Wasser in der Atmosphäre bewahrten die Erde deshalb wohl vor dem Einfrieren.

Als die Atmosphäre weit genug abgekühlt war, dass der Wasserdampf kondensierte und abregnete, begannen sich die Ozeanbecken zu füllen. Zum Wasservorrat der Erde trugen auch Einschläge wasserreicher Himmelskörper wie der in Kapitel 2 erwähnten Kometenkerne bei. Als es zu regnen begann, war die Erde ungefähr 300 Mio. Jahre alt. Im Regenwasser löste sich Kohlendioxid, das ungefähr zur Hälfte der Gesamtmenge aus der Atmosphäre ausgewaschen wurde und in die Weltmeere gelangte. (Wie gut sich Kohlendioxid in Wasser löst, können Sie an einer Flasche Sprudelwasser beobachten.) Als sich später in den

Die Erde: Zahlen und Fakten

Planetensymbol: ⊕

Mittlerer Abstand von der Sonne:	1,000 AE = $1{,}496 \cdot 10^8$ km
Maximaler Abstand von der Sonne:	1,017 AE = $1{,}521 \cdot 10^8$ km
Minimaler Abstand von der Sonne:	0,983 AE = $1{,}471 \cdot 10^8$ km
Bahnexzentrizität:	0,017
Mittlere Bahngeschwindigkeit:	29,79 km/s
Siderische Umlaufzeit:	365,26 Tage (1,00 Jahr)
Siderische Rotationsperiode:	0,997 Tage 1,00 Tag = 24,0 Stunden
Neigung des Äquators gegen die Ebene der Umlaufbahn:	23,5°
Masse:	$5{,}974 \cdot 10^{24}$ kg (1 $M_{\oplus}$)
Mittlere Dichte:	5520 kg/m^3
Mittlere Albedo:	0,37
Fluchtgeschwindigkeit:	11,2 km/s
Oberflächentemperatur:	Maximum: 60 °C = 333 K Mittlere: 14 °C = 287 K Minimum: −90 °C = 183 K
Zusammensetzung der Atmosphäre (Molekülprozent):	78,08 % Stickstoff (N_2), 20,95 % Sauerstoff (O_2), 0,035 % Kohlendioxid (CO_2), rund 1 % Wasserdampf

R I V U X G

Abb. 4.1 Blick auf die Oberfläche der Erde. Die Erde, eine Oase inmitten der abweisenden Leere des Raums, ist eine Welt von unübertroffener Schönheit und Vielfalt. Wolken ziehen in ständig wechselnden Mustern durch ihre Luftschichten. Mehr als zwei Drittel ihrer Oberfläche sind von den Weltmeeren bedeckt. In diesem Reservoir flüssigen Wassers bildete sich aus vielfältigen, von den Landmassen stammenden Zutaten das irdische Leben, das seitdem fast alle Regionen des Planeten erobert hat. Astronomen symbolisieren die Erde mit ⊕. (NASA)

Ozeanen Organismen entwickelten, diente das Kohlendioxid als Ausgangsstoff für die Bildung von Kalkschalen. Nach dem Tod ihrer Besitzer sanken die Schalen und Gehäuse zum Meeresgrund, türmten sich auf und wandelten sich unter dem zunehmenden Druck zu Sedimentgesteinen wie Kalkstein um.

Die ersten grünen Pflanzen im Wasser und an den Küsten entzogen der Atmosphäre einen Großteil des noch verbliebenen Kohlendioxids, indem sie es in freien Sauerstoff und für ihr Überleben nötige Nährstoffe umwandelten. Der wichtigste Mechanismus dafür ist die Photosynthese, die bis heute das Gleichgewicht zwischen Kohlendioxid und Sauerstoff in der Atmosphäre aufrechterhält. Darüber hinaus enthielt die Lufthülle in diesem Stadium Stickstoff und Wasserdampf.

Schon in der Frühzeit unseres Planeten bildet sich in der Atmosphäre freier Sauerstoff, indem sauerstoffreiche Moleküle wie Kohlendioxid durch die Ultraviolettstrahlung der Sonne gespalten wurden. Später setzten Algen und höhere Pflanzen Sauerstoff frei. In beiden Fällen verschwand das hochreaktive Gas schnell wieder, weil es sich mit zahlreichen Elementen der Erdkruste zu neuen, festen Verbindungen zusammenschloss (insbesondere zu Eisenoxiden und „Rost").

Erst als vor etwa 2 Mrd. Jahren alle oberflächlichen Minerale, die sich mit Sauerstoff verbinden konnten, tatsächlich oxidiert waren, begann sich der freie Sauerstoff in der Atmosphäre anzureichern. Nachdem das Kohlendioxid absorbiert war, stellte sich die heutige Zusammensetzung des Stickstoff-Sauerstoff-Gemischs ein. Während Stickstoff in der früheren, dichten Atmosphäre kaum eine Rolle spielte, dominiert es jetzt unsere dünne Luft.

Luft hat eine Masse; deshalb wirkt auf sie die Erdanziehung, und folglich übt sie auf die Oberfläche einen Druck aus. Der Druck p ist definiert als Kraft F pro Fläche A:

$$p = \frac{F}{A}$$

Die Luftschicht übt in Höhe des Meeresspiegels auf die Erdoberfläche einen Druck von ungefähr 10 kg pro Quadratzentimeter (genau 101.320 Pascal, Pa) aus; im Alltagsgebrauch sagt man dafür „1 Atmosphäre" (1 atm). Der Atmosphärendruck nimmt mit der Höhe über dem Meeresspiegel ab, und zwar alle 5,5 Höhenkilometer ungefähr um die Hälfte. 75 % der Masse der Atmosphäre ist in einer 11 km dicken Schicht um die Erdoberfläche herum enthalten.

Die untere Atmosphäre Das Wetter der Erde – Wolken, Regen, Graupel, Schnee – spielt sich in der untersten Schicht der Atmosphäre ab, der sogenannten **Troposphäre.** Verkehrsflugzeuge bewegen sich an der Obergrenze der Troposphäre, um die tieferen, dichteren Luftschichten zu vermeiden. Stellen Sie sich vor, die Erde wäre so groß wie ein typischer Schulglobus; die Troposphäre wäre dann nicht dicker als ein Blatt Papier, das Sie um den Globus wickeln.

Von der Oberfläche der Erde aus aufsteigend nimmt die Temperatur ab, bis sie an der Oberseite der Troposphäre ein Minimum von 218 K (–55 °C) erreicht. Über der Troposphäre liegt die **Stratosphäre,** die sich bis in eine Höhe von 50 km erstreckt. Dort befindet sich auch die **Ozonschicht.**

Die Ozonschicht Die Ozonschicht ist seit einigen Jahren in aller Munde. Was soll man sich darunter vorstellen – und wie bedroht ist diese Schicht wirklich? Ozonmoleküle, die aus drei aneinandergebundenen Sauerstoffatomen bestehen (O_3), bilden sich in der Stratosphäre, wo die kurzwellige UV-Strahlung der Sonne gelegentlich Sauerstoffmoleküle (O_2) in zwei Sauerstoffatome spaltet; die einzelnen Sauerstoffatome (O) verbinden sich dann mit O_2 zu O_3. Ozon absorbiert sehr effizient ultraviolette Sonnenstrahlung in mittleren Wellenlängenbereichen und heizt damit einerseits die umgebende Luftschicht auf, verhindert aber andererseits, dass die tödliche Strahlung den Erdboden erreicht.

Die Troposphäre wird vorwiegend von der Erdoberfläche selbst gewärmt. Ihre Temperatur nimmt folglich mit der Höhe ab – je weiter man von der Erde entfernt ist, umso kälter ist die Luft. In der Stratosphäre hingegen speichert das Ozon einen großen Teil der Sonnenwärme. Deswegen nimmt die Temperatur der Stratosphäre mit der Höhe zu, und zwar bis auf etwa 285 K (12 °C) an ihrer Obergrenze (Abb. 4.2).

Die Ozonschicht enthält gar nicht besonders viel Ozon. Würden wir die Gesamtmenge auf die Dichte unserer Atemluft zusammendrücken, dann wäre die Schicht nicht dicker als ein paar Millimeter. Das genügt aber, um einen Großteil der todbringenden Ultraviolettstrahlung vom Erdboden fernzuhalten. Erdgeschichtlich betrachtet, ist die Ultraviolettstrahlung ein zweischneidiges Schwert. Da die frühe Atmosphäre kein Ozon enthielt, gelangte die energiereiche Strahlung ungehindert zur Oberfläche des Planeten, wo sie einen großen Teil der für die Evolution des Lebens nötigen Energie bereitstellte. Nachdem das Leben in den Ozeanen jedoch einmal begonnen hatte, war die Bildung der Ozonschicht durch dieselbe UV-Strahlung unabdingbar. Wäre die Strahlung am Erdboden dadurch nicht allmählich abgeschwächt worden, hätten die Organismen das Wasser nicht verlassen können, weil sie an Land abgestorben wären.

Die Ozonschicht ist nach wie vor lebenswichtig, weil die UV-Strahlung sonst Hautkrebs und Augenkrankheiten verursachen würde. In hinreichend hohen Dosen schädigt UV-Licht sogar das Immunsystem des Menschen, indem es Moleküle zerstört, die für die Reparatur von Zellen zuständig sind. Im Laufe der letzten Jahrzehnte wurde die Ozonschicht durch synthetische Chemikalien, vor allem Fluorchlorkohlenwasserstoffe (FCKWs), angegriffen; bis vor weni-

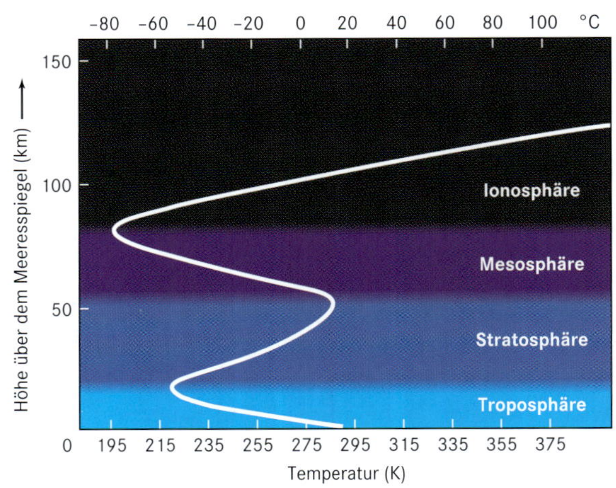

Abb. 4.2 Temperaturprofil der Erdatmosphäre. Die Temperatur der Erdatmosphäre schwankt mit der Höhenlage, weil verschiedene Atmosphärengase in unterschiedlicher Weise mit der Sonneneinstrahlung und der von der Oberfläche abgestrahlten Wärme zusammenwirken.

Einblicke in die Wissenschaft

Was sagen Worte? Unter „Ozonschicht" stellt man sich oft eine dünne (vielleicht ein paar Meter starke) Schicht vor. Das stimmt nicht! Die Ozonschicht ist bis zu 40 km dick.

gen Jahren schwand die Schicht in den mittleren Breiten der Nordhalbkugel in jeder Dekade um durchschnittlich 4 %. Inzwischen gibt es Hinweise darauf, dass sich die Ausdünnung der Schicht verlangsamt, aber Genaues ist nicht bekannt. Seit 20 Jahren beobachtet man außerdem eine viel schnellere, dramatischere Abnahme des stratosphärischen Ozons über den Polen, insbesondere über der Antarktis. Diese jahreszeitlich schwankenden *Ozonlöcher* erstrecken sich im Mittel über 24 Mio. km^2, das sind 4,6 % der Erdoberfläche. Obwohl das Thema in jüngster Zeit ins öffentliche Bewusstsein gerückt ist und schon manches getan wurde, haben sich die Ozonlöcher noch nicht wieder geschlossen.

1 Zum Glück wird das Ozon, wie bereits erläutert, durch die Sonneneinstrahlung ständig neu gebildet. *Wenn* die gegenwärtigen internationalen Bemühungen zum Verbot ozonschädlicher Chemikalien fortgesetzt werden und Erfolg haben, könnte sich die Ozonschicht in etwa 100 Jahren wieder aufgefüllt haben und die Ozonlöcher könnten verschwunden sein.

Die obere Atmosphäre Wie Sie in Abb. 4.2 sehen, folgt oberhalb der Stratosphäre die **Mesosphäre.** Von dort an nimmt die Temperatur wieder mit der Höhe ab, um bei 80 Höhenkilometern ein zweites Minimum (200 K oder –73 °C) zu erreichen. Bei diesem Minimum beginnt die **Ionosphäre** oder **Thermosphäre.** Sie ist gekennzeichnet durch geladene Partikel, die entstehen, wenn die UV-Strahlung der Sonne Atome aufheizt und ionisiert. Geladene Teilchen reflektieren Radiowellen. In unserem Zeitalter der Satelliten und bemannten Raumfahrt sind die Effekte von elektromagnetischer Strahlung und Teilchenströmen, die die Erdatmosphäre aus der Sonne und anderen Quellen erreichen, von großer Bedeutung. Deswegen wird das *Weltraumwetter* ständig mit Satelliten beobachtet, die vor Ereignissen wie Sonnenwind und Strahlungsausbrüchen warnen, die Menschen und Geräte im All beeinträchtigen können.

Kohlendioxid und der Treibhauseffekt heute Haben Sie schon einmal Ihr Auto an einem warmen Sommertag in der Sonne geparkt? Sie schließen Türen und Fenster und gehen einkaufen; nach ein paar Stunden kommen Sie zurück und stellen fest, dass es im Inneren Ihres Wagens viel wärmer als in der Umgebung ist; schlimmstenfalls herrscht eine wahre Gluthitze.

Wo kommt die Wärme her? Sonnenlicht scheint durch die Fenster herein, wird von Armaturenbrett und Sitzpolstern absorbiert und erwärmt diese. Daraufhin sendet die Inneneinrichtung Infrarotstrahlung aus, die Sie als Wärme wahrnehmen und die nicht nach draußen gelangt, weil Sie die Fenster geschlossen haben. Die Energie ist also im Auto gefangen, wird von der Luft und den Innenflächen aufgenommen, und die Temperatur steigt. Je mehr Sonnenlicht hineinscheint, umso heißer wird es. Ganz ähnliche Sonnenenergiefallen sorgen dafür, dass es in einem Treibhaus und in der unteren Atmosphäre warm wird. In der kohlendioxidreichen Frühatmosphäre wärmte der Treibhauseffekt die Oberfläche der jungen Erde. Als die Konzentration des freien Kohlendioxids allmählich abnahm, kühlte sich auch die Erdoberfläche ab, aber ganz verschwand der Treibhauseffekt nie.

Der Treibhauseffekt funktioniert wie folgt: Die Sonne schickt Strahlung aus allen Wellenlängenbreichen zur Erde. Ein Teil der Energie wird von Wolken, Landmassen und Wasserflächen ins All zurückgeworfen (Abb. 4.3a), ein weiterer Teil wird von der Atmosphäre absorbiert und heizt diese auf. Etwas sichtbares Licht, UV-Licht und Radiowellen gelangen bis zur Erdoberfläche und tragen (gemeinsam mit Energie aus dem Erdinneren) zur Erwärmung der Kruste bei, bis deren Aufnahmekapazität erschöpft ist. Die überschüssige Energie gibt die Erde in den Raum ab, vorwiegend in Form von Infrarotstrahlung. (Die Erde verhält sich in grober Näherung wie ein Schwarzer Strahler, dessen Emissionsmaximum im Infraroten liegt.)

Sichtbares Licht passiert die Gasschichten der Atmosphäre überwiegend ungehindert. Infrarotlicht hingegen wird von einigen Gasen absorbiert, insbesondere von Wasserdampf, Kohlendioxid und Ozon. Die Energie der absorbierten Photonen trägt zur Erwärmung der Atmosphäre bei. Da die Konzentration von Kohlendioxid vor allem durch die Tätigkeit des Menschen (etwa den Verbrauch fossiler Brennstoffe) ansteigt, speichert die Luft immer mehr Wärme, heizt sich also kontinuierlich auf. Normalerweise sorgt die Photosynthese grüner Pflanzen dafür, dass der Luft ständig Kohlendioxid entzogen und Sauerstoff zugeführt wird. Je mehr Wald aber abgeholzt und je mehr Grünfläche mit Städten zugebaut wird, umso weniger Pflanzen bleiben übrig, die Kohlendioxid verbrauchen. Es kommt zur *globalen Erwärmung.* In Abb. 4.3b sehen Sie, wie sich die CO_2-Konzentration im Laufe des letzten Jahrtausends verändert hat.

Die Folgen der Erderwärmung sind ziemlich komplex und können dramatische Ausmaße annehmen: Die Polkappen können abschmelzen, wodurch der Wasserspiegel der Ozeane ansteigt. Durch Temperaturänderungen können die Zirkulationsmuster der Weltmeere gestört werden, was die weltweiten Großwetterlagen beeinflussen und zu Naturkatastrophen wie Wirbelstürmen, Dürreperioden, Fluten und Küs-

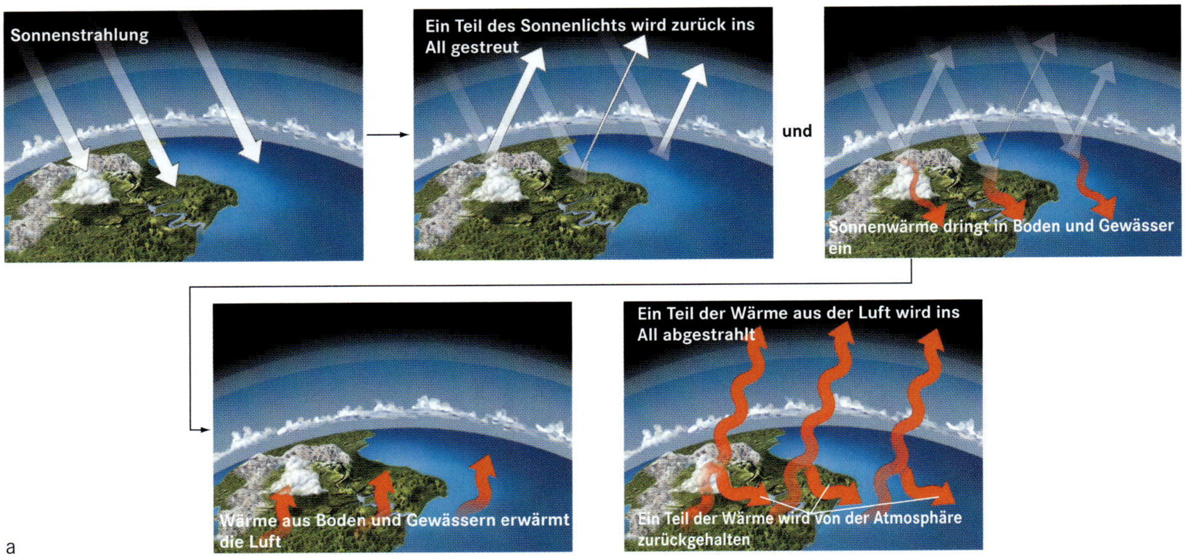

a

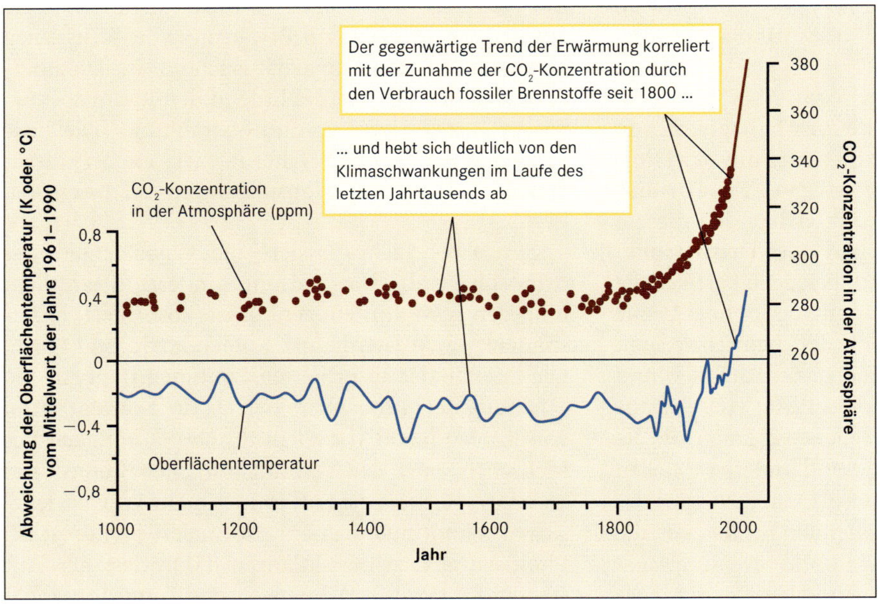

b

Abb. 4.3 Der Treibhauseffekt. (a) Sonnenlicht und Erdwärme heizen die Erdoberfläche auf. Daraufhin strahlt der Planet Energie ab, vorwiegend im Infrarotbereich. Ein Großteil dieser Energie wird von Wasserdampf und Kohlendioxid in der Atmosphäre absorbiert und erwärmt die Luftschichten. Dadurch wiederum steigt die Temperatur der Erde noch weiter. Im Gleichgewicht gibt die Erde genauso viel Energie ab, wie sie empfängt. (b) Kohlendioxidkonzentration in der Atmosphäre seit 1000 n. Chr. Der deutliche Anstieg seit 1800, verursacht durch den Verbrauch fossiler Brennstoffe und das Abholzen großer Waldgebiete, hat einen dramatischen Temperaturanstieg bewirkt.

tenerosionen führen kann. Anhand der verfügbaren wissenschaftlichen Daten, die den Beitrag des Menschen zur globalen Erwärmung dokumentieren, versuchen gegenwärtig viele Länder, gemeinsam eine Klimakatastrophe zu verhindern.

? Welchen Einfluss auf die Kohlendioxidkonzentration in der Atmosphäre hätte eine Zunahme der Vegetation auf der Erdoberfläche?

4.2 Die Plattentektonik verändert die Oberfläche der Erde

Durch die Weltmeere treiben große Landmassen, die Kontinente – Teile der Außenschicht unseres Planeten, der **Erdkruste**. Die Kontinente bestehen aus Gesteinen vergleichsweise geringer Dichte und schwimmen auf dichterem Material. Geologen erkunden die erdgeschichtliche Entwicklung einzelner Regionen, indem sie Art und Abfolge der Gesteinsschichten untersuchen. Dabei können sie z. B. leicht feststellen, ob ein Gebiet einst überflutet war oder von Lavaströmen bedeckt wurde.

Die Kruste besteht aus mehreren Einzelteilen mit definierten Grenzen, die großenteils in den Ozeanen liegen (ein Beispiel sehen Sie in Abb. 4.4). In der Umgebung dieser Grenzen bebt häufig die Erde und brechen Vulkane aus, was als Zeichen seismischer Aktivität in tiefer gelegenen Schichten zu verstehen ist.

Jeder, der die Grenzen der heutigen Kontinente genauer betrachtet, kommt auf die Idee, dass sich die Landmassen bewegen müssen. So passt die Ostküste Südamerikas säuberlich an die Westküste Afrikas – ein Phänomen, dass schon Isaac Newton vor rund 300 Jahren auffiel und das den deutschen Geowissenschaftler Alfred Wegener zwischen 1912 und 1915 zur Erarbeitung seiner **Kontinentaldrifttheorie** inspirierte, die unter anderem besagt, dass die Kontinente zu beiden Seiten des Atlantiks ursprünglich miteinander verbunden waren.

Der Kern von Wegeners Konzept war die Idee, vor rund 200 Mio. Jahren sei ein Superkontinent *Pangäa* (griech. für „alles Land") in Stücke zerbrochen, die dann auseinanderzudriften begannen. Zunächst wurde Wegener von den meisten Fachkollegen ausgelacht. Dass sich die Kontinente auf darunterliegenden, dichteren Gesteinsschichten bewegen, war zwar allgemein akzeptiert; dass riesige Landmassen auf diese Weise aber mehrere Zentimeter pro Jahr vorankommen sollten, wollten nur wenige glauben. Zudem konnten Wegener und seine Anhänger nicht erklären, welche Kräfte die Kontinente herumschieben und wie das weniger dichte Kontinentalgestein durch die feste ozeanische Kruste „hindurchpflügen" sollte. Mitte der 1950er Jahre entdeckten Geologen lange Gebirgsrücken in den Meeren. Der Mittelatlantische Rücken z. B. erstreckt sich von Island bis zur Antarktis (Abb. 4.4). Durch sorgfältige Untersuchungen stellten die Forscher fest, dass an solchen Rücken Gestein aus dem Erdinneren emporsteigt und den Ozeanboden zu beiden Seiten wegschiebt. Diese **Ozeanbodenspreizung** (oft mit dem englischen Begriff **Seafloor Spreading** bezeichnet) drückt Nord- und Südamerika auf der einen Seite und Europa und Afrika auf der anderen Seite jährlich um rund 3 cm auseinander. Die Geschwindigkeit der Relativbewegung von Platten der Erdkruste liegt zwischen 1,5 und 7 cm pro Jahr.

Die Ozeanbodenspreizung war der physikalische Mechanismus, der Wegeners Kontinentaldrifttheorie noch gefehlt hatte. So wurde die Theorie der Krustenbewegungen untermauert und in späteren Jahren zur modernen Theorie der **Plattentektonik** weiterentwickelt.

Dieser Theorie zufolgt besteht die Erdkruste aus rund einem Dutzend großer, dicker Gesteinsmassen, den **tektonischen Platten**, die sich relativ zueinander bewegen, indem sie auf der darunterliegenden dichteren Materie schwimmen. Die Kontinentalplatten sind gegenwärtig voneinander getrennt; im Laufe der Erdgeschichte kommt es aber immer wieder vor, dass sie sich zu einer einzigen Masse, einem *Superkontinent*, vereinigen. Seit einiger Zeit haben die Geologen stichhaltige Beweise dafür, dass Pangäa nur der jüngste Superkontinent war und sich der Zyklus des Auseinanderbrechens und Zusammenfügens etwa alle 500 Mio. Jahre wiederholt (Abb. 4.5).

Die Grenzen tektonischer Platten sind Schauplätze eindrucksvoller geologischer Aktivität. Erdbeben und Vulkane häufen sich, wo Platten konvergieren (zueinander driften), divergieren (auseinanderdriften) oder sich quer zueinander verschieben. Zeichnet man die Epizentren von Erdbeben auf der Weltkarte ein, dann erkennt man die Plattengrenzen sofort. Ein Beispiel ist die San-Andreas-Verwerfung entlang der Westküste der Vereinigten Staaten, wo die Nordamerikanische und die Pazifische Platte quer aneinander reiben (Abb. 4.6b). Das Rote Meer und der Golf von Suez verbreitern sich dadurch, dass Afrika und der Nahe Osten sich voneinander entfernen. Gewaltige Faltengebirgszüge heben sich, etwa der Himalaja durch Kollision der Indoaustralischen und der Eurasischen Platte (Abb. 4.6d). Schiebt sich eine Platte unter eine andere, spricht man von Subduktion („Verschlu-

Einblicke in die Wissenschaft

Vom Beweis zur Akzeptanz Bevor eine neue wissenschaftliche Theorie allgemein akzeptiert wird, wird sie jahre-, manchmal jahrzehntelang überprüft und nachvollzogen. Newton spekulierte bereits Ende des 17. Jahrhunderts über die Kontinentaldrift. 1912 schlug Wegener die Plattentektonik vor. In den 1950er Jahren wurde seine Theorie verifiziert, und erst in den späten 1960er Jahren hatte sie sich allgemein durchgesetzt.

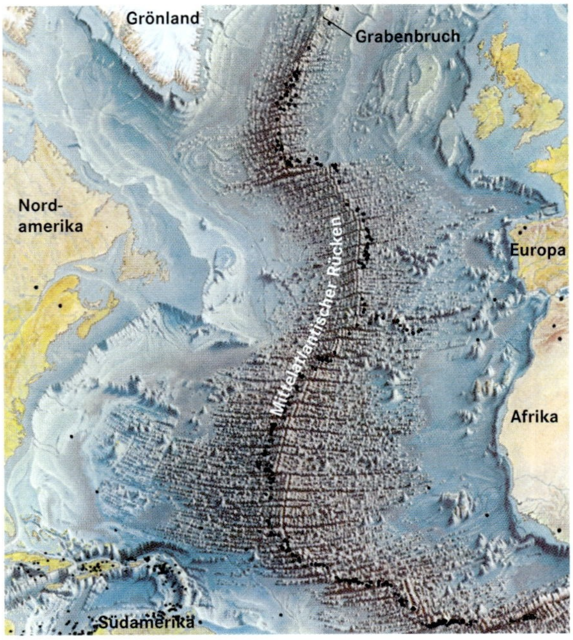

Abb. 4.4 Der Mittelatlantische Rücken. In dieser künstlerischen Darstellung des Ozeanbodens im Nordatlantik sehen Sie einen ungewöhnlich verlaufenden Gebirgszug in der Mitte des Meeres. Dieser Mittelatlantische Rücken wird von Lava aufgetürmt, die zwischen zwei Platten in einem Spalt emporsteigt, der sich von Island bis zur Antarktis erstreckt. Die schwarzen Punkte zeigen Erdbebengebiete an. (Mit freundlicher Genehmigung von M. Tharp und B. C. Heezen)

ckung"). Das Kennzeichen von Subduktionszonen sind Tiefseerinnen, etwa vor den Küsten Japans und Chiles.

Mit den tektonischen Bewegungen lässt sich auch erklären, warum sich am Meeresgrund so wenige Krater finden, obwohl zahllose kosmische Geschosse im Laufe der Jahrmilliarden die gewaltige Wasserfläche getroffen haben müssen. Einige Gesteinsbrocken wurden vom Wasser verlangsamt oder zerstört, bevor sie am Boden einschlagen konnten; Krater aber, die von den größten und schnellsten Meteoriten verursacht wurden, wurden durch tektonische Prozesse nach unten gezogen und verschwanden. An der Erdoberfläche beseitigten Wind und Regen die kleineren Krater, die größeren wurden auch hier durch Krustenbewegungen ausgelöscht.

Was ist die treibende Kraft hinter diesen gewaltigen Prozessen? Seit Jahrmillionen werden Landmassen auf unserem Planeten hin- und hergeschoben. Woher stammt die Energie dafür? Die Antwort auf diese Frage führt uns zu einem wissenschaftlichen Modell des Aufbaus der Erde.

a Vor 237 Mio. Jahren: der Superkontinent Pangäa

b Vor 152 Millionen Jahren: Pangäa zerbricht

c Heutige Kontinente

Abb. 4.5 Der Superkontinent Pangäa. (a) Die heutigen Kontinente sind Bruchstücke einer einst zusammenhängenden, Pangäa genannten Landmasse. (b) Die Geologen nehmen an, dass Pangäa sich zunächst in zwei Teile gespalten hat, Laurasia und Gondwana. (c) Aus den beiden Urkontinenten entstanden die heutigen Kontinente: Gondwana zersplitterte in Afrika, Südamerika, Australien und die Antarktis, Laurasia teilte sich in Nordamerika und Eurasien.

4.3 Die Erde hat einen Gesteinsmantel und einen eisenreichen Kern

Geologen haben berechnet, dass die Erde kurz nach ihrer Entstehung – vor ungefähr 4,6 Mrd. Jahren – vollkommen flüssig war. Gewaltige Einschläge von Gesteinstrümmern aus dem All und der Zerfall radioaktiver Elemente heizten die junge Erde auf, schmol-

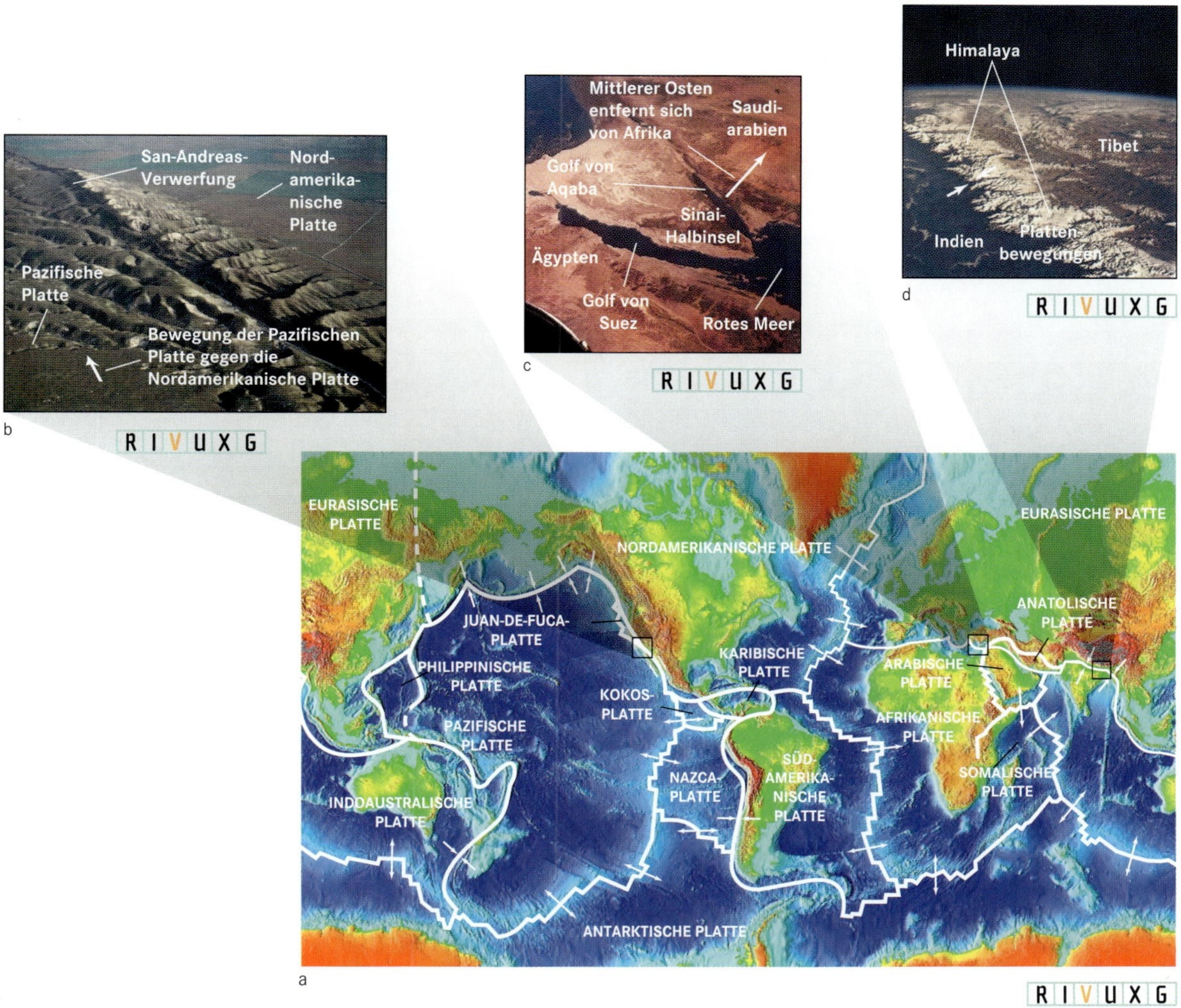

Abb. 4.6 Die wichtigsten tektonischen Platten der Erdkruste. (a) Die Erdkruste besteht aus etwa einem Dutzend starrer Platten, die sich relativ zueinander bewegen. Die Plattengrenzen sind Schauplätze gewaltiger seismischer und geologischer Aktivität wie Vulkanausbrüche, Erdbeben, Hebung von Faltengebirgen und Absenkung von Meeresboden. Die Pfeile deuten an, ob die Platten divergieren (←→), konvergieren (→←) oder aneinander entlanggleiten (↑↓). (b) Zwei Platten reiben aneinander: Die San-Andreas-Verwerfung entlang der Westküste Nordamerikas entstand dort, wo sich die Pazifische Platte nordwestlich an der Nordamerikanischen Platte vorbeibewegt. (c) Zwei Platten driften auseinander: Ägypten und Saudi-Arabien entfernen sich voneinander, dazwischen verbreitert sich das Rote Meer (rechts in dem 1966 von Astronauten aufgenommenen Bild). (d) Zwei Platten driften zueinander: Dort, wo die Platten, auf denen Indien bzw. China liegt, kollidieren, wird der Himalaja gefaltet. Einer der schneebedeckten Gipfel in der Mitte des 1968 von Astronauten aufgenommenen Bildes ist der Mount Everest. (a: Digitalbild von Peter W. Sloss, NOAA-NESDIS-NGDC; b: Craig Aurness/Corbis; c: Gemini 12, NASA; d: Apollo 7, NASA)

zen sie und hielten sie flüssig. Radioaktive Zerfallsprozesse, *Kernspaltung* genannt, erzeugen auch die Wärme, die in Kernkraftwerken in Elektroenergie umgewandelt wird. Die Energie der Sonne hingegen wird durch die Verschmelzung leichter Atomkerne, die *Kernfusion*, geliefert, wie in Kapitel 2 bereits angesprochen wurde; in Kapitel 7 werden wir im Detail darauf zurückkommen.

Ein großer Teil der Elemente mit hoher Dichte, insbesondere Eisen, sank zum Mittelpunkt des flüssigen Planeten, wie ein Stein in einem Tümpel versinkt. Gleichzeitig stiegen weniger dichte Stoffe an die Oberfläche (Abb. 4.7a). Durch diese **planetarische Differenzierung** bildete sich eine Schichtstruktur heraus mit einem sehr dichten **Kern** im Inneren, umgeben von einem weniger dichten **Mantel**, der seinerseits

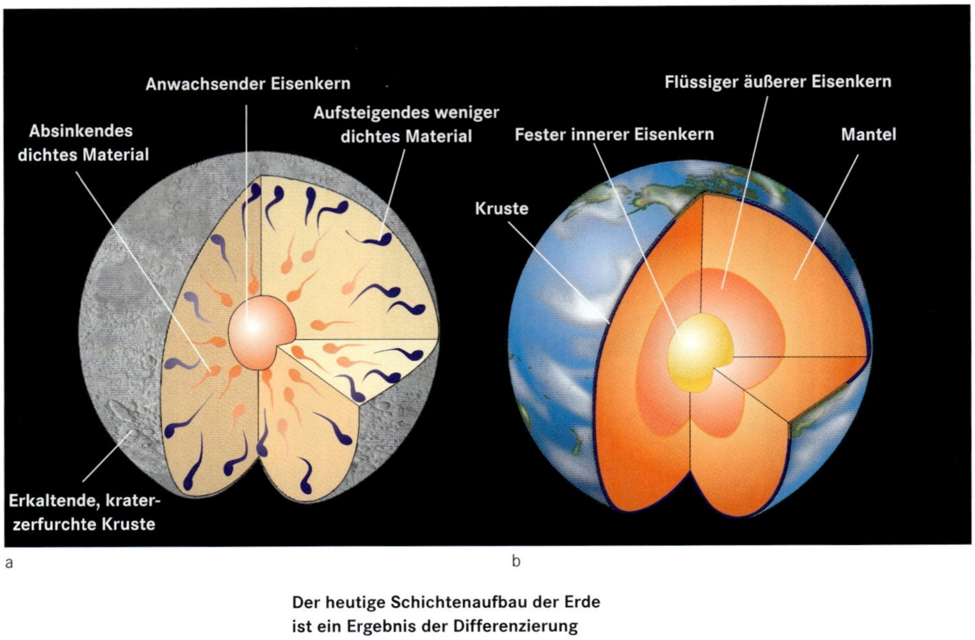

Abb. 4.7 Schalenmodelle der Erde. Die frühe Erde war eine homogene Mischung aus ihren Elementen. Es gab weder Kontinente noch Ozeane. (a) Geschmolzenes Eisen sank in Richtung Mittelpunkt, leichteres Material stieg an die Oberfläche und bildete die Kruste. (b) Aus diesem Grund verfügt die Erde heute über einen dichten, eisenreichen Kern und eine Kruste aus leichten Gesteinen. Das Material des dazwischenliegenden Mantels weist eine mittlere Dichte auf.

von einer **Kruste** aus den leichtesten Materialien umschlossen wird (Abb. 4.7b).

Die Differenzierung erklärt, warum die meisten Steine, die Sie vom Erdboden aufheben, aus Elementen mit geringer Dichte wie Silicium und Aluminium bestehen. Eisen, Gold, Blei und andere Metalle mit hoher Dichte hingegen müssen, wenn wir sie in oberflächennahen Schichten finden, aus dem Erdinneren mit Lavaströmen wieder emporgestiegen sein. Trotz aller Vulkantätigkeit aber beträgt die mittlere Dichte des Krustenmaterials nur 3000 kg/m^3 – deutlich weniger als die mittlere Dichte des ganzen Planeten, 5520 kg/m^3.

Zur Beschreibung des Erdinneren haben Geologen ein mathematisches Modell erarbeitet, das eine Vielzahl von Einflussfaktoren, vor allem Differenzierung, Gravitation, radioaktive Prozesse, Chemie, Wärmetransport und Rotation, einbezieht. Diesem Modell zufolge nimmt die Temperatur der Erde kontinuierlich von etwa 290 K an der Oberfläche bis 5000 K im Zentrum des Kerns zu. Wärme, die der Planet an der Oberfläche nach außen abstrahlt, wird aus dem Inneren durch radioaktive Zerfälle nachgeliefert. Nicht nur die Temperatur nimmt mit der Tiefe zu, auch der Druck: Je tiefer unter dem Erdboden Sie sich befinden, umso größer ist die Masse des Materials, das von oben auf Sie drückt. Diese Effekte tragen zur Formung der inneren Schichten bei.

? Was für eine Grenze trennt Afrika vom Nahen Osten?

Vermutlich denken Sie, bei 5000 K schmilzt nahezu jegliche Substanz. Der Mantel etwa besteht vorwiegend aus eisen- und magnesiumreichen Mineralien, deren Schmelzpunkt bei Atmosphärendruck (also an der Erdoberfläche) nur wenig über 1250 K liegt. Allerdings ist auch der Schmelzpunkt einer Substanz druckabhängig, genauer gesagt: Je größer der Druck ist, desto höher ist der Schmelzpunkt. An der unteren Grenze des Erdmantels herrschen Drücke von etwa 1,4 Millionen Atmosphären. Deshalb ist der Mantel bis zu einer Tiefe von 2900 km fest, und die Mitte der Erdkugel bildet ein ebenfalls fester Eisenkern. Anders ausgedrückt: Der extreme Druck im Erdinneren zwingt selbst die sehr heißen Atome in einen Festkörper.

Geologen testen ihre Modelle des Erdaufbaus, indem sie die Reaktion der Schichten auf Erdbeben beobachten. Bei diesen Ereignissen entstehen verschiedenartige **seismische Wellen**, die sich entweder durch Verschiebung von Materie (wie auf- und absteigende

Ozeanwellen) oder in Form von Druckunterschieden (wie Schallwellen) fortpflanzen. Mit empfindlichen **Seismographen** können diese Wellen aufgespürt und aufgezeichnet werden. In welche Richtung sich die Wellen ausbreiten, hängt von der Dichte und Zusammensetzung des Erdinneren ab. Deshalb kann man auf die Struktur des Planeten schließen, indem man die Ablenkung seismischer Wellen misst.

Mit derartigen Analysen hat man festgestellt, dass der Radius des festen inneren Erdkerns etwa 1250 km beträgt. Umschlossen wird dieser Kern von einer flüssigen, etwa 2250 km mächtigen Schicht, dem äußeren Erdkern. (Zum Vergleich: Der Radius der Erdkugel beträgt 6378 km.) Sowohl der äußere als auch der innere Erdkern besteht aus rund 80 % Eisen und 20 % leichteren Elementen, vornehmlich Nickel, außerdem Sauerstoff und Schwefel. Unser Planet hat also eine recht merkwürdige Struktur: Zwischen einem festen Kern und einem festen Mantel ist eine flüssige Schicht eingeschlossen (Abb. 4.7b).

Berechnungen mit detailreichen Computermodellen des Erdinneren, gestützt von seismischen Beobachtungen, deuten darauf hin, dass der feste innere Kern schneller – und zwar um 2° pro Jahr – rotiert als der restliche Planet. Aus verfeinerten Modellen und sorgfältigen Messungen lassen sich noch mehr Einzelheiten über das Innere der Erde ableiten.

Das ungeheuer heiße, flüssige Gestein im Inneren der Erde liefert die Energie für die Bewegung der tektonischen Platten; das bedeutet, die vom hohen Druck der Gesteinsschichten und vom Zerfall radioaktiver Elemente erzeugte Hitze formt die Erdoberfläche bis in unsere Zeit. Der Wärmetransport erfolgt durch **Konvektion**: Eine Flüssigkeit oder ein Gas wird von unten erhitzt, dehnt sich aus, bekommt Auftrieb und steigt nach oben, wobei es die Wärme mitnimmt. Nahe der Oberfläche gibt das erhitzte Medium seine Wärme allmählich ab, kühlt dabei ab und sinkt wieder nach unten. Auf diese Weise stellt sich eine zirkulierende Strömung ein, der *Konvektionsstrom*. Konvektion können Sie beobachten, wenn Sie Wasser in einem Topf zum Kochen bringen. Heißes Wasser oder Dampf steigt nach oben und gibt an der Oberfläche Wärme ab (Abb. 4.8a).

Das von unten aufgeheizte Gesteinsmaterial des oberen Erdmantels ist zwar fest, aber labil und heiß genug, um plastisch (wie Schlamm oder Intelligente Knete) zu fließen. Wie in Abb. 4.8b angedeutet, dringt geschmolzenes Gestein, *Magma*, in Spalten oder Gräben des Meeresbodens empor – dort, wo der Konvek-

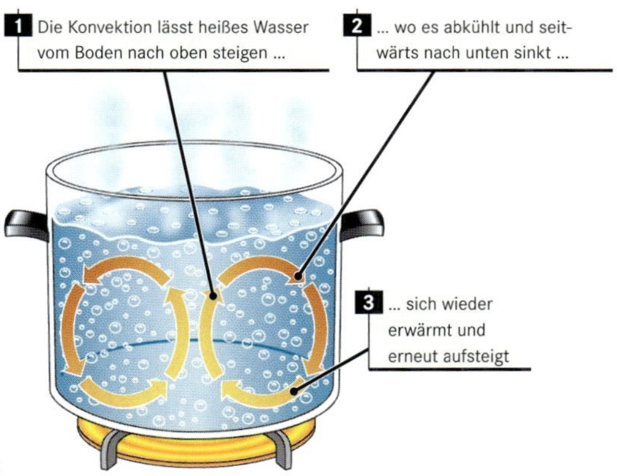

a

Abb. 4.8 Konvektion und der Mechanismus der Plattentektonik. (a) Die glühende Heizplatte erwärmt das Wasser am Grund des Gefäßes. Das warme Wasser dehnt sich aus, dabei nimmt seine Dichte ab, es steigt empor wie Bläschen in Sodawasser und gibt seine Wärme an die kühlere Umgebung ab. Wenn das heiße Wasser die Oberfläche erreicht hat, verliert es weitere Wärme an die Luft, wird dichter und sinkt wieder zu Boden. Dann beginnt der Prozess von Neuem. (b) Konvektionsströme im Erdinneren schieben die starren tektonischen Platten umher. Neue Kruste bildet sich in Tiefseerinnen, wo Magma zwischen sich trennenden Platten heraufquillt. Wo Platten zusammenstoßen, türmen sich Faltengebirge auf und entstehen ozeanische Gräben. Manchmal wird Krustenmaterial in die Tiefe gedrückt. Nicht alle tektonischen Platten bewegen sich voneinander weg oder aufeinander zu; manche reiben auch quer aneinander.

b

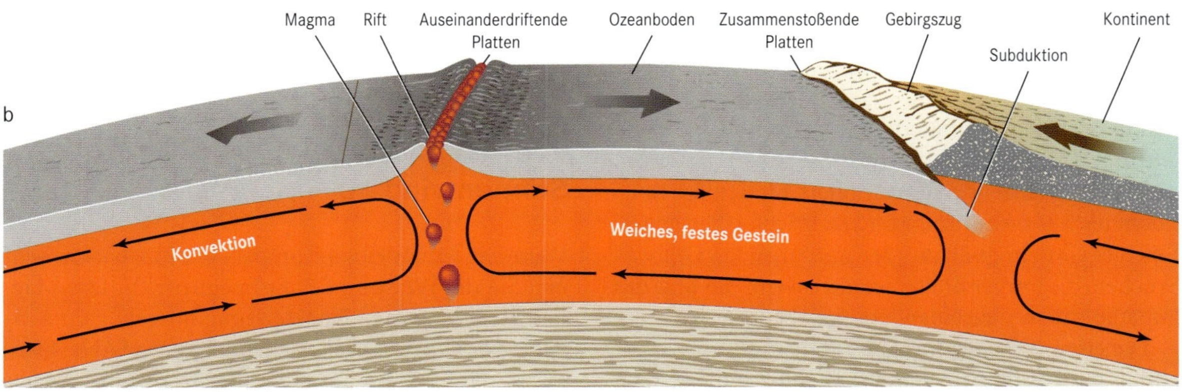

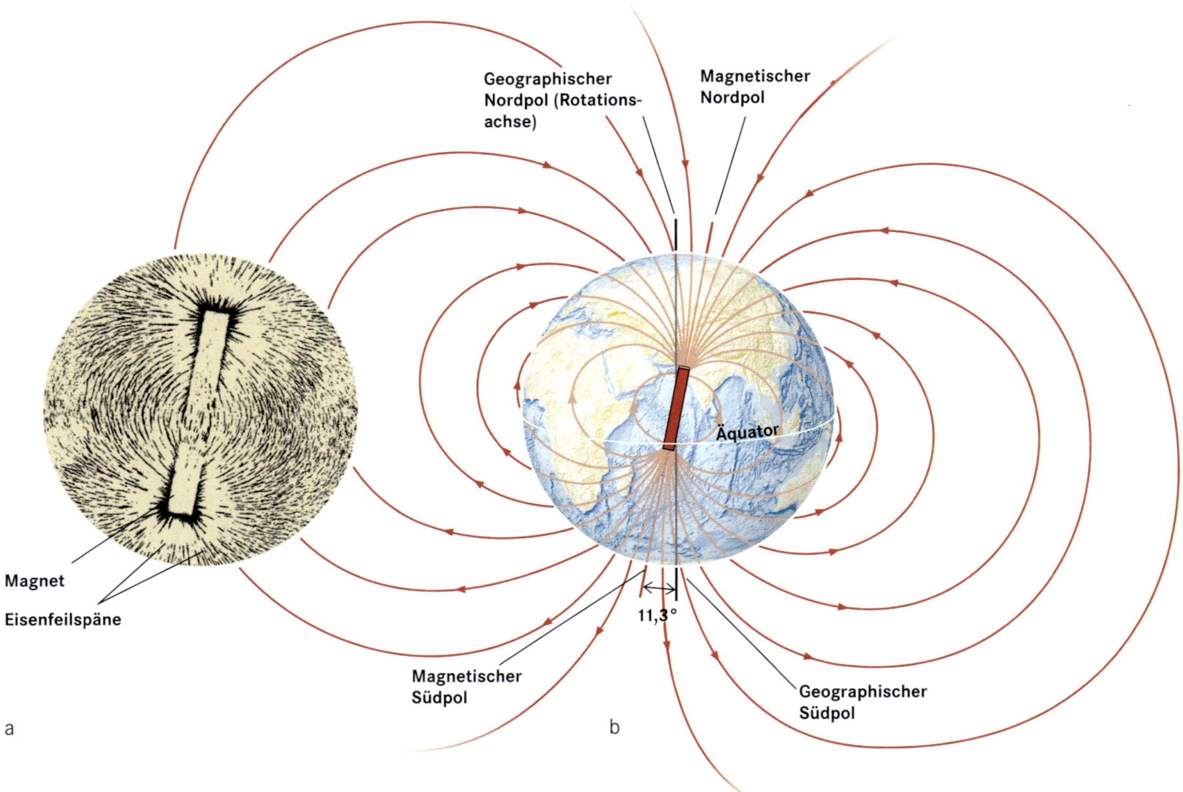

Abb. 4.9 Das Magnetfeld der Erde. Das Magnetfeld eines Stabmagneten können Sie mit Eisenfeilspänen auf einem Blatt Papier sichtbar machen. (b) Das Erdmagnetfeld wird vom geschmolzenen metallischen Kern erzeugt und erstreckt sich weit ins All. Die Erde enthält keinen riesigen Permanentmagneten, sondern ihr Magnetfeld wird von bewegten elektrischen Ladungen im Kern im Zusammenwirken mit der Erdrotation hervorgerufen. Beachten Sie, dass die Feldachse nicht mit der Rotationsachse zusammenfällt! Vereinbarungsgemäß nennt man den magnetischen Pol, der sich in der Nähe des geographischen Nordpols befindet, magnetischen Nordpol, obwohl es sich gegenwärtig in Wirklichkeit um den Südpol eines Dipols handelt. Die Richtung des Magnetfelds kehrt sich von Zeit zu Zeit um. Ähnliche Polsprünge und Fehlausrichtungen werden uns bei der Diskussion anderer Planeten wieder begegnen. (a: Jules Bucher/Photo Researchers)

tionsstrom des Mantelgesteins die Platten auseinandertreibt. Wo zwei Platten zusammenstoßen, wird Krustenmaterial nach unten gedrückt. Die Platten mit den daraufsitzenden Kontinenten werden also von den Konvektionsströmen der tieferen Schichten verschoben.

Superkontinente wie Pangäa haben vermutlich selbst ihr eigenes Ende besiegelt, indem sie den Wärmefluss aus dem Erdinneren versperrten. Sobald sich ein Superkontinent bildet, steigt darunter die Temperatur an; die Hitze wird akkumuliert, bis sich der Kontinent nach oben aufwölbt und zerbricht. Überhitztes, flüssiges Gestein quillt aus den aufreißenden Grabenbrüchen, die immer breiter werden, wenn die Teile des Superkontinents auseinandergeschoben werden.

Die eisenreiche Schmelze im Inneren der Erde beeinflusst nicht nur die Plattentektonik, sondern auch ein anderes, weniger gut sichtbares Phänomen: Sie erzeugt das Magnetfeld, das sich durch die Erdoberfläche hindurch in den Weltraum erstreckt. Wie wir im folgenden Abschnitt sehen werden, entsteht das Magnetfeld infolge der Konvektion flüssigen Metalls, kombiniert mit der Erdrotation.

4.4 Das Erdmagnetfeld schirmt den Sonnenwind ab

Wenn Sie jemals einen Kompass benutzt haben, kennen Sie die Wirkung des Erdmagnetfelds. Das Magnetfeld, das unseren Planeten umgibt, sieht ganz ähnlich aus wie das Feld eines Stabmagneten (Abb. 4.9a). Magnetfelder werden unter anderem von *elektrischen*

Strömen (bewegten elektrischen Ladungen) verursacht. Ihre Kompassnadel dreht sich also, weil im Inneren der Erde elektrische Ströme fließen. Auch die elektrischen Leitungen in Ihrem Haushalt erzeugen eigene Magnetfelder.

Viele Geologen sind heute davon überzeugt, dass die Konvektion des geschmolzenen Eisens im äußeren Kern gemeinsam mit der Eigenrotation unseres Planeten die elektrischen Ströme hervorruft, die ihrerseits das Erdmagnetfeld induzieren; man nennt diesen Mechanismus, der noch erforscht wird, auch **Geodynamo.**

? Auch Gase steigen nach oben, wenn sie von unten erwärmt werden. Was bedeutet das für die Erdatmosphäre?

Magnetische Feldlinien sind in sich geschlossen, haben also weder Anfang noch Ende. (Die in Abb. 4.9b oben und unten abbrechenden Linien setzen sich in Wirklichkeit außerhalb des Bildausschnitts fort.) In der Nähe des geographischen Südpols (des südlichen „Austrittspunkts" der gedachten Rotationsachse der Erde) erstrecken sich die Feldlinien Zehntausende Kilometer in den Raum, bevor sie am geographischen Nordpol wieder zusammenlaufen. Die Stellen der Erdoberfläche, an denen die Magnetfeldlinien besonders dicht sind, heißen magnetischer Nord- bzw. Südpol. Ihre exakte Position verschiebt sich täglich. Aus der Untersuchung erstarrter Lava weiß man außerdem, dass das Erdmagnetfeld in unregelmäßigen Abständen von mindestens einigen zehntausend Jahren seine Richtung vollständig umkehrt (der Nordpol wird zum Südpol, der Südpol zum Nordpol). Jeder derartige „Polsprung" vollzieht sich in Zeiträumen von mehreren tausend Jahren; der letzte liegt rund 600.000 Jahre zurück. Die magnetischen Pole sind von den geographischen Polen gegenwärtig etwa 11,3° entfernt. Bei einigen Planeten ist der Abstand zwischen magnetischen Polen und Rotationspolen noch deutlich größer. Abb. 4.10 ist eine maßstäbliche Darstellung des die Erde umgebenden Magnetfelds, der Magnetosphäre.

Die Magnetosphäre schützt die Erde vor dem Aufprall von Teilchenströmen, die von der oberen Atmosphäre der Sonne ausgehen (siehe Kapitel 7). Es handelt sich dabei um elektrisch geladene Teilchen, **Sonnenwind** genannt. In Erdnähe bewegen sich die Partikel mit Geschwindigkeiten um 400 km/s.

Magnetfelder lenken bewegte elektrisch geladene Teilchen von ihrer Bahn ab. Genau dies geschieht mit dem Sonnenwind in der Magnetosphäre, weshalb ein großer Teil der Teilchenströme außen um die Erde herumfließt. Einen kleinen Teil der Partikel fängt das Magnetfeld allerdings in zwei großen, die Erde umgebenden Ringen ein, den **Van-Allen-Strahlungsgürteln** (siehe Abb. 4.10). Die teilchenarme Zone zwischen den beiden Ringen entsteht, weil von irdischen Blitzen hervorgerufene Radiowellen sie regelmäßig von geladenen Partikeln „säubern". Entdeckt wurden die nach James van Allen, einem amerikanischen Astrophysiker, benannten Gürtel 1958 vom ersten US-amerika-

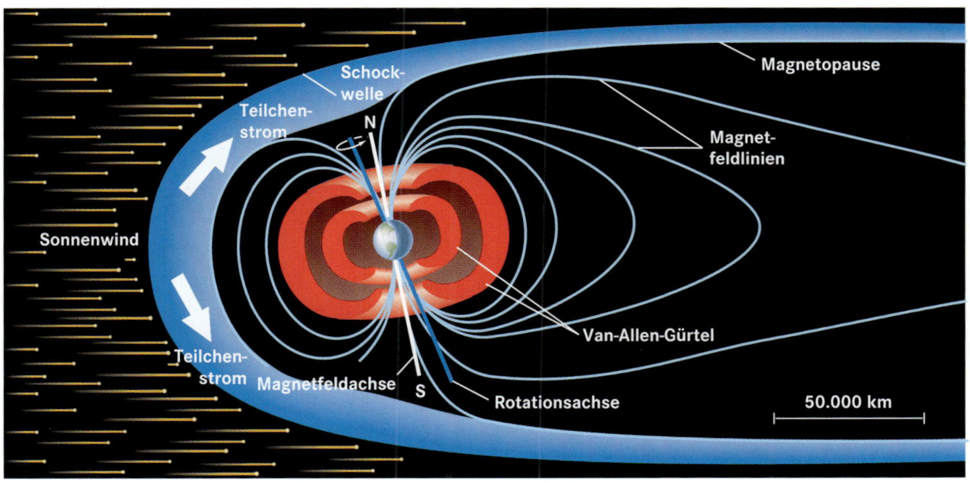

Abb. 4.10 Die Magnetosphäre der Erde. In diesem Schnitt durch das Erdmagnetfeld, das den ganzen Planeten umgibt, erkennt man ein Gebiet des Raums, in das der „Sonnenwind" (von der Sonne ausgesandte Ströme geladener Teilchen) nicht eindringen kann. Die meisten Partikel werden von den Feldern in einer turbulenten, hier blau dargestellten Zone um die Erde herumgeleitet. Das Erdmagnetfeld ist aber so stark, dass einige geladene Teilchen in zwei torischen Ringen eingefangen werden, den Van-Allen-Strahlungsgürteln (rot).

Einblicke in die Wissenschaft

Wissenschaftlicher Fortschritt Entdeckungen wie die Van-Allen-Gürtel führen uns vor Augen, wie viel wir noch nicht wissen – sogar über unseren eigenen Planeten. Dass die Wissenschaftler nicht alle grundlegenden Fragen auf einmal beantworten können, hat seine Gründe. Manche Forschungsarbeit braucht eine bestimmte Technologie, die zuvor entwickelt werden muss; in anderen Fällen werden Gleichungen, die ein Phänomen beschreiben, nur schrittweise vervollständigt. Manchmal sind diese Gleichungen auch so komplex, dass ihre Bedeutung sich erst allmählich herausstellt. Wissenschaftlicher Fortschritt erfordert unstillbare Neugier und unermüdliche Aufgeschlossenheit allem Neuen gegenüber.

nischen Satelliten Explorer 1. Van Allen hatte darauf bestanden, dem Satelliten einen Geigerzähler mit an Bord zu geben, um geladene Teilchen aufzuspüren.

Gelegentlich werden die Van-Allen-Gürtel überladen. Die Partikel gelangen dann in der Umgebung der Pole durch das Magnetfeld, und sinken – in der Regel ringförmig – in Richtung der Erdoberfläche. Stoßen die schnellen, geladenen Teilchen auf Gasmoleküle der Hochatmosphäre, bringen sie diese zum Leuchten (wie in einer Neonröhre). Die schimmernde Fluoreszenzerscheinung nennt man allgemein **Polarlicht** und genauer, je nach der Halbkugel, auf der man sie beobachtet, Nordlicht (Aurora borealis; Abb. 4.11) oder Südlicht (Aurora australis).

Hin und wieder kommt es an der Oberfläche der Sonne zu gewaltigen Explosionen, den **koronalen Massenauswürfen.** Dabei werden Ströme von Protonen und Elektronen („Sonnensturm") durch den Van-Allen-Gürtel geschleudert. Sie schädigen die Ozonschicht und verursachen spektakuläre Polarlichter, die man oft in großen Längen- und Breitengradenbereichen beobachten kann. Sonnenstürme stören Radioübertragungen und können Schäden an Überlandleitungen und Kommunikationssatelliten verursachen.

? Was geschieht mit den Van-Allen-Gürteln, wenn sich das Magnetfeld der Erde umpolt?

Der Erdmond und die Gezeiten

Der einzige natürliche Erdtrabant bietet am Nachthimmel einen dramatischen Anblick. Der Mond ist so groß und der Erde so nahe, dass sich einige Details seiner Oberflächengestalt bereits mit bloßem Auge erkennen lassen. Auch ohne Fernrohr können Sie dunkelgraue und hellgraue Flächen unterscheiden, die sich weit über den Himmelskörper erstrecken (Abb. 4.12). Seit Jahrtausenden träumt die Menschheit von einer Reise zu unserem nächsten Nachbarn im All. Einer der ersten Kinofilme überhaupt war *Die Reise zum Mond* (1902), gedreht nach dem Roman *Von der Erde zum Mond* von Jules Verne. Das Wunder der ersten tatsächlichen Reise zum Mond, bei der ein Mensch den wüsten Himmelskörper betrat, war eines der we-

a R I V U X G b R I V U X G c R I V U X G

Abb. 4.11 Das Nordlicht (Aurora borealis). Eine Flut geladener Teilchen von der Sonne kann die Van-Allen-Gürtel überladen. Dann sinken die Partikel zur Erde und verursachen Polarlichter, die man in einem großen Breitengradbereich sehen kann. (a) Polarlichtoval, aufgenommen von der Raumsonde Dynamics Explorer 1. Die grünen Linien sind die Grenzen der Landmassen. Polarlichter entstehen in der Regel 100–400 km oberhalb der Erdoberfläche. (b) Polarlicht, von einem Spaceshuttle aus fotografiert (einen Teil des Raumschiffs sieht man unten links im Bild). (c) Polarlicht über Alaska. Dieses prachtvolle Nordlicht glüht grün von Emissionen der Sauerstoffatome in der Atmosphäre. Manche Polarlichter bleiben stundenlang an Ort und Stelle, manche wehen wie Schleier im Wind. (a: L. A. Frank und J. D. Grave, University of Iowa; b: MTU/Geological & Mining Engineering & Sciences; c: J. Finch/Photo Researchers, Inc.)

Der Erdmond: Zahlen und Fakten

Abstand von der Erde: (Mittelpunkt zu Mittelpunkt)	Mittlerer: 384.400 km Maximum (Apogäum): 405.500 km Minimum (Perigäum): 363.300 km
Masse:	$7{,}35 \cdot 10^{22}$ kg (0,012 $M_\oplus$)
Radius:	1738 km (0,272 $R_\oplus$)
Mittlere Dichte:	3340 kg/m^3
Bahnexzentrizität:	0,055
Neigung des Äquators gegen die Ebene der Umlaufbahn:	6,68°
Neigung der Ebene der Umlaufbahn gegen die Ekliptik:	5,15°
Synodische Umlaufzeit:	29,53 Tage (1 Mondphasenzyklus)
Siderische Rotationsperiode:	27,32 Tage
Mittlere Albedo:	0,07
Fluchtgeschwindigkeit:	2,4 km/s
Gravitation an der Oberfläche (Erde = 1):	0,17
Mittlere Oberflächentemperatur:	Tag: 130 °C = 403 K Nacht: −180 °C = 93 K

R I V U X G

Abb. 4.12 Der Erdmond. Unser Mond gehört zu den sieben großen Satelliten unseres Sonnensystems. Sein Durchmesser von 3467 km ist etwas kleiner als die Entfernung zwischen New York und San Francisco. Das Foto wurde aus Aufnahmen im ersten und letzten Viertel zusammengesetzt, wo lange Schatten die Oberflächendetails besonders gut hervortreten lassen. (NASA)

nigen Ereignisse in der Geschichte, das die Menschheit stark genug in ihren Bann zog, um alle Streitigkeiten vorübergehend vergessen zu machen, weil jeder – wenn auch indirekt – an diesem Abenteuer teilhaben wollte. Bis heute sind zwölf Männer auf dem Mond herumgelaufen. Wir beginnen unsere Betrachtungen mit einer Untersuchung der Oberfläche.

4.5 Der Mond ist von Kratern, „Meeren" und Bergen bedeckt

Wenn man an den Mond denkt, stellt man sich eine graue Wüste mit den charakteristischen Kratern vor (Abb. 4.13a). Wie wir bereits in Kapitel 3 im Zusammenhang mit der Entstehung des Sonnensystems besprochen haben, stammen alle bislang untersuchten Mondkrater zweifelsfrei von Meteoriteneinschlägen, nicht von vulkanischen Aktivitäten. Fast alle Krater sind kreisrund. Das bedeutet, sie wurden nicht von Gesteinsbrocken mit mäßig hoher Geschwindigkeit ausgehöhlt; diese erzeugen in der Regel ovale Krater. Was hier passierte, waren Einschläge sehr schneller (bis 180.000 km/h) Trümmer auf der Mondoberfläche, wobei die Felsbrocken mit einer Gewalt verdampften, die einer Atombombenexplosion vergleichbar ist. Die Druckwelle der heißen Gase schob das Geröll zu den typischen Kratern mit rundem Rand zusammen, die wir heute noch sehen (Abb. 4.13b, c und d).

Durch den Meteoriteneinschlag werden Auswurfmaterialien um den Krater herum abgelagert; es entsteht eine **Ejektadecke**. An ihrer etwas helleren Färbung erkennen Sie jüngere Ejektadecken (Abb. 4.13 und 4.14); mit der Zeit dunkeln diese Flächen nach, weil ihre Oberfläche von Sonnenwind und anderen Partikelströmen aufgeraut wird. Die Helligkeit von Ejektadecken ist für Astronomen ein Anhaltspunkt bei der Datierung von Kratern.

Krater mit Durchmessern von mehr als 20 km weisen häufig *Zentralberge* auf (siehe Abb. 4.13). Sie entstehen durch Rückfedern des Kraterbodens, der beim Einschlag des Meteoriten stark zusammengepresst

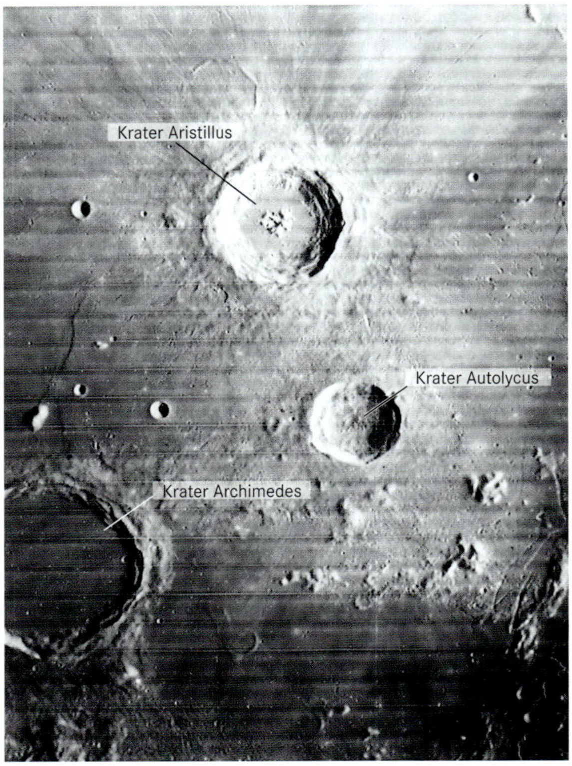

a

RIVUXG

b

c

d

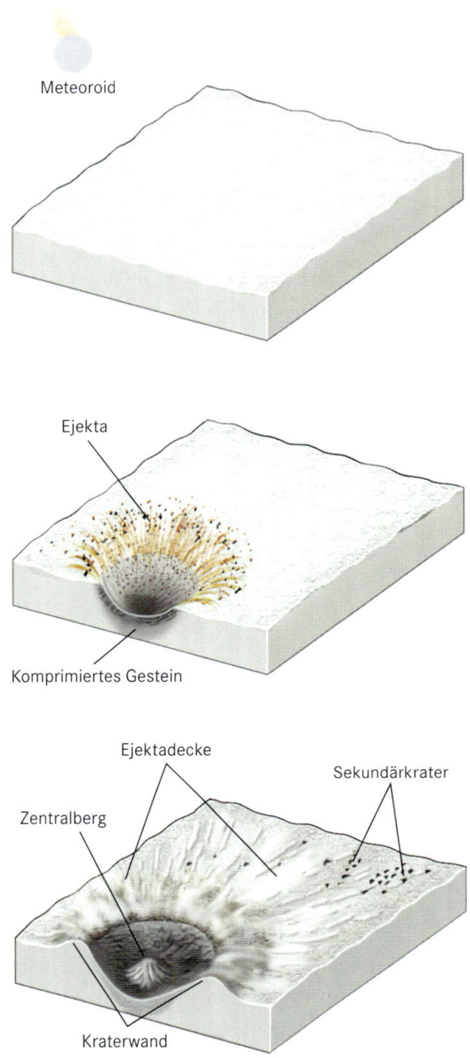

Abb. 4.13 Krater auf dem Mond. (a) Dieses Foto, aufgenommen von Astronauten auf einer Mondumlaufbahn, zeigt unter anderem den Krater Aristillus. Sie erkennen die Zentralberge, die terrassenförmigen Kraterwände und die Ejektadecke. Die pockennarbige Struktur der umgebenden Oberfläche kommt durch viele kleine Krater zustande, die sich im Zuge des Einschlags gebildet haben. Die drei Zeichnungen rechts verdeutlichen die Entstehung eines Kraters: Ein eintreffender Meteoroid (b) wird beim Einschlag (c) pulverisiert, der Felsboden explodiert, Material wird ausgeworfen. (d) Nach dem Einschlag federt der Boden zurück, der Zentralberg erhebt sich und die Kraterwände brechen zusammen. Das hellere Gebiet ist die Ejektadecke. (a: 2004 Lunar and Planetary Institute/Universities Space Research Association)

wird. Wenn sich der Zentralberg hebt, brechen die Kraterwände zusammen; dabei bilden sich *Terrassen.*

Mit einem Teleskop erkennt man von der Erde aus etwa 30.000 Krater mit Durchmessern zwischen 1 km und über 100 km. Einer Tradition folgend, die im 17. Jahrhundert begründet wurde, benannte man die markantesten Krater nach Astronomen, Physikern, Mathematikern und Philosophen wie Kepler, Kopernikus, Pythagoras, Plato und Aristoteles. Auf Fotos, die von Mondumlaufbahnen aus aufgenommen wurden, sieht man Millionen kleiner und kleinster Krater; extreme Nahaufnahmen von Mondgestein zeigen sogar Krater von mikroskopischer Dimension (siehe Abb. 4.14).

Auf der Erde gibt es, zum Vergleich, nur rund 215 bekannte Einschlagskrater. Zahlreiche Krater wurden im Laufe der Jahrmilliarden durch tektonische Bewegungen unter die Erdoberfläche gezogen; andere, mit Durchmessern bis zu wenigen Kilometern, verschwanden allmählich durch Verwitterung. Kleine Krater sind kaum entstanden, weil unzählige Gesteinstrümmer geringer Größe in der Erdatmosphäre verglüht sind oder zumindest so weit abgebremst wurden, dass ihr Einschlag nur geringe Spuren hinterließ. Krater auf der Erde werden wir in Kapitel 6 ausführlicher diskutieren.

Abgesehen von den Kratern fallen einem Betrachter der Mondoberfläche die unterschiedlichen Grau-

R I V U X G

Abb. 4.14 Mikroskopisch kleiner Mondkrater. Mikroskopische Aufnahme von Mondgestein; die winzigen Krater haben Durchmesser von weniger als 1 mm. (NASA)

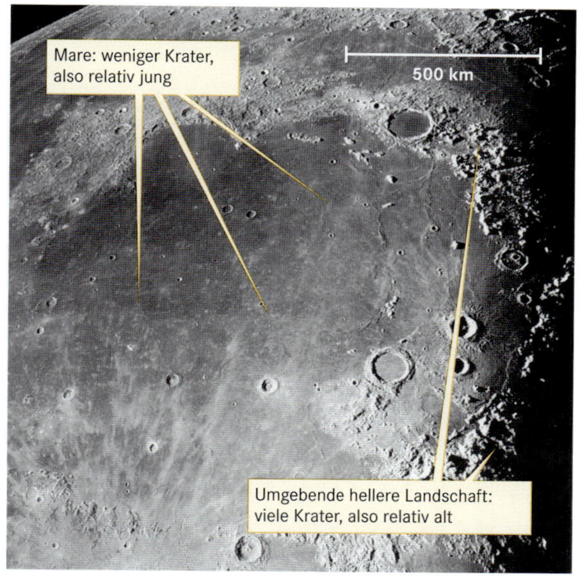

R I V U X G

Abb. 4.15 Mare Imbrium und das umgebende Hochland. Mare Imbrium, die größte der 14 dunklen Ebenen, die das erdzugewandte Antlitz des Monds prägen, ist von einem Ring hellerer Hochländer mit Kratern und aufragenden Gipfeln umgeben. Die Hochländer entstanden, als beim Einschlag gewaltiger Asteroiden Material zusammengeschoben wurde. (NASA)

schattierungen auf (siehe Abb. 4.12). Dabei stechen die ausgedehnten, dunkelgrauen Ebenen ins Auge, die **Meere** (lat. *maria*, Singular: *mare*) genannt werden. Diese Bezeichnung wurde von Beobachtern im 17. Jahrhundert geprägt, die, mit primitiven Teleskopen ausgerüstet, die Ebenen für Wasserflächen hielten. Inzwischen wissen wir, dass es auf dem Erdtrabanten kein flüssiges Wasser gibt, aber die fantasievollen Namen sind erhalten geblieben: Mare Tranquilitatis (Meer der Ruhe), Mare Nubium (Wolkenmeer), Mare Nectaris (Nektarmeer), Mare Serenitatis (Meer der Heiterkeit). Wie wir noch genauer besprechen werden, sind die Maria Becken auf der Mondoberfläche, die sich mit Lava füllten, nachdem die meisten Krater entstanden waren.

Mare Imbrium (Regenmeer), das größte „Meer", ist nahezu kreisförmig mit einem Durchmesser von 1100 km (Abb. 4.15). Mit einem Teleskop von der Erde aus betrachtet, erscheinen die Maria ziemlich eben. Nahaufnahmen aus einer Umlaufbahn oder direkt von der Oberfläche aus zeigen jedoch, dass diese Ebenen mit kleinen Kratern bedeckt und von Gräben, den Rillen oder **Rimae**, durchzogen sind (Abb. 4.16). Rimae sind ehemalige „Flussbetten" oberflächlicher Lava. Sie können auch durch Einsturz der Decken unterirdischer Lavaströme entstehen: Die flüssigen Gesteinsmassen schrumpfen beim Erkalten, und es bilden sich Hohlräume, die später zusammenstürzen.

Aus Gründen, die wir in Abschnitt 4.8 besprechen werden, wendet der Mond der Erde immer dieselbe Seite zu. Zu den größten Überraschungen, die die ersten Monderkundungsflüge mitbrachten, gehört, dass die Rückseite des Monds (Abb. 4.17) weit mehr Krater aufweist als die für uns sichtbare Vorderseite. Zwischen den zahlreichen Gipfeln und Kraterringen erstrecken sich nur wenige kleine Maria, darunter Mare Moscoviense, Mare Ingenii und Mare Australe, sowie das mittelgroße Mare Orientale.

Genaue Vermessungen der Topographie des Monds ergaben, dass die Maria der erdzugewandten Seite des Monds 2–5 km tiefer liegen als die mittlere Erhebung der Mondstrukturen, die Maria der erdabgewandten Seite dagegen 4–5 km höher. Die ebenen, dunkelgrauen Maria bedecken nur 17 % der Oberfläche des Monds; die restlichen 83 %, hellgraue, von Kratern zerklüftete Landschaften, nennt man **Hochland** (siehe Abb. 4.12). Ursache des Höhenunterschieds der Maria auf den beiden Seiten des Monds ist wahrscheinlich ihre Entstehungsgeschichte: Auf der erdnahen Seite bildeten sich die Maria vermutlich, als sich Magmaströme in tiefliegende Becken (riesige Krater) ergossen; dazwischen erheben sich Berge (Hochländer), die von ungeheuren Einschlägen aufgetürmt wurden. Die kleinen Maria der erdfernen Seite hingegen entstanden wohl durch Lavaströme, die relativ weit oben in den Bergen aus dem Boden quollen.

a RIVUXG

b RIVUXG

Abb. 4.16 Details eines Mare. (a) Auf Nahaufnahmen der Mondoberfläche erkennt man, dass die Maria von Rillen (Rimae) durchzogen und mit vielen kleinen Kratern bedeckt sind. Dieses Foto des Mare Tranquilitatis fertigten 1969 Astronauten an, die von einer Umlaufbahn aus nach einem geeigneten Landeplatz für die erste bemannte Mondlandefähre suchten. Der Durchmesser des Mare Tranquilitatis, 1100 km, entspricht der Entfernung zwischen London und Rom. (b) Astronaut David Scott von der Apollo-15-Mission an der Hadley-Rille. (a: NASA, b: Kennedy Space Center/NASA)

? Welcher der drei in Abb. 4.13a bezeichneten Krater ist der jüngste?

Gebirgsketten, die die riesigen Becken der Maria umschließen, können als Überbleibsel uralter, außerordentlich heftiger Einschläge angesehen werden. Eine solche Kette erkennen Sie am Rand des Mare Imbrium (siehe Abb. 4.15). Zwar wurden die Mondgebirge nach irdischen Gebirgen benannt (Alpen, Apenninen, Karpathen usw.); sie entstanden aber, anders als ihre Namenspatrone, nicht durch Plattentektonik, sondern durch das Auftreffen riesiger Asteroide, wie Analysen von Mondgestein und Beobachtungen aus der Umlaufbahn gezeigt haben.

4.6 Die Mondlandungen halfen, die Geschichte des Monds aufzuklären

Den Mond als Erster zu erreichen, war Anfang der 1960er Jahre für die Vereinigten Staaten und die Sowjetunion eine fixe Idee. Nachdem mehrere sowjetische Raumflugkörper erfolgreich auf Umlaufbahnen gebracht worden waren, setzte der amerikanische Präsident John F. Kennedy ein ehrgeiziges Ziel: Bis zum Ende des Jahrzehnts müsse ein Amerikaner seine Füße auf den Mond gesetzt haben.

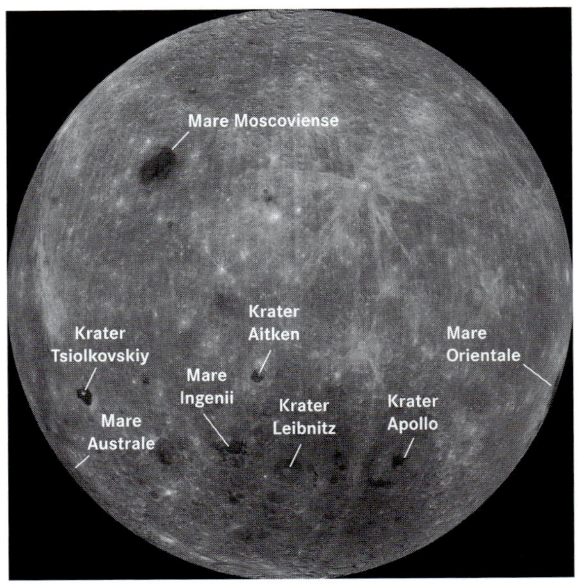

RIVUXG

Abb. 4.17 Die Rückseite des Monds. Zusammengesetztes Foto, aufgenommen von der Raumsonde Galileo. Das Mare Orientale liegt an der Grenze zwischen der Vorder- und der Rückseite des Monds. (NASA)

Abb. 4.18 Ein Astronaut des Apollo-Programms auf dem Mond. Harrison Schmitt, Astronaut von Apollo 17, betritt das Taurus-Littrow-Tal. Der riesige Feldblock glitt einen Gebirgshang (rechts außerhalb des Bildes) hinunter, wobei er zerschellte. Diese letzte Apollo-Mission landete im rauesten Gelände, das je für eine Mondlandung ausgewählt wurde. (NASA)

Abb. 4.19 Regolith. Die Oberfläche des Monds ist von einer Staubschicht bedeckt, die sich im Laufe von Jahrmilliarden durch unablässige Einschläge von Meteoriten gebildet hat. Dieser sogenannte Regolith backt zusammen wie nasser Sand, wie diese Trittspur eines Apollo-11-Astronauten beweist. (NASA)

2 Die erste von sechs bemannten Landefähren, Apollo 11, kam am 20. Juli 1969 im Mare Tranquilitatis zum Stehen, und Neil Armstrong betrat als erster Mensch die Staub- und Steinwüste unseres Trabanten. Noch im gleichen Jahr folgte Apollo 12. Einen Rückschlag bedeutete die nur knapp verhinderte Explosion von Apollo 13 auf dem Weg zum Mond; glücklicherweise verhüteten die vereinten Anstrengungen von Besatzung und Bodenpersonal, dass Menschen zu Schaden kamen. Apollo 14 bis Apollo 16 landeten in immer schwierigerem Gelände, bis die Ära der bemannten Raumflüge 1972 mit dem Aufsetzen von Apollo 17 im Gebirge unmittelbar östlich des Mare Serenitatis (Abb. 4.18) ihren Höhepunkt (und vorläufigen Schlusspunkt) erreichte.

Die Astronauten fanden eine Mondlandschaft vor, die von feinem Staub und Steinen bedeckt ist. Diese oberste, 1–20 m dicke Schicht heißt **Regolith** (griech. für „steinerne Decke"; Abb. 4.19). Das feinkörnige Material bildete sich in den letzten 4,5 Mrd. Jahren durch unablässige Einschläge von Mikrometeoriten, die den Felsboden pulverisierten. Wie bezeichnen diese Schicht nicht als „Erde" (im Sinne von „Humus" oder „Erdboden"), weil sie keinerlei biologisches Material enthält (das es auf dem Mond bekanntlich nicht gibt). Der aufgeraute, staubbedeckte Regolith absorbiert den größten Teil des einfallenden Lichts und wirft nur 7 % zurück; die Albedo des Monds ist deshalb gleich 0,07.

Zu den wichtigsten Zielen des Apollo-Programms gehörte die geologische und geohistorische Untersuchung des Himmelskörpers. Insgesamt 382 kg Mondgestein wurden von den Astronauten mit zur Erde ge-

Abb. 4.20 Mare-Basalt. Dieser 1,53 kg schwere Brocken Mare-Basalt wurde 1971 von Apollo-15-Astronauten mit zur Erde gebracht. Die kleinen Löcher, die rund ein Drittel seiner Oberfläche bedecken, deuten darauf hin, dass in der flüssigen Lava Gase gelöst waren. Als die Lava die luftleere Oberfläche des Monds erreichte und der Druck fiel, dehnte sich das Gas aus und bildete Blasen. Einige Blasen wurden an Ort und Stelle eingefroren, als die Lava erstarrte. (NASA)

R I V U X G

Abb. 4.21 Anorthosit. Mit dieser alten Gesteinsart, vermutlich dem Originalmaterial der Mondkruste, sind die Hochländer des Monds bedeckt. Die Abmessungen dieser von der Apollo-16-Mission mitgebrachten Probe sind 18 cm × 16 cm × 7 cm; die Farbe ist mittelgrau; ebenso wurden weiße, aber auch dunkelgraue Exemplare gefunden. (NASA)

bracht und lieferten interessante Aufschlüsse über die Frühgeschichte des Erdtrabanten. Durch sorgfältige quantitative Analyse radioaktiver Spuren ermittelten die Geologen, dass die Maria aus 3,1–3,8 Mio. Jahre alter, erkalteter Lava bestehen. Das bedeutet, die Maria entwickelten sich aus flüssigem Gestein rund 1 Mrd. Jahre nach der Entstehung des Monds selbst. Tatsächlich entspricht die mineralische Zusammensetzung dieser Proben weitgehend derer vulkanischen Gesteins von Hawaii und Island. Man nennt dieses Material der tiefliegenden Mondebenen, aus dem rund 17 % der gesamten Mondoberfläche bestehen, auch **Mare-Basalt** (Abb. 4.20).

R I V U X G

Abb. 4.22 Impaktbrekzien. Dieses Gestein entsteht, wenn Trümmer verschiedener Sorten bei hohen Temperaturen und Drücken zusammengepresst werden. Solche Bedingungen herrschen unmittelbar nach dem Einschlag von Meteoriten auf der Mondoberfläche. (NASA)

Im Gegensatz zur den dunklen Basaltmeeren sind die Hochländer des Monds mit dem helleren **Anorthosit** bedeckt (Abb. 4.21). Anorthosit findet man auch auf der Erde, und zwar ausschließlich in sehr alten Gebirgsmassiven wie den Adirondacks im Osten der Vereinigten Staaten. Mare-Basalt besteht vornehmlich aus schweren Elementen wie Eisen, Mangan und Titan, Anorthosit dagegen aus leichteren Calcium- und Aluminiumverbindungen. Folglich ist die Dichte von Anorthosit geringer als die von Mare-Basalt. Bei vielen Gesteinsproben aus den Hochländern, die auf die Erde gebracht wurden, handelt es sich um **Impaktbrekzien** (Abb. 4.22), Konglomerate aus verschiedenen Gesteinsarten, die beim Einschlag („Impakt") von Meteoriten durch die hohen Drücke zusammengebacken wurden. Typische Anorthosite aus den Hochländern sind zwischen 4,0 und 4,3 Mrd. Jahre alt und gehören damit vermutlich zur originalen Gesteinskruste des Monds (siehe Abb. 4.17).

Vier der fünf erfolgreich gelandeten Missionen installierten auf dem Mond Messgeräte, unter anderem Seismographen (Abb. 4.23). Sie registrieren Mondbeben, seismische Bewegungen, die unseren Erdbeben

R I V U X G

Abb. 4.23 Landeplatz von Apollo 11. Astronaut Buzz Aldrin steht im Mare Tranquilitatis neben wissenschaftlicher Ausrüstung (darunter ein Seismograph). Die Winkelreflektoren sind noch heute zur Ermittelung des Abstands zwischen Erde und Mond in Betrieb; die Stereokamera diente zur Aufnahme von Stereopaarbildern der Mondoberfläche, die man anschließend durch eine 3-D-Brille betrachten konnte, um sich einen realitätsnahen Eindruck von der Umgebung zu verschaffen. Die untere Hälfte des Landegeräts steht noch immer auf dem Mond, während die obere Hälfte Neil Armstrong und Buzz Aldrin zurück in die Umlaufbahn brachte. Dort stiegen die Astronauten in das Kommandomodul um und flogen zurück zur Erde. (NASA)

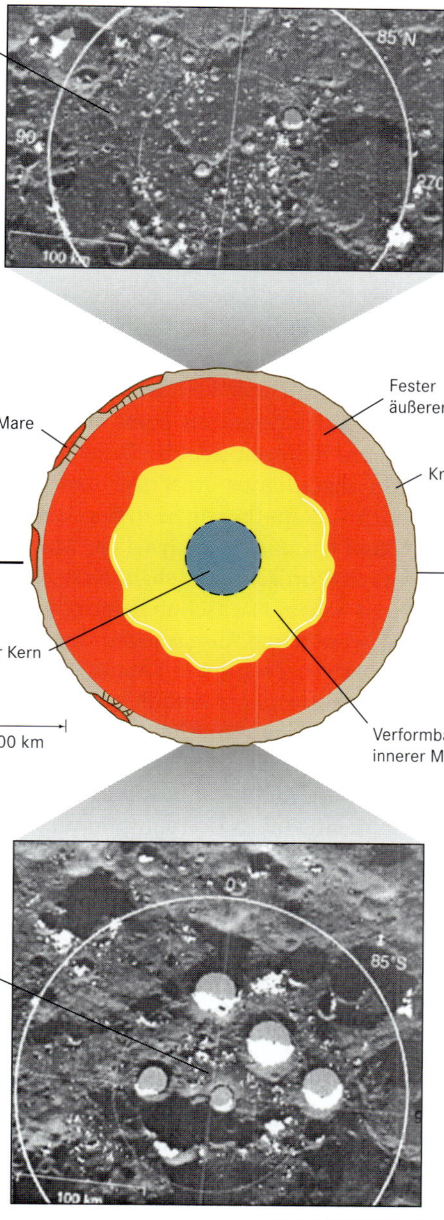

Abb. 4.24 Der innere Aufbau des Monds. Gestützt auf Messungen von Seismographen, die von Apollo-Missionen installiert wurden, und von der Sonde Lunar Prospector wissen wir, dass der Mond aus Kern, Mantel und Kruste besteht. Die Kruste ist auf der erdzugewandten Seite rund 60 km dick, auf der Rückseite rund 100 km. In einer Tiefe von etwa 800 km beginnt der nicht starre innere Mantel; der Kern hat einen Radius von 300–425 km. Zwar gleicht der Aufbau des Monds prinzipiell dem der Erde, aber die Proportionen der einzelnen Schichten und auch die Details der Zusammensetzung sind deutlich verschieden. Beobachtungen der Raumsonde Clementine zufolge befindet sich in der Südpolargegend ein ausgeprägtes Becken, wahrscheinlich die Folge eines gewaltigen Einschlags, der die Kruste hinwegsprengte. Kleines Bild oben: Radaraufnahme des Nordpolargebiets des Monds. An den vom Computer weiß und grau schattierten Orten scheint niemals die Sonne; aller Vermutung nach gibt es dort Wasser. Kleines Bild unten: Radaraufnahme des Südpolargebiets. Auch hier sehen Sie Gebiete immerwährender (oder fast immerwährender) Dunkelheit. (Oben und unten: NASA/Galaxy)

analog sind. Zwischen 1969 und 1977 fingen die Detektoren Hinweise auf mehr als 12.500 Mondbeben auf, darunter einige Stöße, die Bücher aus Schränken hätten stoßen können (wenn es zu jener Zeit auf dem Mond gerade Schränke oder Bücher gegeben hätte). Mondbeben können vier Ursachen haben: Einschläge von Himmelskörpern, Bewegungen der Oberfläche durch die von der Gravitation der Erde verursachten Gezeitenkräfte, Ausdehnung und Schrumpfung des Gesteins durch Temperaturunterschiede und Aktivitäten im Inneren des Monds.

Nach der Installation mehrerer Seismographen konnten Geologen die zeitliche Abfolge und Stärke von Vibrationen messen und daraus Informationen über den inneren Aufbau des Monds ableiten. Die Daten lassen vermuten, dass der Mond über einen kleinen Eisenkern verfügt, der wahrscheinlich von einer Schicht heißen (flüssigen) Gesteins, darüber einem dicken Mantel festen Gesteins und schließlich der Kruste umgeben ist. Das Vorhandensein des Eisenkerns (der nur etwa 3–4 % der Gesamtmasse des Himmelskörpers ausmacht) wurde von Messungen der

Sonde Lunar Prospector (1998) bestätigt. Zum Vergleich: Der Eisenkern der Erde macht fast ein Drittel der Erdmasse aus.

Seit Raumflugkörper unseren nächsten Nachbarn umrunden, haben die Forscher beobachtet, dass sie dabei nicht den erwarteten elliptischen Bahnen folgen. Von Zeit zu Zeit – gewöhnlich über einem kreisrunden Mare – sacken die Flugobjekte kurzzeitig nach unten ab, als ob sie plötzlich von einer größeren Masse angezogen würden. Diese Anomalien nennt man *Massekonzentrationen* (**Maskons**); es sind Bereiche mit Gesteinen und Metallvorkommen höherer Dichte in geringer Tiefe. Die Maskons in den Maria sind, so nimmt man an, entstanden, als sich der Boden durch gewaltige Meteoriteneinschläge vertiefter Becken mit Magma füllte. Noch immer werden neue Maskons gefunden, allein sieben von Lunar Prospector 1998.

1994 sendete die Raumsonde Clementine von einer Mondumlaufbahn aus Radiosignale in Richtung Oberfläche, die sie zur Erde reflektierte, wo sie empfangen und ausgewertet wurden. Die Ergebnisse waren höchst interessant; unter anderem deuteten sie auf das Vorkommen von Wassereis in Kratern nahe des Mond-Südpols hin. Wenn das zutrifft, besteht kaum Gefahr, dass das Eis durch Sonneneinstrahlung verdunstet, weil in den Polargegenden des Monds (so wie in denen der Erde) nur sehr wenig Sonnenenergie ankommt (Abb. 4.24). Mit anderen Messverfahren entdeckte Lunar Prospector Eisvorkommen im Nordpolargebiet; als die Sonde jedoch über einem Krater am Südpol kontrolliert zum Absturz gebracht wurde, fand man in den Staubwolken keine Spur von Wasserdampf. Auch weitere Radioexperimente im Jahr 2003 brachten keine neuen Hinweise. Im Oktober 2009 schließlich ließ die NASA eine Raketenstufe auf den Cabeus-Krater (Südpol) abstürzen. Durch den aufgewirbelten Staub flog dann die Sonde LCROSS und fand tatsächlich Beweise für ein Wasservorkommen. Wie groß die Wassermengen sind, lässt sich noch nicht absehen. (Allein der von LCROSS analysierte Staub enthielt knapp 100 l.) Die Wissenschaftler rechnen mit mehr als 3 Mrd. t, die durch den Einschlag eishaltiger Kometen und Asteroiden abgelagert und mit dem Regolith gemischt (oder in tieferen Schichten eingeschlossen) wurden.

Gäbe es tatsächlich Eis auf dem Mond, so wäre eine der größeren Hürden einer potenziellen menschlichen Besiedelung aus dem Weg geräumt. Eis lässt sich nicht nur zu Wasser schmelzen, sondern auch in Sauerstoff und Wasserstoff spalten. Damit hätte man eine Quelle für Atemluft und Raketentreibstoff. Die Haupttriebwerke des Spaceshuttle z. B. werden mit flüssigem Sauerstoff und Wasserstoff betrieben. Natürliche Wasservorräte auf dem Mond würden Bau und Betrieb einer Siedlung billiger und technisch einfacher machen, weil man das Wasser nicht von der Erde heranschaffen (oder einen eishaltigen Kometen zum Mond umlenken) müsste.

Keine der Mondmissionen fand Leben auf unserem Trabanten. Leben, wie wir es kennen, kann sich nur in flüssigem Wasser entwickeln, und das gibt es auf dem Mond nicht. Der Mond verfügt über eine äußerst dünne „Atmosphäre" aus Wasserstoff und Edelgasen (Helium, Neon, Argon), so dünn, dass wir sie im Vergleich zu unserer Atemluft als hervorragendes Vakuum bezeichnen würden. Eine Atmosphäre wird von der Gravitationskraft eines Himmelskörpers festgehalten. Bewegen sich die Gasteilchen zu schnell – ist also ihre Temperatur und damit ihre Energie zu hoch –, dann fliegen sie in den Weltraum davon. Der Mond hat nur ein Sechstel der Masse der Erde. Seine Gravitation genügt deshalb nicht, um die Atmosphäre zu halten. Nachschub liefern die Teilchen des Sonnenwindes und Ausgasungen von Argon (aus dem radioaktiven Zerfall von Kalium) aus dem Gestein. Die Mondatmosphäre enthält auch geringe Mengen Natriumgas, das wahrscheinlich bei regelmäßigen Meteoriteneinschlägen freigesetzt wird. Die Erdmasse ist, zum Vergleich, groß genug, um Stickstoff, Sauerstoff, Kohlendioxid, Wasserdampf und Argon in der Atmosphäre festzuhalten.

Der Mond dreht sich nur langsam und sein Eisenkern ist klein. Deshalb erwartet man ein bestenfalls schwaches Magnetfeld. Sonden auf Umlaufbahnen haben dies bestätigt; allerdings entdeckte Lunar Prospector lokale Anomalien mit Magnetfeldern, die stark genug sind, um den Sonnenwind abzulenken. Ihre Ursache ist noch zu klären.

? Von welcher Gesteinsart brachten die Astronauten von Apollo 11, dem ersten bemannten Flug zum Mond, Proben mit zur Erde?

4.7 Der Mond entstand wahrscheinlich aus Felstrümmern, die ins All geschleudert wurden, als ein riesiger Asteroid die junge Erde traf

Wie entstand der Mond? Vor dem Start des Apollo-Programms diskutierten die Forscher im Wesentlichen drei Theorien. Die **Abspaltungstheorie** behauptet, der Mond habe sich aus einer in ihrer frühen Phase sehr schnell rotierenden Erde abgelöst. Damit wird allerdings nicht erklärt, warum die chemische Zusammensetzung des Monds jener des Erdmantels, aber nicht der des Kerns entspricht und warum sich im Mondgestein so gut wie kein Wasser findet, wie die knochentrockenen, von Apollo-Astronauten mitgebrachten Proben beweisen. Die **Einfangtheorie** postuliert, der Mond sei anderswo im Sonnensystem entstanden und bei einer engen Begegnung mit der Erde von deren Gravitation eingefangen worden. Physikalisch ist dieser Prozess jedoch sehr kompliziert (er erfordert eine spezielle Konstellation der Flugbahnen). Außerdem sind Himmelskörper, die in verschiedenen Regionen des Sonnensystems gebildet wurden, chemisch unterschiedlich zusammengesetzt, während sich Erde und Mond in der Geochemie ihrer Oberfläche stark ähneln. Die **Schwesterplanettheorie** besagt, Erde und Mond haben sich gemeinsam – als eine Art Doppelplanet – aus dem Urnebel zusammengeballt. Dieser Vorschlag stößt auf Probleme, die auch die Abspaltungstheorie nicht bewältigen kann: Warum sind die dichteren Elemente wie Eisen auf dem Mond seltener, und warum findet man auf dem Mond Gesteinsarten, die es auf der Erde nicht gibt?

Eine vierte Theorie, der sich inzwischen die meisten Astronomen angeschlossen haben, wurde in den 1980er Jahren erstmals vorgelegt. Sie stützt sich auf die bewiesene Tatsache, dass sich im frühen Sonnensystem Zusammenstöße großer Himmelskörper ereigneten. Diese **Kollisionstheorie** schlägt vor, die gerade erst gebildete Proto-Erde sei von einem etwa marsgroßen Asteroiden („Planetesimal") getroffen worden, wodurch Teile der Oberflächenschichten der Erde in den Raum geschleudert wurden. Aus Untersuchungen der Zusammensetzung des Mondgesteins schlossen die Astronomen, dass ein solches Ereignis vor rund 4,5 Mrd. Jahren, innerhalb der ersten 100 Mio. Jahre der Existenz der Erde, stattgefunden haben muss. Eine Computersimulation dieser kosmischen Katastrophe sehen Sie in Abb. 4.25. Die Trümmer sammelten sich zunächst zu einem Ring in der Erdumlaufbahn, der sich alsbald zum Mond verdichtete, wie sich zuvor auch die Erde aus kleineren Planetesimalen gebildet hatte.

Die Kollisionstheorie ist mit den bekannten Fakten am besten vereinbar. Ein solcher gigantischer Einschlag würde Gestein verdampfen lassen; *flüchtige* Elemente und Wasser würden dabei verschwinden, und zurück bliebe die ausgedörrte (sprichwörtliche) Mondlandschaft, die wir kennen. Die geringe Konzentration an schwerer, eisenreicher Materie ließe sich dadurch erklären, dass die schweren Elemente bereits ins Innere der jungen Erde abgesunken waren, bevor der Asteroid einschlug; dieser konnte nur die leichteren, an der Oberfläche der Erde schwimmenden Gesteine herausschlagen. Ein großer Teil der Trümmer sollte die Erde ungefähr in der Ekliptik umkreist haben, wenn sich die Bahn des eintreffenden Asteroiden ebenfalls nahe der Ekliptik befand. Der Einschlag eines Objekts, der gewaltig genug war, um den Mond entstehen zu lassen, könnte auch die Neigung der Rotationsachse bewirkt haben, der wir die Jahreszeiten verdanken (Abb. 4.26). Wie wir sehen, ist die Kollisionstheorie nicht nur konsistent mit den Beobachtungen, sondern erklärt auch zwei scheinbar voneinander unabhängige Tatsachen (die Existenz des Monds und die Neigung der Erdachse). Aus diesem Grund finden die Forscher sie besonders reizvoll.

Die Oberfläche des jungen Monds blieb wahrscheinlich jahrtausendelang flüssig; die dazu notwendige Energie wurde von ständigen Einschlägen weiterer Gesteinstrümmer auf dem Satelliten und den Zerfall radioaktiver Elemente in seinem Inneren geliefert. Während sich unser Trabant allmählich abkühlte, stieg Lava geringer Dichte nach oben und erstarrte dort zu der Anorthosit-Kruste, die die Astronauten in den Hochländern vorfanden.

Geologen haben das Alter der Mondgesteine zur Dichte der Impaktkrater in der Umgebung des Fundorts in Beziehung gesetzt. Dabei stellte sich heraus, dass die Rate der Einschläge nicht zu allen Zeiten gleich groß war: Die uralten, von vielen Kratern zerfurchten Hochländer weisen ein intensives Bombardement in der Frühzeit des Monds nach, das vor 4,5 Mrd. Jahren (als die Oberfläche des Monds zu erstarren begann) seinen Anfang nahm und bis vor 3,8 Mrd. Jahren dauerte. Einen Höhepunkt erlebte dieses Trommelfeuer vor etwa 4 Mrd. Jahren, einem Zeitalter des Aufruhrs im ganzen jungen Sonnensystem.

Während die Jahrmillionen vergingen, wurden Meteoroiden und Planetesimale allmählich von den neu gebildeten Planeten aufgesogen, wie in Kapitel 2 beschrieben. Zu den letzten Narben, die die Meteoritenära hinterließ, gehören die gigantischen, von reichlich einem Dutzend gewaltiger Objekte aufgerissenen Krater mit mehr als 100 km Durchmesser, aus denen sich später die Maria entwickelten. In der Zwischenzeit begann der Kern des Monds durch den Zerfall langlebiger radioaktiver Kerne wie Uran und Thorium wieder aufzuschmelzen. Vor 3,8–3,1 Mrd. Jahren bahnten sich Fluten flüssigen Gesteins ihren Weg durch Bereiche der Kruste, die von den Einschlägen geschwächt waren. Lava füllte die riesigen Kraterbecken, und die Maria entstanden. Zu jener Zeit hatte die Impaktrate schon sehr deutlich abgenommen, weshalb man auf der Fläche der Maria kaum noch Krater findet.

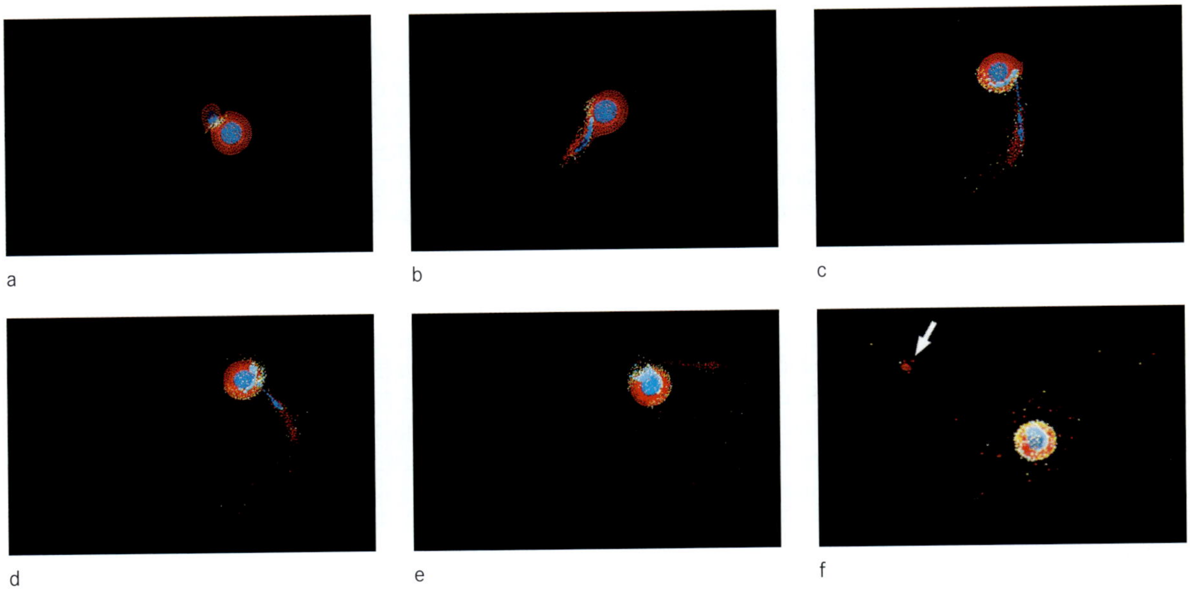

Abb. 4.25 Die Erschaffung des Monds. Die Computersimulation zeigt, wie sich der Mond aus Material zusammengeballt haben könnte, das beim Einschlag eines gewaltigen Himmelskörpers von planetenähnlicher Größe auf der Erde ins All geschleudert wurde. Damit Sie den Weg der Trümmer (a–f) besser verfolgen können, zeigen die Bilder immer größere Volumenausschnitte des Raums. Eisen aus den Kernen des Erde und des Planetesimals ist blau und grün, Mantelgestein rot, orange und gelb dargestellt. Bei dieser Simulation wird sowohl Kern- als auch Mantelmaterial herausgebrochen; das dichte Eisen fällt jedoch zum großen Teil auf die Erde zurück. Nur die verbleibenden weniger dichten Gesteinstrümmer schließen sich zum Mond (Pfeil) zusammen. (W. Benz)

Dass es auf der Rückseite des Monds nur ein einziges großes Mare gibt, hat wahrscheinlich folgende Ursache: Als der Mond noch jung und flüssig war, umrundete er – wie wir gleich ausführlicher besprechen werden – die Erde in einem wesentlich geringeren Abstand als heute. Seine hohe Bahngeschwindigkeit und die großen Gezeitenkräfte der Erde führten dazu, dass sich Lava mit geringer Dichte bevorzugt an der erdabgewandten Seite sammelte und dort zur Kruste erstarrte. Aus diesem Grund ist die Kruste auf der erdnahen Seite deutlich weniger mächtig als auf der Rückseite, und das Magma konnte durch die Schwachstellen der dünnen Kruste leichter an die Oberfläche dringen und sich in Mare ergießen.

Seit jenen fernen Zeiten ist der Mond kaum noch aktiv. Nur noch wenige große Krater sind entstanden; Trümmer geringer Größe hingegen sind immer noch reichlich im Sonnensystem unterwegs, weshalb es weiterhin ständig zu kleinen Einschlägen kommt. 1953 wurde letztmals ein größeres Ereignis beobachtet, bei dem sich ein Krater mit einem Durchmesser von 1,5 km bildete. Kleinere Krater werden jährlich aufgerissen, wenn große Wolken von Gesteinsschutt die Mondbahn kreuzen. Im Großen und Ganzen aber

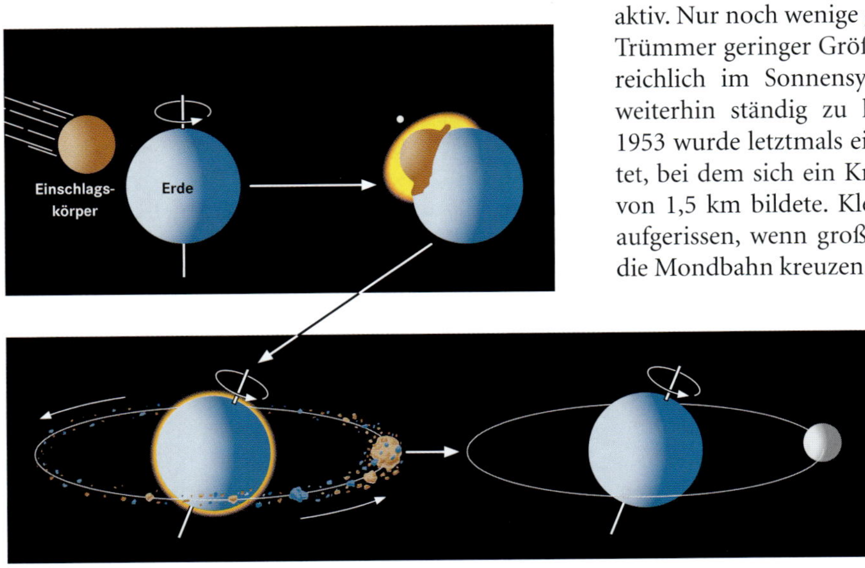

Abb. 4.26 Die Neigung der Erdachse. Die gewaltige Kollision, durch die der Mond entstand, könnte auch die Erdachse um 23,5° aus der Senkrechten gebracht haben. Diesem Umstand verdanken wir die Jahreszeiten.

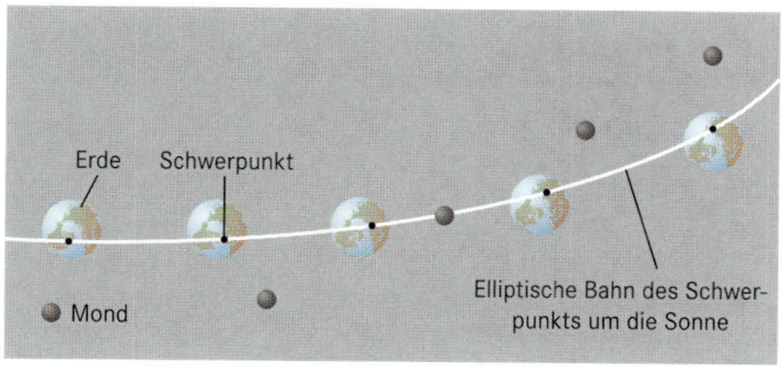

a

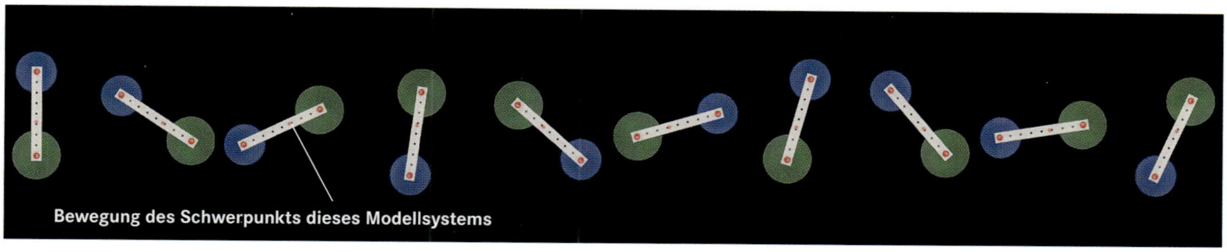

b

Abb. 4.27 Bewegung des Systems Erde/Mond. (a) Erd- und Mondbahn, während sich der gemeinsame Schwerpunkt beider Himmelskörper auf einer elliptischen Bahn um die Sonne bewegt. (b) Eine analoge Bewegung im Zeitraffer: Zwei Scheiben, verbunden durch eine Holzleiste, rutschen über einen Tisch und drehen sich dabei um den gemeinsamen Schwerpunkt. Beachten Sie, dass der Schwerpunkt einer Geraden folgt; alle anderen Punkte des Systems bewegen sich auf gekrümmten Bahnen. (Tom Patagnes)

betraten die Apollo-Astronauten eine seit über 3 Mrd. Jahren erstarrte Welt. Während die Erde bis heute geologisch aktiv ist, scheint das im Mondinneren vielleicht noch vorhandene Magma die Oberflächengestalt unseres Trabanten nicht mehr zu verändern. In nicht allzu ferner Zukunft sollen moderne Seismographen auf dem Mond installiert werden, von denen sich die Astronomen mehr Aufschluss über sein Innenleben erhoffen.

? Warum ist es ein Glück für die Erde (und uns), dass der Mond heute nur noch selten von größeren Objekten getroffen wird?

4.8 In der Geschichte von Erde und Mond spielten die Gezeiten mehrere wichtige Rollen

Mond und Erde werden von der Gravitation zusammengehalten; der Drehimpuls (siehe Anhang H.2), den dem Mond bei seiner Entstehung erhielt, bewahrt unseren Trabanten davor, auf die Erde zu stürzen. Obwohl es so scheinen mag, umkreist nicht der Mond die Erde, sondern beide Himmelskörper bewegen sich um ihren gemeinsamen Massenmittelpunkt oder *Schwerpunkt* (Abb. 4.27a) wie zwei miteinander verbundene kleine Gegenstände, die man in Rotation versetzt und über ein Luftpolster gleiten lässt (Abb. 4.27b).

3

Von der Erde aus ist, unabhängig von der Mondphase, stets nur eine Seite des Monds sichtbar (siehe Abb. 1.21). Der Grund dafür ist die **gebundene Rotation**: Der Mond dreht sich genauso schnell um seine eigene Achse, wie Erde und Mond um ihren gemeinsamen Schwerpunkt rotieren (Abb. 4.28). Um zu ver-

4

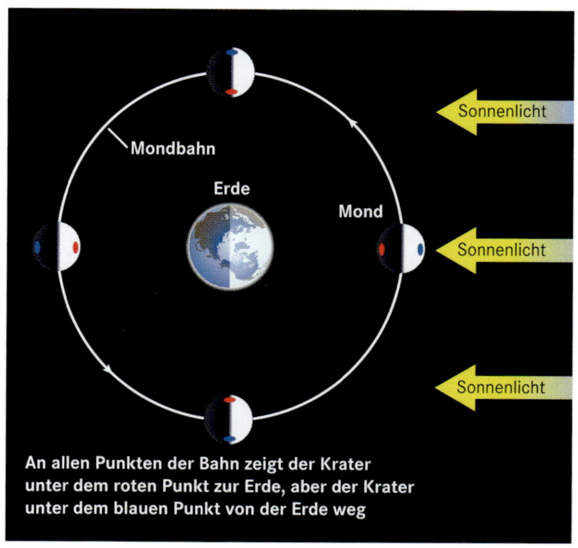

Abb. 4.28 Gebundene Rotation des Systems Erde/Mond. Wir betrachten die Bewegung des Monds um die Erde von einem Punkt über dem Nordpol der Erde aus. (Die Eigenbewegung der Erde bezüglich des Schwerpunkts des Erde/Mond-Systems vernachlässigen wir.) Damit von der Erde aus stets dieselbe Seite des Monds sichtbar ist, muss der Mond genauso schnell um seine eigene Achse rotieren, wie er um die Erde läuft.

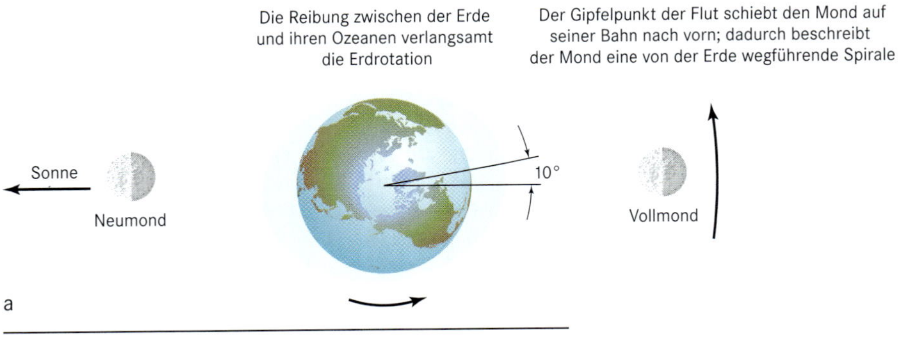

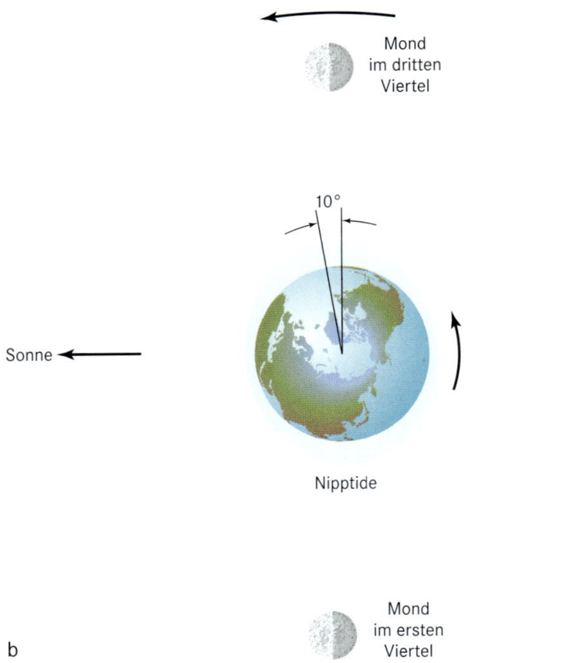

Abb. 4.29 Die Gezeiten auf der Erde. Die Gravitation von Sonne und Mond verformt die Oberfläche der Ozeane. Infolge der schnellen Rotation der Erde läuft der Gipfelpunkt der Flut dem Mond um etwa 10° voraus. (a) Zur höchsten Flut (Springtide) kommt es, wenn Sonne und Mond auf einer Linie mit der Erde (entweder auf der gleichen Seite oder auf gegenüberliegenden Seiten) liegen. (b) Die niedrigste Flut (Nipptide) tritt auf, wenn Sonne, Erde und Mond einen rechten Winkel bilden.

stehen, dass der Mond sich drehen *muss*, damit wir stets nur seine „Vorderseite" sehen, stellen Sie sich (tatsächlich oder in Gedanken) mit nach vorn ausgestrecktem Arm auf – die Handfläche zeigt zu Ihnen – und drehen sich einmal um sich selbst. Dabei sind Sie die Erde, Ihre Handfläche ist die erdzugewandte Seite des Monds. Nur dann sehen Sie stets die Handfläche (befinden Sie und Ihre Hand sich in gebundener Rotation), wenn sich Ihre Hand (bezüglich etwa der Wand des Zimmers) genauso schnell dreht, wie sie um Ihren Kopf umläuft.

Die „Rückseite" des Monds können wir nur von einem Raumschiff aus erblicken (siehe Abb. 4.17). Sie wird oft (und fälschlicherweise) „dunkle Seite" oder auch „Nachtseite" genannt. Die Nachtseite des Monds ist aber nichts anderes als die Nachtseite der Erde – der Teil der Oberfläche, von dem aus gesehen sich die Sonne unter dem Horizont befindet. Wenn nicht gerade Vollmond ist, sehen wir immer ein mehr oder weniger großes Stück von der Nachtseite (und die Sonne fällt dann auf einen Teil der erdabgewandten Seite).

Die Ursache der gebundenen Rotation ist die zwischen Erde und Mond wirkende Gezeitenkraft, die auch für die Gezeiten der Weltmeere verantwortlich ist. Wie es zur gebundenen Rotation kam, können wir nachvollziehen, wenn wir die Kräfte zwischen Mond und Erde analysieren. Um zwei Fliegen mit einer Klappe zu schlagen, konzentriert sich die Diskussion in Anhang G.2 darauf, wie der Mond die Gezeiten der Ozeane erzeugt. Unter Zuhilfenahme dieser Informationen wollen wir hier überlegen, wie die Erde einst Gezeiten auf dem Mond erzeugte, die unseren Trabanten in die gebundene Rotation zwangen.

5 Zu zwei Dritteln werden unsere Gezeiten vom Gravitations-Tauziehen zwischen Erde und Mond bei der Rotation um den gemeinsamen Schwerpunkt verursacht. Den Rest verdanken wir vorwiegend der Sonne, zu einem sehr kleinen Teil auch dem Jupiter und den anderen Planeten.

6 Wie in Anhang G.2 erläutert wird (siehe auch die Abbildung dort), treten Fluten stets an gegenüberliegenden Seiten der Erde gleichzeitig auf. Stehen Sonne, Mond und Erde in einer Linie (Abb. 4.29a), dann vereinen sich die Kräfte von Sonne und Mond, und es kommt zu den höchsten Fluten im Mondzyklus, den Springfluten (**Springtide**); dies geschieht stets bei Neumond und bei Vollmond. Beachten Sie dabei, dass es gleichgültig ist, ob sich Sonne und Mond in dieser Konstellation auf der gleichen Seite der Erde befinden oder nicht – schließlich entstehen die Fluten immer auf beiden gegenüberliegenden Seiten. Bei (zunehmendem oder abnehmendem) Halbmond bilden Sonne, Erde und Mond einen rechten Winkel (Abb.

4.29b); die Gezeitenwirkung des Monds wird dann besonders effektiv durch die der Sonne abgeschwächt, und es kommt zu besonders niedrigen Fluten (**Nipptide**) .

Nun erklären wir die gebundene Rotation: Auf dem jungen, flüssigen Mond erzeugte die Gravitation der Erde gewaltige, bis zu 18 m hohe Fluten geschmolzenen Gesteins. Die Reibung, die diese Flutwellen erzeugten, bremste den Mond ab oder beschleunigte ihn (was von beiden, wissen wir nicht), bis er seine Rotationsgeschwindigkeit so angepasst hatte, dass stets ein Flutberg direkt zwischen Erdmittelpunkt und Mondmittelpunkt lag. Das bedeutete, dass sich der Mond genauso schnell um seine eigene Achse drehte, wie er um die Erde umlief. Die steinerne Flutwelle erstarrte; die gebundene Rotation blieb erhalten.

? Warum haben nicht die Gezeiten der Weltmeere die Erde in eine gebundene Rotation bezüglich des Monds gezwungen?

R I V U X G

Abb. 4.30 Wie weit entfernt ist der Mond? Drei Teleskope am Observatoire de la Côte d'Azur (Frankreich) senden Laserstrahlen auf Retroreflektoren, die von Apollo-Astronauten auf dem Mondboden installiert wurden. Aus der Zeit, die ein Laserpuls braucht, um zum Mond zu gelangen und wieder zur Erde zurückzukehren, können die Astronomen die Entfernung zwischen Erde und Mond auf wenige Millimeter genau berechnen. (Observatoire de la Côte d'Azur)

4.9 Der Mond entfernt sich von der Erde

Vor einem Jahrhundert äußerte Sir George Darwin (der Sohn des Evolutionsforschers Charles Darwin) den Gedanken, der Mond entferne sich von der Erde. Um zu verstehen, warum dies tatsächlich so ist, betrachten Sie noch einmal Abb. 4.29. Der Gipfel der Flut eilt dem Mond auf seiner Bahn um die Erde um 10° voraus. Ursachen dafür sind die Reibung zwischen dem Ozeanboden und den Wassermassen und die schnelle Rotation der Erde; dadurch wird der Flutberg über die Verbindungslinie der Schwerpunkte von Erde und Mond hinausgeschoben. Die Gravitationskraft des Wasserbergs wiederum wirkt zurück auf den Mond und schiebt ihn auf seiner Bahn vorwärts, führt ihm also Energie zu, weshalb der Radius seiner Rotation größer wird. Um den Effekt nachzuvollziehen, stellen Sie sich vor, Sie befestigen einen Ball an einer Schnur und lassen diese zunächst am Körper herunterhängen. Dann beginnen Sie, sich um sich selbst zu drehen; Ihre Hand überträgt durch die Schnur Energie auf den Ball, bewirkt, dass dieser auf eine Umlaufbahn um ihren Kopf einschwenkt und (wenn die Schnur ein Gummiband ist) auf dieser Bahn immer weiter nach außen fliegt.

Um nachzuprüfen, ob sich der Mond tatsächlich von der Erde entfernt, installierten die Astronauten von Apollo 11, 14 und 15 auf dem Felsboden sogenannte Retroreflektoren, wie Sie sie (meist in Rot oder Orange) als Rückstrahler von Autos und Fahrrädern kennen. Solche Flächen haben die besondere Eigenschaft, einfallendes Licht – gleichgültig, aus welcher Richtung es auftrifft – größtenteils zurück zur Quelle zu reflektieren. Von der Erde aus sendet man nun Lichtpulse auf diese Reflektoren (Abb. 4.30) und misst die Zeit, die bis zur Rückkehr des Pulses vergeht. Da außerdem die Lichtgeschwindigkeit bekannt ist, kann man dann die Entfernung zwischen Erde und Mond bis auf wenige Millimeter genau berechnen. Mit Langzeitmessungen dieser Art fanden die Astronomen heraus, dass sich der Mond auf einer Spiralbahn jährlich um 3,8 cm von der Erde wegbewegt.

Das bedeutet natürlich, dass der Abstand zwischen Mond und Erde früher geringer war als heute. Wir wissen zwar nicht, wo genau sich die Gesteinstrümmer ursprünglich zum Mond zusammenballten; die heutige Situation extrapolierend, schätzt man aber, dass es höchstens die halbe gegenwärtige Entfernung gewesen sein kann (exaktere Rechnungen deuten sogar auf ein Zehntel hin). Die Gezeiten auf der Erde müssen dann 1000-fach stärker gewesen sein als heute.

Woher stammt die Energie, die den Mond auf seiner Spiralbahn immer weiter nach außen treibt? Die Antwort lautet: von der Erde. Die Flutwellen bewegen sich, dem Stand des Monds folgend, nach Westen; dabei treffen sie auf Landmassen, die sich (durch die Erdrotation) nach Osten bewegen. Die Flut wirkt der

Rotation der Erde entgegen und verlangsamt sie dadurch. Die Energie, die der Erde dadurch verloren geht, vergrößert den Radius der Mondbahn. Gegenwärtig nimmt die Länge eines Tages um eine tausendstel Sekunde pro Jahrhundert ab. Anhand von Fossilien und anderen Hinweisen haben Geologen berechnet, dass ein Tag der jungen Erde nur fünf bis sechs Stunden gedauert haben dürfte.

Müssen wir uns darauf einstellen, dass der Mond uns eines Tages verlassen wird? Nein, das ist nicht zu befürchten. Stattdessen wird sich die Erdrotation so weit verlangsamen, dass unser Planet seinerseits in eine gebundene Rotation gerät. Der Mond steht dann in einer festen Entfernung stets über einer Seite der Erde. Allerdings wird die Sonne Jahrmilliarden, bevor dies eintritt, selbst explodiert sein.

? Überlegen Sie, wie sich die riesigen Fluten auf die Geologie der jungen Erde ausgewirkt haben.

4.10 An den Grenzen unseres Wissens

Erde und Mond haben noch längst nicht alle ihre Geheimnisse preisgegeben. Wir wissen noch nicht, warum der Erdkern mit anderer Geschwindigkeit rotiert als die Kruste, und auch der Geodynamo ist noch nicht in allen Einzelheiten erforscht. Wie schnell die Erde kurz nach ihrer Entstehung rotierte, ist nicht bekannt. Der Einfluss des Menschen auf die Entwicklung der Erde und den Zustand ihrer Atmosphäre muss noch viel ausführlicher untersucht werden.

Auch der Mond regt zu vielen Fragen an, denn die sechs bemannten Apollo-Missionen und die drei weichen Landungen sowjetischer automatischer Mondsonden haben nicht viel mehr geschafft, als ein bisschen an der Oberfläche zu kratzen und Gesteinsproben von gerade einmal neun Fundorten zur Erde zu bringen. Über die Rückseite des Monds wissen wir noch immer sehr wenig. Wie groß sind die Wasservorkommen an den Polargebieten? Gibt es im Inneren des Monds noch flüssiges Gestein? Wie schwer ist der eisenreiche Kern? Wie alt sind die jüngsten Mondgebirge? Floss noch vor 2 Mrd. Jahren Lava über das westliche „Meer der Stürme“ (Oceanus Procellarum), wie die Dichte der Einschlagskrater nahelegt? Ist der Mond geologisch wirklich tot – oder scheint es uns lediglich so, weil wir ihn bisher nur oberflächlich untersucht haben? Antworten auf alle diese Fragen können nur weitere Missionen und bessere wissenschaftliche Experimente liefern.

Schlüsselbegriffe

Die Erde – eine lebendige und dynamische Welt

- Die Atmosphäre der Erde besteht zu vier Fünfteln aus Stickstoff und zu einem Fünftel aus Sauerstoff. Das Vorhandensein so großer Mengen freien Sauerstoffs verdanken wir biologischen Prozessen der Lebewesen unseres Planeten.
- Die Erdatmosphäre wird in Schichten eingeteilt: die Troposphäre, die Stratosphäre, die Mesosphäre und die Ionosphäre. Ozonmoleküle in der Stratosphäre absorbieren ultraviolette Anteile der Sonnenstrahlung.
- Die äußere feste Schicht der Erde ist die Kruste. Ihr Aufbau liefert Hinweise auf die Geschichte des Planeten.
- Die Erdkruste besteht aus riesigen Platten, die auf dem oberen Erdmantel schwimmen. Konvektionsbewegungen im Mantel sind die Triebkraft der Plattenbewegung (Plattentektonik). Aus Grabenbrüchen im Tiefseeboden dringt geschmolzenes Gestein (Magma) an die Oberfläche und führt zur Ozeanbodenspreizung. Die Plattentektonik formt unseren Planeten; sie ist verantwortlich für die Entstehung von Gebirgszügen und Vulkanen und für die Gestalt der Kontinente und Ozeane.
- Die Auswertung seismischer Wellen (von Erdbeben verursachter Schwingungen) zeigt, dass die Erde über einen kleinen, festen inneren Kern verfügt, der von einem flüssigen äußeren Kern umgeben ist. Darüber folgen der dichte Erdmantel und schließlich die dünne Kruste aus Material niedriger Dichte, auf der wir leben. Innerer und äußerer Kern bestehen vornehmlich aus Eisen, der Mantel besteht aus eisenreichen Mineralien.
- Das Erdmagnetfeld erzeugt die Magnetosphäre der Erde. Sie umgibt den Planeten und lenkt Teilchenströme (Sonnenwind) ab.
- Ein geringer Teil der Partikel des Sonnenwinds wird in zwei ringförmigen Zonen gefangen, die die Erde umgeben und Van-Allen-Strahlungsgürtel genannt werden. Starke Teilchenströme, wie sie die Sonne bei koronalen Massenauswürfen aussendet, können Polarlichter verursachen.

Der Erdmond und die Gezeiten

- Auf dem Mond unterscheidet man helle, von Kratern zerfurchte Hochländer und dunklere Maria mit glatterer Oberfläche.
- Bei einem großen Teil der Gesteinsproben vom Mond, die auf der Erde untersucht wurden, han-

delt es sich um erstarrte Lava, die aus Mineralien besteht, wie man sie auch auf der Erde findet.

- Anorthosit in den Hochländern bildete sich vor 4,0–4,3 Mrd. Jahren. Die Basalte der Maria erstarrten vor 3,1–3,8 Mrd. Jahren. Im Laufe der letzten 3 Mrd. Jahre hat sich die geologische Struktur der Mondoberfläche nur noch wenig geändert.
- Die einzigen signifikanten „Verwitterungs"-Faktoren auf dem Mond sind Einschläge von Meteoriten. Sie pulverisierten das oberflächliche Gestein zu Regolith. Gesteinsproben, die zur Erde gebracht wurden, enthalten kein Wasser und sind verarmt an flüchtigen Elementen.
- In den Polregionen des Monds wurden Wasservorkommen entdeckt.
- Die Kollisionstheorie der Entstehung des Monds ist heute allgemein akzeptiert. Sie besagt, dass die junge Erde von einem Asteroiden getroffen wurde; Gesteinstrümmer, die bei diesem Zusammenstoß in den Raum geschleudert wurden, ballten sich zum Mond zusammen.
- In seiner Frühzeit war der Mond flüssig. Magma geringer Dichte stieg zur Oberfläche und erstarrte dort zur Anorthosit-Kruste. Die Becken der Maria entstanden bei späteren Einschlägen von Planetesimalen und füllten sich mit Magma aus dem Inneren des Monds.
- Die Gravitationswechselwirkung zwischen Erde und Mond ist verantwortlich für die Gezeiten der Weltmeere und für die gebundene Rotation des Monds. Der Mond entfernt sich allmählich von der Erde, deren Eigenrotation sich entsprechend verlangsamt.

Was haben Sie gedacht?

1 *Kann die Ozonschicht der Erde, die momentan dünner wird, wieder aufgefüllt werden?* Ja. Ozon wird ständig neu gebildet, indem ultraviolettes Sonnenlicht auf Sauerstoffmoleküle in der Atmosphäre einwirkt.

2 *Wer war der erste Mensch, der einen Fuß auf den Mond setzte, und wann fand dieses Ereignis statt?* Der erste Mensch auf dem Mond war Neil Armstrong, der mit Buzz Aldrin und dem Piloten Michael Collins zur Besatzung des Raumschiffs Apollo 11 gehörte. Armstrong und Aldrin setzten das Landegerät „Eagle" am 20. Juli 1969 weich auf dem Mondboden auf.

3 *Können wir während eines Mondzyklus alle Teile der Mondoberfläche irgendwann sehen?* Nein; aufgrund der gebundenen Rotation des Monds sehen wir unseren Trabanten immer von einer Seite. Die Rückseite ist nur von Raumschiffen oder Sonden aus sichtbar, die sich auf einer Mondumlaufbahn befinden.

4 *Dreht sich der Mond um seine eigene Achse, und wenn ja, wie schnell?* Der Mond dreht sich genauso schnell um sich selbst, wie er sich um die Erde dreht. Würde der Mond selbst nicht rotieren, dann müssten wir während eines Mondumlaufs alle Teile seiner Oberfläche irgendwann sehen, was nicht der Fall ist.

5 *Was ist die Ursache der Gezeiten der Weltmeere?* Die Gezeiten werden von Gravitations- und Bahnbewegungskräften des Monds, zu einem geringeren Teil auch der Sonne, verursacht.

6 *Wann findet eine Springflut statt?* Springfluten ereignen sich zweimal in jedem Mondzyklus, nämlich bei Vollmond und bei Neumond.

Nachlese

1. Wie würden Sie die Mondoberfläche beschreiben? **a.** Feinkörniges Pulver, **b.** festes Gestein, **c.** Geröll, **d.** Ozeane aus flüssigem Wasser und trockene Landflächen, **e.** geschmolzenes Gestein.
2. Welche chemische Substanz macht den Hauptteil der Erdatmosphäre aus? **a.** Kohlendioxid, **b.** Sauerstoff, **c.** Wasser, **d.** Stickstoff, **e.** Wasserstoff.
3. Warum ändert sich die Albedo der Erde im Tageslauf? Warum ändert sie sich im Laufe der Jahreszeiten?
4. Warum ist die Oberfläche der Erde nicht von Kratern zerfurcht wie die des Monds?
5. Zählen Sie die Schichten der Erdatmosphäre auf.
6. Beschreiben Sie die Vorgänge der Plattentektonik. Welche Oberflächenmerkmale der Erde sind durch Plattentektonik entstanden? Nennen Sie Beispiele.
7. Bergwerke und Tiefbohrungen auf der Erde reichen nur wenige Kilometer in die Tiefe. Wie können wir trotzdem über das Innere unseres Planeten Bescheid wissen?
8. Beschreiben Sie den inneren Aufbau der Erde.
9. Warum ist der innere Erdkern fest?
10. Beschreiben Sie die Magnetosphäre der Erde.
11. Was verstehen Sie unter den Van-Allen-Gürteln?
12. Welche Oberflächenmerkmale des Monds können Sie schon mit einem Amateurfernrohr erkennen?
13. Erklären Sie, warum die Maria deutlich dunkler gefärbt sind als die Hochländer des Monds. Argu-

mentieren Sie anhand der Gesteinsproben, die die Mondmissionen zur Erde gebracht haben.

14. Warum gibt es auf den Maria nur wenige Krater?
15. Erläutern Sie kurz die wichtigsten Ähnlichkeiten und Unterschiede zwischen Mondgestein und irdischem Gestein.
16. Woher wissen wir, dass die Maria jünger sind als die Hochländer?
17. Was ist eine Gezeitenkraft? Wie erzeugen Gezeitenkräfte die Gezeiten der Weltmeere?
18. Welcher Unterschied besteht zwischen Springtide und Nipptide? In welchen Phasen des Mondzyklus beobachtet man diese Erscheinungen?
19. Warum haben sich die meisten Naturwissenschaftler der Kollisionstheorie der Entstehung des Monds angeschlossen?
20. Warum sind fast alle Mondkrater kreisrund, obwohl viele Meteoriten nicht direkt senkrecht einschlugen?

Kapitel 5
Die anderen Planeten und ihre Monde

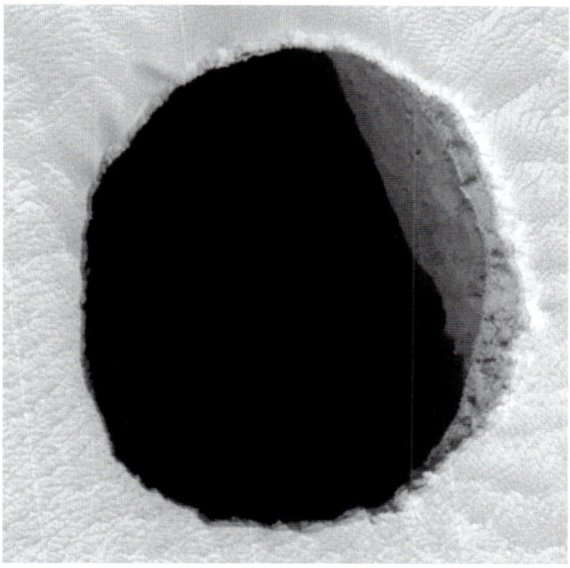

Mindestens 78 m tiefe Öffnung in der Flanke des Vulkans Arsia Mons, fotografiert vom Mars Reconaissance Orbiter. (NASA/JPL/University of Arizona)

Was meinen Sie?

1 **Welcher der erdähnlichen Planeten (Merkur, Venus, Erde, Mars) hat die niedrigste Oberflächentemperatur?**

2 **Welcher Planet kommt der Erde hinsichtlich der Größe am nächsten?**

3 **Welcher der erdähnlichen Planeten (Merkur, Venus, Erde, Mars) hat die höchste Oberflächentemperatur?**

4 **Wie sind die Wolken der Venusatmosphäre zusammengesetzt?**

5 **Gibt es auf dem Mars gegenwärtig flüssiges Wasser? Gab es dort früher einmal flüssiges Wasser?**

6 **Gibt es, soweit wir wissen, gegenwärtig Leben auf dem Mars?**

7 **Kann man den Jupiter als „nicht gezündeten Stern“ auffassen? Warum (nicht)?**

8 **Was ist der Große Rote Fleck auf dem Jupiter?**

9 **Ist Saturn der einzige Planet mit einem Ringsystem?**

10 **Sind die Saturnringe feste Bänder?**

Die Antworten finden Sie bei der jeweiligen Ziffer im Text und noch einmal zusammengefasst am Ende des Kapitels.

In diesem Kapitel geht es um:

- Merkur, einen sonnenverbrannten Planeten mit schlafenden Vulkanen, einer von Kratern vernarbten Oberfläche und einem voluminösen Eisenkern;
- Venus, eine ewig in dicke, giftige Wolken gehüllte Welt, vorwiegend bedeckt von sanft geschwungenen Hügeln;

- Mars, eine staubige, rote Wüste, an dessen Oberfläche es einst flüssiges Wasser gab (und im Inneren vielleicht noch immer gibt);
- Jupiter, einen aktiven, dynamischen, vielfarbigen Riesen, dessen Masse größer ist als die aller anderen Planeten zusammengenommen;
- Jupiters zahlreiche Monde;
- Saturn mit seinem spektakulären System dünner, ebener Ringe und seinen vielen Monden, darunter die bizarren Felsen Enkeladus und Titan;
- Uranus und Neptun, die mit Jupiter und Saturn einige Gemeinsamkeiten aufweisen, sich aber in anderer Hinsicht auch von ihnen unterscheiden.

Merkur

Merkur, der sonnennächste Planet, ist eine wahrhaft ungastliche Welt der Temperaturextreme (Abb. 5.1). Seine Atmosphäre ist unglaublich dünn und sein Magnetfeld ist schwach; so ist er unzähligen Meteoriteneinschlägen und der unbarmherzigen Sonneneinstrahlung schutzlos ausgeliefert. Seine Oberfläche sieht fast kohlschwarz aus. Trotzdem ist er gelegentlich das hellste Objekt an unserem Nachthimmel, weil er der Sonne so nahe ist. Von der Erde aus können wir Merkur nur wenige Stunden nach Sonnenuntergang oder vor Sonnenaufgang sehen, weil seine Elongation (der Winkel Merkur–Erde–Sonne) 28° nie übersteigt.

5.1 Auf den Fotos von Mariner 10 und Messenger sieht die Oberfläche des Merkur ähnlich aus wie die des Erdmonds

Bis gegen Ende des 20. Jahrhunderts war Merkur für die Forscher auf der Erde ein komplettes Rätsel. Beobachtungen mit erdgebundenen Teleskopen lieferten so gut wie keine Informationen über die Oberfläche des Planeten. Bei drei Vorbeiflügen fotografierte die Raumsonde Mariner 10 immerhin 79 % der Gesamtfläche; den Rest steuerte erst 2008 die Sonde Messenger bei. (Messenger ist ein Akronym aus **ME**rcury **S**urface, **S**pace **EN**vironment, **GE**ochemistry, **R**anging – Merkuroberfläche und -umgebung, Geochemie, Vermessung.)

Im Unterschied zum Erdmond verfügt Merkur über eine große Zahl von Vulkanen, aus deren Schloten große Mengen Lava in kleine Impaktkrater flossen und Ebenen zwischen den größeren Kratern bildeten. Wie der Erdmond hat Merkur eine außergewöhnlich niedrige Albedo von 0,12 (seine Oberfläche wirft nur 12 % des einfallenden Lichts zurück). Von der Erde aus nehmen wir ihn nur deshalb als so hell wahr, weil die Intensität des eingestrahlten Sonnenlichts enorm hoch ist.

Blickt man auf die Oberfläche des Merkur, dann fühlt man sich an den Erdmond erinnert. Tatsächlich gibt es mehrere strukturelle Ähnlichkeiten: Der Mond ist mit Kratern übersät, einige Gegenden des Merkur ebenso (Abb. 5.2). Die Impaktkrater beider Welten verfügen über Ejektadecken und Zentralberge, deren Entstehung wir in Abschnitt 4.5 behandelt haben.

Die eindrucksvollste von Mariner 10 entdeckte Oberflächengestalt ist eine riesige kreisrunde Gegend, Caloris Planitia („Hitzebecken"), die sonnennächste Region des Planeten im Perihel. Mit einem Durchmesser von 1300 km hat das am *Terminator* (der Grenze zwischen Tag- und Nachtseite) gelegene Caloris-Becken ungefähr die vierfache Fläche von Deutschland. In Abb. 5.3a sehen Sie, dass das Becken von einem 2 km hohen Ringgebirge umgeben ist, hinter dem sich relativ ebene Bereiche erstrecken. Wahrscheinlich entstand das Caloris-Becken, ähnlich wie die Maria des Mondes, durch den Einschlag eines Asteroiden, der die Kruste durchdrang. Messenger fand kleine Impaktkrater innerhalb des Beckens, die sich mit Lava von Vulkanen füllten, lange nachdem die Krater und Caloris Planitia selbst entstanden waren. Im Becken wurde auch ein gigantischer Vulkan mit einem Durchmesser von 95 km (dreimal so groß wie das Saarland) gesichtet.

Der Caloris-Einschlag war ein gewaltiges Ereignis, das den ganzen Planeten erschütterte; es wirkte sich sogar in dem Gebiet aus, das dem Caloris-Becken gegenüberliegt. Dort findet man (Abb. 5.3b) auf einer halben Million Quadratkilometer (ungefähr der Fläche Frankreichs) eine stark strukturierte, bergige Oberfläche. Die Gebirgszüge, die das ganze Bild wie winzige Runzeln durchziehen, sind 5–10 km breit und 100–1800 km hoch. Geologen nehmen an, dass sich die Energie des Caloris-Einschlags durch den Planeten fortpflanzte und dabei, wie durch eine Linse, fokussiert wurde. Wo diese gebündelte Energie die jenseitige Oberfläche erreichte, erhoben sich chaotisch Gipfel aus dem Boden. Ein ähnliches Phänomen kann man auch auf dem Erdmond beobachten: Auf der „Rückseite" des Mare Orientale (Abb. 5.3c) findet sich ebenfalls ein auffällig ungeordnetes Gebirge. Da der Effekt sich also schon zweimal in verschiedenen Welten nachweisen ließ, kann man davon ausgehen, dass der Einschlag tatsächlich die Ursache war.

Merkur: Zahlen und Fakten — Planetensymbol: ☿

Abstand von der Erde (Mittelpunkt zu Mittelpunkt):	Mittlerer: $5{,}79 \cdot 10^7$ km (0,387 AE) Maximum: $6{,}98 \cdot 10^7$ km (0,467 AE) Minimum: $4{,}60 \cdot 10^7$ km (0,307 AE)
Bahnexzentrizität:	0,21
Mittlere Bahngeschwindigkeit:	47,9 km/s
Siderische Umlaufzeit:	88,0 Erdtage (0,24 Erdjahre)
Siderische Rotationsperiode:	58,6 Erdtage
Solare Rotationsperiode:	176 Erdtage
Neigung des Äquators gegen die Ebene der Umlaufbahn:	0,5°
Neigung des Äquators gegen die Ebene der Ekliptik:	7° 00′ 16″
Radius am Äquator:	2439 km (0,382 $R_\oplus$)
Masse:	$3{,}30 \cdot 10^{23}$ kg (0,0553 $M_\oplus$)
Mittlere Dichte:	5430 kg/m^3 (0,984 · Dichte der Erde)
Fluchtgeschwindigkeit:	4,3 km/s
Gravitation an der Oberfläche (Erde = 1):	0,38
Albedo:	0,12
Mittlere Oberflächentemperatur:	Tag: 350 °C = 623 K Nacht: −170 °C = 103 K
Atmosphäre:	Sehr dünn; vorübergehend H, He, K, Na, O

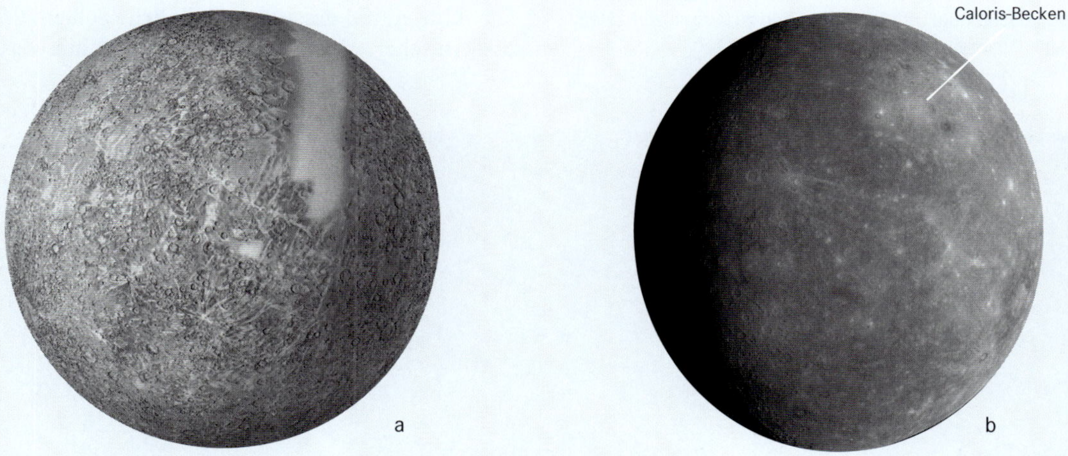

Abb. 5.1 Merkur: Statistik Der mit Kratern übersäte Merkur wurde dreimal von der Sonde Mariner 10 besucht (1974 und 1975) sowie zweimal von Mercury Messenger (2008). (a) Eine Seite des Merkur, fotografiert von Mariner 10; (b) ein Großteil der anderen Seite, fotografiert von Messenger. Am 18. März 2011 wird Messenger auf eine Umlaufbahn um den Merkur einschwenken. (NASA/Johns Hopkins University Applied Physics Laboratory/Carnegie Institution of Washington)

Betrachten wir den Merkur jedoch genauer, fallen eine Menge Unterschiede zum Erdmond auf. Im Gegensatz zum Mond mit seinen Maria verfügt der Merkur nicht über größere kraterfreie Flächen, stattdessen aber über Gegenden mit relativ kleinen Kratern, die man wiederum auf dem Mond nicht findet.

In Abb. 5.4 sehen Sie eine typische Nahaufnahme des Merkur. Wie in Abschnitt 4.7 erläutert wurde, entstanden die Maria auf dem Erdmond durch Lavaströme vor 3,1–3,8 Mrd. Jahren. Auch die Ebenen des Merkur haben sich vermutlich vor sehr langer Zeit aus Lava gebildet, die aus Öffnungen drang, die große Me-

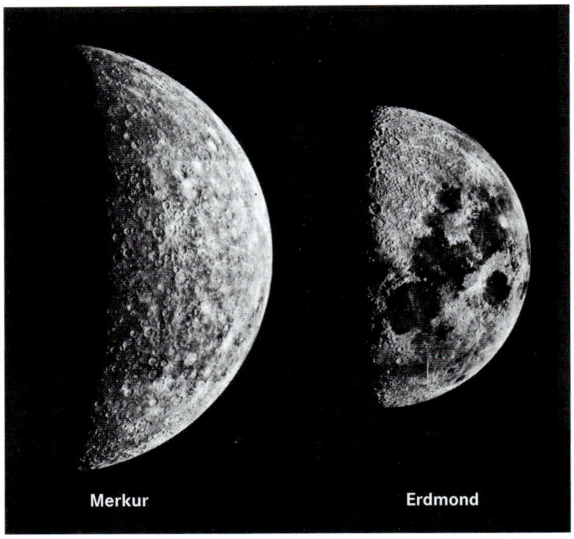

Abb. 5.2 Merkur und der Erdmond im Vergleich. Das Bild zeigt Merkur und den Mond im gleichen Maßstab; der Radius des Merkur beträgt 2439 km, der des Monds 1738 km. (Die Entfernung zwischen New York und Los Angeles ist 3944 km.) Die Oberfläche des Merkur ist gleichmäßiger mit Kratern bedeckt. Die Tagestemperaturen am Äquator erreichen 700 K (430 °C); das genügt, um Blei oder Zinn zu schmelzen. (NASA, UCO/Lick Observatory)

teoriten in seine dünne, junge Kruste geschlagen hatten, und tief liegende Becken füllte. Das Vorhandensein von Kratern auf diesen Ebenen deutet darauf hin, dass sich dies vor etwas mehr als 3,8 Mrd. Jahren ereignet haben muss, kurz bevor das Zeitalter des letzten heftigen Meteoritenbombardements zu Ende ging. Die Merkurebenen sind folglich älter als die meisten Maria des Monds und waren längere Zeit den Einschlägen ausgesetzt.

? Welches *vergängliche* Gegenstück haben die Ringgebirge des Merkur auf der Erde?

Auf den Aufnahmen, die Mariner 10 und Messenger zur Erde funkten, erkennt man zahlreiche lang gestreckte Böschungen (**Steilstufen** oder Rupes), die sich über die Oberfläche winden (Abb. 5.5). Man nimmt an, dass sich die Steilstufen bei der Abkühlung des Planeten gebildet haben. Die meisten Substanzen ziehen sich zusammen, wenn ihre Temperatur fällt. Als der Mantel und der flüssige Eisenkern des Merkur langsam kühler wurden, schrumpfte das Material, aber die feste Kruste gab nicht überall gleichmäßig nach, sondern faltete sich zu solchen Stufen. Diese Strukturen und das augenscheinliche Fehlen jüngerer vulkanischer Aktivität deuten darauf hin, dass der

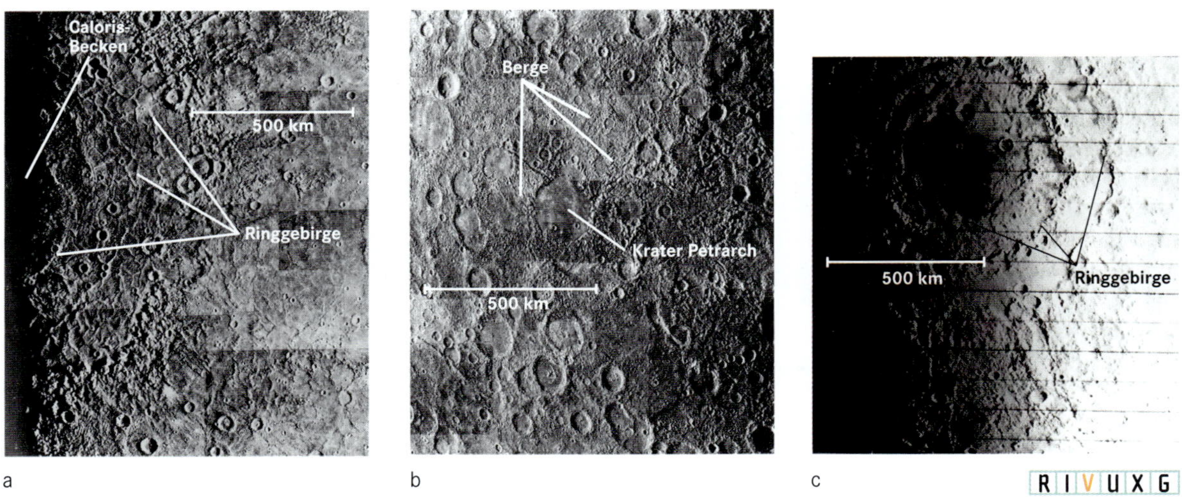

Abb. 5.3 Die größten Impaktereignisse auf Merkur und dem Erdmond. (a) Das Caloris-Becken: Mariner 10 funkte dieses Bild eines riesigen Einschlagkraters in der Äquatorgegend des Merkur zur Erde. Zu sehen ist nur die Hälfte des Beckens, weil dieses zufällig gerade auf dem Terminator lag, als die Sonde vorbeiflog. Die Mitte des Beckens liegt zwar im Schatten (außerhalb des linken Bildrands), einen Eindruck von seinen Ausmaßen vermitteln aber die halbkreisförmigen Gebirgszüge. (b) Ungewöhnlich chaotisches Bergland: Wie zerknittert sieht diese Gegend aus, die mit zahlreichen Bergen übersät ist. Solche unstrukturierten Gipfel bedecken ein rund 500.000 km^2 großes Gebiet auf der Seite des Merkur, die dem Caloris-Becken gegenüberliegt. Der große, von glattem Boden bedeckte Einschlagkrater Petrarch hat einen Durchmesser von 170 km. Er entstand später als das Caloris-Becken. (c) Mare Orientale auf dem Erdmond: Diese Kratergegend mit einem Durchmesser von 900 km ähnelt dem Caloris-Becken; zudem findet man auf der gegenüberliegenden Seite des Monds ein bergiges Gebiet, das an Bild b vom Merkur erinnert. (NASA)

Abb. 5.4 Krater und Ebenen auf dem Merkur. Ein Blick auf die Nordhalbkugel, aufgenommen 1974 von Mariner 10. Die zahlreichen Krater in der unteren Hälfte und die ausgedehnten Ebenen in der oberen Hälfte des Fotos bedecken eine 480 km breite Fläche. (NASA)

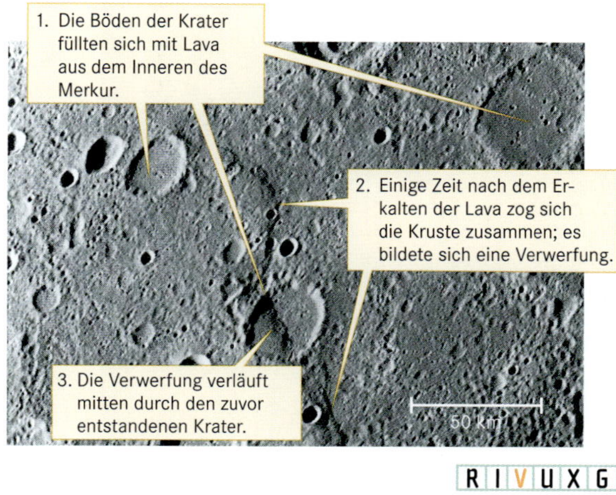

Abb. 5.5 Steilstufen auf dem Merkur. Eine lange Böschung, *Santa Maria Rupes*, windet sich in Nord-Süd-Richtung durch diese Gegend in Äquatornähe, aufgenommen von Mariner 10. Die sogenannte Steilstufe ist über 1 km hoch und mehrere hundert Kilometer lang. Beachten Sie die vertikale Verwerfung des Kraters in der Bildmitte. (NASA)

Merkur bis in große Tiefen fest ist. Sonst wäre aus den Stufen vermutlich sofort Lava ausgetreten.

5.2 Merkur enthält einen größeren Anteil Eisen als die Erde

Die mittlere Dichte des Merkur ist mit 5430 kg/m^3 ähnlich jener der Erde (5520 kg/m^3). Aus Abschnitt 4.3 wissen Sie, dass typische Gesteine der Erdkruste nur eine Dichte von etwa 3000 kg/m^3 aufweisen, weil sie vornehmlich aus leichten Elementen bestehen. Dass die mittlere Dichte sowohl der Erde als auch des Merkur trotzdem so hoch ist, ist auf die hohe Dichte der Kerne zurückzuführen.

Weil Merkur im Mittel weniger dicht ist als die Erde, könnten Sie annehmen, er enthalte einen geringeren Anteil des schweren Elements Eisen. Tatsächlich zeigten Messenger-Aufnahmen, dass der Eisengehalt der Oberflächenmineralien des Merkur gering ist. Bezogen auf die Gesamtmasse aber ist Merkur der eisenreichste Planet des Sonnensystems überhaupt. Die größere Dichte des Erdmaterials kommt nur durch die größere Masse unseres Planeten zustande, deren Druck das Erdinnere verdichtet.

In Abb. 5.6 sehen Sie den Aufbau des Merkur in einem maßstabsgerechten Schema. Der Eisenkern nimmt 42 % des Gesamtvolumens ein. Ihn umgibt ein 600 km dicker Gesteinsmantel. Auf den Kern der Erde entfallen, zum Vergleich, nur 17 % des Volumens des Planeten. Bis zu welchem Grad der Merkurkern geschmolzen ist, weiß man noch nicht.

? Welches Verfahren könnte uns die zuverlässigsten Informationen über den Aufbau des Merkur liefern?

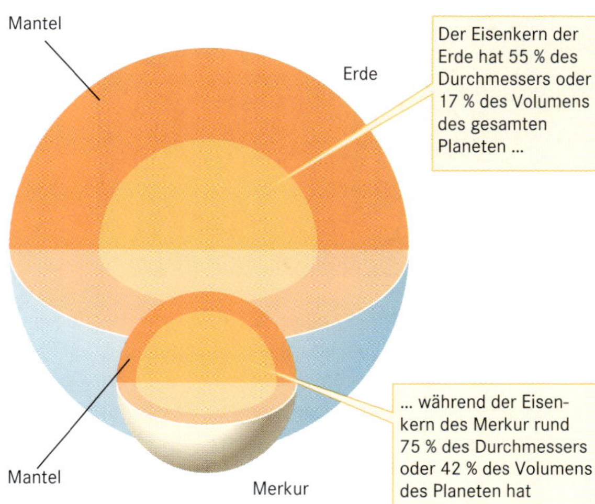

Abb. 5.6 Innerer Aufbau der Erde und des Merkur. Merkur enthält von allen Planeten des Sonnensystems den höchsten Eisenanteil. Sein Eisenkern nimmt folglich einen außergewöhnlich großen Teil des Gesamtvolumens ein.

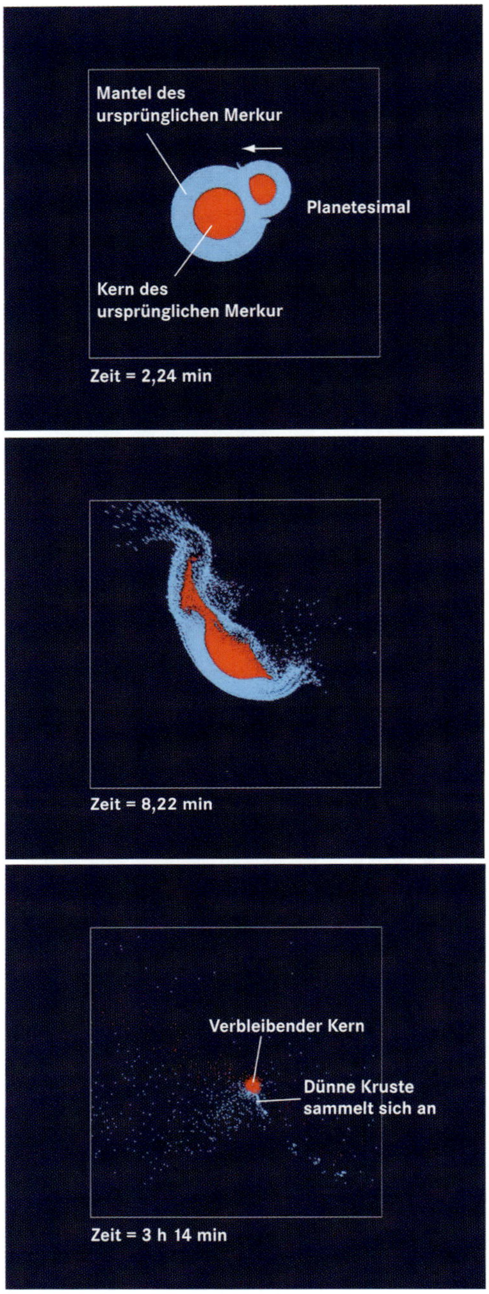

Abb. 5.7 Merkur verliert seinen Mantel. Eine Theorie zur Erklärung des hohen Eisengehalts des Merkur lautet, ein Planetesimal habe beim Zusammenstoß mit dem jungen Planeten einen Großteil des Mantels abgesprengt. Die Computersimulation zeigt mögliche Folgen einer fast frontalen Kollision des Proto-Merkur mit einem Objekt, das ein Sechstel von dessen Masse hat. Beide Himmelskörper zerschellen bei dem Aufprall, große Teile der Gesteinsmäntel verdampfen. Später bildet sich der Merkur aus den verbliebenen eisenreichen Trümmern neu; die Reste des ursprünglichen Merkur und des Einschlagskörpers verlassen diesen Teil des Sonnensystems. (Royal Astronomical Society)

Der hohe Eisengehalt des Merkur muss in seiner Geschichte begründet sein. Wir wissen, dass die inneren Bereiche des präsolaren Nebels unglaublich heiß waren. Vielleicht konnten dort nur eisenreiche Mineralien überdauern, die sich später zum Merkur zusammenballten. Möglich ist auch, dass der junge Planet auf irgendeine Weise seiner äußeren, weniger dichten Schichten beraubt wurde. Eine Theorie macht einen besonders intensiven Teilchenausbruch aus der Sonne, der sich kurz nach der Entstehung unseres Sterns ereignet haben soll, dafür verantwortlich. Alternativ könnte der junge Planet von einem Planetesimal (einem großen Trümmerstück aus der Zeit der Bildung des Sonnensystems) so getroffen worden sein, wie man annimmt, dass die Erde von einem marsgroßen Objekt getroffen wurde (siehe Abschnitt 4.7), wobei der Mond entstand. Computersimulationen legen nahe, dass eine solche Katastrophe einen Großteil des Merkurmantels weggesprengt haben sollte (Abb. 5.7).

? Angenommen, der junge Merkur wurde tatsächlich von einem Planetesimal getroffen. Woran könnte es liegen, dass dabei kein dem Erdmond vergleichbarer Trabant entstanden ist?

5.3 Die Eigenrotation des Merkur und sein Umlauf um die Sonne sind gekoppelt

Die Umlaufbahn des Merkur zählt zu den Merkwürdigkeiten des Sonnensystems. In Abschnitt 4.8 hatten wir gesehen, wie die Gravitation der jungen Erde Gezeiten auf dem Mond erzeugte und ihn so in eine gebundene Rotation zwang. Etwas Ähnliches (allerdings nicht ganz dasselbe) passierte mit Sonne und Merkur. Anfangs rief die Gravitation der Sonne Flutberge auf dem flüssigen Merkur hervor, die „einfroren", als der Planet erstarrte. Merkur ist der Sonne so nahe (mittlere Entfernung: 0,387 AE), dass die Gezeitenkräfte der Sonne seine Rotation bremsten. (Das Prinzip dieses Vorgangs können Sie in Abschnitt 4.8 für Erde und Mond nachlesen.) Die ausgeprägte Exzentrizität der Merkurbahn (e = 0,21) verhinderte aber, dass Merkur wie der Erdmond in eine gebundene Rotation geriet. Stattdessen stellte sich etwas ein, das man als **3:2-Resonanz** bezeichnet: Merkur vollführt drei siderische Rotationen (Rotationen bezüglich weit entfernter Sterne, nicht der Sonne), während er zweimal komplett um die Sonne läuft (Abb. 5.8).

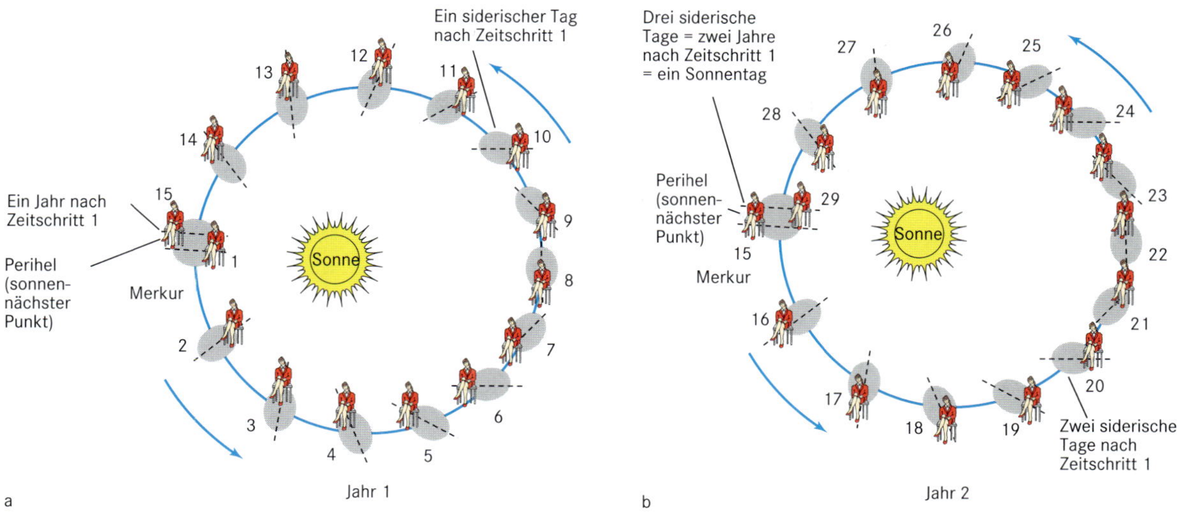

Abb. 5.8 3:2-Resonanz. Im Laufe zweier Jahre vollführt der Merkur drei siderische Rotationen. Verfolgen Sie dazu die Position eines Beobachters zu den Zeitpunkten (a) 1 bis 15 und (b) 15 bis 29. Viermal sitzt der Beobachter in diesem Zeitraum auf der rechten Seite des Planeten (zu den Zeitpunkten 1, 10, 20 und schließlich 29). Der Merkur hat sich im Laufe von genau zwei siderischen Jahren also dreimal um sich selbst gedreht. Weil ein siderisches Merkurjahr 88 Erdentage lang ist, dauert ein siderischer Merkurtag 58,7 Erdentage. Im gleichen Zeitraum sieht der Beobachter die Sonne nur zweimal im Zenit, nämlich zu den Zeitpunkten 1 und 29. Ein Merkur-Sonnentag ist also $3 \cdot 58{,}7 = 176$ Erdentage lang.

Die wichtigste Konsequenz der 3:2-Resonanz ist, dass im Perihel (der sonnennächsten Position der Bahn) einer der beiden Flutberge stets der Sonne zugewandt ist, aufgrund geringer Bahnabweichungen allerdings nicht in exakt gerader Linie (siehe Abb. 5.8).

Ein Tag auf dem Merkur dauert zwei Merkurjahre

Die Bahn der Sonne am Merkurhimmel ist im Sonnensystem einzigartig. Ein Sonnentag (Mittag bis Mittag) auf dem Merkur dauert 176 Erdentage oder zwei Merkurjahre! Stellen Sie sich vor, Sie könnten eine Kamera auf den sonnenzugewandten Flutberg stellen, um eine Serie von Aufnahmen anzufertigen, während der Merkur sein Perihel durchläuft. Ihre Bilder würden Folgendes zeigen: Die Sonne geht im Osten auf; wenn sie hoch am Himmel steht, kehrt sie ihre Richtung um, hält dann wieder inne und setzt schließlich ihre Reise westwärts fort. Dieser Effekt ist analog zur retrograden Bewegung von Planeten, die wir von der Erde aus beobachten (siehe Abschnitt 2.2).

? Warum ist Merkur nicht in gebundener Rotation bezüglich der Sonne?

Mariner 10 entdeckte ein schwaches globales Magnetfeld des Merkur, das in seiner Gestalt dem Magnetfeld der Erde ähnelt (siehe Abschnitt 4.4). Die Erklärung stellt die Astronomen allerdings vor ernsthafte Probleme, da das Geodynamo-Modell, mit dem sich das Erdmagnetfeld schlüssig begründen lässt, hier nicht funktioniert. Wie wir in Abschnitt 4.4 gesehen haben, erzeugen elektrische Ströme im flüssigen Eisenkern unseres Planeten unser globales Magnetfeld. Diese Ströme entstehen durch die tägliche Eigenrotation der Erde. Merkur dreht sich 59-mal langsamer um sich selbst als die Erde; das reicht wohl kaum aus, um das beobachtete Magnetfeld zu bewirken.

5.4 Merkur hat eine dünnere Atmosphäre als alle anderen erdähnlichen Planeten

Die Masse des Merkur beträgt nur 5,5 % der Erdmasse. Damit ist die Gravitationskraft (wie im Falle des Erdmonds) zu gering, um eine dauerhafte Atmosphäre festzuhalten. Es wurden aber Spuren von fünf verschiedenen Gasen in unmittelbarer Umgebung des Planeten gefunden: Wasserstoff und Helium, die wahrscheinlich von der Sonne stammen, Natrium und Kalium, die aus dem festen Gestein *ausgasen* (ein Prozess, den man auch auf der Erde beobachtet), und Sauerstoff, der vielleicht beim langsamen Sublimieren von Eis in den Polgegenden freigesetzt wird. Alle diese Gase entweichen in die Atmosphäre und werden aus den jeweiligen Quellen ständig nachgeliefert. Die mittlere Dichte der Merkuratmosphäre ist mindestens 10^{17}-mal geringer als jene unserer Atemluft.

1 **Die Temperaturdifferenzen auf dem Merkur sind für das Sonnensystem extrem** Die dicke Lufthülle der Erde speichert Wärme. Deshalb ist es bei uns auch bei bewölktem Himmel und nachts nicht eiskalt. Trotzdem gibt die Erde ständig Wärme an den Weltraum ab, aber dank der schnellen Rotation wird unser Planet bei Tag von der Sonne rasch wieder aufgewärmt. Die mittlere Temperaturdifferenz zwischen Tag und Nacht beträgt deshalb nur etwa 11 K. Der Merkur dreht sich im Vergleich dazu sehr langsam, und ihm fehlt die Atmosphäre. Deshalb machen sich die Temperaturschwankungen dort viel stärker bemerkbar. Mittags steigt die Temperatur bis auf 700 K (430 °C); am Terminator (der Grenze zwischen Tag- und Nachtseite) liegt sie bei 425 K (150 °C); nachts fällt sie auf klirrende 100 K (–170 °C), die niedrigste Temperatur, die auf einem erdähnlichen Planeten gemessen wird. Die tägliche Temperaturschwankung beträgt folglich extreme 600 K.

In Abschnitt 4.6 haben wir gesehen, wie Astronomen mithilfe von Radarwellen nach Wasser auf dem Erdmond suchen. Ähnlich gingen sie auch beim Merkur vor. Dabei fanden sie 1992 Hinweise auf etwas Außergewöhnliches, nämlich Eis in den Polgegenden, tief im Inneren ewig beschatteter Krater. Dutzende kreisrunder Gebiete, wahrscheinlich Krater, reflektierten für Wassereis charakteristische Signale. Die Bestätigung dieser Vermutung muss warten, bis die Sonde Messenger 2011 auf ihre Umlaufbahn um den Merkur einschwenkt. Falls es tatsächlich Eis geben sollte, ist auch seine Herkunft (aus Kometen, durch Gefrieren von Gasen aus dem Inneren des Planeten oder aus beiden Quellen) noch zu klären.

Einblicke in die Wissenschaft

Wissenschaftlicher Modellbau Bei der Modellierung realer Situationen müssen die Forscher verschiedene Effekte gleichzeitig betrachten; wird ein wichtiger Einflussfaktor vergessen, erhält man falsche Ergebnisse. Überlegen wir z. B., wie lange sich Eis in den Polgegenden des Merkur halten könnte, müssen wir den Abstand des Planeten von der Sonne beachten, die Neigung seiner Rotationsachse, seine Rotationsgeschwindigkeit, seine Oberflächengestalt und chemische Zusammensetzung sowie die Art der Eisvorkommen (freiliegend oder gemischt mit anderem Material).

Venus

Zu den wenigen Gemeinsamkeiten von Venus und 2
Merkur gehört, dass sie beide keinen Mond haben. Venus und Erde hingegen sind einander viel ähnlicher: Ihre Massen, Durchmesser und mittleren Dichten sind vergleichbar. Wenn die Venus überdies etwa so weit von der Sonne entfernt wäre wie die Erde, wäre es nicht ausgeschlossen, dass sich dort auch Leben entwickelt hätte. Die Venus ist der Sonne aber um ein Drittel näher als die Erde, und dieser eine Unterschied zieht andere nach sich, die die Venus zu einem tatsächlich sehr ungastlichen Ort machen (Abb. 5.9).

5.5 Venus ist in eine dichte Wolkendecke gehüllt

Doppelt so weit von der Sonne entfernt wie Merkur, ist die Venus oft gut ohne störendes Himmelslicht zu beobachten. Bei ihrer größten westlichen Elongation sieht man die Venus nach Sonnenuntergang hoch über dem westlichen oder vor Sonnenaufgang hoch über dem östlichen Horizont stehen. Schon seit sehr langer Zeit wird der Planet deshalb „Morgenstern" und „Abendstern" genannt (die man ursprünglich für getrennte Himmelskörper hielt).

Die Venus ist als eines der hellsten Objekte des Nachthimmels meist problemlos zu identifizieren und wird bei maximaler Helligkeit nur von Sonne und Mond überstrahlt. Steht sie tief über dem Horizont, wird ihr Licht stark an der Atmosphäre gebrochen; es scheint dann so, als würde die Leuchterscheinung schnell Farbe und Position wechseln, weshalb die Venus schon oft für ein UFO gehalten wurde (Abb. 5.10).

Im Gegensatz zu Merkur ist die Venus durch ihre Hülle aus hellen, stark reflektierenden Wolken selbst ein heller Himmelskörper. Sichtbares Licht durchdringt die dicke, nirgends durchbrochene Schicht nicht, sodass man mit normalen Teleskopen nicht einmal erkennt, wie schnell der Planet rotiert. Erst in den 1960er Jahren begannen die USA und die Sowjetunion, Sonden zur Venus zu schicken; die Amerikaner beschränkten sich auf leichte, zerbrechliche Flugkörper, die auf venusnahe Umlaufbahnen einschwenkten, wohingegen die Sowjets mit ihren leistungsfähigeren Raketen massive Landegeräte in die Venusatmosphäre absetzten.

Eine Sonde zu bauen, die den Sinkflug zur Venus- 3
oberfläche überstehen konnte, erwies sich als außerordentlich anspruchsvolle Aufgabe. 1970 erst gelang

Venus: Zahlen und Fakten — Planetensymbol: ♀

Abstand von der Erde (Mittelpunkt zu Mittelpunkt):	Mittlerer:	$1{,}082 \cdot 10^8$ km (0,723 AE)
	Maximum:	$1{,}089 \cdot 10^8$ km (0,728 AE)
	Minimum:	$1{,}075 \cdot 10^8$ km (0,718 AE)
Bahnexzentrizität:	0,007	
Mittlere Bahngeschwindigkeit:	35,0 km/s	
Siderische Umlaufzeit:	224,7 Erdtage (0,615 Erdjahre)	
Siderische Rotationsperiode:	243,0 Erdtage (retrograd)	
Synodische Rotationsperiode (1 Tag):	116,8 Erdtage	
Neigung des Äquators gegen die Ebene der Umlaufbahn:	177,4°	
Neigung des Äquators gegen die Ebene der Ekliptik:	3,39°	
Radius am Äquator:	6051 km (0,949 $R_\oplus$)	
Masse:	$4{,}87 \cdot 10^{24}$ kg (0,815 $M_\oplus$)	
Mittlere Dichte:	5240 kg/m^3 (0,949 · Dichte der Erde)	
Fluchtgeschwindigkeit:	10,4 km/s	
Gravitation an der Oberfläche (Erde = 1):	0,91	
Albedo:	0,59	
Mittlere Oberflächentemperatur:	460 °C = 733 K	
Zusammensetzung der Atmosphäre (Molekülprozent):	96,5 % Kohlendioxid (CO_2), 3,5 % Stickstoff (N_2), 0,003 % Wasserdampf (H_2O)	

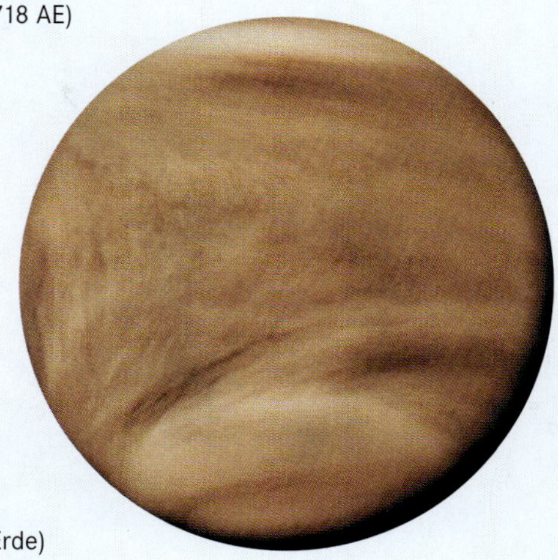

R I V U X G

Abb. 5.9 Venus: Statistik. Die dicke Wolkenschicht der Venus lässt die Sonnenwärme nicht entkommen. Deshalb ist die Oberfläche der Venus heißer als selbst jene des Merkur. Während irdische Wolken aus Wasserdampf bestehen, sind die Venuswolken sehr trocken und enthalten Tröpfchen aus konzentrierter Schwefelsäure. Die Ultraviolettaufnahme fertigte 1979 die Sonde Pioneer Venus Orbiter von einer Umlaufbahn aus an. (NASA)

es der sowjetischen Sonde Venera 7, 23 min lang Daten von der Oberfläche zur Erde zu funken. Das sowjetische Programm zur Erkundung der Venus wurde bis 1983 fortgesetzt; dabei wurde z. B. eine Oberflächentemperatur von 750 K (480 °C) und ein Atmosphärendruck von 90 atm gemessen. (Diesen Druck würden Sie verspüren, wenn Sie bis zu einer Tiefe von 820 m ins Meer tauchten.) Seit 1962 ist die Rotationsgeschwindigkeit der Venus bekannt.

Die dicke Atmosphäre der Venus besteht nicht aus Stickstoff und Sauerstoff wie jene der Erde (siehe Abschnitt 4.1), sondern zu 96 % aus Kohlendioxid (der Rest ist überwiegend Stickstoff) – sie ist demnach ähnlich zusammengesetzt wie die kohlendioxidreiche irdische Uratmosphäre. Das Gas stammt aus dem Inneren der Venus und dringt durch Vulkanschlote und andere Öffnungen an die Oberfläche. Im Gegensatz zur Erde verfügt die Venus aber nicht über flüssige Ozeane, in denen sich das Kohlendioxid lösen kann, und nicht über lebende Organismen, die es in freien Sauerstoff und Kohlenstoffverbindungen umwandeln könnten. Deshalb verbleibt es in der Atmosphäre.

Die sowjetischen Erkundungsmissionen stellten auch fest, dass die Wolkenschicht der Venus auf einen 20 km dicken Bereich zwischen 48 und 68 km über der Oberfläche beschränkt ist; darüber und darunter befinden sich je 20 km dicke Dunstschleier. Unterhalb des Dunstes ist die Venusatmosphäre bis zur Oberfläche vollkommen klar. Wenn Sie auf dem Planeten stünden, sähen Sie einen stets bedeckten, gelben Tageshimmel.

Von oben betrachtet sehen irdische Wolken weiß aus, Venuswolken dagegen gelblich bis orangegelb.

Abb. 5.10 Ein UFO? Nein, nur die Venus! Die helle Venus steht oft tief über dem Horizont, wo auf- und absteigende Atmosphärengase ihr Licht brechen. Dadurch scheint sie Position und Farbe zu wechseln wie ein „UFO". (Joe Orman)

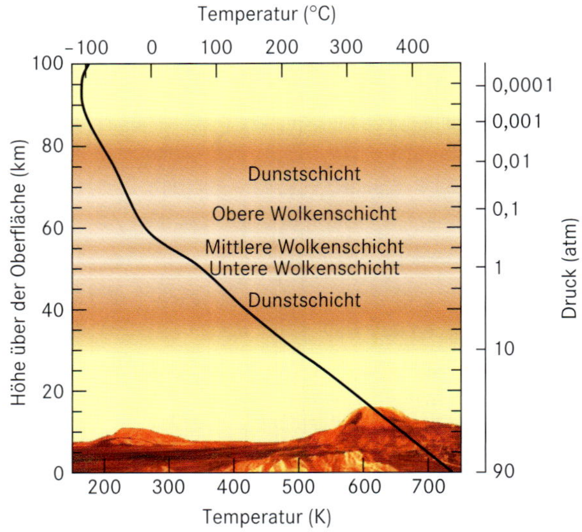

Abb. 5.11 Temperatur und Druck in der Venusatmosphäre. An der Oberfläche herrschen erdrückende 90 atm; mit steigender Höhe nimmt der Druck allmählich ab. Beim Abstieg in die Atmosphäre nimmt die Temperatur von 173 K (−100 °C) in 100 km Höhe auf fast 750 K (480 °C) am Boden zu. (NASA/Magellan Images [JPL])

Solche Farben sind typisch für Schwefel und seine Verbindungen. Tatsächlich fanden die Landegeräte größere Mengen Schwefelstaub in der Hochatmosphäre, weiter unten dann Schwefeldioxid und Schwefelwasserstoff. Die Wolken selbst bestehen aus Tröpfchen konzentrierter Schwefelsäure, die aufgrund des hohen Atmosphärendrucks an der Venusoberfläche nicht abregnen, sondern als dichter Nebel über dem Planeten hängen bleiben.

Alle chemischen Substanzen, die irdische Vulkane in nennenswertem Umfang in die Luft blasen, wurden auch in der Venusatmosphäre nachgewiesen, darunter natürlich große Mengen von Schwefelverbindungen. Da viele dieser Stoffe chemisch sehr kurzlebig sind, müssen sie von neuen Eruptionen immer wieder nachgeliefert werden. Ständige Schwankungen der Konzentration von Schwefelverbindungen in der Atmosphäre deuten darauf hin, dass diese Substanzen in der Tat aus aktiven Vulkanen stammen – ein Gedanke, der 2007 durch die Entdeckung von Blitzen auf der Venus Unterstützung fand. Auch auf der Erde entladen sich Blitze häufig als Begleiterscheinung vulkanischer Aktivität. Die Venusblitze wurden indirekt beobachtet: Der Satellit Venus Express registrierte kurzzeitige Änderungen eines schwachen planetaren Magnetfelds, dessen Entstehung auf elektrische Entladungen zurückgeführt wird.

Abb. 5.11 fasst die Ergebnisse bisheriger Venuserkundungen zusammen. Sowohl der Druck als auch die Temperatur nimmt mit steigender Höhe langsam ab. Solche Druck- und Temperaturgradienten liefern erste Hinweise auf die Struktur der Atmosphäre.

? Warum sieht der Taghimmel der Venus gelblich aus?

5.6 Der Treibhauseffekt heizt die Venus auf

Anfangs konnten die Forscher kaum glauben, dass die Temperatur auf der Venus höher sein sollte als auf dem wesentlich sonnennäheren Merkur. Nachdem sie aber ihre Skepsis hinsichtlich des Datenmaterials überwunden hatten, fanden sie eine einfache Erklärung – den **Treibhauseffekt** (Abb. 5.12).

Für die Gluthölle der Venus ist die Venusatmosphäre verantwortlich. Kohlendioxid ist, wie die Fensterscheiben Ihres Autos, für sichtbares Licht durchlässig, absorbiert aber Infrarotstrahlung. Der größte Teil des von der Sonne einfallenden sichtbaren Lichts wird zwar an der Wolkenschicht ins All reflektiert, der

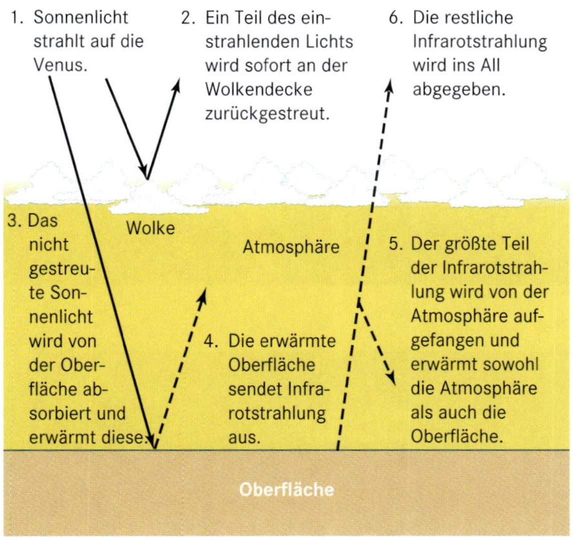

Abb. 5.12 Der Treibhauseffekt. Ein Teil des Sonnenlichts durchdringt Wolken und Atmosphäre und heizt die Oberfläche auf, die daraufhin Infrarotstrahlung aussendet. Das Infrarotlicht wird von Kohlendioxid (auf der Erde auch, in geringerem Maße, von Wasserdampf) absorbiert. Die eingefangene Energie lässt die mittlere Temperatur der Oberfläche und der Atmosphäre ansteigen; ein Teil der Infrarotstrahlung dringt durch die Atmosphäre in den umgebenden Raum. Im Gleichgewicht ist die Rate, mit der der Planet Energie an das Weltall verliert, gleich der Rate, mit der er Energie von der Sonne aufnimmt.

kleine durchgelassene Anteil reicht jedoch aus, um die Oberfläche – die zudem vom Inneren des Planeten beheizt wird – aufzuwärmen. Die erwärmte Fläche strahlt Infrarotlicht ab, das wiederum von der kohlendioxidreichen Atmosphäre absorbiert wird. Ein Teil der so eingefangenen Strahlung erzeugt die hohen Oberflächentemperaturen, die die Landegeräte gemessen haben; der Rest wird in den Raum abgegeben.

Ohne Treibhauseffekt wäre es mittags auf der Venus nur mäßige 465 K (190 °C) warm. Durch die Atmosphärengase werden es glühende 750 K (480 °C) – das ist heißer als der heißeste Fleck auf Merkur! Zudem fällt die Temperatur auf der Nachtseite des Merkur schlagartig ab, während die dicken Wolken die Venusnacht kaum abkühlen lassen.

In einem solchen Backofen kann es natürlich kein flüssiges Wasser geben. Ursprünglich verfügte die Venus, wie die Erde, sehr wahrscheinlich über Wasservorräte – zum einen aus den Trümmerstücken, aus denen sie sich gebildet hatte, zum anderen aus wasserreichen Kometenkernen. Die Hitze ließ alles verdampfen, und zurück blieb eine knochentrockene Wüste. Weil die Atmosphäre selbst so heiß ist, konnte sich der Wasserdampf auch dort nicht halten und verschwand allmählich in den Weltraum.

? Wo beobachtet man auf der Erde einen Treibhauseffekt (von Gewächshäusern einmal abgesehen)?

5.7 Auf der Venus gibt es sanfte Hügelketten, zwei „Kontinente" und zahlreiche Vulkane

Sowjetische Landegeräte funkten faszinierende Nahaufnahmen der trockenen Venus zur Erde. In Abb. 5.13 sehen Sie Regolith, fotografiert 1982 von Venera 13. Die russischen Forscher nehmen an, dass diese Region von einer dünnen Lavaschicht bedeckt war, die beim Abkühlen schrumpfte und zerbrach. So entstanden die gerundeten, plattenartigen Strukturen, die man auf dem Bild erkennt. Messungen mehrerer Sonden deuten tatsächlich auf eine Ähnlichkeit des Venusgesteins mit dem irdischen (und auch auf dem Erdmond vorkommenden) Ergussgestein *Basalt* hin.

Vollständig kartiert wurde die Venusoberfläche von der 1990 auf eine Umlaufbahn einschwenkende Sonde Magellan, die Radarsignale durch die Wolken zur Oberfläche schickte. Nach einem Prinzip, das auch die Polizei für Geschwindigkeitskontrollen anwendet, maß die Sonde die Zeit, die bis zur Rückkehr des reflektierten Signals verging, und berechnete daraus topographische Daten, die zu einer dreidimensionalen Oberflächenkarte verarbeitet wurden. Die *Auflösung* dieser Karte beträgt 75 m; das bedeutet, Sie könnten ein Fußballstadion von seiner Umgebung unterscheiden, wenn es auf der Venus eins gäbe (was offenbar nicht der Fall ist).

Die Venus ist, verglichen mit der Erde, verhältnismäßig eben. Über 80 % ihrer Fläche sind mit Vulkanbecken und sanft geschwungenen, von Lavaströmen geschaffenen Hügeln bedeckt. Abb. 5.14 zeigt einen Blick auf die Venus durch das Radar der Sonde Magellan.

Die Radarkartierung zeigt lediglich zwei Hochlandgebiete oder „Kontinente", die deutlich über dem allgemeinen Oberflächenniveau liegen (Abb. 5.15). Einer davon, ungefähr so groß wie Australien, befindet sich auf der Nordhalbkugel bei hohen Breiten und heißt nach der babylonischen Liebesgöttin *Ishtar Terra*. Ein Hochplateau, umgeben von einem aufragenden Ringgebirge, dominiert den Kontinent, dessen höchster Berg Maxwell Montes sich bis zu 11 km hoch

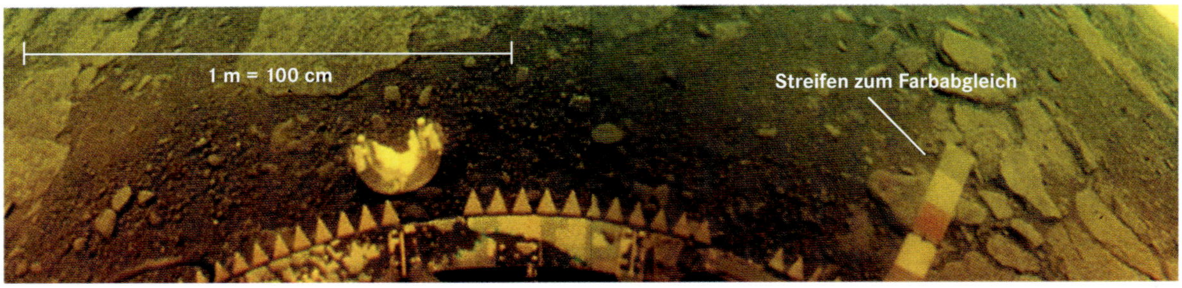

a Aufnahme von Venera 13

b Farbkorrigiertes Bild

R I V U X G

c

Abb. 5.13 Die Oberfläche der Venus. Das Farbfoto, aufgenommen von einer sowjetischen Sonde, zeigt Berge, orange gefärbt von dem Licht, das durch die dicken, schwefelreichen Wolken gefiltert wurde. (b) Der Farbeffekt lässt sich korrigieren, indem die scheinbare Farbe der Sonde im Venuslicht mit ihrer wirklichen, den Forschern bekannten Farbe verglichen wird. Daher wissen wir, dass die Felsen tatsächlich grau aussehen. Die im Bild erkennbaren Gesteinsplatten könnten Bruchstücke einer dünnen Lavaschicht sein. – Das am unteren Bildrand sichtbare Zahnrad gehört zum Landemechanismus und bewahrt die kugelförmige Sonde vor dem Davonrollen. (c) Nach einer Krümmungskorrektur dieses und eines zweiten, kopfüber aufgenommenen Bildes erhalten wir einen realistischen Eindruck von der Landschaft in der Umgebung des Venera-Landegeräts. (a: Mit freundlicher Genehmigung von C. M. Pieters und der Akadamie der Wissenschaften der UdSSR; b, c: Don Mitchell)

auftürmt. (Der Gipfel des Mount Everest auf der Erde liegt knapp 9 km über dem Meeresspiegel.)

Als ausgedehnter Hochlandgürtel breitet sich der größere Kontinent, *Aphrodite Terra*, im Äquatorgebiet aus. (Aphrodite ist das griechische Pendant der römischen Göttin Venus.) Mit einer Länge von 16.000 km und einer Breite von 2000 km ist Aphrodite etwa halb so groß wie Afrika. Das Radarbild (Abb. 5.16) zeigt, dass der Kontinent mit einem Netz von Grabenbrüchen und Spalten überzogen ist.

Venus verfügt über mehr als 1600 größere Vulkane und vulkanähnliche Strukturen, aber nur über knapp 1000 Einschlagskrater (auf Merkur und dem Erdmond sind es Hunderttausende!). Die dicke Atmosphäre heizt durch Reibung die eintreffenden Gesteinsbrocken so weit auf, dass sie in der Regel verglühen, bevor sie am Boden angekommen sind; nur große Stücke mit Durchmessern von mehr als 1 km schlagen heute noch auf. Kurz nach der Entstehung der Venus und vor der Bildung ihrer Atmosphäre

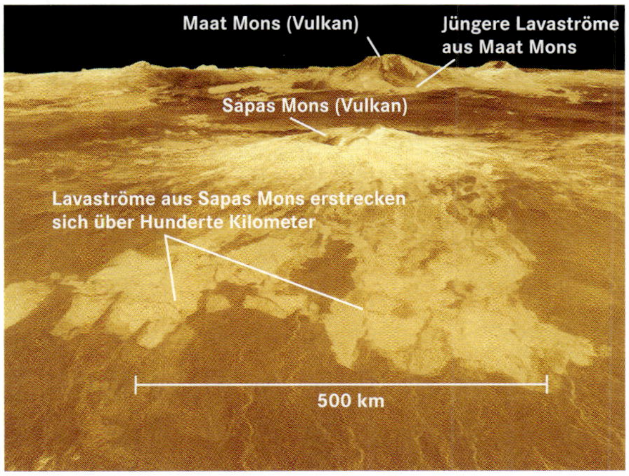

R I V U X G

Abb. 5.14 Eine Venuslandschaft (R). Mit dem Computer wurden einzelne Radarbilder zu dieser perspektivischen Ansicht der Venus zusammengesetzt. Der Beobachter befindet sich 4 km über der Oberfläche. Die Farbe entsteht, weil das Sonnenlicht von der dicken Wolkenschicht gefiltert wird. Die helleren Töne der ausgedehnten Lavaströme kommen zustande, weil dieses Material die Radiowellen besser reflektiert. Um die sanften Hänge des Sapas Mons und des Maat Mons besser hervortreten zu lassen, wurde der vertikale Maßstab zehnfach überhöht. (Die beiden Vulkane erhielten ihre Namen nach antiken phönizischen und ägyptischen Göttinnen.) (NASA, JPL Multimission Image Processing Laboratory)

durch Ausgasung aus dem Inneren muss es aber eine Zeit intensiveren Bombardements und starker Kraterbildung gegeben haben (Abb. 5.17).

Wenn man davon ausgeht, dass die junge Venus nicht weniger unter Beschuss stand als alle anderen Objekte im frühen Sonnensystem, bleibt die Frage, wohin all die Krater verschwunden sind. Im Gegensatz zur Erde gibt es auf der Venus keine großräumigen tektonischen Platten, die aufreißen und die Oberfläche laufend umwälzen. Anders ausgedrückt: Die Venus hat nur eine einzige Platte. Was kann also die Kraterstrukturen auslöschen? Mehrere Theorien dazu werden gegenwärtig verfolgt. Die meisten gehen davon aus, dass die Venuskruste durch die fehlende Oberflächenbewegung viel stärker anwachsen konnte als die Erdkruste. Wärme aus dem Zerfall radioaktiver Elemente im Inneren des Planeten könnte Konvektionen im Mantel erzeugen; da tektonische Bewegungen die Spannung nicht ausgleichen, steigt die Temperatur in Gegenden, wo der Mantel sich hebt, schließlich so stark an, dass Vulkane aufbrechen, aus denen sich riesige Magmaströme über weite Flächen ergießen. Eine Variante dieser Theorie schlägt vor, die Kruste werde durch die horizontale Konvektionsbewegung des Mantels stellenweise plötzlich „abgehobelt" (wie eine Sperrholzschicht). Durch die dünnen

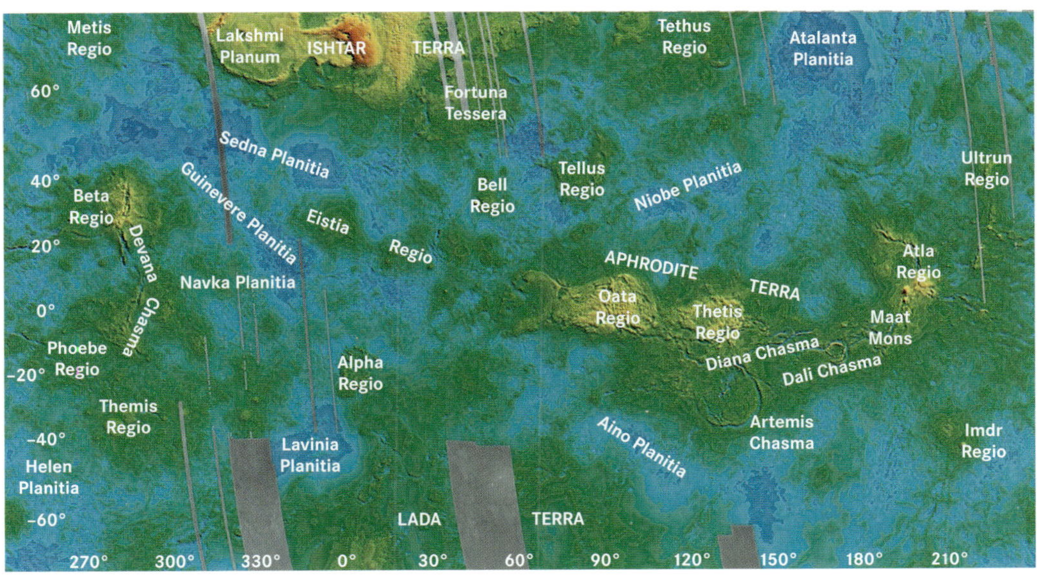

R I V U X G

Abb. 5.15 Karte der Venus. Das Falschfarbenradarbild zeigt wie eine topographische Karte der Erde großräumige Oberflächenstrukturen. Der Äquator verläuft waagerecht durch die Bildmitte. Die Farben stehen für Höhenstufen (Rot ist am höchsten, dann Orange, Gelb, Grün, Blau). Maxwell Montes auf Ishtar Terra ist der höchste Berg der Venus. Auf Aphrodite Terra, einem kontinentähnlichen Hochland, dessen Form an einen Skorpion erinnert, gibt es mehrere spektakuläre Vulkane. Verwechseln Sie die grünen und blauen Flächen nicht mit Wäldern und Meeren! (Peter Ford/MIT, NASA/JPL)

Abb. 5.16 **Ein Gesamtbild der Venus.** Mit dem Computer wurden viele Aufnahmen der Sonde Magellan zu diesem „Venusglobus" zusammengesetzt. Detailstrukturen werden durch die Farben verdeutlicht. Rund vier Fünftel der Venus sind von relativ ebenen erstarrten Lavaströmen und Lavabecken bedeckt. Das helle, ungefähr von Ost nach West verlaufende Band ist das kontinentähnliche Hochland Aphrodite Terra. (NASA)

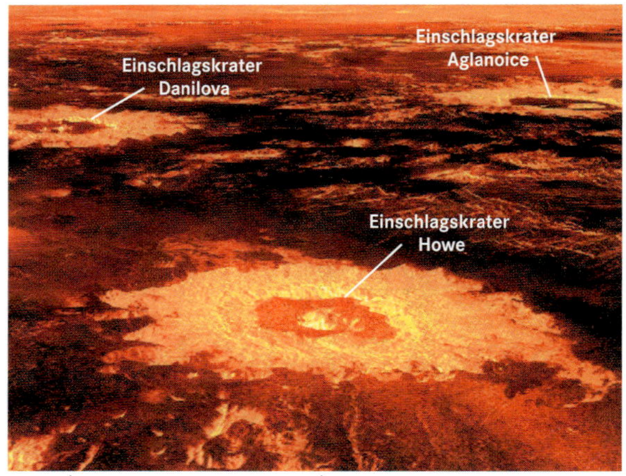

Abb. 5.17 **Krater auf der Venus.** Diese drei Einschlagskrater mit ausgedehnten Ejektadecken befinden sich auf der Südhalbkugel der Venus. Es handelt sich um Radaraufnahmen der Magellan-Sonde, die in Anlehnung an die Venera-Bilder (siehe Abb. 5.15) mit Falschfarben versehen wurden. (NASA/Magellan Images, JPL)

Bereiche wird Wärme nach oben abgeleitet, und Vulkane entstehen.

Eine weitere Überlegung lautet, die Venusplatte werde von Zeit zu Zeit so heiß, dass sie bricht. Daraufhin setzt eine tektonische Bewegung ein, bis sich die Kruste weit genug abgekühlt hat, um wieder zu einer einzigen Platte zu verschmelzen. Während der Bewegungsperiode verschwinden Oberflächenstrukturen, vor allem die Krater.

Eine vierte Theorie postuliert gar das regelmäßige, mehr oder weniger gleichzeitige Aufschmelzen der gesamten Kruste; manche Forscher meinen, eine solche Katastrophe treffe den Planeten etwa alle 700 Mio. Jahre. Allen Modellen gemeinsam ist der Gedanke, dass die Kruste wieder erstarrt, nachdem genügend Wärme freigesetzt wurde, und – mit Ausnahme der Vulkangebiete – dicker wird.

Der Schwefelgehalt der Atmosphäre und die Spuren aktiver Vulkane an der Oberfläche sind überzeugende Indizien dafür, dass das Innere der Venus, wie der Erdkern, flüssig ist. Da die mittlere Dichte von Erde und Venus nahezu übereinstimmt, ist zu vermuten, dass der Venuskern überwiegend aus Eisen besteht. Im geschmolzenen Eisen bewegte Ladungsträger (elektrische Ströme) sollten ein planetares Magnetfeld bewirken (siehe Abschnitt 4.4). Dass für die Venus noch keine Magnetosphäre nachgewiesen wurde, könnte nur an der ausgesprochen langsamen Eigenrotation des Planeten liegen. Tatsächlich dauert es auf der Venus von einem Sonnenaufgang bis zum nächsten 116,8 Erdentage (wenn ein Venusbewohner die Sonne überhaupt aufgehen sehen könnte!).

Im Gegensatz zu Erde und Merkur vollführt die Venus eine **retrograde Rotation**: Die Richtung ihrer Bahn um die Sonne (gegen den Uhrzeigersinn, gesehen von einem Punkt im Raum weit über dem Nordpol der Erde) ist der Richtung ihrer Eigenrotation (im Uhrzeigersinn vom angegebenen Punkt aus) *entgegengesetzt*. Anders gesagt: Auf der Venus geht die Sonne im Westen auf. Die Neigung ihrer Rotationsachse beträgt mehr als 177° (bei der Erde sind es 23,5°), d. h., die Achse steht fast senkrecht auf der Ebene ihrer Bahn um die Sonne. Aus diesem Grund gibt es auf der Venus keine Jahreszeiten. Die Ursache der retrograden Rotation ist nicht bekannt. Eine wahrscheinliche Erklärung lautet aber, dass der junge Planet von einem riesigen Asteroiden getroffen wurde, der die Rotationsachse kippen ließ.

? Warum schlagen auf der Venus heute nur sehr wenige Meteoriten ein, noch viel weniger als beispielsweise auf dem Mond?

Mars: Zahlen und Fakten

Planetensymbol: ♂

Abstand von der Erde (Mittelpunkt zu Mittelpunkt):	Mittlerer:	$2{,}28 \cdot 10^8$ km (1,52 AE)
	Maximum:	$2{,}49 \cdot 10^8$ km (1,67 AE)
	Minimum:	$2{,}10 \cdot 10^8$ km (1,38 AE)
Bahnexzentrizität:	0,093	
Mittlere Bahngeschwindigkeit:	24,1 km/s	
Siderische Umlaufzeit:	687 Erdtage (1,88 Erdjahre)	
Siderische Rotationsperiode:	24 h 37 min 22 s	
Synodische Rotationsperiode (1 Sonnentag):	24 h 39 min 35 s	
Neigung des Äquators gegen die Ebene der Umlaufbahn:	25,19°	
Neigung des Äquators gegen die Ebene der Ekliptik:	1,85°	
Radius am Äquator:	3393 km (0,53 $R_\oplus$)	
Masse:	$6{,}42 \cdot 10^{23}$ kg (0,107 $M_\oplus$)	
Mittlere Dichte:	3950 kg/m^3 (0,716 · Dichte der Erde)	
Fluchtgeschwindigkeit:	5,0 km/s	
Gravitation an der Oberfläche (Erde = 1):	0,38	
Albedo:	0,16	
Oberflächentemperatur:	Maximum:	20 °C = 293 K
	Mittlere:	-53 °C = 220 K
	Minimum:	-140 °C = 133 K
Zusammensetzung der Atmosphäre (Molekülprozent):	95,3 % Kohlendioxid (CO_2), 2,7 % Stickstoff (N_2), 0,03 % Wasserdampf (H_2O), 2 % andere Gase	

R I V U X G

Abb. 5.18 Mars: Statistik. Auf dem vom Weltraum aus fotografierten Planeten erkennt man Arabia Terra (hellorange) und Trockeneis an den Polen. (NASA, The Hubble Heritage Team)

Mars

Am Nachthimmel fällt Mars durch seine rostrote Farbe ins Auge (Abb. 5.18). Seit Jahrhunderten schon gibt es mehr Aufregung um den Roten Planeten und seine möglichen Bewohner als um alle anderen Himmelskörper unseres Sonnensystems zusammengenommen. Alles begann mit den ersten dokumentierten teleskopischen Beobachtungen des Mars durch den niederländischen Physiker Christiaan Huygens, der 1659 ein dunkel hervorstechendes Oberflächendetail entdeckte, das nach ungefähr je 24 h immer am gleichen Ort sichtbar war. Das bedeutete, der Mars rotiert etwa ebenso schnell wie die Erde.

Heftig angefacht wurden die Spekulationen über hochentwickelte Lebensformen auf dem Mars, nachdem Giovanni Virginio Schiaparelli 1877 über ein Netz aus 40 Linien berichtet hatte, das er an der Marsoberfläche gesichtet hatte (Abb. 5.19). Schiaparelli nannte die Strukturen *canali*, was eigentlich nur „Rinnen" bedeutet, aber fälschlicherweise mit „Kanäle" übersetzt wurde – und schon hatte man „Hinweise" auf eine intelligente, zu technischen Leistungen fähige Zivilisation auf dem Roten Planeten. Percival Lowell, Sohn einer wohlhabenden Bostoner Familie, ließ sich in der allgemeinen Euphorie dazu hinreißen, eine große neue Sternwarte bei Flagstaff in Arizona zu finanzieren. Ende des 19. Jahrhunderts hatte Lowell bereits mehr als 160 „Marskanäle" gefunden.

Zu Beginn des 20. Jahrhunderts war es Mode, die Kanäle für Teile eines gigantischen, den ganzen Planeten umspannenden Bewässerungsnetzes zu halten, das Wasser von schmelzenden Polkappen zu blühenden Landschaften am Äquator transportierte. In An-

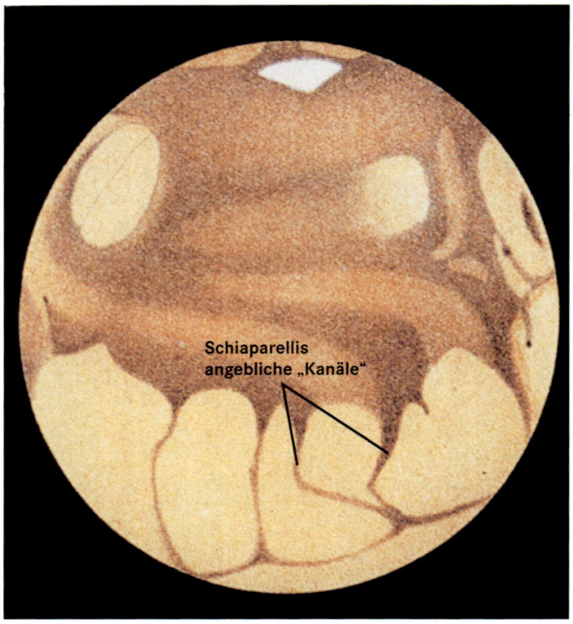

Abb. 5.19 Die Marskanäle – eine Illusion. Giovanni Schiaparelli beobachtete den Mars durch ein Teleskop mit einer Öffnung von 20 cm, wie es viele Amateurastronomen auch heute noch verwenden. Auf seinen Zeichnungen des Roten Planeten sieht man Strukturen, die von Percival Lowell und anderen als Bewässerungskanäle interpretiert wurden. Besser aufgelöste Bilder, die von der Erde und aus Umlaufbahnen um den Mars aufgenommen wurden, zeigen diese „Kanäle" nicht. (Michael Hoskin (Hrsg.), *The Cambridge Illustrated History of Astronomy*, Cambridge University Press, 1997, S. 286. Zeichnung von G. V. Schiaparelli. Mit freundlicher Genehmigung des Institute of Astronomy, University of Cambridge, Großbritannien)

betracht seines wüsten, braunroten Erscheinungsbildes hielt man den Mars für einen sterbenden Planeten, dessen Bewohner weite Wege auf sich nehmen müssen, um ihre Felder zu bewässern. Wer konnte bezweifeln, dass die Marsmenschen diese Einöde nur allzu gern hinter sich lassen würden, um den Überfluss der Erde in Besitz zu nehmen?

Einblicke in die Wissenschaft

Wahrnehmung und Wirklichkeit Unsere Vorliebe für Muster, die wir auch sehen, wo es keine gibt, lässt uns mühelos ungerechtfertigte Schlüsse ziehen. Wissenschaftliche Bilder und Fotos müssen objektiv analysiert werden. Deshalb gelten neue Entdeckungen erst als authentisch, wenn sie mehrere Forscher unabhängig voneinander reproduziert und nachgeprüft haben.

5.8 Die Marslandschaft ist geprägt von Ebenen, Schluchten, Kratern und Vulkanen

Seit den 1970er Jahren funkten mehrere Erkundungsmissionen Bilder der Marslandschaft zur Erde. Sie zeigen ein staubtrockenes Land mit ausgedehnten Ebenen, flachen Kratern, riesigen erloschenen Vulkanen und tiefen Schluchten (Abb. 5.20). Die große Ebene im Norden, *Vastitas Borealis* (**Nördliche Ebene** oder Borealis-Becken), ist in Abb. 5.20 oben an der blauen Farbe zu erkennen. Im Mittel über 5 km höher als die nördliche Ebene liegen die Hochländer der Südhalbkugel. Warum die Topographie des Planeten in dieser Weise zweigeteilt ist, weiß man nicht. Mögliche Ursachen sind frühere tektonische Aktivitäten (nähere Informationen zur Plattentektonik finden Sie in Abschnitt 4.2) oder der Einschlag eines gewaltigen Asteroiden.

Zwischen den beiden Hemisphären entdeckte die Sonde Mariner 9 ein großes Grabensystem, *Valles Marineris*, das ungefähr parallel zum Äquator verläuft (Abb. 5.21). Die bis zu 6 km tiefen und 190 km breiten Gräben erstrecken sich über 4000 km, das ist rund ein Fünftel des Umfangs des Planeten (und ungefähr die Entfernung zwischen New York und Los Angeles). Im Westen beginnt Valles Marineris in einem Gewirr von Schluchten und Tälern, im Osten laufen die Gräben in einem von uralten Kratern zerfurchten Gelände aus. Geologen halten Valles Marineris für einen gewaltigen, während der Abkühlung des Planeten entstandenen tektonischen Bruch, der im Westen durch eine Hebung der Kruste noch verstärkt und von der Erosion verbreitert wurde. Einige östliche Abschnitte wurden vermutlich von Wasser eingeschnitten (wie der Grand Canyon auf der Erde).

Die größten Einschlagskrater finden sich auf der Südhalbkugel (Abb. 5.22). Es ist daher anzunehmen, dass die Prozesse, die zur Überformung der nördlichen Ebene führten, auch die Spuren älterer dortiger Krater auslöschten. Zur Erklärung kommen die beiden oben angegebenen Ursachen für die Teilung der Hemisphären gleichermaßen infrage.

Vulkane findet man zum großen Teil auf der Nordhalbkugel. Der größte von ihnen, Olympus Mons (Abb. 5.23a), erhebt sich 26 km über die umliegenden Ebenen (fast dreimal so hoch wie der Mount Everest) und bedeckt eine Fläche, die halb so groß ist wie Deutschland. Der Gipfel des größten irdischen Vulkans, Mauna Loa auf Hawaii, liegt nur 17 km über dem Meeresboden.

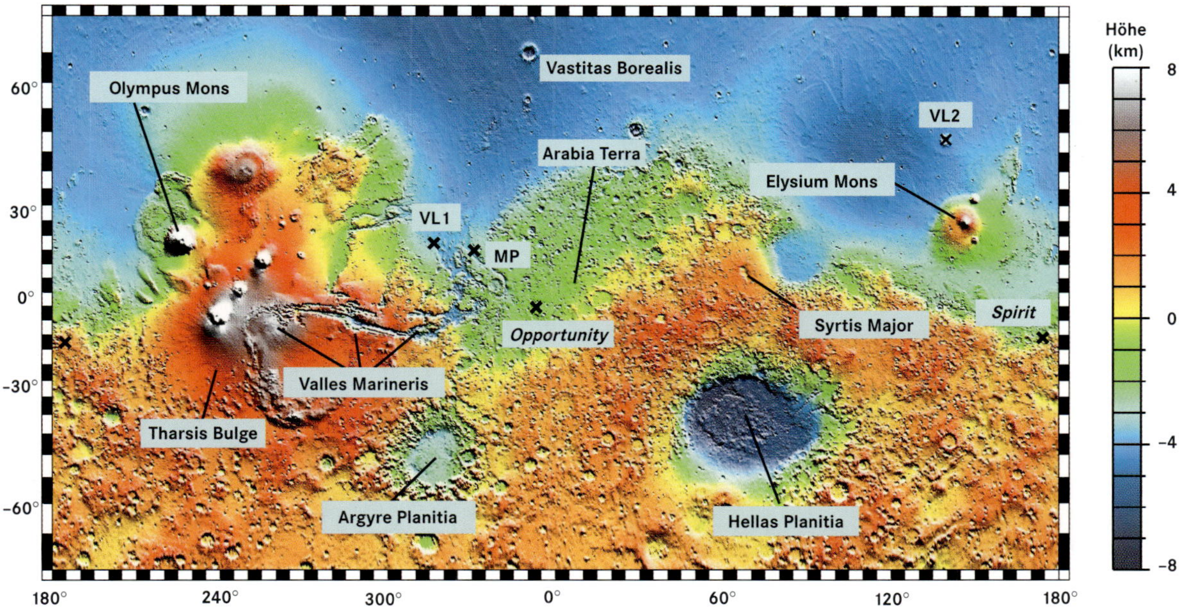

Abb. 5.20 Topographie des Mars. Die Farben codieren Höhenstufen oberhalb (positive Zahlen) bzw. unterhalb (negative Zahlen) des mittleren Radius des Planeten. Zur Anfertigung dieser Karte sendete ein Gerät an Bord des Mars Global Surveyor Laserlichtpulse zur Oberfläche des Planeten und maß die Zeit, die verging, bis der reflektierte Puls wieder eintraf. Mit einem **X** markiert sind die Landepositionen der Sonden Viking 1, Viking 2, Mars Pathfinder, Opportunity und Spirit. Die weiß gefärbten Spitzen sind Vulkangipfel, die höher sind, als es die Farbskala rechts wiedergeben kann. (MOLA Science Team, NASA/GSFC)

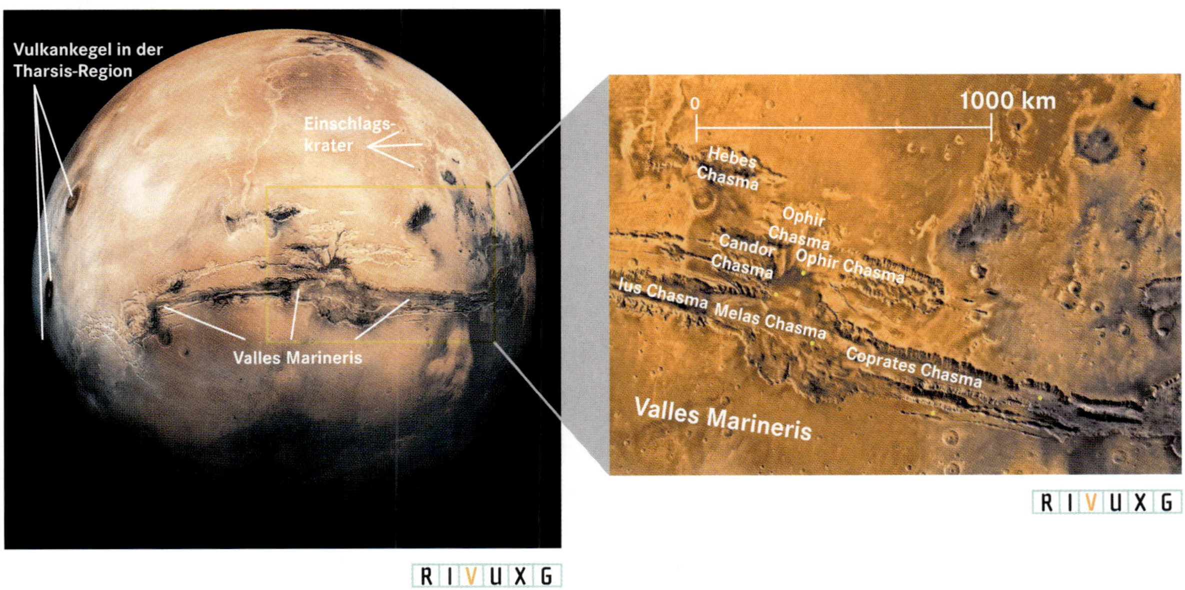

Abb. 5.21 Marslandschaften. Aus großer Höhe zeigt diese Aufnahme einige charakteristische Oberflächenstrukturen des Mars, darunter breite, hoch aufragende Vulkankegel (links) im Hochland der Tharsis-Region, Einschlagskrater (oben rechts) und ausgedehnte, windige Ebenen. Das Schluchtensystem Valles Marineris erstreckt sich waagerecht unterhalb der Bildmitte. Ausschnitt rechts: Detailaufnahme der Valles Marineris (rund 100 km breit). Der Grund der Gräben befindet sich auf zwei Höhenstufen, 8 km unter dem umgebenden Plateau (im Norden) und 5 km unter dem Plateau (im Süden). (USGS/NASA; Ausschnitt: NASA/GSFP/LTP)

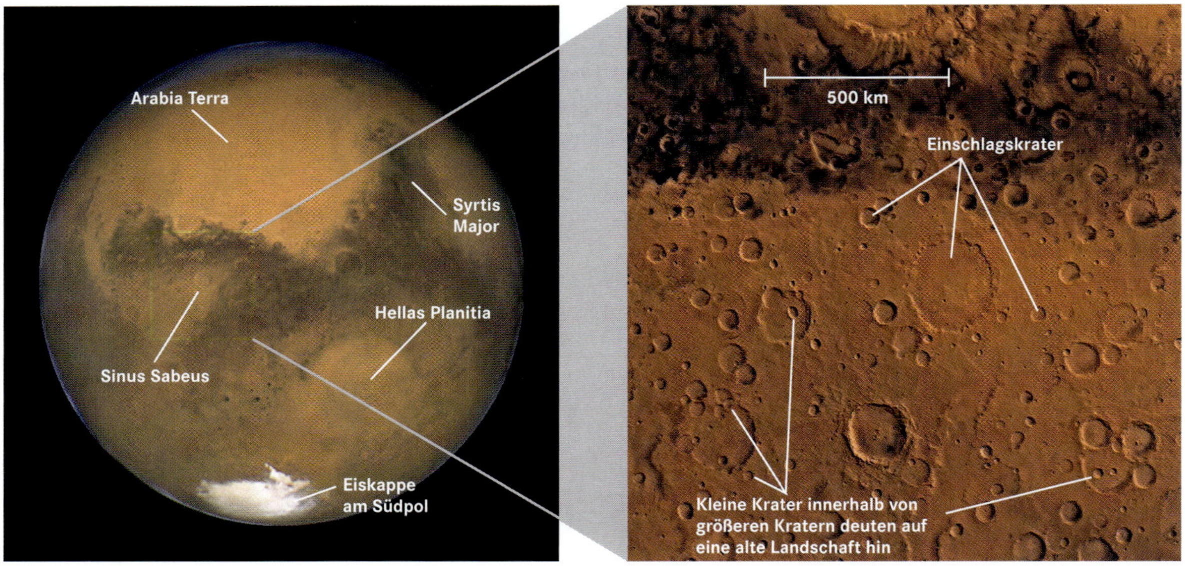

a Mars, gesehen vom Hubble-Teleskop

b Nahaufnahme des Sinus-Sabeus-Gebiets

R I V U X G

Abb. 5.22 Krater auf dem Mars. (a) Die Aufnahme wurde angefertigt, als Mars 2003 in Opposition stand. Arabia Terra, eine alte, stark erodierte und mit flachen Kratern übersäte Region, erinnert an die Arabische Halbinsel auf der Erde. Die lavabedeckte Große Syrte (Syrtis Maior) wurde zuerst von Christiaan Huygens (1659) entdeckt. Ein einzelner Meteoritentreffer formte Hellas Planitia, eine Ebene, die zehnmal so groß ist wie Deutschland. (b) Das Mosaik, zusammengesetzt aus Fotos der Orbiter Viking 1 und Viking 2, zeigt eine kraterzerfurchte Region südlich des Marsäquators. Beachten Sie, wie stark die Kraterränder im Vergleich zu jenen auf dem Erdmond und dem Merkur durch die Erosion abgeschliffen wurden. (a: NASA; J. Bell, Cornell University; M. Wolff, SSI; b: USGS)

In der Umgebung von Olympus Mons und anderen Vulkanen beobachteten Sonden von der Umlaufbahn aus zahlreiche zerfurchte, kegelförmige Gebilde, typischerweise von der Größe eines Fußballfelds (Abb. 5.23b). Sie haben sich vermutlich gebildet, als Eis unter der Marsoberfläche von Lava nahe gelegener Vulkane geschmolzen und verdampft wurde. Das Wasser dehnte sich aus, suchte sich einen Weg nach oben und spritzte schließlich aus der Mitte dieser „Eisvulkane". Durch ähnliche Mechanismen gebildete Kegelformationen findet man auch in Island.

In 40 Jahren der Marskartierung mit hochaufgelösten Aufnahmen wurde nicht ein einziger Kanal gefunden, der groß genug ist, um den von Schiaparelli angeblich beobachteten Strukturen (siehe Abb. 5.19) entsprechen zu können. Heute ist sicher, dass es sich um eine optische Täuschung gehandelt haben muss, der die begeisterten Romanschreiber mit ihren Geschichten über hochentwickelte Zivilisationen aufgesessen sind.

Einblicke in die Wissenschaft

Fakten und Fiktion Manchmal nimmt Science-Fiction zukünftige Entdeckungen vorweg. (Fallen Ihnen Beispiele ein?) Aber auch die Fantasie der Autoren kann schlussendlich nichts gegen die wissenschaftliche Realität ausrichten. Vor 100 Jahren meinten viele Leute, darunter auch führende Wissenschaftler, auf dem Mars gebe es eine technisch hochentwickelte Zivilisation. Die Fakten aber sprechen eine deutliche Sprache: Marsmännchen gibt es nicht.

5.9 Auf dem Mars gibt es zwar keine Kanäle, aber einige andere Kuriositäten

Auf dem Mars gibt es keine Kanäle – und auch keine Städte, Straßen oder anderen Spuren einer Zivilisation. Allerdings haben Astronomen im Laufe der Jahre einige Oberflächenstrukturen fotografiert, die auf den ersten Blick so wirken, als hätte nur intelligentes Leben sie erschaffen können. 1976 besipiels-

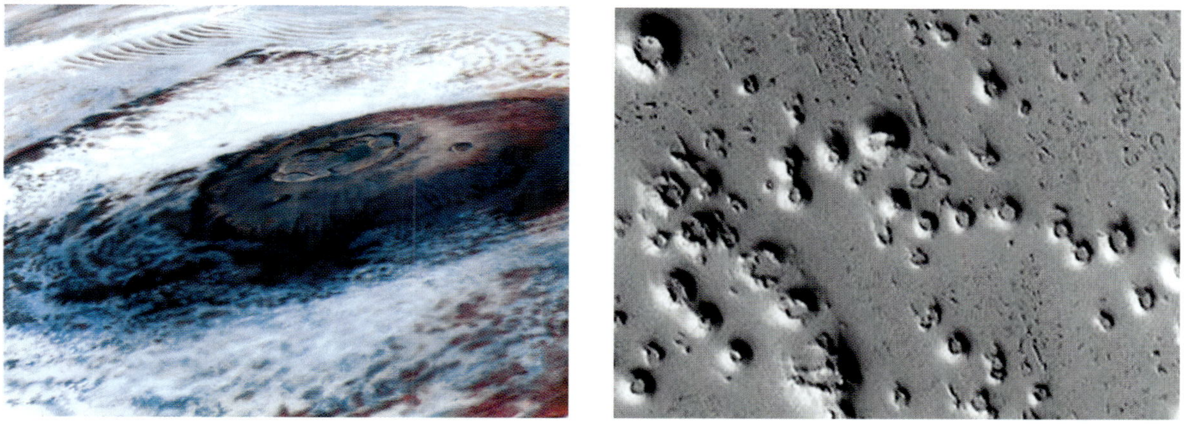

Abb. 5.23 Caldera des Olympus Mons. (a) Ein Blick auf den Gipfel des Olympus Mons, zusammengefügt aus sechs Aufnahmen, die einer der Viking-Orbiter anfertigte. Die Caldera besteht aus mehreren überlappenden vulkanischen Kratern und hat einen Durchmesser von rund 70 km. Der Vulkan ist in Vormittagswolken gehüllt, die von kühlen, hangaufwärts gerichteten Strömungen verursacht werden und sich bis zu 8 km über dem Gipfel des Vulkans erstrecken. (b) Diese Kegel auf der Marsoberfläche könnten entstanden sein, als Lava vom Olympus Mons Eis unter der Oberfläche erhitzte, woraufhin heißes Wasser und Dampf sich ausdehnten, an die Oberfläche drangen und herausspritzten. (Peter Lanagan, JPL, U. Arizona, et al., MOC, MGS, NASA)

weise, hundert Jahre nach Schiaparellis Entdeckung der *canali*, fing die Sonde Viking 1 Orbiter von einer Umlaufbahn aus eine Landschaftsform ein, die wie ein Gesicht aussah (Abb. 5.24a). Als aber Mars Orbiter 1998 die Gegend besser aufgelöst und aus anderem Winkel aufnahm (Abb. 5.24b), war von dem Gesicht nichts mehr zu sehen; die Stelle erinnerte, wenn überhaupt, eher an einen gigantischen Fußabdruck.

Andere Bilder zeigen eine Gruppe von Pyramiden, einen Schädel (Abb. 5.24c) und ein lachendes Gesicht (Abb. 5.24d). Könnte man irgendetwas aus dieser Kollektion einer antiken Marszivilisation zuschreiben? Nein, sagen die Forscher; alle Strukturen sind gut durch natürliche Vorgänge zu erklären. Das „Gesicht" von 1976 ist ein harter Felsboden, durch die Erosion von weicherem Schutt entblößt. Pyramiden und Schädel entstanden wohl auf ähnliche Weise, indem der Wind weicheres Material von härterem, vor Jahrmilliarden an die Oberfläche gedrungenen Gestein fortblies. Analoge Prozesse kann man auch auf der Erde verfolgen. Das fröhliche Gesicht in Abb. 5.24d schließlich ist ein großer Einschlagskrater, in dessen Ebene sich kleine Krater und andere Strukturen befinden.

Einblicke in die Wissenschaft

So einfach wie möglich II Ist das Marsgesicht Werk einer intelligenten Zivilisation oder des Windes, der Hügel formte? Wenn sich zwei oder mehr alternative Erklärungen anbieten, benutzen die Wissenschaftler „Ockhams Rasiermesser": Sie entscheiden sich für die Erklärung, die die wenigsten unbewiesenen Annahmen enthält.

? Durch welche beiden Vorgänge sind die Valles Marineris hauptsächlich entstanden?

? Manchmal ist man überzeugt, ein Objekt zu erkennen, das sich später als etwas ganz anderes herausstellt. Ist Ihnen das auch schon einmal passiert?

5.10 Das Innere des Mars ist fester als das Innere der Erde

Ein Teil der Valles Marineris entstand vermutlich, als große Teile der Marskruste durch tektonische Plattenbewegungen auseinanderrissen. Ursache dieser Bewegungen sind Konvektionsströme von Gesteinen unter der Oberfläche, wie in Abschnitt 4.2 ausführlich erklärt wird. Es gibt aber keine Hinweise darauf, dass der Mars noch heute tektonisch aktiv ist, was darauf hindeutet, dass der Kern des Planeten in wesentlich

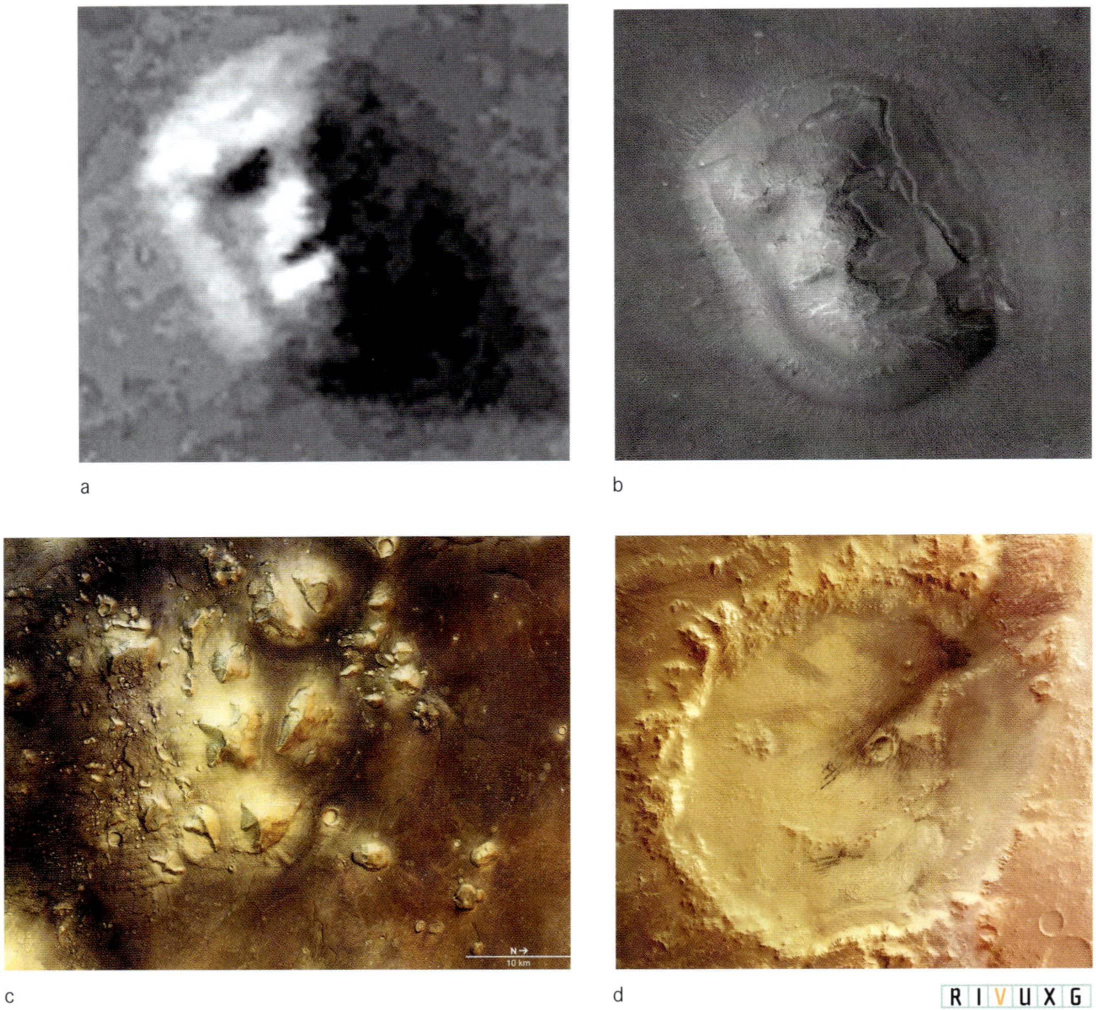

Abb. 5.24 Im Auge des Betrachters. Die Bilder (a) und (b) zeigen die gleiche Stelle an der Marsoberfläche; zwischen den Aufnahmen liegen 22 Jahre. Das scheinbare „Gesicht“ in (a) wirkt bei höherer Auflösung in (b) viel eher wie eine natürliche Struktur. (c) Von der Erosion verursacht sind auch Strukturen wie diese „Pyramiden“ und „Schädel“, die sich in der Umgebung des „Gesichts“ finden. (d) Kleinere Strukturen im Inneren lassen den Krater Galle wie ein „fröhliches Gesicht“ wirken. (a, b: NSSDC/ NASA; NASA/JPL/Malin Space Science Systems; c, d: © ESA/DLR/FU Berlin [G. Neu Kum])

höherem Ausmaß als der Erdkern abgekühlt und erstarrt ist. Gestützt wird diese Annahme vom Fehlen eines globalen Magnetfelds auf dem Mars (siehe Abschnitt 4.4 für eine ausführliche Diskussion der Entstehung solcher Magnetfelder). 2003 beobachtete man jedoch, dass die Sonne winzige Gezeiten auf dem Festland des Mars erzeugt, deren Flutberge sich nur wenige Millimeter emporheben. Dieses ständige, tägliche Heben und Senken von Gesteinsmassen, sei es auch noch so geringfügig, verursacht genug Reibungswärme, dass ein Teil des Marskerns geschmolzen bleibt. (Um Reibungswärme zu spüren, reiben Sie Ihre Handflächen fest aneinander.)

Dass Mars in früheren Zeiten über ein globales Magnetfeld verfügte, kann man aus Überresten in Form lokaler Magnetfelder an der Oberfläche folgern. Neun solche Stellen untersuchte 1997 die Sonde Mars Global Surveyor, die bis 2007 in Betrieb war; sie ähneln Orten auf der Erde, wo sich tektonische Platten voneinander wegbewegen und die Richtung des Erdmagnetfelds im herausquellenden Gestein konserviert wurde (siehe Abschnitt 4.4). Geologen nehmen an, dass der junge Mars ein von einem „Dynamo“ erzeugtes, starkes Magnetfeld besaß und von Plattenbewegungen geformt wurde, wobei sich Spuren des Felds im damals geschmolzenen Gestein verewigten.

Dann jedoch kühlte der Planet rasch ab, der Dynamo und damit das Magnetfeld verschwanden, und die tektonischen Bewegungen hörten offenbar vor rund 4 Mrd. Jahren auf.

Auch im Hinblick auf die riesigen Vulkane ist es plausibel, dass in weit zurückliegender Zeit ein größerer Anteil des Marskerns noch flüssig war. Vulkane sind Stellen, an denen geschmolzenes Gestein ruhig aus dem Erdinneren fließt oder herausgeschleudert wird. Die Vulkane auf dem Mars gehören wie die Schildvulkane, aus denen die Inselkette von Hawaii entstanden ist, zum erstgenannten Typ. Sie unterscheiden sich vollkommen von Vulkanen wie dem Mount Saint Helens in Washington oder dem Ätna auf Sizilien mit ihren gewaltigen Eruptionen. Die Inseln von Hawaii sind nur die jüngsten Glieder einer langen Vulkankette, deren Prinzip als **Hot-Spot-Vulkanismus** bezeichnet wird. Man versteht darunter das Ausfließen von Lava, die an einer heißen Stelle („Hot Spot") im tieferen Erdmantel (und nicht an den Grenzen tektonischer Platten) entsteht. Da sich die Pazifische Platte mehrere Zentimeter pro Jahr nach Nordwesten bewegt, erscheinen über dem Hot Spot immer neue Vulkane, während die alten Austrittsstellen des Magmas abkühlen und irgendwann unter der Meeresoberfläche versinken.

Da es auf dem Mars keine tektonische Bewegung (mehr) gibt, konnte Magma eines Hot Spots jahrmillionenlang durch immer den gleichen Schlot an die Oberfläche dringen und sich dort zu riesigen Kegeln auftürmen. Auf diese Weise entstanden ist z. B. Olympus Mons, ein einziger Gigant anstelle einer Kette kleinerer Gipfel (siehe Abb. 5.23a). Der Schlot des Olympus Mons ist irgendwann zusammengebrochen, und es ist ein Einbruchskrater entstanden, eine sogenannte **Caldera**. Auf der Fläche dieser Caldera könnte man viermal die Insel Rügen unterbringen. Inzwischen sind die feste Kruste und der Mantel (die Schicht direkt unter der Oberfläche) so dick geworden, dass die Hot Spots in der Tiefe isoliert sind und keine Magma mehr entweichen kann. Deshalb sind keine nennenswerten vulkanischen Aktivitäten auf dem Mars mehr zu erwarten.

Aus den Daten der Umlaufbahn des Mars Global Surveyor schlossen die Astronomen, dass die Kruste unter der nördlichen Ebene des Mars etwa 40 km dick ist, unter den Hochlandgebieten auf der Südhalbkugel etwa 70 km. Allerdings stimmt, wie sie feststellten, die Grenze zwischen dicker und dünnerer Kruste nicht mit der Grenze zwischen Ebenen und Hochland an der Oberfläche überein. Moderne Modelle gehen davon aus, dass der Marskern einen Durchmesser von ungefähr 3400 km hat und zumindest teilweise geschmolzen ist. Weitere Einzelheiten werden sich herausfinden lassen, wenn eines Tages Seismographen in der Marslandschaft installiert werden.

5.11 Mars hat eine dünne, oft sehr staubige Lufthülle

Um die Aktivitäten an der Oberfläche des Mars besser zu verstehen, müssen wir uns mit seiner Atmosphäre befassen. Sie ist sehr dünn – ihr Druck beträgt nur 0,6 % des Drucks der Erdatmosphäre – und besteht, wie die Atmosphäre der Venus, zu rund 95 % aus Kohlendioxid. Der Rest entfällt auf Argon, Stickstoff und Spuren von Sauerstoff. Der winzige Merkur mit seiner schwachen Gravitation ist, wie wir gesehen haben, überhaupt nicht in der Lage, eine Gashülle dauerhaft festzuhalten. Die Masse des Mars dagegen reicht gerade aus, um zu verhindern, dass Kohlendioxid, Stickstoff, Argon und Sauerstoff ins All davonfliegen; Wasserdampf kann sie jedoch nicht halten.

Es häufen sich die Indizien dafür, dass es auf der Nordhalbkugel des Mars einst einen schier unermesslichen, wassergefüllten Ozean gab. Zu den Hinweisen zählen Gesteinsschichten, die von Wasser abgelagert wurden, und Kanäle, in denen Wasser von Süden nach Norden floss. Ein großer Teil dieses Wassers ist seitdem auf Nimmerwiedersehen in den Weltraum gedriftet. Heute enthält die Marsatmosphäre nur ein Dreißigstel der Wasserdampfkonzentration, die im Mittel auf der Erde herrscht. Könnte man all dieses Wasser auf einmal abregnen lassen, würde es noch nicht einmal einen der fünf Großen Seen in Nordamerika füllen. Sämtliches an der Oberfläche des Mars verbliebene Wasser ist längst gefroren. Das Eis findet man noch heute; Satelliten auf Umlaufbahnen haben seit 2002 ermittelt, dass es unter dem Südpol genügend Wassereis gibt, um den ganzen Planeten 11 m hoch damit zu bedecken. Der Phoenix Mars Lander stieß 2008 bei Grabungen im Regolith schon direkt unter der Oberfläche auf Wassereis; chemische Analysen haben den Fund bestätigt. Die Erkundungssatelliten haben in praktisch allen Breiten vom Äquator bis zu den Polen Eis nachgewiesen, und im Inneren des Planeten verbirgt sich mit Sicherheit noch viel mehr.

? Was würde geschehen, wenn sich die Inseln von Hawaii nicht über den Hot Spot bewegten, sondern an Ort und Stelle festgehalten wären?

Trotz der dünnen Atmosphäre gibt es auf dem Mars Jahreszeiten wie auf der Erde. Die Ursache dafür ist

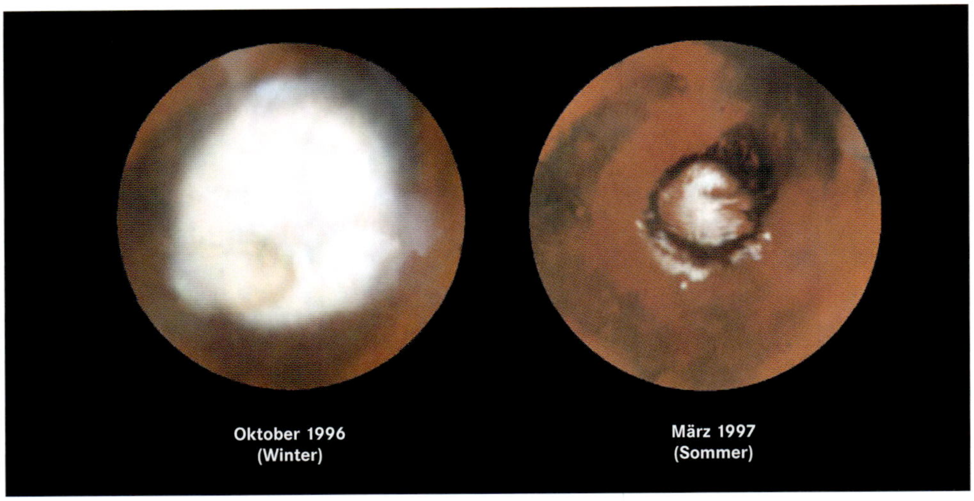

Abb. 5.25 Mars im Wandel der Jahreszeiten. Im Marswinter fallen die Temperaturen so weit, dass Kohlendioxid aus der Atmosphäre ausfriert. Ein großes Gebiet rund um den Nordpol ist dann von einer dünnen Schicht Kohlendioxidreif bedeckt. Wird es auf der Nordhalbkugel Sommer, dann sublimieren große Teile der Trockeneiskappe, und um den Nordpol herum kommt ein Ring dunkler Sanddünen zum Vorschein. (S. Lee/J. Bell/M. Wolff/Space Science Institute/NASA)

eine bemerkenswerte Übereinstimmung, die Ende des 18. Jahrhunderts als Erstem dem deutsch-britischen Astronomen William Herschel auffiel: Die Äquatorialebene der Erde ist, wie Sie wissen, um 23,5° gegen die Ebene ihrer Umlaufbahn geneigt; die Äquatorialebene des Mars bildet mit seiner Bahnebene einen Winkel von 25°. Falls der Einschlag eines gewaltigen Himmelskörpers für die oben erläuterte Zweiteilung der Marslandschaft verantwortlich ist, könnte dasselbe Ereignis auch die Rotationsachse des Planeten gekippt und so für die Jahreszeiten gesorgt haben. Weil ein Umlauf des Mars um die Sonne fast zwei Erdenjahre dauert, sind auch die Jahreszeiten auf dem Mars doppelt so lang wie auf der Erde. Steht

Abb. 5.26 Die Marsatmosphäre. (a) Ist nur wenig Staub in der Marsatmosphäre, dann sieht der Himmel ähnlich blau aus wie auf der Erde, wie man auf diesem bei Sonnenuntergang vom Rover Opportunity angefertigten Foto sieht. Der bräunlichere Farbton über dem Horizont wird von aufgewirbeltem Staub verursacht. An besonders klaren Tagen sieht der Sonnenuntergang auf dem Mars fast weiß aus. (b) Die meisten Fotos, die wir von der Marslandschaft haben, sind in Farben wie diese getaucht. Pathfinder hat hier den Rover Sojourner fotografiert, der sich an den Felsen „Moe" im Ares Vallis schmiegt, um Untersuchungen vorzunehmen. Am oberen Bildrand sehen Sie den rosa gefärbten Marshimmel. (NASA/Lunar and Planetary Institute)

a

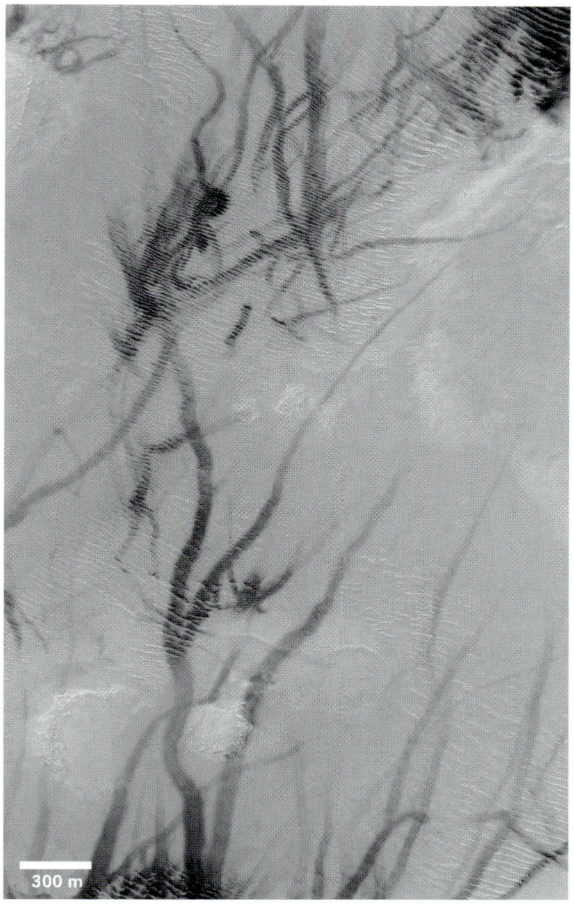

b

R I V U X G

Abb. 5.27 Eine Windhose auf dem Mars. Diese Szene gehört zu einer Videosequenz, die Spirit von einer Windhose anfertigte, die von links nach rechts über die Marslandschaft fegte. Die Rover haben mehrere solche Ereignisse gefilmt. (b) Die dunklen Streifen sind Wege von Windhosen über Argyre Planitia. Sie kreuzen Berge, Sanddünen, Geröllhalden und andere Strukturen auf der Marsoberfläche. (a: NASA/JPL; b: NASA/JPL/Malin Space Science Systems)

der Mars ungefähr in Opposition, dann kann man die jahreszeitlichen Veränderungen seiner Oberfläche schon mit einem kleinen Amateurfernrohr beobachten: Dunkle Details verändern sich, und die Polkappen schrumpfen im Frühling und Sommer deutlich (Abb. 5.25).

Die Atmosphäre des Mars ist manchmal blau (Abb. 5.26a), in der Regel aber pastellrot, manchmal mit Schattierungen von Rosa bis Rotgelb (Abb. 5.26b). Alle Rottöne kommen durch feinen Staub zustande, den Stürme von der roten Wüste aufwirbeln. Für die Farbe verantwortlich sind Eisenoxide (auch Rost genannt). Die Farbe ändert sich saisonal mit dem Staubanteil in der Atmosphäre: Im Winter zieht gefrorenes Kohlendioxid (Trockeneis) die Staubpartikel an und hält sie am Boden fest. Die Luft wird klarer und heller. Während der Sommermonate ist das Kohlendioxid nicht gefroren, entsprechend lange bleibt der aufgewirbelte Staub in der Luft.

Der Farbton der Atmosphäre ändert sich auch in längeren Zeitabständen. So stellte man fest, dass der Staubanteil 1995 verglichen mit den 1970er Jahren dramatisch abgenommen hat. Die Ursachen solcher langfristigen Prozesse werden noch erforscht.

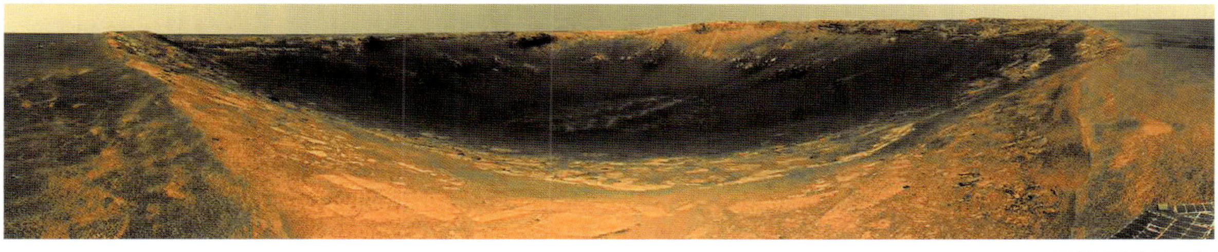

R I V U X G

Abb. 5.28 Der Krater Endurance. Der vom Rover Opportunity fotografierte Krater hat einen Durchmesser von rund 130 m. Innerhalb des Kraters und in senkrechten Spalten entlang der Wände erkennt man Felsen. Von ihrer Untersuchung versprechen sich die Astronomen Aufschlüsse über die Geschichte des Wassers auf dem Mars. (JPL/NASA)

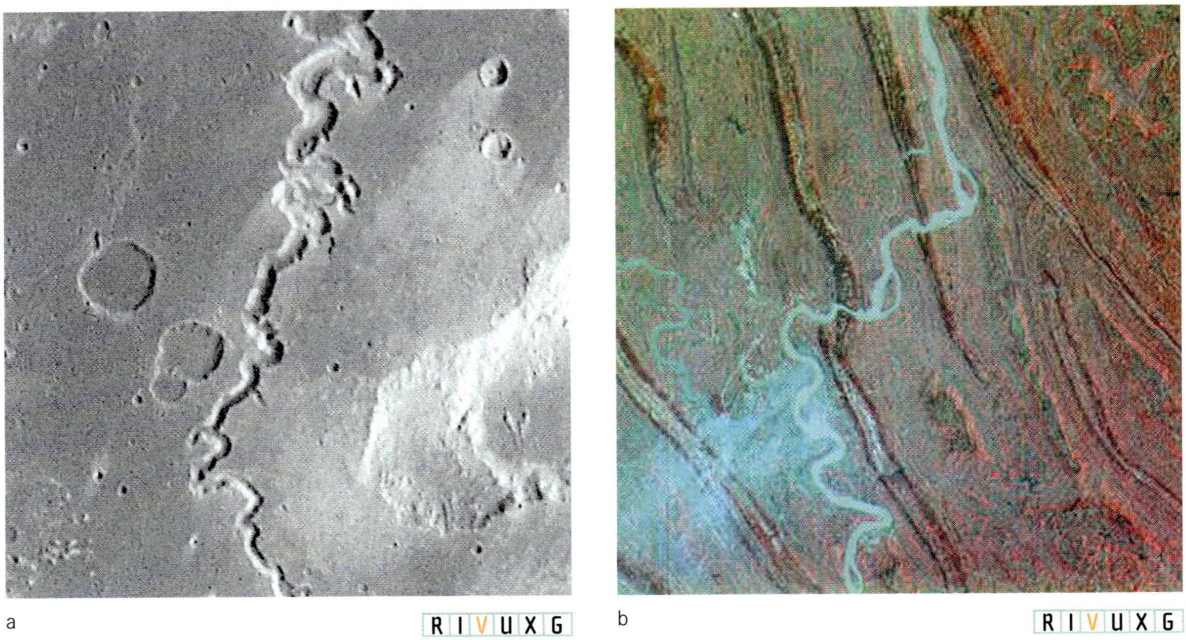

Abb. 5.29 Flüsse auf dem Mars und auf der Erde. (a) Gewundene Schluchten auf dem Mars – hier eine Aufnahme des Viking-1-Orbiters – scheinen eine Folge von Wasserströmung um Hindernisse herum zu sein. Gestützt wird diese Annahme von Terrassen entlang der Grabenwände, die man auf hochaufgelösten Bildern des Mars-Orbiters sehen kann. Floss hier Wasser über einen langen Zeitraum, dann muss die Atmosphäre einst dicker und das Klima erdähnlicher gewesen sein. (b) Der Jangtse bei Chongqing in China. Man erkennt den schlangenlinienförmigen, für irdische Flüsse typischen Verlauf, den man bei den Flussbetten auf dem Mars wiederfindet. (a: NASA: b: TMSC/NASA)

Mit den Jahreszeiten ändern sich auf dem Mars die Temperaturen wie auf der Erde. In der Umgebung der Landeposition des Rovers Spirit z. B. schwankte die Temperatur an einem Tag zwischen 188 K und 243 K, 100 Tage später jedoch zwischen 200 K und 263 K. (Die Position von Spirit sehen Sie in Abb. 5.20 ganz rechts.) An den Nachmittagen, wenn der heiße Boden die unteren Atmosphärenschichten aufwärmt, entstehen mitunter **Windhosen** („Staubteufel“; Abb. 5.27), wie man sie auch in Trockengebieten und Wüsten der Erde beobachtet. Windhosen auf dem Mars erreichen Höhen von bis zu 6 km. Wo sie vorbeiziehen, registrieren die Messgeräte wie auf der Erde einen Luftdruckabfall. Manche Windhosen sind so gewaltig, dass man sie von der Umlaufbahn aus sieht.

Anhand der Stürme auf dem Mars kann man die merkliche Oberflächenerosion erklären. Im Laufe der vergangenen beiden Jahrhunderte sahen Astronomen schwächere Oberflächendetails unter einem orangerötlichen Schleier verschwinden, wenn der dünne Marswind feinen Regolithstaub aufwirbelte. Manche Staubstürme verhüllen die ganze Oberfläche, was z. B. 2001 passierte. Im Laufe der Zeitalter schliff der Wind Kraterwände wie mit einem Sandstrahl ab, während sich die Kraterbecken mit Staub füllten (Abb. 5.28). Die Marsatmosphäre ist jedoch so dünn, dass 3 Mrd. Jahre immer wiederkehrender Stürme nicht ausreichten, um die Kraterringe vollends dem Boden gleichzumachen.

? In einer Windhose auf dem Mars kann man sich leichter auf den Beinen halten als in einer Windhose auf der Erde, die mit ähnlicher Geschwindigkeit weiterzieht. Warum, denken Sie, ist das so?

5.12 Die Marslandschaft lässt vermuten, dass hier einst Wasser floss

Zwar widerlegten die Erkundungsflüge die Theorie der Marskanäle und setzten jeder Spekulation über flüssige Oberflächengewässer ein Ende, dafür aber fanden sie zahlreiche ausgetrocknete Flussbetten (Abb. 5.29a), Seen (Abb. 5.30a), Flussdeltas, in denen Wasser und Gesteinsbrocken in Seen und Meere gespült wurden (Abb. 5.30a, b), von Wasser abgelagerte Sedimentschichten (Abb. 5.31) und andere Phänome-

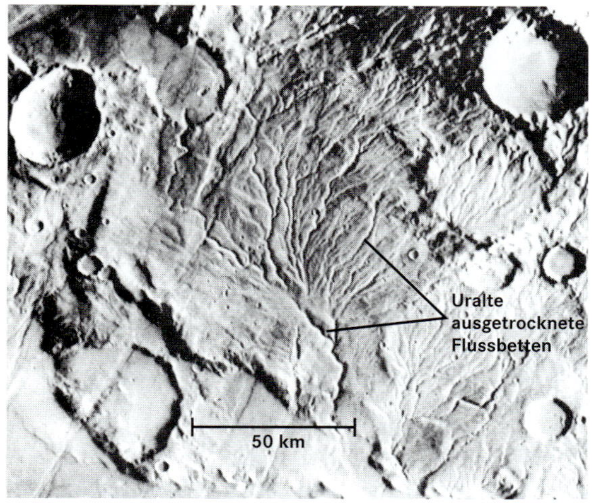

Abb. 5.30 Indizien für Wasser auf dem Mars. (a) Dieser ausgetrocknete See, aufgezeichnet vom Mars Global Surveyor mit einer Auflösung von 1,5 m, ist ein hervorragendes Beispiel für die Überlappung von Geologie und Astronomie. Die Merkmale des Seebodens sind mit jenen von Seebetten auf der Erde vergleichbar. (b) Ein Netz ausgetrockneter Flussbetten auf der kraterzerfurchten Südhalbkugel des Mars. (a: NASA/JPL; b: NASA)

ne, die auf die Tätigkeit von Fließgewässern zurückzuführen sind. Einige Flussbetten schlängeln sich weit verzweigt und mit feinsten Nebenarmen zwischen Kraterebenen entlang. Solche Windungen kennt man auch von Flüssen auf der Erde (Abb. 5.29b).

Die Rover Spirit und Opportunity fanden aussagekräftige Indizien dafür, dass diese Oberflächenstrukturen tatsächlich von Wasser geschaffen wurden (Abb. 5.32). So entdeckten sie in Wasser gebildeten Hämatit („Blutstein“, ein eisenreiches Mineral, das in blau-

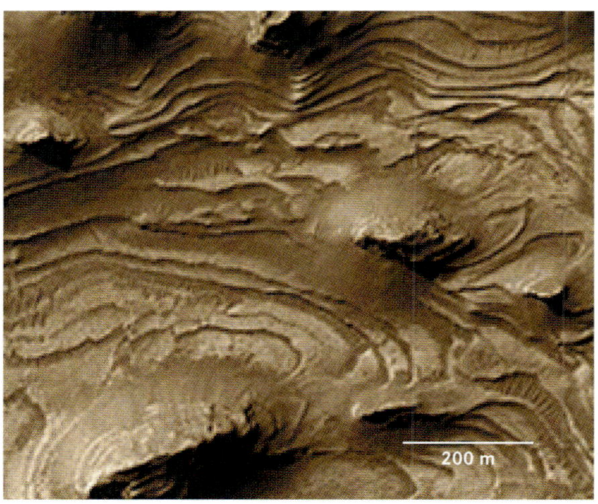

Abb. 5.31 Uralte Ozeane und Seen auf dem Mars. Ein Ausschnitt aus den Valles Marineris, fotografiert vom Mars Global Surveyor, zeigt stufenförmige Schichten, die wahrscheinlich am Grund eines früheren Gewässers durch Sedimentation entstanden sind. (b) Die Kraterwand Burns Cliff, eingefangen vom Rover Opportunity, offenbart Gesteinsschichten, die sich am Boden eines periodisch ausgetrockneten oder überfluteten Gewässers gebildet haben. (a: Malin Space Science Systems/JPL/NASA; b: NASA/JPL/Cornell)

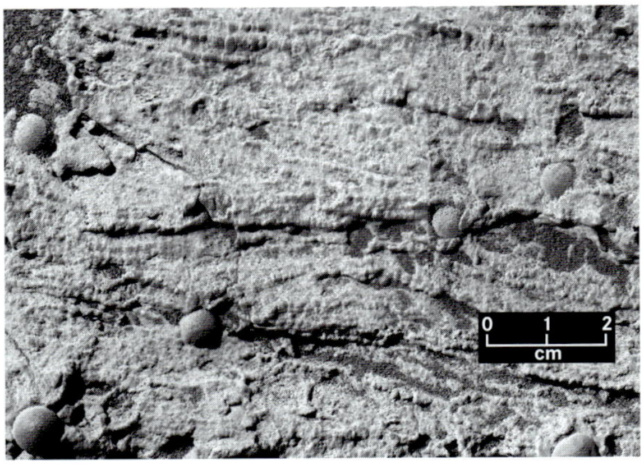

a R I V U X G

b R I V U X G

Abb. 5.32 Vom Wasser abgelagerte Gesteinsschichten. (a) Auf der vom Rover Opportunity angefertigten Nahaufnahme sieht man Details eines Gesteinsbrockens namens „Upper Dells". Die geriffelten Ablagerungen sind auf der Erde typisch für langsam fließende Gewässer; wahrscheinlich entstand „Upper Dells" ebenfalls im Wasser. Die fast kugelförmigen Steinchen, wegen ihrer dunklen Farbe „Blaubeeren" genannt, wurden chemisch als Hämatit identifiziert, ein eisenreiches Mineral, das sich in der Regel in Gewässern bildet. Die Rover fanden Hämatit an vielen verschiedenen Stellen. (b) Dieser Gesteinsbrocken – „Hitzeschild-Felsen" getauft, weil er hinter dem Hitzeschild des Rovers Sojourner gefunden wurde – liegt inmitten von Hämatitkügelchen. (a: NASA/JPL/USGS; b: NASA/JPL/Cornell)

beerartigen Stückchen vorkommt) und extrem salzreiche Mineralien, die sich aus wässrigen Lösungen abgeschieden haben müssen. Es dauert Millionen von Jahren, bis solche Salze in den Mengen, wie sie gefunden wurden, in Gestein eingedrungen sind. Mindestens so lange muss es also auf dem Mars flüssiges Wasser gegeben haben. Auch wenn die Wasservorkommen über einen beträchtlichen Zeitraum existiert haben, kann man jedoch davon ausgehen, dass große Gewässer schon seit Jahrmilliarden ausgetrocknet sind. Dafür spricht die Entdeckung von Lavagestein, das Olivin und Pyroxen enthält, zwei Mineralien, die sich sehr leicht in Wasser lösen. Zumindest ein Teil des Wasservorrats auf dem Mars stammt vermutlich aus eisreichen Kometenkernen, die beim Auftreffen auf die Oberfläche ihr Wasser in die Atmosphäre freisetzten, woraus es später abregnete.

2001 berichteten Astronomen von Hinweisen darauf, dass eine geringe, lokale vulkanische Aktivität auf dem Mars von Zeit zu Zeit sowohl Lava- als auch Wasserströme verursacht. Bilder vom Mars Global Surveyor zeigen Kanäle, die anscheinend von fließendem Wasser in die Wände von Kratern und Schrunden gegraben wurden. Ein solches Ereignis könnte zwischen 1999 und 2005 stattgefunden haben (Abb. 5.33a, b). Der Reiz dieser Beobachtungen liegt darin, dass es sich um geologisch junge Ablagerungen handelt, die vielleicht anzeigen, dass es im Inneren des Mars noch flüssiges Wasser gibt. 2008 fotografierte Mars Reconnaissance Orbiter mehrere fortschreitende Lawinen, deren Ursache noch untersucht wird.

Zwar ist nicht besonders viel Wasser erforderlich, um Strukturen wie in Abb. 5.33b zu erzeugen, aber die Astronomen gehen davon aus, dass unter der Marsoberfläche sehr große Wassermengen vorhanden sind. Sollte das zutreffen, könnte die Hitze von Vulkanen oder von Meteoriteneinschlägen Spalten öffnen und Eis schmelzen. Das Wasser könnte dann auch heute noch neue Flussbetten einkerben.

2004 entdeckte der Rover Opportunity Gesteine mit polygonartigen Rissen (Abb. 5.33c), wie man sie auf der Erde auf ausgetrockneten Wattflächen findet. Die beste Erklärung dafür lautet, dass ein Meteoriteneinschlag lange nach dem Austrocknen von Seen und Ozeanen Wasser freisetzte, das die Oberfläche vorübergehend noch einmal überflutete. Das Wasser sickerte in den Felsboden, gefror dort, dehnte sich aus und sprengte das Gestein. Dieses Szenario setzt allerdings große Wasservorkommen im Inneren des Mars voraus, und zwar aus mehreren Gründen. Erstens: Ein großer Teil des freigesetzten Wassers muss als Wasserdampf in die Atmosphäre entwichen sein. Zweitens: Aufgrund des niedrigen Atmosphärendrucks konnte sich flüssiges Wasser nicht lange an der Oberfläche halten, denn bei niedrigem Druck können die Moleküle der Flüssigkeit leicht an der Grenzfläche in die

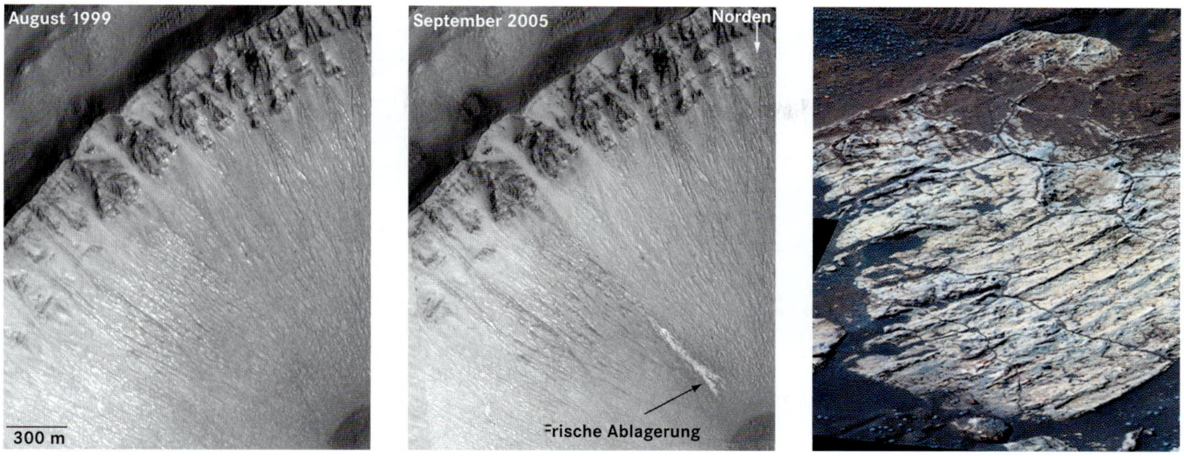

a b c

R I V U X G

Abb. 5.33 Abzugskanäle auf dem Mars. (a, b) Zwei Fotos desselben Kraters auf der Südhalbkugel des Mars, angefertigt im Abstand von sechs Jahren. Sie weisen, wenn auch nicht unbestreitbar, auf Wasserquellen jüngeren Datums hin. Gegenwärtig wird noch erforscht, wie sich die gekennzeichnete Ablagerung bilden konnte. (c) Risse in Vieleckform erkennt man auf diesem Bild des Felsens „Escher“. Man nimmt an, dass sie sich durch Überflutung des Gebiets gebildet haben: Wasser sickerte in das Gestein, gefror dort, dehnte sich aus und sprengte den Fels; dann sublimierte das Eis. (a, b: NASA/JPL/Malin Space Science Systems; c: NASA/JPL/Cornell)

Gasphase entkommen (das Wasser verdampft). Da der Druck der Marsatmosphäre nur 0,6 % des Luftdrucks auf der Erde beträgt, würde flüssiges Wasser, das nicht umgehend gefriert, sofort heftig zu sieden beginnen und als Dampf in die Atmosphäre, schließlich in den Weltraum davonfliegen. Falls die von Opportunity gesichteten Gesteinsformationen also von flüssigem Wasser verursacht wurden, muss dessen Menge gewaltig gewesen sein, um große Bereiche des Marsbodens mit derartigen Rissen zu überziehen.

Wie viel Wasser es einst an der Oberfläche des Roten Planeten gab, wissen wir nicht. Anhand der Abzugsrinnen vermuten die Geologen, dass die Menge groß genug war, um den ganzen Planeten 500 m hoch zu bedecken. Zum Vergleich: Die Erde verfügt über genügend Wasser für eine 2700 m starke weltumspannende Schicht (unter der Annahme, dass die Oberfläche völlig eben wäre).

Weitere Indizien für frühere Wasservorkommen auf dem Mars liefern sogenannte *SNC-Meteoriten* (Abb. 5.34a). Diese auf der Erde gefundenen Steinmeteoriten stammen mit großer Wahrscheinlichkeit vom Mars, denn ihre chemische Zusammensetzung entspricht derjenigen der Gesteinsproben, die auf der Marsoberfläche untersucht wurden; außerdem enthalten sie Spurengase in relativen Anteilen, wie man sie nur in der heutigen Marsatmosphäre findet. Die Gesteinsbrocken wurden bei besonders kräftigen Meteoriteneinschlägen aus der Marsoberfläche heraus in den Weltraum geschleudert. Sie enthalten unter anderem wassergetränkten Ton, ein Material, das man in Objekten aus dem Sonnensystem nicht erwartet, mit Ausnahme der Erde, des Mars sowie der Jupitermonde Europa, Ganymed und Kallisto. Bislang wurden mindestens 57 Marsmeteoriten identifiziert.

Kleine Überbleibsel der einstigen Marsgewässer findet man, in Form von Eis, noch heute in oberflächennahen Schichten an mehreren Stellen zwischen den Polen und dem Äquator. Neueste Satellitenmessungen deuten darauf hin, dass die Polkappen zu mindestens 90 % aus Wassereis bestehen dürften; der Rest ist Trockeneis (gefrorenes Kohlendioxid). Beim Abschmelzen der Polkappen würde der ganze Planet 11 m tief überflutet. An den Marspolen herrschen so tiefe Temperaturen (um 160 K, –110 °C), dass das Wasser stets gefroren bleibt wie in den Permafrostgebieten Nordasiens und der Antarktis. Die jahreszeitlichen Veränderungen der Form der Polkappen (siehe Abb. 5.25) kommen durch die teilweise Sublimation des Trockeneises zustande, dessen Schichtdicke in der kalten Jahreszeit auf bis zu 2 m anwachsen kann. Im Winter setzt sich rund ein Drittel des Kohlendioxids aus der Marsatmosphäre als Trockeneis am Boden ab.

1997 fand die Mission Pathfinder mit ihrem kleinen Rover Sojourner (siehe Abb. 5.26b) im Ares Vallis Hinweise auf mehrere Fluten an der Mündung eines ausgetrockneten Überschwemmungsgebietes: Sedimentschichten, mit Sand verbackene Steine, wie Wasser sie auf der Erde zuwege bringt, vom Wasser rund geschliffene Felsbrocken und von der Strömung

a R I V U X G

b R I V U X G

Abb. 5.34 Ein Stückchen Mars auf der Erde. Seine dünne Atmosphäre schützt den Mars kaum vor Meteoriteneinschlägen. Einige der dabei in den Raum geschleuderten Gesteinsbrocken legten offenbar den langen Weg zur Erde zurück. (a) Ein SNC-Meteorit, geborgen in der Antarktis. Sehr wahrscheinlich hat dieser Stein in einem Fließgewässer gelegen, vielleicht viele hundert Jahre lang. (b) Mögliche Fossilien primitiver Mikroorganismen vom Mars. Es gibt allerdings auch Theorien für die nichtbiologische Entstehung solcher Strukturen. (a: NASA, b: NASA/JPL)

ausgerichtete Steine. Der Rover nahm rund 20 chemische Analysen von Gesteinsproben in der Umgebung der Landeposition vor. Dort sieht der Boden rostrot aus und ist reich an Schwefel; woher dieser Schwefel stammt, ist ein Rätsel, ebenso wie die Herkunft des siliciumreichen Quarzes auf Felsen wie Barnacle Bill.

Beobachtungen aus der Umlaufbahn zeigen, dass die Nördliche Ebene einst von einer Küstenlinie umschlossen war, also ein Ozean gewesen sein könnte. Diese Theorie wird gestützt von der chemischen Analyse eines 1,2 Mrd. Jahre alten Marsmeteoriten, in dem sich Reste von Salzen fanden, die durch das Austrocknen eines Gewässers dort abgelagert worden sein könnten.

5.13 Die Suche nach (Mikro-)Leben auf dem Mars geht weiter

Die Entdeckung, dass es auf dem Mars ein flüssiges Wasser gegeben hat, fachte in den 1960er Jahren die Spekulationen über Bewohner des Roten Planeten wieder an. Zwar glaubte niemand mehr an eine hochentwickelte Gesellschaft mit bewässerten Feldern, aber mikroskopisches Leben schien denkbar. Die Suche nach Spuren organischer Stoffe gehörte zu den wichtigsten Zielen der ambitionierten und äußerst erfolgreichen Viking-Missionen.

Die beiden Viking-Sonden, gestartet im Sommer 1975, bestanden aus je zwei Teilen – einem Orbiter und einem Landegerät. Ein knappes Jahr später setzten beide Landegeräte weich auf den felsigen Ebenen nördlich des Marsäquators auf.

? Welches Eis auf dem Mars ändert seine Gestalt heute dynamischer – Wassereis oder gefrorenes Kohlendioxid?

Die Landegeräte bestätigten, dass die rote Farbe des Planeten – wie schon lange vermutet – durch einen großen Eisenanteil des Bodens verursacht wird. Ungeachtet dieses Eisengehalts ist die mittlere Dichte des Mars mit 3950 kg/m^3 jedoch geringer als die aller anderen erdähnlichen Planeten (Merkur, Venus, Erde mit jeweils über 5000 kg/m^3). Insgesamt muss Mars also weniger Eisen enthalten als die drei anderen genannten Planeten.

Gesteinsproben, die beide Landegeräte unter dem Regolith ausgruben und analysierten, bestanden im Wesentlichen aus Eisen, Silicium und Schwefel. Die Konsistenz des Regolith (Abb. 5.35) ist tonig bis sandig, allerdings ist die chemische Zusammensetzung anders als die von irdischem Ton oder Sand. Jedes Landegerät (siehe Abb. 13.1) war mit einem kompakten biologischen Labor ausgerüstet, um im Marsboden nach Mikroorganismen zu fahnden. Drei biologische Experimente wurden vorgenommen. Sie basierten auf dem Gedanken, dass Lebewesen ihre Umwelt verändern: Sie ernähren sich, sie atmen und sie hinterlassen Abfallstoffe. Also wurden dem Regolith Proben entnommen, mit oder ohne Nährstoffangebot in geschlossene Behälter gebracht und eine Zeit lang beobachtet.

Die ersten Resultate, die Viking zur Erde funkte, verursachten große Aufregung: In fast allen Fällen wurden schnelle, deutliche Veränderungen des Inhalts der verschlossenen Behälter verzeichnet. Weitere Analysen zeigten jedoch, dass diese Veränderungen ausschließlich auf nichtbiologische chemische Prozesse zurückzuführen waren. Offenbar ist der Mars-Regolith reich an Substanzen, die beim Anfeuchten aufschäumen: Das Material enthält große Mengen Sauerstoff, gebunden in wenig stabilen Chemikalien (*Peroxiden* und *Superoxiden*), die beim Kontakt mit Wasser unter Freisetzung von Sauerstoff zerfallen.

Ursachen der Reaktionsfreudigkeit des Regoliths sind die Ultraviolettstrahlung der Sonne und elektrische Aktivitäten innerhalb der Windhosen. Ultraviolette Photonen schlagen aus Kohlendioxid- und Wassermolekülen (CO_2 bzw. H_2O) Sauerstoffatome heraus und erzeugen in oberflächennahen Schichten hochreaktives Ozon (O_3) und Wasserstoffperoxid (H_2O_2); all diese sauerstoffreichen Spezies werden im Regolith gebunden. Die Windhosen saugen große Mengen Staub vom Boden auf und verwandeln ihn in zahlreiche Verbindungen.

? Offensichtlich kommt viel Ultraviolettstrahlung von der Sonne auf der Oberfläche des Mars an. Was sagt das über die Marsatmosphäre aus?

Auf der Erde wird Wasserstoffperoxid als Desinfektionsmittel verwendet. Tropft man es auf eine offene Wunde, dann zischt es und schäumt auf, weil der locker gebundene Sauerstoff mit organischem Material reagiert und Keime zerstört. Vielleicht konnten die Viking-Missionen keine Spur organischer Verbindungen auf dem Mars finden, weil die Peroxide und Superoxide den Boden sterilisieren.

6 2003 wiesen Astronomen in der Marsatmosphäre Methan nach. Diese Entdeckung ist sehr reizvoll, weil Methan im Laufe einiger Jahrhunderte vom Sonnenlicht zerstört wird. Kommt es heute noch in der Marsatmosphäre vor, muss es laufend ersetzt werden. Die einfache Verbindung CH_4 entsteht oft als Nebenprodukt biologischer Aktivität (man denke z. B. an Kühe); außerdem wurde Methan während der Entstehung von Planeten wie der Erde und vielleicht auch Mars in deren Innerem eingeschlossen und dringt allmählich nach außen. Dass die Marsatmosphäre Methan enthält, könnte also ein Hinweis auf die fortdauernde Tätigkeit primitiver Lebensformen unter der Oberfläche sein, ist aber noch längst kein Beweis dafür.

Mögliche Spuren uralten Lebens auf dem Mars wurden möglicherweise auf der Erde gefunden, und zwar in Marsmeteoriten. Als Forscher sie aufbrachen,

R I V U X G

Abb. 5.35 Regolith auf dem Mars. Spirits Räder wühlten den Regolith auf. Unmittelbar unter der Oberfläche zeigen sich schwefelhaltige Salze. (NASA/JPL/Cornell)

fanden sie in einigen mikroskopische Strukturen, die als Fossilien von Bakterien und deren Ausscheidungen gedeutet werden könnten (siehe Abb. 5.34b). Mit Abmessungen von maximal 500 nm (das ist 1/1000 des Durchmessers eines Menschenhaars) sind diese Strukturen 30-mal kleiner als typische irdische Bakterien. Bei der ausführlichen Analyse der Meteoriten 2001 kamen mehrere Merkmale organischen Ursprungs zum Vorschein, darunter winzige Kügelchen, wie man sie auch bei einigen Bakterien auf der Erde findet, und Magnetitkristalle, die manche irdischen Bakterien als Kompass zur Nahrungssuche benutzen. Die Debatte darüber, ob die Strukturen in den Meteoriten tatsächlich als Spuren von Leben angesehen werden können, hält seit mehreren Jahren unvermindert an; eine endgültige Antwort gibt es noch nicht. (Dabei sollte nicht unerwähnt bleiben, dass ähnliche Behauptungen aus den 1960er Jahren, Marsfossilien gefunden zu haben, widerlegt wurden.)

Die Suche nach Mikroorganismen auf dem Mars ist noch nicht beendet. Falls es unter der Oberfläche flüssiges Wasser gibt, kann es durchaus sein, dass sich darin Leben entwickelt hat und noch existiert. Genährt wird diese Hoffnung von den Lebensformen auf der Erde, die unglaublich vielfältige Lebensräume für sich erobert haben, von den Vulkanschloten am Meeresboden bis zu Geysiren und einem See unter der Eisdecke der Antarktis.

5.14 Die beiden Marsmonde sehen aus wie Kartoffeln

Zwei winzige Monde umrunden den Mars, *Phobos* und *Deimos* (griechisch für „Angst“ und „Schrecken“). Sie sind so klein, dass sie erst 1877 überhaupt entdeckt wurden. In der griechischen Mythologie gehören die beiden Namen den Söhnen, die Aphrodite von Mars empfing, oder den beiden Rössern, die den Streitwagen des Mars ziehen. Suchen Sie sich aus, was Ihnen besser gefällt.

Der innere, größere Mond, der kartoffelförmige Phobos (Abb. 5.36), ist von vielen Kratern zerklüftet. Seine Oberfläche wurde von unzähligen Mikrometeoriten im Laufe der Jahrmilliarden mindestens 1 m dick zu Staub zermahlen. Etwas weniger Krater finden sich auf Deimos (Abb. 5.36).

Phobos und Deimos bewegen sich in der gleichen Richtung um den Mars, in welcher der Mars selbst rotiert, wie wir es auch bei Erde und Erdmond beobachten. Der Radius der Umlaufbahn des Phobos ist jedoch so gering, dass dieser Mond täglich drei Umläufe absolviert. Einem Zuschauer auf dem Mars bietet sich deshalb ein ungewöhnliches Schauspiel: Phobos geht im Westen auf, jagt in 5 1/2 Stunden (vom Äquator aus gesehen) über den Himmel und geht im Osten unter; Deimos geht im Osten auf und kriecht im Laufe von rund drei Erdentagen westwärts über das Firmament.

Phobos und Deimos wurden nicht aus dem Mars herausgeschlagen wie wahrscheinlich der Erdmond aus der Erde, sondern von Mars eingefangen. Beide Monde laufen in gebundener Rotation um den Roten Planeten.

Einblicke in die Wissenschaft

Wie stellt man sich den Mond vor? Die Bedeutung von Begriffen im Alltagsgebrauch kann uns in der Astronomie in die Irre führen. Unter einem *Mond* beispielsweise stellt sich jeder eine Kugel vor, wie der Erdmond eine ist. In Wirklichkeit sind die meisten Monde des Sonnensystems ganz und gar nicht regelmäßig geformt, wie Sie an Phobos und Deimos sehen.

5.15 Der Vergleich der Planeten vermittelt neue Einblicke

Nachdem wir die erdähnlichen Planeten nun einzeln besprochen haben, kann es nützlich sein, sie in ihren Eigenschaften untereinander und mit der Erde zu vergleichen. Eine zusammenfassende Gegenüberstellung finden Sie in Tab. 5.1.

Größe und Masse Der größte und massereichste der vier erdähnlichen Planeten ist die Erde. In dieser Hinsicht ist die Venus unser Schwesterplanet mit 95 % des Erddurchmessers und 82 % der Erdmasse. Mars ist der Erde zwar in vielen anderen Eigenschaften (Entwicklung der Oberflächengewässer, Rotationsgeschwindigkeit) am ähnlichsten, aber sein Durchmesser ist nur reichlich halb so groß (53 %) wie der der Erde, seine Masse beträgt gar nur 11 %. Merkur schließlich ist am ehesten dem Erdmond vergleichbar mit spärlichen 38 % des Erddurchmessers und gerade

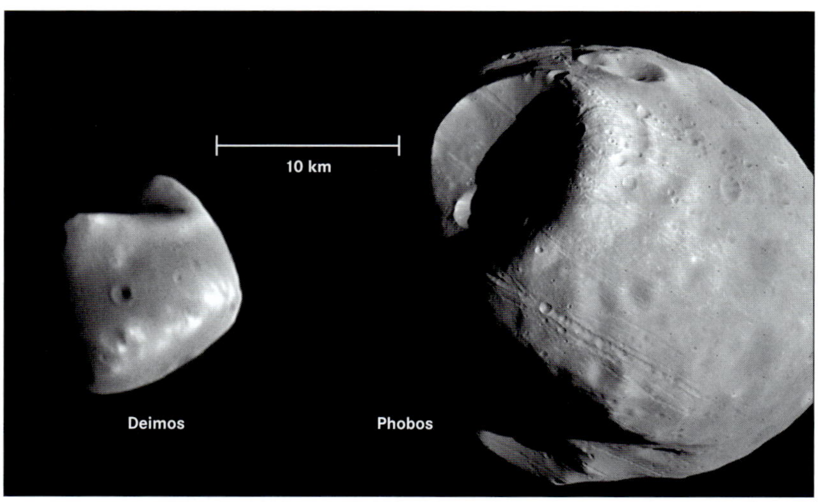

R I V U X G

Abb. 5.36 Phobos und Deimos. Phobos, der größere der beiden Marsmonde, sieht aus wie eine Riesenkartoffel mit den Maßen 28 × 23 × 20 km. Das dominante Merkmal ist der Krater Stickney, benannt nach Angeline Stickney, der Gattin des Entdeckers Asaph Hall. Deimos ist weniger von Kratern zerfurcht; er ist ungefähr 16 × 12 × 10 km groß. (Links: European Space Agency; rechts: Dr. Edwin V. Bell/NSSDC/Raytheon ITSS)

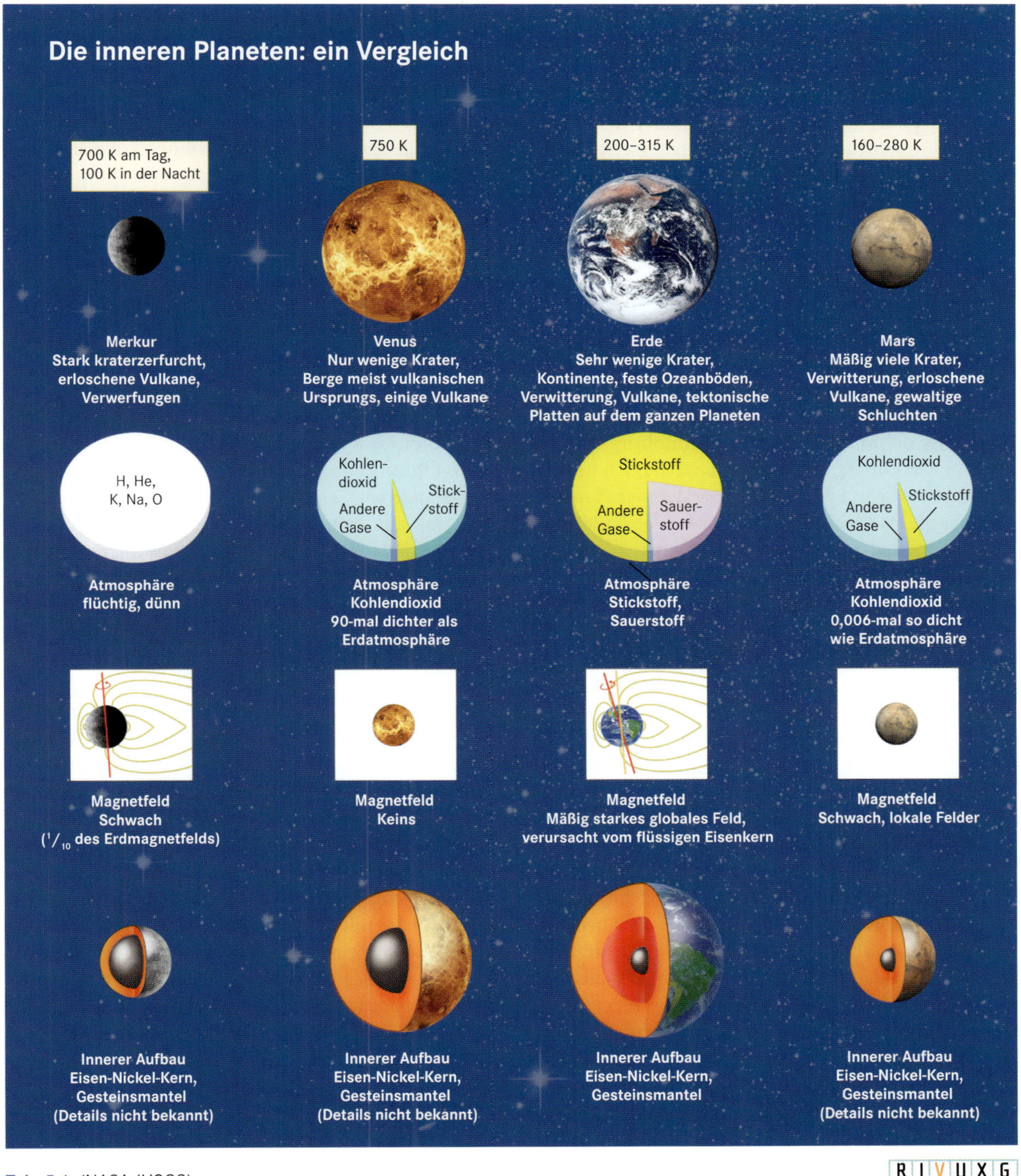

Tab. 5.1 (NASA/USGS)

einmal 5,5 % der Erdmasse. Tatsächlich ist Merkur nur 1,4-mal so groß wie unser Mond.

Oberflächengestalt Auf allen vier erdähnlichen Planeten gibt es Krater, in großer Zahl aber nur auf dem Merkur (wie auf dem Erdmond). Die Venuskrater wurden überwiegend eingeschmolzen oder mit Magma bedeckt; die Marskrater verschwanden durch Erosion und Verwitterung; auf der Erde löschten die tektonischen Plattenbewegungen und die Verwitterung die Spuren der meisten Krater aus. Die Venus verfügt wie die Erde über kontinentähnliche Hochebenen und Becken, die Ozeanböden vergleichbar sind. Die Nordhemisphäre des Mars liegt deutlich höher als der Rest des Planeten, Kontinenten vergleichbare Strukturen findet man aber nicht. Die Oberfläche des Merkur weist keine bedeutenden Höhenunterschiede auf. Auf allen vier erdähnlichen Planeten gibt es Vulkane; auf dem Mars und dem Merkur sind sie allerdings erloschen. Erosion durch Wasser findet oder fand nur auf der Erde und dem Mars statt.

? Müsste der Radius der Umlaufbahn unseres Monds größer oder kleiner sein, damit dieser – bei gleicher Bahnrichtung – im Westen aufginge?

Innerer Aufbau Der chemische Aufbau der vier erdähnlichen Planeten ist ähnlich: Die Kerne bestehen überwiegend aus Eisen und sind von einem Gesteinsmantel umgeben. Von Venus, Erde und Mars weiß man, dass die Kerne teilweise geschmolzen sind. Ob dies auf Merkur auch zutrifft, muss sich noch herausstellen. Merkur ist zwar der kleinste der vier Planeten, hat aber die größte mittlere Dichte, was bedeutet, dass sein Eisenanteil unter diesen Planeten (genauer gesagt, unter allen Planeten des Sonnensystems) am höchsten ist. Die Ursache dafür ist wahrscheinlich, dass Merkur größere Anteile seines Mantels als alle anderen Planeten durch Meteoriteneinschläge verlor.

Wasser Den größten Wassergehalt aller erdähnlichen Planeten weist die Erde auf. Mars verfügt über Wassereis an der Oberfläche oder in oberflächennahen Schichten; ob es tief in seinem Inneren auch flüssiges Wasser gibt, ist noch zu erforschen. Venus ist, verglichen mit Erde und Mars, eine trockene Welt, weil ihre Oberfläche so heiß ist, dass alles Wasser längst verdampft ist; Gewässer unter der Oberfläche wurden vermutlich größtenteils durch Vulkane oder beim regelmäßigen Aufschmelzen der Kruste nach draußen befördert. An den Polen des Merkur gibt es anscheinend ein bisschen Wassereis (sehr viel weniger als auf der Erde oder dem Mars), das nach dem Einschlag wasserreicher Kometen dort zurückblieb. Der hohe Eisengehalt des Merkur lässt darauf schließen, dass wasserführende Schichten der Kruste vor langer Zeit bei Meteoriteneinschlägen auf dem jungen Planeten abgesprengt und in den Raum geschleudert wurden.

Atmosphäre Die dichteste Atmosphäre aller erdähnlichen Planeten hat die Venus. Sie enthält rund 90-mal so viel Gas wie unsere Atemluft und besteht, neben etwas Stickstoff, vorwiegend aus Kohlendioxid. Diese dicke Gashülle sorgte dafür, dass nur die massereichsten Meteoriten die Venusoberfläche erreichten, was – neben dem vermutlich periodischen Aufschmelzen der Kruste – die Ursache dafür ist, dass man auf der Venus wenige Krater findet. Ähnlich wie die Venusatmosphäre zusammengesetzt, aber viel dünner (0,6 % der irdischen Lufthülle) ist die Atmosphäre des Mars. Sie hält zwar kaum Meteoriten ab, aber deren zahlreiche Krater wurden im Laufe der Jahrmilliarden durch starke Erosion (vor allem vom Wind) geschliffen.

Die Erde verfügte ursprünglich über eine ähnlich zusammengesetzte Atmosphäre wie die Venus. Wasser und Lebewesen verwandelten sie jedoch in das Stickstoff-Sauerstoff-Gemisch, das wir heute atmen. Auch die Erdatmosphäre bietet einen wirksamen Schutz vor Meteoriteneinschlägen. Viele Krater wurden zudem durch tektonische Bewegungen der Platten, die zumindest in unserer Zeit eine Spezialität der Erde zu sein scheinen, getilgt. Die Masse des Merkur genügt nicht, um durch Gravitation eine Gashülle festzuhalten. Die sehr dünne Atmosphäre besteht aus vorübergehend eingefangenen Gasen aus der Sonne und aus Substanzen, die aus dem Gestein ausgasen, ständig in den Weltraum davonfliegen und aus dem Inneren des Planeten wieder nachgeliefert werden. Mit seiner dünnen Atmosphäre und seiner seit Jahrmilliarden nicht durch innere Aktivitäten überformten Oberfläche ist Merkur der kraterreichste aller erdähnlichen Planeten.

Temperatur Die Temperaturverhältnisse auf den erdähnlichen Planeten sind auf den ersten Blick verblüffend. Merkur, der sonnennächste Planet, wird am Tag bis zu 700 K (430 °C) heiß; da er kaum eine Atmosphäre besitzt, gibt er nachts den größten Teil der Energie in den Weltraum ab und wird bis zu 100 K (–170 °C) kalt, eisiger als jeder andere erdähnliche Planet. Die Temperatur auf der Venus bestimmt die dicke Atmosphäre mit dem starken Treibhauseffekt, der aus dem Planeten einen 750 K (480 °C) heißen Backofen macht – heißer als selbst der Merkur. Die Oberflächentemperatur der Erde schwankt zwischen etwa 330 K (55 °C) und 180 K (–95 °C); nur wenig kälter wird es auf dem Mars (280 K/5 °C bis 160 K/–115 °C).

Rotation und Magnetfelder Alle erdähnlichen Planeten rotieren. Der Sonnentag der Erde ist mit 24 h der kürzeste. Die schnelle Rotation erzeugt in Verbindung mit dem flüssigen, leitfähigen Eisenkern ein starkes globales Magnetfeld. Auf dem Mars ist der Tag nur wenig länger (24 h 39 min), aber sein geschmolzener Eisenkern ist viel kleiner als jener der Erde. Deshalb verfügt er nur über lokale Magnetfelder, nicht über eine globale Magnetosphäre. Die Sonnentage der Venus (117 irdische Tage) und des Merkur (176 irdische Tage) sind, mit irdischen Maßstäben gemessen, extrem lang. Ein Merkurtag dauert zwei Merkurjahre!

Um die Venus wurde kein Magnetfeld nachgewiesen. Das Magnetfeld des Merkur ist schwach und wird vielleicht von den großen Eisenmengen in seinem Inneren verursacht.

Die äußeren Planeten

Eine Reise zum Mars, zur Erkundung seiner Schluchten und eisbedeckten Pole, können wir uns durchaus vorstellen. Selbst Venus und Merkur kommen unseren Vorstellungen von einem „Lebensraum" noch halbwegs nahe. Wenig Ähnlichkeit jedoch finden wir zwischen der Erde und den äußeren Riesenplaneten Jupiter, Saturn, Uranus und Neptun. Bis vor Kurzem wurde Pluto ebenfalls zu den äußeren Planeten gezählt; wie in Anhang F beschrieben, hat sich die Nomenklatur geändert, und Pluto gilt jetzt als Zwergplanet. Damit ist er Gegenstand von Kapitel 6.

Die vier Riesenwelten haben keine feste Oberfläche. Sie sind so groß, rotieren so schnell und sind chemisch so absonderlich zusammengesetzt, dass jedem klar wird: Hier ist man tatsächlich nicht mehr auf der Erde. Kein irdisches Phänomen ist mit den wirbelnden rotbraunen Wolken des Jupiter, dem wandelbaren Ringsystem des Saturn oder den grünblauen Wolkenschichten des Uranus und Neptun vergleichbar. Die vier äußeren Planeten verfügen gemeinsam über mindestens 163 Monde mit unterschiedlichsten Gestalten, Größen, Oberflächen und Eigenschaften. Einige dieser Monde haben Kerne aus Wassereis, auf einigen gibt es Vulkane, andere sind an der Oberfläche mit Eis bedeckt. Titan verfügt über eine dicke Atmosphäre, und Hyperion kann man mit Fug und Recht als bizarrstes Objekt des ganzen Sonnensystems bezeichnen. Unsere Erkundungstour durch die Region der äußeren Planeten beginnen wir beim majestätischen Jupiter.

Jupiter

Mit seinen vielfarbigen Streifen, unterbrochen von weißen und braunen ovalen Flecken, ist Jupiter eine völlig andere Welt als die erdähnlichen Planeten. Schon mit einem guten Fernglas (siehe Abb. 2.11) kann man bis zu vier seiner Monde sehen. Hochaufgelöste Bilder, wie Sie sie in diesem Kapitel finden, zeigen eine Welt von atemberaubender Schönheit.

7 Jupiter ist der größte Planet des Sonnensystems. 1300 Erdkugeln könnte man in seinem Volumen unterbringen (Abb. 5.37). Astronomen haben die Umlaufzeiten der Jupitermonde in die Kepler'schen Gesetze eingesetzt und so ermittelt, dass die Masse des Jupiters 318-mal so groß ist wie die der Erde – und damit nicht genug: Die Masse des Jupiters ist mehr als zweieinhalbmal so groß wie die aller anderen Planeten des Sonnensystems zusammengenommen! Diese ungeheure Masse gab Anlass zu der modernen Legende, Jupiter sei ein nicht gezündeter Stern, ein Himmelskörper, der fast massereich genug ist, um selbst zu leuchten wie die Sonne, die wir in Kapitel 7 besprechen werden. Tatsache ist aber, dass erst eine 75-fache Jupitermasse ausreichen würde, um die Kernfusion zu zünden und damit die Energiefreisetzung zu starten, an der wir die Bezeichnung „Stern" festmachen. Trotzdem gibt Jupiter rund doppelt so viel Energie ab, wie er von der Sonne auffängt. Die zusätzliche Energie stammt aus dem Zerfall radioaktiver Elemente in seinem Inneren und aus der Kontraktion des gesamten Himmelskörpers, dessen Durchmesser pro Jahrhundert um knapp 10 cm abnimmt.

5.16 Die äußere Gashülle des Jupiter ist ein dynamisches Gebiet mit Stürmen und Wolkenwirbeln

Jupiter ist ständig in Wolken gehüllt (siehe Abb. 5.37). Weil der Riese so schnell rotiert – mit einer Umdrehung in 10 h schneller als jeder andere Planet –, ist die Wolkenschicht unablässig in Bewegung und in schmale Bänder geteilt, die sich entlang der Breitengrade erstrecken. Schon durch ein Amateurteleskop kann man die dunkelrötlichen **Gürtel** von den helleren **Zonen** unterscheiden. Es handelt sich dabei um Gasströme in Ost-West-Richtung, die sich kaum nach Norden oder Süden verschieben. Die Winde auf der langsamer rotierenden Erde dagegen wandern über große Breitengradbereiche (siehe Abb. 4.1).

Die Gürtel und Zonen des Jupiter bilden den Rahmen für dynamische Wolkenmuster und Wirbelstürme, die strukturell den irdischen Hurrikanen oder Zyklonen ähneln. Man unterscheidet *weiße Ovale* und *braune Ovale* (Abb. 5.38). Weiße Ovale sind, wie Beobachtungen zeigten, kühle Wolken oberhalb der durchschnittlichen Höhe der Wolkenschicht; braune Ovale sind warme Wolken in tieferen Schichten, zu sehen durch Löcher in der allgemeinen Wolkendecke. Solche Phänomene dauern wenige Stunden bis Jahrhunderte. Computermodelle vermitteln einen Eindruck, wie die Wolkenbilder des Jupiter aussähen, wenn man die Atmosphäre abwickeln könnte wie ein Stück Papier (Abb. 5.39).

Jupiter: Zahlen und Fakten — Planetensymbol: ♃

Abstand von der Erde (Mittelpunkt zu Mittelpunkt):	Mittlerer: $7{,}78 \cdot 10^8$ km (5,20 AE) Maximum: $8{,}16 \cdot 10^8$ km (5,46 AE) Minimum: $4{,}95 \cdot 10^8$ km (4,95 AE)
Bahnexzentrizität:	0,048
Mittlere Bahngeschwindigkeit:	13,1 km/s
Umlaufperiode:	11,86 Jahre
Rotationsperiode am Äquator:	9 h 50 min 28 s
Rotationsperiode im Inneren:	9 h 55 min 30 s
Neigung des Äquators gegen die Ebene der Umlaufbahn:	3,12°
Neigung des Äquators gegen die Ebene der Ekliptik:	1,30°
Radius am Äquator:	71.490 km (11,21 $R_\oplus$)
Radius an den Polen:	66.850 km (10,48 $R_\oplus$)
Masse:	$1{,}90 \cdot 10^{27}$ kg (318 $M_\oplus$)
Mittlere Dichte:	1330 kg/m^3 ($0{,}241 \cdot$ Dichte der Erde)
Fluchtgeschwindigkeit:	60,2 km/s
Gravitation an der Oberfläche (Erde = 1):	2,36
Albedo:	0,52
Mittlere Temperatur an der Oberseite der Wolkenschicht:	−108 °C = 165 K
Zusammensetzung der Atmosphäre (Molekülprozent):	86,2 % Wasserstoff (H_2), 13,6 % Helium (He), 0,2 % Methan (CH_4), Ammoniak (NH_3), Wasserdampf (H_2O) und andere Gase

R I V U X G

Abb. 5.37 Jupiter: Statistik. Das Bild rechts (1979) verdanken wir der Sonde Voyager 1. In den wirbelnden Wolkenbergen des Riesenplaneten sind Strukturen mit Durchmessern bis hinunter zu 600 km aufgelöst. Gut erkennbar sind die komplexen Wolkenbewegungen, die den Großen Roten Fleck umgeben. Die Rotationsgeschwindigkeit der Wolken hängt vom Breitengrad ab. Zum Größenvergleich ist rechts unten ein Bild der Erde eingefügt. (NASA/JPL; kleines Bild: NASA)

8 Das auffälligste Merkmal des Jupiter ist der **Große Rote Fleck** (Abb. 5.40), dessen Ausmaße zwar veränderlich, aber stets so riesig sind, dass er auch mit einem kleinen Fernrohr beobachtet werden kann. Gegenwärtig ist er ungefähr 25.000 km lang und 12.000 km breit; in dieses Gebiet passt die Erde zweimal nebeneinander hinein. Der Große Rote Fleck wurde um 1656 erstmals gesichtet, entweder von dem englischen Forscher Robert Hooke oder von dem italienischen Astronomen Giovanni Cassini. Es ist aber durchaus möglich, dass er schon viel älter ist und mit den frühen Fernrohren nur nicht gesehen werden konnte.

Der Große Rote Fleck ist ein Hurrikan oder taifunähnlicher Wirbelsturm von Gasströmen. Die aus dem Inneren des Jupiter aufsteigende Wärme hält ihn seit über drei Jahrhunderten stabil. (Überlegen Sie sich, wie das irdische Leben aussähe, wenn Taifune jahrhundertelang über die Erdoberfläche fegen würden!) Zwischen 1998 und 2000 schlossen sich drei kleinere weiße Stürme zu einem größeren weißen Oval zusammen (Abb. 5.41a–d), das sich 2006 zu einem roten Fleck weiterentwickelte (Abb. 5.41e links). Dieser *Kleine* oder *Zweite Rote Fleck* ähnelt in der Struktur seinem großen Bruder und befindet sich auf ungefähr demselben Breitengrad (Abb. 5.41e). Die Ursache der Farbe ist in beiden Fällen noch unklar und wird gegenwärtig erforscht.

1690 entdeckte Cassini, dass die Geschwindigkeit der Jupiterwolken vom Breitengrad abhängt. Diesen Effekt nennt man **differenzielle Rotation**: In den Polregionen ist die Rotationsperiode mit 9 h 55 min 30 s

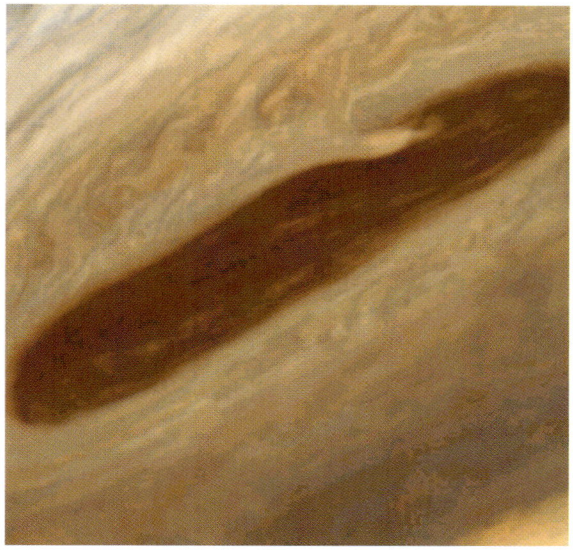

Abb. 5.38 Nahaufnahmen der Jupiteratmosphäre. Das beeindruckend schöne Erscheinungsbild des Jupiter mit seinen farbigen Bandmustern wird von den dynamischen Winden, der schnellen Rotation, inneren wärmeerzeugenden Prozessen und der komplexen chemischen Zusammensetzung des Planeten erzeugt. (a) Bild der Südhalbkugel, aufgenommen von Voyager 2. Man sieht ein weißes Oval, das schon mehr als 40 Jahre lang existiert. (b) Bild der Nordhalbkugel (Voyager 2) mit einem braunen Oval, das von einer weißen Wolke in der Hochatmosphäre überlagert wird. (NASA)

rund 5 min länger als in der Äquatorregion. Außerdem ziehen die Wolken über verschiedenen Breitengraden in entgegengesetzte Richtungen (ostwärts oder westwärts). An den Grenzen zwischen den Bändern kommt es zur Reibung und dadurch zu optisch eindrucksvollen Verwirbelungen (siehe Abb. 5.38). Die Wechselwirkung der Wolkenzonen trägt auch zur Stabilisierung von Wirbelstürmen wie dem Großen Roten Fleck bei.

Auf die chemische Zusammensetzung des Jupiter schlossen die Astronomen zunächst aus der mittleren Dichte des Gasriesen, die bei nur 1330 kg/m^2 liegt. Aus Abschnitt 2.13 wissen Sie, dass die mittlere Dichte gleich dem Quotienten aus Masse und Volumen ist. Die Masse erhalten wir aus dem dritten Kepler'schen Gesetz und den Umlaufperioden der Monde, den Durchmesser (und daraus das Volumen) ermitteln wir trigonometrisch aus dem Ab- 9

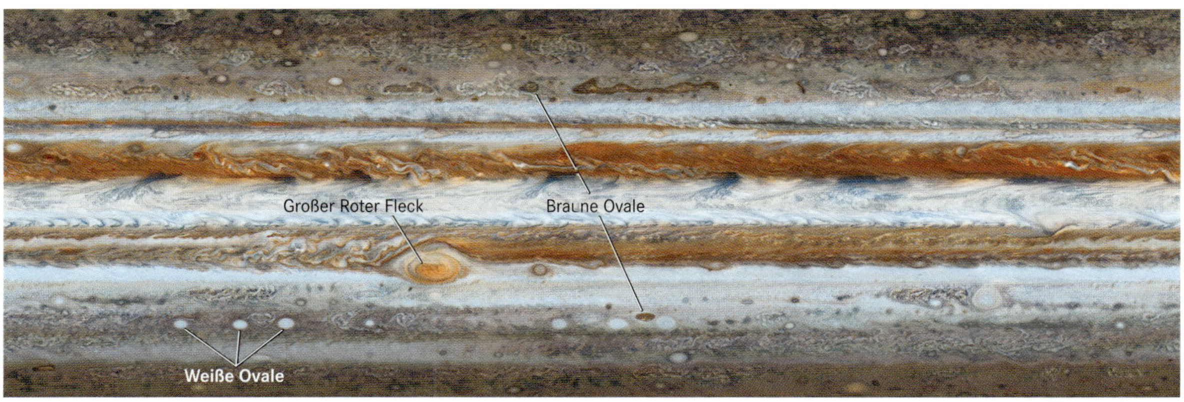

Abb. 5.39 Jupiters Oberfläche, abgerollt. Bilder der Sonde Cassini wurden eingeebnet und zu dieser „Karte" des Jupiter zusammengesetzt. In den Polregionen fehlt die Bandstruktur. (Mit freundlicher Genehmigung von NASA/JPL-Caltech)

R I V U X G

Abb. 5.40 Der Große Rote Fleck. Echtfarbenbild, aufgezeichnet von der Sonde Galileo 1996. Dieser Anblick würde sich Ihnen bieten, wenn Sie in einem Raumschiff über den Großen Roten Fleck hinwegfliegen könnten. In dem Wirbelsturm rotieren die Gase entgegen dem Uhrzeigersinn einmal in sechs Tagen. Wolken, die auf den Fleck treffen, werden um ihn herumgezwungen; besonders turbulent (wie Teig in einem zweischneidigen Mixer) wird das System, wenn sich andere Ovale dem Großen Roten Fleck nähern. (Mit freundlicher Genehmigung von NASA/JPL-Caltech)

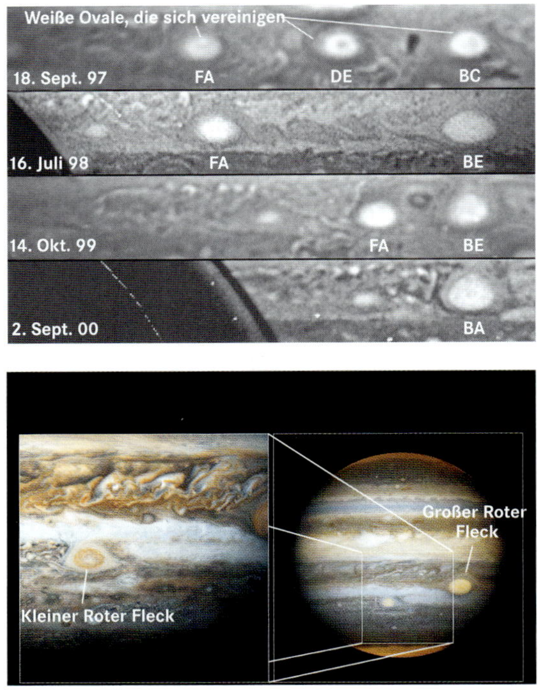

R I V U X G

Abb. 5.41 Entstehung des Kleinen Roten Flecks. (a–d) Vor 1998 bewegten sich die drei weißen Ovale FA, DE und BC 60 Jahre lang gemeinsam auf demselben Breitengrad des Jupiter. Zwischen 1998 und 2000 vereinigten sie sich zu einem weißen Oval BA, das 2006 die Farbe wechselte (e) und zum „Kleinen" oder „Zweiten" Roten Fleck wurde. (a–d: NASA/JPL/WFPC2; e: NASA, ESA, A. Simon-Miller, NASA/GSFC und I. de Pater, University of California, Berkeley)

stand zwischen Erde und Jupiter und dem Winkeldurchmesser des Jupiter am Nachthimmel. Die niedrige Dichte bedeutet, dass Jupiter vorwiegend aus den leichten Elementen Wasserstoff und Helium bestehen muss, die einen relativ kleinen, festen Kern aus Gestein und Metallen umgeben. Auf der Oberfläche des Planeten gibt es keine Kontinente, Inseln oder Meere aus flüssigem Wasser.

Mehr über die Einzelheiten der chemischen Zusammensetzung der oberen Jupiterschichten entnehmen wir aus Spektren, die erdgebundene Fernrohre sowie die 1995 in die Jupiter-Hochatmosphäre abgesetzte Sonde Galileo lieferten. Rund 86 % aller Atome des Jupiter sind Wasserstoff, 13 % sind Helium. Das verbleibende Prozent entfällt auf molekulare Verbindungen wie Methan (CH_4), Ammoniak (NH_3) und Wasserdampf (H_2O). Diese Anteile an der Atomzahl können wir unter Zuhilfenahme der Atommassen der Elemente in Massenanteile umrechnen. Die Jupiteratmosphäre besteht demnach aus 75 % Wasserstoff, 24 % Helium und 1 % anderen Substanzen. Bezieht man die im Kern enthaltenen schwereren Elemente ein, erhält man folgende Zusammensetzung des gesamten Planeten: 71 % Wasserstoff, 24 % Helium, 5 % Elemente schwerer als Helium.

Beim Absinken in der Jupiteratmosphäre maß die Sonde Galileo Windgeschwindigkeiten von bis zu 600 km/h, unerwartet hohe Gasdichten und -temperaturen sowie unerwartet niedrige Konzentrationen von Wasser, Helium, Neon, Kohlenstoff, Sauerstoff und Schwefel. Der Grund dafür war möglicherweise, dass sich die Sonde über einem besonders trockenen Gebiet der Atmosphäre (einem *Hot Spot*) befand, vergleichbar der Luftschicht über einer Wüste auf der Erde.

Messdaten von Missionen zum Jupiter und seinen Monden wurden mit dem Atmosphärenmodell kombiniert, das zur Erklärung der Wolkenstruktur und Chemie des Gasriesen entwickelt worden ist. Daraus ergab sich, dass Jupiter im Wesentlichen über drei Wolkenschichten verfügt (Abb. 5.42a). Die obere Schicht besteht aus Kristallen gefrorenen Ammoniaks. Ammoniakeis ist aber ebenso weiß wie Wassereis; wie also kommen die Braun-, Rot- und Orangetönungen zustande? Die Antwort auf diese Frage wurde noch nicht gefunden. Manche Forscher nehmen an, hier spielen Schwefelverbindungen eine Rolle, die in Abhängigkeit von der Temperatur verschiedenste Farben annehmen können. Andere vermuten das Vor-

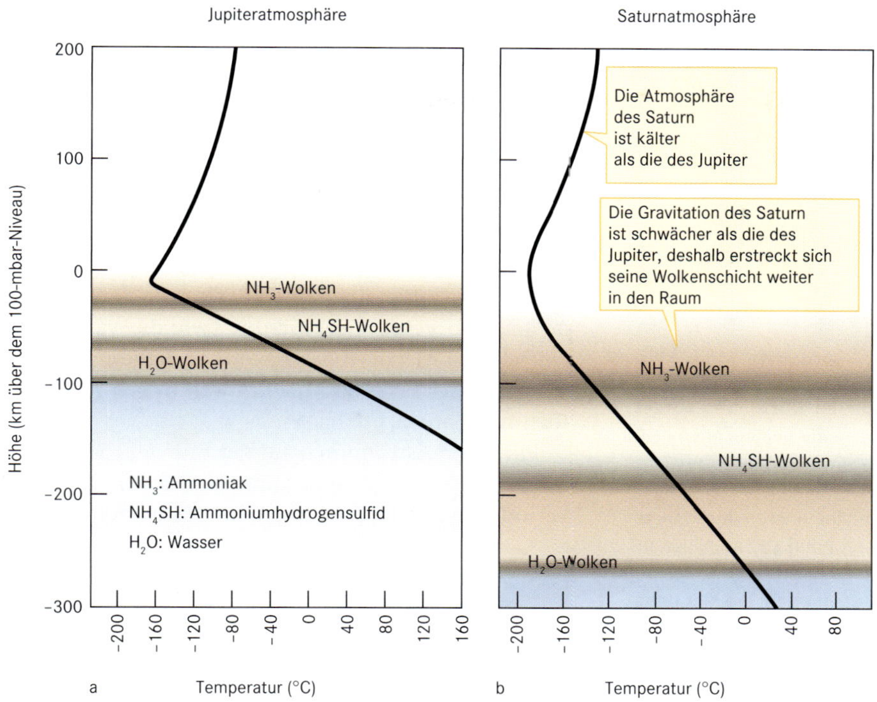

Abb. 5.42 Die oberen Schichten von Jupiter und Saturn. Die Diagramme zeigen Temperaturprofile der oberen Schichten von (a) Jupiter und (b) Saturn, die aus Messdaten im Radio- und Infrarotbereich erstellt wurden. Beide Profile weisen im Wesentlichen drei Schichten auf, die in ihren jeweiligen Farben dargestellt sind. Beobachtungen der Sonde Galileo deuten darauf hin, dass Jupiter nicht durchgängig von Wolken eingehüllt wird, sondern dass es auch relativ klare, wolkenfreie Gebiete gibt.

handensein von Phosphor, insbesondere im Großen Roten Fleck. Die mittlere Schicht enthält vorwiegend Ammoniumhydrogensulfid, die untere Wasserdampf.

Unterhalb der Wolken ist der Mantel des Planeten vollständig flüssig. Auf der Erde können wir eine klare Grenze zwischen flüssigen Meeren und gasförmiger Luft erkennen – springen Sie von einem Dreimeterbrett, und Sie werden zweifelsfrei feststellen, wann Sie ins Wasser eintauchen. Die Bedingungen, unter denen sich auf dem Jupiter der Wasserstoff verflüssigt, sind jedoch weit von den Bedingungen entfernt, mit denen wir normalerweise zu tun haben. Es gibt dort keine definierte Grenze zwischen gasförmiger Atmosphäre und flüssigem Mantel, sondern der Wasserstoff wird allmählich dichter, bis der Druck schließlich, 1000 km unterhalb des Beginns der Wolkendecke, so groß ist, dass wir das Medium als „Flüssigkeit" bezeichnen würden.

Zu Beginn unserer Diskussion über das Sonnensystem hatten wir festgestellt, dass sich die jungen Planeten beim Zusammenballen stark erhitzten. Der Zerfall radioaktiver Elemente sorgte anschließend dafür, dass die inneren Bereiche heiß blieben. Auf der Erde dringt ein Teil der Wärme durch Vulkane und andere Schlote an die Oberfläche. Jupiter hingegen strahlt überall Wärme ab, da er im Gegensatz zu den erdähnlichen Planeten nicht über Landmassen verfügt, die dies verhindern.

Blasen aus flüssigem Wasserstoff und Helium, erhitzt vom heißen Kern des Jupiter, steigen ständig in seiner Atmosphäre empor, erreichen die Obergrenze der Wolkenschicht, geben ihre Wärme ab und sinken wieder nach unten. (Derselbe Prozess, die *Konvektion*, setzt den Erdmantel und seine tektonischen Platten in Bewegung ähnlich wie eine Flüssigkeit, die Sie in einem Topf auf eine Heizplatte stellen; siehe dazu Abb. 4.8.) Durch die schnelle, differenzielle Rotation des Jupiter werden die Konvektionsströme zu Windzonen geformt, die mit unterschiedlicher Geschwindigkeit west- oder ostwärts über den Planeten fegen.

? Nennen Sie die beiden häufigsten Elemente in den oberen Schichten des Jupiter.

Gürtel und Zonen führen die Astronomen auf die gemeinsame Wirkung der Konvektion und der schnellen differenziellen Rotation zurück. Bis vor Kurzem nahmen sie an, die helleren Zonen seien Regionen heißer Aufwinde, die dunkleren Gürtel Regionen kühler Abwinde (Abb. 5.43). Hochaufgelöste Bilder, die die Sonde Cassini auf dem Weg zum Saturn beim Vorbeiflug am Jupiter zur Erde funkte, zeigen jedoch zahlreiche weiße Wolken, so klein, dass man sie von der Erde aus nicht sieht, die in den dunklen Gürteln aufsteigen, wohingegen das Gas in den Zonen sinkt. Offenbar ist also gerade das Gegenteil des ursprüng-

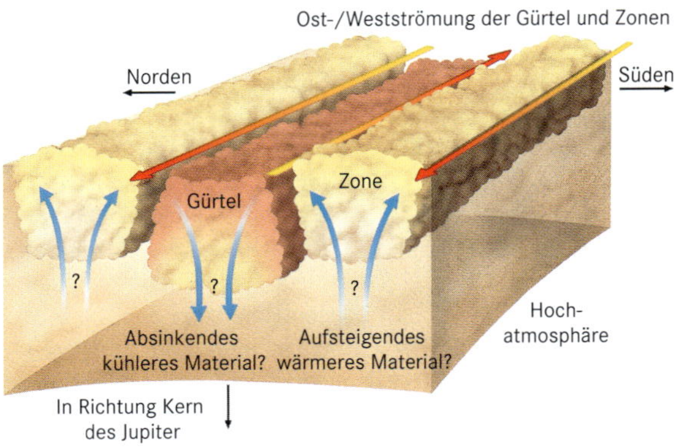

Abb. 5.43 Herkömmliches Modell der Gürtel und Zonen des Jupiter. Bis vor Kurzem hielt man die hellen Zonen in der Jupiteratmosphäre für Gebiete mit Aufwind und die dunkleren Gürtel für Gebiete mit Abwind. In den Zonen, so dachte man, steigen Gase auf, die durch Prozesse im Inneren des Planeten aufgeheizt wurden, kühlen sich weiter oben ab und bilden in der Hochatmosphäre Wolken. In den Gürteln hingegen sollten kühle Gase absinken und sich dabei aufheizen; die hier beobachteten Wolken befinden sich in geringerer Höhe als jene in den Zonen. Beobachtungen der Sonde Cassini, unterwegs zum Saturn, lassen allerdings genau das Gegenteil vermuten. Verfolgen Sie die Entwicklungen weiter! In jedem Fall aber entstehen die Wolkenbänder parallel zum Äquator durch die Wirkung der schnellen, differenziellen Rotation des Planeten auf die auf- und absteigenden Gasströme. Die differenzielle Rotation ist auch dafür verantwortlich, dass sich die Strömung an den Grenzen zwischen Zonen und Gürteln vorherrschend nach Ost oder West bewegt.

lichen Modells der Fall! Eine korrekte Erklärung für das Verhalten der Gase könnte Cassini in den kommenden Jahren durch die detaillierte Untersuchung der analogen Zonen und Gürtel auf dem Saturn (Abschnitt 5.24) ermöglichen.

5.17 Das Innere des Jupiter besteht aus vier Schichten

Wenn Sie gedanklich in der Jupiteratmosphäre absinken, bis Sie die gasförmige Hülle hinter sich gelassen haben, tauchen Sie zunächst in ein flüssiges Gemisch aus Helium und molekularem Wasserstoff ein. Wie in den Weltmeeren nimmt der Druck der Flüssigkeit mit der Tiefe zu. Die von der enormen Masse des Gasriesen hervorgerufene Gravitationskraft presst das Innere des Planeten zusammen und heizt es auf. So herrscht 20.000 km unterhalb der oberen Wolkengrenze ein Druck von 3 Mio. Atmosphären – das genügt, um Wasserstoff in einen **flüssigen metallischen Zustand** zu überführen (Abb. 5.44). Metallischer Wasserstoff verhält sich, wie der Name sagt, wie ein Metall, leitet also (ähnlich wie die Kupferdrähte in Ihrem Haushalt) Wärme und Elektrizität. Elektrische Ströme in dieser rotierenden Metallschicht erzeugen ein starkes planetares Magnetfeld (Abb. 5.45), dessen Feldstärke pro Quadratmeter in Höhe der Wolkenschicht 14-mal so hoch ist wie jene des Erdmagnetfelds in Höhe des Meeresspiegels. Die Magnetosphäre des Jupiter verfügt über einen Bereich, in dem geladene Teilchen gespeichert werden (wie die Van-Allen-Gürtel der Erde; in Abb. 5.45 orange dargestellt), dessen Ausläufer sich 700 Mio. km weit in den Raum, in Richtung Saturn, erstrecken.

Für einen Astronomen auf der Erde macht sich die Magnetosphäre des Jupiter nur als zyklisch (mit einer Periode von 9 h 55 min 30 s, der Geschwindigkeit der

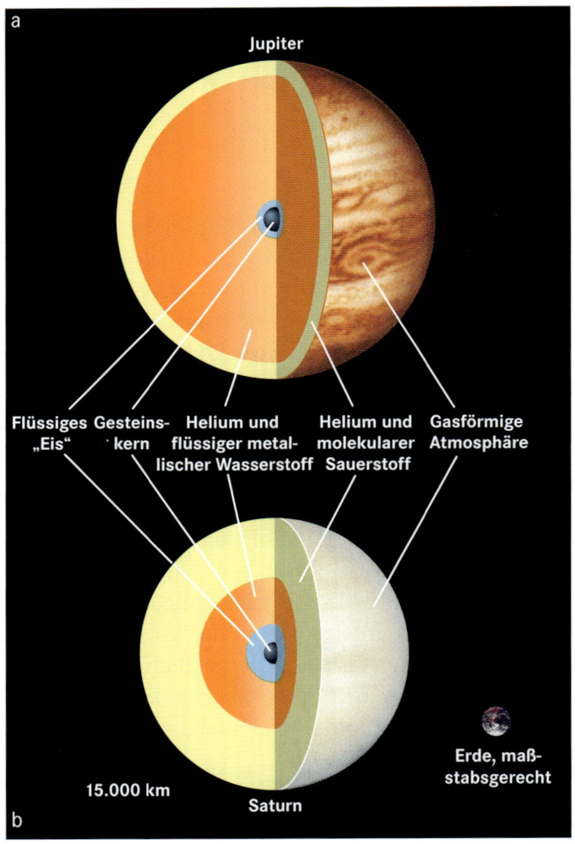

Abb. 5.44 Schnitte durch Jupiter und Saturn. Sowohl Jupiter als auch Saturn besteht im Inneren vermutlich aus vier Schichten: einem festen, erdähnlichen Gesteinskern, einer Schicht aus flüssigem „Eis“, einer Schicht aus flüssigem metallischem Wasserstoff und einem Mantel aus normalem flüssigem Wasserstoff. Die Atmosphären umgeben diese letzte Schicht in dünner Lage; ihre Gürtel und Zonen werden von emporsteigender, erhitzter Flüssigkeit gebildet.

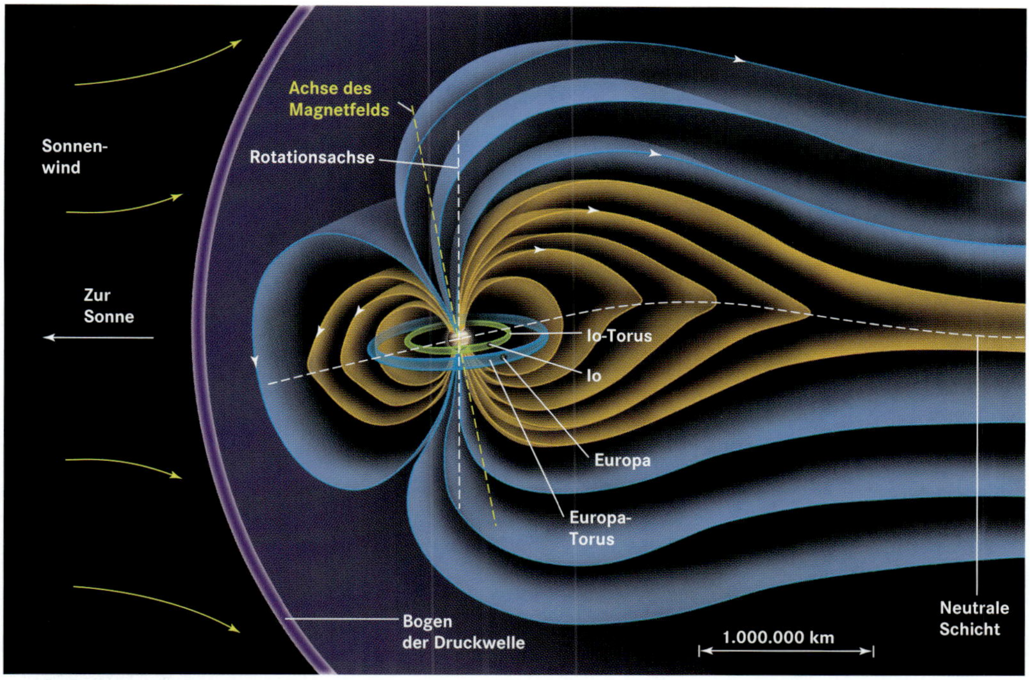

Abb. 5.45 Die Magnetosphäre des Jupiter. Die von der Rotation des Planeten hervorgerufenen Regionen, in denen sich geladene Teilchen sammeln (orange; analog zu den Van-Allen-Gürteln des Erdmagnetfelds), erstrecken sich bis jenseits der Umlaufbahnen der Galilei'schen Monde. Gase von Io und Europa bilden Ringe in der Magnetosphäre; ein Teil der von Io stammenden Partikel wird durch das Feld an die Oberfläche des Planeten gezogen. Von der Sonne abgestoßen, dehnt sich die Magnetosphäre weit, bis zum Saturn, in den Raum aus.

inneren Rotation des Jupiter) schwankendes Rauschen im Radiosignal bemerkbar. Die unermessliche Ausdehnung des Magnetfelds wurde erst durch Raumsonden entdeckt, Pioneer und die beiden Voyager-Missionen, die in den 1970er Jahren an Jupiter vorbeiflogen, später Galileo und Cassini. Mit einem Durchmesser von fast 30 Mio. km schließt die Magnetosphäre die Umlaufbahnen der meisten Jupitermonde ein. Könnte man dieses Feld von der Erde aus sehen, nähme es am Himmel einen Bereich ein, der 16-mal so groß ist wie der Vollmond.

In welchen einzelnen Schritten Jupiter entstand, wird noch erforscht. Vermutlich bildete sich auf der Umlaufbahn zunächst ein erdähnlicher Protoplanet (also ein Himmelskörper aus Gestein und Metall), der dann Wasserstoff und Helium an sich zog. Der Festkörper ist der Kern des heutigen Jupiter; seine Masse ist knapp 13-mal so groß wie jene der Erde, macht aber gerade einmal 4 % der Gesamtmasse des Gasriesen aus. Wahrscheinlich gab es auf dem terrestrischen Proto-Jupiter gefrorenes Wasser, Kohlendioxid, Methan und Ammoniak, von den Astronomen mit dem Sammelbegriff „Eis" bezeichnet; weiteres Eis wurde von dem jungen, wachsenden Planeten angezogen.

Die schier erdrückende Masse der den Kern umgebenden Hülle (305 Erdmassen) presst den Gesteinskern zu einer Kugel mit einem Radius von nur 10.000 km zusammen (Abb. 5.44). Der Durchmesser der Erde beträgt zum Vergleich 12.756 km. Durch den Druck werden die leichteren Eissorten aus Metall und Gestein herausgepresst. Sie bilden eine Schicht zwischen dem Kern und dem darüberliegenden flüssigen metallischen Wasserstoff. Aus Berechungen ergibt sich, dass Temperatur und Druck die „Eise" dort verflüssigen sollten. Im Mittelpunkt des Jupiter schätzt man den Druck auf 70 Mio. Atmosphären und die Temperatur auf 25.000 K, viermal so hoch wie die Temperatur der Sonnenoberfläche. Den inneren Aufbau des Jupiter fasst Abb. 5.44a zusammen.

5.18 Ein Kometeneinschlag bietet Einblicke in die Jupiteratmosphäre

Am 7. Juli 1992 geriet ein Kometenkern (ein „schmutziger Schneeball" aus Gestein und Eis mit einem Durchmesser von wenigen Kilometern) in die Reichweite der Gezeitenkräfte des Jupiter, die ihn in mindestens 21 Stücke rissen. Die Überbleibsel wurden zuerst im März 1993 von den Kometenjägern Carolyn und Gene Shoemaker und Daniel Levy gesichtet. (Es war der neunte Komet, den die drei gemeinsam entdeckten; ihnen zu Ehren erhielt er deshalb den Namen Shoemaker-Levy 9.) Shoemaker-Levy 9 war ein ungewöhnlicher Komet: Seine Umlaufbahn führte um Jupiter, nicht um die Sonne. Berechnungen seiner Bahn ergaben, dass die Bruchstücke (Abb. 5.46a) zwischen dem 16. und dem 22. Juli 1994 zurückkehren und den Jupiter treffen sollten.

Aus Abschnitt 2.11 wissen Sie, dass solche Einschläge in den ersten 800 Mio. Jahren der Existenz unseres Sonnensystems an der Tagesordnung waren. Aus jüngerer Zeit wurden auf der Erde zwei Ketten von Einschlagskratern gefunden, die Bruchstücken von Kometen zuzuordnen sind, die innerhalb der letzten 300 Jahre auf unserem Planeten aufschlugen. Heute kommt es aber nur noch äußerst selten vor, dass Trümmer aus dem All, deren Durchmesser im Kilometerbereich liegen, mit Planeten zusammenstoßen. Die Entdeckung, dass Shoemaker-Levy 9 den Jupiter treffen würde, rief deshalb in der Fachwelt große Aufregung hervor. Zuzuschauen, wie sich ein Planet und ein Komet bei einer solchen Kollision verhalten, würde den Astronomen Aufschlüsse über die Atmosphäre und das Innere des getroffenen Planeten

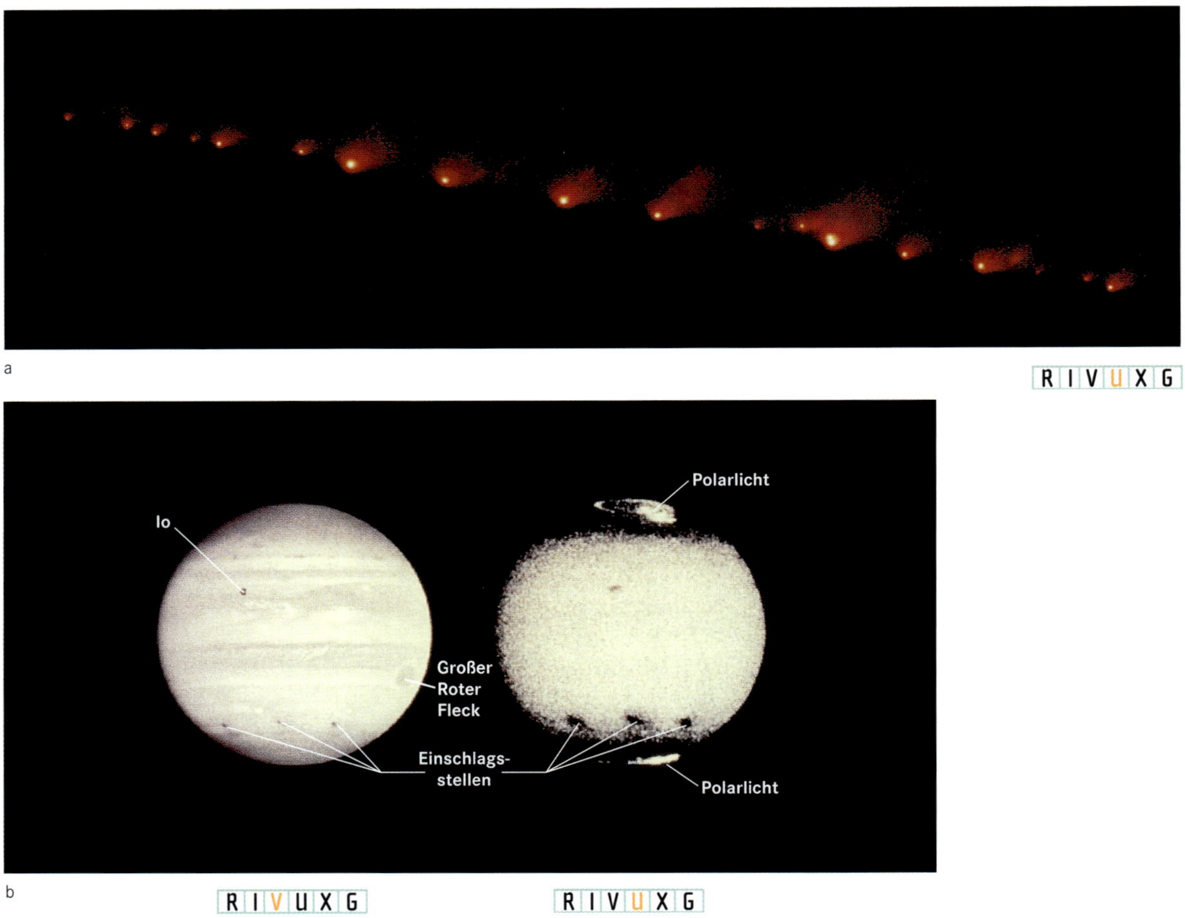

Abb. 5.46 Der Komet Shoemaker-Levy 9 trifft auf den Jupiter. (a) Am 7. Juli 1997 wurde der Komet von den Gezeitenkräften des Jupiter in mindestens 21 Stücke zerrissen. Seine Umlaufbahn führte um den Jupiter; deshalb kehrten die Bruchstücke (hier ein Bild vom Mai 1994) zurück und trafen den Planeten zwischen dem 16. und dem 22. Juli 1994. (b) Aufnahmen des Jupiter im sichtbaren (links) und ultravioletten Licht (rechts), angefertigt vom Hubble-Teleskop, nachdem drei Fragmente von Shoemaker-Levy 9 auf Jupiter eingeschlagen waren. Die Astronomen hatten weiße Überreste erwartet (kondensierendes Ammoniak oder Wasserdampf sehen weiß aus); die dunkle Färbung der Einschlagsstellen ist vielleicht auf Kohlenstoffverbindungen in den Trümmern des Kometenkerns zurückzuführen. Beachten Sie die Polarlichter auf der Ultraviolettaufnahme. Polarlichter und Blitze ereignen sich auf dem Jupiter häufig, zum Teil aufgrund des starken planetaren Magnetfelds und der dynamischen Wolkenstrukturen. (a: H. A. Weaver, T. E. Smith, STScI und NASA; b: NASA)

und zudem über die Eigenschaften des Einschlagskörpers liefern.

? Warum wäre der terrestrische Kern des Jupiter viel größer, wenn er sich ohne seine äußere (gasförmige und flüssige) Hülle auf seiner Umlaufbahn befände?

Der Aufschlag fand wie vorausberechnet statt, genau beobachtet von den meisten großen Teleskopen auf der Erde und an Bord mehrerer Raumflugkörper (Abb. 5.46b). Mindestens 20 Fragmente von Shoemaker-Levy 9 trafen die Atmosphäre, 15 davon an nachweisbaren Positionen. Sie riefen Feuerbälle von über 10 km Durchmesser hervor, die mit Temperaturen um 7500 K heißer waren als die Oberfläche der Sonne. Das größte Bruchstück setzte ein Energieäquivalent von 600 Mio. Megatonnen TNT frei, weit mehr als die Energie, die eine gleichzeitige Explosion aller auf der Erde vorhandenen Atomwaffen freisetzen würde. Auf die Einschläge folgten ringförmige Ejekta, die eine Vielzahl chemischer Verbindungen enthielten. Ausgehend von den Einschlagsstellen breiteten sich in der Wolkenschicht Wellen aus, deren Strukturen noch Monate später beobachtbar waren.

Die Daten deuten darauf hin, dass die Fragmente des Kometen nicht allzu tief in die obere Wolkenschicht des Jupiter eindringen konnten. Dies wiederum stützt die Vermutung, dass der Durchmesser der Stücke nicht viel größer als 1 km gewesen sein dürfte. Die Ejekta jedes Einschlags umfassten eine dunkle Gasfahne, die hoch in die Atmosphäre hinaufreichte; ihre dunkle Färbung stammte vermutlich von verdampften Kohlenstoffverbindungen aus dem Kometenkern. Zu den Bestandteilen des Kometen gehörten nachweislich auch Wasser, Schwefelverbindungen, Silicium, Magnesium und Eisen.

? Warum erzeugten die Einschläge von 1994 auf Jupiter keine Krater?

Monde und Ringe des Jupiter

Zum Jupiter gehören mindestens 63 Monde. Io, Europa, Ganymed und Kallisto, die vier größten von ihnen, sind aller Vermutung nach gleichzeitig mit Jupiter aus Trümmern in der Umlaufbahn um den Planeten entstanden, genauso wie sich die Planeten aus Bruchstücken in der Umlaufbahn um die Sonne bildeten (siehe Abschnitt 2.11). Die kleineren Monde sind, wie wir noch sehen werden, wahrscheinlich eingefangene Planetesimale und Gesteinsbrocken.

Galilei war der Erste, der die vier größten Monde 1610 durch sein bescheidenes Teleskop als winzige Lichtpunkte erblickte. Er nannte sie *Mediceische Gestirne*, um die Aufmerksamkeit der Medici zu erregen, der wohlhabenden Herzogsfamilie von Florenz, die Künste und Wissenschaft großzügig förderte. Galilei betrachtete die Monde als Beweise zugunsten des damals heiß umstrittenen kopernikanischen Weltsystems; die westlichen Theologen behaupteten zu jener Zeit noch, alle Himmelskörper würden die Erde umkreisen. Die Tatsache, dass die Mediceischen Gestirne offenbar den Jupiter umrundeten, erregte in gewissen Kreisen ernste Besorgnis.

Den modernen Astronomen gelten die vier Monde als außergewöhnliche Welten, die sich sowohl von den felsigen terrestrischen Planeten als auch vom wasserstoffreichen Jupiter deutlich unterscheiden. Die heute mit dem Sammelbegriff **Galilei'sche Monde** oder **Galilei'sche Satelliten** bezeichneten Himmelskörper benannte man nach Geliebten und Gefährten des griechischen Gottes Zeus (in der römischen Mythologie Jupiter genannt): Io, Europa, Ganymed und Kallisto (von innen nach außen).

Viele Fotos der vier großen Monde verdanken wir den Vorbeiflügen der Sonden Voyager 1 und 2 sowie der Galileo-Mission (Abb. 5.47 und Tab. 5.2). Die beiden inneren Galilei'schen Monde, Io und Europa, sind ungefähr so groß wie der Erdmond; Ganymed und Kallisto sind etwa so groß wie Merkur. Anhand von Tab. 5.2 können Sie die wichtigsten Daten der Monde vergleichen.

5.19 Io hat aktive Vulkane

Die schweflige Io gehört zu den exotischsten Monden des Sonnensystems (Abb. 5.48a). Ihre Dichte von 3570 kg/m^3 lässt auf den ersten Blick vermuten, dass sie hinsichtlich der chemischen Zusammensetzung zwischen den erdähnlichen Planeten und den Gasriesen liegt. Das stimmt aber nicht; tatsächlich besteht Io, wie Astronomen berechnen, vorwiegend aus Gestein und Eisen wie die Erde, nicht aus leichteren Elementen wie Jupiter, aber ihre Masse ist so gering, dass ihr Inneres nicht annähernd so stark komprimiert wird wie das der Erde oder der schwereren Planeten. So kommt der geringe Dichtewert zustande.

Io absolviert einen Umlauf um den Jupiter in 1,8 Tagen in gebundener Rotation mit dem Planeten (wie der Erdmond). Aufnahmen der Io-Oberfläche zeigen

Tab. 5.2 Die Galilei'schen Monde: Daten und Fakten

	Mittlere Entfernung von Jupiter (km)	Siderische Periode (Tage)	Durchmesser (km)	Masse (kg)	Masse (Erdmond = 1)	Mittlere Dichte (kg/m³)
Io	421.600	1,77	3630	$8{,}94 \times 10^{22}$	1,22	3570
Europa	670.900	3,55	3138	$4{,}80 \times 10^{22}$	0,65	2970
Ganymed	1.070.000	7,16	5262	$1{,}48 \times 10^{23}$	2,01	1940
Kallisto	1.883.000	16,69	4800	$1{,}08 \times 10^{23}$	1,47	1860
Merkur	–	–	4878	$3{,}30 \times 10^{23}$	4,49	5430
Erdmond	–	–	3476	$7{,}35 \times 10^{22}$	1,00	3340

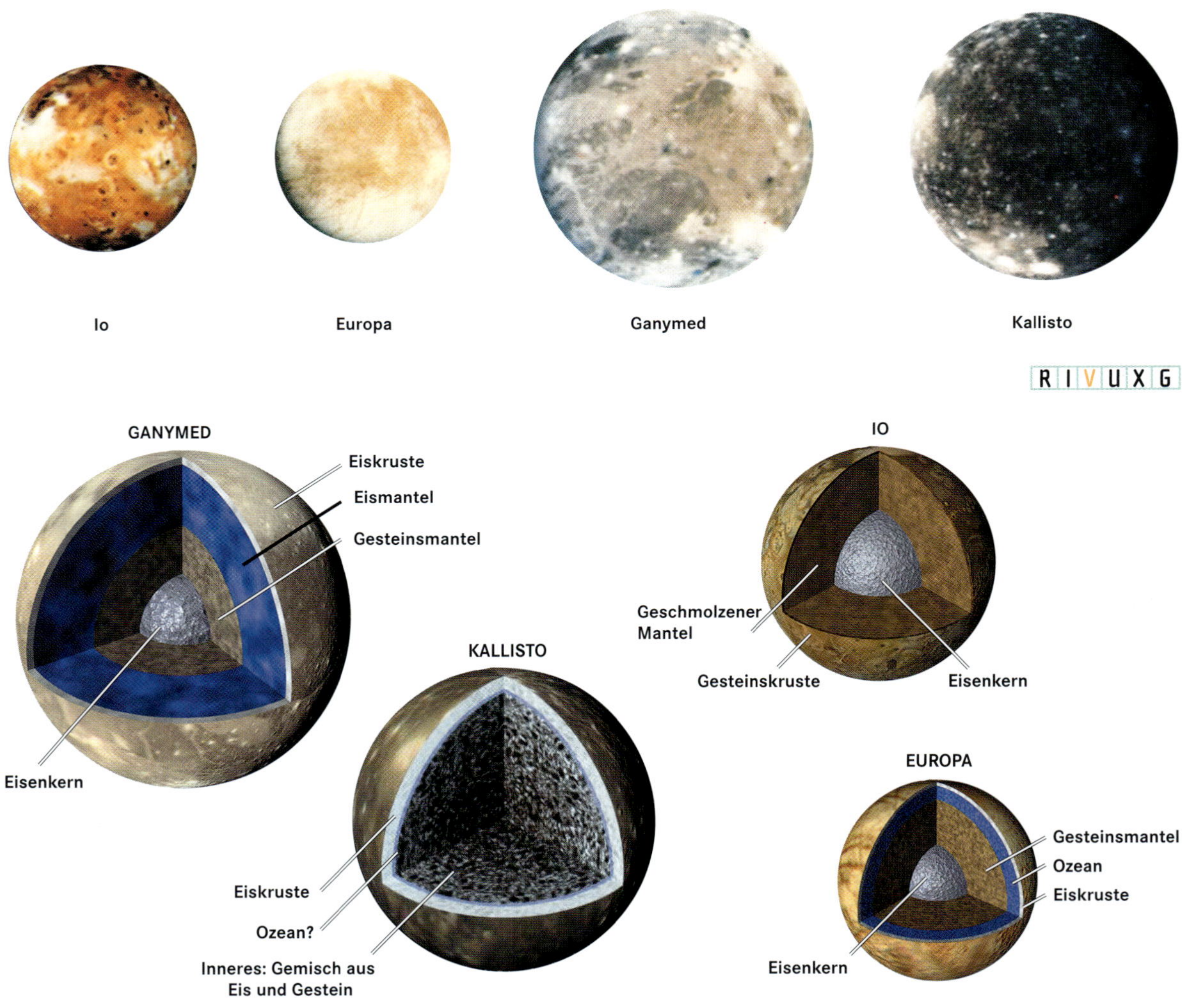

Abb. 5.47 Die Galilei'schen Monde. Die vier Galilei'schen Monde sind hier im gleichen Maßstab dargestellt. Io und Europa, die hinsichtlich ihrer Durchmesser und mittleren Dichten dem Erdmond vergleichbar sind, bestehen hauptsächlich aus Gesteinsmaterial. Ganymed und Kallisto, beide ungefähr so groß wie Merkur, haben niedrigere mittlere Dichten. Vermutlich sind sie von dicken Eispanzern umgeben. Die Schnittbilder zeigen, wie man sich das Innere der vier Monde gegenwärtig vorstellt, gestützt auf die mittleren Dichten und Informationen, die die Galileo-Mission lieferte. (NASA und NASA/JPL)

a

RIVUXG

b

RIVUXG

gigantische Rauchfahnen, ausgestoßen von Vulkanen und Geysiren, die an den Old-Faithful-Geysir im Yellowstone-Nationalpark erinnern. Ihre Fontänen fallen zum großen Teil zurück auf die Oberfläche; teilweise ist die Austrittsgeschwindigkeit aber auch so hoch, dass Material direkt ins All davonfliegt. In der Regel stehen die Geysire in Verbindung mit einem der 300 aktiven Vulkane, über die Io verfügt. Anhand von Beobachtungen hat man hochgerechnet, dass die bis zu 500 km in die Höhe ragenden Rauchfahnen der Schlote jährlich 10 Billionen Tonnen Materie mitführen. Das würde ausreichen, um im Laufe eines Jahrhunderts die gesamte Oberfläche von Io 1 m hoch zu bedecken (Abb. 5.48c). Eine Eruption im Jahr 2002 erfasste ein Gebiet von etwa 1600 km^2 (ungefähr die Fläche Londons). Außer Rauch und Asche stoßen die Vulkane basaltische, magnesium- und eisenreiche Lavaströme aus. Ios Vulkane wurden nach Feuergottheiten, vor allem aus der griechischen, nordischen und hawaiianischen Mythologie, benannt. An der Oberfläche des Monds finden sich auch zahlreiche schwarze „Flecken", vermutlich erloschene Schlote. Viele dieser Gebiete, die typischerweise Durchmesser zwischen 10 und 50 km aufweisen und insgesamt 5 % der Oberfläche von Io bedecken, sind durch strahlenförmige, alte Lavamassen gekennzeichnet.

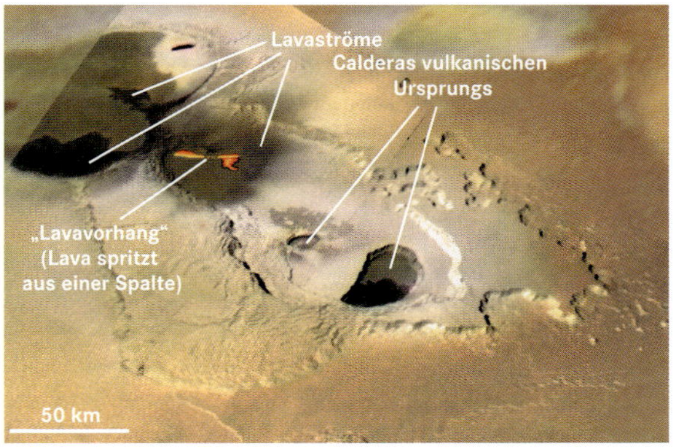

c

RIVUXG

Abb. 5.48 Io. (a) Dieses Echtfarbenbild wurde 1999 von der Sonde Galileo aufgenommen. Die Farbigkeit kommt durch oberflächliche Ablagerungen von Schwefel zustande, den die zahlreichen Vulkane des Mondes ausstoßen. Die Rauchfahne des Vulkans Prometheus erstreckt sich bis in 100 km Höhe. Auf jedem Bild, das seit den Voyager-Vorbeiflügen 1979 von Io angefertigt wurde, sieht man Prometheus aktiv. (b) Ein Ausbruch des Pilan Patera auf Io, eingefangen von Galileo. (c) Der ständig fließende Lavastrom aus Twashtar Catena, fotografiert 1999 und noch einmal 2000 (hier zu sehen), hat die Landschaft deutlich geprägt. (a: Moses Milazzo, PIRL, JPL, NASA; b: Galileo Project, JPL, NASA; c: University of Arizona/JPL/NASA)

Einblicke in die Wissenschaft

Namen können täuschen Oft haben wir eine vorgefasste Meinung über die Bedeutung häufig benutzter Begriffe (siehe Einblicke in die Wissenschaft: „Wie stellt man sich den Mond vor?“, S. 192); in der Realität sehen die Objekte dann ganz anders aus, als wir erwarten. Unter einem „Mond“ verstehen wir in der Regel einen inerten, luftleeren, leblosen und trockenen Ort, weil wir an den Erdmond denken. Nicht nur Io, sondern auch andere in diesem Kapitel behandelte Monde verfügen über aktive Vulkane, Atmosphären und riesige unterirdische Ozeane aus flüssigem Wasser.

Kurz bevor die Astronomen Ios Vulkane tatsächlich entdeckten, sagten sie sie anhand einer Analyse der Gravitationskräfte voraus, die auf den Mond wirken. Während der Himmelskörper schnell seine Bahn um den Jupiter zieht, gerät er regelmäßig zwischen den Planeten und einen der anderen Galilei'schen Satelliten. Diese Monde ziehen an Io und verschieben sie geringfügig relativ zum Jupiter; die Abstandsänderung wiederum wirkt sich auf die Gezeitenkräfte (siehe Abschnitt 4.8) aus, die der Planet auf den Mond ausübt. Auf diese Weise wird Io zusammengedrückt und verbogen. Das Innere des Monds ist also ständig in Bewegung. Die Reibung erzeugt Wärme, und zwar pro Sekunde so viel wie die Detonation von 2400 t TNT. Gase und Magma bahnen sich ihren Weg durch die Kruste und treten schließlich durch Vulkane und andere Ventile an der Oberfläche aus.

Messgeräte an Bord von Satelliten haben ermittelt, dass das von Ios Vulkanen ausgeworfene Material Schwefel und Schwefeldioxid enthält. Elementarer Schwefel ist hellgelb. Wird er aber erhitzt und schlagartig abgekühlt, so erstarrt er zu Molekülen mit einem Farbspektrum von Orange über Rot bis Schwarz. Dies erklärt die Farbenpracht der Oberfläche von Io (siehe Abb. 5.48). Das stechende Gas Schwefeldioxid (SO_2) wird auch auf der Erde (und vermutlich auf der Venus) von Vulkanen abgeblasen. Wenn es bei Eruptionen auf Io direkt in den kalten, luftleeren Raum gerät, kristallisiert es zu weißen Flocken, die zu Boden fallen und sich zu den erkennbaren weißlichen Ablagerungen ansammeln.

Wie die Sonde Galileo nachwies, verfügt Io über eine Atmosphäre. Sie besteht aus Sauerstoff, Schwefel und Schwefeldioxid und ist nur ein millionstel Mal so dicht wie die Erdatmosphäre. In Abhängigkeit von der jeweils aktuellen Zusammensetzung leuchtet die Io-Atmosphäre manchmal blau, rot oder grün. Ein Teil der Gase löst sich, wie beobachtet wurde, von Io und bildet einen schlauchförmigen Ring um Jupiter, den *Io-Torus*, über den wir später noch ausführlicher sprechen werden.

? Woher stammt der größte Teil der Wärme im Inneren von Io, die aktiven Vulkanismus und Geysire hervorruft?

5.20 Europa beherbergt unter der Oberfläche offenbar flüssiges Wasser

Aus Bildern von Europas eis- und gesteinsbedeckter Oberfläche, angefertigt von Voyager 2 und Galileo, schloss man auf das Vorhandensein von flüssigem Wasser auf Jupiters zweitgrößtem Mond (Abb. 5.49). Einmal in dreieinhalb Tagen bewegt sich Europa in gebundener Rotation um ihren Planeten. Die von Io ausgeübten, veränderlichen Gravitationskräfte bewirken Spannungen im Inneren des Mondes, wie wir sie bereits von Io selbst kennen. Sie sind vermutlich die Ursache der zahllosen Gräben und Furchen, die Europas Oberfläche durchziehen (Abb. 5.50a). Die Astronomen nehmen an, dass auf diese Weise außerdem genügend Wärme freigesetzt wird, um Wasser wenige Kilometer unter der Oberfläche des Monds flüssig zu halten.

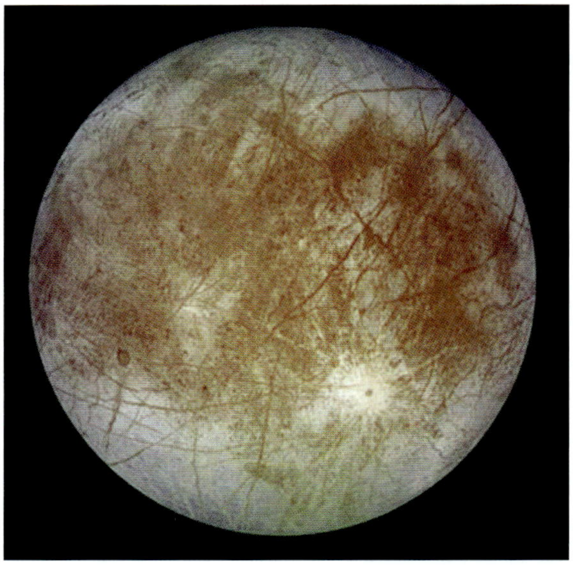

R I V U X G

Abb. 5.49 Europa, ein Galilei'scher Mond. Die eisbedeckte Oberfläche von Europa ist von Gräben und Furchen durchzogen, die dem Mond ein zersplittertes Antlitz verleihen. Die Streifen sind typischerweise 20–40 km breit. Das Bild stammt von der Sonde Galileo. (NASA/JPL)

Diese Vermutung wird von weiteren Oberflächenmerkmalen gestützt. Wie auf irdischen Eisfeldern in der Arktis erzeugen Bewegungen, die durch unter der Oberfläche fließendes Wasser verursacht werden, Eisschollen, Grate, Aufrauungen und Streifen (Abb. 5.50b). Ein Hinweis ist auch die rötliche Farbe des Monds; sie könnte von Salzablagerungen herrühren, die zurückblieben, nachdem emporgestiegenes flüssiges Wasser verdampft war (Abb. 5.50a, c). Die Galileo-Bilder legen nahe, dass sich manche Strukturen an der

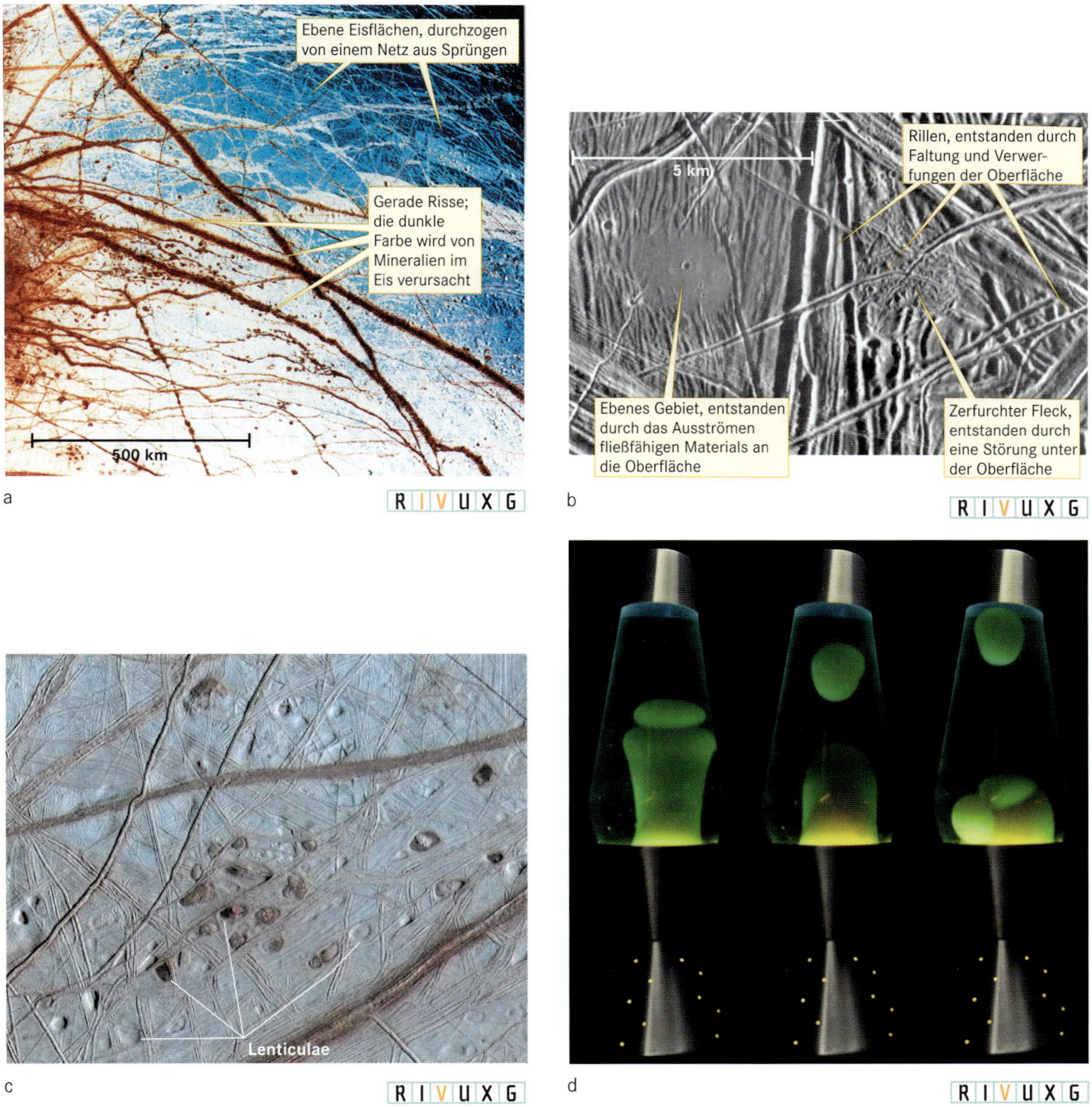

Abb. 5.50 Die Oberflächengestalt von Europa. (a) Für dieses Falschfarbenbild wurden Aufnahmen im sichtbaren und im Infrarotbereich übereinandergelegt. Man erkennt glatte Eisflächen, mineralische Grate, die von aufsteigendem Wasser gebildet wurden, und zahllose Risse, die wahrscheinlich durch Spannungen infolge von Gezeitenkräften entstehen. (b) In diesem Gebiet ist die Oberfläche chaotisch und spannungsreich; außerdem erkennt man Hinweise auf fließendes Wasser unter der Oberfläche. (c) Die Lenticulae werden wärmerem Eis zugeschrieben, das durch Konvektion aus dem Inneren des Monds aufsteigt, Schutt mitführt und sich schließlich einen Weg an die Oberfläche bahnt. Die weißen Erhebungen (Dome) stammen möglicherweise von Material, das noch nicht durch die Oberfläche gebrochen ist. (d) In einer Lavalampe steigen Blasen warmer Flüssigkeit in einer kühleren Flüssigkeit empor. Ähnlich kann man sich das Aufsteigen wärmeren Eises durch kältere Eisschichten in der Kruste von Europa vorstellen. (a, b: NASA/JPL; c: NASA/JPL/University of Arizona/University of Colorado; d: Bianca Moscatelli)

Europa-Oberfläche in den letzten Jahrmillionen bewegt haben und vielleicht noch immer bewegen. Man nimmt deshalb an, dass Europas chaotische Landschaft, wie die Galileo-Aufnahmen sie zeigen, durch Kältevulkanismus geprägt wurde und dass der Mond bis heute über eine flüssige Wasserschicht verfügt. Eine ständige Erneuerung der Oberfläche durch tektonische Plattenbewegungen könnte erklären, dass nur wenige kleine Einschlagskrater erhalten blieben.

Galileo fotografierte auch rote und weiße Erhebungen, *Lenticulae* genannt (Abb. 5.50c), die vermutlich von aufsteigendem, wärmerem Eis gebildet wurden, vermischt mit anderen Substanzen, darunter möglicherweise organische Verbindungen. Die Lenticulae sind typischerweise 100 m hoch und 10 km breit. Das Aufsteigen des Materials kann man sich wie in einer Lavalampe vorstellen (Abb. 5.50d); allerdings brauchen die „Blasen" der Lenticulae Berechnungen zufolge 100.000 Jahre, um von dem flüssigen, im Inneren des Monds vermuteten Ozean bis an die Oberfläche zu gelangen.

Europas mittlere Dichte ist mit 2970 kg/m^3 etwas geringer als jene von Io; der Mond verfügt über einen metallischen Kern mit viel höherer Dichte und ein schwaches Magnetfeld, könnte aber bis zu einem Viertel aus Wasser bestehen. 1995 entdeckten Astronomen eine extrem dünne Atmosphäre – 10^{-11}-mal so dünn wie die irdische Atemluft –, die molekularen Sauerstoff enthält. Der Sauerstoff könnte aus Wassermolekülen stammen, die an der Oberfläche des Monds von der Ultraviolettstrahlung der Sonne gespalten werden.

? Mit welcher Region auf der Erde ist die Oberfläche des Monds Europa am ehesten vergleichbar?

Europas Untergrundmeer ist für Naturwissenschaftler besonders interessant. In fast allen Gewässern auf der Erde gibt es Leben irgendeiner Form. Es ist durchaus möglich, dass auch im Europa-Meer Leben entstanden ist. Sollten auf Europa Lebewesen existieren, die sich auf anderen Wegen entwickelt haben als das irdische Leben, so wären sie durch von der Erde eindringende Organismen stark gefährdet. Sie können sich das vorstellen wie die Ausbreitung tödlicher Infektionskrankheiten auf der Erde, etwa bei der Einschleppung der Pocken von Europa nach Nord- und Südamerika. Um zu verhindern, dass die manövrierunfähige Sonde Galileo nach Beendigung ihrer Mission Europa kontaminiert, steuerte die NASA den Flugkörper in die dicke Atmosphäre des Jupiter, wo er verdampfte.

5.21 Ganymed ist größer als Merkur

Ganymed ist der größte Satellit unseres Sonnensystems (Abb. 5.51). Sein Durchmesser ist viel größer als der von Merkur, seine Dichte aber mit 1940 kg/m^3 viel geringer; sein permanentes Magnetfeld ist doppelt so stark. Ganymed bewegt sich in 7,2 Tagen einmal in gebundener Rotation um Jupiter. Wie Europa, sein Nachbar, verfügt er über einen eisenreichen Kern, einen Gesteinsmantel und ein Untergrundmeer, eine dünne Atmosphäre sowie eine Decke aus schmutzigem Eis.

Auf das Vorkommen flüssigen Wassers unter Ganymeds Oberfläche wurde aus einem zweiten, veränderlichen Magnetfeld des Monds geschlossen, dessen Ursache eine andere ist als die des oben erwähnten permanenten Magnetfelds: Es wird nicht vom Eisenkern des Monds, sondern von Jupiter selbst erzeugt. Während Ganymed um seinen Planeten umläuft, induziert dessen starkes Magnetfeld einen elektrischen Strom im Inneren des Monds, der seinerseits das veränderliche Magnetfeld hervorruft. (Nach demselben Prinzip wird in Kraftwerken Strom erzeugt: Fallendes Wasser oder Dampf lässt starke Magnete schnell rotieren; ih-

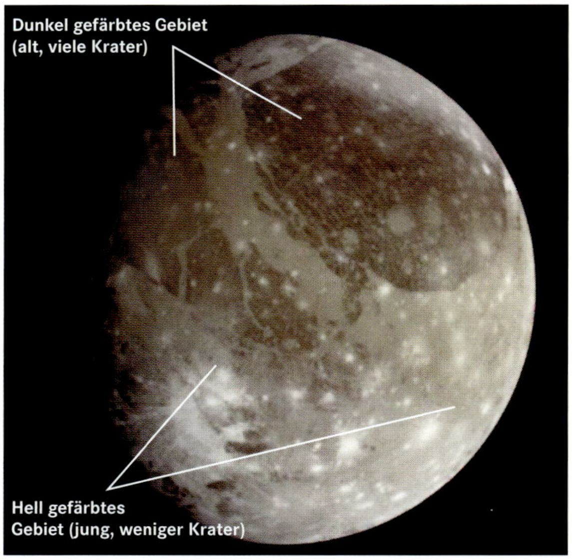

Abb. 5.51 Ganymed. Das dominierende Merkmal dieser Seite von Ganymed ist ein ausgedehntes, kreisförmiges, dunkel gefärbtes Gebiet namens Galileo Regio, das größte Überbleibsel der uralten Kruste des Monds. Dunkle Gebiete der Oberfläche sind älter, helle, tektonisch überformte Bereiche sind jünger. Die leuchtend weißen Flecken in und um einige Krater deuten auf das Vorhandensein von Wassereis hin. Bei größeren Einschlägen bilden sich weiße Krater, die aus oberflächennahen Schichten mit Eis aufgefüllt werden. (NASA/JPL)

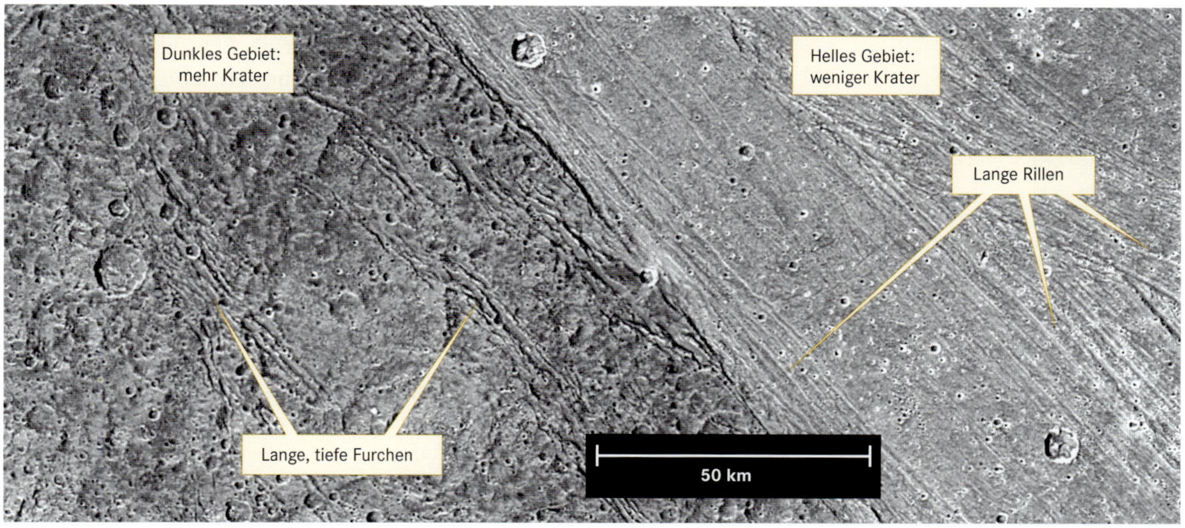

R I V U X G

Abb. 5.52 Zwei Landschaften auf Ganymed. Die älteren, raueren, von vielen Kratern zerfurchten Teile des Ganymed sind dunkler gefärbt. Sie sind umgeben von jüngeren, glatteren, helleren Gebieten, auf denen es nur wenige Krater gibt. Die parallelen Rillen deuten darauf hin, dass das helle Gelände durch tektonische Prozesse geformt wurde. (NASA)

re Felder streichen durch den Querschnitt von Drähten und sorgen dafür, dass sich im Metall Elektronen bewegen, also ein elektrischer Strom fließt.) Die beste Erklärung dafür, dass sich im Inneren von Ganymed ein Strom induzieren lässt, ist das Vorkommen von flüssigem Salzwasser, einem guten elektrischen Leiter. Das bedeutet, es muss ein flüssiger Ozean existieren. Außerdem wurden an der Oberfläche Salzablagerungen gesichtet, die wahrscheinlich aus dem Inneren emporgetragen wurden und zurückblieben, als das Wasser ausfror. Wie für Europa, so gilt auch für Ganymed: Wo es Wasser gibt, könnte es Leben geben.

Auf Ganymed gibt es, wie auf dem Erdmond, zwei verschiedene Geländetypen (Abb. 5.51 und 5.52). Die dunklen, vieleckigen, in Abb. 5.51 sichtbaren Strukturen sind, nach der großen Zahl der Krater zu urteilen, die ältesten Regionen des Monds. Zwischen diesen dunklen Inseln erkennt man hellere, stark zerfurchte Landschaften, die deutlich weniger Krater aufweisen und deshalb jünger sein müssen (Details sehen Sie in Abb. 5.52). Die Furchen sind parallel verlaufende Gebirgsgrate, bis zu 1 km hoch und 10–15 km voneinander entfernt. Sie lassen vermuten, dass Ganymeds Frühgeschichte von Plattentektonik bestimmt war; im Gegensatz zu Europa, deren Platten sich noch immer bewegen, ist Ganymed jedoch vor rund 3 Mio. Jahren erstarrt, als seine Kruste endgültig einfror.

Ein anderer Mechanismus, der zur Oberflächengestalt Ganymeds beigetragen haben könnte, beruht auf einer bizarren Eigenschaft von Wasser. Die meisten Flüssigkeiten schrumpfen beim Gefrieren; Wasser hingegen dehnt sich aus. Eismassen könnten sich, die Bruchstücke auseinanderdrückend, durch Risse in Ganymeds Kruste gezwängt haben. So könnten die schroffen, dunklen, alten Inseln und die dazwischenliegenden zerfurchten, helleren, jüngeren Eisbänder entstanden sein. Eine letzte der vielfältigen Eigenschaften des größten Jupitermonds ist das Auftreten von Polarlichtern.

? Welcher Planet ist kleiner als Ganymed?

5.22 Kallisto trägt Narben vom Einschlag eines großen Asteroiden

Kallisto ist der planetenfernste Galilei'sche Mond. Ein Umlauf um den Jupiter, wie bei den anderen Monden in gebundener Rotation, dauert 16,7 Tage. Kallisto verfügt über eine dünne Atmosphäre aus Wasserstoff und Kohlendioxid, hat 91 % der Größe und 96 % der Dichte von Ganymed und beherbergt wie dieser eine größere Menge flüssigen Wassers, dessen Vorhandensein wieder von einem veränderlichen Magnetfeld nahegelegt wird. Die Wärme, die notwendig ist, um das Wasser flüssig zu halten, stammt vorwiegend aus dem Zerfall radioaktiver Elemente im Inneren des Monds.

a

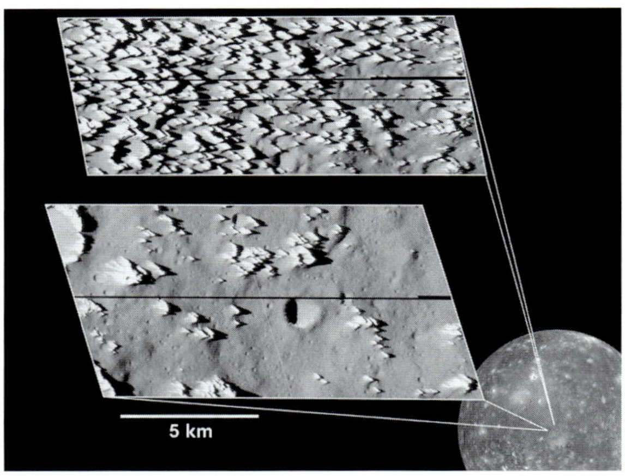

b

R I V U X G

Abb. 5.53 Kallisto. Der planetenfernste Galilei'sche Satellit ist fast exakt so groß wie Merkur. Seine eisbedeckte Oberfläche trägt die Narben zahlreicher Einschläge. (a) Die schwachen, konzentrischen Ringe, die den größten Teil des Bildes überziehen, entstanden durch den verheerenden Einschlag eines Asteroiden. Er hinterließ das Walhalla-Becken, das die Jupiter zugewandte Seite dieser erstarrten, geologisch inaktiven Welt dominiert. (b) Die beiden kleinen Bilder, geliefert von der Galileo-Mission, zeigen Gipfel, die aus Eis und einem dunklen Material bestehen. Sie wurden möglicherweise durch den Einschlag aufgeworfen. Mit der Zeit erodieren sie, weil das dunkle Material Sonnenwärme absorbiert und das Eis abschmilzt. (a: Mit freundlicher Genehmigung der NASA/JPL; b: NASA/JPL/Arizona State University)

Verstreut über Kallistos dunkle, uralte, eisige Kruste finden sich zahlreiche große Einschlagskrater, aber kaum kleinere mit Durchmessern unter 100 m (Abb. 5.53); diese sind, so spekulieren Astronomen, im Laufe der Zeit zerfallen. Im Gegensatz zu Ganymed und Europa findet man auf Kallisto keine jüngeren, zerfurchten Landschaften, was bedeuten kann, dass der Mond niemals tektonische Aktivität erlebt hat – er fror einfach zu schnell ein. Messgeräte an Bord der Voyager-Sonden ermittelten Mittagstemperaturen um 155 K (–118 °C), nachts fällt das Thermometer auf 80 K (–193 °C).

Wie Merkur, der Erdmond und andere Himmelskörper, denen wir in Kürze begegnen werden, sind Kallisto die kalten, harten Beweise dessen aufgeprägt, was geschieht, wenn ein kosmischer Gesteinsbrocken mit einem anderen zusammenstößt. Das riesige Becken *Walhalla*, das ein verheerender Einschlag auf der Jupiter zugewandten Seite von Kallisto hinterließ, wurde von Voyager 1 fotografiert. Verursacher war ein Objekt von der Größe eines Asteroiden, dessen Auftreffen auf der Oberfläche des Monds Wellen erzeugte, wie sie entstehen, wenn man einen Stein in einen spiegelglatten See wirft. Sie zerbrachen die Kruste und blieben als erstarrte Zeugen des Geschehens für die Ewigkeit erhalten. Die größten der die Einschlagsstelle umgebenden Ringe haben Durchmesser von 3000 km. 2001 entdeckte die Galileo-Mission 80–100 km hohe Spitzen, die vermutlich ebenfalls von einem Einschlag stammen – vielleicht von demselben, der auch die Ringwellen erzeugt hat. Auf Kallisto fehlt allerdings ein Gelände mit chaotischen Verwerfungen auf der Gegenseite des Walhalla-Beckens, wie wir es von den großen Einschlagskratern auf dem Erdmond oder dem Merkur kennen. Die unerwartete Ebenheit der Landschaft kann mithilfe eines Modells erklärt werden, das von einer Dämpfung der Schockwelle durch die unterirdischen Wassermassen ausgeht; so bleibt die Gegenseite des Himmelskörpers relativ ungestört. Auch dies ist ein Indiz für das Vorhandensein flüssiger Meere unter der Oberfläche von Kallisto. Abb. 5.47 zeigt den mutmaßlichen inneren Aufbau der vier Galilei'schen Monde im Vergleich.

5.23 Gesteinstrümmer und Staub bilden die kleineren Monde und den schwachen Ring des Jupiter

Abgesehen von den vier Galilei'schen Monden gehören zu Jupiter mindestens 59 weitere Monde, eine Reihe schwach ausgeprägter Ringe und zwei schlauchförmige Zonen geladener Gasteilchen. Die Monde sind sämtlich unregelmäßig geformt, ihre Durchmesser liegen unter 275 km. Vier von ihnen (Abb. 5.54) bewegen sich innerhalb der Umlaufbahn von Io, alle anderen befinden sich außerhalb der Kallistobahn. Der innere Mond Amalthea ist rot gefärbt, seine Dichte ähnelt jener von Wasser. Aufgebaut ist Amalthea offenbar aus Gesteins- und Eisbrocken, die von der eigenen Gravitation des Monds zusammengehalten werden. Die Galilei'schen Monde, die vier kleineren inneren Monde und sechs der äußeren Monde umlaufen Jupiter in derselben Richtung wie dessen Rotationsrichtung (**prograde Rotation**), alle anderen Monde umlaufen Jupiter entgegengesetzt zu dessen Rotationsrichtung (**retrograde Rotation**). Wahrscheinlich handelt es sich bei den äußeren Monden um einzeln eingefangene Planetesimale, während die inneren Monde Bruchstücke eines größeren Objekts sein könnten.

10 Jupiter ist der sonnennächste von vier Planeten mit Ringsystemen. Wie von den Astronomen vorhergesagt, entdeckten die Kameras an Bord von Voyager 1 drei schwach ausgeprägte **Ringe** – Bänder von Teilchen –, von denen Abb. 5.55a auf einem Foto von Voyager 1 den hellsten zeigt. Das Jupiterringsystem ist das schwächste, dunkelste und einfachste unseres Sonnensystems. Die einzelnen Ringe bestehen aus feinsten Staubteilchen, die durch Strahlung vom Jupiter und von der Sonne ständig aus der Bahn geworfen und durch Material ersetzt werden, das aus Ios Vulkanen ausgestoßen oder bei Einschlägen von anderen Monden aufgewirbelt wird.

Außerdem ist Jupiter von mindestens zwei schlauchförmigen Ringen aus elektrisch geladenen Gasteilchen, sogenannten *Plasma-Tori*, umgeben. Einer davon, der Io-Torus, befindet sich auf der Umlaufbahn von Io (Abb. 5.55b). Er besteht aus Schwefel- und Sauerstoffionen (geladenen Atomen) sowie freien Elektronen. Die Teilchen stammen aus den Geysiren von Io und werden von Jupiters starkem Magnetfeld auf ihrer Bahn gehalten. Das Feld ist auch dafür ver-

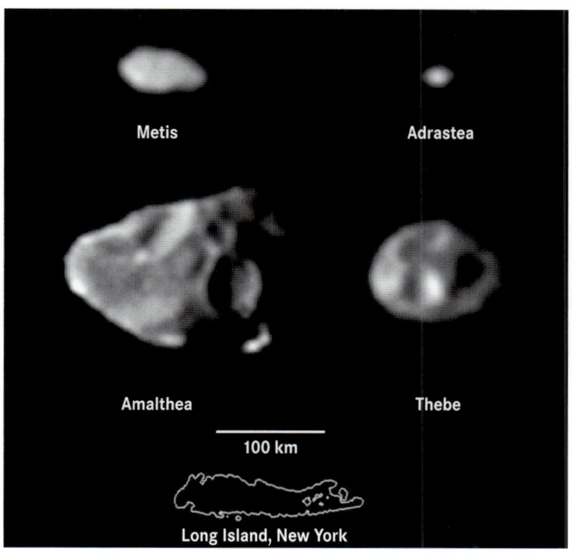

R I V U X G

Abb. 5.54 Unregelmäßig geformte innere Monde. Die vier bekannten inneren Monde des Jupiter unterscheiden sich deutlich von den Galilei'schen Satelliten: Sie sind eiförmig und haben eine unregelmäßige Gestalt. Vermutlich sind sie alle von Kratern bedeckt; auf Metis und Adrastea wurden noch keine Krater nachgewiesen, weil die Auflösung der Aufnahmen noch nicht genügt. Alle vier Monde sind nach Sagengestalten benannt, die in Beziehung zu Jupiter (Zeus in der griechischen Mythologie) stehen. (NASA/JPL, Cornell University)

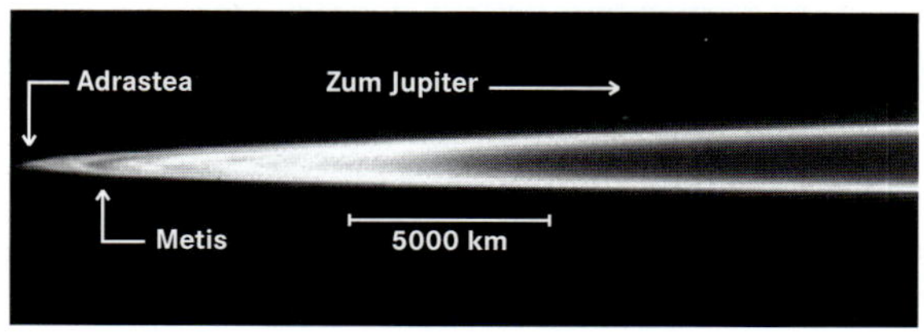

a

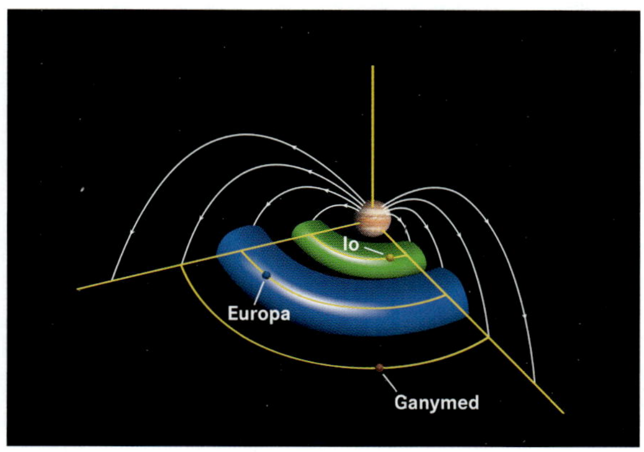

b

Abb. 5.55 Ring- und Torussystem des Jupiter. (a) Ausschnitt aus dem schwachen Ringsystem, fotografiert von Voyager 2. Der Ring besteht vermutlich aus winzigen Gesteinsfragmenten; der hellste Abschnitt ist rund 6000 km breit. Die Außenkante ist, im Gegensatz zur verschwommenen Innenkante, scharf definiert. Eine dünne Materiescheibe erstreckt sich von der Innenkante bis zur Wolkenschicht des Planeten. (b) Ein Viertel der Plasma-Tori von Io und Europa; die schlauchförmigen Ringe bestehen aus geladenen Teilchen („Plasma"). Io und Europa sind in ihrem jeweiligen Torus (grün bzw. blau) eingezeichnet; auch einige Magnetfeldlinien des Jupiter sind dargestellt. Entlang dieser Feldlinien wird ständig Plasma von den Tori zum Jupiter abgesaugt. (a: NASA/JPL, Cornell University; b: NASA/JPL/Johns Hopkins University Applied Physics Laboratory) antwortlich, dass sich ein Teil der Partikel auf spiralförmigen Bahnen auf Jupiter zubewegt und so Polarlichter erzeugt (siehe Abb. 5.46).

Der zweite Plasma-Torus befindet sich in der Umlaufbahn von Europa (Abb. 5.55b); es handelt sich um Wasserstoff- und Sauerstoffionen und Elektronen, Bruchstücke von Wassermolekülen, die von Europa stammen und von der Strahlung des Jupiter zerlegt wurden. Die Masse des Gasrings beträgt Berechnungen zufolge etwa 6×10^4 Tonnen.

? Welche Strukturen auf dem Erdmond und auf Merkur erinnern an das Walhalla-Becken auf Kallisto?

? Welche Objekte des Sonnensystems, die wir bereits besprochen haben, sind den kleineren Jupitermonden vergleichbar?

Saturn

Mit seinen ätherischen Ringen bietet Saturn den spektakulärsten Anblick des Sonnensystems (Abb. 5.56). Der Riese ist 95-mal so massiv wie die Erde und damit nach Jupiter der zweitgrößte und -schwerste Planet der Sonne. Wie Jupiter verfügt Saturn über eine dicke, aktive Atmosphäre, die vorwiegend aus Wasserstoff besteht, und strahlt mehr Energie ab, als er von der Sonne empfängt (bei Saturn ist es dreimal so viel). Das Magnetfeld des Saturn ist stark. Auf Ultraviolettaufnahmen des Hubble-Teleskops erkennt man Polarlichter, die im Unterschied zu jenen auf dem Jupiter nicht ring-, sondern spiralförmig sind (siehe Abb. 5.46).

5.24 Hinsichtlich Atmosphäre, Oberfläche und inneren Aufbaus ist Saturn dem Jupiter ähnlich

Saturns Wolken, teilweise verdeckt von der dichten, nebligen Atmosphäre darüber, sind weniger farbenprächtig als die Wolkenbilder auf Jupiter. Auf Fotos sieht man aber auch hier blasse Streifen, die Jupiters Gürteln und Zonen ähneln (Abb. 5.57a). Sie deuten darauf hin, dass auch in der Saturnatmosphäre Gase erhitzt werden und durch Konvektion aufsteigen. An veränderlichen Strukturen der Atmosphäre erkennt man außerdem, dass auch Saturn eine differenzielle Rotation zeigt: Eine vollständige Umdrehung um die eigene Achse dauert zwischen 10 h 14 min (am Äquator) und 10 h 40 min (in hohen Breiten). Wie auf dem Jupiter bewegen sich manche Zonen und Gürtel westwärts, andere ostwärts. 2006 entdeckte die Sonde Cassini eine hexagonale Grenze um Saturns Nordpol (Abb. 5.57b); sie ist nahezu stationär und wird von Gürteln und Zonen umströmt. Die Mechanismen, die diese Struktur erzeugen und aufrechterhalten, werden noch erforscht. Zwar gibt es auf Saturn keinen langlebigen Wirbelsturm wie Jupiters Großen Roten Fleck, aber es ereignen sich auch Stürme, z. B. ein größerer, der 1994 vom Hubble-Teleskop registriert wurde, oder zwei Wirbel, die sich 2004 vereinigten (Abb. 5.58). 2004 wies Cassini Blitze in der Saturnatmosphäre nach.

Die Atmosphäre des Saturn besteht im Wesentlichen aus denselben Gasen wie die des Jupiter; weil die Masse und daher auch die Gravitationskräfte des Saturn aber geringer sind als die des größten Gasriesen, breitet sich seine Atmosphäre weiter in den Raum aus (siehe Abb. 5.42). Über die Oberfläche des Saturn fegen eindrucksvolle Stürme, deren Geschwindigkeit bis zu 1600 km/h beträgt – rund zehnmal so viel wie die Geschwindigkeit der Jetstreams, der stärksten natürlichen Winde auf der Erde, und dreimal so viel wie die der stärksten Winde auf dem Jupiter. Warum die Saturnstürme derart heftig toben, wird noch erforscht.

Aus Beobachtungen schlossen die Astronomen, dass die innere Struktur des Saturn jener des Jupiter ähnelt: Eine Schicht aus molekularem Sauerstoff direkt unterhalb der Wolken umgibt eine Schicht aus flüssigem metallischem Wasserstoff und flüssigem „Eis“; ganz innen befindet sich ein Kern aus Gestein und Metall (siehe Abb. 5.44).

Aufgrund seiner geringeren Masse ist der Druck, den Saturn auf sein Inneres ausübt, nicht ganz so groß wie beim Jupiter und reicht nicht aus, um ebenso viel Wasserstoff in den metallischen Zustand zu überführen. Der feste Kern des Saturn hat einen Durchmesser von 7400 km; die flüssige Schicht aus metallischem Wasserstoff ist 12.000 km dick (siehe Abb. 5.44). Die Alchimisten ordneten Saturn dem sehr dichten Element Blei zu – eine nette Ironie angesichts dessen, dass die mittlere Dichte des Saturn mit 687 kg/m^3 die niedrigste unter allen Objekten des Sonnensystems ist. Ein Körper mit dieser Dichte schwimmt auf der Erde in Wasser!

? Welche beiden Faktoren sorgen für die Entstehung der Zonen und Gürtel des Saturn?

Saturn: Zahlen und Fakten

Planetensymbol: ♄

Abstand von der Erde (Mittelpunkt zu Mittelpunkt):	Mittlerer:	$1{,}43 \cdot 10^9$ km (9,57 AE)
	Maximum:	$1{,}51 \cdot 10^8$ km (10,1 AE)
	Minimum:	$1{,}36 \cdot 10^8$ km (9.06 AE)
Bahnexzentrizität:	0,056	
Mittlere Bahngeschwindigkeit:	9,64 km/s	
Umlaufperiode:	29,4 Jahre	
Rotationsperiode am Äquator:	10 h 13 min 59 s	
Rotationsperiode im Inneren:	10 h 39 min 25 s	
Neigung des Äquators gegen die Ebene der Umlaufbahn:	26,7°	
Neigung des Äquators gegen die Ebene der Ekliptik:	2,48°	
Radius am Äquator:	60.270 km (9,45 $R_\oplus$)	
Radius an den Polen:	54.360 km (8,52 $R_\oplus$)	
Masse:	$5{,}69 \cdot 10^{26}$ kg (95,2 $M_\oplus$)	
Mittlere Dichte:	687 kg/m^3	
Fluchtgeschwindigkeit:	35,5 km/s	
Gravitation an der Oberfläche (Erde = 1):	0,92	
Albedo:	0,46	
Mittlere Temperatur an der Oberseite der Wolkenschicht:	−180 °C = 93 K	
Zusammensetzung der Atmosphäre (Molekülprozent):	96,3 % Wasserstoff (H_2), 3,3 % Helium (He), 0,4 % Methan (CH_4), Ammoniak (NH_3), Wasserdampf (H_2O) und andere Gase	

R I V U X G

Abb. 5.56 Saturn: Statistik. Beim Übereinanderlegen von Aufnahmen des Hubble-Teleskops im sichtbaren und ultravioletten Bereich erkennt man spiralförmige Polarlichter im Südpolargebiet des Saturn. Rechts ist die Erde im gleichen Maßstab zum Größenvergleich abgebildet. Beachten Sie, dass das Wolkenbild des Saturn viel kontrastärmer ist als das des Jupiter. (NASA; ESA; J. Clarke, Boston University; Z. Levay, STScI; kleines Bild: NASA)

5.25 Die spektakulären Saturnringe bestehen aus Eis und eisüberzogenen Gesteinsbrocken

Ein Teleskop in der unmittelbaren Umgebung der Erde genügt, um viele Einzelheiten der majestätischen Ringe des Saturn zu zeigen, die zu den interessantesten Objekten des Sonnensystems gehören. Die Ebene des Ringsystems ist um 27° gegen die Bahnebene des Planeten geneigt. Deshalb befinden sich die Ringe von Zeit zu Zeit in Kantenstellung bezüglich der Erde, d. h., sie sind von uns aus kaum zu sehen (Abb. 5.59). 1675 entdeckte Giovanni Cassini eine auffällige dunkle Zone inmitten der Ringe. Diese 5000 km breite Lücke, die **Cassini'sche Teilung**, trennt den schwächeren **A-Ring** von dem helleren, näher am Saturn gelegenen **B-Ring.** Mitte des 19. Jahrhunderts kamen die Astronomen mit den inzwischen verbesserten Fernrohren einem sehr schwachen **C-Ring** direkt an der Innenkante des B-Rings auf die Spur. Abb. 5.60 zeigt, wie man sich das Ringsystem heute vorstellt.

Ursache der Cassini'schen Teilung ist die Überlagerung der Gravitationskraft des Saturn mit der Gravitationskraft seines Monds Mimas. Auf diese Weise entsteht eine von Eis- und Gesteinstrümmern freie Zone. Wenn Partikel in die Cassini'sche Teilung geraten, werden sie früher oder später von Mimas wieder herausgezogen; der Mond läuft mit einer anderen Geschwindigkeit um den Saturn als das Material in der Teilungszone und übt deshalb eine periodisch wechselnde Kraft auf die Partikel aus. Diesen Effekt nennt

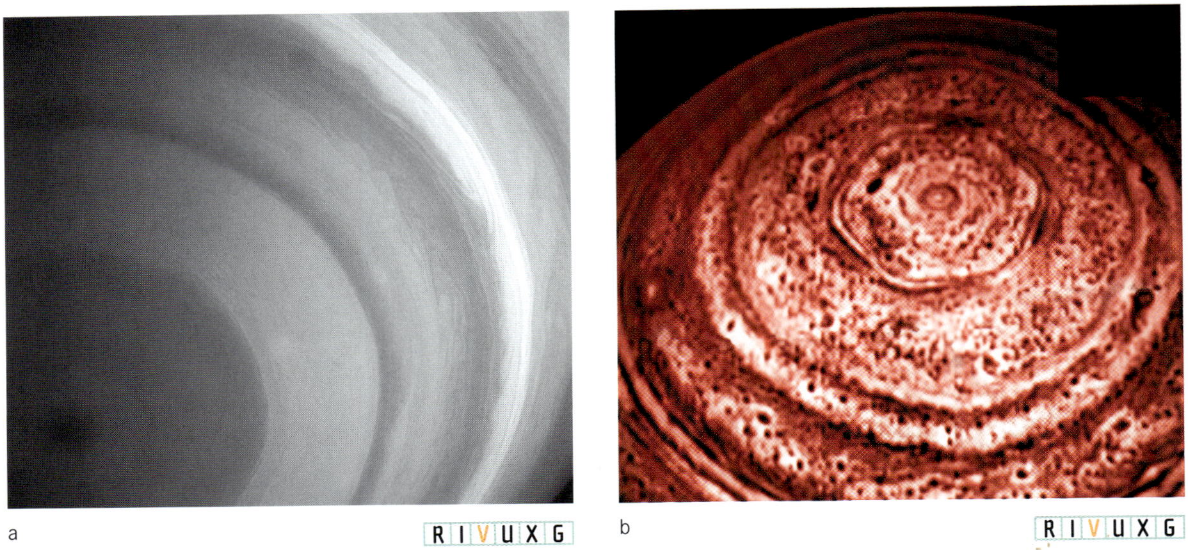

Abb. 5.57 Gürtel und Zonen auf dem Saturn. (a) Diese extrem hoch aufgelöste Aufnahme des Saturn fertigte Cassini 2007 an. Man erkennt Details bis zu einem Durchmesser von 53 km. Zwischen den Zonen und Gürteln gibt es weniger Turbulenzen als beim Jupiter. (b) Die Infrarotkamera von Cassini zeichnete 2006 das sechseckige Wolkenmuster auf dem Saturn auf, das deutlich langsamer rotiert als die umgebenden Gürtel und Zonen. Seine Herkunft wird noch erforscht. (a: NASA/JPL/Space Science Institute; b: NASA/JPL/University of Arizona)

man **Resonanz**. Was geschieht, können Sie sich vorstellen, wenn Sie an eine stets genau im richtigen Moment angeschobene Schaukel denken, die höher und höher schwingt.

Im äußeren Bereich des A-Rings gibt es eine zweite Lücke, die **Encke'sche Teilung** (Abb. 5.60), benannt nach dem deutschen Astronomen Johann Franz Encke, der sie – so wird berichtet – 1838 zum ersten Mal beobachtete. (Nicht wenige Astronomen behaupten, Encke habe sich geirrt; die Auflösung seines Fernrohrs sei nicht gut genug gewesen, um eine so schmale Lücke abzubilden.) Nicht angezweifelt wird die Beobachtung der 270 km breiten Lücke durch den amerikanischen Astronomen James Keeler Ende der 1880er Jahre mithilfe des damals hochmodernen 36-Zoll-Refraktors am Lick-Observatorium in Kalifornien. Im zu Ehren wird eine andere, 40 km breite Lücke nahe der Außenkante des A-Rings heute als *Keeler-Lücke* bezeichnet (Abb. 5.60). Für die Aufrechterhaltung der Encke'schen Teilung sorgt ein kleiner Mond, Pan, dessen Umlaufbahn in der Teilung liegt. Die Gravitationskräfte von Pan, Daphnis, Prometheus und anderen Monden verursachen auch die Wellen in den Ringen, die in Abb. 5.60, Bildausschnitt rechts, zu erkennen sind.

Die Voyager-Mission funkte die ersten gut aufgelösten Bilder des **F-Rings** zur Erde; es handelt sich eigentlich um ein System aus mehreren dünnen Ringen außerhalb der Außenkante des A-Rings (Abb. 5.61). Zu beiden Seiten des F-Rings befinden sich die Umlaufbahnen winziger Satelliten, Prometheus (innen) und Pandora (außen); die Möndchen sorgen dafür, dass der F-Ring intakt bleibt. Pandora läuft langsamer um den Saturn als die Eispartikel des Rings, wie es das dritte Kepler'sche Gesetz vorschreibt. Kommen die Partikel an Pandora vorbei, erfahren sie einen ganz ge-

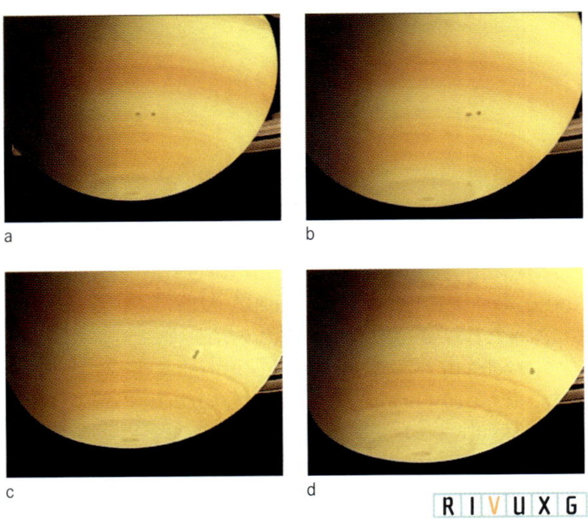

Abb. 5.58 Zwei Stürme auf dem Saturn vereinigen sich. Die Bildfolge, aufgezeichnet von Cassini, zeigt zwei hurrikanartige Wirbelstürme, die sich 2004 auf dem Saturn vereinigten. Jeder Wirbel hat einen Durchmesser von etwa 100 km. (NASA/JPL/Space Science Institute)

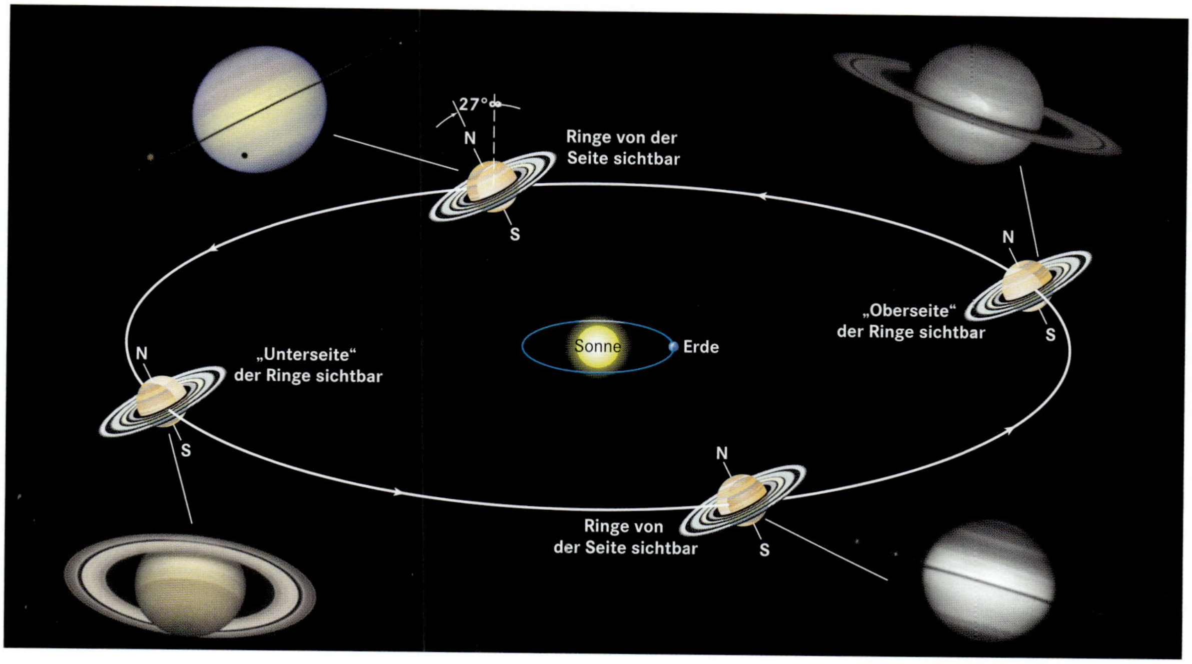

R I V U X G

Abb. 5.59 Saturn, wie wir ihn von der Erde aus sehen. Die Saturnringe liegen in der Äquatorebene des Planeten, die um 27° gegen die Ebene der Umlaufbahn um die Sonne geneigt ist. Während Saturn um die Sonne läuft, sieht ein Beobachter auf der Erde die Ringe aus verschiedenen Winkeln. Die Ring- und Äquatorebene behält während des Umlaufs um die Sonne ihre Orientierung, wie sich auch die 23,5°-Neigung der Erdachse nicht ändert. Die von der Erde aus aufgenommenen Fotos (außen) zeigen, dass die Ringe alle 15 Jahre fast völlig zu verschwinden scheinen. (Oben links: E. Karkoschka/University of Arizona Lunar and Planetary Lab and NASA; unten links: AURA/STScI/NASA; unten rechts und oben rechts: A. Bosh/Lowell Obs. und NASA)

ringen Gravitationsstoß rückwärts – anders ausgedrückt, sie werden abgebremst. Dadurch geraten ihre Bahnen ein bisschen näher an Saturn heran. Prometheus hingegen bewegt sich schneller als die Ringpartikel, seine Gravitationskraft stößt die Teilchen vorwärts und damit auf Bahnen, die weiter von Saturn entfernt sind. Mit vereinten Kräften zwingen die beiden Satelliten die Eisteilchen so in ein eng begrenztes, nur rund 100 km breites Band.

Dieser Effekt trug Prometheus und Pandora den hübschen Namen **Hirten-** oder **Schäfermonde** ein. Zu den kuriosen Eigenschaften des F-Rings gehört, dass seine einzelnen Ringe („Ringlets“) manchmal klar getrennt, manchmal aber ineinander verflochten und verschlungen sind. Trotz der stabilisierenden Kräfte der Schäfermonde entstehen Wellen im F-Ring, dessen Helligkeit sich laufend ändert. Astronomen vermuten, dass die Helligkeitsschwankungen durch Zusammenstöße von Materiebrocken in den Ringen hervorgerufen werden.

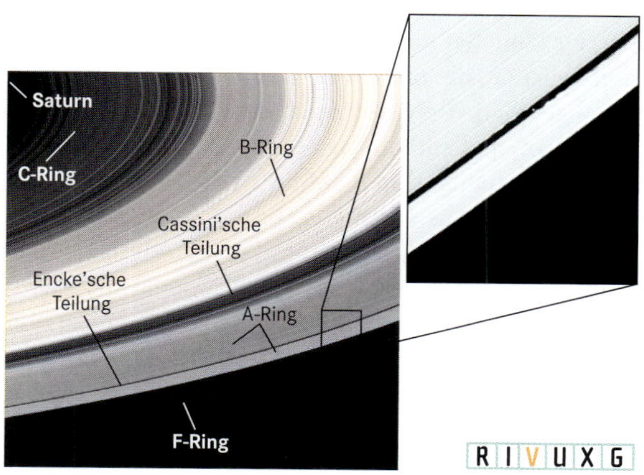

R I V U X G

Abb. 5.60 Die inneren Saturnringe sind aus zahlreichen „Ringlets“ aufgebaut. Auf dieser Cassini-Aufnahme sieht man, dass die Saturnringe aus vielen einzelnen dünnen Ringen, sogenannten Ringlets, bestehen. Ausschnitt rechts: Der Vorbeiflug eines Monds in der Nähe oder innerhalb eines Rings verursacht Wellen in den Eispartikelwolken, die an Rillen auf alten Schallplatten erinnern. (NASA/JPL/Space Science Institute)

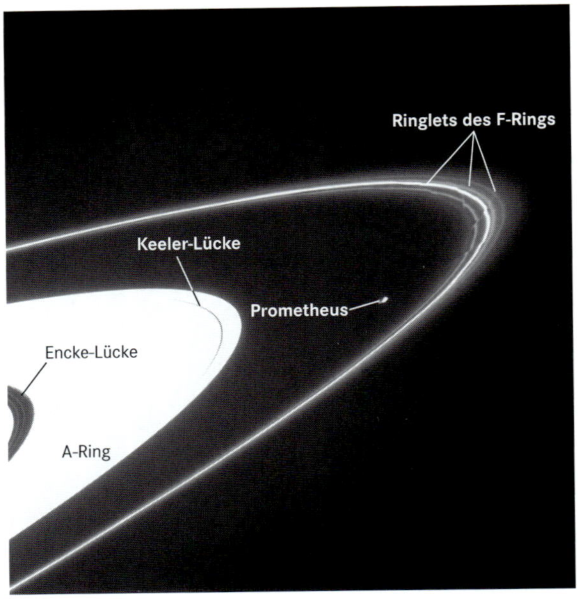

Abb. 5.61 Der F-Ring und einer seiner Schäfermonde. Zwei winzige Satelliten, Prometheus und Pandora mit Durchmessern von je ca. 50 km, laufen zu beiden Seiten des F-Rings um den Saturn. Manchmal sind die Ringlets parallel, dann wieder ineinander verschlungen. Der Vorbeiflug eines Monds führt in jedem Fall zu Wellen im Ring. Die Gravitationskräfte der beiden Möndchen im Verein sperren die Teilchen im rund 100 km breiten Band des F-Rings ein. (NASA)

Jenseits der bisher beschriebenen Hauptringe liegen ausgedehnte Gebiete mit fein verteiltem Staub. Die Teilchen sind winzig, typischerweise kleiner als ein millionstel Meter (Mikrometer). Solche Ringe sind für sich genommen äußerst instabil; sie driften mit der Zeit auseinander. Um sie zu stabilisieren, müssen kleine Monde vorhanden sein. Diese Aufgabe übernehmen, wie man heute annimmt, Janus, Epimetheus und Pallene. In Abb. 5.62a sehen Sie ein Foto, das die Sonde Cassini von einem Teil des Ringsystems anfertigte; darauf ist auch ein Ring zu erkennen, der in der Umlaufbahn von Pallene liegt. Abb. 5.62b, die wir ebenfalls Cassini verdanken, bietet uns den besten gegenwärtig verfügbaren Überblick über die Ringe des Saturn. Allerdings reicht das System noch weiter in den Raum hinaus. Die Ausmaße des äußeren Ringsystems sind gewaltig (Abb. 5.62c); es reicht mit einem Durchmesser im siebenstelligen Kilometerbereich bis zur Umlaufbahn des Monds Titan.

Bilder von Cassini und vom Hubble-Teleskop zeigen, dass die Saturnringe bemerkenswert dünn sind – nach neuesten Schätzungen nur etwa 10 m dick! Das ist sehr erstaunlich, wenn man bedenkt, dass die Breite des Ringsystems (von Innen- zu Außenkante gemessen) über 380.000 km beträgt, mehr als der Abstand zwischen Erde und Erdmond.

Die Saturnringe sind sehr hell; ihre Albedo liegt bei 0,80, was bedeutet, dass sie aus stark reflektierenden Partikeln bestehen müssen. Seit Langem vermuten die Astronomen, dass es sich dabei vorwiegend um Wassereissplitter und eisbedeckte Gesteinsbrocken handelt. Bestätigt wurde dies durch Spektren, die sowohl von erdgebundenen Teleskopen als auch von Raumsonden beim Vorbeiflug am Saturn aufgezeichnet wurden. Da die Temperatur der Ringe nur zwischen 93 K (–180 °C) auf der Sonnenseite und unter 73 K (–200 °C) auf der Schattenseite schwankt, besteht keine Gefahr, dass das gefrorene Wasser schmilzt oder verdampft.

Die Saturnringe sehen blass lachsfarben aus. Das deutet auf Spuren organischer Verbindungen hin, die häufig solche Farbtöne aufweisen. Vermutlich haben sich die Ringe das Material beim Auftreffen von Trümmern aus den Außenbereichen des Sonnensystems eingefangen.

Um die Größe der Teilchen zu ermitteln, aus denen die Saturnringe bestehen, maßen die Forscher beim Vorbeiflug der Sonden Voyager und Cassini die Helligkeit verschiedener Ringe aus vielen verschiedenen Winkeln; außerdem verfolgten sie, wie sich die von den Sonden empfangenen Radiosignale änderten, wenn die Flugkörper von der Erde aus gesehen hinter den Ringen verschwanden. Dabei stellten sie fest, dass sich die Ringe in der Größe ihrer Bestandteile unterscheiden. Das Spektrum reicht von der Größe von Staubpartikeln im Rauch von verbranntem Holz über Durchmesser von wenigen Zentimetern bis zu Brocken mit Durchmessern im Bereich von 10 m. Der am weitesten außen gelegene Hauptring, der A-Ring, ist aus solchen großen Trümmern aufgebaut, die regelmäßig miteinander zusammenstoßen und dabei ihre Größe ändern. Dieser Prozess ist mit den Vorgängen bei der Planetenbildung (Kapitel 2) vergleichbar. Von den Teilchen, die man mit bloßem Auge sehen könnte (abgesehen von den Staubteilchen), sind die zentimetergroßen die häufigsten.

Auf hochaufgelösten Bildern sieht man, dass die von der Erde aus sichtbaren breiten Ringe in Wirklichkeit aus Tausenden eng beieinanderliegenden Ringlets bestehen (siehe Abb. 5.60). Sogar die Cassini'sche und die Encke'sche Teilung, die uns als materiefreie Lücken erscheinen, sind von Myriaden rauchpartikelgroßer Staubkörnchen erfüllt. Als die Sonde Cassini eine Lücke zwischen F- und G-Ring passierte („SOI-Manöver"; Abb. 5.62), war sie innerhalb von

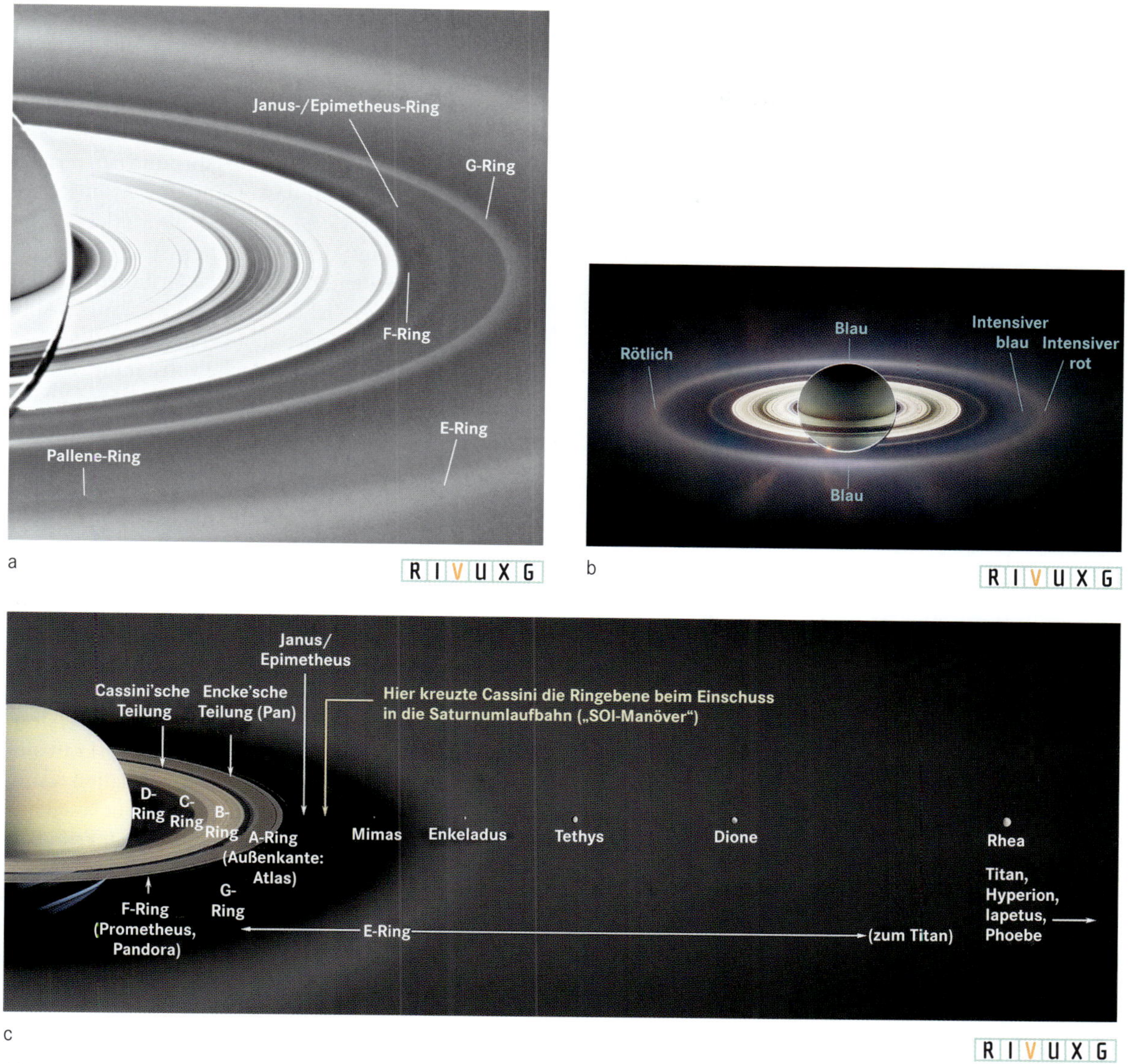

Abb. 5.62 Das äußere Ringsystem des Saturn. (a) Diese Aufnahme, bei der die Sonne hinter dem Saturn steht, zeigt sehr deutlich, wie sich die inneren und mittleren Bereiche des Ringsystems voneinander unterscheiden. Jenseits des F-Rings haben die Teilchen Staubkorn- bis Kieselsteingröße. (b) Eine andere Ansicht der inneren und mittleren Ringe mit feinen Farbabstufungen. (c) Dieser Cassini-Aufnahme überlagert sind Markierungen, an denen Sie ablesen können, wie weit sich die Ringe in das Mondsystem des Saturn erstrecken. Titan (jenseits des rechten Bildrands) hat einen Abstand zur Mitte des Saturn von 1,2 Mio. km. (a, b: NASA/JPL/Space Science Institute; c: NASA/JPL)

weniger als 5 min mit 100.000 Mikroeinschlägen übersät.

Die flüssige Schicht aus metallischem Wasserstoff erzeugt um den Saturn ein planetares Magnetfeld, das die Ringe offenbar beeinflusst. Da die Schicht nicht besonders dick ist, entspricht die Feldstärke an der Oberfläche des Saturn nur zwei Dritteln der Stärke des Erdmagnetfelds. Messdaten von Sonden beweisen, dass die Magnetosphäre des Saturn Strahlungsgürtel enthält, die den Van-Allen-Gürteln der Erde vergleichbar sind. Eine Wechselwirkung des Magnetfelds mit elektrisch geladenen Partikeln der Ringe könnte auch die dunklen **Speichen** hervorrufen, von denen die Ringe durchzogen sind (Abb. 5.63). Die elektrische Ladung hebt geladene Teilchen aus der Umlaufebene des Rings heraus; an diesen Stellen streut der Ring das einfallende Licht weniger gut, und der Bereich erscheint dunkler. Das Magnetfeld ver-

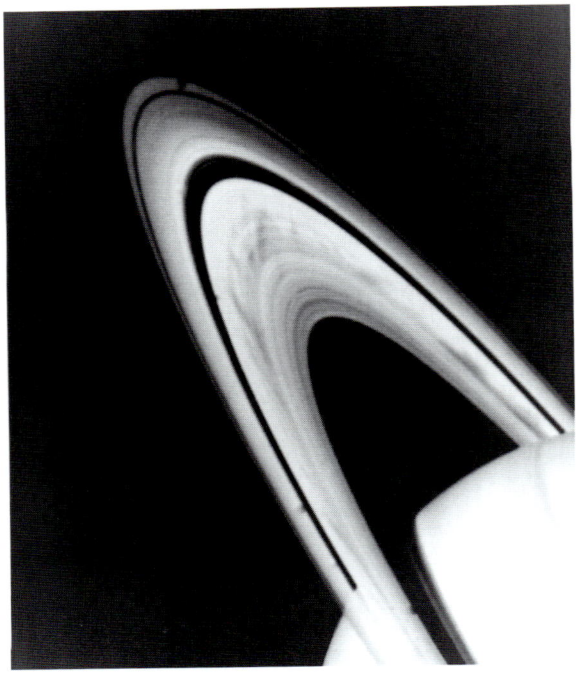

Abb. 5.63 Speichen der Saturnringe. Die dunklen Streifen bewegen sich entlang der Ringe wie die Speichen eines sich drehenden Rads. Als Ursache wird die Verschiebung elektrisch geladener Teilchen aus der Ringebene durch die Wirkung des Magnetfelds diskutiert. (NASA)

schiebt diese Bereiche ständig, weshalb es aussieht, als ob sich die Speichen um den Planeten drehen wie bei einem Rad.

? Woher stammen die Teilungen der Saturnringe?

5.26 Auf dem Titan gibt es eine dichte Atmosphäre, Wolken und Seen

Nur sieben der 60 bekannten Saturnmonde sind kugelförmig (Abb. 5.64a–e); alle anderen haben Ecken und Kanten (Abb. 5.64f, g), was vermuten lässt, dass es sich um eingefangene Asteroiden handelt. Zwölf im Jahr 2001 entdeckte Monde bewegen sich als Gruppe; vielleicht sind es Bruchstücke eines größeren Monds, der durch einen Einschlag zerschellte. Titan, der größte Mond des Saturn und nach Ganymed der zweitgrößte Mond des Sonnensystems, verfügt als einziger Satellit über eine dichte Atmosphäre. Über jedem Quadratmeter Titanoberfläche liegt ungefähr die zehnfache Gasmenge wie über jedem Quadratmeter der Erdoberfläche.

Christiaan Huygens entdeckte Titan 1655, im gleichen Jahr, in dem er die Existenz der Saturnringe vorschlug. Bereits zu Beginn des 20. Jahrhunderts vermuteten manche Forscher, dass Titan eine Atmosphäre haben könnte. Der Mond ist größer als Merkur (seine Masse ist allerdings kleiner), und er ist viel kälter als der sonnennahe Planet. Aus diesen Gründen war Titan ein vorrangiges Ziel der Voyager-Missionen (Abb. 5.65a). Unerwarteterweise aber versperrte dichter Nebel die Sicht auf seine Oberfläche vollständig. Zu beobachten war, dass sich Methanwolken jahreszeitabhängig über den beiden Polargebieten und über mittleren südlichen Breiten bilden und wieder zerstreuen. Die Ursache für diese Dynamik ist noch nicht völlig geklärt; Faktoren, die eine Rolle spielen können, sind Vulkane, Geysire und die Verdunstung aus Seen an der Oberfläche des Titan.

Den Voyager-Messungen zufolge besteht die Atmosphäre des Titan zu ungefähr 90 % aus Stickstoff, das hauptsächlich aus der Zersetzung von Ammoniak (NH_3) durch die Ultraviolettstrahlung der Sonne stammt. Neben Stickstoff entsteht dabei Wasserstoff, der aber so leicht ist, dass die Gravitationskraft des Monds ihn nicht an seiner Oberfläche halten kann, und in den Weltraum davonfliegt. Die zurückbleibende, nicht atembare Atmosphäre ist etwa viermal so dicht wie die Lufthülle der Erde.

Das zweithäufigste Gas auf Titan ist Methan, ein Hauptbestandteil von Erdgas. Wirkt Sonnenlicht auf Methan ein, dann finden chemische Reaktionen statt, bei denen eine ganze Palette anderer **Kohlenwasserstoffe** (Verbindungen aus Kohlenstoff und Wasserstoff) entsteht. Die verschiedenen Missionen konnten unter anderem Spuren von Ethan (C_2H_6), Ethylen (C_2H_4) und Propan (C_3H_8) nachweisen.

Methan und Ethan kondensieren in der kalten Gashülle und regnen auf die Oberfläche ab. Stickstoff kann mit verschiedenen Kohlenwasserstoffen zu Verbindungen reagieren, die unter den Bedingungen, die auf dem Titan herrschen, ebenfalls in flüssiger Form vorliegen können. Eine davon, Cyanwasserstoff (Blausäure, HCN) ist giftig, einige andere aber kommen als Bausteine lebendiger Organismen infrage. Biologen, die sich mit dem Titan befassen, sind inzwischen der Ansicht, dass die Chemie der Titanatmosphäre mit jener der jungen Erde zu vergleichen ist.

Viele der Kohlenwasserstoffe und Kohlenstoff-Stickstoff-Verbindungen, die in der Titanatmosphäre vorkommen, können sich zu größeren Molekülen zusammenlagern, sogenannten **Polymeren**, langen Ketten aus vielfach wiederholten Strukturmotiven. Aus dem irdischen Alltag bekannte derartige Substanzen sind z. B. Gummi, Cellulose und Kunststoffe. Eine Hypothese der Forscher lautet, dass Tröpfchen leichterer Polymere in der Atomsphäre des Titan suspendiert bleiben und einen dichten Dunst bilden, während sich die schwereren Polymermoleküle auf der Oberfläche des Monds ablagern.

Die Sonde Cassini, die 2004 im Saturnsystem eintraf, fertigte Fotos von der Oberfläche des Titan an (Abb. 5.65b, c), auf denen nur wenige Krater erkennbar sind; daher ist anzunehmen, dass die Titankruste dynamisch überformt wird. Andererseits wurde auch ein Gebirgszug gesichtet, dessen Gipfel bis zu 1,5 km hoch aufragen und mit organischen Substanzen, vielleicht Methanschnee, bedeckt sind. In einigen Regionen gibt es 100 m hohe Dünen, deren Zusammensetzung noch nicht geklärt ist; vielleicht handelt es sich ebenfalls um gefrorene organische Stoffe. Infrarotemissionen von der Titanoberfläche, die Astronomen 1999 mit dem Teleskop Keck I auffingen, lassen sich mit einer teilweise flüssigen Oberfläche erklären. Methanregen und Methanflüsse wurden bereits identifiziert (Abb. 5.65c). 2007 erblickten die Forscher auf Radarbildern von Cassini eine glatte dunkle Fläche von mehr als 10^5 km^2 Ausdehnung – den größten See aus Methan und Ethan, der auf Titan bekannt ist (Abb. 5.65d). Ähnliche Strukturen sieht man auch auf anderen Aufnahmen. Einige dieser Seen haben Inseln.

Cassini setzte das Landegerät Huygens aus, das erfolgreich an einem Fallschirm zum Titan hinabschwebte und Felsen, Hochländer und Rinnen fotografierte

Mimas
(Durchmesser: 392 km)
a

Tethys
(Durchmesser: 1060 km)
b

Dione
(Durchmesser: 1120 km)
c

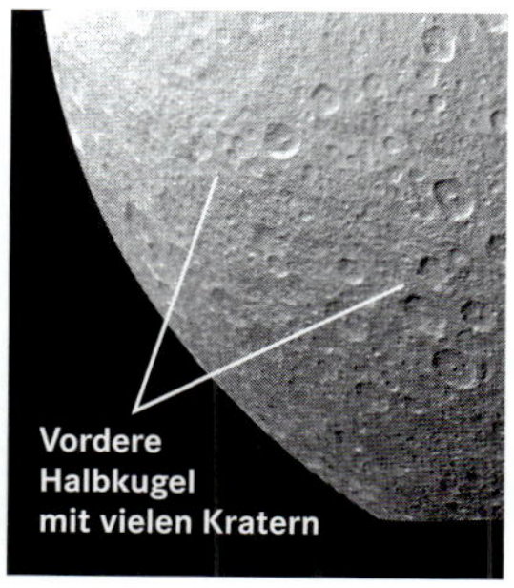

Rhea
(Durchmesser: 1530 km))
d

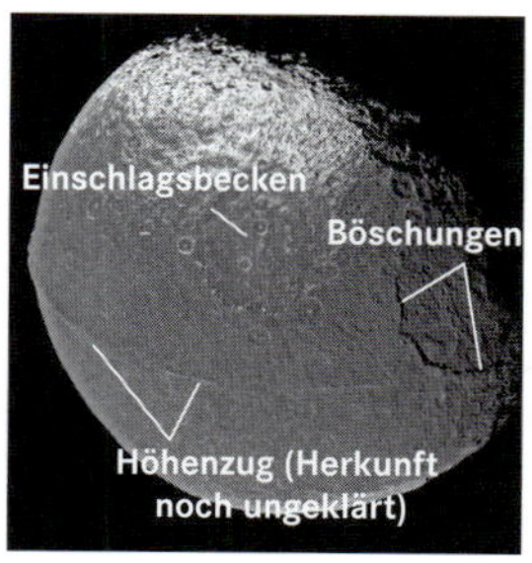

Iapetus
(Durchmesser: 1460 km)
e

Hyperion
(Durchmesser: 460 km)
f

Phoebe
(Durchmesser: 220 km)
g

R I V U X G

Abb. 5.64 Saturns verschiedenartige Monde. (a–e) Verschiedene Oberflächenmerkmale von fünf der sieben kugelförmigen Saturnmonde zeigen diese Aufnahmen von Voyager 1, Voyager 2 und Cassini. Die Bilder sind nicht maßstabsgerecht, beachten Sie jeweils die darunter angegebenen Durchmesser. Die auffällige Rille um den Äquator von Iapetus (e) wurde noch nicht erklärt. (f) Das vielleicht bizarrste jemals fotografierte Objekt des Sonnensystems: Hyperion trägt die Narben unzähliger ungewöhnlicher Krater, deren Wände nicht, wie wir es sonst kennen, in den Trichter abgerutscht sind und diesen teilweise ausfüllen. Erklärungen dieses Phänomens könnten die geringe Gravitation des Mondes und die Gravitationskraft des benachbarten Titan liefern. (g) Phoebe, ein unregelmäßig geformter, fast kohlschwarzer Mond, ist ein typisches Beispiel für die Gestalt der kleineren Satelliten des Saturn mit ihren Kratern, Erdrutschen, Furchen und Graten. Phoebe wird von Saturn mit Mühe auf seiner Bahn gehalten. Astronomen nehmen an, dass der Gesteinsbrocken von Saturn eingefangen wurde, als er von jenseits der Neptunbahn einwanderte. (a, e–g: NASA/JPL/Space Science Institute; b–d: JPL/NASA)

Abb. 5.65 Landschaften auf dem Titan. (a) Voyager-Bilder der dunstigen Titanatmosphäre. (b) Die Aufnahme von Cassini zeigt helle Hochlandgebiete (Xanadu) und dunkle, ebene Niederungen (vielleicht Seen aus Kohlenwasserstoffen). Die Auflösung beträgt 4,2 km. (c) Flussbetten schlängeln sich durch das Xanadu-Hochlandgebiet. Sie wurden wahrscheinlich von flüssigem Methan und Ethan ausgespült. (d) Am Nordpol des Titan wurde ein See, gefüllt mit flüssigem Methan und Ethan, entdeckt. Vergleichen Sie mit dem Lake Superior (einem der Großen Seen) auf der Erde! (e) Dieses Foto der Titanlandschaft fertigte die Sonde Huygens am 14. Januar 2005 an. Was wie Gesteinsblöcke aussieht, sind in Wirklichkeit verstreute Kieselsteine; die größten von ihnen haben Durchmesser um 15 cm. (a: NASA/JPL/Space Science Institute: b: NASA/JPL/University of Arizona; c: NASA/JPL; d: NASA/JPL/GSFC; e: NASA/JPL/ESA/University of Arizona)

(Abb. 5.65e). Beim Aufschlag verdampfte Huygens Methan, das sich nur wenige Zentimeter unter der Oberfläche befand. Aus der Menge des nachgewiesenen Methans lässt sich folgern, dass Titan über Reservoirs von Methan und anderen organischen Verbindungen verfügt, die kontinuierlich von der Ultraviolettstrahlung der Sonne in der Atmosphäre zersetzt werden.

Es gibt wenig Grund zu der Annahme, dass Titan Leben hervorgebracht hat, denn an der Oberfläche herrschen lebensfeindliche 95 K (–178 °C). Das Stoffgemisch, das wir heute auf dem Titan vorfinden, könnte aber auch auf der jungen Erde vorgelegen haben. Deshalb könnte eine Untersuchung der Chemie des Titan Aufschlüsse über die Ursprünge des irdischen Lebens liefern.

? Welche Flüssigkeiten gibt es offenbar auf dem Titan?

5.27 Aus Enkeladus strömender Wasserdampf verändert das Magnetfeld des Saturn

Saturns sechstgrößter Mond, Enkeladus mit einem Durchmesser von 500 km, rückte 2005 von einem Nebenschauplatz ins Zentrum des Geschehens, als Cassini mit seiner Untersuchung begann (Abb. 5.66a). Die eisige, runzlige Oberfläche des hellen Monds erinnert an die Jupitermonde Europa und Ganymed. Auf den beiden Letzteren gibt es flüssiges Wasser; auf Enkeladus könnte dies auch der Fall sein. Gestützt wird diese Theorie von der Beobachtung, dass große zusammenhängende Gebiete der Südhalbkugel des Enkeladus frei von Kratern sind. Stattdessen gibt es dort offenbar hochhausgroße Eisblöcke, die anscheinend viele Krater durch tektonische Plattenbewegungen ausgelöscht haben (Abb. 5.66b). Die Mission wies außerdem nach, dass die dunklen, *Tigerstreifen* genannten Linien (Abb. 5.66a) weniger als 1000 Jahre alt sind. Es handelt sich um Risse, in denen Wasser aus der Tiefe emporsteigt und zu glatten, dunklen Flächen gefriert. Die Tigerstreifen sind typischerweise 100 km lang und 35 km voneinander entfernt. Eine moderne Theorie lautet, die Energie zur Überformung der Oberfläche wurde dem Mond zugeführt, als sich – vermutlich durch Gezeitenwechselwirkungen mit dem Saturn – seine Rotationsgeschwindigkeit änderte. Die genauen Ursachen für diesen Vorgang werden noch untersucht.

Welche Hinweise auf flüssiges Wasser im Inneren von Enkeladus können die Forscher bisher vorlegen? Die Messgeräte von Cassini entdeckten über der Südpolregion des Monds eine ausgedehnte Wolke aus Wasserdampf (Abb. 5.66c), der gemeinsam mit anderen Dämpfen und Staub in geysirartigen Fontänen aus den Tigerstreifen austritt. Die Wassermoleküle werden teilweise ionisiert und verändern deshalb in unmittelbarer Umgebung des Enkeladus das Magnetfeld des Saturn, ein Effekt, der ebenfalls von Cassini nachgewiesen wurde. Da die Anziehungskraft des Monds nicht genügt, um Wasserdampf festzuhalten, muss die beobachtete ausgedehnte Wasserdampfwolke laufend aus warmen Bereichen unter der Kruste ersetzt werden. Wie das Wasser dabei flüssig gehalten wird, ist noch ein Rätsel. In der Umgebung des Enkeladus spürte Cassini auch Staub auf. Er ist vermutlich die Quelle des E-Rings von Saturn.

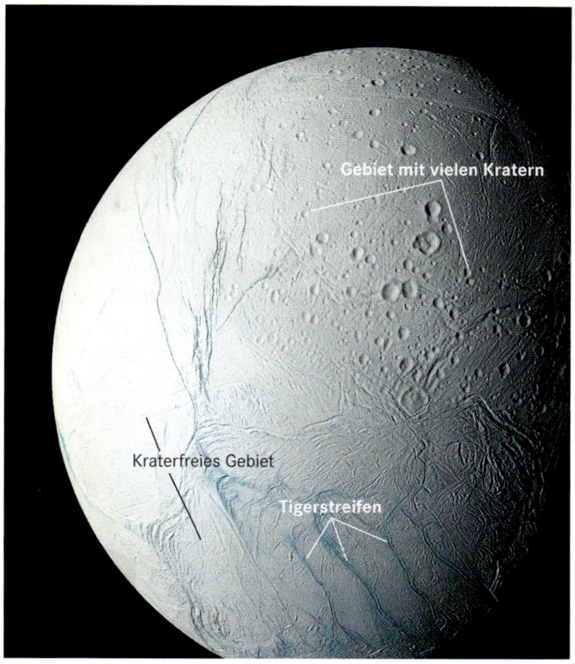

a R I V U X G

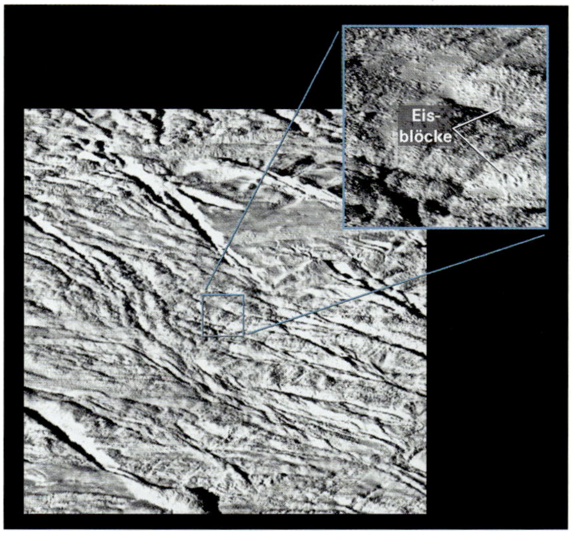

b R I V U X G

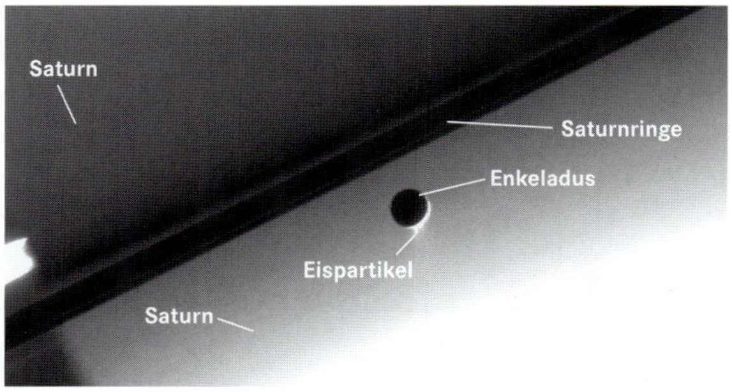

c R I V U X G

Abb. 5.66 Enkeladus. (a) Blick von der Sonde Cassini auf die beiden Landschaftsformen des Enkeladus (Durchmesser 500 km): rechts von Kratern zerfurcht, links nahezu kraterfrei. Die blauen „Tigerstreifen" werden vermutlich von aus der Tiefe aufsteigendem Wasser gebildet. Es handelt sich um ca. 100 km lange und 2 km breite Schluchten, aus denen Wasserdampf- und Staubfontänen aufsteigen. (b) Kraterfreies Gebiet in der Umgebung des Südpols. Die Furchen sind wahrscheinlich das Ergebnis tektonischer Verschiebungen. Das kleine Bild rechts oben zeigt Eisblöcke. (c) Eispartikel, die den Enkeladus verlassen. (a–c: NASA/JPL/Space Science Institute)

Uranus

Uranus, der Planet mit der viertgrößten Masse im Sonnensystem, ist so weit von uns entfernt, dass man ihn mit bloßem Auge fast nicht sieht. Als erster Planet wurde er mit dem Fernrohr entdeckt (1781). Der 19,2 AE von der Sonne entfernte Planet braucht 84 Erdenjahre, um unser Zentralgestirn einmal zu umlaufen. Seit seiner Entdeckung absolvierte Uranus nicht einmal drei vollständige Umläufe.

5.28 Auf Uranus ist es bewölkt und dunstig

Bis 1996 hatte man Uranus nur im sichtbaren Spektralbereich beobachtet und dabei wenig Bemerkenswertes festgestellt. Auch die Nahaufnahmen, die Voyager 2 1986 anfertigte, zeigten eine seltsam leere Welt. Erst die Infrarotkamera des Hubble-Teleskops kam Strukturen auf die Spur, die Voyager entgangen waren, nämlich einem System aus Zonen und Gürteln. In der wasserstoffreichen Atmosphäre des Uranus gibt es Spuren von Methan; die Hochatmosphäre ist von Dunst erfüllt, unterhalb dessen die Luft klar ist. Methanwolken, die ständig ihre Gestalt ändern, lassen die typischen Cumuluswolken auf der Erde winzig klein erscheinen: Sie ragen hoch auf und überdecken typischerweise die Fläche des irdischen Kontinents Europa. Gemeinsam mit der ganzen Atmosphäre umrunden die Wolken den Planeten einmal in 16,5 h, wobei die exakte Zeit infolge der differenziellen Rotation vom Breitengrad abhängt.

Uranus ist 14,5-mal massereicher als die Erde, sein Durchmesser ist viermal so groß (Abb. 5.67). Seine äußeren Schichten bestehen hauptsächlich aus gasför-

Uranus: Zahlen und Fakten — **Planetensymbol: ⛢**

Abstand von der Erde (Mittelpunkt zu Mittelpunkt):	Mittlerer:	$2{,}87 \cdot 10^9$ km (19,2 AE)
	Maximum:	$3{,}00 \cdot 10^8$ km (20,0 AE)
	Minimum:	$2{,}75 \cdot 10^8$ km (18,4 AE)
Bahnexzentrizität:	0,047	
Mittlere Bahngeschwindigkeit:	6,83 km/s	
Umlaufperiode:	84,1 Jahre	
Rotationsperiode im Inneren:	17,24 h	
Neigung des Äquators gegen die Ebene der Umlaufbahn:	97,9°	
Neigung des Äquators gegen die Ebene der Ekliptik:	0,77°	
Radius am Äquator:	25.560 km ($4{,}01\ R_\oplus$)	
Masse:	$8{,}68 \cdot 10^{25}$ kg ($14{,}5\ M_\oplus$)	
Mittlere Dichte:	1318 kg/m^3	
Fluchtgeschwindigkeit:	21,3 km/s	
Gravitation an der Oberfläche (Erde = 1):	0,90	
Albedo:	0,56	
Mittlere Temperatur an der Oberseite der Wolkenschicht:	−218 °C = 55 K	
Zusammensetzung der Atmosphäre (Molekülprozent):	82,5 % Wasserstoff (H_2), 15,2 % Helium (He), 2,3 % Methan (CH_4)	

R I V U X G   R I V U X G

Abb. 5.67 Uranus: Statistik. Rechts sind Uranus und Erde im gleichen Maßstab abgebildet. Die Wolken an der rechten Seite des Uranus (falschfarbig rosa) sind jeweils so groß wie der irdische Kontinent Europa. (NASA) migem Wasserstoff und Helium. Die Temperatur der Hochatmosphäre ist so niedrig (etwa 73 K oder – 200 °C), dass Methan und Wasser zu Eiswolken ausfrieren. Da Methan bei niedrigeren Temperaturen gefriert als Wasser, findet man die Methanwolken in größerer Höhe. Methan absorbiert sehr wirksam rotes Licht. So kommt die markante blaugrüne Farbe des Planeten zustande.

Die Rotationsachse des Uranus ist kaum gegen die Umlaufebene des Planeten um die Sonne geneigt (Abb. 5.68). Um sich das vorzustellen, denken Sie an die Erde, deren Rotationsachse etwa 23,5° gegen die Senkrechte zur Ekliptik geneigt ist; vergleichen Sie mit dem Uranus, dessen Rotationsachse einen Winkel von 98° mit der Senkrechten zu seiner Umlaufbahn bildet (siehe Abb. 5.68, unten links), also einen Winkel von 8° mit der Umlaufebene einschließt.

? Welche Beweise haben die Astronomen für das Vorkommen von flüssigem Wasser im Inneren von Enkeladus?

Weil sein Nordpol in eine Richtung unterhalb der Ebene seiner Bahn um die Sonne zeigt, ist Uranus neben Venus der einzige Planet mit retrograder Rotation. Während Uranus um die Sonne läuft, zeigen sein Nord- und Südpol abwechselnd fast geradenwegs zur Sonne bzw. von der Sonne weg. So entstehen extreme Jahreszeiten (Abb. 5.68). Im Sommer steht die Sonne in der Nähe des Nordpols viele Erdenjahre lang fast direkt im Zenit, die Südpolarregion erstarrt in einem langen, kalten Winter. Alle 42 Erdenjahre kehrt sich die Situation um.

Aus Voyager-Aufnahmen schlossen die Planetenforscher, dass jeder der fünf größten Uranusmonde im Laufe seiner Existenz wohl von mindestens einer kosmischen Kollision erschüttert wurde. Ein katastrophaler Zusammenstoß mit einem Objekt von erdähnlicher Größe könnte den Uranus selbst „auf die Seite gelegt" haben, wie wir ihn heute vorfinden.

Masse und Dichte (1318 kg/m^3) des Uranus deuten auf einen dreischichtigen Aufbau hin. Die äußere Schicht (30 %) besteht aus flüssigem Wasserstoff und Helium, die mittlere (40 %) aus stark komprimiertem, flüssigem Wasser mit geringen Anteilen von Methan und Ammoniak. Darunter liegt ein Gesteinskern (30 %; Abb. 5.69). Ammoniak löst sich leicht in Wasser; ein Untergrundozean könnte erklären, warum die Atmosphäre des Uranus so wenig gasförmiges Ammoniak enthält.

Die Magnetfeldstärke an der Oberfläche des Uranus ist etwa drei Viertel so groß wie auf der Erde – ein Wert, der gut zur beobachteten Masse und Rotationsgeschwindigkeit des Planeten passt. Abgesehen davon ist das Magnetfeld jedoch ganz und gar ungewöhnlich. Es ist auffallend stark geneigt (59° gegen die

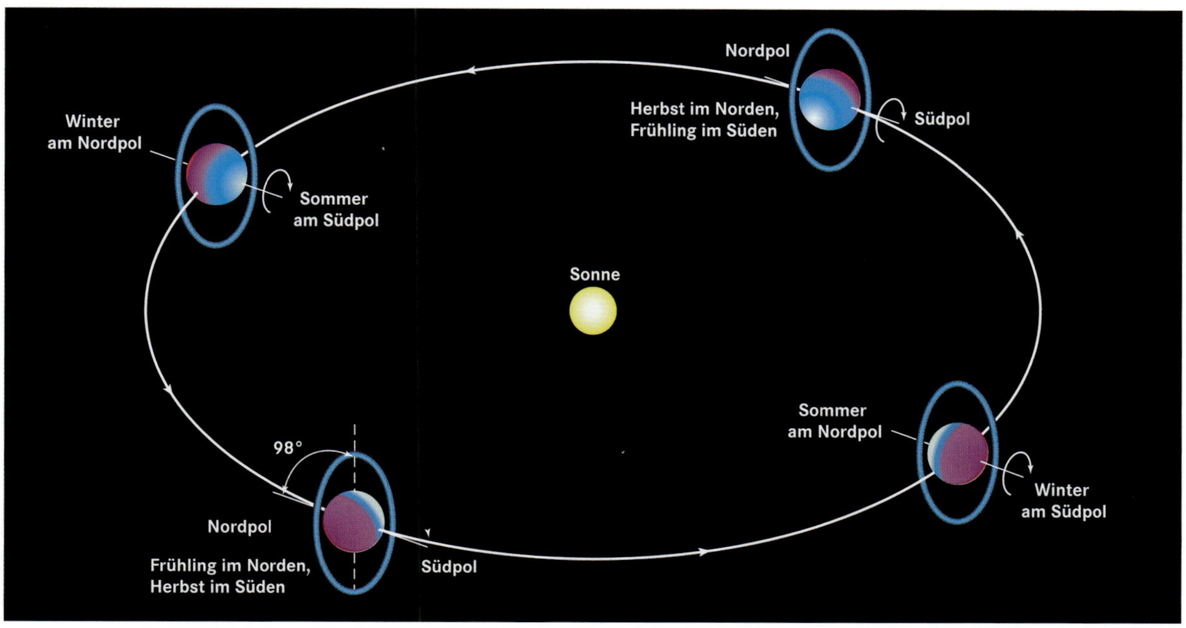

Abb. 5.68 Extreme Jahreszeiten auf Uranus. Die Rotationsachse des Uranus ist stark gegen die Senkrechte auf seine Umlaufbahn um die Sonne geneigt; tatsächlich liegt sie nahezu in der Umlaufbahn. So kommen extreme Jahreszeiten zustande: Ist über dem Südpol Hochsommer, so steht die Sonne viele Jahre lang fast im Zenit, während die Nordpolarregion in eisiger Dunkelheit erstarrt. Einen halben Umlauf später kehrt sich die Situation um.

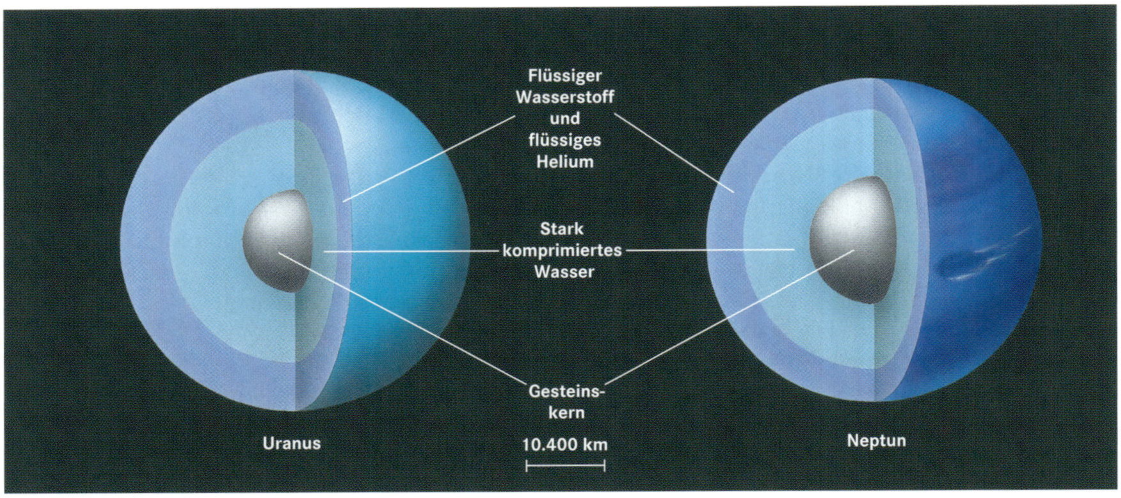

Abb. 5.69 Uranus und Neptun aufgeschnitten. Im Inneren besteht sowohl Uranus als auch Neptun vermutlich aus drei Schichten: Ein Gesteinskern ist umgeben von einem Mantel aus flüssigem Wasser, über dem eine Schicht aus flüssigem Wasser und Helium liegt. Die Atmosphären beider Planeten sind dünne Schichten oberhalb der Wasserstoff-Helium-Meere.

Rotationsachse des Planeten), und seine Achse führt nicht einmal durch den Mittelpunkt des Kerns (Abb. 5.70).

Aufgrund des großen Winkels zwischen den Achsen des Magnetfelds und der Rotation wackelt die Magnetosphäre während der Eigenbewegung des Planeten hin und her. Diesen Effekt nutzen die Astronomen zur Ermittlung der inneren Rotationsgeschwindigkeit aus: Der Kern rotiert einmal in 17 h 14 min, also deutlich langsamer als die Wolken in der Atmosphäre. Solcherart schnell veränderliche Magnetfelder trifft man im Weltall auch anderswo an. Sie helfen z. B., das Verhalten von Pulsaren zu erklären, eine Art von Sternen, die wir in Kapitel 10 kennenlernen werden.

5.29 Uranus hat Ringe und Monde

Derzeit bekannt sind 13 Uranusringe, jeweils aufgebaut aus einer Reihe feiner Ringlets (Abb. 5.71). Die ersten neun der dünnen, dunklen Ringe wurden 1977 zufällig entdeckt, als Uranus von der Erde aus gesehen vor einem Stern vorbeizog; das Sternenlicht wurde von jedem einzelnen Ring kurzzeitig verdeckt, was den Beobachtern auffiel (Abb. 5.72). Diesen Effekt – die Abschirmung des Lichts eines entfernteren Objekts, etwa eines Sterns, durch ein Hindernis in der Sichtlinie zwischen der Erde und diesem Objekt – nennt man **Bedeckung**. Den restlichen vier Ringen kamen die Sonde Voyager und das Hubble-Teleskop auf die Spur. Auf ih-

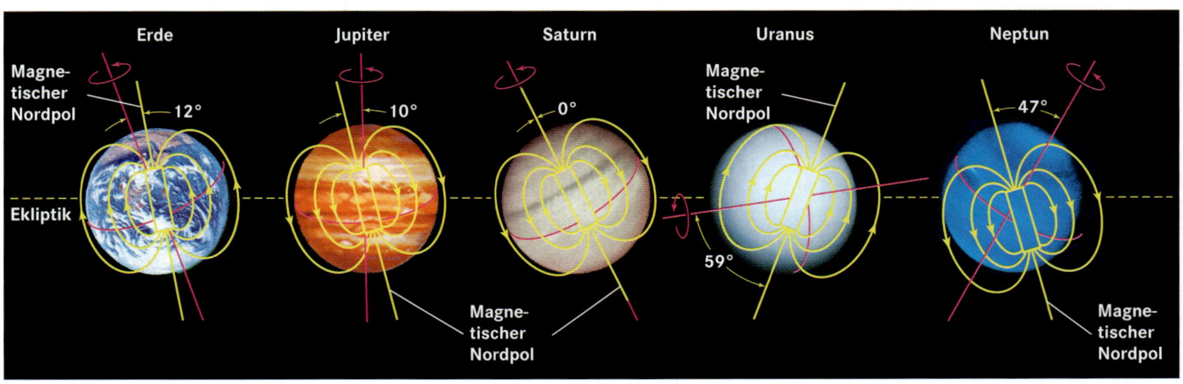

Abb. 5.70 Magnetfelder von fünf Planeten. Das Schema zeigt die Neigung der Magnetfelder von Erde, Jupiter, Saturn, Uranus und Neptun bezüglich der Rotationsachsen der Planeten im Vergleich. Bei Uranus und Neptun ist der Winkel zwischen Magnetfeld- und Rotationsachse besonders groß; in beiden Fällen führt die Achse des Felds nicht durch den Mittelpunkt des Planeten. Bei Jupiter, Saturn und Neptun befindet sich der magnetische Nordpol auf der Hemisphäre, wo die Erde ihren magnetischen Südpol hat.

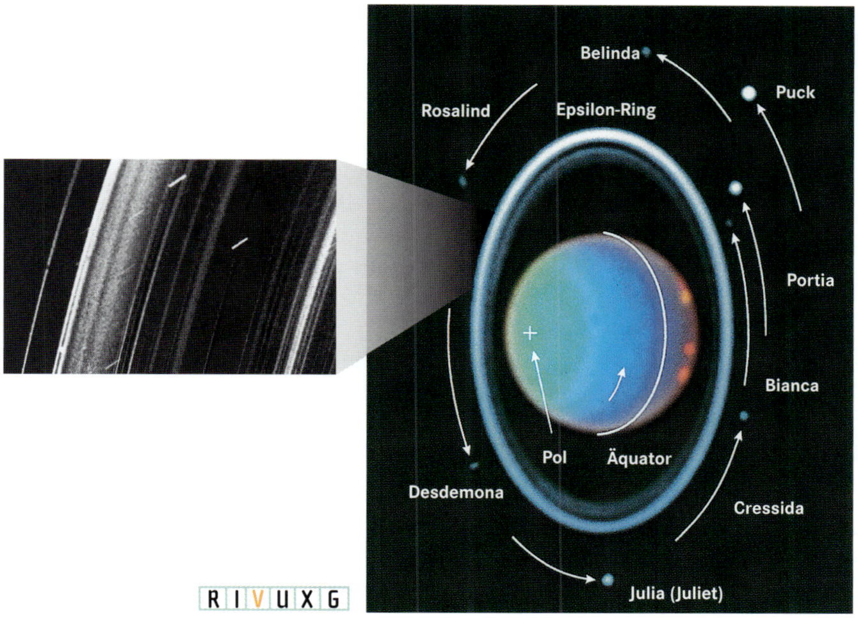

Abb. 5.71 Ringe und Monde des Uranus. Dieses Bild von Uranus, seinem Ringsystem und acht seiner Monde stammt vom Hubble-Teleskop. Kleines Bild links: Nahaufnahme der Ringe, fotografiert von Voyager 2 im Schatten des Uranus (mit Blick zur Sonne). Zahllose feine Staubteilchen flimmern zwischen den Hauptringen in der Sonne. Die Uranusringe sind viel dunkler als die Saturnringe. Das lange belichtete Foto zeigt viele sehr dünne Ringlets und Staubfahnen. Die kurzen hellen Streifen sind Bilder von Sternen, deren Bewegungsunschärfe durch den Weiterflug der Sonde während der Belichtung des Fotos zustande kam. (Kleines Bild links: NASA)

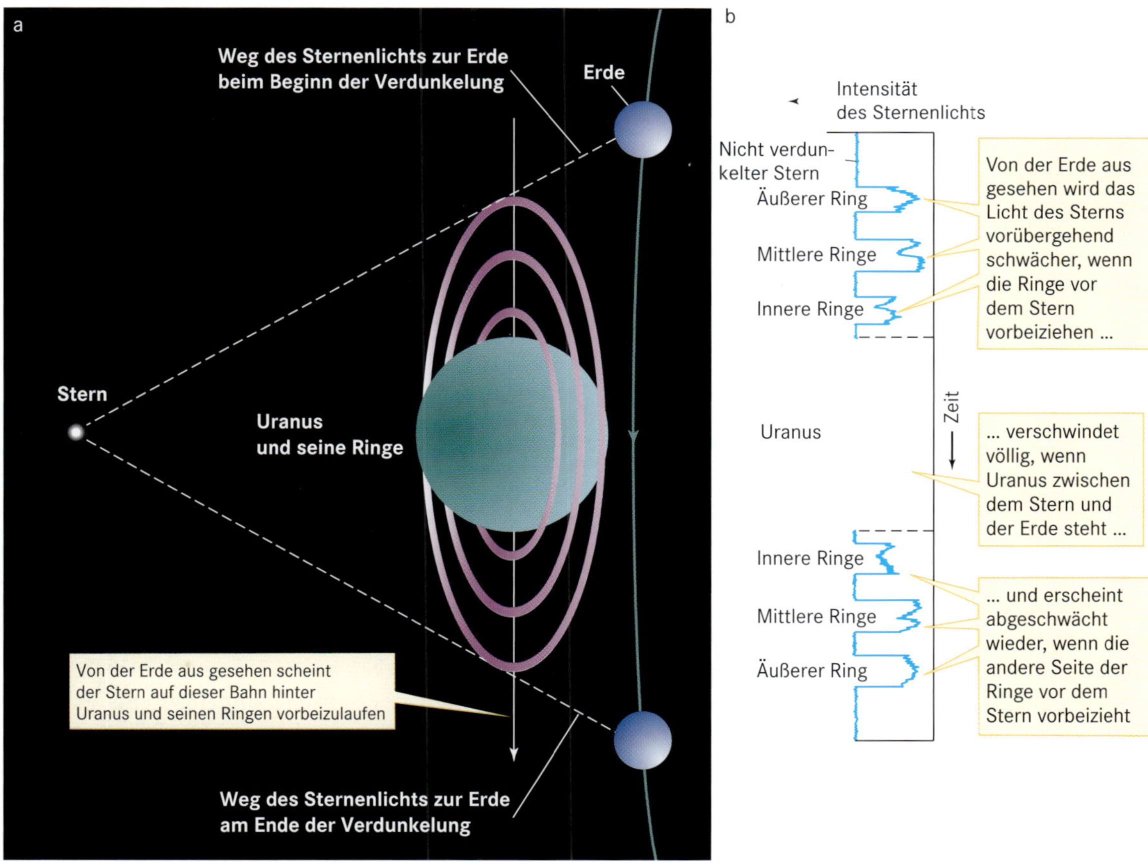

Abb. 5.72 Die Entdeckung der Uranusringe. (a) Das Licht eines Sterns wird teilweise verdunkelt, wenn die Uranusringe die Sichtlinie zur Erde schneiden. (b) Mit empfindlichen Messgeräten können die Astronomen minimale Schwankungen der Lichtintensität nachweisen. So kamen sie den Uranusringen auf die Spur. Wenn sich der Uranus selbst zwischen die Erde und den Stern schiebt, wird der Stern natürlich völlig verdunkelt.

Abb. 5.73 Miranda. Wie ein Flickenteppich sieht Miranda in diesem Panorama aus, das aus Voyager-Fotos zusammengesetzt wurde. Das merkwürdige Erscheinungsbild lässt vermuten, dass Miranda in seiner Frühgeschichte von einem Asteroiden oder einem benachbarten Uranusmond so heftig getroffen wurde, dass sie auseinanderbrach; die Gravitation zwang die Trümmer, sich danach wieder zu vereinigen. Die seltsamen Streifen, die einen großen Teil der Oberfläche bedecken, sind parallele Täler und Grate, die entstanden sein könnten, als dichtes Gesteinsmaterial zur Mitte des Monds hin absank. Ganz unten rechts im Bild, wo es aussieht, als habe ein Riese von Miranda „abgebissen", befindet sich ein gigantischer Klippenzug, der 20 km hoch (mehr als doppelt so hoch wie der Mount Everest) emporragt. (NASA)

rer Bahn gehalten werden die Ringpartikel durch Schäfermonde, darunter Cordelia und Ophelia.

? Was sind, abgesehen von dem erdähnlichen Gesteinskern, die Hauptbestandteile des Inneren von Uranus?

Die meisten Uranusmonde laufen, ebenso wie die Ringe, in der Äquatorebene des Planeten um. Fünf Satelliten mit Durchmessern zwischen 480 km und fast 1600 km waren schon vor der Voyager-Mission bekannt. Die Kameras der Voyager-Sonden spürten weitere zehn Satelliten auf, deren Durchmesser unter 50 km liegen; noch mehr Monde kamen seitdem durch erdgebundene Beobachtungen hinzu. Einige der winzigen, unregelmäßig geformten Satelliten fungieren als Schäfermöndchen.

? Wie werden die Uranusringe auf ihren Bahnen gehalten?

Der faszinierendste und bizarrste unter den 27 bekannten Uranusmonden ist Miranda mit seinen ungewöhnlichen Runzeln und Streifen (Abb. 5.73). Die sehr abwechslungsreiche Landschaft lässt vermuten, dass der Mond einst eine Katastrophe erlebte. Vielleicht schlug ihn ein gewaltiger Einschlag vorübergehend in Trümmer, die sich dann wieder zusammenfanden; vielleicht wurde er auch durch Gezeitenkräfte stark aufgeheizt, wie wir es bei Io gesehen haben, wodurch größere Stücke der Kruste herausgerissen wurden.

Mirandas Kern bestand ursprünglich aus dichtem Gestein und war umgeben von einem vorwiegend aus Eis zusammengesetzten Mantel. Ein verheerender Einschlag könnte Stücke herausgebrochen haben, die später durch Gravitationskräfte auf den Mond zurückfielen und ein chaotisches Trümmerfeld aus Gestein und Eis hinterließen. Ein solches Szenario vorausgesetzt, ist die Landschaft von Miranda heute von Gesteinsblöcken geprägt, die langsam zur Mitte des Himmelskörpers hin absinken und dabei die weniger dichten Eismassen an die Oberfläche drängen.

Neptun

Hinsichtlich des physikalischen Aufbaus ähnelt Neptun dem Uranus (vergleichen Sie dazu Abb. 5.74 mit Abb. 5.69). Neptun hat die 17,1-fache Masse und den 3,88-fachen Durchmesser der Erde, seine Dichte beträgt 1640 kg/m^3. Seine schnelle Rotation zwingt die Wolkenschicht in Gürtel und Zonen. Die Wolkenformen sind viel leichter zu unterscheiden als auf dem Uranus. Die weißlichen, cirrusähnlichen Wolken bestehen aus Methankristallen, die rotes Licht absorbieren und dem Neptun eine ähnlich blaue Farbe verleihen wie dem Uranus. Gürtel und Zonen zeigen sich als Abstufungen der Blaugrüntöne (Abb. 5.75). Wie auf den anderen Gasplaneten beobachtet man auch auf dem Neptun differenzielle Rotation. Winde mit Geschwindigkeiten von bis zu 2000 km/h, die zu den stärksten des ganzen Sonnensystems gehören, fegen über den Planeten hinweg. Die Rotationsachse des Neptun ist um 30° gegen die Ebene seiner Umlaufbahn um die Sonne geneigt. Sie erinnern sich, dass die ähnliche Neigung der Erdachse Ursache der irdischen Jahreszeiten ist; mit dem Hubble-Teleskop kamen die Astronomen 2003 jahreszeitlichen Veränderungen in den Polargebieten des Neptun auf die Spur.

Neptun: Zahlen und Fakten

Planetensymbol: ♆

Abstand von der Erde (Mittelpunkt zu Mittelpunkt)	Mittlerer:	$4{,}50 \cdot 10^{9}$ km (30,1 AE)
	Maximum:	$4{,}54 \cdot 10^{8}$ km (30,4 AE)
	Minimum:	$4{,}45 \cdot 10^{8}$ km (29,8 AE)
Bahnexzentrizität:	0,009	
Mittlere Bahngeschwindigkeit:	5,5 km/s	
Umlaufperiode:	164,8 Jahre	
Rotationsperiode im Inneren:	16,11 h	
Neigung des Äquators gegen die Ebene der Umlaufbahn:	29,6°	
Neigung des Äquators gegen die Ebene der Ekliptik:	1,77°	
Radius am Äquator:	24764 km (3,88 $R_\oplus$)	
Masse:	$1{,}024 \cdot 10^{26}$ kg (17,1 $M_\oplus$)	
Mittlere Dichte:	1638 kg/m³	
Fluchtgeschwindigkeit:	23,5 km/s	
Gravitation an der Oberfläche (Erde = 1):	1,1	
Albedo:	0,41	
Mittlere Temperatur an der Oberseite der Wolkenschicht:	−218 °C = 55 K	
Zusammensetzung der Atmosphäre (Molekülprozent):	79 % Wasserstoff (H_2), 18 % Helium (He), 3 % Methan (CH_4)	

Abb. 5.74 Neptun: Statistik. Rechts sind Neptun und Erde im gleichen Maßstab abgebildet. Uranus und Neptun sind einander in Masse, Größe und chemischer Zusammensetzung sehr ähnlich. Beide Planeten sind von dünnen, schwach reflektierenden Ringen umgeben, die sich deutlich von den breiten, hellen Ringen des Saturn unterscheiden. (NASA)

5.30 Neptun wurde entdeckt, weil es ihn theoretisch geben musste

Wie Neptun gefunden wurde, wird immer wieder gern erzählt; es ist ein Beispiel für eine wissenschaftliche Vorhersage, die zu einer erwarteten Entdeckung führte. 1781 beobachtete der britische Astronom William Herschel als Erster den Uranus. Seine Position wurde sorgfältig dokumentiert, und in den 1840er Jahren war nicht mehr zu übersehen, dass er nicht der Bahn folgte, die den Kepler'schen und Newton'schen Gesetzen entsprach – selbst wenn man die Gravitation aller damals bekannten Objekte des Sonnensystems in die Rechnung einbezog. Entweder war die theoretische Basis der Bewegungsgesetze falsch, oder ein noch unbekannter Himmelskörper zog an Uranus.

Fast gleichzeitig, aber unabhängig voneinander berechneten der englische Mathematiker John Adams und der französische Astronom Le Verrier die Position des vermuteten Planeten, der 1846 tatsächlich gesichtet wurde. Der deutsche Astronom Johann Galle fand ihn mit einer Winkelabweichung von nur 1–2° bezüglich der Position, die aus dem unbekannten Einfluss auf Uranus geschlossen worden war.

Einblicke in die Wissenschaft

Fortschritt – Schritt für Schritt Die Position des Neptun wurde aus der Theorie hergeleitet, bevor der Planet entdeckt war. Auch die Vulkane auf Io wurden so vorhergesagt. Manchmal treffen die Wissenschaftler sogar Vorhersagen, bevor die Technologie zu ihrer Überprüfung überhaupt existiert. Theorien, die einmal Bestätigung fanden, führen zu neuen Vorhersagen und neuen Erkenntnissen.

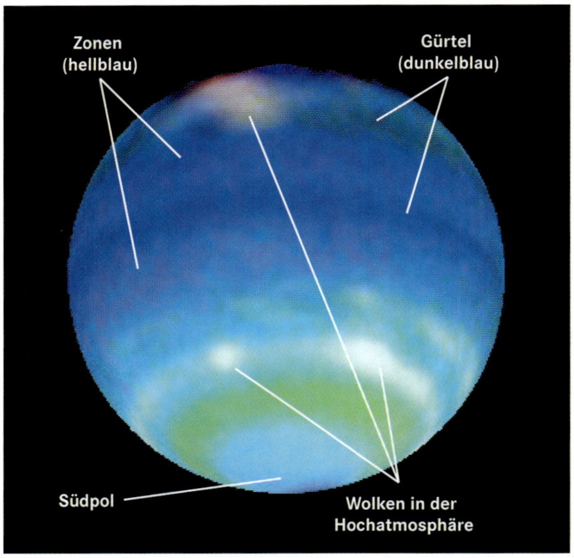

Abb. 5.75 Die Bänderstruktur des Neptun. Mehrere Aufnahmen des Hubble-Teleskops bei verschiedenen Wellenlängen wurden zu dieser farblich überhöhten Gesamtansicht des Neptun kombiniert. Die Gürtel und Zonen erscheinen dunkel- bzw. hellblau; der dunkle Gürtel, der sich über die Bildmitte zieht, liegt knapp südlich vom Äquator. Als weiße Flecken sind Wolken in der Hochatmosphäre zu erkennen, die vermutlich aus Methaneis bestehen. Die höchsten Wolken erscheinen gelb bis rot (am oberen Bildrand). Der grüne Gürtel um das Südpolargebiet ist ein Bereich, in dem die Atmosphäre blaues Licht absorbiert. Vermutlich ist sie dort chemisch anders zusammengesetzt als in niedrigeren Breiten. (Lawrence Sromovsky, University of Wisconsin-Madison und STScI/NASA)

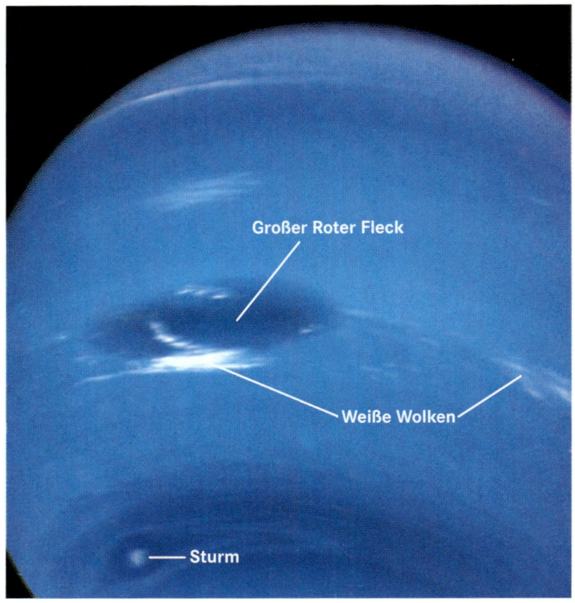

Abb. 5.76 Neptun. Ein Blick von der Sonde Voyager 2 auf die Südhalbkugel des Gasplaneten. Zu jener Zeit entsprach die Breite des Großen Dunklen Flecks ungefähr dem Durchmesser der Erde. In der Zwischenzeit ist der Fleck verschwunden. Die weißen Schleier sind Methanwolken. (NASA/JPL)

Im August 1989, fast 150 Jahre nach seiner Entdeckung, erreichte die Sonde Voyager 2 den Planeten als Krönung einer der ambitioniertesten NASA-Missionen. Hochbeglückt empfingen die Forscher detaillierte Nahaufnahmen und Unmengen von Daten, die die Sonde zur Erde funkte.

Als Voyager 2 am Neptun vorbeikam, raste gerade ein gigantischer Sturm durch seine Atmosphäre. Dieser **Große Dunkle Fleck** (Abb. 5.76) ist etwa halb so groß wie der Große Rote Fleck auf dem Jupiter, wurde über ähnlichen Breitengraden gesichtet wie dieser und nimmt auch einen ähnlichen Anteil von der Oberfläche des Neptun ein, wie der Große Rote Fleck von der Jupiteroberfläche. Deshalb könnte man vermuten, dass beide Wirbelstürme durch ähnliche Mechanismen entstanden sind. Allerdings konnte das Hubble-Teleskop den Großen Dunklen Fleck 1994 nicht mehr nachweisen, dafür entwickelte sich eine ähnliche Struktur im April 1995 über der anderen Hemisphäre.

Den inneren Aufbau und die Zusammensetzung des Neptun stellt man sich etwa so vor wie beim Uranus: Ein Gesteinskern ist umgeben von Wasser, in dem Ammoniak und Methan gelöst sind (siehe Abb. 5.69). Die Magnetfeldstärke an der Oberfläche des Neptun beträgt rund 40 % der irdischen Magnetfeldstärke. Die Achse des Felds (die Verbindungslinie von magnetischem Nord- und Südpol) ist, wie wir es auch beim Uranus gesehen haben, deutlich (hier um 47°) gegen die Rotationsachse des Planeten geneigt und gegen die Mitte des Planeten verschoben (siehe Abb. 5.70).

In Abschnitt 5.17 haben wir besprochen, dass die Magnetfelder von Jupiter und Saturn vermutlich durch Bewegungen des flüssigen metallischen Wasserstoffs hervorgerufen werden. Uranus und Neptun verfügen nicht über diese Substanz; ihre Magnetfelder müssen eine andere Ursache haben. Man nimmt an, dass sie auf in Wasser gelöste und dabei ionisierte (also elektrisch geladene) Moleküle wie Ammoniak zurückzuführen sind, die sich gemeinsam mit dem rotierenden, flüssigen Inneren des Planeten bewegen und so einen Dynamoeffekt bewirken, wie wir ihn vom Erdmagnetfeld kennen.

? Mit welchem irdischen Phänomen kann man die „Flecken" auf dem Neptun vergleichen?

5.31 Neptun hat ein Ringsystem und fast nur eingefangene Monde

Wie Uranus ist Neptun von einem System dünner, dunkler Ringe umgeben (Abb. 5.77). In diesem großen Abstand von der Sonne ist es so kalt, dass die Ringsysteme beider Planeten Methaneis enthalten. Die Forscher spekulieren, dass Äonen von Jahren zerstörerischer UV-Einstrahlung das Methaneis teilweise zersetzt haben. Zurück blieben schwärzliche Kohlenstoffverbindungen, die für das geringe Reflexionsvermögen der Ringe verantwortlich sind.

Neptun wird von 13 bekannten Monden umlaufen. Zwölf davon sind unregelmäßig geformt und bewegen sich auf stark exzentrischen Bahnen, was darauf hindeutet, dass es sich um eingefangene Himmelskörper handelt. Der 1846 entdeckte Triton ist kugelförmig; er läuft, wie bald festgestellt wurde, auf einer fast kreisrunden, *retrograden* Bahn um seinen Planeten. Man kann sich schwer vorstellen, wie ein Planet, der in einer Richtung rotiert, und ein Satellit, der in der entgegengesetzten Richtung umläuft, gemeinsam entstanden sein sollen. Bei Jupiter und Saturn findet man retrograde Bahnen tatsächlich nur bei kleinen, weit außen liegenden Satelliten, bei denen es sich vermutlich um eingefangene Asteroiden handelt. Forscher haben deshalb vorgeschlagen, dass Triton bereits von 3 oder 4 Mrd. Jahren in die Schwerkraftfalle des Neptun ging und dabei wahrscheinlich auf eine stark exzentrische Bahn gezwungen wurde, die von den Gezeiten, die der Mond an Neptuns flüssiger Oberfläche bewirkt, nach und nach zu einem Kreis ausgeglichen wurde.

An der Dichte des Triton, 2100 kg/m^3, kann man ablesen, dass der Mond wohl aus ungefähr gleichen Teilen Gestein und Eis besteht. Er verfügt über eine dünne Stickstoffatmosphäre. In seiner Frühzeit, als seine Bahn noch ausgeprägt elliptisch war, wurde er vermutlich von den Gezeitenkräften des Neptun gedehnt und gekrümmt. Die dabei zugeführte Energie sollte ausgereicht haben, um das Innere des Triton schmelzen zu lassen und die ursprüngliche Oberfläche, auch die Krater, zu überformen. Das Südpolargebiet des Monds zeigt Abb. 5.78; auffällig ist die geringe Kraterdichte. Berechnungen des Alters der heutigen Tritonoberfläche auf der Basis dieser Beobachtungen ergaben etwa 100 Mio. Jahre.

Einigen Landschaftsformen, die wir auf Triton finden, sind wir auf anderen Eiswelten schon begegnet. Bei langen Gräben z. B. denken wir an Europa und Ganymed. Andere Strukturen sind ziemlich rätselhaft, etwa das runzlige Gelände in der oberen Hälfte von Abb. 5.78, das an die Schale einer Cantaloupe-Melone erinnert. Glatte Flächen, die wie zugefrorene Seen ausse-

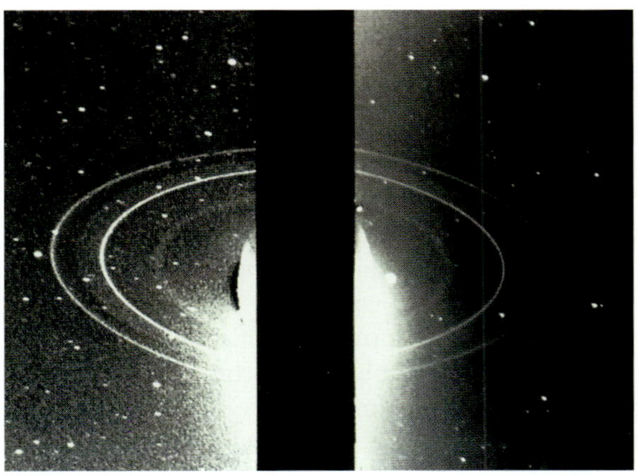

Abb. 5.77 Neptuns Ringsystem. Rechts und links neben dem (hier überbelichteten) Neptun erkennt man leicht zwei Hauptringe. Der Planet wurde bei dieser Aufnahme verdeckt (daher das dunkle Rechteck in der Mitte), damit die dünnen, dunklen Ringe überhaupt zu sehen sind. Bei genauem Hinsehen bemerkt man einen schwachen dritten Ring (innen). Darüber liegt ein Teilchenschleier, dessen Außenkante sich zwischen den beiden Hauptringen befindet und der sich einwärts in Richtung des Planeten erstreckt. (NASA)

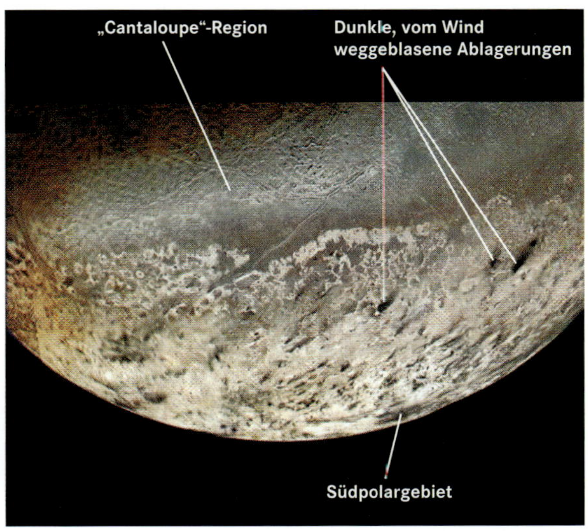

Abb. 5.78 Tritons Südpolargebiet. Mehr als zehn hochaufgelöste Voyager 2-Bilder wurden zu dieser Ansicht des Südpolargebiets von Triton zusammengesetzt. Leicht rosa gefärbt ist die vermutlich aus Stickstoffreif bestehende Polkappe. Dass man bemerkenswert wenige Krater sieht, könnte daran liegen, dass Triton nach Ende des großen Bombardements entweder vorübergehend völlig aufschmolz oder von einer Schicht aus Eislava bedeckt wurde. (NASA/JPL)

Abb. 5.79 Ein zugefrorener See auf Triton. Forscher vermuten, dass das Becken in der Bildmitte mit Wassereis gefüllt ist. Sein Durchmesser beträgt etwa 200 km. (NASA)

hen (Abb. 5.79), werden von manchen Forschern für Calderas erloschener Kryovulkane gehalten. Ein Gemisch aus Methan, Ammoniak und Wasser, dessen Schmelzpunkt weit unter demjenigen reinen Wassers liegen kann, könnte eine Art kalte Lava gebildet haben.

Die Thermometer an Bord der Voyager-Sonden maßen auf Triton eine Oberflächentemperatur von 36 K (–237 °C). Damit ist der Neptunmond die kälteste Welt, die irdische Raumflugkörper jemals erreicht haben. Die Kameras erspähten allerdings auch zwei gewaltige, 8 km über den Boden des Monds aufragende Gassäulen – wahrscheinlich Stickstoffgas, das durch radioaktive Zerfälle im Inneren erwärmt wurde und durch Spalte oder Schlote in der Oberfläche ausströmt.

Triton erzeugt noch immer Gezeiten auf dem Neptun. Die Gezeiten auf der Erde sorgen dafür, dass sich der Erdmond auf einer Spiralbahn von uns wegbewegt; der retrograd umlaufende Triton wird von den Neptungezeiten auf eine nach innen laufende Spirale gezwungen. Im Laufe der nächsten 250 Mio. Jahre wird Triton die **Roche-Grenze** erreichen – das ist der Abstand, in dem die Gezeitenkräfte so groß werden, dass sie den Mond in Trümmer reißen. Triton wird stückweise ins All davonfliegen, bis er völlig zerlegt ist. Im Zuge dessen wird sich um den Neptun ein neuer Ring bilden, der wesentlich mehr Materie enthält als das heutige Ringsystem (Abb. 5.80).

5.32 Ein Vergleich der äußeren Planeten

Nachdem wir die äußeren Planeten nun einzeln besprochen haben, wollen wir sie in ihren Eigenschaften vergleichen. Tab. 5.3 fasst die wesentlichen Fakten zusammen.

Größe und Masse Die vier Gasplaneten Jupiter, Saturn, Uranus und Neptun sind allesamt viel größer und massiver als die Erde (ca. 4- bis 11-facher Durchmesser, 14- bis 318-fache Masse).

? Befindet sich der Mond innerhalb oder außerhalb der Roche-Grenze der Erde?

Atmosphäre und Rotation Die vier äußeren Planeten haben dichte, wasserstoff- und heliumreiche Atmosphären, die stets vollständig von Wolken verhüllt sind. Alle vier Planeten rotieren deutlich schneller als die Erde. Ihre siderischen Rotationsgeschwindigkeiten liegen zwischen ca. 10 h und etwa 17,25 h. Die schnelle Rotation zwingt die Wolken in parallele Bänder, *Gürtel* und *Zonen* genannt. Durch die langsame Rotation der Erde bewegen sich die irdischen Wolken in viel größeren Breitengradbereichen, als es auf den Gasplaneten der Fall ist.

Innerer Aufbau Alle vier Gasplaneten verfügen über einen kleinen Gesteinskern; damit sind alle Ähnlichkeiten mit der Erde aufgezählt. Die Kerne von Jupiter und Saturn sind von dünnen Schichten aus „Eis" (gefrorenem Wasser, Kohlendioxid, Methan und Ammoniak) umgeben; darüber folgt jeweils ein dicker Mantel aus flüssigem metallischem Wasserstoff, umgeben von einer Schicht aus normalem flüssigem Wasserstoff und Helium. Die Gesteinskerne von Uranus und Neptun sind in große Volumina Wasser eingebettet; außen folgt eine Schicht aus flüssigem Wasserstoff und Helium.

Magnetfeld und Ringe Alle Gasplaneten haben ein Magnetfeld, das Teilchen aus dem Sonnenwind speichert (ähnlich wie die Van-Allen-Gürtel der Erde). Die Achse des Magnetfelds liegt bei Saturn auf der Rotationsachse; bei Jupiter, Uranus und Neptun ist sie (wie bei der Erde) gegen diese Achse geneigt. Alle vier Planeten besitzen ein Ringsystem. Die Saturnringe sind die materiereichsten und eindrucksvollsten, gefolgt von denen des Uranus, Jupiter und Neptun.

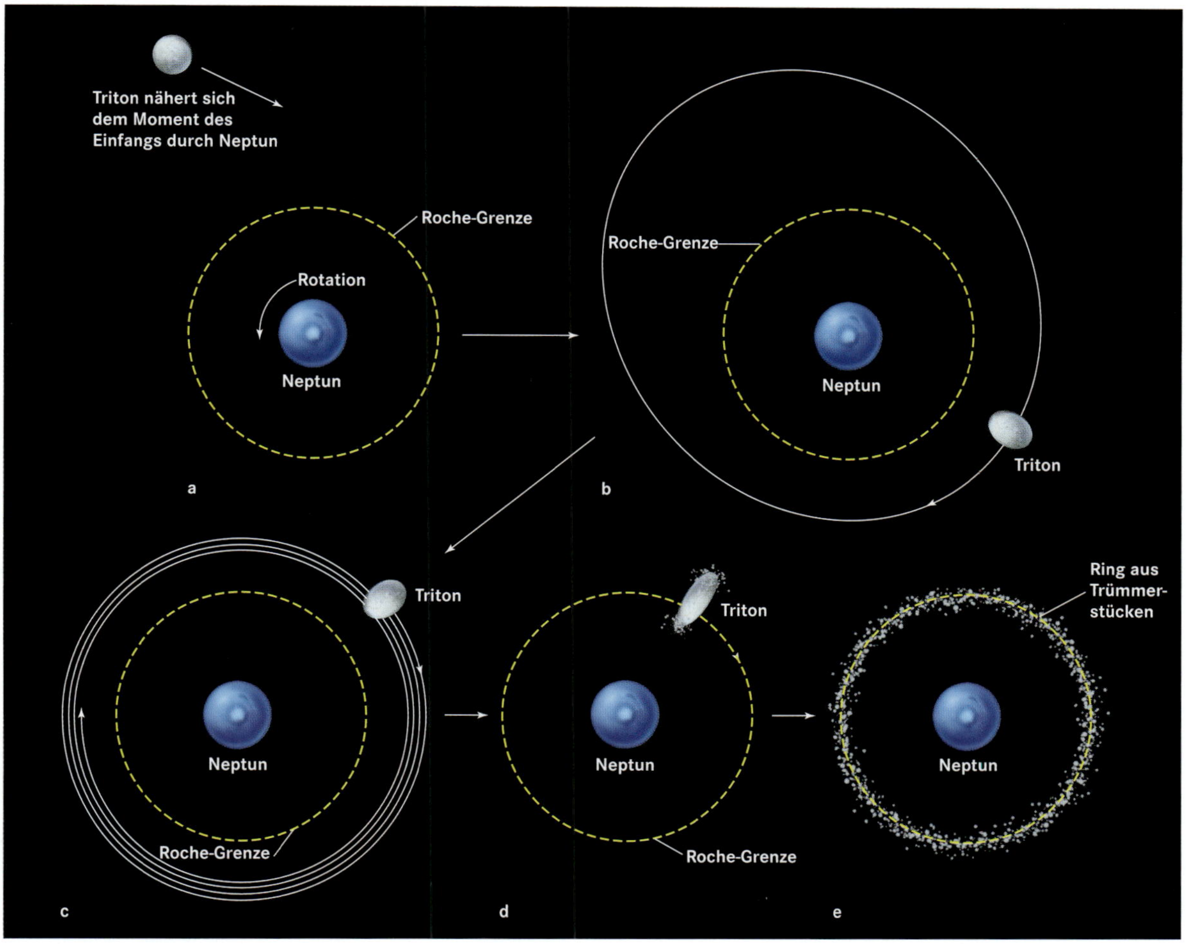

Abb. 5.80 Triton wird eingefangen und zerstört. Triton wurde einst von Neptun auf einer retrograden Bahn eingefangen (a); die Gezeitenkräfte, die er auf den Planeten ausübte, rundeten die anfangs stark exzentrische Bahn (b) und zwangen den Mond auf eine einwärts führende Spirale (c). Irgendwann wird Triton die Roche-Grenze des Neptun erreicht haben (d). Dann zerreißen ihn die Gravitationskräfte des Planeten, zurück bleibt ein neuer Ring (e).

Monde Insgesamt werden die Gasplaneten von mindestens 163 Satelliten begleitet. Zu jedem Planeten gehören ein oder mehrere sphärische Monde (wie der Erdmond), aber die meisten Monde des Sonnensystems sind wesentlich kleinere, unregelmäßig geformte Körper, wahrscheinlich Gesteinstrümmer, die von den Planeten eingefangen wurden. Während der Erdmond 1/81 der Erdmasse besitzt, haben die Monde der äußeren Planeten nicht mehr als wenige Hunderttausendstel der Masse der jeweiligen Planeten; in den meisten Fällen sind es sogar nur Millionstel oder gar Milliardstel.

? Vergleichen Sie die Monde der äußeren Planeten hinsichtlich Anzahl und Merkmalen mit den Monden der inneren Planeten.

5.33 An den Grenzen unseres Wissens

Die drei erdähnlichen Planeten, Merkur, Venus und Mars, hüten noch viele Geheimnisse. Teile der Oberfläche des Merkur kennen wir noch nicht. Wie sind Merkurs Krustengesteine chemisch zusammengesetzt? Wann und in welchen Stadien kühlte der Merkur ab? Welcher Anteil seines Kerns ist noch flüssig? Gibt es in seinen Polargebieten tatsächlich Wassereis, und wenn ja, woher stammt es? Was verrät uns seine innere Struktur?

Gibt es auf der Venus noch aktive Vulkane? Wenn nicht, aus welcher Quelle werden dann die Schwefelverbindungen in die Atmosphäre nachgeliefert? Können wir Indizien für das Ereignis finden, das die Rota-

Tab. 5.3 Die äußeren Planeten: Ein Vergleich

	Innerer Aufbau	Oberfläche	Ringe	Atmosphäre	Magnetfeld
Jupiter	Gesteinskern, umgeben von flüssigem metallischen Wasserstoff; darüber Mantel aus flüssigem Wasserstoff	Keine feste Oberfläche, Atmosphäre verdichtet sich allmählich bis zur Verflüssigung, Gürtel und Zonen, hurrikanähnliche Phänomene	Ja	Vorwiegend H, He	19.000-faches Erdmagnetfeld; in der Wolkenschicht 14-mal so stark wie das Magnetfeld an der Erdoberfläche
Saturn	Ähnlich wie Jupiter; Gesteinskern größer, kleinere Menge metallischen Wasserstoffs	Keine feste Oberfläche, weniger gut abgegrenzte Gürtel und Zonen als bei Jupiter	Ja	Vorwiegend H, He	570-faches Erdmagnetfeld; in der Wolkenschicht 2/3-mal so stark wie das Magnetfeld an der Erdoberfläche
Uranus	Gesteinskern, umgeben von flüssigem Wasser; darüber Mantel aus flüssigem Wasserstoff und Helium	Keine feste Oberfläche, schwach ausgeprägtes Gürtel- und Zonensystem, hurrikanähnliche Phänomene, Farbe durch Absorption des Methans im rot-orange-gelben Bereich	Ja	Vorwiegend H, He; etwas CH_4	50-faches Erdmagnetfeld; in der Wolkenschicht 0,73-mal so stark wie das Magnetfeld an der Erdoberfläche
Neptun	Ähnlich wie Uranus	Wie Uranus	Ja	Vorwiegend H, He; etwas CH_4	35-faches Erdmagnetfeld; in der Wolkenschicht 0,4-mal so stark wie das Magnetfeld an der Erdoberfläche

Mehr Zahlenmaterial zum Vergleich finden Sie in Tab. C.1 und C.2 im Anhang.
Die Orientierung der Magnetfelder bezüglich der Rotationsachsen der Planeten entnehmen Sie Abb. 5.70.

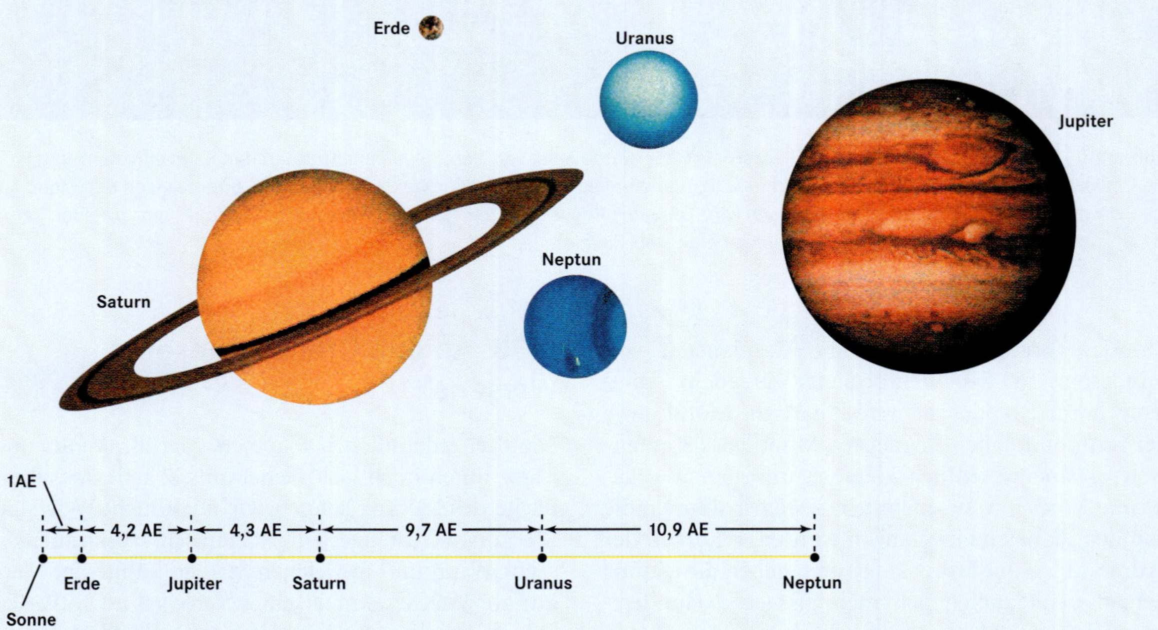

(Stephen P. Mezaros/NASA, M. Buie, K. Horne und D. Tholen)

tionsachse der Venus kippen ließ? Können wir weitere Belege dafür entdecken, dass die Oberfläche der Venus in regelmäßigen Abständen überformt wird?

Zu den bedeutendsten Fragen des Sonnensystems, die noch zu beantworten sind, gehört die nach Leben auf dem Mars: Hat es sich jemals entwickelt, gibt es noch flüssiges Wasser unter der Oberfläche, und enthält dieses vielleicht noch immer Organismen? Wenn ja, wie weit sind sie fortgeschritten? Welche Ähnlichkeiten und Unterschiede lassen sich, verglichen mit irdischem Leben, feststellen? Zu den Ähnlichkeiten könnte ein gemeinsamer Ursprung gehören. Zu klären sind auch die historische Entwicklung der Oberflächengewässer auf dem Mars, die Ursachen der lokalen Magnetfelder, der innere Aufbau des Planeten und die Herkunft seiner Monde. Welches Ereignis führte zur Neigung seiner Achse? Mit einiger Wahrscheinlichkeit werden wir zumindest einen Teil dieser Fragen im Laufe der kommenden Jahrzehnte beantworten können.

? Was fehlt auf der Oberfläche der Venus, ohne das sich die Atmosphäre nicht in eine erdähnliche Lufthülle umwandeln kann?

Die Betrachtung der äußeren Planeten liefert uns zahlreiche Aufschlüsse über die Bildung und Entwicklung des Sonnensystems. Angesichts dessen, dass die meisten bisher bekannten extrasolaren Planeten Gasriesen sind, können uns die äußeren Planeten bei der Erforschung der Himmelskörper unserer Galaxie helfen. Einige spezielle Fragen sind: Warum konnte die Sonde Galileo die auf Jupiter vermuteten atmosphärischen Strukturen nicht nachweisen? Was stabilisiert den Großen Roten Fleck so anhaltend? Gibt es Leben in den Untergrundmeeren der äußeren Galilei'schen Monde? Wie sehen die einzelnen Ringpartikel der verschiedenen Ringsysteme genau aus? Vor wie langer Zeit bildeten sich die Ringe des Saturn, und wie lange werden sie noch bestehen? Werden die beweglichen Speichen in den Saturnringen tatsächlich vom planetaren Magnetfeld verursacht, und wenn ja, was formt sie? Was zerstörte die Oberfläche von Miranda? Das sind nur einige wenige der Rätsel, die die Forscher hinsichtlich der äußeren Planeten bewegen und die wahrscheinlich im Laufe des Jahrhunderts gelöst werden.

Schlüsselbegriffe

Alle vier inneren Planeten bestehen überwiegend aus Gestein und Metallen. Deshalb werden sie als erdähnliche oder terrestrische Planeten bezeichnet.

Merkur

- Selbst bei maximaler Elongation ist Merkur nur kurz nach Sonnenuntergang oder vor Sonnenaufgang von der Erde aus sichtbar.
- Merkurs Oberfläche ist von Kratern übersät wie die des Erdmonds; zwischen den Kratern erstrecken sich jedoch weite, glatte Ebenen. Lang gestreckte Steilstufen winden sich durch das Gelände. Sie haben sich vermutlich gebildet, als sich die Kruste bei der Abkühlung verfestigte und schrumpfte.
- Ein gewaltiger Einschlag vor langer Zeit bildete das riesige Caloris-Becken und warf auf der gegenüberliegenden Seite des Planeten chaotische Gipfelgruppen auf.
- Merkur besitzt einen Eisenkern, der einen größeren Volumenanteil des Planeten einnimmt als der Eisenkern der Erde.

Venus

- Venus ähnelt der Erde in Größe, Masse und mittlerer Dichte. Sie ist aber in eine dichte, geschlossene Wolkendecke von hohem Reflexionsvermögen gehüllt, die verhindert, dass man die Oberfläche mit Teleskopen im sichtbaren Licht beobachten kann.
- Die Atmosphäre der Venus besteht im Wesentlichen aus Kohlendioxid. Die Wolken jedoch enthalten Tröpfchen konzentrierter Schwefelsäure, gemischt mit gelblichem Schwefelstaub. Eine Quelle, aus der dieser Schwefelschleier ständig gespeist wird, könnten die aktiven Vulkane der Venus sein.
- Die außergewöhnlich hohe Oberflächentemperatur der Venus ist eine Folge des Treibhauseffekts: Die dichte Kohlendioxidatmosphäre absorbiert die von der Oberfläche ausgehende Wärme und verhindert, dass sie in den Weltraum abgestrahlt wird. An der Venusoberfläche herrscht ein Druck von 90 atm, das Thermometer zeigt 750 K. Mit zunehmendem Breitengrad fallen Druck und Temperatur.
- Die Oberfläche der Venus ist überraschend eben; das vorherrschende Landschaftsbild sind sanft geschwungene Hügel. Es gibt zwei Haupt„kontinente" und mehrere große Vulkane. Man findet zwar Beweise für tektonische Aktivität, aber nicht für solche großräumigen Plattenbewegungen, wie sie die Erdoberfläche kontinuierlich überformen.

Mars

- Erdgebundene Beobachtungen ergaben, dass ein Sonnentag auf dem Mars ungefähr so lang ist wie auf der Erde, dass die Polargebiete von Eiskappen bedeckt sind, die während der Sommermonate teilweise abschmelzen, und dass sich die Farbe der Marslandschaften jahreszeitlich ändert.
- Vor 100 Jahren berichteten Astronomen von Liniennetzen, die den Mars überziehen und vielfach als Kanalsysteme interpretiert wurden. Diese Beob-

achtungen gaben Spekulationen über vernunftbegabtes Leben auf dem Mars Nahrung.

- Die Oberfläche des Mars ist bedeckt von Kratern mit abgeflachten Böden, mehreren gigantischen Vulkanen, einem ausgedehnten Grabensystem an der Grenze zwischen Nord- und Südhalbkugel und ausgetrockneten Flussbetten, aber keinen von intelligenten Lebewesen errichteten Kanälen. Flussdeltas und trockene Rinnen deuten darauf hin, dass es auf dem Mars einst große Mengen fließenden Wassers gab.
- In der heutigen, dünnen Atmosphäre des Mars würde flüssiges Wasser schnell verdampfen. Die Polkappen enthalten jedoch einen größeren Vorrat gefrorenen Wassers. Unter dem Regolith befindet sich teilweise Dauerfrostboden.
- Die Marsatmosphäre besteht vorwiegend aus Kohlendioxid; der Druck an der Oberfläche liegt unter 0,01 atm.
- Chemische Reaktionen im Regolith sterilisieren offenbar im Verein mit der Ultraviolettstrahlung der Sonne den Marsboden.
- Mars verfügt nicht über ein globales Magnetfeld, aber an mindestens neun Stellen wurden lokale Magnetfelder nachgewiesen.
- Die Begleiter des Mars, die kartoffelförmigen Monde Deimos und Phobos, umlaufen den Mars in gebundener Rotation.

Jupiter und Saturn

- Jupiter ist der mit Abstand größte und massereichste Planet des Sonnensystems.
- Jupiter und Saturn bestehen aus einem Gesteinskern, umgeben von einer dicken Schicht aus flüssigem metallischem Wasserstoff und darüber einem Mantel aus normalem flüssigem Wasserstoff. Beide Gasplaneten sind in der Summe ähnlich zusammengesetzt wie die Sonne.
- Die auf dem Jupiter sichtbaren Strukturen befinden sich in den oberen 100 km der Atmosphäre. Saturn weist ähnliche, aber schwächere Merkmale auf. Die Hochatmosphäre beider Planeten setzt sich aus drei Wolkenschichten zusammen. Die Farben der Saturnatmosphäre erscheinen blasser, weil die Wolken über einen ausgedehnteren Höhenbereich verteilt sind.
- Die farbigen Ovale in der Jupiteratmosphäre sind gigantische Wirbelstürme. Einige von ihnen, z B. der Große Rote Fleck, sind jahre- oder sogar jahrhundertelang stabil.
- Jupiter und Saturn haben starke Magnetfelder. Sie entstehen durch elektrische Ströme in den Schichten aus metallischem Wasserstoff.
- Jupiter wird von vier großen Satelliten begleitet. Die beiden inneren Galilei'schen Monde, Io und Europa, sind ungefähr so groß wie der Erdmond, während die beiden äußeren Monde, Ganymed und Kallisto, hinsichtlich der Größe mit Merkur vergleichbar sind.
- Io ist von einer farbenprächtigen Schicht aus Schwefelverbindungen bedeckt, die nach den häufig stattfindenden explosiven Eruptionen aus Vulkanschloten abgelagert werden. Europa ist in eine glatte Eisdecke gehüllt, die kreuz und quer von einem komplexen Muster langer Spalten durchzogen ist.
- Die von vielen Kratern vernarbte Oberfläche des Ganymed besteht aus Wassereis. Zwischen großen, vieleckigen, dunklen, uralten Krustenplatten erstrecken sich stark zerfurchte, heller gefärbte, jüngere Landschaften. Kallistos alte Kruste aus Wassereis weist ebenfalls unzählige Krater auf.
- Saturn ist von einem System dünner, breiter Ringe umgeben, die in der Äquatorebene des Planeten umlaufen. Jeder Hauptring besteht aus vielen schmalen Ringlets, die ihrerseits aus unzähligen Eissplittern und Gesteinstrümmern verschiedenster Größe bestehen. Die Ringe des Jupiter sind ärmer an Materie.
- Die Atmosphäre des Saturnmonds Titan ist sehr dicht, sie besteht aus Stickstoff, Methan und anderen Gasen. An der Oberfläche des Monds wurden Methan- und Ethanseen gesichtet.
- Der Mond Enkeladus zeigt zwei stark verschiedene Landschaftsbilder: eine alte, kraterübersäte Region und eine jüngere, nahezu kraterfreie Fläche, die von tektonischen Aktivitäten geformt wurde.

Uranus und Neptun

- Uranus und Neptun ähneln einander hinsichtlich des Erscheinungsbilds, der Masse, der Größe und der chemischen Zusammensetzung. Beide verfügen über einen Gesteinskern, umgeben von einem dicken Mantel aus wasserhaltiger Substanz. Die Achsen der Magnetfelder beider Planeten sind stark gegen die jeweilige Rotationsachse geneigt. Beide Gasriesen sind von einem System dünner, wenig reflektierender Ringe umgeben.
- Eine einzigartige Eigenschaft des Uranus ist, dass seine Rotationsachse fast genau in der Ebene seiner Umlaufbahn um die Sonne liegt. Auf diese Weise entstehen extrem überhöhte Jahreszeiten.
- Uranus wird von fünf mäßig großen Satelliten begleitet. Der bizarrste ist Miranda.
- Triton, der größte Neptunmond, ist eine eisige Welt mit einer dünnen Stickstoffatmosphäre. Sei-

ne retrograde Bahn um den Neptun legt nahe, dass er von der Gravitationskraft des Planeten eingefangen wurde. Seine Bahn führt spiralförmig in Richtung des Neptun, dessen Kräfte ihn irgendwann zerlegen werden. Zurückbleiben wird ein neues Ringsystem.

Was haben Sie gedacht?

1 *Welcher der erdähnlichen Planeten (Merkur, Venus, Erde, Mars) hat die niedrigste Oberflächentemperatur?* Die kälteste Oberfläche eines erdähnlichen Planeten ist die der Nachtseite des Merkur.

2 *Welcher Planet kommt der Erde hinsichtlich der Größe am nächsten?* Venus ist ähnlich groß wie die Erde.

3 *Welcher der erdähnlichen Planeten (Merkur, Venus, Erde, Mars) hat die höchste Oberflächentemperatur?* Am heißesten, heißer als auf Merkur, ist es auf der Venus. Die Ursache dafür ist der starke Treibhauseffekt der Venusatmosphäre.

4 *Wie sind die Wolken der Venusatmosphäre zusammengesetzt?* Die Wolken bestehen vorwiegend aus Schwefelsäure.

5 *Gibt es auf dem Mars gegenwärtig flüssiges Wasser? Gab es dort früher einmal flüssiges Wasser?* Heute gibt es auf dem Mars kein flüssiges Wasser mehr, aber es gibt überzeugende Indizien dafür, dass auf dem Mars früher Wasser floss.

6 *Gibt es, soweit wir wissen, gegenwärtig Leben auf dem Mars?* Bis jetzt wurde auf dem Mars noch kein Leben entdeckt. In den Untergrundmeeren könnte sich aber Leben entwickelt haben.

7 *Kann man den Jupiter als „nicht gezündeten Stern“ auffassen? Warum (nicht)?* Nein. Der Jupiter müsste eine 75-mal so große Masse haben, damit die Wasserstofffusion zünden und er wie ein Stern leuchten kann.

8 *Was ist der große Rote Fleck auf dem Jupiter?* Der Große Rote Fleck ist ein stabiler, ovaler Wolkenwirbel, ähnlich einem Hurrikan auf der Erde.

9 *Ist Saturn der einzige Planet mit einem Ringsystem?* Nein. Alle vier äußeren Planeten (Jupiter, Saturn, Uranus, Neptun) haben Ringe.

10 *Sind die Saturnringe feste Bänder?* Nein. Die Saturnringe setzen sich aus vielen dünnen, eng beieinanderliegenden Ringlets zusammen, die ihrerseits aus Eissplittern und eisüberzogenen Gesteinsbrocken bestehen. Feste Bänder wären von den Gezeitenkräften des Saturn längst zerrissen worden.

Nachlese

1. Welches Planetenpaar ist das mit der ähnlichsten chemischen Zusammensetzung der Atmosphären? **a.** Erde und Venus, **b.** Erde und Mars, **c.** Venus und Mars, **d.** Merkur und Mars, **e.** Merkur und Venus.
2. Auf welchem Planet ist es am unwahrscheinlichsten, Wassereis an oder direkt unter der Oberfläche zu finden? **a.** Erde, **b.** Merkur, **c.** Mars, **d.** Venus.
3. Welcher Himmelskörper kommt der Venus in Masse und Durchmesser am nächsten? **a.** Erde, **b.** Mars, **c.** Merkur, **d.** Erdmond.
4. Warum ist Merkur so schwer zu beobachten? Wann ist er am besten zu sehen?
5. Vergleichen Sie die Oberflächen von Merkur und Erdmond. Zeigen Sie Ähnlichkeiten und Unterschiede auf.
6. Vergleichen Sie den inneren Aufbau von Merkur und Erde. Zeigen Sie Ähnlichkeiten und Unterschiede auf.
7. Nennen Sie die am längsten ausgedehnten Oberflächenstrukturen auf Merkur. Warum sind sie wahrscheinlich viel älter als tektonische Strukturen auf der Erde?
8. Umreißen Sie eine wissenschaftliche Theorie, die begründet, warum der Eisenkern des Merkur so groß ist.
9. Von Astronomen wird die Venus oft als Zwillingsplanet der Erde bezeichnet. Welche physikalischen Eigenschaften haben beide Planeten gemeinsam? In welcher Hinsicht unterscheiden sie sich?
10. Warum ist es auf der Venus heißer als auf Merkur?
11. Über welche Indizien für aktiven Vulkanismus auf der Venus verfügen wir?
12. Beschreiben Sie die Oberflächengestalt der Venus. Welche geologischen Strukturen würden Sie bei einer Reise um den Planeten besichtigen können?
13. Warum meinen die Astronomen, dass die Oberfläche der Venus nicht von kontinuierlicher tektonischer Aktivität geformt wurde, wie wir sie von der Erde kennen?
14. Warum sieht Mars rot aus?
15. Was verstehen Sie unter dem Treibhauseffekt? Welche Rolle spielt er für die Atmosphären von Venus und Erde?
16. Vergleichen Sie die Kraterlandschaften von Mars, Merkur und Erdmond. Was können Sie über die historische Entwicklung der Landschaft auf den drei Himmelskörpern aussagen, wenn Sie annehmen, dass sämtliche Krater ursprünglich gleich scharfe Ränder besaßen?

17. Wie könnten Sie unterscheiden, welche Krater auf dem Mars von Einschlägen stammen und welche von vulkanischer Aktivität gebildet wurden?
18. Welche geologischen Strukturen deuten darauf hin, dass Mars einst von plattentektonischen Bewegungen überformt wurde? Welche tektonisch entstandenen Merkmale gibt es auf der Erde, aber offenbar nicht auf dem Mars?
19. Welche Indizien haben die Astronomen zusammengetragen, die für das Vorkommen großer Wassermengen vor langer Zeit auf dem Mars sprechen? Welche Hinweise gibt es darauf, dass unter der Oberfläche des Planeten noch immer flüssiges Wasser existiert?
20. Welcher Planet des Sonnensystems hat die größte Masse? **a.** Erde, **b.** Neptun, **c.** Saturn, **d.** Jupiter, **e.** Merkur.
21. Welcher der folgenden Planeten besitzt *kein* Ringsystem? (Wählen Sie nur einen aus.) **a.** Mars, **b.** Uranus, **c.** Neptun, **d.** Saturn, **e.** Jupiter.
22. Welcher Planet des Sonnensystems hat die geringste Masse? **a.** Merkur, **b.** Mars, **c.** Uranus, **d.** Jupiter, **e.** Venus.
23. Von welchem Planeten sind gegenwärtig die meisten Monde bekannt? **a.** Mars, **b.** Saturn, **c.** Uranus, **d.** Jupiter, **e.** Neptun.
24. Beschreiben Sie das Erscheinungsbild der Jupiteratmosphäre. Nennen Sie langlebige und relativ flüchtige Strukturen.
25. Wodurch entstehen die Zonen und Gürtel in der Jupiteratmosphäre?
26. Was verstehen Sie unter flüssigem metallischen Wasserstoff? Auf welchen Planeten gibt es diese Substanz? Wie entsteht diese Form des Wasserstoffs?
27. Stellen Sie die Oberflächengestalt der vier Galilei'schen Satelliten einander gegenüber. Diskutieren Sie die geologische Aktivität und die Evolution der vier Monde.
28. Welche Energiequelle speist die Vulkane auf Io?
29. Warum findet man auf Ganymed und Kallisto unzählige Impaktkrater, auf Io oder Europa aber nicht?
30. Beschreiben Sie die Struktur der Saturnringe. Woraus bestehen sie?
31. Warum erscheinen die Merkmale der Saturnatmosphäre blasser und „ausgewaschener“ als ähnliche Strukturen in der Jupiteratmosphäre?
32. Beschreiben Sie, wie die Schäfermonde auf einige Ringe wirken. Finden Sie die Bezeichnung „Schäfermond“ passend? Erläutern Sie Ihre Antwort.
33. Beschreiben Sie die Atmosphäre des Titan und die Wirkungen, die das Sonnenlicht dort ausübt.
34. Was können Sie über die Oberfläche des Titan sagen?
35. Erläutern Sie die Jahreszeiten auf dem Uranus. Was macht sie, verglichen mit den Jahreszeiten anderer Planeten, so einzigartig?
36. Welche Indizien gibt es dafür, dass Uranus vor einigen Milliarden Jahren von einem planetenähnlichen Objekt getroffen wurde?
37. Erklären Sie die im Unterschied zu Jupiter und Saturn auffallende blaue Farbe von Uranus und Neptun.
38. Vergleichen Sie die Ringsysteme von Saturn und Uranus. Warum wurden die Uranusringe erst in den 1970er Jahren entdeckt?
39. Welche Besonderheit weist die Orientierung der Magnetfeldachsen von Uranus und Neptun auf, wenn man mit den anderen Planeten vergleicht?
40. Warum wird Triton nie auf den Neptun stürzen, obwohl er sich dem Planeten auf einer Spiralbahn nähert?

Scientific American-Beitrag

Säuretropfen

Mars hätte sauren Regen gebraucht, um nass zu bleiben

Von Sarah Simpson

Sarah Simpson, „Dropping Acid", *Scientific American*, April 2008, S. 27–28

Die Anzeichen häufen sich, dass es auf dem Mars einst nass war: Tief eingeschnittene Flusstäler, großräumige Deltas und verbreitete Überbleibsel verdunsteter Seen haben viele Experten davon überzeugt, dass vor 1 Mrd. Jahren oder mehr große Teile des Roten Planeten von flüssigem Wasser bedeckt waren. Die meisten Versuche zu erklären, wie das Klima auf dem Mars je solche Bedingungen zulassen konnte, liefen ins Leere. Bitterkalt und verdorrt, wie er sich heute präsentiert, hätte Mars einen starken Treibhauseffekt gebraucht, um sein Wasser auf Dauer festzuhalten. Der junge Planet war möglicherweise von einer dicken Schicht wärmespeichernden Kohlendioxids umgeben, aber Klimamodelle zeigen immer wieder, dass CO_2 allein nicht ausgereicht haben kann, um die Temperatur über dem Gefrierpunkt von Wasser zu halten.

Inspiriert von der überraschenden Entdeckung bestimmter Schwefelminerale im Marsboden regt sich bei den Wissenschaftlern jetzt der Verdacht, dass CO_2 bei den Aufwärmübungen einen Partner an seiner Seite hatte: Schwefeldioxid (SO_2).

SO_2 wird, wie CO_2, bei Vulkanausbrüchen freigesetzt; auf dem jungen Mars waren Eruptionen an der Tagesordnung. Schon ein hundertstel oder gar tausendstel Prozent SO_2 in der frühen Marsatmosphäre könnte das entscheidende Quäntchen zum Treibhauseffekt beigetragen haben, das der Mars brauchte, um sich seine Feuchtigkeit zu bewahren, erklärt der Geochemiker Daniel P. Schrag von der Harvard University.

Das klingt nicht eben viel, aber bei vielen Gasen ist die Aufrechterhaltung selbst geringster Konzentrationen schwierig. Auf unserem Heimatplaneten trägt SO_2 so gut wie nicht zur Langzeiterwärmung bei, weil es in der Atmosphäre fast sofort mit Sauerstoff zu Sulfat, einer Art Salz, abreagiert. Allerdings sollte die Atmosphäre des jungen Mars praktisch keinen freien Sauerstoff enthalten haben. Das SO_2 könnte also viel länger überlebt haben.

„Den Sauerstoff zu entfernen, ist eine grundsätzliche Sache – die Atmosphäre funktioniert dann ganz anders", kommentiert Schrag. Ihm und seinen Kollegen zufolge impliziert dies unter anderem, dass SO_2 eine Hauptrolle im Wasserkreislauf auf dem Mars gespielt haben sollte. Damit wäre ein zweites Rätsel gelöst, nämlich das Fehlen bestimmter Gesteinsarten auf dem Mars.

Schrags Team verficht die These, dass sich auf dem jungen Mars ein Großteil des SO_2 mit Wassertröpfchen in der Atmosphäre zu schwefliger Säure verband und abregnete, statt sich wie auf der Erde in Sulfat umzuwandeln. Der saure Regen verhinderte die Entstehung dicker Schichten von Kalkstein und anderen Carbonatmineralen.

Das weiße schwefelhaltige Mineral, das ein Mars-Rover hier aufwühlte, bildet sich nur in Wasser.

Die Forscher hatten erwartet, auf dem Mars Unmengen von Carbonatgesteinen vorzufinden, deren Bildung wir als eine der wichtigsten Konsequenzen der feuchten, CO_2-reichen Atmosphäre der frühen Erde kennen. Im Laufe der Jahrmillionen wurde ein großer Teil des Kohlendioxids, das die Vulkane in die Luft pusteten, durch die Mineralisierung gebunden und so aus der Atmosphäre entfernt. Hätte auf dem Mars SO_2 in Form sauren Regens diesen Prozess zum Erliegen gebracht, dann hätte sich das CO_2 in der Atmosphäre ansammeln und dort den Treibhauseffekt verstärken können. Das ist also ein zweiter Weg, auf dem SO_2 vielleicht die Erwärmung des Roten Planeten förderte.

Nicht alle Forscher sind von dieser zentralen Rolle des SO_2 für das Klimageschehen überzeugt. Selbst in einer sauerstoffreichen Atmosphäre ist das Gas höchst instabil und wird rasch von der Ultraviolettstrahlung der Sonne gespalten, wie James Kasting, Atmosphärenchemiker an der Pennsylvania State University, betont. In Kastings Computermodellen des Klimas der frühen Erde (das oft mit dem Klima auf dem jungen Mars verglichen wird) beschränkt diese photochemische Zersetzung die SO_2-Konzentration auf ein Tausendstel des Werts, von dem Schrag und seine Kollegen ausgehen. „Vielleicht ist diese Idee gar nicht so verkehrt“, sagt Kastings. „Um aber Skeptiker wie mich zu überzeugen, dass der Prozess denkbar wäre, müssten die Modelle mehr in die Einzelheiten gehen.“

Schrag gesteht ein, dass seine Modelle im Detail nicht gesichert sind. Er beruft sich aber auf andere Forscher, deren Abschätzungen durchaus zulassen, dass das photochemisch zersetzte SO_2 umgehend durch neue vulkanische Gase ersetzt wurde. Hochrechnungen deuten auch darauf hin, dass eine CO_2-reiche Atmosphäre die zerstörungskräftigsten Wellenlängen der UV-Strahlung effektiv gestreut hätte - ein drittes Beispiel für die Auswirkungen des offenbar zu gegenseitigem Nutzen geschlossenen Bündnisses zwischen SO_2 und CO_2.

Kasting behauptet, der Effekt des SO_2 konnte den frühen Mars nicht so warm werden lassen wie die Erde; er räumt aber die Möglichkeit ein, dass die SO_2-Konzentration dauerhaft hoch genug blieb, um den Planeten zumindest teilweise frostfrei zu halten und damit vielleicht dafür zu sorgen, dass genügend Regen fallen konnte, um Flusstäler auszuspülen.

Über diesen Punkt möchte Schrag gar nicht streiten. „Dreh- und Angelpunkt unserer Hypothese ist nicht, ob es auf dem Mars einen ganzen Ozean, ein paar Seen oder nur kleine Tümpel gab“, sagt er. „Warm bedeutet nicht unbedingt warm wie im Amazonasgebiet, sondern vielleicht auch warm wie in Island - einfach warm genug, um die Entstehung der Flusstäler zuzulassen.“ Mit SO_2 dürfte das nicht schwer gewesen sein.

Auf der Suche nach Sulfiten

Wenn, wie eine neue Hypothese besagt, der junge Mars von Schwefeldioxid gewärmt wurde, müssen sich in stehenden Oberflächengewässern bestimmte Minerale, sogenannte Sulfite, gebildet haben. Bis jetzt sind noch keine derartigen Verbindungen aufgetaucht - vielleicht, weil noch niemand danach gesucht hat? Curiosity, das Landegerät der nächsten Generation (das wir hier mit den Augen eines Künstlers sehen), ist für diese Aufgabe bestens gerüstet; die NASA plant den Start der Mission gegenwärtig für 2011. Als erster Mars-Rover wird Curiosity ein Röntgendiffraktometer mitführen, das jedes beliebige Mineral an seiner Kristallstruktur identifizieren kann.

Kapitel 6
Vagabunden des Sonnensystems

Der Komet Hale-Bopp. (Walter Pacholka, Astropics/ Photo Researchers)

R I V U X G

Was meinen Sie?

1 **Sind die Asteroiden Trümmer eines früheren Planeten? Warum (nicht)?**

2 **Wie weit sind die Asteroiden durchschnittlich voneinander entfernt?**

3 **Wie entsteht ein Kometenschweif? Woraus besteht er?**

4 **In welche Richtung zeigt der Schweif eines Kometen?**

5 **Was ist eine Sternschnuppe?**

Die Antworten finden Sie bei der jeweiligen Ziffer im Text und noch einmal zusammengefasst am Ende des Kapitels.

Unser Sonnensystem entstand in einem gewaltigen Durcheinander. Unzählige Planetesimale stießen zusammen und vereinigten sich zu Planeten und Monden. Fast 1 Mrd. Jahre lang wurden diese großen Himmelskörper von kleineren Trümmern getroffen, zerschlagen und geformt. Der Aufschlag eishaltiger Kometenkerne könnte der Erde nicht nur Wasser gebracht haben, sondern auch andere Rohstoffe für die Entwicklung des Lebens. Diese Ära des „Großen Bombardements" endete vor ungefähr 3,8 Mrd. Jahren, aber nach wie vor befinden sich viele Felsbrocken auf Umlaufbahnen um die Sonne. Von Zeit zu Zeit trifft einer von ihnen auch heute noch einen Planeten oder Mond.

Auch die Erde ist davor nicht gefeit. Täglich verglühen Myriaden kleiner Gesteins- und Metallgeschosse von Staubkorn- bis Kieselsteingröße in der Erdatmosphäre. Andere werden von den Luftschichten zwar abgebremst, aber nicht zerstört und schlagen am Boden auf – manchmal auf von Menschen gemachten Gegenständen und manchmal auch auf Menschen.

Brocken, die so groß sind wie ein Laster oder gar ein Wolkenkratzer und riesige Einschlagskrater erzeugen würden, kommen der Erde bestürzend nahe, näher sogar als der Mond.

Verschieden zusammengesetzte Objekte mittlerer Größe ziehen ihre Bahn in vielen Regionen des Sonnensystems. Besonders häufen sie sich im Asteroidengürtel zwischen Mars und Jupiter sowie im Kuiper-Gürtel jenseits der Neptunbahn. Diese Überbleibsel – Asteroiden (hauptsächlich Gestein und Metall), Meteoroiden (kleine Asteroiden) und Kometen (Gestein und Eis) – sind die Vagabunden des Sonnensystems. Die Untersuchung dieser Trümmerteile gibt den Astronomen Aufschlüsse über die Entstehung des Sonnensystems.

In diesem Kapitel geht es um:

- die Klassifikation von Zwergplaneten, Kleinkörpern und anderen Objekten des Sonnensystems;
- Asteroiden und Meteoroiden – Gesteins- und Metallbrocken im interplanetaren Raum;
- Kometen – Objekte aus großen Mengen Wassereis und Felsschutt;
- Trümmerpartikel, die durch die Erdatmosphäre gelangen;
- den Asteroidengürtel und den Kuiper-Gürtel, zwei Zonen, in denen zahlreiche Trümmerstücke ihre Bahn ziehen, darunter auch solche, die einander paarweise umkreisen;
- katastrophale Einschläge auf der Erde, die sich von 250 Millionen und 65 Millionen Jahren ereigneten und zu Massenaussterben von Lebewesen führten;
- einen unberechenbaren Asteroiden, der das irdische Leben erneut bedrohen könnte.

Die Klassifikation der Objekte des Sonnensystems

Im Allgemeinen vermeiden die Forscher, die physikalischen Eigenschaften von Objekten im All zu beeinflussen (als Gegenbeispiel fällt mir sofort die absichtliche herbeigeführte Kollision einer Raumsonde mit dem Kern des Kometen Tempel 1 ein, die wir später in diesem Kapitel besprechen). Im Gegensatz dazu ändern sie aber gern die Klassifikation von Objekten, wenn sie dann die Natur der untersuchten Himmelskörper besser verstehen. Die Degradierung von Pluto zum Zwergplaneten ist bei Weitem nicht das einzige Beispiel. Wie Sie in Anhang F nachlesen können, wurden alle größeren Asteroiden des Asteroidengürtels früher als Planeten betrachtet, und wie Sie in Kapitel 8 erfahren werden, teilte man zu Beginn des 20. Jahrhunderts die Sterne neu ein.

In den beiden vorangegangenen Kapiteln haben wir die Himmelskörper besprochen, die bei den Astronomen heute als *Planeten* gelten, und ihre Satelliten, die *Monde*. In diesem Kapitel wenden wir uns den beiden anderen wichtigen Klassen zu, den *Zwergplaneten* und den *Kleinkörpern* des *Sonnensystems*. Völlig problemlos gelingt die Zuordnung aber immer noch nicht. Erstens passen die traditionell als *Asteroiden* zusammengefassten Objekte eigentlich in keine der beiden Klassen. Die größten Asteroide sind Zwergplaneten, alle anderen zählen zu den Kleinkörpern. Welches Objekt wohin gehört, werden wir klarzustellen versuchen. Zweitens wur-

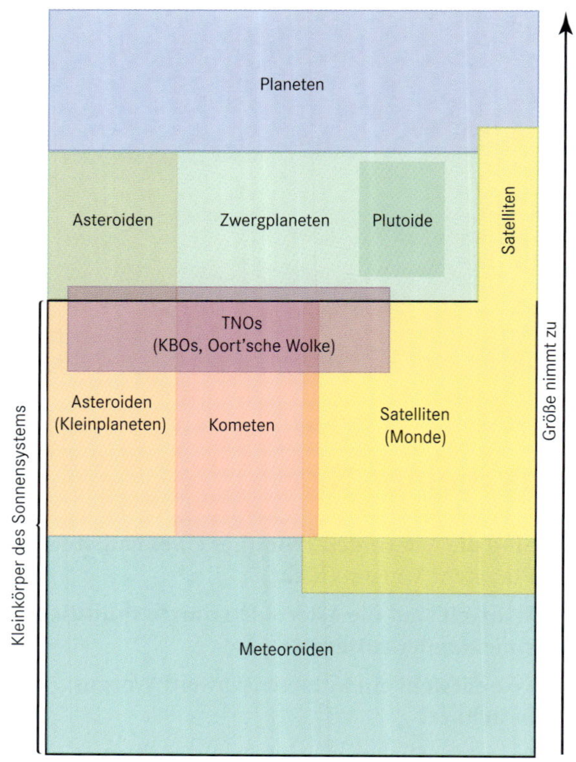

Abb. 6.1 Verschiedene Klassifikationen von Objekten des Sonnensystems. Einige Definitionen der verschiedenen Objekttypen überlappen. So gelten die größten Asteroiden auch als Zwergplaneten, einige transneptunische Objekte (TNOs) als Asteroiden oder Kometen, einige Kometen als Jupitersatelliten und einige Kuiper-Objekte (KBOs) als Satelliten anderer KBOs. Außerdem teilen sich die TNOs in zwei Gruppen: Kuiper-Objekte und Objekte aus der Oort'schen Wolke. Manche Monde sind so groß wie Zwergplaneten – oder sogar wie kleine Planeten!

den Gruppen von Objekten auf Umlaufbahnen jenseits des Neptun Namen gegeben, aus denen sich nicht ablesen lässt, ob die Gruppe Zwergplaneten, Kleinkörper oder beides umfasst. Insbesondere sind das die *Plutinos* (Objekte mit ähnlichen Umlaufbahnen wie Pluto), *transneptunische Objekte* (TNOs; Objekte mit Umlaufbahnen, deren Radius größer ist als jener der Neptunbahn), *Plutoide* (sphärische Körper, die jenseits der Neptunbahn umlaufen; nicht zu verwechseln mit den Plutinos), *Kuiper-Objekte* (Kuiper Belt Objects, KBOs; Objekte, deren Umlaufbahn ungefähr in der Ebene der Ekliptik liegt und die sich zwischen der Neptunbahn und einer Bahn mit doppelt so großem Radius befinden) und *Objekte aus der Oort'schen Wolke* (Objekte, die jenseits der Neptunbahn sphärisch um die Sonne verteilt sind). Wundern Sie sich nicht, wenn Sie diese Aufzählung verwirrend finden; vielen Astronomen geht es nicht anders. Abb. 6.1 fasst die Beziehungen zwischen den genannten „Vagabunden" des Sonnensystems zusammen.

Zwergplaneten

Formal definiert ist ein **Planet** ein Himmelskörper, (1) dessen Bahn um die Sonne führt, (2) dessen Masse groß genug ist, um seine Materie durch die Gravitation zu annähernd kugelförmiger Gestalt zusammenzuziehen, und (3) der seine Umlaufbahn freigeräumt hat, indem er alle kleineren Objekte an sich zog, deren Bahnen in unmittelbarer Nachbarschaft lagen. Ein **Zwergplanet** erfüllt die Bedingungen (1) und (2); seine Gravitation genügt aber nicht, um seine Umgebung von kosmischem Schutt zu befreien. Alle Objekte des Sonnensystems, die weder zu den Planeten oder Zwergplaneten noch zu den Monden zählen, werden als **Kleinkörper des Sonnensystems** (Small Solar-System Bodies, SSSB) zusammengefasst. Wir beginnen unsere Diskussion mit den Zwergplaneten.

Bis jetzt wurde erst Pluto, Ceres (auch ein Asteroid), Eris, Makemake (ausgesprochen „Makimaki") und Haumea offiziell der Titel „Zwergplanet" verliehen. Die drei Letzteren, die auch zu den KBOs und den Plutoiden gehören, wurden 2005 entdeckt. Dutzende andere Objekte werden gegenwärtig evaluiert, um festzustellen, ob sie auch die Bezeichnung Zwergplanet verdienen. Denken Sie daran, dass sich die Definitionen von Zwergplaneten und SSSBs verschieben könnten, wenn noch mehr Objekte des Sonnensystems charakterisiert wurden.

6.1 Pluto und sein Mond Charon sind ungefähr gleich groß

Pluto (Abb. 6.2) gilt heute als Archetyp der Plutoide. Clyde Tombaugh entdeckte Pluto, weil ihm auffiel, dass er sich von Nacht zu Nacht vor dem Hintergrund der Fixsterne bewegte (Abb. 6.3). Diese Strategie ist nach wie vor das Standardverfahren zum Auffinden von Zwergplaneten und Kleinkörpern.

Im Gegensatz zu den Planeten zieht Pluto eine ausgeprägt exzentrische Bahn ($e = 0{,}25$; siehe Abschnitt 2.5), weshalb er der Sonne gelegentlich näher kommt als Neptun. Dies war zuletzt 1979–1999 der Fall. Inzwischen ist Pluto weiter von der Sonne entfernt als Neptun, und das wird die kommenden ca. 230 Jahre so bleiben (Abb. 6.4). Die Plutobahn ist auch deutlich stärker gegen die Ekliptik geneigt als die Bahn eines der Planeten (Abb. 6.4b).

Ein halbes Jahrhundert lang wusste man über Pluto nur sehr wenig, bis den Astronomen auffiel, dass der Lichtfleck manchmal länglich zu sein schien (Abb. 6.5). So wurde der größte Mond des Pluto entdeckt, Charon (benannt nach dem Fährmann, der die Seelen über den Fluss Styx in den Hades bringt; der Hades ist in der griechischen Mythologie das Reich des Pluto). Zwischen 1985 und 1990 lag die Bahn des Charon so, dass man von der Erde aus Verfinsterungen des Pluto beobachten konnte. Anhand dieser „Plutofinsternisse" fanden die Astronomen heraus, dass Pluto nur doppelt so breit ist wie sein Mond; die Durchmesser liegen bei 2380 km bzw. 1190 km.

Charon und Pluto trennt weniger als ein Zwanzigstel der Entfernung zwischen Erde und Erdmond. Außerdem wendet Pluto stets nur eine Seite Charon zu; anders ausgedrückt, die Himmelskörper befinden sich in doppelt gebundener Rotation. Von der

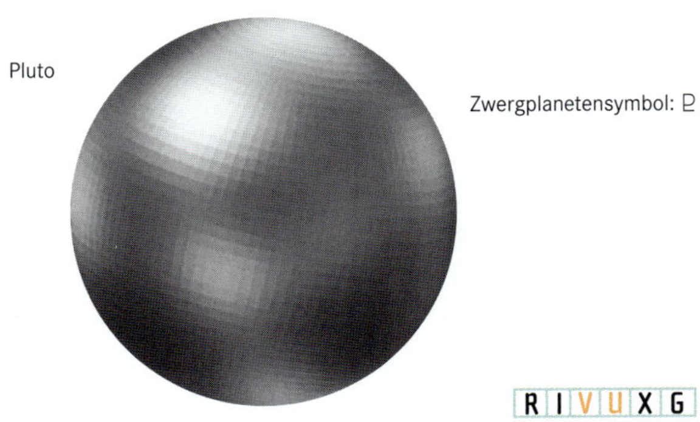

Abb. 6.2 Pluto. Diese Aufnahme des Hubble-Teleskops zeigt kaum Details, lässt aber erkennen, dass die Oberfläche des Pluto von wenigen großräumigen Landschaftsbildern gekennzeichnet ist. (Alan Stern, Southwest Research Institute; Marc Buie, Lowell Observatory; NASA; ESA)

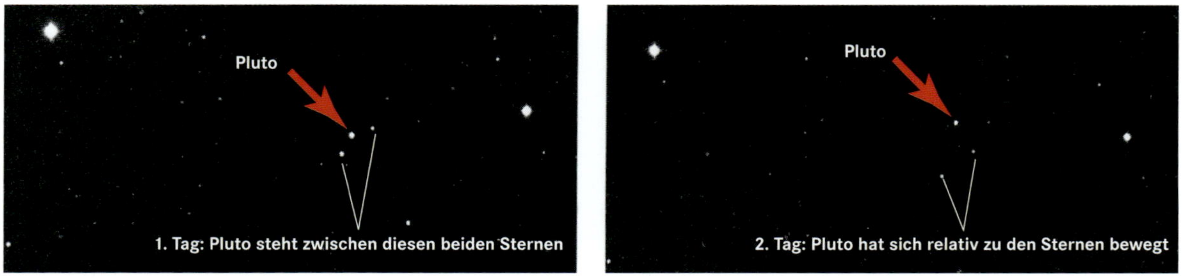

R I V U X G

Abb. 6.3 Die Entdeckung des Pluto. Pluto wurde 1930 entdeckt, als man ein matt leuchtendes, sternenähnliches Objekt untersuchte, das sich vor dem Hintergrund des Fixsternhimmels bewegte. Diese beiden Aufnahmen wurden im Abstand von einem Tag angefertigt. (UC Regents/Lick Observatory)

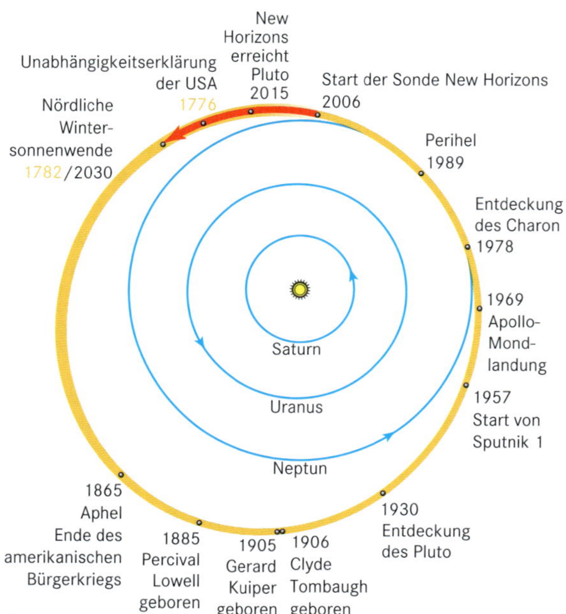

a

Charon zugewandten Seite des Pluto aus gesehen, geht der Mond nicht auf oder unter, sondern schwebt für alle Ewigkeit an derselben Stelle des Firmaments.

Die außergewöhnlich große Ähnlichkeit zwischen Pluto und Charon deutet darauf hin, dass dieses binäre System im Zuge eines Zusammenstoßes von Pluto mit einem Himmelskörper vergleichbarer Größe entstanden ist. Dabei wurden aus letzterem vielleicht große Stücke herausgeschlagen, und der zurückbleibende Rest wurde von Plutos Gravitation eingefangen. Ein anderes Szenario wäre, dass Pluto und Charon einander einst so nahe kamen, dass der Zwergplanet seinen Mond direkt einfangen konnte. Beide Varianten setzen voraus, dass es in den äußeren Regionen des jungen Sonnensystems viele Objekte von plutoähnlicher Größe gab. Wie ein Astronom hochrechnete, müssen mindestens 1000 solche Körper existiert haben, damit wenigstens einmal in den 4,6 Mrd. Jahren, die das Sonnensystem bereits be-

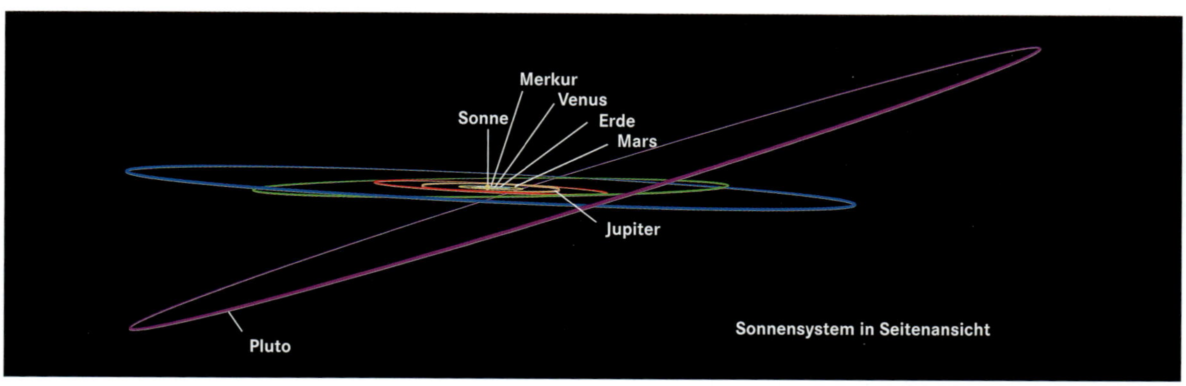

b

Abb. 6.4 Die Plutobahn (a) Im Vergleich zu den Bahnen der äußeren Planeten fällt die stark exzentrische Bahn des Zwergplaneten (und KBO) Pluto aus dem Rahmen. Überlegen Sie sich, was auf der Erde alles passierte, während Pluto einmal um die Sonne lief! (b) Die Ekliptik, fast direkt von der Seite gesehen, im Vergleich zur Plutobahn.

Abb. 6.5 Die Entdeckung des Charon Die Beule oben links an dieser Aufnahme des Pluto wurde lange als Fehlstelle in der fotografischen Emulsion abgetan. Schließlich aber führte sie den Astronomen James Christy zur Entdeckung des Plutomonds Charon. (U.S. Naval Observatory)

steht, zwei von ihnen kollidieren oder einander sehr nahe kommen konnten.

2005 spürte das Hubble-Teleskop zwei weitere Monde auf Umlaufbahnen um den Pluto auf (Abb. 6.6). Sie sind beide viel kleiner als Charon und erhielten die Namen Nix (Göttin der Nacht, Mutter des Charon) und Hydra (neunköpfige Schlange, die an den Toren des Hades lauert).

Das beste Bild, das wir von Pluto und Charon besitzen, verdanken wir dem Hubble-Teleskop (Abb. 6.7). Der Zwergplanet und sein Mond bestehen, wie der Neptunsatellit Triton, vermutlich aus etwa gleichen Mengen Eis und Gestein. An der Oberfläche des Pluto lassen sich zwölf Regionen unterscheiden. Diese Landschaften sind ausgedehnter, als man es auf allen anderen Planeten mit Ausnahme der Erde findet. Auf der Erde nennen wir solche in sich geschlossenen Bereiche Kontinente und Ozeane; auf dem Pluto handelt es sich vielleicht um Gesteins- oder Eisgebiete, Gebirge oder Kraterlandschaften. Genaueres ist noch nicht bekannt. Untersuchungen der Oberflächentemperatur des Pluto haben ergeben, dass die Unterschiede zwischen den einzelnen Regionen bis zu 25 K betragen können.

Aus dem Spektrum des Pluto lässt sich ablesen, dass sich an seiner Oberfläche gefrorenes Kohlenmonoxid, Stickstoff und Methan befinden. Außerdem wurden Hinweise auf eine sehr dünne Stickstoff-Kohlenmonoxid-Atmosphäre gefunden. Charon hingegen scheint vorwiegend von Wassereis bedeckt zu sein. Pluto und seine Satelliten sind ungewöhnlich, faszinierend und völlig unerforscht – Gründe genug für den Start der Plutosonde New Horizons der NASA, die 2006 ihre Reise antrat und ihr abgelegenes Ziel im Juli 2015 erreichen soll. Anschließend wird sie weiter in den Kuiper-Gürtel vordringen.

? Nennen Sie die modernen Kriterien für die Klassifikation eines Himmelskörpers als Planet oder als Zwergplanet.

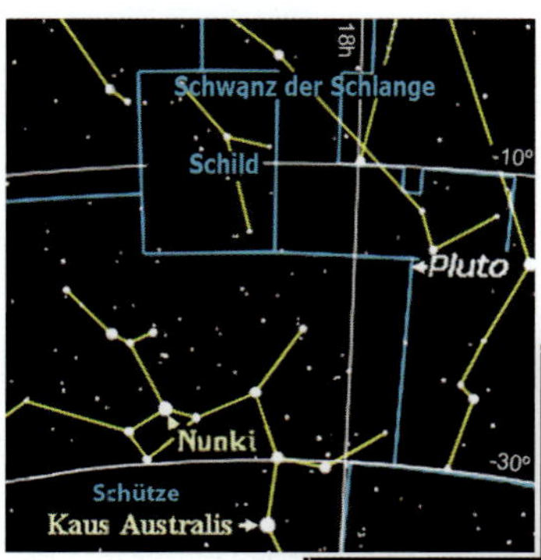

R I V U X G

Abb. 6.6 Nix und Hydra, zwei Monde des Pluto. Das Hubble-Teleskop spürte 2005 zwei kleine Monde auf, die beide rund 5000-mal schwächer leuchten als ihr Planet. Nix und Hydra sind zwei- bis dreimal weiter vom Pluto entfernt als Charon. Die von Pluto und Charon ausgehenden Streifen sind Artefakte der Belichtung. (NASA)

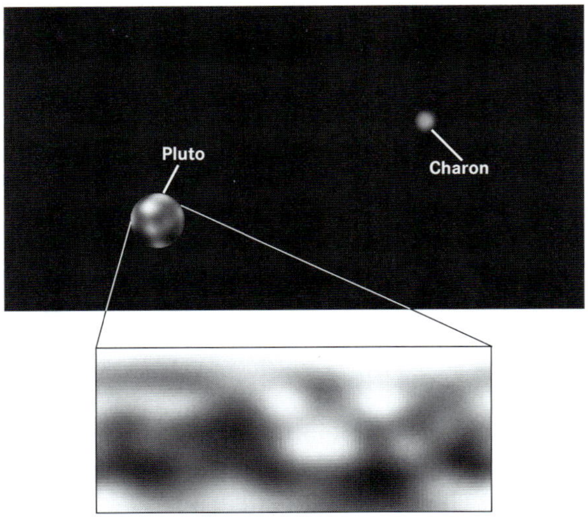

R I V U X G

Abb. 6.7 Pluto und Charon. Dieses Bild von Pluto und seinem Mond Charon wurde wie ein Mosaik aus Aufnahmen des Hubble-Teleskops zusammengesetzt. Eine bessere Auflösung der Oberflächenstruktur des Pluto ist momentan nicht verfügbar. Pluto und Charon sind hier nur 19.700 km voneinander entfernt. Kleiner Ausschnitt unten: Diese Karte erfasst 85 % der Plutooberfläche. Der Kontrast zwischen dunklen und hellen Bereichen deutet darauf hin, dass manche Regionen mit Eis bedeckt sind und andere mit Fels. (Pluto: Alan Stern/SwRI, Marc Buie/Lowell Observatory, NASA und ESA; Charon: R. Albrecht, ESA/ESO Space Telescope European Coordinating Facility und NASA; Ausschnitt: A. Stern/SwRI, Marc Buie/Lowell Observatory, NASA und ESA)

6.2 Ceres ist ein Zwergplanet im Asteroidengürtel; Eris, Makemake und Haumea sind Zwergplaneten im Kuiper-Gürtel

Am Neujahrstag 1801 war der sizilianische Astronom Giuseppe Piazzi damit beschäftigt, schwach leuchtende Sterne im Sternbild Stier sorgfältig in einer Karte zu verzeichnen. Dabei fiel ihm ein matter, noch nicht kartierter „Stern" auf, dessen Position sich im Laufe der folgenden Nächte langsam änderte. (Auf diese Weise hatte William Herschel gerade 20 Jahre zuvor Uranus entdeckt.) Später im gleichen Jahr erwies sich, dass die Bahn des beobachteten Objekts zwischen Mars und Jupiter liegt. Piazzis Vorschlag folgend, wurde der neue Himmelskörper nach der Schutzpatronin Siziliens „Ceres" genannt. Aufgrund einer falschen Berechnung seiner Größe sortierte man Ceres zunächst bei den Planeten ein. Genauere Beobachtungen ergaben aber 1855, dass alle damals bekannten Planeten (Merkur, Venus, Erde, Mars, Jupiter, Saturn, Uranus) viel größer waren als Ceres. Inzwischen wissen wir, dass Piazzi den ersten Asteroiden entdeckte.

Ceres ist kugelförmig wie die Planeten (Abb. 6.8), aber von bescheidener Größe: Ihr Durchmesser liegt mit 940 km bei einem Viertel des Durchmessers des Erdmonds. 2006 wurde Ceres gemeinsam mit Pluto und Eris den Zwergplaneten zugeordnet; 2008 gesellte sich noch Makemake hinzu. Neuere Berechnungen lassen vermuten, dass Ceres im Inneren schalenförmig aufgebaut ist wie die Planeten: Ein Gesteinskern ist von einem Eismantel umgeben.

a

R I V U X G

b

Abb. 6.8 Vergleich von Ceres, Erdmond und Erde. (a) Ceres, Mond und Erde, maßstäblich dargestellt. Der Zwergplanet Ceres ist der größte Asteroid. (b) Diese Aufnahme lässt vermuten, dass es auf Ceres Eis- und Gesteinslandschaften gibt. Genaueren Aufschluss wird die Sonde Dawn 2015 liefern. (NASA)

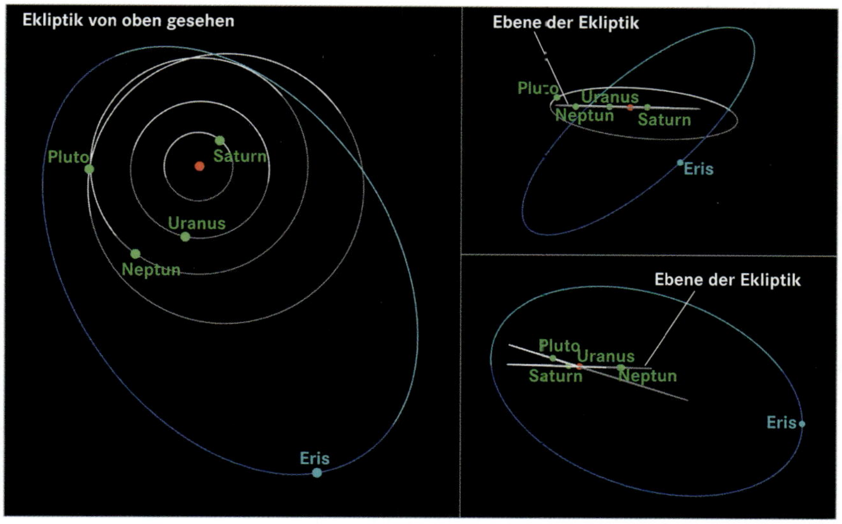

a

Abb. 6.9 Der Zwergplanet Eris. (a) Drei Sichten auf die Bahnen von Eris und Dysnomia im Vergleich zu den Bahnen von Pluto und den Planeten. Die Bahn von Eris erstreckt sich zwischen 38 und 98 AE Entfernung von der Sonne, ihre Exzentrizität beträgt $e = 0{,}44$ und sie ist um 44° geneigt. (b) Eris und ihr Mond Dysnomia, durch das Keck-Teleskop gesehen. (a: Orionist; b: M. E. Brown, W. M. Keck Observatory)

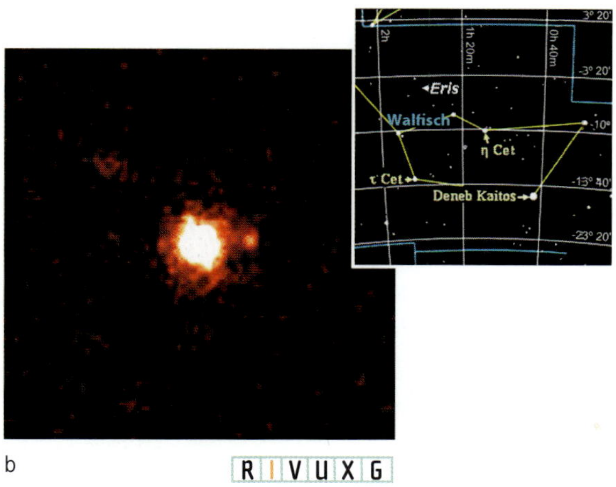

b

Eris wurde erstmals 2003 gesichtet, bevor die heute gültigen Definitionen für Planeten, Zwergplaneten und SSSBs festgelegt worden waren. Momentan ist Eris 97 AE von der Sonne entfernt, dreimal so weit wie Pluto. Einmal in 557 Jahren absolviert sie einen Umlauf auf ihrer Bahn, die so exzentrisch ist, dass Eris der Sonne von Zeit zu Zeit näher kommt als Pluto (Abb. 6.9a). 2005 wurde ein Erismond entdeckt und (nach der Tochter der griechischen Göttin Eris) Dysnomia genannt (Abb. 6.9b). Monde sind das beste Hilfsmittel der Astronomen, wenn es um die Bestimmung der Größe und Durchmesser der Objekte geht, um die sie sich bewegen. Eris hat einen Durchmesser von etwa 2400 km (Pluto: 2300 km) und mit einer Albedo von ungefähr 0,86 ein hohes Reflexionsvermögen. Die Beobachtungen lassen vermuten, dass ein Viertel des Zwergplaneten mit Wassereis bedeckt ist. Das Gesamtvolumen dieser Eisschicht übersteigt das Volumen allen auf der Erde vorhandenen Süßwassers. Dysnomias Durchmesser beträgt ungefähr 300 km.

Haumea ist offenbar von eiförmiger Gestalt; der längste Durchmesser liegt bei etwa 2000 km. Der Durchmesser des 52 AE von der Sonne entfernten Objekts Makemake ist schwer zu bestimmen, weil bisher noch kein Mond entdeckt wurde. Man schätzt ihn auf ein Drittel des Plutodurchmessers.

Während die Astronomen noch darüber beraten, welche weiteren Objekte als Zwergplaneten klassifiziert werden könnten, wenden wir uns den Kleinkörpern zu. Dazu zählen alle anderen Asteroiden, alle Kometen und die kleinsten herumfliegenden Steine, die Meteoroiden.

Kleinkörper des Sonnensystems

Wie wir wissen, ist das Sonnensystem aus einer rotieren Gas- und Staubscheibe entstanden. Alle Materie, deren Drehimpuls groß genug war, um den Sturz in die Protosonne zu verhindern, ballte sich auf Umlaufbahnen in verschiedenen Abständen vom Zentralgestirn zu Planetesimalen zusammen. Viele der so entstandenen Fels- und Metallbrocken vereinigten sich später zu den Planeten, Zwergplaneten und größeren Monden, die wir heute im Sonnensystem finden. Andere wurden im Ganzen von Planeten eingefangen, die sie jetzt als unregelmäßig geformte Monde begleiten; Beispiele sind Deimos und Phobos auf ihren Bahnen um den Mars. Viele andere Planetesimale ziehen noch immer ihre einsame Bahn um die Sonne. Wir nennen sie Asteroiden oder *Kleinplaneten* (nicht zu verwechseln mit den Zwergplaneten).

6.3 Die meisten Asteroiden laufen zwischen Mars und Jupiter um die Sonne

1802, weniger als zwei Jahre nach der Entdeckung des (heute auch als Zwergplanet geltenden) Asteroiden Ceres, fiel dem deutschen Astronomen Heinrich Olbers ein weiteres matt leuchtendes Objekt ins Auge, das sich gegen den Hintergrund des Fixsternhimmels bewegte. Nach der griechischen Göttin der Weisheit nannte Olbers den Himmelskörper *Pallas*. Wie Ceres bewegt sich Pallas auf einer fast kreisförmigen Bahn zwischen Mars und Jupiter um die Sonne. Pallas ist noch kleiner (Durchmesser: 600 km) und leuchtet noch schwächer als Ceres.

Bis Mitte des 19. Jahrhunderts wurden nur zwei weitere Asteroiden entdeckt, Juno und Vesta. Dann aber begann die optische Technologie, rasch Fortschritte zu machen, und mit den verbesserten Fernrohren stolperten die Astronomen auf Schritt und Tritt über Asteroiden, deren Bahnen 2–3,5 AE von der Sonne entfernt liegen, also zwischen den Bahnen von Mars und Jupiter. Daraufhin nannte man diese Zone **Asteroidengürtel** (Abb. 6.10) und die Objekte **Hauptgürtelasteroiden**.

2007 wurde die Sonde Dawn auf die Reise zu Vesta und Ceres geschickt. Beide Asteroiden sind von der Erde aus nicht gut aufzulösen. Von der Aufklärung ihrer Eigenschaften versprechen sich die Forscher Hinweise auf die Vorgänge bei der Planetenentstehung. 2011 wird die Sonde Vesta erreichen, 2015 Ceres.

Das 19. Jahrhundert verging, und ein Asteroid nach dem anderen wurde auf den Karten eingetragen. Der nächste große Durchbruch kam 1891, als der deutsche Astronom Max Wolf begann, mit fotografischen Verfahren gezielt nach weiteren solchen Objekten zu fahnden. Damals waren bereits 300 Asteroiden bekannt, denen man durch langwieriges, sorgfältigstes Absuchen des Nachthimmels nach schwachen, nicht kartierten, positionsveränderlichen „Sternen“ auf die Spur gekommen war. Das Aufkommen der Astrofotografie öffnete dann alle Schleusen. Die Sternenforscher mussten ihre Teleskope nur noch mit Kameras ausrüsten und die Filme lange belichten. Jeder Asteroid, der sich zufällig im Blickfeld befand, hinterließ statt eines Punkts einen auffälligen Streifen (Abb. 6.11). Mit dieser Strategie entdeckte allein Wolf 228 neue Asteroiden.

Knapp ein Drittel der Masse aller bekannten Asteroiden zusammengenommen entfällt allein auf den

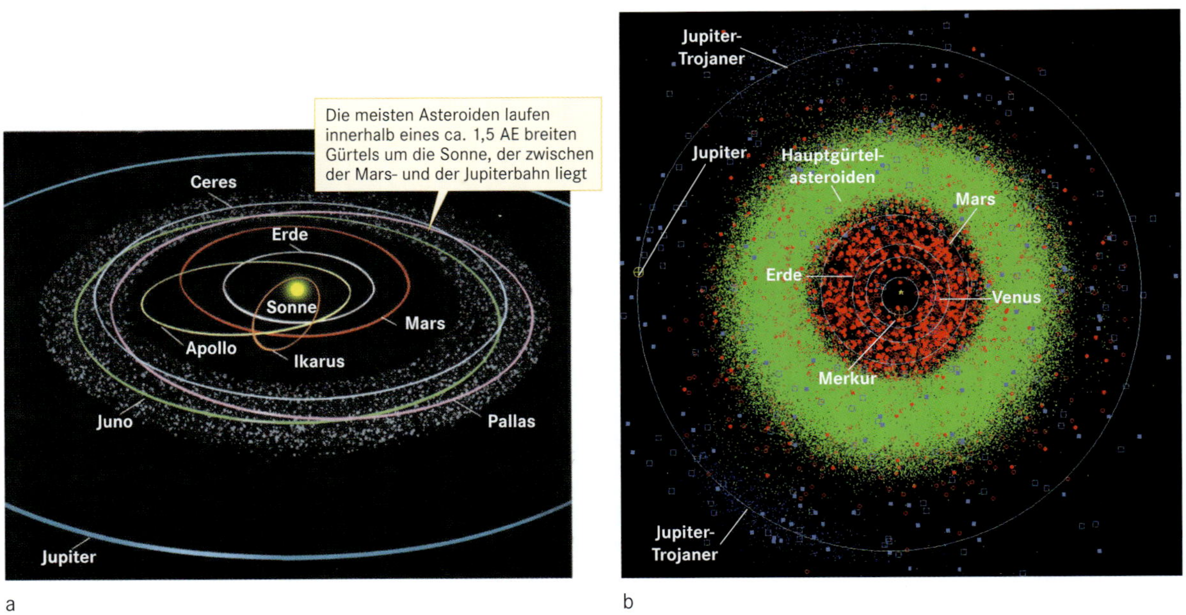

Abb. 6.10 Bahnen der Asteroiden. (a) Maßstäbliche Darstellung der Bahnen der Hauptgürtelasteroiden Ceres, Pallas und Juno. Einige Asteroiden, z. B. Apollo und Ikarus, bewegen sich auf stark exzentrischen Bahnen, die sogar die Erdbahn kreuzen. Die sogenannten Jupiter-Trojaner bewegen sich entlang der Jupiterbahn. (b) Gegenwärtige Position aller Asteroiden, die sich in der Jupiterbahn oder noch näher an der Sonne befinden. Grüne Punkte stehen für Asteroiden des Hauptgürtels, rote Kreise für Objekte, die der Sonne näher kommen als 1,3 AE. Ausgefüllte Symbole zeigen an, dass das Objekt mindestens zweimal beobachtet wurde; Objekte, die erst einmal gesichtet wurden, sind durch Umrisse gekennzeichnet. Dunkelblaue Quadrate stehen für Jupiter-Trojaner, gefüllte und ungefüllte hellblaue Quadrate symbolisieren Kometen. In dieser Zeichnung sieht es so aus, als lägen die Asteroiden dicht an dicht. In Wirklichkeit sind sie Millionen Kilometer voneinander entfernt. Der Maßstab täuscht! (Minor Planet Center)

Einblicke in die Wissenschaft

Neues muss bestätigt werden Bevor die Fachwelt eine Entdeckung oder Beobachtung akzeptiert, muss sie von anderen kompetenten Wissenschaftlern bestätigt oder nachvollzogen sein. Jeder einzelne Asteroid musste deshalb mehrmals gesichtet und vermessen werden, um eine exakte Umlaufbahn zu bestimmen und auszuschließen, dass es sich um ein bereits bekanntes Objekt handelt.

größten Vertreter, Ceres. Neben Ceres haben nur noch Pallas und Vesta Durchmesser von mehr als 300 km. Buch über alle Objekte des Sonnensystems, die kleiner sind als Planeten, führt das Kleinplanetenzentrum (Minor Planet Center, MPC) in Cambridge, Massachusetts. Im September 2008 verzeichnete das MPC 189.407 bestätigte Asteroiden und weitere 51.272.383 noch zu prüfende Beobachtungen. Die Anzahl der Asteroiden steigt mit *abnehmender Größe* dramatisch an: Nur 41 Asteroiden haben Durchmesser zwischen 200 und 300 km, 250 weitere von über 100 km, aber wahrscheinlich zig Millionen von weniger als 1 km.

1 Oft wird behauptet, die Asteroiden seien Bruchstücke eines früheren Planeten, der auf irgendeine Art und Weise zerstört wurde. Es ist auch durchaus denkbar, dass der Asteroidengürtel einst wesentlich mehr Materie enthielt (vielleicht mehrere Erdmassen!), aber die Anziehungskraft des Jupiter räumte die Mehrheit der Planetesimale aus dem Weg, bevor sie zusammenstoßen und sich zu einem einzelnen Objekt von planetarer Größe vereinigen konnten.

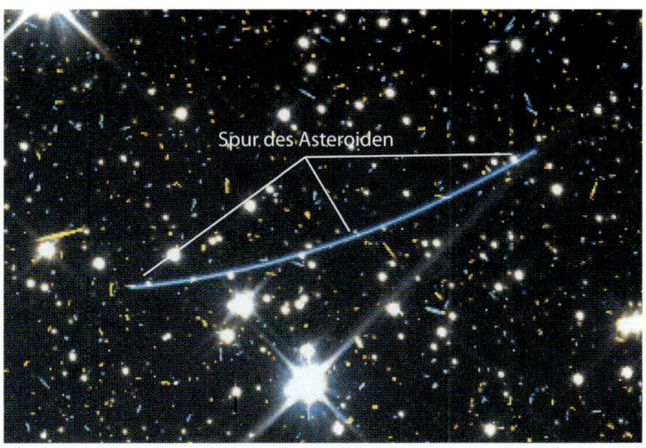

R I V U X G

Abb. 6.11 Die Entdeckung der Asteroiden. 1998 fing das Hubble-Teleskop diesen Asteroiden ein, als es Objekte im Sternbild Zentaur (Centaurus) beobachtete. Der Asteroid verrät sich als Streifen, der 19 Bogensekunden überstreicht. Sein Durchmesser beträgt etwa 2 km, seine Entfernung von der Erde etwa 140 Mio. km. (R. Evans und K. Stapelfeldt, Jet Propulsion Laboratory und NASA)

Hätten alle Asteroiden vor langer Zeit zu einem einzigen Himmelskörper gehört, dann hätte dieser einen Durchmesser von nur 1500 km haben müssen (12 % des Erd-, weniger als zwei Drittel des Pluto- und rund die Hälfte des Erdmonddurchmessers). Angesichts dessen, dass Pluto nicht als Planet gilt, könnte man also auch einen Körper mit der gemeinsamen Masse aller Asteroiden kaum als Planet bezeichnen. (Die Gravitationswirkung von Jupiter besprechen wir im nächsten Abschnitt ausführlicher.)

? In welcher Region des Sonnensystems ist Eris zu finden?

6.4 Jupiters Gravitation reißt Lücken in den Asteroidengürtel

1867 lenkte der amerikanische Astronom Daniel Kirkwood die Aufmerksamkeit der Fachwelt auf die Lücken im Asteroidengürtel. Diese **Kirkwood-Lücken** spiegeln die gravitative Wirkung des Jupiter wider. Abb. 6.12 zeigt die Umlaufperioden der Asteroiden; Einbrüche im Graphen erkennt man bei einfachen Bruchteilen ($1/3$, $2/5$, $3/7$, $1/2$) der Umlaufperiode des Jupiter. Der Planet hat diese Lücken „leergefegt", indem er mit seiner Gravitationskraft periodisch an den darin enthaltenen Objekten zog und sie so auf andere Umlaufbahnen beförderte. Dieser Effekt ist uns bei den Saturnringen schon einmal begegnet: Durch Gravitationsresonanz erzeugt der Mond Mimas die Cassini'sche Teilung (siehe Abschnitt 5.25).

Wahrscheinlich enthält der Asteroidengürtel zig 2
Millionen Objekte, deren mittlere gegenseitige Entfer-

Einblicke in die Wissenschaft

Das kann nicht wahr sein Naturwissenschaftler wenden die Naturgesetze auf alle möglichen neuen Situationen, Probleme, Beobachtungen und Experimente an, auch auf Alltagskultur und Unterhaltung. So besagt das Newton'sche Gravitationsgesetz, dass Asteroiden niemals „schwärmen" können, wie manche Science-Fiction-Filme uns glauben machen wollen. Asteroiden, die einander so nahe kommen, müssten entweder zusammenstoßen oder so knapp aneinander vorbeifliegen, dass sie sich anschließend schnell und dauerhaft voneinander entfernen.

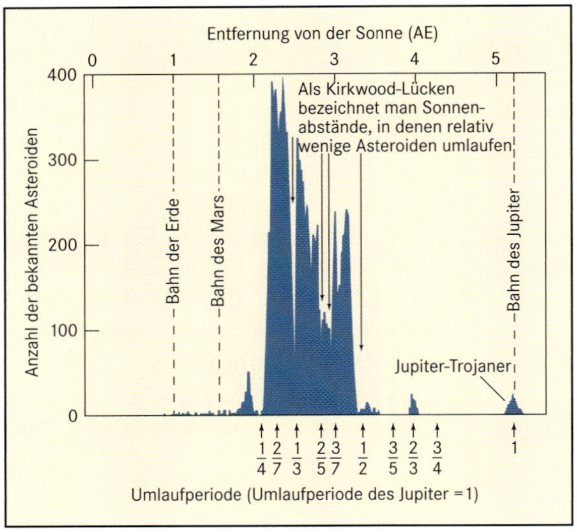

Abb. 6.12 Die Kirkwood-Lücken. Aufgetragen ist die Anzahl der Asteroiden in Abhängigkeit von ihrem Abstand von der Sonne. Wie man leicht sieht, gibt es nur wenige Asteroiden, deren Umlaufperioden einfachen Brüchen (1/3, 2/5, 3/7, 1/2) der Periode des Jupiter entsprechen. Wiederholte Begegnungen mit dem Jupiter („Resonanz") haben die Asteroiden aus diesen Bahnen gedrängt. Die Trojaner begleiten den Jupiter auf seiner Bahn um die Sonne.

nung trotzdem eindrucksvolle 10 Mio. km beträgt. Das Bild, das uns zahllose Kino- und Fernsehfilme vermitteln, ist deshalb nicht eben realitätsnah: Dort wird oft so getan, als wimmle es im Asteroidengürtel dermaßen von Felsbrocken, dass ein hindurchfliegendes Raumschiff ständig ausweichen muss.

Auch diese riesengroßen Entfernungen verhindern aber nicht, dass die Gravitationswirkung von Mars und Jupiter im Laufe der vergangenen 4,6 Mrd. Jahre hin und wieder zwei Asteroiden aufeinanderkrachen ließ. Die Kollision zweier kilometergroßer Asteroiden muss ein wahrhaft ehrfurchtgebietendes Ereignis sein. Typische Aufprallgeschwindigkeiten liegen dabei zwischen 3600 und 18.000 km/h – das ist mehr als ausreichend, um Gestein zum Bersten zu bringen. Nach manchen solchen Katastrophen ist die Geschwindigkeit der Bruchstücke vermutlich nicht groß genug, dass diese der gegenseitigen Schwerkraft entkommen könnten. Dann vereinigen sie sich wieder. Die Asteroiden Toutatis und Castalia z. B. scheinen aus zwei ungefähr gleich großen Stücken zu bestehen; es könnte sein, dass sie einst zersprungen sind und sich neu gebildet haben.

Entstehen bei einem Zusammenstoß mehrere große Fragmente, dann kann es auch passieren, dass diese einander zu umkreisen beginnen. Ein Beispiel sind Ida und Daktyl (Abb. 6.13). Der kraternarbige Daktyl mit einem Durchmesser von etwa 1,5 km läuft in einem Abstand von etwa 100 km um Ida. Petit-Prince, der Satellit von Eugenia, hat einen Durchmesser von 13 km und einen Abstand von 1200 km zu „seinem" Asteroiden. Bislang wurden 151 solche Asteroid/Satellit-Systeme entdeckt.

1918 befasste sich der japanische Astronom Kiyotsugu Hirayama mit Gruppen von Asteroiden auf fast gleichen Umlaufbahnen. Dabei handelt es sich um Fragmente größerer Objekte. Astronomen, die diesen Ansatz weiterverfolgten, stellten 2002 fest, dass vor nur wenigen Millionen Jahren (im kosmischen Maßstab also vor sehr kurzer Zeit) zwei große Asteroiden kollidiert sind, wobei rund 20 einzelne Familien oder Cluster kleinerer Körper entstanden, die sich auf gemeinsamen Umlaufbahnen bewegen. Der größte von dieser Katastrophe übrig gebliebene Cluster heißt nach seinem voluminösesten Mitglied (20 km Durchmesser) Karin-Familie.

Zu Beginn der 1990er Jahre kam die Sonde Galileo auf ihrem Weg zum Jupiter nahe an zwei Asteroiden vorbei, Gaspra (siehe Abb. 2.23) und Ida (Abb. 6.13). Auf den zur Erde gefunkten Nahaufnahmen sieht man Oberflächendetails; auf Ida gibt es wesentlich mehr Krater, deshalb ist sie wahrscheinlich viel älter als Gaspra.

? Warum bezweifeln die Astronomen, dass die Hauptgürtelasteroiden Überbleibsel eines einzelnen Planeten sind?

6.5 Auch außerhalb des Hauptgürtels gibt es Asteroiden

Jupiters Gravitation säubert einige Regionen im Asteroidengürtel von Objekten, fängt aber an zwei Stellen in der eigenen Umlaufbahn des Planeten welche ein. Unter Mitwirkung der Gravitation der Sonne werden die Astroiden an den **stabilen Lagrange-Punkten** der Jupiterbahn festgehalten. (Die Punkte wurden zu Ehren des französischen Mathematikers Joseph Lagrange benannt, dessen Berechnungen das Phänomen erklären.) Ein Lagrange-Punkt befindet sich im Winkel von 60° vor dem Jupiter, der andere 60° hinter dem Jupiter. Die Geometrie zeigt Abb. 6.14 (siehe auch Abb. 6.10b).

Die in die Falle der Lagrange-Punkte geratenen Asteroiden nennt man **Trojaner**; sie alle tragen Namen von Helden aus dem Trojanischen Krieg. Im August 2008 wurden 2543 Trojaner des Jupiter katalogisiert.

Abb. 6.13 Ida und ihr Satellit. Der 55 km lange Gesteinsbrocken Ida, hier gezeigt mit dem Satelliten Daktyl, ist ungefähr zweimal so groß wie der jüngere Asteroid Gaspra (siehe Abb. 2.23). Ausschnitt rechts: Auch Daktyl trägt die Narben vieler Einschläge. (NASA)

Neptun wird, soweit bekannt, von sechs Trojanern begleitet, Mars von einem, und die Astronomen suchen auch an den Lagrange-Punkten anderer Planeten weiter nach ähnlichen Objekten.

Manche Asteroiden bewegen sich auf stark exzentrischen Bahnen; sie geraten so ab und zu in die inneren Bereiche des Sonnensystems (siehe die roten Punkte in Abb. 6.10b), oder ihre Bahnen erstrecken sich zwischen dem Asteroidengürtel und den weitesten Ausläufern der Plutobahn. Die Asteroiden der Amor-Familie kreuzen die Marsbahn, kommen der Sonne aber nicht so nahe wie die Umlaufbahn der Erde; mindestens 5525 **Apollo-Asteroiden** hingegen kreuzen die Erdbahn, darunter auch Objekte, die einander paarweise umkreisen. Nicht alle dieser erdnahen Asteroiden sind tatsächlich eine Bedrohung für die Menschheit, aber mindestens 1038 von ihnen könnten tatsächlich eines Tages auf die Erde krachen.

Einige enge Begegnungen waren in den letzten Jahren zu verzeichnen. 1972 beispielsweise wurde beobachtet, wie Trümmer an der Erdatmosphäre abgelenkt wurden und wieder im All verschwanden. Am 9. Dezember 1994 passierte der Asteroid 1994XM1

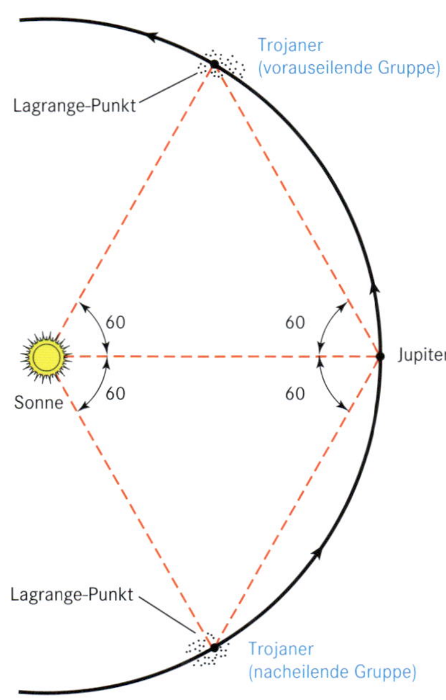

Abb. 6.14 Die Trojaner des Jupiter. Zwei Gruppen von Asteroiden laufen in stabilen Lagrange-Punkten auf der Jupiterbahn um die Sonne. Sie wurden hier von der gemeinsamen Gravitation des Jupiter und der Sonne eingefangen.

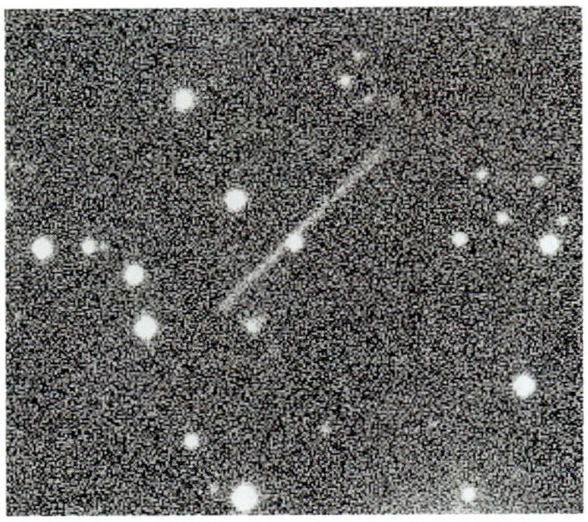

Abb. 6.15 Der Asteroid 1994XM1. Diese Aufnahme stammt vom 9. Dezember 1994, kurz nach der Ankunft des Asteroiden in der Nähe der Erde. Zwölf Stunden später passierte das Objekt die Erde in weniger als der Hälfte der Entfernung des Monds. (Jim Scotti, Spacewatch, Kitt Peak)

(Durchmesser 10 m, etwa wie ein kleiner Bus; Abb. 6.15) die Erde in einem Abstand von 105.000 km. Knapp die Erde verfehlten ein Asteroid am 8. Januar 2002 (375.000 km entfernt) und ein weiterer am 14. Juni desselben Jahres (nur 119.000 km entfernt, weniger als ein Drittel des Abstands Erde–Mond).

Solche Begegnungen geben den Astronomen die Möglichkeit, Asteroiden im Detail zu untersuchen. Die Helligkeit dieser Himmelskörper schwankt häufig bei der Rotation, weil verschiedene Oberflächenformen das Sonnenlicht in unterschiedlichem Maße streuen. Aus solchen Daten kann man typische Rotationsperioden der Asteroiden berechnen; sie liegen zwischen 5 und 20 h. (Ein Exot ist 1998KY26, das mit einer Periode von 10,7 min am schnellsten rotierende bekannte Objekt des Sonnensystems.)

Die relative Nähe der Asteroiden zur Erde und die Chance, mehr über diese alten, extrem vielfältigen Mitglieder des Sonnensystems zu erfahren, veranlasste die NASA, 1996 die Raumsonde NEAR (Near Earth Asteroid Rendezvous) Shoemaker zu den Objekten Mathilde (Abb. 6.16a) und Eros auf den Weg zu bringen. 2003 schickte die japanische Raumfahrtagentur die Sonde Hayabusa zum Asteroiden Itokawa (Abb. 6.16b). Ob die geplante Entnahme von Bodenproben erfolgreich war, wird sich erst erweisen, nachdem die Sonde voraussichtlich 2010 den Probenbehälter zurück zur Erde gebracht hat.

NEAR Shoemaker fand heraus, dass Mathilde nur 1,3-mal dichter ist als Wasser und mit einer Albedo von 0,04 dunkler als Holzkohle. Die Dichte des kraterübersäten, kohlenstoffreichen Objekts ist also nur halb so groß wie die der anderen bereits untersuchten Asteroiden wie z. B. Ida. Eros ist ungefähr dreimal so dicht wie Wasser und dreht sich in 5 ¼ h einmal um seine eigene Achse. Im Februar 2000 schwenkte NEAR Shoemaker auf eine Umlaufbahn um Eros ein; an-

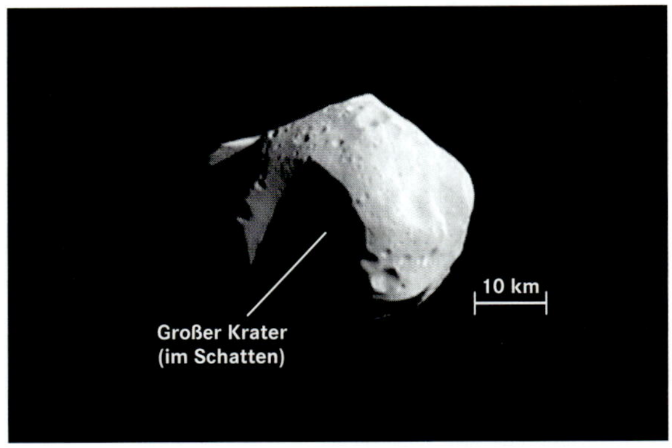

a

b

Abb. 6.16 Asteroiden. (a) Mathilde reflektiert nur halb so viel Licht wie ein Stück Kohle und ist halb so dicht wie ein typischer Asteroid aus Gestein und Mineralien. Der unregelmäßig geformte Himmelskörper ist 66 km × 48 km × 46 km groß, etwas größer als Ida, und dreht sich in 17,4 Tagen einmal um die eigene Achse; seine Masse beträgt 110 Billionen Tonnen. Der hier gezeigte Ausschnitt ist ungefähr 59 km × 47 km groß, der Durchmesser des großen Kraters im Vordergrund beträgt rund 20 km. (b) Itokawa, ein erdnaher Asteroid, wurde von der japanischen Sonde Hayabusa besucht. Die Sonde nahm Proben – wie erfolgreich, wird sich erst herausstellen, wenn sie 2010 zur Erde zurückgekehrt ist. (a: Johns Hopkins University, Applied Physics Laboratory; b: ISAS, JAXA)

a b c RIVUXG

Abb. 6.17 Der Asteroid Eros. (a) Die Sonde NEAR Shoemaker schoss dieses Bild von Eros im Februar 1999. Am oberen Bildrand befindet sich die Nordpolregion des Asteroiden. Eros ist etwa 33 km × 13 km × 13 km groß und dreht sich in 5 ¼ h einmal um die eigene Achse. Seine Dichte ist mit 2700 kg/m³ ähnlich wie die mittlere Dichte der Erdkruste und doppelt so groß wie jene des Asteroiden Mathilde. (b) Blick in den großen Krater im oberen Teil von Bild (a); der Durchmesser des Kraters beträgt 5,3 km. (c) Das vorletzte Bild, das NEAR Shoemaker vor seiner weichen Landung auf Eros aufnahm. Die Aufnahme überstreicht ein Gebiet von nur 12 m Breite und wurde aus 250 m Höhe angefertigt. Erkennbar sind Felsen und Steine, die unterschiedlich tief im Regolith vergraben sind. (Johns Hopkins Applied Physics Laboratory)

schließend funkte die Sonde ein Jahr lang eine Flut von Informationen zur Erde, die ihre Kameras und Sensoren eingefangen hatten.

Die Mission wies nach, dass Eros (Abb. 6.17) ein metallhaltiger Gesteinsbrocken ist, der vielleicht – Näheres wird noch erforscht – aus mehreren locker zusammengefügten Stücken besteht. Eine Analyse der Spektren ergab, dass sich Eros in den seit seiner Entstehung vergangenen 4,6 Mrd. Jahren wahrscheinlich kaum verändert hat. Das bedeutet, der Brocken wurde niemals so heiß, dass die schweren Metalle zum Mittelpunkt absanken und sich eine Schalenstruktur bilden konnte. Aus Infrarotspektren folgt, dass die Oberfläche von Eros wie die des Erdmonds von Regolith bedeckt ist; außerdem weist sie einige große Krater auf und ist mit Geröll übersät (Abb. 6.17c). Das Fehlen hoch aufragender Kraterwände begründen die Astronomen damit, dass die jüngsten Einschläge das ganze Objekt erzittern ließen, wobei die alten Krater einstürzten. Am 12. Februar 2001 gelang es den Technikern der NASA, NEAR Shoemaker so weich auf Eros aufzusetzen, dass die Sonde danach noch funktionierte. Unter anderem funkte sie Bilder mit einer Auflösung von bis zu 1,4 m zur Erde.

Die Sonne ist nicht der einzige Stern, der über einen Asteroidengürtel verfügt. 2001 entdeckten Astronomen eine Scheibe aus Staub, Gestein und vermutlich auch Asteroiden um den 70 Lichtjahre von der Erde entfernten Stern Zeta Leporis im Sternbild Hase (Lepus). Dieses System ist weniger als 0,5 Mrd. Jahre alt. Aus seiner Untersuchung erhoffen sich die Forscher Aufschlüsse über die frühe Entwicklung von Asteroiden und anderen Himmelskörpern in der Gas- und Staubscheibe, die die junge Sonne umgab.

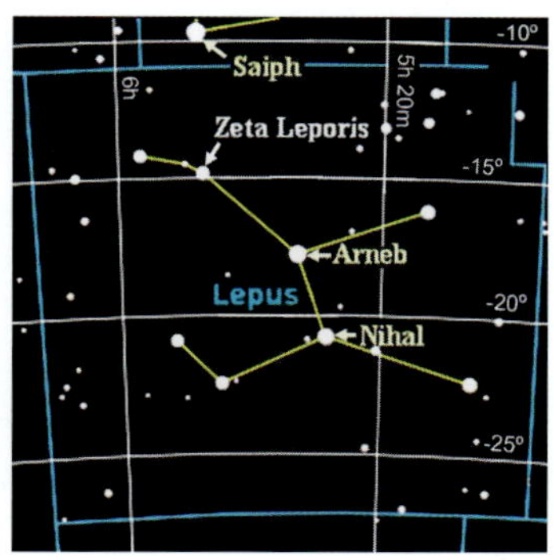

? Beschreiben Sie das Erscheinungsbild kleiner Asteroiden.

Kometen

Asteroiden bestehen vorwiegend aus Gestein und Metallen. Andere kleine Himmelskörper hingegen enthalten neben Fels und Metall auch gefrorene Substanzen, in erster Linie Wassereis. Aus vorangegangenen Kapiteln wissen wir bereits, dass gefrorenes Wasser, Kohlendioxid, Methan und Ammoniak in Planeten und Monden eingeschlossen wurden. Im frühen Sonnensystem froren diese „Eise“ außerdem mit etwa gleichen Mengen metallhaltiger Gesteinsteilchen zu Konglomeraten zusammen, die sich noch heute auf Umlaufbahnen um die Sonne befinden. Diese schmutzigen Schneebälle nennt man **Kometen.**

6.6 Die Kometen stammen aus den fernen Außenbereichen des Sonnensystems

Als unser Sonnensystem erst wenige hundert Millionen Jahre alt war, entstanden in seinen Außenbereichen (ungefähr im Gebiet der Umlaufbahnen von Jupiter, Saturn und Uranus) die Kometen. Dort gab es genügend Wasser, und die Temperatur war niedrig genug, dass es mit Kohlendioxid, Methan und Ammoniak zu kilometergroßen Brocken gefrieren konnte, die dann von den Gravitationskräften des Uranus und Neptun in alle Richtungen geschleudert wurden.

2001 untersuchten Astronomen die Struktur des festen Ammoniaks im Kometen LINEAR. Diese Struktur hängt davon ab, bei welcher Temperatur das Ammoniak gefriert. Auf diese Weise konnten die Forscher feststellen, welche Temperatur bei der Entstehung von LINEAR geherrscht hat und wie weit der Komet damals von der Sonne entfernt war. Offenbar ballte er sich zwischen der Saturn- und der Uranusbahn zusammen.

Unser heutiges Sonnensystem verfügt vermutlich über zwei Reservoirs von Kometen: den **Kuiper-Gürtel** und die Oort'sche Wolke. Die meisten Kometen, die das innere Sonnensystem erreichen, kommen – so nimmt man an – aus einer ringförmigen Zone jenseits

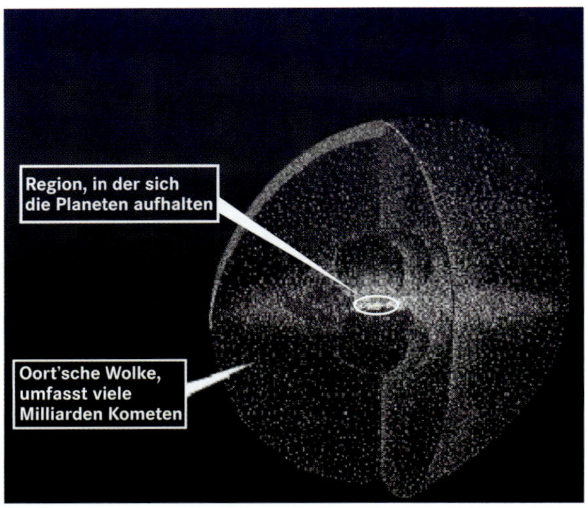

a

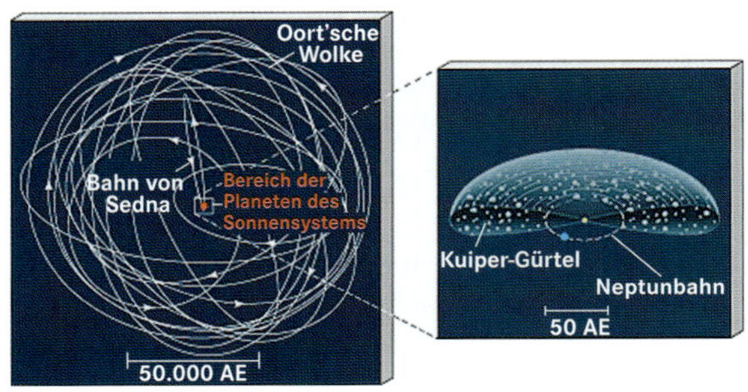

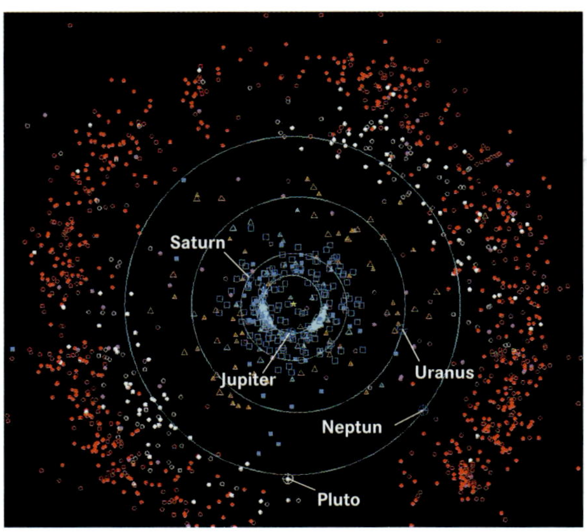

b

Abb. 6.18 Der Kupier-Gürtel und die Oort'sche Wolke.
(a) Die Zone der klassischen Kuiper-Objekte erstreckt sich jenseits der Neptunbahn 50 AE weit ins All. Die Mehrheit der geschätzten 200 Mio. Kuiper-Kometen bewegt sich wahrscheinlich in oder nahe der Ebene der Ekliptik. Außen an den Kuiper-Gürtel schließt sich die sphärische Oort'sche Wolke an. Genauere Angaben zur Bahn von Sedna finden Sie in Abb. 6.20. (b) In dieses Diagramm wurden die gegenwärtigen Positionen der bekannten Zwergplaneten und der SSSBs des äußeren Sonnensystems eingetragen. Objekte auf ungewöhnlich stark exzentrischen Bahnen sind durch hellblaue Dreiecke symbolisiert, Objekte, die sich zwischen den Bahnen der äußeren Planeten befinden (Zentaur-Objekte), durch orangefarbene Dreiecke. Weiße Kreise sind Plutinos, rote Kreise sind klassische KBOs, violette Kreise sind andere Objekte. Ausgefüllte Symbole stehen für Objekte, die mindestens zweimal beobachtet wurden, Umrisse für nur einmal gesichtete Objekte. Die gefüllten und ungefüllten hellblauen Quadrate sind Kometen. (a: NASA und A. Field/Space Telescope Institute; b: Mit freundlicher Genehmigung von Gareth Williams, Minor Planet Center)

der Plutobahn, dem Kuiper-Gürtel. Dass sie sich in Richtung Sonne auf den Weg machen, ist das Resultat von Zusammenstößen oder nahen Begegnungen mit anderen Kometen. Der Kuiper-Gürtel wurde nach dem amerikanischen Astronomen Gerard Kuiper benannt, der seine Existenz 1951 als Erster vermutete, und erstreckt sich nahe der Ekliptik. Am materiereichsten ist die Zone ungefähr 50 AE von der Sonne entfernt (Abb. 6.18).

Die Objekte des Kuiper-Gürtels (KBOs) lassen sich in zwei Gruppen einteilen. *Klassische KBOs* bewegen sich auf nahezu kreisförmigen Bahnen 30 AE (Neptunbahn) bis 50 AE von der Sonne entfernt. *Gestreute KBOs* bewegen sich auf elliptischen Bahnen mit großer Exzentrizität, ihre Entfernung von der Sonne schwankt zwischen 35 und mindestens 200 AE. Bislang wurden mindestens 1471 KBOs beobachtet (Abb. 6.18 und 6.19a, b). Die meisten von ihnen haben Durchmesser im zweistelligen Kilometerbereich, aber in jüngster Zeit gelang es den Astronomen bereits, Kometen mit Durchmessern zwischen 10 und 100 m auf die Spur zu kommen. Gestützt auf die gegenwärtig bekannten Objekte rechnen die Forscher die Gesamtzahl der KBOs auf 10^{15} hoch.

Mindestens 1 % aller KBOs sind Zweifachsysteme (Abb. 6.19c). Dazu gehört auch Quaoar, der mit einem Durchmesser von 1250 km ungefähr anderthalbmal so groß wie Ceres und halb so groß wie Pluto ist. Mindestens 95 KBOs bewegen sich auf plutoähnlichen Bahnen; weil sie kleiner sind als Pluto selbst, bezeichnet man sie als *Plutinos*. Die Umlaufperioden von Pluto und den Plutinos sind 1,5-mal (oft als „3:2" geschrieben) so lang wie die des Neptun. Es ist zu vermuten, dass diese Objekte durch die Gravitation des Neptun auf ihre heutigen Bahnen gezwungen wurden. Man spricht deshalb auch von *resonanten KBOs* oder einer *3:2-Resonanz mit dem Neptun.*

Die übergroße Mehrheit der Kometen vermuten die Forscher jedoch jenseits des Kuiper-Gürtels, und zwar – im Gegensatz zu diesem und allen anderen Objekten des Sonnensystems – sphärisch um unser Zentralgestirn verteilt. Diese **Oort'sche (Kometen-) Wolke** (siehe Abb. 6.18a) wurde in den 1950er Jahren von dem niederländischen Astronomen Jan Oort vorgeschlagen.

2003 entdeckten die Astronomen ein Objekt mit einem Durchmesser von etwa 1800 km (größer als Quaoar). Der Sedna (siehe Abschnitt 2.12) genannte Himmelskörper ist gegenwärtig 86 AE von der Sonne entfernt und bewegt sich auf einer stark exzentrischen Bahn (Abb. 6.20), die ihn vom äußeren Rand des Kuiper-Hauptgürtels vielleicht bis in die Oort'sche Wolke bringt. Da der Abstand des inneren Randes der Oort'schen Wolke von der Sonne nicht geklärt ist, debattieren die Astronomen noch darüber, ob Sedna als KBO oder als erstes bekanntes Objekt der Inneren Oort'schen Wolke zu gelten hat. Die siderische Rotationsperiode von Sedna beträgt 10 h.

Berechnungen zufolge erstreckt sich die Oort'sche Wolke mindestens 50.000 AE weit ins All; das ist ein Fünftel der Entfernung zu den sonnennächsten Sternen. Die meisten Kometen bewegen sich auf mehr oder weniger kreisförmigen Bahnen und kommen der Sonne nicht einmal so nahe wie Pluto. Von Zeit

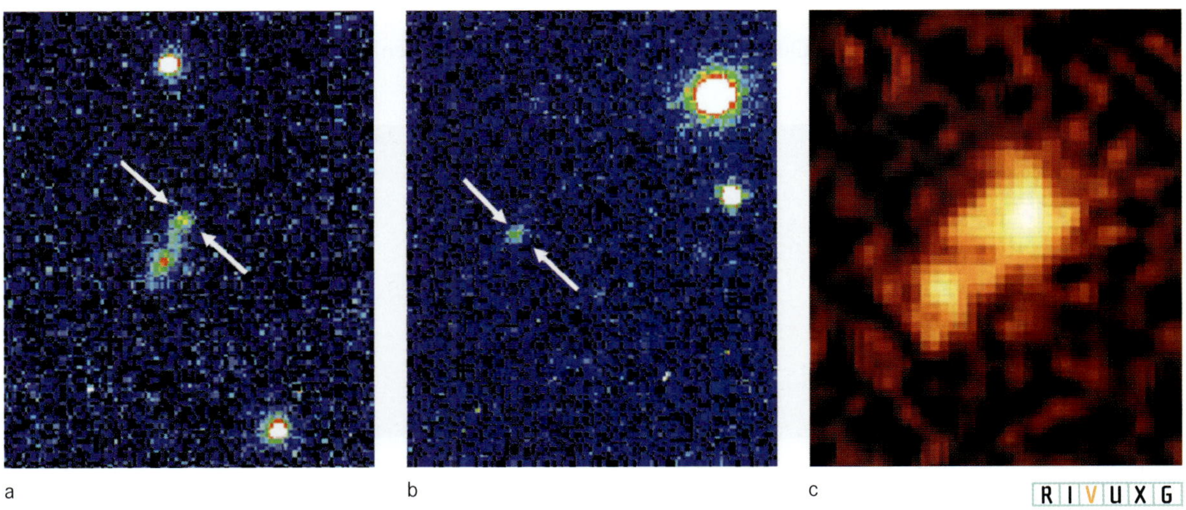

Abb. 6.19 Kuiper-Objekte. (a, b) Die Bilder von 1993 zeigen die Entdeckung (weiße Pfeile) eines der mindestens 1277 bekannten KBOs. Die beiden Aufnahmen von KBO 1993 SC wurden im Abstand von 4,6 h angefertigt. In dieser Zeit bewegte sich das Objekt vor dem Hintergrund des Fixsternhimmels. (c) KBO 1998 WW31 und sein Mond (unten links). (a, b: Alan Fitzsimmons, Queen's University of Belfast; c: C. Veillet/CFHT)

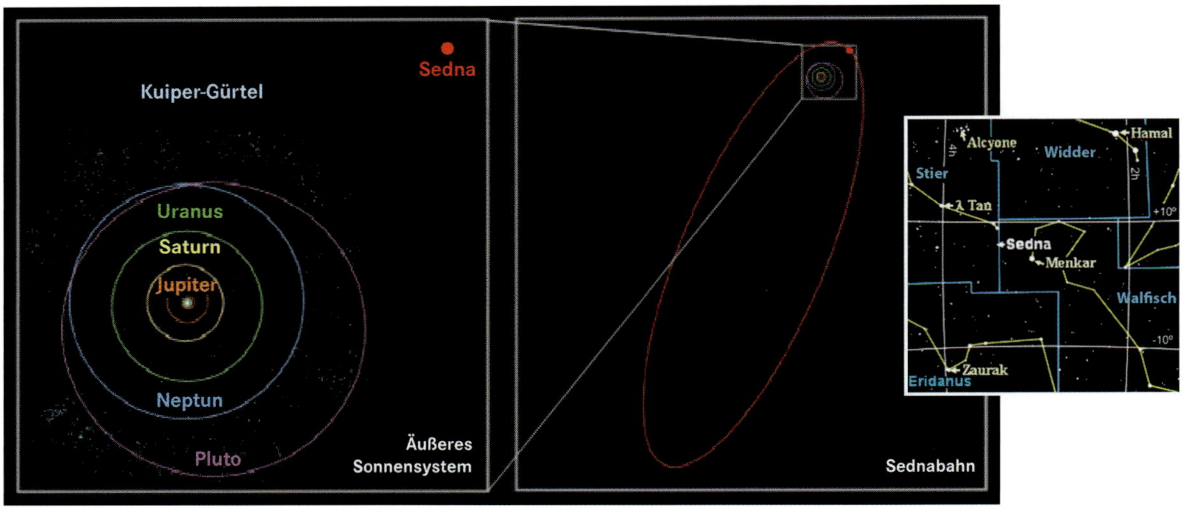

a b

Abb. 6.20 Die Sedna-Bahn. (a) Das am weitesten außen befindliche Objekt des Sonnensystems bewegt sich auf einer stark exzentrischen Bahn, (b) die sich vom Außenrand des Kuiper-Gürtels möglicherweise bis in die Innere Oort'sche Wolke erstreckt. (NASA/Caltech)

zu Zeit jedoch lenkt eine Kollision zweier Kometenkerne oder die Gravitationswirkung in der Nähe vorbeifliegender Materie (etwa eines Sterns oder einer ausgedehnten Gaswolke) einen sonnenfernen Kometen in Richtung des inneren Sonnensystems um. Dabei geraten die Kometen der Oort'schen Wolke auf stark exzentrische elliptische, parabolische oder sogar leicht hyperbolische Bahnen (siehe Abschnitt 2.8). Häufig sind die Bahnebenen deutlich, manchmal um bis zu 90°, gegen die Ebene der Ekliptik geneigt.

Nur wenig Wärme von der Sonne erreicht die Kometen des Kuiper-Gürtels und der Oort'schen Wolke. Sie sind deshalb vollständig gefroren. Solche festen Körper nennt man Kometenkerne. Ihre Durchmesser liegen typischerweise zwischen 1 und 10 km, wobei es auch besonders große Vertreter mit Durchmessern über 15 km gibt: dazu gehört beispielsweise der Halley'sche Komet. Die ersten Bilder eines Kometenkerns erreichten die Erde, als eine ganze Flotte von Raumsonden 1986 den Halley'schen Kometen passierte (Abb. 6.21a). Der kartoffelförmige Kern ist dunkler als Kohle, möglicherweise durch Kohlenstoffverbindungen, die beim Sublimieren des Eises zurückblieben. 2001 gelangen der Sonde Deep Space 1 hochaufgelöste Aufnahmen des Kerns des Kometen Borrelly

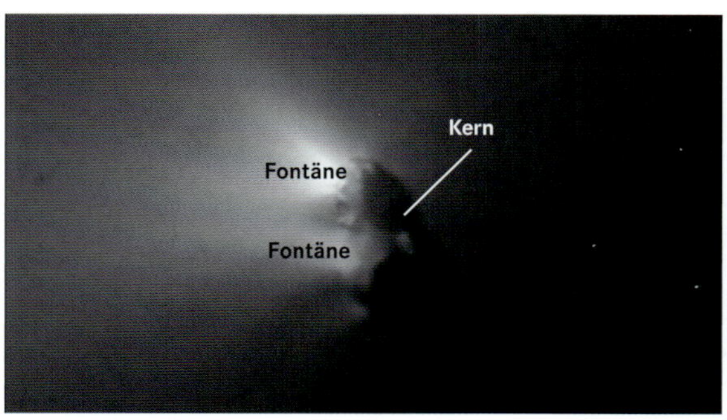

a

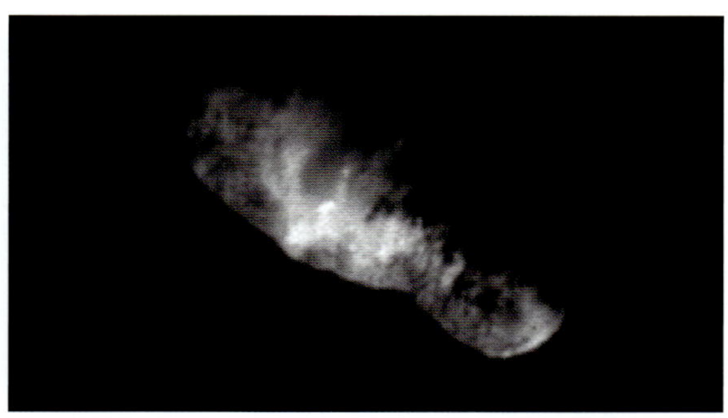

b

Abb. 6.21 Kometenkerne. (a) Der Kern des Halley'schen Kometen in einer Aufnahme der Sonde Giotto. Man sieht die kartoffelähnliche Gestalt; die längste Ausdehnung des dunklen Kerns beträgt 15 km, die kürzeste 8 km. Die hellen Flecken auf dem Kometen sind Eisflächen, die mehr Sonnenlicht reflektieren als ihre Umgebung. An der linken Seite des Kerns strömen zwei Gasfontänen aus. (b) Kern des Kometen Borrelly in einer Aufnahme der Sonde Deep Space 1. Der Kern ist 8 km lang. (a: Max-Planck-Institut für Sonnensystemforschung, Lindau/Harz, Germany. Courtesy of Dr. H. U. Keller; b: Deep Space 1 Team, JPL, NASA)

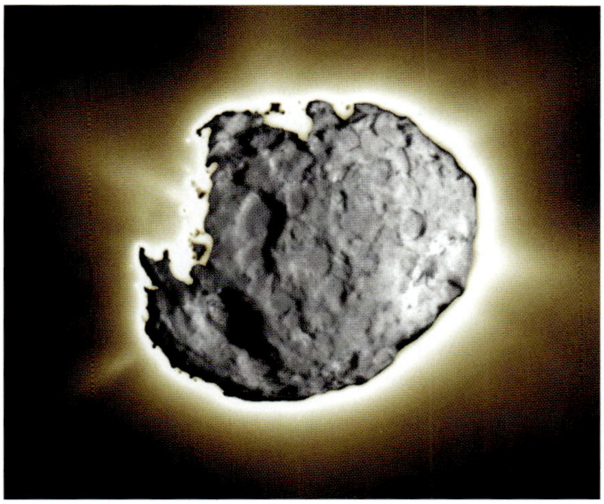

a

R I V U X G

b

R I V U X G

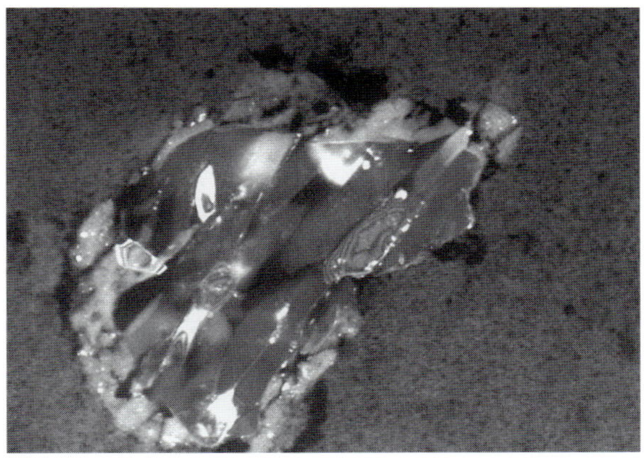

c

R I V U X G

Abb. 6.22 Der Komet Wild 2. (a) Kombination zweier Bilder, einer hochaufgelösten Aufnahme der überraschend kraterreichen Oberfläche und einer länger belichteten Aufnahme der Gas- und Staubjets. Die Staubfahnen sind Millionen Kilometer lang. (b) Partikel aus dem Staubschweif von Wild 2 wurden in einem sogenannten Aerogel eingefangen. Ein Gesteinspartikel durchstieß die Trägerfolie aus Aluminium und haftet daran gemeinsam mit Folienteilchen. (c) 2 µm großes Teilchen Kometenstaub, bestehend aus einem Mineral namens Forsterit. Auf der Erde gilt dieses Mineral als Schmuckstein (Peridot). (a, b: NASA/JPL; c: NASA/JPL-Caltech/University of Washington)

(Abb. 6.21b). Die Enden des Objekts sind zerklüftet, während man im mittleren Bereich sanft geschwungene Ebenen erkennt, aus denen Gasfontänen zu schießen scheinen.

Die Zusammensetzung der von Kometen ausgestoßenen Gase zu erkunden, war die Aufgabe der Sonde Stardust 1, die zu diesem Zweck Proben aus der Umgebung des Kometen Wild 2 (Abb. 6.22) nahm und diese 2006 zur Erde brachte. Wild 2 zeigte unerwartet viele Oberflächenstrukturen wie aufragende Spitzen, Krater und Klippen sowie mehr als 24 Gasjets (andere Kometen haben nur zwei oder drei).

Kommt ein Komet der Sonne auf mindestens 20 AE nahe, dann lässt die Strahlung das Eis an der Oberfläche sublimieren. Dabei werden Gase freigesetzt, die eine Art Atmosphäre des Kerns bilden, die Koma. Diese Gasschicht streut das Sonnenlicht und erscheint deshalb als unscharfe, leuchtende Kugel. Die größte jemals vermessene Koma hatte einen Durchmesser von über 1 Mio. km – sie war also fast so groß wie die Sonne. Für das menschliche Auge nicht sichtbar ist der **Wasserstoffhalo**, eine dünne Gashülle um den Kern, deren Durchmesser ohne weiteres 20 Mio. km erreichen kann (Abb. 6.23).

6.7 Gase und Staub, die von der Sonne weggeblasen werden, bilden die Kometenschweife

Das auffälligste, zu vielerlei Deutung inspirierende Merkmal eines Kometen ist sein langer, fließender, durchscheinender Schweif (Abb. 6.24). Er entsteht, indem Staub und Gas aus der Koma vom Strahlungsdruck der Sonne und vom Sonnenwind nach außen geblasen werden. Das bedeutet, ein Komet zieht seinen Schweif nicht hinter sich her wie ein Flugzeug in der Erdatmosphäre seine Abgasfahne, sondern der *Schweif zeigt stets vom Kometenkern ausgehend von*

3
4

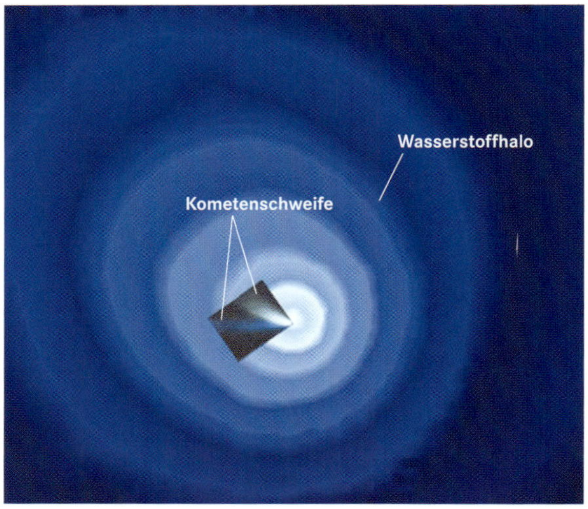

R I V U X G

Abb. 6.23 Der Komet Hale-Bopp. 1997 verfügt Hale-Bopp über einen Wasserstoffhalo mit einem Durchmesser von 1 AE (blaue Ovale). Das Gas wurde im ultravioletten Spektralbereich beobachtet; der im sichtbaren Licht aufgenommene Ausschnitt zeigt die relative Dimension des sichtbaren Schweifs (siehe dazu auch das Bild am Beginn dieses Kapitels). (Johns Hopkins University and Naval Research Laboratory; Ausschnitt: Mike Combi)

R I V U X G

Abb. 6.24 Der Komet West. Der Astronom Michael M. West bemerkte diesen Kometen als Erster auf einem 1975 durch ein Fernrohr aufgenommenen Foto. Nachdem er nahe an der Sonne vorbeigeflogen war, wurde West einer der hellsten Kometen der 1970er Jahre. Das Foto zeigt den Kometen vor Sonnenaufgang im März 1976. (Peter Stättmayer)

der Sonne weg (Abb. 6.25), ungeachtet der Bewegungsrichtung des Kerns. Die Beobachtung, dass irgendein von der Sonne rührender Effekt die Kometengase radial nach außen drängt, führte Ludwig Biermann zur Vorhersage des Sonnenwinds (siehe Abschnitt 4.4 und 7.3). Ein Jahrzehnt später, 1962, wurde dieser Partikelstrom tatsächlich von Messinstrumenten an Bord der Raumsonde Mariner 2 nachgewiesen. 2001 startete die NASA die Mission Genesis, die zweieinhalb Jahre lang „reinen“ Sonnenwind einsammelte. Zwar zerschellte Genesis 2004 bei der Rückkehr zur Erde, aber ein Teil der Proben konnte geborgen werden und wird gegenwärtig noch untersucht.

? Wie heißt der feste Teil eines Kometen?

Partikelströme und Strahlungsdruck der Sonne formen die Bestandteile der Koma zu zwei Schweifen, einem **Plasmaschweif** (auch Gas- oder Ionenschweif) und einem **Staubschweif** (Abb. 6.26a, siehe auch das Bild am Beginn dieses Kapitels). Positiv geladene Ionen – Atome, denen ein oder mehrere Elektron(en)

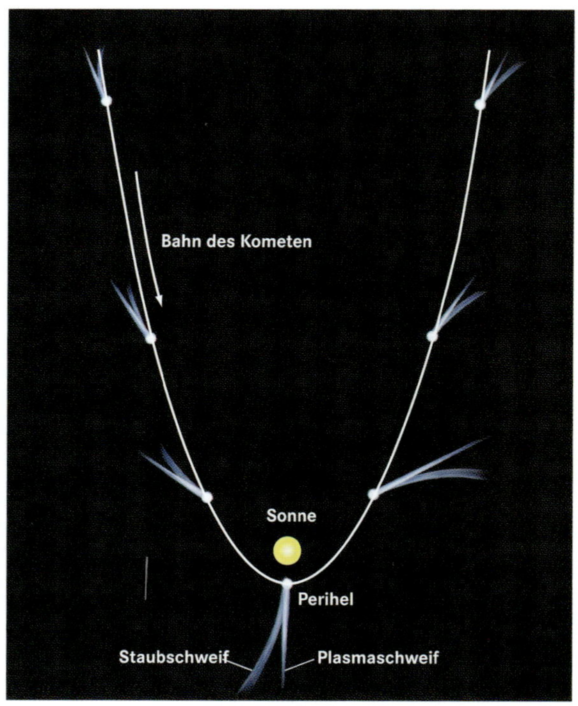

Abb. 6.25 Bahn und Schweife eines Kometen. Sonnenwind und Strahlungsdruck drängen Staub und ionisierte Atome von der Sonne ab; deshalb zeigen die Kometenschweife stets weg vom Zentralgestirn.

Einblicke in die Wissenschaft

Am Anfang steht die Beobachtung Forschungsarbeiten beginnen oft mit Beobachtungen oder Experimenten, deren Ergebnisse eine Erklärung verlangen. Biermann z. B. sah die Kometenschweife, beobachtete ihr Verhalten und überlegte dann, wie sie wohl entstehen könnten. Die physikalisch einfachste Erklärung lautet, dass aus dem Kern Materie verdampft, die in irgendeiner Weise von der Sonne nach außen geblasen wird. So kam man dem Sonnenwind auf die Spur. Denken Sie an Ockhams Rasiermesser (siehe Abschnitt 2.1).

fehlen – aus der Koma werden als Plasmaschweif direkt vom Sonnenwind davongedrückt. Dieser Schweif sieht oft blau aus, weil die enthaltenen Gase (wie die Gasmoleküle in der Erdatmosphäre) den blauen Anteil des sichtbaren Lichts besonders stark streuen. Der relativ gerade verlaufende Plasmaschweif kann seine Gestalt von Nacht zu Nacht stark ändern (Abb. 6.26a), weil der Sonnenwind, der die Ionen davonbläst, ständig wechselt und die leichten Gasteilchen sehr beweglich sind (wie der Rauch eines Feuers; Abb. 6.26b).

Der Staubschweif entsteht, wenn Sonnenlicht auf die Partikel trifft, die beim Sublimieren des Eiskerns freigesetzt wurden. Licht übt auf jedes absorbierende oder streuende Objekt einen Druck aus. Dieser **Strahlungsdruck** (oder Photonendruck) ist an sich zwar schwach, aber die Staubteilchen der Koma sind so leicht, dass sie vom Licht aus der Umgebung des Kerns geschoben werden können. Der Staubschweif sieht oft weiß oder grau aus, und seine Teilchen haben eine zwar winzige, aber genügend große Masse, dass er nicht wie der Plasmaschweif direkt von der Sonne wegzeigt. Stattdessen erstreckt er sich auf einer Bahn zwischen der Flugrichtung des Kometen und der Richtung des Plasmaschweifs (Abb. 6.25 und 6.27).

Abb. 6.27 zeigt Strukturelemente der Kometen, deren Größe variiert: Es gibt Kometen mit ausgedehnter, heller Koma und kurzem, dickem Schweif (Abb. 6.28) und solche mit unscheinbarer Koma, aber einem oder gar mehreren Schweif(en) von erstaunlicher Länge. Der Plasmaschweif des in Abb. 6.29 gezeigten Exemplars erstreckt sich weiter als stolze 150 Mio. km (1 AE) ins All.

? Welcher Kometenschweif zeigt direkt von der Sonne weg? Warum?

6.8 Kometen sind zerbrechlich, aber trotzdem dauerhaft

Um die Struktur und chemische Zusammensetzung von Kometen zu erkunden, ließen die Forscher im Jahr 2005 die Sonde Deep Impact, etwa von der Größe eines kleinen Kühlschranks, mit einer Geschwindigkeit von 36.000 km/h auf den Kern von Tempel 1 krachen (Abb. 6.30). Dabei entstand offenbar ein 30 m tiefer Krater mit einem Durchmesser von 100 m. Schätzungsweise 10 Mio. kg (nicht einmal der zehnmillionste Teil der Gesamtmasse des Objekts) Dampf und geschmolzenes Gestein wurden emporgeschleudert, Teilchen mit typischen Durchmessern unterhalb von 10 µm.

a 22. August 24. August 26. August b

R I V U X G

Abb. 6.26 Die beiden Schweife des Kometen Mrkos. (a) Komet Mrkos beherrschte den Abendhimmel im August 1957. Die drei Bilder, aufgenommen im Abstand von je zwei Tagen, zeigen dramatische Änderungen in der Gestalt des Plasmaschweifs. Der leicht gekrümmte Staubschweif hingegen bleibt unscharf und gestaltlos. (b) Wie der Wind Form und Richtung der Rauchsäulen eines Waldbrands verändert, beeinflussen Sonnenwind und Sonnenlicht Form und Richtung der Kometenschweife. (a: Palomar Observatory, b: Paul von Baich/The Image Works)

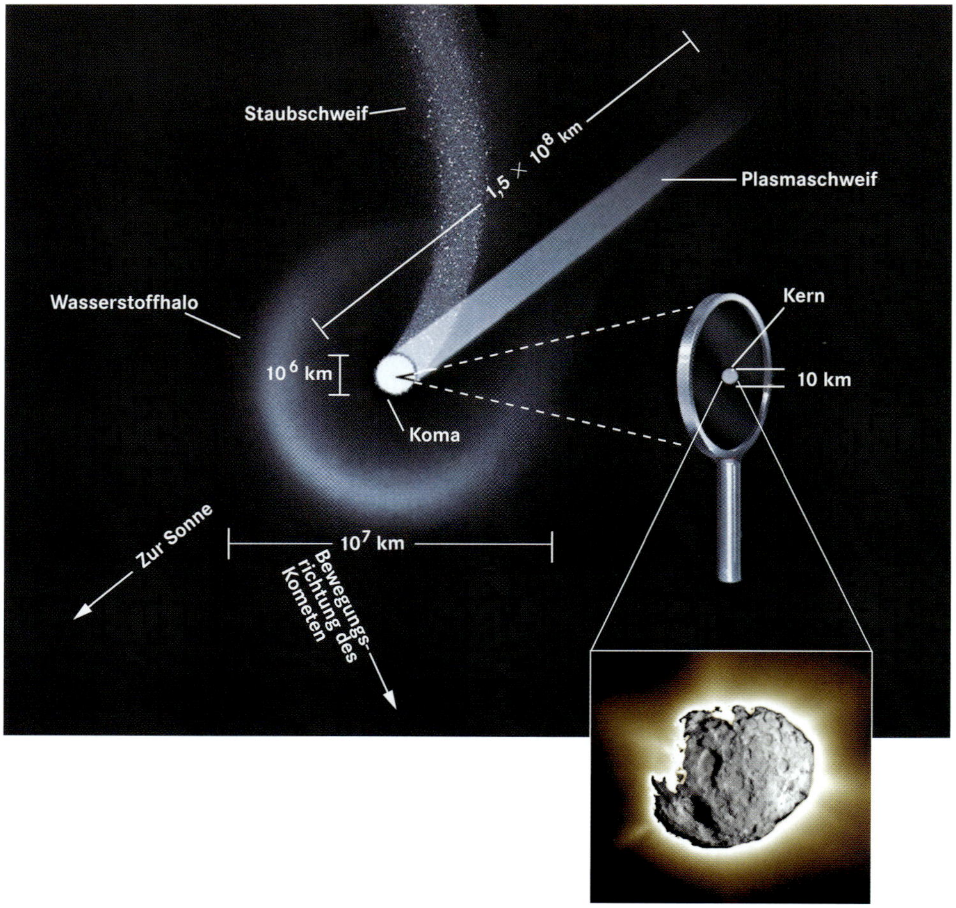

Abb. 6.27 Aufbau eines Kometen. Der Durchmesser des festen Kerns eines typischen Kometen liegt bei 10 km; die Koma kann einen Durchmesser von 105 bis 106 km haben, und der Wasserstoffhalo hat häufig einen Durchmesser von bis zu 107 km. Ein Kometenschweif kann enorm lang sein, bis zu 1 AE. Komet Wild (Ausschnitt rechts unten) wird in Abb. 6.22 näher beschrieben (Abbildung nicht maßstabsgerecht). (Ausschnitt: NASA/JPL)

? Beschreiben Sie die Zusammensetzung eines Kometen.

Die Größe des Impaktkraters und die Menge des aufgewühlten Materials lassen stark vermuten, dass man sich den Kometen nicht als solides Gebilde aus Stein und Eis, sondern als Konglomerat sehr schwach verbundener Fragmente vorstellen muss. In Spektren der aufgewirbelten Staubwolken fanden sich Hinweise auf zahlreiche kohlenstoffhaltige Moleküle, Teile organischer Verbindungen. Dies stützt die These einiger Astronomen und Geologen, dass Kometen solche Substanzen auf die junge Erde brachten.

Obwohl die Gravitationskraft, mit der Tempel 1 sich selbst zusammenhält, sehr gering ist, gelang es dem Kern, mehr als 90 % der emporgeschleuderten Staubmassen wieder an sich zu ziehen. An den Kratern auf diesem und anderen Kometen erkennt man, dass diese Objekte im Laufe ihres Bestehens schon häufig von anderen Himmelskörpern getroffen wurden. Obwohl ein Kometenkern nicht viel mehr ist als ein gerade eben zusammenhaltender Haufen Fels-, Mineral- und Eisgeröll, ist er in der Lage, sich nach kosmischen Kollisionen immer wieder neu zu bilden. Aus diesem Grund sind die Kometen im Laufe der Jahrmilliarden nicht aus dem Sonnensystem verschwunden.

6.9 Kometen leben nicht ewig

Die große Gemeinschaft der Astronomen – darunter viele Amateure – entdeckt Jahr für Jahr mindestens ein Dutzend neue Kometen. Die meisten der aus dem

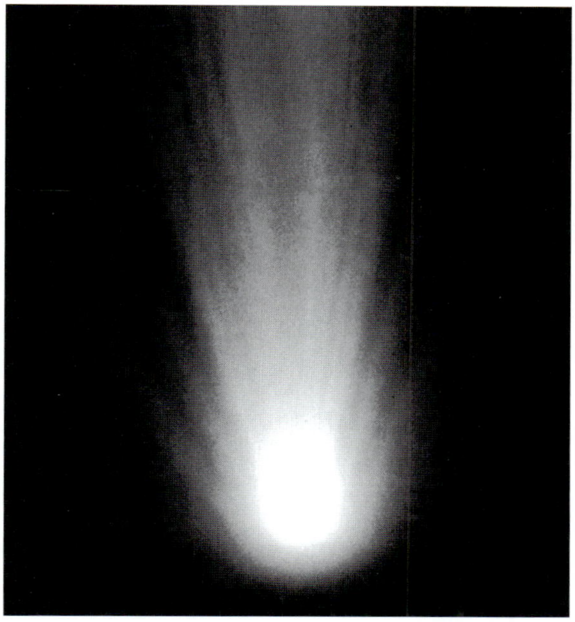

Abb. 6.28 Vorderteil des Kometen Brooks. Dieser Komet verfügt über eine außergewöhnlich große und helle Koma. Er wurde (wie alle Kometen) nach seinem Entdecker (William R. Brooks) benannt und beherrschte den Nachthimmel im Oktober 1911. (UCO/Lick Observatory)

Kuiper-Gürtel oder der Oort'schen Wolke sonnenwärts fliegenden Objekte sind **langperiodische Kometen** auf so stark exzentrischen Bahnen, dass sie das innere Sonnensystem bereits nach einem Vorbeiflug an der Sonne verlassen und erst nach 1–30 Mio. Jahren wiederkehren (wenn überhaupt).

Gelegentlich jedoch kommt ein Komet einem der Riesenplaneten so nahe, dass dessen Gravitationskraft ihn aus der Bahn bringt, abbremst und im inneren Sonnensystem einfängt (Abb. 6.31a). Aus dem langperiodischen ist ein **kurzperiodischer** Komet geworden, dessen Umlaufzeit kürzer als 200 Jahre ist. Kurzperiodische Kometen kehren in voraussagbaren, relativ kurzen Zeitabständen wieder. So haben Sie beispielsweise nach 1986 bereits 2061 die nächste Chance, den Halley'schen Kometen zu sehen.

Kometen können aber nicht unendlich oft in Sonnennähe vorbeifliegen. In jedem Perihel (dem sonnennächsten Punkt seiner Bahn) verliert ein typischer Komet schätzungsweise 1/60 bis 1/100 seiner Masse. Daraus folgt, dass der Kern spätestens beim 100. Vorbeiflug vollständig verdampft ist. Der Halley'sche Komet wurde bereits mindestens 27-mal gesichtet; ihm bleiben also nur noch höchstens 73 Annäherungen an die Sonne, bis er verschwunden ist. Da er sein Perihel etwa alle 76 Jahre erreicht, kann man eine Restlebensdauer von $73 \cdot 76 = 5548$ Jahren ausrechnen. Kommt ein Komet der Sonne oder einem Planeten zu nahe, kann er auch von der Schwerkraft zerrissen werden; und natürlich kann er beim Zusammenstoß mit einem Planeten, Mond oder der Sonne komplett zerstört werden. Ein spektakuläres Beispiel war Shoemaker-Levy 9, der, wie in Abschnitt 5.18 beschrieben wurde, 1992 von den Gezeitenkräften des Jupiter zerlegt wurde. Zwei Jahre später kehrten die Bruchstücke zurück und stürzten unter den aufmerksamen Augen der gespannten Fachwelt in die Atmosphäre des Gasplaneten ab (siehe Abb. 5.42).

Shoemaker-Levy 9 zerfiel, wie Tempel 1, weil sein Kern aus nur lose verbundenen Stücken bestand. Seitdem haben die Astronomen die Zerstörung von mindestens fünf weiteren Kometen beobachtet: 1999, 2000 (LINEAR), 2001, 2002 (Toit-Neujmin-Deporte) und 2006 (Schwassmann-Wachmann 3). In Abb. 6.32 sehen Sie ein Fragment des Kometen Schwassmann-Wachmann 3, der sich direkt nach dem Passieren des Perihels zerlegte. Kurz nachdem

Abb. 6.29 Schweif des Kometen Ikeya-Seki. Nach seinen beiden japanischen Entdeckern benannt, war dieser Komet das auffälligste Objekt am Himmel kurz vor der Morgendämmerung Ende Oktober 1985. Der gelbe Ton des Schweifs stammt von den Emissionen der Natriumatome im Staub des Kometen. Die Koma des Kometen war winzig, aber der Schweif erstreckte sich über mehr als 1 AE. (Roger Lynds/NOAO/AURA/NSF)

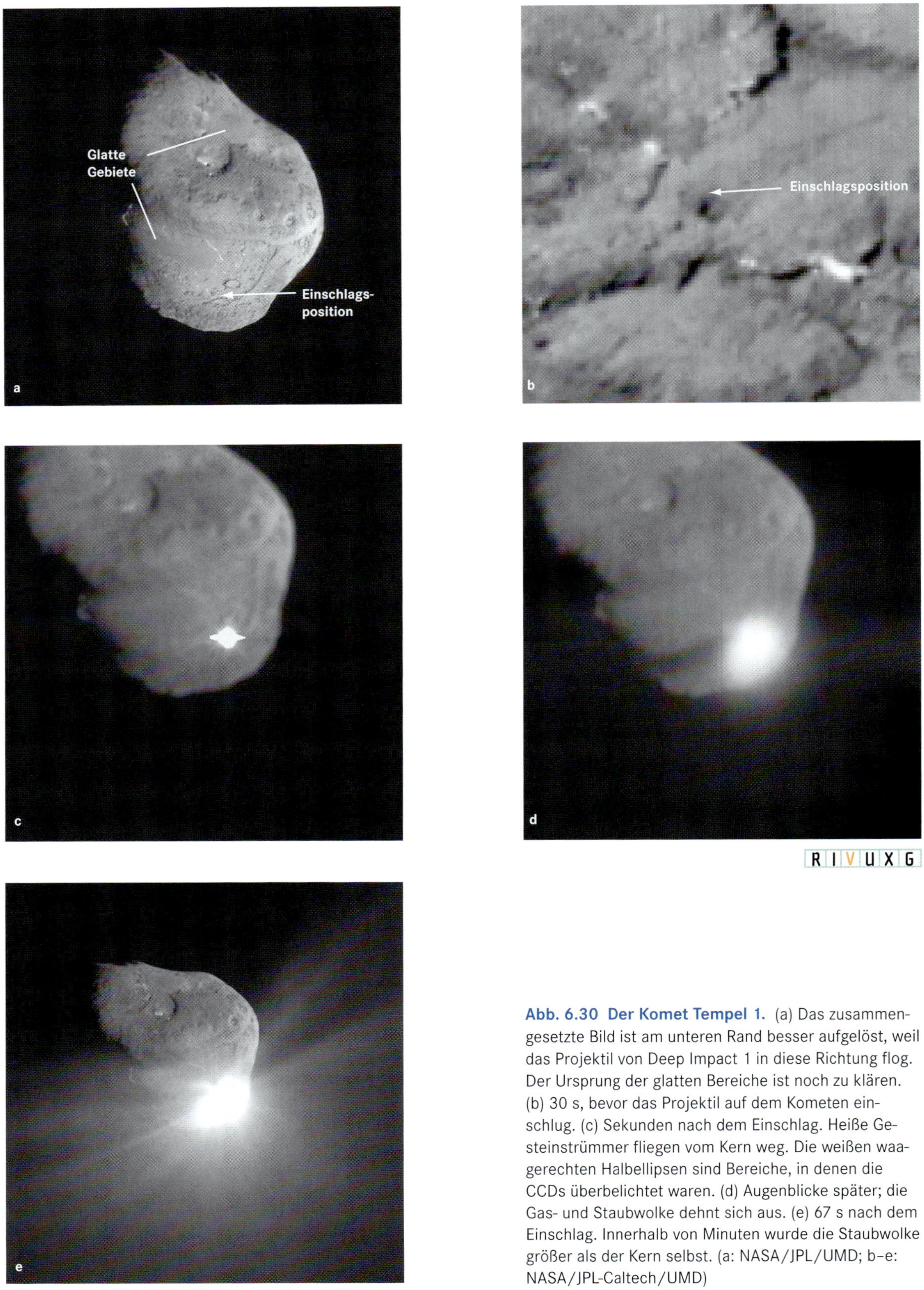

Abb. 6.30 Der Komet Tempel 1. (a) Das zusammengesetzte Bild ist am unteren Rand besser aufgelöst, weil das Projektil von Deep Impact 1 in diese Richtung flog. Der Ursprung der glatten Bereiche ist noch zu klären. (b) 30 s, bevor das Projektil auf dem Kometen einschlug. (c) Sekunden nach dem Einschlag. Heiße Gesteinstrümmer fliegen vom Kern weg. Die weißen waagerechten Halbellipsen sind Bereiche, in denen die CCDs überbelichtet waren. (d) Augenblicke später; die Gas- und Staubwolke dehnt sich aus. (e) 67 s nach dem Einschlag. Innerhalb von Minuten wurde die Staubwolke größer als der Kern selbst. (a: NASA/JPL/UMD; b–e: NASA/JPL-Caltech/UMD)

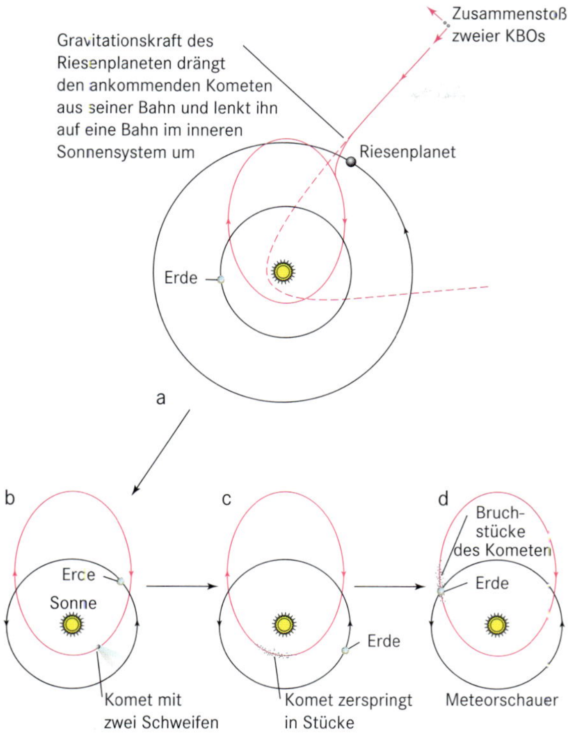

Abb. 6.31 Umwandlung und Entwicklung eines langperiodischen Kometen. (a) Die Gravitationskraft eines Riesenplaneten kann einen Kometen aus seiner Bahn drängen. Kometen auf ursprünglich stark exzentrischen Bahnen können so auf fast kreisförmige Bahnen gelenkt werden, die sie im inneren Sonnensystem festhalten. (b–d) Die Zeichnungen zeigen, wie ein Komet in Gas, Staub und Schutt zerfällt und warum manche Bruchstücke die Erde treffen können (siehe auch Abb. 6.37).

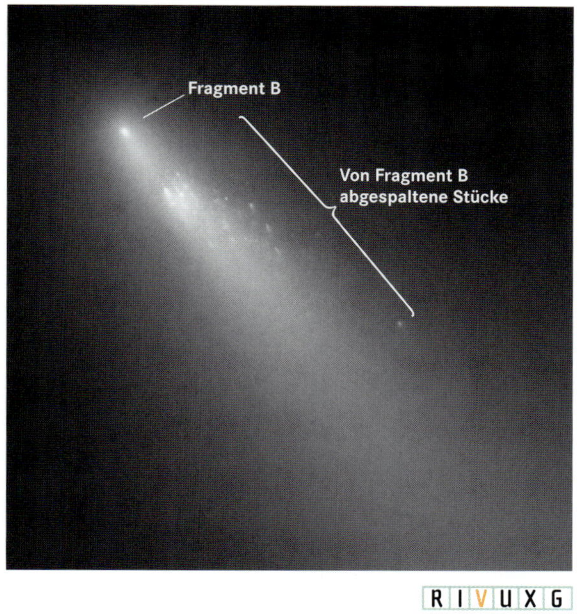

Abb. 6.32 Zerfall des Kometen Schwassmann-Wachmann 3. Der Komet mit einer Umlaufperiode von 5,4 Jahren zerlegte sich schon vor Jahrzehnten. 2006 zerfiel die Gruppe der Bruchstücke beim erneuten Passieren des Perihels in noch kleinere Fragmente. Von Fragment B beispielsweise spalteten sich mindestens 30 kleinere Stücke ab. (NASA; ESA; H. Weaver [APL/JHU]; M. Mutchler und Z. Levay [STLScl])

das Bild aufgenommen wurde, sammelten sich die verbliebenen Staubteilchen und Felsfragmente zu einem lockeren Gebilde, das sich weiterhin auf der ursprünglichen Bahn des Kometen um die Sonne bewegt.

Manchmal verliert ein Komet schnell große Teile seiner Masse durch Ausbrüche. Von September 1995 an beobachteten Astronomen mehrmals, wie der Komet Hale-Bopp sieben- bis zehnmal so viel Masse ausstieß wie gewöhnlich (Abb. 6.33). Solche Ereignisse werden, so nimmt man an, von einer Erwärmung der oberflächlichen Eis- und Staubschichten durch die Sonne ausgelöst. Das erwärmte Material wird dann durch sogenannte Schlote an der Oberfläche des Kometen ausgestoßen. Hale-Bopp rotiert mit einer Periode von etwa 12 h; er zog die mit 109 km/h aus dem Schlot dringende Staubfahne spiralförmig, wie ein Windrad, hinter sich her. Sie trug zwar keinen großen Teil der Gesamtmasse des Kometenkerns davon, reflektierte das Licht aber so stark, dass sie wie ein großes Fragment wirkte.

Jahrtausendelang haben die Astronomen Kometen beobachtet, die der Sonne extrem nahe kamen. Weil sie von der Sonne überstrahlt werden, sind sie natürlich schwer zu sehen. Bis Mitte der 1990er Jahre gelang das deshalb nur bei wenigen Dutzend Objekten. Diese sogenannten *Sonnenstreifer* (*Sungrazer*) nähern sich der Sonnenoberfläche bis auf ca. 0,01 AE ($1{,}46 \cdot 10^6$ km) und werden in ihrem Perihel typischerweise verdampft oder in kleine Stücke zerlegt. Ende des 19. Jahrhunderts fiel Heinrich Kreutz auf, dass sich alle Sonnenstreifer auf derselben Bahn bewegen; es handelt sich also aller Vermutung nach um Bruchstücke eines großen Kometen, der vielleicht schon vor Jahrhunderten zerfiel. Dem Entdecker zu Ehren nennt man diese Objekte *Kreutz-Kometen.* 1995 startete die NASA die Mission SOHO (Solar and Heliospheric Observatory) zur Beobachtung der Sonne und unter anderem auch der Sonnenstreifer. Bisher konnte SOHO über 1000 Kreutz-Kometen lokalisieren (Abb. 6.34).

Abb. 6.33 Der Komet Hale-Bopp. Der am 23. Juli 1995 entdeckte Komet lief gegen Jahresmitte 1997 zu atemberaubender Hochform auf. Ausschnitt unten links: Mehrfach wurde beobachtet, wie Hale-Bopp Gas- und Staubfontänen ausstieß. Hier sehen Sie den Kometenkern (heller Bereich unten), ein ausgestoßenes Stück der Oberfläche (heller Bereich oben) und einen spiralförmigen Schweif. Das abgespaltene Stück zerlegte sich wenig später, seine Bruchstücke flogen auf der Spiralbahn des Schweifs davon. (Tony und Daphne Hallas, Astrophotos)

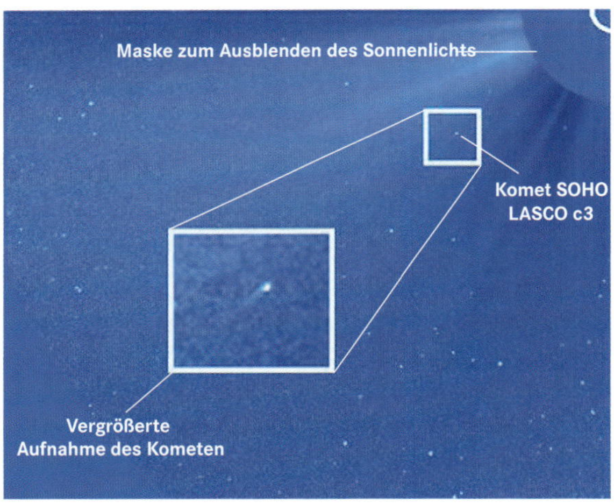

Abb. 6.34 Ein Sonnenstreifer. Der Komet SOHO LASCO c3, im kleineren Viereck und vergrößert im großen Viereck. Das im März 2004 entdeckte Objekt war der 750. aus den SOHO-Daten herausgefilterte Sonnenstreifer. Er verdampfte nahe dem Perihel. (ESA/NASA-SOHO/LASCO)

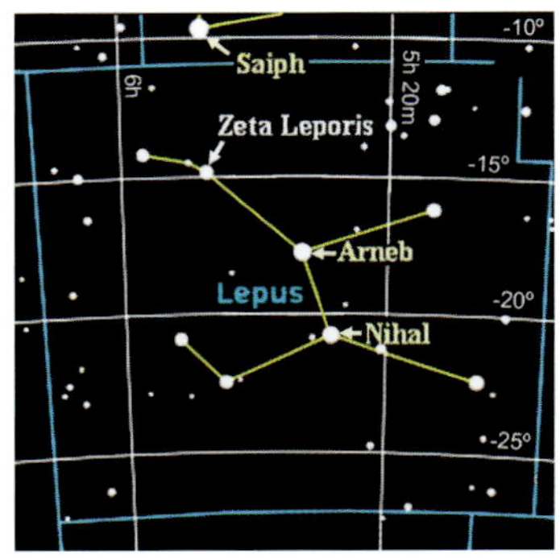

Die Sonne ist nicht der einzige Stern, um den sich Kometen bewegen. Ein Stern im Sternbild Löwe, der 500 Lichtjahre von der Erde entfernte CW Leonis, bläht sich gegenwärtig auf und verdampft Milliarden umgebender Kometen, die sich den Astronomen durch den im Spektrum sichtbaren Wasserdampf bemerkbar gemacht haben.

? Welche Indizien sprechen dafür, dass Shoemaker-Levy 9 kein fester, von einer Eisschicht umgebener Gesteinsbrocken war?

Meteoroiden, Meteore und Meteoriten

Wie bereits erläutert, geschieht es gelegentlich, dass zwei Asteroiden kollidieren und Bruchstücke von ihnen in den interplanetaren Raum davonfliegen. Solche Fragmente, Fels- und Mineralsplitter von verdampfenden Kometen und Materie, die sich niemals zu größeren Objekten zusammenballte, befinden sich überall im Sonnensystem auf Umlaufbahnen um die Sonne. **Meteoroiden** sind Brocken aus Gestein und Metallen, die kleiner sind als Asteroiden. Eine offizielle Abgrenzung hinsichtlich der Größe gibt es nicht, aber ein typischer Meteoroid hat einen Durchmesser von nicht mehr als 10 m. Die übergroße Mehrheit sind Mikrometeoroiden mit Durchmessern unter 1 mm. Als **Meteor** bezeichnet man die Leuchterscheinung, die beim Eindringen eines Meteoroiden in die Erdatmosphäre zu beobachten ist. Die bis zur Erdoberfläche herabfallenden Körper nennt man **Meteoriten**.

Durch Untersuchung der chemischen Zusammensetzung verschiedener Asteroiden gelingt es den Forschern, die Herkunft anderer Asteroiden und Meteoroiden zurückzuverfolgen. Der Asteroid Braille (benannt nach Louis Braille, dem Erfinder der Blindenschrift) z. B. ist ein 2 km langes Fragment des Asteroiden Vesta mit einem Durchmesser von 500 km.

6.10 Durch das Sonnensystem fliegen Steine

5 Meteoroiden, die nahe an der Erde vorbeifliegen, werden oft von der Gravitation in die Atmosphäre hineingezogen. Auf ihrem Weg in Richtung Erdoberfläche drücken sie die vor ihnen zurückweichende Luft zusammen und heizen sie so stark auf, dass sie zu glühen beginnt. Diese Leuchterscheinung, noch verstärkt durch verglühendes Material des Meteoroiden, erzeugt einen Schweif – einen Meteor (Abb. 6.35), je nach seinen Eigenschaften auch als *Sternschnuppe*, *Feuerball* oder *Bolide* bezeichnet. Feuerbälle sind mindestens so hell wie die Venus, Boliden sind helle Meteore, die in der Luft explodieren. Sternschnuppen sind also keine vom Himmel fallenden oder gar „sterbenden“ Sterne.

Die meisten Meteore verglühen vollständig, bevor sie den Erdboden erreichen. Ihr Staub schlägt sich nieder; oft wird er von Regentropfen aus der Luft ausgewaschen. (Das ist aber nicht die Ursache von saurem

R I V U X G

Abb. 6.35 Ein Meteor. Diese helle Leuchterscheinung erstrahlt am Nachthimmel über der kalifornischen Wüste im Joshua-Tree-Nationalpark. Rechts von der Sternschnuppe erkennen Sie die Plejaden. (Wally Pacholka, Astropics)

Regen! Dieser entsteht durch die Lösung natürlicher und von Menschen erzeugter, in die Atmosphäre ausgestoßener Gase.) Ein Meteor (oder ein Fragment davon), der den feurigen Flug durch die Erdatmosphäre überlebt, kann einen **Einschlagskrater** erzeugen. Wind, Wetter und Wasser verwischen die Spuren der rund 200 heute bekannten irdischen Krater, und viele tausend Krater wurden im Laufe der Erdgeschichte durch die tektonischen Bewegungen in die Tiefe gezogen. Durch diese ständige Überformung der Oberfläche sind alle noch erhaltenen Krater weniger als 500 Mio. Jahre alt.

Zu den am wenigsten verwitterten Überbleibseln eines Einschlags gehört der Barringer-Krater (oder

R I V U X G

Abb. 6.36 Der Barringer-Krater. Vor 50.000 Jahren traf ein Eisenmeteorit mit einem Durchmesser von 50 m den Boden im heutigen Arizona. Dabei entstand dieser wunderbar symmetrische Einschlagskrater. (D. J. Roddy und K. Zeller/USGS)

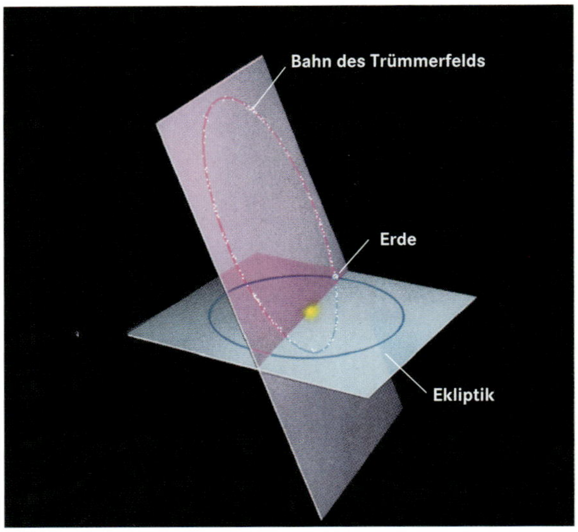

Abb. 6.37 Der Ursprung der Meteorschauer. Wenn Kometen zerfallen (siehe Abb. 6.31), hinterlassen sie ein Trümmerfeld, dass sich auf ihrer ehemaligen Bahn weiterbewegt. Sobald die Erde eine solche Region durchfliegt, kann man in kurzer Zeit viele Meteore sehen, die eine gemeinsame Quelle am Himmel zu haben scheinen. Man nennt dieses Phänomen einen Meteorschauer. Wie Sie dem Schema entnehmen können, sind viele Kometenbahnen stark gegen die Ebene der Ekliptik geneigt.

Abb. 6.38 Ein Meteorschauer. Auf dieser langzeitbelichteten Aufnahme aus dem Jahr 1998 sieht man Meteore, die aus dem Sternbild Leo Major zu kommen scheinen. Sie gehören zum Leonidenschauer, der jedes Mal auftritt, wenn die Erde die Bahn des vom Kometen Tempel-Tuttle zurückgebliebenen Trümmerfelds kreuzt. Tab. 6.1 fasst die bedeutendsten jährlich wiederkehrenden Schauer zusammen. Sie dauern jeweils mehrere Tage an. (Tony and Daphne Hallas/Photo Researchers, Inc.)

Meteor Crater) beim Winslow in Arizona (Abb. 6.36). Er hat einen Durchmesser von 1,2 km, eine Tiefe von etwa 200 m und entstand vor etwa 50.000 Jahren, als ein eisenreicher Meteoroid, mit einem Durchmesser von etwa 50 m halb so groß wie ein Fußballfeld, mit einer Geschwindigkeit von 40.000 km/h auf die Erde krachte. Die Druckwelle war so gewaltig wie bei der Detonation einer 20-Megatonnen-Wasserstoffbombe. In Deutschland ist das Nördlinger Ries ein Beispiel für einen Einschlagskrater.

Nacht für Nacht, wenn der Himmel klar ist, können Sie durchschnittlich alle 10 min einen Meteor sehen. Zu bestimmten, im Jahresrhythmus wiederkehrenden Zeiten jedoch wird die Erde von Meteoroiden geradezu überschwemmt. Solche **Meteorschauer** treten auf, wenn die Erde die Bahn eines Schutthaufens kreuzt, der beim Zerfall eines Kometen übrig blieb (Abb. 6.37 und 6.38).

Jährlich ereignen sich ungefähr 30 Meteorschauer. Da die Leuchterscheinungen dabei stets aus einem bestimmten Gebiet des Himmels zu kommen scheinen, benannte man sie nach dem Sternbild, von dem sie ausgehen (siehe Abb. 6.38). Die Perseiden z. B. stammen scheinbar aus dem Sternbild Perseus. Bei einem solchen Naturschauspiel kann man mehr als einen Meteor pro Minute sehen; die im Sommer fallenden Perseiden gehören zu den aufregendsten Lichtspielen, die das Firmament zu bieten hat. Mit Ausnahme der Lyriden sind Meteorschauer am besten nach Mitternacht zu beobachten.

Auch der Mond kreuzt die Bahn der Materiewolken, die auf der Erde Sternschnuppen fallen lassen. Während unsere Atmosphäre jedoch die meisten Meteoroiden verglühen lässt, bevor sie den Boden erreicht haben, bietet die dünne Mondatmosphäre keinen Schutz. Jedes Mal treffen die Meteoroiden ungehindert auf dem Regolith auf. Im Jahr 1999 bot der Leonidenschauer den Astronomen eine hervorragende Möglichkeit, Einschläge auf dem Mond direkt zu verfolgen. Manche Einschläge waren sogar so hell, dass man sie mit bloßem Auge sehen konnte (Abb. 6.39). Ein 10 kg schwerer Meteorit trifft den Mond mit der Wucht von 10^4 Tonnen TNT; die Glutwolke ist kurzzeitig 50.000–100.000 K heiß, heißer als die Oberfläche der Sonne. Auch nach 1999 wurden Einschläge von Leoniden auf dem Mond gesichtet.

Tab. 6.1 Die wichtigsten jährlich wiederkehrenden Meteorschauer

Bezeichnung	Datum der maximalen Intensität	Typische Zahl von Meteoren pro Stunde	„Ursprungs"sternbild
Quadrantiden	3. Januar	40	Bootes
Lyriden	22. April	15	Lyra
Eta-Aquariden	4. Mai	20	Aquarius
Delta-Aquariden	30. Juli	20	Aquarius
Perseiden	12. August	80	Perseus
Orioniden	21. Oktober	20	Orion
Tauriden	4. November	15	Taurus
Leoniden	16. November	15	Leo Major
Geminiden	13. Dezember	50	Gemini
Ursiden	22. Dezember	15	Ursa Minor

6.11 Meteoriten sind Fragmente, die auf den Erdboden fallen

Die meisten Meteoroiden, die in die Erdatmosphäre eintreten, verglühen darin oder werden spätestens beim Auftreffen auf dem Boden zerlegt. Manche jedoch bleiben mehr oder weniger intakt. Die aufgefundenen Stücke nennt man Meteoriten. Sie stammen aus verschiedenen Quellen: Einige sind vermutlich beim Zusammenstoß von Asteroiden abgesplittert, andere Teile gehörten nie zu größeren Objekten, wieder andere kommen vom Mond, vom Mars, von der Vesta oder Kometen. In Abschnitt 5.12 haben wir beispielsweise besprochen, in welcher Weise SNC-Meteoriten Aufschlüsse über die chemische Zusammensetzung von Mars liefern können. Chemie und Alter eines auf der Erde gefundenen Meteoriten vom Mond verrieten den Geologen, dass dieses Gesteinsstück in den Raum geschleudert wurde, als der Einschlagskrater des Mare Imbrium entstand. Meteoriten von der Vesta bestehen offenbar aus Material, das einst geschmolzen war. Der Krater, der wohl entstand, als sie aus der Vesta herausgeschlagen wurden, ist 460 km breit, 13 km tief und wurde mit dem Hubble-Teleskop gesichtet.

? Warum lassen sich Meteorschauer zeitlich so genau vorhersagen?

Anhand von Meteoriten können wir das Alter des Sonnensystems ermitteln. Durch Messung der relativen Anteile der verschiedenen darin enthaltenen radioaktiven Elemente können die Astrophysiker feststellen, vor wie langer Zeit sich die Gesteine gebildet haben (siehe Anhang H.3). Die ältesten bekannten Meteoriten erstarrten vor etwa 4,57 Mrd. Jahren. Auf der Erde wurden an bestimmten Störungen des umliegenden Gesteins Impaktstellen identifiziert, die

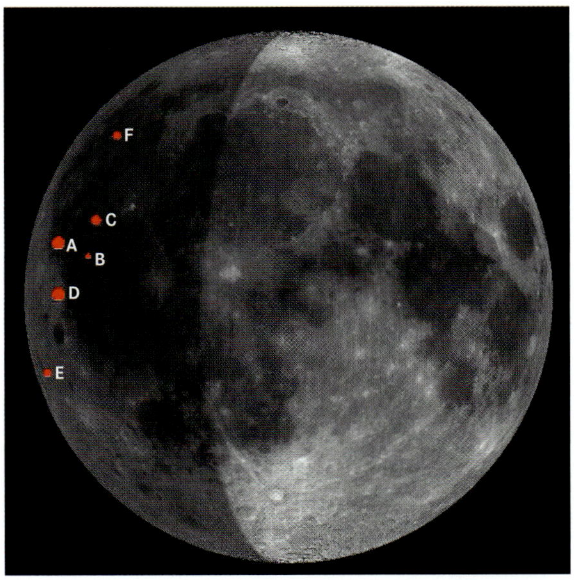

Abb. 6.39 Jüngere Einschläge auf dem Mond. An den Positionen A–F der Mondoberfläche wurden 1999 während des Leonidenschauers von der Erde aus Einschläge beobachtet. Die Objekte trafen den Mond mit einer Geschwindigkeit von etwa 260.000 km/h, ihre Masse betrug zwischen 1 und 10 kg. Jeder Einschlag erzeugte vorübergehend eine Wolke, die sich kurzzeitig auf 50.000–100.000 K aufheizte. Das ist viel heißer als die Oberfläche der Sonne. (NASA)

R I V U X G

Abb. 6.40 Die Masse der Erde nimmt zu. Der Obelisk im Vatikan wiegt rund 300 t, so viel wie alle Meteoriten zusammen, die täglich auf die Erde fallen. Um diesen Betrag nimmt die Masse der Erde also Tag für Tag zu. (John and Dallas Heaton/Corbis)

4 Mrd. Jahre alt sind. Daraus folgt, dass unser Sonnensystem vor mindestens 4,57 Mrd. Jahren entstand; in diesem Buch gehen wir von 4,6 Mrd. Jahren aus.

Seit Jahrtausenden heben die Menschen „Himmelssteine“ vom Boden auf und messen ihnen verschiedenste Bedeutungen bei, wie man in der antiken chinesischen, indischen, arabischen, griechischen und römischen Literatur nachlesen kann. Die Steine haben aber auch einen ganz bodenständigen Effekt: Sie vergrößern die Masse der Erde um fast 300 t täglich (Abb. 6.40).

Steinmeteoriten unterscheiden sich kaum von normalen Steinen Meteoriten werden eingeteilt in Steinmeteoriten, Eisenmeteoriten und Stein-Eisen-Meteoriten. Die meisten **Steinmeteoriten** fallen kaum auf, denn sie unterscheiden sich wenig von irdischem Gesteinsmaterial, abgesehen von einer dunklen *Schmelzkruste*, die manche Exemplare umgibt (Abb. 6.41a) und durch das Aufschmelzen der äußeren Schichten beim Flug durch die Atmosphäre entstand (siehe Abb. 6.38). Zerschlägt man einen Steinmeteoriten und poliert die Bruchflächen, erkennt man manchmal winzige Eisenpartikel (Abb. 6.41b).

Je höher der Eisenanteil eines Meteoriten ist, umso leichter lässt dieser sich mit einem Metalldetektor aufspüren. Eisenreiche Stücke sehen außerdem oft ungewöhnlich aus und fallen eher auf. In den meisten Museumssammlungen findet man deshalb vorwiegend Eisen- und Stein-Eisen-Meteoriten.

Eisenmeteoriten haben eine sehr hohe Dichte und sehen deutlich anders aus als normale Steine **Eisenmeteoriten** (Abb. 6.42) können auch zehn bis 20 Masseprozent Nickel enthalten. Eisen zählt zu den mäßig häufigen Elementen im Universum und zu den wichtigsten Gesteinsbildnern. Es ist also nicht verwunderlich, dass Eisen zu den Hauptbestandteilen der Asteroiden und Meteoroiden gehört. Die eisenreichen Minerale der Meteoriten enthalten außerdem das Element Iridium, das in Gesteinen der oberen Erdkruste selten vorkommt, weil der größte Teil des bei der Erdentstehung vorhandenen Iridiums schon vor sehr langer Zeit in die Tiefe absank. Eine Messung des Iridiumgehalts der Erdkruste gibt daher Aufschluss über

a R I V U X G

b R I V U X G

Abb. 6.41 Steinmeteoriten. (a) Die meisten Meteoriten, die zur Erde fallen, sind Steine. Typisch ist die hier sichtbare dünne, dunkle Kruste. Dieser Stein fiel in Marokko vom Himmel. (b) Manche Steinmeteoriten enthalten kleine Eiseneinsprengsel, die man erkennen kann, wenn man den Stein aufschlägt und die Bruchflächen poliert. Dieses Exemplar stammt aus Ohio. (The R. N. Hartman Collection)

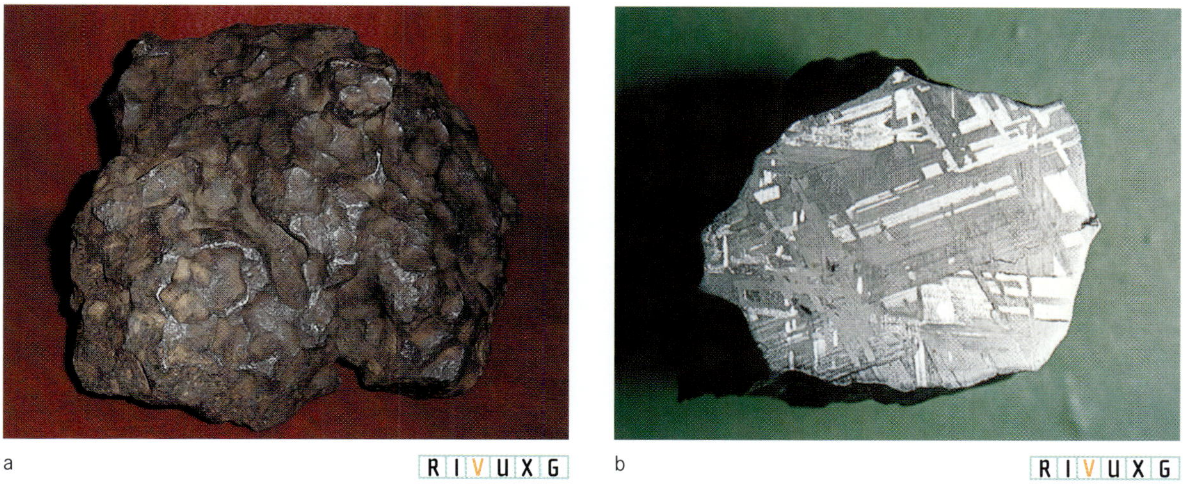

Abb. 6.42 Eisenmeteoriten. (a) Eisenmeteoriten bestehen fast vollständig aus Eisen-Nickel-Mineralien. Die Oberfläche eines typischen Vertreters ist mit Vertiefungen von Daumenabdruckgröße bedeckt, die entstanden, als die äußeren Schichten des Körpers beim raschen Sturz durch die Atmosphäre verdampften. Dieses Exemplar wurde in Argentinien gefunden. (b) Die meisten Eisenmeteoriten zeigen nach dem Schneiden, Polieren und Ätzen mit verdünnter Säure ineinandergreifende Kristallstrukturen, sogenannte *Widmannstätten-Figuren*. Dieser Meteorit stammt aus Australien. (a: The R. N. Hartman Collection; b: R. A. Oriti)

die Rate, mit der im Laufe der Zeit meteoritisches Material auf unserem Planeten abgelagert wurde.

1808 wurde Alois Edler von Widmannstätten, Direktor des k.k. Fabriksprodukten-Kabinetts in Wien, auf die Himmelssteine aufmerksam und entwickelte ein schlüssiges Verfahren zur Erkennung von Eisenmeteoriten: Schneidet und poliert man die Steine und ätzt die Schnittflächen mit Salpetersäure an, so zeigen sich charakteristische Strukturen langer Eisen-Nickel-Kristalle, sogenannte **Widmannstätten-Figuren** (Abb. 6.42b). Da diese Kristalle nur die beobachtete Länge erreichen, wenn die Metallschmelze langsamst (im Verlaufe mehrerer Millionen Jahre) abkühlt, findet man Widmannstätten-Figuren niemals in gefälschten Exemplaren.

Stein-Eisen-Meteoriten sind die exotischsten Objekte, die vom Himmel fallen Meteoriten der dritten Kategorie, die Stein-Eisen-Meteoriten, bestehen aus ungefähr gleichen Teilen Mineralen und Eisen. Das Exemplar in Abb. 6.43 z. B. zeigt grünlichen Olivin, eingebettet in eine Eisenmatrix.

Um zu verstehen, warum es so unterschiedliche Arten von Meteoriten gibt, betrachten wir ihre Entstehung. Viele Meteoriten sind ursprünglich Teile von Asteroiden. Hitze, die sich bei Einschlägen und durch den Zerfall radioaktiver Isotope entwickelte, ließ das Innere des gerade gebildeten Asteroiden aufschmelzen. Im Laufe der anschließenden Jahrmillionen erfolgte eine Differenzierung, wie wir sie von der jungen Erde kennen: Eisen sank in Richtung des Mittelpunkts, weniger dichtes Gestein stieg an die Oberfläche. Eisenmeteoriten sind demnach Fragmente von Asteroidenkernen und Stein-Eisen-Meteoriten kommen aus der Grenzschicht zwischen Eisenkern und Gesteinskruste.

Steinmeteoriten können aus verschiedenen Quellen stammen, z. B. aus den äußeren Schichten von Asteroiden. Sogenannte Chondrite hingegen waren offenbar niemals geschmolzen. Vermutlich bestehen sie aus dem primordialen Material, aus dem einst unser Sonnensystem entstand. Eine besondere Form sind die seltenen **kohligen Chondrite**, die neben glasartigen Kügelchen (*Chondren*) auch kompliziertere Kohlenstoffverbindungen enthalten wie Glycerin und einfache Zucker. An die mineralische Matrix ist bis zu 20 % Wasser gebunden. Wären die kohligen Chondrite jemals stark erhitzt worden, dann hätten sich die Kohlenstoffverbindungen zersetzt und das Wasser wäre verdampft. Der undifferenzierte Asteroid Mathilde (Abb. 6.16a) sieht dunkelgrau aus, sein Spektrum gleicht dem eines kohligen Chondriten. Vermutlich besteht Mathilde also auch aus Material, das früh aus dem präsolaren Urnebel auskondensierte.

Gelegentlich findet man unter den organischen Verbindungen eines kohligen Chondriten auch **Aminosäuren**, die Bausteine des irdischen Lebens. Sie könnten den Meteoroiden nach dem Eintritt in die Erdatmosphäre kontaminiert haben, aber Forschern ist es auch gelungen, solche Substanzen im Labor unter den Bedingungen des leeren Weltraums darzustellen. Es ist also prinzipiell möglich, dass es irgendwo

Abb. 6.43 Ein Stein-Eisen-Meteorit. Rund 1 % aller Meteoriten, die auf die Erde fallen, sind Stein-Eisen-Meteoriten. Das hier gezeigte Exemplar vom Typ Pallasit wurde in der Antarktis gefunden. Der dünne Schnitt wirkt, als ob er von hinten beleuchtet würde. (James C. Hartmann)

tief im All Aminosäuren gibt. Manche Wissenschaftler spekulieren sogar, dass die Saat des Lebens von aminosäurereichen kohligen Chondriten auf die Erde gebracht wurde.

Nicht jeder Meteoriten*fall* führt zu einem Meteoriten*fund* Rund 95 % aller Meteoriten sind Steinmeteoriten; die meisten von ihnen werden nicht als solche erkannt, weil sie wie gewöhnliche Steine aussehen. Aus diesem Grund unterscheidet sich die Menge der Stein-, Eisen- und Stein-Eisen-Meteoriten-Funde stark von der Menge der Meteoritenfälle. Trotzdem können die Astronomen und Geologen recht gut abschätzen, wie viele Meteoriten welchen Typs jährlich auf der Erde auftreffen. Dazu beobachten sie Gebiete, in denen ausschließlich Meteoriten niedergehen, etwa Wüsten oder schnee- und eisbedeckte Landschaften in der Antarktis, und zählen die Bruchstücke unter der Oberfläche mit Metalldetektoren und anderen Verfahren. Daraus können sie die tatsächliche Zahl der Einschläge hochrechnen.

Abb. 6.44 Stücke des Allende-Meteoriten. (a) Dieser kohlige Chondrit fiel im Februar 1969 nahe Chihuahua (Mexiko) zur Erde. Der dunkle Farbton kommt durch größere Mengen Kohlenstoffverbindungen zustande. Geologen halten das Exemplar für ein Stück primordialen Materials. Das Lineal ist 15 cm lang. (b) In der Schnittfläche des Allende-Meteoriten erkennt man helle runde Einschlüsse (*Chondren*) in einer Matrix aus dunklem Gestein. (a: J. A. Wood; b: The R. N. Hartmann Collection)

6.12 Der Allende-Meteorit und das Tunguska-Ereignis liefern Hinweise auf Explosionskatastrophen

Die Chance, einen Himmelsstein unmittelbar nach dem Einschlag zu untersuchen, bot sich in den frühen Morgenstunden des 8. Februar 1969, als ein heller, bläulichweißer Feuerball den Nachthimmel über Chihuahua in Mexiko entlangschoss. Hunderte Menschen beobachteten die blendende Leuchterscheinung. In einer eindrucksvollen, ohrenbetäubenden Explosion zerplatzte das Objekt, die Überreste gingen in Form Tausender Gesteinsfragmente über der erschrockenen Zuschauermenge nieder. Innerhalb weniger Stunden machten sich zahlreiche Forscherteams auf den Weg, um kohlige Chondrite einzusammeln, die in ihrer Gesamtheit nach dem Ort des Ereignisses als Allende-Meteorit bezeichnet werden (Abb. 6.44).

Zu den bedeutendsten Entdeckungen, die aus der Analyse der Fragmente folgte, gehören Indizien für eine *Supernova-Explosion* in unserer Nähe vor etwa 4,6 Mrd. Jahren. Supernovae gehören zu den gewaltigsten, spektakulärsten Naturerscheinungen überhaupt: Ein massereicher Stern fliegt in einem Kataklysmus auseinander, wobei Materie mit unvorstellbarer Geschwindigkeit in den Raum geschleudert wird (siehe dazu Kapitel 10). Während einer solchen Explosion verschmelzen Atomkerne zu radioaktiven Elementen, darunter ein kurzlebiges Aluminium-Isotop. Durch Nachweis der Zerfallsprodukte konnten die Wissenschaftler zweifelsfrei zeigen, dass der Allende-Meteorit dieses Isotop einst enthalten haben muss. Einige Astrophysiker interpretieren das als Beweis für eine Supernova in unserer Nachbarschaft ungefähr zu der Zeit, als die Sonne entstanden ist. Indem sie interstellare Gas- und Staubwolken komprimierte, spielte die Schockwelle der Explosion vielleicht eine Rolle bei der Geburt des Sonnensystems.

? Warum sind Stein-Eisen-Meteoriten viel seltener als Stein- oder Eisenmeteoriten?

60 Jahre vor der Explosion des Allende-Meteoriten über Chihuahua, am 30. Juni 1908 um 7.14 Uhr, ereignete sich in Sibirien nahe dem Fluss Steinige Tunguska eine viel gewaltigere Katastrophe. Die Druckwelle, vergleichbar mit der einer Kernexplosion von mehreren Megatonnen Sprengkraft, warf noch in

R I V U X G

Abb. 6.45 Schauplatz des Tunguska-Ereignisses. 1908 trat ein Objekt mit Überschallgeschwindigkeit in die Erdatmosphäre ein und explodierte über dem Fluss Steinige Tunguska in Sibirien. Radial von der Einschlagsstelle ausgehend, wurden die Bäume auf vielen Quadratkilometern umgestürzt. (SOVFOTO)

60 km Entfernung einen Mann von seiner Veranda, und der Knall war über 1000 km weit hörbar. Millionen Tonnen Staub wirbelten in die Atmosphäre und verdunkelten den Himmel bis nach Kalifornien.

In Russland und später der jungen Sowjetunion herrschten Krieg, politische Aufstände und wirtschaftliche Not, sodass erst 1927 eine wissenschaftliche Expedition zur Tunguska geschickt wurde. Noch immer fanden die Forscher entwurzelte, auf einer Fläche mit einem Durchmesser von 30 km radial nach außen gestürzte Bäume (Abb. 6.45), aber keine eindeutigen Hinweise auf einen Krater. Im Gegenteil – im Epizentrum des Ereignisses waren die Bäume stehen geblieben, hatten aber alle Zweige und Blätter verloren. Da keine größeren Mengen von Meteoriten gefunden wurden, nahmen die Wissenschaftler viele Jahre lang an, ein kleiner Komet sei in der Atmosphäre explodiert.

? Welche Indizien einer Supernova, die sich etwa zur Zeit der Entstehung des Sonnensystems in unserer Nachbarschaft ereignete, fanden die Wissenschaftler im Allende-Meteoriten?

In jüngerer Zeit wurde jedoch argumentiert, ein kleiner, vorwiegend aus leichten Elementen und Eis bestehender Komet hätte zu weit oben in der Atmosphäre explodiert sein müssen, als dass er am Boden noch merklichen Schaden hätte anrichten können. Es wird nun spekuliert, das Tunguska-Ereignis sei von einem kleinen Asteroiden oder großen Meteoroiden ausgelöst worden, der sich mit Überschallgeschwindigkeit bewegte. Die Indizien sprechen für einen Asteroiden von etwa 80 m Durchmesser, der mit einer Geschwindigkeit von 79.000 km/h in die Atmosphäre eintrat, sich dort ungeheuer stark erhitzte und explodierte. Die auf den Boden treffende Druckwelle würde die beobachteten Effekte bewirken, ohne einen Krater zu erzeugen. Die Debatte über die Ursachen des Tunguska-Ereignisses dauert noch an.

6.13 Asteroideneinschläge führten auf der Erde zu Massenaussterben

Ende der 1970er Jahre entdeckten der Geologe Walter Alvarez und sein Vater, der Physiker Luis Alvarez, die Überreste eines weit gigantischeren Einschlags. Bei Forschungsarbeiten im italienischen Apennin-Gebirgszug an freiliegendem marinem Kalkstein, der vor 65 Mio. Jahren die Erdoberfläche bedeckte, fiel dem Team der Alvarez' ein außergewöhnlich hoher Iridi-

Abb. 6.46 **Iridiumreiche Tonschicht.** Zwischen diesen in den italienischen Apenninen anzutreffenden Horizonten erkennt man eine dunkel gefärbte, iridiumreiche Tonschicht (mit einer Vierteldollarmünze zum Größenvergleich); darüber grauer Kalkstein aus dem frühen Känozoikum, darunter weißer Kalkstein aus dem späten Mesozoikum. (W. Alvarez)

umgehalt in einer dunkel gefärbten Tonschicht zwischen Kalksteinhorizonten auf (Abb. 6.46).

Seit diese Entdeckung 1979 an die Öffentlichkeit drang, wurden an vielen Stellen auf der ganzen Welt vergleichbare iridiumreiche Schichten nachgewiesen. In jedem Fall besagt die geologische Datierung, dass sich diese offenbar allgegenwärtige Ablagerung vor etwa 65 Mio. Jahren gebildet hat. Es dauerte nicht lange, bis den Paläontologen die Bedeutung dieses Datums klar wurde: Vor etwa 65 Mio. Jahren starben alle Dinosaurier auf einen Schlag aus, und nicht nur das – innerhalb kürzester Zeit verschwanden zwei Drittel aller auf der Erde heimischen Arten.

Walter und Luis Alvarez und ihre Kollegen favorisierten eine astronomische Erklärung für das dramatische Massenaussterben von über der Hälfte der irdischen Lebensformen: den Einschlag eines Asteroiden. Was zu jener Zeit wirklich geschah, darüber herrscht keine Einigkeit. Ein Szenario besagt, ein Asteroid von 10 km Durchmesser habe sich mit hoher Geschwindigkeit in die Erde gebohrt und dabei so viel Staub in die Atmosphäre geschleudert, dass sich der Himmel für mehrere Jahre verdunkelt habe. Die Temperatur fiel drastisch, Pflanzen gingen wegen des Lichtmangels ein und die Dinosaurier starben gemeinsam mit vielen anderen Gliedern der Nahrungskette, die stark von der Vegetation abhängig waren. Schließlich setzte sich der Staub in einer iridiumreichen Schicht auf dem ganzen Erdball ab. Eine andere Theorie lautet, der Einschlag habe so viel Wärme freigesetzt, dass die ganze Erdoberfläche in Flammen gestanden habe. Dadurch veränderten sich die Ozeane, und viele darin lebende Arten starben aus. Welches Szenario der Realität auch näher kommen mag, unter den Überlebenden dieser Katastrophe waren viele kleine Tiere, die Samen und Nüsse aufstöbern konnten. Sie bereiteten den Weg für den Siegeszug der Säugetiere und schließlich die Evolution des Menschen.

1992 fand eine Gruppe von Geologen auch die Einschlagsstelle des postulierten Asteroiden am östlichen Rand von Mexiko. Ihren Schluss stützten die Fachleute auf glasartige Fragmente und stark erschütterte Gesteinskörner, die vom Chixculub-Krater (ausgesprochen „Tschichulub") ausgestoßen wurden. Die Ringstruktur des Chixculub besitzt einen Durchmesser von 195 km und liegt unter der Halbinsel Yucatán und der westlichen Karibik vor Mexiko (Abb. 6.47). Aus der bekannten Zerfallsrate des natürlich vorkommenden radioaktiven Kalium-Isotops datierten die Geophysiker den Einschlag vor 64,98 Mio. Jahren. 1998 entdeckten Geologen bei Grabungen am Boden des Pazifischen Ozeans ein Fragment eines Meteoriten, der exakt so alt ist. Es handelt sich also wahrscheinlich um ein Bruchstück des gewaltigen Einschlagskörpers. Zwar sind noch immer nicht alle Geologen und Paläontologen davon überzeugt, dass ein Asteroid die Dinosaurier aussterben ließ, aber immerhin sind die meisten einig, dass diese Theorie plausibler klingt als alle zuvor vorgebrachten Überlegungen.

Noch früher löste ein Einschlag ein noch dramatischeres Massenaussterben aus Das Ende der Dinosaurier ist nicht das einzige Massenaussterben in der Erdgeschichte, für das der Einschlag eines Himmelskörpers verantwortlich gemacht wird. 2001 wurden Indizien dafür gefunden, dass auch die Perm-Trias-Grenze vor 250 Mio. Jahren auf eine astronomische Katastrophe zurückgeht. 80 % aller landbewohnenden und 90 % aller meeresbewohnenden Arten starben aus. Gestein aus jener Zeit, das an verschiedenen Stellen von Japan bis Ungarn entdeckt wurde, enthält *Fullerene* – fußballähnlich geformte Moleküle mit mindestens 60 Kohlenstoffatomen –, die auf ein kosmisches Ereignis hindeuten. Eingeschlossen in die Fullerene fanden sich Gase, die nur bei der Explosion von Sternen hineingepresst werden können. (Der Fingerabdruck der gasgefüllten Fullerene wurde mittlerweile auch in Gesteinen gefunden, die vor 65 Mio. Jahren an der Erdoberfläche lagen.)

2004 fand sich an der Nordwestküste des heutigen Australiens auch ein zu diesem Szenario passender, 250 Mio. Jahre alter Impaktkrater. Denken Sie daran,

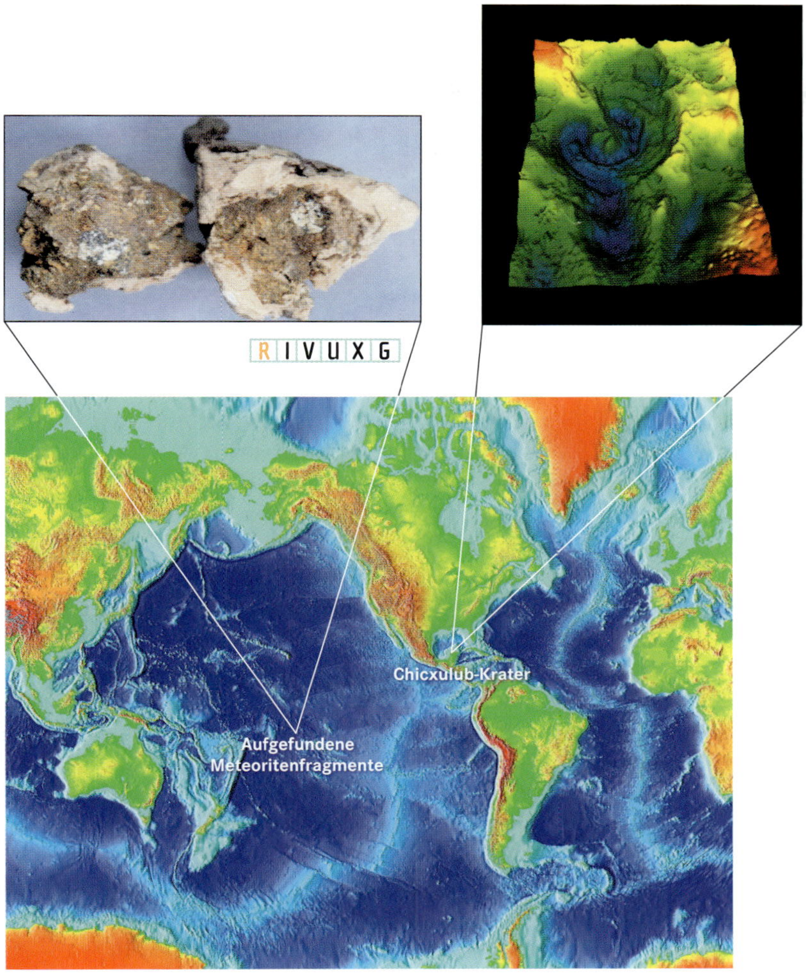

Abb. 6.47 Beweise für einen katastrophalen Einschlag. Anhand geringfügiger Schwankungen der Gravitation verschiedener Materialien unter der Erdoberfläche entwerfen die Geologen Karten unterirdischer Strukturen. So kamen sie den konzentrischen Ringen des Chicxulub-Kraters (kleines Bild rechts) auf die Spur, der unter einem Teil der Halbinsel Yucatán liegt. Der Krater wurde auf ein Alter von 65 Millionen Jahren datiert und wird für die Stelle gehalten, an der ein großer Himmelskörper einschlug und das Massenaussterben der Dinosaurier auslöste. Ein 1998 in der Mitte des Pazifiks aufgefundener Meteorit könnte ein Fragment dieses Objekts sein. Es ist 0,3 cm lang und wurde zur Analyse aufgeschlagen (links oben). (Virgil L. Sharpton, Lunar and Planetary Institute; rechts oben: Digitalaufnahme von Peter W. Sloss, NOAA-NESDISNGDCD; links oben: Frank T. Kyte, UCLA)

dass sich dieser Einschlag ebenso wie das Ereignis, das die Herrschaft der Dinosaurier beendete, auf einer ständig in Bewegung befindlichen Erdkruste zutrug. Die heutigen Positionen der Krater sind also nicht die, an denen die Himmelskörper vor langer Zeit die Erde trafen. So fand der Chixculub-Einschlag in Wirklichkeit im Pazifik statt; vor 250 Mio. Jahren war der Urkontinent Pangäa noch nicht einmal in die heutigen Kontinente zerfallen (siehe Abschnitt 4.2). Die Hypothese des Einschlags an der Perm-Trias-Grenze ist noch strittig. Diskutiert wird auch eine gewaltige Eruption, die den Himmel verdunkelte und einen extremen Klimawandel nach sich zog.

Könnte sich eine ähnliche Katastrophe eines Tages wieder ereignen? So viele Asteroiden kreuzen die Erdbahn, dass die Frage nicht lautet – da sind die Forscher einer Meinung –, ob dies geschehen kann, sondern wann es geschehen wird. Die gute Nachricht ist: Untersuchungen von Kratern belegen, dass große Asteroiden die Erde deutlich seltener treffen als kleine. Asteroiden, die umfangreiche Narben wie den Barringer-Krater hinterlassen, sind etwa alle 10.000 Jahre zu erwarten, richtige Killer wie der von Chixculub aber nur alle 100 Mio. Jahre. Für unsere Lebenszeit bedeutet das ein minimales Risiko, Opfer des katastrophalen Einschlags eines Kometen oder Asteroiden zu werden.

? Wie wanderte der Chixculub-Krater vom Pazifik in die Karibik?

6.14 An den Grenzen unseres Wissens

Das erste Goldene Zeitalter der Erforschung des Sonnensystems waren die Jahre, in denen die Pioneer- und Voyager-Missionen Ergebnisse lieferten. Heute erleben wir wieder eine solche Zeit. Sonden, die entweder gerade entwickelt werden oder schon gestartet sind, sollen Planeten, Asteroiden, Kometen und sogar, wie wir in Kürze sehen werden, das Wetter im Weltraum erkunden. Aus der Untersuchung der Bruchstücke, die ihre Bahn um die Sonne ziehen, erhoffen sich die Astronomen Aufschluss darüber, ob das organische Leben von Asteroiden oder Meteoroiden zur Erde gebracht wurde. Außerdem suchen sie nach Antworten auf Fragen nach der Entwicklungsgeschichte der Kleinkörper und nach dem Verhältnis der Wassermenge, über die die Erde schon nach ihrer Entstehung verfügte, zur Wassermenge, die seitdem von Kometen gebracht wurde. Spannend ist auch, ob die Asteroiden genügend interessante Elemente enthalten, dass sich der Abbau lohnen könnte, ob man Kometen ernten könnte, um künftige Besiedler anderer Planeten des Sonnensystems mit Wasser und anderen Stoffen zu versorgen – und ob die Oort'sche Wolke wirklich existiert.

Schlüsselbegriffe

- Astronomische Objekte, die kleiner sind als die acht Planeten, werden in Zwergplaneten und Kleinkörper des Sonnensystems (SSSBs) eingeteilt.
- Mit dieser Klassifikation überlappen andere Definitionen: Asteroiden, Kometen, Meteoroiden, transneptunische Objekte (TNOs), Kuiper-Objekte (KBOs) und Objekte der Oort'schen Wolke.
- Die KBOs und die Objekte der Oort'schen Wolke zählen zu den transneptunischen Objekten, denn ihre Bahn liegt jenseits der Umlaufbahn des sonnenfernsten Planeten.
- Bis jetzt wurden fünf Objekte (Pluto, Ceres, Eris, Makemake und Haumea) in die Klasse der Zwergplaneten eingeordnet.
- Pluto, ein KBO und Zwergplanet, ist eine eisige Welt, die dem Mond Triton ähneln könnte.
- Viele weitere Objekte ziehen jenseits des Neptun ihre Bahn um die Sonne. So wurden mindestens 1471 KBOs beobachtet; einige potenzielle Objekte der Oort'schen Wolke wurden auch bereits identifiziert.

Asteroiden

- Zehntausende Hauptgürtelasteroiden mit Durchmessern von mehr als 1 km bewegen sich zwischen der Mars- und der Jupiterbahn um die Sonne. Die Gravitation des Jupiter säubert bestimmte Zonen in diesem Gürtel von Materie. So entstehen die Kirkwood-Lücken, deren Umlaufperioden einfachen Bruchteilen ($1/3$, $2/5$, $3/7$, $1/2$) der Periode des Jupiter entsprechen.
- Die Gravitation des Jupiter und der Sonne halten die Trojaner-Asteroiden an zwei Stellen der Jupiterbahn fest, den stabilen Lagrange-Punkten.
- Die Asteroiden der Apollo-Familie bewegen sich auf stark exzentrischen Bahnen, die die Umlaufbahn der Erde schneiden. Viele dieser Asteroiden werden früher oder später auf einem der inneren Planeten niedergehen.

Kometen

- Viele Kometenkerne haben ihre Umlaufbahnen innerhalb einer ringförmigen Zone jenseits der Plutobahn, die man Kuiper-Gürtel nennt. In der sphärischen Oort'schen Wolke, noch weiter vom Pluto entfernt, vermutet man weitere Milliarden von Kometenkernen.
- Kometenkerne bestehen aus Eis und Gesteinsfragmenten. Ihre Umlaufbahnen sind oft stark gegen die Ekliptik geneigt. Kometen des Kuiper-Gürtels und der Oort'schen Wolke umrunden die Sonne auf nahezu kreisförmigen Bahnen. In Sonnennähe bewegen sich Kometen in der Regel auf höchst exzentrischen Bahnen.
- Wenn sich ein eishaltiger Kometenkern der Sonne nähert, entwickelt er eine leuchtende Koma, umgeben von einem ausgedehnten Wasserstoffhalo. Der Kern verfügt über einen Plasma- und einen Staubschweif. Strahlungsdruck und Sonnenwind sorgen dafür, dass die Schweife von der Sonne wegzeigen.

Meteoroiden, Meteore und Meteoriten

- Gesteins- und Metallsplitter im Weltraum bis zur Größe eines Felsbrockens werden als Meteoroiden bezeichnet. Tritt ein Meteoroid in die Erdatmosphäre ein, zieht er eine feurige Spur über den Himmel. Diese Leuchterscheinung nennt man Meteor. Bestandteile von Meteoroiden, die zur Erdoberfläche herabfallen, heißen Meteoriten.
- Nach ihrer Zusammensetzung teilt man die Meteoriten in drei Gruppen ein: Steinmeteoriten, Eisenmeteoriten und Stein-Eisen-Meteoriten. Eine seltene Art der Steinmeteoriten, die kohligen Chondrite, könnte aus einem Material bestehen, das früh aus dem präsolaren Urnebel auskondensierte und sich seitdem nicht veränderte. Solche Meteoriten enthalten oft organische Kohlenwasserstoffe, z. B. Aminosäuren.
- Gesteinsschutt „ausgebrannter" Kometen bewirkt Meteorschauer.
- Die Analyse des Allende-Meteoriten lässt vermuten, dass eine Supernova in der Nachbarschaft an der Entstehung des Sonnensystems von 4,6 Mrd. Jahren beteiligt war.

- Ein Asteroid, der vor 65 Mio. Jahren auf der Erde einschlug, könnte eine Rolle beim Aussterben der Dinosaurier und vieler anderer Arten gespielt haben. Ein anderer Einschlag könnte das Massenaussterben an der Perm-Trias-Grenze vor 250 Mio. Jahren bewirkt haben. Solche verheerenden Katastrophen ereignen sich auf der Erde statistisch gesehen alle 100 Mio. Jahre.

Was haben Sie gedacht?

1 *Sind die Asteroiden Trümmer eines früheren Planeten? Warum (nicht)?* Nein. Die Gravitation des Jupiter verhinderte, dass im Asteroidengürtel jemals ein Planet entstand. Die Gesamtmasse der Asteroiden ist außerdem viel niedriger als die Masse selbst des winzigen Zwergplaneten Pluto.

2 *Wie weit sind die Asteroiden durchschnittlich voneinander entfernt?* Der mittlere Abstand zwischen den Asteroiden liegt bei 10 Mio. km.

3 *Wie entsteht ein Kometenschweif? Woraus besteht er?* Die Sonnenwärme lässt das in den Kometenkernen enthaltene Eis verdampfen; dabei werden auch Staub und Schutt freigesetzt. Sonnenstrahlung und Sonnenwind erzeugen aus den Gas- und Staubfahnen zwei Schweife.

4 *In welche Richtung zeigt der Schweif eines Kometen?* Der Plasmaschweif zeigt radial von der Sonne weg, der Staubschweif bildet einen Bogen, der von der Sonne wegstrebt.

5 *Was ist eine Sternschnuppe?* Eine Sternschnuppe ist ein Gesteinsfragment, das durch die Erdatmosphäre fliegt, also ein Meteor (und kein „Stern“).

Nachlese

1. Ist ein „Himmelsstein“, den Sie vom Boden aufheben, **a.** ein Asteroid, **b.** ein Meteoroid, **c.** ein Meteor, **d.** ein Meteorit oder **e.** ein Komet?
2. Heißen Objekte, die etwa zu gleichen Teilen aus Gestein und Eis bestehen, **a.** Asteroiden, **b.** Kometen, **c.** Meteoroiden, **d.** Meteoriten oder **e.** Meteore?
3. Meteoriten welchen Typs kommen am seltensten vor? **a.** Eisenmeteoriten, **b.** Stein-Eisen-Meteoriten, **c.** Steinmeteoriten.
4. Welcher Teil eines Kometen ist fest? **a.** Kern, **b.** Halo, **c.** Plasmaschweif, **d.** Staubschweif, **e.** Koma.
5. Angenommen, Sie stehen auf dem Pluto; beschreiben Sie die Bewegung von Charon relativ zum Horizont. Unter welchen Umständen könnten Sie Charon niemals sehen?
6. Erläutern Sie die Indizien, die darauf hindeuten, dass Pluto eine von Tausenden kalten Welten ist, die einst in den Außenbezirken des Sonnensystems ihre Bahn zogen.
7. Inwiefern half Charon den Astronomen bei der Bestimmung der Masse des Pluto?
8. Warum interessieren sich Astronomen, die die Frühgeschichte des Sonnensystems erforschen, besonders für Asteroiden, Meteoroiden und Kometen?
9. Beschreiben Sie die Objekte des Asteroidengürtels hinsichtlich Größe, Umlaufbahnen und gegenseitigem Abstand.
10. Warum gibt es nur wenige große, aber sehr viele kleine Asteroiden?
11. Wie unterscheiden sich die beiden Schweife eines Kometen in der chemischen Zusammensetzung?
12. In welche Richtungen zeigen die Schweife eines Kometen? Warum?
13. Was verstehen Sie unter den Kirkwood-Lücken? Wie kommen sie zustande?
14. Welche Asteroiden heißen Trojaner, und wo befinden sie sich?
15. Erläutern Sie die drei wichtigsten Klassen der Meteoriten. Wo vermuten die Astronomen ihre jeweiligen Ursprünge?
16. Warum sind die Astronomen der Ansicht, dass Fragmente, die isolierte Meteore erzeugen, von Asteroiden stammen, Fragmente, die Meteorschauer erzeugen, hingegen von Kometen?
17. Warum ist es gerechtfertigt, einen Kometen als „schmutzigen Schneeball“ zu bezeichnen?
18. Was ist der Kuiper-Gürtel, und wo befindet er sich? In welcher Beziehung steht er zu den Gesteinstrümmern, die bei der Entstehung des Sonnensystems übrig geblieben sind?
19. Wodurch ist die Bezeichnung des Plasma- und des Staubschweifs in Abb. 6.33 gerechtfertigt?

Kapitel 7
Die Sonne, unser besonderer, ganz gewöhnlicher Stern

Von Magnetfeldern getragen, können sich solche Gasschleifen über der Sonnenoberfläche viele hunderttausend Kilometer weit in den Raum erstrecken. (NASA)

Was meinen Sie?

1 **Wie viel Prozent der Masse des Sonnensystems macht die Masse der Sonne aus?**

2 **Gibt es im Inneren der Sonne feste und flüssige Schichten wie im Inneren der Erde?**

3 **Wie ist die Oberfläche der Sonne beschaffen?**

4 **Rotiert die Sonne, und wenn ja, wie schnell?**

5 **Warum „scheint“ die Sonne?**

Die Antworten finden Sie bei der jeweiligen Ziffer im Text und noch einmal zusammengefasst am Ende des Kapitels.

Der Morgen dämmert herauf. Mit Licht und Wärme wecken die Sonnenstrahlen unsere Sinne und geben das Signal zum Beginn des Tagewerks. Seit der Urgesellschaft, als die Menschen die Sonne als Quelle der Entstehung und Erhaltung des irdischen Lebens erkannten, wurde unser Stern als Gottheit verehrt. Respekt vor der ehrfurchtgebietenden Macht der Sonne war es auch, die die Astronomen des 18. und 19. Jahrhunderts motivierte, nach dem Mechanismus des Leuchtens zu suchen.

Schauen Sie ganz kurz (niemals länger!) in die Sonne, dann sehen Sie eine gleißend helle Scheibe, die **1**
nicht größer zu sein scheint als der Mond. Auch wenn es nicht so aussieht, ist die Sonne aber ein Himmelskörper von monumentalen Ausmaßen – viel größer und massereicher als alle Objekte, die wir bisher besprochen haben. Wäre uns die Oberfläche der Sonne so nahe, wie es der Mond gegenwärtig ist, dann nähme sie zwei Drittel des Firmaments ein, ganz abgesehen davon, dass ihre enorme Hitze die Erde rasch verdampfen ließe. Die Masse der Sonne ist 333.000-mal so groß wie die Masse der Erde. Die Massen aller Planeten und anderen Objekte, die um die Sonne umlaufen, *summieren* sich zu lediglich 0,15 % der Sonnenmasse.

Die ungeheure Masse der Sonne hält nicht nur die Planeten auf ihren Bahnen, sondern ist auch die Ursache des Leuchtens. Sie erzeugt im Inneren des Sterns eine erdrückende Kraft, die Atomkerne ineinanderpresst. Bei dieser sogenannten Kernfusion wird die Energie frei, die die Sonne an ihrer Oberfläche verlässt und die Erde erhellt und wärmt. Ein Teil der ins All abgestrahlten Energie – ultraviolettes, sichtbares und infrarotes Licht – ist für die Bewohnbarkeit der Erde unerlässlich.

Die Sonne ist der erdnächste Stern. Aus ihrer Untersuchung konnten die Astronomen grundlegende Funktionsprinzipien der meisten Sterne des Universums ableiten. Mag die Sonne auch den eindrucksvollsten, erhabensten Anblick aller am irdischen Himmel sichtbaren Objekte bieten, so werden uns die folgenden Kapitel zeigen, dass sie ein im Grunde ganz durchschnittlicher Stern ist, weder besonders massereich noch besonders massearm, weder besonders hell noch besonders matt. Zahlen und Fakten zur Sonne finden Sie in Abb. 7.1.

In diesem Kapitel geht es darum,

- warum die Sonne ein typischer Stern ist;
- in welcher Hinsicht moderne Technologien ein neues Verständnis solarer Phänomene von den Sonnenflecken bis zu gewaltigen Materieausbrüchen, die gelegentlich die Erdatmosphäre erreichen, ermöglichten;
- dass manche Erscheinungen, die vom veränderlichen Magnetfeld der Sonne verursacht werden, zyklisch wiederkehren;
- woher die Energie stammt, die die Sonne zum Leuchten bringt;
- welche neuen Einblicke in die Struktur der Materie wir den Solarneutrinos verdanken.

Die Sonne: Zahlen und Fakten — Planetensymbol: ⊙

Masse ($1 M_\odot$):	$1{,}989 \cdot 10^{30}$ kg = $3{,}33 \cdot 10^{5}$ Erdmassen
Sichtbarer Radius ($1 R_\odot$):	$6{,}969 \cdot 10^{[illegible]}$ km = 10^{2} Erdradien
Leuchtkraft ($1 L_\odot$):	$3{,}827 \cdot 10^{26}$ W
Mittlerer Winkeldurchmesser:	32 Bogenminuten
Rotationsperiode am Äquator:	25 Tage
Rotationsperiode an den Polen:	35 Tage
Mittlere Dichte:	1408 kg/m^3
Abstand von der Erde:	Mittlerer (1 AE): $1{,}496 \cdot 10^{8}$ km Maximaler: $1{,}520 \cdot 10^{8}$ km Minimaler: $1{,}470 \cdot 10^{8}$ km
Mittlere Zeit, die das Licht bis zur Erde unterwegs ist:	8,32 min
Mittlere Temperatur an der Oberfläche:	5800 K
Mittlere Temperatur im Zentrum:	$1{,}55 \cdot 10^{7}$ K
Zusammensetzung (Masseprozent):	74 % Wasserstoff (H), 25 % Helium (He), 1 % andere Elemente
Zusammensetzung (Atomprozent):	92,1 % Wasserstoff (H), 7,8 % Helium (He), 0,1 % andere Elemente
Abstand vom Zentrum der Milchstraße:	26.000 Lj = 8000 pc
Umlaufperiode um das Zentrum der Milchstraße:	220 Mio. Jahre
Bahngeschwindigkeit bezüglich des Zentrums der Milchstraße:	220 km/s

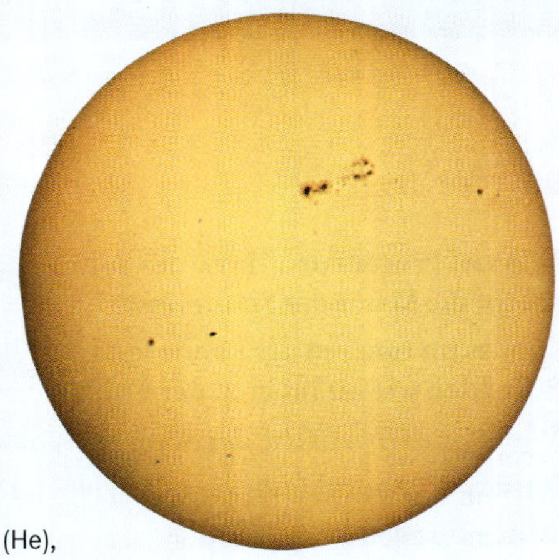

R I V U X G

Abb. 7.1 Die Sonne: Statistik. Der größte Teil des sichtbaren Lichts wird von einer dünnen Gasschicht ausgesendet, der im Bild gezeigten Photosphäre. Sie wirkt wie eine „Oberfläche", obwohl nirgends in der Sonne flüssige oder feste Materie vorhanden ist. Astronomen beobachten die Sonne nur mit größter Vorsicht, entweder durch extrem stark abdunkelnde Filter oder durch Projektion der Sonnenscheibe auf einen Schirm. (Celestron International)

Die Atmosphäre der Sonne

2 Zwar sprechen Astronomen gern von der „Oberfläche“ der Sonne, aber unser Stern ist so heiß, dass er keinerlei flüssige oder feste Materie enthält. Könnte man in die Sonne eintauchen, so sähe man sich mit zunehmender Tiefe von immer heißeren, dichteren Gasen umgeben.

7.1 Die sichtbare „Oberfläche“ der Sonne ist die Photosphäre

Dass die Sonne eine definierte Oberfläche zu haben scheint, ist der Tatsache zuzuschreiben, dass ihr sichtbares Licht zum großen Teil von einer spezifischen Gasschicht ausgesendet wird (siehe Abb. 7.1). Diese passenderweise **Photosphäre** („Lichtkugel“) genannte Region ist ungefähr 400 km dick. Nach irdischen Maßstäben gemessen, ist die Gasdichte in der Photosphäre sehr gering (nur rund 0,01 % der Dichte der Atmosphäre an der Erdoberfläche). Die Intensitätsverteilung der Photosphärenstrahlung entspricht jener eines schwarzen Körpers mit einer mittleren Temperatur von 5800 K (siehe Abb. 3.41).

3 Die Atmosphäre der Sonne besteht aus drei Schichten. Am weitesten innen liegt die Photosphäre, die wir sehen können, weil die beiden (in den folgenden beiden Abschnitten besprochenen) darüberliegenden Schichten für die meisten Wellenlängen des sichtbaren Lichts durchlässig sind. Durch die schimmernden Photosphärengase jedoch können wir nicht blicken. Alles, was darunterliegt, gilt deshalb als Inneres der Sonne.

Wie Sie in Abb. 7.1 erkennen, erscheint die Sonnenscheibe am Rand dunkler als in der Mitte. Diesen Effekt nennt man **Randverdunkelung.** Er kommt zustande, weil wir in verschiedene Tiefen der Photosphäre, also in unterschiedlich heiße Bereiche, sehen. Wenn wir auf die Sonne blicken, durchdringt unser Blick stets ungefähr die gleiche Strecke innerhalb der Photosphäre. Da die Sonne kugelförmig ist, endet diese Strecke in verschiedenen Höhenlagen der Gasschicht, je nachdem, ob wir in die Mitte der Scheibe oder eher an den Rand schauen: In der Mitte (untere schwarze Linie in Abb. 7.2) sehen wir Licht aus tieferen Regionen als am Rand (obere schwarze Linie in Abb. 7.2). Da die Photosphäre am Grund am hellsten und heißesten ist, erscheint uns die Sonnenscheibe in der Mitte, wo wir tief in die Gasschicht blicken, heller und „gelber“ (weniger orange) als am Rand.

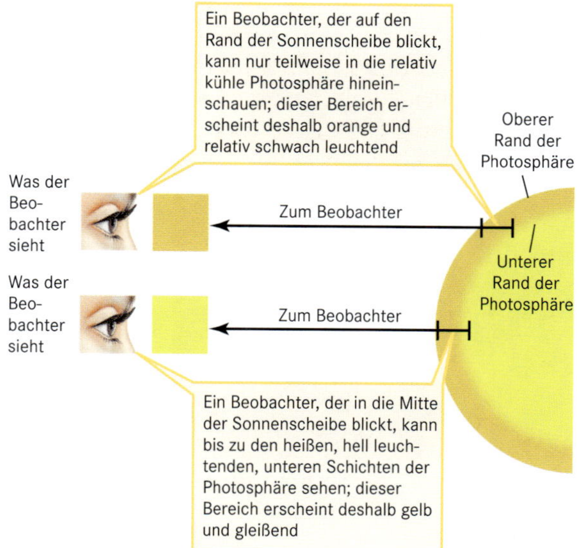

Abb. 7.2 Randverdunkelung. Von der Erde aus erscheint der Rand der Sonnenscheibe deutlich dunkler als die Mitte; seine Farbe ist nicht Gelb, sondern Rotorange (siehe Abb. 7.1). Ursache dafür ist, dass unser Blick stets gleich weit in die Atmosphäre eindringt; in Randnähe endet diese Strecke höher in der Photosphäre als im mittleren Bereich der Scheibe. Die höheren Schichten der Photosphäre sind kühler als die tieferen. Weil die Sonne als Schwarzer Körper strahlt, emittieren die kühleren Schichten weniger Photonen, deren Wellenlängen zudem weiter im roten Spektralbereich liegen.

Unter günstigen Beobachtungsbedingungen kann man durch ein Teleskop, das mit speziellen Schutzfiltern ausgerüstet ist, eine körnige Struktur der Photosphäre erkennen, die *Granulation* (Abb. 7.3). Die hellen, dunkler begrenzten Granulen haben Durchmesser in der Größenordnung von 1000 km. Im Zeitraffer kann man verfolgen, wie die Granulen in wenige Minuten andauernden Zyklen entstehen und wieder verschwinden. Die Oberfläche der Sonne ist stets von mehreren Millionen Granulen bedeckt.

Innerhalb dieser Granulen steigen und sinken die Gase wie die Flüssigkeit in einem Topf mit köchelnder Suppe. Aus Abschnitt 3.23 wissen Sie, dass sich aufgrund des Doppler-Effekts die Wellenlängen verschieben, die eine Lichtquelle aussendet, welche sich radial relativ zum Beobachter bewegt (siehe Abb. 3.5 und 3.53). Durch sorgfältige Messungen der Dopplerverschiebung der Wellenlängen in verschiedenen Bereichen einzelner Granulen fanden die Astronomen heraus, dass Konvektionsprozesse heiße Gase im Zentrum dieser Strukturen aufsteigen und abgekühlt an den Rändern hinunterströmen lassen. Der Konvektion sind wir in den vorangehenden Kapiteln bereits

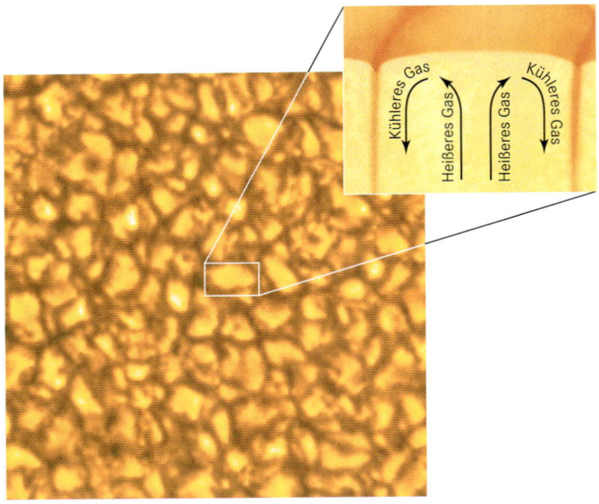

a R I V U X G

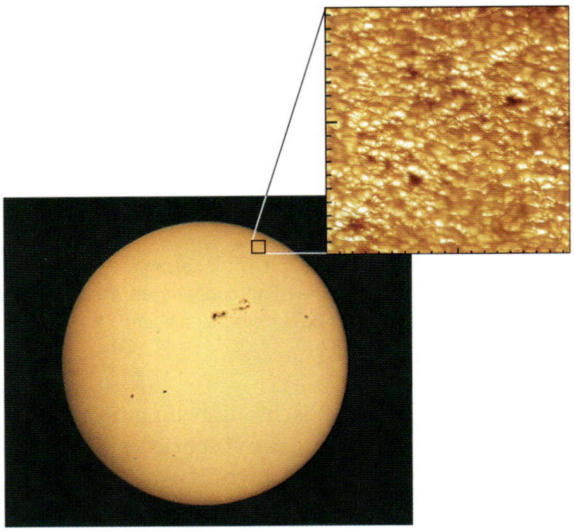

b R I V U X G

Abb. 7.3 Die Granulation der Sonne. (a) Auf hochaufgelösten Fotos der Sonnenoberfläche erkennt man ein Fleckenmuster aus sogenannten Granulen. Dies sind Konvektionszellen in der Photosphäre mit Durchmessern in der Größenordnung von 1000 km. Ausschnitt rechts: Die hellen Granulen werden von aufsteigendem Gas erzeugt. An den dunklen, kühleren Rändern der Zellen sinkt das Gas wieder ab. Diese Konvektionsbewegung transportiert Energie aus dem Sonneninneren nach außen in die Atmosphäre. (b) Bei niedrigerer Auflösung wirkt die Sonnenscheibe weitgehend homogen; die dunklen Flecken werden wir gleich diskutieren. Ausschnitt rechts: In Randnähe wölben sich die Granulen infolge der Konvektion sichtbar nach außen. (a: MSFC/NASA; Ausschnitt: Goran Scharmer, Lund Observatory; b: Celestron International; Ausschnitt: G. Scharmer, Royal Swedish Academy of Sciences)

mehrmals begegnet: Sie verschiebt die irdischen Kontinente gegeneinander (siehe Abschnitt 4.3) und spielt eine Rolle bei der Entstehung der Gürtel und Zonen der Gasriesen (siehe Abschnitt 5.16). Wenn die glühend heißen Gase in die Photosphäre aufgestiegen sind, geben sie Energie ins All ab, die wir als Licht sehen oder als Strahlung in anderen Wellenlängenbereichen registrieren können. Durch diese Abstrahlung kühlen die Gase ab, strömen wie eine Fontäne über die äußeren Ränder der Granule und sinken wieder ins Sonneninnere (siehe den vergrößerten Ausschnitt in Abb. 7.3a).

Gemäß dem Stefan-Boltzmann-Gesetz (siehe Abschnitt 3.18) emittieren heißere Bereiche pro Flächeneinheit mehr Photonen als kühlere. Entsprechend sehen Sie in Abb. 7.3a, dass die Granulen in der Mitte heller erscheinen als am Rand. Messungen ergaben, dass das Temperaturgefälle ungefähr 100 K beträgt, wodurch der Helligkeitsunterschied zu erklären ist.

? Wo wirkt die Sonnenscheibe heller, in der Mitte oder am Rand?

7.2 Typisch für die Chromosphäre sind Plasmaströme: die Spikulen

An den oberen Rand der Photosphäre schließt sich eine Gasschicht von noch geringerer Dichte an, die **Chromosphäre** („Farbkugel"). Der etwas unglücklich gewählte Name suggeriert, dass die Chromosphäre die für uns sichtbare Oberfläche der Sonne bildet, aber das trifft nicht zu; viele Jahrhunderte lang konnte man die Chromosphäre nur während einer totalen Sonnenfinsternis sehen, wenn die Photosphäre vollständig verdeckt war.

Bei einer totalen Sonnenfinsternis erscheint die Chromosphäre als rosafarbener, etwa 2000 km dicker Streifen um den Rand der dunklen Mondscheibe. Heute können die Astronomen diese Schicht unabhängig von Sonnenfinsternissen beobachten. Dazu rüsten sie ihre Fernrohre mit Filtern aus, die bestimmte Wellenlängen des Lichts durchlassen, die von der Chromosphäre mit großer Intensität, von der Photosphäre hingegen kaum oder gar nicht ausgesendet werden; alternativ setzen sie Teleskope ein, die auf die von der Chromosphäre abgestrahlten nicht sichtbaren Wellenlängen empfindlich sind (Abb. 7.4).

Auf hochaufgelösten Aufnahmen der Chromosphäre erkennt man zahlreiche Spitzen. Es handelt sich dabei um Gasjets, sogenannte Spikulen (Abb. 7.4 und 7.5a). Eine typische Spikule schießt für wenige

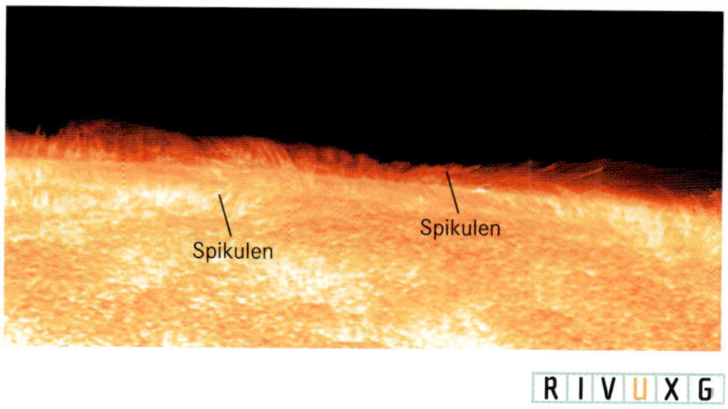

Abb. 7.4 Die Chromosphäre. Diese Aufnahme der Chromosphäre verdanken wir dem japanischen Satelliten Hinode („Sonnenaufgang"). Die dunklen Flecken sind die Oberseiten von Granulen, die hellen Bereiche sind heiße Gase in Spikulen. An der Kante der Sonnenscheibe erhält man einen Eindruck vom Ausmaß dieser Gasjets. (Hinode JAXA/NASA)

Minuten mit einer Geschwindigkeit von 72.000 km/h auf eine Höhe von etwa 10.000 km empor (Abb. 7.5b); dann fällt sie in sich zusammen und schwindet. In jedem Moment sind mehrere Prozent der Chromosphäre von insgesamt etwa einer drittel Million Spikulen bedeckt.

Spikulen entstehen in der Regel an den Grenzen riesiger Bereiche aufsteigender und absinkender Chromosphärengase, den Supergranulen (Abb. 7.5a). Der Durchmesser einer typischen, ungefähr 900 Granulen einschließenden Supergranule übersteigt geringfügig den Durchmesser der Erde.

7.3 Die Temperatur der Sonnenatmosphäre steigt mit zunehmender Höhe

Je höher man in der Sonnenatmosphäre aufsteigt, desto weiter entfernt man sich von der Energiequelle im Inneren des Sterns. Plausibel wäre deshalb, wenn die Temperatur mit zunehmender Höhe abnähme. Tatsächlich sinkt sie ausgehend von der Photosphäre (5800 K) bis zur unteren Chromosphäre (4000 K)

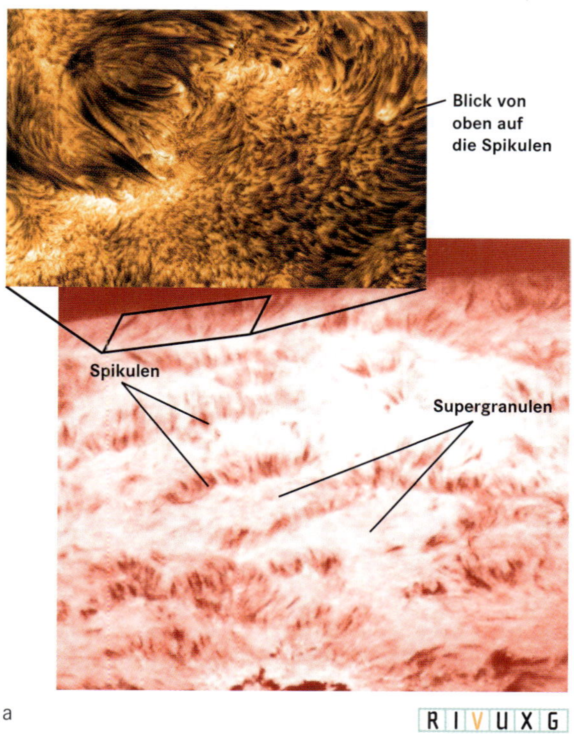

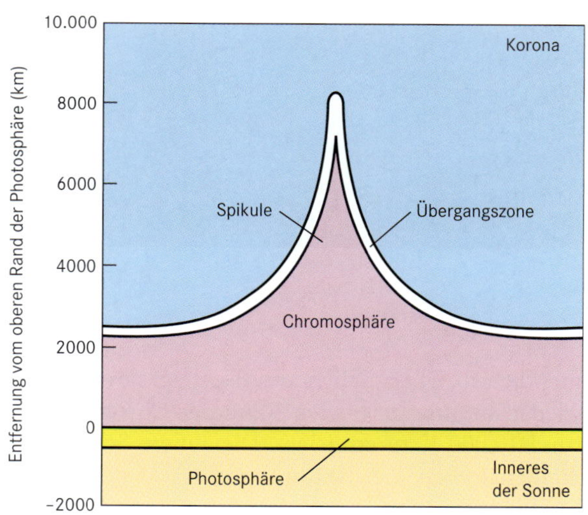

Abb. 7.5 Spikulen und Supergranulen. (a) In dieser Aufnahme der Chromosphäre der Sonne sind Spikulen zu erkennen. Die Sonne erscheint rosa, weil das Foto durch einen H_α-Filter aufgenommen wurde, der rotes Wasserstofflicht durchlässt, aber den größten Teil der Emissionen der Photosphäre abschirmt. Von Spikulen umgeben sind die Supergranulen, Zonen steigender und sinkender Gase in der Chromosphäre. Jede Supergranule überstreicht Hunderte Granulen der darunterliegenden Photosphäre. Ausschnitt darüber: Ein Blick von oben auf die Spikulen. (b) Spikulen sind Gasjets, die in der äußeren Sonnenatmosphäre emporsteigen. Das Schema zeigt die Höhe einer Spikule im Verhältnis zur Dicke der einzelnen Atmosphärenschichten. Die Photosphäre ist rund 400 km dick; die Chromosphäre reicht bis zu einer Höhe von etwa 2000 km hinauf, aber die Spikulen überragen die Photosphäre um bis zu 10.000 km. Die äußere Schicht, die Korona (siehe Abschnitt 7.3), erstreckt sich Millionen von Kilometern weit in den Raum. (a: NASA; Ausschnitt: Schwedisches Sonnenteleskop (SST)/Königlich Schwedische Akademie der Wissenschaften, La Palma, Spanien, von Bert De Pontieu, Lockheed-Martin Solar & Astrophysics Lab)

a R I V U X G

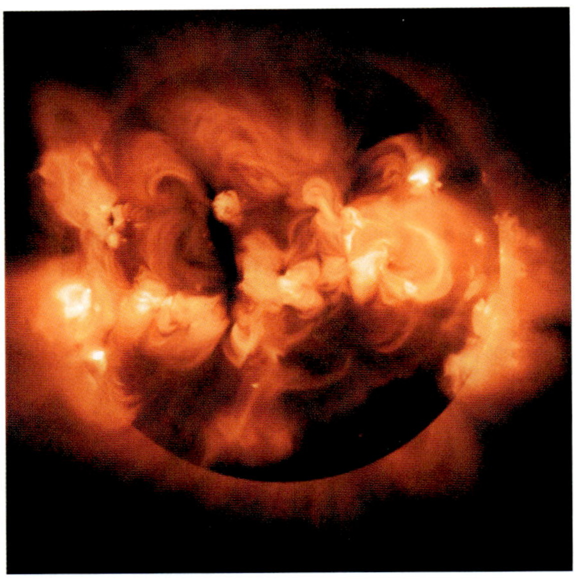

b R I V U X G

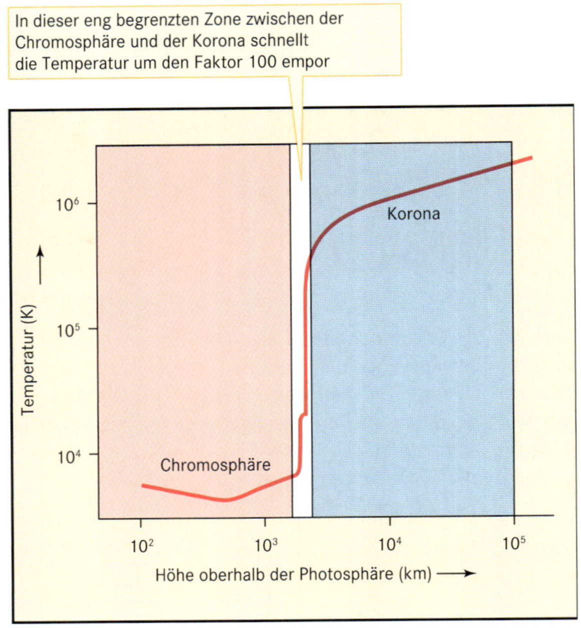

c

Abb. 7.6 Die Korona. (a) Während der totalen Sonnenfinsternis am 11. Juli 1991 entstand diese Aufnahme der Korona im sichtbaren Licht. Eine Vielzahl von Streifen erstreckt sich Millionen von Kilometern weit in den Raum. (b) Röntgenbild der Korona, angefertigt vom Satelliten Yohkoh 1999. Es vermittelt eine Ahnung der komplexen Aktivitäten, die auf und in der Sonne stattfinden. Die hier sichtbar gemachte Röntgenstrahlung wird von Millionen Grad heißen Gasen ausgesendet. (c) Das Diagramm zeigt die Temperatur der Chromosphäre, der Korona und der Übergangszone (weiß) in Abhängigkeit von der Höhe über die Photosphäre. Beachten Sie die nichtlineare Skalierung beider Achsen! (a: R. Christen und M. Christen, Astro-Physics Inc.; b: Greg Slater; c: in veränderter Form übernommen von A. Gabriel)

merklich ab. Überraschenderweise steigt sie dann aber wieder an, um am oberen Rand der Chromosphäre rund 10.000 K zu erreichen. Die äußere Schicht der Sonnenatmosphäre, die **Korona**, erstreckt sich mehrere Millionen Kilometer weit in den Raum (Abb. 7.6). Zwischen der Chromosphäre und der Korona befindet sich die **Übergangszone**, in der die Temperatur auf rund 1 Mio. K emporschießt (Abb. 7.6c).

Dieser unerwartete, steile Temperaturanstieg wurde 1940 durch Spektralanalysen der Korona entdeckt. Je heißer ein Gas ist, umso mehr seiner Atome werden ionisiert (d. h., Elektronen werden von den Atomkernen abgestreift). In Koronaspektren fanden die Astronomen Emissionslinien mehrerer hochionisierter (und demzufolge sehr heißer) Elemente. Eine auffällige grüne Linie wird beispielsweise von Fe^{XIV} verursacht; das ist ein Eisenatom, dem 13 Elektronen fehlen. (Wie Sie aus Abschnitt 3.21 wissen, wird mit Fe^{I} das neutrale Eisenatom bezeichnet.) Inzwischen ist gesichert, dass die Temperatur der Korona in der Regel zwischen 1 und 2 Mio. K liegt, in manchen Regionen sogar noch darüber.

? Welchen Teil der Sonne sehen wir normalerweise?

Ungeachtet seiner extrem hohen Temperatur hat das Gas in der Korona eine äußerst geringe Dichte (etwa 10 Billionen Mal niedriger als die irdische Atmosphärendichte in Höhe des Meeresspiegels). Dies ist eine

Ursache dafür, dass die Korona nur schwach leuchtet und nicht die Photosphäre überstrahlt. Die Forscher verfügen inzwischen über eine Reihe von Hinweisen darauf, dass die Korona von der Energie aufgeheizt wird, die das komplizierte Magnetfeld der Sonne (siehe Abschnitt 7.5 und 7.6) dort freisetzt.

Könnten wir ausschließlich das von der Korona abgestrahlte sichtbare Licht sehen, dann wäre die Helligkeit der Sonne etwa mit der des Vollmonds vergleichbar. Das ist lediglich rund ein Millionstel der Helligkeit der Photosphäre, weshalb die Korona (wie die Chromosphäre) nur bei abgeschirmter Photosphäre, durch Spezialfilter oder bei nicht sichtbaren, von der Korona viel intensiver als von der Photosphäre ausgesendeten Wellenlängen (UV, Röntgen) beobachtet werden kann. Die Abschirmung tritt natürlicherweise bei einer Sonnenfinsternis auf, kann aber auch künstlich mit einem speziell ausgerüsteten Fernrohr, einem *Koronagraphen*, bewerkstelligt werden. In Abbildung 7.6a sehen Sie ein Foto der Korona, das während einer Sonnenfinsternis angefertigt wurde (siehe auch Abb. 1.26); Abb. 7.6b zeigt ein eindrucksvolle Aufnahme im Röntgenbereich.

Wie die Erdatmosphäre im Wesentlichen von der Gravitation unseres Planeten festgehalten wird, sorgt auch die Gravitation der Sonne dafür, dass die äußeren Schichten des Sterns nicht ins All davonfliegen. Ein Teil der Koronagase bewegt sich allerdings schnell genug (etwa mit 1 Mio. km/h), um der Anziehungskraft der Sonne für immer zu entfliehen. Wie bereits in den Abschnitten 4.4 und 6.7 erwähnt wurde, nennt man diesen Partikelstrom **Sonnenwind**. Der Sonnenwind erzeugt eine Blase im All, die *Heliosphäre*, die unser Sonnensystem umschließt und verhindert, dass interstellare Materie eindringt.

In jeder Sekunde stößt die Sonne rund 1 Mio. t Materie in Form von Sonnenwind aus. Trotzdem beläuft sich die Gesamtmenge dieses Verlusts im Laufe der Lebenszeit der Sonne auf nicht mehr als einige zehntel Prozent ihrer Masse. Zu 99,9 % besteht der Sonnenwind aus Elektronen, Wasserstoff- und Heliumkernen; außerdem darin nachgewiesen wurden bislang Silicium-, Schwefel-, Calcium-, Chrom-, Nickel-, Neon- und Argon-Ionen. Die Partikel des Sonnenwinds erreichen Geschwindigkeiten von bis zu $2{,}9 \cdot 10^6$ km/h. Für die Beschleunigung sorgt zum Teil das in Abschnitt 7.5 diskutierte Magnetfeld der Sonne. Wenn der Sonnenwind auf der Erde eintrifft (also eine Entfernung von 1 AE zurückgelegt hat), ist er durch die Ausbreitung bereits auf nur noch ca. fünf Teilchen pro Kubikzentimeter verdünnt, die Geschwindigkeiten liegen dann bei $1{,}1$–$1{,}4 \cdot 10^6$ km/h. Zum Vergleich: Ein Kubikzentimeter unserer Atemluft enthält $6 \cdot 10^{19}$ Moleküle, die sich auch beim stärksten Wind nicht schneller bewegen als mit 240 km/h.

Nach Ansicht der Astronomen unterscheidet sich die chemische Zusammensetzung der heutigen Oberfläche der Sonne nur unwesentlich von der des solaren Nebels (Abschnitt 2.10). Aufgabe der Raumsonde Genesis war es, unverfälscht zusammengesetzten Sonnenwind weit außerhalb der Magnetosphäre der Erde einzusammeln und zur Erde zu bringen. Daraus erhofften sich die Forscher Aufschlüsse über die Chemie des jungen Sonnensystems. Durch Untersuchung der chemischen Bestandteile des Sonnenwinds wollten sie besser erklären, wie die Sonne funktioniert; außerdem wollten sie etwas über die Chemie der Sterne erfahren, nach deren Explosion zurückbleibende Materie sich später zu den Objekten unseres Sonnensystems zusammenballte. Weil sich der Fallschirm von Genesis nicht öffnete, schlug die Sonde mit einer Geschwindigkeit von 320 km/h auf den Erdboden. Glücklicherweise konnten die Proben gerettet und analysiert werden.

Ein wichtiges Resultat der Genesis-Mission betrifft die Chemie des Neons in der Sonne. Das Mengenverhältnis bestimmter Neon-Isotope (Atome mit unterschiedlichen Neutronenzahlen im Kern) in Mondgestein, das die Apollo-Astronauten zur Erde brachten, deutete darauf hin, dass die Sonne in der Vergangenheit aktiver (heißer) war als heute. Die Genesis-Proben wiesen jedoch ein anderes Mengenverhältnis der Neon-Isotope auf, und die Astronomen schlossen, dass die Strahlung aus dem All das Neon auf dem Mond im Laufe der Jahrmilliarden in unterschiedlichem Ausmaß (je nach Tiefe) verändert hat. Bezieht man solche Prozesse in die Rechnung ein, dann ergibt sich, dass die Temperatur der Sonne zeitlich konstanter gewesen sein dürfte als bisher angenommen.

? Welche Atmosphärenschicht der Sonne ist die kühlste? Welche ist die dichteste?

Die aktive Sonne

Granulen, Supergranulen, Spikulen und Sonnenwind haben eines gemeinsam: Sie treten ständig auf. In regelmäßigen Abständen wird die Sonnenatmosphäre jedoch von Magnetfeldern gestört, die die Gase aufrühren und Phänomene auslösen, die zusammenfassend als *Sonnenaktivitäten* bezeichnet werden. Die augenfälligsten vorübergehenden Erscheinungen sind

Einblicke in die Wissenschaft

Wahrnehmung und Wirklichkeit Unsere Sinne sind begrenzt (und unsere Technik oft nicht minder). Deshalb müssen wir bei der Interpretation dessen, was wir wahrnehmen, Vorsicht walten lassen. So erscheinen die Sonnenflecken in Abb. 7.7 auf den ersten Blick schwarz. Ursache dafür ist aber nur der starke Kontrast zur Umgebung. Wie wir gleich diskutieren werden, sind die Flecken tatsächlich rot oder orange.

die **Sonnenflecken**, Bereiche der Photosphäre, die dunkler erscheinen, weil sie kühler sind als die umgebende untere Atmosphäre. Sonnenflecken können einzeln auftreten (Abb. 7.7a); häufig beobachtet man aber sogenannte **Sonnenfleckengruppen** (Abb. 7.7b).

7.4 Aus Sonnenflecken kann man auf den Sonnenzyklus und die Rotation der Sonne schließen

Wie andere zeitlich begrenzte Sonnenaktivitäten ändern sich die mittlere Anzahl und die Position des Erscheinens der Sonnenflecken in recht gut vorhersagbaren Zyklen. Grund dafür sind die Änderungen des Magnetfelds der Sonne, was wir in Abschnitt 7.5 genauer diskutieren werden. Wie Sie Abb. 7.8a entnehmen können, dauert ein durchschnittlicher Sonnenfleckenzyklus etwa elf Jahre. Im Elf-Jahres-Rhythmus treten **Sonnenfleckenmaxima** (zuletzt 1979, 1989, 2001) und **Sonnenfleckenminima** auf (häufig mit – siehe Abb. 7.8c – völlig fleckenfreier Sonne wie zuletzt 1986, 1996, 2007 und voraussichtlich wieder 2018).

Typische Sonnenflecken haben Durchmesser von ca. 10.000 km und bleiben wenige Stunden bis einige Monate lang stabil. Man unterscheidet zwei Zonen: eine dunkle Mitte (*Umbra*), umgeben von einem hellen Ring (*Penumbra*; siehe Abb. 7.7a, b). Die beiden lateinischen Begriffe, übersetzt Kern- und Halbschatten, begegnen uns auch bei der Beschreibung von Finsternissen (siehe Abschnitt 1.11). Das bedeutet aber nicht, dass die Sonnenflecken durch einen ähnlichen Mechanismus entstehen wie eine Finsternis, im Gegenteil: Hier haben Sie wieder ein Beispiel dafür, dass die Bedeutung astronomischer Termini vom Kontext abhängt.

Blendet man die gleißend hellen Granulen der Umgebung aus, die den Fleck überstrahlen, dann erscheint die Umbra rot und die Penumbra orange. Das Wien'sche Verschiebungsgesetz (siehe Abschnitt 3.18) gibt für diese Farben Temperaturen von 4300 K (Umbra) und 5000 K (Penumbra) an. Die Flecken sind also durchgängig kühler als die ungestörte Photosphäre.

In seltenen Fällen bilden sich Sonnenfleckengruppen, die groß genug sind, dass man sie von der Erde aus

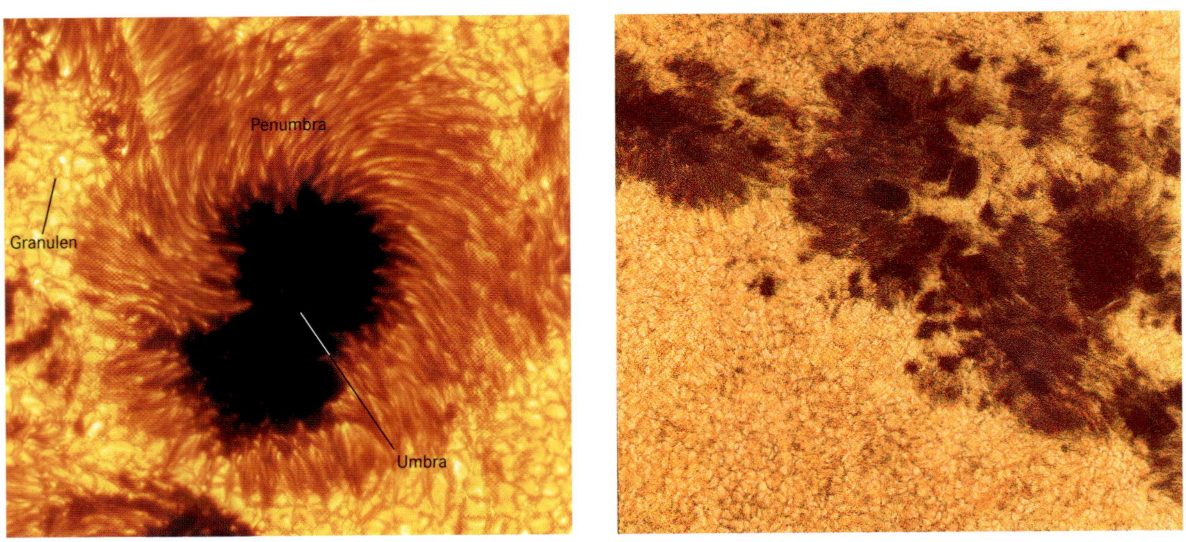

a b RIVUXG

Abb. 7.7 Sonnenflecken. (a) Das dunkle Gebiet ist ein typischer einzelner Sonnenfleck. In der umgebenden, ungestörten Photosphäre erkennt man die Granulation. (b) Hochaufgelöstes Bild einer Sonnenfleckengruppe. Manche Flecken stehen eng beieinander, andere überlappen sogar. (a: Königlich Schwedische Akademie der Wissenschaften; b: National Solar Observatory) mit bloßem Auge sehen kann. Chinesische Astronomen zeichneten solche Beobachtungen bereits vor 2000 Jahren auf; zuletzt war es 2001 möglich. **Schauen Sie niemals ohne einen Filter oder ein andere geeignete Schutzvorkehrung in die Sonne! Jeder direkte Blick, der mehr als ein paar Momente dauert, kann Ihre Augen irreparabel schädigen!** Mit einem Teleskop sieht man natürlich viel mehr. Deshalb war Galilei der Erste, der Sonnenflecken im Detail beobachtete.

4 Galilei verfolgte die Bewegung der Flecken über die Sonnenscheibe (Abb. 7.9) und fand auf diese Weise heraus, dass sich *unser Stern in etwa vier Wochen einmal um die eigene Achse dreht.* Zu Beginn beobachtete Galilei die Sonne direkt, was zweifellos zu seiner späteren Erblindung beitrug. Schließlich kam sein enger Vertrauter Benedetto Castelli auf die Idee, die Sonnenscheibe auf einen Schirm zu projizieren, auf dem man sie gefahrlos betrachten konnte. Eine typische Sonnenfleckengruppe ist etwa zwei Monate lang stabil. Sie kann deshalb zwei vollständige Umdrehungen lang beobachtet werden. Durch die Sonnenfleckenaktivität kommen wir auch der *differenziellen Rotation* der Sonne auf die Spur (siehe Abschnitt 5.16): Der Äquatorgürtel rotiert schneller als die Polregionen. Ein Sonnenfleck in der Nähe des Äquators steht nach 25 Tagen wieder an derselben Stelle, ein Fleck bei 30° nördlich oder südlich des Äquators erst nach 27 Tagen; bei 75° nördlicher oder südlicher Breite sind es 33 und an den Polen 35 Tage.

Die mittlere Breite, in der neue Sonnenflecken erscheinen, ändert sich im Laufe des Sonnenfleckenzyklus. Zu Beginn bilden sich die meisten bei etwa 30° nördlicher oder südlicher Breite, später im Zyklus entstehen sie näher am Äquator. Abb. 7.10 entnehmen Sie, dass der Breitengradbereich, in dem neue Sonnenflecken auftreten, im gleichen Elf-Jahres-Rhythmus schwankt wie die Anzahl der Flecken. An den Sonnenfleckenmaxima emittiert die Sonne, wie Satellitenmessungen beweisen, etwa 0,1 % mehr Energie als an den Minima.

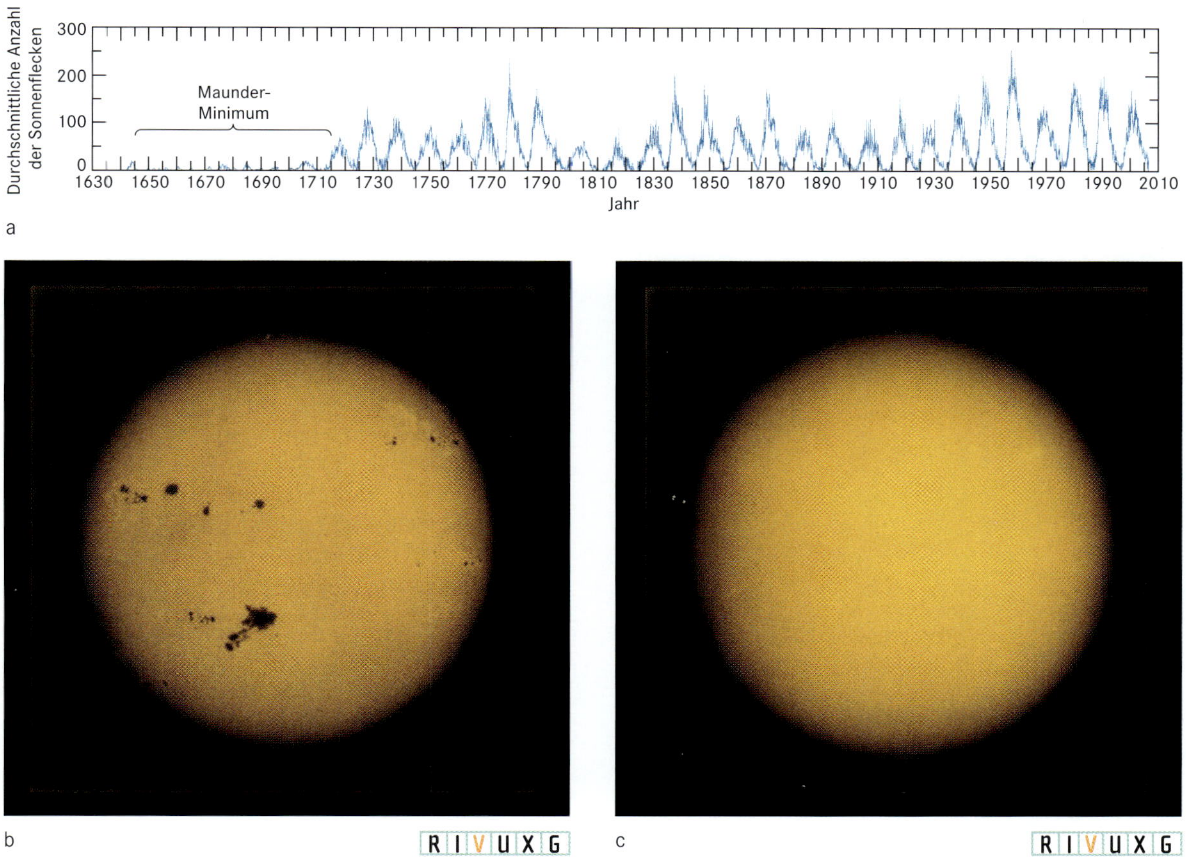

Abb. 7.8 Der Sonnen(flecken)zyklus. (a) Der Gesamtzahl der Sonnenflecken schwankt mit einer Periode von etwa elf Jahren. Das jüngste Maximum fand 2001 statt, das jüngste Minimum wurde 2007 registriert. (b) Auf der aktiven Sonne erkennt man zahlreiche Flecken. Das Bild stammt aus 1979. (c) Wenn die Sonne nicht aktiv ist, geht die Zahl der Flecken drastisch zurück. Diese völlig fleckenfreie Sonnenscheibe wurde 1989 fotografiert. (b, c: NSO/AURA/NSF)

? Welcher Bereich der Photosphäre ist am heißesten: die Umbra eines Sonnenflecks, die Penumbra eines Sonnenflecks oder eine Granule?

7.5 Die Sonnenflecken entstehen durch das Magnetfeld der Sonne

1908 entdeckte der amerikanische Astronom George Ellery Hale den Zusammenhang zwischen den Sonnenflecken und den starken Magnetfeldern der Sonne. Hale richtete ein Spektroskop auf einen Sonnenfleck (Abb. 7.11a) und stellte fest, dass in unmittelbarer Nachbarschaft der üblichen Emissionslinien des Sonnenspektrums neue, ungewöhnliche Linien auftauchten (Abb. 7.11b). Diese zwei- oder mehrfache Aufspaltung einer Spektrallinie nennt man nach dem niederländischen Physiker Pieter Zeeman, der sie 1896 als Erster beobachtete, **Zeeman-Effekt**. Zeeman wies nach, dass die Spektrallinien einer Lichtquelle aufspalten, wenn diese sich in einem Magnetfeld befindet, und dass der Abstand zwischen den aufgespaltenen Linien mit der Magnetfeldstärke zunimmt.

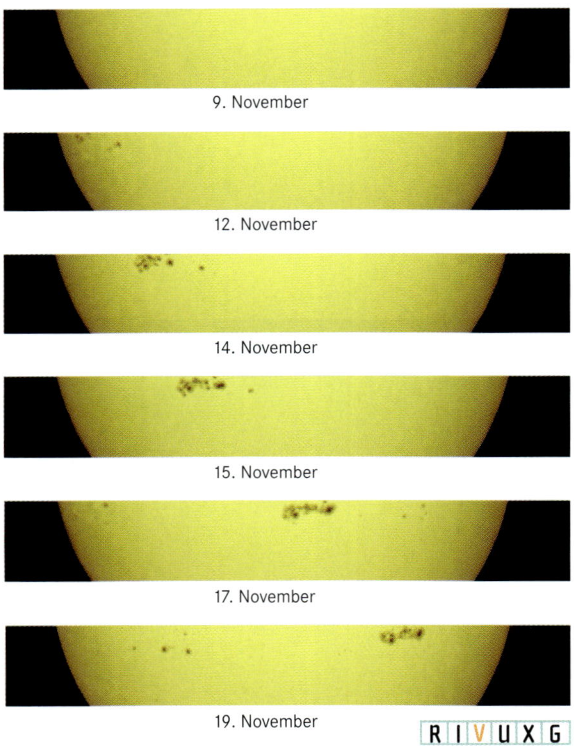

Abb. 7.9 Die Rotation der Sonne. Diese 1999 angefertigte Fotoserie zeigt ein und dieselbe Sonnenfleckengruppe während eines Drittels einer Rotation der Sonne um die eigene Achse. Beachten Sie, wie sich das Erscheinungsbild der Gruppe mit der Zeit verändert! Durch analoge, tägliche Beobachtungen einer Sonnenfleckengruppe entdeckte Galilei, dass die Sonne in etwa vier Wochen einmal rotiert. An der Bewegung der Sonnenflecken lässt sich auch die differenzielle Rotation erkennen: Der Äquatorgürtel rotiert schneller als die Polgebiete. (Carnegie Observatories)

Sonnenflecken bilden sich dort, wo gebündelte Magnetfeldlinien aufwärts durch die heiße Photosphäre dringen. Der zugrunde liegende Mechanismus ist eine Wechselwirkung des Magnetfelds mit der Materie der Photosphäre. Aufgrund der hohen Temperatur liegen die meisten Atome der Photosphäre ionisiert vor, weil energiereiche Photonen ein oder mehrere Elektron(en) aus ihrer Hülle herausgeschlagen haben. So entsteht ein Gemisch aus elektrisch geladenen Teilchen – Ionen und Elektronen –, ein sogenanntes **Plasma**.

Ein Plasma ist ein extrem guter elektrischer Leiter; von starken Magnetfeldern wird es abgestoßen. Bündel von Magnetfeldlinien, die die Photosphäre durchdringen, verhindern deshalb das Aufsteigen des heißen Plasmas aus dem Sonneninneren an die Oberfläche. Wo die heißen Gase in dieser Weise aus der Photosphäre verdrängt werden, entstehen Bereiche, die kühler und folglich dunkler sind als ihre Umgebung – die Sonnenflecken.

Dieser Mechanismus der Sonnenfleckenbildung stellte die Astronomen zunächst vor ein Rätsel. Wenn Sie schon einmal ein paar Spielzeugmagneten in der Hand hatten, werden Sie festgestellt haben, dass gleichnamige Pole (Nordpol und Nordpol oder Südpol und Südpol) einander abstoßen. Wie können dann Bündel von Linien gleich gepolter Magnetfelder zusammenhalten, wenn sie durch die Photosphäre stoßen? Die Antwort verbirgt sich unter der sichtbaren Oberfläche der Sonne.

Wie die Geologen aus der Analyse von Erdbeben auf die Struktur des Erdinneren schließen, zeichnen Astronomen zur Erkundung des inneren Aufbaus unseres Sterns Schwingungen auf. Die entsprechende Disziplin heißt **Helioseismologie**. Zwar gibt es keine „Sonnenbeben" im eigentlichen Sinn, aber die Sonne schwingt in sich bei verschiedenen Frequenzen (etwa wie eine Glocke). Diese 1960 erstmals beobachteten Vibrationen können mit empfindlichen Messungen der Doppler-Verschiebung registriert werden. So stellte sich z. B. heraus, dass sich einzelne Bereiche der Sonnenoberfläche im Fünf-Minuten-Rhythmus um etwa 10 km auf und ab bewegen (Abb. 7.12a).

Langsamere Schwingungen mit Perioden zwischen 20 min und fast 1 h wurden in den 1970er Jahren nachgewiesen. Manche Pulse dauerten nur mehrere Tage, manche bis zu 16 Monate an. Eine wichtige Erkenntnis der Helioseismologen ist, dass das tiefe Son-

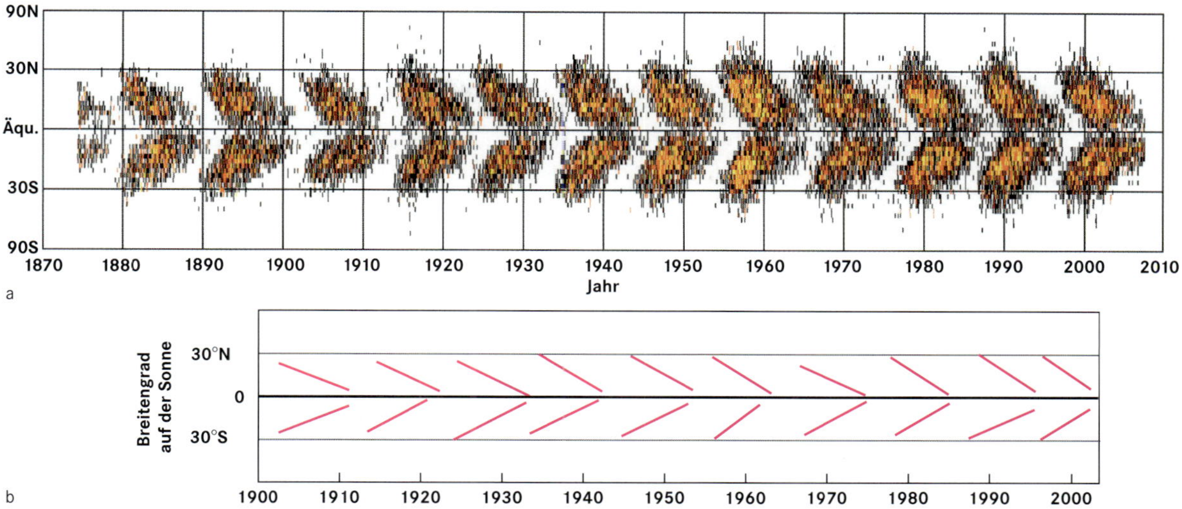

Abb. 7.10 Positionen der Sonnenflecken im Verlauf des Sonnenzyklus. Die „Schmetterlinge" in diesem Diagramm zeigen, wie sich der Breitengrad, auf dem die Sonnenflecken auftreten, im Laufe des Sonnenzyklus ändert. Die Häufigkeit des Auftretens der Flecken ist farbig codiert (gelb = häufig, rot, grün, weiß = selten). (b) Aus diesem Diagramm lesen Sie ab, dass ein durchschnittlicher Fleck am Beginn jedes Sonnenzyklus bei mäßigen Breiten (etwa 30° N oder 30° S) auftaucht. Wenn der Zyklus fortschreitet, entstehen die Flecken immer näher am Äquator. (NASA/MSFC/NSSTC/Hathaway 2007/09)

neninnere wie ein starrer Körper rotiert, während wir an der Oberfläche eine differenzielle Rotation beobachten (Abb. 7.12b).

Durch Beobachtungen der Schwingungen im Umfeld von Sonnenflecken kamen die Astronomen 2001 der Ursache dafür auf die Spur, dass die Flecken trotz

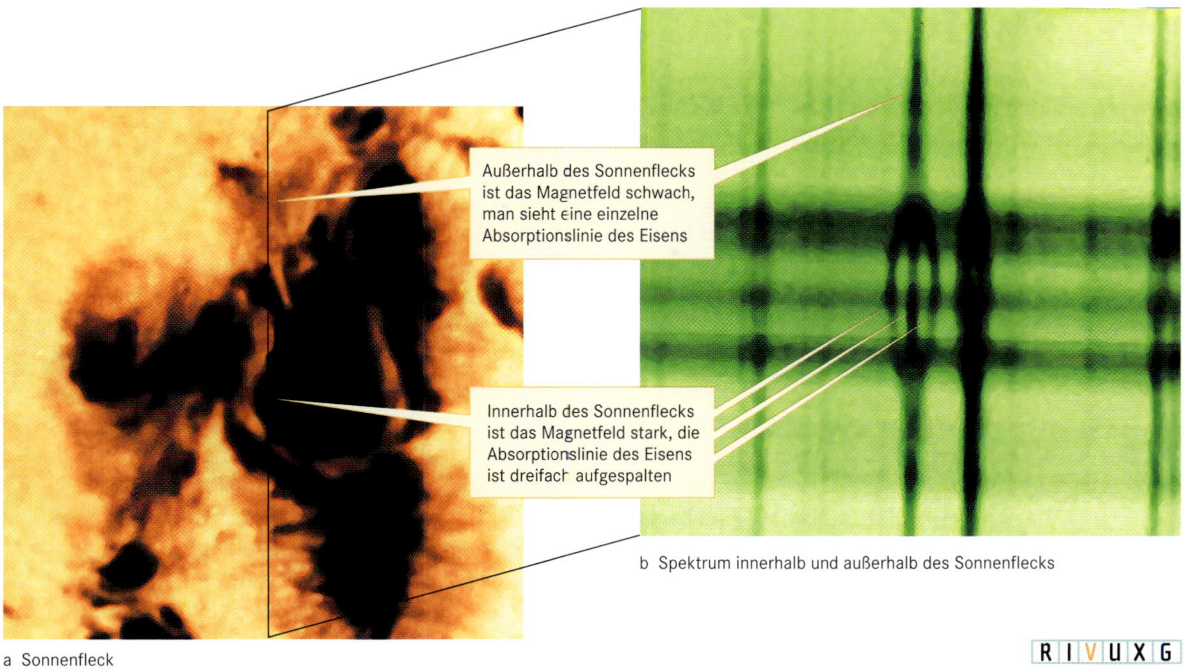

b Spektrum innerhalb und außerhalb des Sonnenflecks

a Sonnenfleck

Abb. 7.11 Zeeman-Aufspaltung durch das Magnetfeld eines Sonnenflecks. (a) Auf die senkrechte schwarze Linie in der Bildmitte war der Spalt des Spektroskops während der Messung gerichtet. (b) Im aufgezeichneten Spektrogramm erkennt man die dreifache Aufspaltung einer Linie im mittleren Bereich des Spektrums durch das Magnetfeld. Aus dem Ausmaß der Aufspaltung (dem Abstand der Linien) lässt sich auf die Feldstärke schließen. Das Magnetfeld in typischen Sonnenflecken ist etwa 5000-mal so stark wie das Magnetfeld der Erde. (a, b: NOAO)

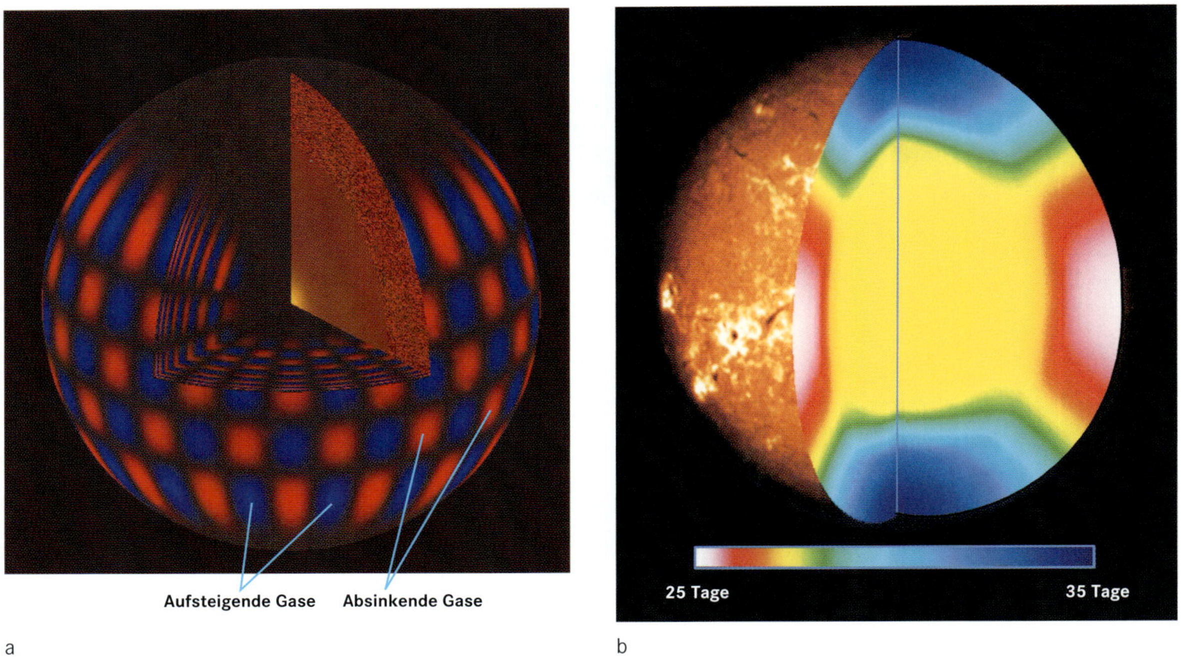

Abb. 7.12 Helioseismologie. (a) Das computererzeugte Bild zeigt eine der Millionen Schwingungsmoden der Sonne, die durch resonante Schallwellen im Inneren des Sterns verursacht werden. Die blauen Bereiche bewegen sich auswärts, die roten einwärts. Im Anschnitt sieht man, wie tief die Schwingungen vermutlich gehen. (b) Dieses Schnittbild zeigt, wie schnell die Sonne in verschiedenen Breiten und Tiefen rotiert. Rote und gelbe Bereiche rotieren schneller als der Durchschnitt, blaue langsamer. Die differenzielle Rotation mit Perioden zwischen 25 Tagen (am Äquator) und 35 Tagen (an den Polen) reicht bis in eine Tiefe von mindestens 19.000 km in die Konvektionsschicht der Sonne hinein. Sonnenflecken entstehen vorzugsweise an der Grenze zwischen verschiedenen Rotationszonen. In der Sonnenatmosphäre wurden Jetstreams und andere Windmuster beobachtet, die man in ähnlicher Weise von der Erde kennt.

der gegenseitigen Abstoßung der verursachenden Magnetfelder monatelang stabil bleiben: Unter der Photosphäre wirbeln die Gase in Hurrikanen mit Durchmessern so groß wie die Erde um die Flecken herum. Diese Zirkulation geladener Teilchen hält die Feldlinienbündel an ihrem Platz.

In Abschnitt 4.4 wurde erklärt, dass Magnetfeldlinien stets in sich geschlossene Schleifen bilden und dass jedes Magnetfeld Nord- und Südpol besitzt. Dringen also Feldlinien an einem Sonnenfleck oder einer Sonnenfleckengruppe nach außen durch die Photosphäre, dann müssen sie in einem anderen Fleck oder einer anderen Gruppe wieder ins Sonneninnere eintreten (Abb. 7.13, Ausschnitte rechts). Einem Sonnenfleck oder einer Gruppe ordnen wir die Bezeichnung *Nordpol* oder *Südpol* zu, je nachdem, ob die Feldlinien dort vom Zentrum der Sonne weg (Südpol) oder zum Zentrum der Sonne hin zeigen (Nordpol). Das bedeutet, die Flecken oder Gruppen treten stets paarweise (ein Nordpol, ein Südpol) auf.

Bei seinen Arbeiten fand Hale heraus, dass auf einer Halbkugel der Sonne die Nordpolflecken stets vor den zugehörigen Südpolflecken erschienen; auf der anderen Halbkugel war es gerade umgekehrt (siehe Abb. 7.13, Ausschnitte). Dieses Muster, so stellte Hale fest, wechselt seine Richtung nach ungefähr elf Jahren. Anders ausgedrückt: Nachdem auf einer Hemisphäre die Nordpolflecken elf Jahre lang zuerst sichtbar wurden, bilden sich in den elf folgenden Jahren dort zuerst die Südpolflecken und umgekehrt. Die Astronomen sprechen deshalb von einem 22-jährigen **Sonnenzyklus**, innerhalb dessen das Magnetfeld wieder völlig zu seiner ursprünglichen Orientierung zurückkehrt.

Mithilfe all dieser Beobachtungen können wir das Magnetfeld der Sonne und seine Entstehung beschreiben. Das Feld entsteht durch die Rotation des Sterns, insbesondere die daraus folgende Bewegung der ionisierten Teilchen. Um den 22-jährigen Zyklus zu erklären, entwickelte der amerikanische Astronom Horace Babcock 1960 die sogenannte **Dynamotheorie.**

Bei ruhiger Sonne durchzieht das Magnetfeld lediglich das sehr gut leitende Plasma direkt unter der Oberfläche. (Die Feldlinien des Erdmagnetfelds laufen im Unterschied dazu durch den Mittelpunkt des Planeten.) Wie Abb. 7.13 schematisch zeigt, werden

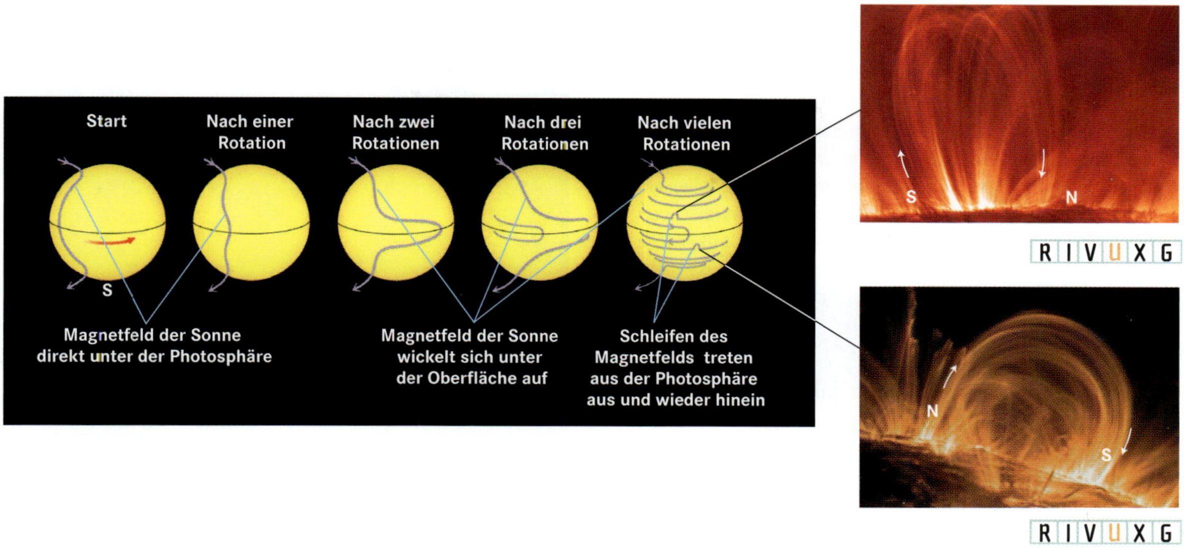

Abb. 7.13 Babcocks Dynamotheorie. Eine plausible, zumindest teilweise Erklärung des Sonnenfleckenzyklus geht davon aus, dass direkt unter der Oberfläche der Sonne durch die differenzielle Rotation ein Magnetfeld „aufgewickelt“ wird. Durch Konvektion unter der Photosphäre verflechten sich die Feldlinien; steigen die Gase dort durch die Photosphäre auf, nehmen sie die Feldlinien mit. So entstehen Sonnenflecken und Sonnenfleckengruppen. Vergrößerte Ausschnitte: In jeder Gruppe besitzt der Sonnenfleck, der bei der Beobachtung der rotierenden Sonne zuerst sichtbar wird (also der rechte Fleck jeder Schleife), die gleiche Polarität wie das momentane solare Magnetfeld in dieser Hemisphäre (Nord auf der oberen Halbkugel, Süd auf der unteren). Den Grund dafür verstehen Sie, wenn Sie daran denken, dass alle Magnetfeldlinien geschlossene Schleifen bilden: Tritt ein Nordpol in die Sonnenoberfläche ein, so muss ein Südpol austreten und umgekehrt. Verfolgen Sie die Feldlinien (in der Zeichnung) auf der Nordhalbkugel von ihrer Eintrittsstelle (fast ganz oben) in Windungen gegen den Uhrzeigersinn, bis Sie auf die Ausbeulung treffen. Dort tritt ein Südpol aus und ein Nordpol ein, wie im Ausschnitt oben eingezeichnet. Folgen Sie den Linien analog in der Südhalbkugel, dann nähern Sie sich der Beule von links; dort tritt ein Nordpol aus und ein Südpol ein (Ausschnitt unten). Die Magnetfelder werden von der Strahlung der Gase sichtbar gemacht, die sie eingefangen haben. Auf den Ultraviolettaufnahmen sehen Sie Schleifen in der Korona, die sich bis zu 160.000 km weit in den Raum erstrecken. Die Gasteilchen bewegen sich entlang der Feldlinien mit einer Geschwindigkeit von etwa 100 km/h. (Ausschnitt rechts oben: TRACE, Stanford-Lockheed Institute for Space Research, und NASA Small Explorer Program; rechts unten: NASA)

die Feldlinien durch die differenzielle Rotation immer stärker gedehnt; dabei wird Energie gespeichert. (Als Analogie denken Sie an ein gespanntes Gummiband.) Gleichzeitig sorgt die Konvektion der Gase unter der Photosphäre dafür, dass die Felder steigen und sinken und die Feldlinien sich „verheddern“ wie der Kabelsalat unter meinem Schreibtisch. Das Gummiband reißt irgendwann und setzt die gespeicherte Energie frei. Magnetfeldlinien können nicht abreißen. Um ihre Energie loszuwerden, müssen sie sich entwirren.

Es beginnt damit, dass in den Bereichen mit verschlungenen Feldlinien Gase eingefangen werden, die sich ausdehnen, aufsteigen, durch die Sonnenoberfläche dringen und das Magnetfeld mitziehen. Sonnenflecken, in denen das Magnetfeld typischerweise 5000-mal so stark ist wie das Magnetfeld der Erde, entstehen dort, wo Magnetfeldschleifen an der Oberfläche aus- und wieder eintreten. Das in den Magnetfallen gefangene Gas wird schließlich freigesetzt; die Feldlinien entflechten sich, treten mit anderen Bereichen des Sonnenmagnetfelds in Wechselwirkung und sinken allmählich wieder unter die Photosphäre ab; damit verschwinden auch die zugehörigen Sonnenflecken. Diese Vorgänge finden zunächst in hohen Breiten statt und verschieben sich in einem Zeitraum von elf Jahren allmählich in Richtung des Äquators (siehe Abb. 7.10).

Die Wechselwirkung der Felder, ihre Verlagerung und ihr Verschwinden sorgen dafür, dass das solare Magnetfeld nach jeweils elf Jahren seine Richtung wechselt: Der magnetische Nordpol wird zum Südpol und umgekehrt. Nach weiteren elf Jahren ist der Ausgangszustand wiederhergestellt. Ein Sonnenzyklus dauert folglich 22 Jahre. Die jüngste Umkehr der Feldrichtung wurde im Jahr 2001 registriert.

Allerdings verlaufen die Sonnenzyklen nicht völlig regelmäßig. So geht die Umkehr des Magnetfelds oft nicht allmählich, sondern sprunghaft und unsystematisch vor sich. Noch reizvoller sind aussagekräftige historische Daten, die darauf hindeuten, dass in der

Einblicke in die Wissenschaft

Ursache und Wirkung Extreme Sonnenfleckenaktivität wird meist zu Zeiten extremer Wetterverhältnisse festgestellt. Will man diese Klimaphänomene aber modellieren, muss man auch zulassen, dass sie möglicherweise von rein irdischen Faktoren verursacht werden. Denken Sie daran: Dass ein Ereignis auf ein anderes folgt, muss nicht heißen, dass zwischen beiden ein Kausalzusammenhang besteht.

Vergangenheit hin und wieder jahrzehntelang überhaupt kein Sonnenfleck auftauchte und der Zyklus offenbar zum Erliegen kam. So schloss der britische Astronom E. Walter Maunder 1893 aus vorhandenen Aufzeichnungen, dass zwischen 1645 und 1715 so gut wie kein Sonnenfleck gesichtet wurde (siehe Abb. 7.8a). Dieser *Maunder-Minimum* genannte Zeitraum fällt mit einer extremen, als *Kleine Eiszeit* bekannt gewordenen Kälteperiode in Europa zusammen; gleichzeitig litt das westliche Nordamerika unter einer ausgedehnten Dürre.

Ähnliche sonnenfleckenfreie Perioden gab es auch noch früher in unregelmäßigen Abständen. Im Gegensatz dazu lassen sich Zeiträume erhöhter Sonnenfleckenaktivität im 11. und 12. Jahrhundert mit einem überdurchschnittlich warmen Klima korrelieren. Ob es den Forschern gelingt, alle ungewöhnlichen Temperaturverhältnisse auf die Sonnenaktivität zurückzuführen, muss sich noch herausstellen.

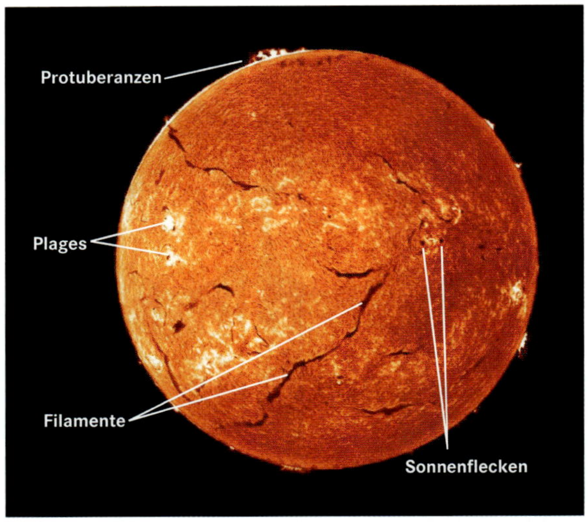

R I V U X G

Abb. 7.14 Die aktive Sonne im H_α-Licht. Die Aufnahme zeigt Chromosphäre und Korona während eines Sonnenfleckenmaximums. Sie wurde durch ein Filter angefertigt, das nur H_α-Licht durchlässt; die oberen, heißen Schichten der Sonnenschichten emittieren H_α-Photonen sehr intensiv. (Einzelheiten zur Balmer-Serie, H_α–H_∞, entnehmen Sie Abschnitt 3.22.) Man erkennt einige große Sonnenflecken. Besonders bemerkenswert sind die Phänomene, die man im Sonnenfleckenminimum nicht beobachten kann, etwa die dunklen, fadenartigen Strukturen (Filamente), die hellen Bereiche (Plages) und die Protuberanzen (Filamente, an der Kante der Sonnenscheibe seitlich gesehen). (NASA)

7.6 Das Magnetfeld der Sonne verursacht auch andere atmosphärische Phänomene

Abb. 7.14 zeigt Chromosphäre und Korona der aktiven Sonne. Die gelben Bereiche werden **Plages** genannt (frz. *plages*, „Strand"). Aus der Untersuchung des von Calcium- und Wasserstoffatomen emittierten Lichts weiß man, dass die Plages heißer (und folglich heller) sind als die umgebende Chromosphäre. Plages erscheinen oft unmittelbar vor dem Auftauchen von Sonnenflecken in direkter Nachbarschaft. Man nimmt daher an, dass sie von Magnetfeldern unter der Photosphäre erzeugt werden, die bereits aufsteigen, aber die Photosphäre noch nicht durchdrungen haben. Bei der Aufwärtsbewegung komprimieren die Felder die Gase in den oberen Schichten und erhitzen sie dadurch. Deshalb erscheinen die Plages heller als die Umgebung.

Die in Abb. 7.14 sichtbaren dunklen Streifen, die **Filamente**, gehören zur Korona. Es handelt sich um große Gasmengen, die das Magnetfeld der Sonne aus der Photosphäre emporhebt. An der Kante der Sonnenscheibe sieht man die Filamente von der Seite als gigantische Schleifen oder Bögen, sogenannte Protuberanzen (siehe Abb. 7.14 und 7.15a), in denen Temperaturen von bis zu 50.000 K herrschen. Filamente und Protuberanzen sind fast immer mit Sonnenflecken verbunden. Manche **Protuberanzen** sind nur wenige Stunden lang stabil, andere bis zu mehreren Monaten. Ist eine Protuberanz besonders energiereich, dann kann das Gas dem solaren Magnetfeld entkommen und in den Raum ausströmen (Abb. 7.15b).

Auf Röntgenaufnahmen erkennt man in der Korona außerdem zahlreiche dunkle und helle Bereiche, die heißer bzw. kühler sind als ihre Umgebung (Abb. 7.16). In den hellen Regionen können die Temperaturen bei 4 Mio. K liegen. Viele dieser heißen Koronabezirke befinden sich direkt über Sonnenflecken. Durch die dunklen, kühlen koronalen Löcher können Gase nach außen abfließen. Wenn ein solches Loch gerade

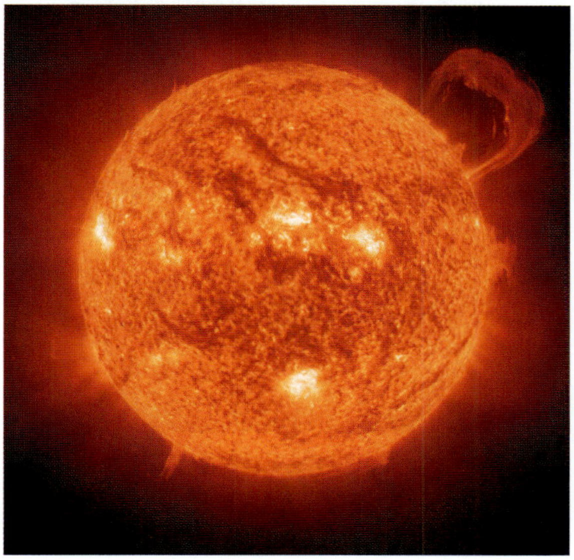

Abb. 7.15 Protuberanzen. (a) Eine gewaltige Protuberanz wölbt sich über der Sonnenoberfläche, aufgenommen 2001 von SOHO. Die Strahlung, mit der dieses Bild „belichtet“ wurde, stammt von einfach ionisiertem Helium und hat eine Wellenlänge von 30,4 nm, was einer Temperatur von rund 50.000 K entspricht. (b) Das Gas in den Protuberanzen ist so energiereich, dass es aus dem umschließenden Magnetfeld entweichen kann. Diese eruptive Protuberanz ereignete sich 1999; sie traf die Erde (die nur zum Größenvergleich eingezeichnet ist) nicht. (a: ESA/NASA, b: Joseph B. Gurman, Solar Data Analysis Center, NASA)

der Erde zugewandt ist, steigt die Intensität des in unsere Richtung strömenden Sonnenwinds dramatisch an.

Enorme Mengen energiereicher Teilchen sowie intensive Röntgen- und Ultraviolettstrahlung werden bei gewaltigen Eruptionen auf der Sonne freigesetzt, den **Flares** (Abb. 7.17). Der Ausbruch eines Flares kann ein Nachschwingen der Sonnenoberfläche nach sich ziehen, das möglicherweise über 1 h andauert. Im Maximum des Sonnenzyklus ereignen sich jährlich etwa 1100 Flares, von denen die meisten zwar nicht länger als eine Stunde stabil sind, aber trotzdem extreme Temperaturen von bis zu 5 Mio. K erreichen. In jüngster Zeit begannen die Astronomen, das Magnetfeld der Sonne bis jenseits der Erdbahn zu kartieren. Dazu verfolgen sie die Bahnen von Teilchen, die bei Flares emittiert und vom Magnetfeld der Sonne ins All geleitet werden (Abb. 7.18).

Von Zeit zu Zeit beobachtet man den Ausstoß riesiger Mengen energiereicher Gase aus der Korona in Form ballonartiger Strukturen. Bei solchen bis zu mehreren Stunden währenden **koronalen Massenauswürfen** gelangen typischerweise etwa 2 Billionen Tonnen Materie mit Geschwindigkeiten um 1,4 Mio. km/h ins All (Abb. 7.19).

Die koronalen Massenauswürfe sind energiereich genug, um das Magnetfeld der Sonne, das sie normalerweise zurückhält, zu durchbrechen oder sogar mit nach außen zu tragen. Manche koronalen Massenauswürfe werden offenbar von Schockwellen ausgelöst, die den Ausbruch von Flares begleiten; andere Ursa-

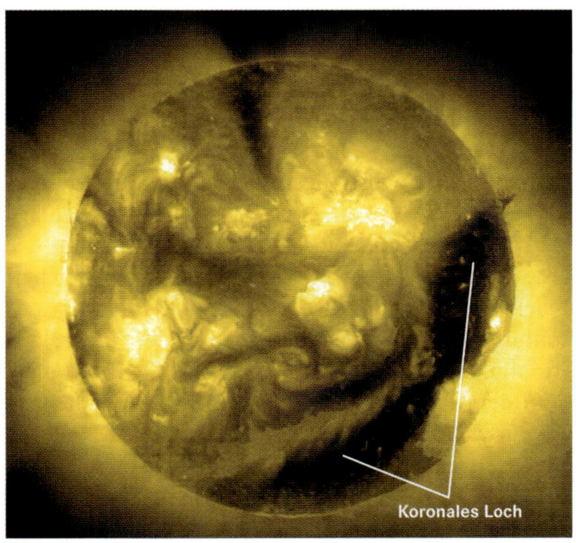

Abb. 7.16 Koronales Loch. Röntgenaufnahme der Korona, angefertigt von SOHO. Unten rechts erstreckt sich ein ausgedehntes koronales Loch. Die hellen Bereiche sind Emissionen von Sonnenfleckengruppen. (SOHO/EIT/ESA/NASA)

Abb. 7.17 Flare. Flares entstehen in Verbindung mit Sonnenfleckengruppen und bewirken den Ausstoß großer Mengen energiereicher Teilchen. Die SOHO-Aufnahme von 2000 zeigt links oben eine in sich verdrehte Eruption; das Magnetfeld zieht sich noch durch das Gebiet, in dem die Teilchen herausgeschleudert werden. (NASA)

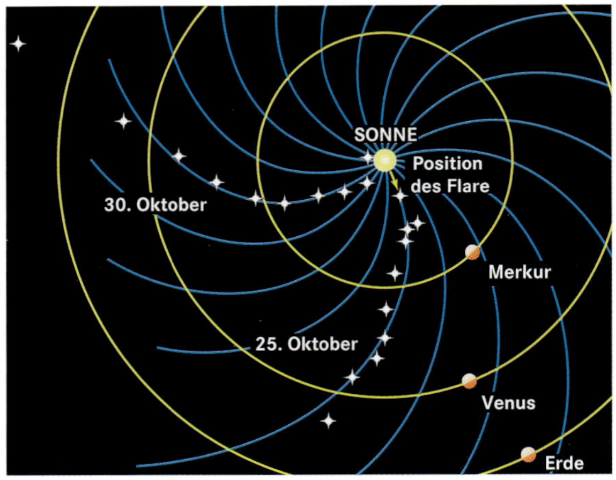

Abb. 7.18 „Momentaufnahme" des Magnetfelds der Sonne. Seit einiger Zeit arbeiten die Astronomen an einer „Kartierung" des Magnetfelds, das sich von der Sonne aus in den Raum erstreckt. Dazu verfolgen sie die Wege von Teilchen, die, von Flares emittiert, vom Magnetfeld auf Bahnen gehalten werden und ihre Position durch Aussendung von Radiowellen verraten. Die Daten für dieses Schema wurden 1994 von der Sonde Ulysses gesammelt. Ulysses war die erste Raumsonde, die sich weit über die Ebene der Ekliptik erhob, um den interplanetaren Raum zu erkunden.

chen werden noch erforscht. Die Anzahl der Plages, Protuberanzen, Flares und koronalen Massenauswürfe schwankt im gleichen Elf-Jahres-Rhythmus wie die Anzahl der Sonnenflecken, wobei die koronalen Massenauswürfe – die wichtigste Quelle potenziell gefährlicher Teilchen von der Sonne – zwar in der Häufigkeit variieren, aber niemals völlig aufhören.

Manche Flares, Filamente und Massenauswürfe ereignen sich auf der augenblicklich der Erde zugewandten Seite der Sonne. Die emittierte elektromagnetische Strahlung trifft innerhalb von 8 min auf der Erde ein, nach einigen Tagen folgen die energiereichen Teilchen. Normalerweise werden die Teilchen des Sonnenwinds vom Erdmagnetfeld in den Van-Allen-Strahlungsgürteln eingefangen (siehe Abschnitt 4.4). Kommen jedoch Ströme von Partikeln aus Massenauswürfen und anderen Sonnenaktivitäten hinzu, dann halten die Van-Allen-Gürtel nicht mehr stand, und Kaskaden von Teilchen gelangen zur Erdoberfläche. Eine besonders spektakuläre Situation dieser Art trat um Halloween (31. Oktober) 2003 auf; vielleicht haben Sie einen Blick auf die weltweit aufleuchtenden Polarlichter werfen können.

Heute überwachen mehrere Missionen die Sonne und das All zwischen Sonne und Erde mit technischen Mitteln, die wir in Kapitel 3 besprochen haben. Dazu gehören die Sonden SOHO (Solar and Heliospheric Observatory, ESA und NASA; Start 1995), TRACE (Transition Region and Coronal Explorer, Start 1998), RHESSI (Reuven Ramaty High Energy Solar Spectroscopic Imager, Start 2002) und SORCE (Solar Radiation and Climate Experiment, Start 2003). Sie beobachten die Sonne im Gamma-, Röntgen-, ultravioletten und sichtbaren Bereich des Spektrums und liefern Informationen zu wissenschaftlichen Fragen und zum Weltraumwetter.

? Wodurch werden die Gase in Schleifen über der Sonnenoberfläche festgehalten?

Das Weltraumwetter wirkt sich nicht nur auf das Wohlbefinden von Astronauten aus, sondern auch auf die Funktion technischer Anlagen im All und am Boden. Starke Ströme energiereicher Teilchen können Satelliten beschädigen, Funkverbindungen stören, Energieversorgungsnetze lahmlegen, intensive Polarlichter erzeugen, Teile der Erdatmosphäre ins All ausströmen lassen und Raumfahrer beeinträchtigen oder gar töten. Die oben aufgezählten Sonden liefern den Astronomen Datenmaterial, anhand dessen sich gefährliche Teilchenströme mehrere Tage lang vorhersagen lassen. In den letzten Jahren wurde die Helioseis-

a Koronaler Massenauswurf b Zwei bis vier Tage später

Abb. 7.19 Koronaler Massenauswurf. (a) Röntgenaufnahme eines koronalen Massenauswurfs, angefertigt von SOHO. (b) Zwei bis vier Tage später haben die energiereichsten Anteile der ausgestoßenen Gase eine Entfernung von 1 AE zurückgelegt. Falls sich die Erde in ihrer Bahn befindet, werden sie von deren Magnetfeld (blau) um den Planeten herumgelenkt. Ein Teil kann aber in Richtung Erde „durchsickern" und Polarlichter verursachen, Funkverbindungen und Energieversorgungseinrichtungen stören, Satelliten beschädigen und Gasteilchen der Erdatmosphäre in den interplanetaren Raum befördern. (SOHO/EIT/LASCO/ESA/NASA)

mologie so weit verfeinert, dass sich sogar vernünftig abschätzen lässt, was auf der Seite der Sonne passiert, die der Erde gerade nicht zugewandt ist. Wochen bevor diese Phänomene durch die Rotation des Sterns ins Blickfeld der Erde kommen, kann man deshalb bereits sinnvolle Maßnahmen zum Schutz von Menschen und Technik ergreifen.

? Welche beiden Begriffe bezeichnen dasselbe solare Phänomen, nur aus verschiedenen Blickwinkeln gesehen?

Das Innere der Sonne

Im 19. Jahrhundert trugen die Geologen und Biologen aussagekräftige Indizien dafür zusammen, dass die Erde seit mindestens mehreren hundert Millionen Jahren in mehr oder weniger ihrer heutigen Form existiert haben musste. Diese Tatsache stellte die Astrophysiker vor ernste Probleme. Zu jener Zeit schien es nicht erklärbar zu sein, wie die Sonne über einen so langen Zeitraum hinweg kontinuierlich derart riesige Energiemengen freisetzen konnte. Würde in der Sonne Kohle oder Wasserstoffgas verbrannt in der Art, wie wir auf der Erde mit Energieträgern heizen, dann hätten die Brennstoffvorräte nicht viel länger als 5000 Jahre vorhalten können.

Dass die Sonne eine schier unerschöpfliche Energiequelle ist, lehrt uns die tägliche Erfahrung. Wie wir soeben besprochen haben, beobachten die Astronomen heiße Gase, magnetische Phänomene und viele vorübergehende, gewaltige Aktivitäten. Die dabei freigesetzte Energie kann aber nicht aus den oberflächlichen Gasen oder dem Magnetfeld stammen; es gibt keinen Mechanismus, den man dafür verantwortlich machen könnte. Die Quelle der elektromagnetischen Strahlung der Sonne liegt tief im Inneren des Sterns.

Um zu verstehen, warum die Sonne „scheint", müssen wir verstehen, woher die Energie kommt und wie sie an die Oberfläche gelangt.

7.7 Die Energie der Sonne stammt aus Kernfusionen

1905 gab Albert Einstein einen entscheidenden Hinweis bei der Suche nach der Quelle der Sonnenenergie: Er entwickelte die spezielle Relativitätstheorie, aus der unter anderem die Verknüpfung von Materie und Energie über die berühmte Gleichung

$$E = mc^2$$

folgt. Die Formel drückt aus, dass eine Masse m in eine Energiemenge E umgewandelt werden kann, die gegeben ist durch mc^2 (c ist die Lichtgeschwindigkeit). Weil der Zahlenwert von c^2 ($= c \cdot c$) gewaltig ist ($9 \cdot 10^{10}\ \mathrm{km^2/s^2}$), entspricht einer relativ kleinen Menge Materie eine ungeheuer große Menge Energie.

5 Angeregt von Einsteins Arbeiten entdeckten die Physiker schließlich, dass die Sonnenenergie durch die Umwandlung von Materie freigesetzt wird. In den 1920er Jahren vermutete der britische Astrophsiker Arthur Eddington, die Temperatur in der Mitte der Sonne, ihrem Kern, sei sehr viel höher als jemals angenommen. Berechnungen ergaben dann $15{,}5 \cdot 10^6$ K. Bei Temperaturen über $10 \cdot 10^6$ K aber, so fanden die Physiker heraus, verschmelzen Wasserstoffatomkerne zu Heliumkernen. Bei jedem einzelnen derartigen Prozess wird eine winzige Masse in Energie in Form von Gammastrahlung umgewandelt. Im Kern der Sonne findet diese Fusion in einem Ausmaß statt, das die emittierte Energie erklären kann.

Der Fachbegriff für die Verschmelzung von Atomkernen bei derart hohen Temperaturen lautet **thermonukleare Fusion** (siehe Anhang H.4). Insbesondere die Umwandlung von Wasserstoff in Helium heißt **Wasserstofffusion** und ist das Funktionsprinzip der zerstörerischen Wasserstoff-Bombe. (In späteren Kapiteln werden wir uns der thermonuklearen Fusion von Wasserstoff und anderen Elementen noch genauer zuwenden.) Ein Teil der Energie, die von der Wasserstofffusion im Inneren der Sonne freigesetzt wird, gelangt an die Oberfläche und lässt die Sonne „scheinen".

Astrophysiker bezeichnen die Wasserstofffusion als **Wasserstoffbrennen**, obwohl im alltäglichen Sinne dabei nichts „brennt". Das Abbrennen von Holz, Kohle oder anderen entzündlichen Stoffen ist ein chemischer Vorgang, an dem nur die Elektronen in den Hüllen der Atome beteiligt sind. Die thermonukleare Fusion ist ein weit energiereicherer Prozess, bei dem die Atomkerne so heftig zusammenstoßen, dass sie miteinander verschmelzen.

Vielleicht sind Ihnen schon Aussagen begegnet wie „Masse bleibt stets erhalten" oder „Energie bleibt stets erhalten". Wie Sie jetzt wissen, entspricht beides nicht den physikalischen Tatsachen, weil Masse in Energie umgewandelt werden kann und umgekehrt. Korrekt muss man formulieren: Erhalten bleibt die Summe aus Energie und Masse (letztere mit c^2 multipliziert). Die „Vernichtung" von Masse und „Erzeugung" von Energie in der Sonne widerspricht also keinem Naturgesetz.

7.8 Das Sonnenmodell beschreibt, wie die Energie aus dem Kern der Sonne nach außen dringt

Ein wissenschaftliches Modell der Vorgänge im Inneren der Sonne, das Sonnenmodell, erklärt, wie die Fusionsenergie aus dem Kernbereich der Sonne bis zur Photosphäre gelangt. Ausgangspunkt des Modells ist die zum Mittelpunkt gerichtete Gravitation; sie lässt Druck und Temperatur im Sonneninneren so weit ansteigen, dass die Fusion zünden kann. Da der Sonnenball aber nicht schrumpft, muss es eine nach außen gerichtete Kraft geben, die einem Gravitationskollaps des ganzen Sterns entgegenwirkt. Diese Kraft wird von Gamma-Photonen erzeugt, die bei der Fusion freigesetzt werden.

Zu Beginn der Reise treffen gerade emittierte Gamma-Photonen auf Ionen und Elektronen in ihrer Nachbarschaft. Die Ionen und Elektronen absorbieren die Energie der Photonen und werden mit sehr hoher Geschwindigkeit davongeschleudert. Da die Teilchen in Inneren der Sonne aber sehr dicht gepackt sind, kommen sie nicht weit, bevor sie mit anderen Teilchen zusammenstoßen. Bei jedem Stoß üben die Teilchen Kräfte aufeinander aus; sie prallen ab, emittieren Photonen und stoßen wieder zusammen. Das Ergebnis dieser unablässigen Stöße ist eine Kraft, die groß genug ist, um die Gravitation auszugleichen. Diese Balance zwischen einwärts gerichteter Gravitation und auswärts gerichteter Bewegungskraft der heißen Gasteilchen heißt **hydrostatisches Gleichgewicht** (Abb. 7.20).

Um das hydrostatische Gleichgewicht aufrechtzuerhalten, müssen die im Kernbereich freigesetzten Photonen einen Teil ihrer Energie verlieren. Die

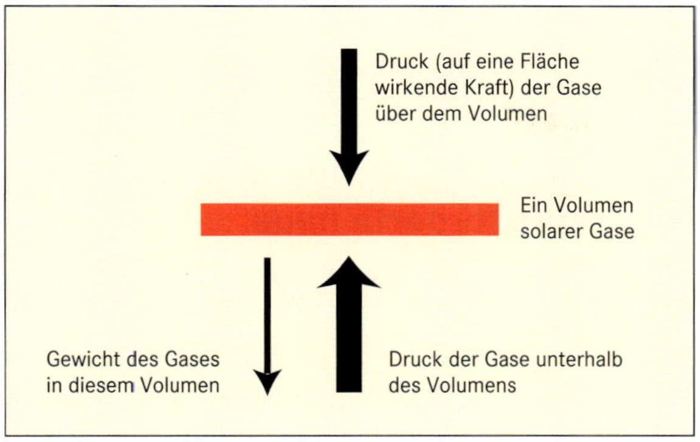

a

b

Abb. 7.20 Hydrostatisches Gleichgewicht. (a) Tief im Inneren der Sonne befindet sich die Materie im hydrostatischen Gleichgewicht. Das bedeutet, die nach oben bzw. nach unten gerichteten, auf die Gase wirkenden (Druck-)Kräfte sind ausgeglichen. (b) Ein Taucher schwebt im Wasser, ohne zu steigen oder zu sinken, wenn sich die auf ihn wirkenden Kräfte im hydrostatischen Gleichgewicht befinden. (JUPITERIMAGES/Comstock Images/Alamy)

Photonen stoßen mit Partikeln zusammen, diese wiederum kollidieren mit anderen Partikeln, wobei erneut Photonen emittiert werden, deren Energie aber etwas geringer ist als zu Anfang der Kette. Die den Photonen verloren gegangene Energie sorgt für die Kraft, die das hydrostatische Gleichgewicht bewahrt. Bei ihrer Reise aus dem Kern in die Photosphäre, die durchschnittlich 170.000 Jahre dauert, sinkt die Energie der Photonen also langsam, aber stetig ab.

Der auswärts gerichtete Energiefluss durch Photonen, die mit Teilchen zusammenstoßen, die ihrerseits unter Emission neuer Photonen von anderen Teilchen abprallen, wird Strahlungstransport genannt, weil einzelne Photonen für das Weitertragen der Energie von Stoßprozess zu Stoßprozess verantwortlich sind. Berechnungen zeigen, dass der Strahlungstransport der dominierende Mechanismus des Energieabflusses durch die **Strahlungszone** ist, die sich vom Mittelpunkt der Sonne bis zu 70 % des Weges zur Photosphäre erstreckt.

In der Nähe der Photosphäre werden die energiereichen Photonen als Transportmittel dann von den heißen Gasen abgelöst. Der Energietransport durch Zirkulation von Gasblasen heißt, wie bereits erwähnt, *Konvektion* und die Zone, in der dieser Prozess dominiert, **Konvektionszone** der Sonne. Die Konvektion trägt die heißen Gase bis an die Oberfläche der Konvektionszone, wo sie ihre Energie in Form von Photonen ins All abgeben. Diese Photonen sehen wir als Sonnenlicht. Wie Sie der Skizze unseres Sonnenmodells in Abb. 7.21a entnehmen, ist die Photosphäre die oberste Schicht der Konvektionszone und gleichzeitig die unterste Schicht der Sonnenatmosphäre. Nachdem die heißen Gase ihre Energie in Form von Photonen emittiert haben, kühlen sie ab und sinken zurück ins Sonneninnere. Wie bereits gesagt, entstehen durch diese Konvektionsströmung die Granulen. Das ausgesendete Licht liegt nicht nur im Sichtbaren, sondern auch in anderen Wellenlängenbereichen des elektromagnetischen Spektrums.

Verschiedene Gamma-Photonen, die im Inneren der Sonne freigesetzt wurden, verlieren auf ihrem Weg (bzw. dem ihrer Nachfolger) zur Photosphäre verschiedene Energiemengen. Aus diesem Grund werden von der Photosphäre Photonen ausgesendet, deren Energien (und folglich Wellenlängen) breit verteilt sind. Das Intensitätsmaximum der Sonnenstrahlung liegt im sichtbaren Bereich. Der durch Stoßprozesse unter Energieverlust der Photonen vonstattengehende Strahlungstransport ist die Ursache dafür, dass die Photosphäre wie ein Schwarzer Körper strahlt.

Das Sonnenmodell kann man auch als einen Satz mathematischer Gleichungen formulieren. Diese *Grundgleichungen des Sternaufbaus* beschreiben das Innere der Sonne (Druck, Temperatur, Dichte usw. in Abhängigkeit von der Tiefe) quantitativ und gelten auch für die Entwicklung anderer Sterne. Weil sie sehr kompliziert sind, lösen die Astrophysiker sie heute mithilfe von Computern. Eine graphische Darstellung einiger Ergebnisse finden Sie in Abb. 7.21b. Die beiden Graphen zeigen, wie sich Leuchtkraft, Masse, Temperatur und Dichte ausgehend vom Kernbereich der Sonne in Richtung Photosphäre ändern. Beispielsweise kann man aus der oberen Kurve ablesen, welcher Anteil der Gesamtleuchtkraft innerhalb eines gegebenen Radius erzeugt wird. Bereits bei rund einem Viertel des Weges vom Zentrum nach außen ist die Leuchtkraft auf 100 % angewachsen. Anders ausgedrückt: Die gesamte von der Sonne freigesetzte Energie stammt aus einem Volumen mit einem Radius von 0,25 $R_\odot$ ($R_\odot$ ist der Radius der Sonne).

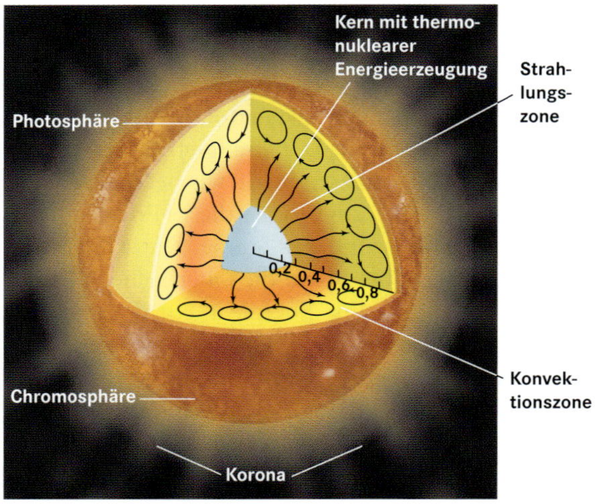

a

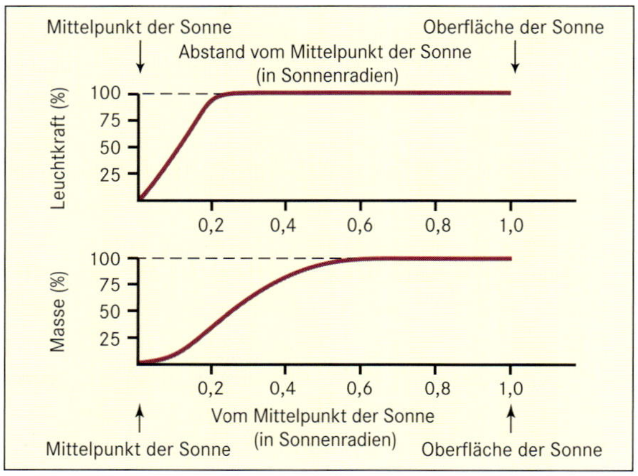

b

Abb. 7.21 Das Sonnenmodell. (a) Im Kern der Sonne, der sich vom Mittelpunkt bis zu einem Viertel des Radius (0,25 $R_{\odot}$) erstreckt, finden thermonukleare Reaktionen statt. Im gezeigten Modell wird die Energie aus dem Kern durch Strahlung über eine Entfernung von 0,7 $R_{\odot}$ transportiert. Für den Weitertransport in die äußeren Schichten sorgt die Konvektion. (b) Die innere Struktur der Sonne wird hier durch Graphen beschrieben, die die Entwicklung von Leuchtkraft, Masse, Temperatur und Dichte mit dem Abstand vom Mittelpunkt wiedergeben. Der Radius der Sonne, $R_{\odot}$ (der Abstand zwischen dem Mittelpunkt und dem oberen Rand der Photosphäre), beträgt 696.000 km. (a: NASA)

Der Graph für die Masse erreicht 100 % bei etwa 0,6 $R_{\odot}$. Das bedeutet, fast die gesamte Masse des Sterns ist in einem Volumen enthalten, dessen Radius nur 60 % des Abstands zwischen Mittelpunkt und Photosphäre ausmacht. Mit dieser Information können Sie auch leicht einsehen, dass die Dichte der Photosphärengase 10^4-mal geringer ist als die Dichte der Atmosphäre an der Erdoberfläche.

7.9 Das Rätsel der fehlenden Neutrinos forderte neue Untersuchungen zur Natur der Materie

Wie in Anhang H.4 ausführlich erklärt wird, wandeln sich bei der thermonuklearen Fusion Protonen in Neutronen um, wobei für jedes entstehende Neutron ein *Neutrino* freigesetzt wird. Neutrinos sind elektrisch neutral; man kommt ihnen sehr schwer auf die Spur, weil sie kaum mit gewöhnlicher Materie in Wechselwirkung treten. Auch die Sonne ist für Neutrinos weitgehend durchlässig, weshalb die Partikel nahezu ungehindert von ihrem Entstehungsort im Kernbereich an die Oberfläche gelangen können, und die meisten *Solarneutrinos*, die die Erde erreichen, fliegen geradewegs hindurch.

Unserem Modell der Fusionsprozesse in der Sonne entsprechend entstehen im Inneren sekündlich rund 10^{38} Solarneutrinos. Das sind ungeheuer viele – so viele, dass pro Sekunde um die 100 Mrd. solcher Partikel durch jeden Quadratzentimeter Ihrer Haut dringen.

? Wo „entsteht" die für uns sicht- und fühlbare Energie der Sonne?

Gelegentlich jedoch trifft ein Solarneutrino auf ein Neutron; dieses wandelt sich dabei in ein Proton um. Könnten die Astronomen nur einige wenige dieser Protonen nachweisen, dann könnten sie ein „Neutrinoteleskop" bauen, eine Vorrichtung, mit der sich das thermonukleare Inferno im Inneren der Sonne beobachten lässt, das unseren üblichen Teleskopen (mit denen man Photonen beobachtet) verborgen ist.

Von dieser Möglichkeit fasziniert, baute der amerikanische Chemiker Raymond Davis einen großen Neutrinodetektor in Form eines 380 m^3 Perchlorethylen fassenden, tief unter der Erde in der Homestake-Goldmine (Lead, South Dakota) installierten Tanks. (Perchlorethylen, C_2Cl_4, kennen Sie vielleicht als Textilreinigungsmittel.) Alle Neutrinoexperimente finden unterirdisch statt, um eine Kontamination der Detektoren aus anderen Energiequellen, etwa energiereichen Protonen der kosmischen Strahlung, zu vermeiden. Neutrinos durchdringen, wie gesagt, die Materie fast ungehindert; deshalb konnte auch Davis' Tank die allermeisten Partikel nicht nachweisen. In seltenen Fällen aber begegnete ein Neutrino dem Kern eines der in der Flüssigkeit enthaltenen Chloratome und wandelte darin ein Neutron in ein Proton um. So entstand jeweils ein radioaktiver Argonkern. Die Rate der Erzeugung von Argon stand also in direktem Zusammenhang mit der Anzahl der auf der Erde eintreffenden Solarneutrinos.

? Warum fällt die Sonne nicht unter dem Einfluss ihrer eigenen ungeheuren Gravitationskraft in sich zusammen?

Auf die beschriebene Weise entstand in Davis' Tank durchschnittlich alle drei Tage ein Argonkern. Zur großen Verwirrung der Astronomen ließ sich damit nur ein Drittel des aus dem Sonnenmodell vorhergesagten Neutrinoflusses erklären. Für dieses unerwartete Ergebnis kamen drei Ursachen infrage: Das Experiment konnte fehlerhaft sein, das Sonnenmodell konnte falsch sein (in dem Sinne, dass die Fusion nicht mit der vermuteten Geschwindigkeit ablief) oder die Neutrinos konnten sich anders verhalten als angenommen. Das Mitte der 1960er Jahre begonnene Experiment wurde in der Folgezeit von mehreren über die ganze Welt verstreuten Forschergruppen mit großer Sorgfalt wiederholt, ohne dass jemand ein anderes Resultat erhalten hätte. Der Fehler konnte also nicht in der Konzeption des Versuchs liegen. Berechnungen der Energie, die in der Sonne freigesetzt werden muss, um die beobachtete Strahlungsintensität zu erklären, bestätigten die Anzahl der pro Sekunde gebildeten Neutrinos. Die Lösung des Rätsels musste also im Verhalten der Neutrinos zu suchen sein.

Wie der Planet Neptun wurden die Neutrinos entdeckt, weil es sie einfach geben musste. In den ersten Jahrzehnten des 20. Jahrhunderts beobachteten die Physiker, wie in Atomkernen Neutronen spontan in Elektronen und Protonen zerfielen; verantwortlich dafür ist die *schwache Wechselwirkung*, die in Abschnitt 3.21 kurz eingeführt wurde. Als die Forscher die Energien und Impulse der Neutronen und ihrer Zerfallsprodukte nachrechneten, passten die Zahlen nicht zusammen. Die Energie- und die Impulserhaltung (siehe Abschnitt 2.7 und Anhang H.2) schienen verletzt zu sein. Wäre dies tatsächlich der Fall gewesen, hätte man die bekannten Naturgesetze grundsätzlich neu erarbeiten müssen. Eine einfachere Lösung legte 1930 der Physiker Wolfgang Pauli vor, indem er die Existenz eines schwer nachweisbaren Teilchens postulierte, das die „fehlende" Energie und den „fehlenden" Impuls davonträgt. (Den Namen *Neutrino* prägte 1931 der Physiker Enrico Fermi.)

Zu den Eigenschaften, die diese Neutrinos haben sollten, gehörte eine verschwindend kleine Masse (verglichen mit allen bis dahin bekannten, massebehafteten Teilchen) und eine äußerst geringe Wechselwirkung mit aller anderen Materie, angesichts dessen, dass in jeder Sekunde Billionen und Aberbillionen dieser Partikel in der Sonne entstehen und Billionen von ihnen jeden Kubikmeter unseres Planeten durchdringen, nahezu ohne dass jemand (damals wie heute) etwas davon bemerkt. Tatsächlich sollten noch 26 Jahre vergehen, bis der Nachweis der Neutrinos gelang (1956). Da die Neutrinos in der Sonne stets gleichzeitig mit Elektronen oder Positronen (positiv geladenen, aber ansonsten mit Elektronen identischen Teilchen) entstehen, nennt man sie auch *Elektron-Neutrinos*.

Später wurden noch zwei weitere Neutrinosorten postuliert. Das *Myon-Neutrino* wird in Reaktionen freigesetzt, in denen auch Elementarteilchen namens Myon (oder Antimyon) entstehen; analog sind die Tau-Neutrinos mit Tau- oder Antitau-Teilchen verknüpft. Die Sonne emittiert aber weder Myon- noch *Tau-Neutrinos*, und die ersten Solarneutrinodetektoren waren deshalb nur für Elektron-Neutrinos empfindlich. Die Lösung des Neutrinorätsels lag jedoch schließlich in der Existenz der Myon- und Tau-Neutrinos.

Anfangs hielt man alle drei Neutrino-„Flavors" (Elektron, Myon, Tau) für masselos. Eine Umwandlung der Flavors ineinander sollte dann nicht stattfinden können. Hätten die Neutrinos aber nur eine allergeringste Masse, so wäre die Umwandlung („Oszillation") erlaubt. Die Vermischung der massebehafteten Neutrinos würde spontan vonstatten gehen: Ein Elektron-Neutrino, das, von der Sonne emittiert, zur Erde unterwegs wäre, könnte sich mit endlicher Wahrscheinlichkeit (genau gesagt sind es 65 %) bis zu seiner Ankunft in ein Tau- oder Myon-Neutrino verwandeln. Anders ausgedrückt: Hätten die Neutrinos eine Masse, dann würden wir nur ein Drittel von ihnen – die verbliebenen Elektron-Neutrinos – sehen, während sich der Rest in von den ursprünglichen Detektoren nicht nachweisbare Flavors umgewandelt hätte. Dies entspricht tatsächlich den Beobachtungen.

Erst 1998 konnte das japanische Neutrinoexperiment Super-Kamiokande den anderen beiden Flavors auf die Spur kommen. 2002 wurden die Resultate am Sudbury Neutrino Observatory (SNO) in Ontario (Kanada) reproduziert (Abb. 7.22). Mindestens ein Dutzend weiterer Detektoren, die diese Untersuchungen fortsetzen sollen, werden derzeit gebaut oder sind bereits in Betrieb.

R I V U X G

Abb. 7.22 Das Solarneutrinoexperiment. Das Sudbury Neutrino Observatory (SNO) befindet sich in einer Tiefe von 2073 m in der Nickelmine von Sudbury (Kanada). Sein Herzstück ist ein Tank, der 1000 t Wasser enthält. Gelegentlich findet in diesem Tank eine Wechselwirkung eines eintreffenden Neutrinos mit einem der darin vorhandenen Teilchen statt; dabei entsteht ein Lichtblitz (Tscherenkow-Strahlung), der von 9600 Lichtdetektoren aufgefangen wird. Die hervorstehenden silbernen Zapfen sind die Rückseiten dieser Detektoren, die mit der unten im Bild sichtbaren Auswertungselektronik verschaltet sind. (Ernest Orlando Lawrence/Berkeley National Observatory)

Um zu verstehen, wie die moderne Generation der Neutrinodetektoren funktioniert, wollen wir eine der möglichen Wechselwirkungen zwischen Neutrinos und anderer Materie herausgreifen. Der Tank des SNO z. B. ist mit Wasser gefüllt, das anstelle von normalem Wasserstoff Deuterium enthält. Der Kern dieses selten vorkommenden „schweren Wasserstoffs" besteht aus einem Proton und einem Neutron. Absorbiert ein Deuteriumkern ein Solarneutrino, dann zerfällt der Kern in zwei Protonen und ein Elektron. Auf dem Weg durch das Wasser sendet dieses Elektron einen Lichtblitz aus, der nach seinem Entdecker Tscherenkow-Strahlung genannt wird. Der russische Physiker stellte fest, dass ein solcher Blitz immer dann emittiert wird, wenn sich ein Teilchen schneller durch ein Medium wie Wasser bewegt, als sich Licht darin ausbreiten kann. Dieses Phänomen verletzt nicht das Grundgesetz, dass die *Lichtgeschwindigkeit im Vakuum* (300.000 km/s) die höchste im Universum erreichbare Geschwindigkeit ist. In Wasser wird Licht stark abgebremst; Teilchen mit genügend hoher Energie können sich schneller darin bewegen, ohne die Naturgesetze über den Haufen zu werfen.

Die Forscher wiesen die Neutrinos anhand der Tscherenkow-Strahlung nach, die sie mit ins Wasser eintauchenden, lichtempfindlichen Geräten, sogenannten Photovervielfachern, auffingen (siehe Abb. 7.22). Die Neutrino-Flavors unterscheiden sich in der Art ihrer Wechselwirkung mit Wasser; alle drei wurden gefunden. Die damit bewiesene Tatsache, dass sich die Neutrinos ineinander umwandeln können, setzt *zwingend* voraus, dass die Teilchen eine Masse haben, und erklärt die Resultate der früheren Experimente. Astronomische Forschungen veränderten auf diese Weise unsere Sicht auf einige der leichtesten überhaupt existierenden Teilchen.

? Warum wiesen die ersten Detektoren Solarneutrinos nicht in der Anzahl nach, die das Sonnenmodell vorhersagte?

7.10 An den Grenzen unseres Wissens

Auch nach jahrhundertelanger Beobachtung und jahrzehntelanger intensiver Erforschung und Modellierung birgt die Sonne noch zahllose Geheimnisse. Inzwischen wurde eine ganze Armada von Raumfahrzeugen auf den Weg gebracht, die unseren Stern in verschiedenen Frequenzbereichen des elektromagnetischen Spektrums untersuchen. Die Astronomen erhoffen sich von ihnen bald Aufschlüsse darüber, wie das solare Magnetfeld entsteht und wie es sich im Laufe des Sonnenzyklus ändert, wie sich die Sonnenatmosphäre in der Übergangszone so drastisch aufheizen kann, warum die Leuchtkraft der Sonne zeitlich variiert, wie die schwankenden Emissionen der Sonne die Temperatur und damit das Klima auf der Erde beeinflussen, wie Flares und koronale Massenauswürfe im Einzelnen vonstatten gehen und warum die Sonne eine differenzielle Rotation zeigt.

Schlüsselbegriffe

Die Atmosphäre der Sonne

- Von den Gasen, aus denen die Sonne besteht, sehen wir nur eine dünne Schicht aus der Photosphäre (der untersten Atmosphärenschicht). Die Gase strahlen nahezu wie ein Schwarzer Körper. Die Photosphäre beginnt direkt oberhalb der Konvektionszone.
- Die Konvektion von Gasen in Schichten unterhalb der Photosphäre erzeugt als Granulen bezeichnete Strukturen.
- Oberhalb der Photosphäre befindet sich eine Schicht heißerer, aber weniger dichter Gase, die Chromosphäre. Gasströme (sogenannte Spikulen) ragen entlang der Begrenzung der Granulen in die Chromosphäre auf.
- Die oberste, sehr heiße, aber sehr dünne Gasschicht der Sonnenatmosphäre – die Korona – erstreckt sich weit in den Raum. In großer Entfernung von der Sonne geht sie in den „Sonnenwind" über.

Die aktive Sonne

- Eine Reihe solarer Phänomene unterliegt einem elfjährigen Zyklus. Das Magnetfeld, das diesen Zyklus verursacht, ändert sich in einem 22-Jahres-Rhythmus.
- Sonnenflecken sind relativ zu ihrer Umgebung kühle Bereiche. Sie entstehen durch lokale Bündelungen von Magnetfeldlinien, die die Photosphäre durchstoßen. Die mittlere Anzahl der Sonnenflecken variiert ebenso wie der mittlere Breitengrad, auf dem sie erscheinen, mit einer Periode von elf Jahren.
- Als Protuberanz bezeichnet man einen Ausbruch von Gasen in die Korona durch die Wirkung lokaler Magnetfelder. Ein Flare ist eine kurze, gewaltige Eruption heißer, ionisierter Gase aus einer Sonnenfleckengruppe. Koronale Massenauswürfe befördern große Gasmengen aus der Sonnenatmosphäre heraus. Koronale Massenauswürfe und Flares, die sich auf der erdzugewandten Seite der Sonne ereignen, stören die Satellitenkommunikation und die Elektroenergieversorgung; außerdem lassen sie Polarlichter aufleuchten.
- Das Dynamomodell führt viele zeitlich begrenzte Phänomene des Sonnenzyklus auf den Einfluss der differenziellen Rotation und der Konvektion auf das solare Magnetfeld zurück.

Das Innere der Sonne

- Die Energie der Sonne wird durch eine thermonukleare Reaktion freigesetzt, die Wasserstofffusion. Dabei verschmelzen jeweils vier Wasserstoffkerne in einem mehrstufigen Prozess zu einem Heliumkern.
- Die dabei freigesetzte Energie „entsteht" aus der äquivalenten Masse gemäß Einsteins berühmter Gleichung $E = mc^2$.
- Unter dem Sonnenmodell versteht man eine theoretische Beschreibung der Vorgänge im Inneren der Sonne, abgeleitet aus Berechnungen auf der Grundlage physikalischer Gesetze. Aus dem Modell folgt, dass die Wasserstofffusion auf einen Kernbereich beschränkt ist, der sich nur bis zu einem Viertel des sichtbaren Radius der Sonne erstreckt.
- Im größten Teil des Inneren der Sonne wird Energie durch Strahlungstransport nach außen geleitet. In den äußeren Schichten wird die Energie durch Konvektion an die Oberfläche befördert.
- Neutrinos wurden ursprünglich für masselos gehalten. Beim Nachweis der in der Sonne erzeugten und von ihr emittierten Elektronneutrinos fand man einen deutlich geringeren Neutrinofluss, als ihn das Sonnenmodell vorhersagt. Ursache dieser Abweichungen war die Umwandlung („Oszillation") von etwa zwei Dritteln der Elektronneutrinos in andere, zunächst nicht nachweisbare Neutrinosorten auf ihrem Weg zur Erde. Diese Umwandlung erfordert, dass die Neutrinos eine (zwar kleine, aber endliche) Masse besitzen. Inzwischen kann man auch die anderen Neutrinosorten messen.

Was haben Sie gedacht?

1 *Wie viel Prozent der Masse des Sonnensystems macht die Masse der Sonne aus?* Die Sonne vereinigt auf sich etwa 99,85 % der Masse des gesamten Sonnensystems.

2 *Gibt es im Inneren der Sonne feste und flüssige Schichten wie im Inneren der Erde?* Nein. Die Sonne besteht ausschließlich aus heißen Gasen.

3 *Wie ist die Oberfläche der Sonne beschaffen?* Die Sonne verfügt nicht über eine feste Oberfläche; sie enthält überhaupt keine festen Stoffe oder Flüssigkeiten. Auch die Schicht, die wir sehen können – die Photosphäre –, ist aus heißen, brodelnden Gasen zusammengesetzt.

4 *Rotiert die Sonne, und wenn ja, wie schnell?* Die Oberfläche der Sonne rotiert differenziell mit einer Periode zwischen 35 Tagen (an den Polen) und 25 Tagen (am Äquator).

5 *Warum „scheint" die Sonne?* Die Energiequelle der Sonne sind thermonukleare Reaktionen im Inneren.

Nachlese

Die Lösungen aller mit einem Stern (*) markierten Rechenaufgaben finden Sie am Ende des Buchs.

1. Beschreiben Sie die Merkmale der Sonne, die man zu jeder Zeit beobachten kann.
2. Beschreiben Sie die drei Hauptschichten der Sonnenatmosphäre. Wie würden Sie jeweils vorgehen, um diese Schichten zu beobachten?
3. Benennen und beschreiben Sie sieben Phänomene, die als Sonnenaktivitäten gelten. Welche beiden sind identisch abgesehen von dem Winkel, aus dem man sie betrachtet? Welche können sich unmittelbar auf die Erde auswirken? Erklären Sie, wie und warum.
4. Beschreiben Sie die drei Hauptschichten des Sonneninneren.
5. *Das jüngste Sonnenfleckenmaximum fand 2001 statt, das jüngste Minimum 2007. Wann erwarten Sie das nächste Maximum bzw. Minimum? Erläutern Sie Ihre Antwort.
6. Warum dauert der Sonnenzyklus 22 Jahre, obwohl ein Sonnenfleckenzyklus nur elf Jahre dauert?
7. Wie weisen die Astronomen Magnetfelder in heißen Gasen (etwa in der Photosphäre der Sonne) nach?
8. Inwiefern kann es gefährlich sein, die Sonne zu beobachten? Welche Vorsichtsmaßnahmen ergreifen die Astronomen?
9. Geben Sie ein Beispiel für ein hydrostatisches Gleichgewicht, das aus dem Alltag stammt und in diesem Buch nicht erwähnt wird.
10. Geben Sie aus dem Alltag einige Beispiele für Wärmetransport durch Strahlung und durch Konvektion an.
11. Was verstehen die Astronomen unter einem „Sonnenmodell"?
12. Warum sind die thermonuklearen Reaktionen auf den Kernbereich der Sonne beschränkt?
13. Was verstehen Sie unter Wasserstofffusion? Der Prozess wird auch als „Wasserstoffbrennen" bezeichnet. Legen Sie dar, wodurch sich dieses „Brennen" vom Abbrennen eines Holzscheits in einem Kamin unterscheidet.
14. Beschreiben Sie das Innere der Sonne. Gehen Sie dabei auch auf die wichtigsten physikalischen Prozesse ein, die in verschiedenen Tiefen stattfinden.
15. Was ist ein Neutrino? Warum sind die Astronomen am Nachweis von Solarneutrinos so interessiert?

Kapitel 8
Sterne und ihre Eigenschaften

Sterne können in vielen verschiedenen Farben leuchten. (Hubble Heritage Team/AURA/STScI/NASA)

R I V U X G

Was meinen Sie?

1. **Wie weit ist unser nächster Stern, sieht man einmal von der Sonne ab, von uns entfernt?**
2. **Welche Leuchtkraft hat die Sonne im Vergleich zu anderen Sternen?**
3. **Welche Farben können Sterne haben und wie kommen diese zustande?**
4. **Sind hellere Sterne heißer als schwächere?**
5. **Wie groß sind andere Sterne im Vergleich zur Sonne?**
6. **Sind die meisten Sterne so wie unsere Sonne isolierte Einzelsterne?**

Die Antworten finden Sie bei der jeweiligen Ziffer im Text und noch einmal zusammengefasst am Ende des Kapitels.

Die Sonne ist für uns eine Art Sprungbrett zu den Sternen. Dieselben physikalischen Gesetze, die beschreiben, wie die Sonne leuchtet, gelten auch für die anderen Sterne. Bevor wir uns anderen Sternen zuwenden, wollen wir uns aber einen Überblick über deren Entfernungen, Helligkeiten, Temperaturen und Massen verschaffen. Im vorliegenden Kapitel betrachten wir also, wie man zu diesen Daten gelangt. In den darauffolgenden beiden Kapiteln 9 und 10 wenden wir uns dann der Sternentwicklung zu, in deren Verlauf die Sterne ihren Kernbrennstoff verbrauchen und dabei fortwährenden Veränderungen unterliegen.

In diesem Kapitel geht es darum,

- dass die Entfernungen vieler nahe gelegener Sterne direkt messbar sind, während sich die weiter entfernten Sterne nur indirekt bestimmen lassen;

- die beobachteten Eigenschaften von Sternen kennenzulernen, auf denen die Sternentwicklungsmodelle beruhen;
- wie man einer Analyse des Sternenlichts die Temperatur und die chemische Zusammensetzung eines Sterns entnehmen kann;
- wie die von Sternen ausgesendete Gesamtenergie und ihre Oberflächentemperatur zusammenhängen;
- die verschiedenen Typen von Sternen kennenzulernen;
- was es für vielfältige Doppelsternsysteme gibt und welche Rolle sie spielen;
- wie sich die Massen von Sternen berechnen lassen.

8.1 Die Entfernungen nahe gelegener Sterne werden anhand ihrer Parallaxe bestimmt

Mit den Entfernungen, mit denen wir es im täglichen Leben zu tun haben, lassen sich die Entfernungen zwischen den Sternen nicht vergleichen. Die weiteste Entfernung, mit der wir es im normalen Leben zu tun haben, ist vielleicht ein Flug um den halben Erdball. Dies sind knapp 20.000 km, etwas mehr als die Strecke von Berlin nach Auckland. Im Reich der Sonne, des Monds und der Planeten dagegen sind Hunderttausende oder Millionen Kilometer an der Tagesordnung.

1 Wie weit sind die nächsten Sterne von uns entfernt? Fragt man willkürlich zehn Leute, werden sich die Antworten vielleicht zwischen Millionen bis Milliarden Kilometern bewegen. Unser nächster Stern (von der Sonne wollen wir hier absehen) ist Proxima Centauri im Sternbild Zentaur. Er ist etwa 40 Billionen Kilometer von uns entfernt. Das Licht von dort ist etwa vier Jahre zu uns unterwegs. Die meisten Sterne, die wir am Nachthimmel erblicken, sind allerdings um ein Vielfaches weiter entfernt. Wie lassen sich angesichts dieser riesigen Abstände zwischen den Himmelskörpern die Entfernungen wenigstens nahe gelegener Sternen überhaupt bestimmen?

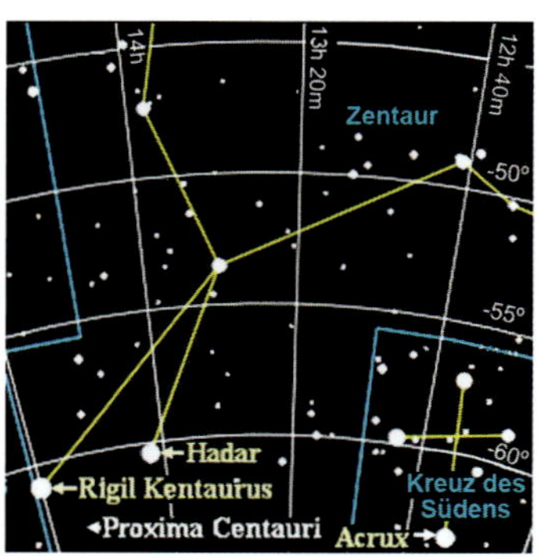

Da Proxima Centauri näher als die anderen Sterne ist, ändert sich sein Ort vor dem Hintergrund der anderen Sterne beim Umlauf der Erde um die Sonne. Dies ist ähnlich wie beim Mars, der sich rückläufig (retrograd) zu bewegen scheint, solange die Erde zwischen ihm und der Sonne hindurchwandert (siehe Abb. 2.2 und 2.3). Tycho Brahe hatte diese Bewegung bei der Supernova 1572 (siehe Abb. 2.7) beobachten wollen, was ihm aber nicht gelang, da die Supernova zu weit entfernt war. Die scheinbare Bewegung nahe gelegener Sterne vor dem Hintergrund weiter entfernter wegen des Umlaufs der Erde um die Sonne heißt **Sternparallaxe.**

Tatsächlich begegnet uns die Parallaxe jeden Tag. Wir beobachten sie, wenn sich der Ort eines nahen Körpers, etwa eines Baums, vor dem weiter entfernten Hintergrund zu verschieben scheint, während wir uns fortbewegen (siehe Abb. 2.6). Aus diesem Grund müssen sich auch unsere Augen bei der Betrachtung weiter entfernter Objekte, etwa der Berge im Hintergrund, viel weniger als bei nahe gelegenen bewegen. Unser Gehirn schließt also aus dem Parallaxenwinkel zwischen den Augen und dem Baum bzw. den Bergen, wie weit diese von uns entfernt sind. Ähnlich lassen sich die Entfernungen naher Sterne ermitteln (Abb. 8.1), wobei die winzigen Winkel aber sehr genau ermittelt werden müssen und einige zusätzliche geometrische Überlegungen erforderlich sind.

Während die Erde von einer Seite der Sonne zur anderen wandert, verschiebt sich der scheinbare Ort eines nahe gelegenen Sterns unter denen der weiter entfernten Sterne. Abb. 8.1a zeigt, dass der Parallaxenwinkel p der halbe Winkel ist, um den sich der Ort der Erde im Laufe des Jahres, vom Stern aus gesehen, verschiebt. Der Parallaxenwinkel wird in Bogensekunden angegeben. Ein Vergleich von Abb. 8.1a mit Abb. 8.1b zeigt die unterschiedlichen Parallaxenwinkel unterschiedlich weit entfernter Sterne. In Anhang H5 ist die Bestimmung von Entfernungen anhand der Parallaxen ausführlicher erläutert.

Die erste Sternparallaxenmessung nahm 1838 der deutsche Astronom und Mathematiker Friedrich Wilhelm Bessel vor. Er ermittelte den Parallaxenwinkel des Sterns 61 Cygni zu ⅓", sodass dieser also 3 pc von uns entfernt ist (zu den astronomischen Entfernungseinheiten siehe Anhang H1). Wie wir in Abschnitt 3.6 gesehen hatten, ist die Messgenauigkeit bei der Bestimmung der Sternparallaxe durch die Winkelauflösung

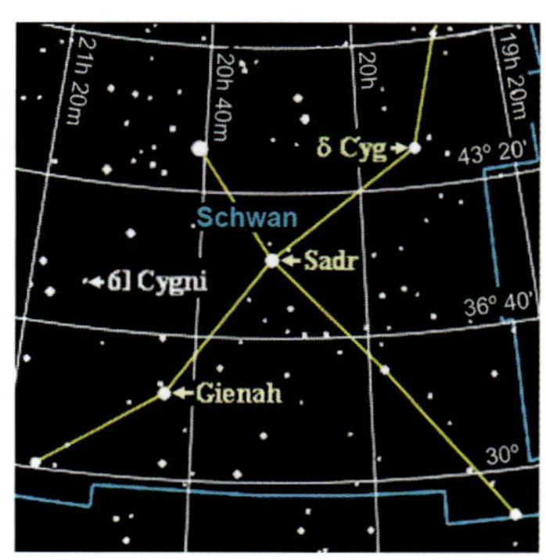

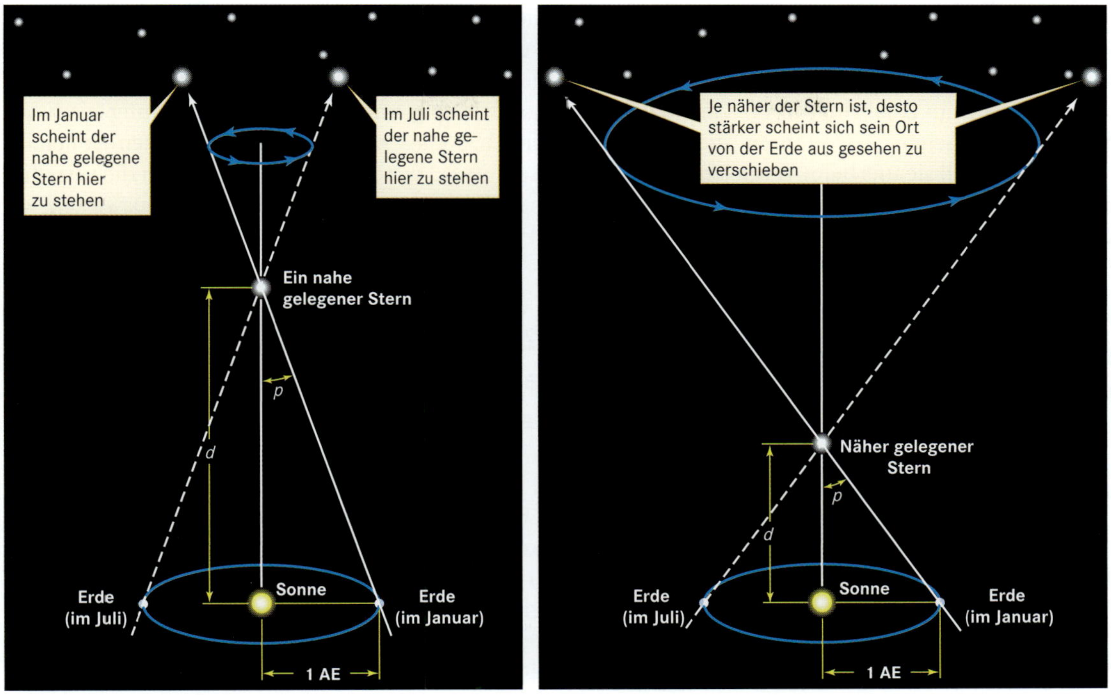

a Parallaxe eines nahe gelegenen Sterns

b Parallaxe eines noch näher gelegenen Sterns

Abb. 8.1 Entfernungsbestimmung anhand der Parallaxe. (a) Während des Umlaufs der Erde um die Sonne scheint sich ein nahe gelegener Stern vor dem Hintergrund weiter entfernter Sterne zu verschieben. Der Parallaxenwinkel (p) des Sterns ist gleich dem Winkel zwischen der Sonne und der Erde, wie er vom Stern aus gemessen würde. Die Darstellung ist nicht maßstabsgerecht; tatsächlich sind die Sterne viel weiter entfernt. In einer maßstabsgerechten Darstellung hätte der nächste Stern eine Entfernung von etwa 5 km. (b) Je näher ein Stern ist, desto größer ist sein Parallaxenwinkel p. Die Entfernung eines Sterns (in Parsec) ist der Kehrwert des Parallaxenwinkels p (in Bogensekunden), $d = 1/p$. (Mark Andersen/JupiterImages.)

des Teleskops begrenzt. Da sich Parallaxenwinkel von weniger als etwa 0,01" von der Erde aus schlecht messen lassen, können mit diesem Verfahren mit irdischen Teleskopen nur die Entfernungen von Sternen bis zu 100 pc ermittelt werden.

Weltraumteleskope unterliegen dagegen keinen Beeinträchtigungen durch unsere Atmosphäre und erreichen daher höhere Auflösungen als irdische. Über Parallaxenmessungen vom Weltraum aus können die Entfernungen viel weiter entfernter Sterne als von der Erde aus bestimmt werden.

Diesem Ziel diente der 1989 von der Europäischen Weltraumorganisation ESA gestartete Hipparcos-Satellit. (Die Bezeichnung ist einerseits ein Akronym für *high precision parallax collection satellite*, soll andererseits aber an den antiken griechischen Astronomen Hipparchos erinnern, der damals bereits ein Klassifizierungssystem für Sterne aufgestellt hatte.) Obwohl der Satellit seine vorgesehene Umlaufbahn nicht erreicht hat, konnten mit seiner Hilfe die Entfernungen von über 2,5 Millionen unserer nächsten Sterne – bis zu 500 Lj (150 pc) – bestimmt werden. Die erfolgreiche Hipparcos-Mission hat Pläne beflügelt, weiterentwickelte Satelliten für die Messung der Parallaxendaten noch weiter entfernter Sterne auszurüsten.

Ausreichend ist das allerdings nicht. In der Astronomie werden die Entfernungen weitaus fernerer Sterne benötigt, deren Parallaxen in absehbarer Zeit nicht gemessen werden können. Im Weiteren (siehe auch Kapitel 9 und 11) werden wir daher andere Verfahren zur Bestimmung noch größerer Entfernungen kennenlernen.

Nachdem wir die unterschiedlichen Entfernungen der Sterne betrachtet haben, wollen wir uns der Helligkeit zuwenden, mit der sie von der Erde aus zu sehen sind. Aus den Entfernungen und aus den beobachteten Helligkeiten lässt sich dann berechnen, wie viel Licht ein Stern tatsächlich aussendet – ein wichtiger Schlüssel zum Verständnis ihrer Entwicklung.

? Welcher der folgenden Körper hat von der Erde aus den kleinsten Parallaxenwinkel: der Mond, der Mars oder der Stern Sirius?

Helligkeitsskalen

Beginnend mit Hipparchos im 2. Jahrhundert v. Chr. bis hin zu Ptolemäus im 2. Jahrhundert n. Chr. klassifizierten die griechischen Astronomen die Sterne streng danach, wie hell sie uns beim Vergleich miteinander erscheinen. Da man damals davon ausging, dass alle Sterne genauso weit von uns entfernt sind, war dieses Vorgehen durchaus sinnvoll. Ein Einfluss unterschiedlicher Entfernungen von der Erde auf die Helligkeiten war damit nicht zu erwarten. Auch bei der Orientierung am nächtlichen Himmel ist eine solche Klassifizierung ungeachtet der Entfernung bis heute hilfreich, sodass wir damit auch beginnen wollen. In Abschnitt 8.3 werden wir sehen, wie sich die verschiedenen Entfernungen der Sterne darauf auswirken, wie hell sie von der Erde aus erscheinen.

Einblicke in die Wissenschaft

Größer muss nicht immer heller bedeuten Die Nummerierungen und Bezeichnungen in der Wissenschaft sind nicht immer intuitiv. Zunächst würde man sicher annehmen, dass hellere Sterne größere bzw. stärker positive Magnituden als schwächere haben sollten – bei der scheinbaren Helligkeit ist es genau umgekehrt. Auch im *Hertzsprung-Russel-Diagramm*, einer in der Astronomie häufig herangezogenen Darstellung von Sternen, die wir gleich kennenlernen werden, liegen die heißesten Sterne *links* und die kältesten *rechts*.

8.2 Die scheinbare Helligkeit ist ein Maß für die Helligkeit von Sternen, wie wir sie von der Erde aus sehen

Die Helligkeit von Sternen ohne Berücksichtigung ihrer Entfernungen von der Erde heißt **scheinbare Helligkeit** und wird in Größenklassen oder Magnituden (m) gemessen. Die Größenklassen sagen nur etwas über die gemessenen Helligkeiten aus und sind unabhängig davon, wie groß ein Stern ist. Ursprünglich erhielten die hellsten Sterne die Magnitude eins, $m = +1$. Sterne, die halb so hell wie die mit der Magnitude eins waren, erhielten die Magnitude zwei, $m = +2$, usw. Die

a RIVUXG

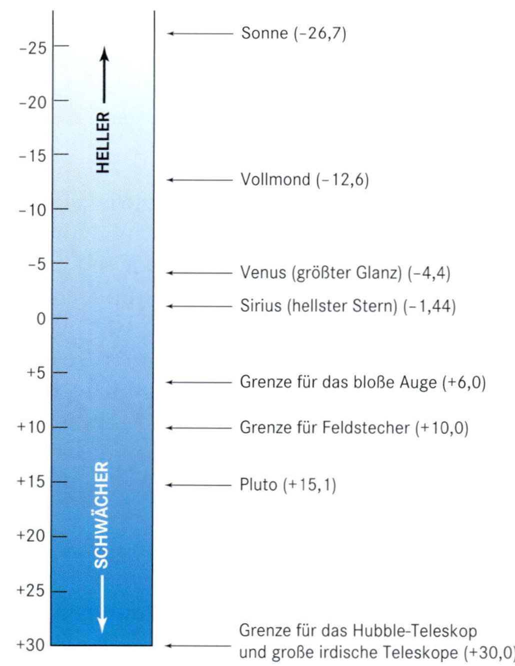

b

Abb. 8.2 Scheinbare Helligkeiten. (a) Eine Reihe von Sternen im Sternbild Orion und in seiner Umgebung; neben den Namen sind jeweils die scheinbaren Helligkeiten angegeben. (b) Die scheinbare Helligkeit von Objekten am Himmel wird in Magnituden angegeben. Die mit bloßem Auge sichtbaren Sterne haben Helligkeiten zwischen $m = -1{,}44$ (Sirius) und etwa $m = +6{,}0$. Allerdings sind auf CCD-Aufnahmen (CCDs sind die Lichtsensorchips, mit denen auch die üblichen Digitalkameras ausgestattet sind) des Hubble-Weltraumteleskops oder großer irdischer Teleskope noch Sterne und andere Objekte mit Helligkeiten bis $m = +30$ zu erkennen. (a: Okiro Fujii, L'Astronomie) schwächsten damals mit bloßem Auge gerade noch sichtbaren Sterne waren solche mit der Helligkeit sechs. (In die Versuchung, die gleißende Sonne in das Schema einzuordnen, kamen die griechischen Astronomen noch nicht.) Da sich die Sterne nicht an diskrete Helligkeitsgrade halten, sind natürlich auch gebrochene Helligkeiten wie +3,5 oder +4,8 zulässig.

Da hellere Objekte kleinere Magnituden als schwächere haben, hat der helle Stern Vega auf der heute verwendeten Skala die scheinbare Helligkeit 0,0. Allerdings gibt es durchaus Objekte, die noch weit heller als die Vega sind. Daher war man gezwungen, den scheinbaren Helligkeiten der *hellsten* Objekte *negative* Zahlen zu geben. Sirius, der hellste Stern am Nachthimmel überhaupt, hat die scheinbare Helligkeit $m = -1{,}44$. Abb. 8.2a zeigt ihn zusammen mit den scheinbaren Helligkeiten einiger Sterne im Orion. Mit dieser Konvention können andere helle Objekte am Himmel wie die Sonne, der Mond, Kometen und die Planten ebenfalls relative Helligkeiten zugeordnet werden. Die Venus zur Zeit ihres höchsten Glanzes hat die scheinbare Helligkeit $m = -4{,}4$, der Vollmond $m = -12{,}6$ und die Sonne sogar $m = -26{,}7$. *Wir halten fest:* Objekte mit negativen scheinbaren Helligkeiten erscheinen heller als solche mit positiven.

Doch auch in der anderen Richtung wurde die Helligkeitsskala erweitert, sodass auch schwächere Sterne einbezogen werden können, die nur in Teleskopen sichtbar sind. Die schwächsten Sterne, die in leistungsfähigen Ferngläsern gerade noch sichtbar sind, haben eine scheinbare Helligkeit von etwa $m = +10$. Auf Langzeitbelichtungsaufnahmen von Teleskopen sind noch schwächere Sterne zu erkennen. Mit dem Keck-Teleskop in Hawaii, dem Hubble-Teleskop u. a. sind noch schwache Sterne bis $m = +30$ aufgezeichnet worden. Abb. 8.2b zeigt die heutige Skala der scheinbarer Helligkeiten. Auf ähnliche Weise können die scheinbaren Helligkeiten ganzer Gruppen von Sternen, etwa ferner Galaxien, klassifiziert werden.

Allerdings wissen wir heute, dass die Sterne unterschiedlich weit von uns entfernt sind. Damit lässt sich aus den scheinbaren Helligkeiten nicht direkt auf ihre Eigenschaften schließen. Von zwei ansonsten völlig gleichen Sternen ist der nähere heller zu sehen (hat also eine größere scheinbare Helligkeit). Um diese unterschiedlichen Entfernungen zu berücksichtigen, sind zwei Größen eingeführt worden: die absolute Helligkeit und die Leuchtkraft.

? Was könnte dafür verantwortlich sein, wenn von zwei gleichen Sternen der nähere schwächer erscheint?

8.3 Absolute Helligkeiten und Leuchtkräfte hängen nicht von der Entfernung ab

Um die Gesamtenergie zu ermitteln, die ein Stern in den Weltraum abstrahlt, muss man berücksichtigen, dass die Sterne unterschiedlich weit von der Erde entfernt sind. Zu diesem Zweck wird die Helligkeit berechnet, die jeder Stern hätte, wenn alle Sterne genauso weit von uns entfernt wären. Anhand der Entfernung eines Sterns und seiner scheinbaren Helligkeit kann man dann ermitteln, wie hell er in beliebiger Entfernung wäre. Die **absolute Helligkeit** (M) ist die Helligkeit, die ein Stern in einer Entfernung von 10 pc hätte. Auch bei absoluten Helligkeiten ist es so, dass hellere Sterne die kleinere Magnitude haben.

Um die Beziehung zwischen scheinbarer Helligkeit und absoluter Helligkeit zu verstehen, müssen wir zunächst sehen, wie die Helligkeit eines Objekts von seiner Entfernung abhängt. Wir betrachten zwei gleiche Sterne, von denen einer doppelt so weit entfernt wie der andere ist. Wie viel schwächer sehen wird den weiter entfernten von der Erde aus?

Während sich das von einer Lichtquelle abgestrahlte Licht ausbreitet, verteilt es sich auf immer größere Flächen, sodass seine Helligkeit abnimmt. Je weiter eine Lichtquelle entfernt ist, desto schwächer sieht sie aus. Wie schnell die Helligkeit mit der Entfernung abnimmt, beschreibt das **quadratische Abstandsgesetz**.

Wir betrachten nun das Licht, das ein Stern abstrahlt (Abb. 8.3a). Dazu greifen wir eine kleine Fläche voll Licht heraus, das sich schon über die Strecke $d = 1$ ausgebreitet hat. Diese Fläche hat eine bestimmte Helligkeit. Hat sich das Licht über die doppelte Strecke ($d = 2$) ausgebreitet, ist das Lichtquadrat viermal so groß geworden. In jedem der gleich großen Quadrate bei $d = 2$ sind nur noch ein Viertel der Photonen wie in dem gesamten Quadrat bei $d = 1$ enthalten. Damit ist jedes kleine Quadrat bei $d = 2$ nur ein Viertel so hell wie das gleich große Quadrat bei $d = 1$. Analog verteilt sich das Licht auf neun Quadrate von der Größe des ursprünglichen, wenn sich das Licht bis $d = 3$ fortgepflanzt hat. Jedes dieser Quadrate ist dann nur noch ein Neuntel so hell wie das ursprüngliche Quadrat bei $d = 1$.

Wir betrachten ein Beispiel: Die Sonne sendet von ihrer gesamten Oberfläche eine Leistung von $3{,}83 \cdot 10^{26}$ W (Watt) aus. (Zum Vergleich: Eine helle Glühlampe hat eine Leistung von 100 W.) Während sich diese Leistung im Raum ausbreitet, verteilt sie sich auf eine immer größere Fläche. Hat das Sonnenlicht die Umlaufbahn des Merkur erreicht, beträgt die Leistung 9140 Watt pro Quadratmeter (W/m^2). In einer Ent-

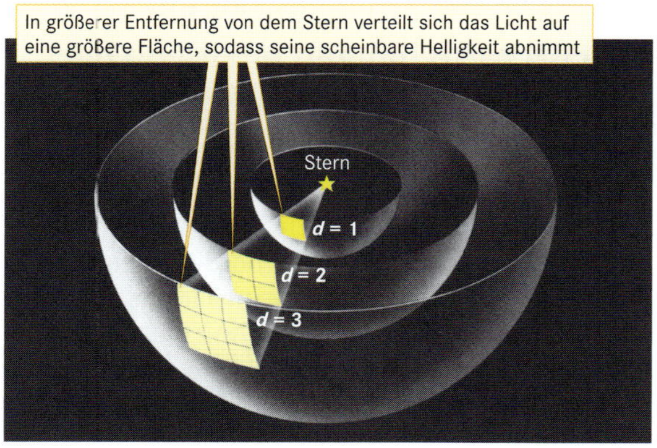

a

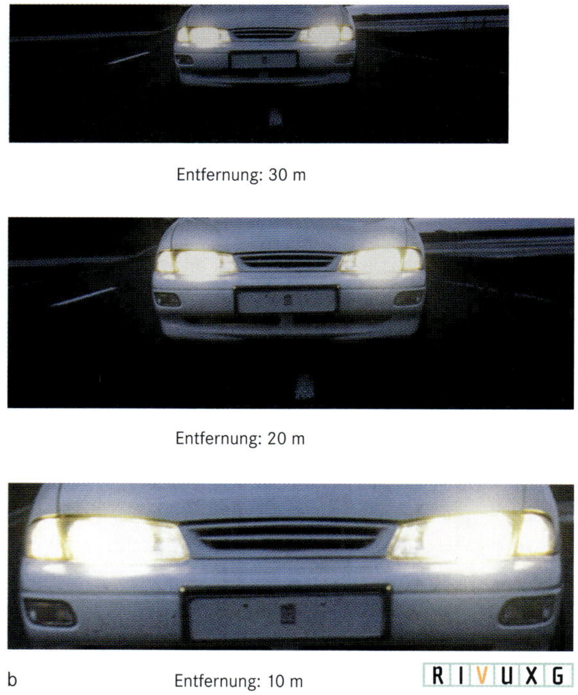

b

Abb. 8.3 Das quadratische Abstandsgesetz. (a) In größerer Entfernung von der Lichtquelle muss dieselbe Strahlung einer Lichtquelle eine immer größere Fläche ausleuchten. Dabei nimmt die Helligkeit dem quadratischen Abstandsgesetz folgend ab. Das heißt, in der dreifachen Entfernung nimmt die Helligkeit um einen Faktor neun ab. (b) Ein Auto in Entfernungen von 10 m, 20 m und 30 m veranschaulicht dies. (b: Lizenzfrei/CORBIS)

fernung von 1 AE von der Sonne hat sich die Leistung so weit verteilt, dass sie auf die Fläche bezogen nur noch 1370 W/m^2 beträgt. Man kann diesen Effekt sehr schön bei den Scheinwerfern eines entgegenkommenden Autos beobachten (Abb. 8.3b).

Die genaue Formulierung des quadratischen Abstandsgesetzes lautet:

> **!** Die scheinbare Helligkeit nimmt umgekehrt proportional mit dem Quadrat der Entfernung zwischen Quelle und Beobachter ab.

Wir kehren nun zu den beiden ursprünglich betrachteten gleichen Sternen zurück, von denen einer doppelt so weit wie der andere entfernt ist. Wenn uns das Licht beider Sterne erreicht, ist der weiter entfernte also nur $(1/2)^2 = 1/4$ so hell wie der nähere.

Üblicherweise werden die absoluten Helligkeiten ausgehend von den scheinbaren bestimmt. Offensichtlich können wir nicht einfach einen Stern auf eine Entfernung von 10 pc verschieben und anschließend seine scheinbare Helligkeit messen. Allerdings lässt sich zumindest die absolute Helligkeit nahe gelegener Sterne ermitteln, indem wir die scheinbare Helligkeit messen und anhand des Parallaxenwinkels ihre Entfernungen bestimmen. Daraus können wir dann ihre absolute Helligkeit bestimmen.

Da wir die Entfernung und die scheinbare Helligkeit der Sonne kennen, können wir über das quadratische Abstandsgesetz bestimmen, wie hell sie in einer Entfernung von 10 pc wäre. Man erhält in dieser Entfernung eine scheinbare Helligkeit von $m = +4{,}8$, sodass die Sonne die absolute Helligkeit von $M = +4{,}8$ hat.

Da die absolute Helligkeit ein Maß dafür ist, wie hell Sterne untereinander im Vergleich sind, sind sie wertvolle Daten für Modelle der Sternentwicklung, denen wir uns in den nächsten Kapiteln widmen werden. Die absoluten Helligkeiten liegen zwischen etwa $M = -10$ für die hellsten Sterne und $M = +17$ für die schwächsten. 2

Allerdings geben die absoluten Helligkeiten nur die jeweiligen Verhältnisse der Energieabgaben zwischen den Sternen an. Um die Vorgänge in Sternen zu verstehen, benötigen wir aber auch den Absolutwert der freigesetzten Gesamtenergie. Die von einem Stern insgesamt abgestrahlte elektromagnetische Leistung (Energie/Zeiteinheit) wird **Leuchtkraft** genannt. In Kapitel 3 hatten wir gesehen, dass die Leuchtkraft eines Objekts umso höher ist, je heller es ist. Je kleiner bzw. stärker negativ die absolute Helligkeit eines Sterns ist, desto höher ist also seine Leuchtkraft. Zweckmäßig gibt man Leuchtkräfte in Vielfachen der Sonnenleuchtkraft $L_\odot$ an. Wir hatten schon erwähnt, dass dieser Wert etwa 3,83 · 10^{26} W beträgt. Die hellsten Sterne ($M = -10$) haben Leuchtkräfte von $10^6\ L_\odot$. Mit anderen Worten, jeder dieser Sterne gibt so viel Energie wie eine Million Sonnen ab. Die schwächsten Sterne mit $M = +17$ haben Leuchtkräfte von $10^{-5}\ L_\odot$. In den folgenden Kapiteln werden Sie zahlreiche Werte für die Leuchtkraft und absolute Helligkeit verschiedener Sterne finden.

? Weshalb kann die Gesamtenergieabgabe eines Sterns sowohl als absolute Helligkeit als auch als Leuchtkraft angegeben werden?

Die Temperaturen von Sternen

Nachdem es Anfang des 20. Jahrhunderts möglich war, die Helligkeiten von Sternen zu bestimmen, konnten sich die Astronomen anschicken, die Entwicklung von Sternen zu beschreiben. Einen großen Schritt in dieser Richtung markierte ein Diagramm, in dem Gruppen physikalisch ähnlicher Sterne benachbart aufgetragen sind und das wertvolle Rückschlüsse auf die in ihnen ablaufenden Vorgänge zulässt. In dieser Darstellung sind entweder die Leuchtkräfte oder äquivalent die absoluten Helligkeiten über den Oberflächentemperaturen der Sterne aufgetragen. Auf diesem Diagramm beruhen unsere heutigen Modelle für die Aktivität und Entwicklung der Sterne. Um die dafür benötigten Oberflächentemperaturen zu ermitteln, ziehen wir eine bisher außer Acht gelassene Tatsache heran, nämlich die, dass die Sterne nicht alle dieselbe Farbe haben.

8.4 Die Farbe eines Sterns gibt Auskunft über seine Oberflächentemperatur

Schon mit bloßem Auge fällt auf, dass die Sterne verschiedene Farben haben. Die meisten von ihnen sind rot, orange, gelb, weiß oder blauweiß (siehe Abb. 8.2a und 8.4a). Wir hatten bereits bei der Sonne gelernt, dass sich Sterne annähernd wie Schwarze Körper verhalten. Ihre Farben sind also durch ihre Oberflächentemperaturen bestimmt. Abb. 3.40 zeigt, dass Schwarzen Körpern mit unterschiedlichen Temperaturen auch andere Strahlungskurven für die Intensität zugeordnet sind. Das Wien'sche Verschiebungsgesetz besagt, wie die Höhen und Lagen der Maxima von der Temperatur abhängen. 3

a

Abb. 8.4 Temperatur und Farbe. (a) Diese schöne Aufnahme des Hubble-Teleskops zeigt, wie „bunt" die Sterne sind. (b) Die Abhängigkeit der Farbe eines Sterns von seiner Oberflächentemperatur. Die Intensität des Lichts dreier Sterne ist über der Wellenlänge aufgetragen (vgl. mit Abb. 3.40). Die Farbbänder markieren den Bereich des sichtbaren Lichts. Die Lage des Maximums der Intensität in Bezug auf das sichtbare Licht bestimmt jeweils, mit welcher Farbe wir das Licht sehen. Die kleinen Aufnahmen rechts oben in jedem Diagramm zeigen jeweils Sterne mit ungefähr diesen Oberflächentemperaturen. Der Ultraviolettbereich (UV) erstreckt sich bis zu 10 nm. Eine Übersicht über die verschiedenen Wellenlängen finden Sie in Abb. 3.7. (a: Hubble Heritage Team/AURA/STScI/NASA; b: Andrea Dupree/Harvard-Smithsonian CFA, Ronald Gilliland/STScI, NASA und ESA (links); NSO/AURA/NSF (Mitte); Till Credner, Allthesky.com (rechts))

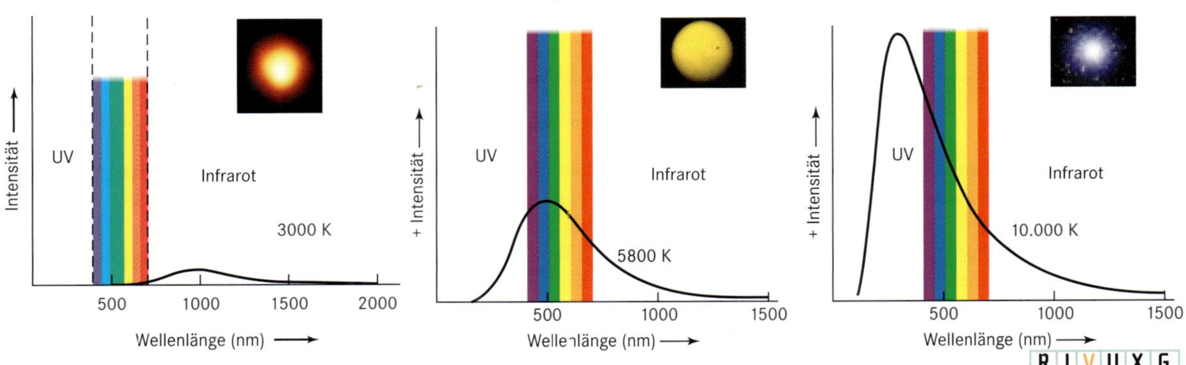

b

Abb. 8.4 zeigt drei typische Strahlungskurven Schwarzer Strahler. Das Intensitätsmaximum des Lichts eines verhältnismäßig kalten Sterns liegt bei langen Wellenlängen, sodass der Stern rot aussieht. Das Maximum eines sehr heißen Sterns ist bei kürzeren Wellenlängen zu finden, sodass er blau erscheint. Die maximale Intensität eines Sterns mit mittlerer Temperatur wie die Sonne liegt in der Mitte des sichtbaren Spektrums.

Zur genauen Bestimmung der Maxima der Strahlungskurven von Sternen und somit ihrer Oberflächentemperaturen muss man wissen, welche Kurve den jeweiligen Stern am besten beschreibt. Diese Angaben liefert die **Fotometrie**. Dabei sammelt ein Teleskop das Sternlicht, das daraufhin durch einen Farbfiltersatz geleitet und mit einem CCD-Sensor aufgezeichnet wird. Von jedem Stern werden mindestens drei fotometrische Aufnahmen angefertigt, bei denen das Licht durch Filter geht, die unterschiedliche Lichtwellenlängen durchlassen. Auf den entsprechenden Aufnahmen hat das Bild dann jeweils eine unterschiedliche Intensität. Um die Temperatur eines Sterns zu ermitteln, werden die drei Intensitäten in ein Diagramm eingetragen. Daraus wird dann diejenige Schwarzkörper-Strahlungskurve abgelesen, die am besten zu den Intensitäten passt.

Wenn wir z. B. einen Stern betrachten, dessen Oberfläche mit einer Temperatur von 10.000 K sehr heiß ist (der heißeste Stern in Abb. 8.4b), ist seine Strahlung zum Ultraviolett verschoben. Der Stern erscheint dann durch ein Ultraviolettfilter sehr hell, durch ein Blaufilter schwächer und durch ein Gelbfilter nochmals schwächer. Ein solcher Stern ist z. B. Regulus im Sternbild Löwe. Das Strahlungsmaximum eines kalten Sterns, etwa mit einer Temperatur von 3000 K (der kälteste Stern in Abb. 8.4b), liegt dagegen bei langwelligen sichtbaren oder sogar Infrarotwellenlängen. Ein solcher Stern erscheint durch ein Rotfilter hell, durch ein

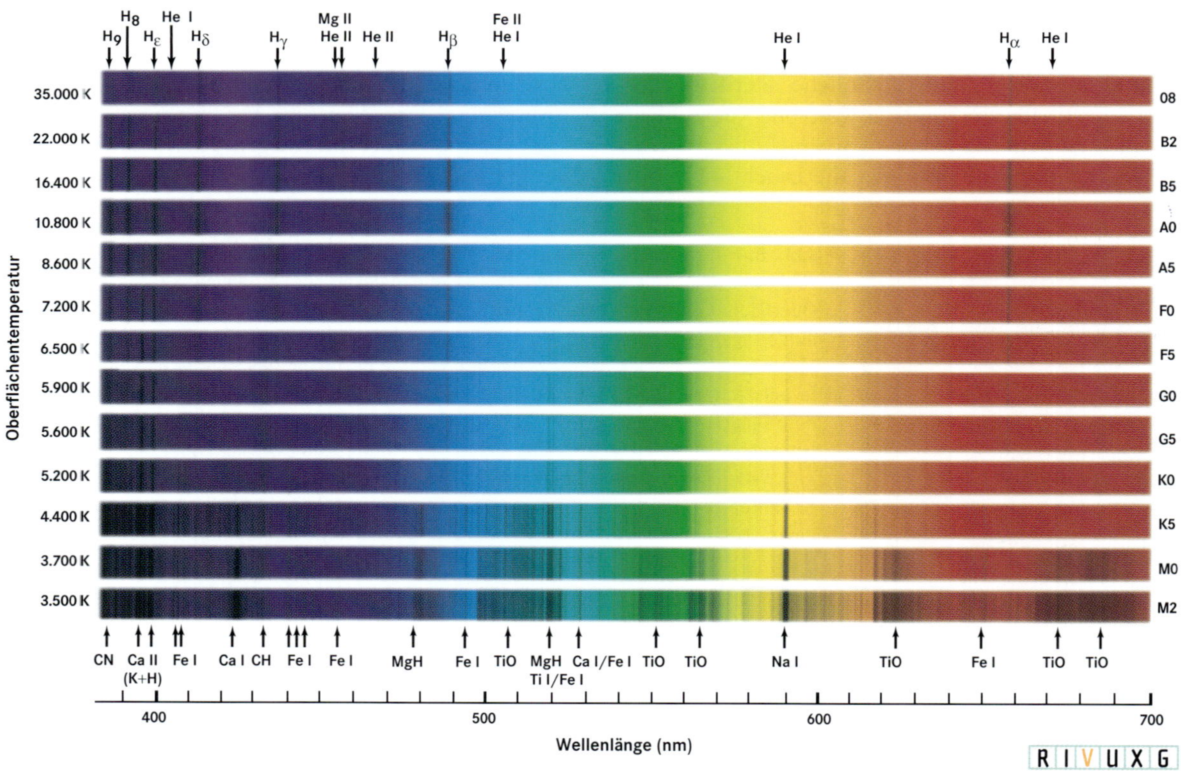

Abb. 8.5 Die Spektren von Sternen mit unterschiedlichen Oberflächentemperaturen. Rechts ist der entsprechende Typ jedes Spektrums angegeben. (Beachten Sie, dass zu jeder Spektralklasse ein ganzer Temperaturbereich gehört.) In Sternen mit Oberflächentemperaturen von etwa 10.000 K (vom Typ A) dominieren die Wasserstoff-Balmer-Linien. Kältere Sterne (der Typen G und K), die die Atomlinien zahlreicher Elemente zeigen, deuten auf Temperaturen von 4000 bis 6000 K hin. Mehrere der breiten, dunklen Banden der kältesten Sterne (von der Spektralklasse M) sind charakteristisch für Titanoxidmoleküle (TiO), die nur bei Temperaturen unter 3500 K stabil sind. Eine römische Ziffer I hinter dem Element bedeutet, dass die Absorptionslinie von einem neutralen Atom herrührt, eine römische II, dass die Absorption von Atomen kommt, die je ein Elektron verloren haben (siehe Abschnitt 3.21). (R. Bell, University of Maryland, und M. Briley, University of Wisconsin at Oshkosh)

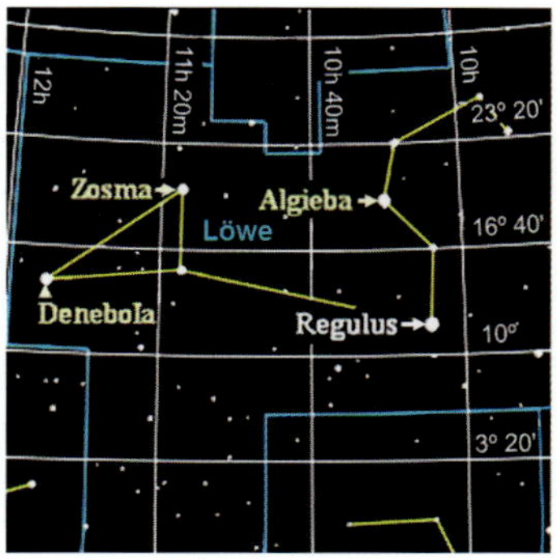

Gelbfilter schwächer und durch ein Blaufilter noch schwächer. Beispiele solcher kalten Sterne sind Beteigeuze (siehe Abb. 8.2a) und Aldebaran. Auch Menschen sind übrigens Schwarze Körper, das Maximum ihrer Strahlung liegt bei etwa 300 K im Infrarot.

8.5 Auch das Spektrum eines Sterns besagt etwas über seine Oberflächentemperatur

Eine andere Möglichkeit, die Oberflächentemperatur von Sternen zu bestimmen, ist die Untersuchung ihres Spektrums mittels **Sternspektroskopie** (siehe Kapitel 3). Wie wir wissen, sind die Spektrallinien ein Ergebnis der Absorption und Streuung des Lichts durch Gase in ihrer Atmosphäre, im interstellaren Raum und in der Erdatmosphäre. Wird das Spektrum eines Sterns aufgenommen, sind also zunächst Spektrallinien auszusondern, die auf das interstellare Gas und auf die Erdatmosphäre zurückzuführen sind. Die restlichen Linien müssen dann in der Atmosphäre des Sterns entstanden sein. Aus diesen Spektrallinien können wir Erkenntnisse über die chemischen Zusammensetzungen der Außenschichten der Sterne entnehmen.

? Ein Stern mit welcher Temperatur hat die stärkste blaue Strahlung: 3000 K, 5200 K, 6800 K?

Auf den ersten Blick scheinen die Sterne eine verwirrende Vielfalt von Spektren zu zeigen. Einige hiervon zeigt Abb. 8.5. Manche Spektren zeigen kräftige Wasserstoff-Absorptionslinien, andere dagegen solche des Calciums und des Eisens. Nochmals andere weisen breite Absorptionsbanden auf, die von Molekülen wie Titanoxid herrühren.

Alle diese Spektren enthalten Hinweise auf Eigenarten der jeweiligen Sterne und insbesondere auf ihre Oberflächentemperaturen. Fast alle Sternatmosphären enthalten große Wasserstoffmassen. Auch wenn etwa Dreiviertel der Masse eines typischen Sterns von Wasserstoff kommen, zeigt keineswegs das Spektrum aller Sterne kräftige (d. h. dunkle) Wasserstoffabsorptionslinien. Die Stärke der Absorptionslinien hängt von der Temperatur des Sterns ab. Ende der 1920er Jahre gelang es der Astronomin Cecilia Payne und dem Physiker Meghnad Saha aus den USA zu erklären, weshalb das beobachtete Wasserstoffspektrum eines Sterns von seiner Oberflächentemperatur abhängt.

Beim Verständnis hilft das Bohr'sche Modell des Wasserstoffatoms (siehe Abb. 3.49). Niels Bohr hatte Anfang des 20. Jahrhunderts die Hypothese aufgestellt, dass die sichtbaren Wasserstofflinien, die *Balmer-Linien*, entstehen, wenn Photonen Elektronen vom zweiten Energieniveau $n = 2$ auf ein höheres anregen. In Abschnitt 3.22 hatten wir bereits erwähnt, dass diese Übergänge mit H_α, H_β, H_γ usw. bezeichnet werden. Bei 10.000 K haben die meisten Wasserstoffelektronen schon so viel Photonenenergie absorbiert, dass sie normalerweise bereits auf dem Energieniveau $n = 2$ sind. Nehmen diese Elektronen noch mehr Energie auf, gehen sie auf höhere Energieniveaus über. Sterne mit dieser Oberflächentemperatur erzeugen also die stärksten Balmer-Linien.

Weshalb erzeugen aber heißere oder kältere Sterne schwächere (weniger dunkle) Balmer-Absorptionslinien? Wir betrachten zunächst einen Stern, der viel heißer als 10.000 K ist. Bei so hohen Temperaturen schlagen hochenergetische Photonen, die durch die Photosphäre laufen, fast alle Elektronen aus den Wasserstoffatomen heraus (man sagt auch, diese Atome werden ionisiert). Da ein ionisiertes Wasserstoffatom keine Spektrallinien mehr erzeugen kann, zeigt ein sehr heißer Stern, trotzdem er reichlich Wasserstoff enthält, nur sehr schwache Balmer-Linien. Ist ein Stern dagegen wesentlich kälter als 10.000 K, haben die meisten Photonen zu wenig Energie, um zahlreiche Elektronen auf dem Energieniveau $n = 2$ (dem ersten angeregten Zustand) zu halten oder gar auf das Niveau $n = 2$ oder ein höheres Energieniveau anzuregen. Somit zeigen auch diese Sterne schwache Balmer-Linien. Um starke Balmer-Linien zu erzeugen, muss ein Stern einerseits heiß genug sein, damit Elektronen aus dem Zustand $n = 2$ angeregt werden können, darf aber andererseits nicht so heiß sein, dass ein wesentlicher Anteil der Atome ionisiert ist.

Wie Abb. 8.5 zeigt, dominieren bei Temperaturen wesentlich über oder unter 10.000 K die Spektrallinien anderer Elemente im Spektrum eines Sterns. Zum Beispiel sind die Spektrallinien von neutralem Helium zwar um 10.000 K verhältnismäßig schwach, bei etwa 25.000 K aber recht stark ausgeprägt. Bei dieser Temperatur besitzen die Photonen so viel Energie, dass sie Heliumatome anregen können, ohne ihre Elektronen herauszuschlagen. Umgekehrt sind die Spektrallinien von neutralem Eisen bei etwa 3500 K besonders gut ausgeprägt. Anhand eines Vergleichs

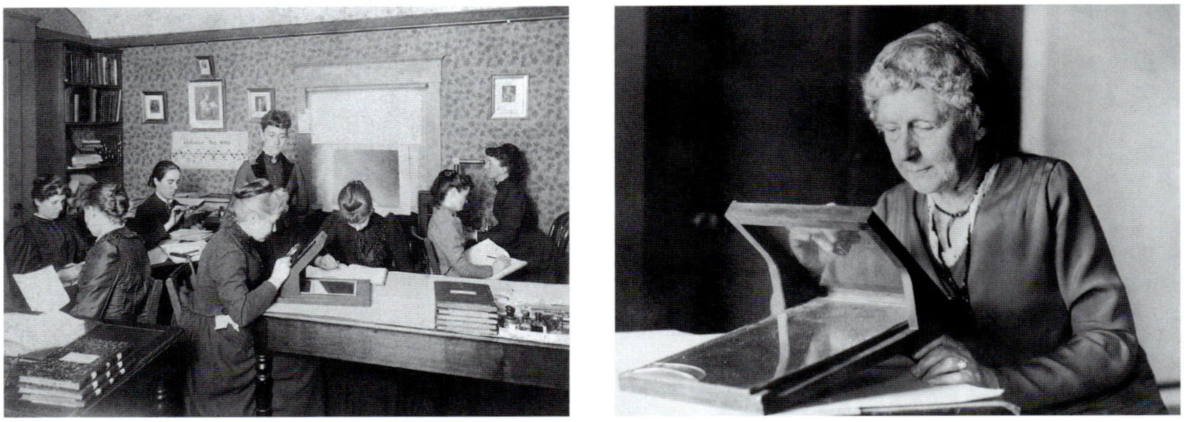

a b RIVUXG

Abb. 8.6 **Klassifizierung von Sternspektren.** Die heutige Klassifizierung der Sterne anhand ihrer Spektren wurde Ende des 19. Jahrhunderts am Harvard College Observatory entwickelt. Eine Gruppe von Astronominnen, anfangs unter der Leitung von Edward C. Pickering (nicht im Bild) und (a) Williamina Fleming (stehend) und später von (b) Annie Jump Cannon, untersuchte Hunderttausende Spektren. Die gesellschaftlichen Bedingungen dieser Zeit verwehrten Astronominnen meist den Zugang zu Forschungsteleskopen oder den Bezug vergleichbarer Gehälter wie ihre männlichen Kollegen. (a: Harvard College Observatory; b: © Bettmann/CORBIS)

der relativen Stärken einer Vielzahl von Absorptionslinien kann man also die Oberflächentemperaturen von Sternen sehr genau ermitteln.

8.6 Sterne werden nach ihren Spektren klassifiziert

Wie wir gesehen hatten, kann die Oberflächentemperatur eines Sterns entweder aus dem Maximum seiner Strahlungskurve oder aus der Stärke seiner verschiedenen Spektrallinien bestimmt werden. Der Zweckmäßigkeit halber werden die verschiedenen Sternspektren seit Mitte des 19. Jahrhunderts in **Spektralklassen** bzw. -typen eingeteilt. In einem Ende des 19. Jahrhunderts eingeführten Klassifizierungsschema wurde jedem Stern anhand der Stärke der Balmer-Wasserstofflinien in seinem Spektrum ein Buchstabe zwischen A und P zugeordnet. Dies beruhte auf der Annahme, dass die Stärke dieser Linien eindeutig Aufschluss über seine Oberflächentemperatur gibt, was allerdings – wie wir gesehen hatten – nicht zutrifft.

Die heute gebräuchlichen Spektralklassen wurden Anfang des 20. Jahrhunderts von Edward C. Pickering und Williamina Fleming und später von Annie Jump Cannon und ihren Kollegen am Harvard Observatory entwickelt (Abb. 8.6). Viele der zuvor verwendeten Klassen von A bis P wurden fallengelassen, da die Balmer-Linien schwach sein können, wenn der Stern sehr kalt ist, aber ebenso, wenn er sehr heiß ist. Die restlichen Spektralklassen, die auf den Balmer-Linien beruhten, wurden nach der Temperatur auf der Sternoberfläche in der **OBAFGKM-Hauptfolge** angeordnet, für die Astronomen oft die folgende Eselsbrücke heranziehen: „Oh, Be A Fine Girl, Kiss Me!"

? Weshalb haben sehr heiße Sterne schwache Wasserstofflinien, obwohl sie hauptsächlich aus Wasserstoff bestehen?

Die heißesten Sterne besitzen Oberflächentemperaturen von 30.000 bis 50.000 K und gehören zur Spektralklasse O; in ihren Spektren dominieren He II und Si IV (dreifach ionisiertes Silicium). Die kältesten Sterne haben Oberflächentemperaturen von 2500 bis 3000 K und bilden die Spektralklasse M. Tab. 8.1 enthält für jede Spektralklasse repräsentative Beispiele.

Einblicke in die Wissenschaft

Die „Metalle" der Astronomen – eine gewöhnungsbedürftige Bezeichnung In der Astronomie heißen alle Elemente außer Wasserstoff und Helium „Metall". In der Chemie erfolgt die Klassifizierung in Metalle oder Nichtmetalle dagegen nach den physikalischen und chemischen Eigenschaften. Für den Chemiker sind also Natrium und Eisen Metalle, während Kohlenstoff und Sauerstoff nicht dazuzählen.

Tab. 8.1 Die Spektralreihe

Spektralklasse	Farbe	Temperatur (K)	Spektrallinien	Beispiele
O	Blauviolett	50.000–30.000	Ionisierte Atome, vor allem Helium	Naos (ζ Puppis), Mintaka (δ Orionis)
B	Blauweiß	30.000–11.000	Neutrales Helium, etwas Wasserstoff	Spica (α Virginis), Rigel (β Orionis)
A	Weiß	11.000–7.500	Starke Wasserstofflinien, einige ionisierte Metalle	Sirius (α Canis Majoris), Vega (α Lyrae)
F	Gelbweiß	7.500–5.900	Wasserstoff und ionisierte Metalle wie Calcium und Eisen	Canopus (α Carinae), Procyon (α Canis Minoris)
G	Gelb	5.900–5.200	Sowohl neutrale als auch ionisierte Metalle, vor allem ionisiertes Calcium	Sonne, Capella (α Aurigae)
K	Orange	5.200–3.900	Neutrale Metalle	Arktur (α Boötis), Aldebaran (α Tauri)
M	Rotorange	3.900–2.500	Starke Titanoxidlinien und etwas neutrales Calcium	Antares (α Scorpii), Beteigeuze (α Orionis)

Der weite Temperaturbereich, über den sich jede Spektralklasse erstreckt, verlangte eine weitere Verfeinerung der OBAFGKM-Hauptfolge. Inzwischen unterteilt sich jede Spektralklasse nach der Temperatur nochmals in zehn Teilbereiche. Für diese zehn Feinabstufungen wird eine ganze Zahl zwischen 0 (am heißesten) und 9 (am kältesten) angefügt. Somit ist ein A8-Stern heißer als ein A9-Stern und dieser wiederum heißer als ein F0-Stern, der heißer als ein F1-Stern ist usw. Die Sonne, in deren Spektrum einfach ionisierte Metalle (insbesondere Fe II und Ca II) dominieren, ist ein G2-Stern.

? Welche Sternklasse ist nur etwas kälter als K9? (Die Antwort finden Sie in der Abbildungsunterschrift von Abb. 8.7.)

? Sterne welcher Spektralklasse sind am heißesten: F5, B6 oder M3?

Spektralklasse und Leuchtkraftklasse

Wenn sich Objekte in Mustern gruppieren lassen, liegen dem meist bestimmte Eigenschaften zugrunde. Anfang des 20. Jahrhunderts begannen die Astronomen, nach den Zusammenhängen zwischen den verschiedenen Eigenschaften der Sterne zu suchen. Dabei zeigte sich, dass die Beziehung zwischen der Leuchtkraft und der Oberflächentemperatur eines Sterns ein Schlüssel zum Verständnis der verschiedenen Sterntypen ist. Wie häufig in der Wissenschaft wurde die Bedeutung dieses Zusammenhangs von zwei Forschern fast gleichzeitig, aber unabhängig erkannt.

8.7 Im Hertzsprung-Russel-Diagramm lassen sich verschiedene Gruppen von Sternen identifizieren

Um 1911 stellte der dänische Astronom Ejnar Hertzsprung fest, dass in einer grafischen Darstellung der Leuchtkräfte (oder der absoluten Helligkeiten) von Sternen über ihren Oberflächentemperaturen (oder Spektralklassen) bestimmte Muster zutage traten. Die Leuchtkraft bzw. die absolute Helligkeit charakterisiert die von einem Stern oder anderen Körper abgestrahlte Gesamtenergie. Sie ist ein genaues Maß dafür, was wir gemeinhin etwas unbestimmt „Helligkeit" nennen. Der amerikanische Astronom Henry Norris Russel war zwei Jahre später unabhängig zum selben Ergebnis gelangt. Ein Diagramm der Leuchtkraft oder absoluten Helligkeit von Sternen über deren Oberflächentemperatur oder Spektralklasse heißt daher **Hertzsprung-Russel-Diagramm**, gelegentlich abgekürzt als **HRD**.

Das Hertzsprung-Russel-Diagramm ist so bedeutsam, weil es zeigt, dass die Oberflächentemperaturen und Leuchtkräfte von Sternen nicht in beliebigen Kombinationen vorkommen, sondern miteinander zusammenhängen. Abb. 8.7 ist ein typisches Hertz-

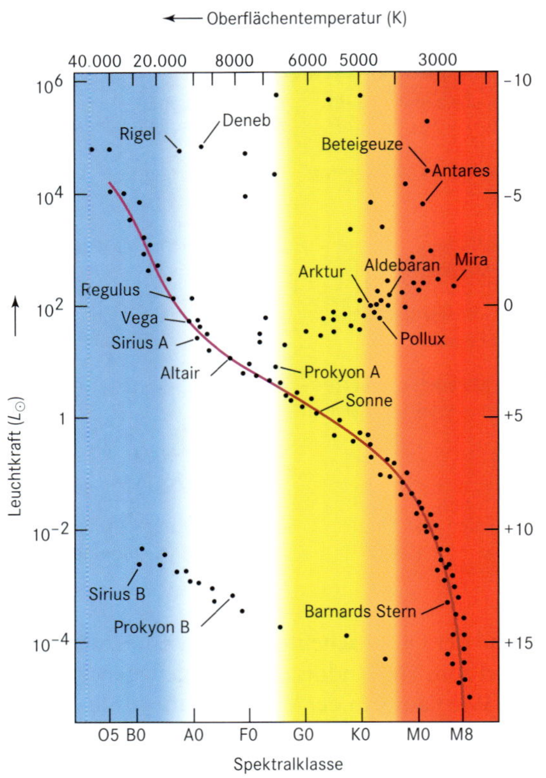

Abb. 8.7 Hertzsprung-Russel-Diagramm. Im Hertzsprung-Russel-Diagramm sind die Leuchtkräfte von Sternen über ihren Spektralklassen aufgetragen. Jeder Punkt bedeutet einen Stern, dessen Leuchtkraft und Spektralklasse bestimmt worden sind. Bei einigen bekannteren Sternen steht der Name dabei. Offenbar häufen sich die Punkte in wenigen Gebieten, was auf einen Zusammenhang zwischen der Leuchtkraft und der Spektralklasse hindeutet: Hauptreihensterne liegen auf der roten Kurve, Riesen rechts, Überriesen oben und Weiße Zwerge unter der Hauptreihe. Rechts bzw. oben sind die absolute Helligkeit bzw. die Oberflächentemperatur aufgetragen. Gelegentlich werden diese anstelle der Leuchtkraft und der Spektralklasse verwendet. (*Antwort auf die Frage im Text:* Ein M0-Stern ist der nächstkältere nach einem K9-Stern.)

Einblicke in die Wissenschaft

Von Mustern zu Modellen Muster im Verhalten verwandter Objekte geben oft wertvolle Aufschlüsse über ihre Eigenschaften und deren Ursachen. Ausgehend davon lassen sich mathematische Modelle formulieren, die wieder zu neuen Voraussagen führen. Zum Beispiel wird in der Astronomie die Beziehung zwischen der Leuchtkraft und der Oberflächentemperatur von Sternen im Hertzsprung-Russel-Diagramm untersucht, um Aufschluss über die Vorgänge im Inneren der Sterne zu erhalten.

sprung-Russel-Diagramm. Jeder Punkt repräsentiert einen Stern, dessen Leuchtkraft und Spektralklasse bestimmt worden sind. Auf der oberen Achse sind die Oberflächentemperaturen aufgetragen und auf der rechten die absoluten Helligkeiten. Somit sieht man die Äquivalenz von Temperatur und Spektralklasse einerseits und von Leuchtkraft und absoluter Helligkeit andererseits.

Oben im Diagramm sind helle Sterne, unten schwache zu finden. Auch hier ist es etwas gewöhnungsbedürftig, dass heiße Sterne (O und B) links und kältere (M) rechts stehen – es war die Hauptfolge OBAFGKM, die Hertzsprung und Russel zu dieser Anordnung bewog.

In Abb. 8.7 fällt ein Band von Sternen auf, das sich diagonal durch das Hertzsprung-Russel-Diagramm zieht und die meisten Sterne enthält, die wir am nächtlichen Himmel sehen. Dies ist die mit einer roten Kurve hervorgehobene Hauptreihe. Sie verläuft von den heißen, hellen, bläulichen Sternen links oben zu den kalten und schwachen (den sogenannten Roten Zwergen) rechts unten. Die Sterne auf diesem Band heißen Hauptreihensterne. Mehr als 91 % der Sterne in der Umgebung unseres Sonnensystems fallen in diese Kategorie.

Beobachtungen zeigen, dass die Anzahl der Hauptreihensterne mit steigender Oberflächentemperatur abnimmt. Somit sind die kälteren M-, K- und G-Sterne auf der Hauptreihe am häufigsten, während die heißen O-Sterne am seltensten sind. Auch die Sonne (Spektralklasse G2, absolute Helligkeit +4,8) ist ein Hauptreihenstern.

Rechts von der Hauptreihe fällt eine zweite große Gruppe von Sternen auf, die zwar hell, aber kalt sind. Aus dem Stefan-Boltzmann-Gesetz wissen wir, dass ein kalter Körper pro Oberflächeneinheit viel weniger Licht als ein heißer abstrahlt. Diese relativ kalten Sterne können nur dann eine so hohe Leuchtkraft haben, wenn sie gegenüber Hauptreihensternen mit derselben Temperatur sehr groß sind, und heißen deshalb **Riesensterne**, oder auch nur kurz **Riesen**.

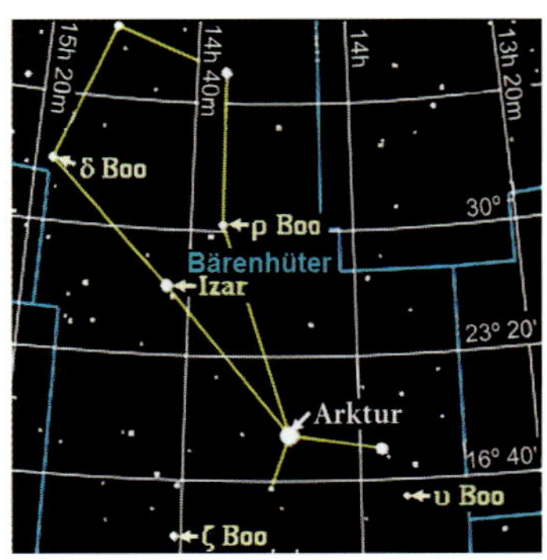

Riesen haben üblicherweise einen zehn- bis 100-mal so großen Radius wie die Sonne und Oberflächentemperaturen zwischen 2000 und 20.000 K. Die käl-

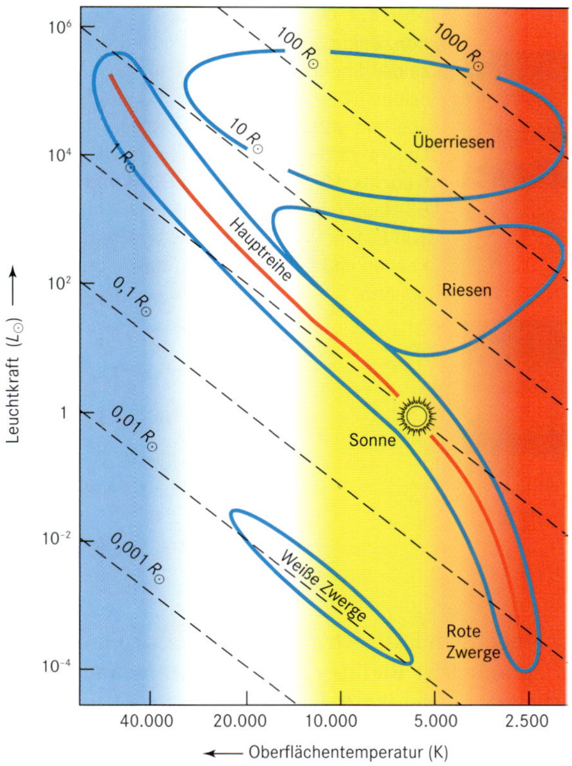

Abb. 8.8 Spektraltyp und Sterngröße. Das Hertzsprung-Russel-Diagramm zeigt die Leuchtkräfte von Sternen über ihrer Oberflächentemperatur. Die Strichlinien bezeichnen bestimmte Sternradien. Unter Sternen mit demselben Radius haben heißere Sterne (die also weiter links stehen) eine höhere Leuchtkraft als kältere (die weiter oben stehen). Anstelle einzelner Sterne sind hier die Gebiete der Hauptreihensterne, Riesen, Überriesen und Weißen Zwerge eingetragen. Die Sonne hat hinsichtlich Leuchtkraft, Oberflächentemperatur und auch Radius mittlere Werte und ist daher ein ganz durchschnittlicher Stern.

teren Riesen (mit Oberflächentemperaturen zwischen 2000 und 4500 K) heißen wegen ihrer rötlichen Farbe **Rote Riesen**. Aldebaran im Sternbild Stier und Arktur im Bärenhüter sind Rote Riesen, die leicht mit bloßem Auge zu sehen sind.

Es gibt einige wenige Sterne, die wesentlich größer sind und eine höhere Leuchtkraft als typische Riesen haben. Diese hellen Sterne ganz oben im Hertzsprung-Russel-Diagramm heißen daher treffend **Überriesen**. Sie können einen Radius bis zu etwa 1000 $R_\odot$ haben. Beteigeuze im Orion und Antares im Skorpion sind zwei Beispiele, die wir am nächtlichen Himmel beobachten können. Riesen und Überriesen zusammen umfassen weniger als 1 % der Sterne in unserer Nähe.

Die restlichen 8 % der Sterne in unserer Umgebung gehören zu einer letzten Gruppierung links unten im Hertzsprung-Russel-Diagramm. Ihr Platz zeigt, dass sie heißer, schwächer und kleiner als die Sonne sind. Bei diesen **Weißen Zwergen** handelt es sich in Wirklichkeit um Sternreste. Weiße Zwerge haben ungefähr die Größe der Erde und sind wegen ihrer niedrigen Leuchtkraft nur im Teleskop zu sehen.

Diese Aussagen sind noch einmal in Abb. 8.8 zusammengefasst, in der die Strichlinien Sterne gleicher Radien markieren. Beachten Sie, dass die meisten Hauptreihensterne ungefähr genauso groß wie die Sonne sind. Allerdings muss man sich vor Augen halten, dass das Hertzsprung-Russel-Diagramm zwar ein sehr wertvolles Hilfsmittel bei der *Klassifizierung* der Sterne nach ihren physikalischen Eigenschaften (Temperatur und absolute Helligkeit) ist, deren physikalische Mechanismen an sich aber nicht *erklärt*. Dennoch werden wir gleich sehen, dass die Positionen der Sterne im Hertzsprung-Russel-Diagramm den Astrophysikern Hinweise liefern, um Theorien zum Leuchten der Sterne zu entwickeln und zu überprüfen.

? Ein Stern welcher Leuchtkraftklasse ist bei gegebener Spektralklasse am hellsten: ein Hauptreihenstern, ein Riese oder ein Überriese?

8.8 Die Leuchtkraftklassen sind ein Schlüssel zur Sternentwicklung

Wir hatten bereits gesehen, dass die Oberflächentemperatur eines Sterns bestimmt, welche Spektrallinien in seinem Spektrum vorherrschen. Eine Klassifizierung von Sternen nach der Spektralklasse stimmt also mit einer solchen nach der Oberflächentemperatur überein. Allerdings zeigt Abb. 8.8, dass Sterne mit derselben Oberflächentemperatur unterschiedliche Leuchtkräfte haben können. So kann ein Stern mit einer Oberflächentemperatur von 5800 K ein Weißer Zwerg, ein Hauptreihenstern, ein Riese oder auch ein Überriese sein.

Aus diesem Grund sind die Sterne anhand einer genauen Analyse ihrer Absorptionslinien in Unterkategorien eingeteilt worden. Diese Feinklassifizierung ist vor allem möglich, weil die Absorptionslinien von der Dichte und vom Druck in der Sternatmosphäre beeinflusst werden, die beide davon abhängen, ob es sich um einen Weißen Zwerg, einen Hauptreihenstern, einen Riesen oder einen Überriesen handelt (Abb. 8.9).

a Ein Überriese besitzt eine sehr dünne Atmosphäre unter niedrigem Druck; sein Spektrum zeigt schmale Absorptionslinien.

b Ein Hauptreihenstern besitzt eine dichtere Atmosphäre unter höherem Druck; sein Spektrum zeigt breite Absorptionslinien.

R I V U X G

Abb. 8.9 Größen und Spektren von Sternen. Beide Spektren gehören zu Sternen derselben Spektralklasse (B8) und somit mit derselben Oberflächentemperatur (13.400 K), aber mit unterschiedlichen Radien und Leuchtkräften: (a) der B8-Überriese Rigel (Leuchtkraft 58.000 $L_\odot$) im Orion und (b) der B8-Hauptreihenstern Algol (Leuchtkraft 100 $L_\odot$) im Perseus. (Aus W. W. Morgan, P. C. Keenan und E. Kellman, An Atlas of Stellar Spectra)

Ausgehend von diesen unterschiedlichen Sternspektren entwickelten W. W. Morgan und P. C. Keenan vom Yerkes Observatory in den 1930er Jahren ein System der **Leuchtkraftklassen**. In den Leuchtkraftklassen Ia und Ib liegen alle Überriesen, die Riesen mit unterschiedlicher Leuchtkraft bilden die Klassen II, III und IV und die Hauptreihensterne gehören zur Leuchtkraftklasse V (Abb. 8.10). In Kapitel 9 werden wir sehen, dass die verschiedenen Leuchtkraftklassen verschiedenen Stadien der Sternentwicklung entsprechen. Weiße Zwerge gehören keiner Leuchtkraftklasse an; wir hatten bereits erwähnt und werden in Kapitel 10 noch genauer sehen, dass sie Sternreste sind, die nicht wie die Sonne und die anderen Sterne in den fünf Leuchtkraftklassen eigene Energie durch Kernfusion erzeugen.

Trägt man die Leuchtkraftklassen in das Hertzsprung-Russel-Diagramm ein (Abb. 8.10) ergibt sich eine hilfreiche Unterteilung der Sterntypen. Tatsächlich wird ein Stern in der Astronomie meist sowohl durch seine Spektralklasse als auch durch seine Leuchtkraftklasse angegeben. So ist z. B. unsere Sonne ein G2-V-Stern. Da die Spektralklasse mit der Oberflächentemperatur verknüpft ist, kann man dieser Schreibweise umfangreiche Aussagen über den Stern entnehmen. So weiß der Astronom sofort, dass ein G2-V-Stern ein Hauptreihenstern mit einer Leuchtkraft von 1 $L_\odot$ und mit einer Oberflächentemperatur von etwa 5800 K ist. Ähnlich besagt die Charakterisierung von Aldebaran als K5-III-Stern, dass es sich um einen Roten Riesen mit einer Leuchtkraft von etwa 370 $L_\odot$ und mit einer Oberflächentemperatur von etwa 4400 K (siehe Abb. 8.7) handelt.

Außerdem lässt sich aus dem Hertzsprung-Russel-Diagramm der Radius eines Sterns entnehmen. Zwischen der Leuchtkraft L, der Temperatur T und dem Radius r eines Sterns besteht die Beziehung $L = \sigma T^4 4\pi r^2$, wobei σ eine Konstante ist. Damit kann man bei Kenntnis der Leuchtkraft und Temperatur die dritte Größe, den Radius, berechnen. In Abb. 8.8 sind Linien konstanten Radius' eingezeichnet.

8.9 Die Spektralklasse und die Leuchtkraftklasse eines Sterns sind ein Schlüssel zur Entfernungsmessung

Anhand der Spektralklasse und der Leuchtkraftklasse eines Sterns lassen sich über das Hertzsprung-Russel-Diagramm die Entfernungen Millionen Lichtjahre entfernter Sterne ermitteln. Dieses Verfahren ist noch in Entfernungen anwendbar, bei denen die Sternparallaxe längst versagt. Das Vorgehen ist wie folgt:

1. Es werden die scheinbare Helligkeit und das Spektrum eines fernen Sterns beobachtet.
2. Aus dem Spektrum wird ermittelt, zu welcher Spektralklasse der Stern gehört (bzw. wird seine Oberflächentemperatur bestimmt).
3. Aus dem Spektrum ergibt sich außerdem die Leuchtkraftklasse, d. h., ob es sich um einen Überriesen, einen Riesen oder einen Hauptreihenstern handelt. Temperatur und Leuchtkraftklasse bestimmen die Lage im Hertzsprung-Russel-Dia-

gramm (siehe Abb. 8.10). Daraus kann näherungsweise die absolute Helligkeit abgelesen werden.

4. Anhand der scheinbaren und der absoluten Helligkeit kann aus der *Entfernungs-Helligkeits-Beziehung* (siehe Anhang H6) die Entfernung berechnet werden.

? Hauptreihensterne welcher Spektralklasse sind am größten: F5, A8 oder K0?

Wir betrachten als Beispiel den Stern Regulus im Sternbild Löwe. Aus seinem Spektrum folgt, dass er ein B7-V-Stern (also ein heißer blauer Hauptreihenstern) ist. Zeichnet man ihn in das Hertzsprung-Russel-Diagramm (siehe Abb. 8.7) ein, sieht man, dass er eine Leuchtkraft von 140 $L_\odot$ und eine absolute Helligkeit von –0,52 hat. Zieht man die scheinbare Helligkeit hinzu, kann man mit der Entfernungs-Helligkeits-Beziehung die Entfernung von der Erde bestimmen. Da sowohl die Spektralklasse als auch die Leuchtkraft spektroskopisch ermittelt werden, heißt dieses Verfahren **spektroskopische Parallaxe** (ein allerdings irreführender Begriff, da in die Berechnung überhaupt kein Parallaxenwinkel eingeht).

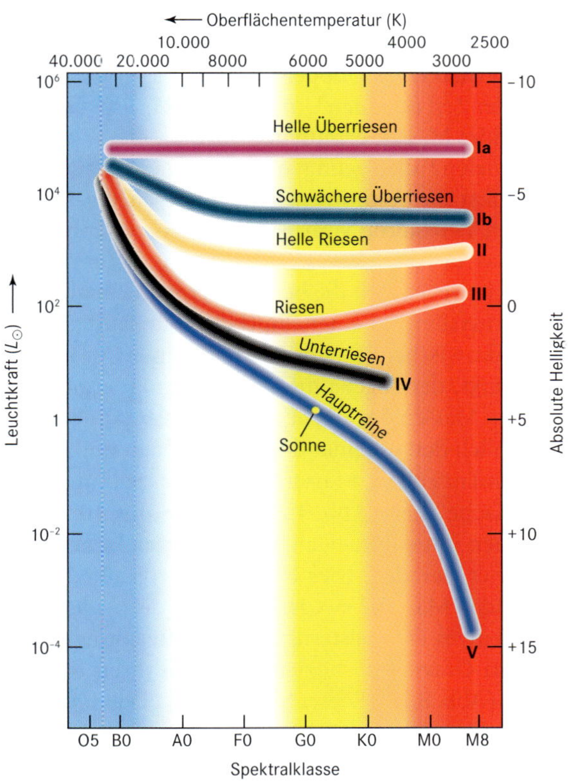

Abb. 8.10 Leuchtkraftklassen. Die Unterteilung des Hertzsprung-Russel-Diagramms in *Leuchtkraftklassen* ermöglicht feinere Unterscheidungen zwischen Riesen und Überriesen. Zu den Leuchtkraftklassen Ia und Ib gehören die Überriesen. Die Leuchtkraftklassen II, III und IV bezeichnen unterschiedlich helle Riesen. Die Leuchtkraftklasse V sind Hauptreihensterne. Da weiße Zwerge nicht selbst leuchten, bilden sie keine eigene Leuchtkraftklasse.

Allerdings ist die Genauigkeit der spektroskopischen Parallaxe wegen der Streuung der Sterne in jeder Leuchtkraftklasse beschränkt. Wie wir gesehen hatten, liegen die Sterne in jeder Klasse nicht auf einer einzigen schmalen Linie (daher oben das Wort *näherungsweise*), sondern innerhalb eines Bereichs mit einer gewissen Breite. Eine weitere Einschränkung ist, dass die Spektren entfernter Sterne umso schwerer zu bestimmen sind, je weiter sie weg sind. Das führt dazu, dass bei der spektroskopischen Parallaxe Entfernungsfehler von 10 % durchaus üblich sind. Kann man sich mit diesen abfinden, liegt die Stärke des Verfahrens darin, dass es noch auf Sterne in Entfernungen anwendbar ist, bei denen die Sternparallaxe längst versagt. Tatsächlich lassen sich mit diesem Verfahren Entfernungen von Sternen in anderen Galaxien ermitteln, die mehrere zehn Millionen Lichtjahre betragen.

? Welche Größen müssen beobachtet werden, um die Entfernung eines Sterns über die spektroskopische Parallaxe zu ermitteln?

Die Massen von Sternen

Das letzte Bindeglied, das man braucht, um die Funktionsweise von Sternen zu verstehen, ist ihre Masse, mit anderen Worten, aus wie viel Materie sie bestehen. Falls die Masse mit der Leuchtkraft und mit der Lage im Hertzsprung-Russel-Diagramm zusammenhängt (was tatsächlich zutrifft), kann man anhand dieser Daten Modelle entwickeln, wie Sterne leuchten. Wie sich herausstellt, bestimmt die Masse die Energie, die jedem Stern zur Erzeugung von Licht und anderer elektromagnetischer Strahlung zur Verfügung steht. Die im 20. Jahrhundert entwickelten und inzwischen immer weiter präzisierten Modelle für die Erzeugung der Strahlung in Sternen bieten weitere Einsicht in diese Prozesse. Ja, anhand dieser Kenntnisse über die thermonukleare Fusion in Sternen wird inzwischen sogar versucht, ähnliche Prozesse für die Erzeugung von Elektrizität auf der Erde nutzbar zu machen.

Das Problem bei der Massenbestimmung von Sternen ist, dass sich diese nicht direkt an einzelnen Sternen messen lässt. Die Masse eines Sterns kann nur anhand seiner Gravitationswirkungen über das Newton'sche Gravitationsgesetz bestimmt werden. Als Newton die Formel für das dritte Kepler'sche Gesetz ableitete, stellte er fest, dass die Umlaufzeiten zweier einander umlaufender Körper mit den Summen ihrer Massen verknüpft sind. In Abschnitt 2.5 hatten wir gesehen, dass bei Körpern, die die Sonne umlaufen, jeweils die Massen des kleineren Körpers vernachlässigt werden können, wodurch sich in Kapitel 2 das dritte Kepler'sche Gesetz ergab. Umlaufen dagegen zwei Sterne einander, muss man die volle Newton'sche Gravitationsgleichung anwenden, in die die Massen beider Körper eingehen.

6 Zum Glück gehört ein Drittel der Sterne in der Nähe unseres Sonnensystems jeweils zu einem System zweier Sterne, die sich auf einer Umlaufbahn umeinander bewegen. Mit anderen Worten: *Ein Fünftel der Objekte, die wir als einzelne Sterne sehen, sind tatsächlich Paare von Sternen, die einander umlaufen.* Aufgrund ihrer großen Entfernung können wir die beiden Sterne in den Paaren nicht auflösen, sodass sie uns jeweils als ein einzelnes Objekt erscheinen. Allerdings lassen sich mit Teleskopen die Umlaufzeiten und die Entfernungen zwischen den Sternen bestimmen. Daraus kann dann die Summe der Massen beider Sterne und häufig sogar die Masse jedes einzelnen Sterns berechnet werden.

8.10 Doppelsterne geben Auskunft über die Massen von Sternen

Zwei Sterne, die am nächtlichen Himmel sehr eng beieinander stehen, heißen *Doppelstern*. William Herschel klassifizierte gemeinsam mit seiner Schwester und seinem Sohn zwischen 1782 und 1838 Tausende dieser Doppelsterne. Einige von ihnen sind physikalisch überhaupt nicht benachbart und bewegen sich auch nicht auf Umlaufbahnen umeinander. Diese **optischen Doppelsterne** (gelegentlich auch *scheinbare Doppelsterne* genannt) liegen zufällig von der Erde aus gesehen fast in derselben Richtung. So ist der mit bloßem Auge sichtbare δ Herculis ein optischer Doppelstern mit einem schwachen Begleiter. Im Teleskop scheinen beide Sterne nahe beieinander zu stehen, dies ist aber nur von der Erde aus gesehen der Fall.

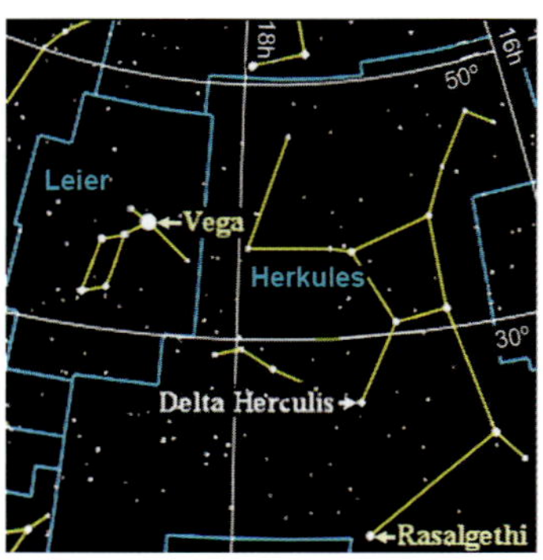

Andere Doppelsterne dagegen sind **echte Doppelsterne,** d. h. Paare, in denen zwei Sterne einander tatsächlich umlaufen. Im Fall der **visuellen Doppelsterne** sind beide Sterne – ggf. unter Zuhilfenahme eines Teleskops – zu sehen (Abb. 8.11). Bei einem visuellen Doppelstern können die Umlaufbahnen beider Sterne grafisch dargestellt werden.

Wir wollen die Massenbestimmung von Sternen an einem visuellen Doppelstern nachvollziehen. Newton hatte das dritte Kepler'sche Gesetz als Beziehung zwischen den Massen der Sterne (in Sonnenmassen), ihren Umlaufzeiten in Erdjahren (da diese für beide gleich sind, spielt es keine Rolle, welcher Stern betrachtet wird) und dem mittleren Abstand zwischen den Sternen in AE (gleich der großen Halbachse der elliptischen Umlaufbahn) formuliert:

$$\text{Summe der Massen} = \frac{(\text{große Halbachse})^3}{(\text{Umlaufzeit})^2}.$$

Aus der Beobachtung des Abstands zwischen den beiden Sternen eines Doppelsternsystems und der Messung der Zeit für einen Umlauf lässt sich also die Summe beider Massen ermitteln.

In vielen Fällen gelingt es sogar, die einzelnen Massen selbst zu bestimmen. Dazu müssen die Entfernungen der Sterne vom Schwerpunkt bekannt sein. Wie das in Abschnitt 4.8 betrachtete System Erde–Mond bewegen sich die beiden Sterne in einem Doppelsternsystem auf einer elliptischen Umlaufbahn um einen dazwischenliegenden gemeinsamen Punkt. Dieser Punkt, der sogenannte **Schwerpunkt**, ergibt sich aus den Massen der Sterne und ihren Abständen. Dies ist ähnlich den miteinander verbundenen und einander umlaufenden Massen auf einer reibungslosen Oberfläche (siehe Abb. 4.27). Ein bestimmter Punkt zwischen ihren jeweiligen Mittelpunkten bewegt sich auf einer Geraden. Dies ist der Schwerpunkt. So wie die beiden Massen bewegen sich auch die beiden Sterne in einem Doppelsternsystem – unter ihrer gegenseitigen Gravitationsanziehung – um ihren Schwerpunkt (Abb. 8.12). Dieser Schwerpunkt liegt näher bei dem massereicheren Stern. Man kann sich das anhand einer Wippe veranschaulichen, bei der das schwere Kind näher am Drehpunkt sitzen muss, damit beide im Gleichgewicht sind (Abb. 8.12b).

Der Schwerpunkt eines visuellen Doppelsternsystems lässt sich ermitteln, indem man die Umlaufbahnen beider Sterne wie in Abb. 8.11 vor dem Hintergrund der anderen Sterne als Referenzpunkte kartiert: Er liegt im gemeinsamen Brennpunkt der beiden elliptischen Umlaufbahnen. Ein Größenver-

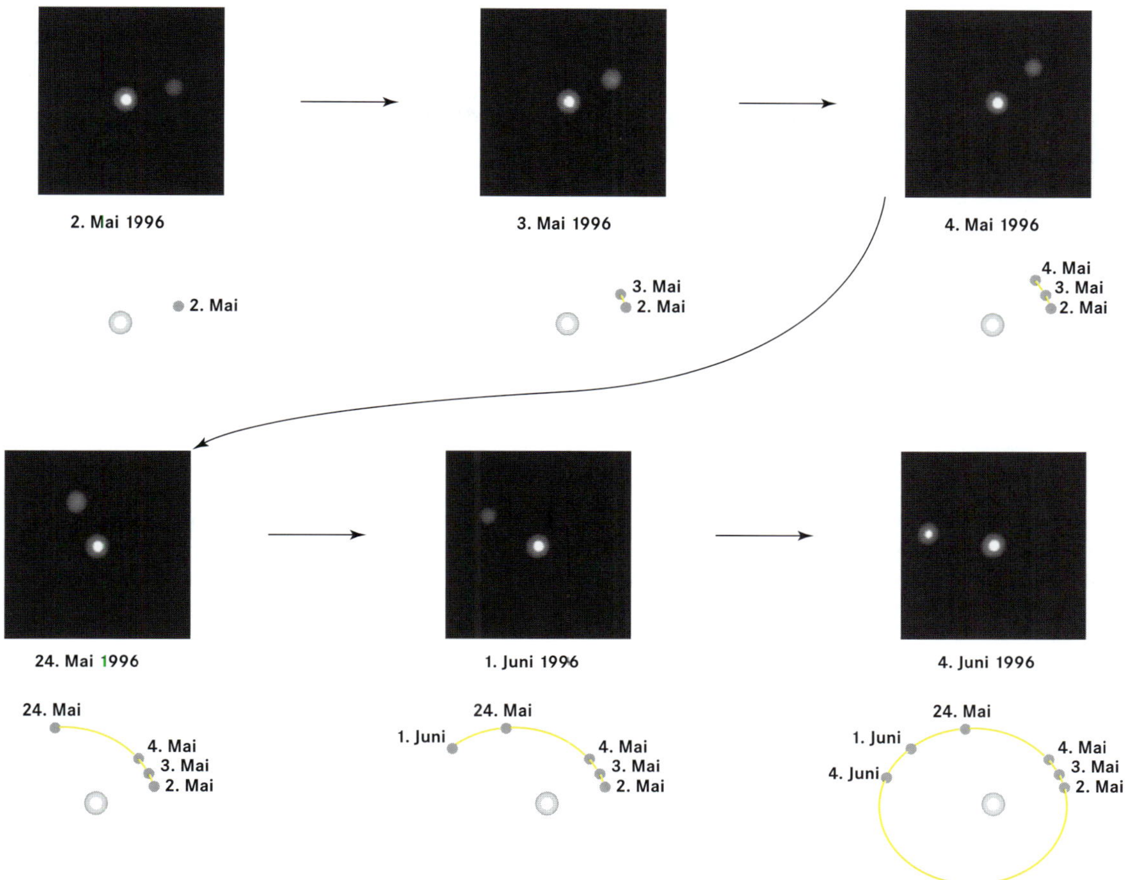

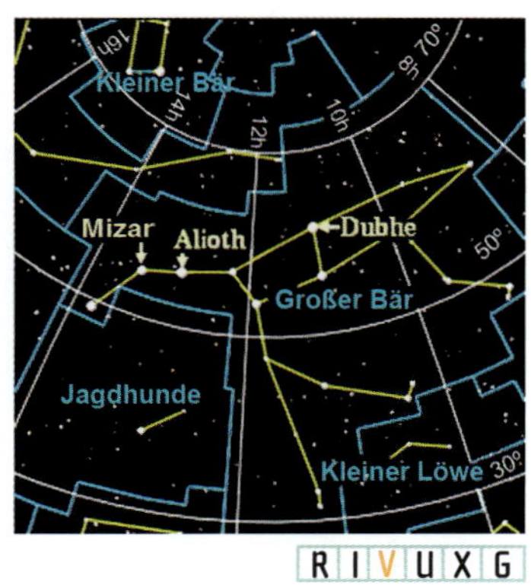

Abb. 8.11 Ein Doppelsternsystem. Etwa einem Fünftel der Objekte, die wir in unserem Gebiet der Milchstraße als „Sterne" sehen, sind tatsächlich Doppelsterne. Mizar im großen Bären ist ein solches Doppelsternsystem, dessen beide Sterne nur 0,01" entfernt sind. Die Aufnahmen und Skizzen der Bahnen zeigen die relativen Stellungen beider Sterne fast über einen halben Umlauf. Der Umlauf ist unverkennbar. Welcher der beiden Sterne in den Skizzen als feststehend und umlaufend betrachtet wird, ist unerheblich. (Navy Prototype Optical Interferometer, Flagstaff, AZ. Mit freundlicher Genehmigung von Dr. Christian A. Hummel)

gleich der beiden Umlaufbahnen ergibt das Massenverhältnis der beiden Sterne, m_1/m_2. Um die relativen Größen der Umlaufbahnen zu bestimmen, muss man allerdings die Umlaufebene jedes Sterns kennen. Da sich diese nicht immer ermitteln lässt, sind auch die einzelnen Massen der Sterne nicht immer bekannt. In Fällen, in denen sich die Doppelsterne von der Erde aus gesehen periodisch bedecken, wissen wir aber, dass ihre Umlaufebene annähernd parallel zu unserer Sichtlinie verlaufen muss (Abb. 8.13a, b). Solche **Bedeckungsveränderlichen** sind auch dann zu ermitteln, wenn die Sterne selbst im Teleskop nicht in zwei Einzelsterne aufgelöst werden können. Jedes Mal, wenn ein Stern einen Teil des anderen verdeckt, sinkt die scheinbare Helligkeit eines solchen Bedeckungsveränderlichen als Ganzes. Der Zeitverlauf der Lichtstärke von Doppelsternen lässt sich sehr genau messen. Aus diesen **Lichtkurven**, wie sie Abb. 8.13 zeigt, sieht man sofort, ob es sich um eine partielle Bedeckung mit einem V-förmigen Minimum (Abb. 8.13a) oder um eine totale Bedeckung mit einem verbreiterten Minimum handelt (Abb. 8.13b). Diese Daten geben Aufschluss darüber, inwieweit die Umlaufebene senkrecht zu unserer Sichtlinie liegt.

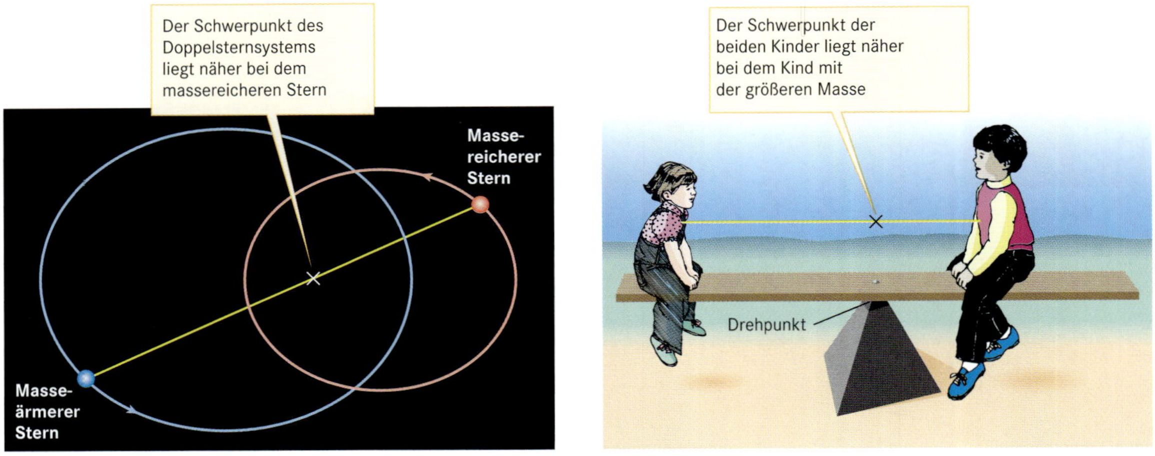

a Ein Doppelsternsystem

b Ein „Doppelkindsystem“

Abb. 8.12 Der Schwerpunkt eines Doppelsternsystems. (a) Zwei Sterne bewegen sich auf elliptischen Umlaufbahnen um einen gemeinsamen Schwerpunkt. Auch wenn sich die Umlaufbahnen schneiden, stehen die Sterne immer auf entgegengesetzten Seiten des Schwerpunkts und stoßen deshalb nie zusammen. (b) Eine Wippe ist im Gleichgewicht, wenn der Schwerpunkt beider Kinder im Drehpunkt liegt. Um das Gleichgewicht zu halten, muss das schwerere Kind näher am Drehpunkt sitzen; genauso liegt der Schwerpunkt eines Doppelsternsystems näher bei dem massereicheren Stern.

Wenn sich m_1/m_2 bestimmen lässt, kann man auch die einzelnen Massen berechnen, da ja die Summe $m_1 + m_2$ bereits aus dem dritten Kepler'schen Gesetz bekannt ist. (Aus zwei Gleichungen für zwei Unbekannte lassen sich die beiden Unbekannten berechnen.) Die auf diese Weise ermittelten Massen von Sternen liegen zwischen 0,08 $M_\odot$ und etwa 150 $M_\odot$.

Lichtkurven können auch Informationen über die Atmosphäre der Sterne preisgeben. Wir betrachten den Fall, dass ein Stern eines Doppelsterns ein winziger Weißer Zwerg (ein Sternrest so groß wie die Erde) und der andere ein Riese (ein Spätstadium der Sternentwicklung, in dem sich der Stern stark ausgedehnt hat) ist. Anhand genauer Beobachtungen, wie das

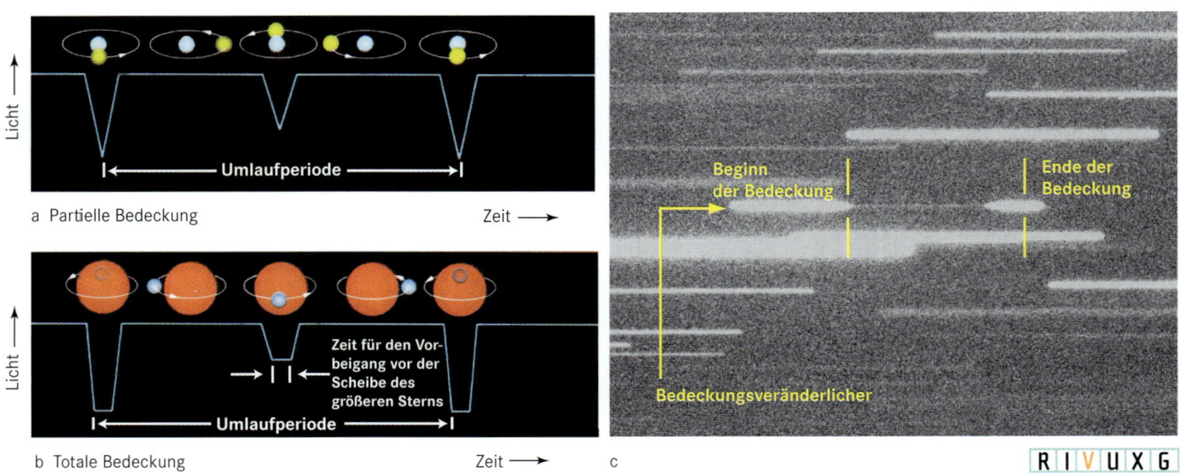

Abb. 8.13 Repräsentative Lichtkurven von Bedeckungsveränderlichen. Die Form der Lichtkurve (blau) zeigt, dass die Umlaufebenen beider Sterne nahezu senkrecht zu unserer Sichtlinie sind. Außerdem kann man der Kurve Einzelheiten über die Einzelsterne entnehmen. Gezeigt sind (a) eine partielle Bedeckung und (b) eine totale Bedeckung. (c) Eine totale Bedeckung des Doppelsterns NN Serpens (siehe Pfeil). Während der Belichtung wurde das Teleskop nachgeführt, sodass sich der Hintergrund langsam von links nach rechts verschoben hat. Bei der 10,5 min langen Bedeckung lief der dunklere, aber größere Stern (ein M6-V-Stern) vor dem leuchtkraftstärkeren, aber kleineren (einem Weißen Zwerg) vorbei. Währenddessen wurde der Doppelstern so schwach, dass er fast verschwand. (European Southern Observatory)

Licht von dem Weißen Zwerg allmählich verschwindet, während er bei der Bedeckung hinter den Rand des Riesen verschwindet, kann auf den Druck und auf die Dichte in den oberen Schichten der Atmosphäre des Riesen geschlossen werden. Diese Daten sind wertvoll bei der Überprüfung von Modellen der Sternstruktur.

Viele Doppelsterne sind mehrere AE voneinander entfernt. Abgesehen davon, dass sie sich auf Umlaufbahnen umeinander bewegen, verhalten sie sich wie isolierte Sterne. In diesem Fall lassen sich die in den folgenden Kapiteln entwickelten Modelle auf die Entwicklung jedes Einzelsterns für sich anwenden. Allerdings gibt es **enge Doppelsternsysteme**, bei denen die Sterne nur wenige Sterndurchmesser voneinander entfernt sind. Ihr Abstand ist so gering, dass die Schwerkraft des einen Sterns drastische Auswirkungen auf das Aussehen und die Entwicklung des anderen hat. Wenn einer der beiden Sterne ein Riese ist, wird ein Teil des Gases von seinen Außenschichten zu seinem kompakteren Begleiter gezogen, sodass es zum Massenübertrag von einem Stern zum anderen kommt. Solche Systeme werden wir in Kapitel 9 und 10 genauer untersuchen.

? Welche Beobachtungen sind erforderlich, um die Summe der Massen zweier Sterne in einem Doppelsternsystem zu ermitteln?

8.11 Bei Hauptreihensternen gilt eine Beziehung zwischen Masse und Leuchtkraft

Je mehr Daten von solchen Doppelsternen zur Verfügung standen, desto stärker trat ein wichtiger Trend zutage. Je höher die Leuchtkraft eines Hauptreihensterns ist, desto massereicher ist er. Diese Masse-

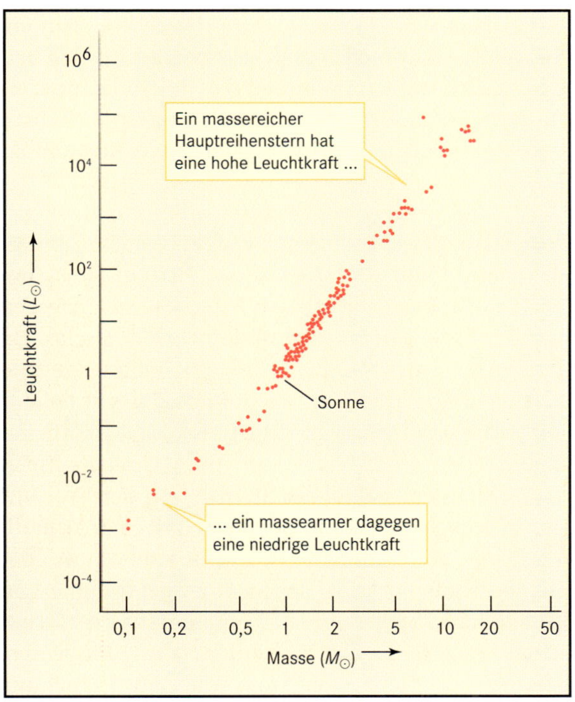

a

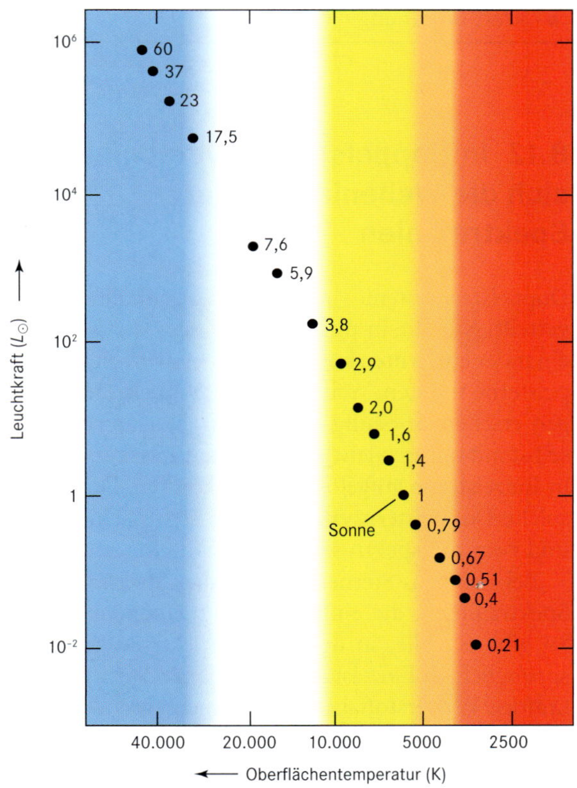

b

Abb. 8.14 Die Masse-Leuchtkraft-Beziehung. (a) Die Massen und die Leuchtkräfte von Hauptreihensternen sind direkt korreliert. Je massereicher ein Stern ist, desto höher ist seine Leuchtkraft. Ein Hauptreihenstern mit einer Masse von 10 $M_\odot$ hat ungefähr die 3000-fache Leuchtkraft der Sonne (3000 $L_\odot$); einer mit 0,1 $M_\odot$ hat eine Leuchtkraft von nur etwa 0,001 $L_\odot$. Leuchtkräfte und Massen sind logarithmisch aufgetragen. (b) Jeder Punkt in diesem Hertzsprung-Russel-Diagramm repräsentiert einen Hauptreihenstern. Die Zahl neben dem Punkt ist seine Masse in Sonnenmassen ($M_\odot$). Von rechts unten nach links oben nehmen Masse, Leuchtkraft und Oberflächentemperatur der Hauptreihensterne zu.

Leuchtkraft-Beziehung lässt sich grafisch gut veranschaulichen (Abb. 8.14a); dabei ist zu beachten, dass die Achsen dieser Darstellung logarithmisch sind. Die Sonne liegt in der Mitte der beiden logarithmischen Bereiche. Die **Masse-Leuchtkraft-Beziehung** zeigt, dass *im Hertzsprung-Russel-Diagramm auf der Hauptreihe mit steigender Masse auch die Leuchtkraft und die Oberflächentemperatur zunehmen.* Die heißen, hellen und bläulichen Sterne in der linken oberen Ecke im Hertzsprung-Russel-Diagramm (Abb. 8.14b) sind die massereichsten Hauptreihensterne. Verfolgt man die Hauptreihe nach unten, werden die Sterne masseärmer, bis man in der rechten unteren Ecke schwache, kalte und rötliche Sterne findet. Die Korrelation der Leuchtkräfte mit der Masse legt die (zutreffende) Vermutung nahe, dass die Energieerzeugung eines Sterns eng mit seiner Masse verknüpft ist. Tatsächlich ist die Masse *der* entscheidende Faktor bei der Deutung der Helligkeiten und Entwicklung der Sterne.

? Auf welchen Sterntyp trifft die Masse-Leuchtkraft-Beziehung nicht zu?

8.12 In Doppelsternen verschieben sich die Wellenlängen der Spektrallinien

Doppelsternsysteme sind über unsere gesamte Galaxis verteilt. Nur die in unserer Nähe oder die weit voneinander entfernten können wir aber als visuelle Doppelsterne trennen. Weit entfernte Doppelsterne dagegen erscheinen häufig als ein einzelner Stern, da sie selbst mit unseren leistungsfähigsten Teleskopen nicht in Einzelsterne aufgelöst werden können. Doch auch solche Doppelsternsysteme lassen sich nachweisen – und zwar mit spektroskopischen Mitteln.

Bei einigen Sternen liefert die Spektralanalyse Spektrallinien, die einfach nicht zueinander passen. So gibt es Fälle, in denen das Spektrum eines ursprünglich als Einzelstern angesehenen Sterns sowohl kräftige Wasserstoffabsorptionslinien (was auf einen heißen Stern vom Typ A hinweist) als auch Titanoxidabsorptionslinien (die für einen kalten Stern vom Typ M charakteristisch sind) aufweist. Da beide Arten von Absorptionslinien nicht gleichzeitig bei einem einzelnen Stern ausgeprägt sein können, muss dies als Hinweis auf ein Doppelsternsystem gewertet werden.

Doch auch die Bewegungen der Sterne, die in einem Doppelsystem umeinander laufen, lassen sich anhand der Dopplerverschiebung ihrer Spektrallinien spektroskopisch nachweisen. Wie wir in Abschnitt 3.2 gesehen hatten, ist die Wellenlänge einer sich annähernden Lichtquelle kürzer als die einer feststehenden. Dagegen ist die Wellenlänge einer sich entfernenden Quelle länger. Der Betrag der Verschiebung ist proportional zur Geschwindigkeit der Lichtquelle: Je höher die Geschwindigkeit ist, desto größer ist auch die Verschiebung.

Wenn die beiden Sterne in einem Doppelstern schneller umeinander laufen als mit einer Geschwindigkeit von einigen Kilometern pro Sekunde, werden ihre Spektrallinien deutlich hin und her verschoben. Solche Sterne heißen **spektroskopische Doppelsterne.** In vielen dieser spektroskopischen Doppelsterne ist einer der Sterne so schwach, dass seine Spektrallinien nicht nachgewiesen werden können. Stattdessen wird nur ein einzelner Satz von Spektrallinien, nämlich der des Sterns, den wir sehen, regelmäßig abwechselnd in beiden Richtungen verschoben. Ein solcher *Doppelstern mit periodischen Linienverschiebungen in einem Spektrum* liefert weniger Informationen über die beiden Sterne, aus denen er besteht, als ein *Doppelstern mit den überlagerten Spektren beider Komponenten*, in dem die Linien beider Sterne sichtbar sind. Insbesondere lassen sich bei einem Doppelstern, bei dem ein Stern den anderen bedeckt, die einzelnen Massen beider Sterne ermitteln, während dies anhand der periodischen Linienverschiebungen mit einer periodisch wiederkehrenden Regelmäßigkeit allein nicht möglich ist.

Abb. 8.15a zeigt vier Spektren eines spektroskopischen Doppelsternsystems. In der 1. Phase kommt der Stern A auf die Erde zu, sodass sein Spektrum blauverschoben ist. Der Stern B entfernt sich dagegen von der Erde, sein Spektrum ist daher rotverschoben. Das Spektrum unter den Umlaufbahnen zeigt zwei Sätze von Spektrallinien, die jeweils etwas gegeneinander verschoben sind. Einige Tage später, in der 2. Phase, sind die Sterne auf ihren Umlaufbahnen weitergelaufen, sodass der Stern A von der Erde aus gesehen nach rechts und der Stern B nach links läuft. Da keiner der beiden Sterne auf uns zukommt oder sich von uns entfernt, liegen ihre Spektrallinien an den üblichen Stellen. In der 3. Phase ist das Spektrum genau entgegengesetzt zu dem in der 1. Phase verschoben (der Stern A zeigt nun eine Rotverschiebung und der Stern B eine Blauverschiebung). Das Spektrum in der 4. Phase stimmt dann wieder mit dem in der 2. Phase überein. Abb. 8.16 zeigt zur Veranschaulichung Spektren des Doppelsternsystems κ (Kappa) Arietis.

Die Verschiebungen der Spektrallinien lassen wichtige Rückschlüsse auf die Umlaufgeschwindig-

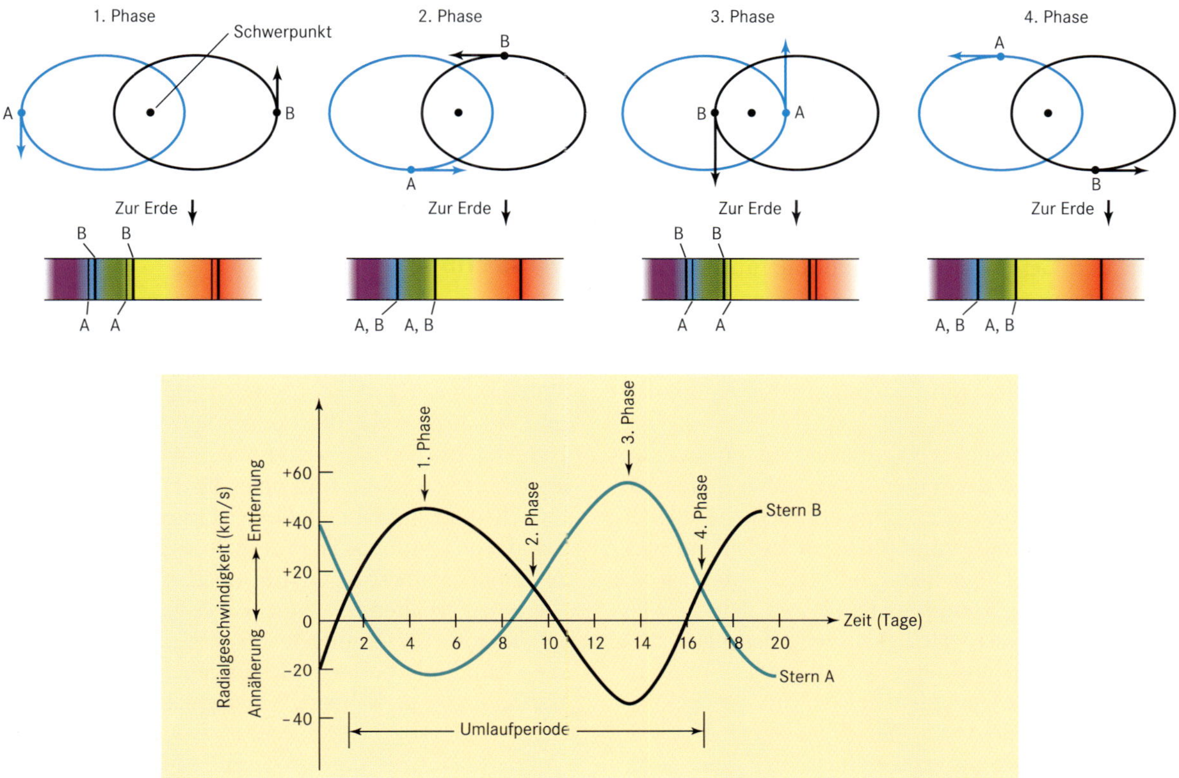

Abb. 8.15 Spektrallinienverschiebung in Doppelsternsystemen. (a) Oben sind die Stellungen und Bewegungen der mit A und B bezeichneten Sterne relativ zur Erde (darunter angenommen) gezeigt. Unter den Umlaufbahnen ist jeweils das Spektrum abgebildet, das wir in der jeweiligen Phase beobachten würden. Die Änderungen der Farben (Wellenlängen) der Spektrallinien sind auf Änderungen der Dopplerverschiebungen der Sterne zurückzuführen, die wir von der Erde aus beobachten. (b) Die Radialgeschwindigkeitskurven des Doppelsterns HD 171978. (HD bedeutet, dass dies ein Stern aus dem Sternkatalog von *Henry Draper* ist.) Da sich der gesamte Doppelstern mit einer Geschwindigkeit von 12 km/s von uns entfernt, liegen die Linien, um die die Radialgeschwindigkeitskurven schwanken, oberhalb der Linie für die Geschwindigkeit null.

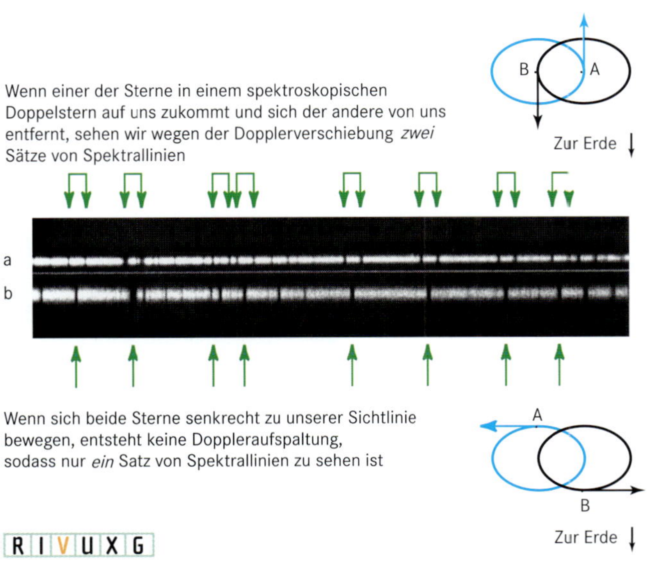

Abb. 8.16 Ein spektroskopischer Doppelstern mit den überlagerten Spektren beider Komponenten. Die Spektrallinien von κ (Kappa) Arietis, einem spektroskopischen Doppelstern mit den überlagerten Spektren beider Komponenten, verschieben sich während des Umlaufs der beiden Sterne umeinander in beiden Richtungen. (a) Hier bewegen sich die beiden Sterne parallel zur Sichtlinie, wobei sich ein Stern der Erde annähert, während sich der andere entfernt. Dies entspricht der 1. oder 3. Phase in Abb. 8.15a. Bei diesen Bewegungen entstehen zwei Sätze verschobener Spektrallinien. (b) Hier bewegen sich beide Sterne wie in der 2. oder 4. Phase aus Abb. 8.15a senkrecht zu unserer Sichtlinie, sodass die Spektrallinien beider Sterne zusammenfallen.(Lick Observatory)

keiten der Sterne zu. Diese können am besten als **Radialgeschwindigkeitskurve** dargestellt werden, in der die Radialgeschwindigkeit über der Zeit aufgetragen ist (siehe Abb. 8.15b). Der Wellenverlauf in Abb. 8.15b wiederholt sich mit einer Periode von etwa 15 Tagen, der Umlaufzeit des Doppelsterns. Beide Kurven sind infolge der Gesamtbewegung des Doppelsternsystems von der Erde weg gegenüber der Geschwindigkeitsnulllinie um 12 km/s nach oben verschoben. Dieser Gesamtbewegung von der Erde weg sind die periodischen Annäherungen und Entfernungen beider Sterne überlagert, während sie sich auf ihren Umlaufbahnen umeinander bewegen.

Aus den Radialgeschwindigkeitskurven und aus den Lichtkurven zusammen lassen sich weitere wichtige Angaben über Bedeckungsveränderliche ableiten. Ist der Bedeckungsveränderliche außerdem ein spektroskopischer Doppelstern mit den überlagerten Spektren beider Komponenten, lassen sich die Massen, Durchmesser, Helligkeitsveränderungen, Geschwindigkeiten und der Abstand beider Sterne bestimmen. Da die Umlaufebenen der meisten spektroskopischen Doppelsterne aber so geneigt sind, dass sie sich von der Erde aus gesehen nicht bedecken, ist dies allerdings nur selten möglich.

Die meisten Sterne, die wir am nächtlichen Himmel sehen, gehören entweder zu Doppelsternsystemen oder sind Einzelsterne. Allerdings gibt es auch Dreier- oder Vierergruppen. So sind die Plejaden im Sternbild Stier ein Sternhaufen Hunderter Sterne, von denen sieben (die „Sieben Schwestern“) meist mit bloßem Auge zu beobachten sind. Tatsächlich ist festgestellt worden, dass viele Sterne sowohl in unserer Milchstraße als auch außerhalb größere Gruppierungen bilden, die wir in den nächsten Kapiteln eingehender untersuchen werden.

In diesem Kapitel hatten wir Beobachtungsdaten kennengelernt, die eine Grundlage für die Modelle der Sternaktivität und der Sternentwicklung in den folgenden zwei Kapiteln bilden. Diese Modelle führen auf Voraussagen für neue Beobachtungen und daraufhin zu präzisierten Modellen. Im Zusammenhang damit werden wir weitere Beobachtungstatsachen betrachten, die durch diese Präzisierungen angeregt wurden.

? Was geschieht mit den Spektrallinien spektroskopischer Doppelsterne bei Beobachtung auf der Erde?

8.13 An den Grenzen unseres Wissens

Der Hipparcos-Satellit hat für ein besseres Verständnis der Größe unseres Gebiets des Kosmos gesorgt. Wie schon erwähnt, ist die Sternparallaxe das genaueste Verfahren, um Entfernungen von Sternen zu messen. Sie erfordert die wenigsten Annahmen über die Funktion der Sterne und über die Art des Materials zwischen uns und ihnen. Ein wichtiges Ziel von Weltraumbeobachtungen ist es deshalb, weitere und bessere Parallaxenmessungen für noch weiter entfernte Sterne zu erhalten. Zu diesem Zweck werden Satelliten in große Entfernungen von der Erde gesendet, um die Grundlinie bei den Messungen (siehe Abb. 8.1) und somit die erreichbare Winkelgenauigkeit zu erhöhen.

Die Klassifizierung von Sternen nach Leuchtkraft und Spektralklasse wird ständig fortgeführt und liefert eine wachsende Datenmenge über die Eigenschaften von Sternen. Dabei muss man immer wieder auf Überraschungen gefasst sein. So gibt es eine wachsende Anzahl von „Einzelsternen“, bei denen die Astronomen schon der Meinung waren, dass sie ihre Eigenschaften verstanden hätten, die sich tatsächlich aber als Doppelsternsysteme erwiesen. Oft hatten beide Komponenten dann andere Eigenschaften als der „Stern“, für den sie ursprünglich gehalten wurden.

Außerdem müssen die Astronomen für ein besseres Verständnis der Sternentstehung wissen, wie viele Sterne mit einer gegebenen Masse entstehen. Beobachtungen deuten stark darauf hin, dass Sterne mit sehr hohen Massen recht selten entstehen, aber trifft dies auch auf Sterne mit sehr niedrigen Massen zu? Oder nimmt die Anzahl der entstehenden Sterne mit abnehmender Masse zu? Möglicherweise gibt es auch bei einer bestimmten Masse ein Maximum der Sternentstehung, während Sterne mit höheren und nied-

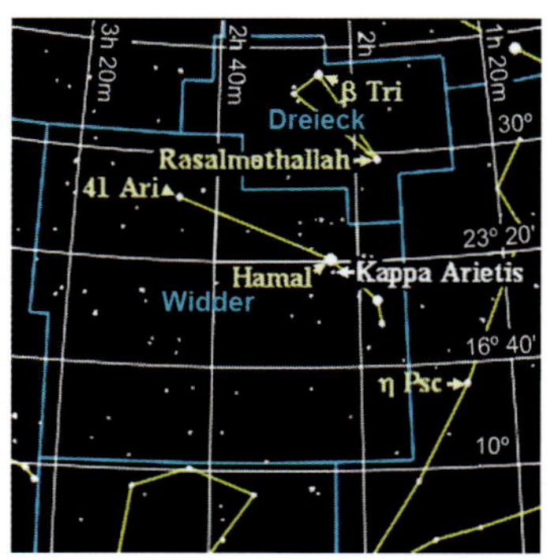

rigeren Massen seltener entstehen. Die Anzahl der Sterne, die mit verschiedenen Massen entstehen, bringt die **ursprüngliche Massenfunktion** zum Ausdruck. Auch wenn derzeit mehrere verschiedene theoretische Verläufe der ursprünglichen Massenfunktionen in der Diskussion sind, werden letztlich erst Beobachtungen entscheiden, welche davon richtig ist.

Schlüsselbegriffe

- Sterne haben unterschiedliche Größen, Leuchtkräfte, Temperaturen, Farben, Massen und chemische Zusammensetzungen; alle diese Größen geben Aufschluss über ihren Aufbau und ihre Entwicklung.

Helligkeitsskalen

- Die Ermittlung der Entfernung der Sterne von der Erde ist der erste Schritt, um ihren Aufbau und ihre Funktion zu verstehen. Die Entfernungen näher gelegener Sterne lassen sich über ihre Parallaxen bestimmen, d. h. die scheinbare Verschiebung des Orts eines Sterns vor dem Hintergrund der Sterne während des Umlaufs der Erde um die Sonne. Die Entfernungen weiter entfernter Sterne werden mithilfe der spektroskopischen Parallaxe ermittelt.
- Die scheinbare Helligkeit eines Sterns, angegeben als Magnitude m, ist ein Maß dafür, wie hell der Stern einem Beobachter auf der Erde erscheint. Die absolute Helligkeit eines Sterns M ist ein Maß für seine tatsächliche Helligkeit und hängt direkt mit seiner Energieabgabe oder Leuchtkraft zusammen.
- Die absolute Helligkeit eines Sterns ist die scheinbare Helligkeit, die er in einem Abstand von 10 pc hätte. Die absolute Helligkeit kann aus der scheinbaren und aus der Entfernung von der Erde berechnet werden.
- Die Leuchtkraft eines Sterns ist die pro Sekunde von ihm emittierte Energie.

Die Temperaturen von Sternen

- Die Temperaturen von Sternen lassen sich aus ihren Farben oder Spektren ermitteln.
- Die Sterne werden anhand ihrer Spektren oder entsprechend ihren Oberflächentemperaturen in die Spektralklassen O, B, A, F, G, K, M eingeteilt.

Die verschiedenen Typen von Sternen

- Im Hertzsprung-Russel-Diagramm (HRD) ist die Leuchtkraft von Sternen über ihrer Spektralklasse (oder äquivalent die absolute Helligkeit über der Oberflächentemperatur) aufgetragen.
- Im Hertzsprung-Russel-Diagramm fallen vier große Gruppierungen von Sternen auf: Hauptreihensterne, Riesen, Überriesen und Weiße Zwerge.
- Die Masse-Leuchtkraft-Beziehung bringt einen direkten Zusammenhang zwischen der Masse und der ausgesendeten Gesamtenergie eines Hauptreihensterns zum Ausdruck.
- Die Entfernungen von Sternen können aus ihren Spektralklassen und Leuchtkraftklassen bestimmt werden.

Die Massen von Sternen

- Doppelsterne kommen überraschend häufig vor. Diejenigen, die (ggf. mithilfe eines Teleskops) in zwei verschiedene Sterne aufgelöst werden können, heißen visuelle Doppelsterne.
- Die Massen der beiden Sterne in einem Doppelsternsystem lassen sich aus Messungen der Umlaufzeit und der Umlaufbahnen des Systems ermitteln.
- Einige Doppelsterne können nachgewiesen und untersucht werden, obwohl das System so weit von uns entfernt ist (oder die beiden Sterne so nahe beieinander stehen), dass die beiden Sterne selbst mit dem Teleskop nicht aufgelöst werden können.
- Ein spektroskopischer Doppelstern ist ein System, das anhand der periodischen Verschiebung seiner Spektrallinien zu erkennen ist. Diese Verschiebung ist ein Ergebnis des Dopplereffekts, während die Sterne auf ihren Umlaufbahnen abwechselnd auf die Erde zukommen und sich von ihr entfernen.
- Ein Bedeckungsveränderlicher ist ein Doppelsternsystem, dessen Umlaufbahnen wir von der Erde aus nahezu von der Seite sehen, sodass periodisch ein Stern den anderen bedeckt. Die Lichtkurve von Doppelsternen offenbart wichtige Informationen über die Sterne, aus denen das Doppelsternsystem besteht.
- Zwischen eng benachbarten Doppelsternen wird Masse übertragen.

Was haben Sie gedacht?

1 *Wie weit ist unser nächster Stern, sieht man einmal von der Sonne ab, von uns entfernt?* Proxima Centauri ist etwa 40 Mrd. km entfernt. Das Licht von dort braucht vier Jahre, bis es die Erde erreicht.

2 *Welche Leuchtkraft hat die Sonne im Vergleich zu anderen Sternen?* Die Sterne mit der größten Leuchtkraft sind etwa eine Million Mal so hell und die Leuchtkraft der schwächsten Sterne beträgt nur ein Hunderttausendstel derer der Sonne.

3 *Welche Farben können Sterne haben und wie kommen diese zustande?* Sterne können viele Farben von Rot bis Violett sowie Weiß haben. Die Farben sind das Ergebnis unterschiedlicher Oberflächentemperaturen.

4 *Sind hellere Sterne heißer als schwächere?* Dies muss nicht notwendig so sein. Viele hellere Sterne, etwa Rote Riesen, sind kälter, aber größer, als heißere und schwächere Sterne wie z. B. Weiße Zwerge.

5 *Wie groß sind andere Sterne im Vergleich zur Sonne?* Die Durchmesser von Sternen liegen zwischen mehr als dem 1000-fachen und weniger als einem Hundertstel des Sonnendurchmessers.

6 *Sind die meisten Sterne so wie unsere Sonne isolierte Einzelsterne?* In der Nähe der Sonne tritt ein Drittel der Sterne in Paaren oder größeren Gruppen auf.

Nachlese

Die Lösungen aller mit einem Stern (*) markierten Rechenaufgaben finden Sie am Ende des Buchs.

1. Welche Eigenschaften von Sternen lassen sich durch Sternparallaxenmessungen bestimmen? **a.** Geschwindigkeiten, **b.** Rotationsgeschwindigkeiten, **c.** Entfernungen, **d.** Farben, **e.** Temperaturen.
2. Wie heißt die Helligkeit, die ein Stern in einer Entfernung von 10 pc von der Erde hätte? **a.** Absolute Helligkeit, **b.** scheinbare Helligkeit, **c.** Leuchtkraft, **d.** Spektralklasse, **e.** Schwerpunkt.
3. Welche Eigenschaft von Sternen lässt sich über Messungen an einem Doppelsternsystem ermitteln? **a.** Die Leuchtkraft, **b.** die scheinbare Helligkeit, **c.** die Entfernung, **d.** die Masse, **e.** die Temperatur.
4. Ein Stern mit welcher der folgenden scheinbaren Helligkeiten erscheint von der Erde aus gesehen am hellsten? **a.** 6,8, **b.** 3,2, **c.** 0,41, **d.** –0,44, **e.** –1,5.
5. Ein Stern welcher Spektralklasse hat die stärkste (dunkelste) H_α-Linie? (Hinweis: Betrachten Sie Abb. 8.5.) **a.** B2, **b.** A0, **c.** F5, **d.** G5, **e.** M0.
6. Beschreiben Sie, inwiefern das Parallaxenverfahren zum Ermitteln der Entfernung eines Sterns dem zweiäugigen Sehen von Tieren ähnelt.
7. Was ist eine Sternparallaxe?
8. Wie lässt sich die Sternparallaxe zur Messung der Entfernung von Sternen nutzen?
9. Weshalb sind Sternparallaxenmessungen nur bei verhältnismäßig nahe gelegenen Sternen möglich?
10. Welcher Unterschied besteht zwischen scheinbarer und absoluter Helligkeit?
11. Beschreiben Sie kurz, wie Sie die absolute Helligkeit eines nahe gelegenen Sterns bestimmen würden.
12. Wofür ist die Leuchtkraft eines Sterns ein Maß?
13. Weshalb verläuft die Helligkeitsskala entgegen unserer intuitiven Vorstellung „rückwärts“?
14. Erscheint der Stern Beteigeuze mit einer scheinbaren Helligkeit von $m = +0{,}5$ heller oder schwächer als der Stern Pollux mit einer scheinbaren Helligkeit von $m = +11{,}1$?
15. *Wir betrachten zwei gleiche Sterne von denen einer fünfmal so weit weg ist wie der andere: Wie viel heller ist der nähere von beiden dann zu sehen?
16. Wie und weshalb hängt das Spektrum eines Sterns mit seiner Oberflächentemperatur zusammen?
17. Aus welchem chemischen Element bestehen hauptsächlich die meisten Sterne?
18. Welche Spektralklasse hat ein Stern mit den stärksten Na-I-Absorptionslinien? Bei welcher Wellenlänge liegt diese Linie ungefähr im Normalfall? (Hinweis: Betrachten Sie Abb. 8.5.)
19. Weshalb zeigt ein G2-Stern viel mehr Absorptionslinien als ein B0-Stern?
20. Zeichnen Sie ein Hertzsprung-Russel-Diagramm und skizzieren Sie die Gebiete der Hauptreihensterne, Riesen, Überriesen und Weiße Zwerge. Erörtern Sie kurz, welche Möglichkeiten es für die Bezeichnungen der Achsen gibt.
21. Wie lässt sich aus Beobachtungen eines visuellen Doppelsterns auf die Massen seiner Einzelsterne schließen?
22. Was ist eine Radialgeschwindigkeitskurve? Welche Arten von Sternsystemen zeigen solche Kurven?
23. Welcher Unterschied besteht zwischen einem spektroskopischen Doppelstern mit periodischen Linienverschiebungen in einem Spektrum und einem Doppelstern mit den überlagerten Spektren beider Komponenten?
24. Was ist die Lichtkurve eines Bedeckungsveränderlichen? Welche Angaben lassen sich einer solchen Lichtkurve entnehmen?
25. Was besagt die Masse-Leuchtkraft-Beziehung? Auf welche Art von Sternen ist sie anwendbar?
26. Betrachten Sie Abb. 8.7: **a.** Welche sind die heißesten und welche die kältesten Sterne in dem Diagramm? **b.** Welche sind die hellsten und welche die schwächsten Sterne? **c.** Welche sind die heißesten und welche die kältesten Hauptreihensterne? **d.** Welche Sterne sind Weiße Zwerge, welche sind Riesen und welche sind Überriesen?

Scientific American-Beitrag

Ein Roter Stern wird zum Star

Kleine und kalte Sterne könnten Keimzellen für Leben sein – Mark Alpert

Mark Albert, „Red Star Rising", Scientific American, November 2005, S. 28.

Ein Gesteinsplanet. Dieser Planet, der doppelt so groß wie die Erde ist, wurde in der Nähe des Zwergsterns Gliese 876 entdeckt (Zeichnung).

Liebhaber von Comics wissen: Superman ist auf dem Planeten Krypton geboren, der einen roten Stern umläuft. Wissenschaftler haben jetzt herausgefunden, dass die Geschichte von Superman ein Körnchen Wahrheit enthalten könnte: Planeten auf Umlaufbahnen um kleine, aber häufig vorkommende Sterne, die Roten Zwerge, könnten die besten Voraussetzungen für Leben in unserer Galaxis bieten.

Im Juni 2004 berichteten Astronomen über die Entdeckung einer echten Inkarnation von Krypton, eines Planeten, der den 15 Lichtjahre von unserer Sonne entfernten Roten Zwerg Gliese 876 umläuft. Auch wenn schon zuvor zwei andere Planeten auf Umlaufbahnen um Gliese 876 entdeckt worden waren, machte erst die Entdeckung des dritten Schlagzeilen, da er unserer Erde so ähnlich ist. Fast alle bisher außerhalb unseres Sonnensystems entdeckten Planeten sind riesige Gaskugeln, die eher Jupiter oder Neptun ähneln. Der jetzt entdeckte ist im Gegensatz dazu wahrscheinlich ein Gesteinskörper, nur doppelt so groß wie die Erde.

Die weitaus meisten Roten Zwerge, auch M-Zwerge genannt, sind nur halb so groß wie die Sonne und nur ein Hundertstel so hell wie sie. Wissenschaftler hegten lange Zweifel, dass in der Nähe eines so schwachen Sterns überhaupt Leben möglich sein könnte. Die Lebenszone, d. h. derjenige Bereich um den Stern, der weder zu heiß noch zu kalt für flüssiges Wasser ist, reicht nicht weiter als etwa 40 Mio. km von dem Roten Zwerg – das ist weniger, als der Merkur von der Sonne entfernt ist. In so kurzem Abstand würde der Planet gebunden rotieren: Eine Seite zeigt immer zum Stern, während die andere immer abgewandt ist. Daraus war die Schlussfolgerung gezogen worden, dass der Planet unvermeidlich seine Atmosphäre verlieren müsste, da sie auf der bitterkalten Nachtseite gefrieren würde. Computermodelle haben allerdings gezeigt, dass eine Atmosphäre, die ausreichend Kohlendioxid enthält, genügend Wärme auf die Nachtseite streuen würde, was dies verhindert.

M-Zwerge sind die weitaus häufigsten Sterne der Milchstraße. Sie sind zehnmal so häufig wie die sonnenähnlichen G-Sterne, sodass die Möglichkeit, dass sie Leben beherbergen könnten, Forscher auf den Plan rief, die nach außerterrestrischer Intelligenz suchen (SETI). Das SETI-Institut in Mountain View, Kalifornien, veranstaltete daher im Juli 2005 einen Workshop, in dem Wissenschaftler die Frage erörterten, ob auf einem M-Zwergplaneten Leben entstehen könnte. Gibor Basri von der University of California, Berkeley, berichtet: „Niemand hat irgendwelche überzeugenden Argumente gefunden, die Leben dort ausschließen würde." Ein Einwand war, dass M-Zwerge häufig Flares erzeugten. Die Ströme geladener Teilchen, die von diesen ausgehen, könnten die Atmosphäre jedes nahe gelegenen Planeten fortreißen. Wenn der Planet allerdings ein Magnetfeld hätte, könnte er die Teilchen aus der Atmosphäre ablenken. Schon die langsame Rotation eines gebunden rotierenden M-Zwergplaneten, der bei jedem Umlauf um den Stern einmal um die eigene Achse rotiert, würde ausreichen, um ein Magnetfeld zu erzeugen, solange ein Teil des Inneren des Planeten geschmolzen bliebe.

Leider ist der in der Nähe von Gliese 876 gefundene Planet nur 3 Mio. km von ihm entfernt, sodass seine Oberfläche viel zu heiß wäre, um Leben, wie wir es kennen, zu ermöglichen. Die riesige Anzahl von M-Sternen in der Milchstraße – sie wird auf 300 Milliarden geschätzt – hat sie aber zu einem attraktiven Ziel für SETI-Forscher gemacht. Diese errichten gerade eine Zusammenschaltung von Radioteleskopen, das Allen Telescope Array in Nordkalifornien, um die Galaxis nach Radiosignalen abzurastern. Neben ihrer Häufigkeit bieten M-Zwerge gegenüber G-Sternen einen weiteren Vorteil als mögliche Plätze für intelligentes Leben: Da sie länger leuchten, bevor ihr Wasserstoff erschöpft ist, und mit zunehmendem Alter nicht heller werden, bieten Sie auf lange Sicht eine stabilere Umgebung für bewohnte Planeten. In einer Milliarde Jahren wird die Erde durch die verstärkte Sonnenstrahlung unbewohnbar werden, während die M-Zwerge der Galaxis Hunderttausende Milliarden von Jahren stabil brennen.

Einblicke in die Wissenschaft

Wie die Astronomen schwache Nachbarsterne zählen Bevor Wissenschaftler nach bewohnbaren Planeten oder Radiosignalen in der Nähe Roter Zwerge suchen, müssen sie diese Sterne zunächst erst einmal finden. Da Rote Zwerge so schwach sind – selbst die nächsten sind mit bloßem Auge nicht zu sehen –, sind sie in astronomischen Katalogen stark unterrepräsentiert. Um dem abzuhelfen, messen Forscher die Parallaxe schwacher Roter Sterne, um ihre Entfernung von der Erde zu schätzen. Anhand dessen lässt sich ermitteln, ob es sich um nahe gelegene Rote Zwerge oder eher helle Rote Riesen handelt, die nur deshalb so schwach erscheinen, weil sie so weit entfernt sind. In den letzten Jahren konnte eine Arbeitsgruppe um Todd J. Henry von der Georgia State University die Liste der Sterne bis zu einer Entfernung von 10 pc (32,6 Lichtjahren) um unserer Sonnensystem bereits um zwei Dutzend Roter Zwerge ergänzen.

Kapitel 9
Das Leben der Sterne – von der Geburt bis ins mittlere Alter

R I V U X G

Wolkenlandschaft im Sternentstehungsgebiet W5 im Sternbild Kassiopeia. (Lori Allen, Harvard-Smithsonian CfA u. a., JPL-Caltech, NASA)

Was meinen Sie?

1 **Wie entstehen Sterne?**

2 **Entstehen auch heute noch Sterne? Wenn ja, wo?**

3 **Leuchten massereiche Sterne länger als masseärmere? Begründen Sie Ihre Antwort!**

Die Antworten finden Sie bei der jeweiligen Ziffer im Text und noch einmal zusammengefasst am Ende des Kapitels.

Die Energie, die ermöglicht, dass Sterne leuchten, liefert die Gravitation. Bei der Behandlung der Sonne in Kapitel 7 hatten wir gesehen, dass Sterne durch die Schwerkraft komprimiert werden, wobei sie sich aufheizen, bis schließlich eine Kernfusion einsetzt. Diese führt dazu, dass die Sterne riesige Strahlungsmengen aussenden. Währenddessen ändern sich ihre Eigenschaften wie die chemische Zusammensetzung, Masse

Einblicke in die Wissenschaft

Der Lebenslauf von Sternen Die Sterne am Nachthimmel lassen sich mit dem Bild eines Marktplatzes voller Menschen vergleichen, großen und kleinen oder alten und jungen, und ihre unterschiedlichen individuellen Eigenschaften lassen sich wie bei Menschen zum Teil als Ausdruck einer Entwicklung verstehen. Sterne werden deshalb oft mit Begriffen eines Lebenslaufs zwischen Geburt, Altern, Sterben und Tod beschrieben, um Sterntypen und Sternpopulationen zu charakterisieren.

und Helligkeit – man sagt auch, Sterne altern. Wichtige Lebensabschnitte eines Sterns können von einigen Tagen bis zu Hunderten Milliarden Jahren dauern, ihre Lebenszeit liegt in der Größenordnung von Millionen bis zu Hunderten Milliarden Jahren. In diesem Kapitel wollen wir uns zunächst ihrer Entwicklung zuwenden.

In diesem Kapitel geht es darum,

- wie Sterne entstehen;
- die „Kinderstube" von Sternen kennenzulernen;
- was man den physikalischen Eigenschaften von Sternen für die Sternentwicklung entnehmen kann;
- die erstaunliche Umwandlung älterer Sterne in Riesen kennenzulernen;
- wie das Hertzsprung-Russel-Diagramm als Leitfaden beim Verständnis des Lebenszyklus von Sternen dient;
- wie Sterne, die einander umlaufen, einander verändern können.

Protosterne vor dem Hauptreihenstadium

In Kapitel 2 hatten wir gesehen, dass das Sonnensystem wahrscheinlich vor ungefähr 4,6 Milliarden Jahren aus einer kollabierenden, rotierenden Gas- und Staubwolke entstanden ist. Diese Theorie setzt allerdings voraus, dass zu diesem Zeitpunkt schon interstellare Materie vorhanden war, aus der das Sonnensystem entstehen konnte. Das legt die Annahme nahe, dass dort, wo interstellare Materie vorhanden ist, auch heute noch Sterne entstehen können.

9.1 Zwischen den Sternen gibt es Gas und Staub

Tatsächlich gibt es zwischen den Sternen Materie. Einen verhältnismäßig kleinen Teil davon kann man mit optischen Teleskopen im sichtbaren Bereich sehen (Abb. 9.1a). Die meiste interstellare Materie ist aber zu kalt, um sie optisch beobachten zu können, sodass Infrarotteleskope (Abb. 9.1b) und Radioteleskope erforderlich sind. Die Gesamtheit des Materials zwischen den Sternen heißt **interstellares Medium** und trägt mindestens 10 % zur gesamten beobachteten Masse unserer Galaxis bei. Beobachtungen der Spektren des interstellaren Mediums zeigen, dass es sich dabei um Gas handelt, das isolierte Atome und Moleküle sowie winzige Staubteilchen enthält. Tab. 9.1 zeigt die Zusammensetzung des interstellaren Mediums.

Im interstellaren Raum sind eine Vielzahl von Molekülen zu finden, darunter u. a. molekularer Wasserstoff (H_2), Kohlenmonoxid (CO), Kohlendioxid (CO_2), Wasser (H_2O), Ammoniak (NH_3), Formaldehyd (H_2CO) und einfache Zucker. Diese Moleküle lassen sich ebenso wie Elemente anhand ihrer Spektren bestimmen.

Der Weltraumstaub weist vielfältige Strukturen auf. Einige Teilchen aus Kohlenstoffverbindungen (mit anderen Worten, organische Teilchen) im Weltraum haben einen typischen Durchmesser von 0,005 Mikrometern (μm) – ein Zehntausendstel eines typischen Menschenhaars. Darunter sind Molekülgruppen, wie sie ähnlich auch in Motorabgas und verbranntem Fleisch zu finden sind. Diese *polyzyklischen aromatischen Kohlenwasserstoffe* (PAHs) bestehen im Wesentlichen nur aus Kohlenstoff- und Wasserstoffatomen. Größere interstellare Staubteilchen enthalten Kerne aus Kohlenstoff- oder Siliciumverbindungen, die von Mänteln aus Eis und anderen Materialien umgeben sind. Sie wachsen bis auf einen Durchmesser von 0,30 μm (fast ein Zweihundertstel eines Menschenhaars).

Ausgehend von der Erkenntnis, dass neue Sterne aus dem Gas und Staub des interstellaren Mediums entstehen, wird dieses Medium kartographiert, um Orte zu finden, an denen es sich lohnt, nach jungen Sternen zu suchen. Wenn das interstellare Medium im sichtbaren Teil des Spektrums leuchtet, handelt es sich um Streulicht von Sternen in seiner Nähe. So wird die interstellare Materie im Sternhaufen Plejaden (im Sternbild Stier) von den jungen Sternen in spektakulärer Weise angestrahlt (Abb. 9.1a). Das bläuliche Streulicht vom interstellaren Gas und Staub wird in einem **Reflexionsnebel** reflektiert. **Nebel** sind dichte

Tab. 9.1 Zusammensetzung des interstellaren Mediums

	Anzahl der Teilchen (%)	Masse (%)
Wasserstoff (Atome und Moleküle)	90	74
Helium	9	25
Metalle*	1	1

* Zur Erinnerung: In der Astronomie sind dies alle Elemente außer Wasserstoff und Helium.

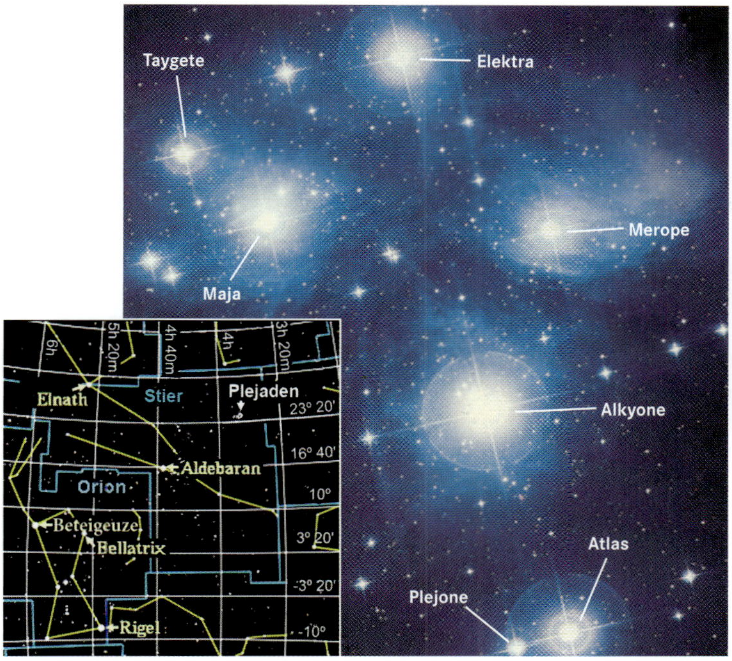

a

b

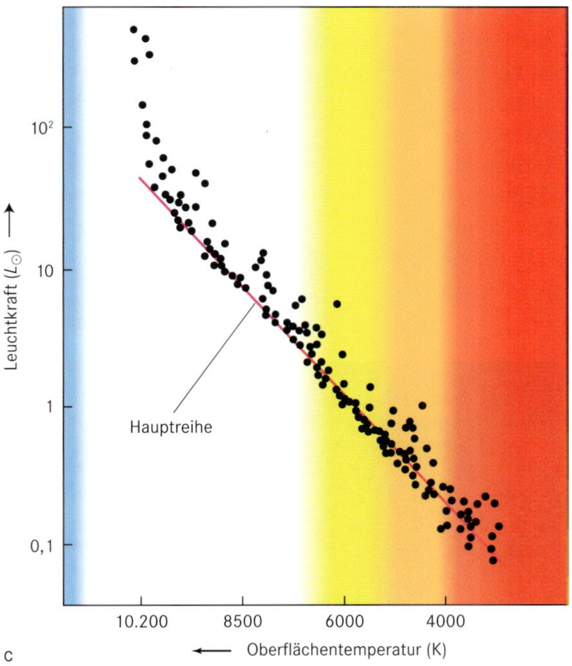

c

Abb. 9.1 Sterne und interstellares Medium. (a) Dieser offene Sternhaufen, die Plejaden, ist mit bloßem Auge im Sternbild Stier leicht zu sehen. Er ist etwa 375 Lichtjahre (116 pc) von der Erde entfernt. Es handelt sich hier um junge Sterne, die noch von Resten ihrer Geburtsmaterie umgeben sind. Das blaue Leuchten entsteht durch Reflexion ihrer Strahlung an schon vorhandenen Staubkörnern in der Nähe. (b) Derselbe Himmelsausschnitt auf einer Falschfarben-Infrarotaufnahme des Spitzer-Weltraumteleskops. Offenbar gibt es hier mehr Gase, als im sichtbaren Licht zu sehen sind. (c) Jeder Punkt in diesem Hertzsprung-Russel-Diagramm steht für einen Stern der Plejaden, dessen Leuchtkraft und Oberflächentemperatur bestimmt worden sind. Beachten Sie, dass die meisten kalten, massearmen Sterne auf der Hauptreihe angekommen sind, sodass das Wasserstoffbrennen in ihren Kernen gezündet hat. Der Sternhaufen hat einen Durchmesser von etwa fünf Lichtjahren, ist etwa 100 Mio. Jahre alt und enthält etwa 500 Sterne. (a: Anglo-Australian Observatory; b: NASA/JPL-Caltech/J. Stauffer, SSC/Caltech)

Gebiete aus interstellarem Gas und Staub. Häufig liegen sie in viel größeren Volumina aus Gas und Staub, sogenannten **Molekülwolken**. Die größten Molekülwolken, sogenannte **Riesenmolekülwolken**, enthalten Materie mit einer Masse von mehr als einer Million Sonnenmassen und erstrecken sich über etwa 300 Lichtjahre.

Daneben kennt die Astronomie noch mehrere andere Arten von Nebeln, von denen Dunkelnebel und Emissionsnebel die wichtigsten sind. **Dunkelnebel** sind interstellare Gas- und Staubgebiete, die so dicht sind, dass sie das meiste sichtbare Licht dahinter nicht zu uns durchlassen. Daher sehen Dunkelnebel zwar wie leere Gebiete im Weltraum aus, gehören tatsächlich aber zu den dichtesten interstellaren Nebeln überhaupt. **Emissionsnebel** sind dagegen interstellare Gas- und Staubgebiete, die aufgrund der Energie leuchten, die sie von nahe gelegenen Sternen, explodierenden Sternen oder auch zusammenstoßenden Nebeln aufnehmen.

Allerdings sind Gas und Staub in größerer Entfernung schwer zu beobachten, da das nahe gelegene interstellare Medium ihr Licht abschwächt oder die Sicht auf sie ganz versperrt. Man kann dies mit dichten Wolken oder auch mehreren dünnen Wolkenschichten vergleichen, die uns den Blick auf die Sonne oder Sterne verwehren. Diese Verdunklung des Lichts durch Gas und Staub in dem dazwischenliegenden Raum heißt **interstellare Extinktion**. Dunkelnebel sind prägnante Beispiele dafür.

Doch selbst wenn wir einen Stern oder ein anderes Objekt bei sichtbaren Wellenlängen durch das interstellare Medium sehen können, erscheint es uns rötlicher, als es tatsächlich ist. Dafür ist die **interstellare Rötung** verantwortlich. Sie beruht darauf, dass kurzwelliges Sternenlicht an Staubkörnern stärker als langwelliges gestreut wird. (Also wird violettes Licht am stärksten, blaues, grünes, gelbes und orangefarbenes immer weniger und rotes schließlich am wenigsten gestreut.) Wenn wir einen Stern durch Gas und Staub hindurch beobachten, sehen wir also weniger kurzwelliges Licht von ihm, als wenn es kein interstellares Medium gäbe (Abb. 9.2a). Je mehr Gas und Staub zwischen einem Objekt und uns liegen, desto rötlicher erscheint es uns (Abb. 9.2b). Mit der Dopplerrotverschiebung hat die interstellare Rötung aber nichts zu tun (siehe Abschnitt 3.2). Die Dopplerverschiebung führt dazu, dass alle Wellenlängen der elektromagnetischen Strahlung gleich gedehnt werden. Dagegen ändert die interstellare Rötung nicht die Wellenlängen des Sternenlichts selbst; wegen der stärkeren Streuung kürzerer Wellenlängen werden nur die Intensitäten unterschiedlich abgeschwächt.

Trotzdem waren wir in der Lage, weit entfernte Sterne und Wolken von interstellarem Gas und Staub zu entdecken, deren sichtbares Licht durch näheres interstellares Medium verdeckt wird. Dabei kam uns der Umstand zugute, dass diese Objekte auch Radio- oder Infrarotphotonen aussenden, die auf ihrem Weg zu uns verhältnismäßig wenig gestreut werden. Radio- und Infrarotteleskope werden auch eingesetzt, um nach nahe gelegenem interstellaren Medium zu suchen, das zu kalt ist, um genügend sichtbares Licht auszusenden.

Sterne entstehen aus Gas und Staub, die kalt genug sein müssen, damit sie kollabieren können. Den größten Teil dieser Materie bildet Wasserstoff in Form von Molekülen (nicht Atomen). Allerdings ist molekularer Wasserstoff im Weltraum verhältnismäßig schwer nachzuweisen. Daher wird in der Radioastronomie oft nach Kohlenmonoxid gesucht, das bei kurzen Radiowellenlängen (Mikrowellen) von 2,6 mm und 1,3 mm viele Photonen aussendet.

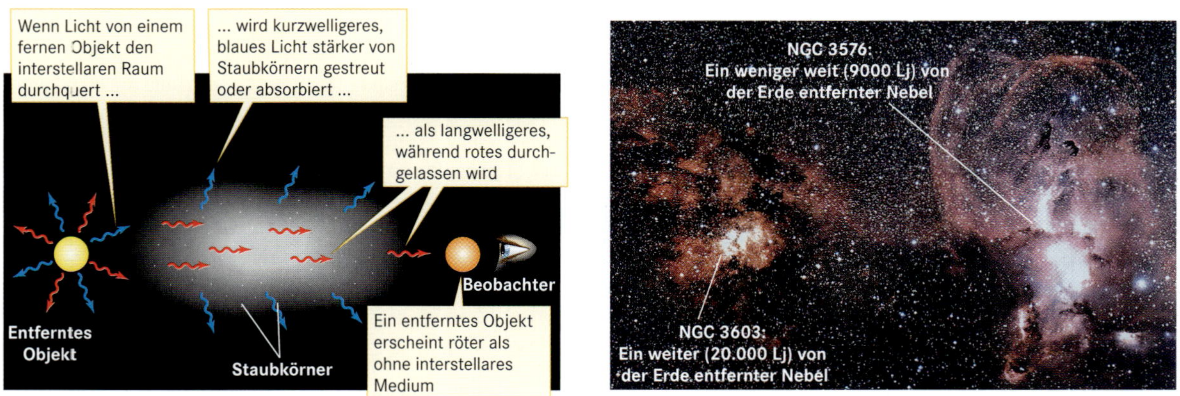

a Die interstellare Rötung durch Staub

b Die Rötung hängt von der Entfernung ab

R I V U X G

Abb. 9.2 Die interstellare Rötung. (a) Kurzwelliges (blaues) Licht, das durch Staub im interstellaren Raum läuft, wird stärker gestreut als langwelligeres. Daher erscheinen die Sterne und andere Objekte, wenn sie durch interstellare Wolken hindurch betrachtet werden, röter als sonst. (b) Licht von diesen beiden Nebeln durchläuft unterschiedlich viel interstellaren Staub, sodass sie verschiedene Farben zu haben scheinen. Da NGC 3603 weit entfernt ist, erscheint er in einem kräftigeren Rot als NGC 3576. (Anglo-Australian Observatory)

Berechnungen anhand der bekannten Häufigkeiten chemischer Elemente zeigen, dass auf jedes CO-Molekül im interstellaren Medium ungefähr 10.000 Wasserstoffmoleküle (H_2) kommen. Daraus wird dann gefolgert, dass dort, wo eine starke CO-Emission nachgewiesen wird, auch gewaltige Wasserstoffmassen liegen müssen.

Bei der Kartographierung der CO-Emission (Abb. 9.3a) zeigte sich, dass das interstellare Gas- und Staubmedium häufig in Riesenmolekülwolken konzentriert ist. In einigen Fällen, etwa in dem bekannten Pferdekopfnebel im Orion (Abb. 9.3c), erscheinen diese Wolken als dunkle Bereiche, die sich vor einem leuchtenden Hintergrund abheben. In anderen Fällen fallen die Wolken als dunkler Nebel auf, der dahinter liegende Sterne verdeckt (Abb. 9.4). In unserer Milchstraße gibt es schätzungsweise um die 6000 dieser Molekülwolken. Ihre Massen liegen zwischen 10^5 und $2 \cdot 10^6\ M_\odot$ und ihre Durchmesser zwischen 50 und

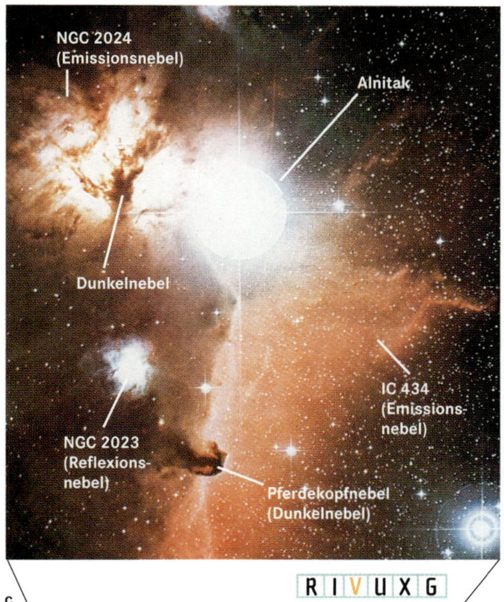

c

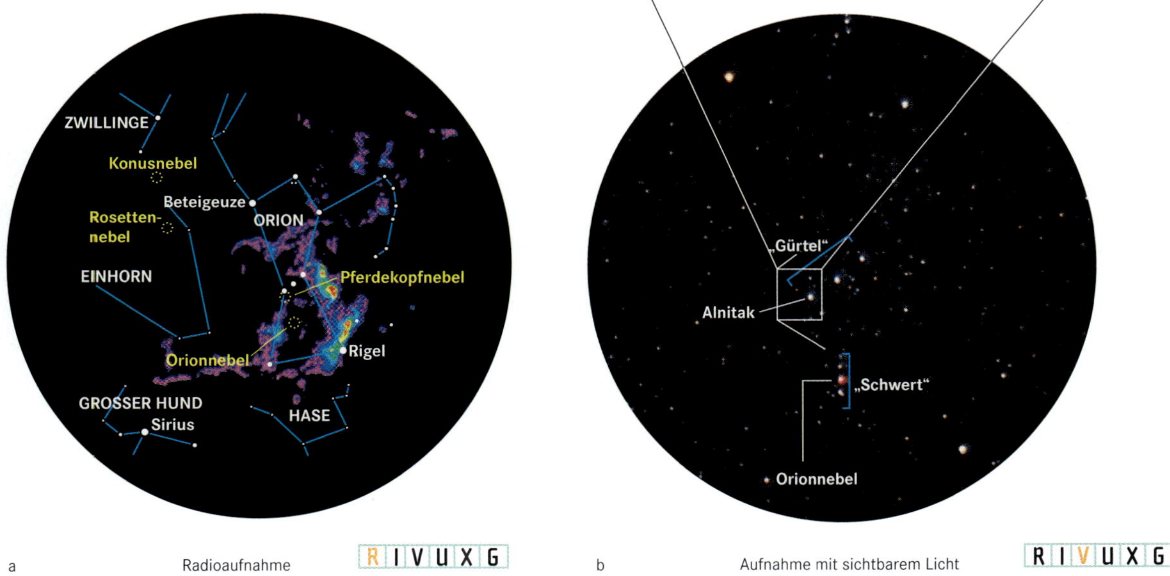

a Radioaufnahme R I V U X G

b Aufnahme mit sichtbarem Licht R I V U X G

Abb. 9.3 Ein stark gas- und staubhaltiges Gebiet des Orion. (a) Die farbcodierte Radiokarte eines großen Himmelsausschnitts zeigt die Ausdehnung von Riesenmolekülwolken im Orion und im Einhorn im Radiospektrum. Die Farben in der Reihenfolge des Spektrums bedeuten die Intensität der Kohlenmonoxidemission (CO-Emission), wobei Violett für die schwächste und Rot für die stärkste steht. Schwarz bedeutet keine nachweisbare Emission. Die darüber gelegte Sternkarte zeigt die Orte von vier wichtigen Nebeln, in denen Sterne entstehen. Der Orion- und der Pferdekopfnebel zeigen starke CO-Emissionen, die darauf hindeuten, dass dort Sterne entstehen. (b, c) Um Alnitak, auch ζ (Zeta) Orionis genannt, den östlichen Stern im Gürtel des Orion, fallen eine Vielzahl von Nebeln auf. Links von Alnitak liegt ein heller, roter Emissionsnebel mit der Bezeichnung NGC 2024. Die leuchtenden Gase in Emissionsnebeln werden durch die Ultraviolettstrahlung junger, massereicher Sterne angeregt. Ein Teil von NGC 2024 wird von Staubkörnern verdeckt, sodass er schwarze Streifen zu haben scheint. Außerdem versperrt die charakteristisch geformte Staubwolke des Pferdekopfnebels den Blick auf den Hintergrundnebel IC 434. Der Pferdekopf gehört zu einem größeren Komplex interstellarer Dunkelmaterie links im Bild. Über dem und links von dem Pferdekopfnebel liegt der Reflexionsnebel NGC 2023, dessen Staubkörner blaues Licht von davor liegenden Sternen besser als andersfarbiges zurückstreuen. Alle diese Nebel sind etwa 1600 Lichtjahre, der Stern Alnitak dagegen nur 815 Lichtjahre von der Erde entfernt. NGC bedeutet „New General Catalog of Stars" während IC für „Index Catalogs", zwei Erweiterungen des NGC, steht. (a: R. Maddalena , M. Morris, J. Moscowitz, und P. Thaddeus; b: Royal Observatory, Edinburgh; c: R. C. Mitchell, Central Washington University)

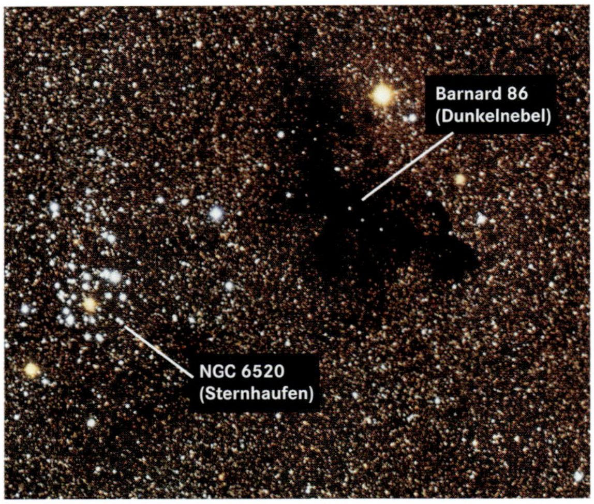

Abb. 9.4 Ein Dunkelnebel. Der Dunkelnebel Barnard 86 im Sternbild Schütze. Auf der Aufnahme fällt er nur auf, weil er kein Licht von Sternen in seiner Umgebung durchlässt. Die bläulichen Sterne links von ihm gehören zum Sternhaufen NGC 6520. (Anglo-Australian Observatory)

300 Lichtjahren. Ihre Dichte beträgt zwischen 10^2 und 10^5 Wasserstoffmoleküle pro Kubikzentimeter und ist damit 1000-mal so hoch wie die durchschnittliche Gas- und Staubdichte im interstellaren Raum, aber nur etwa 10^{-15}-mal so hoch wie die Dichte der Luft auf der Erdoberfläche. Nachdem also feststeht, dass es interstellare Materie gibt, stellt sich die Frage, weshalb ein Teil dieses Gases und Staubs kollabiert und dabei neue Sterne (und Planeten) entstehen.

9.2 Supernovae, Kollisionen interstellarer Wolken und Sternenlicht sind Auslöser für die Entstehung neuer Sterne

Supernovae sind gewaltige Explosionen, mit denen das Leben massereicher Sterne endet, die wir in Kapitel 10 genauer betrachten werden. Hier halten wir nur fest, dass dabei der Kern des sterbenden Sterns innerhalb weniger Sekunden kollabiert. Dabei werden gewaltige Teilchen- und Energiemengen frei, die den Stern auseinandertreiben. Die Außenschichten des Sterns werden mit Geschwindigkeiten von mehreren Tausend Kilometern pro Sekunde in den Weltraum abgestoßen.

? Was ist der Hauptbestandteil des interstellaren Mediums?

1

Astronomische Beobachtungen haben gezeigt, dass sich die „Asche" (genauer: Gas und Staub) vieler solcher toter Sterne über den ganzen Weltraum verteilt. Auch diese **Supernovareste** sind eine Art Nebel. Supernovareste wie der Schleiernebel in Abb. 9.5 weisen eine charakteristische gebogene Struktur auf, wie sie bei einer mit Überschallgeschwindigkeit expandierenden Gashülle zu erwarten ist. Während der Supernovarest das umgebende interstellare Medium durchquert, prallt er auf bereits vorhandene Materie und regt die Elektronen in den Atomen und Molekülen der Gase zum Leuchten an. Prallt diese expandierende Hülle eines Supernovarests auf eine Riesenmolekülwolke, wird diese komprimiert, sodass darin die Geburt von Sternen angeregt werden kann. Wir hatten bereits in Kapitel 2 gesehen, dass es Hinweise auf ein solches Ereignis zum Zeitpunkt der Entstehung unseres Sonnensystems gibt.

Doch auch die einfache Kollision zweier interstellarer Wolken kann hinreichend dichte und kalte Gebiete erzeugen, die kollabieren und neue Sterne hervorbringen. Eine weitere Quelle ist die Strahlung von O- und B-Sternen, die besonders hell und heiß sind und das Gas in ihrer Umgebung ionisieren (d. h. Elektronen aus ihren Atomhüllen herausschlagen). Dieses Gas entfernt sich daraufhin und komprimiert das nahe gelegene interstellare Medium (Abb. 9.6).

Wenn eine Riesenmolekülwolke ausreichend kontrahiert und sich dabei abkühlt, führt die Gravitationsanziehung dazu, dass kleine Gas- und Staubgebiete darin kollabieren. Wenn diese Gebiete dichter werden, lassen sie schließlich kein Licht mehr von Objekten dahinter und aus ihrem Inneren durch. Sie werden dann zu dunklen **Bok-Globulen** (sehr kleinen Dunkelnebeln; siehe Abb. 9.6), die nach dem Astronomen Bart Bok benannt sind, der sie untersucht hat. Infrarotbeobachtungen zeigen in den Bok-Globulen kompakte Gas- und Staubgebiete, die **dichten Kerne**. Diese Kerne werden einmal zu Sternen.

Damit die dunklen Kerne kollabieren können, müssen sie hinreichend kalt sein. Je heißer ein Gas ist, umso mehr Teilchen kollidieren miteinander. Diese Atom- und Molekülkollisionen erzeugen in der Wolke einen Druck. Ist die Temperatur zu hoch, ist der Druck stärker als die Gravitationsanziehung zwischen den Teilchen und verhindert so, dass sie sich durch ihre Anziehung so weit annähern können, dass Sterne entstehen.

Dichte Kerne haben Temperaturen von etwa 10 K und sind damit kalt genug, um Sterne entstehen zu lassen, weil die Gravitation stärker ist als der abstoßende Druck und die Gase kontrahieren können. Die Temperatur- und Dichtebedingungen im Gas, bei de-

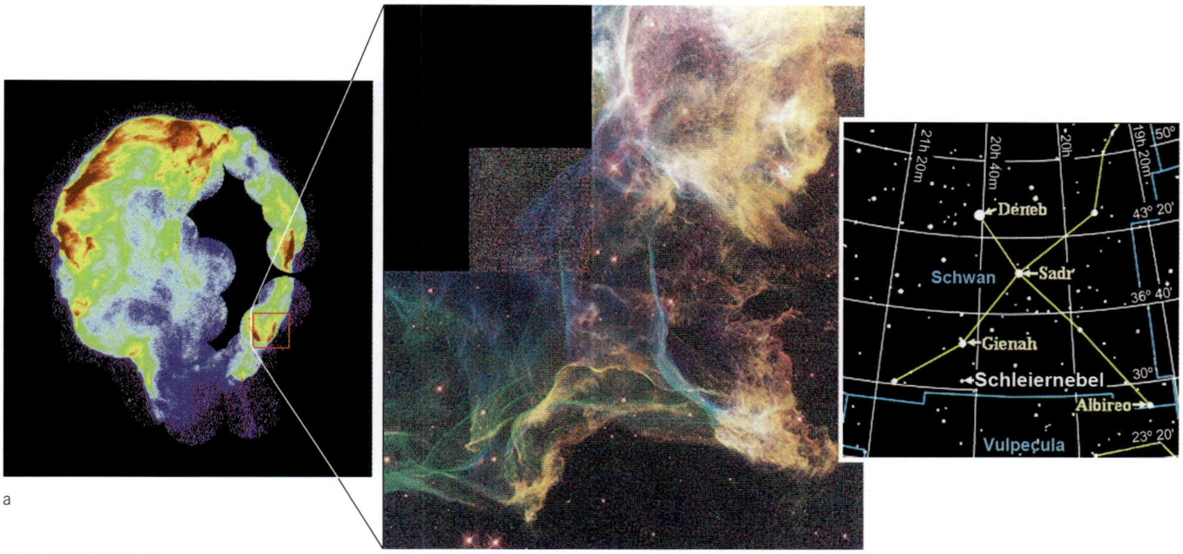

a R I V U X G

b R I V U X G

Abb. 9.5 Ein Supernovarest. (a) Röntgenaufnahme des Schleiernebels, des Rests eines Supernovaausbruchs vor etwa 20.000 Jahren. Die expandierende kugelförmige Gashülle hat heute einen Durchmesser von etwa 120 Lichtjahren. Der gesamte Schleiernebel hat am Himmel einen sechsmal so großen Winkeldurchmesser wie der Mond. (b) Diese Aufnahme des Hubble-Teleskops bei sichtbarem Licht zeigt die Emissionen verschiedener Atome in einem Teil des Schleiernebels. Die Darstellung ist falschfarbencodiert: blau = Sauerstoff, rot = Schwefel, grün = Wasserstoff. (a: Nancy Levenson/NASA; b: Jeff Hester, Arizona State University und NASA)

nen es zu diesem Kollaps kommt, heißen nach dem britischen Physiker Sir James Jeans, der sie 1902 berechnete, **Jeans-Instabilität.**

Häufig enthält eine Riesenmolekülwolke mehrere Hundert oder gar Tausend dichte Kerne. In diesem Fall entstehen Hunderte oder Tausende von Sternen gemeinsam. Aus solchen Sternen-„Kinderstuben" werden dann **offene Sternhaufen** wie die Plejaden (siehe Abb. 9.1). Offene Sternhaufen sind gravitativ nicht gebundene Systeme, d. h., die Sterne darin drif-

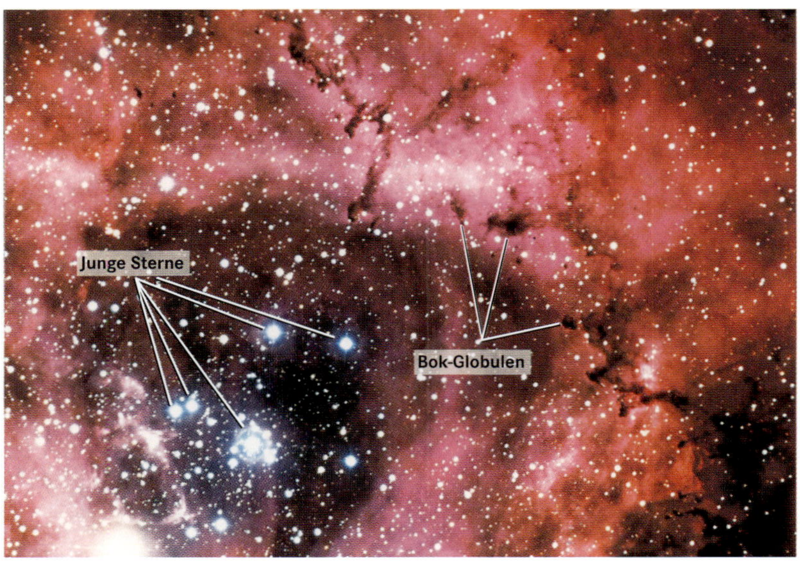

R I V U X G

Abb. 9.6 Der Kern des Rosettennebels. Der große, kreisförmige Rosettennebel (NGC 2237) liegt in der Nähe eines Endes einer ausgedehnten Riesenmolekülwolke im Sternbild Einhorn. Die Strahlung junger, heißer Sterne hat Gas aus der Mitte des Nebels herausgetrieben. Ein Teil dieses Gases hat sich in Bok-Globulen zusammengeballt, die sich von den leuchtenden Gasen im Hintergrund abzeichnen. In diesen Globulen kommt es zur Entstehung neuer Sterne. Der gesamte Rosettennebel hat am Himmel einen fast dreimal so großen Winkeldurchmesser wie der Mond und ist etwa 3000 Lichtjahre von der Erde entfernt. (Anglo-Australien Observatory) ten schließlich auseinander. Wahrscheinlich ist auch unser Sonnensystem in einem offenen Sternhaufen entstanden. Im Jahr 2004 ist in unserer Galaxis ein offener Sternhaufen entdeckt worden, der in einem Volumen mit einem Durchmesser von etwa sechs Lichtjahren ungefähr eine halbe Million Sterne, darunter mindestens 200 O- und B-Sterne, enthält. Dieser Sternhaufen, Westerlund 1, ist der massereichste offene Sternhaufen, den wir in unserer Galaxis kennen. Solche *Supersternhaufen* waren zwar schon in weit entfernten Galaxien, aber nie zuvor in unserer Galaxis beobachtet worden.

Zunächst einmal ist ein kollabierender dichter Kern nichts anderes als ein kaltes Staubgebiet, mehrere tausend Mal so groß wie unser Sonnensystem. Tatsächlich kollabiert der dichte Kern von innen nach außen. Das Innengebiet stürzt dabei schnell in sich zusammen, während die Außenschichten des dichten Kerns langsamer nachfolgen. Diese Massenzunahme im Zentrum heißt *Akkretion* und das neu entstehende Objekt in der Mitte **Protostern** (Abb. 9.7). Obwohl die Kernfusion bis dahin noch nicht eingesetzt hat, sendet ein Protostern bereits Energie aus, die zum Teil von der Kompression und Erhitzung des Inneren durch die Gravitationskraft wegen seiner zunehmenden heißen Gasmasse herrührt. Die meiste Energie kommt allerdings von einfallenden Gasen, die mit der Oberfläche des Protosterns kollidieren. Abb. 9.8 ist eine Infrarotaufnahme zahlloser Protosterne in und um einen Nebel im Zentaur.

? Welche Ereignisse können die Sternentstehung auslösen?

Falls ein solcher dichter Kern nicht rotiert, kollabiert er zu einer Kugel, aus der schließlich ein isolierter Stern wird. Rotiert er dagegen, kollabiert er zu einer Scheibe, aus der dann zwei oder drei Sterne kondensieren können. Hat die Scheibe nur wenig Masse, kann sie auch nur ein einziger Stern mit umlaufenden Protoplaneten werden (siehe Kapitel 2).

9.3 Ein Protostern, der keine Masse mehr akkumuliert, wird zu einem Vor-Hauptreihenstern

Protosterne sind größer als die Hauptreihensterne, die sich aus ihnen entwickeln. So hat ein Protostern mit einer Masse von 1 $M_\odot$ etwa den fünffachen Durchmesser der Sonne. Wegen ihrer Größen senden Protosterne viel Strahlung und Gas (analog dem Sonnenwind) aus und sind als Infrarotquellen zu beobachten. Im sichtbaren Bereich sind sie zu diesem Zeitpunkt nicht zu sehen, da sie von einer Außenschicht aus Gas

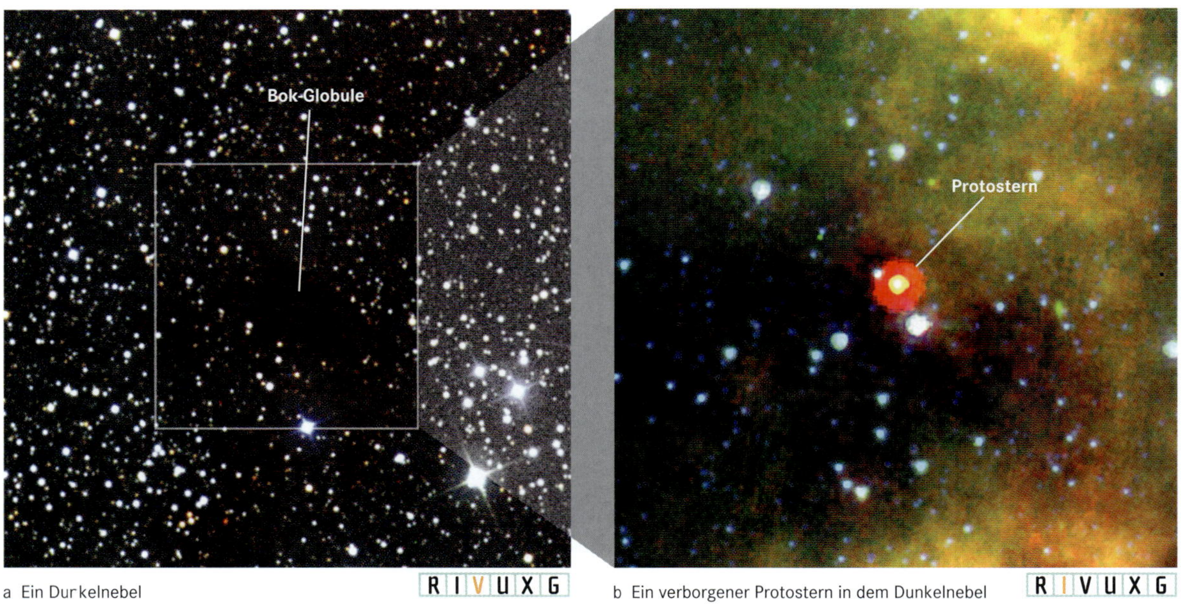

a Ein Dunkelnebel

b Ein verborgener Protostern in dem Dunkelnebel

Abb. 9.7 Protostern in einer Bok-Globule. (a) Diese Aufnahme bei sichtbarem Licht zeigt den kleinen Dunkelnebel (eine Bok-Globule) L1014 im Sternbild Schwan. (b) Im Infraroten ist in dem Nebel ein Protostern zu sehen. (a: Deep Sky Survey; b: NASA/JPL-Caltech/N. Evans, University of Texas at Austin)

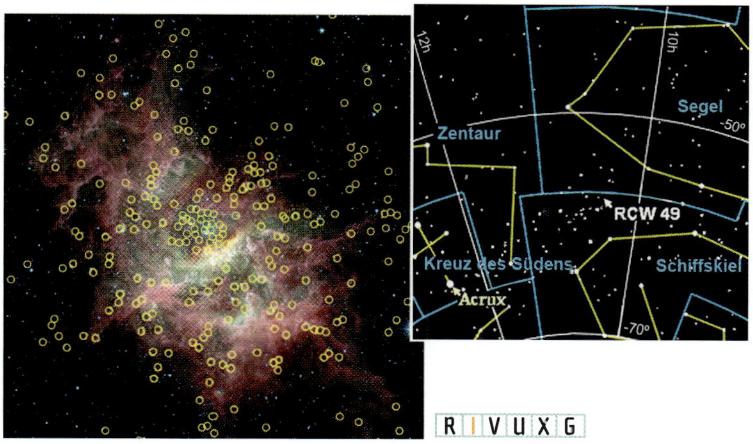

Abb. 9.8 Ein Protosternhaufen. Das Spitzer-Weltraumteleskop hat mehr als 300 Protosterne (die gelben Kreise) im Infrarot beobachtet. Dieser Sternhaufen neu entstehender Sterne liegt in einer Entfernung von 13.700 Lichtjahren im Sternbild Zentaur. Der Nebel, RCW 49, enthält über 2200 Sterne und Protosterne, und ein Teil seines Gases wird in Sterne umgewandelt. Das Innere des Nebels ist zum größten Teil durch Staub vor unserem Blick verborgen. (NASA/JPL-Caltech/E. Churchwell, University of Wisconsin)

und Staub umgeben sind (siehe Abb. 9.7). Aus dieser Außenhülle fällt immer noch reichlich Materie langsam ins Zentrum. Schließlich erzeugen aber die Strahlung und die Teilchen, die von dem Protostern wegströmen, eine so starke nach außen wirkende Kraft, dass der weitere Zustrom von Gas und Staub zum Stillstand kommt. Damit ist die Massenakkretion abgeschlossen und der Protostern zu einem **Vor-Hauptreihenstern** geworden.

Abb. 9.9 Vor-Hauptreihensterne. Die beiden großen hellen Objekte in der Mitte dieser Infrarotaufnahme sind Vor-Hauptreihensterne. Sie haben erst kürzlich ihre Gas- und Staubhüllen abgestoßen, senden aber immer noch starke Sternwinde aus, die zu ihren verschwommenen Formen führen. Die beiden Sterne sind ein optischer Doppelstern, d. h., sie laufen nicht umeinander um. (Atlasbild mit freundlicher Genehmigung von 2MASS/UMASS/IPAC-Caltech/NASA/NSF)

Anders als der schnell kollabierende Protostern kontrahiert ein Vor-Hauptreihenstern nur langsam. Wenn die Temperatur in seinem Kern 10^7 K erreicht, setzt das Wasserstoffbrennen ein. Wie wir in Kapitel 7 gesehen hatten, werden in dem thermonuklearen Prozess gewaltige Energien frei. Der Energieausstoß durch das Wasserstoffbrennen erzeugt in dem Vor-Hauptreihenstern einen so hohen Druck, dass seine Kontraktion zum Stillstand kommt. In den letzten Phasen vor dem Hauptreihenstadium löst sich die Außenhülle aus Gas und Staub schließlich auf (Abb. 9.9; siehe auch Abb. 9.6). Zu diesem Zeitpunkt wird der Stern erstmals von außen im sichtbaren Licht sichtbar.

9.4 Der Entwicklungsweg zur Hauptreihe hängt von der Masse des Sterns ab

Je massereicher ein Vor-Hauptreihenstern ist, desto schneller setzt das Wasserstoffbrennen in seinem Kern ein. Berechnungen zeigen z. B., dass die Fusion eines Vor-Hauptreihensterns mit einer Masse von 5 $M_\odot$ weniger als 1 Mio. Jahre nach seiner Entstehung aus einem Protostern einsetzt, während dies bei einem Vor-Hauptreihenstern mit einer Masse von 1 $M_\odot$ einige 10 Mio. Jahre dauert.

Die Entwicklung eines Vor-Hauptreihensterns kann anhand der Sternstrukturgleichungen (siehe Abschnitt 7.8) am Computer modelliert werden. Mit Computersimulationen lässt sich anhand der Änderungen der von dem kontrahierenden Stern abgestrahlten Energie sein Weg im Hertzsprung-Russel-

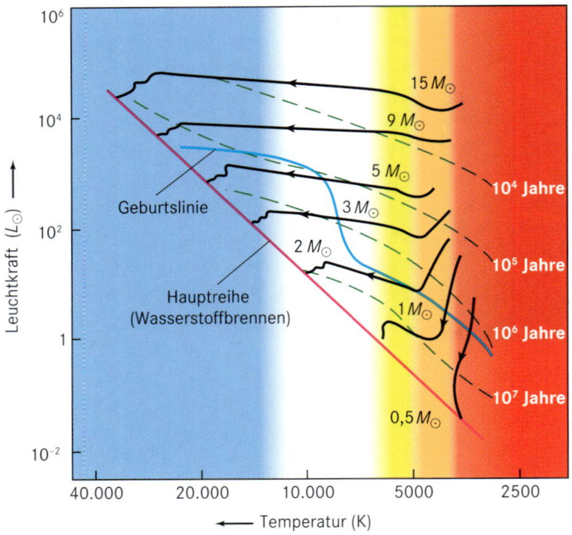

Abb. 9.10 Die Entwicklungswege von Vor-Hauptreihensternen. Das Hertzsprung-Russel-Diagramm zeigt die Entwicklungswege anhand der Modelle von sieben Sternen mit unterschiedlichen Massen. Die Strichlinien geben an, wo der Stern nach der angegebenen Anzahl von Entwicklungsjahren steht. Die blaue „Geburtslinie" ist der Ort, an dem die Materieakkretion des Protosterns zum Stillstand kommt und er zu einem Vor-Hauptreihenstern wird. Alle Wege enden auf der Hauptreihe in Punkten, die mit der Masse-Leuchtkraft-Beziehung (siehe Abb. 8.14a) in Einklang stehen.

Diagramm verfolgen (Abb. 9.10). Dieser **Entwicklungsweg** beschreibt die Temperatur- und Leuchtkraftänderungen eines Sterns (nicht mit einer Ortsveränderung des Sterns im Weltraum zu verwechseln!).

Wenn Protosterne die (in Abb. 9.10 blaue) **Geburtslinie** überschreiten, werden sie zu Hauptreihensternen. Der genaue Ort eines Sterns auf dieser Kurve hängt hauptsächlich von seiner Masse und in deutlich geringerem Umfang von der Menge des darin enthaltenen Metalls ab. (Zur Erinnerung: In der Astronomie gelten alle Elemente außer Wasserstoff und Helium als Metall.)

Spektroskopische Beobachtungen von Vor-Hauptreihensternen zeigen, dass viele kurz vor Erreichen der Hauptreihe heftig Gas ausstoßen. Sterne der Spektralklassen G und kältere Sterne (also G, K und M), die Gas ausstoßen, heißen nach dem ersten derartigen Stern, der im Sternbild Stier (Taurus) entdeckt wurde, **T-Tauri-Sterne**. Als Erklärung ist vorgeschlagen worden, dass es vor Einsetzen des Wasserstoffbrennens in der Chromosphäre zu heftiger Aktivität kommt. Dadurch sollten die Außenschichten des Sterns in gewaltigen Nadeln, sogenannten Spikulen (siehe Abschnitt 7.2), und Flares (siehe Abschnitt 7.6) zurück in den Weltraum geschleudert werden. Tatsächlich kann ein junger Stern, der das T-Tauri-Stadium durchläuft, bis zu 0,4 $M_\odot$ seiner Materie verlieren und außerdem seine Hülle abstoßen und dennoch ein Vor-Hauptreihenstern bleiben. Insofern ist es nicht verwunderlich, dass T-Tauri-Sterne Beobachtungen zufolge Veränderliche sind, d. h., ihre Helligkeit ändert sich viel stärker als derzeit z. B. bei der Sonne. Solche Veränderliche werden in Abschnitt 9.12 und 9.13 eingehender betrachtet.

? Weshalb können Protosterne mit Teleskopen für sichtbares Licht nicht beobachtet werden?

Vor-Hauptreihensterne mit einer Masse von mehr als 2 $M_\odot$ werden heißer, ohne dass sich ihre Gesamtleuchtkraft wesentlich ändern würde. Sie laufen daher nahezu horizontal von rechts nach links durch das Hertzsprung-Russel-Diagramm. Sterne mit Massen über 7 $M_\odot$ zeigen überhaupt kein Vor-Hauptreihenstadium mehr. Ihre gravitative Kompression ist so stark, dass das Wasserstoffbrennen schon im Protosternstadium einsetzt.

? Wie unterscheiden sich T-Tauri-Sterne von Hauptreihensternen wie der Sonne?

Berechnungen zufolge muss mindestens eine Temperatur von 10 Mio. K herrschen, damit das normale Wasserstoffbrennen zündet (siehe Anhang H4). Die Gravitationskraft von Vor-Hauptreihensternen mit weniger als 0,08 $M_\odot$ reicht aber nicht aus, um ihre Kerne so stark zu komprimieren, dass sie sich bis auf diese Temperatur aufheizen. Diese Kleinkörper kontrahieren zu Wasserstoff- und Heliumkugeln, sogenannten Braunen Zwergen, die Planeten ähnlich sind (Abb. 9.11).

Bis 2004 galten etwa 120 $M_\odot$ als die Obergrenze für die Masse eines Hauptreihensterns. Diese Zahl beruhte auf Berechnungen, denen zufolge in den Kernen von Protosternen mit höheren Massen schnell außerordentlich hohe Kernfusionsraten erreicht werden. Diese führen zu so hohen Oberflächentemperaturen, dass sich die Außenschichten dieser Sterne überhitzen und dadurch in den interstellaren Raum ausgestoßen werden. Dadurch nimmt ihre Masse ab und sinkt ihre Temperatur. Ein Beispiel eines sehr massereichen Sterns, der beim Einbiegen auf die Hauptreihe gerade dabei ist, Masse abzustoßen, ist der Pistolenstern (Abb. 9.12a). Er ist einer der hellsten unserer Galaxis überhaupt und könnte zunächst ein Protostern mit 200 $M_\odot$ gewesen sein. Beobachtungen deuten darauf hin, dass er jeweils nach einigen Tausend Jahren eine Gashülle abstößt. Wenn dieser Materieausstoß schließlich zum Stillstand kommt, könnten nur noch

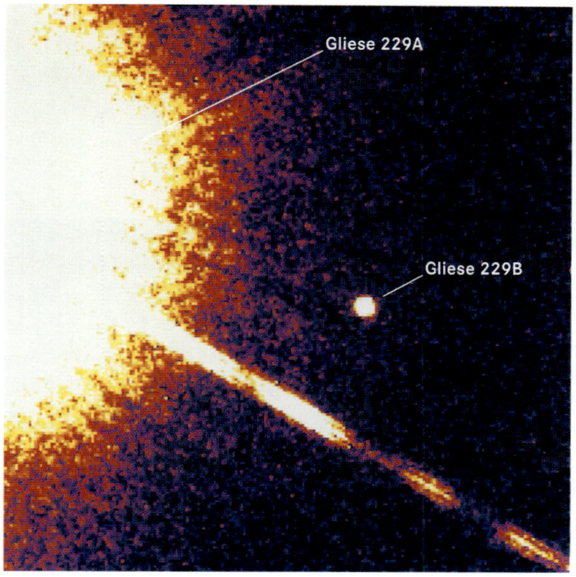

Abb. 9.11 Ein Brauner Zwerg. Der Stern Gliese 229B in einer Entfernung von 18 Lichtjahren (6 pc) von der Erde im Sternbild Hase war der erste beobachtete Braune Stern überhaupt. Mit einer Oberflächentemperatur von etwa 1000 K ist sein Spektrum ähnlich dem des Jupiter. Gliese 229B umläuft einen Stern. Links ist überbelichtet ein Teil seines Begleiters Gliese 229A zu sehen. Beide Körper haben einen Abstand von etwa 43 AE. Gliese 229B hat 20- bis 50-mal so viel Masse wie der Jupiter, die aber auf die Größe des Jupiter komprimiert ist. Die Lichtspitze ist Folge einer Überlastung der Elektronik des Hubble-Teleskops durch Gliese 229A. (S. Kularni, California Institute of Technology; D. Golimowski, Johns Hopkins University; NASA)

weniger als 10 $M_\odot$ übrig sein. Der gesamte Massenverlust solcher sehr massereicher Sterne dauert nur wenige Millionen Jahre.

Allerdings wurde 2004 ein Hauptreihenstern mit einer Masse entdeckt, die zwischen 130 und 150 $M_\odot$ zu liegen scheint (Abb. 9.12b). Derzeit sind Bestrebungen im Gang, die Theorie der Entstehung massereicher Sterne dementsprechend zu überarbeiten.

9.5 H-II-Regionen beherbergen junge Sternhaufen

Junge offene Sternhaufen sind an dem starken Leuchten zu erkennen, zu dem sie den Nebel, in dem sie entstehen, anregen. Abb. 9.3 und Abb. 9.13 zeigen Beispiele für solche Emissionsnebel. Da diese hauptsächlich aus ionisiertem Wasserstoff bestehen, heißen sie **H-II-Regionen**. Um die Herkunft dieser H-II-Regionen zu verstehen, erinnern wir uns, dass die massereichsten Vor-Hauptreihensterne, nämlich jene der Spektralklassen O und B, außerordentlich heiß sind. Ihre Oberflächentemperaturen liegen meist bei 15.000 bis 35.000 K, sodass sie starke Ultraviolettstrahlung aussenden. Diese hochenergetische Strahlung kann leicht sämtlichen Wasserstoff in der Umgebung ionisieren und erzeugt dadurch eine H-II-Region. Photonen von einem O5-Stern können Wasserstoffatome noch bis in eine Entfernung von 500 Lichtjahren ionisieren.

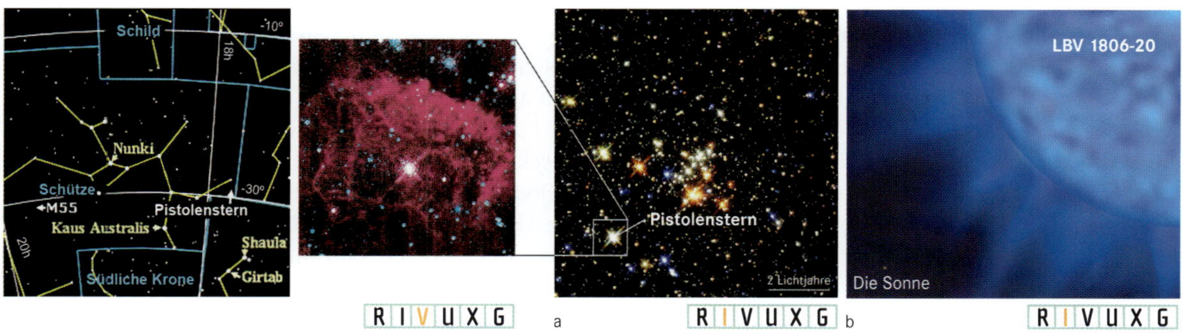

a b

Abb. 9.12 Massenverlust eines supermassiven Sterns. (a) Der Quintuplet-Sternhaufen ist 25.000 Lichtjahre von der Erde entfernt. Ausschnittsvergrößerung: In diesem Sternhaufen liegt einer der hellsten Sterne, die wir kennen, der Pistolenstern. Berechnungen haben ergeben, dass er vor fast 3 Mio. Jahren entstanden ist und ursprünglich eine Masse von 100–200 $M_\odot$ hatte. Die Struktur der Gaswolke deutet darauf hin, dass der Stern das Gas, das wir sehen, in zwei Phasen, nämlich vor 6000 und vor 4000 Jahren, ausstieß. Das Gas eventueller weiter zurückliegender Ausstöße hat sich inzwischen so fein verteilt, dass wir es nicht mehr sehen können. Der Nebel in der Ausschnittsvergrößerung hat einen Durchmesser von über 4 Lj (1,25 pc), d. h., er würde von der Sonne bis in die Nähe unseres nächsten Sterns, Proxima Centauri, reichen. Den Namen „Pistolenstern" bezog er von früheren niederaufgelösten Radioaufnahmen seines Gases, die ursprünglich an eine altertümliche Pistole erinnerten (siehe die Ausschnittsvergrößerung). (b) Der größte und massereichste bekannte Stern, LBV 1806-20, ist 5 Millionen Mal so hell wie die Sonne und seine Masse ist 150-mal so groß. Die Zeichnung zeigt die Farbe und Größe von LBV 1806-20 im Vergleich zur Sonne (dem Punkt links unten). (a: D. Filger, NASA; b: Bild: Dr. Stephen Eikenberry, Meghan Kennedy/University of Florida)

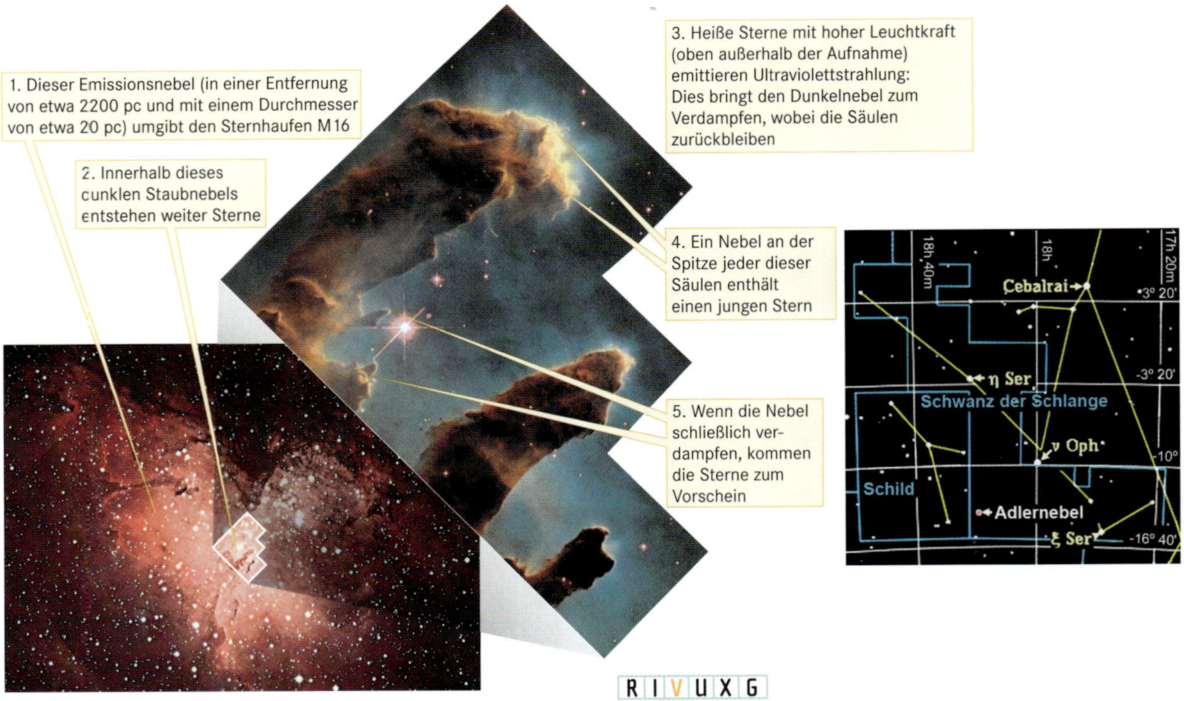

Abb. 9.13 Eine H-II-Region. Dieser Emissionsnebel M16, wegen seiner charakteristischen Form Adlernebel genannt, umgibt einen Sternhaufen. Die Bezeichnung besagt, dass er das 16. Objekt im Messier-Katalog astronomischer Objekte ist. In M16, 7000 Lichtjahre von der Erde entfernt im Sternbild Schlange (der Schwanz der Schlange), entstehen derzeit neue Sterne. Für die ionisierende Strahlung, die die Gase zum Leuchten anregt, sind mehrere helle und heiße O- und B-Sterne verantwortlich. Ausschnittsvergrößerung: In diesen eindrucksvollen dunklen Gas- und Staubwolken entstehen ebenfalls Sterne. Starke Ultraviolettstrahlung massereicher Sterne rechts außerhalb der Aufnahme bringt die dichten Kerne in den Säulen zum Verdampfen, sodass die Sternentstehung vorzeitig abgebrochen wird. An den Spitzen der Säulen sind neu sichtbar gewordene Sterne zu erkennen. (Anglo-Australian Observatory; J. Hester und O. Scowen, Arizona State University; NASA)

H-II bezeichnet ionisierten Wasserstoff ohne Elektronen in der Atomhülle. Dies wirft die Frage auf, was wir dann eigentlich sehen. Während die Elektronen eines Teils der Wasserstoffatome in den H-II-Regionen tatsächlich von Ultraviolettphotonen herausgeschlagen werden, schaffen es einige freie Protonen und Elektronen, sich wieder zu verbinden. Während diese neuen Wasserstoffatome entstehen, kehren ihre Elektronen in den Grundzustand ($n = 1$) zurück. Es sind solche Sprünge durch die verschiedenen Energieniveaus des Atoms bis nach innen, bei denen jeweils zwischen zwei Niveaus Photonen freigesetzt werden, die den Nebel zum Leuchten anregen. Besonders auffällig ist der Übergang von $n = 3$ zu $n = 2$, der H_α-Photonen mit einer Wellenlänge von 656 nm im roten Abschnitt des sichtbaren Spektrums erzeugt (siehe das Emissionslinienspektrum in Abb. 3.46c, d). Die Nebel um einen neugeborenen Sternhaufen leuchten daher häufig mit einem charakteristischen Rotton (Abb. 9.13). Nebel, die Sauerstoff enthalten, erscheinen bei Betrachtung mit bloßem Auge durch das Fernrohr wegen der grünen Sauerstoffemissionslinie bei 501 nm häufig grün. Da das Auge für grünes Licht empfindlicher als für rotes ist, erscheint uns die eigentlich schwächere Sauerstoffemissionslinie heller als die H_α-Linie, die wiederum auf CCD-Aufnahmen gut ausgeprägt ist.

Eine H-II-Region ist ein kleiner, heller „heißer Fleck" in einer Riesenmolekülwolke. Die Gruppierung heißer, heller O- und B-Sterne, von der die ionisierende Ultraviolettstrahlung kommt, heißt **OB-Assoziation**. Der bekannte Orionnebel (Abb. 9.14) ist ein Beispiel hierfür. Vier O- und B-Sterne in einem offenen Sternhaufen, dem Trapez, im Zentrum der Orionnebels sind die Hauptquellen für ionisierende Strahlung, die die Gase in der Umgebung zum Leuchten anregt. Der Orionnebel liegt in einer Riesenmolekülwolke, deren Masse auf $5{,}0 \cdot 10^5\ M_\odot$ geschätzt wird.

Die OB-Assoziation, die zur Entstehung einer H-II-Region führt, beeinflusst auch den Rest der Riesenmolekülwolke, in der sie liegt (siehe die Ausschnittsvergrößerungen in Abb. 9.14). Genauere Modelle zeigen, dass heftige Sternwinde im Verein mit ionisierender Ultraviolettstrahlung von diesen Sternen in der

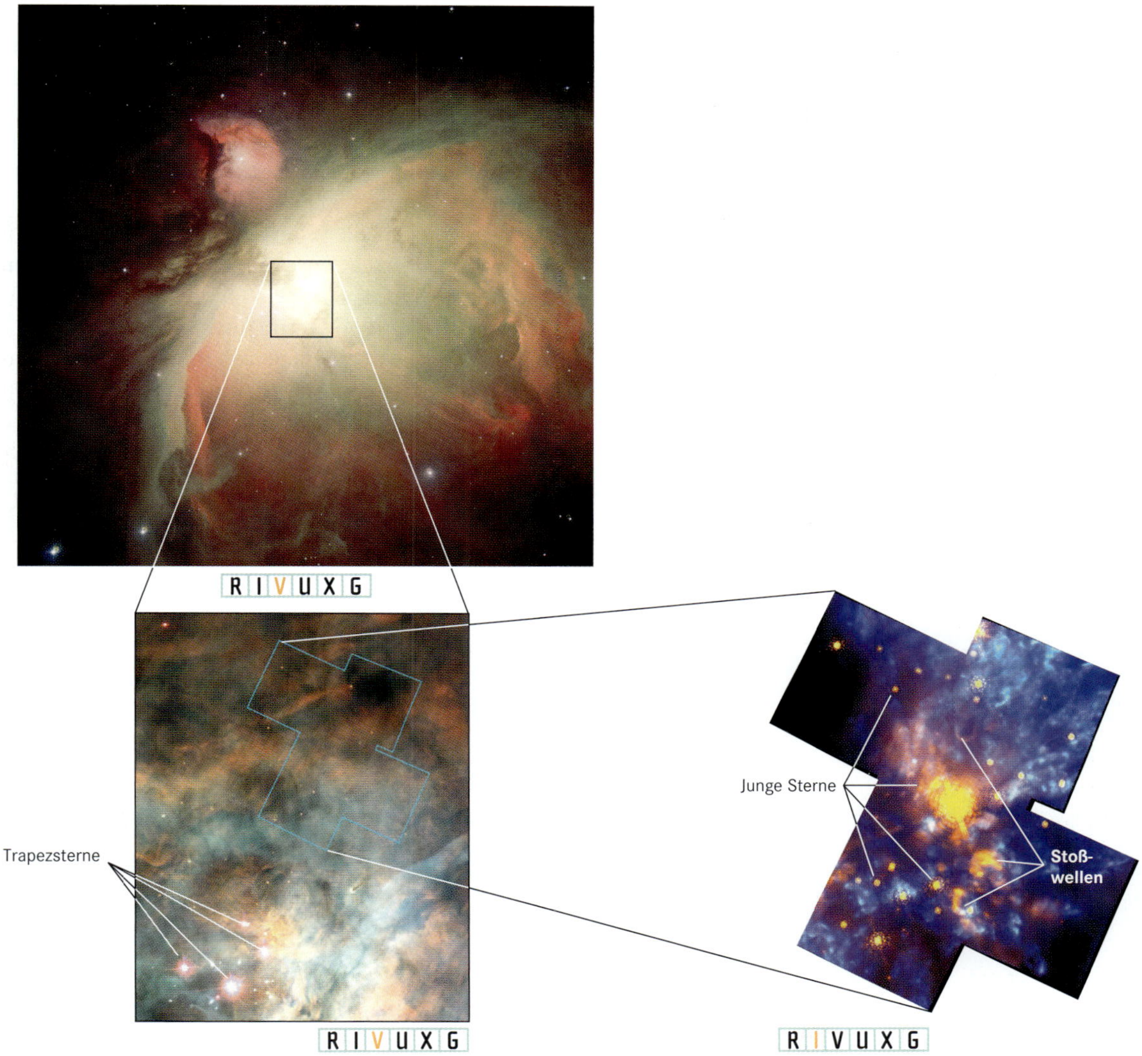

Abb. 9.14 Der Orionnebel. Bei dem mittleren „Stern" im Schwert des Orion handelt es sich in Wirklichkeit um den Orionnebel. Er gehört zu einer riesigen Zusammenballung von interstellarem Gas und Staub, in der gegenwärtig neue Sterne entstehen. Der Orionnebel ist mit bloßem Auge sichtbar. Er ist 1600 Lj (490 pc) von der Erde entfernt und hat einen Durchmesser von rund 16 Lj (5 pc). Seine Masse beträgt 300 $M_\odot$. Linke Ausschnittsvergrößerung: Die Innengebiete des Orionnebels bei sichtbaren Wellenlängen. Links unten sind vier massereiche Sterne zu sehen, die hellsten des Trapezsternhaufens, die den Nebel zum Leuchten bringen. Rechte Ausschnittsvergrößerung: Infrarotstrahlung kann den interstellaren Staub, der sichtbare Photonen absorbiert, durchdringen. Die Aufnahme zeigt zahlreiche Infrarotobjekte, von denen viele Sterne in frühen Entwicklungsstadien sind. Außerdem sind Stoßwellen von Materie zu sehen, die mit Überschallgeschwindigkeit aus den Protosternen austritt. Diese Stoßwellen von den Trapezsternen können die Entstehung von Protosternen mit ausgelöst haben. (European Southern Observatory; linke Ausschnittsvergrößerung: C. R. O'Dell, S. K. Wong und NASA; rechte Ausschnittsvergrößerung: R. Thompson, M. Rieke, G. Schneider, S. Stolovy, E. Erickson, D. Axon und NASA)

Wolke einen Hohlraum ausräumen. Wenn dies mit Überlichtgeschwindigkeit geschieht, bildet sich ähnlich wie beim Überschallknall eines Überschallflugzeugs eine Stoßwelle (siehe die rechte Ausschnittsvergrößerung von Abb. 9.14). Diese Stoßwelle entsteht am äußeren Rand der expandierenden H-II-Region, komprimiert vorbeiströmenden Wasserstoff und leitet damit eine neue Runde der Sternentstehung ein. Mit der Entstehung weiterer O- und B-Sterne wird die Expansion der H-II-Region in der Riesenmolekülwolke weiter vorangetrieben. Währenddessen beginnen sich die zurückgebliebenen älteren O- und B-Sterne zu zerstreuen (Abb. 9.15). Auf diese Weise „frisst sich" eine OB-Assoziation in eine Riesenmolekülwolke ein und erzeugt dabei in ihrem Gefolge Sterne. Die Ausschnittsvergrößerung in Abb. 9.15 zeigt die Sternentstehung um einen einzelnen O-Stern.

? Wie heißen Gruppen massereicher Sterne?

9.6 Das Hertzsprung-Russel-Diagramm lässt das Alter eines Sternhaufens erkennen

Wir hatten schon in Abschnitt 9.2 festgestellt, dass die Entstehung von Sternen häufig in offenen Sternhaufen beobachtet werden kann, wie sie im nahe gelegenen Orionnebel (Abb. 9.14) zu sehen sind. Inzwischen sind zahlreiche weitere Sternentstehungsgebiete entdeckt worden. Die jungen offenen Sternhaufen in ihnen sind eine Fundgrube an Informationen über jugendliche Sterne. Aus der Messung der scheinbaren Helligkeit, der Farbe und der Entfernung der einzelnen Sterne können die Leuchtkraft und die Oberflächentemperatur abgeleitet werden. Anschließend können die Daten aller Sterne des Sternhaufens in ein Hertzsprung-Russel-Diagramm eingetragen werden. Abb. 9.1 zeigt eine solche Darstellung für die Plejaden und Abb. 9.16 für den Sternhaufen NGC 2264.

Da alle Sterne in einem Sternhaufen gleichzeitig zu entstehen beginnen, Sterne mit unterschiedlichen Massen aber zu unterschiedlichen Zeitpunkten die Hauptreihe erreichen, kann das Hertzsprung-Russel-Diagramm zur Bestimmung des Alters eines Sternhaufens herangezogen werden. Zum Beispiel liegen

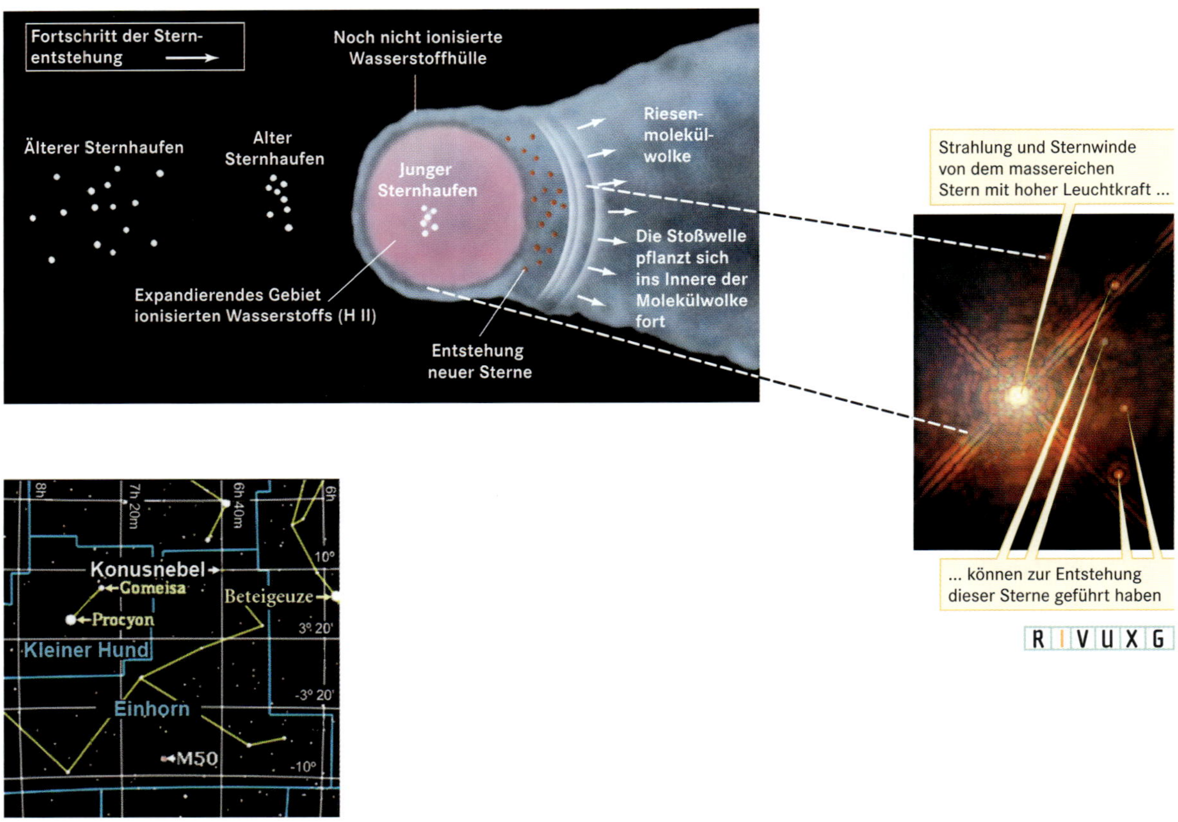

Abb. 9.15 Die Entwicklung einer OB-Assoziation. Teilchen mit hoher Geschwindigkeit und Ultraviolettstrahlung von jungen O- und B-Sternen führen zur Entstehung einer Stoßwelle, die Gas weiter in die Molekülwolke komprimiert. Dies stimuliert die Entstehung neuer Sterne in größerer Tiefe in der Wolke. Ältere Sterne bleiben währenddessen zurück. Ausschnittsvergrößerung: Sternentstehung um einen massereichen Stern in einer Entfernung von 2500 Lj (770 pc) im Konusnebel im Sternbild Einhorn. Es wird davon ausgegangen, dass die vier Sterne (die kleinen Punkte rechts) um den hellen, massereichen Zentralstern dadurch entstanden sind, dass der Zentralstern Gas in seiner Umgebung durch Teilchen mit hoher Geschwindigkeit und Strahlung komprimiert hat. Die jüngeren Sterne sind nur 0,04 bis 0,08 Lichtjahre vom Zentralstern entfernt. (Bearbeitet nach C. Lada, L. Blitz und B. Elmegreen; Ausschnittsvergrößerung: R. Thompson, M. Rieke, G. Schneider und NASA)

a NGC 2264 R I V U X G

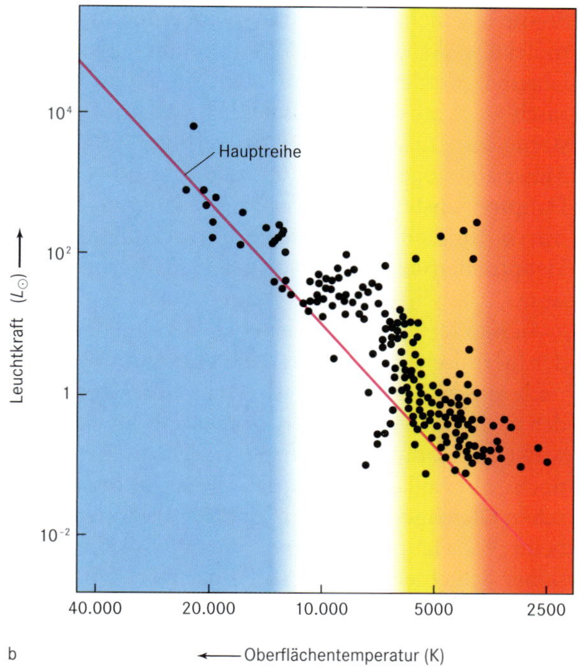

b

Abb. 9.16 Das Alter von Sternen im Hertzsprung-Russel-Diagramm. (a) Die Aufnahme zeigt ein Gebiet ionisierten Wasserstoffs zusammen mit dem jungen Sternhaufen NGC 2264 im Sternbild Einhorn. Der rote Nebel hat eine Entfernung von 2600 Lichtjahren von der Erde und enthält zahlreiche Sterne, in deren Kernen das Wasserstoffbrennen gerade beginnt. (b) Jeder Punkt im Hertzsprung-Russel-Diagramm repräsentiert einen Stern dieses Sternhaufens, dessen Leuchtkraft und Oberflächentemperatur gemessen worden sind. Die kalten, massearmen Sterne haben die Hauptreihe meist noch nicht erreicht. Berechnungen der Sternentwicklung zeigen, dass die Entstehung dieses Sternhaufens vor etwa 2 Mio. Jahren begann. (a: David Malin/Anglo-Australian Observatory)

die heißesten Sterne in NGC 2264 auf der Hauptreihe. Diese haben Oberflächentemperaturen um 20.000 K und sind außerordentlich heiß und massereich. Ihre Strahlung regt auch die Gase in ihrer Umgebung zu leuchten an. Die meisten Sterne mit Temperaturen unter 10.000 K haben die Hauptreihe noch nicht erreicht. In den Zentren dieser masseärmeren Sterne in den Endphasen der Kontraktion zum Hauptreihenstadium beginnen gerade die thermonuklearen Reaktionen zu zünden.

Aus dem Hertzsprung-Russel-Diagramm eines jungen Sternhaufens kann abgelesen werden, welches die masseärmsten Sterne sind, die bereits die Hauptreihe erreicht haben. Anhand von Theorien der Sternentwicklung kann daraus das Alter des Sternhaufens ermittelt werden. Zum Beispiel ist der Sternhaufen NGC 2264 ungefähr 2 Mio. Jahre alt. Demgegenüber haben fast alle Sterne in den Plejaden (siehe Abb. 9.1c) das Vor-Hauptreihenstadium hinter sich gelassen. Das Alter dieses Sternhaufens wird daher auf etwa 100 Mio. Jahre geschätzt, so lange, wie es dauert, bis schließlich auch in den Kernen der masseärmsten Sterne das Wasserstoffbrennen einsetzt.

Wir hatten bereits erwähnt, dass offene Sternhaufen wie die Plejaden und NGC 2264 kaum genug Masse haben, um gebunden zu sein. Gelegentlich entweicht auch ein Stern, der sich gegenüber den anderen Sternen mit überdurchschnittlicher Geschwindigkeit bewegt. Dadurch verringert sich die Gesamtgravitation des Sternhaufens, sodass nun auch andere Sterne leichter entweichen können. Theorien zufolge haben sich die Sterne in einem offenen Sternhaufen einige 100 Mio. Jahre nach Beginn ihrer Entstehung voneinander getrennt und mit den restlichen Sternen in der Galaxie vermischt. Bis dahin haben sich die meisten offenen Sternhaufen vollständig aufgelöst.

? Erreicht ein Stern mit 0,5 $M_\odot$ oder einer mit 2 $M_\odot$ eher die Hauptreihe?

Hauptreihensterne und Riesen

Im ersten Teil dieses Kapitels haben wir gesehen, wie Sterne aus dichten Gas- und Staubkernen in Riesenmolekülwolken entstehen. Während diese Kerne kollabieren, werden Gas und Staub in ihren Zentren rasch zu Protosternen. Schließlich haben die Protosterne den größten Teil der zur Verfügung stehenden Masse angezogen (Akkretion) und sind dabei zu Vor-Hauptreihensternen geworden, die langsam kontrahieren. Im Laufe der weiteren Entwicklung des Vor-Hauptreihensterns beginnt in seinem Kern die Fusion.

In Kapitel 7 hatten wir gesehen, dass bei der Sonne der thermische Druck durch die Fusion im Kern eine nach außen wirkende Kraft erzeugt, die überall mit der nach innen gerichteten Gravitation im Gleichgewicht ist. Dadurch kommt es weder zur Expansion noch zum Kollaps der Sonne – sie ist im **hydrostatischen Gleichgewicht** (siehe Abb. 7.19). Ähnlich ist es beim Vor-Hauptreihenstern. Wenn schließlich jede seiner Schichten alle Schichten darüber stabilisieren kann (sodass der Kollaps aufhört), erreicht der Stern ebenfalls das hydrostatische Gleichgewicht und wird zum Hauptreihenstern (siehe Abb. 9.10). *Hauptreihensterne sind Sterne im hydrostatischen Gleichgewicht, in deren Kernen durch die Fusion von Wasserstoff mit annähernd konstanter Rate Helium entsteht.* In Abb. 9.17 ist der Sternentstehungsprozess zusammengefasst.

9.7 Die meiste Zeit ihres Lebens verbringen Sterne auf der Hauptreihe

Die **Alter-Null-Hauptreihe (ZAMS)** ist die Menge der Orte im Hertzsprung-Russel-Diagramm, an denen sich die Vor-Hauptreihensterne mit unterschiedlichen Massen erstmals stabilisieren, also weder schrumpfen noch expandieren. Dies ist die durchgezogene rote Linie in mehreren Hertzsprung-Russel-Diagrammen dieses Kapitels. Wir erinnern uns, dass die theoretischen Entwicklungswege in Abb. 9.10 an Orten auf der Hauptreihe enden, die mit der beobachteten Masse-Leuchtkraft-Beziehung (siehe Abb. 8.14) übereinstimmen: Die massereichsten Hauptreihensterne haben die höchste Leuchtkraft, die massearmsten dagegen die niedrigste.

Die von Sternen ausgesendete Energie wird hauptsächlich durch thermonukleare Fusion erzeugt (siehe Anhang H4). In leuchtkräftigeren Sternen wird pro Sekunde mehr Energie erzeugt und abgestrahlt als in leuchtschwächeren. Mit anderen Worten: Massereichere Sterne verbrauchen mehr Brennstoff als massearmere. Dies wirft die interessante Frage auf, ob massereichere Sterne so viel zusätzlichen Kernbrennstoff haben, dass sie länger als massearmere leuchten können. Die Antwort lautet: *Nein.* Aus den Gleichungen für die Kernfusion folgt, dass massereichere Sterne den Brennstoff so schnell verbrauchen, dass sie in jedem Stadium der Sternentwicklung sogar *weniger* Zeit verbringen als massearmere. Wie Tab. 9.2 zeigt, zwingt beispielsweise der gewaltige von der Schwerkraft erzeugte Innendruck O- und B-Sterne, den gesamten Wasserstoff in ihrem Kern innerhalb weniger Millionen Jahre aufzubrauchen. Umgekehrt brauchen sehr massearme Sterne Hunderte Milliarden Jahre, um den Wasserstoff in ihren Kernen in Helium umzuwandeln. Da das Universum, wie wir noch sehen werden, ungefähr 14 Mrd. Jahre alt ist, konnte noch kein Hauptreihenstern mit einer Masse von weniger als 0,75 $M_\odot$ zum nächsten Entwicklungsstadium übergehen.

Ferner belegen die Gleichungen, dass die Umwandlung von Wasserstoff in Helium – das Wasserstoff-

Tab. 9.2 Verweilzeiten auf der Hauptreihe

Masse ($M_\odot$)	Oberflächentemperatur (K)	Leuchtkraft ($L_\odot$)	Zeit auf der Hauptreihe (10^6 Jahre)	Spektralklasse
25	35.000	80.000	3	O
15	30.000	10.000	15	B
3	11.000	60	500	A
1,5	7.000	5	3.000	F
1,0 (Sonne)	6.000	1	10.000	G
0,75	5.000	0,5	15.000	K
0,50	4.000	0,03	200.000	M

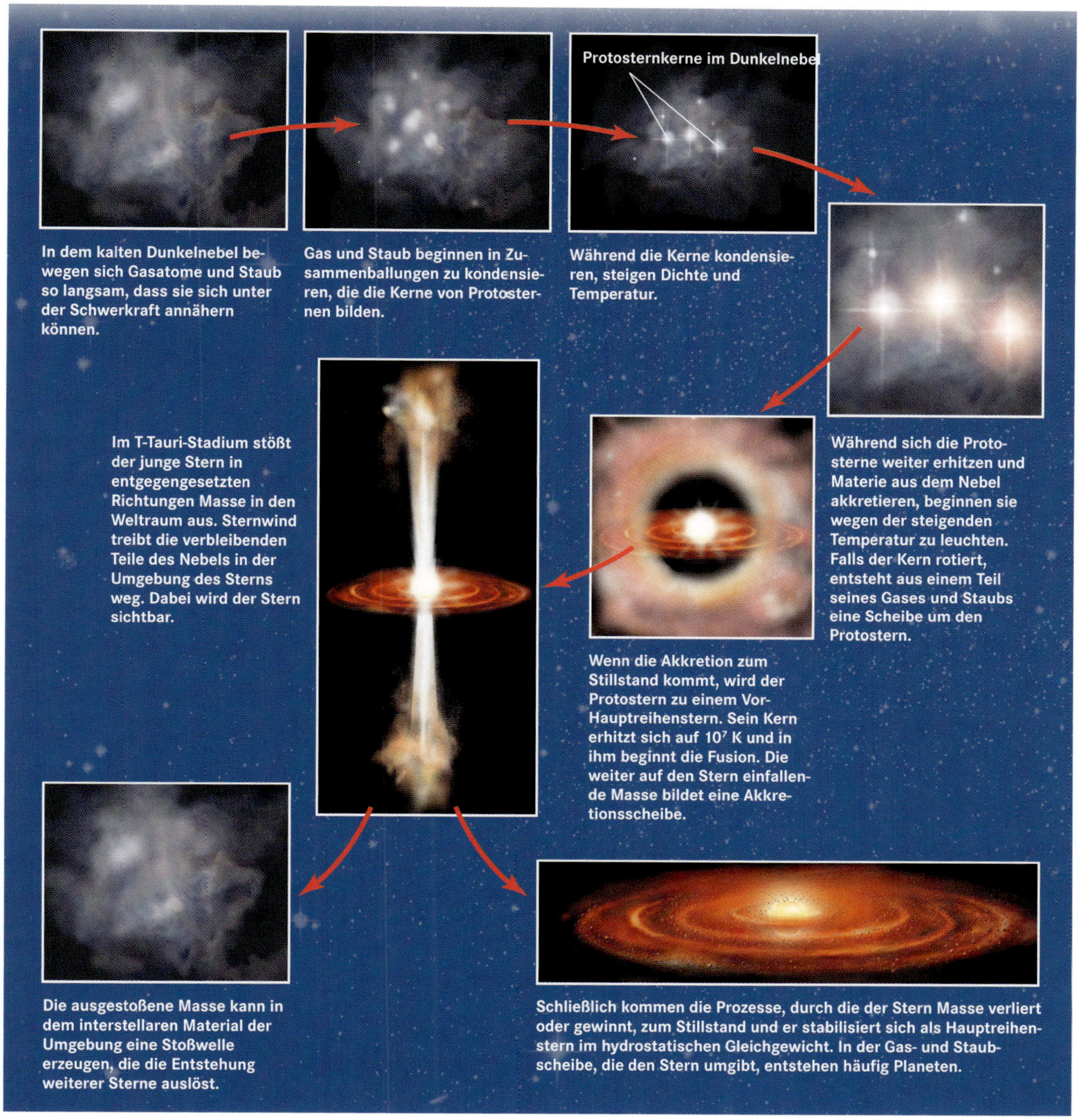

Abb. 9.17 Zusammenfassung des Sternentstehungsprozesses. Die Aufnahmen und Zeichnungen führen durch den Sternentstehungsprozess für Sterne mit weniger als etwa 1,5 $M_\odot$.

brennen im Kern eines Sterns – im Vergleich zu allen anderen Sternentwicklungsstadien sehr lange dauert. (Auf die weiteren Stadien kommen wir in den folgenden Abschnitten zurück.) Dies ist der Grund dafür, dass die große Mehrheit der Sterne im Hertzsprung-Russel-Diagramm auf der Hauptreihe liegt. Hieraus ergibt sich eine weitere interessante Frage: Wenn die meisten Sterne auf der Hauptreihe liegen, weshalb zählt dann die Mehrzahl der Sterne, die wir mit bloßem Auge sehen können, nicht auch dazu? Wir kommen darauf gleich zurück.

? Wie lange war die Sonne ungefähr ein Alter-Null-Hauptreihenstern?

Die Entwicklung von Sternen mit Massen zwischen 0,08 $M_\odot$ und 0,4 $M_\odot$

Da sich Sterne mit Massen von weniger als 0,4 $M_\odot$ und solche mit Massen von mehr als 0,4 $M_\odot$ nach Durchlaufen der Alter-Null-Hauptreihe ganz unterschiedlich entwickeln, werden wir ihre Entwicklungsstadien getrennt betrachten.

9.8 Die Masse Roter Zwerge wird im Wesentlichen vollständig in Helium umgewandelt

Die **Roten Zwerge**, d. h. die Hauptreihensterne mit der niedrigsten Masse, haben Massen zwischen 0,08 $M_\odot$ und 0,4 $M_\odot$. Von allen Sternen herrschen in ihren Kernen die niedrigsten Temperaturen. Da die Fusionsraten sehr stark von der Temperatur abhängen, erzeugen sie die wenigste Energie und strahlen daher auch die wenigste aus. Unter allen Hauptreihensternen sind sie daher am schwächsten.

Rote Zwerge unterscheiden sich von massereicheren Hauptreihensternen dadurch, dass das in ihren Kernen erzeugte Helium nach außen transportiert wird. Dieses heiße Helium bewegt sich durch Konvektion nach außen, während kältere und dichtere Gase von den wasserstoffreichen Außenschichten nach innen in den Kern sinken (Abb. 9.18). Anschließend wird dieser Wasserstoff durch Fusion zu Helium. Im Ergebnis wird schließlich die gesamte Masse dieser Sterne in Helium umgewandelt.

Die Fusion in den Kernen Roter Zwerge verläuft so langsam, dass sie Hunderte Milliarden Jahre auf der Hauptreihe bleiben. (Zum Vergleich: Aus der Theorie der Entwicklung der Sonne folgt, dass diese insgesamt 10 Mrd. Jahre auf der Hauptreihe verbleiben wird.) Wenn die gesamte Masse eines Roten Zwergs in Helium umgewandelt worden ist, erlischt die Fusion in ihm. Der Druck in seinem Kern reicht nicht aus, um sich weiter zu erhitzen und eine Fusion des Heliums in andere Elemente in Gang zu setzen. Die entstandenen Heliumsterne strahlen dann die Wärme, die sie auf der Hauptreihe erzeugt haben, ab und werden dabei immer kälter und schwächer. Gleichzeitig wandern sie im Hertzsprung-Russel-Diagramm nach rechts unten.

In Abschnitt 8.11 hatten wir eine Beziehung zwischen den Massen und Leuchtkräften von Hauptreihensternen kennengelernt (siehe Abb. 8.14). Rote Zwerge sind nicht nur die schwächsten Hauptreihensterne mit den niedrigsten Massen, sondern mit etwa 85 % zugleich die häufigsten Sterne unserer Galaxis. Allerdings sind selbst die nächsten Roten Zwerge so schwach, dass noch ständig neue entdeckt werden. Anders als massereichere Sterne, die eher dazu neigen, Doppelsternsysteme zu bilden, entstehen Rote Zwerge meist als Einzelsterne, die von Planeten umgeben sind. Da Rote Zwerge die häufigsten Sterne und zugleich meist Einzelsterne sind, hat sich in letzter Zeit die Auffassung durchgesetzt, dass die meisten Sterne in unserer Galaxis isoliert und nicht – wie noch vor einigen Jahren angenommen – Doppelsternsysteme sind.

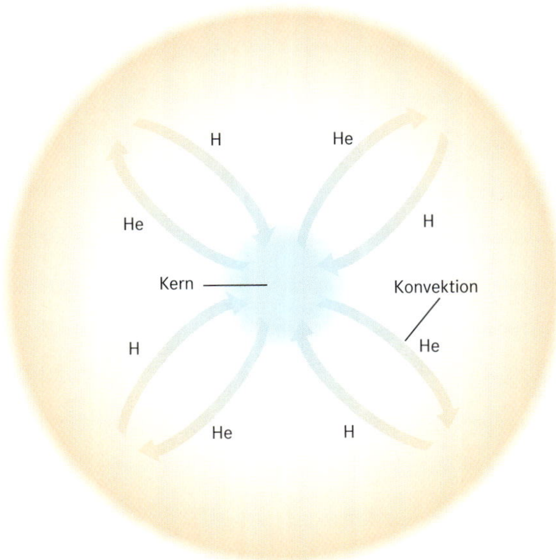

Abb. 9.18 Ein vollständig konvektiver Stern. Die Zeichnung zeigt, wie das in den Kernen Roter Zwerge entstandene Helium durch Konvektion in ihre Außenschichten aufsteigt, während der Wasserstoff von den Außenschichten in den Kern sinkt. Dies setzt sich so lange fort, bis der gesamte Stern aus Helium besteht.

Die frühe und mittlere Entwicklung von Sternen mit Massen über 0,4 $M_\odot$

Die Veränderungen, die in Sternen mit mehr als 0,4 $M_\odot$ vor sich gehen, sind wesentlich komplizierter. In diesem Kapitel werden wir zunächst sehen, was mit ihnen auf der Hauptreihe und in dem daran anschließenden Entwicklungsstadium geschieht. In den darauffolgenden beiden Kapiteln werden wir uns dann den Endstadien ihrer Entwicklung zuwenden.

9.9 Wenn das Wasserstoffbrennen im Kern eines Hauptreihensterns mit einer Masse von mehr als 0,4 $M_\odot$ abklingt, wird er zu einem Riesen

Die Hauptreihe ist durch die Fusion von Wasserstoff im Kern eines Sterns zu Helium charakterisiert. Anders als bei masseärmeren Sternen wird in solchen mit mehr als 0,4 $M_\odot$ kein Helium durch Konvektion nach außen transportiert. Damit herrscht in ihren Kernen immer eine andere chemische Zusammensetzung als in den Außenschichten.

? Ist die Bezeichnung *Roter Zwerg* für die sogenannten Sterne zutreffend? Begründen Sie Ihre Antwort!

Wenn der größte Teil des Wasserstoffs im Kern eines Hauptreihensterns mit mehr als 0,4 $M_\odot$ in Helium umgewandelt worden ist, wird die Fusion in seinem Kern drastisch langsamer. Zu diesem Zeitpunkt reicht die Temperatur im Kern nicht aus, um Helium zu anderen Elementen fusionieren zu können. Allerdings entwickelt sich der Stern weiter, und das Ende des Wasserstoffbrennens in seinem Kern führt dazu, dass der Stern expandiert.

Wir erinnern uns an die Diskussion der Sonne in Kapitel 7: Die Außenschichten eines Hauptreihensterns werden durch den thermischen Druck stabilisiert, den die Fusionsenergie aus dem Kern erzeugt. Wenn die Geschwindigkeit der Fusion abnimmt, kann der Stern den Gravitationsdruck seiner Außenschichten nicht mehr stabilisieren. Das wasserstoffreiche Gas direkt außerhalb des Kerns wird nach innen komprimiert und erhitzt sich dabei so stark, dass in einer Schale um den Kern das Heliumbrennen einsetzt (Abb. 9.19). Dieser Vorgang heißt **Wasserstoffschalenbrennen** und läuft nur in einer wenige Tausend Kilometer dicken Schale um den Kern ab. In Anhang H4 ist gezeigt, dass der Proton-Proton-Zyklus die Hauptenergiequelle im Inneren der Sonne ist. Derselbe Fusionsprozess herrscht auch beim Wasserstoffschalenbrennen vor.

Weshalb expandiert der Stern aber und wird zu einem Riesen? Im Wesentlichen liegt das daran, dass nun in der Schale mehr Energie erzeugt wird als im hydrostatischen Gleichgewicht auf der Hauptreihe.

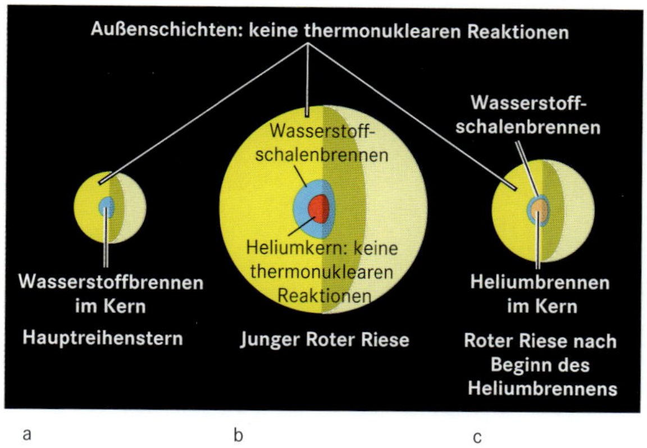

Abb. 9.19 Die Entwicklung von Sternen nach Verlassen der Hauptreihe. (a) In den Kernen von Hauptreihensternen läuft das Wasserstoffbrennen ab. (b) Wenn der Kern vollständig in Helium umgewandelt ist, hört die Fusion dort auf und setzt anschließend in einer Schale um den Kern ein. Der Stern expandiert zu einem Riesen. Das neu entstandene Helium sinkt in den Kern, der sich dabei aufheizt. (c) Schließlich erreicht der Kern eine Temperatur von 10^8 K und das Heliumbrennen beginnt im Kern. Dadurch dehnt sich der Kern aus, was das Wasserstoffschalenbrennen bremst, sodass die Außenschichten des Sterns kontrahieren müssen.

Diese zusätzliche Energie wird von den Gasen in den Außenschichten absorbiert, die sich dadurch stärker erhitzen als durch die Energie des Wasserstoffbrennens im Kern. Da ein erhitztes Gas expandiert, dehnt sich wegen der zunehmenden Temperatur im Inneren der gesamte Stern aus. Wie dieser Übergang des Sterns zum Riesenstadium im Einzelnen verläuft, wird derzeit noch untersucht.

Einblicke in die Wissenschaft

Das Ganze ist mehr als die Summe seiner Teile Wir sind jetzt an einem Punkt angelangt, an dem sich selbst komplizierte Gleichungssysteme anhand von Computermodellen numerisch lösen lassen. Diese Modelle können die Erscheinungen durchaus richtig wiedergeben – ohne sie aber umfassend zu erklären. Auch die Gleichungen für die Sternentwicklung lassen sich mittels solcher Computermodelle behandeln, die beschreiben, wie Sterne bei der Expansion in das Riesenstadium übergehen. Einerseits gibt uns das ein gewisses Vertrauen, dass die Gleichungen sinnvolle Abbildungen der Realität sind. Andererseits sind die zugrunde liegenden Modelle so kompliziert, dass sich die spezifischen physikalischen Effekte, die zur Expansion der Sterne führen, aus ihnen nicht ablesen lassen.

R I V U X G

Abb. 9.20 Massenverlust bei einem Stern. Ein Roter Riese stößt seine Außenschichten ab und dabei entsteht der Reflexionsnebel IC 2220. Dieser auch „Toby Jug" genannte Nebel liegt im Sternbild Schiffskiel. Der Stern selbst liegt im Inneren des Nebels und ist in der Aufnahme nicht zu sehen. (Anglo-Australian Observatory)

Weit entfernt von der Fusionsschale, an der Oberfläche, kühlen sich die Gase ab. Die Temperatur der aufgeblähten Oberfläche sinkt dabei je nach Gesamtmasse des Sterns um 3000 bis 6000 K. In ca. 5 Mrd. Jahren wird unsere Sonne einen Heliumkern haben und sich zu einem Riesen mit einem Radius von etwa ½ AE aufgebläht haben. Der Merkur ist dann längst verdampft und auch die Venus könnte auf einer Spiralbahn in die Sonne stürzen. Die Erde ist dann längst zu Asche verbrannt.

Riesen sind so groß, dass von ihren Außenschichten ständig Gase in den Weltraum entweichen. Gelegentlich ist dieser Massenverlust ganz erheblich (Abb. 9.20). Bei der spektroskopischen Untersuchung zeigen die entweichenden Gase schmale Absorptionslinien, wobei die Linien von den auf uns zukommenden Gasen wegen des Dopplereffekts leicht blauverschoben sind. Aus dieser geringen Dopplerverschiebung lässt sich eine Geschwindigkeit von 10 km/s ablesen, die typisch für die Expansionsgeschwindigkeiten ist, mit denen Gase aus den dünnen Außenschichten von Riesen austreten. Eine typische Massenverlustrate für einen Riesen liegt bei etwa $10^{-7}\ M_\odot$ jährlich. Zum Vergleich: Bei einem Hauptreihenstern wie der Sonne betragen die Massenverlustraten nur ca. $10^{-14}\ M_\odot$ pro Jahr.

Auch wenn die Oberfläche eines Riesen kälter ist als die des Hauptreihensterns, aus dem er hervorgegangen ist, hat er eine höhere Leuchtkraft als dieser: Wegen seiner viel größeren Oberfläche kann er pro Sekunde wesentlich mehr Photonen aussenden. Wenn unsere Sonne einmal zu einem voll ausgebildeten Riesen geworden ist (Abb. 9.21a), wird sie 2000-mal heller sein als heute.

? Wo wird in der Sonne die Energie erzeugt, die dafür verantwortlich ist, dass sie sich zu einem Riesen ausdehnen kann?

9.10 Das Heliumbrennen beginnt in der Mitte eines Riesen

Wenn ein Stern zu einem Riesen wird, umgibt seine Schale des Wasserstoffbrennens einen kleinen, kompakten Kern, dessen Durchmesser nur einige Male so groß wie der Erddurchmesser ist und der fast aus reinem Helium besteht. Zunächst laufen in dem heliumreichen Kern eines Riesen keine thermonuklearen Reaktionen ab, da die Temperatur nicht reicht, um die Fusion der Heliumkerne zu ermöglichen. Währenddessen erzeugt die Schale des Wasserstoffbrennens weiteres Helium, das sich im Kern absetzt. Je nach Gesamtmasse des Sterns schließen sich zwei grundsätzlich verschiedene Entwicklungswege an. Masseärmere Riesen mit Massen zwischen $0{,}4\ M_\odot$ und etwa $2\ M_\odot$ schlagen dabei einen besonders seltsamen Weg ein.

$0{,}4\ M_\odot$ bis $2\ M_\odot$ – der Heliumblitz Die Heliumatome in den Kernen junger Riesensterne mit Massen zwischen $0{,}4\ M_\odot$ und etwa $2\ M_\odot$ werden durch die Gravitationskraft zu einem Festkörper zusammengepresst, der Ähnlichkeit mit einem Kristall hat. Bei den dabei herrschenden Drücken werden die Atome vollständig ionisiert, d. h., sie zerfallen in Kerne und Elektronen. Die Elektronen zwischen den Kernen werden hierbei so eng zusammengepresst, dass das **Pauli'sche Ausschließungsprinzip** wirksam wird, das der österreichische Physiker Wolfgang Pauli 1925 formuliert hatte. Es besagt, dass die Natur verbietet, dass zwei identische Teilchen gleichzeitig am selben Ort sind. Wenn die Elektronen immer stärker zusammengepresst werden, verhindert das Ausschließungsprinzip, dass sie zwischen den Kernen zur Ruhe kommen und quasi „gefrieren". Stattdessen schwingen viele von ihnen immer schneller, um dadurch nicht „gleich" zu werden, was in diesem Zusammenhang so zu verstehen ist, dass sie denselben Ort und dieselbe Geschwindigkeit wie benachbarte Elektronen haben.

Elektronen in einem solche Zustand heißen *entartet.* Die Entartung führt dazu, dass die Elektronen in gewissem Abstand gehalten werden. Dadurch baut sich in dem Kern ein Druck auf, der verhindert, dass er kollabiert. Man sagt auch, dass der heliumreiche Kern eines massearmen Riesen durch den **Elektronenentartungsdruck** gestützt wird. Dieser führt zu einer höheren Kraft nach außen als vor Beginn der Entartung. Der feste Kern wächst durch das von außen einfallende Helium und erhitzt sich unter der Gravitation der Masse des Sterns.

Nun wird es ganz seltsam. Anders als bei einem gewöhnlichen Gas hängt der Druck in einem Entartungskern nicht von der Temperatur ab. Wenn die Temperatur in einem normalen Gas, etwa der Luft um uns, steigt, nimmt auch der Druck zu, sodass sich das Gas ausdehnt und dabei abkühlt. Wenn die Temperatur eines entarteten Kerns steigt, nimmt der Druck dagegen nicht zu. Ohne das „Sicherheitsventil" des zunehmenden Drucks kann der Kern, wenn er sich überhitzt, aber nicht expandieren und sich abkühlen.

Auf diese Weise erreicht die Temperatur des Kerns schließlich 100 Mio. K. Zu diesem Zeitpunkt setzt dort das Heliumbrennen ein (siehe Abb. 9.19c). Dabei entsteht Energie, sodass die Temperatur des Kerns steigt, ohne dass der Druck zunehmen kann, da der Kern entartet ist. Somit dehnt sich der Kern nicht sofort aus, sodass die Temperatur und die Fusionsrate im Kern im Verlauf mehrerer Stunden drastisch steigen. Dies ist der **Heliumblitz**.

Wenn der Kern eine Temperatur von etwa $3{,}5 \cdot 10^8$ K erreicht hat, wandelt sich das entartete Helium wieder in ein gewöhnliches Gas um. In diesem Moment beginnt das Sicherheitsventil anzusprechen. Durch die hohe Temperatur steigt der Druck im Kern, er dehnt sich aus und kühlt sich ab und die Fusionsrate sinkt im Verlauf einiger Stunden. Der expandierende Kern kühlt die ihn umgebende Schale des Wasserstoffbrennens ab. Infolgedessen nimmt die Fusion in der Schale ab, sodass weniger Photonen aus der Schale in die Außenschichten des Sterns strömen und sich die Außenschichten abkühlen und dabei kontrahieren. Der Stern schrumpft, bis er ein neues hydrostatisches Gleichgewicht erreicht.

Dabei ist zu beachten, dass der Heliumblitz im Kern des Sterns auftritt und auf diesen wirkt. Er führt also nicht etwa zum plötzlichen Aufblitzen des Sterns. Ein Helium verbrennender Riese mit einer Masse zwischen 0,4 $M_\odot$ und 2 $M_\odot$ ist danach kleiner, schwächer und heißer als vor Beginn des Heliumbrennens. Abb. 9.22a zeigt die erwartete Helligkeitsänderung der Sonne, wenn sie diesen Prozess durchlaufen wird. Abb. 9.22b enthält die Entwicklungswege zweier Sterne in diesem Massenbereich, die die Hauptreihe verlassen, in das Riesenstadium übergehen, den Heliumblitz

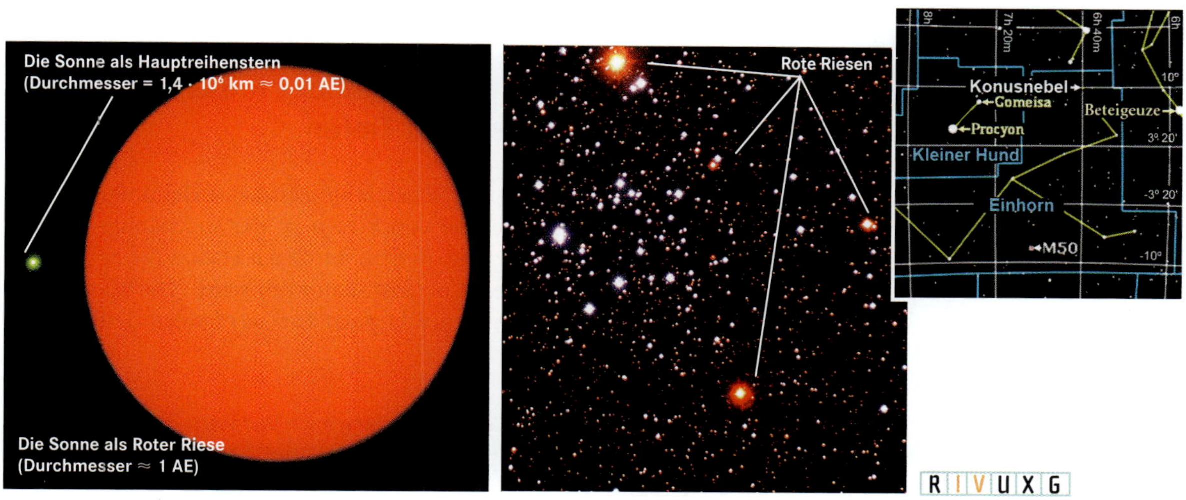

a Die Sonne heute und als Roter Riese

b Rote Riesen im Sternhaufen M50

Abb. 9.21 Die Sonne heute und als künftiger Riesenstern. (a) In etwa 5 Mrd. Jahren wird sich die Sonne ausdehnen und zu einem Riesen werden. Ihr Durchmesser wird dabei 100-mal so groß wie heute werden, während ihr Kern kompakter wird. Gegenwärtig wird die Energie der Sonne in einem Kern mit einem Durchmesser von etwa 200.000 km erzeugt, in dem das Wasserstoffbrennen abläuft. Wenn die Sonne zu einem Riesen wird, bezieht sie ihre Energie aus einer Schale des Wasserstoffbrennens, die einen kompakten heliumreichen Kern umgibt. Dieser Heliumkern hat einen Durchmesser von nur 30.000 km. Der Durchmesser der Sonne wird dann 100-mal so groß und ihre Leuchtkraft 2000-mal so groß wie gegenwärtig sein. (b) Die Kombination zweier Aufnahmen, einer im sichtbaren und einer im Infrarotbereich, zeigt Rote Riesen im offenen Sternhaufen M50 im Sternbild Einhorn. (T. Credner und S. Kohle, Astronomische Institute der Universität Bonn) durchmachen und sich dann wieder beruhigen. Bevor wir ihren Entwicklungsweg weiter verfolgen, wollen wir kurz sehen, was mit Sternen mit Massen über 2 $M_\odot$ nach Verlassen der Hauptreihe geschieht.

Mehr als 2 $M_\odot$ – kein Heliumblitz Der Druck der Gravitation reicht bei einem Stern mit mehr als 2 $M_\odot$ aus, um seinen Kern ununterbrochen zu komprimieren und zu erhitzen, bis er die Temperatur für das Heliumbrennen erreicht. Mit anderen Worten, Kerne von Riesen in diesem Massenbereich entarten nie. Wenn ein gewöhnliches Gas wie das in den Kernen dieser Sterne komprimiert wird, erhitzt es sich; expandiert es, kühlt es sich dagegen ab. Falls die Energieproduktion durch das Heliumbrennen den Kern überhitzt, expandiert er, wobei sich die Gase abkühlen und die thermonuklearen Reaktionen langsamer werden. Falls andererseits zu wenig Energie erzeugt wird, um die weiter außen liegenden Schichten des Sterns zu stabilisieren, wandern sie nach innen und komprimieren den Kern. Der daraus resultierende Temperaturanstieg beschleunigt die thermonuklearen Reaktionen und erhöht somit die Energieabgabe, sodass die Kontraktion zum Stillstand kommt. Auf jeden Fall verhindert das „Sicherheitsventil", dass sie kollabieren oder explodieren.

? Wird in der Sonne ein Heliumblitz auftreten? Begründen Sie Ihre Antwort!

Abb. 9.22b zeigt die Entwicklung dreier Sterne in diesem Massebereich nach Verlassen der Hauptreihe, in denen kein Heliumblitz auftritt. Diese Sterne wandern durch das Riesengebiet des Hertzsprung-Russel-Diagramms nach rechts oben. Dabei werden sie bis zu Beginn der Fusion im Kern immer größer. Anschließend kontrahieren sie etwas, allerdings nicht so stark wie Sterne, in denen ein Heliumblitz auftritt.

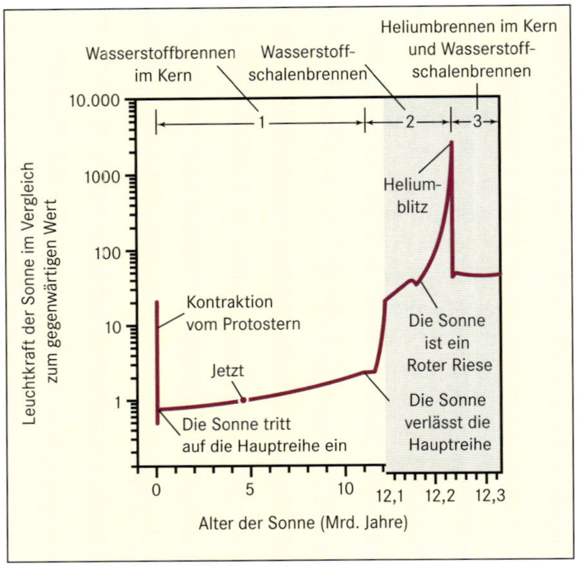

a

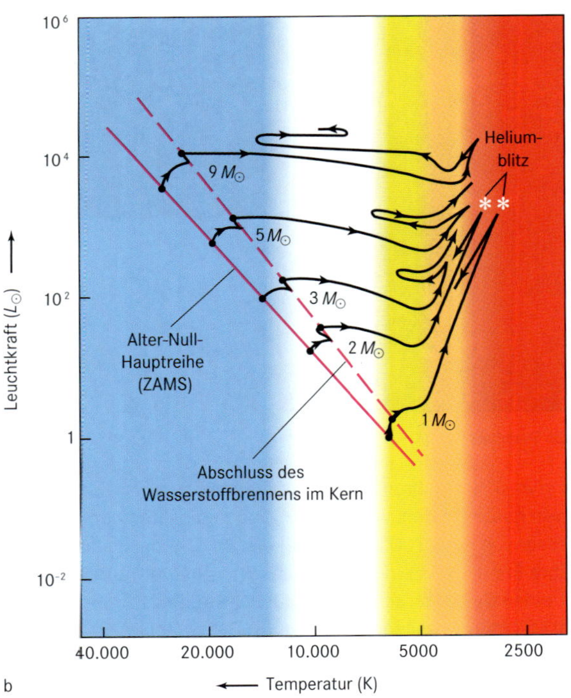

b

9.11 Das Leben der Riesen hat Höhen und Tiefen

Der vorherrschende Prozess beim Heliumbrennen in den Kernen von Riesen ist der sogenannte *Drei-Alpha-Prozess*, in dem durch die Fusion dreier Heliumkerne ein Kohlenstoffatom entsteht. (Die bei verschiedenen Kernreaktionen frei werdenden Teilchen aus

Abb. 9.22 Entwicklung nach Verlassen der Hauptreihe. (a) Im Verlauf der Entwicklung der Sonne ändert sich ihre Leuchtkraft. Zunächst war sie ein Protostern mit abnehmender Leuchtkraft. Auf der Hauptreihe, wo sie gegenwärtig ist, wird sie allmählich immer heller. Im Riesenstadium beschleunigt sich die Entwicklung mit schnelleren und stärkeren Zunahmen der Leuchtkraft. Beachten Sie die Änderung des Maßstabs der horizontalen Achse bei 12 Mrd. Jahren. (b) Die Entwicklungswege von fünf Sternen im Hertzsprung-Russel-Diagramm auf der Grundlage von Modellen. Bei massereichen Sternen zündet das Heliumbrennen im Kern allmählich, wobei die Entwicklungswege scharf nach oben in das Riesengebiet abbiegen.

zwei Protonen und zwei Neutronen werden Alphateilchen genannt – was nur eine andere Bezeichnung für Heliumkerne ist.) Der Drei-Alpha-Prozess läuft in zwei Schritten ab. Zunächst entsteht durch die Fusion zweier Heliumkerne Beryllium. Innerhalb von 10^{-3} s kollidiert ein dritter Heliumkern mit dem kurzlebigen Beryllium, wobei Kohlenstoff entsteht. Bei diesem Prozess wird außerdem Energie freigesetzt. Zusammengefasst lautet er also:

$$^{4}He + {}^{4}He + {}^{4}He \rightarrow {}^{12}C + \gamma$$

Dabei bezeichnet γ die in Form von Photonen emittierte Strahlung. Hiermit ist die Fusion in Riesen aber noch nicht zu Ende. Ein Teil des erzeugten Kohlenstoffs kann mit einem weiteren Heliumkern fusionieren, wobei Sauerstoff entsteht:

$$^{12}C + {}^{4}He \rightarrow {}^{16}O + \gamma$$

Wie bei Hauptreihensternen wird die Energie in Form von Gammastrahlung freigesetzt. Das Heliumbrennen in den Kernen von Riesensternen dauert nur etwa 10 % so lange wie das Wasserstoffbrennen auf der Hauptreihe. So bleibt die Sonne insgesamt etwa 10 Mrd. Jahre auf der Hauptreihe und wird danach etwa 1 Mrd. Jahre ein Riese sein. Während des Heliumbrennens im Kern eines Riesen kommt die weitere Gravitationskontraktion des Kerns zum Stillstand.

Auch wenn alle Sterne den größten Teil ihres Lebens auf der Hauptreihe verbringen, sind die meisten Sterne, die wir mit bloßem Auge sehen können, Riesen! Das liegt daran, dass die verhältnismäßig wenigen Riesen in unserer Umgebung eine so hohe Leuchtkraft haben, dass sie am nächtlichen Himmel heller leuchten als ihre Nachbarn.

Veränderliche Sterne

Nachdem das Heliumbrennen im Kern gezündet hat, verlaufen die Entwicklungswege reifer Sterne ein Stück in Richtung Hauptreihe zurück (d. h. im Hertzsprung-Russel-Diagramm von rechts nach links; siehe Abb. 9.22). Da ihre Druck-Temperatur-Sicherheitsventile nicht optimal funktionieren, überhitzen sie sich beim Schrumpfen und expandieren dann durch die Fusion im Kern auf größere Radien als im Gleichgewicht. Wenn sie zu groß werden, sinken Druck und Temperatur und sie kollabieren, wobei sie sich wieder überkomprimieren und überhitzen. Dies ist wie bei einem Tennisball, der mehrmals nach oben springt und wieder herunterfällt, wenn man ihn fallen lässt. Mit anderen Worten, ein Stern unter diesen Bedingungen wird instabil und seine Helligkeit schwankt. Das Gebiet im Hertzsprung-Russel-Diagramm zwischen der Hauptreihe und dem rechten Rand des Riesenasts, wo dies geschieht, heißt daher **Instabilitätsstreifen** (Abb. 9.23). Diese **veränderlichen Sterne**, oft auch nur kurz **Veränderliche** genannt, sind anhand ihrer Helligkeitsänderungen in einem Feld von Sternen mit konstanter Leuchtkraft leicht zu ermitteln.

Masseärmere Sterne wandern nach dem Heliumblitz auf ihren Entwicklungswegen horizontal im Hertzsprung-Russel-Diagramm durch das untere Ende des Instabilitätsstreifens. Sie werden zu **RR-Lyrae-Veränderlichen**, die nach dem Prototyp im Sternbild Leier (Lyra) benannt sind.

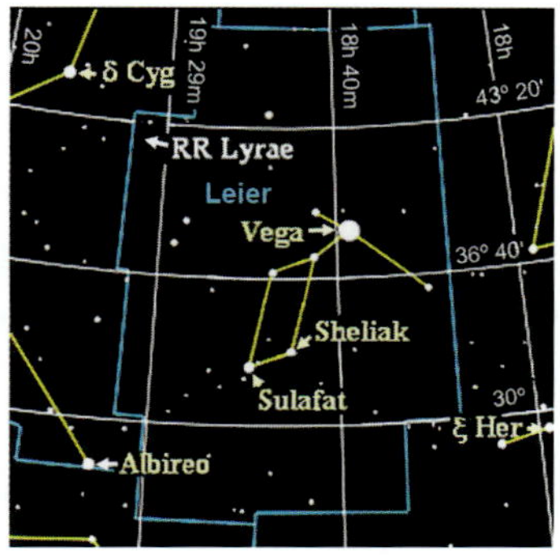

Die Perioden von RR-Lyrae-Veränderlichen sind sämtlich kürzer als

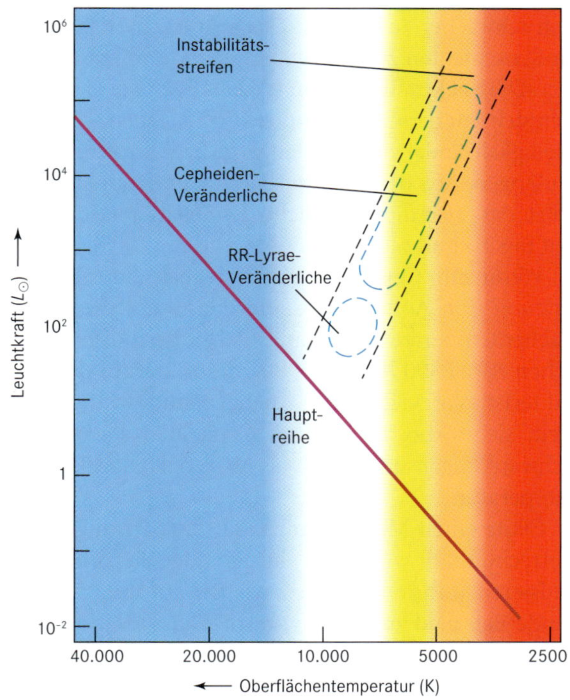

Abb. 9.23 Der Instabilitätsstreifen. Der Instabilitätsstreifen liegt im Hertzsprung-Russel-Diagramm in einem Gebiet zwischen der Hauptreihe und dem Riesenast. Ein Stern, der auf seinem Entwicklungsweg dieses Gebiet durchläuft, wird instabil und pulsiert.

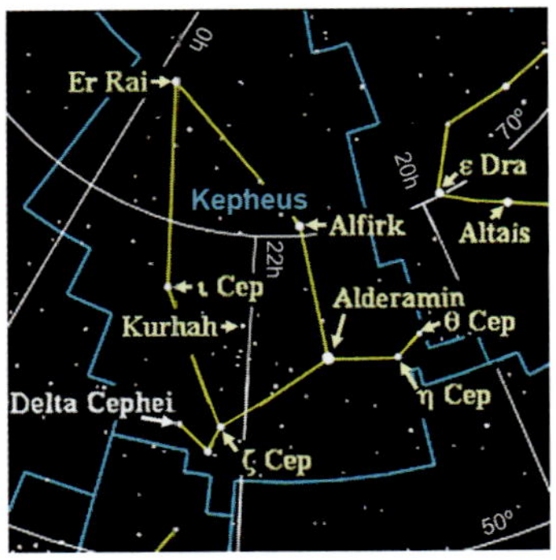

ein Tag. Massereichere Sterne laufen am oberen Ende des Instabilitätsstreifens im Hertzsprung-Russel-Diagramm hin und her. Sie werden zu Cepheiden-Veränderlichen, häufig auch nur einfach Cepheiden genannt.

? Wie viele Heliumatome sind für die Bildung eines Sauerstoffatoms notwendig?

9.12 Ein Cepheide pulsiert, weil er abwechselnd expandiert und kontrahiert

Die Lichtemission eines **Cepheiden-Veränderlichen** oder **Cepheiden** ändert sich auf charakteristische Weise: Zunächst wird er rasch heller, um dann allmählich schwächer zu werden. Das liegt daran, dass seine Außenschichten zyklisch expandieren und kontrahieren. Die Spektrallinien von δ (delta) Cephei verschieben sich mit derselben Periode von 5,4 Tagen wie seine Helligkeitsänderungen zu längeren bzw. kürzeren Wellenlängen. Aus dem daraus ermittelten Dopplereffekt folgt, dass sich die Oberfläche des Sterns abwechselnd auf uns zu und von uns weg bewegt.

Wenn ein Cepheide pulsiert, wechseln sich Erhitzung und Abkühlung seines Gases ab; die Oberflächentemperatur schwankt dabei periodisch zwischen etwa 6300 K und 5000 K. Somit beruht die charakteristische Lichtkurve (die Leuchtkraft über der Zeit; siehe Abb. 8.13) eines Cepheiden sowohl auf Schwankungen der Größe als auch der Oberflächentemperatur.

Ohne einen Mechanismus, der die Schwingungen aufrechterhält, würde ein pulsierender Stern bald zu pulsieren aufhören, ganz so, wie der auf und ab hüpfende Ball bald zur Ruhe kommt. Der Pulsationsmechanismus von Veränderlichen muss durch einen zusätzlichen Antrieb von innen in Gang gehalten werden, der bei stabilen Sternen fehlt. Veränderliche enthalten eine Gasschicht, die große Mengen teilweise ionisiertes Helium (solches, bei dem nur ein Elektron herausgeschlagen wurde) enthält. Dieses Gas absorbiert zahlreiche Photonen, die den Kern verlassen, erhitzt sich dabei, expandiert und treibt die Außenschichten weiter nach außen. Schließlich wird die ionisierte Heliumschicht so dünn, dass sie für Photonen durchlässig wird. Das ionisierte Helium kühlt sich dann ab und kontrahiert und die Außenschichten des Sterns kollabieren. Dadurch werden die Gase im Inneren wieder komprimiert und das Ganze wiederholt sich von vorn. Man kann das mit Dampf vergleichen, der den Deckel eines Topfs mit kochendem Wasser anhebt. Wenn genug Dampf aus dem Inneren entwichen ist, fällt der Deckel zurück und danach baut sich der Dampfdruck in seinem Inneren erneut auf. Damit diese Pulsationen möglich sind, müssen allerdings im Inneren des Sterns geeignete Temperatur- und Druckbedingungen herrschen. Daher sind Riesen nur veränderlich, wenn sie im Instabilitätsstreifen des Hertzsprung-Russel-Diagramms liegen.

? Aus welchen Beobachtungen wird gefolgert, dass sich die Größen von Cepheiden ändern?

9.13 Mit den Cepheiden lassen sich gewaltige Entfernungen bestimmen

Die Cepheiden spielen in der Astronomie eine große Rolle, da zwischen ihrer Pulsationsperiode und ihrer mittleren Leuchtkraft ein unmittelbarer Zusammenhang, die **Periode-Leuchtkraft-Beziehung**, besteht. Die Entfernung zu einem Cepheiden kann in vier Schritten ermittelt werden. Zunächst beobachtet man seine Periode. Zweitens bestimmt man über die Periode-Leuchtkraft-Beziehung seine Leuchtkraft und somit seine absolute Helligkeit (die sich direkt aus der Leuchtkraft ergibt). Drittens beobachtet man seine scheinbare Helligkeit. Anschließend kann man dann anhand der Entfernungs-Helligkeits-Beziehung (Anhang H6) seine Entfernung berechnen.

Schwache Cepheiden pulsieren schnell, ihre Perioden liegen bei einem bis zwei Tagen. Ihre mittleren Helligkeitsschwankungen sind einige Hundert Mal so groß wie die Leuchtkraft der Sonne. Die Cepheiden mit der höchsten Leuchtkraft haben auch die längsten Perioden, wobei sich die Helligkeitsänderungen über 100 Tage erstrecken und die mittleren Helligkeitsänderungen bei 10.000 $L_{\odot}$ liegen. Da sie so hell sind, sind Cepheiden weit jenseits der Grenzen unserer Galaxis zu sehen, also in Entfernungen, in denen andere Verfahren zur Entfernungsbestimmung wie die Sternparallaxe längst versagen. Die Periode-Leuchtkraft-Beziehung spielt daher eine wichtige Rolle bei der Bestimmung der Gesamtgröße und -struktur des Uni-

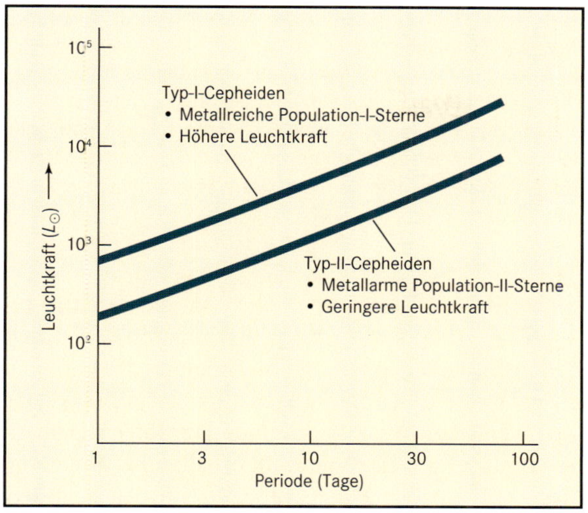

Abb. 9.24 Die Periode-Leuchtkraft-Beziehung. Die Periode eines Cepheiden-Veränderlichen ist direkt mit seiner mittleren Leuchtkraft verknüpft: Je höher seine Leuchtkraft ist, desto länger dauert seine Periode und desto langsamer sind also seine Pulsationen. Typ-I-Cepheiden (δ-Cephei-Sterne) sind metallreich. Sie sind heller als die metallarmen Typ-II-Cepheiden (W-Virginis-Sterne). (Nach H. C. Arp)

Einblicke in die Wissenschaft

Sichere Grundlagen? Um Sachverhalte weit außerhalb uns vertrauter Größen- und Zeitdimensionen zu bestimmen, sind oft komplizierte Theorien notwendig, darunter auch solche, die noch nicht in allen Details verifiziert werden konnten. Ein kleiner Fehler irgendwo entlang der Folgerungskette kann schon zu falschen Ergebnissen führen. Auch die Entfernungsmessung über die Cepheiden erfordert die Kombination mehrerer Konzepte. Zunächst wird angenommen, dass die Periode-Leuchtkraft-Beziehung für alle Cepheiden gültig ist, weiter, dass es nur zwei verschiedene Typen von Cepheiden gibt und dass die maximale Leuchtkraft der Cepheiden allein von ihrer Entfernung von uns abhängt. (Schon wenn Gas und Staub zwischen uns und dem Stern liegen, wie es häufig der Fall ist, trifft dies nicht mehr zu.) Nur eine dieser oder einer Reihe weiterer Annahmen braucht falsch zu sein, und schon stimmen die berechneten Entfernungen nicht mehr.

versums. Auf diese Anwendung werden wir in Kapitel 11 zurückkommen.

Wie Cepheiden im Einzelnen pulsieren, hängt von der Häufigkeit schwerer Elemente in ihrer Atmosphäre ab. Die mittlere Leuchtkraft metallreicher Cepheiden ist etwa viermal so hoch wie die metallarmer mit derselben Periode. Daher gibt es zwei Klassen: die helleren, metallreichen **Typ-I-Cepheiden** (δ-Cephei-Sterne) und die schwächeren, metallarmen **Typ-II-Cepheiden** (auch W-Virginis-Sterne genannt). Abb. 9.24 zeigt die Periode-Leuchtkraft-Beziehungen beider Typen.

9.14 Kugelsternhaufen enthalten alte Sterne

Viele Riesensterne gehören Gruppierungen an, die wegen ihrer kugelförmigen Gestalt **Kugelsternhaufen**

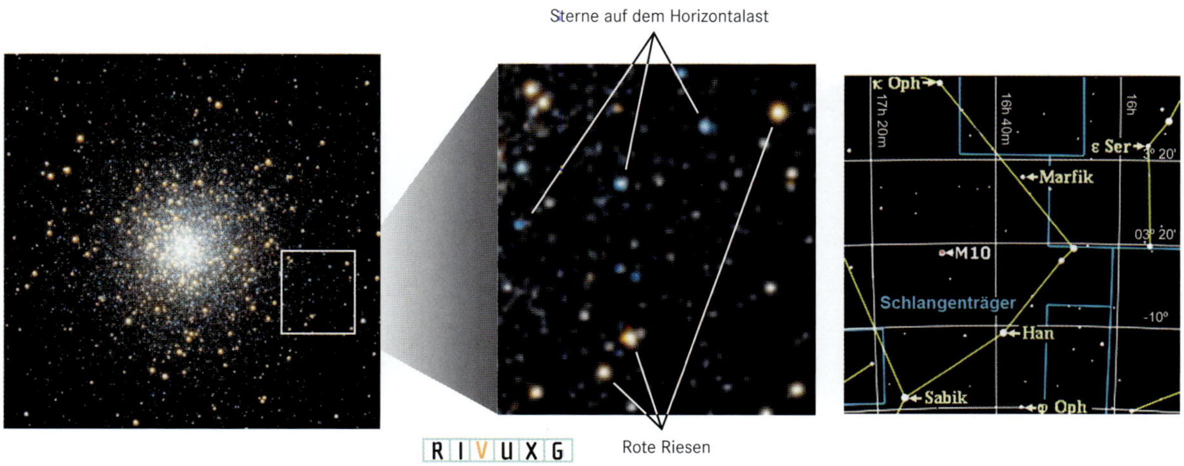

Abb. 9.25 Ein Kugelsternhaufen. Der Sternhaufen M 10 hat einen Durchmesser von etwa 85 Lichtjahren und liegt in einer Entfernung von ungefähr 16.000 Lichtjahren von der Erde im Sternbild Schlangenträger. Die meisten seiner Sterne sind entweder Rote Riesen oder blaue Sterne auf dem Horizontalast, in denen das Heliumbrennen im Kern und das Wasserstoffschalenbrennen im Gang sind. (T. Credner und S. Kohle, Astronomische Institute der Universität Bonn)

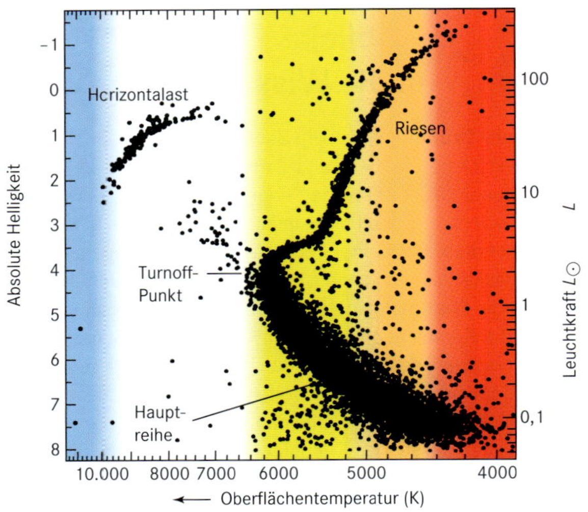

Abb. 9.26 Hertzsprung-Russel-Diagramm eines Kugelsternhaufens. Jeder Punkt repräsentiert die absolute Helligkeit und die Oberflächentemperatur eines Sterns im Kugelsternhaufen M55. Es fällt auf, dass die obere Hälfte der Hauptreihe fehlt. In den Kernen der Sterne auf dem Horizontalast ist es kürzlich zum Heliumblitz gekommen, sodass jetzt das Heliumbrennen im Kern und das Wasserstoffschalenbrennen im Gang sind.

heißen. Ein typischer Kugelsternhaufen wie der in Abb. 9.25 kann in einem Volumen mit einem Durchmesser von 200 Lichtjahren bis zu eine Million Sterne enthalten. Wie bei offenen Sternhaufen sind auch die Sterne in Kugelsternhaufen alle etwa gleichzeitig entstanden. Anders als offene Sternhaufen, die junge Sterne enthalten, sind Kugelsternhaufen aber gravitativ gebundene Gruppierungen alter Sterne, aus denen nur wenige entweichen können. Die Kugelsternhaufen in unserer Galaxis sind innerhalb einer Kugel um das Zentrum der Milchstraße verteilt. Auch andere Galaxien enthalten solche Kugelsternhaufen.

Dass Kugelsternhaufen so alt sein müssen, folgern wir daraus, dass sie keine massereichen Hauptreihensterne enthalten. Misst man die Leuchtkraft und die Oberflächentemperatur vieler Sterne eines Kugelsternhaufens und trägt die Daten in ein Farbe-Hellig-

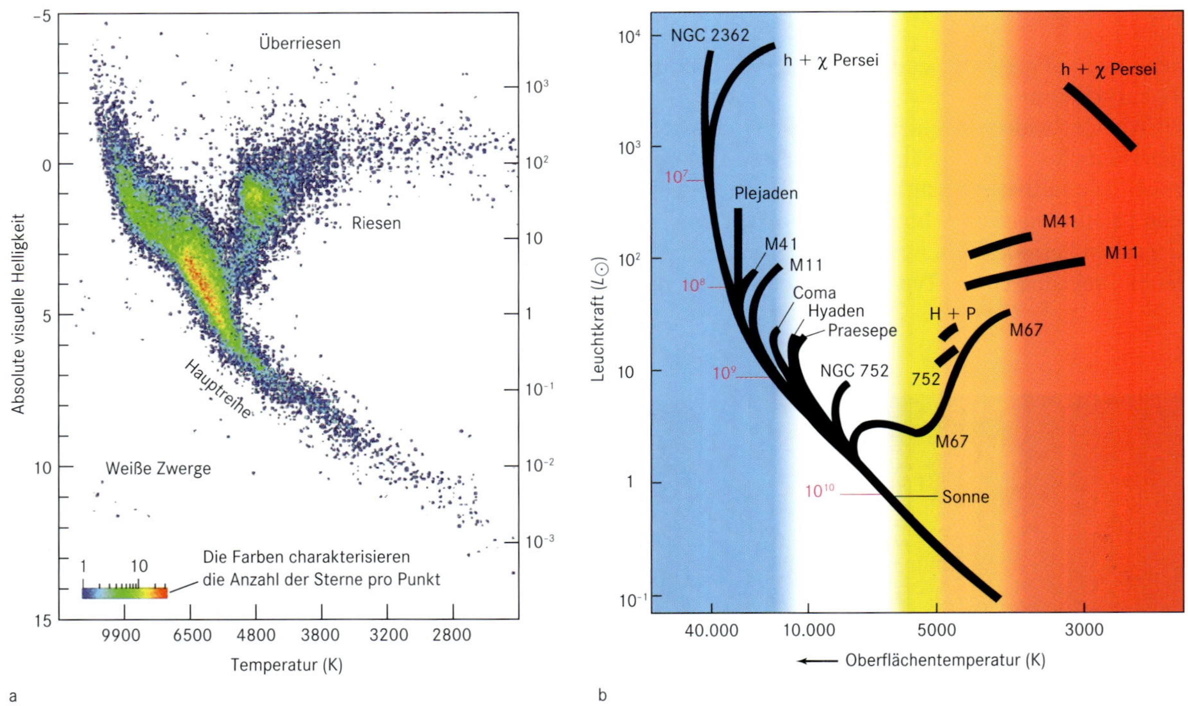

Abb. 9.27 Struktur des Hertzsprung-Russel-Diagramms. (a) Anhand von Daten des Hipparcos-Satelliten konnten 41.453 Sterne genauer als zuvor im Hertzsprung-Russel-Diagramm angeordnet werden. Die Abbildung zeigt das gesamte Hertzsprung-Russel-Diagramm. Dass die Hauptreihe so dick ist, ergibt sich zum größten Teil daraus, dass unterschiedlich alte Sterne die Hauptreihe an verschiedenen Stellen verlassen (siehe auch b). (b) Die schwarzen Bänder zeigen die Daten verschiedener Sternhaufen im Hertzsprung-Russel-Diagramm. Neben der Hauptreihe sind rot die Alter der Turnoff-Punkte (in Jahren) angegeben. Das Alter eines Sternhaufens kann anhand seines Turnoff-Punkts geschätzt werden, an dem die massereichsten Sterne des Sternhaufens die Hauptreihe gerade verlassen.

keits-Diagramm (Abb. 9.26) ein, stellt man fest, dass die obere Hälfte der Hauptreihe fehlt. Alle massereichen Hauptreihensterne sind schon lange zu Riesen geworden, sodass nur noch masseärmere Sterne zurückgeblieben sind, die sich langsam entwickeln und in denen nach wie vor das Wasserstoffbrennen im Kern abläuft.

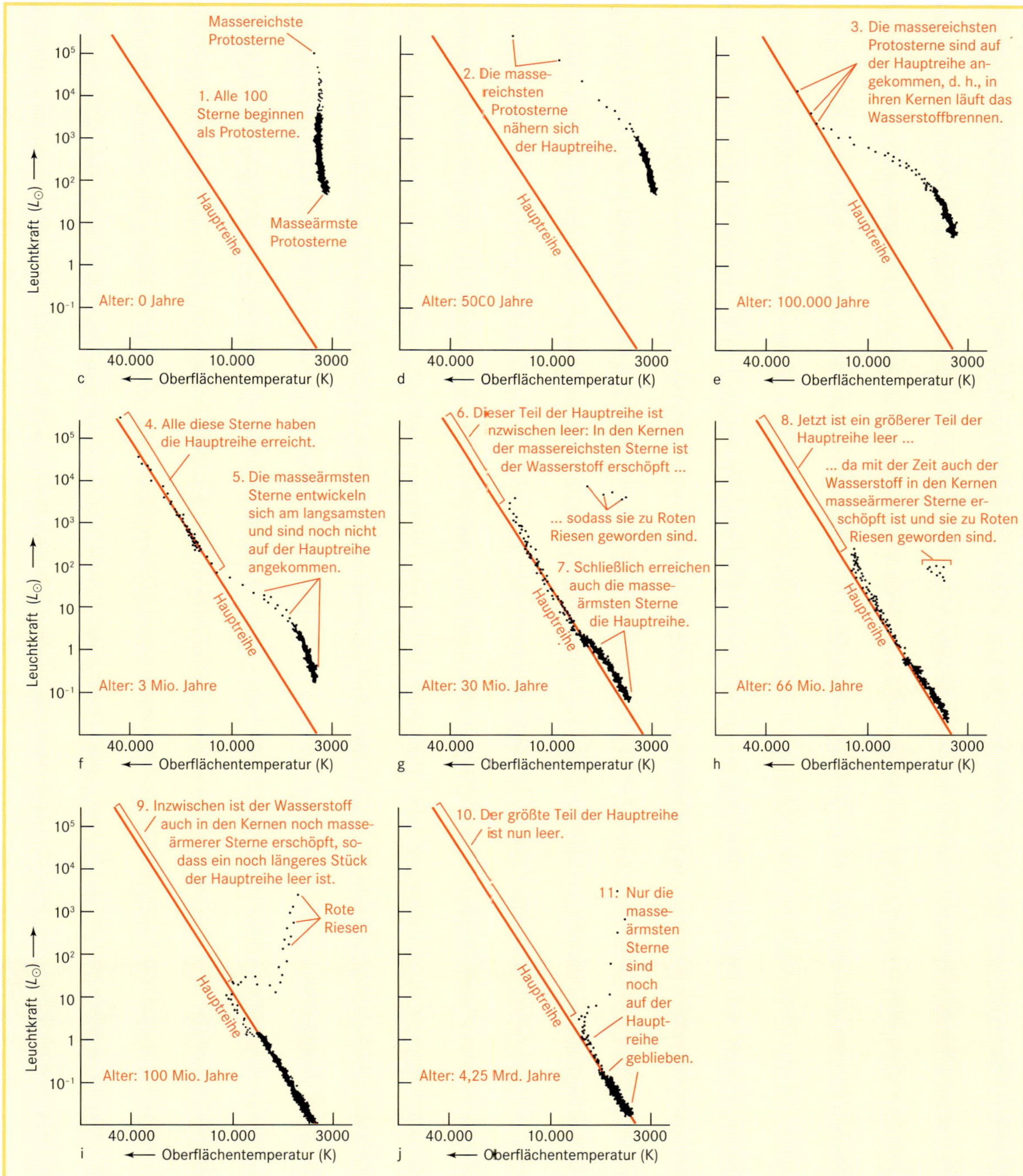

Abb. 9.27 Fortsetzung. (c–j) Zusammenfassung der Entwicklung eines theoretischen Sternhaufens aus 100 Sternen, dargestellt anhand ihrer Orte im Hertzsprung-Russel-Diagramm. (Im Prinzip könnte die Entwicklung jedes Sterns auch getrennt verfolgt werden.) Nach dem Rote-Riesen-Stadium tauchen die Sterne im Diagramm nicht mehr auf.

? Welche typischen Perioden haben Cepheiden?

Im Hertzsprung-Russel-Diagramm eines Kugelsternhaufens fällt meist eine horizontale Sterngruppierung auf der linken Seite auf (Abb. 9.26). In den Kernen dieser heißen Sterne auf dem **Horizontalast** läuft das Heliumbrennen ab und sie haben Leuchtkräfte von etwa 50 $L_{\odot}$. Wenn der Brennstoff für das Heliumbrennen im Kern und für das Wasserstoffschalenbrennen schließlich aufgebraucht ist, kehren sie in das Riesengebiet zurück.

Wie schon erwähnt wurde, kann das Hertzsprung-Russel-Diagramm eines Sternhaufens auch herangezogen werden, um sein Alter zu bestimmen. Dabei wird davon ausgegangen, dass alle seine Sterne gleichzeitig entstanden sind. Im Hertzsprung-Russel-Diagramm eines jungen, offenen Sternhaufens (siehe Abb. 9.16b) liegen fast alle heißen, massereichen Sterne noch auf der Hauptreihe. Wenn ein Sternhaufen älter wird, wie es etwa bei den Plejaden der Fall ist, beginnen die Sterne, die Hauptreihe zu verlassen (siehe Abb. 9.1c). Die massereichen Sterne mit hoher Leuchtkraft werden dabei zuerst zu Riesen.

Im Laufe der Zeit wird so die Hauptreihe eines Sternhaufens immer kürzer. Das obere Ende des verbleibenden Hauptreihenabschnitts heißt **Turnoff-Punkt** (siehe Abb. 9.26). In den Kernen der Sterne an diesem Punkt ist der Wasserstoff schon fast erschöpft. Aufgrund der Theorie der Sternentwicklung wissen wir, wie lange Sterne mit unterschiedlichen Massen auf der Hauptreihe bleiben, bevor sie zu Riesen zu werden beginnen. Daher ist das Alter der Sterne, die gegenwärtig beim Turnoff-Punkt liegen, auch das Alter des Sternhaufens (siehe Tab. 9.2).

Wir betrachten das Diagramm für den Kugelsternhaufen M55 aus Abb. 9.26. Sterne mit 0,8 $M_{\odot}$ verlassen gerade die Hauptreihe. Nach Tab. 9.2 ist der Sternhaufen also ungefähr 13,5 Mrd. Jahre alt.

In Abb. 9.27a sind vom Hipparcos-Satelliten erfasste Daten isolierter Sterne sowie von Sternen aus Kugelsternhaufen in ein gemeinsames Diagramm eingetragen, das die Gesamtstruktur des Hertzsprung-Russel-Diagramms widerspiegelt. Anhand von Daten der Sternentwicklungstheorie aus Tab. 9.2 können die Alter der Sternhaufen anhand der Turnoff-Punkte geschätzt werden. Einige davon sind in Abb. 9.27b angegeben. In Abb. 9.27c–j ist schließlich die Entwicklung eines Sternhaufens zusammengefasst.

Während viele der ältesten Sterne unserer Galaxis in Kugelsternhaufen enthalten sind, sind die jüngsten Sterne (also jene, deren Hauptreihe noch vollständig ist) unter den offenen Sternhaufen zu finden. Anders als die Kugelsternhaufen, die auf einer Kugel um das Zentrum der Milchstraße verteilt sind, liegen die offenen Sternhaufen unserer Galaxis in der Ebene der Galaxis, d. h. auf der Milchstraße, die wir am nächtlichen Himmel bewundern können.

Sterne in offenen Sternhaufen gelten als metallreich, da ihre Spektren viele auffällige Spektrallinien schwerer Elemente zeigen. Dieses Material stammt ursprünglich von Sternen, die schon längst explodiert sind. Die in ihren Kernen entstandenen schweren Elemente haben sich im interstellaren Gas angereichert. Die jungen, offenen Sternhaufen sind somit aus den Bruchstücken älterer Generationen von Sternen hervorgegangen. Die Sonne ist ein Beispiel für einen jungen, metallreichen Stern, der wahrscheinlich in einem

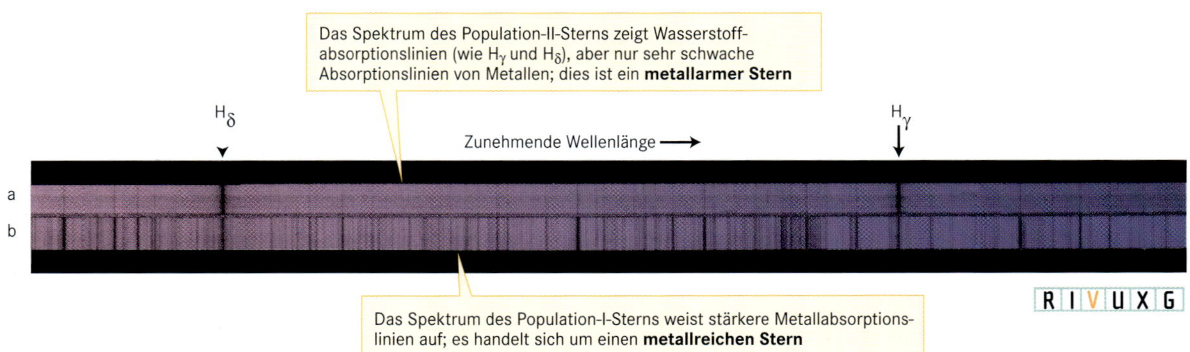

Abb. 9.28 Die Spektren eines metallreichen und eines metallarmen Sterns. Ein Vergleich der Spektren (a) eines metallarmen Sterns (Population II) und (b) eines metallreichen Sterns (Population I – die Sonne) mit derselben Oberflächentemperatur. Im Spektrum der Sonne fallen zahlreiche Spektrallinien von Elementen auf, die schwerer als Wasserstoff und Helium sind. Im Spektrum des metallarmen Sterns sind diese nur schwach oder fehlen ganz. Beide Spektren umfassen einen Wellenlängenbereich, der die beiden starken Wasserstoffabsorptionslinien H_{γ} (410 nm) und H_{δ} (434 nm) enthält. (Lick Observatory)

offenen Sternhaufen entstanden ist. Solche Sterne heißen **Population-I-Sterne**.

Kugelsternhaufen, die ältere Sterne enthalten, finden sich allgemein über oder unter der Ebene unserer Galaxis. Da ihre Spektren nur schwache Linien schwerer Elemente zeigen, gelten diese alten Sterne als metallarm. Sie sind vor langer Zeit aus Gasen entstanden, die sich noch nicht wesentlich mit schweren Elementen angereichert hatten. Sterne dieser Art werden **Population-II-Sterne** genannt. In Abb. 9.28 ist das Spektrum eines Population-II-Sterns mit dem der Sonne verglichen. Die unterschiedliche chemische Zusammensetzung der Sterne beeinflusst ihre Entwicklung, etwa die Pulsationen von Cepheiden (siehe Abb. 9.24).

? Welche Sterne sind älter: die in offenen Sternhaufen oder die in Kugelsternhaufen?

9.15 Der Massentransfer in engen Doppelsternsystemen kann zur Entstehung ungewöhnlicher Doppelsterne führen

Die Massen einiger Sterne ändern sich im Laufe der Zeit wesentlich, was sich auch auf ihren Entwicklungsweg auswirkt. Dies betrifft Sterne in Doppelsternsystemen in geringem Abstand voneinander (siehe Kapitel 8). Der französische Mathematiker Édouard Roche hatte Mitte des 19. Jahrhunderts darauf hingewiesen, dass die Atmosphären zweier Sterne eines Doppelsternsystems innerhalb zweier tropfenförmiger Gebiete bleiben müssen, die die Sterne umgeben. Ist das nicht der Fall, entweicht an der Berührungsstelle der beiden Tropfen Gas von dem Ursprungsstern und geht entweder auf den anderen Stern über oder verlässt den Doppelstern in der entgegengesetzten Richtung ganz. Im Schnitt sehen diese sogenannten **Roche-Keulen** wie eine Acht aus (Strichlinien in Abb. 9.29). Der massereichere Stern liegt immer in der größeren Roche-Keule.

In vielen Doppelsternen sind die Sterne auch noch im Riesenstadium so weit voneinander entfernt, dass

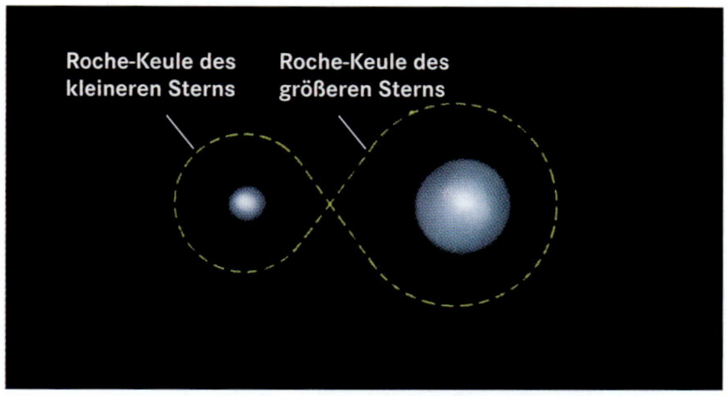

a Getrennter Doppelstern: Kein Stern füllt seine Roche-Keule aus.

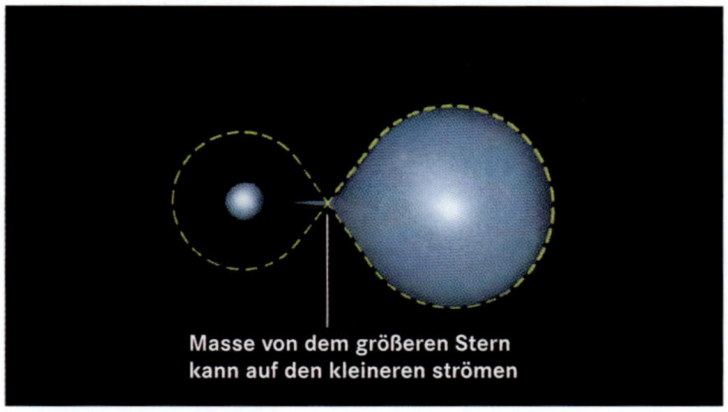

b Halbgetrennter Doppelstern: Ein Stern füllt seine Roche-Keule aus.

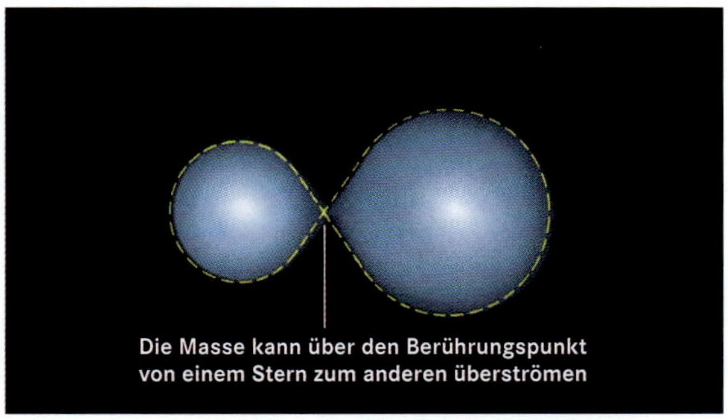

c Kontaktdoppelstern: Beide Sterne füllen ihre Roche-Keulen gerade aus.

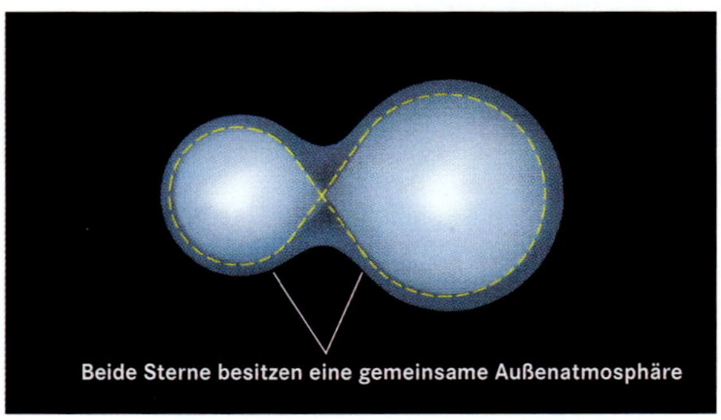

d Überkontaktdoppelstern: Beide Sterne gehen über ihre Roche-Keulen hinaus.

Abb. 9.29 Getrennter Doppelstern, halbgetrennter Doppelstern, Kontaktdoppelstern und Überkontaktdoppelstern. (a) In einem getrennten Doppelstern füllt keiner der Sterne seine Roche-Keule aus. (b) Wenn einer der Sterne seine Roche-Keule füllt, heißt der Doppelstern halbgetrennt. In halbgetrennten Doppelsternen wird häufig ein Massentransfer beobachtet. (c) In einem Kontaktdoppelstern füllen beide Sterne ihre Roche-Keulen genau aus. (d) In einem Überkontaktdoppelstern gehen beide Sterne über ihre Roche-Keulen hinaus und haben eine gemeinsame Außenatmosphäre.

ihre Oberflächen weit innerhalb der Roche-Keulen bleiben. Abgesehen davon, dass sie sich auf Umlaufbahnen um den gemeinsamen Schwerpunkt bewegen, führt jeder Stern sein Eigenleben, genauso, wie wenn er einzeln und isoliert wäre. Ein solches System heißt **getrennter Doppelstern** (siehe Abb. 9.29a). Falls die beiden Sterne verhältnismäßig nahe beieinander stehen, kann es aber geschehen, dass einer der beiden Sterne bei der Expansion zum Riesen bis zur Roche-Keule kommt oder sich sogar über sie hinaus ausdehnt. Dieses System ist ein **halbgetrennter Doppelstern**, dessen Gase über den Berührungspunkt der beiden Roche-Keulen strömen und auf den Begleiter übergehen (Abb. 9.29b). Wenn beide Sterne so groß sind, dass sie ihre Roche-Keulen vollständig ausfüllen, handelt es sich um einen **Kontaktdoppelstern**, dessen Sterne sich tatsächlich berühren und Gas austauschen (Abb. 9.29c). Dass beide Sterne ihre Roche-Keulen gerade genau ausfüllen, ist allerdings recht unwahrscheinlich. Wahrscheinlicher ist es dann, dass sie über ihre Roche-Keulen hinausgehen und eine gemeinsame Atmosphärenhülle entsteht. Dies ist dann ein *Überkontaktdoppelstern* (Abb. 9.29d).

Halbgetrennte und Kontaktdoppelsterne sind am leichtesten nachzuweisen, wenn sie gleichzeitig Bedeckungsveränderliche sind (siehe Abb. 8.13). Ihre

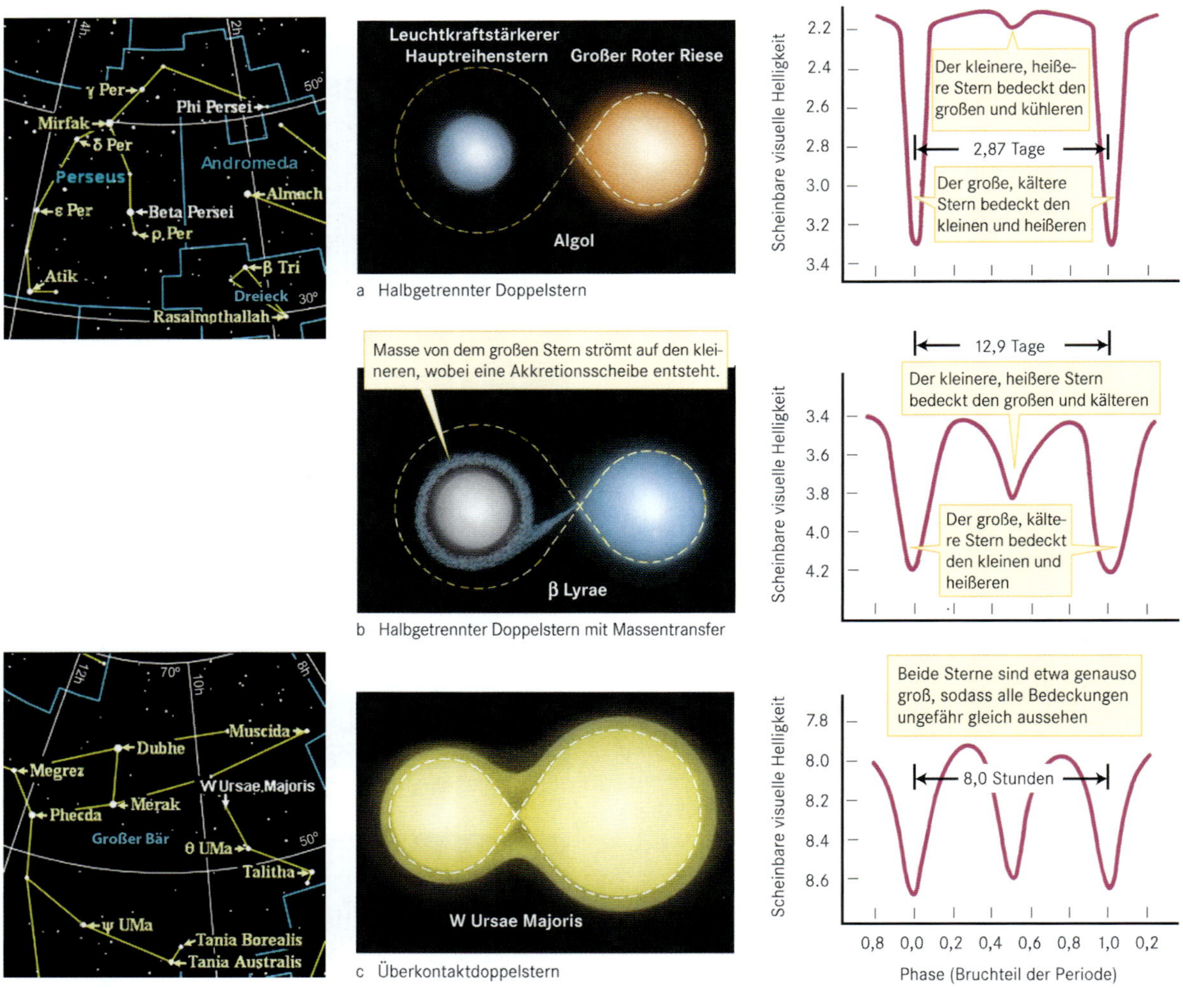

Abb. 9.30 Drei enge Doppelsterne. Die Lichtkurven der drei Bedeckungsveränderlichen zeigen die Schwankungen der scheinbaren Helligkeit in den Phasen zwischen einem Hauptminimum und dem nächsten. (a) Algol (β Persei) ist ein halbgetrennter Doppelstern. Die tiefe Bedeckung tritt auf, wenn der Riesenstern (rechts) den kleineren, aber leuchtkraftstärkeren Hauptreihenstern bedeckt. (b) β Lyrae ist ein halbgetrennter Doppelstern, dessen Massentransfer dazu geführt hat, dass der getrennte Stern von einer Akkretionsscheibe umgeben ist. Diese Scheibe ist so dick und undurchsichtig, dass der zweite Stern kaum zu sehen ist. (c) W Ursae Majoris ist ein Überkontaktdoppelstern, dessen Sterne eine gemeinsame Außenatmosphäre besitzen. Die kurze Periode von acht Stunden weist darauf hin, dass die Sterne einander sehr nahe sein müssen.

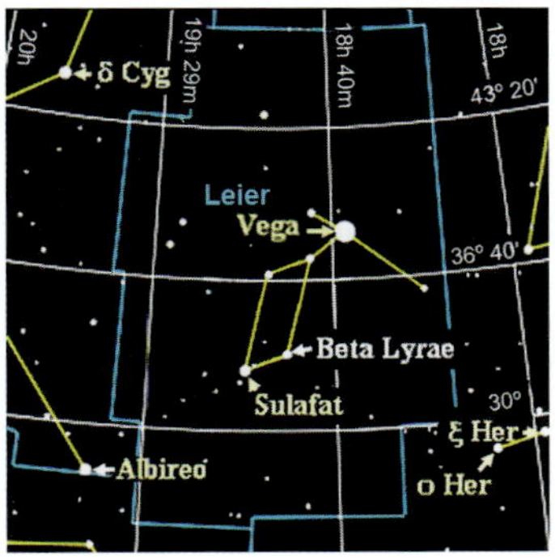

Lichtkurven sind charakteristisch abgerundet, was von den durch die Gezeiten verformten eiförmigen Sternen herrührt. Der Bedeckungsdoppelstern β (Beta) Persei, als Algol bekannt, ist ein halbgetrennter Doppelstern, der mit bloßem Auge im Sternbild Perseus leicht zu sehen ist. Aus der Lichtkurve von Algol (Abb. 9.30a) kann abgelesen werden, dass einer der Sterne seine Roche-Keule ausfüllt. Irgendwann in der Vergangenheit, als sich dieser Stern ausgedehnt hat und zu einem Riesen geworden ist, hat er eine große Gasmasse auf seinen Begleiter übertragen.

In einem anderen halbgetrennten Doppelstern, β Lyrae im Sternbild Leier, ist auch gegenwärtig noch ein Massentransfer zu beobachten. Wie β Persei enthält auch β Lyrae einen Riesen, der seine Roche-Keule ausfüllt (Abb. 9.30b). Die Astronomen haben sich viele Jahre gewundert, dass der getrennte Begleiter in β Lyrae so lichtschwach ist und praktisch überhaupt kein Licht zu der sichtbaren Strahlung des Systems beiträgt. Darüber hinaus weist das Spektrum von β Lyrae einige ungewöhnliche Eigenschaften auf, von denen sich manche so deuten lassen, dass zwischen den Sternen und um das System als Ganzes Gas strömt.

1963 gelang es schließlich, das β-Lyrae-System zu erklären. Su-Shu Huang stellte die Hypothese auf, dass der lichtschwache Stern in β Lyrae in eine riesige **Akkretionsscheibe** aus Gas gehüllt ist, das er von seinem aufgeblähten Begleiter empfangen hat. Diese Scheibe ist so groß und dick, dass sie den zweiten Stern vollständig verschleiert und im sichtbaren Wellenlängenbereich unsichtbar macht. Der Hauptstern geht über seine Roche-Keule hinaus, wobei Gase mit einer Rate von 1 $M_\odot$ pro 100.000 Jahre auf die Scheibe strömen.

Das Schicksal eines halbgetrennten Systems wie β Persei oder β Lyrae hängt hauptsächlich davon ab, wie schnell sich seine Sterne entwickeln. Wenn sich der getrennte Stern ausdehnt und seine Roche-Keule ausfüllt, während der Begleiter seine eigene Roche-Keule füllt, ist das Ergebnis ein Überkontaktdoppelstern. Ein Beispiel ist W Ursae Majoris, in dem beide Sterne eine gemeinsame Photosphäre haben (Abb. 9.30c).

Theorien für die Entwicklung von Doppelsternen mit Massenübertrag zeigen, dass außergewöhnliche Umwandlungen möglich sind. Ein Beispiel ist φ Persei. Wie Abb. 9.31 zeigt, kann der massereichere

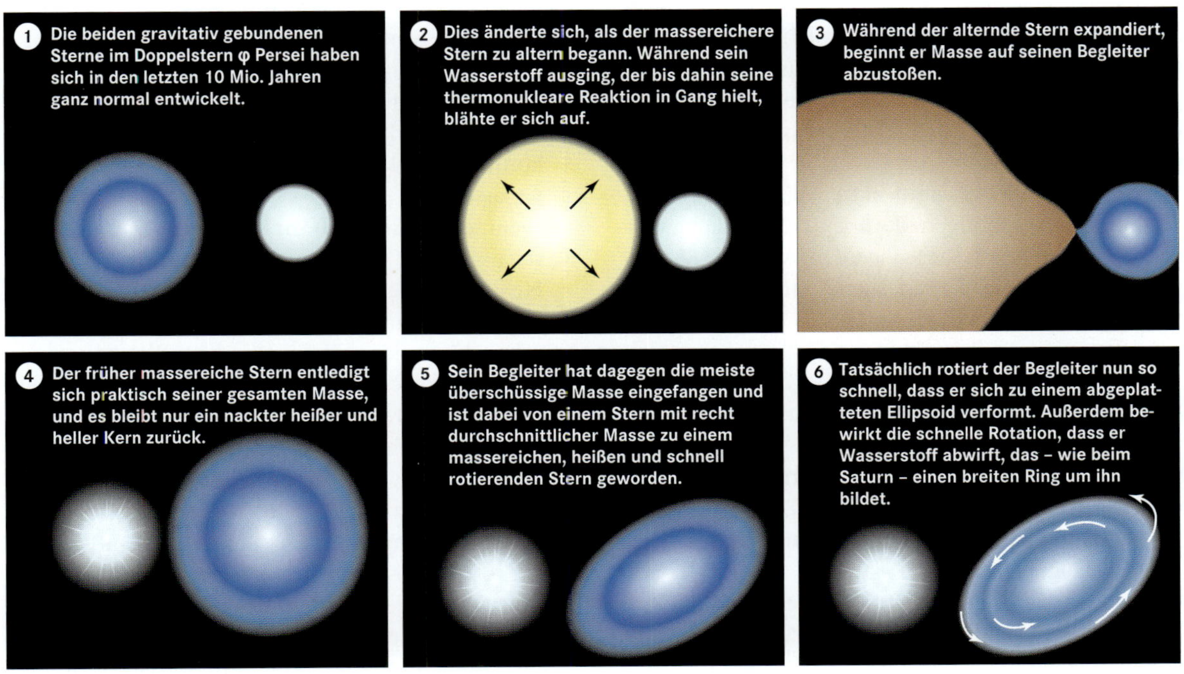

Abb. 9.31 Massenaustausch zwischen engen Doppelsternen. Die Zeichnungen zeigen, dass enge Doppelsterne anfangs isoliert sein können, mit zunehmendem Alter aber wachsen und schließlich Masse austauschen können. Dieser Massenaustausch führt dazu, dass dieselben Sterne andere Entwicklungswege einschlagen, als wenn sie getrennt geblieben wären.

Stern in einem Doppelstern tatsächlich zum massearmeren werden und umgekehrt. Wenn die Masse von Sternen in solchen Systemen zunimmt, steigt durch die zunehmende Gravitationskraft auch die Fusionsrate, was wiederum ihre Entwicklung beschleunigt. Umgekehrt beginnen sich die Sterne, die Masse verlieren, langsamer als bis zum Beginn des Massenverlusts zu entwickeln. In Kapitel 10 werden wir sehen, dass einige der außergewöhnlichsten Objekte am Himmel ihre Existenz einem Massentransfer verdanken.

? In welchem Doppelsternsystemtyp tauschen die beiden Sterne aktiv Masse aus?

9.16 An den Grenzen unseres Wissens

Sterne, seien es Einzelsterne, Paare von Sternen oder wesentlich größere Gruppen, verdanken wir unsere wichtigsten Erkenntnisse über das Universum. Verschiedene Einzelheiten der Sternentwicklungsstadien müssen noch weiter untersucht werden. Quellen wie der Adlernebel (siehe Abb. 9.13) zeigen uns die Vor-Hauptreihenentwicklung von Sternen. Diese Beobachtungen liefern Daten, mit denen wir die Theorien der frühen Sternentstehung vergleichen können. Beobachtungen in den letzten beiden Jahrzehnten haben gezeigt, dass mehr Sterne als zuvor angenommen auf der Hauptreihe Masse durch Sternwind verlieren. Wir müssen noch viel darüber lernen, weshalb diese Sterne Masse abstoßen.

Wie wir bereits erwähnt hatten, sind noch detailliertere Untersuchungen darüber erforderlich, weshalb Sterne zu Roten Riesen werden. Auch die Mechanismen, durch die Veränderliche entstehen, werden noch weiter untersucht.

Schlüsselbegriffe

Protosterne und Vor-Hauptreihensterne

- Um die Scheibe der Galaxis sind gewaltige kalte Gas- und Staubwolken, sogenannte Riesenmolekülwolken, verstreut.
- Wenn durch die Gravitationsanziehung Gas- und Staubzusammenballungen in Riesenmolekülwolken, sogenannte Protosterne, in Bok-Globulen verschmelzen, setzt die Sternentstehung ein. Während ein Protostern kontrahiert, beginnt sich seine Materie zu erhitzen und zu strahlen. Wenn sich die Kontraktion verlangsamt, wird der Protostern zu einem Vor-Hauptreihenstern. Ist die Temperatur in seinem Kern schließlich so hoch, dass das Wasserstoffbrennen zündet und die Kontraktion anhält, wird aus ihm ein Hauptreihenstern.
- Die massereichsten Vor-Hauptreihensterne werden am schnellsten zu Hauptreihensternen (O- und B-Sternen).
- Kurz bevor in den Endstadien der Vor-Hauptreihenkontraktion das Wasserstoffbrennen beginnt, kann in der Chromosphäre des Vor-Hauptreihensterns heftige Aktivität einsetzen, bei der große Materiemengen in den Weltraum ausgestoßen werden. G-, K- und M-Sterne in diesem Stadium heißen T-Tauri-Sterne.
- Eine Gruppierung einiger Hundert oder Tausend neugeborener Sterne in der Ebene der Galaxis heißt offener Sternhaufen. Aus offenen Sternhaufen können Sterne entweichen, sodass sich die meisten schließlich zerstreuen.

Hauptreihensterne und Riesen

- Die Sonne ist schon 4,6 Mrd. Jahre ein Hauptreihenstern und wird ungefähr weitere 5 Mrd. Jahre einer bleiben. Weniger massereiche Sterne als die Sonne entwickeln sich langsamer und bleiben länger auf der Hauptreihe. Massereichere Sterne als die Sonne entwickeln sich dagegen schneller und bleiben kürzer auf der Hauptreihe.
- Die Masse von Hauptreihensternen mit 0,08 $M_\odot$ bis 0,4 $M_\odot$ wird vollständig in Helium umgewandelt. Anschließend erlischt die Fusion. Da ihre Lebensdauern Hunderte Milliarden Jahre betragen, konnte noch keiner dieser Sterne die Hauptreihe verlassen.
- Wenn der Wasserstoff im Kern eines Hauptreihensterns mit $m > 0{,}4\ M_\odot$ aufgebraucht ist, erlischt das Heliumbrennen im Stern. Zurück bleibt ein Kern aus fast reinem Helium, der von einer Schale umgeben ist, in der sich das Wasserstoffbrennen fortsetzt. Infolge des Wasserstoffschalenbrennens kommt weiteres Helium zum Kern hinzu, der dadurch kontrahiert und heißer wird. Die Außenatmosphäre expandiert wesentlich, sodass der Stern zu einem Riesen wird.
- Wenn die Temperatur im Zentrum eines Riesen etwa 100 Mio. K erreicht, setzt der thermonukleare Prozess des Heliumbrennens ein. Dabei wird Helium zu Kohlenstoff und anschließend zu Sauerstoff umgewandelt. In einem massereichen Riesen setzt das Heliumbrennen allmählich ein. In einem weniger massereichen beginnt es dagegen plötzlich mit dem Heliumblitz.

- Das Alter eines Sternhaufens kann anhand einer Darstellung der Sterne im Hertzsprung-Russel-Diagramm geschätzt werden. Da massereichere Hauptreihensterne vor masseärmeren zu Riesen werden, verschwindet der obere Abschnitt der Hauptreihe zuerst.
- Riesen erleiden einen starken Massenverlust, bei dem gelegentlich Schalen von ausgestoßenem Material entstehen, die den gesamten Stern umgeben.
- Verhältnismäßig junge Sterne sind metallreich (Population I), alte dagegen metallarm (Population II).

Veränderliche Sterne

- Wenn der Entwicklungsweg eines Sterns im Hertzsprung-Russel-Diagramm durch den Instabilitätsstreifen verläuft, wird er instabil und beginnt zu pulsieren.
- RR-Lyrae-Veränderliche sind massearme pulsierende Veränderliche mit kurzen Perioden. Cepheiden sind massereiche pulsierende Veränderliche, deren Pulsationsperiode fest mit der Leuchtkraft verknüpft ist.
- In engen Doppelsternen kann Masse von einem Stern auf den anderen übertragen werden. Wenn dies geschieht, kann sich der Entwicklungsweg beider Sterne ändern.

Was haben Sie gedacht?

1 *Wie entstehen Sterne?* Sterne entstehen durch die Gravitationsanziehung zwischen Gas und Staub im Inneren von Riesenmolekülwolken.

2 *Entstehen auch heute noch Sterne? Wenn ja, wo?* Ja. Es sind Sterne beobachtet worden, die gerade auf der Hauptreihe angekommen sind, sowie Infrarotaufnahmen von Gas- und Staubwolken, aus denen Sterne entstehen. Die Sternentstehung findet in interstellaren Gas- und Staubwolken statt.

3 *Leuchten massereiche Sterne länger als masseärmere? Begründen Sie Ihre Antwort!* Nein. Masseärmere Sterne werden älter, da die niedrigere Gravitationskraft in ihrem Inneren dazu führt, dass die Kernfusion im Vergleich zu massereicheren Sternen langsamer verläuft.

Nachlese

1. Wir beobachten von der Erde aus einen Stern hinter einer interstellarem Gas- und Staubwolke. Was sehen wir? **a.** Der Stern erscheint heller, als wenn die Wolke nicht anwesend wäre. **b.** Der Stern scheint auf uns zuzukommen. **c.** Der Stern sieht röter aus, als wenn die Wolke nicht vorhanden wäre. **d.** Der Stern ist bei allen Wellenlängen unsichtbar. **e.** Der Stern sieht immer grün aus.
2. Welche Masse muss ein Stern auf der Hauptreihe mindestens haben? **a.** Es gibt keine Untergrenze, **b.** 0,003 $M_\odot$, **c.** 0,08 $M_\odot$, **d.** 0,4 $M_\odot$, **e.** 2,0 $M_\odot$.
3. Aus welcher Quelle bezieht ein Hauptreihenstern die Energie für seine Strahlung? **a.** Aus der Reibung zwischen seinen Atomen, **b.** aus dem Wasserstoffbrennen in einer Schale um den Kern, **c.** aus dem Heliumbrennen in seinem Kern, **d.** aus dem Wasserstoffbrennen in seinem Kern, **e.** aus dem Brennen von Gasen an seiner Oberfläche.
4. Was sind Riesenmolekülwolken und welche Rolle spielen sie bei der Sternentstehung?
5. Weshalb sind niedrige Temperaturen notwendig, damit dichte Kerne entstehen und zu Protosternen kontrahieren können?
6. Weshalb treten auf der Oberfläche eines Hauptreihensterns keine thermonuklearen Reaktionen auf?
7. Was ist der Entwicklungsweg eines Sterns und inwiefern helfen solche Entwicklungswege, das Hertzsprung-Russel-Diagramm zu interpretieren?
8. Zeichnen Sie den Entwicklungsweg der Sonne als Vor-Hauptreihenstern in ein Hertzsprung-Russel-Diagramm ein. Beschreiben Sie kurz, was im gesamten Sonnensystem in den verschiedenen Entwicklungsstadien geschehen ist. (Gegebenenfalls können Sie hierbei Kapitel 8 heranziehen.)
9. Woher wissen wir, dass die Sonne noch etwa 5 Mrd. Jahre auf der Hauptreihe verbleiben wird?
10. Was wird im Inneren der Sonne in 5 Mrd. Jahren geschehen, wenn sie sich zu einem Riesen zu entwickeln beginnt?
11. Wodurch unterscheidet sich die Entwicklung eines Hauptreihensterns mit weniger als 0,4 $M_\odot$ grundsätzlich von der eines mit mehr als 0,4 $M_\odot$?
12. Zeichnen Sie in ein Hertzsprung-Russel-Diagramm den Entwicklungsweg der Sonne nach Verlassen der Hauptreihe bis zu dem Punkt ein, an dem sie zu einem Heliumfusionsriesen wird. Beschreiben Sie kurz, was währenddessen im Sonnensystem geschehen könnte.
13. Was ist mit der Aussage gemeint, dass ein Stern im Hertzsprung-Russel-Diagramm von einem Ort zum anderen „wandert“?
14. Was ist der Heliumblitz und wodurch entsteht er?

15. Erläutern Sie, wie und weshalb der Turnoff-Punkt im Hertzsprung-Russel-Diagramm eines Sternhaufens mit seinem Alter zusammenhängt.
16. Weshalb wird davon ausgegangen, dass Kugelsternhaufen aus alten Sternen bestehen?
17. Was sind Cepheiden und was haben sie mit dem Instabilitätsstreifen zu tun?
18. Inwiefern sind die Prozesse in Cepheiden mit Dampf vergleichbar, der den Deckel auf einem Topf mit kochendem Wasser anhebt?
19. Was sind RR-Lyrae-Veränderliche und was haben sie mit dem Instabilitätsstreifen zu tun?
20. Was ist eine Roche-Keule und welche Bedeutung hat sie für enge Doppelsterne?
21. Wodurch unterscheiden sich getrennte Doppelsterne, halbgetrennte Doppelsterne, Kontaktdoppelsterne und Überkontaktdoppelsterne?

Kapitel 10
Wie Sterne sterben

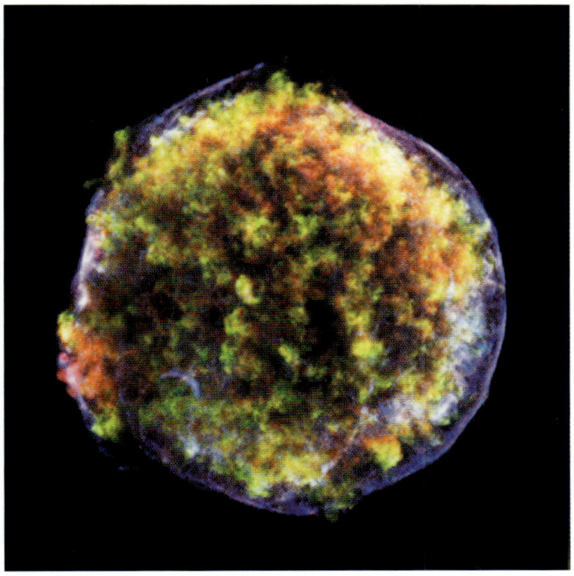

R I V U X G

Tycho Brahes Supernova. Diese Supernova ist 1572 zum ersten Mal beobachtet worden. Auf der Aufnahme des Chandra-Röntgenteleskops aus dem Jahr 2003 gibt der Supernovarest einige seiner Geheimnisse preis. Gas und Staub (rot und grün) auf Temperaturen von mehreren Millionen Grad expandieren mit einer Geschwindigkeit von 10 Mio. km/h, wobei sie einer Hülle hochenergetischer Elektronen (blau) folgen. (NASA/CXC/Rutgers/J. Warren und J. Hughes u. a.)

Was meinen Sie?

1 Wird die Sonne eines Tages nicht mehr hell scheinen? Wenn ja, wie wird das vor sich gehen?

2 Was ist eine Nova? Wie unterscheidet sie sich von einer Supernova?

3 Woher kommen der Kohlenstoff, das Silicium, der Sauerstoff, das Eisen, das Uran und die anderen schweren Elemente auf der Erde?

4 Was ist kosmische Strahlung? Woher kommt sie?

5 Was ist ein Pulsar?

6 Sind Schwarze Löcher leere Löcher im Weltraum? Wenn nicht, was sind sie dann?

7 Hat ein Schwarzes Loch eine feste Oberfläche? Wenn nicht, was ist dann seine Oberfläche?

8 Welche Energie oder Kraft ermöglicht, dass Schwarze Löcher Dinge in sich hineinziehen?

9 Wie nahe muss man einem Schwarzen Loch kommen, damit seine besonderen Eigenschaften zutage treten?

10 Kann man Schwarze Löcher nutzen, um zu anderen Orten im Universum zu reisen?

11 Können Schwarze Löcher ewig bestehen? Wenn nicht, was geschieht dann mit ihnen?

Die Antworten finden Sie bei der jeweiligen Ziffer im Text und noch einmal zusammengefasst am Ende des Kapitels.

In den meisten Video- und Computerspielen müssen die Spieler verschiedene Ebenen mit fortschreitendem Schwierigkeitsgrad durchlaufen. Die größte Herausforderung kommt immer auf der letzten Ebene, auf der man gegen die gefährlichsten Mächte des Bösen antreten muss. Ähnlich müssen auch Sterne verschiedene Entwicklungsstadien durchlaufen, bevor sie in das jeweils nächste eintreten können. Allerdings gibt es einen großen Unterschied: Der Computerspieler kann auf der letzten Ebene als strahlender Sieger hervorgehen, während ein Stern am Ende immer verblasst. Am Schluss stoßen Sterne noch einmal riesige Gas- und Staubmassen in den interstellaren Raum aus – wir würden sagen, sie sterben. In diesem Kapitel werden wir sehen, dass sich die letzten Stadien der Sternentwicklung je nach Masse wesentlich unterscheiden. Einige Sterne beenden ihren Entwicklungsweg, indem sie sich relativ sanft Teilen ihrer Außenschichten entledigen, während andere ihr Leben mit einem spektakulären Feuerwerk beschließen.

In diesem Kapitel geht es darum,

- was mit Sternen geschieht, wenn das Heliumbrennen im Kern aufhört;
- wie schwere Elemente entstehen;
- die Endstadien der Sternentwicklung kennenzulernen;
- weshalb einige Sterne verhältnismäßig sanft, andere dagegen mit einem Knall sterben;
- die unglaubliche Materiedichte in Neutronensternen kennenzulernen und zu erfahren, wie sie sich beobachten lassen;
- dass Einsteins allgemeine Relativitätstheorie das Vorhandensein von Raum- und Zeitgebieten vorhersagt, die durch die darin enthaltene extrem dichte Materie stark verformt sind;
- dass Raum und Zeit keine unabhängigen Größen sind;
- wie Schwarze Löcher entstehen;
- die erstaunlich einfachen theoretischen Eigenschaften Schwarzer Löcher kennenzulernen;
- dass in der Nähe vieler Schwarzer Löcher Röntgenstrahlung und Gasstrahlen entstehen;
- das Schicksal Schwarzer Löcher kennenzulernen;
- die unvorstellbare Energie zu erfahren, die Gamma-Ray-Bursts aussenden.

Massearme Sterne und planetarische Nebel

Wie wir gesehen haben, erreichen Rote Zwerge mit Massen von weniger als 0,4 $M_\odot$ im Verlauf ihrer Entwicklung nie das Riesenstadium. Stattdessen wird ihre gesamte Masse in Helium umgewandelt, anschließend kommt die Fusion zum Stillstand und sie kühlen einfach ab. Wir wollen uns nun dem Schicksal von Sternen mit mehr als 0,4 $M_\odot$ zuwenden und sehen, was in und nach dem Riesenstadium mit ihnen geschieht.

In Kapitel 9 haben wir erfahren, dass nach Beginn des Wasserstoffbrennens in der Schale, die den Kern umgibt, die dabei freiwerdende Energie dazu führt, dass der Stern expandiert und zu einem Riesen wird. Währenddessen wandern massearme Sterne im Hertzsprung-Russel-Diagramm auf den Riesenast und steigen darauf erstmals nach oben (Abb. 10.1a; siehe auch Abb. 9.22b). Gleichzeitig wird Masse in

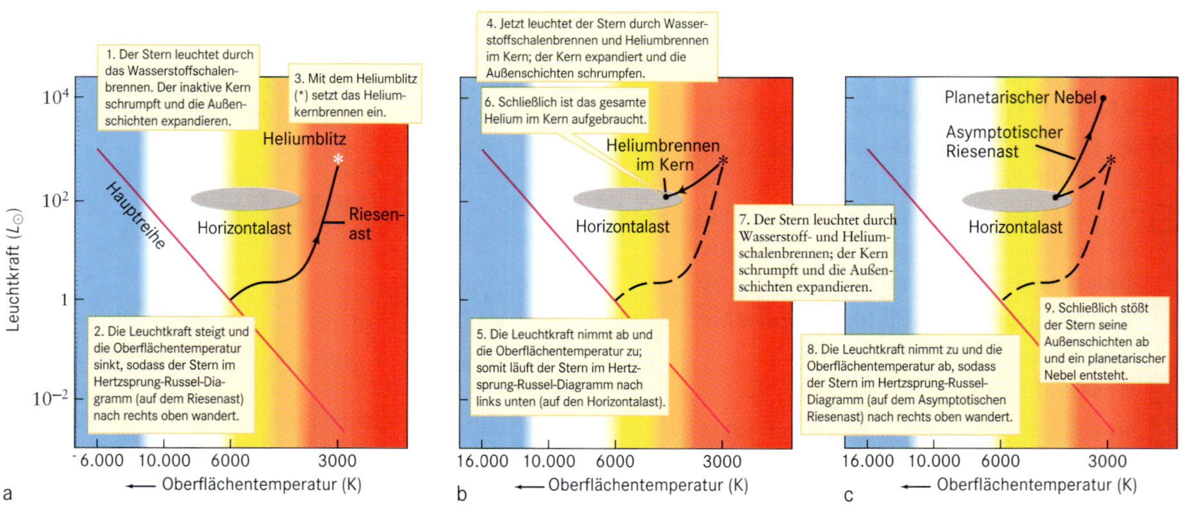

Abb. 10.1 Die Entwicklung eines massearmen Sterns nach Verlassen der Hauptreihe. (a) Ein typischer Entwicklungsweg eines Sterns im Hertzsprung-Russel-Diagramm auf dem Weg von der Hauptreihe zum Riesenstadium. Das Zeichen (*) bedeutet den Heliumblitz in einem massearmen Stern. (b) Nach dem Heliumblitz wird der Heliumkern in Kohlenstoff und Sauerstoff umgewandelt. Währenddessen expandiert der Kern erneut, wobei das Schalenbrennen abnimmt. Dadurch kontrahiert die Außenschicht noch einmal. (c) Nachdem der Heliumkern vollständig in Kohlenstoff und Sauerstoff umgewandelt worden ist, kollabiert der Kern erneut und die Außenschichten expandieren nochmals. Unter der Einwirkung des Wasserstoff- und Heliumschalenbrennens wandert der Stern auf dem Asymptotischen Riesenast nach oben.

Form von Sternwind in den Weltraum ausgestoßen, wodurch die Masse dieser Sterne sinkt. Anschließend setzt im Kern das Heliumbrennen ein, und in Sternen mit weniger als etwa 2 $M_\odot$ kommt es im Riesenstadium zum Heliumblitz (Abb. 10.1a). Bei Sternen mit mehr als 2 $M_\odot$ setzt das Heliumbrennen langsamer ein. Auf jeden Fall schrumpfen die Sterne und wandern auf den *Horizontalast* (Abb. 10.1b), nachdem die Fusion wieder gezündet hat. Wenn ihre Kerne schließlich vollständig in Kohlenstoff und Sauerstoff umgewandelt worden sind, hört das Heliumbrennen auf und diese Sterne durchlaufen ein ganz ähnliches Stadium wie beim Ende des Wasserstoffbrennens im Kern (Abb. 10.1c). Das weitere Schicksal eines Sterns hängt von seiner Masse ab, wobei wir zwei Massenbereiche unterscheiden müssen: 0,4 bis 8 $M_\odot$ (im Folgenden *massearme* Sterne genannt) und mehr als 8 $M_\odot$ (im Folgenden *massereiche* Sterne).

10.1 Massearme Sterne werden zu Überriesen und expandieren zu planetarischen Nebeln

Berechnungen zeigen, dass eine Temperatur von mindestens 600 Mio. K notwendig ist, damit Kohlenstoff- und Sauerstoffatome fusionieren können. Da der Kern eines massearmen Riesen auf dem Horizontalast höchstens etwa 200 Mio. K erreicht, können diese Elemente in seinem Kern nicht fusionieren. Wenn sein Heliumbrennstoff nahezu aufgebraucht ist, kommt die Photonenerzeugung im Kern zum Stillstand. Die Innengebiete des Sterns kontrahieren erneut, werden dabei komprimiert und heizen die an den Kern unmittelbar angrenzende Schale aus heliumreichem Gas auf. Im Ergebnis beginnt außerhalb des Kerns das **Heliumschalenbrennen**. Diese Schale ist von einer weiteren umgeben, in der das Wasserstoffbrennen abläuft (Abb. 10.2). Dies alles geschieht in einem Volumen, das mit der Größe der Erde vergleichbar ist.

Nach Beginn des Heliumschalenbrennens drückt der neue Energieausbruch die Außenhülle des Sterns wieder nach außen. Somit verlässt ein massearmer Stern den Horizontalast und steigt im Hertzsprung-Russel-Diagramm ein zweites und letztes Mal auf. Durch die Fusion in zwei Schalen zugleich wird ein solcher **Asymptotischer-Riesenast-Stern** oder **AGB-Stern** heller denn je. Wenn die Sonne den Asymptotischen Riesenast erreicht, wird sie sich auf einen Radius von etwa 1 AE ausdehnen und die Erde mit ihren dünnen Außenschichten einhüllen (Abb. 10.2). Ein Stern mit 8 $M_\odot$ wächst dabei auf einen Radius, der der Umlaufbahn des Mars entspricht, und leuchtet mit einer Leuchtkraft von 10^4 $L_\odot$. Am oberen Ende des Asymptotischen Riesenasts sind diese Sterne so hell, dass sie als kalte Rote Überriesen bezeichnet werden (siehe Abb. 10.1c).

Es ist das Schicksal von AGB-Sternen, sich selbst zu zerstören. Riesensterne aller Spektralklassen senden starke Sternwinde aus. Massearme Sterne stoßen ihre Außenschichten langsamer als massereiche ab. Dennoch nimmt die Masse aller Sterne gegenüber ihrer früheren Masse auf der Hauptreihe wesentlich ab. Wenn ein Stern auf dem Riesenast das erste Mal nach oben wandert, verliert er Masse. Auf dem Asymptotischen Riesenast verliert er nochmals Masse, wobei er sich häufig mit immer dickeren Gas- und Staubhüllen umgibt. In diesem Stadium verliert ein Stern von der Masse der Sonne jährlich etwa 10^{-5} $M_\odot$ – schließlich hat er die Hälfte seiner gesamten Masse wieder in den Weltraum abgestoßen.

Durch diesen Massenverlust wird die Gravitationskraft geringer, über die sich der Kern und die Gebiete

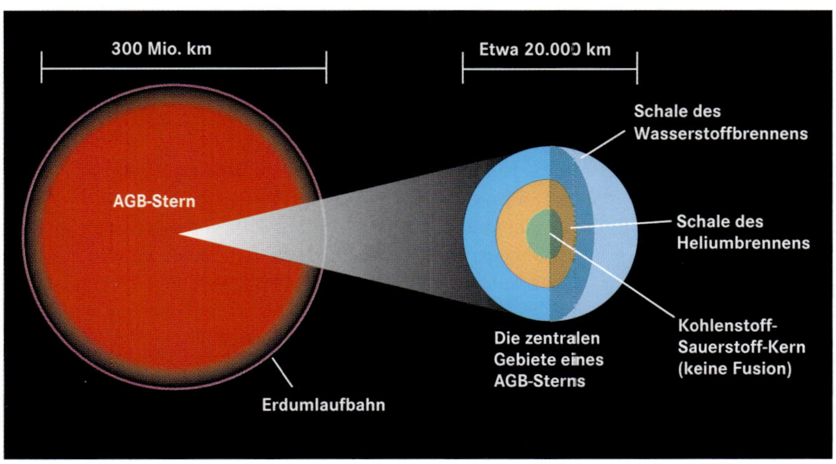

Abb. 10.2 Der Aufbau eines alten massearmen Sterns. Gegen Ende seines Lebens läuft ein massearmer Stern wie die Sonne auf dem AGB nach oben und wird zu einem Überriesen. (Die Sonne wird dann so groß werden, dass ihr Radius bis zur Erdumlaufbahn reicht.) Der inaktive Kern und die beiden Schalen des Wasserstoffbrennens bzw. Heliumbrennens sind dann in einem Volumen etwa von der Größe der Erde enthalten. Die Innenschichten sind hier nicht maßstabsgerecht.

des Schalenbrennens komprimieren können. Dabei stellt sich ein sensibles Gleichgewicht ein: Der massearme AGB-Stern komprimiert so lange, bis sein Kohlenstoff- und Sauerstoffkern entartet, d. h., bis die Elektronen eine so starke Abstoßungskraft entwickeln, dass die Kontraktion zum Stillstand kommt (siehe Abschnitt 9.10). Allerdings erreicht die Kerntemperatur selbst der massereichsten dieser massearmen Sterne (mit Massen, die wegen der Sternwinde schon weit unter den ursprünglichen 8 $M_\odot$ liegen) nie die 600 Mio. K, die notwendig sind, um eine Fusion zu Kohlenstoff oder Sauerstoff zu zünden. Somit kommt im Kern keine weitere Fusion in Gang.

Das Endstadium, das ein massearmer Stern durchläuft, beginnt schließlich mit einer Art „thermischem Durchgehen“, also einem raschen Temperaturanstieg in der Schale des Heliumbrennens. Dies ist ganz ähnlich wie zuvor beim Heliumblitz im Kern (siehe Abschnitt 9.10). Dieser rasche Temperaturanstieg beruht darauf, dass der Drei-Alpha-Prozess (siehe Abschnitt 9.11) extrem temperaturempfindlich ist und die Fusionsrate in die Höhe schnellt, sobald die Temperatur auch nur geringfügig ansteigt. Durch die zunehmende Energieabgabe aus der Schale des Heliumbrennens, den sogenannten **Heliumschalenblitz**, dehnt sich der Stern aus, wobei die Temperatur in der Schale kurzzeitig absinkt und die Fusionsrate ebenfalls abnimmt.

Während die Heliumschale eines Sterns immer dicker wird, treten mehrere solcher Heliumschalenblitze auf. Bei jedem Blitz schnellt die Energieabgabe der Heliumschale sprunghaft auf das Tausendfache. Zwischen diesen kurzen Ausbrüchen liegen verhältnismäßig ruhige „Atempausen“ von jeweils etwa 100.000 Jahren, in denen die Heliumschale allmählich dicker wird. Die Energie der verstärkten Fusion während der Heliumschalenblitze führt dazu, dass sich die Außenschichten ausdehnen und dabei weiter abkühlen. Schließlich kühlt das Gas in den Außenschichten so weit ab, dass die Elektronen und Ionen darin rekombinieren können. Dies ist genau der entgegengesetzte Prozess zu der in Abschnitt 3.21 erörterten Ionisierung. Während bei der Ionisierung ein Photon von einem Elektron absorbiert wird, sendet ein Elektron bei der Rekombination ein Photon aus.

So wie die Kollisionen von Teilchen einen Druck (Kraft/Flächeneinheit) aufbauen, erzeugen auch die Kollisionen von Photonen mit Materie einen Druck. Die Stöße von Photonen, die bei der Rekombination emittiert werden, zusammen mit den Photonen aus den Heliumblitzen und mit denen, die von der Fusion ganz normal nach außen strömen, erzeugen einen so hohen Druck, dass ein immer größerer Teil der Außenschichten in den Weltraum ausgestoßen wird. Schließlich hat die Masse des Sterns so weit abgenommen, dass der Druck nicht mehr ausreicht, um das Schalenbrennen aufrechtzuerhalten. Das ausgestoßene Material expandiert und kühlt sich ab und ein Teil davon kondensiert zu Staubkörnern. Wenn der Stern genügend Gas abgestoßen hat, wird der Kern sichtbar. Die expandierenden Staub- und Gaswolken werden dann **planetarische Nebel** genannt (siehe Abb. 10.1c). Während die Außenschichten abgestoßen werden, kommt im Zentrum ein immer heißerer Kern zum Vorschein. Gleichzeitig wandert der Stern im Hertzsprung-Russel-Diagramm nach links (Abb. 10.3). Rechnet man die Masse hinzu, die vor Entstehung des planetarischen Nebels verloren gegangen ist, verlieren massearme Sterne bis zu 80 % ihrer Masse, indem sie ihre Außenschichten abwerfen.

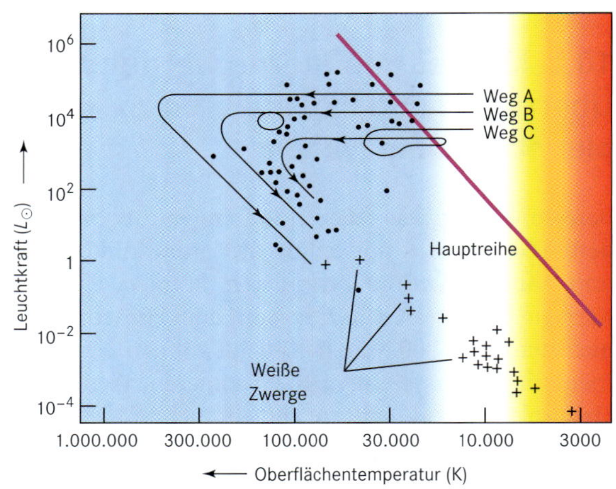

	Masse ($M_\odot$)		
Entwicklungsweg	**Roter Überriese**	**Ausgestoßener Nebel**	**Weißer Zwerg**
A	3,0	1,8	1,2
B	1,5	0,7	0,8
C	0,8	0,2	0,6

Abb. 10.3 Überriesen werden zu Weißen Zwergen. Die Entwicklungswege dreier massearmer Überriesen, während sie planetarische Nebel ausstoßen. Die Tabelle enthält jeweils ihre Masse als Überriesen, die Masse, die sie als planetarische Nebel verlieren, und die Masse, die der verbleibende Weiße Zwerg hat. Die Schleifen weisen auf Instabilitäts- und Anpassungsphasen der Weißen Zwerge hin. Die Punkte stellen die Zentralsterne planetarischer Nebel dar, deren Oberflächentemperaturen und Leuchtkräfte bestimmt worden sind. Die Kreuze sind Weiße Zwerge, für die ähnliche Daten zur Verfügung stehen.

Einblicke in die Wissenschaft

Einmal geprägte Begriffe sind zählebig – auch wenn sie falsch sind Planetarische Nebel haben *nichts* mit Planeten zu tun. Der Begriff geht auf den Astronomen William Herschel zurück, der ihn im 18. Jahrhundert prägte. Er hatte die häufig grün leuchtenden Objekte mit den Fernrohren seiner Zeit beobachtet und dabei festgestellt, dass sie Planeten wie dem Uranus ähnlich sehen. Seither ist der Begriff in der Astronomie verankert, auch wenn wir längst wissen, dass planetarische Nebel von sterbenden Sternen herrühren und mit Planten überhaupt nicht zu tun haben.

1 Planetarische Nebel gibt es in unserer Galaxis recht viele. Inzwischen sind 1800 gefunden worden, und es wird geschätzt, dass es in der Milchstraße 20.000 bis 100.000 gibt. Auch die Sonne wird einmal als planetarischer Nebel enden. Die Geschwindigkeit, mit der die Gase in einem planetarischen Nebel ausgestoßen werden, ist so niedrig, dass man den Vorgang kaum mit einer Explosion auf der Erde oder gar mit einer Supernovaexplosion, die wir gleich behandeln werden, vergleichen kann.

Da Sternwinde von Roten Riesen und die anschließenden planetarischen Nebel so häufig sind, wird geschätzt, dass auf diesem Weg etwa 5 $M_\odot$ Gas und Staub jährlich wieder der Scheibe unserer Galaxis zugeführt werden. Diese Masse macht etwa 85 % der gesamten von allen Sterntypen ausgestoßenen Materie aus. Das Material wird bei der Entstehung neuer metallreicher Population-I-Sterne und zugehöriger Planeten eingebaut. Planetarische Nebel spielen also eine wichtige Rolle bei der chemischen und physikalischen Entwicklung der Galaxis.

Die in einem planetarischen Nebel ausgestoßenen Gase können mit Gasen in der Umgebung ihrer Ursprungssterne, mit Begleitersternen und mit den Magnetfeldern der Sterne, die häufig zehn- bis 100-mal so stark wie das Magnetfeld der Sonne sind, wechselwirken. Dabei entsteht eine geradezu atemberaubende Vielfalt von Formen (Abb. 10.4 und 10.5). Der Stundenglasnebel (Abb. 10.5c) scheint seine Masse anfangs in Form eines Torus abgestoßen zu haben. Ganz zum Schluss scheint sich der Stern des Gases und Staubs entledigt zu haben, indem er diese in zwei Richtungen senkrecht zur Ebene des Torus ausgeworfen hat, sodass ein *bipolarer planetarischer Nebel* entstanden ist.

Spektroskopische Beobachtungen planetarischer Nebel zeigen helle Wasserstoff-, Kohlenstoff-, Neon-, Magnesium-, Sauerstoff- und Stickstoffemissionslinien. Aus den Dopplerverschiebungen dieser Linien ergibt sich, dass sich das Gas und der Staub mit Geschwindigkeiten von 10–30 km/s von dem sterbenden massearmen Stern nach außen bewegen. Ein typischer planetarischer Nebel hat nach 10.000 Jahren Expansion einen Durchmesser von einigen Lichtjahren.

In astronomischen Maßstäben gemessen lebt ein planetarischer Nebel nur kurze Zeit. Nach etwa 50.000 Jahren haben sich seine Gase weit von dem sich abkühlenden Zentralstern entfernt und verteilt, sodass sie dem Blick entschwinden. Sie mischen sich dann mit dem interstellaren Medium in der Umgebung und reichern es mit schwereren Elementen an.

10.2 Der ausgebrannte massearme Stern wird zu einem Weißen Zwerg

Die hüllenlosen Kohlenstoff-Sauerstoff-Kerne massearmer Sterne sind stabile Objekte, die der Elektronenentartungsdruck davor bewahrt, in sich zusammenzustürzen. Die nunmehr ausgebrannten Wracks heißen **Weiße Zwerge.** Auch der Kern der Sonne wird einmal als ein solcher enden. Typische Weiße Zwerge sind ungefähr so groß wie die Erde und von einer dünnen Wasserstoff- und Heliumschicht umgeben. Übliche Dichten dieser Stern-„Leichen“ liegen bei 10^9 kg/m^3. Mit anderen Worten, ein Teelöffel Materie eines Weißen Zwergs hat eine Masse von 5 t!

? Zu welcher Leuchtkraftklasse wird die Sonne gehören, kurz bevor sie zu einem planetarischen Nebel wird?

Abb. 10.3 zeigt theoretische Entwicklungswege dreier ausgebrannter Sternkerne. Diese herausgegriffenen Weißen Zwerge sind aus Hauptreihensternen mit Massen zwischen 0,8 und 3,0 $M_\odot$ hervorgegangen. In der Ausstoßphase haben sie ihr Aussehen wesentlich geändert. Sie scheinen im Hertzsprung-Russel-Diagramm förmlich „um die Wette zu rennen“, wobei sie beim vorübergehenden Wiederaufheizen manchmal Schleifen, sogenannte Wärmeimpulse, einlegen (z. B. auf den Wegen B und C zu sehen). Wenn die ausgestoßenen planetarischen Nebel schließlich dünner werden und sich die Kerne der Sterne abkühlen, schließt sich in den Entwicklungswegen der sterbenden Sterne ein scharfer Knick nach unten ins Gebiet der Weißen Zwerge an.

Ein isolierter Weißer Zwerg strahlt im Verlauf von Milliarden Jahren seine gespeicherte Energie in den Weltraum ab, wobei er sich abkühlt und seine Leucht-

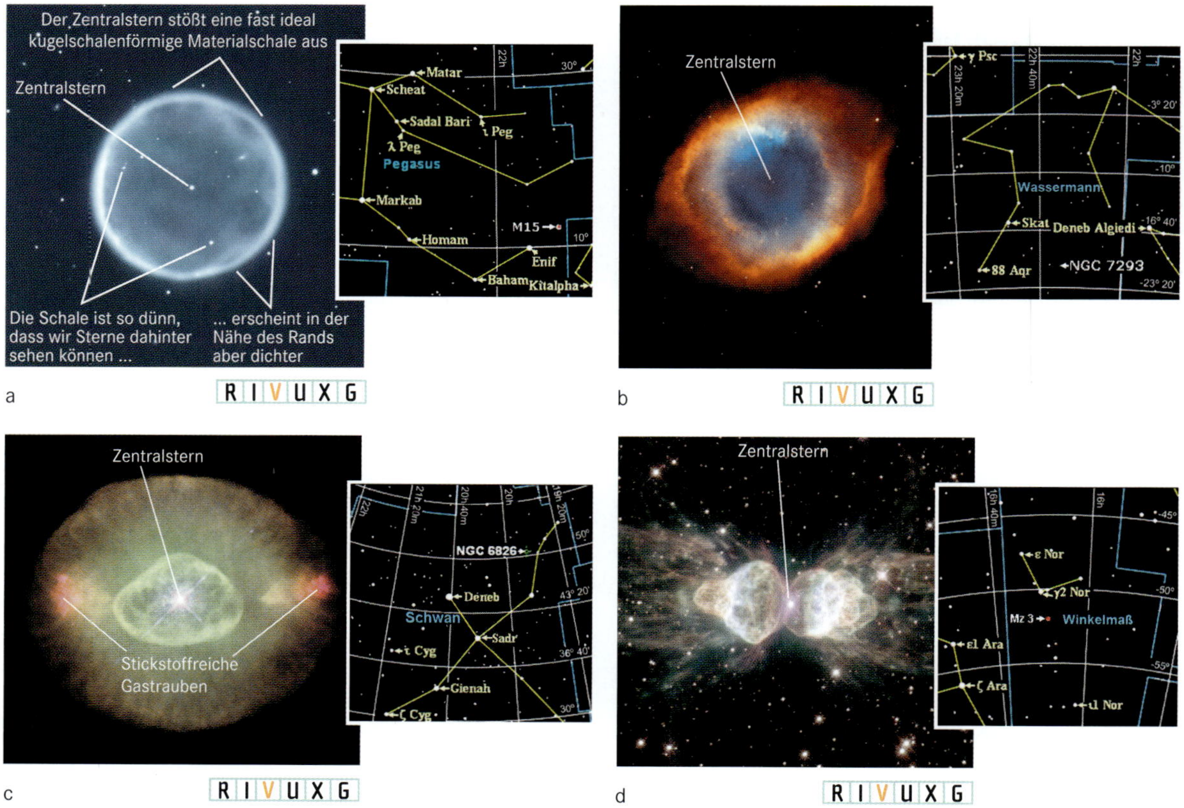

Abb. 10.4 Einige Formen planetarischer Nebel. Die Außenschichten sterbender massearmer Sterne werden in einer faszinierenden Vielfalt von Formen ausgestoßen. (a) Das Gas im Kugelsternhaufen M 15 im Sternbild Pegasus in einer Entfernung von etwa 7000 Lj (2150 pc) von der Erde expandiert in einer schönen Kugelschale. (b) Der Winkeldurchmesser des Helixnebels NGC 7293 im Sternbild Wassermann, etwa 700 Lj (215 pc) von der Erde entfernt, ist etwa halb so groß wie der des Vollmonds. Die roten Gase sind hauptsächlich Wasserstoff und Stickstoff, während das blaue Gas stark sauerstoffhaltig ist. (c) Bei NGC 6826 fallen u. a. die Keulen aus stickstoffreichem Gas (rot) ins Auge. Wodurch sie ausgestoßen wurden, wissen wir noch nicht. Dieser planetarische Nebel liegt im Schwan. (d) MZ 3 (Menzel 3) im Sternbild Winkelmaß ist 3000 Lj (900 pc) von der Erde entfernt. Der sterbende Stern, von dem die Gasblasen ausgehen, könnte zu einem Doppelsternsystem gehören. (a: WIYN/NOAL/NSF; b: Howard Bons, STScI; Robin Ciardullo, Pennsylvania State University; NASA; c: AURA/STScI/NASA; d: R Sahai und J. Trauser, JPL, WFPC-2 Science Team und NASA)

kraft sinkt. Dabei wandert er im Hertzsprung-Russel-Diagramm nach rechts unten. Die Sonne wird dann zu einer kalten, dunklen und dichten Kugel entarteter Gase, darunter viel Sauerstoff und Kohlenstoff, etwa von der Größe der Erde werden. Tatsächlich führt die Theorie sogar noch etwas weiter: Wenn Weiße Zwerge ihre Wärme im Verlauf von Milliarden Jahren abgestrahlt haben, werden die Temperaturen in ihrem Inneren auf etwa 4000 K sinken. Der Kohlenstoff und der Sauerstoff, den sie enthalten, erstarren dann und bilden riesige Kristalle.

Die Umgebung unserer Sonne enthält zahlreiche Weiße Zwerge, die aber alle zu schwach sind, um sie mit bloßem Auge sehen zu können. Der erste Weiße Zwerg, der beobachtet werden konnte, ist ein Begleiter des hellen Sterns Sirius. Es war der deutsche Astronom Friedrich Bessel, der 1844 behauptete, dass es sich bei Sirius um einen Doppelstern handelt. Bessel hatte festgestellt, dass sich der Sirius hin und her bewegt, gerade, wie wenn er ein unsichtbares Objekt umlaufen würde. Diesen Begleiter, Sirius B (Abb. 10.6), gelang es erstmals 1862 zu beobachten. Jüngste Satellitenaufnahmen bei Ultraviolettwellenlängen – bei denen Weiße Zwerge das meiste Licht aussenden – zeigen, dass die Oberflächentemperatur von Sirius B etwa 30.000 K beträgt.

? Aus welchen beiden Elementen besteht ein Weißer Zwerg?

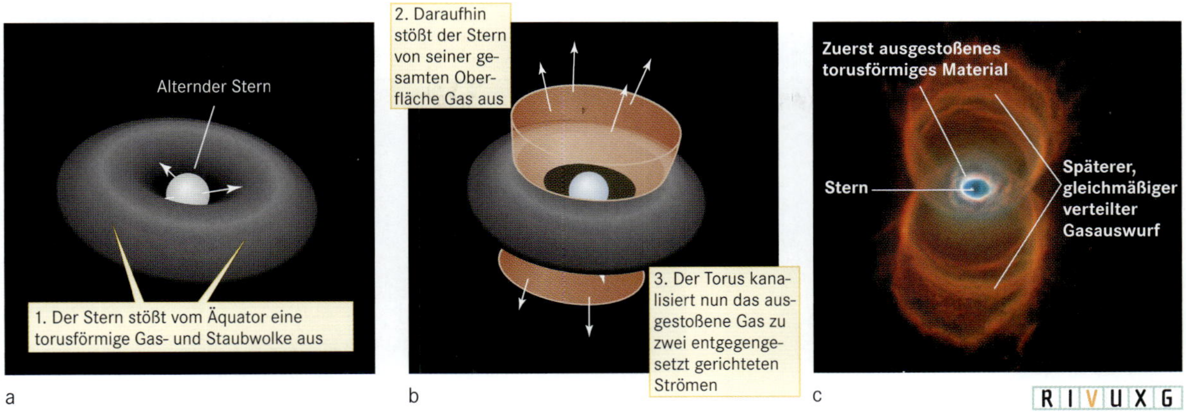

Abb. 10.5 Die Entstehung eines bipolaren planetarischen Nebels Bipolare planetarische Nebel könnten in zwei Schritten entstehen. Eine Hypothese geht davon aus, dass (a) zunächst vom Äquator des Sterns eine torusförmige Gas- und Staubwolke ausgestoßen wird. (b) Daran schließt sich ein Strom an, den das ursprüngliche Gas so kanalisiert, dass er senkrecht zur Torusebene ausgestoßen wird. (c) Der Stundenglasnebel scheint geradezu ein Bilderbuchbeispiel für ein solches System zu sein. Der helle Ring wäre dann das torusförmige Gasgebiet, das durch Energie von dem planetarischen Nebel beleuchtet wird. Der Stundenglasnebel ist etwa 8000 Lj (2500 pc) von der Erde entfernt. (c: R. Sahai und J. Trauer, JPL; WFPC-2 Science Team und NASA)

10.3 Weiße Zwerge in engen Doppelsternsystemen können starke Explosionen erzeugen

Gelegentlich kommt es vor, dass ein Stern am Himmel zwischen 10^4- und 10^6-mal so hell wie sonst wird. Man spricht dann von einer **Nova**. Auf den plötzlichen Helligkeitsanstieg folgt eine allmähliche Abnahme, die sich über mehrere Monate oder länger hinziehen kann (Abb. 10.7 und 10.8). Novae sind gar nicht so selten, normalerweise sind in unserer Galaxis jährlich zwei bis drei zu sehen und es wird von insgesamt etwa 20 ausgegangen. Die meisten davon sehen wir nicht, da das interstellare Medium große Teile der Galaxis vor unserem Blick verbirgt.

Sorgfältige Beobachtungen deuten stark darauf hin, dass Novae in engen Doppelsternsystemen auftreten, die einen Weißen Zwerg enthalten. Der normale Begleiter füllt seine Roche-Keule (siehe Abb. 9.29, 9.30 und 9.31), sodass allmählich frischer Wasserstoff auf den Weißen Zwerg überströmt. Diese neue Masse bildet eine dichte Schicht, die die heiße Oberfläche des Weißen Zwergs bedeckt. Während immer mehr Gas

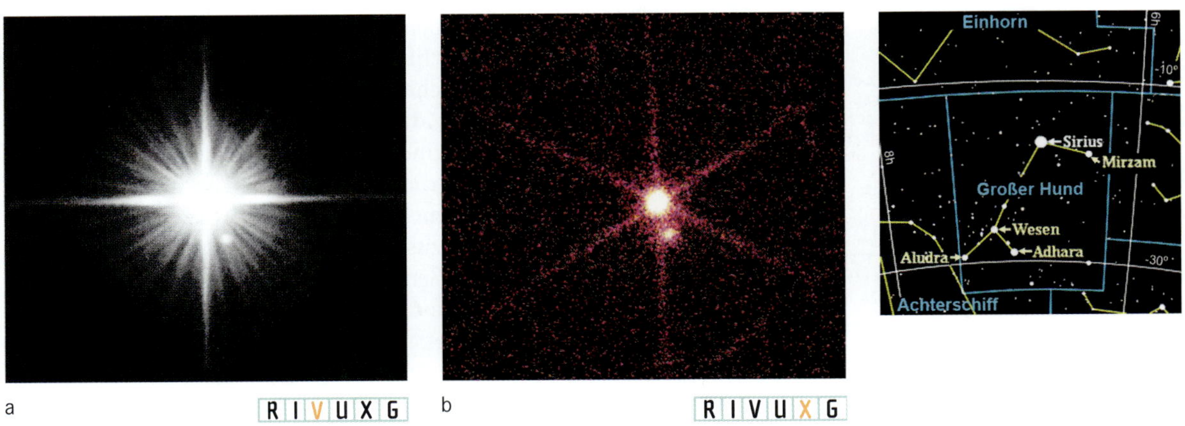

Abb. 10.6 Sirius und sein Begleiter, ein Weißer Zwerg. (a) Sirius, der hellste Stern am Nachthimmel, ist tatsächlich ein Doppelstern. Sein kleinerer Begleiter, Sirius B, ist ein Weißer Zwerg, hier rechts unten von Sirius zu sehen. Die Spitzen und Strahlen um den hellen Sirius A kommen von optischen Effekten im Teleskop. (b) Sirius A (11.000 K) und Sirius B (30.000 K) sind heiße schwarze Körper, die starke Röntgenstrahlung aussenden. (a: R. B. Minton; b: NASA/SAO/CXC)

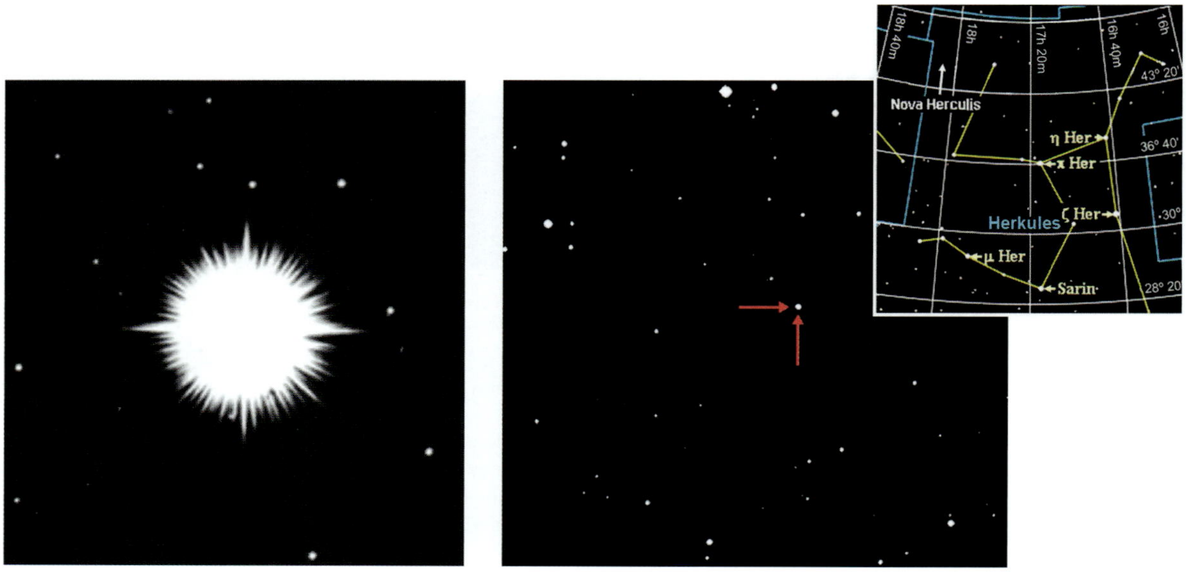

a b

R I V U X G

Abb. 10.7 Die Nova Herculis 1934. Diese beiden Aufnahmen zeigen eine Nova (a) kurz nach der maximalen Helligkeit als ein Stern der Helligkeit −3 und (b) zwei Monate danach, als ihre Helligkeit auf die Magnitude +12 abgenommen hatte. Novae werden nach dem Sternbild und dem Jahr ihres Erscheinens benannt. (UCO/Lick Observatory)

auf dem Weißen Zwerg abgeladen und dort komprimiert wird, steigt die Temperatur in der Wasserstoffschicht weiter an. Schließlich zündet bei etwa 10^7 K in der ganzen Schicht auf einmal das Wasserstoffbrennen, wobei sie in den interstellaren Raum abgestoßen wird. Dies ist die Nova. Nach der Nova hört die Fusion auf dem Weißen Zwerg auf. Allerdings kann der Begleiter noch so viel Masse haben, dass er anschließend eine neue Wasserstoffoberflächenschicht um den Weißen Zwerg aufbaut, sodass im Gefolge noch einige weitere Novae auftreten können. Die Weißen Zwerge selbst nehmen durch die an ihren Oberflächen gezündeten Novae keinen Schaden.

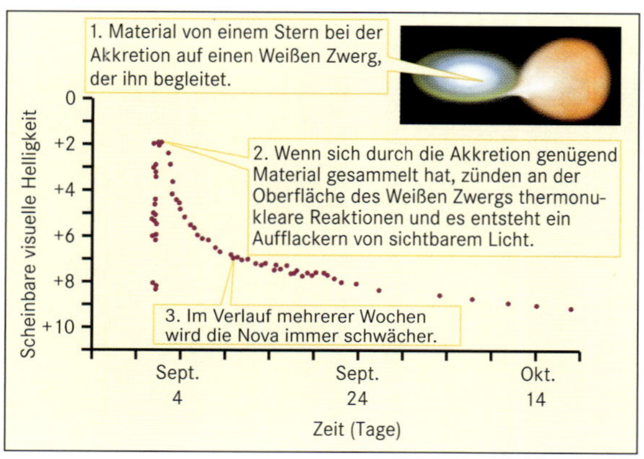

Abb. 10.8 Die Lichtkurve einer Nova Das Diagramm zeigt die Entwicklung der Nova Cygni 1975, die im September 1975 im Sternbild Schwan aufleuchtete. Der rasche Anstieg und die anschließende allmähliche Abnahme der Helligkeit sind charakteristisch für viele Novae; allerdings gibt es auch einige, die oszillieren, während sie schwächer werden.

Jüngste Beobachtungen im sichtbaren Bereich durch das Hubble-Teleskop und im Röntgenbereich durch das Chandra-Röntgenteleskop zeigen allerdings, dass Novae wesentlich komplizierter sind als bisher angenommen. Tatsächlich handelt es sich nicht um homogen expandierende Gasschalen, sondern um Tausende von Gaszusammenballungen. Diese Beobachtungen erfordern eine gründliche Überarbeitung des beschriebenen Novamechanismus, um die inzwischen beobachteten Effekte erklären zu können.

Theoretische Modelle zeigen, dass selbst entartete Materie wie die der Elektronen in einem Weißen Zwerg nur einen endlichen Druck aushalten kann. Wird der Druck noch höher, kann auch sie keine Gegenkraft mehr erzeugen, die verhindert, dass der Kern weiter zusammenstürzt. Dies begrenzt die Masse eines Weißen Zwergs auf höchstens 1,4 $M_\odot$. Diese Masse ist die **Chandrasekhar-Grenze**, die nach dem Astrophysiker Subrahmanyan Chandrasekhar benannt ist, der 1983 für seine 50 Jahre zurückliegenden bahnbrechenden theoretischen Untersuchungen Weißer Zwerge den Nobelpreis erhalten hat.

? Weshalb treten keine Novae im Zusammenhang mit isolierten Weißen Zwergen auf?

10.4 Durch Akkretion können Weiße Zwerge in engen Doppelsternsystemen als Typ-Ia-Supernovae explodieren

Bei einer Nova werden lediglich Wasserstoff und Helium abgestoßen, die sich an der Oberfläche eines Weißen Zwergs angesammelt haben. Einige Sternreste dagegen explodieren vollständig. In diesem Fall spricht man von einer **Typ-Ia-Supernova**, wie sie bei einem Weißen Zwerg in einem halbgetrennten Doppelsternsystem auftritt. Bei einer Typ-Ia-Supernova lädt ein aufgeblähter Riesenstern als Begleiter Gas auf einen Weißen Zwerg in der Nähe der Chandrasekhar-Grenze ab. Wenn die Masse des Weißen Zwergs wegen des zusätzlichen Gases die Chandrasekhar-Grenze überschreitet, kann durch den erhöhten Druck tief im Inneren des Kerns das Kohlenstoffbrennen einsetzen. Dessen Rate steigt dann in einem lawinenartigen Prozess ähnlich dem Heliumblitz rapide an. Da keine Außenschichten vorhanden sind, die die Energie absorbieren könnten, explodiert der Stern.

Eine Typ-Ia-Supernova ist eine gigantische Kernfusionsexplosion, bei der eine Vielzahl radioaktiver Isotope entsteht. Besonders häufig entsteht ein instabiles Nickelisotop, das in ein radioaktives Cobaltisotop zerfällt. Die meiste elektromagnetische Strahlung einer Typ-Ia-Supernova rührt vom radioaktiven Zerfall dieses Nickels in Cobalt her.

Da der Stern, aus dem eine Typ-Ia-Supernova hervorgeht, praktisch keinen Wasserstoff mehr enthält, zeigen Typ-Ia-Supernovae auch keine Wasserstofflinien. Die Lichtkurve einer Supernova, d. h. die zeitliche Darstellung ihrer Helligkeit, beginnt mit einem plötzlichen Anstieg (Abb. 10.9). Bei der maximalen Helligkeit erreicht sie eine typische absolute Helligkeit von –19 und wird daraufhin im Verlauf von mehr als einem Jahr wieder schwächer.

Da diese Supernovae so hell sind, sind sie weit über die Grenzen der Galaxis zu sehen. Während unsere Galaxis einen Durchmesser von etwa 10^5 Lichtjahren hat, sind Typ-Ia-Supernovae in anderen Galaxien beobachtet worden, die mehr als 10^9 Lichtjahre von uns entfernt sind. Da die absolute Helligkeit immer denselben Maximalwert erreicht, können diese Supernovae zur Entfernungsbestimmung zahlloser Galaxien im gesamten Universum herangezogen werden. Dies geschieht in zwei Schritten. Zunächst wird die maximale scheinbare Helligkeit einer Typ-Ia-Supernova beobachtet. Da wir die absolute Helligkeit zum Zeitpunkt des Maximums kennen, kann daraus anhand der Entfernungs-Helligkeits-Beziehung (siehe Anhang H6) ihre Entfernung berechnet werden.

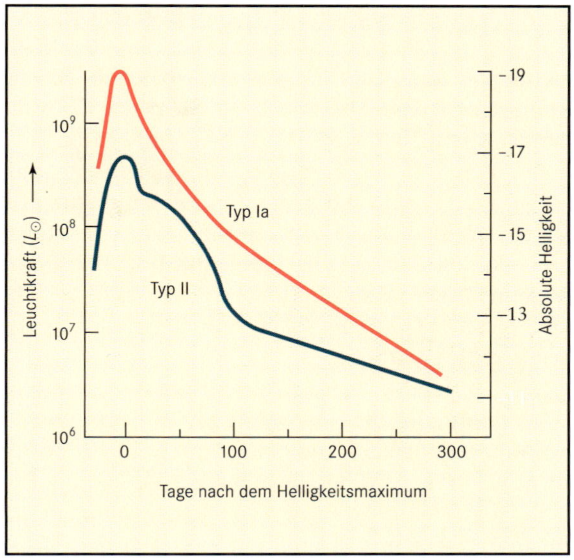

Abb. 10.9 Lichtkurven von Supernovae. Eine Typ-Ia-Supernova, deren Helligkeit allmählich abnimmt, wird durch einen explodierenden Weißen Zwerg in einem engen Doppelsternsystem hervorgerufen. Eine Typ-II-Supernova ist dagegen das Ergebnis der Explosion beim Tod eines massereichen Sterns. Dabei wechseln sich in der Regel Abschnitte steilerer und langsamerer Helligkeitsabnahmen ab.

Massereiche Sterne und Typ-II-Supernovae

In Hauptreihensternen mit wenigsten 8 $M_{\odot}$ komprimiert und heizt die Gravitationskraft den Kern so stark auf, dass es darin zum Kohlenstoff- und Sauerstoffbrennen kommt. Dies führt zur Entstehung einer Vielzahl weiterer Elemente, die schließlich in den interstellaren Raum ausgestoßen werden.

10.5 Fusionsreaktionen in massereichen Sternen führen zu Überriesen mit hoher Leuchtkraft

Wenn das Heliumbrennen im Kern eines Sterns mit mehr als 8 $M_{\odot}$ erlischt, kollabiert der Kohlenstoff-Sauerstoff-Kern unter der Gravitation. Dabei steigt die Zentraltemperatur des Sterns auf über 600 Mio. K. Nun setzt das Kohlenstoffbrennen ein, bei dem Elemente wie Neon und Magnesium entstehen. Ist die Kompression eines Sterns so hoch, dass seine Zentraltemperatur auf 1,2 Mrd. K steigt, kommt es zum Neonbrennen mit der Erzeugung von Sauerstoff und Magnesium. Wenn dann die Zentraltemperatur des Sterns 1,5 Mrd. K erreicht, beginnt das Sauerstoffbrennen, bei dem Schwefel, Silicium und Phosphor entstehen. Die Umwandlung von Elementen mit niedrigeren Massen in solche mit höheren Massen heißt **Nukleosynthese.**

Mit steigender Temperatur im Kern des Sterns nimmt dort auch die Fusionsrate zu. Andererseits stehen in jedem nachfolgenden Stadium weniger Atomkerne als in dem vorausgehenden zur Verfügung. Da z. B. jedes Heliumatom aus vier Wasserstoffatomen entsteht, gibt es im Kern nur ein Viertel so viele Heliumatome wie Wasserstoffatome. Da von einem Zyklus zum nächsten die Fusionsrate steigt, aber immer weniger Atome für die Fusion zur Verfügung stehen, verläuft jeder Zyklus der thermonuklearen Fusion schneller als der vorhergehende. Genaue Berechnungen für einen Stern mit einer Anfangsmasse von 25 $M_\odot$ auf der Hauptreihe zeigen, dass das Kohlenstoffbrennen 600 Jahre, das Neonbrennen ein Jahr und das Sauerstoffbrennen nur sechs Monate dauern. Nach einem halben Jahr Sauerstoffbrennen steigt die Zentraltemperatur durch die Gravitationskompression auf 2,7 Mrd. K. Nun setzt das Siliciumbrennen ein, das so heftig verläuft, dass der gesamte Vorrat im Kern eines Sterns mit einer Masse von 25 $M_\odot$ in nur einem Tag in Eisen umgewandelt wird.

? Weshalb treten in den Spektren von Typ-Ia-Supernovae keine Wasserstofflinien auf?

Bei jedem Fusionsstadium kommt eine neue Materieschale außerhalb des Kerns hinzu (Abb. 10.10), sodass der Aufbau an eine riesige Zwiebel erinnert. Die gewaltige Anzahl der bei den Fusionen in allen diesen Schalen und im Kern erzeugten Photonen treibt die Außenschichten des Sterns immer weiter auseinander. Der Stern expandiert und wird zu einem hell leuchtenden Überriesen, dessen Durchmesser fast bis zur Umlaufbahn des Jupiter um die Sonne reicht.

Massereiche Hauptreihensterne werden zu Überriesen mit einer hohen Leuchtkraft von mehr als 10^5 $L_\odot$, die die meiste Zeit Sternwinde aussenden und deren Massenverlustraten noch höher als bei den Riesen (siehe Abschnitt 9.9) sind. Abb. 10.11 zeigt einen Überriesen, der Masse verliert. Ein weiteres schönes Beispiel ist Beteigeuze (siehe Abb. 8.2a) in einer Entfernung von 470 Lichtjahren im Sternbild Orion. Spektroskopische Beobachtungen zeigen, dass Beteigeuze mit einer Rate von $1{,}7 \cdot 10^{-7}$ $M_\odot$ pro Jahr Masse verliert und von einer *zirkumstellaren Hülle* aus ausgestoßenem Gas umgeben ist. Diese riesige Hülle dehnt sich mit 10 km/s aus – aus dem Stern austretende Gase sind noch bis in eine Entfernung von 10.000 AE nachgewiesen worden. Der Gesamtdurch-

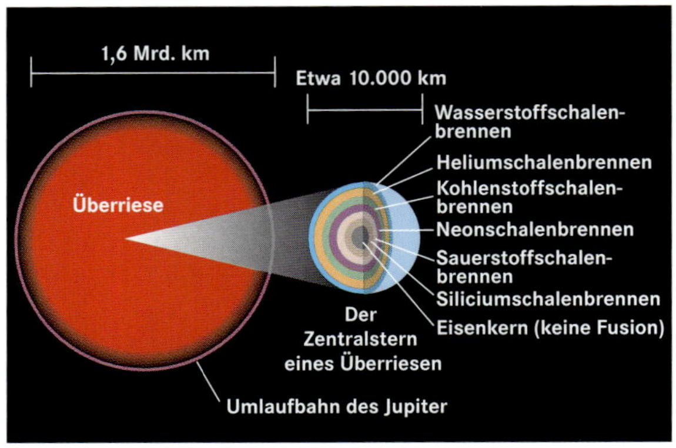

Abb. 10.10 Der Aufbau eines alten massereichen Sterns. Gegen Ende seines Lebens wird ein sehr massereicher Stern zu einem Überriesen, dessen Durchmesser fast so groß wie der der Jupiterumlaufbahn ist. Seine Energie bezieht der Stern aus sechs konzentrischen Fusionsschalen, die alle in einem Volumen etwa von der Größe der Erde enthalten sind.

Abb. 10.11 Massenverlust eines supermassiven Sterns. Gas und Staub, die von dem massereichen Stern HD 148937 im Sternbild Winkelmaß ausgestoßen werden. Orange bedeutet H_α, blau Sauerstoff und rot Schwefel. Der Stern in einer Entfernung von etwa 4200 Lj (1300 pc) hat eine Masse von 40 $M_\odot$ und nach 6 Mio. Jahren gerade den Zenit seines Lebens überschritten. (Gemini Observatory/AURA)

messer dieser expandierenden zirkumstellaren Hülle beträgt ein Drittel Lichtjahr.

Das Siliciumbrennen in massereichen Sternen umfasst im Einzelnen viele Arten von Kernreaktionen, das hauptsächliche Endprodukt ist aber immer Eisen. Schließlich ist der Kern vollständig in Eisen umgewandelt worden. Er ist von Schichten umgeben, in denen noch verschiedene Arten des Schalenbrennens ablaufen, bei denen die restlichen Brennstoffvorräte aufgebraucht werden (siehe Abb. 10.10). Während die riesige aufgeblähte Atmosphäre des Sterns fast so groß wie die Jupiterumlaufbahn ist, ist das gesamte Gebiet, in dem Energie erzeugt wird, auch hier in einem Volumen enthalten, das so groß wie die Erde ist. Die Entstehung dieses inaktiven Kerns aus Eisenkernen und Elektronen in einem massereichen Stern kündigt seinen baldigen gewaltsamen Tod an.

10.6 Massereiche Sterne enden in gewaltigen Explosionen als Supernovae

Anders als die leichteren Elemente taugt Eisen nicht mehr als Brennstoff für weitere thermonukleare Reaktionen. Die Protonen und Neutronen in einem Eisenkern sind bereits so eng gebunden, dass durch die Fusion mit nochmals weiteren Teilchen keine Energie mehr frei wird. Damit kommt die immer raschere Abfolge der Fusionsstadien in den Kernen massereicher Sterne zum Erlöschen.

Da Eisenatome nicht mehr fusionieren und dabei Energie abgeben können, müssen die Außenschichten nun allein durch den Entartungsdruck der Elektronen im Kern stabilisiert werden. Da immer neues Eisen aus der Schale des Siliciumbrennens hinzukommt, wird die Masse des Kerns bald höher als die Chandrasekhar-Grenze. Plötzlich kann die Elektronenentartung das gewaltige Gewicht des Sterns nicht mehr stabilisieren und der Kern kollabiert.

Jeder isolierte Hauptreihenstern mit einer Masse von mehr als 8 $M_\odot$ entwickelt als hell leuchtender Überriese einen solchen Eisenkern. Wenn dieser kollabiert, wird eine schnelle Abfolge von Katastrophen in Gang gesetzt, die den Stern in nur wenigen Sekunden zerreißen. Wir wollen dies anhand von Computersimulationen des Tods eines Sterns mit 25 $M_\odot$ verfolgen (Tab. 10.1).

? Wo entstehen in massereichen Sternen die Elemente mit höheren Massen?

Wenn die Dichte im Eisenkern eines Sterns mit einer Masse von 25 $M_\odot$ zu hoch wird, kann der Elektronenentartungsdruck den Druck des Sterns nicht mehr stabilisieren. Der Kern, der nur einen Durchmesser von etwa 3000 km hat, kollabiert dann augenblicklich. Innerhalb etwa einer Zehntel Sekunde steigt die Zentraltemperatur auf über 5 Mrd. K. Die Gammastrahlungsphotonen, die bei dieser starken Hitze entstehen, haben so viel Energie, dass sie die Eisenkerne in einer **Photodisintegration** zu spalten beginnen. Man muss sich dies vor Augen halten: Zwischen der Ankunft des Sterns mit seinem wasserstoff- und heliumgefüllten Kern auf der Hauptreihe und der Ausbildung des Eisenkerns lagen Millionen Jahre. Dagegen dauert es nicht einmal eine Sekunde, bis dieser Kern wieder in seine Grundbestandteile, d. h. Protonen, Neutronen und Elektronen, zerfallen ist!

Tab. 10.1 Entwicklungsstadien eines Sterns mit 25 $M_\odot$

Entwicklungsstadium	Zentraltemperatur (K)	Zentraldichte (kg/m³)	Dauer
Wasserstoffbrennen	$4 \cdot 10^7$	$5 \cdot 10^3$	$7 \cdot 10^6$ Jahre
Heliumbrennen	$2 \cdot 10^8$	$7 \cdot 10^5$	$5 \cdot 10^5$ Jahre
Kohlenstoffbrennen	$6 \cdot 10^8$	$2 \cdot 10^8$	600 Jahre
Neonbrennen	$1{,}2 \cdot 10^9$	$4 \cdot 10^9$	1 Jahr
Sauerstoffbrennen	$1{,}5 \cdot 10^9$	$1 \cdot 10^{10}$	6 Monate
Siliciumbrennen	$2{,}7 \cdot 10^9$	$3 \cdot 10^{10}$	1 Tag
Kernkollaps	$5{,}4 \cdot 10^9$	$3 \cdot 10^{12}$	0,2 Sekunden
Kernrückprall	$2{,}3 \cdot 10^{10}$	$4 \cdot 10^{17}$	Millisekunden
Supernovaexplosion	etwa 10^9	Unterschiedlich	Stunden

Während die Dichte in der nächsten Zehntelsekunde weiter ansteigt, müssen sich die Elektronen im Kern mit den Protonen zu Neutronen vereinigen. Dabei wird ein Schauer Neutrinos frei. Wie wir in Abschnitt 7.9 diskutiert hatten, haben Neutrinos keine elektrische Ladung und nur eine sehr kleine Masse. Die Erde oder die Sonne können sie meist ohne jegliche Wechselwirkung durchqueren; die Materie im Inneren eines kollabierenden massereichen Sterns ist dagegen so dicht, dass die gerade erzeugten Neutrinos nicht gleich aus seinem Kern freikommen. Stattdessen stoßen sie auf andere Teilchen in ihrer Nähe und erzeugen so einen Druck des Kerns nach außen.

Den Berechnungen zufolge erreicht die Dichte des gesamten Kerns etwa eine Viertelsekunde nach Beginn des Kollaps einen Wert von $4 \cdot 10^{17}$ kg/m^3. Dies ist bereits die *Atomkerndichte*, also diejenige, mit der Neutronen und Protonen in normalen Atomkernen gepackt sind! (Zum Vergleich: Wasser hat eine Dichte von 10^3 kg/m^3.) Wenn das mit Neutronen durchsetzte Material im Kern des Sterns die Atomkerndichte erreicht, wird es plötzlich steif. Das heißt, es wirkt dem weiteren Kollaps viel stärker als zuvor entgegen. Dadurch kommt der Kollaps des Kerns plötzlich zum Stillstand, sodass er zurückprallt und sich wieder auszudehnen beginnt, weshalb man auch vom *Kernrückprall* spricht.

Dem Modell zufolge stürzen in dieser kritischen Phase die äußeren Schichten, in denen das Schalenbrennen abläuft, mit einer Geschwindigkeit von bis zu 15 % der Lichtgeschwindigkeit ungebremst nach innen. Die nach außen strömenden Neutrinos und der zurückprallende Kern stoßen mit voller Wucht auf diese Materie (die roten Gebiete in Abb. 10.12a). Dadurch wird der Rückprall des Kerns angehalten und die einfallende Materie zurückgeschleudert. Innerhalb eines Sekundenbruchteils setzt sich ein gewaltiges Materievolumen wieder nach außen in Richtung Oberfläche in Bewegung. Da diese Materie auf immer weniger Widerstand trifft, wird sie rasch beschleunigt und bildet schon bald eine auslaufende Stoßwelle. Nach wenigen Stunden erreicht diese Stoßwelle die

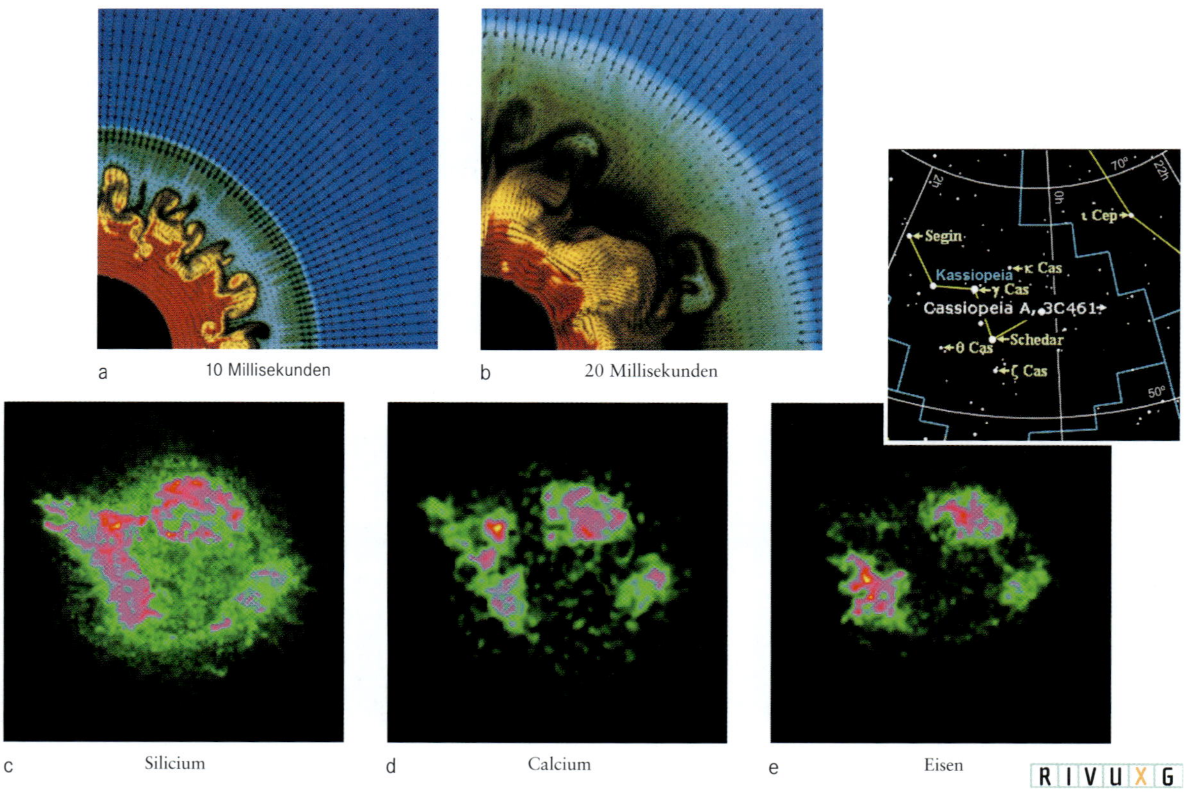

Abb. 10.12 Supernovaexplosionen verlaufen ungleichmäßig. (a) und (b) zeigen Computersimulationen der chaotischen Gasströmung tief im Inneren des Sterns zu Beginn der Supernovaexplosion. Mit deren Hilfe lasen sich die Kugeln aus Eisen und anderen schweren Elementen, die tief aus dem Inneren kommen, sowie die unausgewogene Verteilung der Elemente in dem Supernovarest (siehe (c) (d) und (e)) erklären. Die drei Röntgenaufnahmen des Supernovarests Cassiopeia A wurden vom Chandra-Röntgenteleskop bei verschiedenen Wellenlängen aufgenommen. (a und b: Mit freundlicher Genehmigung von Adam Burrows, University of Arizona, und Bruce Fryxell, NASA/FSFC; c–e: U. Hwang u. a., NASA/GSFC)

Oberfläche des Sterns und reißt dort in einer gewaltigen Explosion die Außenschichten vom Kern ab. Der Stern wird zu einer **Typ-II-Supernova**.

Während die Supernova expandiert, steigt ihre Leuchtkraft, die ohnehin schon etwa 10^4 bis 10^5 $L_\odot$ beträgt, plötzlich noch einmal um einen Faktor zwischen 10^3 und 10^6. Die hellsten Supernovae können also fast so viel Energie wie 100 Milliarden Sterne mit der Leuchtkraft unserer Sonne aussenden! Mit anderen Worten, Supernovae erreichen oft 10 % der Leuchtkraft aller anderen Sterne ihrer Galaxie zusammengenommen.

3 Während die Schichten eines sterbenden massereichen Sterns in den Weltraum ausgestoßen werden, werden sie durch die Neutrinos und die Stoßwelle so stark komprimiert, dass während der Explosion noch einmal eine Fusion zündet. Dabei entstehen eine Vielzahl schwerer Elemente und die meisten großen interstellaren Staubteilchen (siehe Abschnitt 2.9 und 2.10). Tatsächlich stammen viele Elemente auf der Erde und anderen erdähnlichen Planeten von dem Schalenbrennen und dem letzten Fusionsausbruch von Supernovae. Auch viele Atome, aus denen unsere Körper aufgebaut sind, sind auf diesem Weg entstanden. Wir bestehen also im wahrsten Sinne des Wortes aus Sternenstaub.

Die Computersimulationen zeigen (siehe Abb. 10.12a und b), dass die „Zwiebelhüllen" der verschiedenen Elemente nicht einfach eine nach der anderen nach außen laufen. Insofern ist auch nicht zu erwarten, dass die Gase als homogene Materieschalen ausgestoßen werden. Tatsächlich bestätigen Beobachtungen, dass das Material eher unregelmäßig aus der Supernova austritt. Abb. 10.12c, d und e zeigen die Verteilungen einiger Elemente in der Supernova Cassiopeia A (Cas A). Andere Beobachtungen deuten darauf hin, dass einige der dichten Elemente wie Eisen, die die Supernova ausstößt, tatsächlich tief innerhalb der innersten Silicium- und Sauerstoffschicht erzeugt werden und danach wie Kugeln oder Geysire herausgeschossen werden. Andere Elemente wiederum werden überall in dem expandierenden Stern erzeugt. Allerdings zeigen die Berechnungen und Beobachtungen auch, dass die von Supernovae herrührenden Mengen der schwersten Elemente wie Gold, Silber und Platin nicht ausreichen, um deren auf der Erde nachgewiesene Mengen zu erklären. Wir werden in Abschnitt 10.14 auf die Frage zurückkommen, woher diese wahrscheinlich kommen.

Unser Modellstern mit einer Masse von 25 $M_\odot$ gibt im Laufe seines Lebens durch Sternwinde und durch Gas, das er während Instabilitätsphasen und während des Supernovastadiums ausstößt, mehr als 20 $M_\odot$ wieder in den Weltraum ab. Weniger massereiche Sterne liefern proportional weniger Masse an das interstellare Medium zurück.

Einblicke in die Wissenschaft

Antworten auf nicht gestellte Fragen Die besten wissenschaftlichen Theorien und Modelle beantworten auch Fragen, für die sie ursprünglich gar nicht formuliert worden sind. Bei der Modellierung der Entwicklung von Sternen und Supernovae erklären die Prozesse, mit denen die Erzeugung und der Ausstoß von Metallen – also allen Elementen schwerer als Wasserstoff und Helium – modelliert werden, auch die Herkunft der Elemente, die Leben ermöglichen können.

? Welche Rolle spielen Neutrinos in Typ-II-Supernovae?

Spektrum und Lichtkurve einer Typ-II-Supernova unterscheiden sich wesentlich von jenen einer Typ-Ia-Supernova. Während im Spektrum einer Typ-Ia-Supernova Wasserstofflinien fehlen, sind in jenen von Typ-II-Supernovae starke Wasserstofflinien enthalten. Beide Typen beginnen mit einem plötzlichen Helligkeitsanstieg (siehe Abb. 10.9). Allerdings liegt das Maximum einer Typ-II-Supernova normalerweise bei einer Magnitude von –17 und ist damit 100-mal schwächer als das einer vom Typ Ia. Während Typ-Ia-Supernovae im Verlauf eines Jahres allmählich schwächer werden, wechseln sich bei Typ-II-Supernovae Zeiten starker und allmählicher Helligkeitsabnahmen ab. Die Lichtkurven von Typ-II-Supernovae sehen deshalb eher treppenförmig aus.

10.7 Supernovareste sind an vielen Orten zu beobachten

Inzwischen sind mehr als 1000 Supernovae beobachtet worden. Man kann daraus abschätzen, dass in einer typischen Galaxie wie unserer ungefähr alle 36 Jahre eine Typ-Ia-Supernova und alle 44 Jahre eine Typ-II-Supernova auftritt. Pro Jahrhundert sollten in unserer Galaxis also etwa fünf Supernovae explodieren. Die lebhafte Sternentwicklung in unserer Galaxis konzentriert sich vor allem auf die Galaxienscheibe, wo weiterhin Sterne in Riesenmolekülwolken entstehen. Diese Scheibe (in der wir wohnen und die wir als Milchstraße von Sternen und leuchtendem Gas und

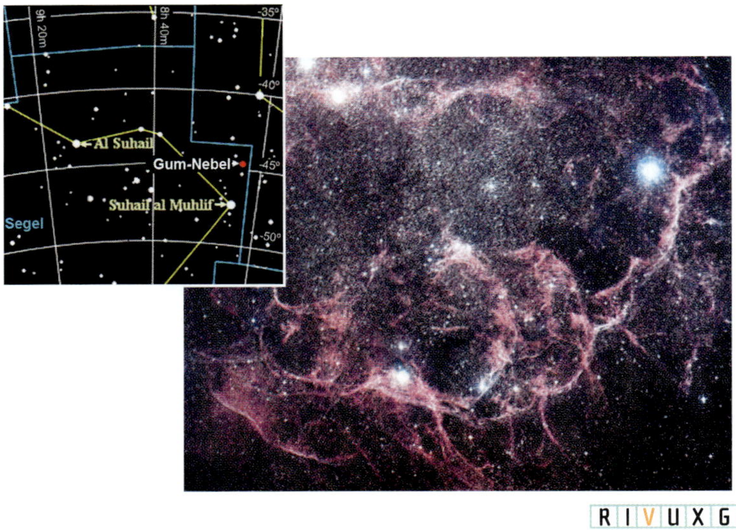

Abb. 10.13 Der Gum-Nebel. Der Gum-Nebel ist der größte bekannte Supernovarest. Er erstreckt sich am Himmel über 60° und sein Zentrum liegt ungefähr im südlichen Sternbild Segel. Die nächsten Teile dieses expandierenden Nebels sind nur 300 Lichtjahre von der Erde entfernt. Die Supernovaexplosion fand vor etwa 11.000 Jahren statt und der Rest hat inzwischen einen Durchmesser von etwa 2300 Lichtjahren. Die Aufnahme zeigt nur die Zentralgebiete. (Royal Observatory, Edinburgh)

Staub am Himmel sehen) ist auch der Ort, wo Supernovae explodieren.

Bruchstücke lokaler Supernovaexplosionen sind über die gesamte Scheibe unserer Galaxis verteilt gefunden worden. Ein schönes Beispiel ist die Cygnus-Schleife (siehe Abb. 9.5). Die Außenschichten des Sterns wurden vor 20.000 Jahren so heftig in den Weltraum gestoßen, dass sie sich noch heute mit Überschallgeschwindigkeit ausbreiten. Während diese expandierende Gasschale das interstellare Medium durchpflügt, kollidiert sie mit Atomen und Molekülen und regt die Gase so zu leuchten an.

Viele Supernovareste erstrecken sich über beträchtliche Teile des Himmels. Der größte ist mit einem Winkeldurchmesser von 60° der Gum-Nebel (dessen Zentralgebiet Abb. 10.13 zeigt). Dieser Nebel erscheint deshalb so groß, weil er uns so nahe ist: Seine nächste Stelle ist nur etwa 300 Lichtjahre von der Erde entfernt. Untersuchungen der Expansionsrate des Gum-Nebels deuten darauf hin, dass die Supernova vor etwa 11.000 Jahren explodiert sein muss. Zum Zeitpunkt der größten Helligkeit muss der explodierende Stern so hell wie der Mond im ersten Viertel gewesen sein.

Die Scheibe unserer Galaxis ist so stark mit interstellarem Gas und Staub gefüllt, dass wir nicht allzu weit in sie hineinblicken können. Es wird davon ausgegangen, dass es etwa alle 20 oder 30 Jahre irgendwo in entfernten Teilen unserer Galaxis zu einem Supernovaausbruch kommt, der unseren optischen Teleskopen aber wegen des interstellaren Mediums verborgen bleibt. Viele Supernovareste in unserer Galaxis sind nur bei Wellenlängen wie Röntgenstrahlung oder Radiowellen, die wir nicht sehen, nachzuweisen. So zeigt Abb. 10.14 eine Röntgenaufnahme (Abb. 10.14a) sowie eine Radioaufnahme (Abb. 10.14b) des Supernovarests Cassiopeia A. Auf Aufnahmen dieses Himmelsausschnitts im sichtbaren Licht sind nur einige schwache Wölkchen angedeutet. Radiodurchmusterungen nach Supernovaresten sind daher erfolgversprechender als visuelle. Über Aufnahmen mit sichtbarem Licht konnten ganze 24 Supernovareste identifiziert werden; dem stehen mehr als 3100 gegenüber, die Radioastronomen in unserer und in anderen Galaxien entdeckt haben.

Aus der Expansionsrate des Nebels von Cassiopeia A ist berechnet worden, dass das erste Licht dieser Supernovaexplosion vor 300 Jahren die Erde erreicht hat. Obwohl Ende des 17. Jahrhunderts Fernrohre bereits weit verbreitet waren, sind keine Aufzeichnungen dieses Ereignisses bekannt. Tatsächlich wurde die letzte Supernova eines Sterns zur Zeit seiner maximalen Helligkeit in unserer Galaxis, die mit dem bloßen Auge zu sehen war, 1604 von Johannes Kepler beobachtet. Außerdem hatte Tycho Brahe 1572 das plötzliche Erscheinen eines außergewöhnlich hellen Sterns am Himmel vermerkt.

Im Jahr 2002 wurde entdeckt, dass sich vor 2 Mio. Jahren eine Gruppe heller O- und B-Sterne, die Scorpio-Centaurus-OB-Assoziation, der Erde bis auf eine Entfernung von 150 Lichtjahren angenähert hat. Währenddessen könnte es in der Gruppe zu einem oder mehreren Supernovaausbrüchen gekommen sein. Ein solcher Ausbruch hätte am Ausgang des Pliozäns die Ozonschicht der Erde beschädigen und einen Teil des Lebens im Ozean auslöschen können.

Supernovareste hinterlassen also neben dem mit schweren Elementen angereicherten Gas und Staub

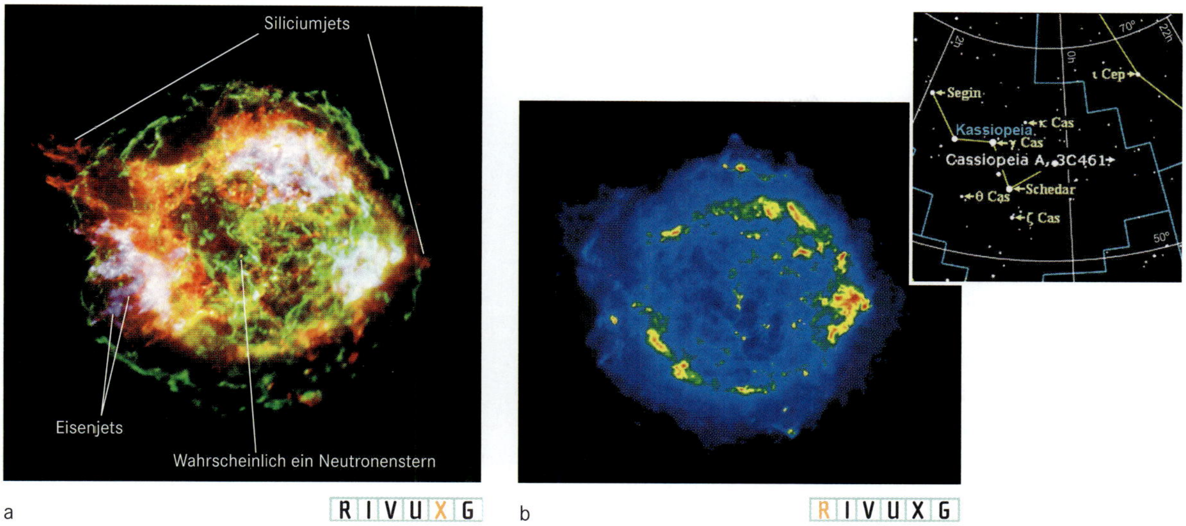

Abb. 10.14 Cassiopeia A. Supernovareste wie Cassiopeia A sind zumeist starke Röntgen- und Radioquellen. (a) Eine Röntgenaufnahme des Chandra-Röntgenteleskops von Cassiopeia A. Die gegenüberliegenden Siliciumjets wurden, wahrscheinlich gelenkt von starken Magnetfeldern, im Frühstadium des Supernovaausbruchs, vor den stark eisenhaltigen Jets freigesetzt. (b) Eine entsprechende Radioaufnahme des Very Large Array (VLA). Die erste Strahlung der Supernova, bei der dieser Nebel entstanden ist, hat die Erde vor 300 Jahren erreicht. Die Explosion ereignete sich in einer Entfernung von etwa 10.000 Lichtjahren. (a: NASA/CXC/GSFC/U. Hwang u. a.; b: Very Large Array)

noch lange weitere Spuren. Der größte Teil ihres Gases und Staubs geht in neuen Sternen und Planeten wie unserem Sonnensystem auf.

? Weshalb können wir möglicherweise nicht alle Supernovae in unserer Galaxis sehen?

10.8 Kosmische Strahlung ist primär Teilchenstrahlung

4 Bei Beobachtungen im Zusammenhang mit Supernovae sind Teilchen nachgewiesen worden, die mit Geschwindigkeiten von über 90 % der Lichtgeschwindigkeit durch den Weltraum fliegen. Diese extrem schnellen Teilchen heißen **kosmische Strahlung** oder **kosmische Primärstrahlung**. Hauptsächlich besteht sie aus Wasserstoffkernen; hinzu kommen weniger als 1 % Kerne anderer massereicherer Elemente und einige Prozent Elektronen und Positronen. Auch wenn aus heutiger Sicht letztlich alle Materie sowohl Teilchen- als auch Welleneigenschaften aufweist, ist der Begriff „kosmische Strahlung" für die Teilchenstrahlung etwas unglücklich, da insbesondere bei Wasserstoffkernen meist die Teilcheneigenschaften dominieren.

Manchmal wird der bereits in Abschnitt 4.4 behandelte Sonnenwind ebenfalls zur kosmischen Strahlung gezählt; da sein Ursprung ein ganz anderer ist, wollen wir uns an dieser Stelle aber auf die galaktische bzw. extragalaktische kosmische Strahlung konzentrieren.

Die Herkunft dieser kosmischen Strahlung wird erst jetzt deutlich. Zunächst wurde davon ausgegangen, dass kosmische Strahlung direkt von Supernovae kommt. Diese Annahme war durchaus nachvollziehbar, denn schließlich sind sie die am besten untersuchte Energiequelle, die Strahlung mit so hohen Geschwindigkeiten aussenden könnte. Allerdings zeigen Beobachtungen des Avanced-Composition-Explorer-Satelliten, dass die Nickelisotope, die die Erde als kosmische Strahlung erreichen, nicht dieselben sind, die von Supernovae ausgesendet werden. Stattdessen wächst inzwischen die Überzeugung, dass ein Großteil der kosmischen Strahlung entsteht, wenn Supernovabruchstücke auf Gas treffen, das schon zuvor im Weltraum war. Dabei wird diese bereits zuvor existierende Materie beschleunigt und zu kosmischer Strahlung.

Viel seltener als kosmische Strahlung von Supernovaresten ist ultrahochenergetische kosmische Strahlung, die ihren Ursprung außerhalb unserer Galaxis hat. Jedes dieser Teilchen hat so viel Energie wie ein von einem Spitzenspieler geschlagener Baseball! Beobachtungen ihrer Herkunft deuten darauf hin, dass viele von Galaxien kommen, die supermassive Schwarze Löcher enthalten (siehe Abschnitt 10.25). Ob diese Schwarzen Löcher selbst die ultrahochenergetische kosmische Strahlung erzeugen, ist noch nicht geklärt.

Der größte Teil der in unserer Richtung einfallenden kosmischen Primärstrahlung kollidiert etwa 15 km über der Erdoberfläche mit dem Gas in der Atmosphäre. Dies ist unser Glück, denn schon ein einziger Strahl hat so viel Energie, dass er potenziell lebendes Gewebe schädigen kann. Bei der Kollision in der Luft verteilt sich die Energie eines Strahls auf mehrere Gasteilchen, die in Schauern zur Erde fallen. Dabei treffen sie wiederum auf andere Gastatome, sodass eine Kaskade niederenergetischer Teilchen entsteht, die schließlich in Form eines **Teilchenschauers** die Erdoberfläche erreicht (Abb. 10.15). Diese kosmische Strahlung, die an Atomen in unserer Atmosphäre entsteht, wird **kosmische Sekundärstrahlung** genannt.

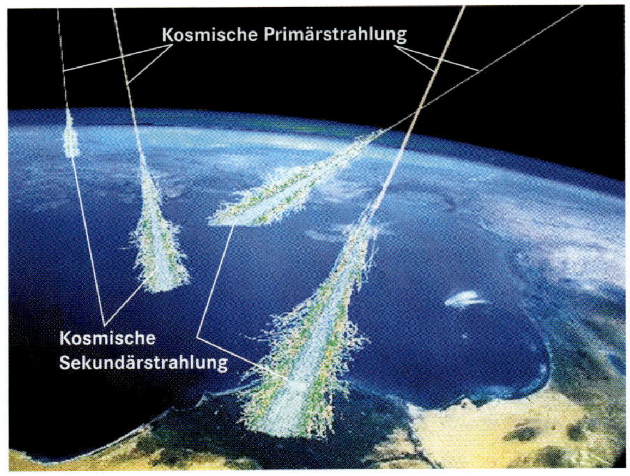

Abb. 10.15 Teilchenschauer. Kosmische Strahlung aus dem Weltall stößt auf Teilchen in der Atmosphäre. Dabei entstehen aus jedem Teilchen mehrere Sekundärteilchen, die in Richtung Erde beschleunigt werden, die kosmische Sekundärstrahlung. Dies wiederholt sich mehrmals, sodass schließlich, wie gezeigt, mehrere Teilchenschauer entstehen. (Simon Swordy, U. Chicago; NASA)

10.9 Bei der Supernova 1987A war der Tod eines massereichen Sterns mit bloßem Auge zu sehen

Einige Supernovae in anderen Galaxien sind ohne Teleskop zu sehen. 1885 war eine Supernova in der Andromeda-Galaxie schon mit bloßem Auge schwach zu erkennen. Am 23. Februar 1987 wurde eine Supernova in der Großen Magellan'schen Wolke, einer Galaxie in der Nähe der Milchstraße, beobachtet. Diese Supernova, die als Erste in diesem Jahr beobachtete die Bezeichnung SN 1987A erhielt (Abb. 10.16), war so hell, dass sie ebenfalls mit bloßem Auge leicht zu sehen war. Das Faszinierende an der Supernova SN 1987A war, dass sie endlich die Gelegenheit bot, den Tod eines nahe gelegenen massereichen Sterns mit modernen Instrumenten zu untersuchen und anhand der Daten die hier dargestellte Theorie von Supernovae nachzuprüfen.

Zunächst erreichte die Supernova SN 1987A nur ein Zehntel der Leuchtkraft, die für einen solchen explodierenden massereichen Stern theoretisch erwartet wurde. Während der nächsten 85 Tage wurde sie allmählich heller. Anschließend begann sie schwächer zu werden, wie es für eine normale Supernova üblich ist. Zum Glück war der Stern schon beobachtet worden, bevor er zur Supernova wurde (siehe die Ausschnittsvergrößerungen in Abb. 10.16). Die Große Magellan'sche Wolke ist nur etwa 160.000 Lichtjahre von der Erde entfernt, das ist nahe genug, um viele ihrer Sterne einzeln beobachten und katalogisieren zu können. Der Stern war zuvor als Überriese B3 I klassifiziert worden. Die Theorie der Entwicklung solcher Sterne bot eine Erklärung dafür, dass die Supernova SN 1987A so langsam heller wurde.

Als der Stern auf die Hauptreihe eintrat, betrug seine Masse etwa 20 $M_\odot$. Allerdings hatte er zum Zeitpunkt seiner Explosion bereits Masse in der Größenordnung vieler Sonnenmassen abgestoßen. Der Entwicklungsweg eines alternden Sterns mit einer Masse von 20 $M_\odot$ pendelt am oberen Rand des Hertzsprung-Russel-Diagramms zwischen einem heißen (blauen) Überriesen und einem kalten (roten) Überriesen hin und her. Bei jeder Änderung der Oberflächentemperatur ändert sich auch beträchtlich die Größe. Der Durchmesser eines blauen Überriesen ist nur zehnmal so groß wie der der Sonne, während der eines roten Überriesen mit derselben Leuchtkraft 1000-mal so groß ist. Da der Stern kurz vor der abschließenden Explosion ein verhältnismäßig kleiner blauer Überriese war, erreichte er nur ein Zehntel der Helligkeit, die er gehabt hätte, wenn er zu diesem Zeitpunkt gerade ein roter Überriese gewesen wäre.

In normalen Teleskopbeobachtungen einer Supernovaexplosion sehen wir nur die expandierenden Außenschichten des sterbenden Sterns. Die im Kern erzeugten Photonen können die Gase der Supernova nicht durchdringen und damit auch nicht unsere Teleskope erreichen. Allerdings entweichen Neutrinos direkt aus dem Kern in den Weltraum, wenn die

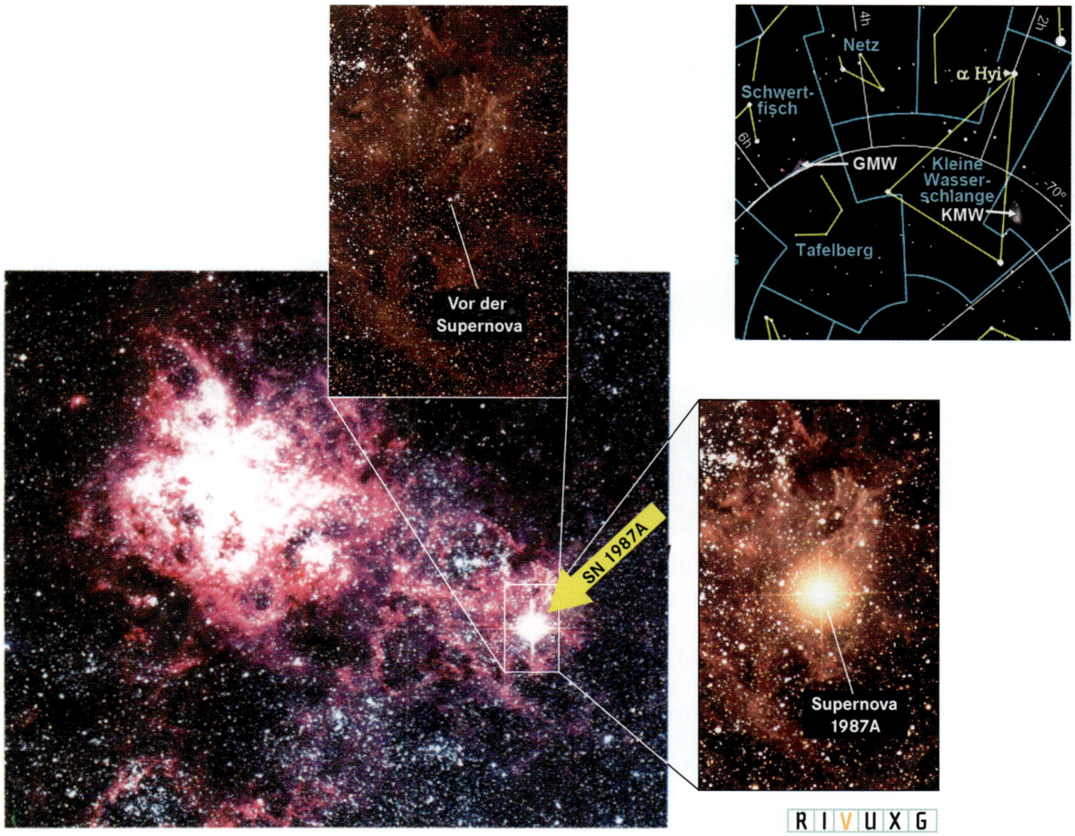

Abb. 10.16 Die Supernova 1987A. In der Großen Magellan'schen Wolke, einer nahe gelegenen Galaxie, wurde 1987 eine Supernova entdeckt. Die Aufnahme zeigt einen Ausschnitt der Großen Magellan'schen Wolke mit der Supernova und einem großen H-II-Gebiet, dem Tarantelnebel. Zur Zeit ihrer höchsten Helligkeit konnten Beobachter am Südhimmel die Supernova ohne Teleskop sehen. Ausschnittsvergrößerungen: Der Stern vor und nach der Explosion. (European Southern Observatory; Ausschnittsvergrößerungen: Anglo-Australien Observatory/David Malin Images)

Außenschichten der Supernova dünner werden. Aus dem Nachweis dieser Neutrinos und der Messung ihrer Eigenschaften lässt sich viel über den kollabierenden Kern und insbesondere seinen Rückprall ablesen. Als die Neutrinos der Supernova SN 1987A die Erde erreichten, waren gerade mehrere Neutrinodetektoren in Betrieb.

? Was ist kosmische Strahlung?

Fast einen Tag, bevor die Supernova SN1987A am Himmel auftauchte, hatten Arbeitsgruppen an Neutrinodetektoren in Japan und in den Vereinigten Staaten Tscherenkow-Blitze (siehe Abschnitt 7.9) eines Neutrinoausbruchs nachgewiesen. Der Kamiokande-II-Detektor in Japan konnte zwölf Neutrinos nachweisen. Etwa gleichzeitig fand der IMB-Detektor (Irvine-Michigan-Brookhaven) in einem Salzbergwerk unter dem Eriesee acht Ereignisse. Die Neutronen gingen dem sichtbaren Supernovaausbruch deshalb voraus, weil sie der sterbende Stern aussendet, bevor die Stoßwelle des kollabierenden Kerns die Oberfläche erreicht. Sie wurden auf der Nordhalbkugel der Erde nachgewiesen, wo die Supernova immer unter dem Horizont steht, müssen also durch die Erde gelaufen sein. Die Entdeckung dieser Neutrinos war eine starke Stütze für die in Abschnitt 10.6 dargelegte Theorie, der zufolge Supernovae durch den Kollaps des Kerns, sein nachfolgendes Zurückprallen und den Neutrinostrom gekennzeichnet sind.

Etwa dreieinhalb Jahre, nachdem der Ausbruch der Supernova SN 1987A auf der Erde zu sehen war, gelang mit dem Hubble-Teleskop eine Aufnahme, die mehrere leuchtende Gasringe um den explodierten Stern zeigt (Abb. 10.17). Dieses Gas hatte der Stern 20.000 Jahre vor der Supernova ausgesendet, als die wasserstoffreiche Sternhülle durch Sternwinde von

a Die Supernova 1987A im Jahr 1996

R I V U X G

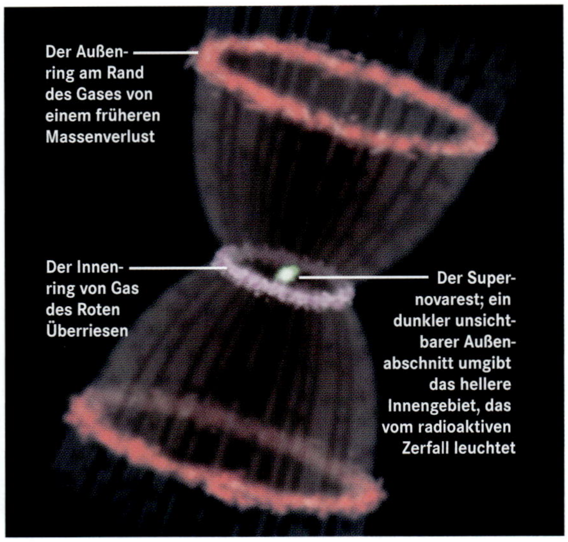

b Eine mögliche Erklärung für die Entstehung der Ringe

Abb. 10.17 Gasschalen um die Supernova SN 1987A. (a) Starke Strahlung von der Supernovaexplosion regt die drei Gasringe um die Supernova SN 1987A auf dieser Hubble-Teleskop-Aufnahme zu leuchten an. Das Gas wurde von dem Stern 20.000 Jahre vor der Explosion ausgestoßen. Alle drei Ringe liegen in zueinander parallelen Ebenen. Der Innenring hat einen Durchmesser von etwa 1,3 Lichtjahren. Die weißen und farbigen Flecken sind Sterne, die nichts mit der Supernova zu tun haben. (b) Als der Vorläuferstern der Supernova SN 1987A noch ein roter Überriese war, füllte ein Sternwind, der sich langsam ausbreitete, die Umgebung mit dünnem Gas. Als der Stern zu einem blauen Überriesen kontrahierte, erzeugte er einen Sternwind, der sich schneller ausbreitete. Die Wechselwirkung zwischen dem schnellen und dem langsamen Sternwind muss auf irgendeine Weise dazu geführt haben, dass sich Gase auf einer sanduhrförmigen Schale um den Stern angesammelt haben. Durch den Ultraviolettstrahlungsausbruch von der Supernova wurde das Gas in den Ringen ionisiert und zum Leuchten angeregt. Die Supernova selbst in der Mitte der „Sanduhr“ leuchtet infolge der Energie, die durch radioaktiven Zerfall frei wird. (Robert P. Kirshner und Peter Challis, Harvard-Smithsonian Center for Astrophysics; STScI)

dem Stern abgestoßen wurde. Die charakteristische Sanduhrform muss davon kommen, dass ein schon vorhandener Gasring oder ein noch nicht entdeckter Begleiter, der den sterbenden Stern umläuft, die Expansion in der Äquatorebene verhinderte.

Während der Stern diese Gase aussendete, war er ein Roter Überriese. Daraufhin schrumpfte er und stieß in seinem letzten Stadium als Blauer Riese Gase mit höherer Geschwindigkeit aus, die das Gas der „Sanduhr“ zu drei Ringen komprimierten: einem engeren um den Äquator und je einem weiteren am oberen bzw. unteren Ende. Dieses Restgas wird nun von Photonen von der Supernova angestrahlt. Seit 1998 wird beobachtet, dass von der Supernova ausgestoßenes Gas auf das schon ursprünglich vorhandene zirkumstellare Gas auftrifft. Das hat dazu geführt, dass der Gasring heller geworden ist, und es ist davon auszugehen, dass schließlich ein noch größerer Teil des zuvor ausgestoßenen Gases angestrahlt werden wird.

Einerseits waren die Informationen über die Supernova SN 1987A deshalb so wertvoll, weil der Stern schon vor seiner Explosion untersucht worden und seine Entfernung von der Erde bekannt war. Außerdem befand sich die Supernova in einem nicht verdeckten Himmelsausschnitt, und es war ein glücklicher Umstand, dass zum Zeitpunkt des Ausbruchs gerade Neutrinodetektoren in Betrieb waren. Es versteht sich von selbst, dass der weitere Verlauf dieser Supernova in den kommenden Jahren weiter beobachtet wird.

? Weshalb wurden bei der Supernova SN 1987A schon Neutrinos beobachtet, bevor sie sichtbar war?

Neutronensterne und Pulsare

Wenn Sterne mit Anfangsmassen zwischen 8 und 25 $M_{\odot}$ als Supernovae explodieren, werden ihre expandierenden Kerne durch die Außenschichten aufgehalten, auf die sie aufprallen. Danach kontrahieren die

Kerne wieder und bleiben als hochkomprimierte Neutronenzusammenballungen, sogenannte **Neutronensterne,** erhalten. Isolierte Neutronensterne, die von diesen Explosionen herrühren, sind stabile Sternreste mit Massen zwischen 1,4 $M_\odot$ und etwa 3 $M_\odot$.

10.10 Die Kerne vieler Typ-II-Supernovae enden als Neutronensterne

Das Neutron ist 1932 in Laborexperimenten entdeckt worden. Ausgehend von der Erkenntnis, dass Weiße Zwerge durch den Elektronenentartungsdruck stabilisiert werden können, schlugen Fritz Zwicky und Walter Baade im gleichen Jahr vor, dass eine ähnliche Abstoßung zwischen Neutronen Sternreste aus Neutronen stabilisieren könnte. Dabei stützten sie sich auf die Erkenntnis, dass das Pauli'sche Ausschließungsprinzip auch verhindert, dass Neutronen mit gleichen Eigenschaften zu eng gepackt werden können. Wenn Neutronen zusammengepresst werden, müssen sich viele von ihnen schnell bewegen, damit sie nicht mit ihren Nachbarn identisch sind. Diese Bewegung erzeugt den **Neutronenentartungsdruck.** Die entsprechenden Gleichungen zeigen, dass dieser noch höher als der Elektronenentartungsdruck (siehe Abschnitt 9.10) ist und somit ermöglicht, dass auch Sterne mit höheren Massen als der Chandrasekhar-Grenze stabil sein können.

Von den meisten Wissenschaftlern wurde die Zwicky-Baade-Theorie jahrelang ignoriert. Ein Neutronenstern schien doch ein zu exotisches Objekt zu sein. Damit aus den Protonen und Elektronen Neutronen würden, müsste die Dichte in dem Stern gleich der Atomkerndichte, etwa 10^{17} kg/m^3, sein. Ein Teelöffel Neutronensternmaterie hätte also eine Masse von 1 Mrd. t! Mit anderen Worten, Neutronensternmaterie ist 200 Mio. Mal so dicht wie die eines Weißen Zwergs. Darüber hinaus müsste selbst ein großer Körper wie ein Stern, wenn er die Dichte von Atomkernen hätte, unglaublich klein sein. Ein Neutronenstern mit einer Masse von 2 $M_\odot$ hätte einen Durchmesser von nur 20 km und sein Querschnitt würde in jede Großstadt auf der Erde passen. Die Schwerkraft an der Oberfläche eines solchen Neutronensterns wäre so stark, dass die Entweichgeschwindigkeit halb so groß wie die Lichtgeschwindigkeit wäre. Alle diese Eigenschaften erschienen so haarsträubend, dass die Neutronensterne kaum ernst genommen wurden – bis 1968.

In diesem Jahr bemerkte Jocelyn Bell, damals junge Assistentin für Radioastronomie an der Cambridge University, dass ihr Radioteleskop von einem bestimmten Ort am Himmel regelmäßige Impulse empfing. Eine sorgfältige Wiederholung der Beobachtungen zeigte, dass die Radioimpulse mit einer ganz regelmäßigen Periode von 1,3373011 s eintrafen. Die Regelmäßigkeit dieser pulsierenden Radioquelle war so verblüffend, dass die Arbeitsgruppe in Cambridge zunächst glaubte, Signale von einer fortgeschrittenen außerirdischen Zivilisation zu empfangen. Die Erscheinung erhielt daher zunächst die Bezeichnung LGM1 (Abkürzung für Little Green Men 1 – „kleine grüne Männlein"). Als an verschiedenen Orten am Himmel mehrere weitere solcher pulsierenden Radioquellen entdeckt wurden, wurde diese Möglichkeit aber bald verworfen und der Begriff **Pulsar** geprägt. Eine so weite Verteilung von Pulsaren müsste ungewöhnlich weit verzweigte Zivilisationen voraussetzen – was ganz im Widerspruch zu den Ergebnissen von Suchprojekten nach außerirdischer Intelligenz (siehe Kapitel 13) stand. In allen Fällen waren die Perioden außerordentlich regelmäßig und lagen zwischen 0,2 und 1,5 s (Abb. 10.18).

Als Anfang 1968 die Veröffentlichung zur Entdeckung der Pulsare erschien, schlugen die Astronomen zunächst die unterschiedlichsten Erklärungen vor. Viele dieser Theorien waren sehr seltsam und die Debatte zog sich über Monate hin. Außerirdische Zivilisationen hatten wir bereits ausgeschlossen. Also wurde nach einem streng periodischen Ereignis im Leben eines Sterns gesucht. Wir wissen, dass ein Stern Materie abwirft, während er sich zu einem Riesen ausdehnt. Vielleicht könnten einige Sterne abwechselnd expandieren und kontrahieren und dabei während der Pulsation Energie aussenden? Diese Erklärung wurde aber bald verworfen, da ein Stern, der so schnell wie ein Pulsar expandiert und kontrahiert, explodieren müsste.

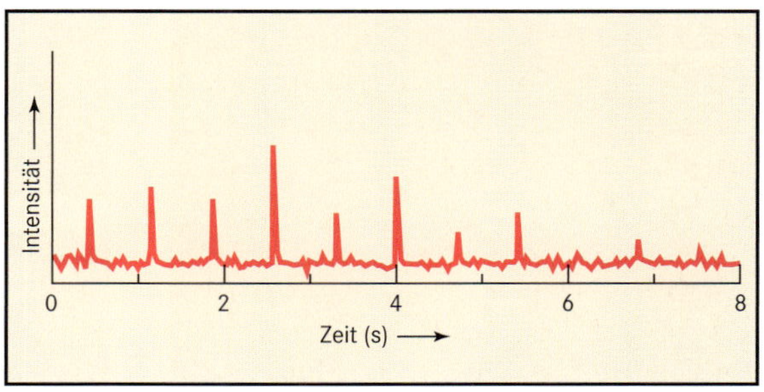

Abb. 10.18 Die Intensität eines Pulsars. Das Diagramm zeigt die Intensität der Radioemissionen eines der ersten entdeckten Pulsare, PSR 0329+54. Obwohl einige Impulse schwach und andere stark sind, beträgt der Abstand zwischen ihnen ganz regelmäßig 0,714 s und ist damit genauer als die meisten irdischen Uhren.

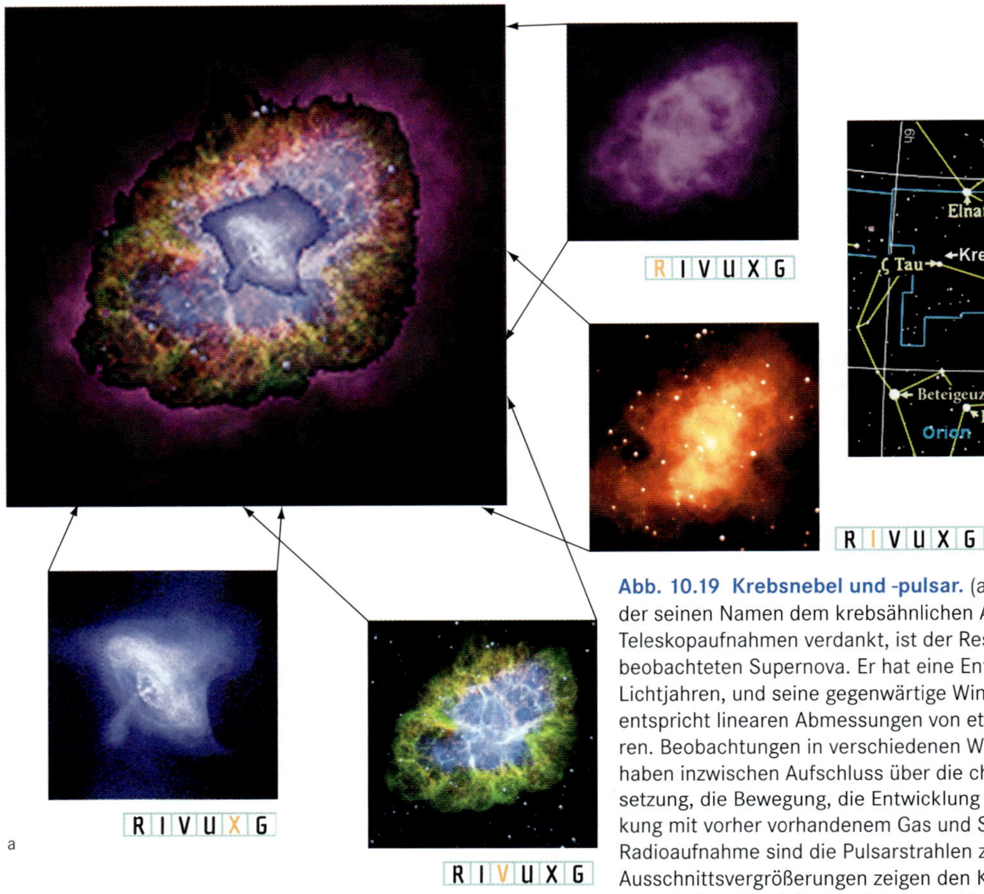

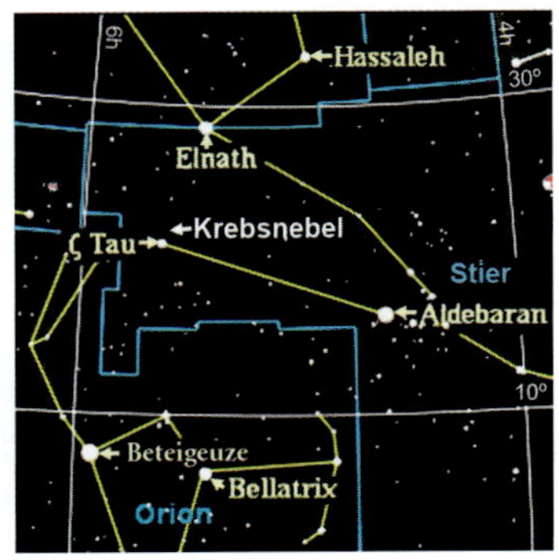

Abb. 10.19 Krebsnebel und -pulsar. (a) Der Krebsnebel, der seinen Namen dem krebsähnlichen Aussehen auf frühen Teleskopaufnahmen verdankt, ist der Rest einer 1054 n. Chr. beobachteten Supernova. Er hat eine Entfernung von 6000 Lichtjahren, und seine gegenwärtige Winkelgröße (4' mal 6') entspricht linearen Abmessungen von etwa 7 mal 10 Lichtjahren. Beobachtungen in verschiedenen Wellenlängenbereichen haben inzwischen Aufschluss über die chemische Zusammensetzung, die Bewegung, die Entwicklung und die Wechselwirkung mit vorher vorhandenem Gas und Staub gegeben. In der Radioaufnahme sind die Pulsarstrahlen zu erkennen. (b) Die Ausschnittsvergrößerungen zeigen den Krebsnebel einmal aktiv und einmal inaktiv. Die sichtbaren Lichtblitze und die Röntgenimpulse haben dieselbe Periode von 0,033 s. (a+b: Chandra X-Ray Center/NASA; Lick Observatory (mittlere Spalte); Harvard Smithsonian Center for Astrophysics (rechte Spalte))

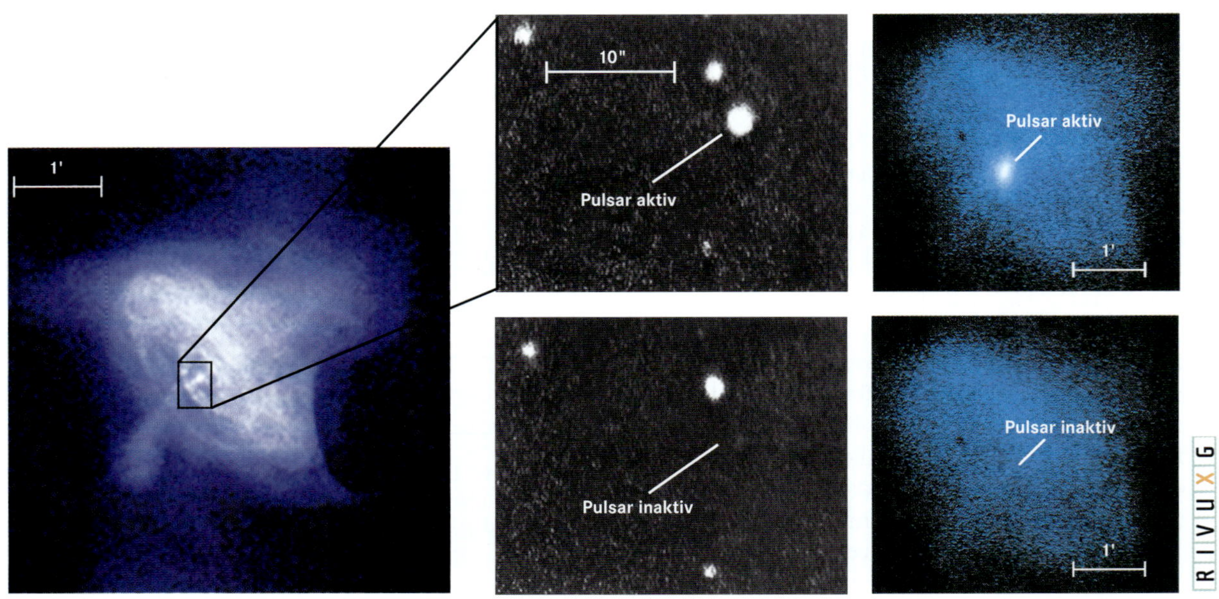

b Der Krebsnebel

Der Krebsnebel im sichtbaren Licht

Der Krebsnebel bei Röntgenstrahlung

Als Ende 1968 ein Pulsar in der Mitte des Krebsnebels entdeckt wurde, ergab sich schließlich die Lösung. Im Jahr 1054 n. Chr. hatten amerikanische Ureinwohner, chinesische Beobachter und möglicherweise auch Andere das Erscheinen eines „Gaststerns" im Sternbild Stier beobachtet und aufgezeichnet. Wenn man ein Teleskop auf diesen Ort richtet, findet man heute dort den Krebsnebel (Abb. 10.19a). Er sieht wie der Rest einer Explosion aus und ist tatsächlich auch ein Supernovarest. Im Zentrum des Krebsnebels steht der Krebspulsar (Abb. 10.19b).

Wenn also Expansion und Kontraktion auszuschließen sind, erscheint am wahrscheinlichsten, dass Pulsare rotieren. Falls der Krebspulsar tatsächlich rotiert, erfolgt die Rotation zu schnell, als dass er ein Weißer Zwerg sein könnte. Seine Periode beträgt 0,033 s, d. h., in der Sekunde müsste er 30-mal um seine Achse rotieren. Bei dieser Drehzahl würde ein Gebilde mit dem Durchmesser eines Weißen Zwergs sofort auseinanderfliegen. Dies wurde noch deutlicher, als bald zahlreiche weitere Pulsare entdeckt wurden, die noch schneller rotierten. Hierzu gehört PSR 1737+21 (PSR bedeutet Pulsar und 1937+21 ist die ungefähre Rektaszension und Deklination), ein Sternrest, der pro Sekunde 640-mal pulsiert. Wenn Pulsare tatsächlich rotieren, müssten sie schon außerordentlich kompakt sein. Berechnungen ergaben, dass Neutronensterne – falls es sie gäbe – tatsächlich einen so kleinen Durchmesser hätten, dass sie trotz der schnellen Rotation von Pulsaren nicht zerrissen würden. Tatsächlich war dies die *einzige* Erklärung, die der Prüfung standhielt, was zu der beschriebenen Theorie von Neutronensternen führte.

? Wie groß ist ein Neutronenstern?

10.11 Ein rotierendes Magnetfeld lässt Neutronensterne wie Leuchttürme blinken

Weshalb rotieren Neutronensterne aber so schnell und weshalb senden sie dabei Impulse elektromagnetischer Energie aus? Beobachtungen der Rotation der Sonne, des Sterns Beteigeuze und anderer nahe gelegener Sterne legen Theorien nahe, denen zufolge viele, wenn nicht gar alle Sterne auf der Hauptreihe einen bestimmten Drehimpuls haben. So rotiert z. B. unsere Sonne einmal im Monat um ihre Achse. Allerdings nimmt die Rotationsgeschwindigkeit kollabierender Sterne zu. Das ist ähnlich wie bei einem Eiskunstläufer, der immer schneller rotiert, wenn er die Arme anzieht (siehe Abb. 2.12). In Abschnitt 2.7 hatten wir erfahren, dass das daran liegt, dass der Gesamtdrehimpuls eines isolierten Systems immer konstant ist. Aus der Drehimpulserhaltung folgt, dass der Kern eines massereichen Hauptreihensterns, der einmal im Monat rotiert, wenn er auf die Größe eines Neutronensterns geschrumpft ist, schneller als einmal in der Sekunde rotiert.

Außerdem wird davon ausgegangen, dass die meisten Neutronensterne starke Magnetfelder besitzen. In einem durchschnittlichen Stern wie der Sonne verteilt sich das Magnetfeld über Millionen mal Millionen Quadratkilometer direkt unter der Oberfläche des Sterns (siehe Kapitel 7). Wenn ein Stern von der Größe der Sonne auf die eines Neutronensterns kollabiert, wird dieses Magnetfeld auf kleinsten Raum konzentriert. Anschaulich kann man sich die Ähren eines Kornfelds vor Augen halten, die beim Bündeln ähnlich konzentriert werden (Abb. 10.20). Dadurch wächst die Feldstärke des Magnetfelds eines kollabierenden Sterns bis auf das 10^{15}-fache des Erdmagnetfelds an. Ein so starker Magnet auf halber Strecke zwischen Erde und Mond würde Eisenstäbe von der Erdoberfläche anheben.

Die Rotationsachse eines typischen Neutronensterns stimmt nicht mit der Achse überein, die durch seinen Nordpol und Südpol verläuft (Abb. 10.21). Dies ist nicht anders als bei der Sonne und bei den Planeten (bis auf den Saturn), bei denen die Magnetfeldachse und die Rotationsachse ebenfalls voneinander verschieden sind. Während der Neutronenstern rotiert, ändert sein starkes Magnetfeld rasch seine Richtung. Der Stern wirkt also wie ein riesiger elektrischer Generator, der starke elektrische Felder erzeugt, die wiederum auf die Protonen und Elektronen in der Nähe seiner Oberfläche wirken. Die starken elektrischen Felder kanalisieren diese geladenen Teilchen und veranlassen, dass sie wie in Abb. 10.21 gezeigt aus den Polargebieten des Neutronensterns ausgestoßen werden. Während die Teilchen in Feldrichtung laufen, werden sie beschleunigt und senden Strahlungsenergie aus. Das Ergebnis sind zwei sehr dünne Strahlungsbündel, die am magnetischen Nord- und Südpolgebiet aus dem Neutronenstern austreten und den Weltraum überstreichen – der Pulsar.

Diese Erklärung für die Funktionsweise von Pulsaren heißt häufig **Leuchtturmmodell**. Ein rotierender magnetischer Neutronenstern ähnelt dem Leuchtfeuer eines Leuchtturms. Durch das Magnetfeld werden nahe gelegene Gase beschleunigt und dazu angeregt,

Abb. 10.20 Eine Analogie: Bei der Kontraktion eines Sterns nimmt die Stärke des Magnetfelds zu. Auf dem Feld sind die Weizenhalme über eine viel größere Fläche verteilt als bei der Ernte, wenn sie zusammengebunden werden. Ähnlich verhält es sich mit dem Magnetfeld eines Sterns. Der kollabierende Stern nimmt das Magnetfeld in sich auf und dabei wird es stärker. (a: Corbis; b: Oscar Burriel/Photo Researchers, Inc.)

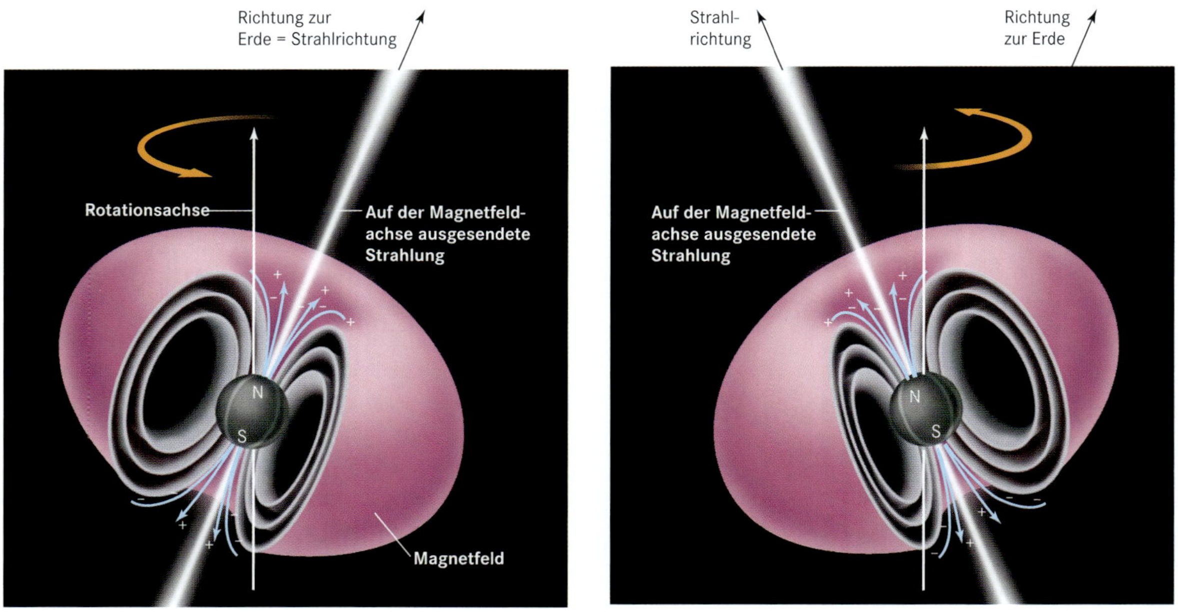

a Einer der Strahlen des rotierenden Neutronenstrahls ist zur Erde gerichtet: Wir können daher einen Strahlungsimpuls nachweisen.

b Eine halbe Umdrehung später weist der Strahl nicht mehr zur Erde: Der Pulsar ist dann inaktiv.

Abb. 10.21 Ein rotierender Neutronenstern mit Magnetfeld. Berechnungen ergeben, dass viele Neutronensterne schnell rotieren und starke Magnetfelder besitzen. In der Nähe der Magnetpole eines solchen Neutronensterns werden geladene Teilchen beschleunigt und erzeugen zwei entgegengesetzt gerichtete Strahlungsbündel. Während der Stern rotiert (zwischen a und b liegt eine halbe Periode), überstreichen die Strahlungsbündel den Himmel. Liegt die Erde gerade (wie bei a, aber nicht bei b) auf dem Strahl, empfangen wir einen Impuls des Pulsars.

Strahlung auszusenden. Je nach den konkreten Bedingungen kann die Strahlung im Radio- oder Gammabereich liegen, und viele Pulsare emittieren sogar in mehr als einem Bereich. Berechnungen ergeben, dass diese Strahlung gebündelt wird und während der Rotation des Sterns den Himmel überstreicht. Falls der Stern gerade in der richtigen Richtung liegt, kann jedes Mal, wenn ein Strahl unsere Sichtlinie überstreicht, ein kurzes Aufblitzen beobachtet werden. So blitzt wegen der Rotation seines Neutronensterns auch der Krebsnebel 30-mal in der Sekunde kurz auf (siehe Abb. 10.19).

Der Krebsnebel zählt zu den jüngsten Pulsaren, die wir kennen: Seine Entstehung vor 950 Jahren konnte schon von Menschen beobachtet werden. Auch der Vela-Pulsar im Kern des Gum-Nebels (siehe Abb. 10.13) sendet sichtbare Lichtblitze aus. Mit einer Periode von 0,089 s ist er der langsamste Pulsar, der bei sichtbaren Wellenlängen entdeckt wurde. Da ein Teil der Rotationsenergie von Pulsaren bei der Erzeugung der Impulse aufgebraucht wird, *werden isolierte Pulsare, wenn sie altern, immer langsamer.* Nur die allerjüngsten Pulsare haben genug Energie, um gemeinsam mit den Radioimpulsen sichtbare Lichtblitze aussenden. Auch der Vela-Pulsar ist erst vor 11.000 Jahren – in astronomischen Zeiträumen also erst kürzlich – entstanden.

? Können wir dem Leuchtturmmodell der Pulsare zufolge alle nahe gelegenen Pulsare sehen? Begründen Sie Ihre Antwort!

10.12 Manche Pulsare verhalten sich besonders exotisch

Die Magnetfelder typischer Pulsare sind etwa 10^{12}-mal so stark wie das Magnetfeld auf der Erdoberfläche. Unter bestimmten Umständen kann das Magnetfeld einiger Pulsare aber auf das Tausendfache ansteigen. Falls der Neutronenstern bei seiner Entstehung sehr heiß (um 10^{11} K) ist und sehr schnell (100-mal in der Sekunde) rotiert, bildet sich im gesamten Neutronenstern eine Konvektion aus. Dies hatten wir bereits bei Roten Zwergen (siehe Abschnitt 9.8) kennengelernt. Die Bewegung der Materie nach innen bzw. außen im Verein mit der Rotation erzeugt durch den Dynamoeffekt (siehe Abschnitt 4.4) zusätzliche Magnetfelder. Diese beiden Magnetfelder eines Neutronensterns zusammen sind 10^{15}-mal so stark wie das an der Erdoberfläche. Ein solches Objekt heißt **Magnetar** und ist besonders spektakulär.

Ein Magnetar hat so starke Magnetfelder, dass sie die Oberfläche des Neutronensterns verformen und innerhalb von Sekundenbruchteilen gewaltige Röntgen- und Gammastrahlungsausbrüche von Photonen anderer Wellenlängen auswerfen. Magnetare werden oft auch Soft Gamma-Ray Repeater bzw. SGR genannt. („Soft" soll zwar „niederenergetisch" heißen, tatsächlich sind dies aber immer noch sehr hochenergetische Photonen.) Die Magnetfelder eines Magnetars treten mit Gasen in der Umgebung in Wechselwirkung, wodurch die Rotation des Neutronensterns rasch abgebremst wird. Nach 10^4 Jahren rotiert er nur noch alle 10 s einmal und die SGR-Aktivität lässt nach. Seit 1998 sind 14 Magnetare beobachtet worden, darunter 2004 einer, von dem der hellste jemals von außerhalb unseres Sonnensystems beobachtete Blitz ausging. Seine Photonen wurden am Mond gestreut und erhellten die Erdatmosphäre.

Im Jahr 2006 entdeckten Radioastronomen eine weitere Art Emissionen rotierender Neutronensterne. Von diesen Rotating Radio Transients bzw. RRATs gehen Ausbrüche von Radio- und anderen Emissionen aus, die nur wenige Tausendstel Sekunden dauern. Danach sind sie minuten- oder gar stundenlang inaktiv und werden anschließend kurzzeitig erneut aktiv. Im Vergleich zu den meisten Pulsaren rotieren diese Neutronensterne langsam, d. h. alle 0,4 bis etwa 10 s einmal. Die beste Erklärung ist gegenwärtig, dass es sich um ältere Pulsare bzw. Magnetare handelt, die abgebremst wurden.

? Wie ändern sich die Rotationsgeschwindigkeiten von Magnetaren mit der Zeit?

10.13 Neutronensterne haben eine innere Struktur

Neutronensterne bestehen nicht allein aus Neutronen. Inzwischen konnte ein theoretisches Modell für die Oberfläche und für den inneren Aufbau eines Neutronensterns entwickelt werden (Abb. 10.22). Der innerste Kern mit einem Radius von etwa 10 km besteht aus supraleitenden Protonen und suprafluiden Neutronen. Ein *Supraleiter* ist ein Material, in dem Elektrizität und Wärme fließen können, ohne dass das System Energie verliert. Ein *Suprafluid* hat die seltsame Eigenschaft, reibungslos fließen zu können. Sowohl Supraleiter als auch Suprafluide können im Labor synthetisch hergestellt werden.

Der Kern eines Neutronensterns ist von einer Schicht suprafluider Neutronen umgeben. Seine

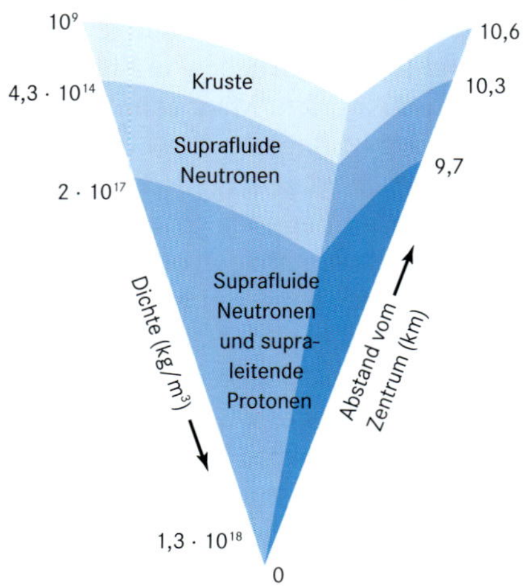

Abb. 10.22 Modell für den inneren Aufbau eines Neutronensterns. Dies ist ein theoretisches Modell für einen Neutronenstern mit einer Masse von 1,4 $M_{\odot}$. Der supraleitende, suprafluide Kern mit einem Radius von 9,7 km ist von einem 0,6 km dicken Mantel suprafluider Neutronen umgeben. Die Kruste ist nur 300 m dick (weniger als die Länge dreier Fußballfelder) und besteht aus schweren Kernen und freien Elektronen. Die Dicken sind nicht maßstabsgerecht.

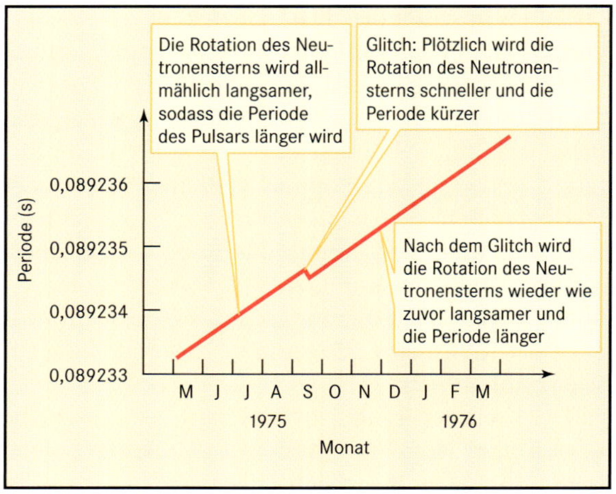

Abb. 10.23 Ein Glitch unterbricht die Rate, mit der der Vela-Pulsar abgebremst wird. Ein isolierter Pulsar strahlt Energie ab, sodass er immer langsamer rotiert. Allerdings verläuft die Abbremsung nicht immer stetig. Während er langsamer wird, nähert sich seine Gestalt einer Kugel an, an die sich die rotierende, starre Oberfläche anpassen muss. Da die Oberfläche spröde ist, geschieht dies, ähnlich wie bei Glas, sprunghaft. Dies führt zu entsprechenden sprunghaften Änderungen der Rotationsgeschwindigkeit. Ein solches Ereignis, ein sogenannter Glitch, wie er hier für den Vela-Pulsar 1975 gezeigt ist, ändert die Rotationsperiode des Pulsars.

Oberfläche ist eine feste, spröde Kruste dichter Kerne und Elektronen mit einer Dicke von etwa 0,3 km. Die Gravitationskraft eines Neutronensterns ist so stark, dass das „Erklimmen" einer Erhebung von 1 mm auf seiner Oberfläche mehr Energie als die Besteigung des Mount Everest auf der Erde erfordern würde.

Absorptionslinien im Spektrum mindestens einiger Neutronensterne weisen darauf hin, dass diese auch Atmosphären besitzen können. Es wird davon ausgegangen, dass diese Absorptionslinien durch die Streuung von Strahlung des Neutronensterns an Gasen in seiner Atmosphäre herrühren. Ähnlich sind ja auch die Absorptionslinien im Spektrum der Sonne ein Ergebnis der Streuung in der Sonnenatmosphäre. Im Jahr 2005 wurden Hinweise darauf gefunden, dass einige isolierte Neutronensterne lange nach ihrer Entstehung Energie ausstoßen. Insbesondere gibt es auf Cassiopeia A strahlende Gebiete, die erst vor 50 Jahren (ca. 275 Jahre nach der Supernova selbst) abgelagert wurden. Die Ursache hierfür kennen wir noch nicht.

Berechnungen zeigen, dass in der Kruste rotierender Neutronensterne ähnliche Ereignisse wie Erdbeben in der Erdkruste auftreten können. Wenn es auf einem rotierenden Neutronenstern (Pulsar) zu einem solchen Beben kommt, ändert sich seine Rotationsgeschwindigkeit infolge der Drehimpulserhaltung sprunghaft. Dies erzeugt eine Störung, einen sogenannten **Glitch**, der Rate, mit der der Pulsar abgebremst wird. Solche Ereignisse sind in einer Anzahl von Pulsaren tatsächlich beobachtet worden (Abb. 10.23).

Während die meisten Pulsare isolierte Körper zu sein scheinen, sind bei mehr als 90 Pulsaren Begleiter beobachtet worden (die nicht notwendig ebenfalls Neutronensterne zu sein brauchen). Diese Pulsare heißen *Doppelpulsare* und sind aus verschiedenen Gründen interessant. Zunächst ziehen viele Doppelpulsare Masse von ihren Begleitern an. Der Massentransfer führt dazu, dass der Pulsar (wie die Eiskunstläuferin in Abb. 2.12, die die Arme anzieht) beschleunigt rotiert. Infolgedessen rotieren einige Pulsare fast 1000-mal pro Sekunde und werden zu sogenannten *Millisekundenpulsaren.* Zweitens haben einige Pulsare wie PSR 1916+13 kompakte massereiche Begleiter, häufig ebenfalls Neutronensterne. Beobachtungen von Doppelpulsaren mit Neutronenstern als Begleiter zeigen, dass sich beide – in Übereinstimmung mit Ergebnissen der Einstein'schen Gravitationstheorie bzw. *allgemeinen Relativitätstheorie* (siehe Abschnitt 2.1 bzw. 10.21) – auf Spiralbahnen aufeinander zu bewegen.

Im Jahr 2004 wurde erstmals ein Paar von Pulsaren beobachtet, die einander umlaufen (Abb. 10.24) – ei-

Abb. 10.24 Ein Doppelpulsar. Die Zeichnung zeigt zwei Pulsare, die ihren Schwerpunkt umlaufen. Der Doppelpulsar PSR J0737-3039 liegt etwa 1500 Lichtjahre von der Erde entfernt im Sternbild Achterschiff. Ein Pulsar hat eine Periode von 23 ms und der andere eine von 2,8 s. Die Umlaufzeit beider umeinander beträgt 2,4 h. (Prof. Dr. Michael Kramer, Direktor – Max-Planck-Institut für Radioastronomie, Bonn, Professor für Astrophysik, University of Manchester)

ne interessante Gelegenheit, die Vorhersagen der allgemeinen Relativitätstheorie genauer zu prüfen. Zum Beispiel ergibt sich aus dieser Theorie, dass beide Pulsare eine Präzession (d. h. eine Richtungsänderung ihrer Rotationsachsen) zeigen sollten. Wie die oben diskutierten Doppelpulsare sollten auch sie sich auf Spiralbahnen annähern. Beobachtungen in den nächsten Jahren werden zeigen, ob dies tatsächlich zutrifft.

? Weshalb ändern Glitches die Rotationsgeschwindigkeiten von Pulsaren?

10.14 Aus kollidierenden Neutronensternen könnte ein Teil der schweren Elemente im Universum stammen

In Abschnitt 10.5 und 10.6 hatten wir die Nukleosynthese, die Erzeugung der schwereren Elemente, behandelt. Dabei zeigte sich, wie in massereichen Sternen eine Vielzahl von Elementen bis zum Eisen entstehen, die dann beim Supernovaausbruch in den Weltraum ausgestoßen werden. Außerdem hatten wir erörtert, dass auch bei der Supernova selbst schwere Elemente erzeugt und ausgestoßen werden. Allerdings hatten wir auch erwähnt, dass diese Supernovamodelle nicht genügend Elemente schwerer als Eisen erzeugen, um die im Universum vorkommenden Mengen zu erklären.

Computersimulationen der Kollisionen zweiter Neutronensterne zeigen, dass bei solchen Zusammenstößen einige der Neutronen in den Weltraum geschleudert werden, wo viele wieder in Protonen zerfallen und Elemente erzeugen helfen. Bei den darauffolgenden Wechselwirkungen entstehen eine Vielzahl schwererer Elemente in Mengen, die mit den Beobachtungen vereinbar sind.

? Weshalb kann das meiste Eisen auf der Erde nicht von den Eisenkernen massereicher Sterne kommen, die als Supernovae explodiert sind?

10.15 Doppelneutronensterne erzeugen pulsierende Röntgenquellen

Neutronensterne in Doppelsternsystemen könnten auch der Schlüssel zu einer anderen Art regelmäßiger Impulse sein, die uns aus dem Weltraum erreichen – den Röntgenquellen. In den 1960er gelangen Astronomen auf Raketen- und Ballonflügen, bei denen kurzzeitig Röntgendetektoren über die Erdatmosphäre aufstiegen, faszinierende Röntgenaufnahmen des Himmels. Dabei wurden mehrere starke Röntgenquellen entdeckt, die jeweils nach dem Sternbild benannt wurden, in dem sie liegen.

Diese Entdeckungen waren so faszinierend, dass die NASA den Satelliten Explorer 42 mit Röntgendetektoren ausrüstete und startete. Er war ein Röntgensatellit, der rund um die Uhr beobachten konnte. Um ihn auf eine Umlaufbahn über dem Erdäquator zu bringen, wurde er 1970 von Kenia aus gestartet, und zwar am 7. Jahrestag der Unabhängigkeit des Landes. Zur Erinnerung daran erhielt Explorer 42 den Namen Uhuru (in Swahili „Freiheit").

Uhuru lieferte die erste umfassende Röntgenaufnahme des Himmels. Der Satellit rotierte langsam, sodass seine Detektoren den Himmel abrasterten. Jedes Mal, wenn eine Röntgenquelle ins Sichtfeld kam, wurden die Signale an Bodenstationen übertragen. Bis Anfang 1973 Batterie und Sender ausfielen, hatte Uhuru 339 Röntgenquellen geortet.

Als die Uhuru-Gruppe Anfang 1971 Röntgenimpulse von Centaurus X-3 entdeckte, lag die Entdeckung der Pulsare noch nicht lange zurück. Abb. 10.25 zeigt Daten einer Abtastung von Centaurus X-3 mit den Uhuru-Detektoren. Die Impulse zeigen eine regelmäßige Periode von 4,84 s. Einige Monate später wurden ähnliche Impulse mit einer Periode von 1,24 s

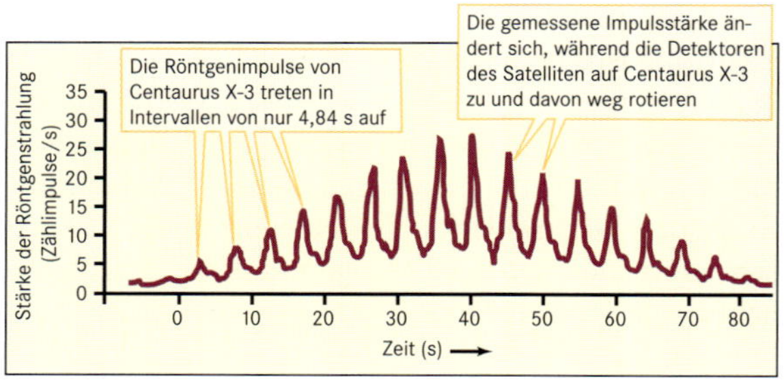

Abb. 10.25 Röntgenimpulse von Centaurus X-3. Das Diagramm zeigt die Stärke der Röntgenstrahlung, die Uhuru nachwies, während Centaurus X-3 das Sehfeld des Satelliten durchquerte. Die Höhe der Impulse ändert sich, da sich wegen der Rotation von Uhuru die Orientierung seiner Röntgenstrahlungsdetektoren relativ zur Quelle änderte. Die kurze Periode legt nahe, dass es sich bei der Quelle um einen rotierenden Neutronenstern handelt.

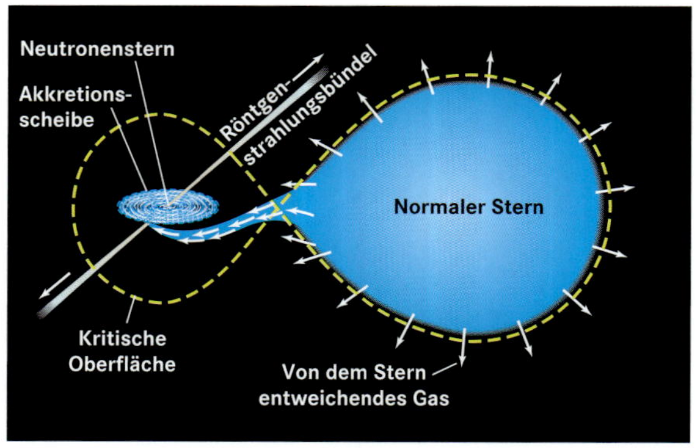

Abb. 10.26 Modell einer pulsierenden Röntgenquelle. Von einem normalen Stern strömt Gas auf einen Neutronenstern über. Dieses Gas wird zu den Magnetpolen des Neutronensterns geführt, wo es mit so viel Energie auf den Stern auftrifft, dass zwei Hot Spots entstehen, von denen Röntgenstrahlung ausgeht. Während der Neutronenstern rotiert, überstreichen die beiden Röntgenstrahlungsbündel den Himmel.

von einer anderen Quelle, Hercules X-1, entdeckt. Da die beiden Perioden so kurz sind, wurden die Quellen zunächst für schnell rotierende Neutronensterne gehalten.

Allerdings wurde bald deutlich, dass Systeme wie Centaurus X-3 und Hercules X-1 keine gewöhnlichen Pulsare wie der Crab- oder Vela-Pulsar sind. Alle 2087 Tage blieb Centaurus X-3 fast 12 h völlig inaktiv. Dies deutet darauf hin, dass er ein Bedeckungsveränderlicher ist (siehe Abb. 8.13) und dass es fast 12 h dauert, bis die Röntgenquelle wieder hinter dem Begleiter vorkommt.

Noch überzeugender sind die Argumente bei Hercules X-1. Der inaktive Zustand entspricht einer sechsstündigen Bedeckung, die alle 1,7 Tage stattfindet, und eine genaue Zeitmessung der Röntgenimpulse zeigt sogar alle 1,7 Tage eine periodische Dopplerverschiebung. Dies ist ein direkter Beweis für den Umlauf um einen Begleiter. Wenn sich die Röntgenquelle annähert, liegen zwischen den Impulsen etwas weniger als 1,24 s. Entfernt sich die Quelle dagegen von uns, sind es etwas mehr als 1,24 s.

Damit sind Systeme wie Centaurus X-3 und Hercules X-1 also Beispiele für Doppelsternsysteme, in denen eine Komponente ein Neutronenstern ist. Da alle diese Doppelsterne sehr kurze Umlaufzeiten haben, kann der Abstand zwischen dem normalen Stern und dem Neutronenstern nur gering sein. Auf diese Weise kann der Neutronenstern von dem Begleiter entweichendes Gas einfangen (Abb. 10.26).

Die Pulsation der Röntgenquellen wie Centaurus X-3 oder Hercules X-1 wird so erklärt, dass die Roche-Keule des normalen Sterns entweder ganz oder zumindest fast gefüllt ist (Abb. 10.26). Auf jeden Fall muss Materie von dem Stern entweichen. Wenn die Roche-Keule des Sterns gefüllt ist, wie es bei Hercules X-1 zutrifft, entsteht der Massenverlust dadurch, dass Masse direkt durch die Roche-Keule strömt. Wenn die Oberfläche des Sterns wie bei Centaurus X-3 kurz unterhalb der Keule liegt, reißt ein Sternwind die Masse mit. Die typische Massenverlustrate des normalen Sterns in einem solchen Paar liegt bei ungefähr $10^{-9}\ M_{\odot}$ pro Jahr.

Der Neutronenstern einer pulsierenden Röntgenquelle, etwa eines normalen Pulsars, rotiert schnell und hat ein starkes Magnetfeld, das gegen die Rotationsachse geneigt ist (siehe Abb. 10.21). Während das Gas vom Begleiter auf den Neutronenstern fällt, führt das Magnetfeld die einfallende Materie zu den Magnetpolgebieten. Die Schwerkraft des Neutronensterns ist so stark, dass das Gas dort fast mit der halben Lichtgeschwindigkeit auf die Oberfläche auftrifft. Dadurch entstehen an beiden Polen Hot Spots mit Temperaturen von etwa 10^8 K, die starke Röntgenstrahlung aussenden, deren Leuchtkraft fast 100.000-mal so hoch wie die der Sonne ist. Beobachtungen dreier solcher Röntgenquellen im Jahr 2005 ergaben, dass die Hot Spots Durchmesser von etwa 100 m bis 4 km haben. Da der Neutronenstern rotiert, überstreichen zwei Röntgenstrahlungsbündel von den Polarkappen den Himmel. Wenn die Erde gerade auf dem Weg eines dieser Bündel liegt, können wir die pulsierende Röntgenquelle beobachten. Die Impulsperiode ist dann gleich der Rotationsperiode des Neutronensterns. Zum Beispiel rotiert der Neutronenstern in Hercules X-1 alle 1,24 s einmal um seine Achse.

10.16 Neutronensterne in Doppelsternen können starke isolierte Röntgenausbrüche hervorrufen

Neutronensterne können ihrem Begleiter weitere Masse entziehen, die sie zum ausbruchartigen Aufleuchten bringt. Seit Ende 1975 haben Astronomen bei der Analyse der Daten von Röntgensatelliten plötzliche starke Strahlungsausbrüche nachgewiesen. Abb. 10.27 zeigt die Aufzeichnung eines typischen Ausbruchs. Normalerweise sendet die Quelle, ein sogenannter Röntgen-Burster, Röntgenstrahlung auf einem konstanten, niedrigen Pegel aus. Auf einmal kommt es ohne vorherige Anzeichen zu einem plötzlichen Anstieg, auf den eine allmähliche Abnahme folgt. Ein typischer Ausbruch dauert 20 s. Inzwischen sind Dutzende **Röntgen-Burster** gefunden worden, die meisten davon in der Ebene unserer Galaxis.

Es wird davon ausgegangen, dass Röntgen-Burster ebenso wie Novae ein Ergebnis des Massentransfers in Doppelsternsystemen sind. Allerdings ist der Sternrest bei einem Burster kein Weißer Zwerg, sondern ein Neutronenstern. Gase, die von dem normalen Begleiter entweichen, treffen auf den Neutronenstern auf. Die dabei freiwerdende Energie erzeugt die schwache Röntgenstrahlung, die der Burster ständig aussendet.

Das meiste auf den Neutronenstern auftreffende Gas ist Wasserstoff. Wenn er auf die heiße Oberfläche des Sterns auftrifft, wird er durch die starke Schwerkraft an seiner Oberfläche komprimiert. Tatsächlich sind die Temperaturen und Drücke in dieser Akkretionsschicht so hoch, dass der ankommende Wasserstoff sofort durch Fusion in Helium umgewandelt wird. Durch die ständige Wasserstofffusion entsteht bald eine Heliumschicht, die den gesamten Neutronenstern bedeckt. Wenn sie ein Dicke von 1 m erreicht hat, zündet schlagartig die Heliumfusion. Dies beobachten wir als plötzlichen Röntgenstrahlungsausbruch. Mit anderen Worten: Während die explosionsartige Wasserstofffusion auf einem Weißen Zwerg zu einer Nova führt, erzeugt die explosionsartige Heliumfusion auf einem Neutronenstern einen Röntgen-Burster.

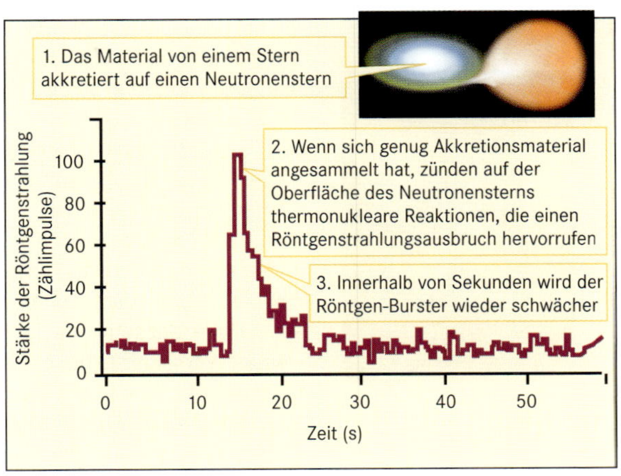

Abb. 10.27 Röntgenstrahlung eines Röntgen-Bursters. Ein Buster sendet mit konstanter, niedriger Intensität Röntgenstrahlung aus, die von gelegentlichen starken Ausbrüchen unterbrochen ist. Der gezeigte Ausbruch wurde im September 1975 von einem Röntgenteleskop registriert, das auf den Kugelsternhaufen NGC 6624 gerichtet war.

? Ist die Entwicklung der Quelle eines Röntgen-Bursters mit der einer Supernova vergleichbar?

10.17 Vielleicht gibt es kleinere, noch exotischere Sternreste aus Quarks

Das Schicksal jedes Sterns ist bis zum Schluss durch seine Masse bestimmt. Wie bei der Obergrenze der Masse eines Weißen Zwergs, der Chandrasekhar-Grenze, gibt es auch eine Obergrenze für die Masse eines Neutronensterns, die *Oppenheimer-Volkov-Grenze*. Oberhalb dieser Grenze kann der Neutronenentartungsdruck das übermäßige Gewicht der Sternmaterie, die von allen Seiten auf das Zentrum drückt, nicht mehr stabilisieren. Die Chandrasekhar-Grenze für einen Weißen Zwerg beträgt 1,4 $M_\odot$, die Oppenheimer-Volkov-Grenze für einen Neutronenstern 3 $M_\odot$.

Um zu verstehen, was mit massereicheren Sternen geschieht, müssen wir etwas ausholen. 1964 hatten Berechnungen ergeben, dass viele Elementarteilchen wie Neutronen (und auch Protonen, nicht aber Elektronen) tatsächlich aus noch kleineren Teilchen, sogenannten **Quarks**, bestehen. Dies konnte 1968 durch Experimente bestätigt werden. Normalerweise kommen Quarks als getrennte Teilchen nicht vor; im Fall der Neutronen und Protonen verbinden sie sich zu Dreiergruppen. Allerdings können Neutronen unter extrem hohem Druck so stark komprimiert werden, dass sie sich in ihre Bestandteile, die Quarks, auflösen. Sind die Quarks einmal freie Teilchen, unterliegen auch sie dem Pauli'schen Ausschließungsprinzip, das hier besagt, dass gleiche Quarks nicht gleichzeitig am selben Ort sein können. Wie Elektronen und Neutronen können also auch Quarks einen Druck erzeugen, der dem Kollaps entgegenwirkt. So entstehen Quarksterne. Die Obergrenze für die Masse von

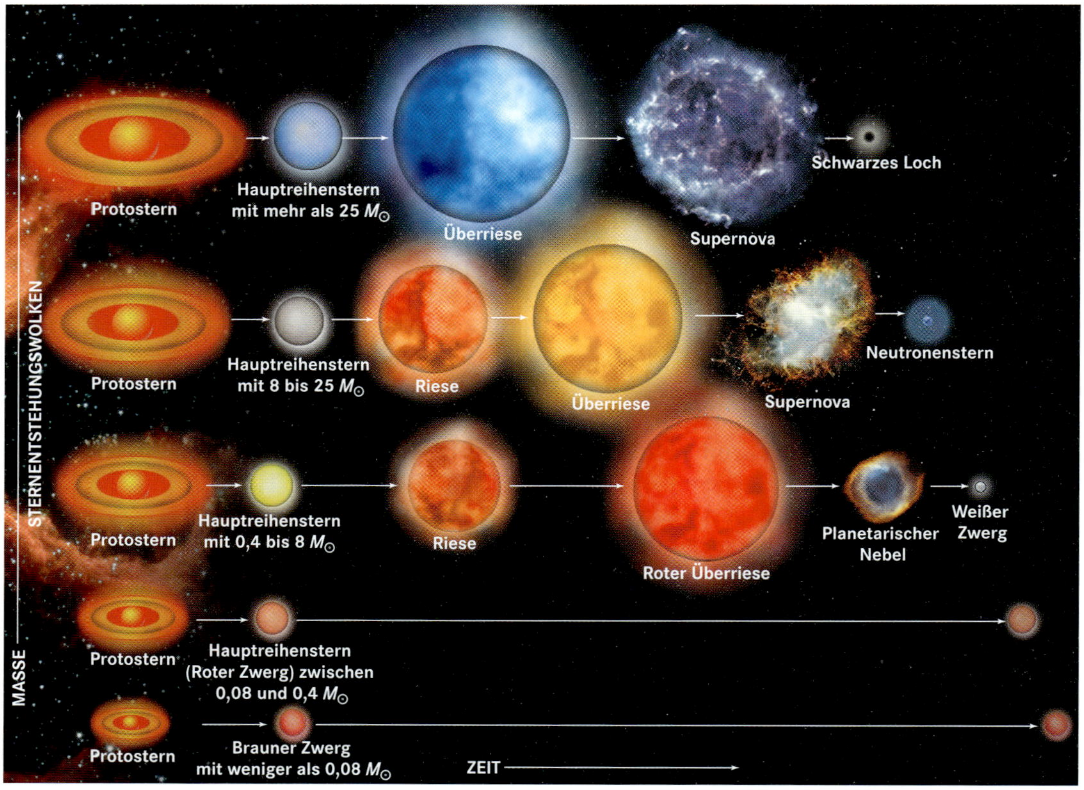

a

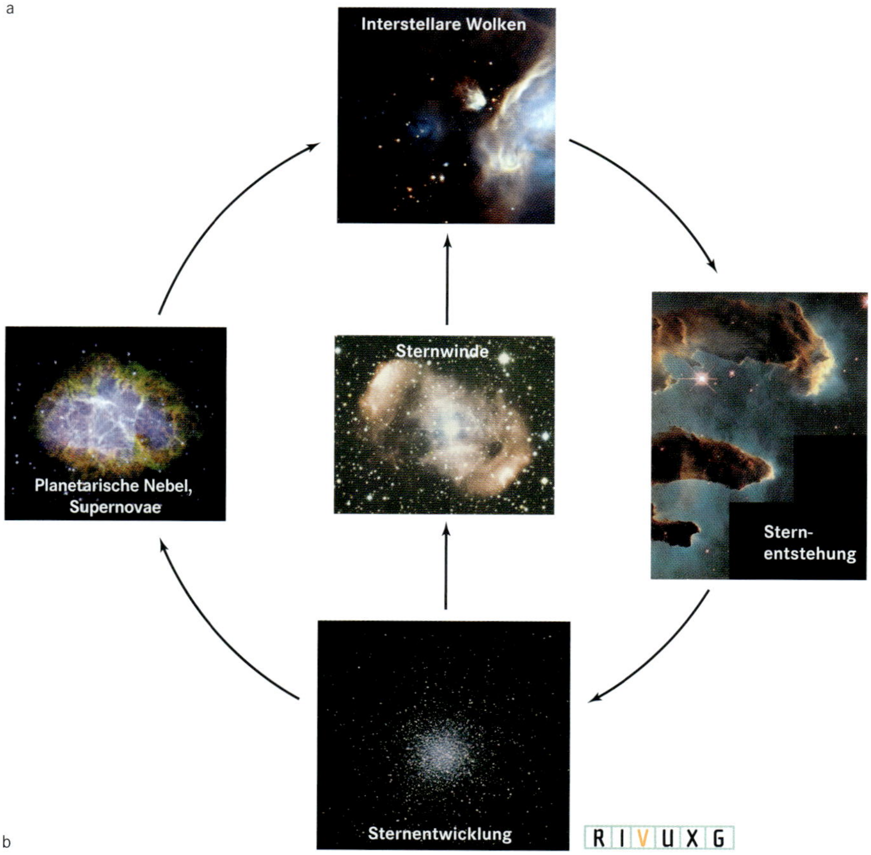

b

Abb. 10.28 Zusammenfassung zur Sternentwicklung. (a) Die Entwicklung isolierter Sterne hängt hauptsächlich von ihren Massen ab. Je höher die Masse ist, desto kürzer ist die Lebensdauer. Sterne mit weniger als etwa 8 $M_\odot$ können genug Masse abstoßen, um zu Weißen Zwergen zu werden. Massereichere Sterne können zu Typ-II-Supernovae werden und als Neutronensterne oder Schwarze Löcher enden. Die horizontalen Achsen (Zeitachsen) haben unterschiedliche Maßstäbe, die jeweiligen Verhältnisse der Lebensdauern stimmen aber. (b) Zusammenfassung zum Zyklus der Sternentwicklung. (Infrared Space Observatory, NASA (oben); Anglo-Australian Observatory/J. Hester und P. Scowen, Arizona State University/NASA (rechts); NASA (unten und links); Anglo-Australian Observatory (Mitte))

Quarksternen ist noch nicht bekannt, liegt möglicherweise aber gar nicht wesentlich über der Oppenheimer-Volkov-Grenze.

Falls die Masse des Restkerns einer Supernova über der Massengrenze von Neutronensternen (und von Quarksternen, falls sie nachgewiesen werden können) liegt, könnte ihnen noch ein ganz anderes Schicksal bevorstehen. Wir hatten bereits erwähnt, dass die Gravitationsanziehung in der Nähe eines Neutronensterns so stark ist, dass sich Teilchen fast mit der halben Lichtgeschwindigkeit bewegen müssen, um von seiner Oberfläche entweichen zu können. Wenn der Sternrest eine Masse von etwas mehr als 3 $M_\odot$ hat, wird so viel Materie auf einem so kleinen Volumen verdichtet, dass die Abstoßung der Neutronen wegen des Pauli'schen Ausschließungsprinzips schnell überwunden wird. Der Rest kollabiert dann weiter, wobei die Entweichgeschwindigkeit schließlich höher als die Lichtgeschwindigkeit wird. Da sich nichts schneller als Licht bewegen kann, kann ein solches kollabiertes Objekt nichts – nicht einmal Licht – verlassen. Die Entdeckung von Neutronensternen und die Berechnungen zu der vom Pauli'schen Ausschließungsprinzip gesetzten Grenze führten schließlich dazu, ernsthaft die wohl exotischsten Objekte in Erwägung zu ziehen, die die moderne Wissenschaft überhaupt hervorgebracht hat: die Schwarzen Löcher, denen wie uns nun zuwenden wollen. In Abb. 10.28 sind die in Kapitel 9 und 10 erörterten Entwicklungswege von Sternen noch einmal zusammengefasst.

? Was ist die Oppenheimer-Volkov-Grenze?

Schwarze Löcher

Sterne entstehen durch Schwerkraft und werden durch sie zusammengehalten. In allen bisher betrachteten Entwicklungsstadien verhinderten nach außen gerichtete Kräfte, die auf der Fusion, dem Elektromagnetismus und dem Pauli'schen Ausschließungsprinzip beruhen, dass sie weiter kollabieren. Wir wollen nun das Schicksal von Sternresten mit Massen von mehr als 3 $M_\odot$ untersuchen, in denen die Gravitation „die Oberhand gewinnt".

Wenn die Gravitationskraft eines Körpers so hoch ist, dass sie alle entgegenwirkenden abstoßenden Kräfte (wie die aus dem Neutronenentartungsdruck resultierende Kraft) überwindet, kollabiert das Objekt. Seine Gravitationsanziehung wird dann so stark, dass nichts – nicht einmal Licht – von ihm entweichen kann. Die Materie und der sie umgebende Raum werden dann zu einem *Schwarzen Loch.*

Gelegentlich – wie bei der Inbetriebnahme des Large Hadron Collider am CERN im Jahr 2008 – wird mit Schwarzen Löchern Angst und Schrecken verbreitet. Viele Menschen halten Schwarze Löcher für eine Art riesigen Staubsauger, der die gesamte Materie im Universum „aufsaugen" wird. Zum Glück besagen die zuständigen Gleichungen, dass sie trotz ihrer durchaus außergewöhnlichen Eigenschaften so gefährlich nun doch nicht sind.

Die Vorstellung, dass die Schwerkraft verhindern könnte, dass Materie von einem Körper entweicht, lässt sich bereits bis ins 18. Jahrhundert zurückverfolgen. Das moderne Konzept Schwarzer Löcher, wie wir es heute kennen, geht allerdings erst auf Albert Einstein zurück, dessen *allgemeine Relativitätstheorie* (die formuliert, wie Materie und Bewegung mit Masse, Entfernung und Zeit verknüpft sind) sie zu beschreiben vermag. Um die exotischen Objekte zu verstehen, müssen wir also zunächst einen Exkurs in die Relativitätstheorie unternehmen.

Spezielle und allgemeine Relativitätstheorie

Wir betrachten ein Auto, das mit 100 km/h an uns vorbeifährt. Wir messen seine Masse, die Geschwindigkeit, mit der sich ein Uhrzeiger im Auto bewegt, und die Länge des Autos. Dasselbe macht der Fahrer. Zunächst wären wir überzeugt, dass beide dieselben Ergebnisse erhalten – was bei genauer Messung allerdings nicht der Fall ist. Es war Albert Einstein, der Anfang des 20. Jahrhunderts eine Revolution in der Wissenschaft auslöste, indem er den gesunden Menschenverstand beiseiteschob, eine Reihe zunächst ungewöhnlicher physikalischer Grundannahmen über die Natur postulierte und daraus Folgerungen berechnete. Die entsprechenden Gleichungen ermöglichten grundlegende Einsichten in den Ablauf des Naturgeschehens, widersprachen andererseits aber in verschiedener Hinsicht unserer Intuition. Die weitere Untersuchung und die Ableitung praktischer Konsequenzen aus der speziellen und allgemeinen Relativitätstheorie sind einerseits mit der Entstehung neuer Technologien, andererseits aber mit einem tieferen Verständnis des Wechselverhältnisses zwischen Materie, Energie, Raum und Zeit verknüpft.

10.18 Die spezielle Relativitätstheorie veränderte unsere Vorstellung von Raum und Zeit

Im Jahr 1905 formulierte Albert Einstein seine **spezielle Relativitätstheorie**, die beschreibt, wie sich die Bewegung auf unsere Messungen von Entfernung, Zeit und Masse auswirkt. Dabei ließ er sich von zwei neuartigen Grundsätzen leiten. Auch wenn die Folgerungen eine Umwälzung bedeuteten, scheint die erste Aussage sehr einfach zu sein:

> **!** Die Beschreibung der physikalischen Realität ist unabhängig von der (konstanten) Geschwindigkeit, mit der man sich bewegt.

Mit anderen Worten: Solange man sich geradlinig mit konstanter Geschwindigkeit bewegt, gelten für einen dieselben physikalischen Gesetze wie für jemand anders, der sich mit einer anderen, aber ebenfalls konstanten Geschwindigkeit in einer anderen Richtung bewegt. Zur Veranschaulichung stellen wir uns vor, dass wir in einem geschlossenen Güterwagen sitzen, der mit einer konstanten Geschwindigkeit von 100 km/h auf einem geraden Gleis fährt. Wir lassen darin aus einer Höhe von 2 m einen Bleistift fallen und stoppen, wie lange es dauert, bis der Bleistift auf dem Boden ankommt (etwa 0,64 s). Dasselbe Experiment wiederholen wir später, wenn der Wagen auf dem Abstellgleis steht. Die Zeit, die der Bleistift fällt, ist genauso lang.

Die zweite Annahme leuchtet zunächst weit weniger ein:

> **!** Unabhängig von der Geschwindigkeit oder Richtung, mit der man sich bewegt, misst man immer dieselbe Lichtgeschwindigkeit.

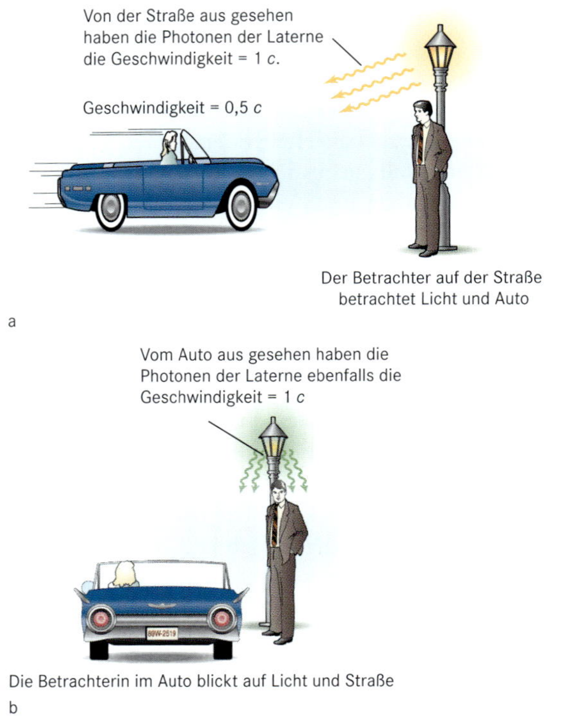

Abb. 10.29 Die Lichtgeschwindigkeit ist konstant. (a) Von der Straße aus gesehen bewegen sich die Photonen des Lichts von der Laterne mit der Geschwindigkeit $v = c$ auf das Auto zu. (Von der geringfügigen Verringerung der Lichtgeschwindigkeit durch die Luft wollen wir absehen.) (b) Vom Auto aus gesehen, das mit der Geschwindigkeit $v = 0{,}5\ c$ auf die Laterne zufährt, bewegen sich die Photonen ebenfalls mit der Geschwindigkeit $v = c$. Dass das Licht in der unteren Darstellung eine andere Farbe als in der oberen hat, kommt von der Dopplerverschiebung.

Wir stellen uns vor, dass wir in einem Superauto sitzen, das mit 150.000 km/s – 50 % der Lichtgeschwindigkeit bzw. 0,5 *c* – auf eine weit entfernte Laterne zurast (Abb. 10.29a). Ein Freund, der an einer Straßenlaterne lehnt, sieht uns auf sich zukommen und sieht außerdem, wie das Licht der Laterne mit der Geschwindigkeit *c* auf uns zukommt. Wie schnell sehen *wir* dann die Photonen auf uns zukommen? Auf den ersten Blick würde man denken, dass uns die Photonen mit der Geschwindigkeit $c + 0{,}5\ c$ erreichen, d. h. mit der Summe der Geschwindigkeit, mit der die Photonen auf uns zukommen, plus der Geschwindigkeit, mit der wir auf sie zufahren. Dies ist allerdings falsch. Tatsächlich sehen wir die Photonen mit derselben Geschwindigkeit *c* auf uns zukommen, mit der sie unser Freund die Laterne verlassen sieht (Abb. 10.29b). Allerdings würden wir sie wegen der Dopplerverschiebung mit einer anderen Farbe als unser Freund sehen.

In der Einstein'schen speziellen Relativitätstheorie sind diese beiden Annahmen mathematisch formuliert. Ihre Ergebnisse sind in zahlreichen Experimenten bestätigt worden. Die vielleicht am besten bekannte Aussage der speziellen Relativitätstheorie ist die Beziehung zwischen Masse und Energie, $E = mc^2$. Im Widerspruch zu unserer (meist schon als Kind erworbenen) Alltagserfahrung besagt diese Gleichung, dass Materie in Energie und Energie in Materie umgewandelt werden *kann*. Eine solche Umwandlung findet auch in Sternen bei der Fusion von Elementen, etwa beim Wasserstoffbrennen in unserer Sonne, statt.

Die spezielle Relativitätstheorie führt auf drei wichtige Aussagen, die ebenfalls unserer Alltagserfahrung widersprechen:

1. **Mit zunehmender Geschwindigkeit verkürzt sich die Länge eines Objekts in der Bewegungsrichtung.** Mit anderen Worten, wenn man die Länge eines Zugs misst, der sich annähert oder entfernt, erhält man einen kürzeren Wert, als wenn er dabei am Bahnsteig steht (Abb. 10.30). (Das erklärt auch, weshalb das Auto in Abb. 10.29 etwas zusammengedrückt aussieht.) Diese Erscheinung heißt *Längenkontraktion.* Allerdings muss man aufpassen: Misst man die Länge des fahrenden Zugs als darin sitzender Fahrgast, erhält man denselben Wert wie bei einer Messung des stehenden Zugs vom Bahnsteig aus. Der Begriff *Relativität* soll die Bedeutung der Relativgeschwindigkeit zwischen Beobachter und gemessenem Objekt betonen.
2. **Uhren, die man in Bewegung sieht, ticken langsamer als solche, die man in Ruhe sieht.** Diese Tatsache heißt *Zeitdilatation.* Je schneller sich eine Uhr relativ zu einem bewegt, desto langsamer scheint sie zu ticken. Flugzeugpassagiere altern also langsamer, als wenn sie nicht fliegen würden. (Allerdings ist der Unterschied wegen der im Verhältnis zur Lichtgeschwindigkeit niedrigen Geschwindigkeit eines Flugzeugs unmerklich klein.) Tatsächlich merken die Menschen im Flugzeug nicht, dass die Zeit langsamer vergeht, da sich ihre biologischen Aktivitäten mit derselben Rate wie die Uhren um sie herum verlangsamen. Nur ein Beobachter, der sich langsamer als sie bewegt, sieht, dass Uhren und Aktivitäten der Passagiere langsamer ablaufen. Dieser Zusammenhang zwischen Bewegung und Uhren bedeutet, dass Raum und Zeit nicht als getrennte Größen betrachtet werden können. In der Relativitätstheorie werden sie in einer einzigen Größe, der **Raumzeit**, zusammengefasst.
3. **Die Masse eines Objekts steigt mit seiner Geschwindigkeit.** Das Konzept der Masse hatten wir in Abschnitt 2.7 erörtert. Die Gleichungen der speziellen Relativitätstheorie besagen, dass ein Körper, der sich mit Lichtgeschwindigkeit bewegt, unendliche Masse hätte. Da eine unendliche Masse größer als die Gesamtmasse des Universums sein müsste, kann offenbar kein massebehafteter Körper diese Geschwindigkeit erreichen oder gar überschreiten. Darüber hinaus zeigt die Gleichung $F = m\,a$ (siehe Abschnitt 2.7: F ist die auf einen Körper ausgeübte Kraft, m seine Masse und a seine Beschleunigung), dass mit der Masse auch die zum Beschleunigen des Körpers notwendige Kraft unendlich wird. Da die zum Beschleunigen eines Körpers im Universum zur Verfügung stehende Gesamtkraft endlich ist, kann kein massebehafteter Körper auf Lichtgeschwindigkeit beschleunigt werden: Die Lichtgeschwindigkeit ist die universelle Grenzgeschwindigkeit.

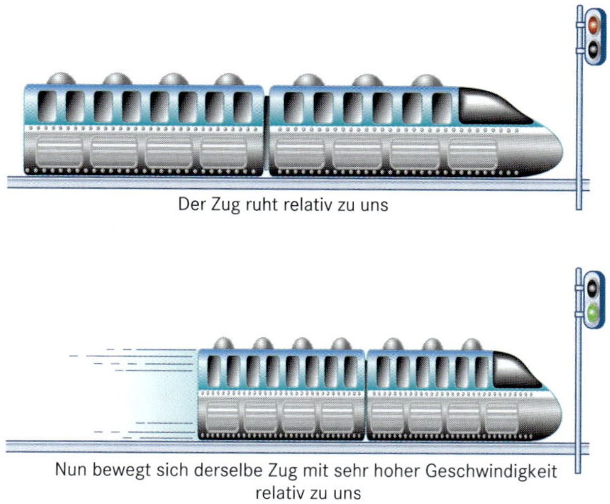

Abb. 10.30 Bewegung und Raum. Nach der speziellen Relativitätstheorie ist ein bewegter Körper von einem unbewegten Beobachter aus gesehen in Bewegungsrichtung verkürzt. Nähert er sich der Lichtgeschwindigkeit, wird er unendlich kurz. Die Abmessung senkrecht zur Bewegung des Körpers ändert sich dagegen nicht.

? Wie viel Masse m muss zerstrahlt werden, um eine bestimmte Energie E zu erzeugen?

10.19 Die allgemeine Relativitätstheorie beschreibt, wie Materie die Raumzeit krümmt und Gravitation erzeugt

Die spezielle Relativitätstheorie besagt, wie die Masse eines Körpers mit seiner (konstanten) Geschwindigkeit zusammenhängt. „Speziell" (im Sinne von beschränkt) ist sie dadurch, dass sie die Wirkungen der Beschleunigung und der Gravitation nicht berücksichtigt. Diese bezog Einstein 1915 in einer allgemeineren Theorie, der **allgemeinen Relativitätstheorie**, ein. Diese beschreibt, wie die Raumzeit in Anwesenheit von Materie verformt wird (Abb. 10.31a und b). Je größer die Masse ist, desto stärker ist diese Verformung oder *Krümmung.* Die Krümmung der Raumzeit zwischen jeglicher Materie im Universum erzeugt

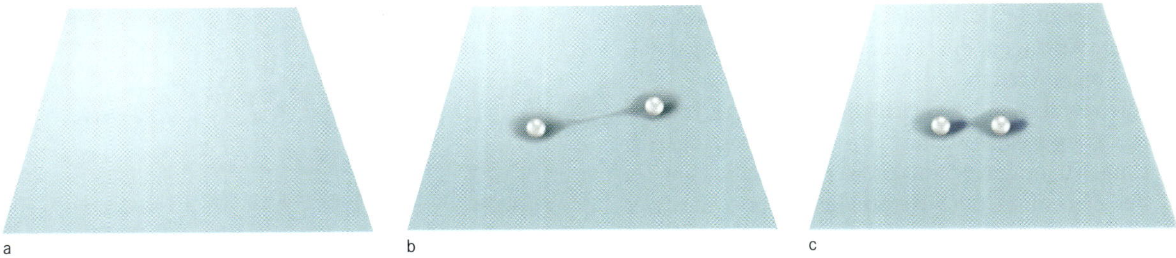

Abb. 10.31 Die Krümmung der Raumzeit. (a) Die Ebene soll zwei Dimensionen der Raumzeit veranschaulichen. Wenn die Raumzeit keine Materie enthält, sind Geraden in unserem anschaulichen Sinn gerade (die Ebene ist flach). (b) Ist Materie vorhanden, wird die Raumzeit gekrümmt. In der Analogie wird die Fläche gekrümmt, wenn man eine Masse darauf legt. Geraden, die als Wege von Lichtstrahlen definiert sind, sind nicht mehr im „üblichen" Sinn gerade. Die Krümmung ändert aber nicht nur den Weg der Photonen, sondern (c) bewirkt auch die Schwerkraft, mit der sich die Massen anziehen.

wiederum eine Anziehung (Abb. 10.31b) – genau die, die wir *Gravitationskraft* nennen.

Eine weitere Aussage der allgemeinen Relativitätstheorie ist, dass die Zeit in Anwesenheit von Materie langsamer abläuft. Je höher die Materiekonzentration ist, desto langsamer ticken Uhren (Abb. 10.32). Zum Beispiel vergeht die Zeit für uns auf der Erdoberfläche langsamer als für Astronauten auf dem Mond, der eine niedrigere Masse als die Erde hat.

Die Newton'sche Bewegungsgleichung und das Newton'sche universelle Gesetz der Gravitation sind nur für Körper mit verhältnismäßig niedrigen Massen, im Vergleich zur Lichtgeschwindigkeit niedrigen Geschwindigkeiten und niedrigen Dichten (wie die von Körpern auf der Erde) exakt. Ferner ist ihre Gültigkeit auf die Bewegung in ausreichender Entfernung von großen Massen (etwa der Sonne) oder sehr dichten Körpern (wie Neutronensternen) beschränkt. Zur genauen Beschreibung der Bahnen von Geschossen auf der Erde und der Bewegung der Erde um die Sonne sind die Newton'schen Gesetze völlig ausreichend. Für die Umlaufbahn des Merkur um die Sonne (auf der er sich der Sonne stark annähert) oder für zwei einander umlaufende Neutronensterne sind sie aber weniger geeignet. In diesen Fällen besagt die allgemeine Relativitätstheorie genau, wie sie sich bewegen und wie dabei die Zeit abläuft. Allerdings braucht man gar nicht zu den Sternen zu schweifen: Schon die genaue Ortsbestimmung über GPS-Satelliten auf Umlauf-

Abb. 10.32 In der Nähe von Materie läuft die Zeit langsamer ab. (a) Zwei Uhren im Weltraum werden auf genau dieselbe Zeit gestellt. (b) Anschließend werden sie auf die Erde und auf den Mond gebracht. Für einen weit von der Erde und vom Mond entfernten Betrachter tickt die Uhr auf der Erde langsamer als die auf dem Mond. Das liegt daran, dass die Masse den Zeitablauf verlangsamt und die Erde eine größere Masse als der Mond hat (und zudem eine höhere Dichte, was den Effekt noch verstärkt).

bahnen um die Erde erfordert den Einsatz von Gleichungen der allgemeinen Relativitätstheorie.

10.20 Die Raumzeit lenkt das Licht ab

Die Krümmung der Raumzeit wirkt sich nicht nur auf das Verhalten von Körpern aus, sie ändert auch den Weg und die Wellenlänge von Licht, das sich in der Nähe von Materie ausbreitet. (Die Newton'schen Gesetze machen darüber überhaupt keine Aussage.) Licht breitet sich in der Raumzeit auf Trajektorien, sogenannten *Geodäten*, aus. Geodäten im Raum kennen wir als diejenigen Kurven, denen wir im Flugzeug folgen, um auf dem kürzesten Weg von einer Stadt zur anderen zu fliegen. Photonen wie Materie folgen im Gravitationsfeld ähnlichen Geodäten, allerdings in der Raumzeit. Die erste experimentelle Bestätigung der allgemeinen Relativitätstheorie war ihre Aussage, dass die Geodäten so stark gekrümmt sind, dass Licht von Sternen, die hinter der Sonne stehen, beim Vorbeigang an der Sonne abgelenkt wird (Abb. 10.33).

? Welche Eigenschaft der Materie behandelt die allgemeine Relativitätstheorie, während sie in der speziellen Relativitätstheorie nicht berücksichtigt wird?

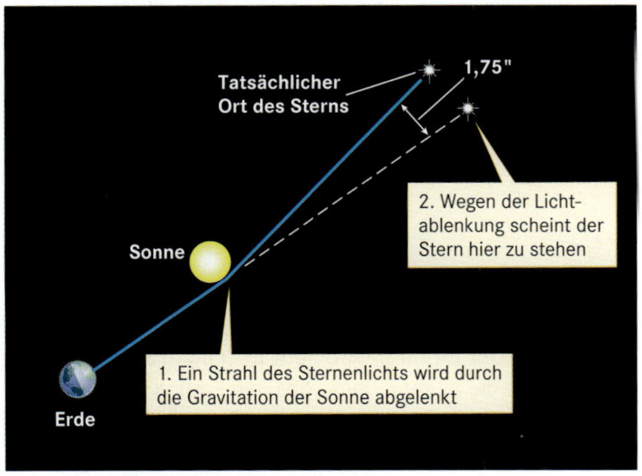

Abb. 10.33 Die Krümmung der Raumzeit und der Weg von Licht. Die Krümmung der Raumzeit durch Materie führt dazu, dass Licht abgelenkt wird. Dies war die erste Aussage der allgemeinen Relativitätstheorie, die 1919 bestätigt werden konnte. Die Gelegenheit ergab sich bei Beobachtungen von Sternen hinter der Sonne während einer Sonnenfinsternis. Da die Schwerkraft der Sonne den Weg des Lichts ändert, wurde der Stern nicht dort beobachtet, wo man ihn erwartet hatte.

Photonen, die die Umgebung eines Sterns verlassen, verlieren außerdem Energie bei ihrer Bewegung gegen das Gravitationsfeld. Allerdings werden sie dabei nicht langsamer wie ein Ball, den man nach oben wirft. Stattdessen werden ihre Wellenlängen zu größeren Werten verschoben (Abb. 10.34). Man kann diesen Effekt an den Spektren einiger Weißer Zwerge beobachten, deren Licht in den roten Bereich verschoben ist. Die Verschiebung der Wellenlängen von Licht, das aus der Umgebung eines massereichen Objekts austritt, heißt **Gravitationsrotverschiebung**.

Die allgemeine Relativitätstheorie ist inzwischen vielfach bestätigt worden. Einige Beobachtungen, die dazu beigetragen haben, sind:

- Licht wird durch die Gravitationskrümmung des Raums infolge der Anwesenheit von Materie wie Sternen oder ganzen Galaxien, die Milliarden von Sternen enthalten, messbar abgelenkt (siehe Abb. 10.33).

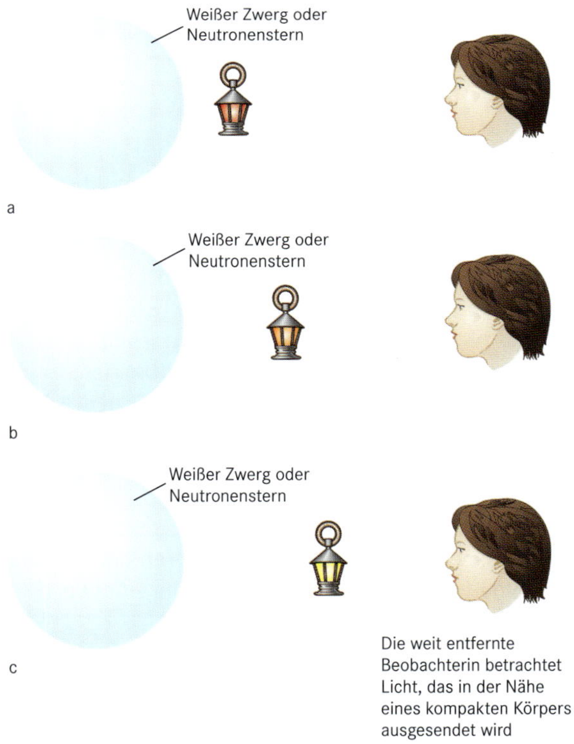

Abb. 10.34 Die Gravitationsrotverschiebung Aus weiter Ferne gesehen hat das Licht, das ein Körper in unterschiedlicher Entfernung von einer Masse aussendet, jeweils eine andere Farbe. Photonen, die die Lampe in der Umgebung eines massereichen Körpers verlassen, verlieren Energie und werden somit rotverschoben. Je näher die Lichtquelle der Masse ist, desto röter sieht ihr Licht aus, weshalb man auch von Gravitationsrotverschiebung spricht. Dieselbe Argumentation gilt für Licht, das die Oberflächen verschiedener Sterne verlässt.

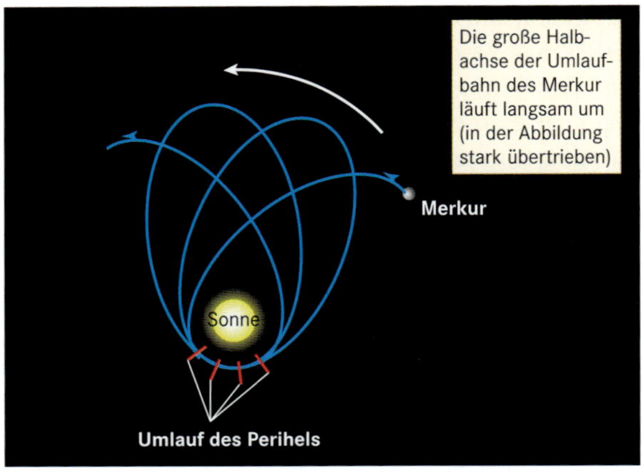

Abb. 10.35 Erklärung der Periheldrehung des Merkur durch die allgemeine Relativitätstheorie. Die Lage des Perihels des Merkur (seines sonnennächsten Orts) und seiner großen Halbachse ändert sich bei jedem Umlauf und zeigt somit eine Präzession. Dies liegt zum einen am Einfluss der Schwerkraft der anderen Planten, zum anderen aber auch an der Raumkrümmung, wie sie die Einstein'sche allgemeine Relativitätstheorie voraussagt. Der Betrag dieser Präzession lässt sich mit dem Newton'schen Gravitationsgesetz nicht erklären.

- Der Ort des Perihels des Merkur verschiebt sich von der Sonne aus gesehen jährlich um 43" mehr, als die Newton'sche Gravitationstheorie voraussagt (Abb. 10.35).
- Die Sterne in Doppelsternsystemen bewegen sich auf den von der allgemeinen Relativitätstheorie und nicht auf den von der Newton'schen Gravitationstheorie vorausgesagten Umlaufbahnen.
- Beobachtungen der Spektren von Sternen zeigen tatsächlich die von der allgemeinen Relativitätstheorie vorhergesagten Gravitationsrotverschiebungen (Abb. 10.34).

? Ändert Licht seine Richtung, während es an der Erde vorbeiläuft? Begründen Sie Ihre Antwort!

10.21 Nach der allgemeinen Relativitätstheorie enden die Kerne massereicher Sterne als Schwarze Löcher

Wir wollen nun auf die Sternentwicklung zurückkommen und sehen, was geschieht, wenn massereiche Hauptreihensterne (genauer, solche mit mehr als 25 $M_{\odot}$) als Supernovae explodieren. Wie bei den Sternen mit Massen zwischen 8 $M_{\odot}$ und 25 $M_{\odot}$ entstehen auch aus ihnen zunächst Neutronensterne. Allerdings haben die Neutronensternreste in diesem Fall immer noch mehr als 3 $M_{\odot}$. Das ist insofern problematisch, als die Gravitationskraft des Neutronensterns bei so hohen Massen den Neutronenentartungsdruck infolge der Wechselwirkungen zwischen den Teilchen überwindet. Solche Sternreste kollabieren also ungehindert weiter, ohne dass irgendeine Kraft sie am weiteren Einsturz hindern könnte.

Um zu verstehen, was mit kollabierenden Neutronensternen weiter geschieht, müssen wir die Gleichungen der allgemeinen Relativitätstheorie heranziehen. Wir hatten gerade gesehen, dass alle Materie die Raumzeit in ihrer Umgebung krümmt (siehe Abb. 10.31 und 10.33). Wird die Materie dicht genug, krümmt sie den Raum in ihrer Umgebung so stark, dass er in sich selbst zurückläuft (Abb. 10.36). Der Weg von Photonen, die sich unter einem bestimmten Winkel von einem solchen kollabierenden Stern entfernen, führt wieder zu ihm zurück. Photonen, die gerade nach oben fliegen, werden so stark rotverschoben, dass sie ihre gesamte Energie verlieren (siehe Abschnitt 3.3) und somit verschwinden.

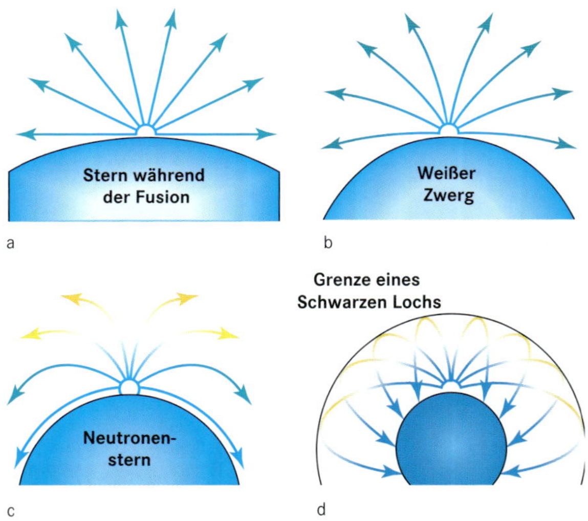

Abb. 10.36 Der Einfang von Licht durch ein Schwarzes Loch. (a) Auf die Ausbreitungswege und Farben von Lichtstrahlen, die von einem Hauptreihenstern, Riesen oder Überriesen ausgehen, wirkt sich die Gravitationskraft des Sterns kaum aus. (b) Licht aus der Umgebung eines Weißen Zwergs wird schon stärker gekrümmt und rotverschoben. (c) In der Nähe eines Neutronensterns wird ein Teil der Photonen tatsächlich auf die Oberfläche des Sterns zurückgezogen. (d) In einem Schwarzen Loch bleibt das gesamte Licht gefangen. Die meisten Photonen kehren auf gekrümmten Bahnen zurück. Jenen, die sich geradlinig nach oben ausbreiten, gelingt das nicht, sodass sie unendlich rotverschoben werden und dadurch verschwinden.

6 Wenn schon Licht, das sich schneller als alles andere bewegt, aus der Nähe so dichter Materie nicht entweichen kann, ist einzusehen, dass es Materie schon gar nicht gelingt! Solche Gebiete, die weder Materie noch irgendeine Form elektromagnetischer Strahlung verlassen können, heißen **Schwarze Löcher**. Ein kollabierender Neutronenstern, der in sich zusammenstürzt, wird so dicht, dass er nicht einmal mehr aus Neutronen besteht. Die allgemeine Relativitätstheorie besagt, dass sich die Materie bei der Entstehung eines Schwarzen Lochs auf unendliche Dichte (bzw. auf das Volumen null) komprimiert, ein Zustand, der **Singularität** heißt. Tatsächlich wissen wir allerdings, dass die allgemeine Relativitätstheorie (wie auch andere physikalische Theorien) in solchen Situationen ungültig ist. Um den Zustand der Materie in der Singularität eines Schwarzen Lochs zu beschreiben, muss also eine umfassendere Theorie zur Beschreibung der Natur entwickelt werden. Bemühungen in dieser Richtung sind im Gang. Als aussichtsreichste Anwärter gelten derzeit die *Superstring*-Theorien. Allerdings ist deren mathematische Ausarbeitung extrem anspruchsvoll, sodass noch viel zu tun bleibt. Bis jetzt können wir mit Bestimmtheit nur sagen, dass die Materie in Schwarzen Löchern außergewöhnlich dicht und kompakt ist.

Im Inneren eines Schwarzen Lochs

Die Entstehung eines Schwarzen Lochs ist zwar kompliziert, das Objekt selbst dagegen recht einfach: Es enthält im Zentrum oder in einem Ring Materie und besitzt eine kugelschalenförmige Grenzfläche. Weiter kann es eine oder keine elektrische Gesamtladung besitzen und rotieren oder nicht rotieren. Mehr Eigenschaften hat es nicht.

10.22 Materie in einem Schwarzen Loch ist singulär einfach

7 Ein Schwarzes Loch ist vom Rest des Universums durch eine Grenzfläche, den **Ereignishorizont**, getrennt. Allerdings ist der Ereignishorizont keine Oberfläche wie bei einem festen oder flüssigen Körper. Falls nicht gerade Masse den Ereignishorizont durchquert und in das Schwarze Loch fällt, gibt es dort keinerlei Materie.

Da aus einem Schwarzen Loch keine elektromagnetische Strahlung entweichen kann, können wir auch nicht hineinsehen. Unsere Kenntnisse über seine Struktur stammen aus den Gleichungen der allgemeinen Relativitätstheorie. Einsteins Theorie zufolge hat der Ereignishorizont die Form einer Kugelschale. Die Entfernung vom Mittelpunkt des Schwarzen Lochs bis zum Ereignishorizont heißt nach dem deutschen Physiker Karl Schwarzschild, der erstmals seine Eigenschaften bestimmte, **Schwarzschild-Radius** (abgekürzt R_{Sch}). Seine Größe hängt nur von der Masse des Schwarzen Lochs ab; je massereicher das Schwarze Loch ist, desto größer ist sein Ereignishorizont.

Die Gleichungen der allgemeinen Relativitätstheorie besagen, dass ein Sternrest, der zu einem Schwarzen Loch kollabiert, sein inneres Magnetfeld verliert. Dessen Energie wird in Form von elektromagnetischer Strahlung und **Gravitationsstrahlung** abgestrahlt. Diese **Gravitationswellen** pflanzen sich als wellenartige Störungen der Raumzeit fort. Gravitationswellen entstehen auch, wenn Neutronensterne oder Schwarze Löcher kollidieren oder wenn sich Sterne und Sternreste auf engen Umlaufbahnen umeinander bewegen. (Tatsächlich wird Gravitationsstrahlung immer emittiert, wenn sich zwei Körper umeinander bewegen – sogar bei zwei Tänzern beim Walzer. Allerdings besteht bei bewegten Massen mit weniger Masse, als sie Sterne oder Sternreste haben, zumindest mit der gegenwärtigen oder auch ihn absehbarer Zukunft zur Verfügung stehenden Technologie keinerlei Hoffnung, ihre extrem schwache Gravitationsstrahlung nachweisen zu können.)

? Weshalb kollabieren Neutronensterne mit mehr als etwa 3 $M_{\odot}$ zu Schwarzen Löchern?

Anders als sichtbares Licht, das wir durch seine Wirkung auf unsere Augen oder auf einen CCD-Sensor „sehen“ können, konnte Gravitationsstrahlung noch nicht direkt nachgewiesen werden. Allerdings konnte sie indirekt anhand ihrer Wirkungen auf die Umlaufbahnen einiger Doppelsternsysteme beobachtet werden. Insbesondere sendet ein Paar einander umlaufender Neutronensterne so viel Energie als Gravitationswellen aus, dass sich beide Körper auf Spiralbahnen annähern. Diese Änderung ihrer Umlaufbahn kann die allgemeine Relativitätstheorie richtig beschreiben. Für den Nachweis der Übereinstimmung erhielten Joseph Taylor und Russell Hulse im Jahr 1993 den Nobelpreis für Physik. Sie hatten 1974 den ersten Doppelpulsar entdeckt und die Änderungen der Umlaufbahnen der beiden Neutronensterne vermessen.

Abb. 10.37 Laser Interferometer Gravitational Wave Observatory (LIGO). Dieses in Hanford, Washington, gelegene Interferometer ist einer von mehreren über die Erde verteilten Gravitationswellendetektoren. Es besitzt zwei senkrechte Arme, jeweils mit einer Länge von 4 km. Gravitationswellen, die durch den Detektor laufen, führen zu unterschiedlichen Längenänderungen der Arme, die von Lasern in jedem Arm nachgewiesen werden. (LIGO Laboratory)

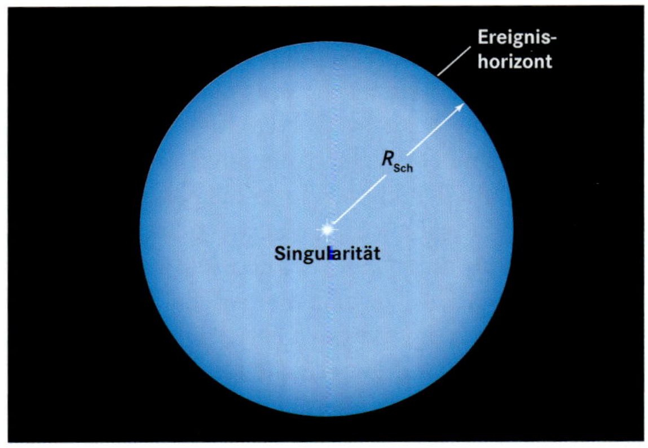

Abb. 10.38 Aufbau eines (nichtrotierenden) Schwarzschild-Lochs. Ein nichtrotierendes Schwarzes Loch hat nur zwei nachweisbare Eigenschaften: die Singularität und die Grenze. Seine Masse, die Singularität heißt, da sie so dicht ist, ist im Mittelpunkt konzentriert. Die kugelschalenförmige Grenze zwischen dem Schwarzen Loch und dem äußeren Universum heißt Ereignishorizont. Die Entfernung des Ereignishorizonts vom Mittelpunkt ist der Schwarzschild-Radius (R_{Sch}). Allerdings befindet sich am Ereignishorizont keine feste, flüssige oder gasförmige Oberfläche. Tatsächlich hat ein Ereignishorizont abgesehen davon, dass er die Grenze des Schwarzen Lochs markiert, überhaupt keine Eigenschaften.

Die Wellen in der Raumzeit, die durch die Gravitationswellen von Sternen oder Sternresten erzeugt werden, sind unvorstellbar schwach. Auf der Erde ändert sich jedes 1 m breite Volumen beim Durchgang von Gravitationswellen um weniger als 10^{-25} m. An zahlreichen Orten auf der Erde sind inzwischen *Gravitationswellendetektoren* zur Messung dieser kleinen Änderungen errichtet worden (Abb. 10.37). Sie sind seit 2002 in Betrieb, und man erhofft sich, mit ihrer Hilfe schließlich hochenergetische Gravitationsaktivität im Kosmos direkt beobachten zu können.

Eigenschaften Schwarzer Löcher Die Materie in einem Schwarzen Loch verliert nicht nur ihr inneres Magnetfeld, sondern fast alle noch verbliebenen Spuren ihrer Zusammensetzung und Herkunft. Tatsächlich bleiben nur drei Eigenschaften zurück, die sie vor Entstehung des Schwarzen Lochs hatte: ihre *Masse*, ihr *Drehimpuls* und ihre *elektrische Ladung*. Die üblichen Begriffe wie Protonen, Neutronen, Elektronen, Atome und Moleküle sind darin nicht mehr anwendbar. Da nur wenige große Körper eine Gesamtladung zu haben scheinen, wird auch bezweifelt, dass dies bei Schwarzen Löchern möglich ist. Demnach gibt es nur zwei Typen Schwarzer Löcher: jene die rotieren, und jene, die nicht rotieren.

Typen Schwarzer Löcher Falls die Masse, aus der das Schwarze Loch entsteht, nicht rotiert, rotiert auch das Schwarze Loch nicht. Nichtrotierende Schwarze Löcher heißen Schwarzschild-Löcher (Abb. 10.38). Die allgemeine Relativitätstheorie besagt, dass die gesamte Masse in einem solchen Schwarzen Loch zu einem Punkt unendlicher Dichte im Mittelpunkt kollabiert. Dies ist die bereits erwähnte Singularität. Das restliche Volumen vom Ereignishorizont bis zur Singularität eines Schwarzschild-Lochs ist leerer Raum.

Hat die Materie, aus der ein Schwarzes Loch entsteht, einen Drehimpuls, kollabiert sie zu einer ringförmigen Singularität, die innerhalb des Schwarzen Lochs zwischen dem Mittelpunkt und dem Ereignishorizont liegt (Abb. 10.39). Solche rotierenden Schwarzen Löcher heißen zu Ehren des neuseeländischen Mathematikers Roy Kerr, der ihren Aufbau 1963 erstmals berechnete, **Kerr-Löcher**. Auch in diesem Fall ist das Schwarze Loch bis auf die Singularität leer. Die meisten Kerr-Löcher sollten mit 1000 Umdrehungen pro Sekunde, also noch schneller als die in Abschnitt 10.10 betrachteten Pulsare, rotieren. Das 2006 entdeckte Schwarze Loch mit der höchsten bekannten Rotationsgeschwindigkeit rotiert in Übereinstimmung mit dieser Theorie 1000-mal pro Sekunde.

Anders als Schwarzschild-Löcher besitzen Kerr-Löcher direkt *außerhalb* des Ereignishorizonts ein ellipsoidförmiges Gebiet, in dem Objekte nicht in Ruhe bleiben können, ohne in das Schwarze Loch zu fallen. Diese Ergoregionen sind Volumina der Raumzeit, die das rotierende Schwarze Loch quasi um sich

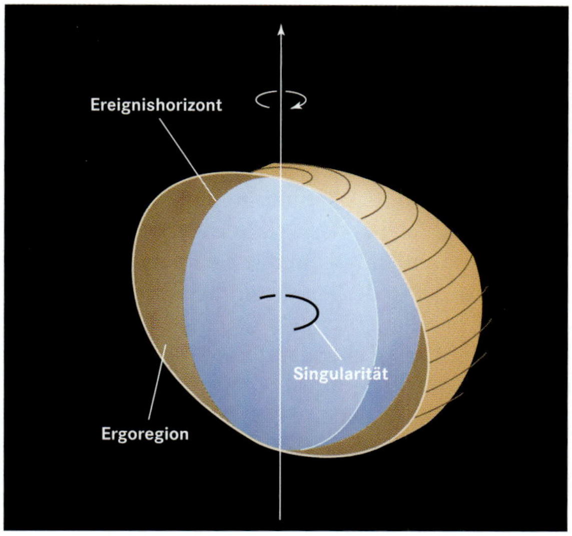

Abb. 10.39 Aufbau eines (rotierenden) Kerr-Lochs. Rotierende Schwarze Löcher sind auch nicht viel komplizierter als nichtrotierende. Die Singularität eines Kerr-Lochs liegt in einem unendlich dünnen Ring um den Mittelpunkt. In der Schnittdarstellung sieht sie bogenförmig aus. Der Ereignishorizont hat auch hier die Form einer Kugelschale. Außerdem gibt es ein ellipsoidförmiges Gebiet, die Ergoregion, die sich außen an den Ereignishorizont anschließt. In diesem Gebiet kann nichts in Ruhe bleiben. Der Raum in der Ergoregion ist um das rotierende Schwarze Loch gekrümmt.

herum mitschleppt. Zur Veranschaulichung kann man den Teig in einem Rührgerät vor Augen haben (Abb. 10.40). 1997 konnte Materie beobachtet werden, die sich beim Umlauf um ein Schwarzes Loch so verhält, wie man es bei Vorhandensein einer Ergoregion um das Schwarze Loch erwarten würde. Bewegt sich ein Objekt, das in die Ergoregion eintritt, schnell genug, gelingt es ihm, wieder zu entweichen; kommt es darin zum Stillstand, fällt es dagegen in das Schwarze Loch.

10.23 Der Fall in ein Schwarzes Loch ist eine unendliche Reise

8 Wir stellen uns vor, dass wir in einem Raumschiff sitzen, das in einer Entfernung von nur 1000 Schwarzschild-Radien (15.000 km) ein isoliertes Schwarzes Loch mit einer Masse von 5 $M_{\odot}$ umläuft. Das Raumschiff wird durch die Gravitationskraft des Schwarzen Lochs auf der Umlaufbahn gehalten. Auch in so kurzem Abstand ist die einzige Wirkung, die das Schwarze Loch auf uns ausübt, seine Gravitationsanziehung.

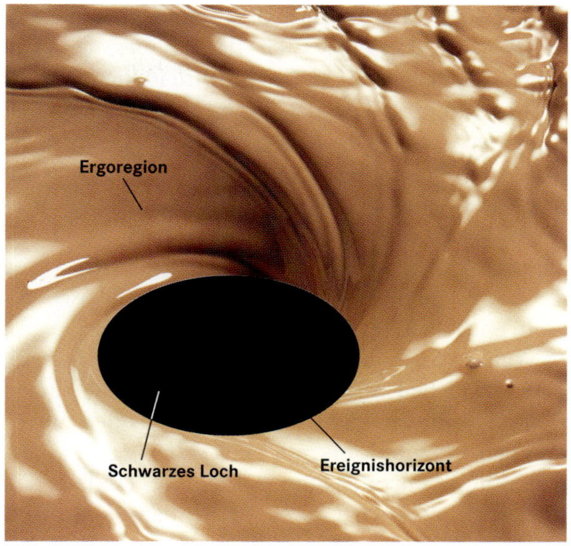

Abb. 10.40 Der Wirbelraum in einer Ergoregion. So, wie die Schokolade in diesem Mixer von dem rotierenden Mixstab mitgerissen wird, schleppt das rotierende (Kerr-)Loch den Raum mit. (Jack Andersen/Food Pix)

Erst wenn wir dem Ereignishorizont ganz nahe kommen, beginnen sich seltsame Dinge zu ereignen. Um diese genauer zu untersuchen, schicken wir eine würfelförmige Sonde mit einer Uhr auf die Reise zu dem Schwarzen Loch, wobei immer dieselbe Seite des Würfels „nach unten", d. h. zum Schwarzen Loch, weisen soll. Die Sonde soll blau leuchten, damit wir ihre Fortbewegung verfolgen können. Was geschieht mit dem Würfel, wenn er sich dem Schwarzen Loch annähert?

? Wo liegt die Singularität eines rotierenden Schwarzen Lochs?

Vom Zeitpunkt des Ausstoßes bis zu etwa 100 Schwarzschild-Radien (1500 km) sinkt die Sonde nicht anders, als ob sie auf einen Planeten oder Mond fallen würde (Abb. 10.41a). Lediglich die Zeit, die ihre Uhr misst, vergeht etwas langsamer. Bei 100 Schwarzschild-Radien beginnen sich aber die starken Gezeitenkräfte des Schwarzen Lochs auf die Sonde auszuwirken. Diejenige Fläche der Sonde, die dem Ereignishorizont am nächsten ist, wird deutlich stärker von der Gravitationsanziehung erfasst als die weiter entfernten Teile, sodass sie auseinandergezogen zu werden beginnt. 9

Während sich die Sonde dem Ereignishorizont bis auf wenige Schwarzschild-Radien annähert, werden die Gezeitenkräfte so stark, dass sie deutlich lang gezogen wird. Derjenige Teil der Sonde, der dem Schwarzen Loch am nächsten ist, wird in Richtung des Lochs und vom Rest der Sonde weg beschleunigt. Außerdem werden die Seiten zusammengezogen: Sie fallen geradlinig auf den Mittelpunkt des Lochs zu. Insgesamt bewirkt die Gravitation also, dass die Sonde auf ihrer Bewegung in der Nähe des Ereignishorizonts lang und dünn gezogen wird. Praktisch würde die Sonde, die ja nicht unbeschränkt elastisch ist, schließlich auseinandergerissen.

Während sich die Sonde dem Schwarzen Loch nähert, brauchen die daraus austretenden blauen Photonen immer mehr Energie, um aus der zunehmenden Gravitationskraft entweichen zu können. Allerdings können Photonen anders als ein Ball, den man nach oben wirft, nicht einfach langsamer werden. Stattdessen verlieren sie Energie, indem ihre Wellenlänge zunimmt. Dies ist ein weiteres Beispiel für die von der allgemeinen Relativitätstheorie vorausgesagte Gravitationsrotverschiebung. Je näher die Sonde dem Ereignishorizont kommt, desto stärker wird ihr Licht rotverschoben – zunächst wird es grün, dann über gelb, orange und rot schließlich infrarot und anschließend zu Radiowellen (Abb. 10.41b–d).

? Welche Auswirkungen hätte ein Schwarzes Loch mit einer Masse von 1 $M_\odot$ in einer Entfernung von 1 AE auf unsere Erde?

Noch seltsamer sind die Wirkungen des Schwarzen Lochs auf den Zeitablauf. Aus der allgemeinen Relativitätstheorie ergibt sich, dass die Geschwindigkeit, mit der sich eine Sonde innerhalb weniger Schwarzschild-Radien dem Schwarzen Loch annähert, von weit außen gesehen immer langsamer wird. Signale von der Sonde zeigen, dass die Uhren dort viel langsamer gehen als bei der Trennung vom Raumschiff. Ganz in der Nähe des Ereignishorizonts wird die Zeitdilatation so stark, dass sie darüber zu schweben scheint, während ihre Uhren stehenbleiben.

Jemand, der in der Sonde mitfliegt, würde dagegen etwas ganz anderes beobachten: Er sieht, wie die Sonde bei ganz normal ablaufender Zeit seiner Armbanduhr durch den Ereignishorizont und von dort weiter bis in die Singularität des Schwarzen Lochs fällt. Schließlich wird die Sonde auf ihrem Weg von den Gezeitenkräften zerrissen. Anders als in utopischen Romanen, in denen man riesige Entfernungen zurücklegen kann, indem man durch ein Schwarzes Loch fliegt, zeigen Berechnungen, dass in ein Schwarzes Loch eintretende Körper den Durchgang nicht überstehen würden, selbst wenn es irgendwo wieder einen Ausweg geben sollte.

Könnte ein Schwarzes Loch mit einem anderen Teil der Raumzeit, ja vielleicht sogar mit einem anderen Universum, in Verbindung stehen? Die allgemeine Relativitätstheorie besagt, dass solche Verbindungen, sogenannte **Wurmlöcher**, für Kerr-Löcher tatsächlich möglich sind. Allerdings wird bezweifelt, dass diese Gleichungen hier überhaupt noch gültig sind. Meist wird demgegenüber das Konzept der **Kosmischen Zensur** favorisiert: Ein lokales Raumgebiet, das eine Singularität (d. h. ein Schwarzes Loch) enthält, kann nichts verlassen.

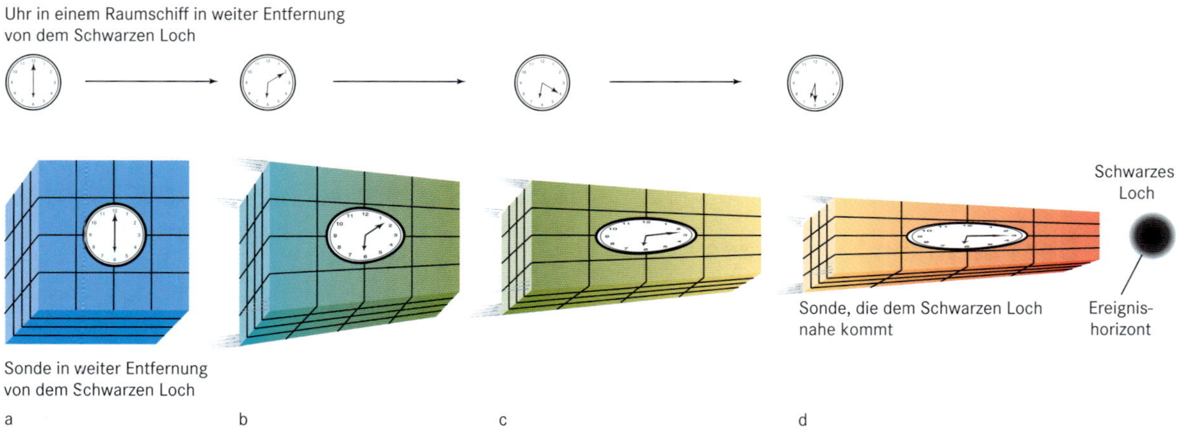

Abb. 10.41 Die Wirkung der Gezeitenkraft eines Schwarzen Lochs auf einfallende Materie. (a) Eine würfelförmige Sonde in einer Entfernung von 1500 km von einem Schwarzen Loch mit einer Masse von 5 $M_\odot$. (b–d) In der Nähe des Schwarzschild-Radius wird die Sonde durch die unterschiedlichen Gravitationskräfte auf die verschiedenen Seiten lang und dünn gezogen. Die Gezeitenwirkung ist ähnlich der des Monds auf die Erde, nur wesentlich stärker. Wegen der extremen Gravitationsrotverschiebung der Photonen ändert sich die Farbe der Sonde. Außerdem vergeht die Zeit aus weiter Entfernung gesehen langsamer.

Hinweise auf Schwarze Löcher

10.24 Einige Doppelsternsysteme enthalten Schwarze Löcher

Schwarze Löcher sind mehr als subtile Gebilde der allgemeinen Relativitätstheorie – es gibt sie tatsächlich. Sie sind anhand der Wirkungen auf die Umlaufbahnen anderer Sterne und auf Gas und Staub in ihrer Nähe beobachtet worden, und ständig kommen neue hinzu. Um Hinweise auf Schwarze Löcher zu suchen, betrachten wir zunächst Doppelsternsysteme.

Das Nachweisverfahren für Schwarze Löcher, die aus kollabierenden Sternen entstehen, beruht auf der Wechselwirkung zwischen dem Schwarzen Loch und seinem Begleiter. Wenn ein Stern in einem engen Doppelsternsystem zu einem Schwarzen Loch wird, reißt seine Gravitationsanziehung einen Teil der Atmosphäre seines Begleiters an sich. Allerdings strömt das Gas nicht geradlinig auf direktem Weg in das Schwarze Loch, sondern wie Wasser in einem Abfluss in einem Wirbel (Abb. 10.42). Dabei bildet das einfallende Gas eine Akkretionsscheibe, eine Scheibe aus Gas und Staub, die sich auf Spiralbahnen auf das Schwarze Loch zu bewegt. Magnetfelder in der Scheibe tragen ebenfalls dazu bei, dass die Bruchstücke nach innen gezogen werden. Berechnungen bestätigen, dass sich das Gas durch Zusammenstöße seiner Teilchen so stark komprimiert und aufheizt, dass Röntgenstrahlung frei wird (Abb. 10.43). Um ein Schwarzes Loch zu finden, müssen wir also nach einem sichtbaren Stern suchen, der einen nicht zu großen Begleiter hat, der massereich genug ist und Röntgenstrahlung aussendet.

Bisher konnten allein in unserer Galaxis mindestens zehn Sternreste als Schwarze Löcher in Doppelsternsystemen identifiziert werden (Tab. 10.2). Es gibt immer mehr Hinweise darauf, dass Schwarze Löcher miteinander oder mit andersartigen Objekten wie Neutronensternen kollidieren können. Solche Kollisionen würden zur Emission außerordentlich starker

Abb. 10.42 Die Entstehung einer Akkretionsscheibe. So wie das Wasser des Wirbels auf der Aufnahme bewegt sich die Materie um ein Schwarzes Loch unter dem Sog der Gravitation auf Spiralbahnen nach innen. Der Drehimpuls des einfallendes Gases und Staubs erzeugt um das Schwarze Loch eine Akkretionsscheibe. (Chris Collins/Corbis)

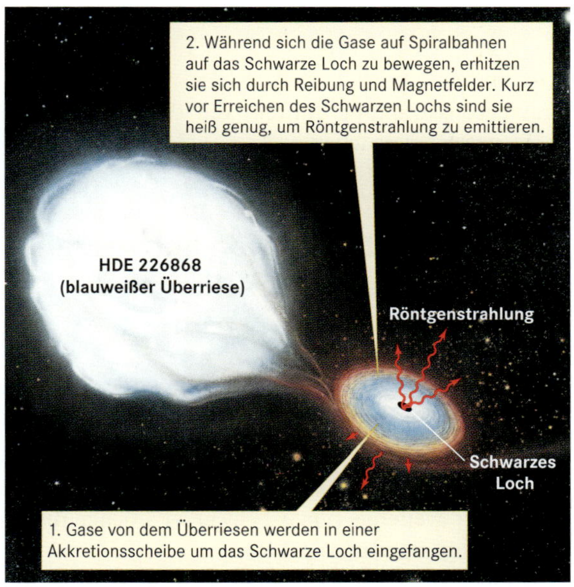

Abb. 10.43 Erzeugung von Röntgenstrahlung durch Akkretion von Materie in der Nähe eines Schwarzen Lochs. In engen Doppelsternsystemen sind Sternreste wie Cygnus X-1, LMC X-3, V404 Cygni und wahrscheinlich auch A0620-00 als Schwarze Löcher beobachtet worden. Die Zeichnung (des Systems Cygnus X-1) zeigt, wie Gas von dem Begleiter HDE 226868 mit einer Masse von 30 $M_\odot$ auf das Schwarze Loch überströmt, das eine Masse von mindestens 11 $M_\odot$ hat. In diesem Prozess entsteht eine Akkretionsscheibe. Während das Gas auf Spiralbahnen nach innen läuft, wird es durch Reibung und Kompression so stark aufgeheizt, dass es Röntgenstrahlung emittiert, die nachgewiesen werden kann. (Mit freundlicher Genehmigung von D. Norton, Science Graphics)

Tab. 10.2 Stellare Schwarze Löcher in unserer Galaxis

Bezeichnung der Röntgenquelle	Masse* des Begleiters	Masse* des Schwarzen Lochs
Cygnus X-1	24–42	11–21
V404 Cygni	~0,6	10–15
V461 Sgr	~10	5,5–8
GS 2000+25	~0,7	6–14
H 1705-250	0,3–0,6	6,4–6,9
GRO J1655-40	2,34	7,02
A0620-00	0,2–0,7	5–10
GS 1124-T68	0,5–0,8	4,2–6.5
GRO J042+32	~0,3	6–14
4U 1543-47	~2,5	2,7–7,5

* in Sonnenmassen

R. Blandford und N. Gehrels, „Revisiting the Black Hole", Physics Today, Juni 1999

Gravitationsstrahlung führen, die die Astronomen nachzuweisen versuchen.

10.25 Es gibt Arten von Schwarzen Löchern mit sehr verschiedenen Massen

Die Idee, dass massereiche Neutronensterne als Schwarze Löcher enden könnten, wurde anhand der Gleichungen der allgemeinen Relativitätstheorie bereits 1939 formuliert. Seither ist die Existenz mindestens dreier weiterer Typen Schwarzer Löcher durch Berechnungen gestützt worden:

1. Bereits im früheren Universum könnten durch die Kondensation riesiger Gasmassen sowie durch Kollisionen von Sternen während der Entstehung von Galaxien **supermassive Schwarze Löcher** mit Millionen oder Milliarden Sonnenmassen entstanden sein.
2. In Abschnitt 9.2 hatten wir gesehen, dass Sterne in Sternhaufen entstehen. In einem Sternhaufen mit vielen auf engstem Raum konzentrierten Sternen könnten Kollisionen zwischen den Sternen im Zentrum zur Entstehung **mittelgroßer Schwarzer Löcher** führen. Deren Massen würden einige Hundert bis einige Tausend Sonnenmassen betragen.
3. Schwarze Löcher könnten auch während der Explosion ganz zu Beginn des Universums entstanden sein, als winzige Materiemengen so stark komprimiert wurden, dass sie zu **primordialen Schwarzen Löchern** wurden. Diese hätten Massen zwischen einigen Gramm und der Masse eines Planeten.

? Weshalb wird das Gas in einer Akkretionsscheibe erhitzt?

Supermassive Schwarze Löcher Im Mai 1994 erbrachte das Hubble-Teleskop überzeugende Hinweise auf ein Schwarzes Loch im Zentrum der Galaxie M87. Im Kern von M87 liegt eine winzige helle Lichtquelle. Spektren zeigten, dass diese Lichtquelle Gas und Sterne in der Nähe extrem schnell umlaufen. Dies ist nur möglich, wenn das helle Objekt ca. 3 Mrd. Sonnenmassen enthält (Abb. 10.44). Berücksichtigt man, dass das Objekt kaum größer als unser Sonnensystem ist, kann es sich bei der Quelle nur um ein Schwarzes Loch handeln.

Seit 1994 sind in den Zentren vieler Galaxien Schwarze Löcher anhand ihrer Röntgenemissionen und Gravitationswirkungen auf Gas und Sterne in ih-

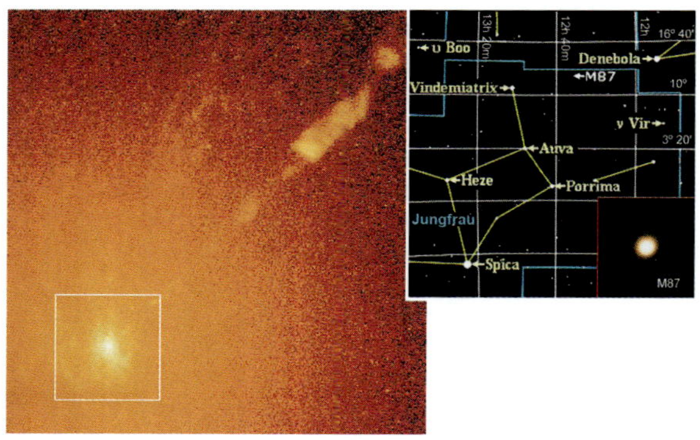

R I V U X G

Abb. 10.44 Ein supermassives Schwarzes Loch. In dem hellen Gebiet im Zentrum der Galaxie M87 werden Sterne und Gas durch ein Schwarzes Loch auf einer engen Umlaufbahn gehalten. Der helle Kern dieser Galaxie (in der Mitte des weißen Kastens) hat nur etwa die Größe unseres Sonnensystems, zieht die nahe gelegenen Sterne aber so stark an, dass es sich Berechnungen zufolge um ein Schwarzes Loch mit einer Masse von $3 \cdot 10^9\ M_\odot$ handeln muss. (Holland Ford, STScI/Johns Hopkins University; Richard Harms, Applied Research Corp.; Zlatan Tsvetanov, Arthur Davidsen und Gerhard Kriss, Johns Hopkins University; Ralph Bohlin und George Harting, STScI; Linda Dressel und Ajay K. Kochhar, Applied Research Corp., Landover, MD; und Bruce Margon, University of Washington, Seattle)

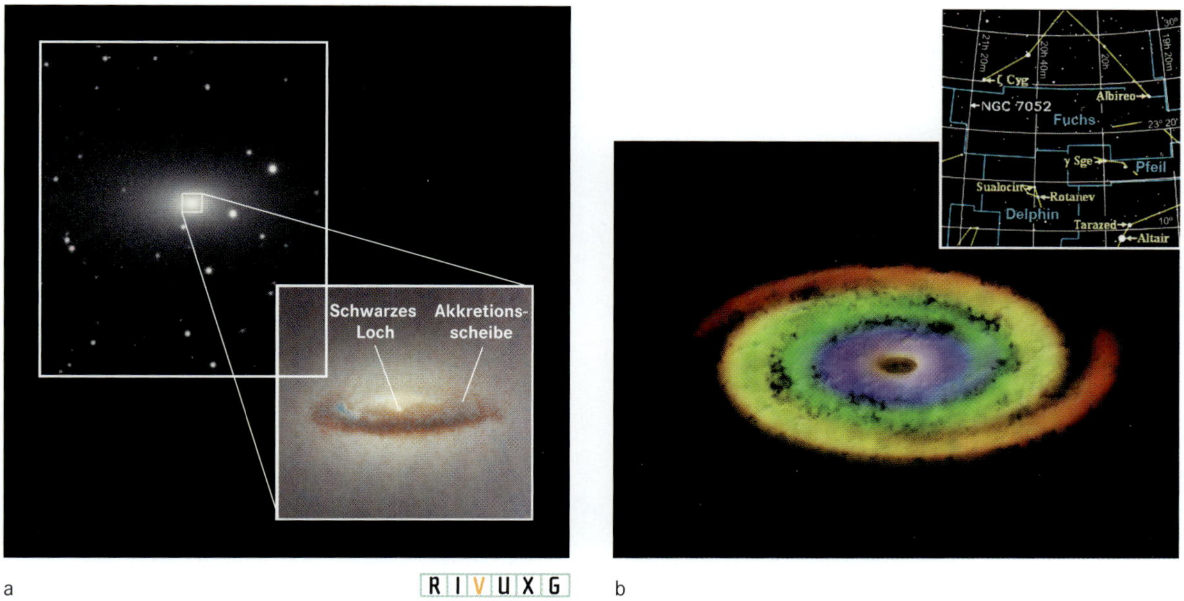

Abb. 10.45 Akkretionsscheibe um ein supermassives Schwarzes Loch. (a) Die Gas- und Staubscheibe, die auf einer Spiralbahn ein Schwarzes Loch mit einer Masse von $3 \cdot 10^8\ M_\odot$ in der Mitte der Galaxie NGC 7052 umläuft, hat einen Durchmesser von 3700 Lj. Das Gas stürzt schrittweise in das Schwarze Loch, wo es in den nächsten wenigen Milliarden Jahren aufgebraucht wird. Wegen des Lichts, das das heiße Gas noch außerhalb des Ereignishorizonts bei der Akkretion emittiert, erscheint das Schwarze Loch tatsächlich hell. Die Galaxie NGC 7052 liegt in einer Entfernung von 191 Mio. Lj von der Erde im Sternbild Fuchs. (b) Die Zeichnung zeigt, wie sich die Gase auf ihrer Spiralbahn bei Annäherung an das Schwarze Loch in einer Akkretionsscheibe erhitzen. Die Farbcodierung folgt dem Wien'schen Verschiebungsgesetz: rot (am kältesten) – orange – gelb – grün –blau – violett (am heißesten). (R. P. van der Marel, STScI/F.C. van den Bosch, University of Washington/NASA; b: NASA/CXC/SAO)

rer Umgebung identifiziert worden. So beobachtete das Hubble-Teleskop 1998 um das supermassive Schwarze Loch NGC 7052 eine charakteristisch geformte Akkretionsscheibe, die an eine Frisbee-Scheibe erinnert (Abb. 10.45). Wie wir im nächsten Kapitel sehen werden, wurde auch im Zentrum unserer Milchstraße, nur 26.000 Lichtjahre von der Erde entfernt, ein Schwarzes Loch entdeckt, das mehrere Millionen Sonnenmassen enthält. Tatsächlich sind in den meisten der mehreren Dutzend nächsten Galaxien Hinweise auf zentrale supermassive Schwarze Löcher gefunden worden.

Wir hatten schon mehrfach – etwa beim System Erde–Mond oder der Erhitzung von Io und Europa durch Jupiter – die Gezeitenwirkungen eines Körpers auf einen anderen betrachtet. Im Jahr 2004 wurden mehrere supermassive Schwarze Löcher in anderen Galaxien beobachtet, die Teile vorbeikommender Sterne absorbieren. Die Schwarzen Löcher erzeugten auf diesen Sternen so starke Gezeitenkräfte, dass diese auseinandergerissen wurden. Ein Teil der Masse des jeweiligen Sterns wurde dann in das Schwarze Loch gezogen. Diese Entdeckungen waren möglich, da sich das einfallende Gas schnell auf Millionen Kelvin erhitzte und dadurch Röntgenstrahlungsausbrüche aussendete, die Weltraumteleskope beobachten konnten.

Wie wir in Kapitel 12 noch genauer sehen werden, sind Galaxien aus kondensierender interstellarer Materie von Gas und Sternen im frühen Universum entstanden. Die moderne Technik ermöglicht inzwischen Beobachtungen bis in diese Epoche des Universums zurück, sodass wir den Entstehungsprozess supermassiver Schwarzer Löcher in den Zentren von Galaxien untersuchen können. Zum Teil scheinen diese Schwarzen Löcher aus dem Gas zu bestehen, dessen Kondensation auch zur Entstehung der Galaxien führte. Ein anderer Teil scheint von Kollisionen von Sternen und stellaren Schwarzen Löchern zu stammen, die schon kurz nach Beginn des Universums entstanden sind. Außerdem deuten Beobachtungen darauf hin, dass auch heute noch supermassive Schwarze Löcher entstehen. Wir werden auf diese Fragen in Kapitel 11 zurückkommen.

? Wo befinden sich supermassive Schwarze Löcher?

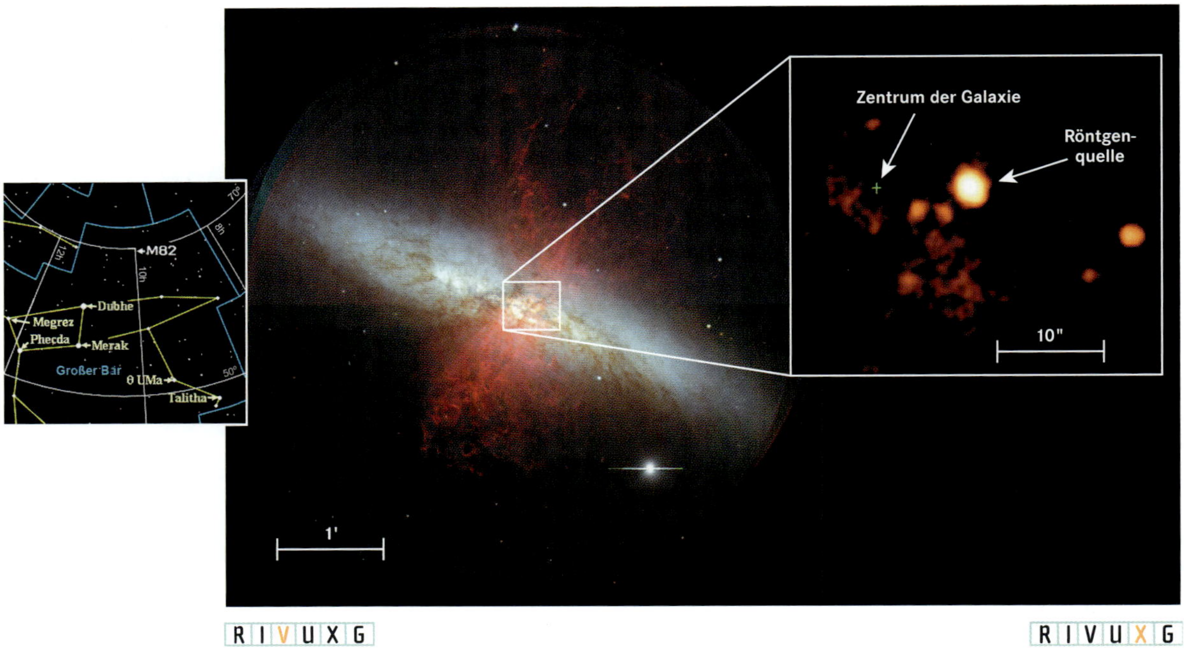

Abb. 10.46 Ein mittelgroßes Schwarzes Loch. M82 ist eine ungewöhnliche Galaxie im Sternbild Großer Bär. Die Ausschnittsvergrößerung zeigt eine Aufnahme des Chandra-Röntgenobservatoriums vom Zentralgebiet von M82. Die Lichtabgabe der hellen, kompakten Röntgenquelle ändert sich mit einer Periode von Monaten. Die Eigenschaften dieser Quelle legen die Annahme nahe, dass es sich um ein Schwarzes Loch mit ungefähr 500 $M_{\odot}$ handelt. (Subaru Telescope, National Astronomical Observatory of Japan; Ausschnittsvergrößerung: NASA/SAO/CXC)

Mittelgroße Schwarze Löcher Ende des 20. Jahrhunderts wurden Objekte entdeckt, die Schwarze Löcher mit Massen zwischen 10^2 und 10^5 $M_{\odot}$ zu sein schienen. Auch ihre Einordnung als Schwarze Löcher geht von der Intensität und den Spektren ihrer Röntgenstrahlung und von den Umlaufbahnen von Sternen um sie aus. Zum Beispiel wurde in der Nähe des Zentrums der Galaxie M82 ein Objekt entdeckt, das ein Schwarzes Loch mit einer Masse von 500–1000 $M_{\odot}$ zu sein scheint (Abb. 10.46). Ein weiteres beobachtetes Objekt in der Galaxie NGC 1313 scheint aus zwei mittelgroßen Schwarzen Löchern jeweils mit Massen von 200–500 $M_{\odot}$ zu bestehen. Die meisten mittelgroßen Schwarzen Löcher werden in Kugelsternhaufen beobachtet.

Gestützt wird die Annahme, dass es sich bei diesen Objekten um Schwarze Löcher handelt, durch Computersimulationen von Sternen in dicht besiedelten Gebieten, in denen solche Objekte entstehen. Sie zeigen, dass Schwarze Löcher in diesem Massenbereich im Ergebnis von Kollisionen und starken Gezeitenwechselwirkungen zwischen Sternen entstehen können. In der Nähe der Erde ist ein solches Schwarzes Loch zum Glück nicht zu befürchten. Damit Sterne so häufig tatsächlich oder nahezu kollidieren, müsste die Dichte der Sterne in unserer Umgebung mindestens eine Million Mal so stark wie die beobachtete sein.

Primordiale Schwarze Löcher Im Zusammenhang mit der Entstehung des Universums selbst könnten noch exotischere Schwarze Löcher entstanden sein. Auf den britischen Astrophysiker Stephen Hawking geht die Idee zurück, dass die Urknallexplosion, aus der das Universum nach Meinung vieler Astronomen hervorgegangen ist, so chaotisch und heftig war, dass dabei winzige Materieklümpchen zu primordialen Schwarzen Löchern komprimiert wurden. Deren Massen könnten zwischen einigen Gramm und mehr als der Erdmasse betragen. Primordiale Schwarze Löcher sind bisher nicht nachgewiesen worden, was aber nicht heißen muss, dass es sie nicht gibt – vielleicht haben wir sie einfach noch nicht entdeckt.

10.26 Schwarze Löcher und Neutronensterne in Doppelsternsystemen führen häufig zu Gasjets

In Abschnitt 10.11 hatten wir gesehen, dass Neutronensterne Strahlungsbündel aussenden. Ähnlich können Neutronensterne und auch Schwarze Löcher Paare sogenannter Gasstrahlen (Jets) in entgegengesetzten Richtungen ausstoßen.

Wir betrachten dazu ein Schwarzes Loch (Neutronensterne verhalten sich ähnlich) in einem Doppelsternsystem. Wenn der Begleiter noch Material verbrennt, können seine Außenschichten wie in Abschnitt 9.15 erörtert von dem Schwarzen Loch aufgesogen werden. Diese Materie kommt zu schnell auf das kompakte Schwarze Loch zu, als dass sie sofort vollständig in den Ereignishorizont eintauchen könnte. Die dadurch entstehende Akkretionsscheibe um das Schwarze Loch ist der Schlüssel zum Verständnis der Jets.

Während sich die Masse in der Scheibe auf Spiralbahnen auf den Ereignishorizont zu bewegt, wird das Gas auf ein kleineres Volumen komprimiert. Dadurch erhitzt es sich, sodass wiederum sein Druck steigt. Infolge des erhöhten Drucks dehnt es sich aus und bildet dabei um das Schwarze Loch ein torusförmiges Gebiet (Abb. 10.47). Während das Gas endgültig in das Schwarze Loch zu stürzen beginnt, schnellt seine Temperatur auf mehrere zehn oder sogar Hunderte Millionen Kelvin. Diese Temperaturen führen zu seinem so hohen Druck, dass sich der größte Teil des einfallenden Gases ausdehnt. Senkrecht zur Ebene der Akkretionsscheibe trifft es dabei auf wenig Widerstand und wird deshalb in Form von zwei Strahlen, auch Jets genannt, ausgestoßen (Abb. 10.47). Ein Magnetfeld, das durch den Umlauf der heißen Gase in der Akkretionsscheibe entsteht, sowie der Druck der Gase in der Umgebung verhindern, dass sich diese Jets ausdehnen.

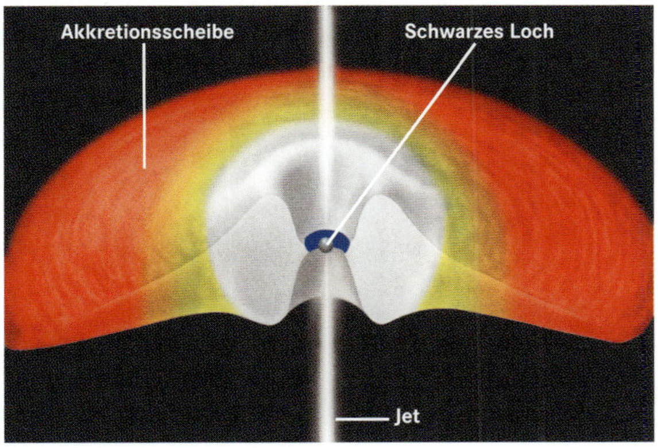

Abb. 10.47 Entstehung von Jets bei einem Schwarzen Loch in einem Doppelsternsystem. Ein Teil der Materie, die in der Akkretionsscheibe um das Schwarze Loch auf Spiralbahnen nach innen läuft, überhitzt sich und wird nach außen gelenkt. Dabei entstehen zwei starke Teilchenstrahlen, die fast die Lichtgeschwindigkeit erreichen. Der Begleiter liegt links oder rechts außerhalb der Zeichnung.

Während Jets bei Neutronensternen und stellaren Schwarzen Löchern dadurch entstehen, dass sie Doppelsternsystemen angehören, ist die Gravitationsanziehung supermassiver Schwarzer Löcher so stark, dass sie gewaltige Mengen an nahe gelegenem Gas und Staub in ihre Umlaufbahn zwingen können, ohne dass ein Begleiter erforderlich wäre. Abb. 10.45a zeigt eine solche Scheibe und Abb. 10.44 einen der Jets, den das supermassive Schwarze Loch in der Galaxie M87 ausstößt. In Kapitel 11 werden wir auf die Jets Schwarzer Löchern zurückkommen.

Gamma-Ray-Bursts – die stärksten Gammaausbrüche

Von einigen Schwarzen Löchern und Neutronensternen sowie an ihrer Entstehung beteiligten Supernovae gehen offenbar die stärksten Energieemissionen aus, die wir im Universum überhaupt kennen. Diese **Gamma-Rays-Bursts** genannten Gammablitze emittieren mehr Energie als Supernovae, und dies noch dazu aus einem noch kleineren Raumgebiet.

10.27 Gamma-Ray-Bursts sind die stärksten Explosionen, die wir im Universum überhaupt kennen

Vom US-amerikanischen Militär wurden in den 1960er Jahren eine Reihe sogenannter Vela-Satelliten zum Nachweis von Gammastrahlung in die Erdumlaufbahn gebracht. Ursprünglich sollten diese die Gammastrahlungsblitze verbotener Kernexplosionen aufspüren. Im Jahr 1973 erhielten Astronomen die Mitteilung, dass diese Satelliten seit 1967 Gamma-Ray-Bursts von Objekten im Weltraum nachwiesen. Dies war hochinteressant, denn bis zu diesem Zeitpunkt war kein Mechanismus für die Emission einer solchen Strahlung bekannt.

? Weshalb stürzt nicht das gesamte Gas einer Akkretionsscheibe in das Schwarze Loch?

Gamma-Ray-Bursts dauern zwischen wenigen Millisekunden und etwa 1000 s (also etwas länger als 16 min). Es scheint mindestens drei Gruppen solcher Ausbrüche zu geben. Eine Gruppe dauert üblicherweise einige Zehntelsekunden. Die zweite Gruppe hat eine Dauer von etwa 40 s. Die dritte Gruppe

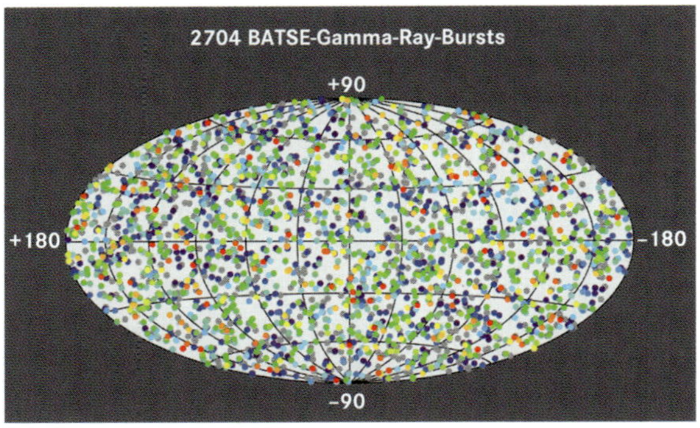

Abb. 10.48 Die stärksten bekannten Gamma-Ray-Bursts. Gamma-Ray-Bursts sind am ganzen Himmel beobachtet worden. Im Unterschied zu Röntgenstrahlungsausbrüchen scheinen die meisten also nicht von der Scheibe unserer Galaxis auszugehen. Die Karte des gesamten Himmels zeigt 2704 Ausbrüche, die vom Burst and Transient Source Experiment (BATSE) an Bord des Compton-Gammaobservatoriums beobachtet wurden. Die Farben bezeichnen die Helligkeit der Ausbrüche; die hellsten sind rot, die schwächsten violett codiert. Bei grauen Punkten sind die Daten über die Stärke des Ausbruchs unvollständig. (NASA)

scheint Eigenschaften beider Gruppen in sich zu vereinen und heißt daher *Hybrid-Gamma-Ray-Bursts*. Anders als Röntgenstrahlungsausbrüche (siehe Abschnitt 10.16) treten Gamma-Ray-Bursts immer nur einmal auf.

Inzwischen sind mehr als 4000 Gamma-Ray-Bursts beobachtet worden, und fast täglich kommt ein neuer hinzu. Stellt man ihre Orte an der Himmelssphäre dar (Abb. 10.48), zeigt sich, dass die kürzeren Ausbrüche etwas häufiger in der Ebene unserer Galaxis zu beobachten sind, während die längeren statistisch über den Himmel verteilt sind. Im Jahr 2004 wurde der erste Rest eines Gamma-Ray-Burst in unserer Galaxis entdeckt.

Seit 1997 ist beobachtet worden, dass viele Gamma-Ray-Bursts ein „Nachleuchten" im optischen und Infrarotbereich zeigen (Abb. 10.49). Dieses erstreckt sich häufig über mehrere Tage, sodass genug Zeit ist, um die Spektren ausführlich zu untersuchen. Aus den Beobachtungen folgt, dass das Licht intergalaktische Gaswolken durchlaufen hat. Nimmt man Beobachtungen der Spektren und Rotverschiebungen der Ausbrüche hinzu, wird deutlich, dass die längeren Ausbrüche üblicherweise aus Entfernungen von mehr als 6 Mrd. Lichtjahren kommen. Dies liegt weit außerhalb unserer Galaxis. Der am weitesten entfernte Gamma-Ray-Burst, der bisher beobachtet wurde, ereignete sich in einer Entfernung von 12,8 Mrd. Lichtjahren. Viele kürzere Ausbrüche kommen von näher gelegenen Galaxien. Unter Berücksichtigung der Entfernung emittiert ein typischer lang andauernder Gamma-Ray-Burst in 100 s so viel Energie wie die Sonne in den 10 Mrd. Jahren, die sie insgesamt auf der Hauptreihe ist.

Deep-Sky-Beobachtungen einiger Gamma-Ray-Bursts weisen inzwischen darauf hin, dass an einigen Stellen der Ausbrüche Galaxien liegen. Allerdings zeigt Abb. 10.50, dass die Ausbrüche nicht in den Zentren ihrer Wirtsgalaxien auftreten. So liegen auch die Ausbrüche in der Ebene unserer Galaxis nicht in der Nähe des Kerns. Offenbar stehen die Ausbrüche also nicht mit supermassiven Schwarzen Löchern in den galaktischen Kernen im Zusammenhang. Genaue Untersuchungen haben ergeben, dass sie statt-

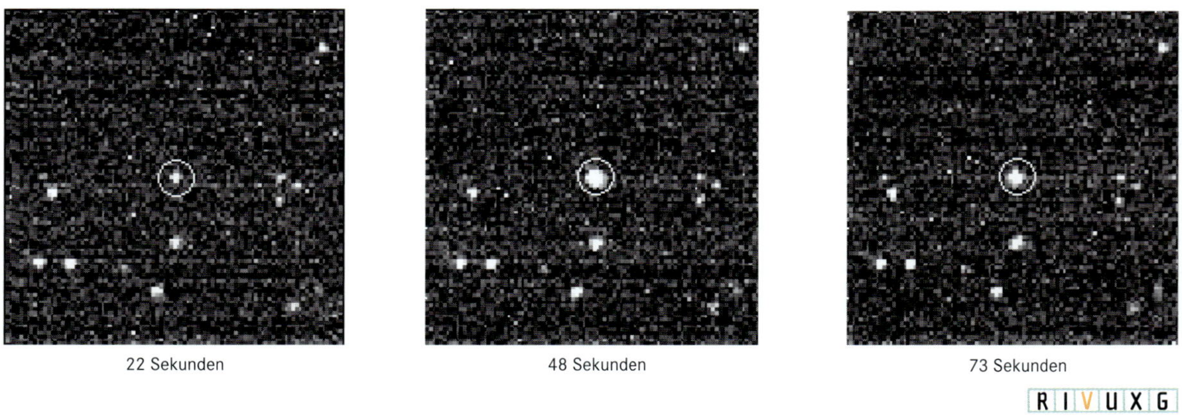

Abb. 10.49 Gamma-Ray-Bursts. Eine 1999 entstandene Aufnahme des sichtbaren Gegenstücks eines Gamma-Ray-Burst mit einer Dauer von 100 s in einer Entfernung von ca. 9 Mrd. Lichtjahren im Sternbild Bärenhüter. Die angegebenen Zeiten sind Sekunden nach Beginn des Ausbruchs. (Carl Akerlof, University of Michigan; Los Alamos National Laboratory, Lawrence Livermore National Laboratory)

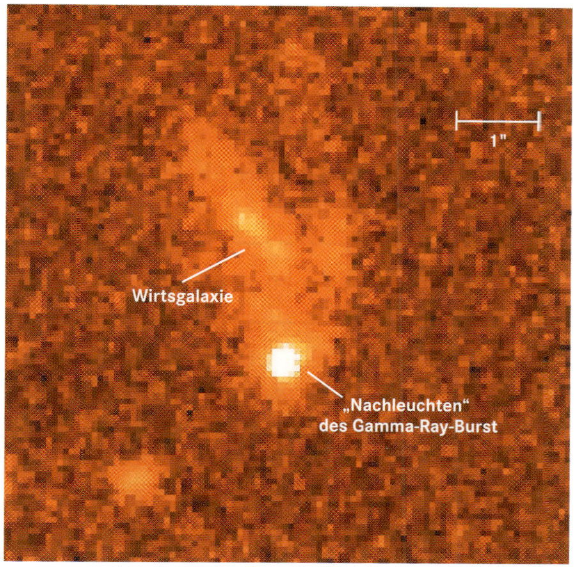

Abb. 10.50 Die Wirtsgalaxie eines Gamma-Ray-Burst. Diese Aufnahme des Hubble-Teleskops im sichtbaren Bereich entstand 1999, 16 Tage, nachdem an dieser Stelle ein Gamma-Ray-Burst beobachtet worden war. Sie zeigt eine ganz schwache Galaxie, wahrscheinlich die Wirtsgalaxie des Gamma-Ray-Burst. Die Galaxie hat eine helle blaue Färbung, die auf die Anwesenheit vieler kürzlich entstandener Sterne hindeutet. (Andrew Fruchter, STScl; NASA)

dessen mit Zusammenbrüchen von Sternen zu tun haben.

Im Jahr 2003 zeigten Beobachtungen des High Energy Transient Explorer der NASA einen 30 s langen Gamma-Ray-Burst am selben Ort wie eine besonders starke Supernova, eine *Hypernova*, wie sie in **Wolf-Rayet-Sternen** auftritt. Dies sind rotierende Sterne mit mindestens 20 $M_{\odot}$, starken Magnetfeldern und Sternwinden. Die Bursts treten bei diesen Sternen auf, wenn Gammastrahlung und große Mengen Gas auf der Rotationsachse des Sterns nach außen kanalisiert werden. Wenn wir von der Erde auf die Achse blicken, erzeugt die Gammastrahlung den Ausbruch und das langsamer strömende Gas das darauffolgende Nachleuchten. Aus Beobachtungen folgt, dass Hypernovae und die dazugehörenden Gamma-Ray-Bursts kein einzelner Ausbruch, sondern höchst verwickelte Prozesse mit starken Nachbeben sind. Die Einzelheiten dieser Explosionen und des Mechanismus, durch den sie die Gamma-Ray-Bursts erzeugen, sind noch nicht geklärt.

Gamma-Ray-Bursts können noch bei anderen Anlässen entstehen, etwa wenn Schwarze Löcher kollidieren, wenn ein Schwarzes Loch einen Neutronenstern verschlingt oder wenn bei der Kollision zweier Neutronensterne ein Schwarzes Loch entsteht. Berechnungen bestätigen, dass es bei der Kollision so dichter Objekte tatsächlich zu einem kurzzeitigen Gamma-Ray-Burst kommen sollte.

Um solche Gamma-Ray-Bursts besser zu verstehen, sind inzwischen sowohl erdgestützte als auch Weltraumteleskope ausgerüstet worden, die schnell auf entsprechende Ereignisse im Weltraum ausgerichtet werden können. Teleskope wie die Swift Gamma-Ray Burst Mission und der High Energy Transient Explorer-2 erfassen diese Ausbrüche und ermöglichen so Schlussfolgerungenbieten über ihren Ursprung und ihre Dynamik. Die Swift-Mission umfasst nicht nur ein Gammastrahlungsteleskop, um nach Ausbrüchen zu suchen, sondern auch ein Röntgenteleskop und ein optisches Teleskop, um das Nachleuchten zu untersuchen.

10.28 Schwarze Löcher verdampfen

Bei der Untersuchung der Entwicklung Schwarzer Löcher stellt sich einmal mehr heraus, dass sie sich dem gesunden Menschenverstand widersetzen: Sie verdampfen! Ist ein Schwarzes Loch einmal hinter dem Ereignishorizont verschwunden und seine Masse zu einer Singularität kollabiert, scheint es zunächst keinerlei Möglichkeit zu geben, wieder Masse aus dem Schwarzen Loch ins Universum zurückzuholen – es sei denn, man macht sich die Tatsache zunutze, dass Masse und Energie nur zwei Seiten einer Medaille sind. Vielleicht kann man die Masse eines Schwarzen Lochs in Energie umwandeln, die dann doch als Gravitationsenergie emittiert werden könnte? Es war wieder Stephen Hawking, der die Idee für einen möglichen Mechanismus dafür hatte.

Der Prozess, der die Umwandlung der Masse Schwarzer Löcher in Energie ermöglicht, ist die Erzeugung **virtueller Teilchen**. Die Naturgesetze lassen nämlich zu, dass spontan sogenannte virtuelle Teilchen entstehen können. Jedes Paar besteht dabei aus einem Teilchen und seinem Antiteilchen, also etwa einem Proton und einem Antiproton, einem Elektron und einem Positron (Antielektron) oder einen Photonenpaar. Bis auf die entgegengesetzten Ladungen sind die Teilchen in einem solchen Paar gleich. Normalerweise werden sie innerhalb kürzester Zeit, nämlich 10^{-21} Sekunden, wieder vernichtet und verschwinden spurlos.

Dass virtuelle Teilchen tatsächlich spontan erzeugt werden können, wissen wir, da einige von ihnen im Labor in reale Teilchen umgewandelt werden konnten. Dazu wird ein solches Paar virtueller Teilchen in Teilchenbeschleunigern mit hochenergetischen Teilchen beschossen und dabei auseinandergerissen, bevor es wieder vernichtet werden kann. Die Masse bzw. Energie, die die virtuellen Teilchen erhalten, wenn sie zu realen Teilchen werden, stammt von den Teilchen aus dem Beschleuniger, die dabei den gleichen Energiebetrag verlieren. Berechnungen zeigen, dass in unserem Körper jede Sekunde viele Milliarden Paare virtueller Teilchen entstehen und gleich darauf wieder verschwinden.

Nun stellen wir uns vor, dass zwei virtuelle Teilchen *kurz über dem* Ereignishorizont eines Schwarzen Lochs entstehen. Auf sie wirkt dort ein extrem starkes Gravitationsfeld. Wird eines der Teilchen etwas weiter weg von dem Ereignishorizont als das andere erzeugt, wirkt auf die virtuellen Teilchen wegen der gewaltigen Gravitationsanziehung des Schwarzen Lochs eine Gezeitenkraft. Ist diese Gezeitenkraft stark genug, kann sie die zwei virtuellen Teilchen auseinanderreißen, bevor sie sich wieder vernichten können. Dabei werden sie zu realen Teilchen (Abb. 10.51).

11

Wegen der Impulserhaltung muss mindestens eines der neu entstandenen realen Teilchen immer in das Schwarze Loch fallen. Das andere hat aber gelegentlich so viel Energie, dass es aus der Nähe des Schwarzen Lochs entweichen kann. Es fliegt dann in den Weltraum, sodass das Schwarze Loch effektiv die Energie $E = mc^2$ emittiert hat, wobei m die Masse des freigesetzten Teilchens und c die Lichtgeschwindigkeit ist. Alternativ kann das Schwarze Loch durch ein erzeugtes Photonenpaar die Energie $E = h\,c/\lambda$ verlieren, wobei λ die Wellenlänge des Photons und h die Planck'sche Konstante ist.

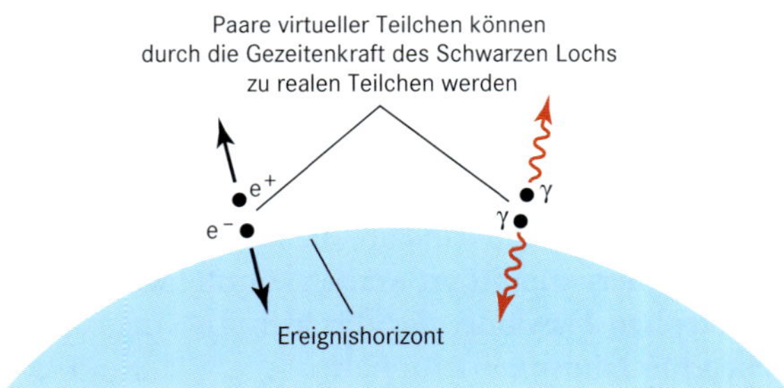

Abb. 10.51 Das Verdampfen eines Schwarzen Lochs. Im gesamten Universum entstehen und verschwinden spontan ständig virtuelle Teilchen. Dies geschieht so schnell, dass dadurch keine Naturgesetze verletzt werden. Die Gezeitenkraft dicht über dem Ereignishorizont eines Schwarzen Lochs ist so stark, dass sie die entstehenden virtuellen Teilchen auseinanderzuziehen vermag, bevor sie sich wieder zerstören können. Die Gravitationsenergie, die sie trennt, bewirkt, dass sie zu realen Teilchen werden. Mindestens eines der beiden neu entstandenen Teilchen fällt in das Schwarze Loch. Das andere kann gelegentlich ins Universum entweichen. Da die für die Erzeugung der Teilchen verbrauchte Gravitationsenergie dem Schwarzen Loch entnommen wird, verliert dieses dabei Masse und schrumpft, wobei es schließlich vollständig verdampft. In der Abbildung sind nur einige so entstehende Teilchen angedeutet: ein Elektron (e^-) und ein Positron (e^+) bzw. ein Photonenpaar (γ).

? Wie lange dauern Gamma-Ray-Bursts?

Dort, wo die virtuellen Teilchen zu realen Teilchen werden, entsteht im Raum außerhalb des Ereignishorizonts vorübergehend ein Leerraum. Das Schwarze Loch füllt diesen mit Energie auf, die von seiner Masse stammt. Diese Energie wird als Gravitationsstrahlung an die Stelle außerhalb des Ereignishorizonts übertragen und ersetzt dort die Energie, die die neu entstandenen Teilchen mitgeführt haben. Dies ist der **Hawking-Prozess**, und die Teilchen, die die Umgebung des Schwarzen Lochs verlassen, heißen *Hawking-Strahlung* (auch wenn es sich bei vielen dieser Teilchen nicht um elektromagnetische Strahlung handelt).

Die Zeit, bis ein Schwarzes Loch durch den Hawking-Prozess vollständig verdampft ist, nimmt mit der Masse des Schwarzen Lochs zu. An den Ereignishorizonten massereicherer Schwarzer Löcher herrschen höhere Gezeitenkräfte als an jenen massearmer mit kleinerem Durchmesser. Daher ist die *Rate*, mit der virtuelle Teilchen um größere Schwarze Löcher in reale Teilchen umgewandelt werden, tatsächlich niedriger als bei kleineren. Je schneller die realen Teilchen erzeugt werden, desto schneller brauchen sie die Masse des Schwarzen Lochs auf. Massearmere Schwarze Löcher verdampfen also schneller. Tatsächlich zeigen Berechnungen, dass ein Schwarzes Loch in den letzten Augenblicken, in denen es verdampft, so schnell Teilchen erzeugt, dass es zu explodieren scheint.

Bis ein stellares Schwarzes Loch mit einer Masse von 5 $M_\odot$ verdampft ist, vergehen 10^{62} Jahre (d. h. viel mehr als das gegenwärtige Alter des Universums), bei einem primordialen Schwarzen Loch mit einer Masse von 10^{10} kg (was der Masse des Mount Everest – Abb. 10.52 – entspricht) dagegen nur 15 Mrd. Jahre. Je nachdem, von welchem genauen Wert für das Alter des Universums man ausgeht, sollte ein Schwarzes Loch mit dieser Größe und diesem Alter bereits in den Endstadien der Verdampfung sein. Aus diesem Grund wird im Weltraum nach Ereignissen gesucht, die dem Verdampfungstod eines primordialen Schwarzen Lochs entsprechen könnten.

? Weshalb muss mindestens ein Teilchen in dem Hawking-Prozess immer in das Schwarze Loch fallen?

10.29 An den Grenzen unseres Wissens

Die unglaublichen Teleskope, die gerade in Betrieb genommen werden oder bald in Betrieb gehen werden, dürften unser Verständnis der Endstadien der Sternentwicklung gründlich auf den Prüfstand stellen. In den kommenden Jahren sollen die Einzelheiten des Verhaltens von planetarischen Nebeln, Novae, Supernovae und Sternresten endgültig geklärt werden. Einige Fragen, die eine Antwort verlangen, lauten: Welche physikalischen Prozesse führen zur Entstehung planetarischer Nebel? Weshalb treten planetarische Nebel in einer so großen Formenvielfalt auf? Was führt zu den häufig sanduhrförmigen Sternresten? Weshalb bestehen Novae aus zahlreichen Gaszusammenballungen? Gibt es tatsächlich Quarksterne, und wenn ja, welche Eigenschaften besitzen sie?

Schwarze Löcher markieren die Grenzen der derzeitigen Erkenntnis. Sie repräsentieren einen Materiezustand, den wir noch nicht vollständig erklären können, und sind daher ein besonders interessantes Untersuchungsgebiet. Das Verständnis ihrer Singularitäten ist ein wichtiger Forschungsgegenstand mit zahlreichen noch offenen Fragen. Zum Beispiel würde uns die direkte Beobachtung von Gravitationsstrahlung ein Werkzeug zur Untersuchung der heftigen Aktivität im Universum in die Hand geben. Die Einzelheiten der Entstehung Schwarzer Löcher, und zwar sowohl stellarer als noch exotischerer, müssen weiter geklärt werden. Weshalb mittelgroße und sehr schwere Schwarze Löcher gerade die entsprechenden Massen haben, ist im Detail ebenfalls noch nicht geklärt.

Falls Schwarze Löcher verschmelzen können, wovon inzwischen ausgegangen wird, muss genauer untersucht werden, wie das geschieht und welche Auswirkungen es auf das restliche Universum hat. Außerdem muss überprüft werden, ob die Hypothese der Kosmischen Zensur stimmt. Stimmt sie nicht, ist zu klären, welche Folgen das für die mögliche Existenz von Wurmlöchern hat. Eine der ganz schwierigen Fragen auf dem Gebiet Schwarzer Löcher ist, ob es primordiale Schwarze Löcher gibt. Dass Schwarze Löcher verdampfen, konnte noch nicht beobachtet werden, aber schon bald sollten wir die Technologie haben, um nachzuprüfen, ob dies der Fall ist.

R I V U X G

Abb. 10.52 Der Mount Everest. Primordiale Schwarze Löcher, die ganz zu Beginn des Universums entstanden sind, könnten mit dem Mount Everest vergleichbare Massen haben. Berechnungen zeigen, dass das Universum alt genug ist, damit solche Schwarzen Löcher verdampfen könnten. Am Schluss wird ihre Teilchenerzeugungsrate so hoch, dass sie zu explodieren scheinen. (Galen Rowell/Corbis)

Auch Gamma-Ray-Bursts bedürfen weiterer Klärung. Wie kann so viel Energie so schnell in elektromagnetische Strahlung umgewandelt werden? Weshalb wird die meiste Energie einiger Supernovae als Gammastrahlen emittiert, während andere die meiste als niederenergetische elektromagnetische Photonen abstrahlen?

Schlüsselbegriffe

- In Sternen mit höheren Massen fusionieren mehr Elemente als in solchen mit niedrigeren.
- Sterne verlieren im Laufe ihres Lebens Masse durch Sternwinde.

Massearme Sterne und planetarische Nebel

- Ein massearmer Hauptreihenstern (mit weniger als 8 $M_{\odot}$) wird mit Einsetzen des Wasserstoffschalenbrennens zu einem Riesen. Wenn im Kern das Heliumbrennen einsetzt, wandert er auf den Horizontalast. Mit Beginn des Heliumschalenbrennens wandert er auf den Asymptotischen Riesenast und wird zu einem Überriesen.
- Durch Sternwinde während des Stadiums des thermischen Pulsierens wird Masse von den Außenschichten des Sterns abgestoßen.
- Der ausgebrannte Kern eines massearmen Sterns wird zu einem dichten Kohlenstoff-Sauerstoff-Körper, einem sogenannten Weißen Zwerg, etwa

mit dem Durchmesser der Erde. Die maximale Masse eines Weißen Zwergs beträgt 1,4 $M_\odot$ (die Chandrasekhar-Grenze).

- In einigen Doppelsternsystemen kann es in der Oberflächenschicht eines Weißen Zwergs zum explosiven Wasserstoffbrennen kommen. Dies führt zum plötzlichen Ansteigen der Leuchtkraft, das Nova genannt wird.
- Wenn das Kohlenstoffbrennen im gesamten entarteten Stern explosionsartig zündet, kann ein akkretierender Weißer Zwerg in einem engen Doppelsternsystem auch zu einer Typ-Ia-Supernova werden.

Massereiche Sterne und Typ-II-Supernovae

- Nachdem der zentrale Wasserstoff- und Heliumvorrat des Kerns eines massereichen Sterns (d. h. mit mehr als 8 $M_\odot$) erschöpft ist, durchläuft er eine Folge weiterer thermonuklearer Reaktionen. Dazu zählen das Kohlenstoffbrennen, das Neonbrennen, das Sauerstoffbrennen und das Siliciumbrennen. Bei der letzten Fusion entsteht schließlich ein Eisenkern.
- Ein massereicher Stern stirbt in einer Supernovaexplosion, bei der die meiste Materie des Sterns mit sehr hohen Geschwindigkeiten in den Weltraum geschleudert wird. Diese Typ-II-Supernova wird durch den Gravitationskollaps und den darauffolgenden Rückprall des Kerns ausgelöst.
- Von der mit bloßem Auge sichtbaren Supernova 1987A konnten Neutrinos nachgewiesen werden. Ihre Entwicklung stützte die Theorie der Typ-II-Supernovae.

Neutronensterne und Pulsare

- Der Kern eines massereichen Hauptreihensterns mit einer Masse zwischen 8 und 25 $M_\odot$ wird zu einem Neutronenstern. Die Kerne etwas massereicherer Sterne werden zu Quarksternen. Ein Neutronenstern ist ein sehr dichter Sternrest, der in einer Kugel mit einem Durchmesser von etwa 20 km extrem dicht gepackte Neutronen enthält. Die maximale Masse eines Neutronensterns ist durch die Oppenheimer-Volkov-Grenze von etwa 3 $M_\odot$ gegeben.
- Ein Pulsar ist ein schnell rotierender Neutronenstern mit einem starken Magnetfeld, das ihn zu einer Quelle periodischer Radioimpulse und anderer elektromagnetischer Impulse macht. Von den Polargebieten eines Neutronensterns gehen energiereiche Strahlen aus, die den Himmel überstreichen.
- Einige Röntgenquellen senden regelmäßige Impulse aus. Bei diesen Objekten wird davon ausgegangen, dass es sich um Neutronensterne handelt, die mit normalen Sternen enge Doppelsternsysteme bilden.
- In der Oberflächenschicht eines begleitenden Neutronensterns kann es zum explosiven Heliumbrennen kommen, das zu einem plötzlichen Anstieg der Röntgenstrahlung führt. Diese Erscheinung heißt Röntgenstrahlungsausbruch.

Spezielle und allgemeine Relativitätstheorie

- Die spezielle Relativitätstheorie besagt, dass Raum und Zeit untrennbar verbunden sind und von der Bewegung eines Beobachters abhängen.
- Je schneller sich ein Körper, von einem langsamer bewegten Beobachter aus gesehen, bewegt, desto langsamer vergeht für ihn die Zeit (Zeitdilatation) und desto kürzer wird er (Längenkontraktion).
- Nach der allgemeinen Relativitätstheorie führt Masse dazu, dass sich der Raum krümmt und die Zeit langsamer vergeht. Diese Effekte sind aber nur in der Nähe sehr massereicher oder kompakter Objekte wesentlich.

Schwarze Löcher

- Falls ein Sternrest eine höhere Masse als etwa 3 $M_\odot$ hat, ist die Gravitationskompression stärker als der Neutronenentartungsdruck (oder der theoretisch vorhergesagte Quarkentartungsdruck) und bewirkt, dass er weiter zu einem Schwarzen Loch kollabiert.
- Ein Schwarzes Loch ist ein Objekt mit einer so hohen Dichte, dass seine Entweichgeschwindigkeit höher als die Lichtgeschwindigkeit ist.
- Beobachtungen zeigen, dass einige Doppelsternsysteme Schwarze Löcher enthalten. In solchen Systemen heizen sich Gase, die das Schwarze Loch von dem Begleiter einfängt, auf, wobei nachweisbare Röntgenstrahlung und Gasstrahlen ausgesendet werden.
- In den Zentren vieler Galaxien gibt es supermassive Schwarze Löcher. In Sternhaufen kommen mittelgroße Schwarze Löcher vor. Zu Beginn des Universums könnten sehr massearme (primordiale) Schwarze Löcher entstanden sein.
- Der Ereignishorizont eines Schwarzen Lochs ist eine kugelschalenförmige Grenze, bei der die Entweichgeschwindigkeit gleich der Lichtgeschwindigkeit ist. Aus dem Inneren des Ereignishorizonts kann keine Materie oder elektromagnetische Strahlung entweichen. Die Entfernung vom Mittelpunkt des Schwarzen Lochs bis zum Ereignishorizont heißt der Schwarzschild-Radius.
- Die Materie innerhalb eines Schwarzen Lochs kollabiert zu einer Singularität. Bei nicht rotierender

Materie ist die Singularität ein Punkt in der Mitte des Schwarzen Lochs. Bei rotierender Materie ist sie ein Ring innerhalb des Ereignishorizonts.

- Materie innerhalb eines Schwarzen Lochs hat nur drei Eigenschaften: Masse, Drehmoment und elektrische Ladung.
- Nichtrotierende Schwarze Löcher heißen Schwarzschild-Löcher, rotierende Kerr-Löcher. Der Ereignishorizont eines Kerr-Lochs ist von einer Ergoregion umgeben, in der sich die gesamte Materie ständig bewegen muss, um nicht in das Schwarze Loch gezogen zu werden.
- Materie, die sich dem Ereignishorizont eines Schwarzen Lochs nähert, wird durch die extremen Gezeitenkräfte des Schwarzen Lochs gedehnt und zerrissen, von der Materie ausgehendes Licht wird rotverschoben und der Zeitablauf verlangsamt sich.
- Schwarze Löcher können durch den Hawking-Prozess verdampfen. Dabei werden virtuelle Teilchen in der Nähe des Schwarzen Lochs zu realen Teilchen. Diese Umwandlungen virtueller Teilchen in reale verringern die Masse eines Schwarzen Lochs, bis es schließlich verschwindet.

Gamma-Ray-Bursts

- Es wird davon ausgegangen, dass Gamma-Ray-Bursts durch einige Supernovae und durch die Kollisionen dichter Objekte wie Neutronensterne oder Schwarze Löcher hervorgerufen werden. Einige treten in der Milchstraße und in nahe gelegenen Galaxien auf, während viele von ihnen Milliarden Lichtjahre von der Erde entfernt sind.
- Typische Gamma-Ray-Bursts dauern nur einige zehntel Sekunden. Währenddessen wird mehr Energie abgestrahlt als von der Sonne während ihrer gesamten Lebensdauer von 10 Mrd. Jahren.

Was haben Sie gedacht?

1 *Wird die Sonne eines Tages nicht mehr hell scheinen? Wenn ja, wie wird das vor sich gehen?* Ja. In etwa 6 Mrd. Jahren wird die Sonne Materie als planetarischen Nebel abstoßen und daraufhin die Kernfusion erlöschen. Der Rest, ein Weißer Zwerg, wird die darauffolgenden Milliarden Jahre schwach leuchten.

2 *Was ist eine Nova? Wie unterscheidet sie sich von einer Supernova?* Eine Nova ist ein verhältnismäßig sanfter Wasserstoffausbruch an der Oberfläche eines Weißen Zwergs in einem Doppelsternsystem. Dagegen sind Supernovae Explosionen, bei denen massive Sterne fast vollständig zerstört werden.

3 *Wo kommen der Kohlenstoff, das Silicium, der Sauerstoff, das Eisen, das Uran und die anderen schweren Elemente auf der Erde her?* Diese Elemente sind durch Supernovae und kollidierende Neutronensterne während der Sternentwicklung entstanden.

4 *Was ist kosmische Strahlung? Woher kommt sie?* Kosmische Strahlung sind schnelle Teilchen (hauptsächlich Wasserstoff und andere Atomkerne) im Weltraum. Es wird davon ausgegangen, dass viele von ihnen im Ergebnis von Supernovaausbrüchen entstanden sind.

5 *Was ist ein Pulsar?* Ein Pulsar ist ein rotierender Neutronenstern, dessen Achse des Magnetfelds nicht mit der Rotationsachse übereinstimmt. Das Bündel der von ihm ausgesendeten Strahlung überstreicht periodisch unser Gebiet des Weltraums.

6 *Sind Schwarze Löcher leere Löcher im Weltraum? Wenn nicht, was sind sie dann?* Nein, Schwarze Löcher enthalten stark komprimierte Materie und sind daher nicht leer.

7 *Hat ein Schwarzes Loch eine feste Oberfläche? Wenn nicht, was ist dann seine Oberfläche?* Nein. Die Oberfläche eines Schwarzen Lochs, der sogenannte Ereignishorizont, ist nur leerer Raum. Es gibt dort keine feste oder andere Materie.

8 *Welche Energie oder Kraft ermöglicht, dass Schwarze Löcher Dinge in sich hineinziehen?* Die einzige Kraft, die Dinge in sie hineinzieht, ist die Gravitationsanziehung der Materie im Schwarzen Loch.

9 *Wie nahe muss man einem Schwarzen Loch kommen, damit seine besonderen Eigenschaften zutage treten?* Etwa auf das 100-fache des Schwarzschild-Radius.

10 *Kann man Schwarze Löcher nutzen, um zu anderen Orten im Universum zu reisen?* Nein, die meisten Forscher vertreten die Auffassung, dass es die von der allgemeinen Relativitätstheorie vorhergesagten Wurmlöcher nicht gibt.

11 *Können Schwarze Löcher ewig bestehen? Wenn nicht, was geschieht dann mit ihnen?* Nein, Schwarze Löcher verdampfen.

Nachlese

1. Wird die Sonne ihre meiste Masse ausstoßen, und wenn ja, wie heißt dieses Ereignis? **a.** Ja, als planeta-

rischer Nebel, **b.** ja, als Supernova, **c.** ja, als Weißer Zwerg, **d.** ja, als Neutronenausbruch, **e.** nein.

2. Ein Weißer Zwerg besteht hauptsächlich aus **a.** Neutronen, **b.** Wasserstoff und Helium, **c.** Eisen, **d.** kosmischer Strahlung, **e.** Kohlenstoff und Sauerstoff.
3. Was verhindert, dass ein Neutronenstern kollabiert? **a.** Das Wasserstoffbrennen, **b.** Reibung, **c.** der Elektronenentartungsdruck, **d.** der Neutronenentartungsdruck, **e.** das Heliumbrennen.
4. Welcher Unterschied besteht zwischen einem Riesen und einem Überriesen?
5. Weshalb ist die Kenntnis der Temperatur im Kern eines Sterns so wichtig, um zu ermitteln, welche Kernreaktionen dort auftreten können?
6. Wodurch ist die Temperatur im Kern eines Sterns bestimmt?
7. Was ist ein planetarischer Nebel und wie entsteht er?
8. Was ist die Chandrasekhar-Grenze?
9. Was ist ein Neutronenstern?
10. Vergleichen Sie einen Weißen Zwerg und einen Neutronenstern. Welcher dieser Sternreste ist häufiger? Weshalb?
11. Was ist die Oppenheimer-Volkov-Grenze?
12. Skizzieren Sie im Hertzsprung-Russel-Diagramm den Entwicklungsweg der Sonne zwischen dem Zeitpunkt, zu dem sie die Hauptreihe verlässt, und dem, zu dem sie zu einem Weißen Zwerg wird. Welche Masse wird die Sonne ungefähr haben, wenn sie zu einem Weißen Zwerg wird? Wo ist die restliche Masse dann geblieben?
13. Weshalb waren Suchen nach Supernovaresten bei sichtbaren Wellenlängen weniger erfolgreich als bei anderen?
14. Weshalb werden Pulsare für schnell rotierende Neutronensterne gehalten?
15. Welcher Unterschied besteht zwischen Typ-Ia- und Typ-II-Supernovae?
16. Vergleichen Sie eine Nova mit einer Typ-Ia-Supernova. Was haben sie gemeinsam? Wodurch unterscheiden sie sich?
17. Vergleichen Sie eine Nova und einen Röntgen-Burster. Was haben sie gemeinsam? Wodurch unterscheiden sie sich?
18. Beschreiben Sie, was Röntgenpulsare, pulsierende Röntgenquellen und Röntgen-Burster gemeinsam haben. Weshalb sind sie unterschiedliche Manifestationen desselben astronomischen Objekts?
19. Welche Eigenschaft – wenn überhaupt eine – normaler Materie hört in einem Schwarzen Loch zu existieren auf? **a.** Die Masse, **b.** die chemische Zusammensetzung, **c.** der Drehimpuls, **d.** die elektrische Ladung, **e.** ein Schwarzes Loch kann alle diese Eigenschaften haben.
20. An welchen der folgenden Orte sind supermassive Schwarze Löcher entdeckt worden? **a.** In den Zentren von Galaxien, **b.** in Kugelsternhaufen, **c.** in offenen (oder galaktischen) Sternhaufen, **d.** zwischen Galaxien, **e.** in der Umlaufbahn mit einem einzelnen Stern.
21. Welches Merkmal weisen Kerr-Löcher im Unterschied zu Schwarzschild-Löchern auf? **a.** Eine Singularität, **b.** einen Ereignishorizont, **c.** die Gravitationsrotverschiebung von Photonen außerhalb des Schwarzen Lochs, **d.** eine Ergoregion, **e.** die Krümmung der nahe gelegenen Raumzeit.
22. Unter welchen Bedingungen kann der gesamte nach außen gerichtete Druck in einem kollabierenden Stern den Einsturz nicht mehr aufhalten?
23. Inwiefern ist ein Schwarzes Loch schwärzer als schwarze Tinte oder als ein schwarzes Blatt Papier?
24. Wie würde es sich auf die Erdumlaufbahn auswirken, wenn die Sonne plötzlich zu einem Schwarzen Loch würde?
25. Was versteht man unter Kosmischer Zensur?
26. Welche Unterschiede bestehen zwischen rotierenden und nichtrotierenden Schwarzen Löchern?
27. Weshalb sind alle beobachteten stellaren Schwarzen Löcher potenziell Mitglieder enger Doppelsternsysteme?
28. Wie lässt sich Röntgenstrahlung von einem Schwarzen Loch nachweisen, wenn das Licht von ihm nicht entweichen kann?

Kapitel 11
Die Galaxien

Kombination einer Infrarot- und einer Ultraviolettaufnahme der Andromedagalaxie in einer Entfernung von 2,5 Mio. Lichtjahren und mit einem Durchmesser von 260.000 Lichtjahren (rot = kalte Staubgebiete; blau = heiße junge Sterne; grün = ältere Sterne; rosa = Gebiet sowohl mit alten als auch mit jungen Sternen). (NASA/JPL-Caltech/K. Gordon [Univ. of. Ariz.] und GALEX Science)

Was meinen Sie?

1 **Welche Struktur hat unsere Galaxis?**

2 **Wo liegt unser Sonnensystem in unserer Galaxis?**

3 **Bewegt sich die Sonne durch die Galaxis und, wenn ja, mit welcher Geschwindigkeit?**

4 **Liegen die meisten Sterne von Spiralgalaxien in deren Spiralarmen?**

5 **Haben alle Galaxien Spiralarme?**

6 **Sind Galaxien isolierte Objekte?**

7 **Kontrahiert das Universum, bleibt seine Größe gleich oder expandiert es?**

Die Antworten finden Sie bei der jeweiligen Ziffer im Text und noch einmal zusammengefasst am Ende des Kapitels.

Jahrhundertelange Beobachtungen haben eindeutig bestätigt, dass unser Sonnensystem Teil einer riesigen Ansammlung von Hunderten Milliarden Sternen zusammen mit Gas, Staub und anderer Materie ist. Alle diese Materie wird durch ihre Gravitationsanziehung zusammengehalten. Dies ist unsere **Galaxis**, wegen ihres Aussehens am Himmel auch **Milchstraße** genannt, der wir uns in diesem Kapitel zunächst zuwenden wollen.

Die meisten Sterne in unserer Galaxis gehören zu einer Scheibe, die von der Seite aus gesehen einer fliegende Untertasse in einem alten utopischen Film ähnlich sieht (Abb. 11.1a). Der Innenteil der Galaxienscheibe ist mit Sternen gefüllt, von denen ein Teil einen Balken bildet (Abb. 11.1b). Von den Enden des Balkens gehen Spiralarme aus. In den Armen entstehen aus den Bruchstücken früherer Generationen von Sternen immer neue Sterne. Die restlichen Sterne der Galaxis gehören zu einem kugelförmigen Halo, der die Scheibe umgibt.

Nachdem wir unsere Galaxis betrachtet haben, werden wir uns anderen Galaxien, den Galaxienhaufen, den Superhaufen und deren Zwischenraum zuwenden. Außerdem wollen wir etwas von dem zugegeben Wenigen behandeln, was wir über die Dunkelmaterie, eine gewaltige Menge nichtleuchtenden Materials im Universum, wissen. Zum Schluss des

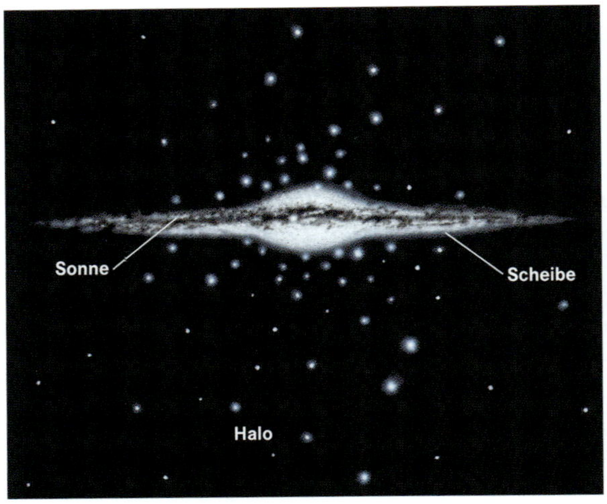

a

b

Abb. 11.1 Schematische Darstellung der Milchstraße. (a) Die Seitenansicht zeigt die Scheibe unserer Galaxis, in der die meisten Sterne, Gas und Staub enthalten sind, sowie ihren Halo, der viele alte Sterne enthält. Einzelsterne im Halo sind zu schwach, um sie sehen zu können, sodass es sich bei den hellen Gebieten im Halo um Sternhaufen handelt. (b) Unsere Galaxis hat zwei Hauptarme und mehrere kürzere Armabschnitte, die alle spiralförmig von den Enden eines Balkens aus Sternen und Gasen ausgehen, der durch das galaktische Zentrum verläuft. Die Existenz des Balkens sowie der beiden Hauptarme konnte vom Spitzer-Weltraumteleskop bestätigt werden. (b: NASA/JPL-Caltech/R. Hurt [SSC])

Kapitels werden wir einen Blick auf die supermassiven Schwarzen Löcher im Herzen der meisten Galaxien werfen und sehen, welche Wirkungen sie auf die Materie in ihrer Umgebung ausüben.

In diesem Kapitel geht es darum,

- unsere Galaxis, die Milchstraße, kennenzulernen – Milliarden von Sternen, zusammen mit Gas und Staub, die durch die Gravitationsanziehung gebunden sind;
- die Struktur unserer Galaxis kennenzulernen;
- wo die Erde in unserer Galaxis liegt;
- wie das interstellare Gas- und Staubmedium ermöglicht, dass weiter Sterne entstehen;
- dass Beobachtungen auf die Anwesenheit großer Massen in der Milchstraße hindeuten, von denen wir nicht wissen, worum es sich handelt;
- dass im Zentrum unserer Galaxis ein massereiches Schwarzes Loch steht;
- wie Galaxien nach ihren Formen klassifiziert werden;
- die Prozesse kennenzulernen, in denen die verschieden geformten Galaxien entstehen;
- dass Galaxien in Haufen entstehen, die gewaltige Mengen Dunkelmaterie enthalten;
- weshalb Galaxienhaufen Superhaufen bilden;
- wie einige Galaxien verschmelzen und andere ihre Nachbarn verschlingen;
- dass sich die Größe des Universums ändert;
- helle und ungewöhnliche Objekte, sogenannte aktive Galaxien, kennenzulernen;
- was die fernen, aber hellen Quasare sind;
- die ungewöhnlichen Spektren und kleinen Volumina von Quasaren kennenzulernen;
- etwas über die außergewöhnlich strahlungsstarken BL-Lacertae-Objekte zu erfahren;
- supermassive Schwarze Löcher kennenzulernen, die zentralen Motoren für Radiogalaxien, Quasare, Seifert-Galaxien und BL-Lacertae-Objekte.

Was ist unsere Galaxis?

Vor dem 20. Jahrhundert war über die großräumige Verteilung von Sternen und anderer Materie im Universum nichts bekannt. Auch unter Astronomen bestand bis dahin allgemein die Auffassung, dass alle

Abb. 11.2 Hightech-Teleskop Mitte des 19. Jahrhunderts. (a) In diesem 1845 errichteten Bauwerk ist ein 1,8-m-Teleskop, seinerzeit das größte der Welt, untergebracht. Die erhöhte Auflösung, die es damals gegenüber anderen Teleskopen bot, lässt sich mit dem Fortschritt vergleichen, den das Hubble-Teleskop beim Start gegenüber irdischen optischen Teleskopen bedeutete. Die Abbildung zeigt das Teleskop, nachdem es 1996–1998 in seinem ursprünglichen Zustand rekonstruiert wurde. (b) Mithilfe seines Teleskops gelang Lord Rosse diese Skizze der Spiralstruktur der Galaxie M51 und ihres Begleiters NGC 5195. (c) Eine heutige Aufnahme von M51 (auch NGC 5194 genannt) und NGC 5195. Die Spiralgalaxie M51 im Sternbild Jagdhunde ist wegen ihres charakteristischen Aussehens als Whirlpool-Galaxie bekannt. Die beiden Galaxien haben eine Entfernung von etwa 20 Mio. Lj von der Erde. (a: Birr Castle Demesne; b Lund Humphries; c: NOAO)

Sterne im Kosmos zur Milchstraße, unserer Galaxis, gehören. Mit anderen Worten, die „Galaxis“ und das „Universum“ waren dasselbe. Wir wollen zunächst sehen, wie diese Auffassung mit der Zeit revidiert werden musste.

11.1 Die Cepheiden liefern den Beweis, dass die Milchstraße nur eine von vielen Galaxien ist

Die Annahme, dass unsere Galaxis nur eine von vielen ist, wurde 1755 von dem deutschen Philosophen Immanuel Kant formuliert, der der Meinung war, dass jenseits den Grenzen der Milchstraße gewaltige Ansammlungen von Sternen liegen müssen. Weniger als 100 Jahre später beobachtete der irische Astronom William Parsons die Struktur einiger dieser Kant'schen „Inseluniversen“. Parsons war der dritte Lord Rosse in Irland, war reich, hatte eine Vorliebe für Maschinen und war von der Astronomie fasziniert. So verwundert es nicht, dass er sich anschickte, ein Riesenteleskop zu errichten. Im Februar 1845 war sein Meisterwerk vollendet. Der massive Spiegel hatte einen Durchmesser von 1,8 m und war am Ende eines 18 m langen Tubus montiert, der über Kabel, Gurte, Riemenscheiben und Krane (Abb. 11.2a) bewegt wurde. Über viele Jahre wurde dieser Triumph der damaligen Ingenieurtechnik als das größte Teleskop der Welt gerühmt.

Lord Rosse nutzte sein neues Teleskop, um viele der zuvor von Herschel entdeckten und katalogisierten leuchtenden interstellaren Wolken zu untersuchen.

William Herschel hatte zusammen mit seiner Schwester, seinem Sohn und anderen Einzelheiten undeutlich zu erkennender astronomischer Objekte, sogenannter **Nebel**, entdeckt und gezeichnet. Mit der hohen Auflösung, die sein Teleskop bot, konnte Lord Rosse beobachten, dass einige dieser Nebel eine charakteristische Spiralstruktur aufweisen. Ein besonders gutes Beispiel dafür ist M51, auch Whirlpool-Galaxie oder NGC 5194 genannt.

Da Lord Rosse 1845 noch keine Fotoausrüstung zur Verfügung stand, zeichnete er die Ergebnisse seiner Beobachtungen. Abb. 11.2b ist eine solche Zeichnung des Nebels M51. Zeichnungen wie diese brachten ihn darauf, die Kant'sche Idee der Inseluniversen aufzugreifen. Abb. 11.2c zeigt eine heutige Aufnahme von M51. Beachten Sie die Unterschiede zwischen einem Objekt, wie es gesehen und gedeutet wird, und einer Fotoaufnahme.

Unter den meisten Astronomen war die Vorstellung von Inseluniversen zu Rosses Zeiten nicht sehr populär. Wie schon gesagt, waren sie der Auffassung, dass die Milchstraße alle Sterne im Universum enthält – also das *Universum ist.* Im April 1920 fand in der National Academy of Sciences in Washington, DC, eine formale Diskussion statt, die heute als **Shapley-Curtis-Debatte** bekannt ist. Harlow Shapley vertrat die Auffassung, dass die Spiralnebel verhältnismäßig kleine, nahe gelegene Objekte sind, die um unsere Galaxis verstreut sind. Heber Curtis vertrat dagegen die Theorie der Inseluniversen, der zufolge jeder dieser Spiralnebel ein getrenntes rotierendes Sternensystem wie unsere Galaxis ist. Auch wenn die Shapley-Curtis-Debatte die Aufmerksamkeit der Wissenschaftler auf die Frage des Universums lenkte, konnte damals keine Entscheidung erzielt werden, da es einfach keine überzeugenden Hinweise darauf gab, wie weit die Spiralnebel tatsächlich entfernt sind. Es musste also unbedingt eine Möglichkeit gefunden werden, ihre Entfernungen zu messen. Dies gelang schließlich Edwin Hubble, einem jungen Lehrer aus Kentucky, der nach Chicago gegangen war, um dort Astronomie zu studieren.

Im Jahr 1923 gelang Hubble eine inzwischen historische Aufnahme von M31, später Andromedanebel genannt. Dies war einer der Spiralnebel, um den sich die Kontroverse rankte. Auf der Fotoplatte entdeckte er etwas, das zunächst eine Nova zu sein schien. Beim Vergleich mit früheren Platten des Gebiets erkannte er aber bald, dass es sich in Wirklichkeit um einen Cepheiden-Veränderlichen handelt. Wir hatten bereits in Abschnitt 9.12 gesehen, dass dies Sterne sind, deren Helligkeit periodisch schwankt. Eine gründliche Durchmusterung im Verlauf der nächsten Monate

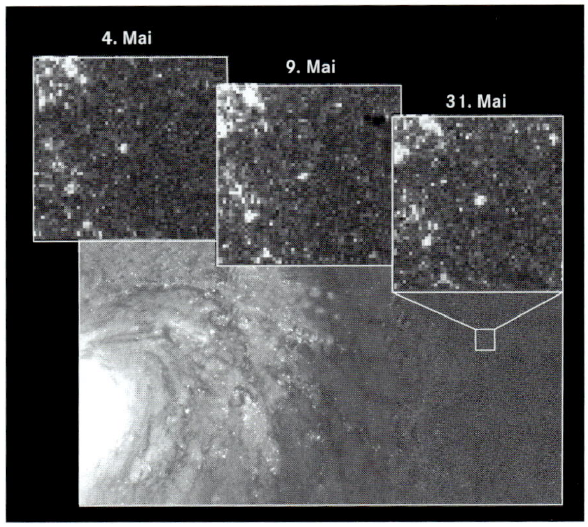

Abb. 11.3 Ein Cepheiden-Veränderlicher in der Galaxie M100. Wie schon erörtert, beruht eines der zuverlässigsten Verfahren zur Bestimmung der Entfernung nicht allzu weit entfernter Galaxien auf der Suche nach Cepheiden darin. Die Galaxie M100 im Sternbild Haar der Berenike in einer Entfernung von 56 Mio. Lj (17 Mio. pc) von der Erde gehört zu den am weitesten entfernten Objekten, deren Entfernung unter Zuhilfenahme von Cepheiden bestimmt werden konnte. Ausschnittsvergrößerungen: Dieser Cepheide ist einer von bisher 20 in M100 entdeckten in verschiedenen Phasen seines Helligkeitszyklus, der sich über mehrere Wochen erstreckt. (Dr. Wendy L. Freedman, Observatories of the Carnegie Institution of Washington; NASA)

brachte viele weitere Cepheiden ans Licht. Abb. 11.3 zeigt einen Cepheiden in der Galaxie M100 bei verschiedenen Helligkeiten.

Es war damals erst zehn Jahre her, dass die amerikanische Astronomin Henrietta Leavitt eine bedeutsame Untersuchung über Cepheiden-Veränderliche veröffentlicht hatte, nämlich 1912. Leavitt hatte viele solcher Cepheiden in der Kleinen Magellan'schen Wolke untersucht, die damals noch als ein Nebel galt, während wir heute wissen, dass es sich um eine Galaxie handelt, die gar nicht weit von unserer Milchstraße entfernt ist. Leavitts Studien führten sie auf die Periode-Leuchtkraft-Beziehung für Typ-I-Cepheiden (siehe Abschnitt 9.13). Sie konnte zeigen, dass zwischen der Leuchtkraft (bzw. absoluten Helligkeit) eines Cepheiden und seiner Oszillationsperiode eine direkte Beziehung besteht, die wir bereits in Abb. 8.14 betrachtet hatten und die in Abb. 11.4 noch einmal genauer gezeigt ist. Wenn man die Periode und die scheinbare Helligkeit eines Cepheiden beobachtet, kann man daraus also die Entfernung berechnen.

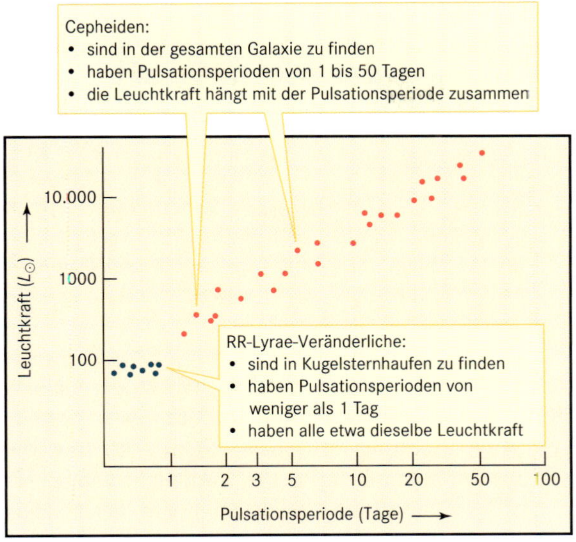

Abb. 11.4 Die Periode-Leuchtkraft-Beziehung. Das Diagramm zeigt die Beziehung zwischen den Perioden und den mittleren Leuchtkräften klassischer Cepheiden (vom Typ I) und der eng verwandten RR-Lyrae-Sterne (siehe Kapitel 9). Jeder Punkt bedeutet einen Cepheiden oder RR-Lyrae-Veränderlichen, dessen Leuchtkraft und Periode gemessen wurden.

? Betrachten Sie Abb. 11.4. Wie würde sich die Helligkeit eines Cepheiden mit einer maximalen Helligkeit von 1000 $L_\odot$ ändern, wenn er alle fünf Tage beobachtet würde?

Dank dieser Vorarbeiten wusste Hubble, dass er aus den Eigenschaften der Lichtschwankungen von Cepheiden die Entfernung von M31 berechnen und damit die Shapley-Curtis-Debatte ein für alle Mal entscheiden konnte. Anhand seiner Beobachtungen von Typ-I-Cepheiden konnte er ermitteln, dass M31 in einer Entfernung von 2,2 Mio. Lichtjahren, also *weit jenseits* der Milchstraße liegt. Dies war der Beweis, dass M31 kein offener Sternhaufen oder Kugelsternhaufen in unserer Galaxis, sondern ein eigenes riesiges Sternsystem – eine eigene Galaxie – ist. Der Nebel M31, den wir heute als *Andromedagalaxie* kennen, ist das am weitesten entfernteste Objekt im Universum, das noch mit bloßem Auge zu sehen ist. Für alle anderen Galaxien, in denen Cepheiden zu beobachten sind, sind ähnliche Berechnungen durchgeführt worden. Die Entfernungen noch weiter entfernter Galaxien sind anhand von Beobachtungen darin gelegener Typ-Ia-Supernovae ermittelt worden.

Mit der Veröffentlichung von Hubbles Ergebnissen Ende 1924 war die Shapley-Curtis-Debatte abgeschlossen. Das Universum war viel größer und von viel ausgedehnteren Objekten bevölkert, als bis dahin angenommen worden war. Hubble war ins Reich der Galaxien vorgestoßen. Heute wissen wir, dass das Universum zahllose Galaxien enthält, von denen die Milchstraße nur eine ist. Jede **Galaxie** besteht wie die Milchstraße aus Millionen, Milliarden oder sogar Billionen Sternen sowie aus Gas, Staub und anderen Materieformen, die alle durch die Gravitation gebunden sind.

Im Folgenden wollen wir mit Hubbles Verfahren den Platz der Erde in unserer Galaxis bestimmen. Da uns die Sonne von allen Sternen am nächsten steht, ist sie auch der Stern, den wir am besten kennen. So könnte man denken, dass wir auch über die Milchstraße von allen Galaxien am meisten wissen, da ja ihre Sterne und Wolken viel näher als die anderer Galaxien sind. Allerdings wird die Untersuchung ferner Teile unserer Galaxis, der wir uns nun zuwenden wollen, stark durch Gas- und Staubwolken, die unser Sonnensystem umgeben, behindert.

Einblicke in die Wissenschaft

Wissenschaftliche Diskussionen Solange keine eindeutigen Daten vorliegen, können auch erfahrene Wissenschaftler dieselben Beobachtungen oft recht unterschiedlich deuten. Tatsächlich waren die Beobachtungen zur Zeit der Shapley-Curtis-Debatte mit beiden Standpunkten vereinbar. Erst die Entfernungsmessung durch Hubble zeigte überzeugend, dass die Spiralnebel außerhalb unserer Galaxis liegen.

Der Aufbau unserer Galaxis

Da uns das Band der Milchstraße vollständig umgibt, wurde schon lange vermutet, dass die Sonne und alle Sterne, die wir sehen können, dazugehören. In den 1780er Jahren unternahm William Herschel die ersten Schritte zur Kartierung der Milchstraße. Um zu ermitteln, welchen Ort die Sonne in der Galaxis einnimmt, zählte er die Sterne in 683 Himmelsausschnitten. Seine Annahme war, dass in Richtung des Zentrums der Galaxis die höchste Dichte von Sternen zu sehen sein sollte, während sie zum Rand hin niedriger würde. Allerdings stelle er fest, dass die Dichte der Sterne entlang der ganzen Milchstraße ungefähr gleich ist. Daraus zog er die natürliche Schlussfolgerung, dass wir im Zentrum der Galaxis stehen.

Hier irrte Herschel aber: Die Erde nimmt überhaupt keinen bevorzugten Platz in der Milchstraße ein. Die Sonne hat eine Entfernung von 26.000 Lj (8000 pc) vom Zentrum der Galaxis, dem Kern der **Galaxis.** Bestimmte Dinge über den Aufbau des Kosmos konnte Herschel damals einfach noch nicht wissen, sodass er seine Beobachtungen zwangsläufig falsch interpretierte.

Einblicke in die Wissenschaft

Wenn Daten fehlen ... Fehlende Kenntnisse führen häufig zu Fehldeutungen von Daten und somit zu falschen Schlussfolgerungen. Da Herschel noch nichts von der Materie im interstellaren Raum wusste, konnte er die Verteilung der Sterne, die die Erde umgeben, nicht richtig deuten und gelangte so zu einer falschen Schlussfolgerung über die Stellung der Sonne in der Galaxis.

11.2 Die Cepheiden helfen, das galaktische Zentrum zu bestimmen

Es war der Astronom R. J. Trumpler, der in den 1930er Jahren bei der Untersuchung von Sternhaufen erkannte, weshalb sich Herschel geirrt hatte. Herschel wusste noch nichts von dem interstellaren Gas- und Staubmedium, das sich auf die ermittelten Anzahlen der Sterne auswirkt. Trumpler stellte fest, dass entfernte Sternhaufen schwächer erschienen, als es allein anhand ihrer Entfernung zu erwarten war. Irgendetwas muss das Licht der Sterne auf ihrem Weg zur Erde abschwächen. Dies führte ihn auf die richtige Schlussfolgerung, dass der interstellare Raum kein ideales Vakuum ist. Er enthält Staub, der das Licht entfernter Sterne absorbiert. Auf Weitwinkelaufnahmen zeichnen sich deutlich große Staubflecken ab (Abb. 11.5). Dieser Staub ist ebenso wie die Sterne in der Ebene der Galaxis konzentriert.

Der interstellare Staub verbirgt sichtbares Licht, das vom Zentrum unserer Galaxis ausgeht, fast vollständig vor unserem Blick. Sichtbare Photonen von dort werden meist absorbiert oder gestreut, bevor sie bei uns eintreffen können. Herschel konnte also nur nahe gelegene Sterne sehen und die scheinbaren Helligkeiten, die er maß, waren schwächer, als sie ohne den interstellaren Staub gewesen wären. Dadurch kam er zu der Schlussfolgerung, dass die Sterne weiter entfernt sind, als es tatsächlich der Fall ist. Zudem hatte er keine Vorstellung von der wahren Größe der Galaxis und konnte die große Anzahl von Sternen in der allgemeinen Richtung des galaktischen Zentrums, die vor uns durch Staub verborgen sind, nicht sehen.

Da das interstellare Gas in der Ebene der Galaxis konzentriert ist, ist die Absorption des Sternenlichts in diesen Abschnitten der Milchstraße am stärksten. Oberhalb und unterhalb der Ebene der Galaxis ist unser Blick verhältnismäßig frei. Unser tatsächlicher Ort in der Galaxis wurde schließlich Beobachtungen der Kugelsternhaufen entnommen (siehe Abschnitt 9.14). Shapley nutzte die Periode-Leuchtkraft-Beziehung für veränderliche Sterne, um die Entfernung der damals bekannten 93 (heute sind es über 150) Kugelsternhaufen am Himmel zu bestimmen. Aus deren Richtungen und Entfernungen erstellte er eine dreidimensionale Karte ihrer Verteilung. 1917 stellt er schließlich fest, dass die Kugelsternhaufen innerhalb einer Kugel liegen, in deren Mitte sich aber nicht die Erde, sondern ein Punkt der Milchstraße im Sternbild Schütze befindet. Abb. 11.6 zeigt zwei Kugelsternhaufen in einem verhältnismäßig durchsichtigen Himmelsausschnitt in Richtung des galaktischen Zentrums. Dies führte Shapley auf eine kühne Vermutung: *Die Kugelsternhaufen umlaufen das Zentrum der Milchstraße, das im Sternbild Schütze liegt.* Shapleys

R I V U X G

Abb. 11.5 Unsere Galaxis. Diese Weitwinkelaufnahme erstreckt sich über die halbe Milchstraße. Links steht das Kreuz des Nordens und rechts das des Südens. Das Zentrum der Galaxis im Sternbild Schütze liegt in der Mitte der Aufnahme. Die dunklen Linien und Flecken kommen von Hunderten interstellarer Gas- und Staubwolken, die das Licht dahinterliegender Sterne verdecken, und nicht etwa daher, dass es an diesen Stellen keine Sterne gäbe. (Dirk Hoppe)

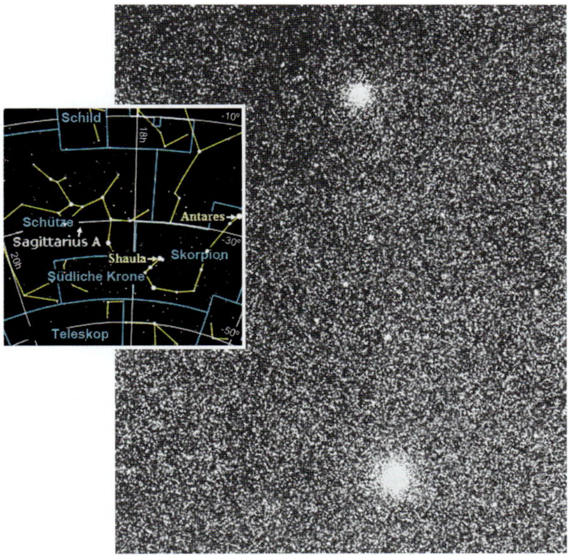

R I V U X G

Abb. 11.6 Ein Blick auf das Zentrum der Galaxis. Die Aufnahme zeigt mehr als 1 Mio. Sterne in der Scheibe unserer Galaxis. Sie umfasst ein verhältnismäßig durchsichtiges Fenster nur 4° südlich des Kerns der Galaxis im Sternbild Schütze. Hinter den Sternen der Scheibe unserer Galaxis erkennt man zwei auffällige Kugelsternhaufen. Im Unterschied zu den meisten Gebieten in Richtung des Sternbilds Schütze wird dieser kleine Ausschnitt nur wenig von Staub verdeckt. (Harvard Observatory)

bahnbrechende Forschungen sind inzwischen durch eine Vielzahl von Beobachtungen bestätigt worden. Tatsächlich ist die Erde nicht das Zentrum der Galaxis.

11.3 Beobachtungen jenseits des sichtbaren Spektrums ermöglichten die Kartierung der Galaxis

Um in die staubgefüllte Ebene unserer Galaxis blicken zu können, bedient man sich Radio-, Infrarot-, Röntgen- und Gammateleskopen (siehe Abb. 3.38). Diese Wellenlängen werden durch das interstellare Gas- und Staubmedium in der Galaxienscheibe viel weniger gestreut als sichtbare oder ultraviolette. Die ersten Beobachtungen entfernter Teile der Galaxis erfolgten mit Radioteleskopen. Radiowellen durchdringen die Erdatmosphäre, sodass der Standort von Radioteleskopen viel weniger Einschränkungen unterliegt. (Zur Erinnerung: Infrarotobservatorien müssen in großen Höhen oder gar im Weltraum installiert werden und Röntgen- und Gammabeobachtungen erfolgen fast immer vom Weltraum aus.)

Das wichtigste Hilfsmittel bei der Abbildung der Galaxis ist die Aufzeichnung der direkten Radioemission von interstellarem Wasserstoff – dem weitaus häufigsten Element im Universum. Leider erzeugen die wichtigsten Elektronenübergänge im Wasserstoffatom (siehe Abb. 3.49) Photonen bei ultravioletten und sichtbaren Wellenlängen, die das interstellare Medium nicht durchdringen können. Wie lässt sich dann mit Radioteleskopen der Wasserstoff überhaupt nachweisen? Der Schlüssel hierzu liegt in der Atomphysik.

Außer ihrer Masse und Ladung haben Teilchen wie Protonen und Elektronen einen bestimmten Eigendrehimpuls, den **Spin**. Die Quantenmechanik besagt, dass das Elektron und das Proton in einem Wasserstoffatom nur parallel oder entgegengesetzt rotieren können (Abb. 11.7); andere Orientierungen sind ausgeschlossen. Falls das Elektron in einem Wasserstoffatom von einer Orientierung in die andere umklappt, muss das Atom einen winzigen Energiebetrag aufnehmen oder abgeben. Insbesondere emittiert das Atom beim Umklappen von parallelen zu entgegengesetzten Spins ein niederenergetisches Radiophoton mit einer Wellenlänge von 21 cm. Allerdings klappen die Spins im Atom nur selten um, sodass der Vorgang nur deshalb nachgewiesen werden kann, weil die Galaxis so gewaltige Massen an interstellarem Wasserstoff ent-

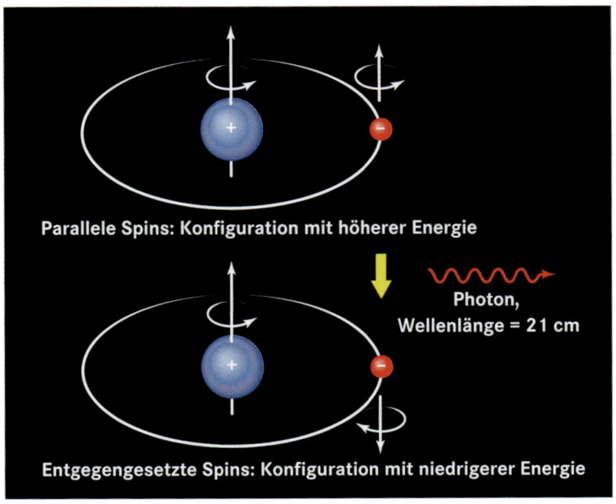

Abb. 11.7 Elektronenspin und Wasserstoffatom. Elektronen und Protonen wirken wegen ihrer Spins wie winzige Magneten. Wenn ein Elektron und das Proton, das es umläuft, in derselben Richtung rotieren, ist ihre Energie höher, als wenn sie in entgegengesetzten Richtungen rotieren. Wenn das Elektron von der Konfiguration mit höherer zu der mit niedrigerer Energie umklappt, verliert das Atom einen kleinen Energiebetrag, der als ein Radiophoton mit einer Wellenlänge von 21 cm abgestrahlt wird.

hält. Im Jahr 1951 konnte eine Gruppe von Astronomen erstmals schwache Anzeichen von 21-cm-Funkstörungen nachweisen, die vom Umklappen der Spins herrührten.

Der Nachweis der **21-cm-Radiostrahlung** war ein Durchbruch bei der Kartierung der **Scheibe** unserer Galaxis. Um dies richtig würdigen zu können, stellen wir uns vor, dass wir unser Radioteleskop wie in Abb. 11.8 gezeigt auf eine Linie quer durch die Galaxis ausrichten. Der Radioempfänger nimmt dann die 21-cm-Emission von Wasserstoffwolken an den Punkten 1, 2, 3 und 4 auf. Allerdings werden die Radiowellen von diesen verschiedenen Wolken wegen ihrer unterschiedlichen Radialgeschwindigkeiten (Bewegung auf die Erde zu oder von ihr weg) etwas dopplerverschoben (siehe Abschnitt 3.2). Da die Radiowellen von Gaswolken aus verschiedenen Teilen der Galaxis wegen der Dopplerverschiebung mit etwas unterschiedlichen Wellenlängen bei dem Radioteleskop ankommen, lässt sich feststellen, welche Radiosignale von welchen Gaswolken stammen. Damit kann eine Karte der Galaxis angefertigt werden, wie sie Abb. 11.9a zeigt.

? Woran liegt es, dass Gas und Staub an den Punkten 1, 2, 3 und 4 (Abb. 11.8) von der Erde aus gemessen unterschiedliche Radialgeschwindigkeiten haben?

Die Radiokarte zeigt zahlreiche gebogene Arme von neutralem Wasserstoff. Wenn das die Gesamtstruktur der Galaxis wäre, würde die Milchstraße keiner der anderen beobachteten Galaxien (man vergleiche die Aufnahmen weiter hinten in diesem Kapitel) ähneln. Tatsächlich weisen andere beobachtete scheibenförmige Galaxien Spiralarme auf. Offenbar müssen wir noch andere Beobachtungen hinzuziehen. Aufnahmen einer Balkengalaxie (Abb. 11.10) zeigen Arme, in denen spiralförmige „Leuchtspuren" – helle Population-I-Sterne und Emissionsnebel – hervortreten. Wie wir in Kapitel 9 gesehen hatten, weisen diese auf aktive Sternentstehung hin. Wenn unsere Galaxis spiralförmig ist, gibt es also noch eine weitere Möglichkeit, ihre Struktur zu kartographieren und die **Spiralarme** nachzuweisen: Dazu werden die Orte der Sternentstehungskomplexe abgebildet, die mit H-II-Gebieten, Riesenmolekülwolken und massereichen heißen jungen Sternen in sogenannten *OB-Assoziationen* gefüllt sind.

? Welche Vorgänge auf der Erde lassen sich mit der Bedeckung durch das interstellare Gas- und Staubmedium vergleichen?

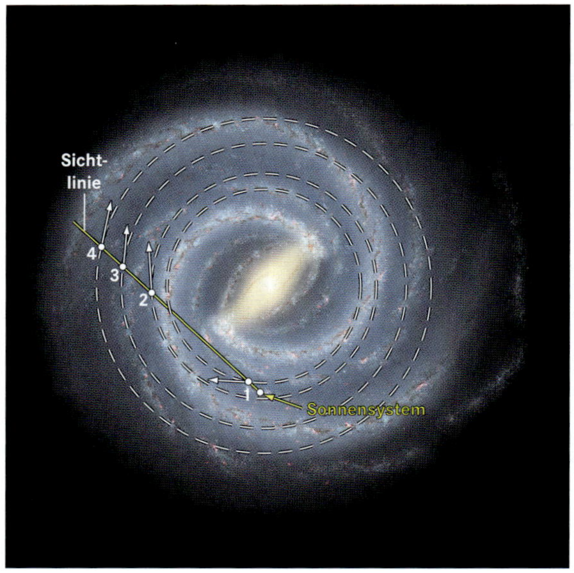

Abb. 11.8 Ein Kartierungsverfahren für die Galaxis. Wasserstoffwolken an verschiedenen Orten entlang der Sichtlinie bewegen sich mit unterschiedlichen Geschwindigkeiten um das Zentrum der Galaxis. Daher weisen Radiowellen von verschiedenen Gaswolken auch unterschiedliche Dopplerverschiebungen auf, mit deren Hilfe Gaswolken auseinandergehalten werden können und so eine Karte der Galaxis erstellt werden kann.(NASA/JPL-Caltech/R. Hurt [SSC])

1

Die Absorption durch Staub begrenzt die Reichweite visueller Beobachtungen in der Ebene der Galaxis auf höchstens 10.000 Lichtjahre. Allerdings lassen sich Beobachtungen nahe gelegener heller OB-Assoziationen und der dazugehörigen H-II-Gebiete im sichtbaren Licht nutzen, um die Spiralarme in der Nähe der Sonne zu kartieren. So wurden mit Radiobeobachtungen der Wasserstoff- und Kohlenmonoxidmoleküle (siehe Abschnitt 9.1) und mit Infrarotaufnahmen des Spitzer-Weltraumteleskops weiter entfernte Sternentstehungsgebiete unserer Galaxis kartiert. Aus allen diesen Beobachtungen zusammengenommen zeigt sich, dass unsere Galaxis etwa 200 Mrd. Sterne umfasst, die in und zwischen zwei großen Spiralarmen und mehreren kurzen Armsegmenten liegen (siehe Abb. 11.9b). Jeder Arm ist nach dem Sternbild benannt, in dem von der Erde aus gesehen seine Mitte liegt. Jüngste Beobachtungen des Spitzer-Weltraumteleskops konnten frühere Feststellungen, dass durch das Zentrum der Galaxis ein Balken aus Sternen und Gas verläuft, bestätigen. Wir werden auf den Ursprung der Spiralarme in Abschnitt 11.9 im Zusammenhang mit weiteren Anhaltspunkten über die Ursache der Spiralstruktur aus Beobachtungen anderer Galaxien zurückkommen.

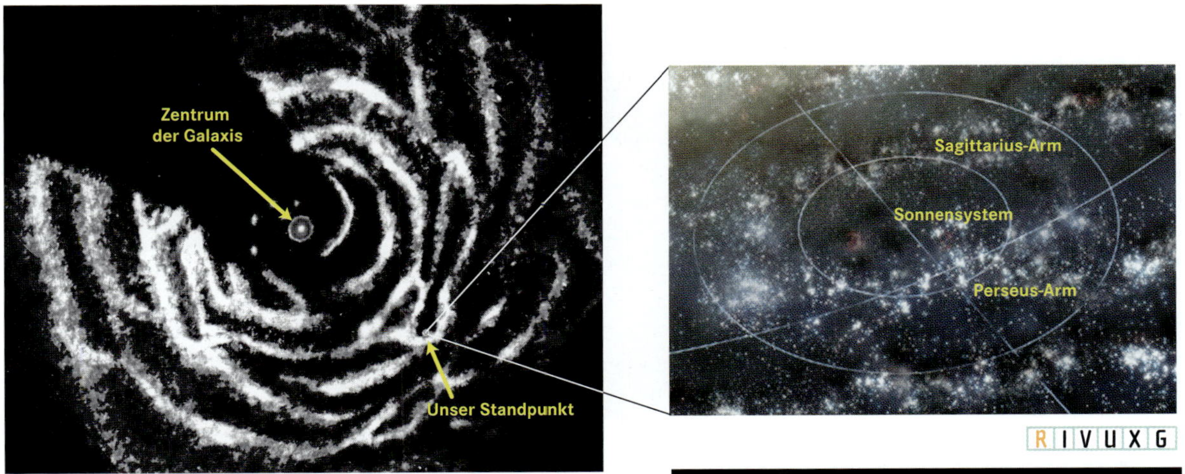

a

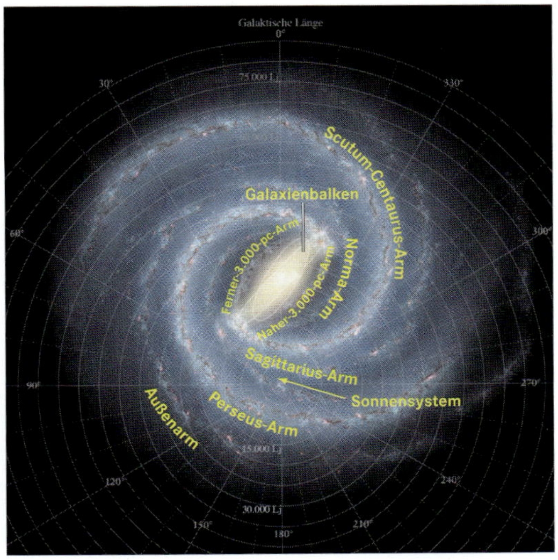

b

Abb. 11.9 Eine Karte der Galaxis. (a) Diese Karte, die auf Radiodurchmusterungen mit der 21-cm-Strahlung beruht, zeigt die Verteilung des Wasserstoffs in einer Draufsicht auf die Galaxis. In der Aufnahme ist grob eine Spiralstruktur angedeutet. Der Kern der Galaxis ist der Punkt mit dem Kreis in der Mitte. Über das große leere keilförmige Gebiet links oben wissen wir nichts Genaues, da sich das Gas dort senkrecht zu unserer Sichtlinie bewegt und somit keine nachweisbare Dopplerverschiebung zeigt. Rechts daneben: Die Zeichnung anhand von Daten von sichtbarem Licht zeigt, dass unser Sonnensystem zwischen zwei Armen der Galaxis liegt. (b) In dieser Zeichnung sind die zwei großen und mehrere kleine Spiralarme der Milchstraße beschriftet. (a: Mit freundlicher Genehmigung von G. Westerhout; Ausschnittsvergrößerung: National Geographic; b: NASA/JPL-Caltech/R. Hart [SSC])

2 Die sichtbare Scheibe unserer Galaxis hat einen Durchmesser von etwa 100.000 Lichtjahren und eine Dicke von etwa 2000 Lichtjahren (Abb. 11.11). Beiderseits der Sonne liegen zwei Spiralarme. In Richtung des galaktischen Zentrums liegt der Sagittarius-Arm, den Beobachter am Nordhimmel im Sommer in dem durch die Sternbilder Skorpion und Schütze führenden Milchstraßenabschnitt sehen (siehe Abb. 11.5 und 11.9b). Auf der dem galaktischen Zentrum abgewandten Seite liegt einer der zwei Hauptarme der Galaxis, der Perseus-Arm, der auf der Nordhalbkugel im Winter sichtbar ist. Der zweite Hauptspiralarm, der Scutum-Centaurus-Arm, kann bei sichtbaren Wellenlängen nicht beobachtet werden, da ihn Staub im interstellaren Medium verdeckt.

Beobachtungen zeigen, dass die Arme der Galaxis spiralförmig von einer abgeflachten Kugel von Sternen, dem sogenannten **Zentralwulst**, mit einem Durchmesser von etwa 20.000 Lichtjahren, ausgehen. Diesen Wulst sieht man auch in Abb. 11.12, einer Weitwinkelinfrarotaufnahme unserer Galaxis vom COBE-Satelliten (COBE = Cosmic Background Explorer). Das Zentrum des Zentralwulsts liegt im Kern der Galaxie in einer Entfernung von 26.000 Lichtjahren. Durch diesen Wulst verläuft ein Balken aus Sternen, Gas und Staub, die in entgegengesetzten Richtungen von den Enden des Balkens ausgehen (siehe Abb. 11.9b).

11.4 Der Kern der Galaxis ist dicht bevölkert und voller Aktivität

Würden wir auf einem Planeten in der Nähe des Zentrums der Galaxis, des Kerns, leben, könnten wir 1 Mio. Sterne so hell wie den Beteigeuze sehen. Die Gesamtlichtstärke des Sternlichts aller dieser nahe ge-

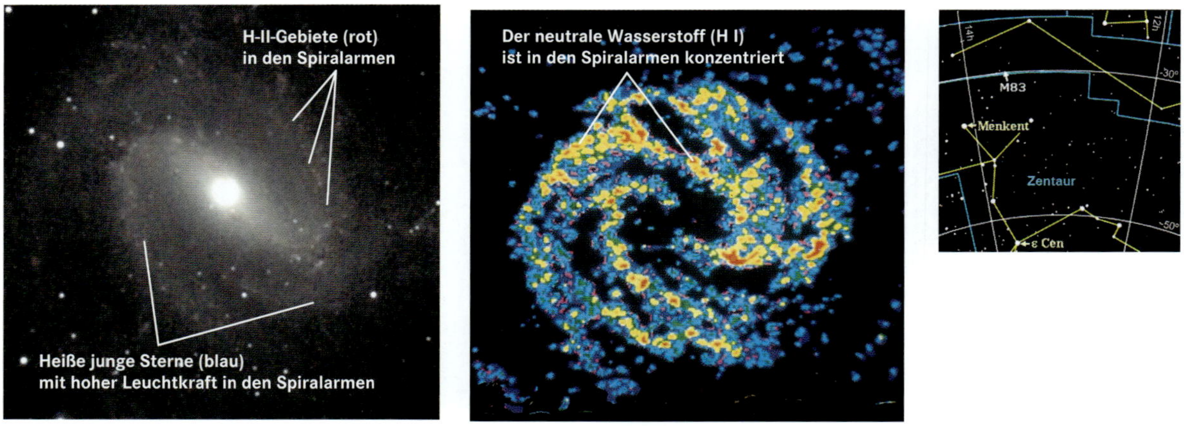

a Ansicht von M83 in sichtbarem Licht

b 21-cm-Radioaufnahme von M83

R I V U X G

R I V U X G

Abb. 11.10 Zwei Ansichten einer Balkengalaxie. Die Galaxie M83 im südlichen Sternbild Zentaur in einer Entfernung von etwa 12 Mio. Lichtjahren von der Erde. (a) Bei sichtbaren Wellenlängen treten die Spiralarme anhand der jungen Sterne und leuchtenden H-II-Gebieten hervor. (b) Eine Radioaufnahme bei einer Wellenlänge von 21 cm zeigt die Emission von neutralem Wasserstoff. Sichtbare Sterne und H-II-Gebiete markieren die Spiralarme deutlicher als die 21-cm-Emission. (a: S. Van Dyk/IPAC; b: VLA, NRAO)

legenen Sterne wäre so hoch wie die von 200 Vollmonden. Es würde nie richtig Nacht werden. Noch überraschender wäre aber sicher die starke Aktivität, von der die Galaxis um uns erfüllt wäre.

Abb. 11.13 zeigt drei Infrarotansichten in Richtung des Kerns der Galaxis. Abb. 11.13a ist eine Weitwinkelaufnahme eines Ausschnitts von 50° der Galaxis zwischen Schütze und Skorpion. Der helle Streifen, der sich durch die Aufnahme zieht, ist eine dünne Staubschicht in der Ebene der Galaxis. Die zahllosen Knoten und Flecken entlang dieser Staubschicht sind interstellare Wolken, die von jungen O- und B-Sternen aufgeheizt wurden. Abb. 11.13b ist eine Ansicht des galaktischen Zentrums, die der IRAS (Infrared Astronomical Satellite) aufgenommen hat. Zahlreiche

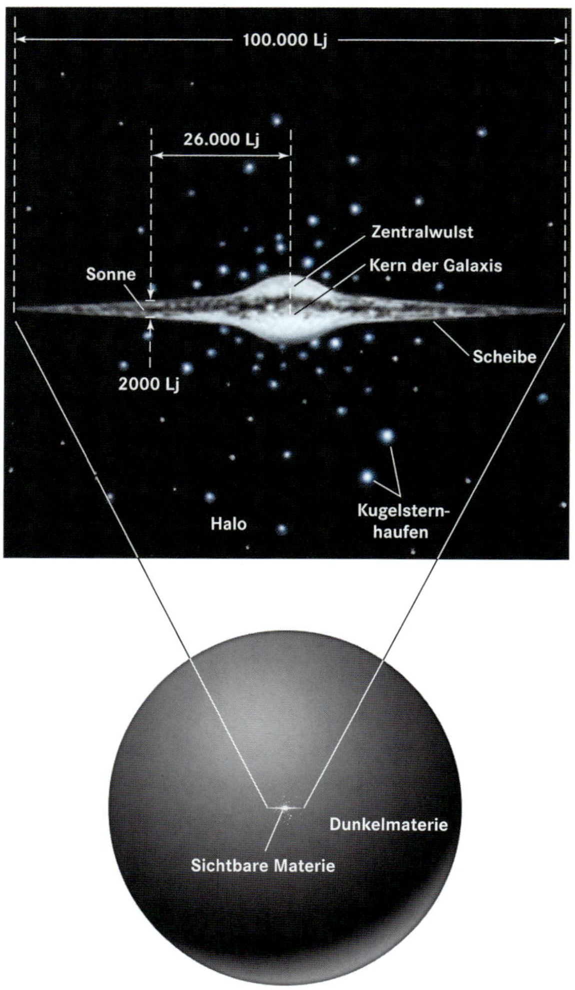

Abb. 11.11 Unsere Galaxis. In der Seitenansicht besteht unsere Galaxis aus drei großen sichtbaren Teilen: einer dünnen Scheibe, einem Zentralwulst und einem Halo. Den Zentralbalken hatten wir bereits erwähnt. Der Durchmesser der sichtbaren Galaxis beträgt etwa 100.000 Lichtjahre und die Sonne ist etwa 26.000 Lichtjahre vom galaktischen Zentrum entfernt. Die Scheibe enthält Gas und Staub sowie Population-I-Sterne (also junge, metallreiche Sterne). Der Halo besteht fast ausschließlich aus Population-II-Sternen (alten, metallreichen Sternen). Anders als bei der Verteilung der Dunkelmaterie, deren Zusammensetzung wir noch nicht kennen, ist nur ein kleiner Volumenanteil unserer Galaxis mit sichtbarer Materie gefüllt. Allerdings macht sich die Dunkelmaterie durch ihre gravitative Wirkung auf die sichtbare Materie bemerkbar.

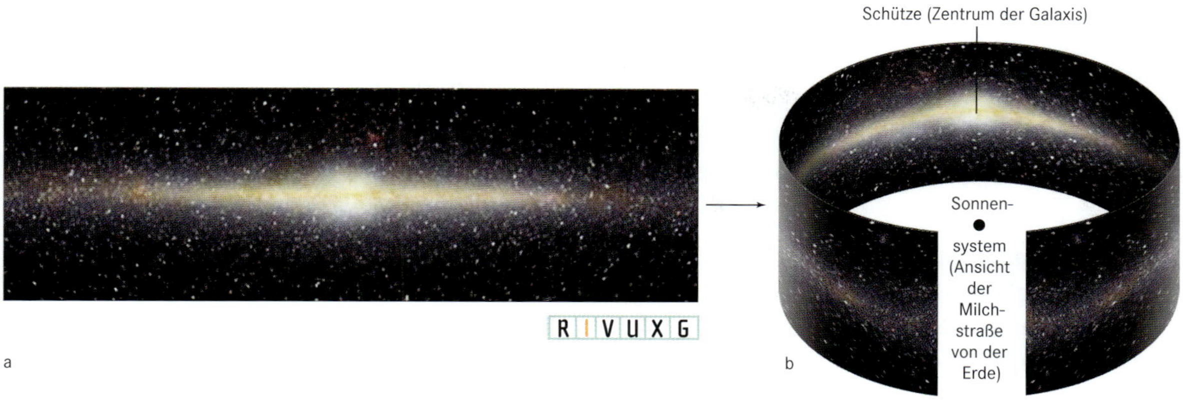

Abb. 11.12 Infrarotaufnahme unserer Galaxis. Diese Aufnahme des COBE-Satelliten aus dem Jahr 1997 zeigt die Scheibe und den Zentralwulst unserer Galaxis. Die meisten über und unter der Scheibe verstreuten Quellen sind nahe gelegene Sterne. Sterne erscheinen weiß, interstellarer Staub dagegen orange. Der Staub, der in Abb. 11.5 dem Licht weiter entfernter Sterne im Weg ist, ist auf dieser Infrarotaufnahme übrigens beachtlich hell. (The COBE Project, DIRBE, NASA)

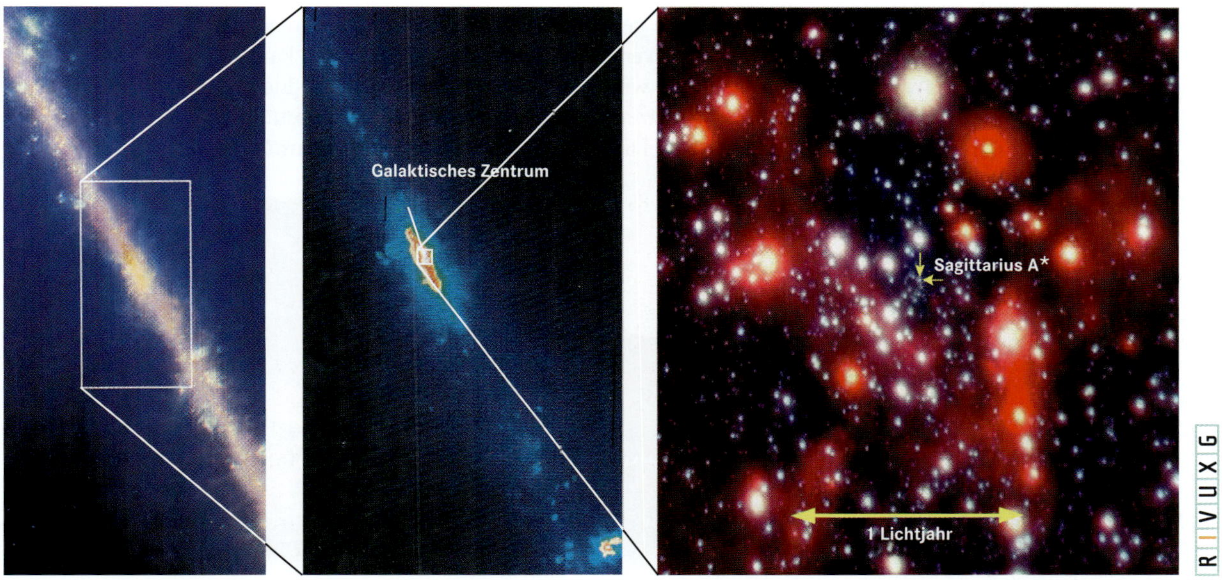

a Weitwinkelaufnahme (50°) im Infrarot

b Ein Gebiet höherer Leuchtkraft im galaktischen Zentrum

c Stark vergrößerte Nahaufnahme mit dem Zentrum bei Sagittarius A*, einer Radioquelle direkt im Zentrum der Milchstraße; zu sehen sind Hunderte von Sternen innerhalb eines Gebiets mit einer Größe von 1 Lj (0,3 pc)

Abb. 11.13 Das galaktische Zentrum. (a) Die Weitwinkelinfrarotaufnahme zeigt einen Ausschnitt von 50° der Milchstraße mit dem Kern der Galaxis in der Mitte. Die Gebiete der schwächsten Infrarotemission sind schwarz, woran sich blau, gelb, rot und schließlich weiß für die stärkste Emission anschließen. Das helle Band quer durch die Aufnahme ist eine Staubschicht in der Ebene der Galaxis. Die zahlreichen Knoten und Flecken entlang der Ebene der Galaxis sind interstellare Gas- und Staubwolken, die durch nahe gelegene Sterne aufgeheizt werden. (b) Die Nahaufnahme des galaktischen Zentrums im Infrarot umfasst das weiß umrandete Rechteck in a. (c) Diese Infrarotaufnahme zeigt etwa 300 der hellsten Sterne, die weniger als 1 Lj von Sagittarius A*, der Quelle in der Mitte dieser Aufnahme, entfernt sind. Die Verteilung der Sterne und ihre beobachteten Bewegungen um das galaktische Zentrum deuten auf eine sehr hohe Dichte (etwa 1 Mio. Sonnenmassen pro Kubiklichtjahr) von Sternen mit niedrigerer Leuchtkraft hin. (a, b: NASA; c: R. Schödel u. a. MPE/ESO)

Staubstrahlen (blau) umgeben das Zentrum. Die stärkste Infrarotemission (weiß) geht von **Sagittarius A** (häufig als Sgr A abgekürzt) aus, einer Gruppierung, die auch mehrere starke Radioquellen enthält. Eine dieser Quellen, Sagittarius A*, gilt als der Kern der Galaxis. Die vergrößerte Abb. 11.13c zeigt Sterne innerhalb eines Lichtjahrs von Sagittarius A* mit einer Auflösung von 0,02 Lichtjahren.

Auch Radiobeobachtungen haben unsere Kenntnisse über das galaktische Zentrum erweitert. Einige der detailreichsten Radioaufnahmen kommen vom Very Large Array (VLA). Abb. 11.14a ist eine Weitwinkelaufnahme von Sagittarius A und seiner Umgebung, auf der man Gasbögen, mindestens drei Supernovareste und lokalisierte Radioquellen sieht. Senkrecht zur Ebene der Galaxis liegen riesige Fäden wie der mit „Bogen" bezeichnete, der sich über 200 Lichtjahre von der Galaxienscheibe nach Norden erstreckt und schließlich plötzlich in einer weiten Biegung südlich in Richtung Sagittarius A umkehrt. Die geordnete Anordnung dieser Fäden legt nahe, dass Verteilung und Fluss des ionisierten Gases – ähnlich wie die Sonnenmagnetfelder die Gase bei Protuberanzen führen – von einem Magnetfeld geführt werden. Die sich daraus ergebende Radioemission von schnellen Elektronen, die sich auf Spiralbahnen um diese Magnetfelder bewegen, heißt **Synchrotronstrahlung.** Obwohl Sagittarius A klein ist, gehört die Quelle zu den hellsten Synchrotronstrahlungsquellen am gesamten Himmel.

Röntgenbeobachtungen des Chandra-Teleskops aus dem Jahr 2004 zeigen außerdem, dass der Kern der Galaxis in extrem heißes Gas mit einer Temperatur von 100 Mio. K eingebettet ist. Wenn dieses Gas mehr als ein einzelner Ausbruch aus einer bisher unbekannten Quelle sein soll, muss es ständig aufgefüllt werden, damit es so heiß bleiben kann. Nach der Herkunft dieses hochenergetischen Gases wird noch gesucht.

Als ob das Zentrum unserer Galaxis damit nicht schon aktiv und exotisch genug wäre, deuten jüngste Gammabeobachtungen darauf hin, dass daraus auch noch Positronen (die positiv geladenen Antiteilchen des Elektrons) ausgestoßen werden. Auch die Quelle dieser Positronen kennen wir noch nicht. Für den Nachweis von Positronen kann man die Tatsache nutzen, dass Positronen und Elektronen, die zusammenstoßen, einander vernichten. Ihre Masse wird in Gammastrahlung mit bestimmten Wellenlängen umge-

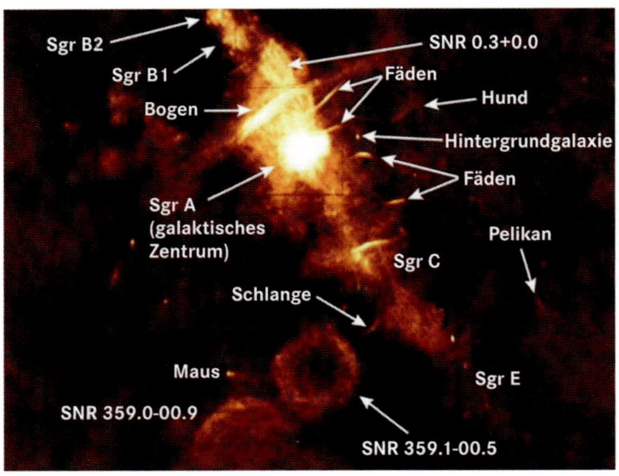

a R I V U X G

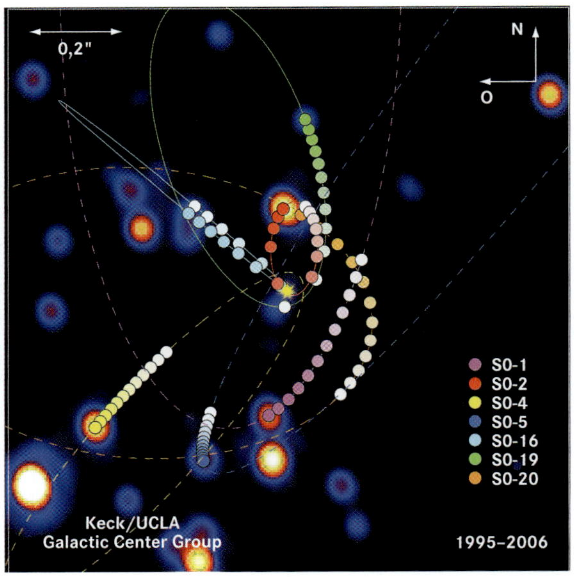

b R I V U X G

Abb. 11.14 Zwei Ansichten des Kerns der Galaxis. (a) Eine VLA-Radioaufnahme des Kerns der Galaxis und seiner Umgebung. Sie umfasst einen Himmelsausschnitt, der achtmal so groß wie der Mond ist. SNR sind Supernovareste, die Zahlen nach dem SNR sind die Rektaszension und die Deklination. Sgr (Sagittarius) sind helle Radioobjekte. (b) Die über die Infrarotaufnahme gelegten farbigen Punkte zeigen die Bewegung mehrerer Sterne in der Nähe des unsichtbaren massiven Objekts (mit dem gelben Stern bezeichnet) an der Stelle der Radioquelle Sagittarius A*, die zu Sgr A in Abb. a gehört. Die Umlaufbahnen wurden über eine Zeitdauer von elf Jahren gemessen. Die Darstellung zeigt, dass die Sterne von einem Schwarzen Loch mit einer Masse von $4 \cdot 10^6\,M_\odot$ in der Umlaufbahn gehalten werden. (a: Naval Research Laboratory, Aufnahme von N. E. Kassim, D. S. Briggs, T. J. W. Lazio, T. N. LaRosa, J. Imamura und S. D. Hyman. Original vom NRAO Very Large Array, mit freundlicher Genehmigung von A. Pedlar, K. Anantharamiah, M. Gross und R. Ekers; b: Keck/UCLA Galactic Center Group) wandelt. Genau diese Art Gammastrahlung ist aus dem galaktischen Zentrum beobachtet worden.

Infrarotbeobachtungen zeigen Sterne und Gas auf sehr schnellen Umlaufbahnen um die Quelle Sagittarius A* (Abb. 11.14b). Offenbar muss sich irgendwo eine große Masse befinden, die diese schnell bewegte Materie auf so nahen Umlaufbahnen um den Kern der Galaxis zu halten vermag. Aus dem dritten Kepler'schen Gesetz lässt sich berechnen, dass eine Masse von $4 \cdot 10^6\ M_\odot$ notwendig ist, damit diese Materie nicht in den interstellaren Raum davonfliegt. Auch die beobachtete Verbreiterung von Spektrallinien weist darauf hin, dass bei Sagittarius A* in einem Volumen nicht größer als unser Sonnensystem ein Objekt mit einer Masse von 4 Mio. Sonnenmassen konzentriert sein muss. Es wird davon ausgegangen, dass dieses Objekt ein supermassives Schwarzes Loch ist. Das Chandra-Röntgenteleskop konnte 2001 einen Röntgenstrahlungsausbruch von diesem Schwarzen Loch beobachten. Diese Röntgenstrahlung wurde durch Gas erzeugt, das sich aufheizte, während es in das Schwarze Loch stürzte. Je größer ein Schwarzes Loch ist, desto länger kann ein solcher Röntgenstrahlungsausbruch dauern. Die Dauer des beobachteten Ausbruchs weist darauf hin, dass der Durchmesser des Schwarzen Lochs in Einklang mit theoretischen Berechnungen nicht größer als 1 AE ist.

? Auf welche andere Aktivität lässt sich aus der Anwesenheit von Supernovaresten im Zentrum unserer Galaxis schließen?

Wir hatten bereits in Kapitel 10 gesehen, dass auch in den Kernen vieler anderer Galaxien außerordentlich starke Aktivität zu beobachten ist, die auf die Anwesenheit supermassiver Schwarzer Löcher in ihren Zentren schließen lässt. Diese Gebiete werden derzeit eingehend untersucht, um die komplizierten Prozesse genauer zu verstehen.

11.5 Die Scheibe unserer Galaxis ist von einen kugelförmigen Halo aus Sternen und anderer Materie umgeben

Wie zu Beginn dieses Kapitels erwähnt, sind Sterne in einer kugelförmigen Verteilung, dem **Halo** beobachtet worden, dessen Mitte im Kern der Galaxis liegt und der sich weit über die Scheibe hinaus erstreckt (siehe Abb. 11.11). Ursprünglich wurde der Halo aufgrund der darin enthaltenen Kugelsternhaufen entdeckt. Blickt man aus der Ebene der Scheibe der Milchstraße heraus und zwischen den Kugelsternhaufen hindurch, hat man einen scheinbar ungehinderten Blick auf ferne Galaxien wie die von Lord Rosse beobachtete Whirlpool-Galaxie (siehe Abschnitt 11.1). Allerdings trügt dieser Schein. Auch wenn die Helligkeit der Kugelsternhaufen darauf hindeuten könnte, dass sie die meisten Sterne des Halos enthalten, zeigt sich, dass 99 % davon über den gesamten Halo verteilte isolierte *Halofeldsterne* sind. Die lokalisierten Sternkonzentrationen in den Kugelsternhaufen tragen dagegen nur 1 % zu den Halosternen bei. Allerdings sind in einigen Kugelsternhaufen mittelgroße Schwarze Löcher beobachtet worden, die wesentlich zu ihrer Gesamtmasse beitragen.

Die verschiedenen Bestandteile der Galaxis überschneiden und durchdringen sich. So schneidet die Scheibe den Zentralwulst und die Kugelsternhaufen und die Halofeld-Sterne wandern periodisch durch die Ebene der Scheibe. Abb. 11.15 zeigt die Formen der Umlaufbahnen typischer Sterne und Sternhaufen in Zentralwulst, Scheibe und Halo. Die rote Bahn in der Abbildung zeigt unser Sonnensystem, das sich gegenwärtig unter einem Winkel von 25° gegen die Ebene der Galaxienscheibe bewegt. Wir werden uns noch etwa 115 Lichtjahre über der Ebene bewegen und anschließend umkehren, wobei wir alle 33 Mio. Jahre die Ebene der Galaxienscheibe schneiden.

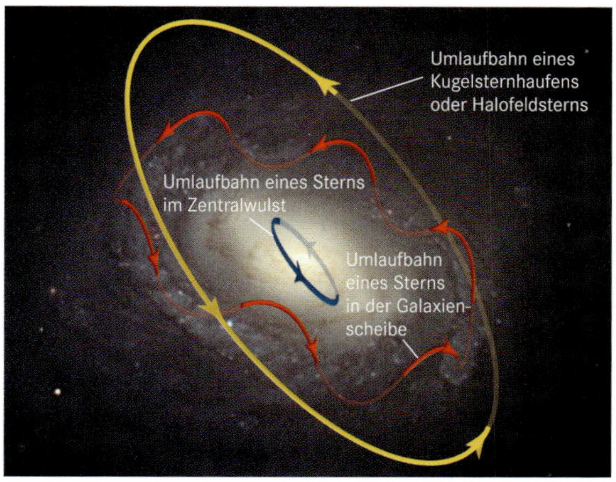

Abb. 11.15 Umlaufbahnen von Sternen in unserer Galaxis. Diese Scheibengalaxie, M58, sieht ganz ähnlich aus wie unsere Galaxis, wenn man sie aus großer Ferne betrachten würde. Die farbigen Pfeile zeigen typische Umlaufbahnen von Sternen im Zentralwulst (blau), in der Galaxienscheibe (rot) und im Halo (gelb). Interstellare Wolken, Sternhaufen und andere Objekte in Wulst, Scheibe und Halo haben ähnliche Umlaufbahnen. (Image courtesy of NRAO/AUI und N.E. Kassim, Naval Research Laboratory)

Abb. 11.16 Unsere nächste Galaxie. (a) Die Canis-Major-Zwerggalaxie ist eine elliptische Zwerggalaxie, die etwa 25.000 Lichtjahre von der Milchstraße entfernt ist. Die Infrarotaufnahme zeigt die Spiralarme unserer Galaxis sowie die Verteilung der Sterne, die unsere Galaxis der Canis-Major-Zwerggalaxie durch die Gezeitenkraft entreißt. In ca. 100 Mio. Jahren wird unsere Galaxis die Canis-Major-Zwerggalaxie, die nur etwa 1 Mrd. Sterne enthält, vollständig auseinandergezogen haben. (b) Blick von der Erde auf die Canis-Major-Zwerggalaxie und den Weg ihrer Bruchstücke. (a: R. Ibata/Strasbourg Observatory, ULP/ u. a., 2MASS, NASA; b: Nicola Martin und Rodrigo Ibata, Observatoire de Strasbourg, 2003)

Seit 1994 sind ein Dutzend kleiner Galaxien beobachtet worden, die im Halo der Galaxis umlaufen, etwa die Sagittarius-Zwerggalaxie und die Canis-Major-Zwerggalaxie (Abb. 11.16), die nach den Sternbildern benannt sind, in denen ihre Zentralgebiete liegen. Beide sind weit über den Halo verteilt und wandern periodisch durch die Galaxienscheibe. Natürlich sind diese Galaxien viel kleiner und haben auch eine viel geringere Masse als unsere Galaxis. Unter dem Einfluss der starken Gravitationsanziehung unserer Galaxis verlieren sie laufend Sterne. Innerhalb der nächsten 100 Mio. Jahre werden sie verschwinden und ihre Sterne Teil unserer Galaxis werden. Dieser Vorgang, bei dem eine größere Galaxis eine kleinere „verschlingt", heißt **galaktischer Kannibalismus**. Die jüngste Zwerggalaxie, die kugelförmige Ursa-Major-Zwerggalaxie, wurde 2005 entdeckt.

11.6 Die Galaxis rotiert

3 Unser Sonnensystem umläuft mit 828.000 km/h das Zentrum unserer Galaxis. So, wie die Planeten infolge ihrer Umlaufbewegung nicht in die Sonne stürzen, stürzen auch die Sterne und interstellaren Wolken nicht in das galaktische Zentrum, das sie umlaufen. Ohne diesen Umlauf hätten die Gravitationskräfte zwischen ihnen schon vor Milliarden Jahren dazu geführt, dass sie aufeinander zu gestürzt wären und ein massereiches Schwarzes Loch entstanden wäre. (Tatsächlich wird davon ausgegangen, dass ein solcher Einfall von Gaswolken im früheren Universum der Ursprung supermassiver Schwarzer Löcher in den Zentren der Milchstraße und anderer Galaxien war.) Allerdings war die Messung ihrer Umlaufbewegungen nicht leichter, als die Orte von Sternen und Wolken zu ermitteln.

Radiobeobachtungen der 21-cm-Strahlung von Wasserstoff erlauben wichtige Rückschlüsse auf die Rotation unserer Galaxis. Durch die Messung der Dopplerverschiebungen kann die Geschwindigkeit von Objekten in der Galaxis ermittelt werden, die sich annähern oder von uns entfernen. Diese Beobachtungen belegen deutlich, dass unsere Galaxis nicht wie ein starrer Körper rotiert (siehe Abb. 11.17a), sondern eine *differenzielle Rotation* zeigt. Damit ist gemeint, dass Sterne in unterschiedlichen Entfernungen vom galaktischen Zentrum dieses mit unterschiedlichen Rotationsgeschwindigkeiten umlaufen (Abb. 11.17b).

Beobachtungen ergeben, dass sich die Entfernung der Sonne vom Zentrum der Galaxis während ihres Umlaufs wenig ändert. Die Umlaufbahnen von 80 % der Sterne in unserer Umgebung sehen ähnlich aus. Die anderen 20 % haben Umlaufbahnen, die sie entweder aus dem Zentrum heraus oder in es hinein führen. Mindestens ein Stern darunter bewegt sich so schnell, dass er die Galaxis für immer verlassen wird.

Um die differenzielle Rotation zu verstehen, betrachten wir Sterne auf fast kreisförmigen Umlaufbahnen. Wegen der differenziellen Rotation der Sterne in der Galaxis könnte man die Sonne mit einem Auto auf einer ringförmigen Autobahn vergleichen, bei der mindestens noch je eine Fahrspur weiter außen und weiter innen im Kreis verläuft. Wie Abb. 11.17b zeigt, laufen Sterne auf der „Überholspur" (näher beim Zentrum der Galaxis) an der Sonne vorbei und sind uns von unserem Standpunkt aus also voraus. Sterne auf der Kriechspur (die weiter als unser Sonnensystem vom Zentrum der Galaxis entfernt sind) werden dagegen von der Sonne überholt und bleiben scheinbar zurück. Dies ist ähnlich wie bei der in Abschnitt 2.2 diskutierten rückläufigen Planetenbewegung.

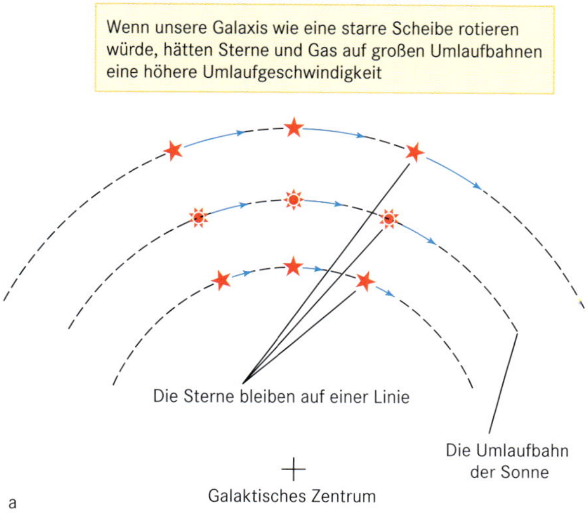

a

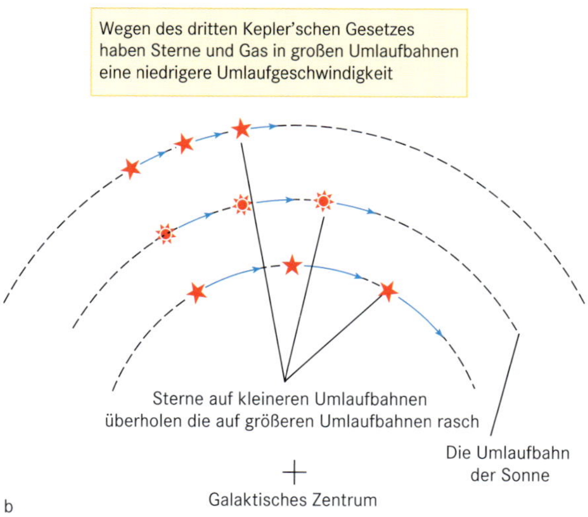

b

Abb. 11.17 Differenzielle Rotation der Galaxis. (a) Wenn alle Sterne in der Galaxis dieselbe Winkelgeschwindigkeit hätten, würden sie den Kern synchron umlaufen. (b) Die Sterne in unterschiedlichen Entfernungen vom galaktischen Zentrum haben aber unterschiedliche Winkelgeschwindigkeiten. Sterne und Wolken in größerer Entfernung vom Zentrum brauchen für einen Umlauf länger als zentrumsnahe Sterne. Sterne, die dem galaktischen Zentrum näher als die Sonne sind, überholen daher das Sonnensystem, während weiter entfernte hinter uns zurückbleiben.

Leider lässt sich der Bewegung von nahe gelegenen Sternen und Gas ebenso wie aus den 21-cm-Beobachtungen nur ihre Geschwindigkeit relativ zur Sonne entnehmen. Für ein vollständiges Bild der Rotation der Galaxis müssen wir aber noch ermitteln, wie schnell die Sonne selbst das Zentrum der Galaxis umläuft. Der schwedische Astronom Berti Lindblad schlug ein Verfahren vor, mit dem sich diese Geschwindigkeit berechnen lässt. Dabei ging er davon aus, dass die Bewegung von Kugelsternhaufen nicht dem Verhalten in Abb. 11.17b folgt. Verschiedene Kugelsternhaufen im Halo unserer Galaxis laufen in verschiedenen Ebenen um und sind daher nicht an der organisierten Rotation der Objekte in der Galaxienscheibe beteiligt. Allerdings muss die Summe der Geschwindigkeiten der Kugelsternhaufen um das Zentrum der Galaxis im Mittel null ergeben – sonst würden sie nämlich als Ganzes vom Rest der Galaxis wegdriften. Damit boten sich die Bewegungen der Kugelsternhaufen als Referenz an, mit deren Hilfe schließlich die Geschwindigkeit der Sonne auf der Umlaufbahn um das galaktische Zentrum berechnet werden konnte.

? Welcher auch aus dem Sonnensystem bekannte Effekt ist verantwortlich dafür, dass viele Sterne aus kleineren Galaxien, die die Milchstraße umlaufen, herausgerissen werden?

Kennt man die Geschwindigkeit der Sonne und ihre Entfernung vom galaktischen Zentrum, kann man die Umlaufzeit der Sonne berechnen. Unsere Sonne, die sich mit einer Geschwindigkeit von 828.000 km/h um den Kern der Galaxis bewegt, braucht für einen vollständigen Umlauf 230 Mio. Jahre. Als das Sonnensystem das letzte Mal den gegenwärtigen Ort in der Galaxis passierte, bevölkerten die ersten Dinosaurier der Trias die Erde.

Durch Kombination der tatsächlichen Geschwindigkeit der Sonne mit den von Radioastronomen gemessenen Relativgeschwindigkeiten der Sterne um uns können auch deren tatsächliche Umlaufgeschwindigkeiten ermittelt werden. Daraus lässt sich

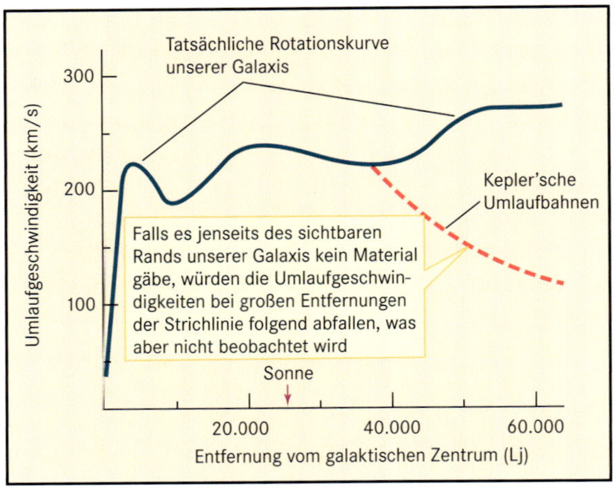

Abb. 11.18 Die Rotationskurve unserer Galaxis. Die blaue Kurve zeigt die Umlaufgeschwindigkeiten von Sternen und Gasen in der Galaxis und die rote Strichlinie die Umlaufbahnen nach dem dritten Kepler'schen Gesetz, die sich aus der Gravitationskraft aller bekannten Objekte ergeben würden. Da die Daten der blauen Kurve keinen derartigen Abfall zeigen, muss es offenbar große Mengen Dunkelmaterie geben, die sich bis in weite Abstände vom galaktischen Zentrum erstreckt. Diese zusätzliche Masse erhöht die Geschwindigkeiten der äußeren Sterne.

die **Rotationskurve** der Galaxis ableiten, ein Diagramm der Umlaufgeschwindigkeiten der Sterne und interstellaren Wolken in verschiedenen Entfernungen vom Zentrum (Abb. 11.18).

Kennt man aus der Rotationskurve die Geschwindigkeit der Sonne um die Galaxis, kann man aus dem dritten Kepler'schen Gesetz berechnen, dass die Gesamtmasse der Galaxis, die zwischen uns und dem Kern liegt, etwa 110 Mrd. Sonnenmassen betragen muss.

? Welcher Periode in der Bewegung der Erde im Sonnensystem entspricht der vollständige Umlauf des Sonnensystems um die Galaxis?

Rätsel am Rand der Galaxis

Das Band der Milchstraße, das sich um die Erde windet, zeigt uns, dass es auch außerhalb der Umlaufbahn der Sonne noch Sterne und Materie geben muss. In den letzten Jahren gab es einige erstaunliche Entdeckungen, die deutlich machten, wie viel Materie eigentlich weiter als wir vom Zentrum der Galaxis entfernt ist.

11.7 Die meiste Materie in der Galaxis ist noch unentdeckt

Nach dem dritten Kepler'schen Gesetz ist die Geschwindigkeit eines Sterns oder einer Wolke umso kleiner, je größer die Entfernung vom Zentrum der Milchstraße ist (siehe die Strichlinie in Abb. 11.18). Dies ist ähnlich wie bei den Umlaufgeschwindigkeiten der Planeten, die mit wachsender Entfernung von der Sonne abnehmen. Beobachtungen zeigen dagegen, dass die Umlaufbahnen in der Galaxis bis weit jenseits des sichtbaren Rands der Galaxienscheibe weiter zunehmen. Auf die entfernten Sterne und Wolken muss also von der Galaxis eine stärkere Gravitationskraft wirken als die, die wir bisher beobachtet und berücksichtigt haben.

Aus diesen Beobachtungen konnte berechnet werden, dass es erstaunlich viel Materie jenseits der Umlaufbahn der Sonne in der Galaxis geben muss. Demzufolge sind fast 90 % der Masse unserer Galaxis noch nicht entdeckt worden! Nimmt man die Masse dieser bisher noch nicht entdeckten Materie hinzu, beträgt die Gesamtmasse unserer Galaxis $1 \cdot 10^{12}\, M_{\odot}$.

Noch rätselhafter wird die Sache dadurch, dass der größte Teil dieser Masse in Form von **Dunkelmaterie** vorliegen muss: Worum es sich auch immer handelt, auf den Aufnahmen mit den verschiedensten Wellenlängen ist sehr wenig davon zu sehen. Ausgehend von den nachgewiesenen Wirkungen dieser Dunkelmaterie auf die Sterne und Gase in der Galaxis ergibt sich, dass sie kugelförmig in einem Masse-Halo in der gesamten Galaxis verteilt ist. Dieser muss sich mindestens zwölfmal so weit erstrecken, wie wir vom Kern der Galaxis entfernt sind, also weit über den Halo hinaus, den die sichtbaren Kugelsternhaufen und Halofeldsterne abstecken (siehe die Ausschnittsvergrößerung in Abb. 11.11). Kleine Beiträge zu dieser Dunkelmaterie kommen von Neutrinos und Weißen Zwergen, was der Rest ist – Schwarze Löcher, Gas, Körper von der Art des Jupiter, Braune Zwerge oder etwas noch Exotischeres –, wissen wir aber noch nicht. Gelegentlich wird diese noch nicht gefundene Materie in unserer Galaxis **fehlende Masse** genannt, was allerdings insofern irreführend ist, als ja die Masse nicht fehlt; wir wissen nur noch nicht, wo sie sich befindet und woraus sie besteht.

Einige Durchmusterungen nach Dunkelmaterie gehen von der Lichtablenkung durch Materie, einer Aussage der allgemeinen Relativitätstheorie, aus (siehe Abb. 10.33). Die Dunkelmaterie der Galaxis könnte verhältnismäßig massereiche Objekte wie Braune Zwerge oder Schwarze Löcher enthalten. Trifft dies zu, ändert sich die Richtung des Lichts von weiter entfern-

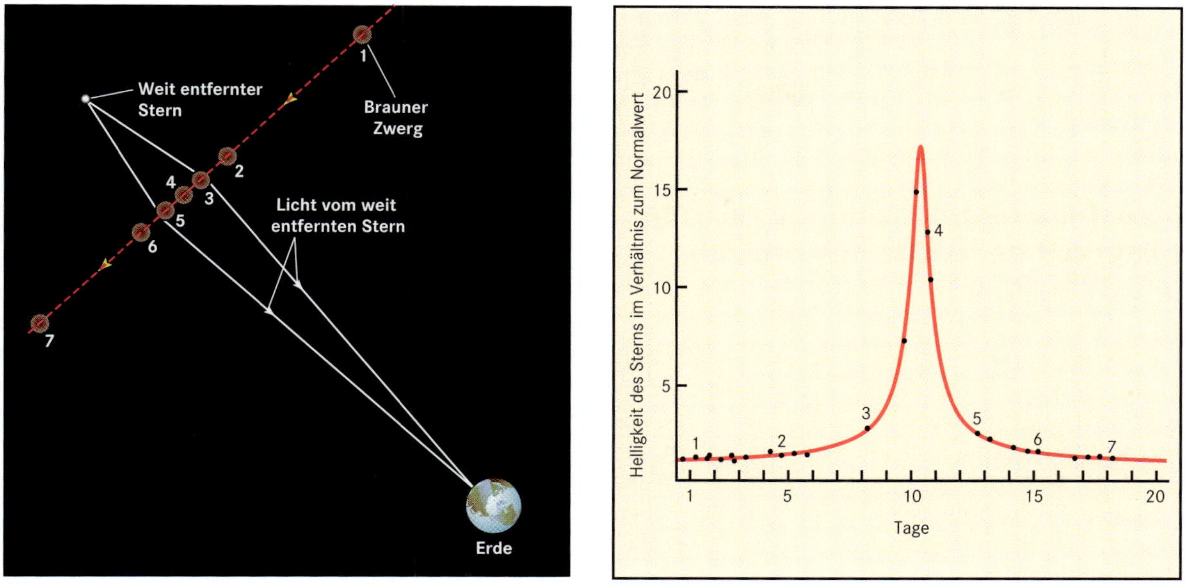

a b

Abb. 11.19 Microlensing durch Dunkelmaterie im galaktischen Halo. (a) Gravitationsfelder führen dazu, dass sich die Richtung des Lichts ändert. Ein Objekt wie ein Weißer oder Brauner Zwerg oder ein Schwarzes Loch im Halo der Galaxis, das zwischen Erde und einem weiter entfernten Stern hindurchgeht, fokussiert dessen Licht in unsere Richtung, sodass die weit entfernten Objekte heller als sonst erscheinen. (b) Die Lichtkurve des Microlensing von einem Stern im Zentralwulst der Galaxis durch ein zwischen ihm und uns hindurchgehendes Objekt.

ten Sternen, wenn die dunklen Objekte zwischen Stern und Erde hindurchgehen (Abb. 11.19a). Solche Objekte heißen MACHO (Massive Compact Halo Objects). Tatsächlich wird das Licht eines Sterns zu uns fokussiert, sodass der Stern heller erscheint, wenn ein solches Dunkelobjekt direkt zwischen einem weiter entfernten Stern und der Erde hindurchläuft. Dass weit entfernte Sterne über mehrere Wochen heller werden, ist tatsächlich beobachtet worden und wird **Microlensing** genannt (Abb. 11.19b). Aus diesen Beobachtungen folgt, dass aber nur ein kleiner Bruchteil der Dunkelmaterie in der Galaxis die Form solcher MACHO hat.

Galaxien

Wir leben weit von Zentrum der Galaxis entfernt, quasi in einer galaktischen Vorstadt. Die Sonne ist nur eine von etwa 200 Mrd. Sternen in unserer Galaxis und diese wiederum nur eine von etwa 50 Mrd. bis 1 Billion Galaxien im sichtbaren Universum. Mit den Galaxien haben wir das Reich wahrhaft kosmischer Systeme betreten, in denen Sterne, Gas und Staub beheimatet sind. Während nahe gelegene Sterne Lichtjahre (d. h. über 10 Billionen km) von uns entfernt sind, sind die benachbarten Galaxien 100.000-mal so weit weg, und die am weitesten entfernten Galaxien haben eine Entfernung von mindestens 13,2 Mrd. Lichtjahren von der Erde.

Das menschliche Denken ist offenbar dafür ausgelegt, Muster zu entdecken. Schon Anfang des 20. Jahrhunderts fiel auf, dass es überraschend wenig verschiedene Formen von Galaxien gibt. Das von Hubble 1936 entwickelte erste Klassifizierungsschema war erst der Anfang der Untersuchung der großräumigen Struktur des Universums. Mitte des 20. Jahrhunderts wurden Galaxienhaufen entdeckt, auf die *Superhaufen* von Galaxien folgen. Zwischen diesen Stern-, Gas- und Staubansammlungen liegen riesige Gebiete, die verhältnismäßig frei von Materie sind. Im Folgenden wollen wir dieses in der Astronomie inzwischen akzeptierte Muster der großräumigen Struktur der sichtbaren Materie im Universum näher betrachten.

Die Hubble'schen Galaxientypen

Trotz der unglaublichen Anzahl von Galaxien stimmt der Aufbau vieler auffallend überein. Hubble begann daher, ihr Aussehen in den 1920er Jahren zu klassifizieren. Diese **Hubble-Klassifizierung** der Galaxien – in Spiralgalaxien, Balkengalaxien, elliptische und irreguläre Galaxien und deren Unterklassen – ist bis heute in Gebrauch.

11.8 Die Krümmung der Spiralarme hängt mit der Größe des Zentralwulsts zusammen

Spiralgalaxien (wobei man bei solchen ohne Zentralbalken oft von *normalen Spiralgalaxien* spricht) kennzeichnen ein Zentralwulst und gebogene Stränge aus Sternen und leuchtenden interstellaren Wolken, die wie Arme aussehen und spiralförmig von dem Wulst ausgehen. Beobachtungen vieler Spiralgalaxien haben gezeigt, dass die Spirale umso enger anliegt, je größer der Zentralwulst ist.

Abb. 11.20 zeigt verschiedene Spiralgalaxien. Solche mit eng anliegenden Spiralarmen (und dicken Zentralbalken) heißen *Sa-Galaxien* (wobei *S* für Spirale und *a* für den ersten Untertyp steht). Galaxien mit weniger eng anliegenden Spiralarmen (und einem durchschnittlichen Zentralwulst) sind *Sb-Galaxien.* Weit ausschweifende Spiralgalaxien (mit kleinem Zentralwulst) sind *Sc-Galaxien.* Eine typische Spiralgalaxie enthält ungefähr 100 Mrd. Sterne und hat einen Durchmesser von fast 10^5 Lichtjahren.

Diejenige Spiralgalaxie, die unserer Galaxis am nächsten steht, ist die Andromedagalaxie M31 (Abb. 11.21). M31 ist als undeutlicher Fleck im Sternbild Andromeda bereits mit bloßem Auge zu sehen. Die Scheibe dieser Galaxie ist von der Erde aus geneigt, was typisch für viele Spiralgalaxien ist. Einige davon sind so stark geneigt, dass ihre Spiralarme gar nicht mehr zu sehen sind. Anhand der Größen ihrer Zentralwülste lassen sich aber auch diese Galaxien den Spiraltypen zuordnen. So hat z. B. die Galaxie M104 (Abb. 11.22a) einen riesigen Zentralwulst, sodass es sich um eine Sa-Galaxie mit eng anliegenden Armen handeln muss. Eine Sb-Galaxie (Abb. 11.22b) hat einen kleineren Zentralwulst. Wie die Seitenansicht in Abb. 11.22c zeigt, ist der winzige Zentralwulst einer Sc-Galaxie kaum zu erkennen.

Galaxien unterscheiden sich nicht nur dadurch, wie eng ihre Arme anliegen, sondern auch dadurch, wie diese Arme aussehen. In einigen Galaxien, den *flockigen Spiralgalaxien*, sind die Spiralarme breit, verschwommen, chaotisch und schlecht abgegrenzt (Abb. 11.23a). Andere, die sogenannten *Grand-Design-Spiralgalaxien*, zeigen schön geschwungene Arme mit hell leuchtenden H-II-Gebieten und OB-Assoziationen. In diesen Galaxien sind die Spiralarme dünn, zierlich und gut abgegrenzt (Abb. 11.23b).

Auf den ersten Blick könnte es scheinen, dass die Formen der Spiralgalaxien durch die Umlaufbewegungen der Sternenstränge entstehen, dass also die Sterne, die näher am Zentrum sind, dieses schneller umlaufen und dadurch den äußeren Enden der Spiralen voraus sind. Leider täuscht hier der gesunde Menschenverstand. Auch wenn Sterne näher am Zentrum der Galaxie tatsächlich schneller als weiter entfernte sind, können die Spiralarme keine umlaufenden Stränge von Sternen sein. Wären sie es, würden sich die Spiralarme von innen nach außen „aufwickeln" (Abb. 11.24) und eng um den Kern legen, was aber nicht beobachtet wird.

a NGC 1357: eine Sa-Galaxie
R I V U X G

b M81: eine Sb-Galaxie
R I V U X G

c NGC 4321: eine Sc-Galaxie
R I V U X G

Abb. 11.20 Spiralgalaxien (nahezu in der Draufsicht). Hubble klassifizierte die Spiralgalaxien danach, wie eng ihre Arme anliegen und wie groß ihr Zentralwulst ist. Sa-Galaxien haben die größten Zentralwülste und die am engsten anliegenden Spiralarme, während Sc-Galaxien die kleinsten Zentralwülste und die am weitesten ausschweifenden Arme haben. Die unterschiedlichen Farben der Aufnahmen beruhen auf der Verwendung unterschiedlicher Farbfilter. (a: NASA/Hubble Space Institute; b: Robert Gendler; c: Anglo-Australian Observatory)

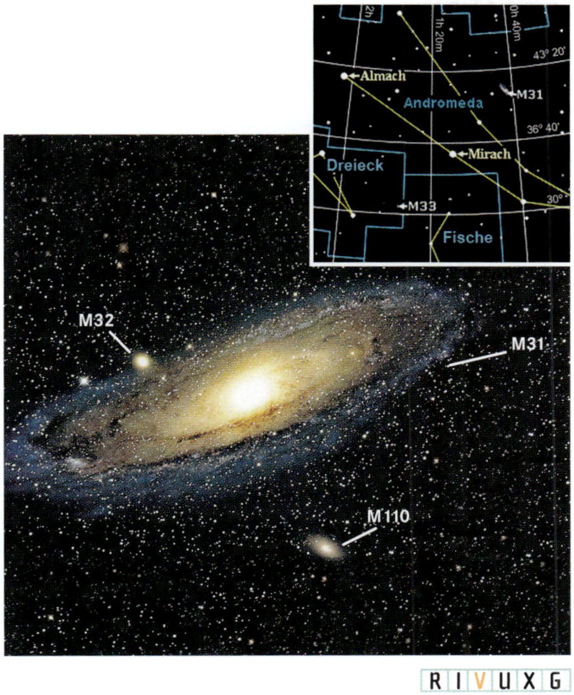

Abb. 11.21 **Die Andromedagalaxie (M31).** Die Andromedagalaxie ist eine schöne Spiralgalaxie und die einzige Galaxie überhaupt, die auf der Nordhalbkugel der Erde mit bloßem Auge zu sehen ist. Schwache Rote Riesen (hier nicht sichtbar) erstrecken sich bis in eine halbe Million Lichtjahre von ihrem Kern. Ohne Teleskop erscheint sie als verschwommener Fleck im Sternbild Andromeda. Die nur 2,5 Mio. Lj (0,77 Mio. pc) von uns entfernte Andromedagalaxie ist gravitativ mit der Milchstraße verbunden. Sie nimmt am Himmel die fünffache Fläche des Vollmonds ein. Außer der Andromedagalaxie sind auf der Aufnahme zwei weitere Galaxien, M32 und M110, zu sehen. Die zahllosen Lichtpunkte sind Sterne unserer Galaxis. (Bill und Sally Fletcher/Tom Stack and Associates)

Wenn die Bewegung der Sterne tatsächlich zu Spiralen führen würde, müsste die Spiralstruktur schon nach wenigen Umdrehungen der Galaxie vollständig verschwunden sein. Weshalb sind dann aber die Spiralarme in unserer Galaxis und in vielen anderen Galaxien noch zu beobachten? Für dieses *Aufwickeldilemma* wurden zwei mögliche Erklärungen entwickelt, von denen sich eine auf flockige Spiralgalaxien und die andere auf Grand-Design-Spiralgalaxien bezieht.

11.9 Flockige Spiralgalaxien entstehen durch Explosionen, Grand-Design-Spiralgalaxien durch Wellen

Flockige Spiralgalaxien Wir betrachten eine Scheibengalaxie, die so jung ist, dass noch keine Spiralarme entstanden sind. In einer ihrer Molekülwolken begin-

a M104: eine Sa-Galaxie

b NGC 891: eine Sb-Galaxie

c NGC 5907: eine Sc-Galaxie

Abb. 11.22 **Spiralgalaxien nahezu in der Seitenansicht von unserer Galaxis aus gesehen.** (a) Wegen ihres großen Zentralwulsts wird diese Galaxie (die Sombrerogalaxie) als Sa klassifiziert. Könnten wir von oben darauf sehen, würden die Spiralarme um einen voluminösen Wulst eng anliegen. (b) In dieser Sb-Galaxie ist der Zentralwulst kleiner. (c) Bei sichtbaren Wellenlängen verdeckt interstellarer Staub den ohnehin recht unscheinbaren Zentralwulst dieser Sc-Galaxie. (a: European Southern Observatory; b: © Malin/IAC/RGO; c: Brad Ehrhorn/Adam Block/NOAO/AURA/NSF)

a M33: eine Spiralgalaxie mit flockigen Spiralarmen R I V U X G

b M74: eine Grand-Design-Spiralgalaxie R I V U X G

Abb. 11.23 Die Vielfalt der Spiralarme. Die Unterschiede zwischen den Spiralgalaxien deuten darauf hin, dass die Spiralarme durch mindestens zwei Mechanismen entstehen können. (a) Diese flockige Spiralgalaxie hat verschwommene und schlecht abgegrenzte Spiralarme. (b) Eine Grand-Design-Spiralgalaxie mit gut abgegrenzten Spiralarmen. (a: NASA; b: Gemini Observatory/ AURA)

nen Sterne zu entstehen. Die Strahlung und die Sternwinde dieser Sterne komprimieren das nahe gelegene interstellare Gas und lösen die Entstehung zusätzlicher Sterne aus. Darüber hinaus explodieren massereiche Sterne schnell als Supernovae und erzeugen Stoßwellen, die die Gase in der Umgebung weiter

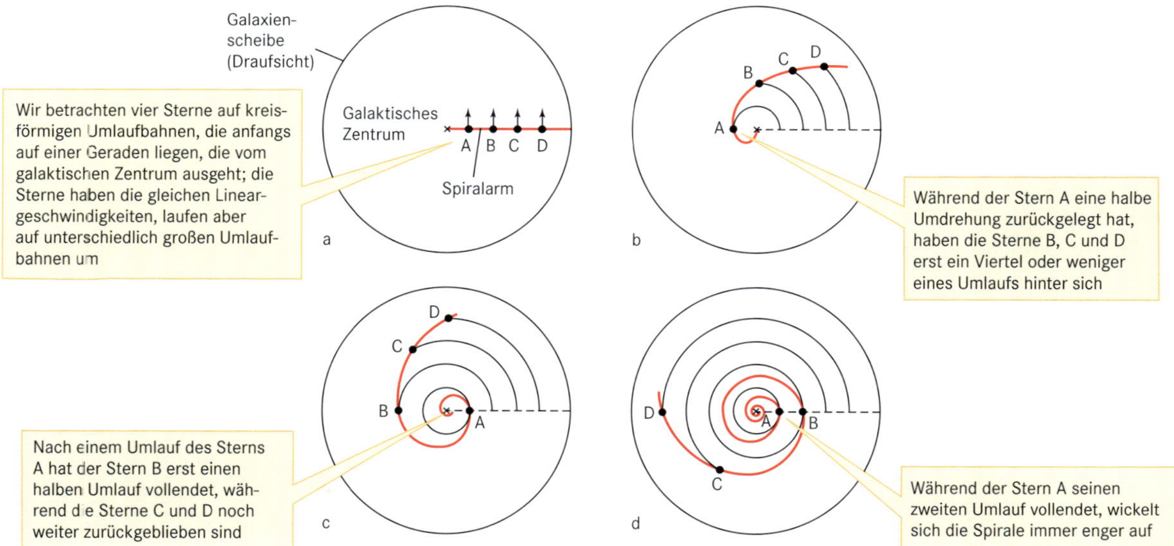

Abb. 11.24 Das Dilemma mit dem Aufwickeln. Die Rotationskurve der Sterne in der Scheibe unserer Galaxis zeigt, dass die meisten von ihnen dieselbe Lineargeschwindigkeit haben. Die weiter vom Zentrum entfernten brauchen für einen Umlauf länger, da sie mit derselben Geschwindigkeit eine größere Strecke zurücklegen müssen als jene, die dem Zentrum näher sind und auf kleineren Umlaufbahnen umlaufen. Alle vier Punkte in den Zeichnungen bewegen sich mit der gleichen Lineargeschwindigkeit auf kreisförmigen Umlaufbahnen. Sie sollen einige Sterne repräsentieren, die (a) anfangs auf einer Geraden liegen. Im Zeitverlauf bleiben die äußeren Sterne zurück, wobei eine Spiralform entsteht die sich (b–d) immer enger aufwickelt. Dies wird aber weder in unserer Galaxis noch in anderen Galaxien beobachtet.

komprimieren. Stoßwellen sind sehr starke Verdichtungen des Gases wie der Überschallknall, der beim Blitzeinschlag, wo er Donner heißt, beim Knall einer Peitsche oder bei einem Überschallflugzeug auftritt. Da neue Sterne immer wieder die Geburt weiterer Sterne auslösen, wächst das Sternentstehungsgebiet – ein Prozess, der *selbstpropagierende Sternentstehung* heißt.

Es ist diese fortgesetzte Geburt von Sternen, die für die Spiralarme in flockigen Spiralgalaxien verantwortlich ist. Die differenzielle Rotation der Galaxie (d. h., dass die Innengebiete schneller als die Außengebiete rotieren) zieht den Innenrand jedes jungen Gebiets seinem Außenrand voraus und spreizt dadurch das Sternentstehungsgebiet zu einem Spiralarm. Dieses Gebiet der Galaxie ist hell, da es durch seine O- und B-Sterne und durch die Nebel, die diese Sterne anstrahlen, erhellt wird. Allerdings explodieren massereiche O- und B-Sterne verhältnismäßig schnell, sodass jeder Spiralarm dunkel wird, bevor er sich aufwickeln kann (womit das Aufwickeldilemma entfällt). Während alte Arme verblassen, erscheinen neue Sternentstehungsgebiete und erzeugen wiederum neue Spiralarme.

? Welche Spiralklassifizierung hat die in Abb. 11.23 gezeigte Galaxie M74 beim Vergleich mit den Galaxien in Abb. 11.20?

Wäre die selbstpropagierende Sternentstehung der einzige Prozess, durch den Spiralarme in einer Galaxie entstehen könnten, würden ständig Abschnitte dieser Arme erscheinen, um gleich darauf wieder zu verschwinden, wenn die hellen, massereichen Sterne darin sterben. Dies bringt tatsächlich chaotische Spiralarme hervor, wie sie in flockigen Galaxien (siehe Abb. 11.23a) beobachtet werden. Die glatten Spiralarme von Grand-Design-Galaxien erklärt es aber nicht. Es muss also noch einen anderen Mechanismus geben.

Grand-Design-Spiralgalaxien Auf der Suche nach dem Mechanismus für die Entstehung der Grand-Design-Spiralarme betrachten wird zunächst einen See. Wenn man einen Stein in das Wasser wirft, entstehen Wellen. Aus Erfahrung wissen wir, dass die Wellen von der Aufschlagstelle in konzentrischen Ringen nach außen laufen (Abb. 11.25a). Nun stellen wir uns einmal vor, dass das Wasser in dem See rotiert, während man den Stein hineinwirft. Welche Form haben die Wellen dann? Nach Berechnungen des Astronomen Bertil Lindblad in den 1920er Jahren sind die Wellen, die in einem rotierenden scheibenförmigen Flüssigkeitssystem (wie dem See) oder Gas- und Staubsystem (wie einer Scheibengalaxie) entstehen, spiralförmig. Diese Wellen heißen **Spiraldichtewellen.**

Russische Wissenschaftler haben das Lindblad-Modell in den 1970er Jahren getestet. Da noch keine leistungsfähigen Computer zur Verfügung standen,

Abb. 11.25 Wasserwellen. (a) Von der Aufschlagstelle des Steins auf das Wasser gehen die üblichen kreisförmigen Wellen aus. (b) Die Wellen in rotierendem Wasser erzeugen Spiralarme; bei dem Gas und Staub einer Scheibengalaxie ist dies analog.
(a: © lizenzfrei/Corbis)

um Simulationen von Galaxien zu erzeugen, warfen sie Kieselsteine in Kuchenschüsseln, die auf Plattenspielertellern rotierten. Abb. 11.25b zeigt, dass die resultierenden Wasserwellenmuster tatsächlich Spiralen sind. Darüber hinaus wickeln sich die Spiraldichtewellen nie auf. Im Fall von Gas und Staub in einer Galaxie laufen diese Wellen etwa mit halb so hoher mittlerer Geschwindigkeit wie das interstellare Medium, durch das sie sich bewegen, in einem starren Spiralmuster um.

Mitte der 1960er Jahre untersuchten zwei amerikanische Astrophysiker genauer, wie galaktische Spiraldichtewellen, die durch die Scheibe einer Galaxie laufen, zu Spiralarmen führen. C. C. Lin und Frank Shu meinten, dass die Dichtewellen dazu führen, dass sich das interstellare Medium vorübergehend anhäuft. Das liegt daran, dass Spiraldichtewellen in dem Gas und Staub einer Galaxie ebenso wie Schallwellen – jedoch anders als Wasserwellen, die sich nach oben und unten bewegen – Kompressionswellen sind. Folglich führen sie dazu, dass das Medium des interstellaren Gases und Staubs auf seinem Weg durch die Wellen immer dichter wird.

Nach Lin und Shu ist ein Spiralarm eine Art galaktischer Verkehrsstau. Wir stellen uns Arbeiter vor, die eine Fahrbahn auf einer viel befahrenen Autobahn markieren. Normalerweise dürfen die Autos dort 100 km/h fahren, durch die Arbeiten entsteht aber eine Fahrbahnverengung. Damit die Autos nicht aufeinander und auf den langsamen Farbwagen auffahren, bremsen sie vorübergehend. Aus der Luft gesehen, entsteht um die Arbeiter ein deutlicher Stau (Abb. 11.26). Jedes Auto für sich verbringt nur wenige Momente in dem Verkehrsstau, der sich langsam vorwärts bewegt, und fährt dann mit der üblichen Geschwindigkeit weiter, der Stau selbst dauert aber den ganzen Tag.

Die Autos in dem Verkehrsstau sind das interstellare Gas- und Staubmedium, das in einen Spiralarm hineinströmt. Der Farbwagen repräsentiert einen kleinen Teil der Spiraldichtewelle. So, wie die Autos den Farbwagen einholen und an ihm vorbeifahren können, strömt auch das interstellare Medium durch die langsameren Spiraldichtewellen. Die Wellen komprimieren einen Teil davon, wobei neue Wolken entstehen, die daraufhin kollabieren und neue metallreiche Sterne erzeugen. Wir sehen die Spiralarme, da sie helle O- und B-Sterne und große Staub- und Gasmassen enthalten, die diese Sterne anstrahlen. Die sich ausweitenden Staubstränge in Abb. 11.23b bestätigen, dass das Material kürzlich durch eine Stoßwelle gelaufen ist. Da die Dichtewelle die ganze Zeit ihre Form beibehält, sind die Spiralarme in diesen Galaxien besser als in den zuvor erörterten flockigen Galaxien abgegrenzt.

In den meisten offenen Sternhaufen, die von Spiraldichtewellen erzeugt werden, entstehen auch einige massereiche Sterne. Weshalb sind Spiralgalaxien dann

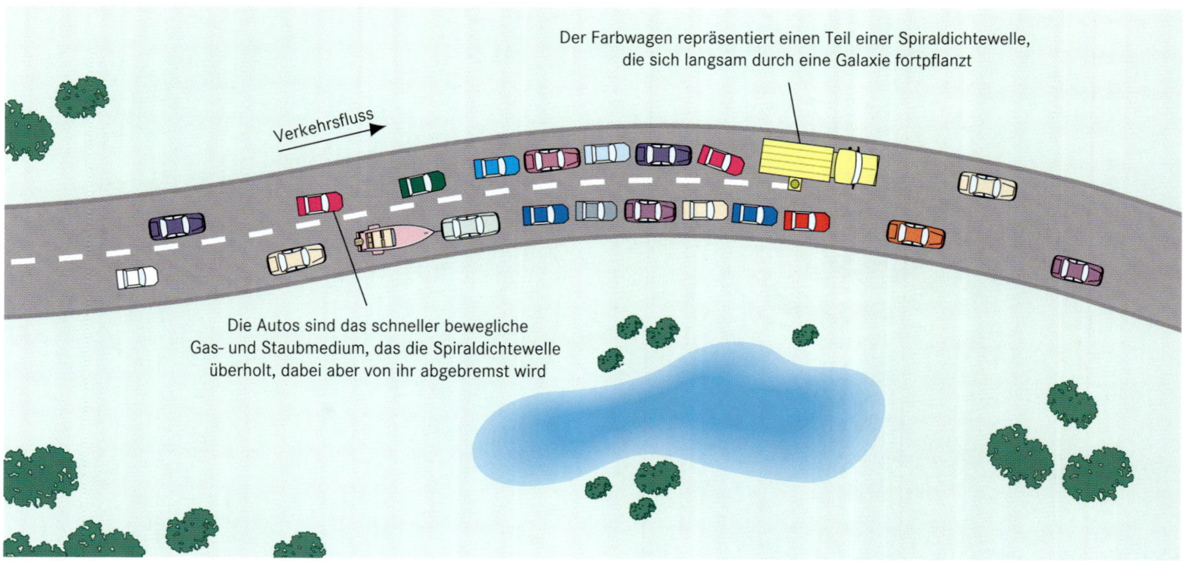

Abb. 11.26 Kompressionswellen im Verkehrsfluss. Wenn der normale Verkehrsfluss verzögert wird, fahren die Autos enger auf. In einer Grand-Design-Galaxie pflanzt sich eine Dichtewelle durch die Sterne und Gase fort. Die Welle ist nichts als ein Gebiet etwas dichterer Materie, das wiederum eine verstärkte Gravitationskraft erzeugt. Diese Kraft komprimiert das Gas und verstärkt die Sternentstehung, wodurch die Spiraldichtewelle sichtbar wird.

nicht irgendwann so stark mit diesen hellen Sternen ausgefüllt, dass die Spiralarme verwaschen und die Scheibe gleichmäßig hell wird? Die Antwort besteht darin, dass die massereichen Sterne, die jede Dichtewelle markieren, kurzlebig sind und explodieren, bevor sie sie durchlaufen haben. Die verbleibenden langlebigeren masseärmeren Sterne wie unsere Sonne füllen den Raum zwischen den Spiralarmen aus, senden aber nicht so viel Licht aus (siehe Abb. 11.23b). Auch wenn die Spiralarme zuerst ins Auge stechen, enthalten sie nur 5 % mehr Sterne als der Raum zwischen ihnen.

Um das interstellare Gas- und Staubmedium zu verdichten, sind gewaltige Energien erforderlich. Nach etwa 1 Mrd. Jahren beginnen schließlich auch die Spiraldichtewellen abzuklingen. Irgendein Antriebsmechanismus muss sie also in Gang halten, genauso, wie man immer wieder Steinchen in den See werfen muss, um neue Wellen zu erzeugen, wenn die alten abgeklungen sind. Was genau diese Mechanismen sind, ist noch nicht sicher. Eine wahrscheinliche Erklärung, was die Spiralstruktur immer wieder aktivieren könnte, ist der Vorbeigang einer nahe gelegenen Galaxie, die die betrachtete Galaxie begleitet. Während diese nahe gelegene Galaxie periodisch vorbeiläuft, werden Gase, Sterne und Staub der Spiralgalaxie durch ihre Gravitation angezogen und es entstehen neue Dichtewellen. Tatsächlich sind Grand-Design-Galaxien häufig in Begleitung einer anderen Galaxie zu finden.

? Füllen Sie die Leerstellen aus: Ereignisse wie die selbstpropagierende Sternentstehung auf der Erde würden wir ________-Reaktion oder ________-Effekt nennen.

Während die meisten Spiralgalaxien zwei Hauptarme haben, hat eine nicht zu vernachlässigende Minderheit mehrere. Weshalb die Anzahl der Arme schwankt, konnte noch nicht festgestellt werden.

Da neue Sterne aus dem interstellaren Gas- und Staubmedium entstehen, leuchtet ein, dass sich die Raten, mit denen Sterne entstehen, und damit auch die Gesamtstrukturen von Galaxien, die unterschiedliche Mengen davon enthalten, ebenfalls unterscheiden. Infrarot- und Radiobeobachtungen zeigen, dass Sa-Galaxien üblicherweise etwa 4 % Gas und Staub enthalten, während es bei Sb-Galaxien 8 % und bei Sc-Galaxien 25 % sind. Die ständig verbesserten Computersimulationen von Galaxien fördern immer mehr Einzelheiten zutage, wie sich unterschiedliche Gas- und Staubkonzentrationen auf den Aufbau einer Galaxis auswirken. Abb. 11.27 gibt einen Überblick über die Aktivität in einer Spiralgalaxie.

11.10 In Balkengalaxien ziehen sich Balken aus Sternen durch den Zentralwulst

Unsere Galaxis ist eine **Balkengalaxie**, eine Spiralgalaxie, durch deren Zentralwulst sich ein Balken aus Sternen zieht. Solche Balken bestehen aus Sternen und Gas, die grundsätzlich zunächst in einer Richtung durch den Balken strömen, anschließend umkehren und in der anderen zurückkehren. Solche Balken entstehen in Spiralgalaxien mit einer niedrigeren Gesamtmasse als die zuvor betrachteten normalen oder „balkenlosen" Spiralgalaxien. Tatsächlich ist es die höhere Gesamtmasse normaler Spiralgalaxien, die die Bildung von Balken verhindert. Etwa ein Drittel aller Spiralgalaxien sind Balkengalaxien, die restlichen normale Spiralgalaxien. In Balkengalaxien gehen die beiden Hauptarme in der Regel von den Enden des Balkens und nicht direkt von dem Zentralwulst selbst aus.

Hubble stellte fest, dass die Enge der Spiralarme so wie bei normalen Spiralgalaxien auch in Balkengalaxien mit der Größe des Zentralwulsts korreliert (Abb. 11.28). Eine SBa-Galaxie (eine **S**piralgalaxie mit **B**alken vom Typ **a**) hat ein großes Zentrum (und eng anliegende Spiralarme). Ebenso ist eine Balkengalaxie mit weniger eng anliegenden Armen (und einem durchschnittlichen Zentralwulst) eine SBb-Galaxie, während eine SBc-Galaxie lose gewundene Spiralarme (und nur einen kleinen Zentralwulst) aufweist. Unsere Galaxis gehört zum Typ SBab; ihre Eigenschaften liegen zwischen jenen der SBa-Galaxien und jenen der SBb-Galaxien. Sa- und SBa-Galaxien heißen gelegentlich *frühe*, Sc- und SBc-Galaxien dagegen *späte* Galaxien.

? Woran könnte es liegen, dass die Spiralarme in Balkengalaxien nur bis zu dem Balken und nicht weiter nach innen verlaufen?

Die Bewegungen von Sternen in vielen nahe gelegenen Galaxien sind anhand der Dopplerverschiebungen ihrer Spektren vermessen worden. Alle bisher entdeckten Spiral- und Balkengalaxien (bis auf eine) schleppen die Arme bei der Rotation nach. Sie heißen daher *Spiralgalaxien mit nachlaufenden Armen*. Die einzige Ausnahme ist die Galaxie NGC 4622, in der die Enden der Spiralen der Bewegung der Arme vorauslaufen. Sie ist eine *Spiralgalaxie mit vorlaufenden Armen*. Berechnungen besagen, dass vorlaufende Arme instabil sind und auch die Arme dieser Galaxie einmal nachlaufen werden.

11.11 Elliptische Galaxien haben vielfältige Größen und Massen

5 **Elliptische Galaxien**, die nach ihren charakteristischen Formen benannt sind, haben keine Spiralarme. Ihre Größen und Massen unterscheiden sich beträchtlich – zu ihnen gehören die größten, aber auch die kleinsten Galaxien im Universum überhaupt. Abb. 11.29 enthält zwei *elliptische Riesengalaxien*, M84 und M86, die einem Galaxienhaufen im Sternbild Jungfrau angehören. Diese gewaltigen elliptischen Riesengalaxien haben jeweils Durchmesser von etwa 2 Mio. Lichtjahren, also das 20-fache unserer Galaxis.

Elliptische Riesengalaxien mit einigen 10 Billionen Sonnenmassen sind im Vergleich zu anderen Galaxientypen selten, elliptische Zwerggalaxien dagegen außerordentlich häufig. Elliptische Zwerggalaxien haben nur einen Bruchteil der Größe einer durch-

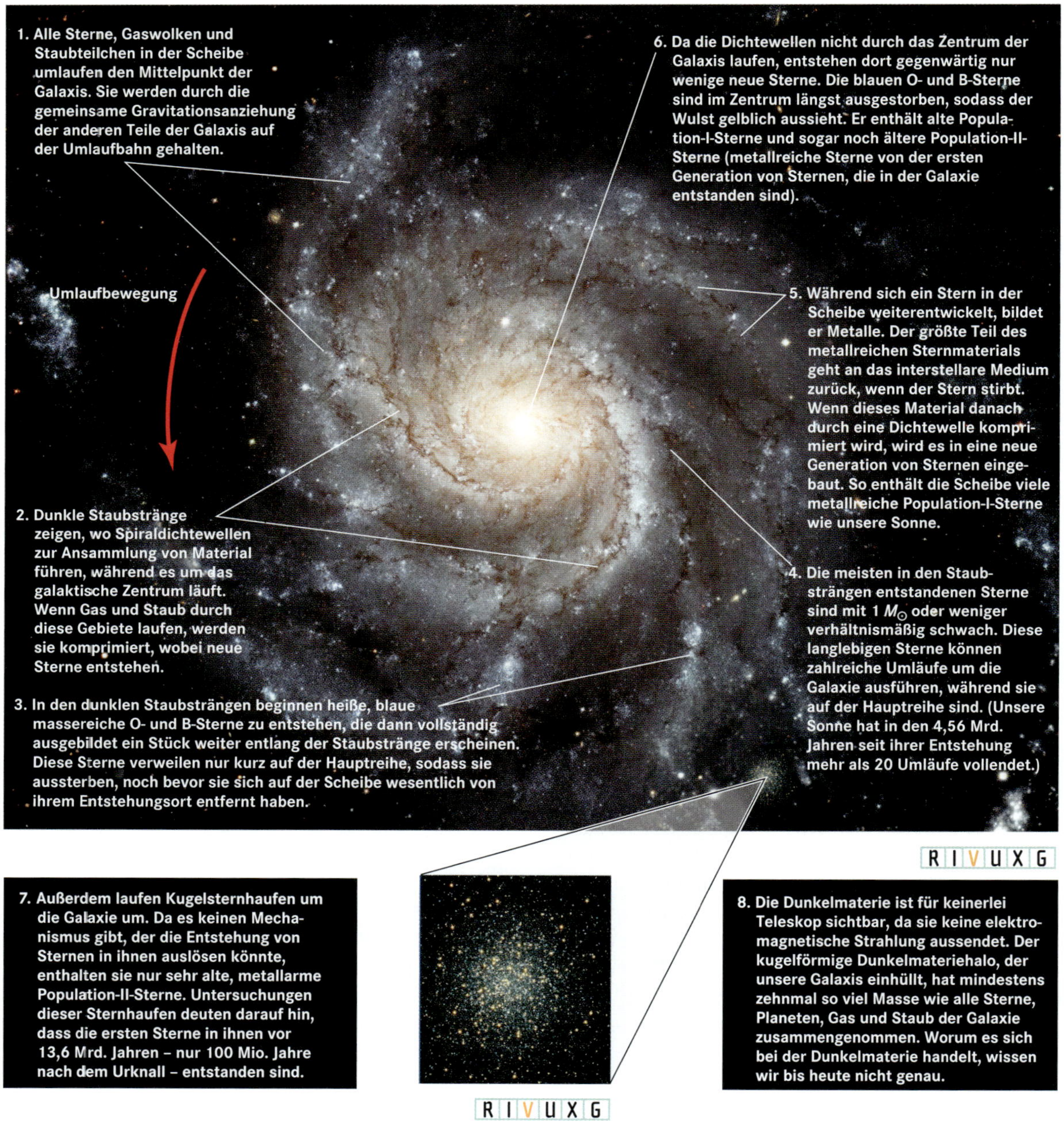

Abb. 11.27 Dynamik einer Grand-Design-Spiralgalaxie. Zusammenfassung der Aktivitäten in einer Grand-Design-Spiralgalaxie. (Aufnahme der Spiralgalaxie M101: NASA und ESA; Ausschnittsvergrößerung: S. Kafka und K. Homeycutt, Indiana University/WIYN/NOAO/NSF)

a M58: eine SBa-Galaxie

b M83: eine SBb-Galaxie

c NGC 1365: eine SBc-Galaxie

R I V U X G

Abb. 11.28 Balkengalaxien. Wie bei den Spiralgalaxien klassifizierte Hubble auch die Balkengalaxien danach, wie eng ihre Spiralarme anliegen (was mit der Größe des Zentralwulsts korreliert). (a) SBa-Galaxien haben die am engsten anliegenden Spiralarme und die größten Zentralwülste, (b) SBb-Galaxien haben durchschnittlich gewundene Spiralarme und mittelgroße Zentralwülste und (c) SBc-Galaxien haben die weitesten Spiralarme und die kleinsten Zentralwülste. (a: Johann H. Knapen und Nik Szymanek, University of Hartfordshire; b: ESO, European Southern Oberservatory; c: Jean-Charles Cuillandre/CFHT/Photo Researchers, Inc.)

schnittlich großen elliptischen Galaxie und enthalten mit einigen Millionen nur so wenige Sterne, dass sie fast durchsichtig aussehen. Da man tatsächlich durch das Zentrum einer elliptischen Zwerggalaxie hindurchsehen kann (Abb. 11.30), sind die weiter entfernten schwer nachzuweisen. Zweifellos gibt es also viel mehr elliptische Zwerggalaxien als bisher entdeckt worden sind, und die Unsicherheit, wie viele es wirklich sind, ist der wichtigste Grund dafür, dass wir noch nicht wissen, wie viele Galaxien es im sichtbaren Universum insgesamt gibt.

Hubble unterteilte die elliptischen Gala-

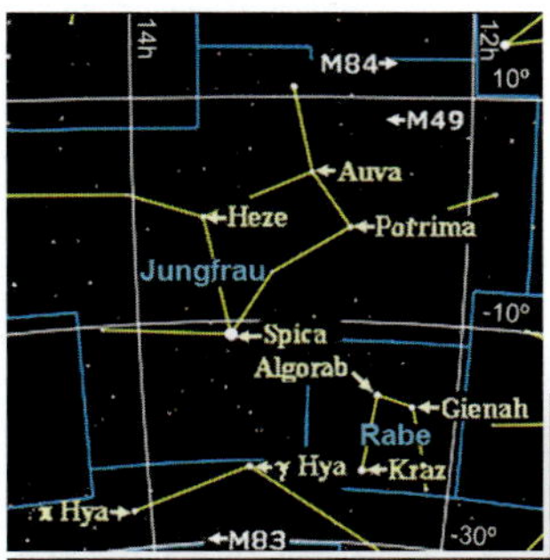

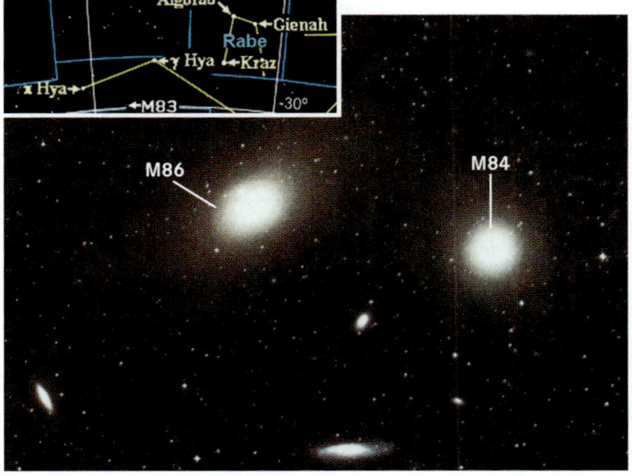

R I V U X G

Abb. 11.29 Elliptische Riesengalaxien. Der Virgohaufen ist eine reiche, ausgedehnte Ansammlung von mehr als 2000 Galaxien in einer Entfernung von etwa 50 Mio. Lichtjahren von der Erde. Die Aufnahme zeigt nur das Zentrum des riesigen Galaxienhaufens. Seine beiden größten Galaxien sind die elliptischen Riesengalaxien M84 und M86. (David Malin Images)

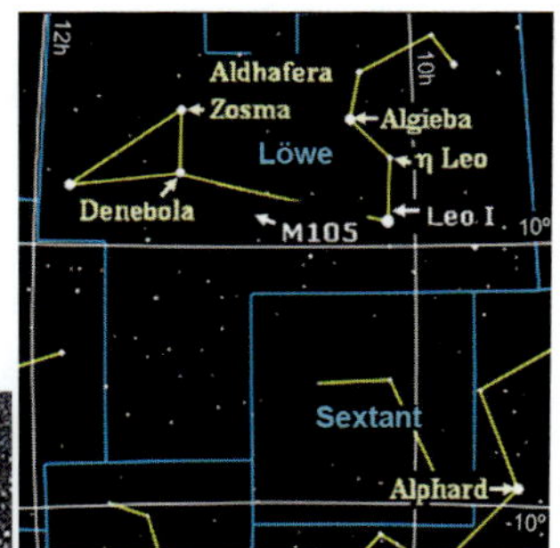

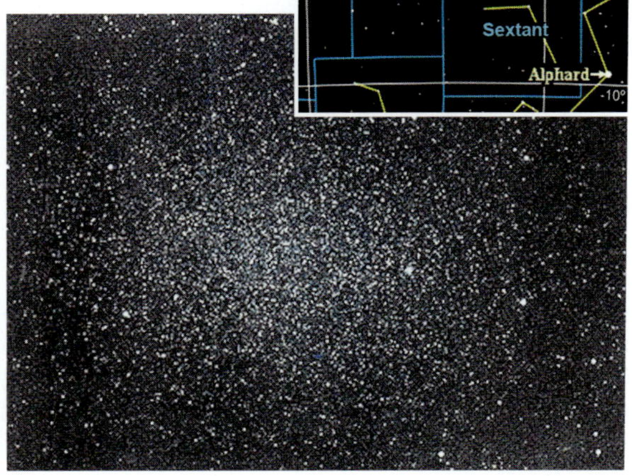

Leo I: eine E4-Galaxie

R I V U X G

Abb. 11.30 Eine elliptische Zwerggalaxie. Diese nahe gelegene E4-Galaxie, Leo I, ist etwa 600.000 Lichtjahre von der Erde entfernt. Sie hat einen Durchmesser von nur 3000 Lichtjahren und ist so schwach mit Sternen besetzt, dass man direkt durch die Mitte hindurchschauen kann. Sie ist ein Satellit unserer Galaxis. (NASA)

Abb. 11.31 Elliptische Galaxien. Hubble klassifizierte elliptische Galaxien danach, wie rund oder lang gestreckt sie aussehen. Eine E0-Galaxie ist rund; eine E7-Galaxie ist sehr lang gestreckt. Die Abbildung enthält drei Beispiele. (a: J. D. Wray, McDonald Observatory; b, c: 1999 Princeton University Press/Zsolt Frei und James E. Gunn)

xien danach, wie rund bzw. oval sie aussehen. Die rundesten elliptischen Galaxien heißen *E0-Galaxien*, während die am längsten gestreckten die *E7-Galaxien* sind. Die Letzteren sind etwa dreimal so lang wie breit. Die dazwischenliegenden sind mit E1 bis E6 bezeichnet (Abb. 11.31).

Im Hubble-Schema werden Galaxien allein nach ihrem Aussehen von der Erde aus klassifiziert. Allerdings ist das, was wir am Himmel erblicken, immer nur die zweidimensionale Ansicht eines dreidimensionalen Objekts. Im Fall elliptischer Galaxien können wir zwar die Länge und die Breite beobachten, über die dritte Dimension, die Tiefe, lässt sich aber nichts in Erfahrung bringen. Was von hier aus wie eine E0-Galaxie aussieht (also im Wesentlichen rund ist), könnte unter einem anderen Winkel gesehen tatsächlich eiförmig sein. Umgekehrt könnte eine lang gestreckte E7-Galaxie von vorn kreisförmig aussehen.

Elliptische Galaxien erscheinen weit weniger eindrucksvoll als ihre Verwandten, die Spiral- und Balkengalaxien. Das liegt daran, dass sie verhältnismäßig wenig interstellares Gas- und Staubmedium enthalten. Da Sterne in solchen interstellaren Wolken entstehen, sollten in elliptischen Galaxien im Vergleich zu Spiralgalaxien verhältnismäßig wenige Sterne entstehen. Beobachtungen der Spektren bestätigen die Hypothese, dass diese Galaxien hauptsächlich massearme langlebige Population-II-Sterne enthalten sollten. Allerdings gab es in vielen elliptischen Galaxien vor Milliarden Jahren helle, massereiche Sterne, die aber inzwischen als Supernova explodiert sind. Dies wissen wir, da das Chandra-Röntgenteleskop in vielen dieser Galaxien große Anzahlen von deren Resten, Schwarzen Löchern und Neutronensternen, entdeckt hat.

11.12 Galaxien ohne globale Struktur heißen irregulär

Einige Galaxien konnte Hubble weder als Spiral- noch als Balken- oder elliptische Galaxien klassifizieren. Diese nannte er **irreguläre Galaxien**. Allgemein enthalten sie viel interstellares Medium in Form von Gas und Staub und junge wie auch alte Sterne. Irreguläre Galaxien nur mit Andeutungen einer organisierten Struktur und zahlreichen OB-Assoziationen sowie solche nur mit Andeutungen einer organisierten Struktur werden mit *Irr I* bezeichnet. Die Große Magellan'sche Wolke (GMW) (Abb. 11.32a) sowie die Kleine Magellan'sche Wolke (KMW), beide in der Nähe unserer Galaxis, sind Beispiele für Galaxien vom Typ Irr I. Beide sind auf der Südhalbkugel mit bloßem Auge zu sehen.

? Wie könnte die Galaxie M105 in Abb. 11.31 außer als E0 noch klassifiziert werden?

Gelegentlich werden irreguläre Galaxien beobachtet, die stark deformiert und vollständig asymmetrisch aussehen. Man hat den Eindruck, dass sie durch Kollisionen von Galaxien oder heftige Aktivität in ihren Kernen entstanden sind. Diese heißen Irr II; als Beispiel kann NGC 4485 (Abb. 11.32b) dienen. Irreguläre Galaxien sind in der Regel kleiner und masseärmer als Spiralgalaxien; sie enthalten Massen zwischen 10^8 und etwa $3 \cdot 10^{10}\, M_\odot$.

? Die in Abb. 11.32 gezeigte Große Magellan'sche Wolke ist am Südhimmel mit bloßem Auge zu sehen. Mit welchen zwei Objekten könnte sie verwechselt werden?

a Die Große Magellan'sche Wolke, eine Irr-I-Galaxie

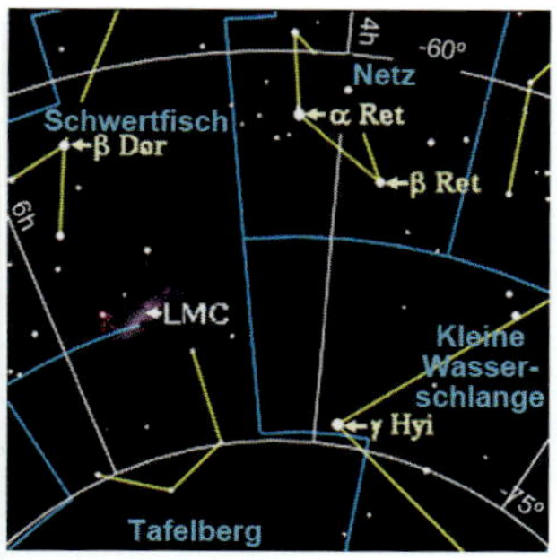

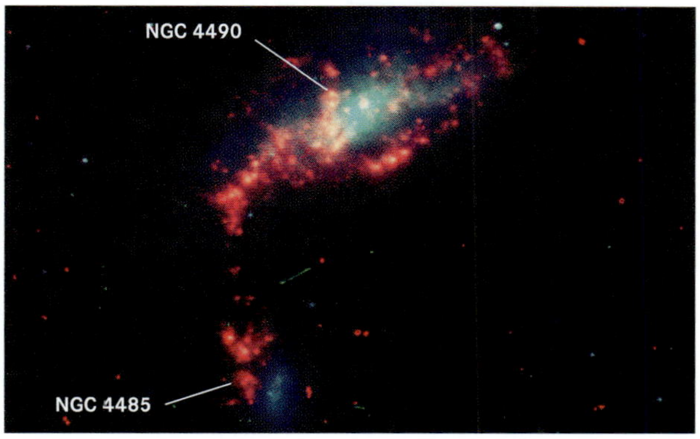

b Die Galaxien NGC 4485 (Irr II) und NGC 4490 (Sc) R I V U X G

Abb. 11.32 Irreguläre Galaxien. (a) Die Große Magellan'sche Wolke in einer Entfernung von nur 179.000 Lichtjahren, eine irreguläre Galaxie vom Typ Irr I, ist der drittnächste bekannte Begleiter unserer Galaxis. (Der nächste bekannte Begleiter, die Canis-Major-Zwerggalaxie, ist in Abb. 11.16 gezeigt.) Die Große Magellan'sche Wolke erstreckt sich mit einem Durchmesser von etwa 62.000 Lichtjahren über 22° des Himmels, etwa die 44-fache Winkelgröße des Vollmonds. Auffällig ist das riesige H-II-Gebiet (der Tarantelnebel oder auch 30 Doradus genannt). Sein Durchmesser von 800 Lichtjahren und die Masse von 5 Mio. Sonnenmassen machen es zum größten bekannten H-II-Gebiet. (b) Die kleine irreguläre Galaxie (Irr II) NGC 4485 wechselwirkt mit der stark deformierten Sc-Galaxie NGC 4490, auch Kokonnebel genannt. Die beiden Galaxien liegen im Sternbild Jagdhunde. (a: Anglo-Australian Observatory; b: M. Altmann/Hoher Observatory)

11.13 Hubble klassifizierte Spiralgalaxien und elliptische Galaxien anhand des Stimmgabeldiagramms

Hubble verknüpfte die drei regelmäßig geformten Galaxientypen – also Spiral-, Balken- und elliptische Galaxien – in einem Diagramm, das an eine Stimmgabel erinnert (Abb. 11.33). Diesem Schema folgend sind S0- oder SB0-Galaxien, die sogenannten Linsengalaxien, ein Zwischentyp zwischen elliptischen Galaxien und den beiden Typen von Spiralgalaxien. Auch wenn Linsengalaxien vom Aussehen her den elliptischen oft etwas ähnlich sind, haben sie wie Spiralgalaxien sowohl einen Zentralbalken als auch eine Scheibe, allerdings keine Spiralarme. In Ermangelung einer besseren Lösung werden die irregulären Galaxien im Hubble'schen Stimmgabeldiagramm gelegentlich zwischen den Enden der Zinken eingeordnet.

Die Vorstellung, dass Galaxien von einem Typ in einen anderen übergehen könnten, ist unter den Astronomen Jahrzehntelang abwechselnd auf Anklang bzw. Ablehnung gestoßen. Tatsächlich waren solche Umwandlungen ein Teil von Hubbles Motivation, die verschiedenen Galaxientypen in Beziehung miteinander zu setzen. Wie wir später in diesem Kapitel sowie in Kapitel 12 sehen werden, haben umfangreiche Beobachtungen sowohl mit dem Hubble-Teleskop als auch mit irdischen Teleskopen tatsächlich gezeigt, dass Wechselwirkungen zwischen Galaxien gelegentlich zu Änderungen ihrer Strukturen führen können. Wenn zwei Scheibengalaxien verschmelzen, werden sie häufig zu einer elliptischen Riesengalaxie. Allerdings scheint sich die Gesamtform der meisten Galaxien, wenn sie einmal vollständig ausgebildet sind, nicht mehr zu ändern. Die Eigenschaften der verschiedenen Galaxientypen sind in Tab. 11.1 zusammengefasst.

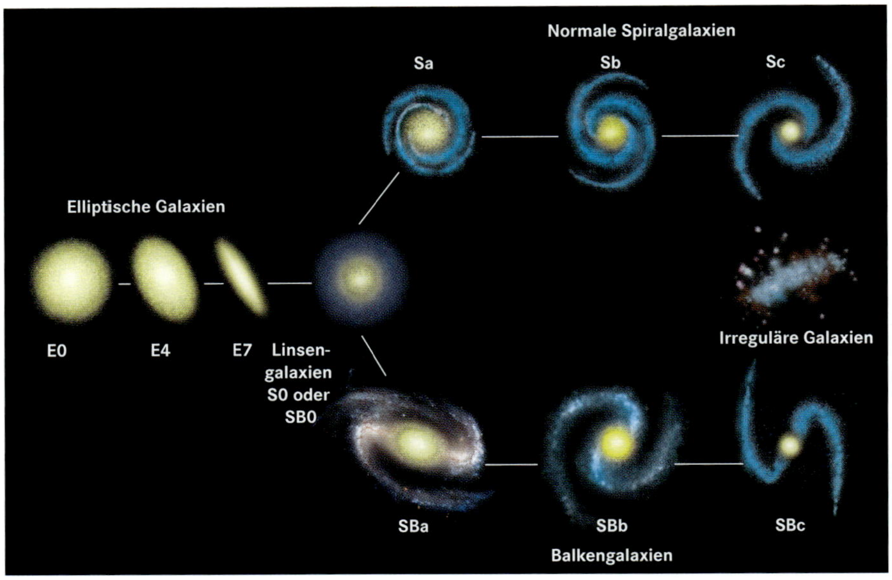

Abb. 11.33 Das Hubble'sche Stimmgabeldiagramm. Das Stimmgabeldiagramm fasst das Hubble'sche Klassifizierungsschema zusammen. Elliptische Galaxien werden danach eingeteilt, wie oval sie aussehen, Spiralgalaxien und Balkengalaxien nach den Größen ihrer Zentralwülste und – damit korreliert – wie eng ihre Spiralarme anliegen. Eine S0- oder SB0- Galaxie, auch Linsengalaxie genannt, ist ein Zwischentyp zwischen elliptischen und Spiralgalaxien mit einer Galaxienscheibe, aber ohne Spiralarme.

11.14 Galaxien wachsen im Laufe der Zeit

In Kapitel 12 werden wir erörtern, welche Beobachtungen auf die Entstehung und frühe Entwicklung von Galaxien hinweisen. Allerdings soll bereits hier skizziert werden, was wir darüber wissen, weshalb Galaxien gerade die beobachteten Strukturen haben. Bis auf die elliptischen Zwerggalaxien sind alle Galaxien aus kleineren Ansammlungen von Sternen, Gas und Staub hervorgegangen. Die allgegenwärtige Dunkelmaterie, die sich im jungen Universum zusammenballte, konzentrierte diese Materie. Häufig wurde sie dabei von einem in der Frühzeit des Universums entstandenen supermassiven Schwarzen Loch unterstützt, das zum Kern der Galaxie wurde. Je größer die Masse des Schwarzen Lochs war, desto größer wurde der Zentralwulst der Galaxienscheibe. Nachdem die Galaxien einmal entstanden sind, sind die Strukturen von Dreiviertel aller Galaxien gleich geblieben, während sich der Typ bei einem Viertel noch einmal geändert hat (wobei z. B. aus einer Spiralgalaxie eine elliptische geworden ist).

Normale Spiralgalaxien (ohne Balken) sind entstanden, wenn wirbelnde Strudel stark gashaltiger Materie kollidierten und dabei eine Scheibe bildeten, in deren Zentrum ein besonders massives Schwarzes Loch und viel Dunkelmaterie lagen. Wenn die Menge der Dunkelmaterie und die Masse des zentralen Schwarzen Lochs nicht ausreichten, ging die Materie in den Zentralgebieten der Scheibe auf balkenförmige Umlaufbahnen über, sodass Balkengalaxien entstan-

Tab. 11.1 Einige Eigenschaften von Galaxien

	Spiralgalaxien (S) und Balkengalaxien (Sb)	Elliptische Galaxien (E)	Irreguläre Galaxien (Irr)
Masse ($M_\odot$)	10^9 bis $4 \cdot 10^{11}$	10^5 bis $4 \cdot 10^{13}$	10^8 bis $3 \cdot 10^{10}$
Leuchtkraft ($L_\odot$)	10^8 bis $2 \cdot 10^{10}$	$3 \cdot 10^5$ bis 10^{11}	10^7 bis 10^9
Durchmesser (Lj)	$1{,}6 \cdot 10^4$ bis $8 \cdot 10^5$	$3 \cdot 10^3$ bis $6{,}5 \cdot 10^5$	$3 \cdot 10^3$ bis $3 \cdot 10^4$
Sternpopulationen	Galaxienscheibe: junge Population I, Zentralwulst; Halo: Population II und alte Population I	Population II und alte Population I	Hauptsächlich Population I
Prozentsatz der beobachteten Galaxien	77 %	*20 %	3 %

* Ohne elliptische Zwerggalaxien, die noch zu schwach und zu weit entfernt sind, um sie nachweisen zu können. Der tatsächliche Prozentsatz elliptischer Galaxien ist also wahrscheinlich höher als hier angegeben.

Abb. 11.34 Ein Galaxienhaufen. Diese Galaxiengruppierung, der Fornax-Haufen, ist etwa 60 Mio. Lichtjahre von der Erde entfernt. Sowohl elliptische als auch Spiralgalaxien sind leicht zu erkennen. Die Balkengalaxie links unten ist NGC 1365, die größte und eindrucksvollste Galaxie des Haufens. Abb. 11.28 zeigt eine vergrößerte Ansicht von NGC 1365. (Anglo-Australian Observatory/Royal Observatory, Edinburgh)

R I V U X G

den. Hatten die Gase, aus denen die Galaxie entstand, genug Zeit, um miteinander wechselwirken zu können, ohne dass dabei zu viele Sterne entstanden, sind daraus Scheibengalaxien geworden. Falls die Kollision dieser Gase zur besonders heftigen Entstehung von Sternen führte, bildeten sich elliptische oder irreguläre Galaxien. Elliptische Riesengalaxien sind das Ergebnis der Kollision zweier Spiralgalaxien (eines beliebigen Typs).

? Welche in Kapitel 2 diskutierte Eigenschaft der Materie außer der Gravitation ist wesentlich bei der Entstehung aller Spiralgalaxien?

Galaxienhaufen und Superhaufen

Betrachtet man die schon gewaltigen Abmessungen von Galaxien, ist schwer vorstellbar, dass so große Strukturen einander in Gruppen umlaufen können. Doch dies ist tatsächlich der Fall.

11.15 Galaxien treten in Haufen und Galaxienhaufen in Superhaufen auf

6 Galaxien sind nicht einfach wahllos im gesamten Universum verstreut. Sie bilden Gruppierungen, die **Galaxienhaufen**. Der Fornax-Haufen (Abb. 11.34), der so heißt, da er im Sternbild Ofen (Fornax) liegt, ist ein typisches Beispiel. Beobachtungen der Bewegung von Galaxien zeigen, dass die Mitglieder eines Galaxienhaufens gravitativ gebunden sind. Die Galaxien eines Galaxienhaufens umlaufen einander und kollidieren gelegentlich auch.

? Zwischen Galaxienhaufen wird sehr heißes Gas (mit Temperaturen von 10^7 K) beobachtet. Weshalb ist dieses Gas in Abb. 11.34 nicht zu sehen?

Die Galaxienhaufen selbst sind in noch größeren Strukturen, sogenannten **Superhaufen**, gruppiert. Ein typischer Superhaufen enthält in einem Volumen mit einem Durchmesser von 150 Mio. Lichtjahren Dutzende einzelner Galaxienhaufen. Abb. 11.35 zeigt die Verteilung der Superhaufen in unserem Teil des Universums. Die näher gelegenen bis zum Virgohaufen sind unser *lokaler Superhaufen*. Beobachtungen zeigen, dass die meisten Superhaufen gravitativ nicht gebunden sind – die meisten Haufen in jedem Superhaufen driften von den meisten anderen Haufen im selben Superhaufen weg. Darüber hinaus entfernen sich alle Superhaufen voneinander.

Als Anfang der 1980er Jahre mit systematischen Durchmusterungen beobachtbarer Objekte im nahe gelegenen Universum begonnen wurde, wurde deutlicher, wie die Superhaufen im Weltraum angeordnet sind. In der 2005 fertig gestellten ersten Sloan-Digital-Sky-Durchmusterung wurden fast 200 Mio. Galaxien, Sterne und andere Himmelskörper beobachtet und die Rotverschiebungen von mehr als einer 1 Mio. gemessen. Diese Durchmusterung der Nordhalbkugel umfasste etwa ein Viertel des Himmels, und das Ergebnis war eine dreidimensionale Karte, deren Volumen 100-mal so groß wie der zuvor kartierte Raum war. In einem weiteren Satz von Beobachtungen, der

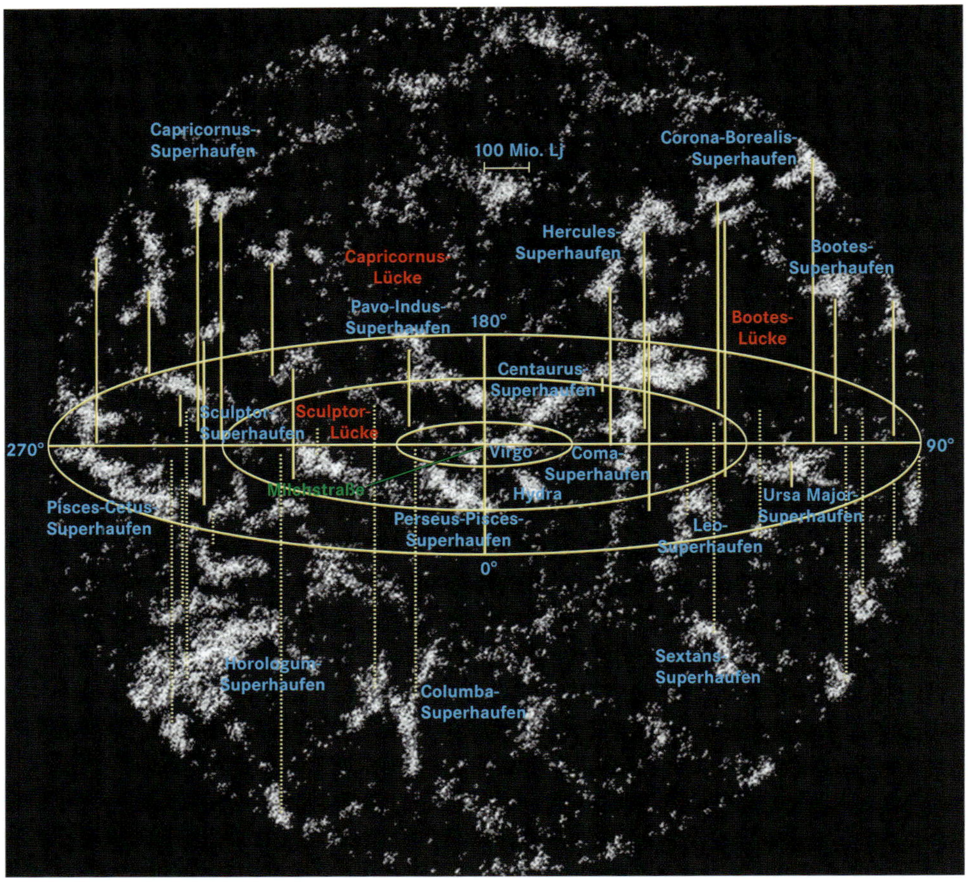

Abb. 11.35 Superhaufen in unserer Nachbarschaft. Das Diagramm zeigt die Entfernungen und relativen Lagen der Superhaufen innerhalb von 950 Mio. Lichtjahren von der Erde. Einige Lücken, d. h. große, verhältnismäßig leere Gebiete zwischen den Superhaufen, sind ebenfalls bezeichnet. (Kirk Korista)

Two-Degree-Field-Durchmusterung (2dF), wurden Gebiete sowohl der Nord- als auch der Südhalbkugel einbezogen.

Die Daten zeigen, dass die meisten Superhaufen an den Grenzen zwischen riesigen blasenartigen *Lücken*, auch *Voids* genannt, liegen, in denen nur wenige Galaxien beobachtet werden (Abb. 11.36). Diese Lücken sind näherungsweise kugelförmig und haben Durchmesser zwischen 100 Mio. und 400 Mio. Lichtjahren. Allerdings sind sie nicht völlig leer. Beobachtungen haben in einigen von ihnen Wasserstoffwolken gezeigt, während andere von Fäden schwacher Galaxien durchzogen sein können.

Die Verteilung der Galaxienhaufen im Universum scheint die Struktur eines Schwamms (Abb. 11.37) oder von Seifenschaum zu haben, wobei die Galaxien dort liegen, wo das Schwamm- oder Schaummaterial ist, das die Lücken umgibt. Man geht davon aus, dass das Schwammmuster wichtige Aufschlüsse über das frühe Universums enthält, die aber noch nicht vollständig ergründet werden konnten.

11.16 Galaxienhaufen können viele oder wenige Galaxien enthalten und reguläre oder irreguläre Formen aufweisen

Je nachdem, ob ein Galaxienhaufen weniger oder mehr als 1000 Galaxien enthält, ist er ein **armer** oder ein **reicher** Galaxienhaufen. Unsere Galaxis, die Andromedagalaxie, die Große und die Kleine Magellan'sche Wolke gehören zu einem armen Galaxienhaufen, der **lokalen Gruppe**. Die lokale Gruppe enthält ungefähr 40 Galaxien, von denen mehr als ein Drittel elliptische Zwerggalaxien sind. Abb. 11.38 zeigt eine Karte des größten Teils der lokalen Gruppe. Der Virgohau-

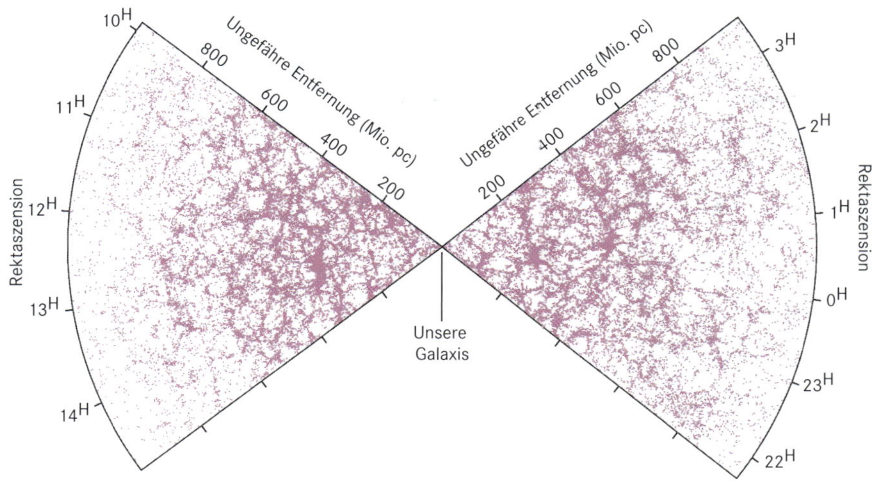

Die 2dF-Galaxiendurchmusterung

Abb. 11.36 Struktur im Universum. Die Karte zeigt die Verteilung von 62.559 Galaxien in zwei Keilen, die bis in Entfernungen von 3,5 Mrd. Lichtjahren in entgegengesetzten Richtungen von der Erde reichen. Zum Begriff Rektaszension (RA) siehe Abschnitt 1.3. Beachten Sie die auffälligen Lücken, die von dünnen, mit Galaxien gefüllten Bereichen umgeben sind. (Mit freundlicher Genehmigung des 2dF Galaxy Redshift Survey Team)

fen ist mit mehr als 2000 Galaxien der nächstgelegene reiche Galaxienhaufen.

Auch in der lokalen Gruppe werden immer noch neue Galaxien entdeckt. Hauptsächlich liegt das daran, dass inzwischen Verfahren entwickelt werden, mit denen Objekte beobachtet werden können, die in derselben Ebene wie die Milchstraße, aber dahinter liegen. Außer der Sagittarius-Zwerggalaxie 1994 wurden 1997 die Antlia-Zwerggalaxie (Abb. 11.39) und 2003 die Canis-Major-Zwerggalaxie (siehe Abb. 11.16) entdeckt. Die Canis-Major-Zwerggalaxie ist nur etwa 25.000 Lichtjahre von unserer Galaxis entfernt.

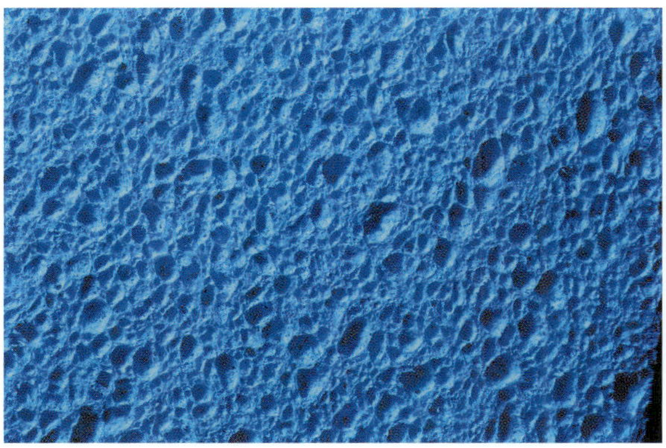

R I V U X G

Abb. 11.37 Die Schaumstruktur des Universums. Ein Schwamm, der die Verteilung heller Galaxienhaufen im Universum andeutet. Die Leerräume in dem Schwamm entsprechen den Lücken im Universum, die Gebiete des Schwammmaterials den Orten, an denen die meisten Galaxien zu finden sind. (Image Source/Super Stock)

Neben der Unterteilung in arme und reiche werden Galaxienhaufen nach ihren Formen eingeteilt. Ein **regulärer Galaxienhaufen** ist charakteristisch kugelförmig und die Galaxien sind deutlich in der Mitte konzentriert. Zahlreiche Gravitationswechselwirkungen haben im Laufe von Milliarden Jahren zu dieser Verteilung der Galaxien geführt. Im Gegensatz dazu sind die Galaxien in einem **irregulären Galaxienhaufen** eher zufällig über einen ausgedehnten Himmelausschnitt verteilt.

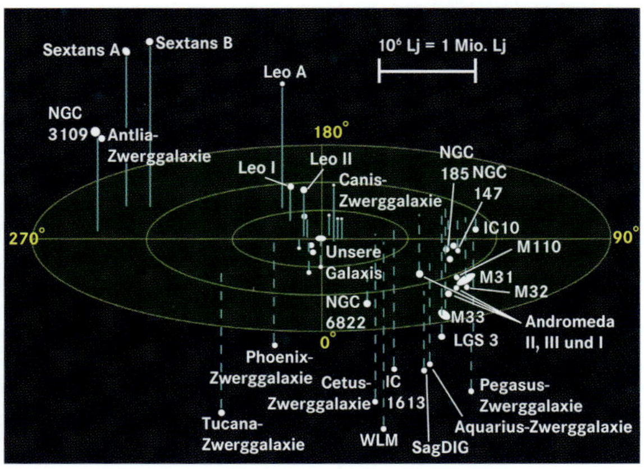

Abb. 11.38 Die lokale Gruppe. Unsere Galaxis gehört zu einem armen, irregulären Galaxienhaufen aus etwa 40 Galaxien, der sogenannten lokalen Gruppe. Die Karte zeigt die Verteilung von etwa Dreiviertel der Galaxien. Die Andromedagalaxie (M31) ist die größte und massereichste Galaxie der lokalen Gruppe. Die zweitgrößte ist unsere Galaxis. Die Andromedagalaxie und unsere Galaxis sind von einem Dutzend Satellitengalaxien umgeben. Die kürzlich entdeckte Canis-Major-Zwerggalaxie ist der nächste bekannte Nachbar unserer Galaxis.

Abb. 11.39 Ein kürzlich entdecktes Mitglied der lokalen Gruppe. Die Antlia-Galaxie wurde 1997 entdeckt. Sie liegt in einer Entfernung von etwa 3 Mio. Lichtjahren außerhalb des Gebiets in Abb. 11.38 und enthält nur etwa 1 Mio. Sterne. (M. J. Irwin, Royal Greenwich Observatory, sowie A. B. Whiting und G. K. T. Hau, Institute of Astronomy, Cambridge University)

? Welche zwei Gründe gibt es dafür, dass immer noch neue Galaxien in der lokalen Gruppe entdeckt werden?

Das nächstgelegene Beispiel für einen reichen, regulären Galaxienhaufen ist der Coma-Haufen in einer Entfernung von etwa 300 Mio. Lichtjahren im Sternbild Haar der Berenike (Abb. 11.40). Trotz seiner großen Entfernung sind darin mehr als 1000 helle Galaxien von der Erde aus leicht zu sehen. Wahrscheinlich enthält der Coma-Haufen mehrere Tausend elliptische Zwerggalaxien, die bald entdeckt werden dürften; die Gesamtzahl seiner Galaxien könnte bis zu 10.000 betragen.

Reiche, reguläre Galaxienhaufen wie der Coma-Haufen enthalten hauptsächlich elliptische und Linsengalaxien. Nur 15 % der Galaxien des Coma-Haufens sind Spiralgalaxien und irreguläre Galaxien. In irregulären Galaxienhaufen wie dem Virgohaufen und dem Herkules-Haufen (Abb. 11.41) ist eine homogene Zusammensetzung der Galaxientypen zu beobachten. Zwei Drittel der 200 hellsten Galaxien im Herkules-Haufen sind Spiralgalaxien, nahezu ein Fünftel elliptische und der Rest irreguläre.

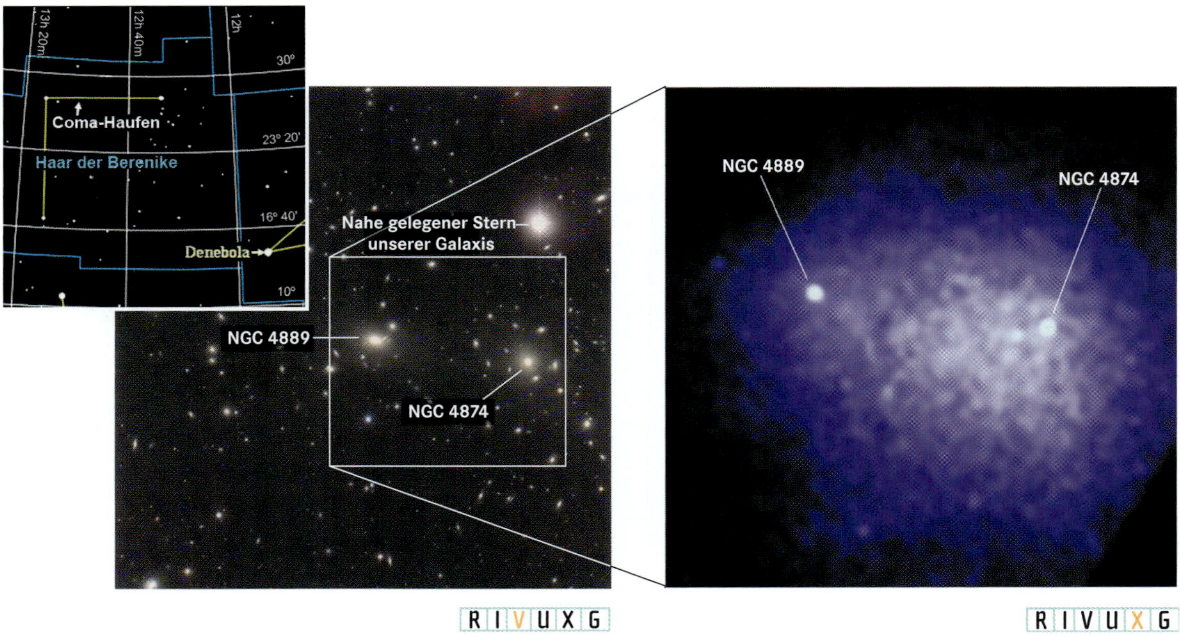

Abb. 11.40 Der Coma-Haufen. (a) Dieser reiche, reguläre Galaxienhaufen, der Tausende von Galaxien enthält, ist etwa 300 Mio. Lichtjahre von der Erde entfernt. (b) Reguläre Galaxienhaufen bestehen hauptsächlich aus elliptischen und Linsengalaxien und sind Röntgenstrahlungsquellen. Die Aufnahme des Chandra-Röntgenteleskops zeigt das Zentralgebiet des Coma-Haufens mit einem Durchmesser von 1,5 Mio. Lichtjahren. Die Gaswolke, von der der größte Teil dieser Röntgenstrahlung ausgeht, hat eine Temperatur von 100 Mio. K. (a: O. Lopez-Cruz und I. Shelton, NOAO/AURA/NSF; b: NASA/CXC/SAO/A. Vikhlinin, u. a.)

11.17 In einem Galaxienhaufen können Galaxien kollidieren und verschmelzen

Gelegentlich kommt es vor, dass zwei oder mehr Galaxien eines Galaxienhaufens oder auch zweier nahe gelegener Galaxienhaufen kollidieren. Manchmal laufen sie dabei einfach durcheinander durch (Abb. 11.42), manchmal verschmelzen sie aber auch. Im Jahr 2002 konnte das Hubble-Teleskop beobachten, wie vier Galaxien gleichzeitig kollidierten. Zwischen Sternen ist so viel Platz, dass die Wahrscheinlichkeit, dass bei Galaxienkollisionen zwei Sterne zusammenstoßen, außerordentlich gering ist. Dagegen sind die interstellaren Gas- und Staubwolken in den Galaxien so groß, dass sie kollidieren, aufeinanderprallen und Stoßwellen erzeugen können. Dadurch kommen die kollidierenden interstellaren Wolken auf ihren Wegen zum Stillstand.

Eine heftige Kollision kann beiden Galaxien ihr interstellare Gas- und Staubmedium entreißen. Die Energie einer solchen Kollision heizt das interstellare Medium auf extrem hohe Temperaturen auf. Dies ist eine Hauptursache dafür, dass heißes **intergalaktisches Gas** häufig in reichen, regulären Galaxienhaufen beobachtet wird. Das Chandra-Röntgenobservatorium konnte intergalaktisches Gas mit Temperaturen zwischen 300.000 und 100 Mio. K beobachten.

Eine weitere Quelle für intergalaktisches Gas ist das aus Zwerggalaxien entweichende. Dieses Gas wird von Supernovae ausgestoßen, die in einer Sternentstehungswelle bei der Entstehung der Galaxien erzeugt werden. Während die Gravitationskraft unserer Galaxis Supernovareste in der Galaxienscheibe gefangen hält, entweicht dieses Gas wegen der verhältnismäßig schwachen gravitativen Anziehung von Zwerggalaxien in den intergalaktischen Raum.

Bei weniger heftigen Zusammenstößen und Nahezu-Zusammenstößen zwischen Galaxien kann sich das komprimierte interstellare Gas- und Staubmedium ausreichend abkühlen, damit neue Sterne daraus entstehen können. Diese Kollisionen könnten auch die Sternentstehung in **Starburst-Galaxien** stimulieren, die sich über die ganze Galaxie verteilt, sodass sie im Licht zahlreicher neugeborener Sterne leuchten. Diese Galaxien sind gekennzeichnet durch helle Zentren, die von Wolken aus warmem interstellaren Staub umgeben sind, die auf eine kürzliche, hef-

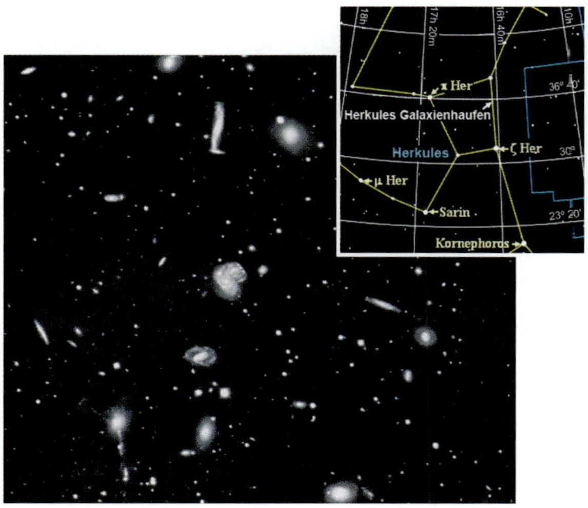

Abb. 11.41 Der Herkules-Galaxienhaufen. Dies ist ein irregulärer Galaxienhaufen in einer Entfernung von etwa 700 Mio. Lichtjahren von der Erde, der einen hohen Anteil an Spiralgalaxien enthält, die häufig in Paaren und kleinen Gruppen verknüpft sind. (Omar Lopez-Cruz & Jan Shelton/NOAO/AURA/NSF)

Die Wagenradgalaxie

Abb. 11.42 Kombination von Aufnahmen der Wagenradgalaxie. Die ringförmige Struktur in einer Entfernung von 500 Mio. Lichtjahren von der Erde ist wahrscheinlich entstanden, als eine Galaxie, wohl die blauweiße links unten, mitten durch die größere in der Mitte gelaufen ist. Vermutlich ist dabei in dem Wagenrad eine kreisförmige Dichtewelle entstanden, die eine Sternentstehungswelle auslöste, bei dem viele helle blaue und weiße Sterne entstanden sind. Ultraviolettstrahlung = blau, sichtbares Licht = grün, Infrarotlicht = rot und Röntgenstrahlung = violett. (NASA/JPL-Caltech/P. Appleton, SSC/Caltech)

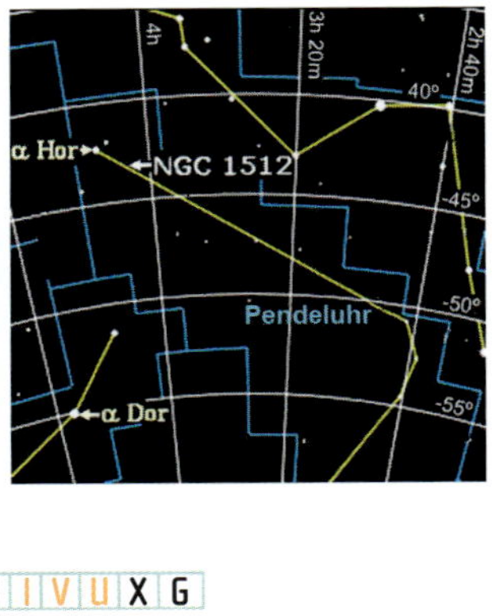

Abb. 11.43 Eine Starburst-Galaxie. Die Galaxie NGC 1512 in einer Entfernung von 30 Mio. Lj im Sternbild Pendeluhr hat einen Durchmesser von 70.000 Lj. Die schöne Kombination dreier Hubble-Aufnahmen des Kerns der Balkengalaxie NGC 1512 bei Ultraviolettstrahlung, sichtbarem Licht und Infrarotlicht zeigt einen 2400 Lichtjahre breiten Ring heftiger Sternentstehung. Diese Galaxie könnte kürzlich in der Nähe der nicht weit entfernten Galaxie NGC 1510 vorbeigelaufen sein, was den Starburst stimuliert haben könnte. Solche Sternentstehungsringe sind in Starburst-Galaxien häufig zu finden. (NASA/JPL/Caltech)

tige Episode der Geburt von Sternen hindeuten (Abb. 11.43). Sie enthalten so viel warmen Staub, dass Starburst-Galaxien zu den hellsten Infrarotobjekten im Universum zählen.

Beobachtungen zeigen, dass bei Kollisionen von interstellarem Gas und Staub Kugelsternhaufen entstehen. Einige Galaxien enthalten Kugelsternhaufen, die anders als die in unserer Galaxis sehr jung sind. Ob die Kugelsternhaufen in unserer Galaxis das Ergebnis

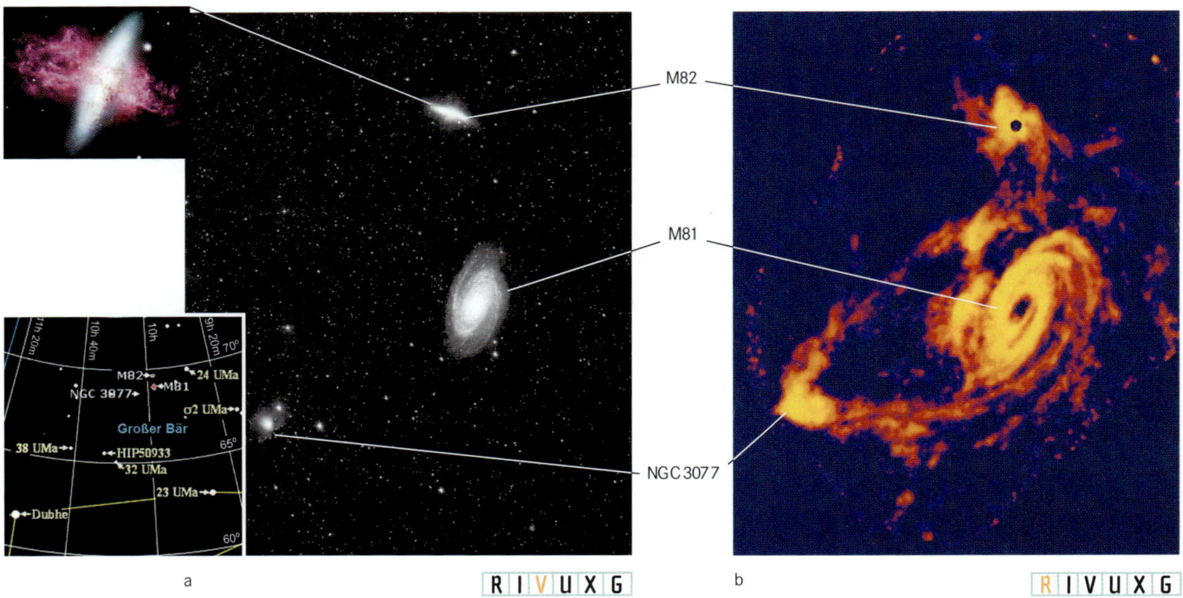

Abb. 11.44 Die Galaxiengruppe M81. Die Irr-II-Starburst-Galaxie M82 (siehe Ausschnittsvergrößerung) ist ein nahe gelegener Galaxienhaufen aus etwa einem Dutzend Galaxien, darunter auch der spektakulären Spiralgalaxie M81. Zwischen mehreren Galaxien dieses Haufens verlaufen gewaltige Wasserstoffbänder. (a) Die drei hellsten Galaxien bei sichtbaren Wellenlängen. (b) Diese Radioaufnahme des Very Large Array zeigt die Wasserstoffbänder, die die hellen Galaxien und auch einige schwächere, hier hell orangefarbene Gebiete verbinden.(a: Palomar Sky Survey; b: NRAO/AUI/NSF)

einer frühen Kollision mit einer anderen Galaxie sind, ist noch nicht geklärt.

Die Irr-II-Starburst-Galaxie M82 gehört zu einem nahe gelegenen Galaxienhaufen aus etwa einem Dutzend Galaxien, der auch die schöne Spiralgalaxie M81 und einen schwächeren Begleiter, NGC 3077, enthält (Abb. 11.44a). Eine Radiodurchmusterung dieses Himmelsausschnitts offenbarte gewaltige Wasserstoffströme, die diese und andere, kleinere Galaxien des Haufens verbinden (Abb. 11.44b). Die Schleifen und Wirbel in diesen Strömen deuten darauf hin, dass diese drei Galaxien im Laufe der Jahre mehrmals, das letzte Mal vor etwa 600 Mio. Jahren, dicht aufeinandergetroffen sind. Wie Abb. 11.45a zeigt, können die Gravitationswechselwirkungen zwischen kollidierenden Galaxien auch dazu führen, dass Tausende von Sternen auf riesigen Bögen in den intergalaktischen Raum geschleudert werden.

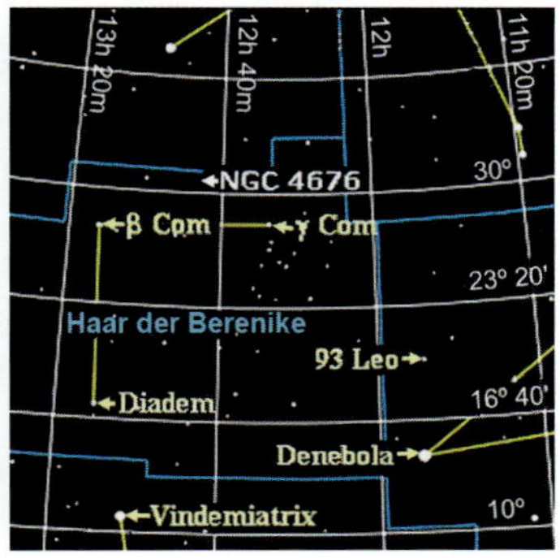

a NGC 4676 R I V U X G

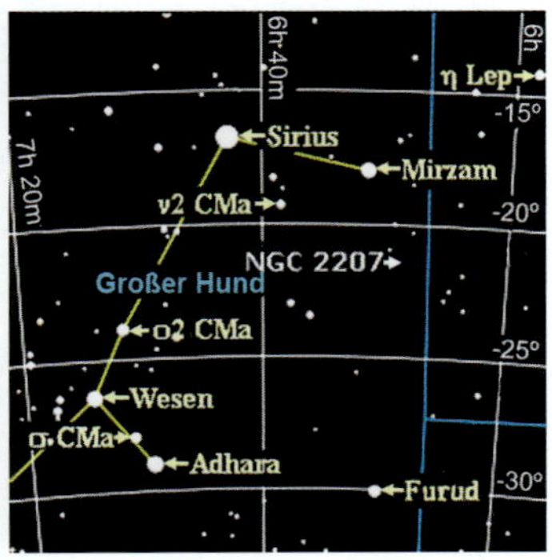

b IC 2163 (links) und NGC 2207 R I V U X G

Abb. 11.45 Wechselwirkende und kollidierende Galaxien. (a) Paare kollidierender Galaxien haben häufig lange „Antennen" von Sternen, die durch die Kollision ausgestoßen werden. Dieses System ist als NGC 4676 oder (wegen der Stern- und Gasschwänze) als die „Mäuse-Galaxien" bekannt. Es liegt 300 Mio. Lichtjahre von der Erde entfernt im Sternbild Haar der Berenike. Die hellblauen Gebiete zeigen, dass die Kollision einen wahren Feuersturm der Entstehung neuer Sterne ausgelöst hat. Man sieht auch, wie Masse zwischen den beiden Galaxien, die schließlich verschmelzen werden, überströmt. (b) Diese beiden Galaxien, IC 2163 (links) und NGC 2207, umlaufen einander und beeinflussen sich durch ihre Gezeitenkräfte. Ihr letztes enges Zusammentreffen liegt 40 Mio. Jahre zurück. Damals standen sie in einer Entfernung von etwa einem Galaxiendurchmesser senkrecht zueinander. Computersimulationen zeigen, dass auch sie sich schließlich vereinigen werden. (a: NASA, H. Ford/JHU, G. Illingworth/UCSC/Lick, M. Clampin/STScI, G. Hartig/STScI, das ACS Science Team und ESA; b: NASA)

In reichen Sternhaufen sind auch Nahezu-Zusammenstöße zwischen Galaxien zu beobachten (Abb. 11.45b). Wenn Galaxien von ausgedehnten Halos schwacher Sterne umgeben sind, werden diese abgelegenen Sterne bei den Nahezu-Zusammenstößen von ihren Galaxien abgerissen. Auf diese Weise schwimmen die Galaxien eines Galaxienhaufens in einem See locker verteilter schwacher Sterne in dem dazwischenliegenden Raum.

Ähnlich werden nach der Kollision von Galaxien einige Innensterne weit weg geschleudert, wobei sie Material im intergalaktischen Raum verbreiten. Solche isolierten Sterne sind vom Hubble-Teleskop beobachtet worden. Andere Sterne werden dagegen abgebremst, was oft dazu führt, dass die Galaxienreste verschmelzen. Es sind auch mehrere drastische Beispiele von **Galaxienverschmelzungen**, etwa bei der Galaxie NGC 6240, beobachtet worden (Abb. 11.46). Die supermassiven Schwarzen Löcher in den Kernen der zwei Ausgangsgalaxien (siehe Abschnitt 10.25) sind noch nicht verschmolzen (siehe Ausschnittsvergrößerung von Abb. 11.46), im Verlauf einiger Hundert Millionen Jahren wird das aber wahrscheinlich geschehen.

Wir hatten schon einmal in Bezug auf unsere Galaxis, die die Canis-Major-Zwerggalaxie zerreißt, den Begriff des galaktischen Kannibalismus erwähnt. Er besagt, dass eine große Galaxie eine kleinere einfängt und „verschlingt“. Der galaktische Kannibalismus unterscheidet sich von der Verschmelzung von Galaxien dadurch, dass die Galaxie, die „speist“, wesentlich größer ist als die, die „verspeist“ wird. Galaxien, die verschmelzen, haben dagegen etwa dieselbe Größe.

Viele Astronomen gehen davon aus, dass elliptische Riesengalaxien das Ergebnis von Galaxienverschmelzungen und galaktischem Kannibalismus einschließlich Kollisionen von Spiralgalaxien sind. Beobachtungen belegen, dass Riesengalaxien meist in den Zentren reicher Galaxienhaufen auftreten. Einmal entstandene elliptische Riesengalaxien können weiter wachsen, da in ihrer Umgebung häufig kleinere Galaxien liegen (siehe Abb. 11.29). Wenn diese kleineren Galaxien durch den ausgedehnten Halo einer elliptischen Rie-

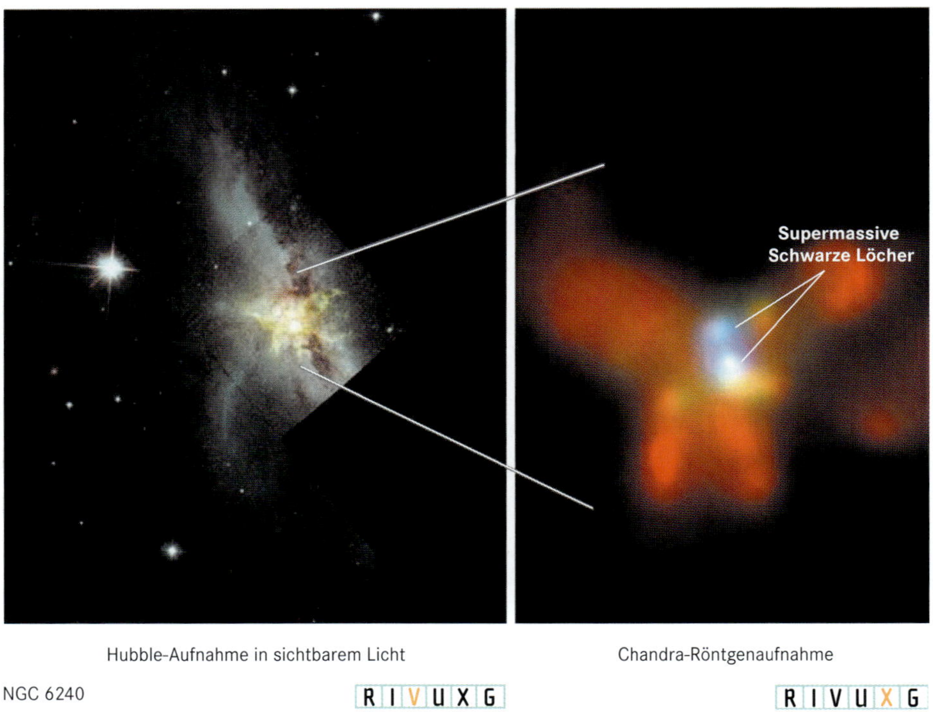

Abb. 11.46 Verschmelzung von Galaxien. Dieses verdrehte Objekt, NGC 6240 im Sternbild Schlangenträger, ist das Ergebnis zweier Spiralgalaxien, die gerade verschmelzen. Der breite blaugrüne Bereich zeigt, dass die Kollision der beiden Galaxien zu einer gewaltigen Sternentstehungswelle geführt hat. Ausschnittsvergrößerung: Das Chandra-Röntgenteleskop zeigt zwei supermassive Schwarze Löcher im Herzen des Systems. In einigen Hundert Millionen Jahren werden die beiden Schwarzen Löcher wahrscheinlich zu einem einzigen, noch massereicheren verschmolzen sein. (R. P. van der Marel/J. Gersgen/STScI/NASA; Ausschnittsvergrößerung: S. Komossa, G. Hasinger/MPE, u. a., CXC/NASA)

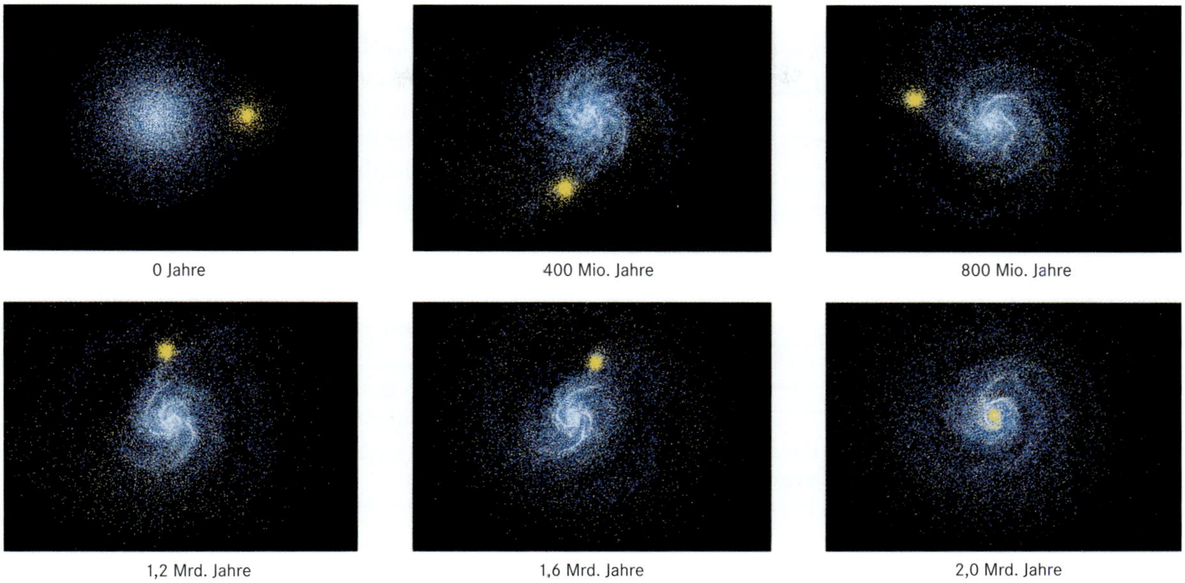

Abb. 11.47 Simulation des galaktischen Kannibalismus. Die Computersimulation zeigt, wie eine kleine Galaxie (gelbe Sterne) von einer größeren, scheibenförmigen (blau: Sterne, weiß: Gas) verschlungen wird. In der Scheibengalaxie entstehen durch ihre Wechselwirkung mit der Satellitengalaxie Spiralarme. (Lars Hernquist, Institute for Advanced Study, mit Simulationen am Pittsburgh Supercomputing Center)

sengalaxie laufen, werden sie abgebremst und schließlich von der größeren Galaxie verschlungen.

Abb. 11.47 ist eine Computersimulation einer großen scheibenförmigen Galaxie, die eine kleine Satellitengalaxie verschlingt. Die große Galaxie besteht aus 90 Massenprozent Sternen (blau) und 10 Massenprozent Gas (weiß). Sie ist von einem Halo aus Dunkelmaterie umgeben, dessen Masse 3,3-mal so groß wie die der Galaxienscheibe ist. Die Satellitengalaxie mit einem Zehntel der Masse der großen Galaxie enthält nur Sterne (gelb). Anfangs bewegt sich die Satellitengalaxie auf einer kreisförmigen Umlaufbahn um die große Galaxie. Im weiteren Verlauf der Kollision bilden sich in der großen Galaxie Spiralarme. Über 2 Mrd. Jahre bewegt sich die Satellitengalaxie auf einer Spiralbahn auf den Kern der großen Galaxie zu. Auch wenn die Satellitengalaxie dabei bereits viel Material verliert, stürzen die meisten ihrer Sterne in das Zentralgebiet der großen Galaxie.

11.18 Dunkelmaterie hilft, die Galaxienhaufen zusammenzuhalten

Was aber hält die schnell bewegten Galaxien in Galaxienhaufen eigentlich zusammen? Offenbar müssen sie so viel Materie enthalten, dass die Gravitationskraft die Galaxien in Galaxienhaufen und in einigen Fällen wiederum die Galaxienhaufen in Superhaufen binden kann. Allerdings *enthält keiner der Galaxienhaufen so viel sichtbare Materie, dass sie ausreicht, ihn zusammenzuhalten.* Die meiste Materie, die die Galaxienhaufen bindet, muss daher Dunkelmaterie (also solche, die wir nicht direkt nachweisen können) sein. Ansonsten wären die Galaxien schon längst in zufällige Richtungen auseinandergedriftet und es gäbe keine Galaxienhaufen mehr. Ein ähnliches Problem mit der Dunkelmaterie hatten wir ja bereits bei den einzelnen Galaxien festgestellt. Eine Untersuchung der gesamten sichtbaren Masse zeigt, dass die Gesamtmasse, die notwendig ist, um einen typischen reichen Galaxienhaufen zu binden, zehnmal größer als die Masse des Materials ist, das auf Aufnahmen in sichtbarem Licht zu sehen ist. Ferner konnte aus Beobachtungen der Verteilung der einzelnen Galaxien in Galaxienhaufen ermittelt werden, dass die Dunkelmaterie in dem Galaxienhaufen in der Regel dieselbe Verteilung wie die Galaxien aufweisen muss und dass jede Galaxie einer Dunkelmateriekonzentration entspricht.

Es spricht ziemlich viel für die Auffassung, dass Galaxien von ausgedehnten Halos umgeben sind. Die Rotationskurven vieler Galaxien sehen ähnlich wie die unserer Galaxis (Abb. 11.18) aus. Diese Rotationskurven bleiben bis in unerwartet große Abstände von den Zentren der Galaxien erstaunlich flach.

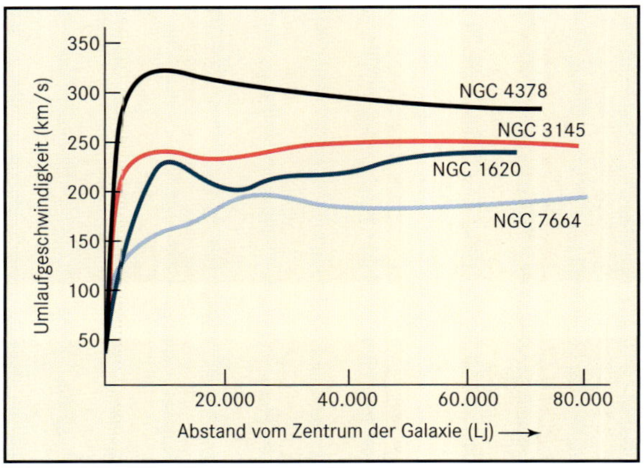

Abb. 11.48 Die Rotationskurven von vier Spiralgalaxien. Das Diagramm zeigt die Umlaufgeschwindigkeit von Material in den Scheiben von vier Spiralgalaxien über der Entfernung vom Zentrum. Wäre die meiste Masse jeder Galaxie in der Nähe ihres Zentrums konzentriert, würden diese Kurven bei großen Entfernungen abfallen. Dass die Rotationskurven dieser und viele anderer Galaxien dagegen flach sind, deutet auf die Anwesenheit ausgedehnter Dunkelmateriehalos hin. Vergleichen Sie diese Abbildung mit Abb. 11.18, der entsprechenden Rotationskurve unserer Galaxis.

Abb. 11.48 zeigt als Beispiele die Rotationskurven von vier Spiralgalaxien. In allen diesen Fällen ist die Umlaufgeschwindigkeit relativ konstant. Nach dem dritten Kepler'schen Gesetz sollte in den äußeren Teilen einer Galaxie ein Abfall der Umlaufgeschwindigkeit zu beobachten sein. In den meisten Fällen trifft das aber nicht zu – offenbar haben wir also noch nicht den tatsächlichen Außenrand dieser und vieler ähnlicher Galaxien ermittelt. Wie bei unserer Galaxis wird daraus die Schlussfolgerung gezogen, dass es außerhalb des sichtbaren Teils der meisten Galaxien noch eine wesentliche Menge Dunkelmaterie geben muss.

Mit Röntgenteleskopen konnte zumindest das Wesen eines Teils dieser Dunkelmaterie geklärt werden (die also nicht mehr „dunkel" genannt werden sollte). Satellitenbeobachtungen haben in reichen Galaxienhaufen Röntgenstrahlung aus dem Raum zwischen den Galaxien nachgewiesen. Diese Strahlung wird von großen Mengen an heißem intergalaktischen Gas auf Temperaturen zwischen 10 Mio. und 100 Mio. K emittiert. Abb. 11.40b zeigt dieses heiße Gas im Zentrum des Coma-Galaxienhaufens. Beobachtungen des Chandra-Röntgenobservatoriums zeigen, dass dieses intergalaktische Gas doppelt so viel Masse wie alle Galaxien zusammen enthält.

Eine weitere Möglichkeit, Dunkelmaterie sichtbar zu machen, beruht darauf, dass sie nach der Einstein'schen Relativitätstheorie den Raum durch die Gravitation krümmt (siehe Abschnitt 10.19). Denselben Effekt hatten wir in einem kleineren Maßstab schon einmal innerhalb unserer Galaxis beobachtet. Diese lokale Krümmung heißt *Microlensing*, und wenn Dunkelmaterie und sichtbare Materie in ganzen Galaxien oder Galaxienhaufen Licht von weiter entfernten Galaxien fokussieren, spricht man von einer **Gravitationslinse** (Abb. 11.49a). Abb. 11.49b zeigt die Gravitationslinsenbilder, die Dunkelmaterie und nähere Galaxien von entfernten Galaxien hervorrufen.

? In welchem Galaxientyp würden unsere Nachkommen wahrscheinlich leben, wenn unsere Galaxis mit einer anderen Spiralgalaxie kollidieren würde?

Im Jahr 2000 wurde eine intergalaktische Wolke beobachtet, die die Größe einer Galaxie hatte. Den Beobachtungen zufolge musste sie eine Masse von etwa 100 Mrd. Sonnenmassen enthalten, damit ihr Gas gebunden bleibt. Da in diesem Himmelsausschnitt keine Galaxie liegt, wurde angenommen, dass das heiße Gas durch Dunkelmaterie zusammengehalten wird. 2007 konnte die Lichtablenkung des Lichts ferner Galaxien durch eine Gravitationslinse beobachtet werden, ohne dass eine sichtbare Galaxie dazwischenliegen würde. Nunmehr wurde die Ablenkung allein der Dunkelmaterie zugeschrieben; Abb. 11.49c zeigt deren angenommene Verteilung als blauen Schleier.

Die Gravitationslinse von Dunkelmaterie oder von Dunkelmaterie und einer Galaxie gemeinsam oder von einem Galaxienhaufen erzeugt nicht nur ein vergrößertes, verzerrtes Bild der entfernten Objekte. Man kann daraus auch ableiten, wie viel Masse das Objekt enthält, das die Gravitationslinse hervorruft. Je größer die Masse ist, die die Gravitationslinse erzeugt, desto stärker ist auch die Wirkung auf das entfernte Objekt. Die sichtbare Materie in den Galaxien erklärt nur etwa 10–20 % der Lichtablenkung der Gravitationslinse. Somit muss es sich bei 80–90 % der Masse des Universums um Dunkelmaterie handeln.

Superhaufen in Bewegung

Entdeckt ein Astronom am Himmel ein Objekt, stellt er sich als eine der ersten Aufgaben meist die Bestimmung seiner Zusammensetzung. Wie wir in Kapitel 3 gesehen hatten, muss dazu an einem Teleskop ein Spektrograph angebracht und das Spektrum des

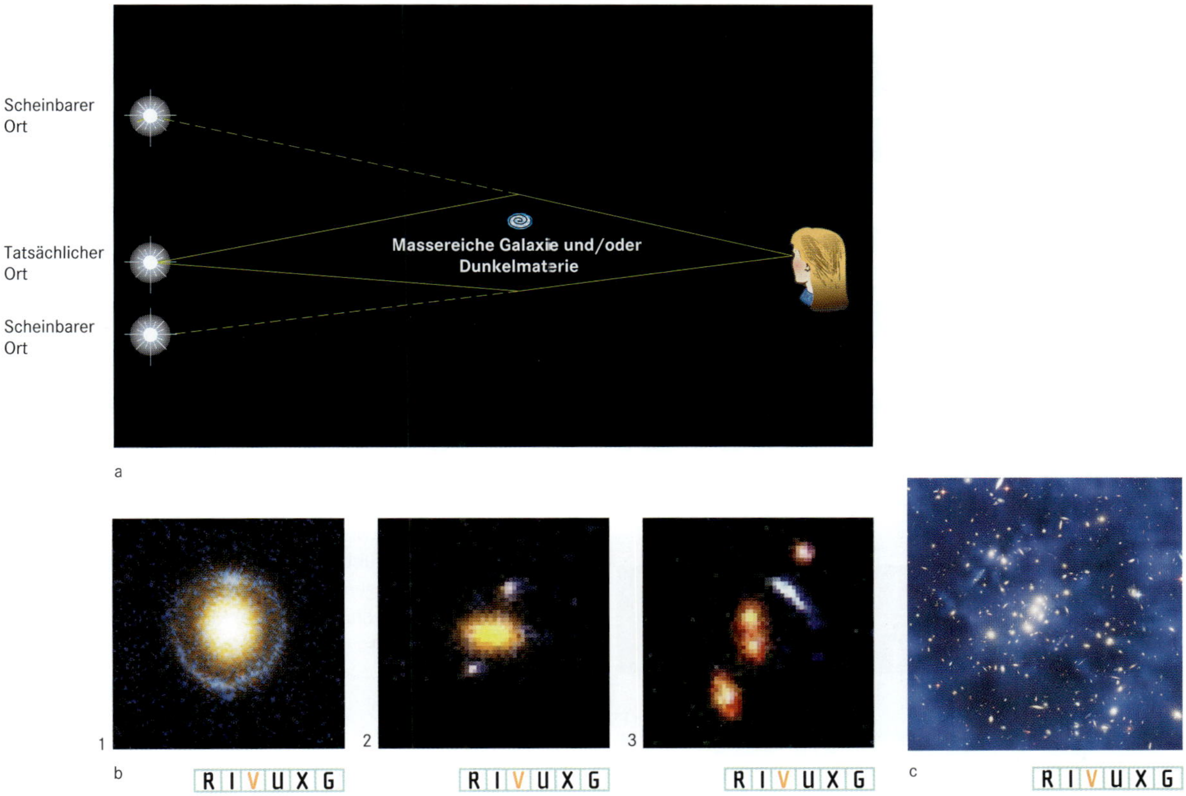

Abb. 11.49 Ablenkung des Lichts weit entfernter Galaxien durch eine Gravitationslinse. (a) Schematische Darstellung der Funktion einer Gravitationslinse. Die Gravitationsanziehung der Galaxie und Dunkelmaterie in ihrer Umgebung lenkt das Licht des weit entfernten Objekts ab. Die Beobachterin rechts hat daher den Eindruck, dass die weiter entfernte Galaxie an einem anderen Ort zu stehen scheint, als es tatsächlich der Fall ist. (b) Drei Beispiele für Gravitationslinsen: 1) Der blaue Bogen ist eine Galaxie, deren Licht durch die Gravitationslinse der röteren elliptischen Galaxie abgelenkt wurde. 2) Zwei bläuliche Bilder ein und desselben Objekts; hier wurde das Licht durch die hellere, rötere Galaxie in der Mitte symmetrisch abgelenkt. 3) Wegen der Ablenkung durch die Gravitationslinse, die die Gravitation der Gruppe von vier Galaxien erzeugt, erscheint das Objekt als blauer Bogen. (c) Über diese Aufnahme des Galaxienhaufens CL 0024+17 ist blau der Ort der Dunkelmaterie gelegt, die die Gravitationslinse erzeugt, welche das Licht der Galaxien dahinter ablenkt. (b: NASA, ESA, A. Bloton [Harvard-Smithsonian CfA und die SLACS Gruppe; c: NASA, ESA und M. J. Jee [Johns Hopkins University])

Objekts aufgezeichnet werden. Schon 1914 hat V. M. Slipher am Lowell Observatory in Arizona Spektren von „Spiralnebeln" – heute sagen wir Spiralgalaxien – aufgenommen. Völlig unerwartet stellte er dabei fest, dass die Spektrallinien von 11 der 15 untersuchten Spiralnebel stark rotverschoben waren. Diese Rotverschiebungen weisen darauf hin, dass sie sich mit hohen Geschwindigkeiten von unserer Galaxis entfernen, was die Wissenschaftler vor ein großes Rätsel stellte: Expandiert etwa das gesamte Universum?

? Wenn die Dunkelmaterie in Abb. 11.49c plötzlich verschwinden würde, was würden wir dann von den dahinterliegenden Galaxienhaufen sehen?

11.19 Die Rotverschiebungen der Superhaufen zeigen, dass das Universum expandiert

In den 1920er Jahren zeichneten Edwin Hubble und Milton Humason mit dem 2,54-m-Teleskop auf dem Mount Wilson die Spektren zahlreicher Galaxien auf. Dabei bestätigte sich, dass sich die meisten Galaxien schnell von unserer Galaxis entfernen. Dies bedeutet, dass das Universum *tatsächlich* expandiert – und zwar, wie wir gleich sehen werden, ohne dass unsere Galaxis, im Zentrum steht!

Hubble berechnete aus dem Dopplereffekt (Abb. 3.7) die Geschwindigkeit, mit der sich die Galaxien von uns entfernen müssen. Anhand von Techniken wie über die Helligkeit der Cepheiden (siehe Ab-

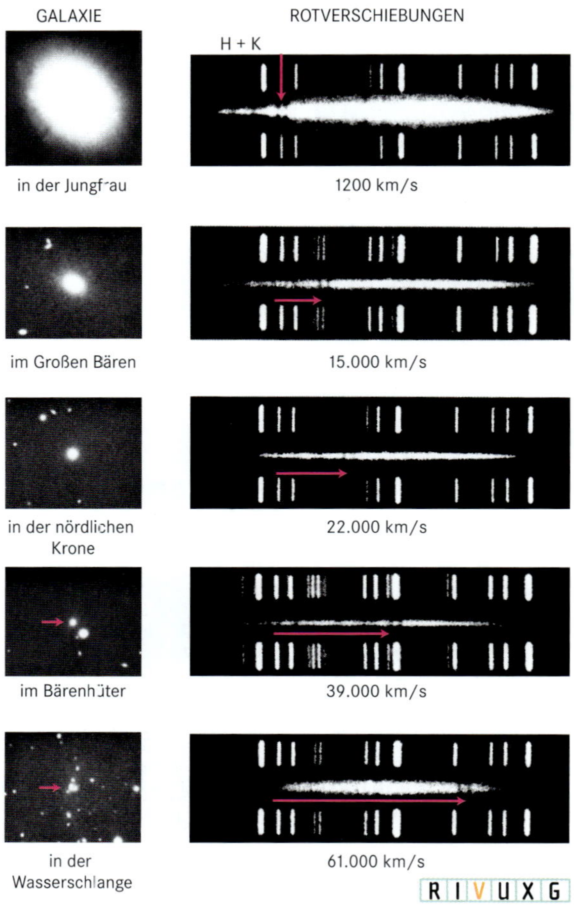

Abb. 11.50 Fünf Galaxien und ihre Spektren. Die Aufnahmen dieser fünf elliptischen Galaxien erfolgten alle mit derselben Vergrößerung. Unter jeder Aufnahme steht das Sternbild, in dem die Galaxie liegt. Das Spektrum der Galaxie ist das unscharfe Band zwischen je einem Vergleichsspektrum am oberen und am unteren Rand der Platte. In allen fünf Fällen sind die H- und die K-Linie des Calciums zu sehen. Unter jedem Spektrum steht die aus den Dopplerverschiebungen dieser Linien berechnete Fluchtgeschwindigkeit. Je schwächer – und damit je weiter entfernt – eine Galaxie ist, desto stärker ist ihre Rotverschiebung. (Carnegie Observatories)

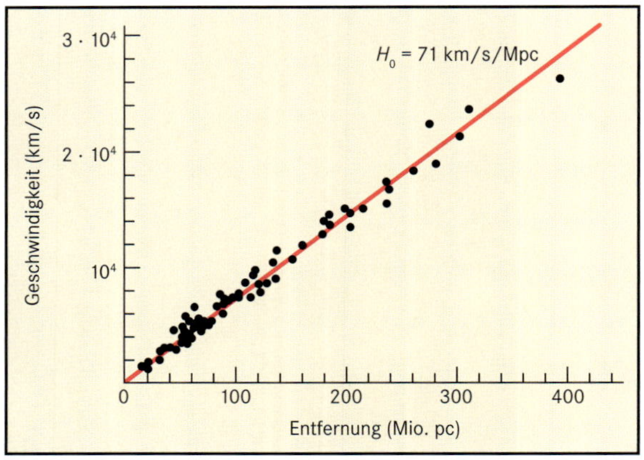

Abb. 11.51 Das Hubble-Gesetz. Das Diagramm zeigt die Entfernungen und die Fluchtgeschwindigkeiten ferner Galaxien. Die Gerade ist die „beste Anpassung" an die Daten. Die lineare Abhängigkeit zwischen Entfernung und Fluchtgeschwindigkeit heißt Hubble-Gesetz. Aus historischen Gründen werden die Entfernungen zwischen Galaxien, Galaxienhaufen und Superhaufen gewöhnlich nicht in Millionen Lichtjahren, sondern in Megaparsec (Mio. pc) angegeben.

schnitt 11.1) schätzte er außerdem die Entfernungen mehrerer dieser Galaxien. Dabei stellte er eine direkte Proportionalität zwischen der Entfernung einer Galaxie und der Größe ihrer Rotverschiebung fest: *Galaxien in entfernten Galaxienhaufen und Superhaufen entfernen sich schneller von uns als Galaxien in nahe gelegenen Galaxienhaufen und Superhaufen.* Abb. 11.50 zeigt die Korrelation für fünf elliptische Galaxien. Diese Fluchtbewegung durchdringt das gesamte Universum und heißt heute der **Hubble-Fluss.**

Die Flucht der Galaxienhaufen desselben Superhaufens voneinander erfolgt langsamer als der allgemeine Hubble-Fluss des Universums, da diese Galaxienhaufen verhältnismäßig nahe beieinander stehen, sodass sie durch ihre Gravitationsanziehung gebremst werden. Für Galaxien innerhalb eines gegebenen Galaxienhaufens tritt der Hubble-Fluss überhaupt nicht auf, da sie alle gravitativ gebunden sind. Der Hubble-Fluss betrifft also den Abstand aller Superhaufen und vieler Galaxienhaufen in demselben Superhaufen voneinander.

Als Hubble die Rotverschiebungen in ein Entfernungs-Geschwindigkeits-Diagramm eintrug, stellte er fest, dass die Punkte fast auf einer Geraden liegen. Abb. 11.51 zeigt die Beziehung zwischen den Entfernungen der Galaxien und ihren Fluchtbewegungen. Viele dieser Abstände wurden anhand der scheinbaren Helligkeiten von Typ-Ia-Supernovae in den Galaxien gemessen. Die Aussage dieser Abbildung als Formel ist das **Hubble-Gesetz:**

$$\text{Fluchtgeschwindigkeit} = H_0 \cdot \text{Entfernung}.$$

Dies ist die Gleichung einer Geraden, deren Anstieg durch die Konstante H_0, die **Hubble-Konstante**, bestimmt ist.

Die Beziehung zwischen den Entfernungen der Galaxien und ihren Rotverschiebungen war eine der wichtigsten astronomischen Entdeckungen des 20. Jahrhunderts. Sie besagt, dass wir in einem expandierenden Universum leben, und das Hubble-Gesetz gibt die Geschwindigkeit dieser Expansion an. Wie in Anhang G3

Einblicke in die Wissenschaft

Die Macht der Zahlen Die Wissenschaft stützt sich ganz wesentlich auf die mathematische Formulierung von Daten. Die Spektren von Galaxien geben an sich erst einmal ein qualitatives Bild der Galaxienbewegung. Das Muster ihrer Fluchtgeschwindigkeit deutet darauf hin, dass hier eine großräumige Eigenschaft des Universums wirkt. Erst als aus den Daten schließlich eine Gleichung, das Hubble-Gesetz, extrahiert worden war, war aber endgültig klar, dass das Universum expandiert, sodass nach den Ursachen geforscht werden konnte.

ausgeführt ist, zeigt sie zudem, weshalb wir nicht im Zentrum des Universums stehen, selbst wenn sich alle anderen Superhaufen von uns entfernen.

Die Entdeckung, dass das Universum expandiert, wirft natürlich die Frage auf, ob es immer weiter expandieren wird oder ob die Gravitationsanziehung zwischen allen seinen Teilen so stark ist, dass es eines Tages anhalten und wieder kollabieren wird. Man kann dies mit dem Versuch vergleichen, weit genug von der Erde hochzuspringen, um sie für immer zu verlassen. Bei einem normalen Sprung schafft man vielleicht eine Höhe von 0,3 m. Mit einer Kanone, die stark genug ist, um jemanden schnell genug in die Höhe zu schießen, könnte man die Gravitationsanziehung der Erde vollständig überwinden und in den interplanetaren Raum gelangen. Ein Schlüssel zur Bestimmung, ob die Superhaufen schnell genug voneinander expandieren, damit sie ihre gegenseitige Gravitationsanziehung überwinden können, ist die genaue Bestimmung der Hubble-Konstante H_0. Dieser Aufgabe wollen wir uns nun zuwenden, während wir die Frage des Schicksals des Universums bis zum Kapitel 12 zurückstellen.

? Um wie viel langsamer oder schneller würden sich die Superhaufen voneinander entfernen, wenn die Hubble-Konstante dreimal so groß wie gegenwärtig wäre?

11.20 Die Expansion des Universums wird für verschiedene Entfernungen von der Erde mit unterschiedlichen Verfahren bestimmt

Um die Hubble-Konstante zu bestimmen, muss man die Rotverschiebungen und die Entfernungen vieler Galaxien messen. Während Rotverschiebungen aus den Spektren recht genau ermittelt werden können, ist es sehr schwierig, die Entfernungen weit entfernter Galaxien genau zu messen. Das Sternparallaxenverfahren versagt bei den Entfernungen von Galaxien. In Abschnitt 8.1 hatten wir gesehen, dass auf diese Weise nur die Entfernungen von Sternen in unserer Galaxis innerhalb von etwa 150 pc (500 Lj) sehr genau ermittelt werden können.

Die Entfernungen anderer Galaxien werden aus Beobachtungen der scheinbaren Helligkeiten von Objekten in ihnen oder der scheinbaren Helligkeiten ganzer Galaxien bestimmt. Die Ergebnisse werden mit den bekannten absoluten Helligkeiten ähnlicher Objekte verglichen. Aus der scheinbaren Helligkeit und der absoluten Helligkeit kann die Entfernung berechnet werden. Ein Objekt, dessen absolute Helligkeit bekannt ist, wird **Standardkerze** genannt.

Die spektroskopische Parallaxe (siehe Abschnitt 8.1) liefert die Entfernungen von Sternen bis zu 10.000 pc (33.000 Lj). Auch dies liegt noch innerhalb unserer Galaxis. Um Entfernungen anderer Galaxien zu ermitteln, müssen wir darin Quellen suchen, die im Vergleich zur Leuchtkraft normaler Sterne sehr hell werden und deren absolute Helligkeit wir gut kennen. Aus der Helligkeit von RR-Lyrae-Sternen (siehe *veränderliche Sterne* Kapitel 9) können die Entfernungen der Großen und der Kleinen Magellan'sche Wolke, also etwa 100.000 pc (330.000 Lj), gemessen werden. Um den Hubble-Fluss zu messen, benötigen wir allerdings die Entfernungen wesentlich weiter entfernter Galaxien.

Cepheiden-Veränderliche (siehe Abschnitt 9.12 und Abb. 11.4) können wir von der Erde aus inzwischen bis zu 30 Mio. pc (100 Mio. Lj) sehen. Die Entfernungen von Galaxien in diesem relativ nahen Volumen des Weltraums kann somit aus dem Periode-Leuchtkraft-Gesetz für Cepheiden ermittelt werden. Nun stellt man für dieses kleine Volumen bis zu 30 Mio. pc die Fluchtgeschwindigkeiten (auf der linken Achse des Diagramms in Abb. 11.51) in Abhängigkeit von ihren Entfernungen von der Erde dar. Aus dem Anstieg der Geraden durch diese Daten kann man dann eine erste Abschätzung für H_0 erhalten. Dieses Vorgehen führte auf $H_0 \approx 75$ km/s/Mio. pc. Fehler sowohl der Entfernungen als auch der Fluchtgeschwindigkeiten führten zu Ungenauigkeiten des Anstiegs der Kurve.

Weiter als 30 Mio. pc können wir mit der heutigen Technologie aber selbst die hellsten Cepheiden mit absoluten Helligkeiten von etwa –6 nicht mehr sehen. In den 1970er Jahren entwickelten deshalb die Astronomen Brent Tully und Richard Fisher ein weiteres

Verfahren zur Entfernungsbestimmung. Dabei gingen sie von der Entdeckung aus, dass die Breite der 21-cm-Wasserstoffemissionslinie einer Spiralgalaxie mit der absoluten Helligkeit der Galaxie zusammenhängt: *Je breiter die Emissionslinie ist, desto heller ist die Galaxie.* Dies hat folgende Ursache: Wir hatten bereits gesehen, dass sich das interstellare Gas in Galaxien auf Umlaufbahnen bewegt. Verschiedene Wasserstoffwolken an verschiedenen Stellen derselben Galaxie bewegen sich mit unterschiedlichen Geschwindigkeiten auf uns zu bzw. von uns weg. Wegen ihrer unterschiedlichen Dopplerverschiebungen beobachten wir eine Vielzahl etwas verschiedener Wasserstoffwellenlängen, deren Mitte bei 21 cm liegt. Durch diese Überlagerung mehrerer Emissionen scheint die 21-cm-Emissionslinie „verbreitert" zu werden.

Die **Tully-Fisher-Relation** besagt, dass mit zunehmender Masse der Galaxie auch ihre Leuchtkraft und die Umlaufgeschwindigkeit von Sternen und Gas darin zunehmen. Je schneller die Galaxie rotiert, desto größer ist aber auch der Bereich, in dem die Geschwindigkeiten liegen, und desto größer werden auch die Dopplerverschiebungen sein, die wir sehen. Damit lässt sich aus der Messung der Breite der 21-cm-Linie die Masse der Galaxie ermitteln. Unter der Annahme, dass die Häufigkeit der Sterne mit unterschiedlichen Massen und somit Leuchtkräften in allen Galaxien gleich ist, kann aus der Masse der Galaxie ihre *absolute* Helligkeit bestimmt werden. Verknüpft man diese mit Beobachtungen der *scheinbaren* Helligkeit der Galaxie, kann man über die Entfernungs-Helligkeits-Beziehung ihre Entfernung berechnen. Da die Linienbreiten recht genau gemessen werden können, kann die Tully-Fisher-Relation zur Bestimmung der Leuchtkräfte (absoluten Helligkeiten) vieler Spiralgalaxien und ihrer Entfernungen herangezogen werden.

Um die Entfernungen der am weitesten entfernten Galaxien zu bestimmen, wird hauptsächlich die Messung der Helligkeit von Typ-Ia-Supernovaexplosionen in ihnen genutzt. Im Maximum ihrer Ausbrüche erreichen alle diese Supernovae eine absolute Helligkeit von –19. Aus ihren beobachteten scheinbaren Helligkeiten und den bekannten absoluten Helligkeiten können ihre Entfernungen berechnet werden. Mit diesem Verfahren konnte 2001 eine fast 3 Mrd. Parsec (10 Mrd. Lichtjahre) entfernte Supernova gemessen werden. Seither gelang die Entfernungsmessung noch weiter entfernter Typ-Ia-Supernovae.

Abb. 11.51 enthält Daten von Entfernungsmessungen von Galaxien über die Tully-Fisher-Relation und über Typ-Ia-Supernovae, mit denen eine genauere Hubble-Konstante von 71 km/s/Mio. pc ermittelt werden konnte.

In Abb. 11.52 sind die Entfernungen zusammengestellt, für die die hier beschriebenen Messverfahren jeweils funktionieren. Greift man auf die Daten aller Verfahren zurück, erhält man das Entfernungs-Geschwindigkeits-Diagramm in Abb. 11.51, aus dem die Hubble-Konstante zu

$$H_0 = 71 \pm 4 \text{ km/s/Mio. pc}$$

berechnet werden kann.

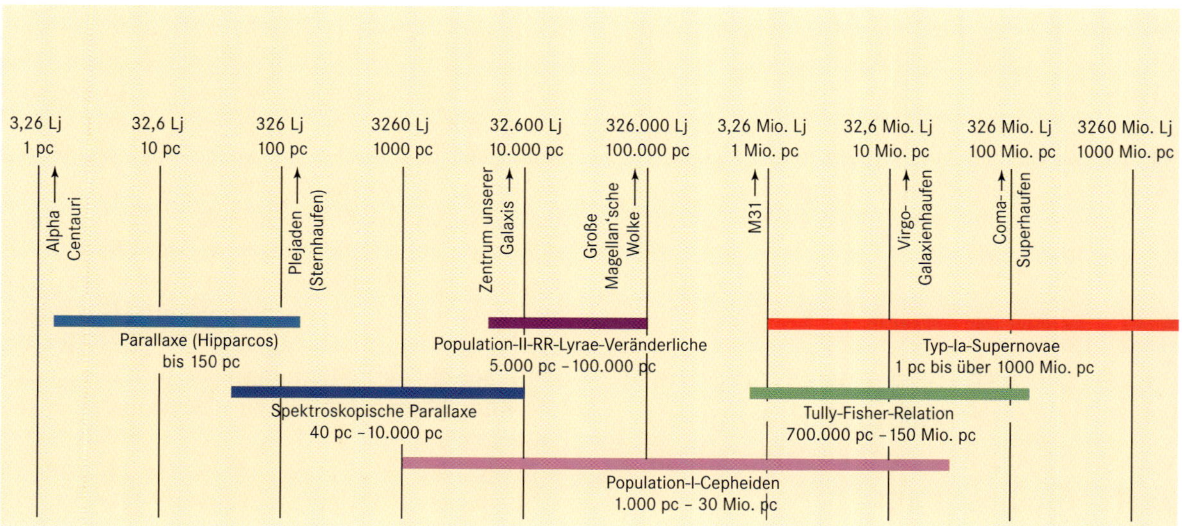

Abb. 11.52 Verfahren zur Messung kosmologischer Entfernungen. Zur Entfernungsbestimmung im Universum werden verschiedene Verfahren eingesetzt. Die gezeigten Verfahren sind im Text erörtert.

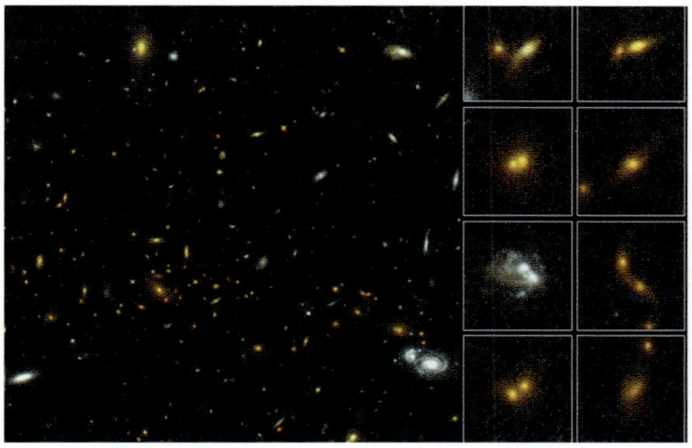

Abb. 11.53 Weit entfernte Galaxien. (a) Der junge Galaxienhaufen MS1054-03 links enthält viele einander umlaufende Galaxienpaare sowie Reste kürzlicher Kollisionen von Galaxien. Rechts sind mehrere dieser Systeme herausgegriffen. Der Galaxienhaufen ist 8 Mrd. Lichtjahre von der Erde entfernt. (b) Diese Aufnahme von mehr als 300 Spiralgalaxien, elliptischen Galaxien und irregulären Galaxien enthält mehrere Galaxien, die geschätzte 12 Mio. Lichtjahre von der Erde entfernt sind. Zwei der am weitesten entfernten Galaxien sind in den Aufnahmen rechts jeweils in der Mitte zu sehen. (P. Van Dokkum, Uner of Granengen, ESA)

Die ± 4 km/s/Mio. pc geben die mögliche Abweichung für H_0 unter Berücksichtigung aller Fehler an, die die Beobachtungen und Berechnungen noch enthalten könnten. Eine wesentliche Fehlerquelle ist die Wirkung von intergalaktischem Gas, das Standardkerzen schwächer erscheinen lässt. Somit müssen die Mengen an intergalaktischem und interstellarem Gas bestimmt und ihre Wirkungen berücksichtigt werden, was sich häufig schwierig gestaltet.

? Nennen Sie einige Beispiele für Verfahren, die wir zur Messung von Entfernungen auf der Erde einsetzen.

11.21 Bei astronomischen Beobachtungen können wir in die Entstehungszeit der ersten Galaxien zurückblicken

Das Hubble-Teleskop hat im Laufe der Zeit immer tiefer ins Universum geblickt. Im Jahr 1998 beobachtete es im Verbund mit dem Keck-I-Teleskop Galaxien in einer Entfernung von 8 Mrd. Lichtjahren, von denen zahlreiche gerade verschmelzen (Abb. 11.53). Noch im selben Jahr gelang es, damit Galaxien in einer Entfernung von fast 12 Mrd. Lichtjahren zu beobachten (Abb. 11.53b). Im Jahr 2004 konnten bis 13,2 Mrd. Lichtjahre entfernte Galaxien beobachtet werden. Diese Galaxien sehen wir jetzt so, wie sie weniger als 1 Mrd. Jahre nach Entstehung des Universums ausgesehen haben. Auch wenn viele der frühen Galaxien nicht so wohlgeformt wie nahe gelegene sind, ist die Existenz von Sternzusammenballungen mit der Größe von Galaxien vor so langer Zeit ein wichtiger Hinweis auf die Stern- und Galaxienentstehungsprozesse im frühen Universum.

Die Beobachtungsdaten, die wir inzwischen über den Zeitraum gewinnen können, als das Universum weniger als einige Milliarden Jahre alt war, sind von besonderem Wert bei der Entwicklung und beim Test von Theorien über die Entwicklung des frühen Universums. Wir kommen auf diesen Punkt in Kapitel 12 zurück.

Quasare

Zum Schluss dieses Kapitels wollen wir uns aktiven Galaxien zuwenden – Energiequellen mit einer schier unglaublichen Leistung. Übersteigen die kurzen Supernovaausbrüche schon unsere Vorstellungskraft, sind die Energien, um die es dabei geht, geradezu winzig im Vergleich zu denen von Quasaren, Seyfert-Galaxien, Radiogalaxien und BL-Lacertae-Objekten. So geben Quasare pro Sekunde mehr Energie als die Sonne in 200 Jahren ab und werden dies noch Millionen Jahre weiter tun. Es gibt Hinweise darauf, dass die meisten Galaxien ähnliche Aktivitätsphasen durchlaufen. Damit Quasare und andere extrem hochenergetische Quellen so stark leuchten können, muss in

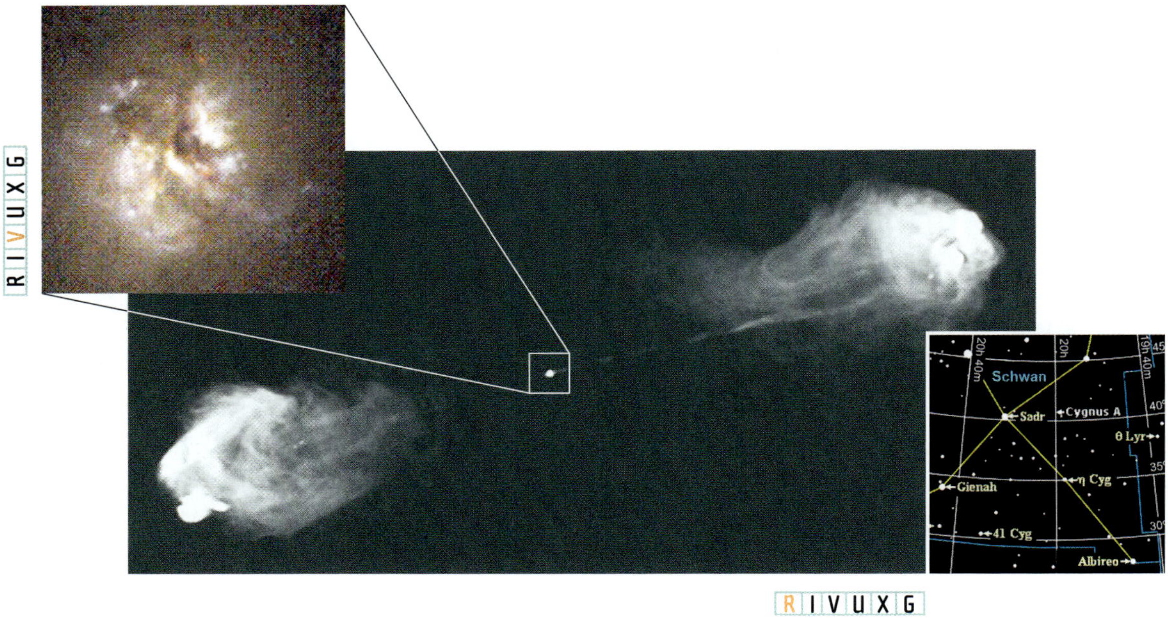

Abb. 11.54 Cygnus A (3C 405). Radioaufnahme von Beobachtungen des Very Large Array. Die meisten Radioemissionen von Cygnus A stammen von den Radiokeulen auf beiden Seiten der pekuliaren Galaxie, die in der Ausschnittsvergrößerung auf einer Aufnahme des Hubble-Teleskops zu sehen ist. Jede der zwei Radiokeulen erstreckt sich über 160.000 Lichtjahre von der optisch sichtbaren Galaxie und enthält ein sehr helles, konzentriertes Radioemissionsgebiet. Ausschnittsvergrößerung: Im Herzen dieses Gassystems liegt eine seltsam aussehende Galaxie, deren Rotverschiebung einer Fluchtgeschwindigkeit von 5 % der Lichtgeschwindigkeit entspricht. Nach dem Hubble-Gesetz ist Cygnus A damit 635 Mio. Lichtjahre von der Erde entfernt. Da Cygnus A eine der hellsten Radioquellen am Himmel ist, muss die so weit entfernte Galaxie gewaltige Energiemengen abgeben. (R. A. Perley, J. W. Dreher, J. J. Cowan, NRAO; Ausschnittsvergrößerung: Image courtesy of NRAO/AUI/NSF)

ihrem Inneren schon eine außergewöhnliche Aktivität ablaufen.

Unsere ersten Kenntnisse über Quasare wurden im Garten eines Amateurastronomen gewonnen. Grote Reber baute 1936 hinter seinem Haus in Illinois das erste Radioteleskop und betrat damit das Reich der nichtvisuellen Astronomie. Bis 1944 hatte Reber starke Radioemissionen von Quellen in den Sternbildern Schütze, Kassiopeia und Schwan nachgewiesen. Zwei dieser Quellen, Sagittarius A (Sgr A) und Cassiopeia A (Cas A), liegen in unserer Galaxis. Bei der ersten handelt es sich um den Kern unserer Galaxis (siehe Abschnitt 11.4) und bei der zweiten um einen Supernovarest (siehe Kapitel 10). Dagegen ließ sich die dritte Quelle, die Reber gefunden hatte, Cygnus A (Cyg A), nur schwer einordnen (Abb. 11.54). Rebers Beobachtungen konnten schnell präzisiert werden. Noch rätselhafter wurde das Objekt allerdings, als Walter Baade und Rudolf Minkowski 1954 mit dem 5-m-Spiegel auf dem Mount Palomar am Ort von Cygnus A eine seltsam aussehende Galaxie entdeckten (Ausschnittsvergrößerung von Abb. 11.54).

Die zu Cyg A gehörende Galaxie ist sehr schwach. Dennoch gelang es Walter Baade und Rudolf Minkowski, ihr Spektrum zu fotografieren. Dabei stellten sie fest, dass die Rotverschiebung einer Geschwindigkeit von 14.000 km/s entspricht. Nach dem Hubble-Gesetz bedeutet diese Geschwindigkeit, dass Cyg A eine Entfernung von 635 Mio. Lj (194 Mio. pc) von der Erde hat.

Angesichts dessen, dass Cyg A eine der hellsten Radioquellen am Himmel ist, war dies eine faszinierende Entdeckung. Während Cyg A durch das optische Riesenteleskop auf dem Mount Palomar kaum zu sehen ist, konnte ein Amateurastronom seine Radiowellen mit Gerätschaften in seinem Garten aufnehmen. Die Quelle muss also eine gewaltige Radioenergie ausstrahlen. Tatsächlich ist die Radioleuchtkraft von Cyg A 10^7-mal so hoch wie die einer ganzen normalen Galaxie wie der Andromedagalaxie. Das Objekt, das die Radioemissionen von Cyg A erzeugt, muss also ganz außergewöhnlich sein.

? Weshalb kann man Teleskope als Zeitmaschinen ansehen?

11.22 Quasare sehen aus wie Sterne, haben aber riesige Rotverschiebungen

Cygnus A ist nicht die einzige weit entfernte starke Radioquelle am Himmel. Seit den 1950er Jahren sind die Listen der Radioquellen immer länger geworden. Eine der bekanntesten Listen, der Third Cambridge Catalogue, wurde 1959 veröffentlicht. (Die beiden ersten Kataloge enthielten viele Ungenauigkeiten.) Auch heute noch werden seine 471 Radioquellen häufig mit ihren „3C-Nummern“ angegeben. So wird Cyg A als 3C 405 bezeichnet, da dies die 405. Quelle in der Cambridge-Liste ist. Wegen der außergewöhnlich hohen Leuchtkraft von Cyg A bestand starkes Interesse daran, ob der 3C-Katalog weitere Quellen mit ähnlichen Eigenschaften enthält.

Ein interessanter Fall war 3C 48. Im Jahr 1960 entdeckte Allan Sandage am Ort dieser Radioquelle mit dem Teleskop auf dem Mount Palomar einen „Stern“ (Abb. 11.55). Allerdings sind Sterne, wie wir gesehen hatten, Schwarze Körper, deren maximale Intensität üblicherweise im Bereich sichtbaren Lichts liegt, während ihre Radioemission wesentlich schwächer ist. Da normale Sterne keine starken Radioquellen sind, musste es sich bei 3C 48 um etwas Außergewöhnliches handeln. Tatsächlich zeigte das Spektrum dieser Quelle eine Reihe von Emissionslinien, die anfangs nicht zugeordnet werden konnten. Auch wenn 3C 48 von Anfang an merkwürdig erschien, ging man in der Regel davon aus, dass es sich nur um einen weiteren seltsamen Stern in unserer Galaxis handeln würde.

Im Jahr 1962 wurde ein weiterer derartiger „Stern“, 3C 273, entdeckt. Dieses Objekt (Abb. 11.56) emittiert wie 3C 48 eine Reihe heller Spektralemissionslinien, die niemand zuordnen konnte. Diese Spektrallinien sind heller als die Hintergrundstrahlung bei anderen Wellenlängen, das *Kontinuum* (siehe das Kirchhoff'sche Gesetz in Abschnitt 3.20).

Ein Durchbruch gelang schließlich 1963, als Maarten Schmidt vom California Institute of Technology vier der hellsten Spektrallinien der Quelle 3C 273 als vier Wasserstoffspektrallinien zuordnen konnte. Allerdings lagen diese Emissionslinien bei viel längeren Wellenlängen als sonst. Schmidt zog daraus die Schlussfolgerung, dass die Linien stark rotverschoben worden sind. Ferner bedeuten die starken Emissionslinien, dass das Gas von etwas Ungewöhnlichem erhitzt werden muss.

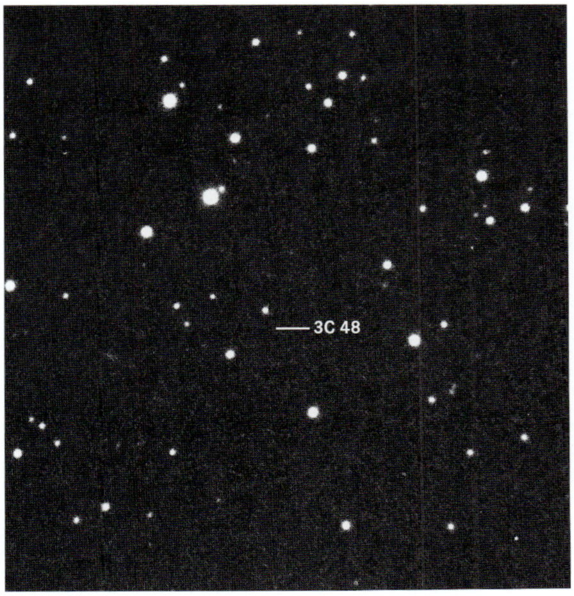

R I V U X G

Abb. 11.55 Der Quasar 3C 48. Dieses Objekt hielt man jahrelang für einen etwas seltsamen nahe gelegenen Stern, der aus irgendwelchen Gründen eben Radiowellen aussendet. Tatsächlich ist die Rotverschiebung des sternförmigen Objekts aber so groß, dass es nach dem Hubble-Gesetz eine Entfernung von ungefähr 4 Mrd. Lichtjahren haben muss. (Alex G. Smith, Rosemary Hill Observatory, University of Florida)

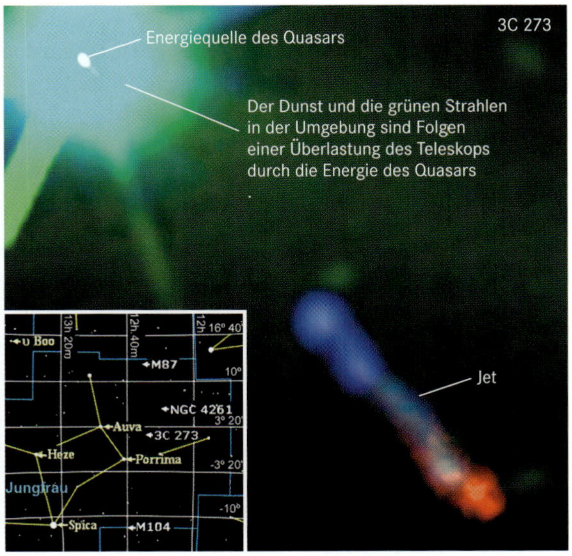

R I V U X G

Abb. 11.56 Der Quasar 3C 273. Diese Kombination einer Röntgen- und einer Infrarotaufnahme zeigt das sternförmige Objekt im Zusammenhang mit der Radioquelle 3C 273 und den hellen Jet, den es erzeugt. Auch dieser Jet ist im Radiobereich und im sichtbaren Bereich des Spektrums zu erkennen. 1963 wurde ermittelt, dass die Rotverschiebung dieses Quasars nach dem Hubble-Gesetz so groß ist, dass er fast 2 Mrd. Lichtjahre von der Erde entfernt sein muss. (S. Jester, D. E. Harris, H. L. Marshall, K. Meisenheimer, H. J. Roser und R. Perley)

Die Spektren von Sternen unserer Galaxis zeigen vergleichsweise geringe Dopplerverschiebungen. Würden sie sich relativ zur Sonne schnell bewegen, hätten sie schon längst die Galaxis verlassen. Schmidt zog daraus die Schlussfolgerung, dass 3C 273 überhaupt kein nahe gelegener Stern sein kann. Indem er diese Idee weiterverfolgte, kam er zu der Feststellung, dass die Rotverschiebung einer Fluchtgeschwindigkeit von der Erde von fast 16 % der Lichtgeschwindigkeit entspricht. Nach dem Hubble-Gesetz bedeutet diese enorme Rotverschiebung, dass die Quelle 3C 273 ganze 2 Mrd. Lichtjahre von uns entfernt sein muss – eine gewaltige Entfernung!

Abb. 11.57 zeigt das Spektrum von 3C 273, das überhaupt nicht wie das Schwarzkörperspektrum eines Sterns mit Absorptionslinien aussieht. In Kapitel 3 hatten wir gesehen, dass ein Spektrograph die Stärke der Energie bei verschiedenen Wellenlängen aufzeichnet. Die Emissionslinien erscheinen als Spitzen und die Absorptionslinien als Täler. Die Emissionslinien kommen von angeregten Gasatomen, die bei spezifischen Wellenlängen Strahlung aussenden. Abb. 11.58 zeigt das Spektrum eines Objekts, das so weit entfernt ist, dass die Expansion des Universums (siehe Abschnitt 11.19) zu einer Rotverschiebung von 92 % der Lichtgeschwindigkeit führt.

Unter dem Eindruck von Schmidts Erfolg wurden die Spektrallinien von 3C 48 nun genauer unter die Lupe genommen. Es war klar: Die Emissionslinien entsprechen Wasserstoff, allerdings mit einer Rotverschiebung, die einer Geschwindigkeit von fast einem Drittel der Lichtgeschwindigkeit entspricht. Unter der Annahme einer Hubble-Konstanten H_0 von 71 km/s/Mio. pc muss 3C 48 fast doppelt so weit wie 3C 273, also etwa 4 Mrd. Lichtjahre, von der Erde entfernt sein.

Da 3C 48 und 3C 273 vom Aussehen her Sternen ähnlich sehen, andererseits aber starke Radioemissionen abgeben, wurden sie **quasistellare Radioquellen**, bald zu **Quasaren** zusammengezogen, genannt. Mit ihnen verwandte Objekte, die **quasistellaren Objekte** (QSO), sehen ebenfalls wie Sterne aus, zeigen aber über alle Bereiche des elektromagnetischen Spektrums starke Energieemissionen, die meisten davon im Infrarot. Bisher sind über 100.000 Quasare und QSO entdeckt worden. Im Folgenden soll der Begriff *Quasare* QSO mit einschließen.

Alle Quasare haben Rotverschiebungen von mindestens 0,06 (6 %) der Lichtgeschwindigkeit. Die Obergrenze markieren Fluchtgeschwindigkeiten von der Erde von mehr als 90 % der Lichtgeschwindigkeit. Dem Hubble-Gesetz zufolge haben diese stark rotverschobenen Quasare in der Regel Entfernungen zwischen ungefähr 10 Mrd. und mehr als 13 Mrd. Lichtjahren. Aus der grafischen Darstellung ihrer Entfernungen (Abb. 11.59) ergibt sich, dass Quasare bereits in der Frühzeit des Universums entstanden sein müssen, wobei ihre Anzahl mehr als 2 Mrd. Jahre nach Geburt des Universums ein Maximum aufwies. Vor etwa

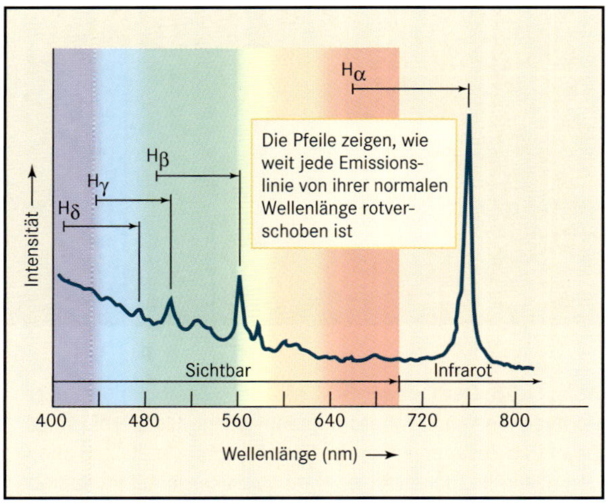

Abb. 11.57 Spektren der Quelle 3C 273. Im sichtbaren und Infrarotspektrum von 3C 273 dominieren vier helle Emissionslinien, die von Wasserstoff kommen. Die Strahlung ist gegenüber den Ruhewellenlängen um fast 16 % rotverschoben.

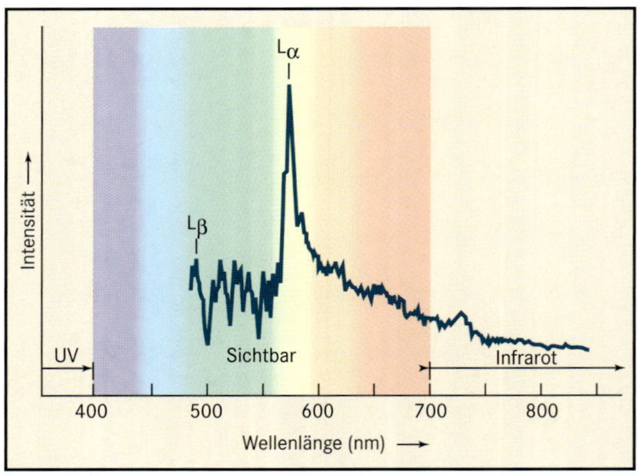

Abb. 11.58 Das Spektrum eines Quasars mit starker Rotverschiebung. Das Licht dieses Quasars, PKS 2000-330, ist so stark rotverschoben, dass die Emissionslinien, die normalerweise im fernen Ultraviolett zu sehen sind (L_α und L_β), bei sichtbaren Wellenlängen liegen. Auf der kurzwelligen Seite der L_α-Linie fallen viele tiefe Absorptionslinien auf. Diese Linien, zusammen der Lyman-Alpha-Wald genannt, sind wahrscheinlich eine Folge ferner Gaswolken auf unserer Sichtlinie zu dem Quasar. Der Wasserstoff in diesen Wolken absorbiert Photonen des Quasars bei Wellenlängen, die nicht so stark wie seine L_α-Emissionslinie rotverschoben sind.

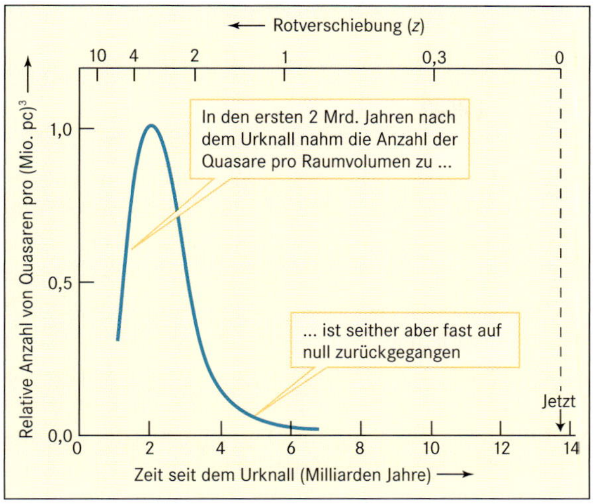

Abb. 11.59 Der zeitliche Ablauf der Entstehung von Quasaren. Je größer die Rotverschiebung eines Quasars ist, desto weiter ist er von der Erde entfernt und desto weiter zurückliegend in der Zeit sehen wir ihn. Indem man die Anzahl der Quasare zählt, die mit verschiedenen Rotverschiebungen entdeckt wurden, kann man berechnen, wie sich die Dichte der Quasare im Zeitverlauf geändert hat.

7 Mrd. Jahren war ihre Anzahl auf fast null zurückgegangen. Den Grund dafür werden wir gleich sehen.

? Wie unterscheiden sich die Spektren von Quasaren von denen von Sternen?

11.23 Ein Quasar strahlt aus einem kleinen Volumen gewaltige Energien ab

Galaxien sind groß und hell. Eine typische große Galaxie wie unsere Galaxis enthält Hunderte Milliarden Sterne und erreicht eine Leuchtkraft von 10 Mrd. Sonnen. Die größten Galaxien mit der höchsten Leuchtkraft, die elliptischen Riesengalaxien, sind auch nur zehnmal so hell. Weiter als 8 Mrd. Lichtjahre von der Erde sind aber selbst die hellsten Galaxien zu schwach, um sie mit einfachen Mitteln nachweisen zu können. Die meisten normalen Galaxien sind nicht einmal hell genug, um sie in der halben Entfernung erkennen zu können. Wenn Quasare in einer Entfernung von über 13 Mrd. Lichtjahren leicht zu sehen sind, müssen sie eine viel höhere Leuchtkraft als Galaxien haben. Tatsächlich ist ein typischer Quasar 100-mal so hell wie unsere Galaxis.

Mitte der 1960er Jahre entdeckten mehrere Astronomen, dass die Helligkeit von Quasaren schwankt. Bei der Betrachtung alter Aufnahmen fiel auf, dass einige jetzt identifizierte Quasare zwar schon früher fotografiert worden sind, aber als nichts Besonderes galten, da sie wie Sterne aussahen. So war die Quelle 3C 273 schon auf einer Aufnahme aus dem Jahr 1887 zu sehen. Durch sorgfältige Auswertung dieser alten Aufnahmen zusammen mit jüngeren zeigte sich, dass *Quasare gelegentlich aufflackern.* Auffällige Ausbrüche des Quasars 3C 279 erreichten die Erde um 1937 und 1943 (Abb. 11.60). Während dieser Ereignisse nahm die Leuchtkraft von 3C 279 mindestens auf das 25-fache zu. Zu Spitzenzeiten emittierte er fast 10.000-mal so viel Energie wie unsere gesamte Galaxis zusammen.

Fluktuationen und ihre Zeitskalen Angenommen, auf einem Stern oder einem anderen Objekt tritt irgendwo ein Ereignis ein, durch das die Leuchtkraft periodisch zunächst ansteigt und anschließend wieder auf die normale abfällt. Insgesamt dauert die Änderung bzw. der Zyklus eine Minute. Falls sich diese Leuchtkraftfluktuation mit Lichtgeschwindigkeit über das Stern- oder Objektscheibchen fortpflanzt, dauert es eine halbe Minute, bis sie sich über die sichtbare Seite des Objekts fortgepflanzt hat. Nach einer halben Minute erreicht das Objekt seine größte Helligkeit, und es dauert noch einmal eine halbe Minute, bis es wieder die normale Leuchtkraft hat. Eine Minute nach Beginn des Zyklus hat die Fluktuation dann eine Lichtminute zurückgelegt. Würde sich dieselbe Fluktuation langsamer als mit Lichtgeschwindigkeit fortpflanzen, müsste das Objekt einen Durchmesser von weniger als einer halben Lichtminute haben, um nach einer Minute auf den Ausgangszustand zurück-

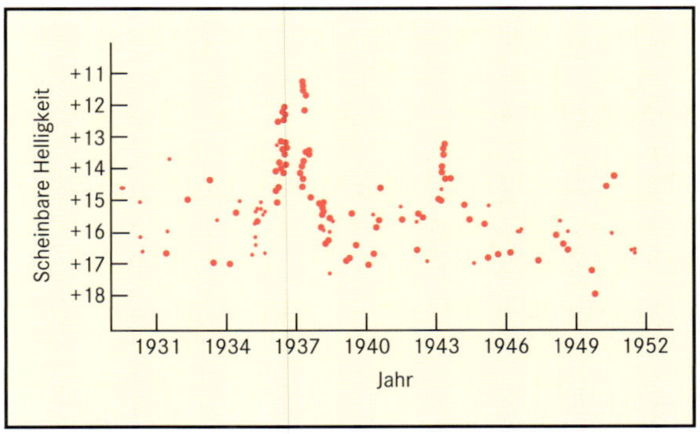

Abb. 11.60 Die Helligkeit von 3C 279. Das Diagramm zeigt Helligkeitsschwankungen des Quasars 3C 279. Ein besonders starker Ausbruch wurde 1937 beobachtet. Die Daten sind das Ergebnis einer sorgfältigen Durchmusterung alter Fotoplatten im Archiv des Harvard College Observatory.

kehren zu können. Das Objekt kann also keinen größeren Durchmesser als eine halbe Lichtminute haben (von der Krümmung der Kugel wollen wir absehen). Diese Überlegung zeigt, dass aus der Zeitskala von Fluktuationen die maximale Größe berechnet werden kann, die ein Objekt haben kann.

Die Helligkeit vieler Quasare schwankt nur über wenige Monate, Wochen oder sogar Tage. Tatsächlich zeigen Röntgenbeobachtungen starke Änderungen innerhalb von nur drei Stunden. Dieses schnelle Aufflackern zeigt, dass die Energiequelle des Quasars in galaktischen Maßstäben gemessen recht klein sein muss. Das Energieemissionsgebiet eines typischen Quasars – das „Kraftwerk", das mit einer Leuchtkraft von 100 Galaxien strahlt – muss einen Durchmesser von weniger als einem Lichtjahr haben. Irgendetwas muss also in der Lage sein, in einem Volumen ungefähr mit dem Durchmesser unseres Sonnensystems eine Leuchtkraft von 100 Galaxien zu erzeugen. Bevor wir diese Energiequelle betrachten, wollen wir weitere Objekte untersuchen, bei denen sich herausstellt, dass sie vom selben Antrieb – oft auch der Mechanik entlehnt „Motor" genannt – in Gang gehalten werden.

? Welches Objekt kann schneller fluktuieren – eines mit einem Durchmesser von 1 Mio. km oder eines mit einem Durchmesser von 1 Mrd. km?

Andere aktive Galaxien

Quasare sind nur ein Typ sehr starker Energiequellen im Weltraum. Daneben gibt es die Seyfert-Galaxien, die Radiogalaxien, die Radiodoppelquellen und die BL-Lacertae-Objekte. Alle diese starken Energiequellen in den Zentren von Galaxien werden unter dem Sammelbegriff **aktive Galaxienkerne** oder **AGN** zusammengefasst. Galaxien, die solche AGN enthalten, heißen aktive Galaxien und weisen eine Reihe ungewöhnlicher Eigenschaften auf: Sie besitzen außergewöhnlich helle, sternförmige (d. h. von der Erde aus gesehen punktförmige) Kerne. Ihre Spektren sehen dem Schwarzkörperspektrum von Sternen in keiner Weise ähnlich und zeigen starke Emissionslinien. Viele sind stark veränderlich, d. h., ihre Helligkeit ändert sich in verschiedenen Abschnitten des elektromagnetischen Spektrums. Sie haben Jets aus Elektronen und Protonen und von ihren Kernen gehen Strahlungsbündel aus, wie sie bei der Quelle 3C 273 beobachtet wurden. Die meisten haben zudem eine höhere Leuchtkraft als normale Galaxien.

11.24 Aktive Galaxien können entweder Spiralen oder elliptisch sein

Seyfert-Galaxien Die ersten aktiven Galaxien beobachtete Carl Seyfert 1943 bei einer Durchmusterung von Spiralgalaxien am Mount Wilson Observatory in Kalifornien. Diese Spiralgalaxien, heute nach ihm **Seyfert-Galaxien** genannt, zeigen außergewöhnlich helle, sternförmige Kerne und ihre Spektren starke Emissionslinien. So enthält z. B. das Spektrum von NGC 4151 zwei auffällige Emissionslinien. Einige dieser Linien kommen von Eisenatomen, aus denen Dutzende oder mehr Elektronen herausgeschlagen wurden, was darauf hindeutet, dass die Galaxie ein außergewöhnlich heißes Gas enthalten muss. Die Helligkeit von Seyfert-Galaxien schwankt ebenfalls. So ändert sich die Helligkeit von NGC 4151 manchmal im Verlauf weniger Tage.

Ein weiteres Beispiel für eine Seyfert-Galaxie ist NGC 1566 (Abb. 11.61). Bei Infrarotwellenlängen leuchtet diese Galaxie so hell wie 10^{11} Sonnen. Es ist beobachtet worden, dass diese außergewöhnlich hohe Leuchtkraft innerhalb weniger Wochen um nicht weniger als $7 \cdot 10^9\,L_\odot$ schwankt. Mit anderen Worten, die abgegebene Infrarotleistung des Kerns der Galaxie NGC 1566 steigt bzw. sinkt um einen Betrag, der fast so groß wie die gesamte Leuchtkraft unserer Galaxis ist.

R I V U X G

Abb. 11.61 Die Seyfert-Galaxie NGC 1566. Diese Sc-Galaxie in einer Entfernung von etwa 50 Mio. Lj (16 Mrd. pc) von der Erde im südlichen Sternbild Goldfisch ist eine Seyfert-Galaxie. Ihr Kern ist eine starke Strahlungsquelle, deren Spektrum Emissionslinien hochionisierter Atome zeigt. (Anglo-Australian Observatory)

In den letzten Jahren sind viele weitere Seyfert-Galaxien entdeckt worden. Ungefähr 10 % der hellsten Galaxien am Himmel sind Seyfert-Galaxien. Einige der hellsten Seyfert-Galaxien strahlen so hell wie schwache Quasare und enthalten Punktquellen in den Zentren. Diese heißen Typ-I-Seyfert-Galaxien. Galaxien, deren Zentren von großen Gas- und Staubmassen verdeckt sind, sind Typ-II-Seyfert-Galaxien.

Radiogalaxien Einige elliptische Galaxien, die wegen ihrer starken Radioemission **Radiogalaxien** heißen, sind Quasaren mit niedrigerer Energie ähnlich. Während ihre Energiequelle wie bei einem Quasar sehr klein ist, verteilen sich ihre Radioemissionen über sehr große Bereiche, häufig mit einem Durchmesser von Hunderttausenden Lichtjahren.

Manche dieser Radiogalaxien zeigen ungewöhnliche optische Eigenschaften: Sie sehen so aus, als ob sie explodieren würden, was aber nicht zutrifft. Aus diesem Grund heißen sie **pekuliare Galaxien** (und werden mit pec bezeichnet). *Pekuliar* ist keine Klassifizierung der Galaxienform wie bei *Spiralgalaxien*, *Balkengalaxien* oder *elliptischen Galaxien*. Galaxien aller Hubble-Klassen können pekuliar sein.

Abb. 11.62 ist eine Kombination einer Röntgenaufnahme, einer optischen Aufnahme und einer Radio-

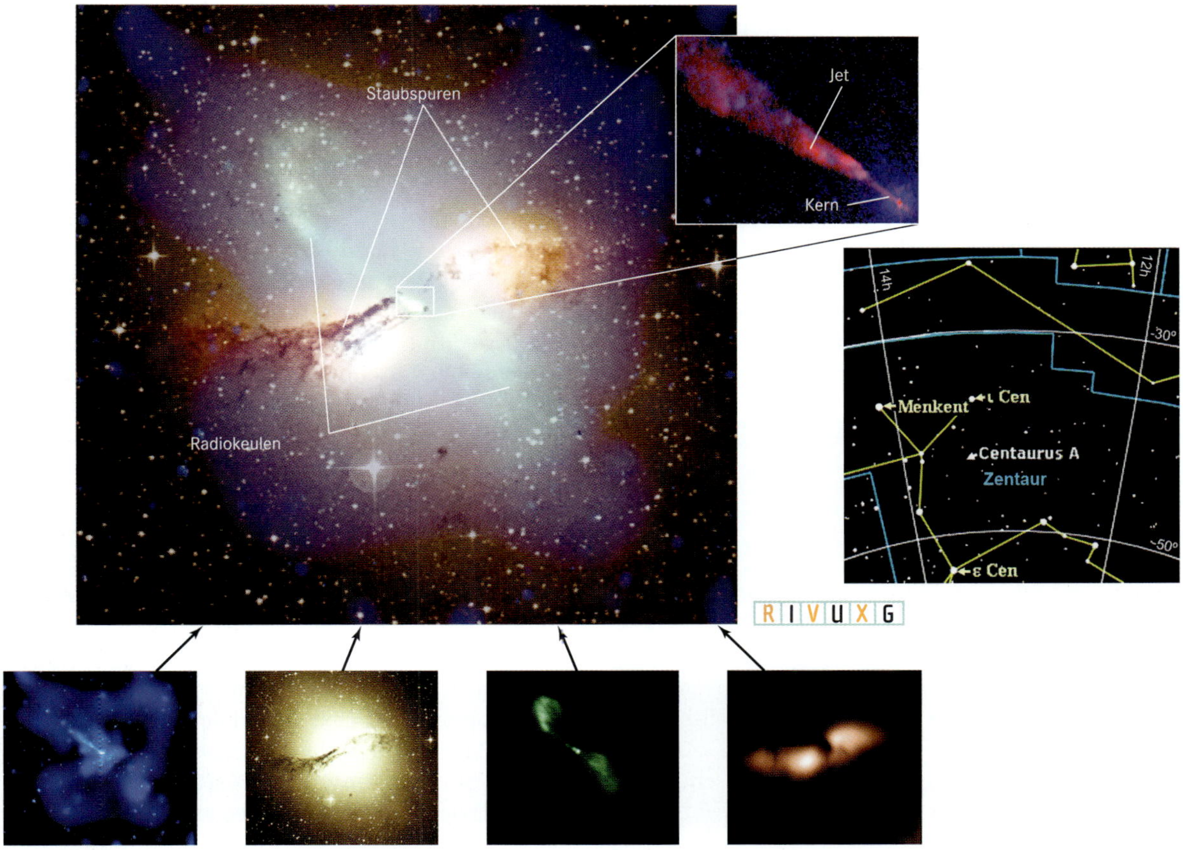

Abb. 11.62 Die pekuliare Galaxie NGC 5128 (Centaurus A). Diese ungewöhnliche Radiogalaxie liegt in einer Entfernung von 11 Mio. Lichtjahren im Sternbild Zentaur. Bei sichtbaren Wellenlängen zieht sich quer über die Galaxie eine Staubspur. Über der Aufnahme in sichtbarem Licht liegt eine Falschfarbenradioaufnahme (grün), die starke Radiostrahlung von der Materie, die die Galaxie senkrecht zu der Staubspur ausstößt, sowie Radioemissionen (rosarot) entlang der Staubspur zeigt. Vom Chandra-Röntgenobservatorium der NASA sind Röntgenemissionen (blau) nachgewiesen worden. Die Röntgenstrahlung kann von Material kommen, das von dem Schwarzen Loch oder bei einer Kollision von Centaurus A mit einer kleineren Galaxie ausgestoßen wurde. Ausschnittsvergrößerung: Die Röntgenaufnahme des Einstein-Observatoriums zeigt, dass der Kern von NGC 5128 helle Röntgenstrahlung emittiert. Von dem Kern ragt senkrecht zur Staubspur der Galaxie ein Röntgenjet vor. (Röntgenaufnahme: NASA/CXC/M. Karovska u. a.; optische Aufnahme: Digitized Sky Survey U. K. Schmidt Image/STScI; Radiokontinuum: NRAO/VLA/J. Condon, u. a.; 21-cm-Radioaufnahme: NRAO/VLA/J. Van Gorkom/Schminovich u. a.; Ausschnittsvergrößerung: Röntgenaufnahme – NASA/CXC/Bristol U./M. Hardcastle; Radioaufnahme: NRAO/VLA/Bristol U./M. Hardcastle)

aufnahme der pekuliaren elliptischen Galaxie NGC 5128 (Centaurus A) im südlichen Sternbild Zentaur. Das dunkle Gebiet, das die elliptische Galaxie in zwei Teile teilt, ist tatsächlich sehr dicker Staub, der wenig Licht von der dahinterliegenden Galaxie durchlässt. Die Galaxie stößt große Volumina von heißem Gas, das Röntgenstrahlung emittiert, sowie zwei Gasjets in zwei in der Abbildung gezeigten **Radiokeulen** aus. NGC 5128 ist als eine „E0 (pec)" klassifiziert. E0 bezeichnet eine kreisförmige elliptische Galaxie und (pec) gibt an, dass sie Eigenschaften einer pekuliaren Galaxie aufweist.

Genaue Beobachtungen von Centaurus A zeigen, dass sowohl die Radio- als auch die Röntgenjets (siehe Ausschnittsvergrößerung Abb. 11.62) vom Kern der Galaxie ausgehen. Dabei strömen Teilchen und Energie fast mit Lichtgeschwindigkeit aus dem Kern in Richtung der Radiokeulen. Solche Galaxien mit zwei Radiokeulen heißen inzwischen **Radiodoppelquellen**. Bis 1970 sind Dutzende weiterer derartiger Radiodoppelquellen entdeckt worden, die meisten davon in elliptischen Riesengalaxien. Radiodoppelquellen gehören zu den hellsten Radioobjekten des Universums.

Alle Radiodoppelquellen scheinen einen zentralen Motor zu haben, der Elektronen, Protonen und Magnetfelder in zwei entgegengesetzt gerichteten Jets nach außen ausstößt. Nachdem dieses Material über viele Tausende oder sogar Millionen Lichtjahre gerast ist, wird es langsamer und die geladenen Teilchen und Magnetfelder können die Radiostrahlung erzeugen, die wir nachweisen. Diese Art Strahlungsemission, die *Synchrotronstrahlung* (siehe Abschnitt 11.4), tritt immer dann auf, wenn sich Elektronen, Protonen oder Ionen auf Spiralbahnen in einem Magnetfeld bewegen.

Die Vorstellung, dass eine Radiodoppelquelle Teilchenjets ausstößt, wird durch die Entdeckung von **Kopf-Schwanz-Quellen** unterstützt, die so heißen, da jede dieser Quellen ein Gebiet konzentrierter Radioemission (eben den Kopf) zu haben scheint, sowie zwei Gasschwänze, die in entgegengesetzten Richtungen davon ausgehen und anschließend zurücklaufen. Solche Merkmale findet man bei NGC 1265, einer aktiven elliptischen Galaxie im Perseus-Galaxienhaufen. Es ist bekannt, dass sich NGC 1265 mit hoher Geschwindigkeit (2500 km/s) relativ zum Perseus-Galaxienhaufen als Ganzes bewegt. In einer Radioaufnahme (Abb. 11.63) sieht seine Emission wie vom Wind gepeitscht aus.

Die Protonen und Elektronen, die von NGC 1265 in den zwei Jets ausgestoßen werden, werden beim Durchgang der Galaxie durch das dünne intergalaktische Medium abgelenkt. Dabei lässt die Kopf-Schwanz-Quelle eine Teilchenspur zurück, die so ähnlich wie die Dampfspur einer schnell fahrenden Dampflok aussieht.

Die elliptische Riesengalaxie M87 ist eine verhältnismäßig schwache Radiogalaxie, die nur 1 % so viel Energie wie unsere Galaxis emittiert. Ganz im Gegensatz dazu ist die weit entfernte pekuliare elliptische Galaxie Cygnus A (Abb. 11.54) eine starke Radiogalaxie, die 40-mal so viel Energie wie unsere Galaxis aussendet. Außerdem sind Paare wie 3C 75 beobachtet worden, bei denen ein Schwarzes Loch und eine Radiodoppelquelle einander umlaufen (Abb. 11.64). In Tab. 11.2 sind die relativen Leistungen zusammengestellt, die die Sonne, unsere Galaxis, Quasare, Seyfert-Galaxien und Radiogalaxien aussenden.

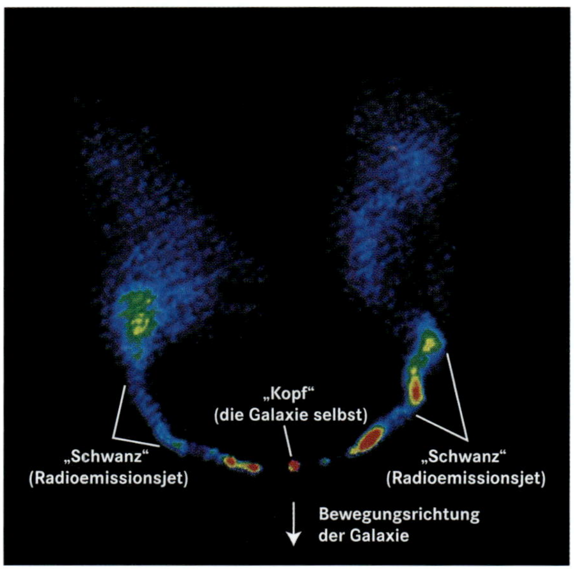

Abb. 11.63 Die Kopf-Schwanz-Quelle NGC 1265. Diese aktive elliptische Galaxie bewegt sich mit hoher Geschwindigkeit durch das intergalaktische Medium. Infolge dieser Bewegung jagen die beiden Schwanzjets der Galaxie hinter ihrem Kopf her, sodass die Radioquelle wie vom Wind gepeitscht aussieht. (Image courtesy of NRAO/AUI/NSF)

Tab. 11.2 Die Leuchtkräfte von Galaxien und Quasaren

Objekt	Leuchtkraft (Watt)
Sonne	$4 \cdot 10^{26}$
Unsere Galaxis	10^{37}
Seyfert-Galaxien	10^{36} - 10^{38}
Radiogalaxien	10^{36} - 10^{38}
Quasare	10^{38} - 10^{42}

R I V U X G

Abb. 11.64 Kopf-Schwanz-Doppelquelle. Diese Kombination einer Radio- und einer Röntgenaufnahme von 3C 75 zeigt die Kopf-Schwanz-Quellen, die von supermassiven Schwarzen Löchern in zwei Galaxien ausgehen, die gerade verschmelzen. Die Schwarzen Löcher haben einen Abstand von 25.000 Lichtjahren und sind 300 Mio. Lichtjahre von der Erde entfernt. (Röntgenaufnahme: NASA/CXC/D. Hudson, T. Reiprich, u. a. [AIFA])

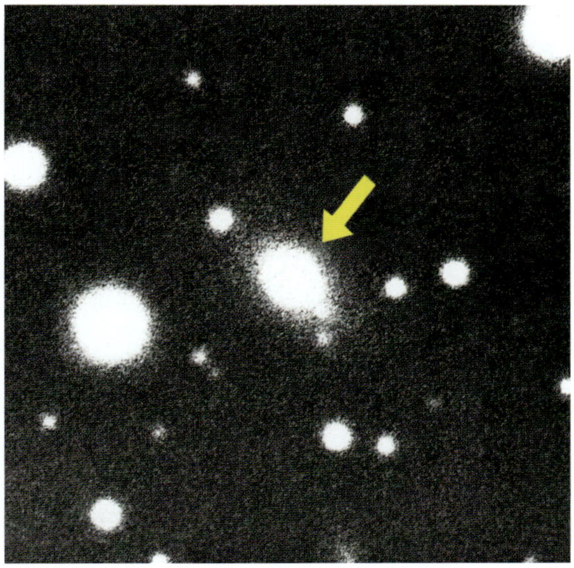

R I V U X G

Abb. 11.65 BL-Lacertae-Objekte. Die Aufnahme zeigt den ausgefransten Rand von BL Lacertae (Pfeil). Die Rotverschiebung dieses Rands weist darauf hin, dass BL Lacertae etwa 900 Mio. Lj (280 Mio. pc) von der Erde entfernt ist. Bei BL-Lacertae-Objekten scheint es sich um elliptische Riesengalaxien mit hellen, quasarähnlichen Kernen zu handeln – ähnlich wie Seyfert-Galaxien Spiralgalaxien mit quasarartigen Kernen sind. BL-Lacertae-Objekte enthalten viel mehr Gas und Staub als Seyfert-Galaxien. (T. D. Kinman, NOAO/AURA)

? Welche Hubble'schen Galaxientypen können pekuliar sein?

BL-Lacertae-Objekte und Blasare Auch wenn die Kerne von Radiogalaxien weniger Energie als Quasare emittieren, gibt es Objekte, die genauso groß sind, aus unserer Sicht aber noch mehr Energie als Quasare emittieren. Dies sind die **BL-Lacertae-Objekte.** Diese Bezeichnung verdanken sie ihrem Prototyp, BL Lacertae (auch **BL Lac** genannt), im Sternbild Eidechse (Lacerta). BL Lac (Abb. 11.65) wurde 1929 entdeckt und seinerzeit fälschlich für einen veränderlichen Stern gehalten, was hauptsächlich daran lag, dass sich seine Helligkeit innerhalb weniger Monate um einen Faktor 15 ändert. Die interessanteste Eigenschaft von BL-Lacertae-Objekten sind ihre ungewöhnlich schwachen Spektrallinien. Mit anderen Worten, ihr Spektrum ist nicht so leicht wie das von Sternen oder interstellaren Wolken zuzuordnen. Dennoch konnten aus ihren Spektren die Rotverschiebungen entnommen werden.

Es wird davon ausgegangen, dass BL-Lacertae-Objekte elliptische Galaxien sind, in deren Zentren helle Quasare stehen. In dieser Hinsicht sind sie den Seyfert-Galaxien ähnlich, bei denen es sich um Spiralgalaxien mit quasarartigen Zentren handelt. Die Intensitäten von BL-Lacertae-Objekten sind veränderlich. Bei Perioden von einem Tag oder weniger spricht man von **Blasaren.** Im Jahr 2004 wurde ein 12,5 Mrd. Lichtjahre entfernter Blasar mit einer Masse von 10 Mrd. Sonnenmassen entdeckt. Es ist schon faszinierend, dass dieses außerordentlich massereiche Objekt nur 1 Mrd. Jahre nach dem Universum selbst entstanden sein muss.

Supermassive Motoren

Quasare, BL-Lacertae-Objekte, Seyfert-Galaxien und Radiogalaxien sind schöne Beispiele dafür, wie sich eine große Vielzahl von Objekten im Weltraum mit ein und demselben Mechanismus erklären lässt. Im Jahr 1968 beschrieb der britische Astronom Donald Lynden-Bell, wie das Gravitationsfeld eines supermassiven Schwarzen Lochs (siehe Kapitel 10) dazu führen könnte, dass Quasare und andere aktive Galaxien so gewaltige Energien freisetzen.

11.25 Die meisten Galaxien beherbergen im Zentrum ein supermassives Schwarzes Loch

In Kapitel 10 hatten wir gesehen, dass im gesamten Universum Schwarze Löcher mit einem weiten Massenbereich entdeckt worden sind und weiter entdeckt werden. Insbesondere sind in einer rasch wachsenden Anzahl von Galaxien, darunter auch in unserer Galaxis, supermassive Schwarze Löcher (also solche mit ungefähr 1 Mio. Sonnenmassen) entdeckt worden. Um die Ähnlichkeiten aktiver Galaxien herauszuarbeiten, betrachten wir vier weitere Beispiele: M31, M32, M87 und M104.

Die Andromedagalaxie (M31) ist die größte und massereichste Galaxie der lokalen Gruppe. Mitte der 1980er Jahre nahmen mehrere Astronomen sorgfältige spektroskopische Untersuchungen ihres Kerns vor. Anhand von Messungen der Dopplerverschiebungen ermittelten sie, dass Sterne innerhalb einer Entfernung von 50 Lichtjahren vom Galaxienkern diesen mit außerordentlich hohen Geschwindigkeiten umlaufen. Dies deutet darauf hin, dass sich im Zentrum der Galaxis ein massereiches Objekt befindet. Wenn nicht die Schwerkraft eines solchen Objekts die Sterne auf ihren schnellen Umlaufbahnen halten würde, hätten sie das Kerngebiet schon längst verlassen. Aus diesen Beobachtungen lässt sich abschätzen, dass das zentrale Objekt in M31 eine Masse von etwa 50 Mio. Sonnenmassen haben muss. So viel Materie in einem so kleinen Volumen deutet stark darauf hin, dass dort ein supermassives Schwarzes Loch liegt.

In der Nähe von M31 gibt es eine kleine elliptische Galaxie, M32 (Abb. 11.66). Hochaufgelöste Spektren zeigen, dass Sterne in der Nähe des Zentrums von M32 den Kern dieser Galaxie ebenfalls mit außerordentlich hohen Geschwindigkeiten umlaufen. Auch dies wird auf die Anwesenheit eines supermassiven Schwarzen Lochs im Kern zurückgeführt. Eine Aufnahme des Hubble-Teleskops (die Ausschnittsvergrößerung in Abb. 11.66) zeigt, dass im Kern von M32 tatsächlich eine beachtliche Konzentration von Sternen herrscht. Die Dichte von Sternen ist dort 100 Mio. Mal so hoch wie in der Umgebung der Sonne. Die Konzentration von Sternen und ihre hohen Geschwindigkeiten sprechen stark für die Annahme, dass sich im Zentrum von M32 ebenfalls ein supermassives Schwarzes Loch befindet.

Ein früher Kandidat, der sich für die Untersuchung mit dem Hubble-Teleskop anbot, war die elliptische Riesengalaxie M87 (Abb. 11.67). Schon lange war erkannt worden, dass diese aktive Galaxie in einer Entfernung von 50 Mio. Lichtjahren von der Erde ungewöhnliche Eigenschaften aufweist. Heber Curtis vom Lick-Observatorium hatte bereits 1918

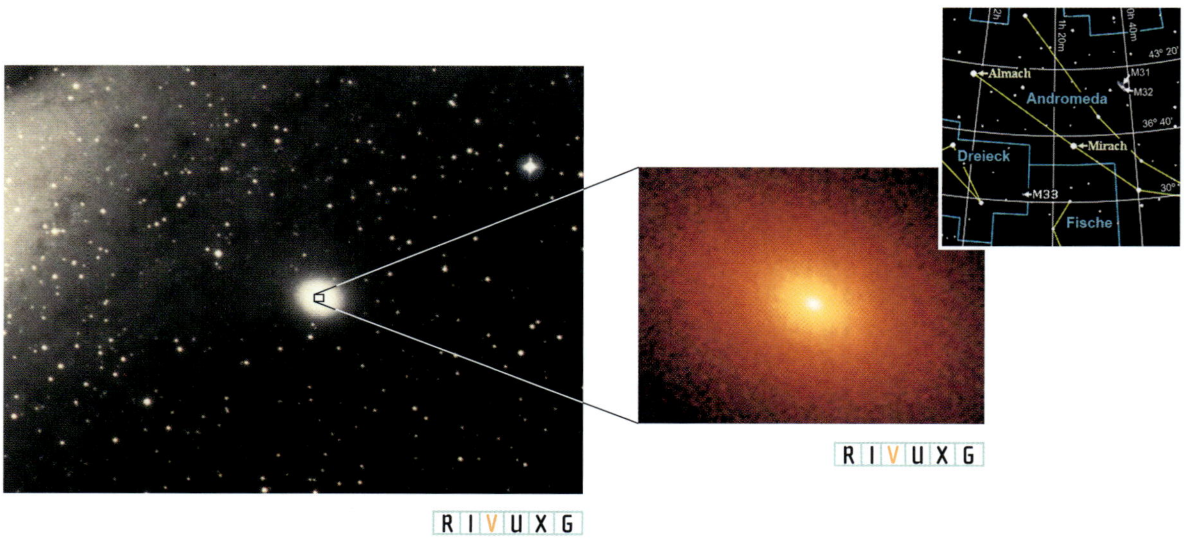

Abb. 11.66 Die elliptische Galaxie M32. Diese kleine Galaxie ist eine Satellitengalaxie von M31, von der ein Stück auf der linken Seite dieser Weitwinkelaufnahme zu sehen ist. Beide Galaxien sind ungefähr 2,5 Mio. Lichtjahre von der Erde entfernt. Ausschnittsvergrößerung: Hochaufgelöste Hubble-Aufnahme des Zentrums von M32. Im Kern der Galaxie herrscht eine hohe Konzentration von Sternen. Der Kern hat lediglich einen Durchmesser von 175 Lichtjahren. (Palomar Observatory; Ausschnittsvergrößerung: NASA, ESA)

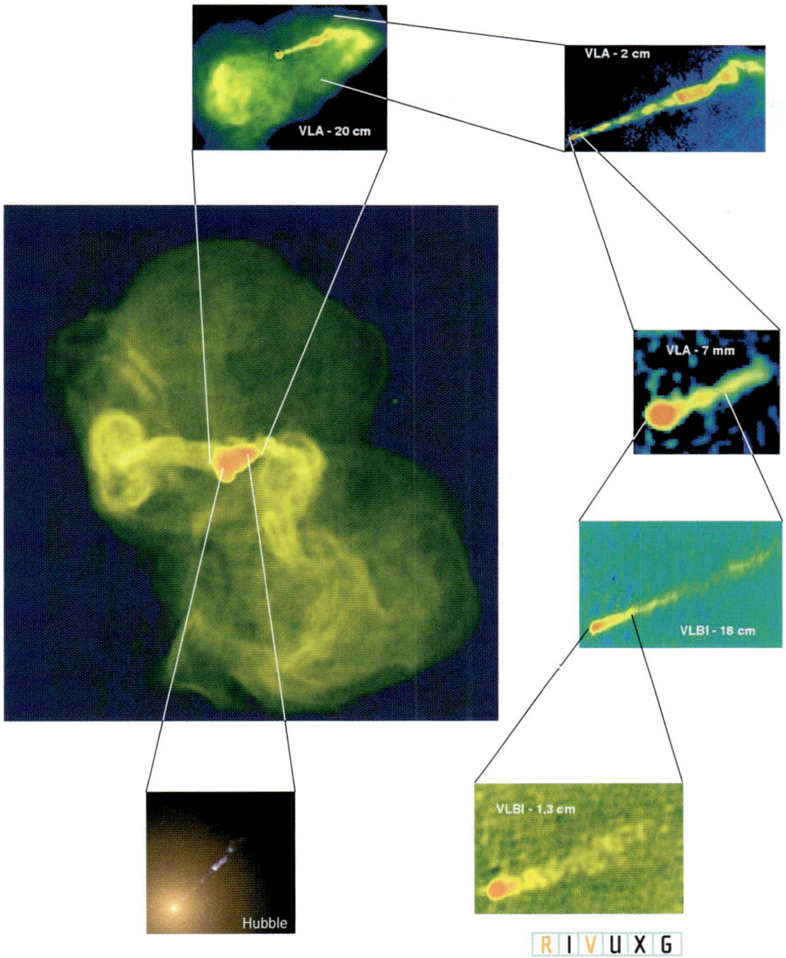

Abb. 11.67 Die elliptische Riesengalaxie M87. Die Galaxie M87 liegt etwa 50 Mio. Lichtjahren von der Erde entfernt in der Nähe des Zentrums des ausgedehnten Virgo-Galaxienhaufens. Die Galaxie M87 ist in der Radioaufnahme in von ihr ausgestoßenes Gas eingebettet. Aufnahmen bei verschiedenen Radiowellenlängen und sichtbaren Wellenlängen zeigen eine Vielzahl von Details in der Struktur der Gasjets. Der außergewöhnlich helle Kern von M87 und die Gasjets sind Ergebnisse eines Schwarzen Lochs mit einer Masse von 3 Mrd. Sonnenmassen. Infolge seiner Schwerkraft ist es von großen Gasmassen und einer sehr großen Anzahl von Sternen umgeben. (NASA und das Hubble Heritage Team [STScI/AURA]; Image courtesy of NRAO/AUI/NSF, Jon Biretta [STScI] und Kollegen)

berichtet, dass das Zentrum von M87 „einen seltsamen geraden Strahl aufweist ... der über eine dünne Materielinie mit dem Kern verbunden zu sein scheint". Abb. 11.67 zeigt Radioaufnahmen und Aufnahmen mit sichtbarem Licht von M87 im selben Maßstab. M87 ist außerdem eine starke Röntgenstrahlungsquelle. Eine von so kleinen Quellen ausgestrahlte Röntgenstrahlung ist ebenfalls ein Hinweis auf ein Schwarzes Loch (vgl. die Diskussion in Abschnitt 10.24).

? Weshalb fällt es uns so schwer, tief in elliptische Galaxien zu schauen?

Die Hubble-Aufnahme von M87 in Abb. 11.67 zeigt einen außergewöhnlich hellen, sternförmigen Kern und darum eine Gasscheibe mit nachlaufenden Spiralarmen. Damit sie so hell leuchten kann, muss die Dichte der Sterne im Zentrum von M87 mindestens 300-mal so hoch wie in den Zentren anderer elliptischer Riesengalaxien sein. Die Bewegungen der Sterne in dieser zentralen Gruppierung stützen die Hypothese, dass im Zentrum von M87 ein Schwarzes Loch mit einer Masse von fast 3 Mrd. Sonnenmassen liegt.

Selbst Spiralgalaxien, die wir nur von der Seite sehen, geben inzwischen ihre Geheimnisse preis. John Kormendy hat den Kern der Galaxie M104 (Abb. 11.68) mit einem 3,6-m-Teleskop auf Mauna Kea spektroskopisch untersucht. Auch hier wurden schnelle Gasmassen gefunden, die den Kern der Galaxie umlaufen. Diese Beobachtungen deuten darauf hin, dass das Zentrum dieser Galaxie von einem supermassiven Schwarzen Loch mit einer Masse von 1 Mrd. Sonnenmassen beherrscht wird. Ähnliche spektroskopische Beobachtungen der Scheibengalaxie NGC 3115, die wir ebenfalls von der Seite sehen, belegen, dass sich in ihrem Kern ein Schwarzes Loch mit einer Masse von 1 Mrd. Sonnenmassen befindet.

R I V U X G

Abb. 11.68 Die Sombrerogalaxie M104. Diese Spiralgalaxie im Sternbild Jungfrau sehen wir von der Erde aus nahezu von der Seite. Spektroskopische Beobachtungen zeigen, dass sich im Zentrum ein Schwarzes Loch mit einer Masse von 1 Mrd. Sonnenmassen befindet. Das helle Gebiet in ihrem Zentrum sind Sterne und Gas, die das Schwarze Loch umlaufen. (NASA und die Hubble-Heritage-Gruppe [STScI/AURA])

11.26 Jets aus Protonen und Elektronen, die aus der Umgebung Schwarzer Löcher ausgestoßen werden, könnten eine Erklärung für die aktiven Galaxien geben

Die Gravitationsenergie supermassiver Schwarzer Löcher in den Zentren von Galaxien führt zur Entstehung riesiger Jets aus Gas, die Protonen und Elektronen enthalten. Um dies genauer zu erörtern, betrachten wir ein Schwarzes Loch im Zentrum einer mit Gas und Staub gefüllten jungen Galaxie. Da die Zentren von Galaxien dicht belegt sind, sammelt ein Schwarzes Loch dort eine massive Akkretionsscheibe von Bruchstücken an (Abb. 11.69a). Nach dem dritten Kepler'schen Gesetz läuft das Material in den Innengebieten einer solchen Scheibe am schnellsten um. Somit wechselwirkt die innere Materie ständig mit den Gasen in den Außengebieten, die sich langsamer bewegen. Durch die Reibung zwischen ihnen heizt sich das gesamte Gas auf. Während die hochenergetischen Gase auf Spiralbahnen in das Schwarze Loch stürzen, werden sie komprimiert und auf Millionen Grad erhitzt. Diese Temperatur führt zu einem hohen Druck, sodass ein Teil des heißen Gases expandiert und schließlich dort, wo der Widerstand am kleinsten ist – d. h. senkrecht zur Akkretionsscheibe – herausschießt.

Im Jahr 1995 hat das Hubble-Teleskop ein Foto der elliptischen Riesengalaxie NGC 4261 (Abb. 11.69b) aufgenommen, das wahrscheinlich diese Ereignisse zeigt. Man sieht eine Gas- und Staubscheibe mit einem Durchmesser von etwa 800 Lichtjahren, die ein supermassives Schwarzes Loch umläuft. Ausgehend von der Geschwindigkeit des Materials in dieser Scheibe muss sie von einem Objekt mit einer Masse von 1,2 Mrd. Sonnenmassen auf der Umlaufbahn gehalten werden. Die Ausschnittsvergrößerung in Abb. 11.69b ist eine Hubble-Aufnahme des Kerns der Galaxie. Das dunkle, horizontale Oval ist unsere geneigte Ansicht der Akkretionsscheibe. Erdgestützte Radiobeobachtungen und optische Aufnahmen zeigen eine Struktur mit zwei Keulen mit dem Oval in der Mitte (Abb. 11.69b).

Wodurch wird das ausgestoßene Gas aber in den engen Jets konzentriert gehalten? Zunächst verhindert das weiter in das Schwarze Loch stürzende Gas, dass die Jets breiter werden. Als Analogie betrachten wir den Luftstrahl aus der Düse eines Schlauchs. In der Luft wird der Luftstrom breiter und fächert über einen weiten Winkel auf. Genauso wäre es in der Umgebung Schwarzer Löcher ohne das einfallende Gas. Hält man die Düse dagegen in ein Wasserbecken, fächert sie anfangs nicht so weit auf (Abb. 11.70). Wie die beiden Jets aus heißem Gas, die aus der Umgebung des Schwarzen Lochs austreten, muss sich die Luft erst ihren Weg durch das Gas bahnen, das weiter nach innen drängt. Beim Durchgang durch das Material werden die Jets zu engen, hochkonzentrierten Strahlen. Danach laufen in der heißen, wirbelnden Akkretionsscheibe erzeugte Magnetfelder auf Spiralbahnen um die Jets und halten die ausgestoßenen Säulen stabil (Abb. 11.71).

Nachdem sich die aus Gas bestehenden Jets Hunderttausende Jahre oder länger in dieser Weise ausgebreitet haben, kommen sie schließlich durch die zahlreichen Wechselwirkungen mit bereits vorhandenem interstellaren und intergalaktischen Gas zur Ruhe. Dadurch entstehen die Keulen und anderen Merkmale. Im Jahr 2003 konnte mit dem Chandra-Röntgenobservatorium Gas beobachtet werden, das von einem supermassiven Schwarzen Loch in einer Galaxie im Zentrum des Perseus-Galaxienhaufens in Jets ausgestoßen wird und auf Gas trifft, das zwischen den Galaxien liegt. Dieses *Intracluster-Gas* wurde durch den Jet komprimiert und erzeugte konzentrische Ringe oder Schalen von Schallwellen mit einer Wellenlänge von 35.000 Lichtjahren. Mit anderen Worten: Der Schall, den der Jet erzeugt, ist ein Ton B, 57 Oktaven unter dem mittleren Ton C.

Das „Düsenmodell" erklärt nicht nur die Radiodoppelquellen, sondern auch die Jets und Strahlen anderer aktiver Galaxien. Damit haben wir zwischen den verschiedenen Objekten der letzten Abschnitte ein Bindeglied gefunden. *Der Hauptunterschied zwischen*

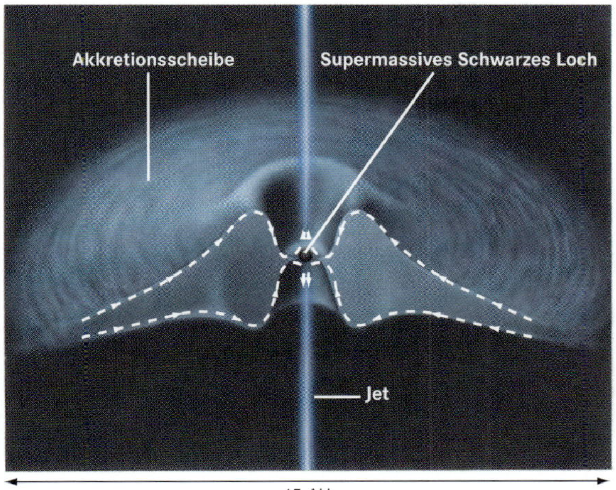

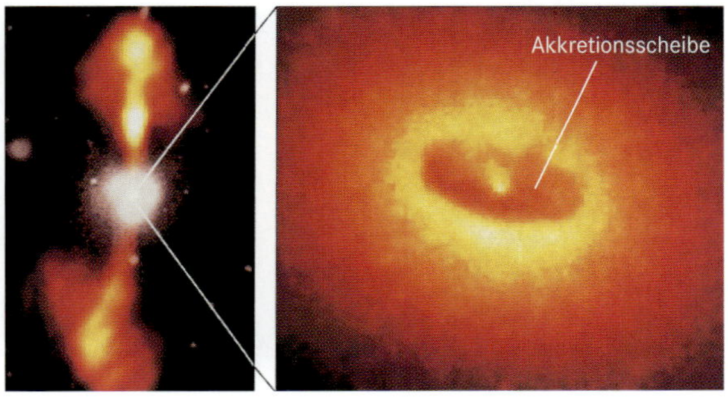

Abb. 11.69 Supermassive Schwarze Löcher als Motoren der galaktischen Aktivität. (a) In der Akkretionsscheibe um ein supermassives Schwarzes Loch nach innen wirbelndes Gas erhitzt sich und dehnt sich aus. Während es weiter nach innen gezogen, komprimiert und erhitzt wird, wird schließlich ein Teil davon senkrecht zur Galaxienscheibe in zwei Jets ausgestoßen. (b) Die elliptische Riesengalaxie NGC 4261 ist eine Radiodoppelquelle im Virgo-Galaxienhaufen, etwa 100 Mio. Lichtjahre von der Erde entfernt. Eine Kombination einer optischen Aufnahme der Galaxie (weiß) mit einer Radioaufnahme (orange und gelb) zeigt sowohl die sichtbare Galaxie, die gar nicht viel Radioenergie aussendet, als auch ihre stark strahlenden Jets. Ausschnittsvergrößerung: Die Hubble-Aufnahme des Kerns von NGC 4261 zeigt eine Gas- und Staubscheibe mit einem Durchmesser von etwa 800 Lj (250 pc), die ein supermassives Schwarzes Loch umläuft. (b: NASA; Ausschnittsvergrößerung: ESA)

den verschiedenen Typen aktiver Galaxien ist der Winkel, unter dem wir den zentralen Motor sehen. Wie Abb. 11.72 zeigt, sieht ein Beobachter eine Radiogalaxie oder eine Radiodoppelquelle, wenn er fast seitlich auf die Akkretionsscheibe blickt. Die Jets liegen dann nahezu in der Himmelsebene. Unter einem spitzeren Winkel ist ein Quasar zu sehen. Falls einer der Jets fast direkt auf die Erde gerichtet ist, ist die Galaxie ein BL-Lacertae-Objekt. Die Seyfert-Galaxien und die aktiven Spiralgalaxien unterscheiden sich dadurch, ob wir

a

b

Abb. 11.70 Die Fokussierung der Jets durch den Druck. (a) Wenn ein schneller Gas- oder Flüssigkeitsstrahl auf wenig Druck (wie oben den Umgebungsluftdruck) trifft, wird er schnell breiter – hier für einen Duschkopf mit mittlerem Strahldruck gezeigt. (b) Trifft er dagegen, etwa beim Eintritt in Wasser, auf einen hohen Druck, bleibt die zylindrische Form länger bestehen. (a: Fotolia, © Marcel Sarközi; b: Fundamental Photographs, New York)

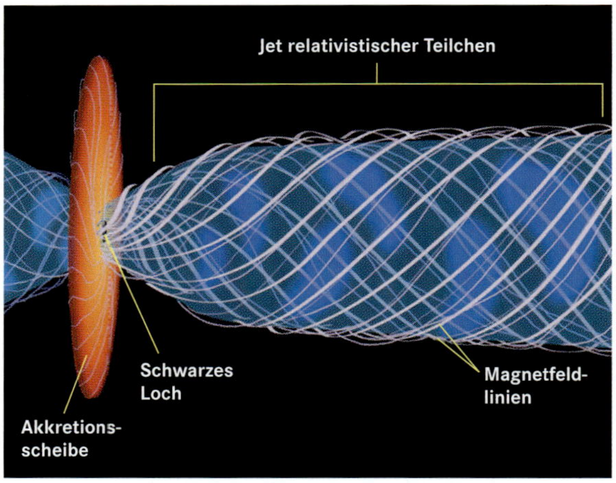

Abb. 11.71 Die Fokussierung von Jets durch Magnetfelder. Die heiße, ionisierte Akkretionsscheibe (rotgelb) um das Schwarze Loch rotiert und erzeugt ein Magnetfeld, das über und unter der Scheibe spiralförmig aufgewickelt wird. Ein Teil des Gases in der Akkretionsscheibe, das in das Schwarze Loch stürzt, wird überhitzt und mit hoher Geschwindigkeit in die beiden von den Magnetfeldern erzeugten Röhren herausgespritzt. Die Felder sorgen dafür, dass das Gas über und unter der Scheibe mit wenig Divergenz austritt und somit die zwei Jets erzeugt.

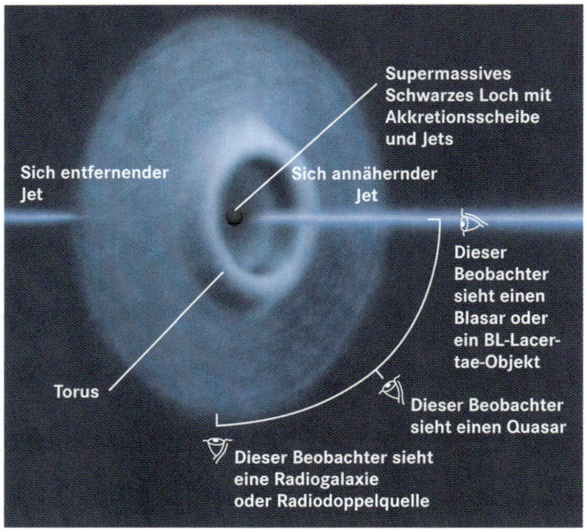

Abb. 11.72 Die Orientierung des zentralen Motors und seiner Jets. BL-Lacertae-Objekte, Quasare und Radiodoppelquellen scheinen Objekte vom selben Typ zu sein, die wir nur aus verschiedenen Richtungen sehen. Weist einer der Jets fast direkt zur Erde, sehen wir ein BL-Lacertae-Objekt. Ist der Jet etwas gegen unsere Sichtlinie geneigt, sehen wir einen Quasar. Ist er noch weiter geneigt, sehen wir eine aktive Galaxie. Sind die Jets nahezu senkrecht zu unserer Sichtlinie, erblicken wir eine Radiodoppelquelle. Das Zentralgebiet des Systems ist in Abb. 11.69a und 11.71 gezeigt.

den hellen Kern sehen können (Typ 1) oder nicht (Typ 2). Wie sie sich in Abb. 11.72 einordnen, muss noch genauer geklärt werden.

Es gibt viele aktive Galaxien, die wir eigentlich sehen *sollten*, aber nicht sehen. Ihre Akkretionsscheiben sind so dick und enthalten so viel Staub, dass nur wenig sichtbares Licht oder Röntgenstrahlung durchdringt. In diesen Fällen sind die Energiequellen, z. B. Quasare, mit Teleskopen für sichtbares Licht oder Röntgenstrahlung nicht zu sehen. Allerdings sollte Infrarotstrahlung das Gas und den Staub durchdringen. Daher wurden 2005 mit dem Spitzer-Weltraumteleskop Gebiete von Galaxien durchmustert, in denen Quasare *vermutet wurden.* Allein in einem winzigen Fleck des Himmels konnten 21 von ihnen entdeckt werden! Extrapoliert auf das Gesamtvolumen des Weltraums, das Quasare enthält, sind Millionen oder mehr „verborgene" aktive Galaxien zu erwarten.

Der zweite wichtige Faktor in den beobachteten Eigenschaften aktiver Galaxien und ihrer Entwicklungsgeschichte ist die Menge des Materials, das für die Entstehung der Akkretionsscheibe zur Verfügung steht. Die Überschneidung in den Helligkeitsgraden verschiedener Typen aktiver Galaxien liegt daran, dass die zentralen Schwarzen Löcher und ihre Akkretionsscheiben unterschiedliche Massen haben. Außerdem entwickeln sich ihre Emissionen im Laufe der Zeit.

Wenn supermassive Schwarze Löcher noch jung sind, sind sie von riesigen Gasmassen umgeben, die massereiche Akkretionsscheiben erzeugen. Im Laufe der Zeit wird der größte Teil dieses Gases entweder ins Schwarze Loch gezogen oder wie oben diskutiert in Form von Jets von der Scheibe ausgestoßen. Wenn eine Akkretionsscheibe erschöpft ist, wird die aktive Ga-

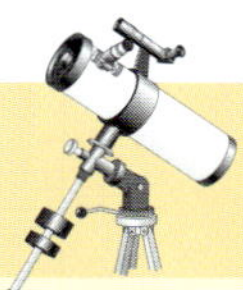

Einblicke in die Wissenschaft

Das Ockham-Rasiermesser Es wäre durchaus denkbar, für Quasare, BL-Lacertae-Objekte und andere aktive Galaxien *jeweils separate* Theorien aufzustellen. Allerdings werden in der Wissenschaft umfassende Theorien, die so viele Erscheinungen wie möglich erklären, bevorzugt, da sie das gemeinsame Wesen der Dinge zum Ausdruck bringen. Diese Suche nach einfachen, leistungsfähigen Erklärungen ist der zentrale Antrieb für den Fortschritt in der Wissenschaft.

laxie immer ruhiger. Da die Galaxien, die wir in der Nähe beobachten, etwa so alt wie unsere Galaxis, also über 13 Mrd. Jahre, sind, ist um die Schwarzen Löcher in ihren Kernen meist nur noch eine kleine oder gar keine Akkretionsscheibe übrig geblieben. Daher können wir in unserer Nähe nur wenige aktive Galaxien sehen. Allerdings kann bei einer Kollision von Galaxien Gas freiwerden, mit dessen Hilfe ruhige Galaxien erneut aktiv werden können.

11.27 Die Gravitation fokussiert das Licht von Quasaren

Die Strahlung aller Quasare kann durch Gravitationslinsen abgelenkt werden, wie sie die Einstein'sche allgemeine Relativitätstheorie beschreibt (siehe Abschnitt 10.19 und 11.18). Wenn uns Licht von Quasaren erreicht, wird es wie das Licht von Sternen hinter der Sonne auf dem Weg zu uns beim Vorbeigang an anderen Galaxien oder an intergalaktischem Gas und Dunkelmaterie abgelenkt. Wie sich in Abschnitt 11.18 zeigte, können wir infolge einer solchen Gravitationslinse mehrere Bilder von Objekten empfangen. Abb. 11.73 zeigt vier Bilder eines Quasars in einer Konfiguration, die **Einstein-Kreuz** genannt wird. Liegt andererseits ein Hintergrundobjekt genau hinter einem Quasar, wird das Licht ringförmig fokussiert und es entsteht anstelle mehrerer getrennter Bilder ein sogenannter **Einstein-Ring** (siehe Abb. 11.49b).

Da sich Licht mit einer endlichen Geschwindigkeit ausbreitet, braucht es z. B. 8 min von der Sonne bis zur Erde. Wir sehen die Sonne also so, wie sie vor 8 min ausgesehen hat. Je weiter ein Objekt von uns entfernt ist, desto länger sind Licht und andere Strahlung von dort unterwegs, bevor sie die Erde erreichen. Eine Galaxie in einer Entfernung von 1 Mrd. Lichtjahren sehen wir so, wie sie vor 1 Mrd. Jahren ausgesehen hat. Wenn wir Quasare betrachten, sehen wir Objekte so, wie sie ausgesehen haben, als das Universum noch wesentlich jünger war. In den letzten Jahren sind im Rahmen der Sloan-Digital-Sky-Durchmusterung Quasare in einer Entfernung entdeckt worden, die einem Zeitpunkt entspricht, als das Universum nur 800 Mio. Jahre alt war.

11.28 An den Grenzen unseres Wissens

Obwohl wir Teil unserer Galaxis sind, steht unserem Wissen über sie die Schwierigkeit im Wege, dass wir Beobachtungen durch Gas und Staub hindurch ausführen müssen. Wir haben immer noch nicht alle Kugelsternhaufen entdeckt. Eine noch größere Herausforderung ist das Auffinden und Klassifizieren aller Sterne sowie Gas- und Staubwolken in der Galaxienscheibe. Gibt es noch weitere kleine Galaxien, die unsere Galaxis verschlingt? Außerdem müssen wir umfassend und genau die Struktur und Ausdehnung der Spiralarme und des Balkens aus Gas, Staub und Sternen durch die Mitte des Zentralwulsts klären.

? Welchem physikalischen Gerät entspricht das Microlensing: Spiegelteleskopen oder Linsenfernrohren?

Unsere Beobachtungen des Kerns der Galaxis deuten auf eine beträchtliche Aktivität hin, bei der noch nicht sicher ist, worum es sich dabei handelt. Wodurch heizt sich das Gas auf 100 Mio. K auf? Wodurch entstehen dort die Positronen, deren Gammastrahlung wir beobachten? Was verursacht weitab im Halo der Galaxis all die Gravitationskraft, die wir zwar nachweisen können, deren Quelle wir aber noch nicht beobachten konnten? Mit anderen Worten, was ist die Dunkelmaterie? Ein weiteres noch ungelöstes Rätsel ist der Entstehungsprozess unserer Galaxis. Sind zuerst Sterne entstanden? Ist zunächst das supermassive Schwarze Loch entstanden und hat daraufhin das Gas- und Staubmedium in die Umlaufbahn gezogen, aus dem dann Sterne entstanden? Sind zuerst kleinere Galaxien entstanden, die daraufhin zu der Galaxis, die wir heute kennen, verschmolzen sind? An allen diesen Fragen wird derzeit in der Astronomie gearbeitet.

Je weiter wir den Blick in das Universum richten, desto mehr gibt es zu entdecken. Im Reich der Galaxien ist noch nicht vollständig verstanden, wie die verschiedenen Galaxientypen entstehen. Sind die Zentralbalken ein Ergebnis der Kollisionen von Galaxien? Sind Kugelsternhaufen die Reste früherer Galaxien, die von größeren Galaxien verschlungen worden sind? Wie lange dauert es, bis wechselwirkende Galaxien verschmolzen sind? Entstehen supermassive Schwarze Löcher vor, während oder nach den Galaxien? Wenn wir das Reich der Globalstruktur des Universums betreten: Wie sieht die Gesamtverteilung der Galaxienhaufen und Superhaufen im Universum aus? Sind die meisten von ihnen tatsächlich in schwammähnlichen oder seifenschaumähnlichen Oberflächen konzen-

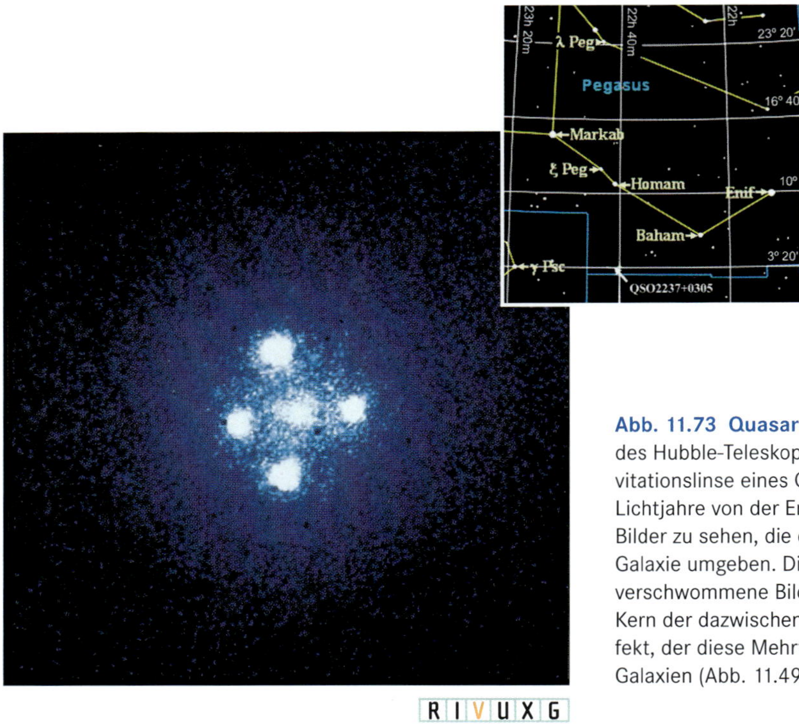

Abb. 11.73 Quasare als Gravitationslinse. Die Aufnahme des Hubble-Teleskops zeigt die Lichtablenkung durch die Gravitationslinse eines Quasars im Sternbild Pegasus. Der 8 Mrd. Lichtjahre von der Erde entfernte Quasar ist als vier getrennte Bilder zu sehen, die eine nur 400 Mio. Lichtjahre entfernte Galaxie umgeben. Dieses Muster heißt Einstein-Kreuz. Das verschwommene Bild in der Mitte des Einstein-Kreuzes ist der Kern der dazwischenliegenden Galaxie. Der physikalische Effekt, der diese Mehrfachbilder erzeugt, ist derselbe wie bei Galaxien (Abb. 11.49). (NASA/ESO)

triert, und wenn ja, was besagt diese Struktur über die zugrunde liegende Verteilung von Dunkelmaterie und andere Eigenschaften des Kosmos?

? Von welchen anderen astronomischen Objekten außer Schwarzen Löchern gehen noch Jets von Gas aus?

Quasare, aktive Galaxien, BL-Lacertae-Objekte und Radiodoppelquellen sind dankbare Objekte sowohl für Beobachtungen als auch für die theoretische Forschung. Weshalb emittieren verschiedene Quasare in unterschiedlichen Teilen des Spektrums am stärksten? Sind Quasare eine Frühphase der meisten Galaxien, also auch unserer Galaxis – eine Auffassung, die sich immer mehr durchzusetzen scheint? Was führt dazu, dass Quasare veränderlich sind? Sind Blasare, Quasare und Radiogalaxien tatsächlich das Ergebnis supermassiver Schwarzer Löcher, die wir aus unterschiedlichen Orientierungen sehen? Wie konnten supermassive Schwarze Löcher in der Frühphase des Universums überhaupt so schnell entstehen? Fast jede Woche wird über neue Entdeckungen auf diesem Gebiet berichtet.

? Welche astronomischen Objekte sind noch beobachtet worden, nachdem ihr Licht durch eine Gravitationslinse gegangen ist?

Schlüsselbegriffe

Was ist unsere Galaxis?

- Vor 100 Jahren waren die Astronomen unschlüssig, ob alle Sterne und Nebel Teil unserer Galaxis sind.
- Die Shapley-Curtis-Debatte war die erste große öffentliche Diskussion, ob unsere Galaxis alle Sterne im Universum enthält.
- Cepheiden-Veränderliche sind wichtig für die Bestimmung der Entfernung anderer Galaxien.
- Edwin Hubble bewies, dass es weit außerhalb unserer Galaxis andere Galaxien gibt.

Der Aufbau unserer Galaxis

- Unsere Galaxis enthält eine Scheibe mit einem Durchmesser von etwa 100.000 Lichtjahren und einer Dicke von etwa 2000 Lichtjahren mit einer hohen Konzentration von interstellarem Gas und Staub. Sie enthält etwa 200 Mrd. Sterne.
- Unser Blick in die Ebene der Galaxienscheibe wird bei sichtbaren Wellenlängen durch interstellaren Staub verwehrt. Trotzdem können Wasserstoffwolken hinter diesem Staub nachgewiesen werden. Dazu bedient man sich der 21-cm-Radiowellen, die vom Umklappen der relativen Spinstellung von Elektronen und Protonen in den Wolken herrühren, sowie anderer Emissionen in nicht sichtbaren Wellenlängenbereichen.

- Das Zentrum unserer Galaxis, der Kern, ist bei Gamma-, Röntgen-, Infrarot- und Radiowellenlängen untersucht worden. Diese gehen leicht durch das dazwischenliegende interstellare Medium aus Gas und H-II-Gebieten, die die Spiralarme zum Leuchten bringen. Diese Beobachtungen haben das dynamische Wesen der Galaxienkerne verdeutlicht, wobei aber noch viel zu klären ist.
- Im Kern unserer Galaxis liegt ein supermassives Schwarzes Loch mit einer Masse von etwa $4 \cdot 10^6\ M_\odot$.
- Der Kern unserer Galaxis ist von einer abgeflachten Kugel von Sternen, dem Zentralwulst, umgeben. Durch ihn verläuft ein Balken aus Sternen und Gas. Die gesamte Galaxis ist von einem Halo von Materie umgeben, der eine kugelförmige Verteilung von Kugelsternhaufen und Feldsternen sowie große Mengen Dunkelmaterie enthält.
- Von den Enden des Balkens in dem galaktischen Zentralwulst geht spiralförmig eine Scheibe mit zwei hellen und mehreren schwächeren Armen aus Sternen, Gas und Staub aus.
- Junge OB-Assoziationen, H-II-Gebiete und Molekülwolken in der Galaxienscheibe markieren die riesigen Spiralarme, in denen Sterne entstehen.
- Die Sonne liegt etwa 26.000 Lichtjahre vom Kern der Galaxis entfernt zwischen zwei großen Spiralarmen. Sie bewegt sich mit einer Geschwindigkeit von etwa 828.000 km/h auf ihrer Umlaufbahn, und ein Umlauf um das Zentrum der Galaxis dauert etwa 230 Mio. Jahre.

Rätsel am Rand der Galaxis

- Aus Untersuchungen der Rotation der Galaxis kann ihre Gesamtmasse auf etwa $1 \cdot 10^{12}\ M_\odot$ geschätzt werden. Ein großer Teil dieser Masse ist noch nicht nachgewiesen worden.

Die Hubble'schen Galaxientypen

- Das Hubble'sche Klassifizierungssystem teilt die Galaxien in vier Haupttypen ein: Spiralgalaxien, Balkengalaxien, elliptische Galaxien und irreguläre Galaxien.
- Die Arme von Spiralgalaxien und Balkengalaxien sind Orte aktiver Sternentstehung.
- Der Theorie der selbstpropagierenden Sternentstehung zufolge sind die Spiralarme von flockigen Galaxien das Ergebnis der Geburt und des Tods von Sternen in ausgedehnten Gebieten einer Galaxie. Durch die differenzielle Rotation einer Galaxie werden die Sternentstehungsgebiete zu Bögen von Sternen und Nebeln lang gezogen, die wir als Spiralarme sehen.
- Der Spiraldichtewellentheorie zufolge entstehen die Spiralarme von Grand-Design-Galaxien durch Spiraldichtewellen. Das Gravitationsfeld einer Spiraldichtewelle komprimiert die durch sie laufenden interstellaren Wolken und löst dadurch die Entstehung von Sternen einschließlich OB-Assoziationen aus, durch die die Arme hervortreten.
- Elliptische Galaxien enthalten wesentlich weniger interstellares Gas- und Staubmedium als Spiralgalaxien; in elliptischen Galaxien entstehen verhältnismäßig wenige Sterne.

Galaxienhaufen und Superhaufen

- Die Galaxien sind nicht wahllos über das gesamte Universum verstreut, sondern in Galaxienhaufen gruppiert.
- Ein reicher Galaxienhaufen enthält mindestens 1000 Galaxien, ein armer kann nur einige Dutzend bis zu 1000 Galaxien enthalten. Ein regulärer Galaxienhaufen ist fast kugelförmig mit einer zentralen Konzentration von Galaxien; in irregulären Galaxienhaufen sind die Galaxien asymmetrisch verteilt.
- Unsere Galaxis gehört zur lokalen Gruppe, einem armen, irregulären Galaxienhaufen.
- Reiche, reguläre Galaxienhaufen enthalten hauptsächlich elliptische und Linsengalaxien; irreguläre Galaxienhaufen enthalten mehr Spiralgalaxien und irreguläre Galaxien. Elliptische Riesengalaxien sind häufig in der Nähe der Zentren reicher Galaxienhaufen zu finden.
- Kein Galaxienhaufen hat eine so große beobachtbare Masse, dass damit die beobachteten Bewegungen seiner Galaxien zu erklären wären; zwischen den Galaxien muss also sehr viel unbeobachtete Masse – Dunkelmaterie – vorhanden sein.
- In reichen Galaxienhaufen senden heiße intergalaktische Gase Röntgenstrahlung aus.
- Wenn zwei Galaxien kollidieren, laufen ihre Sterne anfangs einfach aneinander vorbei, während die interstellaren Gas- und Staubmedien heftig kollidieren, wobei entweder Gas und Staub aus den Galaxien herausgerissen wird oder eine umfangreiche Sternentstehung einsetzt. Die Gravitationswirkungen einer Galaxienkollision können Sterne aus den Galaxien in den intergalaktischen Raum schleudern.
- Galaxien können verschmelzen, wobei gelegentlich elliptische Riesengalaxien entstehen. Außerdem kann eine große Galaxie in einem reichen Gala-

xienhaufen durch galaktischen Kannibalismus immer weiter wachsen.

Superhaufen in Bewegung

- Zwischen der Entfernung der Galaxien anderer Superhaufen von der Erde und ihrer Rotverschiebung (einem Maß für die Geschwindigkeit, mit der sie sich von uns entfernen) besteht eine einfache lineare Beziehung, das Hubble-Gesetz: Fluchtgeschwindigkeit = H_0 · Entfernung, wobei H_0 die Hubble-Konstante ist.
- Zur Berechnung intergalaktischer Entfernungen werden Standardkerzen wie Cepheiden-Veränderliche, die hellsten Überriesen, Kugelsternhaufen, H-II-Gebiete, Supernovae in einer Galaxie und die Tully-Fisher-Relation genutzt. Wegen der Schwierigkeit, die Entfernung weit entfernter Galaxien zu messen, ist der Wert der Hubble-Konstanten H_0 noch nicht mit letzter Sicherheit bekannt.
- Die Entwicklung der Radioastronomie Ende der 1940er Jahre führte zur Entdeckung sehr starker und außerordentlich weit entfernter Energiequellen.

Quasare und andere aktive Galaxien

- Eine aktive Galaxie hat eine sehr hohe Lichtstärke mit einer oder mehreren der folgenden ungewöhnlichen Eigenschaften: einem außergewöhnlich hellen, sternförmigen Kern, starken Emissionslinien im Spektrum, raschen Schwankungen der Leuchtkraft und Jets oder Strahlung aus dem Kern. Zu den aktiven Galaxien zählen Quasare, Seyfert-Galaxien, Radiogalaxien, Radiodoppelquellen und BL-Lacertae-Objekte.
- Ein Quasar bzw. eine quasistellare Radioquelle ist ein Objekt, das zwar wie ein Stern aussieht, aber eine sehr hohe Rotverschiebung aufweist. Diese Rotverschiebung entspricht nach dem Hubble-Gesetz einer Entfernung von Milliarden Lichtjahren von der Erde.
- Damit ein Quasar von der Erde aus zu sehen ist, muss er eine hohe Leuchtkraft, in der Regel etwa die 100-fache einer normalen Galaxie, haben. Verhältnismäßig schnelle Fluktuationen der Helligkeit einiger Quasare zeigen, dass ihr Durchmesser nicht viel größer als der unseres Sonnensystems sein kann.
- Eine aktive Spiralgalaxie mit einem hellen, sternförmigen Kern und starken Emissionslinien im Spektrum wird als Seyfert-Galaxie klassifiziert.
- Eine aktive elliptische Galaxie heißt Radiogalaxie. Sie hat einen hellen Kern und zwei helle Radiojets, die in entgegengesetzten Richtungen von ihr ausgehen.
- BL-Lacertae-Objekte (BL-Lac, von denen einige Blasare heißen) haben helle Kerne, deren Leuchtkraft verhältnismäßig schnell schwankt.
- Radiodoppelquellen enthalten Kerne aktiver Galaxien, die zwischen zwei charakteristischen Radiokeulen liegen. Eine Kopf-Schwanz-Radioquelle deutet auf Jets schneller Teilchen hin, die von einer aktiven Galaxie ausgehen.

Supermassive Motoren

- Viele Galaxien enthalten in ihren Zentren gewaltige Materiekonzentrationen.
- Ein Teil der Materie, der auf Spiralbahnen auf das supermassive Schwarze Loch im Inneren zuläuft, wird in zwei entgegengesetzt gerichtete Strahlen gequetscht, die Teilchen und Energie in den intergalaktischen Raum transportieren.
- Die Energiequellen von Quasaren, Seyfert-Galaxien, BL-Lacertae-Objekten, Radiogalaxien und Radiodoppelquellen sind wahrscheinlich Materie, die von den Akkretionsscheiben ausgestoßen wird, die supermassive Schwarze Löcher in den Zentren der Galaxien umgeben.

Was haben Sie gedacht?

1 *Welche Struktur hat unsere Galaxis?* Unsere Galaxis ist eine Balkengalaxie. Durch ihr Zentralgebiet verläuft ein Balken aus Sternen, Gas und Staub. Sie hat zwei helle und mehrere schwache Spiralarme und ist von einem kugelförmigen Halo aus Sternen und Dunkelmaterie umgeben.

2 *Wo liegt unser Sonnensystem in unserer Galaxis?* Das Sonnensystem liegt zwischen dem Sagittarius- und dem Perseus-Spiralarm, etwa 26.000 Lichtjahre vom Zentrum der Galaxis entfernt.

3 *Bewegt sich die Sonne durch unsere Galaxis und, wenn ja, mit welcher Geschwindigkeit?* Ja. Die Sonne umläuft das Zentrum unserer Galaxis mit einer Geschwindigkeit von 828.000 km/h.

4 *Liegen die meisten Sterne von Spiralgalaxien in deren Spiralarmen?* Nein. Die Spiralarme enthalten nur 5 % mehr Sterne als die Gebiete dazwischen.

5 *Haben alle Galaxien Spiralarme?* Nein. Es gibt Spiralgalaxien, Balkengalaxien, elliptische Galaxien oder irreguläre Galaxien. Nur Spiralgalaxien und Balkengalaxien haben Spiralarme.

6 *Sind Galaxien isolierte Objekte?* Nein. Galaxien sind in Galaxienhaufen gruppiert, die wiederum in Superhaufen gruppiert sind.

7 *Kontrahiert das Universum, bleibt seine Größe gleich oder expandiert es?* Das Universum expandiert.

Nachlese

Die Lösungen aller mit einem Stern (*) markierten Rechenaufgaben finden Sie am Ende des Buchs.

1. An welcher Stelle in der Galaxis befindet sich unser Sonnensystem? **a.** Im Kern, **b.** im Halo, **c.** in einem Spiralarm, **d.** zwischen zwei Spiralarmen, **e.** im Zentralwulst.
2. Was befindet sich im Kern der Galaxis? **a.** Ein Kugelsternhaufen, **b.** ein Spiralarm, **c.** ein Schwarzes Loch, **d.** das Sonnensystem, **e.** ein MACHO.
3. Welche Aussage über unsere Galaxis ist richtig? **a.** Unsere Galaxis ist nur eine von vielen Galaxien. **b.** Unsere Galaxis enthält alle Sterne im Universum. **c.** Die Umlaufzeit aller Sterne in unserer Galaxis ist gleich. **d.** Die meisten Sterne in unserer Galaxis sind im Zentralwulst enthalten. **e.** Keiner der Sterne in unserer Galaxis bewegt sich.
4. Worum ging es bei der Shapley-Curtis-Debatte? Gab es am Ende einen Gewinner? Wessen Ideen erwiesen sich als richtig?
5. Wie bewies Edwin Hubble, dass M31 kein Nebel in unserer Galaxis ist?
6. Weshalb sieht die Milchstraße auf der Nordhalbkugel im Juli wesentlich eindrucksvoller als im Dezember aus?
7. Welche Beobachtungen brachten Harlow Shapley zur Schlussfolgerung, dass wir nicht im Zentrum der Galaxis liegen?
8. Erläutern Sie, weshalb Kugelsternhaufen mehr Zeit im galaktischen Halo als in der Galaxienscheibe verbringen, obwohl sie ihre exzentrischen Umlaufbahnen durch die Galaxienscheibe führen.
9. Wie erzeugen Wasserstoffatome die 21-cm-Strahlung? Was können wir aus Beobachtungen dieser Strahlung über unsere Galaxie entnehmen?
10. Weshalb wird angenommen, dass unsere Galaxis von riesigen Mengen Dunkelmaterie umgeben ist?
11. Was ist Synchrotronstrahlung?
12. Weshalb gib es in Kugelsternhaufen keine massereichen O- und B-Sterne?
13. Was deutet darauf hin, dass im Zentrum unserer Galaxis ein supermassives Schwarzes Loch liegt?
14. * Wie oft hat das Sonnensystem ungefähr das Zentrum der Galaxie umlaufen, seit die Sonne und die Planeten entstanden sind?
15. Welches sind die massereichsten Galaxien im Universum? **a.** Normale Spiralgalaxien, **b.** Balkengalaxien, **c.** elliptische Riesengalaxien, **d.** elliptische Zwerggalaxien, **e.** irreguläre Galaxien.
16. Für welche der folgenden Erscheinungen sind Spiraldichtewellen direkt verantwortlich? **a.** Flockige Spiralgalaxien, **b.** Grand-Design-Spiralgalaxien, **c.** Supernovae, **d.** Kollisionen von Galaxien, **e.** galaktischen Kannibalismus.
17. Welche der folgenden Aussagen über die Bewegung von Galaxien ist richtig? **a.** Alle Galaxien entfernen sich voneinander. **b.** Alle Superhaufen bewegen sich voneinander fort. **c.** Alle Superhaufen bewegen sich aufeinander zu. **d.** Unsere Galaxis ist das Zentrum des Universums. **e.** Alle Galaxienhaufen in jedem Superhaufen bewegen sich aufeinander zu.
18. Wie lautet die übliche Bezeichnung für den Überschallknall bei einem Gewitter?
19. Zu welcher Spektralklasse gehören die 5 % Sterne, die nur in den Spiralarmen von Spiralgalaxien zu finden sind?
20. Was ist das Hubble-Klassifizierungsschema? Welche Kategorie enthält die größten Galaxien? Zu welcher Kategorie zählen die kleinsten Galaxien? Welcher Galaxientyp ist der häufigste?
21. In welchem Hubble-Typ entstehen am häufigsten neue Sterne? Beschreiben Sie, welche Beobachtung Ihre Antwort stützt.
22. Welcher Unterschied besteht zwischen einer flockigen Spiralgalaxie und einer Grand-Design-Spiralgalaxie?
23. Beschreiben Sie kurz, wie die Theorie der selbstpropagierenden Sternentstehung die Existenz von Spiralarmen in einigen Spiralgalaxien erklärt.
24. Beschreiben Sie kurz, wie die Spiraldichtewellentheorie die Existenz von Spiralarmen in einigen Spiralgalaxien erklärt.
25. Wie ist es möglich, dass in unserer lokalen Gruppe immer noch Galaxien entdeckt werden? In welchem Gebiet des Himmels liegen diese? Wie müssten die Beobachtungen aussehen, mit denen sie entdeckt werden können?
26. Sind irgendwelche Galaxien außer unserer mit bloßem Auge zu sehen? Wenn ja, welche?
27. Welcher Unterschied besteht zwischen einem reichen Galaxienhaufen und einem armen? Welcher Unterschied besteht zwischen einem regulären Galaxienhaufen und einem irregulären?
28. Wie kann die Kollision von Galaxien zur Entstehung einer Starburst-Galaxie führen?

29. Worauf stützt sich die Annahme, dass in den Galaxienhaufen beträchtliche Mengen Dunkelmaterie vorhanden sein müssen?
30. Erläutern Sie, weshalb die Dunkelmaterie in Galaxienhaufen kein neutraler Wasserstoff sein kann.
31. Was besagt das Hubble-Gesetz?
32. Einige Galaxien in der lokalen Gruppe zeigen blauverschobene Spektrallinien. Weshalb verstoßen diese Blauverschiebungen nicht gegen das Hubble-Gesetz?
33. Was ist eine Standardkerze? Weshalb sind Standardkerzen wichtige Hilfsmittel bei der Messung der Hubble-Konstante?
34. Welche Arten von Sternen bevölkern Ihrer Meinung nach den Weltraum zwischen den Galaxien in einem Galaxienhaufen?
35. Wie heißt eine Radiodoppelquelle, die wir entlang einer Achse eines Jets sehen? **a.** BL-Lacertae-Objekt, **b.** Quasar, **c.** aktive Galaxie, **d.** Radiodoppelquelle, **e** Pulsar.
36. Welche zwei Objekte enthält der Motor eines Quasars? **a.** Ein supermassives Schwarzes Loch und einen Begleiter, **b.** ein stellares Schwarzes Loch und einen Begleiter, **c.** ein supermassives Schwarzes Loch und eine Akkretionsscheibe, **d.** ein stellares Schwarzes Loch und eine Akkretionsscheibe, **e.** einen Überriesen und eine Akkretionsscheibe.
37. Stellen Sie sich vor, Sie vermuten, dass es sich bei einem bestimmten Objekt am Himmel um einen Quasar handelt. Welche Beobachtungen würden Sie ausführen, um Ihre Annahme zu bestätigen?
38. Erläutern Sie, wie die Schwankungsrate einer Lichtquelle verwendet werden kann, um eine Obergrenze für die Größe dieser Lichtquelle zu ermitteln.
39. Was ist eine aktive Galaxie? Zählen Sie die verschiedenen Arten aktiver Galaxien auf. Wodurch unterscheiden sie sich voneinander?
40. Weshalb wird davon ausgegangen, dass das Energieerzeugungsgebiet eines Quasars sehr klein ist?
41. Wie entsteht Synchrotronstrahlung?
42. Was deutet darauf hin, dass Quasare extrem weit entfernte aktive Galaxien sind?
43. Was ist eine Radiodoppelquelle?
44. Was ist ein supermassives Schwarzes Loch? Welche Beobachtungen deuten darauf hin, dass in den Zentren vieler Galaxien supermassive Schwarze Löcher liegen könnten?
45. Weshalb wird meist davon ausgegangen, dass der Motor im Zentrum eines Quasars ein supermassives Schwarzes Loch ist, das von einer Akkretionsscheibe umgeben ist?
46. Wie hängt die Orientierung der vom Zentrum einer Galaxie ausgehenden Jets relativ zu unserer Sichtlinie mit dem Typ der beobachteten aktiven Galaxie zusammen?

Kapitel 12
Kosmologie

Sternentstehungswellen im frühen Universum. (Zeichnung von Adolf Schaller, STScI/NASA/K. Lanzetta, SUNY)

Was meinen Sie?

1 **Was ist das Universum?**

2 **Hatte das Universum einen Anfang?**

3 **Wohin expandiert das Universum?**

4 **Wie stark ist die Gravitation im Vergleich zu den anderen Naturkräften?**

5 **Wird das Universum ewig bestehen?**

Die Antworten finden Sie bei der jeweiligen Ziffer im Text und noch einmal zusammengefasst am Ende des Kapitels.

Jahrhundertelang haben unsere Vorfahren spekuliert, ob das Universum schon ewig besteht oder zu einem bestimmten Zeitpunkt begonnen hat. Hat Gott das Universum erschaffen oder war seine Entstehung ein Ereignis, das keines göttlichen Zutuns bedurfte? Eine endgültige wissenschaftliche Antwort auf diese Fragen steht bis heute aus. Allerdings konnte in der Astronomie und in anderen Wissenschaften schon viel darüber in Erfahrung gebracht werden, was im Universum bis zu einem winzigen Sekundenbruchteil nach seiner Entstehung geschah und wie sein Schicksal aussehen wird. Auch wenn die Gesamttheorie der kosmischen Entwicklung keinesfalls abgeschlossen ist, stimmen ihre wichtigsten Aussagen mit den Beobachtungen überein.

In diesem Kapitel wollen wir die Verteilung von Materie über die größten Dimensionen im Universum betrachten und sehen, wie sie sich bewegt und verändert. Anhand dessen betrachten wir anschließend das Urknallmodell, das darüber Auskunft gibt, wie sich das Universum seit den allerersten Anfängen, als es noch kleiner als ein Atom war, entwickelt hat. Wir werden dabei sehen, wie es gewachsen ist und dabei Materie, wie wir sie heute kennen, also riesige Systeme wie Galaxien und Galaxiengruppen, hervorgebracht hat. Ganz zum Schluss werden wir uns dem weiteren Schicksal des Universums zuwenden.

In diesem Kapitel geht es darum,

- die Kosmologie kennenzulernen, die den Anfang, die Entwicklung und das Ende des Universums erklären soll;
- die beste Theorie kennenzulernen, die wir bisher für die Entwicklung des Universums haben: die Urknalltheorie;
- wie die Astronomie die Entwicklung von Materie und die Entstehung von Galaxien zurückverfolgt;
- wie in der Astronomie die Gesamtstruktur des Universums erklärt wird;
- was wir gegenwärtig über das weitere Schicksal des Universums wissen.

Der Urknall

1 Das **Universum** ist die Gesamtheit der Materie, Energie und Raumzeit, die wir jemals werden entdecken können oder von denen wir in irgendeiner Weise feststellen können, dass sie uns beeinflussen. (Diese Definition ist bewusst so weit gefasst, dass sie Materie und Energie in anderen Dimensionen oder solche, die sich so schnell von uns entfernen, dass uns ihr Einfluss nie erreichen wird, mit einschließt. Allerdings sind diese Vorstellungen noch sehr vorläufig und theoretisch und wir werden uns hier auf Konzeptionen konzentrieren, die durch Beobachtungen belegt werden können.) Bisher haben wir in diesem Buch Materie mit Abmessungen einerseits so klein wie Atome, andererseits so groß wie Superhaufen von Galaxien betrachtet. In Abschnitt 11.19 hatten wir bereits gesehen, dass sich alle Superhaufen voneinander entfernen, und daraus geschlossen, dass das Universum expandiert. In diesem Kapitel wollen wir ausgehend von den bisher geschilderten Beobachtungstatsachen die Urknalltheorie der Kosmologie erläutern. **Kosmologie** ist die Untersuchung der großräumigen Struktur und Entwicklung des Universums.

12.1 Die allgemeine Relativitätstheorie sagt ein expandierendes (oder kontrahierendes) Universum voraus

Als Geburtsstunde der modernen Kosmologie kann das Jahr 1915 angesehen werden, in dem Albert Einstein seine grundlegenden Arbeiten zur allgemeinen Relativitätstheorie veröffentlichte. Zu seiner Verwunderung und zunächst Bestürzung besagten die Gleichungen, dass das Universum nicht statisch ist: Sie zeigten, dass es entweder (wie derzeit beobachtet) expandieren oder kontrahieren muss. Für diese Aussage war selbst Einstein damals noch nicht bereit.

Die Vorhersage eines sich verändernden Universums war ein Schlag ins Gesicht der damals allgemein akzeptierten Ansicht, dass das Universum unendlich und unveränderlich sei, eine Auffassung, die bereits Isaac Newton 200 Jahre zuvor gestützt hatte. Newton war damals der Ansicht, dass jeder Stern einen festen Platz hat und dort unter dem Einfluss einer gleichförmigen Gravitationsanziehung von jedem anderen Teil des Kosmos festgehalten wird. Er argumentierte so: Wenn die Sterne ungleichmäßig verteilt wären, würde ein Gebiet mehr Masse als ein anderes haben. Die Schwerkraft des dichteren Gebiets würde dann andere Sterne anziehen, sodass Zusammenballungen entstehen würden. Da diese nicht beobachtet werden, zog Newton die Schlussfolgerung, dass die Masse des Universums gleichförmig über einen unendlichen Raum verteilt sein müsste. Zu dem Zeitpunkt, zu dem Einstein die allgemeine Relativitätstheorie veröffentlichte, war die Existenz von Galaxien oder gar Galaxienhaufen und Superhaufen keinesfalls gesichert und von der Relativbewegung der Superhaufen noch nichts bekannt.

Das scheinbar statische Universum einerseits und die damals vorherrschende Vorstellung, dass das Universum schon ewig bestanden hat, ließen Einstein an den Aussagen seiner eigenen Theorie zweifeln. So entging ihm die Gelegenheit, daraus zu folgern, dass wir in einem sich ändernden Universum leben. Stattdessen änderte er seine ansonsten harmonischen Gleichungen willkürlich so ab, dass sie einen statischen Kosmos liefern. Hierzu fügte er einen abstoßenden Term hinzu, den er **kosmologische Konstante** nannte, sodass es zur Gravitationsanziehung eine Gegenkraft gibt, die das Universum statisch macht. Nachdem die Beobachtungen zeigten, dass es expandiert, sagte Einstein, dass diese kosmologische Konstante die „größte Eselei" seines Lebens gewesen sei.

Auch wenn der von Einstein angenommene Wert für die kosmologische Konstante falsch war, könnte das Konzept übrigens aus heutiger Sicht durchaus richtig gewesen sein. Seit 1997 gibt es Beobachtungen, dass das Universum nicht nur einfach expandieren, sondern sogar *beschleunigt expandieren* könnte. Das heißt, es muss einen Expansionsdruck geben, der der normalen Gravitationsanziehung, die die Expansion zu verzögern bestrebt ist, nicht nur entgegenwirkt, sondern sogar stärker als diese ist. Eine der beiden aktuellen Theorien, die diese Beschleunigung zu erklären versuchen, beruht auf der Existenz einer kosmologischen Konstante, die den Expansionsdruck erzeugt. Wir werden auf diese beiden Theorien in Abschnitt 12.15 zurückkommen.

12.2 Die Expansion des Universums führt zu einer Rotverschiebung

Edwin Hubble wird die Entdeckung zugeschrieben, dass wir in einem **expandierenden Universum** leben (siehe Abschnitt 11.19). Die Rotverschiebungen der Galaxienhaufen und Superhaufen, von denen Hubble feststellte, dass sie sich von uns entfernen, scheint von einem Dopplereffekt zu kommen, was tatsächlich aber nicht der Fall ist. Wir erinnern uns, dass die übliche Dopplerverschiebung dadurch entsteht, dass sich ein Körper in der *festen* Raumzeit auf uns zu oder von uns fort bewegt (siehe Abschnitt 3.2). Die Einstein'sche allgemeine Relativitätstheorie besagt dagegen, dass die Raumzeit selbst, der Stoff, aus dem unser Universum ist, *nicht fest ist*, sondern in Wirklichkeit expandiert. Diese Expansion ist die Ursache dafür, dass sich die Superhaufen und oft auch die Galaxien eines bestimmten Superhaufens voneinander entfernen. (Die Gravitationskraft, die Objekte wie Planeten, Sterne und ganze Galaxien zusammenhält, ist so stark, dass sich diese Körper und Systeme dagegen *nicht* voneinander entfernen. Die Expansion des Raums erhöht nur den Abstand zwischen großen Galaxiengruppen.)

Die von Hubble beobachtete Rotverschiebung, die von der Expansion des Universums herrührt, wird treffend **kosmologische Rotverschiebung** genannt. Mit anderen Worten, die Photonen, die wir von Galaxien in anderen Superhaufen beobachten, sind deshalb rotverschoben, weil der Weltraum expandiert. Zur Veranschaulichung betrachten wir eine auf ein Gummiband gezeichnete Welle (Abb. 12.1). Wenn das Gummiband entspannt ist, hat die Welle die Wellenlänge λ_0 (siehe Abschnitt 3.1). Wird nun an dem Gummiband gezogen, nimmt die Wellenlänge zu ($\lambda > \lambda_0$). Nun stellen wir uns vor, dass uns ein Photon von einer weit entfernten Galaxie erreicht. Während das Photon durch den Weltraum läuft, expandiert der Raum. So wie die Dehnung des Gummibands dehnt diese Expansion die Wellenlänge des Photons. Wenn es schließlich unsere Augen erreicht, sehen wir es mit einer gedehnten Wellenlänge – das Photon ist rotverschoben worden. Je länger die Reise des Photons dauert, desto stärker wird seine Wellenlänge durch die Expansion des Universums gedehnt. Daher zeigen

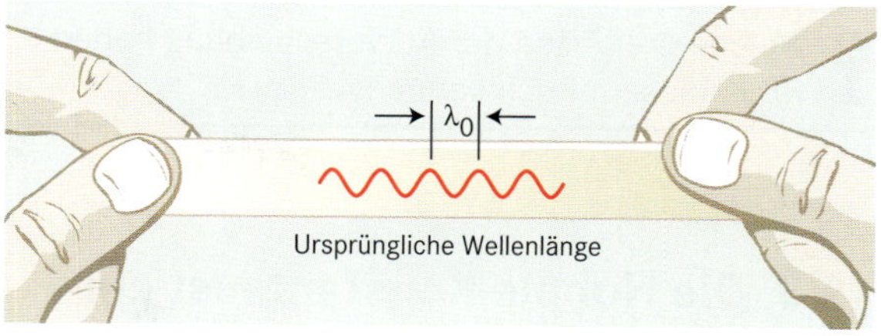

a Die Wellenlänge einer auf ein Gummiband gezeichneten Welle ...

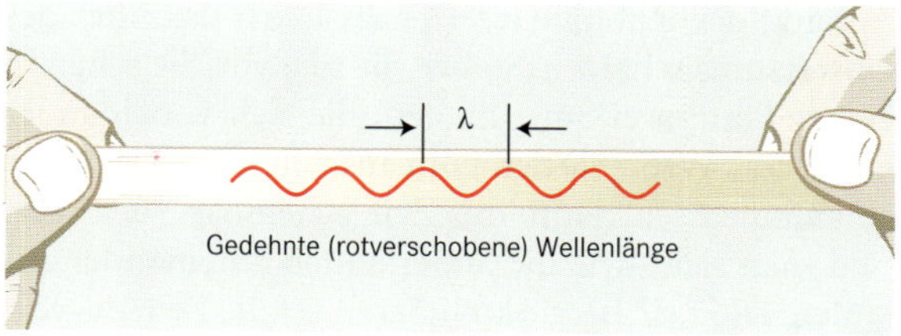

b ... nimmt bei der Dehnung des Gummibands zu.

Abb. 12.1 Die kosmologische Rotverschiebung. So wie die Wellenlänge dieser Welle zusammen mit dem Gummiband werden auch die Wellenlängen von Photonen im expandierenden Universum gedehnt.

Photonen von verhältnismäßig weit entfernten Galaxien größere Rotverschiebungen als solche von näher gelegenen.

In Abschnitt 11.19 hatten wir bereits die von Hubble entdeckte lineare Beziehung zwischen den Entfernungen der Galaxien in anderen Superhaufen und den Rotverschiebungen der Spektrallinien dieser Galaxien kennengelernt. So hat z. B. eine Galaxie, die doppelt so weit von der Erde wie eine andere entfernt ist, auch die doppelte kosmologische Rotverschiebung. Dies ist auch bei der normalen Dopplerverschiebung so. Da beide Effekte durch dieselben Gleichungen beschrieben werden, sagt die normale Dopplerverschiebung dieselbe Beziehung zwischen Rotverschiebung und Bewegung wie die kosmologische voraus. Abweichungen gibt es nur bei den am weitesten entfernten Galaxien und Quasaren, bei denen relativistische Effekte berücksichtigt werden müssen. Hubble, der nur verhältnismäßig nahe gelegene Galaxien betrachtete, hatte völlig Recht, als er zur Berechnung der Galaxienflucht die Dopplergleichung heranzog.

? Wir wollen einmal annehmen, dass die von Einstein eingeführte kosmologische Konstante die entgegengesetzte Wirkung hätte, d. h. anziehend wäre. Was würde dann mit einem anfangs statischen Universum geschehen?

? Welche drei Arten der Rotverschiebung haben wir in diesem Buch kennengelernt?

12.3 Die Hubble-Konstante ist ein Maß für das Alter des Universums

Anhand des Hubble-Gesetzes lässt sich das Alter des Universums schätzen. Stellen Sie sich vor, Sie sehen in einem Film zwei Superhaufen, die sich voneinander entfernen. Wenn Sie den Film anschließend rückwärts ablaufen lassen, läuft die Zeit scheinbar rückwärts und man sieht, wie die Superhaufen aufeinander zulaufen. Die Zeit, bis sie kollidieren, ist die Zeit, die vergangen ist, seit sie das letzte Mal als Materie vereinigt waren. *Unter der Annahme, dass das Universum von Beginn an expandiert und seither immer mit konstanter Rate expandiert ist*, lässt sich sein Alter mit einer einfachen Gleichung schätzen:

$$\text{Zeit seit dem Urknall} = \frac{\text{Abstand}}{\text{Fluchtgeschwindigkeit}}.$$

Nun berücksichtigen wir die von Hubble entdeckte Beziehung

$$\text{Fluchtgeschwindigkeit} = H_0 \cdot \text{Abstand}$$

bzw.

$$H_0 = \frac{\text{Fluchtgeschwindigkeit}}{\text{Abstand}}.$$

Ein Vergleich der ersten und der letzten Gleichung zeigt, dass die Hubble-Konstante der Kehrwert der Zeit seit Beginn des Universums ist. Mit einem Wert der Hubble-Konstanten von 71 km/s/Mio. pc ergibt sich:

$$1/H_0 = 1/71\ \text{km/s/Mio. pc} = 13{,}7\ \text{Mrd. Jahre}.$$

? Welchen Wert hätte die Hubble-Konstante gegenüber dem heutigen, wenn das Universum schon doppelt so alt wäre?

Tatsächlich ist das Universum *nicht* mit konstanter Rate expandiert und die genaue Geschichte seiner Entwicklung kennen wir noch nicht. Trotzdem zeigen präzisierte Berechnungen, dass das Alter des Universums mit einer Genauigkeit von einer viertel Million Jahren der derzeit besten Altersbestimmung durch $1/H_0$ gegeben ist, sodass wir im Folgenden diese 13,7 Mrd. Jahre als Alter des Universums annehmen wollen.

12.4 Es wurden Reste des Urknalls entdeckt

Im Jahr 1927 sprach der belgische Astrophysiker und katholische Geistliche Georges Lemaître die Vermutung aus, dass das Universum infolge der Gleichungen der Einstein'schen allgemeinen Relativitätstheorie expandiert. Aus Hubbles darauffolgenden Beobachtungen eines expandierenden Universums zog Lemaître die logische Folgerung, dass die Superhaufen aus einem einmal wesentlich kleineren Volumen expandiert sind. Dies führte ihn auf die Annahme, dass das Universum einmal als ein außerordentlich heißes und dichtes *primordiales Uratom* entstanden ist. So wie die Energie einer Explosion veranlasst, dass die Bruchstücke auseinanderfliegen, führte die zu Beginn der Zeit entstandene primordiale Energie zur Expansion des Universums. Dieses Anfangsereignis nennen wir heute **Urknall**. Vor diesem Moment gab es weder Raum noch Zeit (zur Raumzeit siehe Kapitel 10). Der Urknall ist also keine Expansion in einer schon zuvor vorhandenen Raumzeit, sondern diese entsteht erst in ihm und ist seither beständig expandiert. Der Urknall führte zur Entstehung der gesamten Raumzeit, Materie und Energie. 2 3

Die Astrophysiker Ralph Alpher und George Gamow stellten kurz nach dem Zweiten Weltkrieg die Hypothese auf, dass das Universum Sekunden nach dem Urknall ein extrem heißer Schwarzer Körper mit einer Temperatur von mehr als 10^{32} K war. Da dieser Temperatur eine sehr hohe Energie entspricht, muss es sehr viele hochenergetische Photonen gegeben haben, sodass das frühe Universum mit hochenergetischer elektromagnetischer Strahlung gefüllt gewesen sein muss. Während das Universum dann expandierte, hat die kosmologische Rotverschiebung die Wellenlänge dieser Strahlung so weit gedehnt, dass die meisten von diesem Ereignis verbliebenen Photonen jetzt Radiowellen sein müssen. In Abschnitt 3.3 hatten wir ja gesehen, dass die Energie von Photonen mit wachsender Wellenlänge abnimmt. Da die frühen Photonen rotverschoben werden, hat ihre Energie im Laufe der Zeit abgenommen. Diese Energie lässt sich als Maß für Wärme und Temperatur auffassen. Das heißt, dass sich das Universum bei der Expansion abkühlt.

Berechnungen zeigen, dass das Universum, wenn es tatsächlich mit einem heißen Urknall begonnen hat, auch heute noch mit den Resten dieser Energie gefüllt sein muss. Das gesamte Universum sollte also eine Temperatur von einigen Kelvin über dem absoluten Nullpunkt haben. Da das Maximum des Schwarzkörperspektrums im Mikrowellenabschnitt des Radiospektrums liegen sollte, heißt diese Strahlung **kosmische Mikrowellen-Hintergrundstrahlung.** Anfang der 1960er Jahre begannen Robert Dicke, P. J. E. Peebles, David Wilkinson und ihre Kollegen an der Princeton University, ein Mikrowellenradioteleskop auszurüsten, um sie nachzuweisen.

Währenddessen hatten zwei Physiker nur wenige Kilometer von Princeton entfernt die kosmische Hintergrundstrahlung bereits entdeckt. Arno Penzias und Robert Wilson von den Bell Laboratories arbeiteten an einer neuen Hornantenne, die Telefonanrufe an Kommunikationssatelliten in der Erdumlaufbahn weiterleiten sollte (Abb. 12.2). Allerdings waren Penzias und Wilson verwirrt. Wohin sie ihre Antenne am Himmel auch richteten, überall stellten sie ein schwaches Hintergrundrauschen fest. Alle Bemühungen, dieses Hintergrundrauschen zu beseitigen, ja selbst die Entfernung von Taubenkot an der Antenne, der Störungen verursachte, schlugen fehl.

Dank eines Kollegen erfuhren sie von dem damals noch rein theoretisch angenommenen kosmischen Mikrowellenhintergrund und von den Arbeiten von Dicke, Peebles und Wilkinson, die ihn entdecken wollten. Nachdem sich Penzias und Wilson mit den Astronomen in Princeton in Verbindung gesetzt hatten, stellten Sie ihre Entdeckung dar und hatten somit als Erste den Mikrowellenhintergrund nachgewiesen: Ihr Störgeräusch war tatsächlich die vom Urknall übrig gebliebene Energie. Dieser kosmische Mikrowellenhintergrund, oft auch *3-Grad-Hintergrundstrahlung* genannt, ist fester Bestandteil der Urknalltheorie, während er von anderen, konkurrierenden kosmologischen Theorien weder benötigt noch vorhergesagt wird. Der Nachweis des kosmischen Mikrowellenhintergrunds ist ein Hauptargument dafür, dass der Urknall inzwischen als die richtige kosmologische Theorie akzeptiert ist.

R I V U X G

Abb. 12.2 Die Hornantenne der Bell Laboratories. Diese Hornantenne der Bell Laboratories in Holmdel, New Jersey, verwendeten Arno Penzias (rechts) und Robert Wilson 1965 bei der Entdeckung des kosmischen Mikrowellenhintergrunds. (Lucent Technologies, Bell Laboratories)

? Welche anderen Objekte, die wir in diesem Buch betrachtet hatten, haben (nahezu) Schwarzkörperspektren?

Der COBE-Satellit nahm zwischen 1989 und 1994 erstmals genaue Messungen des kosmischen Mikrowellenhintergrunds vor. Seitdem ist die Strahlung mit modernerer Ausrüstung wie dem Wilkinson-Microwave-Anisotropy-Satelliten (WMAP) und der Ballonsonde BOOMERANG (Abb. 12.3) genauer vermessen worden. Die in Abb. 12.4 gezeigten Daten des COBE-Satelliten zeigen, dass die Strahlung tatsächlich das Spektrum eines Schwarzen Körpers mit einer Temperatur von etwa 2,73 K hat. Vereinfacht heißt sie deshalb oft auch 3-Grad-Strahlung. Für die Beobachtungen mit dem COBE-Satelliten erhielten die Astrophysiker John C. Mather und George F. Smoot 2006 den Nobelpreis für Physik.

Einblicke in die Wissenschaft

Plausible Alternativen zum Urknall – die den Beobachtungen letztlich wiedersprachen Sir Fred Hoyle, der dem Urknall 1949 seine treffende (im Englischen als „Big Bang" etwas ironisch klingende) Bezeichnung gab, gehörte zu den ganz wenigen Astrophysikern, die nie an ihn geglaubt haben. Er, Herman Bondi und Thomas Gold schlugen die *Steady-State-Theorie* (Theorie eines stationären Zustands) vor, in der das Universum schon immer existierte, ununterbrochen expandiert und dabei ständig neue Materie erzeugt, die den Platz der sich voneinander entfernenden Materie auffüllt. Woher diese neue Materie stammen soll, konnten sie zwar nicht sagen, aber die Gesetze der Physik schließen ihre Entstehung auch nicht unbedingt aus. Dass heute nicht diese Steady-State-Theorie, sondern die Urknalltheorie allgemein akzeptiert ist, liegt daran, dass die Beobachtungen des kosmischen Mikrowellenhintergrunds zwar mit der Urknalltheorie, nicht aber mit der Steady-State-Theorie vereinbar sind.

a

b RIVUXG

Abb. 12.3 Auf der Suche nach primordialen Photonen. (a) Der 2001 gestartete WMAP-Satellit verbesserte die Messungen des Spektrums und der Winkelverteilung des kosmischen Mikrowellenhintergrunds durch den COBE-Satelliten. (b) Das Ballonteleskop BOOMERANG war zehn Tage lang in einer Umlaufbahn über der Antarktis und erhob dort Daten über den kosmischen Mikrowellenhintergrund mit einer zehnmal so hohen Auflösung wie der COBE-Satellit. Alle Experimente verzeichneten lokale Temperaturschwankungen über den Himmel, aber keine Gesamtabweichung von einem Schwarzkörperspektrum. (a: NASA/WMAP Science Team; b: The BOOMERANG Group, University of California, Santa Barbara)

12.5 Das Universum weist zwei Symmetrien auf – Isotropie und Homogenität

Beobachtungen belegen, dass der kosmische Mikrowellenhintergrund fast ideal isotrop ist. Seine Intensität ist in allen Himmelsrichtungen nahezu gleich. Abb. 12.5 zeigt eine Karte des Mikrowellenhimmels. In Richtung des Sternbilds Löwe ist sie ganz geringfügig wärmer und in der entgegengesetzten Richtung, zum Wassermann hin, ebenso geringfügig kälter. Allerdings muss man die Wirkungen der Erdrotation, des Umlaufs der Erde um die Sonne, des Monds auf unsere Umlaufbahn und auch des Umlaufs des Sonnensystems in der Galaxie subtrahieren. Dabei zeigt sich, dass die in Abb. 12.5 erkennbare ohnehin winzige Temperaturabweichung von der Bewegung der Milchstraße im Kosmos herrührt. Dies lässt sich wie folgt begründen: Da sich unsere Galaxis auf das Sternbild Löwe zubewegt, führt unsere Bewegung durch die kosmische Mikrowellen-Hintergrundstrahlung zu einer normalen Dopplerverschiebung. Dadurch haben Photonen aus dieser Richtung kürzere Wellenlängen, sodass die Strahlung vom Sternbild Löwe blauverschoben ist, während die Strahlung aus der Gegenrichtung, vom Wassermann, rotverschoben ist, da wir uns von diesem Gebiet wegbewegen (Abb. 12.6). Die Wellenlänge eines Photons hängt von seiner Energie ab (siehe Abschnitt 3.3). Die Energie der Photonen ist wiederum maßgeblich für die Temperatur, die wir von diesem Himmelsausschnitt messen. Dass wir in Richtung des Löwen Photonen mit etwas kürzeren Wellenlängen sehen, bedeutet, dass der Weltraum in dieser Richtung wegen unserer Bewegung etwas wärmer als in anderen Richtungen zu sein scheint.

Die beobachteten Temperaturunterschiede (Abb. 12.5) bedeuten, dass sich das Sonnensystem mit einer Geschwindigkeit von 390 km/s auf das Sternbild Lö-

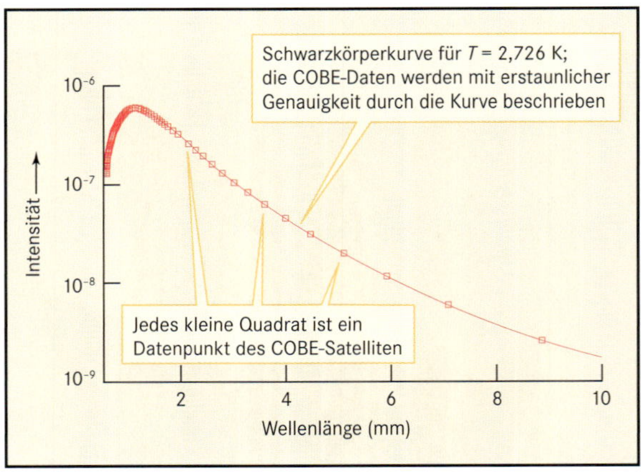

Abb. 12.4 Spektrum des kosmischen Mikrowellenhintergrunds. Die kleinen Quadrate in diesem Diagramm sind COBE-Messungen der Helligkeit des kosmischen Mikrowellenhintergrunds in Abhängigkeit von der Wellenlänge. Die Daten liegen mit erstaunlich hoher Genauigkeit auf einer Schwarzkörperstrahlungskurve für 2,73 K. Das Maximum der Kurve liegt in Übereinstimmung mit dem Wien'schen Verschiebungsgesetz bei einer Wellenlänge von 1,1 mm. (Mit freundlicher Genehmigung von E. Cheng; NASA COBE Science Team)

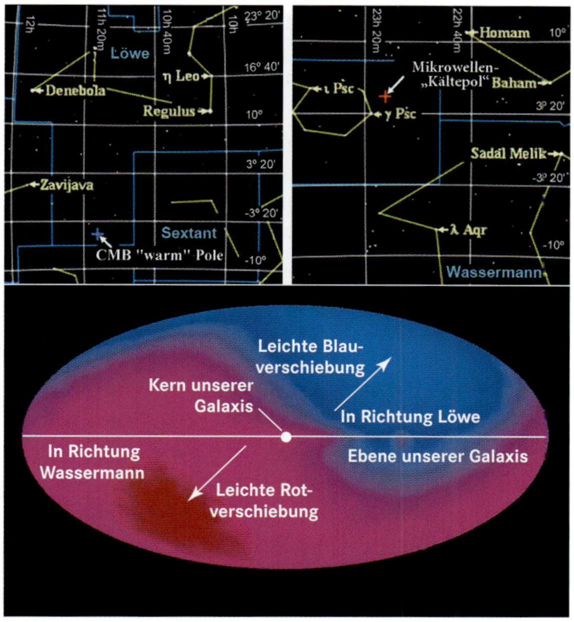

Abb. 12.5 Der Mikrowellenhimmel Diese Karte des Mikrowellenhimmels wurde aus Daten erstellt, die Instrumente an Bord des COBE-Satelliten aufgezeichnet hatten. In der Mitte der Karte liegt das galaktische Zentrum, und die Ebene unserer Galaxis verläuft horizontal durch sie. Die Farbe charakterisiert die Dopplerverschiebung und die Temperatur: In blauen Gebieten ist der Mikrowellenhintergrund blauverschoben und erscheint wärmer, während er in den roten Gebieten rotverschoben ist und kälter erscheint. Diese Dopplerverschiebung rührt von der Bewegung der Erde durch den Mikrowellenhintergrund her. Die sich daraus ergebende Abweichung der Hintergrundstrahlung ist recht klein und beträgt nur 0,0033 K vom Mittelwert der Hintergrundstrahlung von 2,726 K (im Text auf 2,73 K gerundet). (NASA)

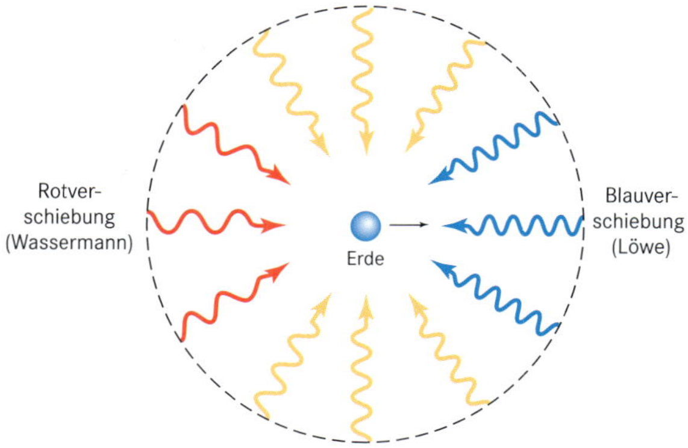

Abb. 12.6 Unsere Bewegung durch den Mikrowellenhintergrund. Wegen des Dopplereffekts beobachten wir in dem Teil des Himmels, auf den wir uns zubewegen, kürzere Wellenlängen des Mikrowellenhintergrunds und eine höhere Temperatur der Strahlung. Dieser Teil des Himmels ist der blaue Bereich in Abb. 12.5. In dem in Abb. 12.5 roten entgegengesetzten Teil des Himmels hat die Mikrowellenstrahlung längere Wellenlängen und eine niedrigere Temperatur.

we zubewegt. Unter Berücksichtigung der bekannten Geschwindigkeit der Sonne um das Zentrum unserer Galaxis konnte berechnet werden, dass sich die gesamte Galaxis mit einer Geschwindigkeit von 600 km/s relativ zum kosmischen Mikrowellenhintergrund allgemein in Richtung des Centaurus-Galaxienhaufens bewegt. Wahrscheinlich zieht uns die Gravitationsanziehung von vier nahe gelegenen Galaxienhaufen, vor allem die des *Great Attractor* und eines riesigen Superhaufens, der *Shapley-Konzentration*, in dieser Richtung an. Subtrahiert man die Relativbewegung der Erde, der Sonne, der Milchstraße und des lokalen Galaxienhaufens gegenüber dem Mikrowellenhintergrund, ist die mittlere Intensität der Strahlung in allen Richtungen bis auf 0,001 ‰ gleich.

Während der Nachweis der kosmischen Hintergrundstrahlung eine überzeugende Stütze für die Urknalltheorie ist, war ihre fast ideale Isotropie bis vor Kurzem ein großes Problem, denn der ursprünglichen Urknalltheorie zufolge sollte der Raum keineswegs isotrop sein. Subtrahiert man die Bewegung der Erde durch den Kosmos, sollten sich die Temperaturen in verschiedenen Richtungen durchaus um einige Grad unterscheiden – was aber nicht beobachtet wird.

Die **Isotropie** beschränkt sich auch nicht auf die im ganzen Universum beobachtete Schwarzkörperstrahlung. Sie zeigt sich auch, wenn man die Anzahl der Galaxien in verschiedenen Richtungen über ausreichend große Dimensionen betrachtet. Hierzu wurden in einer Vielzahl von Richtungen die Galaxien in verschiedenen Entfernungen von uns gezählt. Die Anzahl der Galaxien ist dabei ungefähr konstant, was mit der in Abschnitt 11.15 geschilderten Verteilung der meisten Galaxien an den Grenzen der schwamm- bzw. schaumförmigen Gebiete im Universum in Einklang steht. Wegen dieser *Gleichförmigkeit über verschiedene Entfernungen* ist das Universum außerdem homogen. Eine ernst zu nehmende kosmologische Theorie wie die Urknalltheorie sollte auch für die Isotropie und **Homogenität** eine Erläuterung bieten.

Diese Notwendigkeit, die Isotropie und Homogenität und weitere Erscheinungen zu erklären, hat zu zahlreichen Präzisierungen der Urknalltheorie geführt. Im Ergebnis bietet die Theorie heute ein präzises Szenarium für die Entwicklung des Universums, von einem winzigen Sekundenbruchteil nach seiner Entstehung bis heute.

Eine kurze Geschichte der Raumzeit, der Materie, der Energie und von allem

In den allerersten Minuten war das Universum grundsätzlich anders aufgebaut als heute. Bevor wir dies weiterverfolgen, müssen wir einen kurzen Exkurs über die vier bekannten physikalischen Grundkräfte, die Gravitation, den Elektromagnetismus, die starke und die schwache Kernkraft, einschieben.

12.6 Anfangs waren alle Naturkräfte eins

Über unendliche Entfernungen wirken nur der Elektromagnetismus und die Gravitation. Die elektromagnetische Kraft hält die Elektronen auf ihrer Umlaufbahnen um den Atomkern und ermöglicht damit die Existenz der Materie, die wir kennen. Da es zu jeder negativen Ladung eine entgegengesetzte positive Ladung und zu jedem magnetischen Südpol einen magnetischen Nordpol gibt, heben sich die Wirkungen des Elektromagnetismus über große Raumvolumina allerdings auf.

4 Auch wenn die Gravitation die schwächste unter allen vier Kräften ist, ist sie die einzige, deren Wirkung einerseits unendlich weit reicht und die andererseits für alle gewöhnliche Materie anziehend ist. Dies ist der Grund dafür, dass die Gravitation die Entwicklung von Sternen, die Umlaufbahnen von Planeten, das Vorhandensein von Galaxien und viele andere großräumige Erscheinungen bestimmt. Tatsächlich dominiert im Universum über astronomische Entfernungen die gravitative Anziehungskraft. (Auch wenn wir gleich sehen werden, dass die Gravitation unter bestimmen Bedingungen abstoßend werden kann.)

? Welches Objekt außer der Erde könnte in der Mitte von Abb. 12.6 sinnvoll stehen?

Anders als die Gravitation und der Elektromagnetismus wirken sowohl die starke als auch die schwache Kernkraft nur über extrem kurze Reichweiten. Ihre Einflüsse reichen nur über die Größen von Atomkernen, also Entfernungen von etwa 10^{-15} m. Die **starke Kernkraft** hält Protonen und Neutronen zusammen. Ohne diese Kraft würden Atomkerne wegen der elektromagnetischen Abstoßung der positiv geladenen Protonen zerfallen. Im Inneren von Atomkernen ist die starke Kernkraft also stärker als die elektromagnetische Kraft.

Die **schwache Kernkraft** tritt in bestimmten Arten des radioaktiven Zerfalls, etwa bei der Umwandlung eines Neutrons in ein Proton, zutage. Protonen und Neutronen bestehen aus noch grundlegenderen Teilchen, den sogenannten **Quarks**. Ein Proton besteht aus zwei *Up-Quarks* und einem *Down-Quark*, ein Neutron dagegen aus zwei *Down-Quarks* und einem *Up-Quark*. Immer wenn ein Quark in ein anderes umgewandelt wird, ist die schwache Kernkraft im Spiel. Zum Beispiel wird bei einer bestimmten Art des radioaktiven Zerfalls ein Neutron in ein Proton umgewandelt, da aus einem Down-Quark des Neutrons ein Up-Quark wird.

Um die Einzelheiten der physikalischen Grundkräfte zu untersuchen, werden Teilchenbeschleuniger eingesetzt, in denen schnelle Teilchen auf Targets geschossen werden. „Schnell“ bedeutet, dass die Teilchen in der Kollisionszone eine hohe Energie haben und Rückschlüsse auf das Verhalten bei hohen Temperaturen erlauben. In solchen Kollisionsexperimenten ist beobachtet worden, *dass sich die unterschiedlichen Kräfte bei ausreichend hohen Temperaturen gleichartig zu verhalten beginnen.* So werden bei extrem hohen Temperaturen die elektromagnetische Kraft, die unter „normalen“ Umständen über alle Entfernungen wirkt, und die schwache Kraft, die unter „normalen“ Umständen nur über kurze Entfernungen wirkt, zu einer einzigen Kraft, der *elektroschwachen Kraft*. Dies konnte in Experimenten am Europäischen Teilchenbeschleuniger CERN Ende der 1980er Jahre nachgewiesen.

Außerdem sind **Grand Unified Theories** (**GUTs, Große vereinheitlichte Theorien**) entwickelt worden, die beschreiben, dass die elektromagnetische, die schwache und die starke Kraft unter bestimmten Bedingungen alle dieselbe Stärke haben und als eine einheitliche Kraft wirken. Die Energien bzw. Temperaturen, bei denen es zu dieser Vereinheitlichung kommt, sind höher, als sie jemals im Labor auf der Erde zu erzeugen sind. Allerdings hatten wir schon gesehen, dass das Universum in seiner Frühphase sehr heiß gewesen sein muss – so heiß, dass die Kräfte damals vereinigt gewesen sein müssen. Genauere Berechnungen zeigen, dass die Temperatur in den ersten 10^{-35} s mehr als ausreichend war, damit die elektromagnetische, die schwache und die starke Kraft genauso stark waren.

Die Beziehung zwischen der Gravitation und den anderen drei Kräften sind noch nicht endgültig geklärt. Auch wenn es bisher nicht gelungen ist, sie in diese Theorien zu integrieren, wird im Allgemeinen davon ausgegangen, dass die nächste Generation von

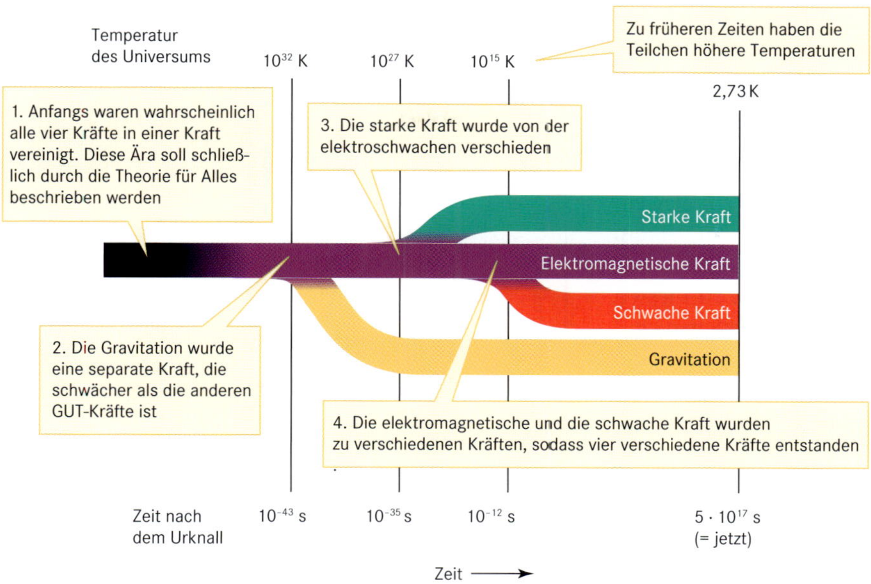

Abb. 12.7 Die vereinigten vier Grundkräfte und wie sie aufspalten. Die Stärke der vier physikalischen Grundkräfte hängt von der Geschwindigkeit, mit der die Teilchen wechselwirken, oder, äquivalent, von ihrer Temperatur ab. Wie die Abbildung zeigt, waren die Kräfte umso ähnlicher, je höher die Temperatur des Universums war. Außerdem sind die jeweiligen Phasen in der Entwicklung des Universums angegeben, in denen die jeweiligen Kräfte gleich waren.

Theorien die Gravitation enthalten wird. Bemühungen in dieser Richtung sind unter dem allgemeinen Begriff **Theorie für Alles** (**Theory of Everything**) derzeit im Gang. Jüngste mathematische Formulierungen solcher Theorien, die **Superstringtheorien**, lassen inzwischen auch Aussagen zu, die hoffentlich bald überprüft werden können. Wir wollen hier annehmen, dass die Gravitation tatsächlich mit den anderen Kräften vereinigt werden kann, und werden auch auf die entsprechende Effekte mit eingehen. Abb. 12.7 zeigt, dass davon ausgegangen wird, dass die vier Grundkräfte in den ersten Augenblicken des Universums (von 0 s bis 10^{-43} s, der sogenannten **Planck-Ära**) alle vereinigt waren, sodass es in der Natur nur eine physikalische Kraft gab. Allerdings muss dies wie auch bei den GUTs erst noch bestätigt werden.

Einblicke in die Wissenschaft

Verschiedene Wissenschaftszweige müssen zusammenwirken In der Physik der Elementarteilchen besteht keine Hoffnung, jemals Teilchenbeschleuniger errichten zu können, deren Leistung ausreichen wird, die hier beschriebene vereinigte Theorie der Grundkräfte zu überprüfen. Aus diesem Grund haben sich Physiker mit Astrophysikern und Astronomen zusammengeschlossen, um das Universum als riesiges Labor zu nutzen. Wenn es eine Möglichkeit gibt zu beobachten, was in den allerersten Augenblicken unseres Universums geschehen ist, lassen sich die Theorien vielleicht anhand dieser Beobachtungen nachprüfen. Tatsächlich sind solche Beobachtungen inzwischen möglich geworden.

12.7 Die Entwicklung des Universums lässt sich, auch bevor es Materie und Energie gab, mit physikalischen Gesetzen erklären

Die früheste Zeit, zu der sich das Verhalten des Universums mit unseren physikalischen Gleichungen erklären lässt, ist etwa 10^{-43} s. Sie heißt zu Ehren von Max Planck, der entscheidend an der Formulierung der Grundgesetze der Quantenphysik mitgewirkt hat, mit denen sich diese Zeit berechnen lässt, die **Planck-Zeit**. (Gelegentlich wird auch die Zeit zwischen dem Urknall und diesem Zeitpunkt *Planck-Ära* genannt.) Wahrscheinlich ist die Gravitation zur Planck-Zeit zu einer separaten Kraft geworden, sodass nur noch Elektromagnetismus, schwache und starke Kernkraft zur GUT-Kraft vereinigt waren. Welches gegenwärtige GUT-Modell – wenn überhaupt – richtig ist, ist derzeit allerdings noch offen.

Zur Planck-Zeit war das gesamte gegenwärtig beobachtbare Universum viel kleiner als heute ein Atom. Dabei muss man sich aber wieder vor Augen halten, dass das Universum nicht in eine bereits vorhandene Raumzeit hinein expandiert ist. Vielmehr ist die Raumzeit erst mit der Expansion entstanden und entsteht noch heute. Man kann also nicht einfach ein Thermometer von „außen“ in das frühe Universum stecken, um seine Temperatur zu messen. Hätte sich aber die Gesamtenergie zu dieser frühen Zeit messen lassen, hätte sie etwa 10^{32} K betragen. Teilchen und elektromagnetische Strahlung existierten noch nicht getrennt voneinander, es gab nur die Gravitation und die GUT-Kraft, aber nicht Materie und Energie, wie wir sie heute kennen.

Da Unordnung in der Physik wahrscheinlicher als Ordnung auftritt, war die Materie diesen Theorien zufolge im frühen Universum chaotisch verteilt. An einigen Orten waren die Temperaturen etwas höher als an anderen. Falls das Universum lediglich mit der für die Planck-Zeit berechneten Rate weiter expandiert wäre, sollten heute verschiedene Teile davon deutlich unterschiedliche Temperaturen haben. Dagegen hatten wir in Abb. 12.5 gesehen, dass die Temperaturen aller Gebiete des Universums bis auf einen winzigen Bruchteil von 1 K gleich sind. Dies ist das **Isotropieproblem** oder **Horizontproblem**. Ausgehend davon, dass die Temperatur des Universums so gleichförmig ist, wurde daher die Hypothese aufgestellt, dass es sehr früh im Kosmos eine kurze Zeitdauer drastisch schnellerer Expansion, die **inflationäre Epoche**, gegeben haben muss, in der das Universum so gleichförmig geworden ist, wie wir es heute sehen.

Berechnungen der ersten 10^{-35} s zeigen, dass das Universum zunächst mit der Anfangsrate expandiert und seine Temperatur dabei auf 10^{27} K gefallen ist (Abb. 12.8). Bis dahin war die Energie in jedem Volumen des Universums so weit gefallen, dass die starke Kernkraft nicht mehr mit der elektromagnetischen und mit der schwachen Kernkraft vereinheitlicht bleiben konnte. Dies war der Zeitpunkt, zu dem die starke Kernkraft als separate Kraft entstand (siehe Abb. 12.7), die sich von den beiden anderen Kräften, die nun als elektroschwache Kraft übrig blieben, unterschied.

Meist wird von der Hypothese ausgegangen, dass das Universum vor der Abspaltung der starken Kraft von der elektroschwachen in einem instabilen Zustand, einem *falschen Vakuum*, war. Eine Vorstellung davon, was „instabil“ hier bedeutet, bekommt man, wenn man am äußersten Rand einer Steilküste Hunderte Meter über dem Meer steht – nur die kleinste Bewegung, und man stürzt hinunter. So wird auch an-

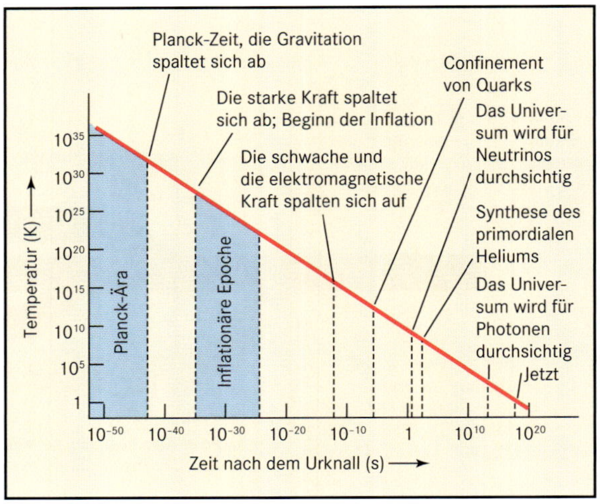

Abb. 12.8 Die Entwicklung des frühen Universums. Den derzeitigen Theorien zufolge spalteten die vier anfangs einheitlichen Grundkräfte während der Abkühlung des Universums auf. Die inflationäre Epoche dauerte von 10^{-35} s bis 10^{-24} s nach dem Urknall. Anschließend wurden Quarks durch das Confinement gebunden, sodass 10^{-6} s nach dem Urknall Neutronen und Protonen entstanden. Als das Universum etwa $1{,}6 \cdot 10^{13}$ s (379.000 Jahre) alt war, wurde es für Licht durchsichtig (mit anderen Worten, entkoppelten die Protonen von der Materie). Die Physik der Planck-Ära kennen wir noch nicht.

genommen, dass das junge Universum plötzlich in einen *echten Vakuumzustand* gefallen ist (Abb. 12.9). Der Übergang in dieses echte Vakuum ging mit einer vorübergehenden Beschleunigung der Expansion einher.

? Welche Grundkraft ist bei der Kernfusion entscheidend?

Während das Vakuum in den echten Vakuumzustand überzugehen begann, expandierte es bereits. Durch den Übergang stieg die Expansionsrate drastisch an. Zwischen etwa 10^{-35} s und etwa 10^{-33} s nach dem Urknall blähte sich das Universum auf das 10^{50}-fache auf (Abb. 12.10)! Das gegenwärtig beobachtbare Universum erreichte dabei ungefähr die Größe eines Fußballs. Diese gewaltige Expansionsrate wird **Inflation** genannt. Das Ende der inflationären Epoche kündigte die Entstehung von Elementarteilchen wie Quarks, Elektronen, Photonen und ihrer Antiteilchen an. Jeder Teil der Materie beim Urknall expandiert bei der Inflation so stark, dass nur ein winziger Bruchteil davon (von dem wir nicht wissen, wie groß er ist) zu dem Universum wurde, das wir heute beobachten.

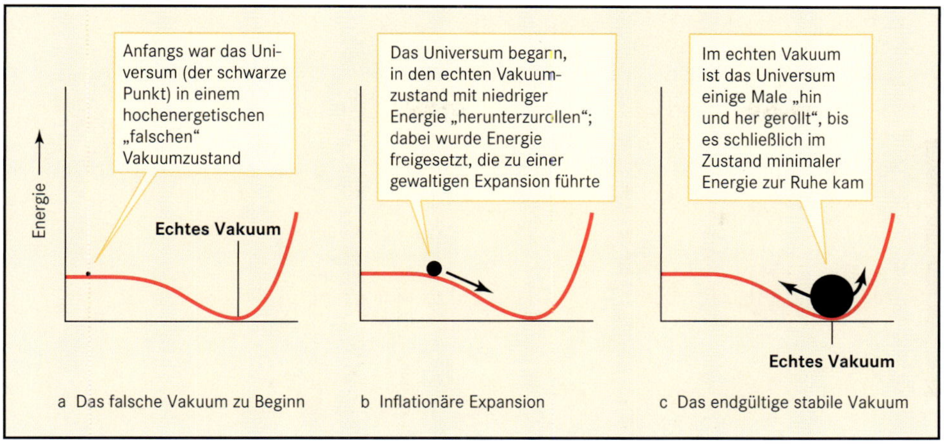

Abb. 12.9 Die Inflation. (a) Das Universum ist in einem instabilen Energiezustand entstanden. (b) Es begann, in eine stabile Konfiguration überzugehen. (c) Aus dem Übergang bezog das Universum die Energie für die Inflation.

? Ist der Raum um Ihren Schreibtisch isotrop?

12.8 Homogenität und Isotropie beruhen auf Inflation

Nun wollen wir zu der Frage zurückkehren, wie die Urknallkosmologie die Isotropie und Homogenität des Universums erklärt. In den meisten Untersuchungen wird davon ausgegangen, dass die Temperaturen und Dichten im Universum direkt nach dem Urknall an verschiedenen Stellen unterschiedlich waren. Wegen der Inflation sehen wir aber nur einen winzigen Teil davon, nämlich ein Gebiet ursprünglich nahezu gleicher Temperatur und Dichte. Dieses gleichförmige Gebiet ist während der Inflation so groß geworden, dass ein Volumen entstanden ist, über das wir nicht hinausblicken können.

Tatsächlich ist unsere Ansicht des Kosmos, so groß sie auch erscheinen mag, sehr begrenzt. Die Grenze markiert die Lichtgeschwindigkeit. Das Licht braucht eine gewisse Zeit, um sich von einem Körper bis zur Erde auszubreiten, und je weiter wir in den Weltraum schauen, desto weiter blicken wir in der Zeit zurück. Dabei können wir nur über eine endliche Entfernung zurückblicken, nämlich bis zur Zeit der Entkopplung, also 13,7 Mrd. Lichtjahre weit. In noch größerer Entfernung (mit anderen Worten, früher in der Entwicklung) war das Universum undurchsichtig, sodass wir nicht hineinschauen können. In einer Entfernung von 13,7 Mrd. Lichtjahren sehen wir Objekte so, wie sie

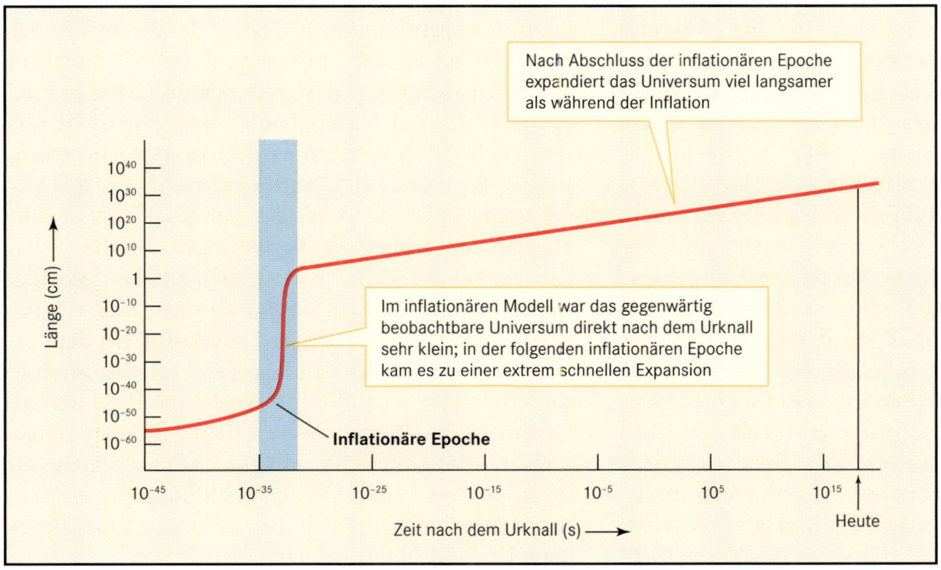

Abb. 12.10 Das beobachtbare Universum vor und nach der Inflation. Kurz nach dem Urknall ist das Universum wegen der Inflation um einen Faktor von etwa 10^{50} expandiert. Diese Aufblähung des Teils, den wir gegenwärtig sehen, geschah innerhalb eines sehr kurzen Zeitintervalls (dem blauen Streifen).

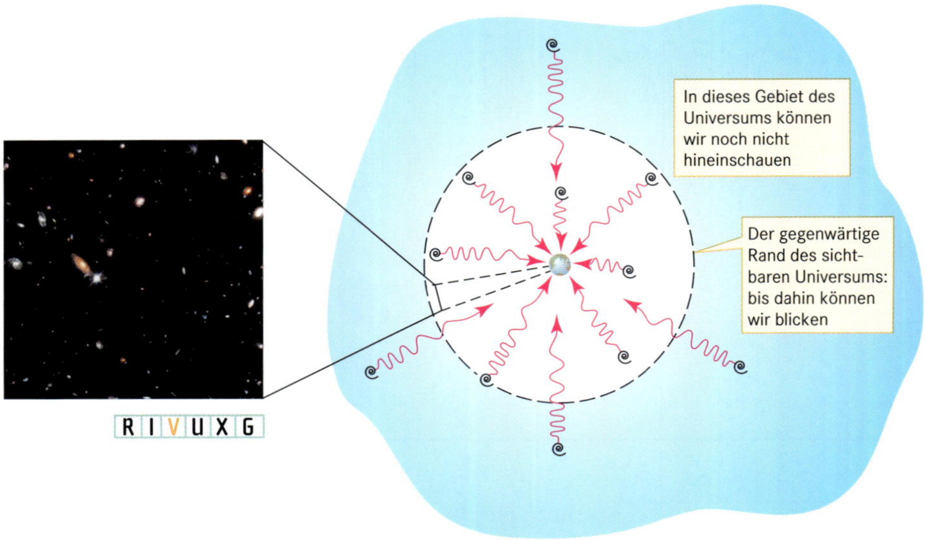

Abb. 12.11 Das beobachtbare Universum. Die Grafik zeigt, weshalb wir nur einen Teil des gesamten Universums sehen können. Mit fortschreitender Zeit wird dieses Volumen immer größer, d. h., Licht von immer weiter entfernten Galaxien erreicht uns. Die am weitesten entfernten Galaxien (Aufnahme links) sehen wir so, wie sie einige Hundert Millionen Jahre nach dem Urknall ausgesehen haben. Diese gleichzeitig mit unserer Galaxis entstandenen Galaxien sehen so jung aus, weil uns gerade erst das Licht aus ihrer Frühphase erreicht. Während das Licht der am weitesten entfernten Galaxien, die wir sehen können, auf uns zulief, ist das Universum weiter gewachsen. Somit sind Objekte, die 13 Mrd. Lichtjahre von uns entfernt zu sein scheinen, heute tatsächlich etwa dreimal so weit weg. Mit anderen Worten: Wenn wir das gesamte Universum so wie heute sehen könnten und nicht wie zu dem Zeitpunkt, als die Photonen von einem entfernten Objekt ausgesendet wurden, hätte es einen Radius von fast 46 Mrd. Lichtjahren. Aufnahme links: Einige der am weitesten entfernten Galaxien, die wir sehen können. (Robert Williams und das Hubble Deep Field Team, STScI und NASA)

gerade entstanden sind (aber immer noch in unserem nahezu gleichförmigen Gebiet). Alles, was wir von der Erde aus sehen können, ist also in einer riesigen Kugel enthalten (Abb. 12.11). Die Grenze dieser Kugel ist der **Rand des sichtbaren Universums.** Licht von allen leuchtenden Objekten in diesem Volumen hatte inzwischen genug Zeit, die Erde zu erreichen, während Licht von Objekten hinter dem Rand noch nicht bei uns angekommen ist, sodass wir über sie nichts wissen können. Wäre die Lichtgeschwindigkeit höher, könnten wir weiter sehen.

Wäre das Universum von Beginn an ideal gleichförmig (d. h. überall homogen und isotrop) gewesen, wäre schwer vorstellbar, wie Sterne, Galaxien und größere Materiegruppierungen durch unterschiedliche Massendichten entstanden sein können. Bei der Erzeugung der Zusammenballungen, die wir heute beobachten, hat die Quantentheorie eine wichtige Rolle gespielt. Der britische Physiker Paul A. M. Dirac hatte 1927 gezeigt, dass die Naturgesetze zulassen, dass spontan Paare entgegengesetzt geladener, sonst aber gleicher Teilchen entstehen können, die sich innerhalb von 10^{-21} s wieder vernichten und verschwinden. Wir hatten diesen Prozess bereits in Abschnitt 10.28 erörtert; die entsprechenden Paare heißen *virtuelle Teilchen.*

Normalerweise treten solche Quantenfluktuationen (also die erwähnte spontane Erzeugung von Paaren virtueller Teilchen) über subatomare Größenskalen auf. Allerdings wurden die Quantenfluktuationen in mikroskopischen Skalen, die zu Beginn der inflationären Periode auftraten, durch die Inflation auf die Größen von Galaxienhaufen und darüber hinaus gedehnt. Zur Veranschaulichung stellen wir uns einen Schwamm vor, den wir fest zusammenpressen, sodass die Hohlräume und Fasern anfangs fest zusammengedrückt sind. Wird er nun losgelassen, dehnt er sich aus, wobei die Beziehungen zwischen den Zwischenräumen und Fasern aber erhalten bleiben, während sich jeder Teil des Schwamms stark vergrößert. Unser schwammartiges Universum, bei dem einige Gebiete fast leer und andere verhältnismäßig stark mit Materie gefüllt sind, ist also das Ergebnis von Quantenfluktuationen. Wegen dieser inneren Struktur kann das Universum nur über Dimensionen von mehr als etwa 1 Mrd. Lichtjahre als homogen angesehen werden, über die sich die Leerräume und Superhaufengebiete herausmitteln.

Tatsächlich besagt die Theorie, dass winzige Quantenfluktuationen schließlich zu Keimzellen für die Entstehung der großräumigen Strukturen des Universums geworden sind, die wir heute beobachten. Da die Inflation Bestandteil einer wissenschaftlichen Theorie ist, sollte sie nachprüfbare Beobachtungen voraussagen. Wir werden gleich sehen, dass die vorhergesagten Materieverteilungen tatsächlich in Teleskopen beobachtet werden konnten.

12.9 In der ersten Sekunde haben sich Materie und Antimaterie im Universum größtenteils vernichtet

Nach Abschluss der Inflation ist das Universum zu der eher gemäßigten Expansion, die mit dem Urknall begonnen hatte, zurückgekehrt (siehe Abb. 12.10). Als die Temperatur 10^{-12} s nach dem Urknall auf 10^{15} K gefallen war, trennte sich die elektromagnetische Kraft von der schwachen Kernkraft (siehe Abb. 12.7 und 12.8). Von diesem Zeitpunkt an verliefen die Wechselwirkungen zwischen den Teilchen durch die vier Grundkräfte im Wesentlichen so, wie wir sie noch heute beobachten. 10^{-12} s nach dem Urknall bestand die Materie hauptsächlich aus den Bausteinen der Protonen und Neutronen, d. h. Quarks und Antiquarks, und aus den anderen Elementarteilchen, den Neutrinos, Antineutrinos, Elektronen und Positronen.

Zum nächsten wichtigen Ereignis kam es den Berechnungen zufolge 10^{-6} s nach dem Urknall, als die Temperatur auf 10^{13} K gefallen war. Bis dahin war die Temperatur so hoch, dass es für die Quarks energetisch günstiger war, isoliert zu bleiben und sich nicht zu den Zweier- und Dreiergruppen der Neutronen und Protonen zusammenzuschließen. Dass sie anfangs isoliert gewesen sein müssen, zeigen die Quark-Seen, die 2001 unter ähnlichen Bedingungen im Labor erzeugt werden konnten, indem dichte Atome aufeinander geschossen wurden. Nach 10^{-6} s war das Universum so weit abgekühlt, dass sich die Quarks in einem **Confinement** genannten Zeitabschnitt zu Protonen, Neutronen und ihren Antiteilchen verbinden konnten. In Abb. 12.8 sind die Zusammenhänge zwischen Elementarteilchenphysik und Kosmologie zusammengefasst.

Die entsprechenden Gleichungen zeigen, dass das Universum in der ersten Sekunde so heiß war, dass sämtliche Photonen als extrem hochenergetische Gammastrahlung vorlagen. Ihre Energien waren so hoch, dass die Photonen nach der Einstein'schen Gleichung $E = mc^2$ Teilchenpaare in Form von Materie und Antimaterie erzeugen konnten. Dies ist umgekehrt wie bei der in Abschnitt 7.7 behandelten Umwandlung von Materie in Energie bei Kernumwandlungen. Um ein Teilchen mit der Masse m zu erzeugen, benötigt man ein Proton, dessen Energie E mindestens mc^2 beträgt, wobei c die Lichtgeschwindigkeit ist.

? Weshalb ist die Inflation ein notwendiger Bestandteil der Urknalltheorie?

Die Entstehung von Materie aus Energie ist nicht irgendetwas Exotisches, sondern wird in Laborexperimenten mit hochenergetischen Gammastrahlen laufend beobachtet. Ein hochenergetisches Photon, das mit einem Atomkern kollidiert, kann ein Teilchenpaar erzeugen (Abb. 12.12a). Bei dieser **Paarerzeugung** entstehen jeweils ein Teilchen und sein Antiteilchen. Wenn z. B. eines der Teilchen ein Elektron ist, ist das andere ein Antiteilchen bzw. Positron. (In Abschnitt 10.28 hatten wir gesehen, dass ähnliche Teilchenpaare wahrscheinlich auch in der Nähe eines Schwarzen Lochs erzeugt werden können.)

Ein Positron hat dieselbe Masse wie ein Elektron, aber die entgegengesetzte Ladung. Wenn ein Elektron und ein Positron aufeinandertreffen, zerstrahlen sie einander, wobei ihre Energie in Photonen umgewandelt wird (Abb. 12.12b). Die Theorien besagen, dass bis 1 s nach Entstehung des Universums durch Photonenkollisionen gewaltige Anzahlen von Teilchenpaaren erzeugt wurden. Folglich war kurz nach dem Urknall der gesamte Weltraum mit Protonen, Neutronen, Elektronen und ihren Antiteilchen überfüllt, die alle in einem extrem heißen Bad hochenergetischer Protonen schwammen.

Während das Universum expandierte, sank die Temperatur weiter, bis die Photonen schließlich nach der ersten Sekunde keine Teilchen-Antiteilchen-Paare mehr erzeugen konnten. Die restlichen Photonen sind aber immer noch vorhanden und bilden den kosmischen Mikrowellenhintergrund, den wir heute nachweisen können. Wenn Teilchen und Antiteilchen anschließend kollidiert sind, was häufig geschah, haben sie sich gegenseitig vernichtet, wobei ihre Massen zu hochenergetischen Photonen umgewandelt wurden, ohne dass der schwindende Vorrat an Teilchen und Antiteilchen aufgefüllt werden konnte.

Hätten sich auf diese Weise alle Teilchen mit ihren Antiteilchen im frühen Universum zerstrahlt, wäre überhaupt keine Materie mehr übrig geblieben und es würde uns nicht geben. Da es uns aber gibt und tatsächlich im Universum nur sehr wenige Antiteilchen

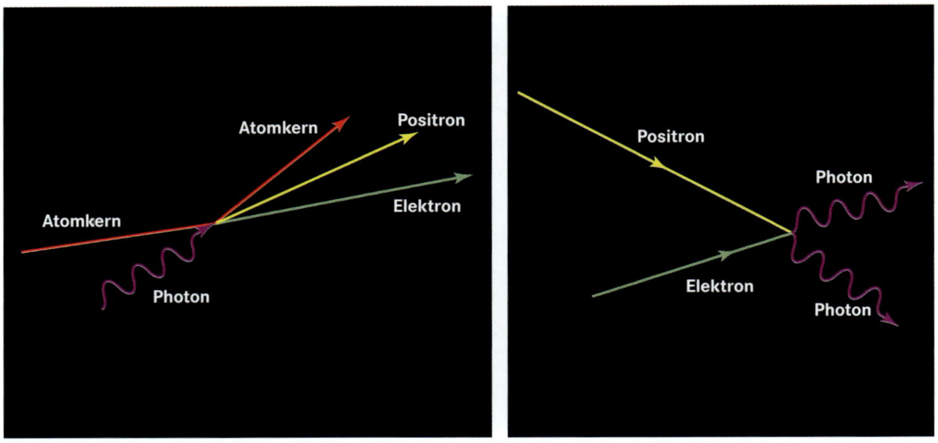

a Ein Atomkern kollidiert mit einem Photon, wobei ein Positron-Elektron-Paar entsteht.

Zeit ⟶

b Positron und Elektron vernichten sich, wobei zwei Photonen entstehen.

Zeit ⟶

Abb. 12.12 Paarerzeugung und -vernichtung. (a) Wenn ein hochenergetisches Photon mit einem Atomkern kollidiert, können ein Teilchen und ein Antiteilchen erzeugt werden. (b) Umgekehrt können ein Teilchen und ein Antiteilchen einander vernichten und Energie in Form von Gammastrahlung aussenden. (Tatsächlich sind die Prozesse komplizierter und hier vereinfacht dargestellt.)

zu beobachten sind, stellt sich die Frage, weshalb Teilchen und Antiteilchen, die immer paarweise erzeugt und vernichtet werden, im heutigen Universum nicht in gleichen Anzahlen zu finden sind.

Erklärungsversuche gehen davon aus, dass die Symmetrie oder Gleichheit zwischen den Anzahlen der Teilchen und Antiteilchen durch die schwache Kraft gebrochen wurde; man spricht von einer *Symmetriebrechung*. Dieser Effekt ist auf der Erde schon vor 50 Jahren in Hochenergie-Teilchenbeschleunigern beobachtet worden. Er führte dazu, dass die Anzahl der Teilchen tatsächlich etwas höher als die der Antiteilchen war. Auf etwa 1 Mrd. Antiprotonen wurden vielleicht 1 Mrd. plus 1 Proton erzeugt und auf 1 Mrd. Antielektronen kamen 1 Mrd. plus 1 Elektron. So gut wie alle Antiteilchen, die in der ersten Sekunde erzeugt wurden, sind kurz danach mit normalen Teilchen zerstrahlt. Die verbliebenen Teilchen sind nur der geringe Überschuss an normaler Materie, der infolge dieser Symmetriebrechung entstand.

12.10 Das strahlungsdominierte Universum wird zum materiedominierten Universum

Während das Universum weiter expandierte und sich abkühlte, begannen die restlichen Protonen und Neutronen zu kollidieren und zu fusionieren. Dieser Prozess heißt **primordiale Nukleosynthese.** Zum größten Teil wurden die Kerne mit zwei oder mehr Teilchen schnell wieder durch die Gammastrahlung getrennt, in die sie eingebettet waren. Allerdings entstanden innerhalb der ersten drei Minuten so viele Helium- und Lithiumatome, die nicht gleich wieder zerstrahlt sind, dass daraus das meiste freie Helium und mindestens 10 % des Spurenelements Lithium hervorgingen, die es heute gibt. Ein Lithiumatomkern enthält drei Protonen und drei Neutronen. Wasserstoff, Helium und Lithium sind die drei Elemente mit den niedrigsten Massen. Nach einigen Minuten war das Universum so weit abgekühlt, dass noch massereichere Elemente wie Kohlenstoff und Sauerstoff nicht mehr entstehen konnten. Alle Elemente bis auf die

Einblicke in die Wissenschaft

Fächerübergreifende Zusammenarbeit Die Entwicklung des Universums ist zwar ein großräumiges Ereignis, dennoch hängen die Vorgänge in den ersten drei Minuten eng mit der Erzeugung und mit den Eigenschaften der Elementarteilchen, also den kleinsten Objekten im Universum, zusammen. Daher finden inzwischen regelmäßig gemeinsame Konferenzen von Elementarteilchenphysikern und auf Kosmologie spezialisierten Astrophysikern statt, um neue Daten bekannt zu machen und Verbindungen zu knüpfen.

drei masseärmsten sind später im Verlauf der Sternentwicklung entstanden – dies hatten wir in Kapitel 9 und 10 ausführlich diskutiert.

Berechnungen zeigen, dass das Verhalten des Universums 10.000 Jahre lang in zweierlei Hinsicht von Photonen dominiert war. Zum einen dominierte der Beitrag der Photonen zur Gravitationsanziehung. Dies mag uns auf den ersten Blick widerstreben, da ja Photonen masselos sind und normalerweise Masse als Ursache der Gravitationsanziehung gilt. Allerdings zählt es zu den inzwischen überprüften Aussagen der allgemeinen Relativitätstheorie, dass von Photonen eine Gravitationswirkung ausgeht. Bis etwa 30.000 Jahre nach dem Urknall waren die Energiedichte und damit auch die Gravitationswirkung der Photonen sogar stärker als die von Materie. Man spricht deshalb auch vom **strahlungsdominierten Universum**.

Die wichtigste Eigenschaft des strahlungsdominierten Universums war, dass die Photonen verhinderten, dass die Materie kollabierte und dabei Sterne und Galaxien entstanden. Während das Universum expandierte, nahmen die Gravitationswirkungen sowohl der Photonen als auch der Materie, da sie immer dünner verteilt wurden, ab. Da die Photonen wegen der kosmologischen Rotverschiebung Energie verloren, was bei massebehafteten Teilchen nicht in gleicher Weise der Fall war, nahm die Wirkung der Photonen allerdings schneller als die von Materie ab (Abb. 12.13). Nach etwa 30.000 Jahren begann die Materie das gravitative Verhalten des Universums zu bestimmen, sodass das **materiedominierte Universum** entstand, in dem wir auch heute noch leben. Erst nachdem das Universum materiedominiert geworden war, konnten die Gravitationswechselwirkungen das Gas beeinflussen, sodass es sich dort, wo die Gravitationskraft stark genug war, zusammenballen konnte.

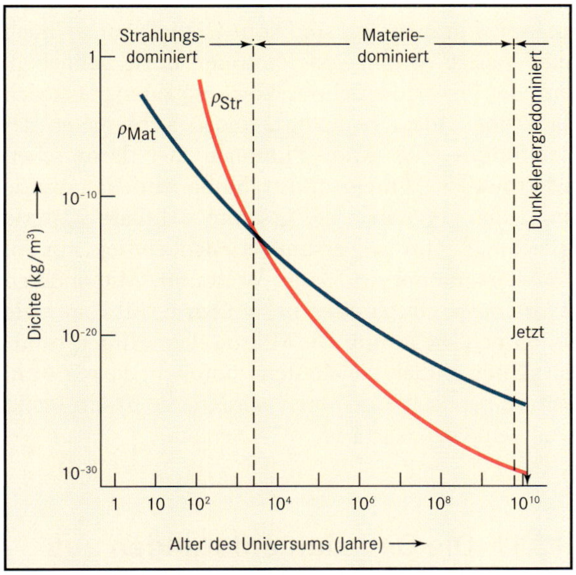

Abb. 12.13 Die Entwicklung der Dichte. In den ersten 30.000 Jahren nach dem Urknall waren die Gravitationswirkungen der Strahlungsphotonen (ρ_{Str}, die rote Linie) stärker als die Anziehung der Gesamtmaterie (ρ_{Mat}, die blaue Linie). Man sagt deshalb, dass diese Frühphase strahlungsdominiert war. Später führte die weitere Expansion dazu, dass ρ_{Str} kleiner als ρ_{Mat} und das Universum materiedominiert wurde.

Noch in einer zweiten Hinsicht dominierten die Photonen während der ersten etwa 379.000 Jahre im Universum. Bis dahin konnten sie nämlich verhindern, dass sich Ionen und Elektronen zu neutralen Atomen verbinden. In dieser Zeit war das Universum vollständig mit hochenergetischen Photonen gefüllt, die heftig mit Protonen und Neutronen kollidierten. Dieser Materiezustand, ein *Plasma*, lässt keine Photonen hindurch. Mit anderen Worten, in einem Plasma sieht man zwar die Strahlung unmittelbar benachbarter Photonen, schon die, die wenige Meter entfernt sind, sind aber nicht mehr zu sehen (Abb. 12.14a). Man spricht auch vom **primordialen Feuerball**.

379.000 Jahre nach dem Urknall war das Universum so groß geworden, dass die kosmologische Rotverschiebung die Wellenlängen der Photonen so stark gedehnt hatte (siehe Abb. 12.1) und die Energien der Photonen dadurch so niedrig geworden waren, dass sie keinen Wasserstoff mehr ionisieren konnten. Diese Phase heißt **Entkopplung.** Von da an entwickelten sich die massiven Teilchen einerseits und die Photonen andererseits separat. Die Elektronen begannen, Atomkerne zu umlaufen, sodass neutrale Atome entstanden (Abb. 12.14b). Der Raum zwischen den Kernen war inzwischen so groß geworden, dass die meisten primordialen Photonen zwischen ihnen hindurchliefen und nicht mehr mit ihnen kollidierten. Ohne diese Kollisionen, bei denen die Photonen gestreut wurden, war das Universum nicht mehr trübe. Es wurde so durchsichtig wie heute, sodass sich elektromagnetische Strahlung über große Entfernungen ungehindert ausbreiten kann und – ein wichtiger Aspekt für die Astronomen – wir weit ins Universum blicken können.

? Würde das Universum anders aussehen, falls in der oben erwähnten Symmetrie Antiteilchen gegenüber Teilchen überwogen hätten, und, wenn ja, in welcher Hinsicht?

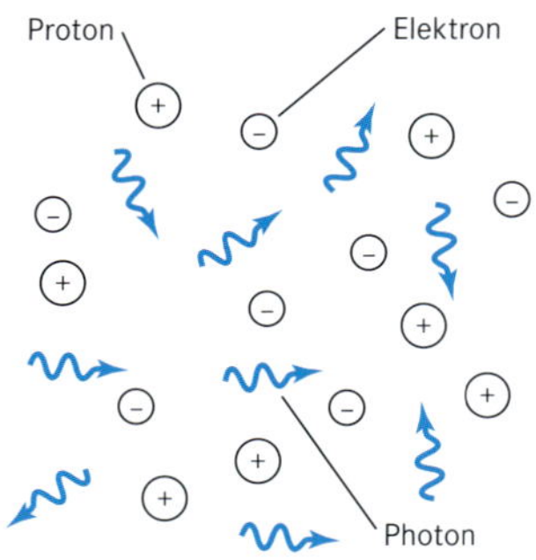

a Vor der Rekombination:
- Die Temperatur war so hoch, dass Elektronen und Protonen nicht kombinieren und Wasserstoffatome bilden konnten.
- Das Universum war undurchsichtig; Photonen stießen häufig mit Elektronen zusammen.
- Materie und Strahlung hatten dieselbe Temperatur.

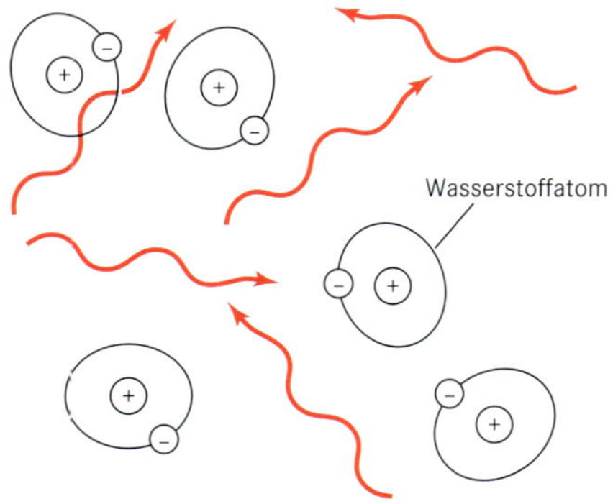

b Nach der Rekombination:
- Die Temperaturen waren so weit gesunken, dass Wasserstoffatome entstehen konnten.
- Das Universum wurde durchsichtig; Photonen stießen nur noch selten mit Atomen zusammen.
- Materie und Strahlung hatten nicht mehr dieselbe Temperatur.

Abb. 12.14 Die Rekombinationsära. (a) Vor der Rekombination hatten die Photonen der kosmischen Hintergrundstrahlung so hohe Energien, dass sie verhindern konnten, dass Protonen und Elektronen Wasserstoffatome bilden konnten.
(b) Als die Energie der Hintergrundstrahlung schließlich nicht mehr reichte, um Wasserstoff zu ionisieren, entstanden neutrale Atome.

? Wir hatten gesagt, dass in der primordialen Nukleosynthese das „meiste" Helium im Universum entstanden ist. Woher stammte bzw. stammt der Rest?

Dieser Zeitraum, in dem das zunächst undurchsichtige Universum durchsichtig wurde, dauerte etwa 100.000 Jahre und wird wegen der Kombination der Atomkerne und Elektronen **Rekombinationsära** genannt. Sowohl im Weltraum als auch im Labor gibt es auch heute häufig Ereignisse, bei denen Elektronen aus Atomen herausgeschlagen werden. Dies hatten wir in Abschnitt 3.21 als Ionisation kennengelernt. Häufig rekombinieren Elektronen nach der Ionisation wieder mit Kernen zu neutralen Atomen. Allerdings waren die Gase in der Frühphase der Entwicklung des Universums vorher nie neutral gewesen, sodass das Präfix „Re" in „Rekombination" eigentlich irreführend ist. Da das Universum die ersten 379.000 Jahre lang undurchsichtig war, können wir mit unseren Teleskopen, die sämtlich auf dem Nachweis elektromagnetischer Strahlung bei verschiedenen Wellenlängen beruhen, nicht weiter zurück als bis zur Rekombinationsära sehen.

Mit dem Wien'schen Verschiebungsgesetz lässt sich die Temperatur der kosmischen Hintergrundstrahlung zu dieser Zeit berechnen. Die Temperatur von 3000 K zum Zeitpunkt der Entkopplung entspricht Mikrowellen mit einer maximalen Wellenlänge von 0,001 mm. Die Temperaturgeschichte des Universums ist in Abb. 12.8 dargestellt.

Seit Entstehung der primordialen Photonen haben ihre Wellenlängen durch die Expansion des Universums zugenommen, sodass wir sie heute als den kosmischen Mikrowellenhintergrund beobachten. Inzwischen ist das Universum etwa 1000-mal so groß wie zum Zeitpunkt der Entkopplung. Auch wenn es heute materiedominiert ist, sind vom Urknall immer noch eine riesige Anzahl von Photonen übrig geblieben. Aus der Physik der Schwarzkörperstrahlung lässt sich berechnen, dass heutzutage jeder Kubikmeter des Weltraums 400 Mio. Photonen der kosmischen Mikrowellen-Hintergrundstrahlung enthält. Würde man demgegenüber die gesamte sichtbare Materie gleichmäßig im Universum verteilen, entfiele nur ein Wasserstoffatom auf 3 m^3 Weltraum. Mit anderen Worten, es gibt immer noch über 1 Mrd so viele Photonen wie Atome. Die Mikrowellen-Hintergrundstrahlung enthält die ältesten Photonen, die wir wohl jemals beobachten können werden. Sie ist ein Relikt von dem Glanz des frühen Universums.

12.11 Die Galaxien entstanden aus riesigen primordialen Gaswolken

Die Urknalltheorie behandelt die Entwicklung der Raumzeit, der Materie und der Energie seit der Planck-Ära. Sie kann das Vorhandensein des Wasserstoffs, des meisten Heliums und eines Teils des Lithiums, das wir heute vorfinden, erklären. Wie lässt sich aber die Existenz von Superhaufen, Galaxienhaufen und einzelnen Galaxien deuten? Wir hatten bereits erwähnt, dass diese nach Beginn der materiedominierten Ära des Universums entstanden sein müssen.

Um die großräumigen Strukturen im frühen materiedominierten Universum zu erklären, erinnern wir uns an die Quantenfluktuationen, die durch die Inflation aufgebläht wurden. Aus den Daten des COBE- und des WMAP-Satelliten wissen wir, dass diese Zusammenballungen im inflationären Universum ursprünglich winzige, aber sehr verschieden große Dichteunterschiede im Mikrowellenhintergrund waren. Die beiden Satelliten hatten den kosmischen Mikrowellenhintergrund beobachtet und dabei diese Dichteschwankungen, als das Universum erst 379.000 Jahre alt war, entdeckt. Die Daten zeigen, dass die Schwankungen nur etwa 0,00001-mal so dicht wie die mittlere Dichte der Materie im frühen Universum waren (Abb. 12.15). Dennoch reichen diese kleinen, aber unterschiedlich großen Schwankungen aus, um die gegenwärtige großräumige Struktur des Universums zu deuten.

Als das Universum strahlungsdominiert war, bewegten sich die Teilchen in ihm zu schnell, um sich zusammenzuballen und Strukturen bilden zu können. Dies änderte sich, als es materiedominiert wurde und so weit abkühlte, dass solche Zusammenballungen möglich wurden. Die zusätzliche Gravitationsanziehung in Gebieten, in denen die expandierten Quantenfluktuationen geringfügig überdurchschnittliche Materiekonzentrationen erzeugt hatten, ließ die Teilchen zusammenklumpen und schließlich Galaxien, Galaxienhaufen und Superhaufen bilden.

In der ersten Phase der Strukturbildung zog sich die Materie in Bereichen erhöhter Dichte immer mehr zusammen – sie kollabierte, heizte sich auf und prallte anschließend wegen des erhöhten Drucks zwischen den Teilchen zurück. Die Gravitation zog die Teilchen aber wieder zurück, und dies wiederholte sich über viele Zyklen. Die Kontraktion und die erneute Expan-

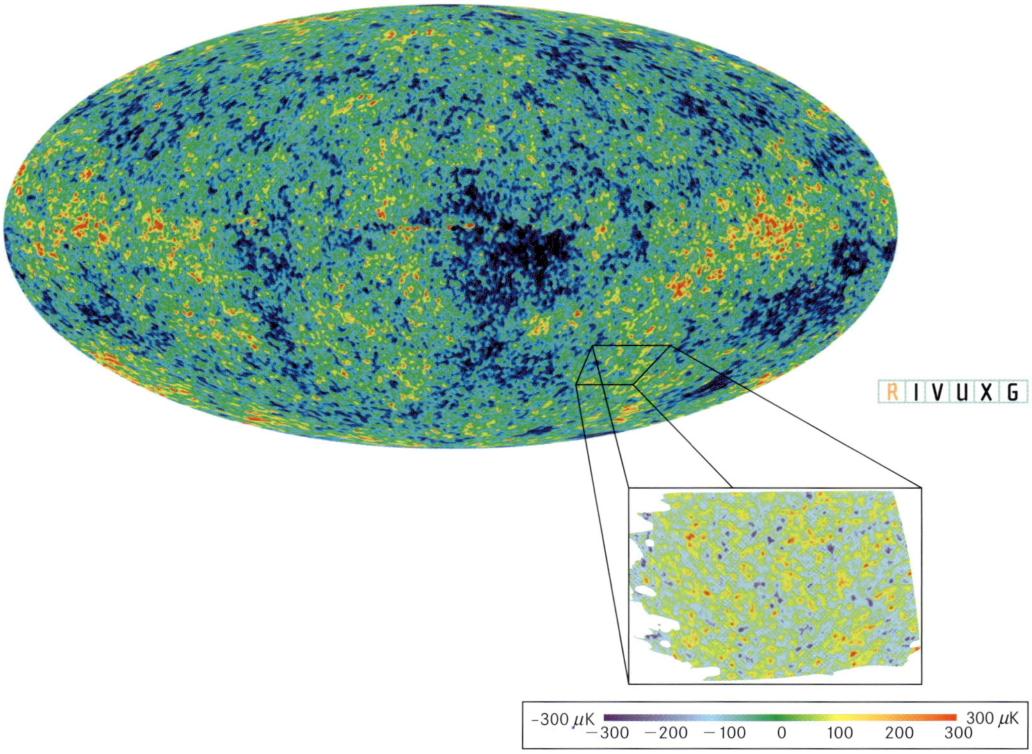

Abb. 12.15 Die Struktur des frühen Universums. Die Mikrowellenkarte des Gesamthimmels, die auf Daten der Wilkinson Microwave Anisotropy Probe (WMAP) beruht, zeigt die Temperaturschwankungen des kosmischen Mikrowellenhintergrunds. Rote Gebiete sind 0,00003 K wärmer, blaue etwa 0,00003 K kälter als die mittlere Temperatur von 2,73 K. Ausschnittsvergrößerung: Diese von der BOOMERANG-Kapsel beobachteten Temperaturschwankungen sind die Keimzellen der heutigen großräumigen Struktur des Universums und zeigen, wo Superhaufen und Leerräume wachsen. Die Strahlung, auf der diese Karte beruht, entstand 379.000 Jahre nach dem Urknall. (NASA/WMAP Science Team; Ausschnittsvergrößerung: NSF/NASA)

sion riesiger Gasmassen erzeugten Dichteschwankungen, die den Schallwellen in der Luft ähnlich sind. Das Gas übertrug einen Teil der Energie auf die Photonen, die heute den kosmischen Mikrowellenhintergrund bilden. So entstanden kältere und wärmere Bereiche im kosmischen Gas. Entsprechende Fluktuationen wurden im Mikrowellenhintergrund beobachtet. Wie wir noch sehen werden, sind sie eine wichtige Grundlage für unser Verständnis der Gesamtstruktur des Universums.

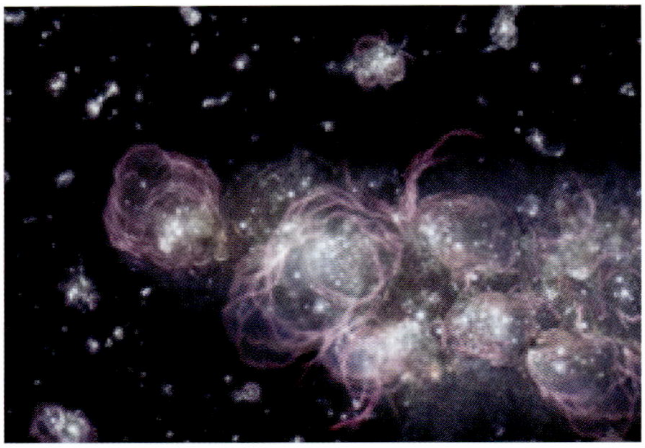

a Frühe Wellen der Sternentstehung

b Die Pfeile zeigen, wo vor 13,4 Mrd. Jahren Galaxien zu entstehen begannen

R I V U X G

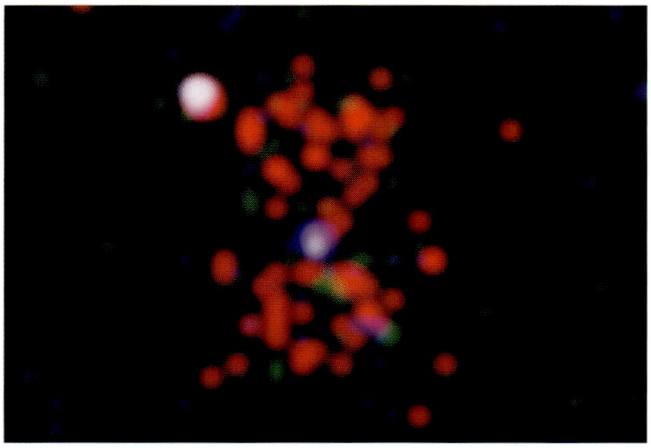

c Ein massereicher Galaxienhaufen, der vor 11,2 Mrd. Jahren entstand

R I V U X G

Praktisch die gesamte Materie im frühen Universum bestand aus Wasserstoff- und Heliumwolken. Zwischen dem Zeitpunkt der Entkopplung und der ersten Welle der Sternentstehung lag ein Abschnitt, in dem es noch kein Sternenlicht gab, die **dunkle Ära**. Allerdings muss man dabei im Auge haben, dass auch die dunkle Ära wegen Licht von Energie, die noch vom Urknall herrührte, gar nicht so dunkel war. Beobachtungen deuten zunehmend darauf hin, dass 200 Mio. Jahre nach dem Urknall die Sternentstehung (siehe Abschnitt 9.14) einsetzte (Abb. 12.16a). Die früheste Generation von Sternen sind die sogenannten Population-III-Sterne. 600 Mio. Jahre nach dem Urknall beginnen Galaxien zu entstehen (Abb. 12.16b). Außerdem deuten Beobachtungen darauf hin, dass es 2 Mrd. Jahre nach dem Urknall Galaxienhaufen gab (Abb. 12.16c).

Computersimulationen ergaben, dass die ersten Sterne in der Regel Massen von 100–500 $M_\odot$ hatten, eine Million Mal so hell wie die Sonne oder noch heller waren und nicht länger als einige Millionen Jahre lebten, bevor sie explodierten. Von diesen Sternen stammen (abgesehen vom primordialen Lithium) die ersten Metalle im Universum. Während der ersten Milliarden Jahre scheinen auch Gaszusammenballungen mit Millionen oder Milliarden Sonnenmassen zu supermassiven Schwarzen Löchern kollabiert zu sein. Diese könnten dann andere Materie auf eine Umlaufbahn gezwungen haben und so zur Keimzelle für das Wachstum einiger Galaxien geworden sein. Durch die

Abb. 12.16 Durch den Zusammenschluss kleinerer Einheiten entstehen Galaxien. (a) Die Zeichnung zeigt, wie sich Astronomen die Wellen der Sternentstehung innerhalb einiger Hundert Millionen Jahre nach dem Urknall vorstellen. Die Bögen und unregelmäßigen Kreise sind interstellares Gas, das von Supernovae angestrahlt wird. (b) Mit dem Hubble- und mit dem Keck-Teleskop gelang die Entdeckung zweier 13,4 Mrd. Lichtjahre entfernter Gruppen von Sternen (Pfeile), die wahrscheinlich Protogalaxien sind, aus denen größere Galaxien wachsen. Diese Protogalaxien konnten entdeckt werden, da sie durch die Gravitationslinse eines dazwischen liegenden Galaxienhaufens vergrößert werden. (c) Eine Aufnahme des Chandra-Röntgenteleskops von gravitativ gebundenem Gas um die entfernte Galaxie 3C 294. Seine Röntgenemission weist auf einen außergewöhnlich massereichen Galaxienhaufen hin, der in diesem Fall 11,2 Mrd. Lichtjahre entfernt ist. (a: Adolf Schaller, STScI/NASA/K. Lanzetta, SUNY; b: Richard Ellis (Caltech) und Jean-Paul Kneib (Observatoire Midi-Pyrénées, France), NASA, ESA; c: NASA)

Beobachtung weit entfernter Galaxien ist entdeckt worden, dass die meisten Galaxien anfangs Energie emittiert haben, die wir mit Quasaren und anderen aktiven Galaxien in Zusammenhang bringen. Das bedeutet, dass es in den Zentren der meisten jungen Galaxien supermassive Schwarze Löcher geben sollte. Jüngste Beobachtungen belegen, dass massereiche und supermassive Schwarze Löcher in der Regel so lange wachsen, bis sie etwa 0,2 % der Masse eines Galaxienwulsts erreicht haben.

Zwischen etwa 600 Mio. Jahren und etwa 6 Mrd. Jahren nach Entstehung des Universums kam es zur heftigen Sternentstehung. In diesem Zeitraum wuchs die Größe der Galaxien, bei einigen kontinuierlich, bei anderen plötzlich und schnell. In dem Maße, in dem der interstellare Wasserstoff rar wurde, ging auch die Sternentstehung zurück. Eine beobachtete Galaxie mit etwa achtmal so viel Masse an Sternen wie unsere Galaxis erreichte ihr volles Sternentstehungspotenzial, als das Universum erst 800 Mio. Jahre alt war.

Außerdem zeigen Beobachtungen, dass die Galaxien früher blauer und heller waren als heute. Diese Farb- und Helligkeitsänderungen deuten auf eine große Häufigkeit junger, heller, heißer und massereicher Sterne in neu entstandenen Galaxien hin (Abb. 12.17a). Während die Galaxien altern, werden diese blauen O- und B-Sterne zu Überriesen und sterben schließlich. Damit werden die Galaxien etwas röter und schwächer. Dies trifft insbesondere auf die früh entstandenen elliptischen Galaxien zu. Nahezu alle ihre Sternen scheinen in einem kräftigen Aktivitätsausbruch entstanden zu sein, der etwa 1 Mio. Jahre dauerte (Abb. 12.17b).

? Woher bezogen Population-II-Sterne in Kugelsternhaufen und auch sonst ihre anderen Metalle, wenn die ersten Elemente Wasserstoff, Helium und Lithium waren?

Im Gegensatz dazu sind Sterne in Spiralgalaxien mindestens im Verlauf der letzten 10 Mrd. Jahre, wenn auch mit einer allmählich abnehmenden Rate entstanden. In den Scheiben von Spiralgalaxien, darunter auch unserer Galaxis, steht immer noch reichlich interstellarer Wasserstoff als Brennstoff für die Sternentstehung zur Verfügung. Dies ist auch der Grund, weshalb ihre Spiralarme immer noch von O- und B-Sternen leuchten. In Abb. 12.17b sind die Raten verglichen, mit denen Sterne in Spiralgalaxien und in elliptischen Galaxien entstehen.

12.12 Die Sternentstehungsrate bestimmt die Anfangsstruktur einer Galaxie

Wir betrachten eine sich entwickelnde Galaxie, eine sogenannte *Protogalaxie*, die aus einer Gaswolke entsteht. Aus der Theorie folgt, dass die Sternentstehungsrate bestimmt, ob aus dieser Protogalaxie eine Spiralgalaxie oder eine elliptische Galaxie wird. Wenn die Sterne langsam genug entstehen, hat das Gas in ihrer Umgebung – analog wie bei der Entstehung des Sonnensystems – genug Zeit, sich durch Kollision mit anderem einfallenden Gas in einer abgeflachten

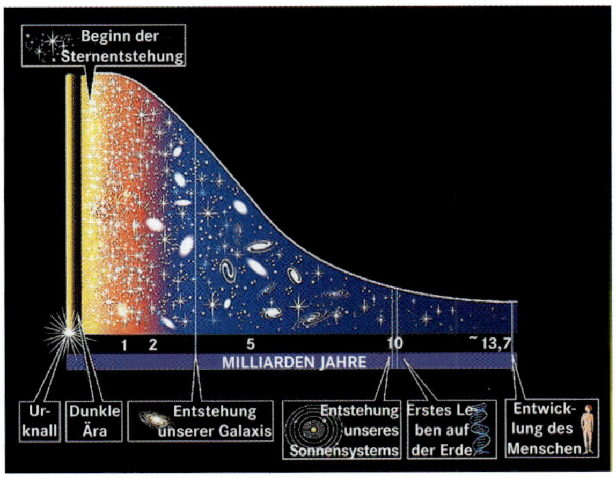

a

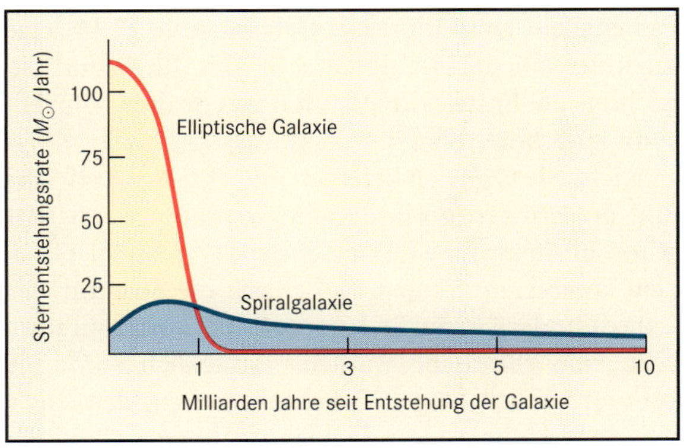

b

Abb. 12.17 Sternentstehungsraten. (a) Man sieht, wie die Sternentstehung schnell eingesetzt und im Laufe der Zeit langsam abgenommen hat. (b) Die meisten Sterne in einer elliptischen Galaxie entstehen in einem kurzen Ausbruch, wenn die Galaxie noch sehr jung ist. In Spiralgalaxien entstehen die Sterne dagegen langsamer im Verlauf von Milliarden von Jahren.

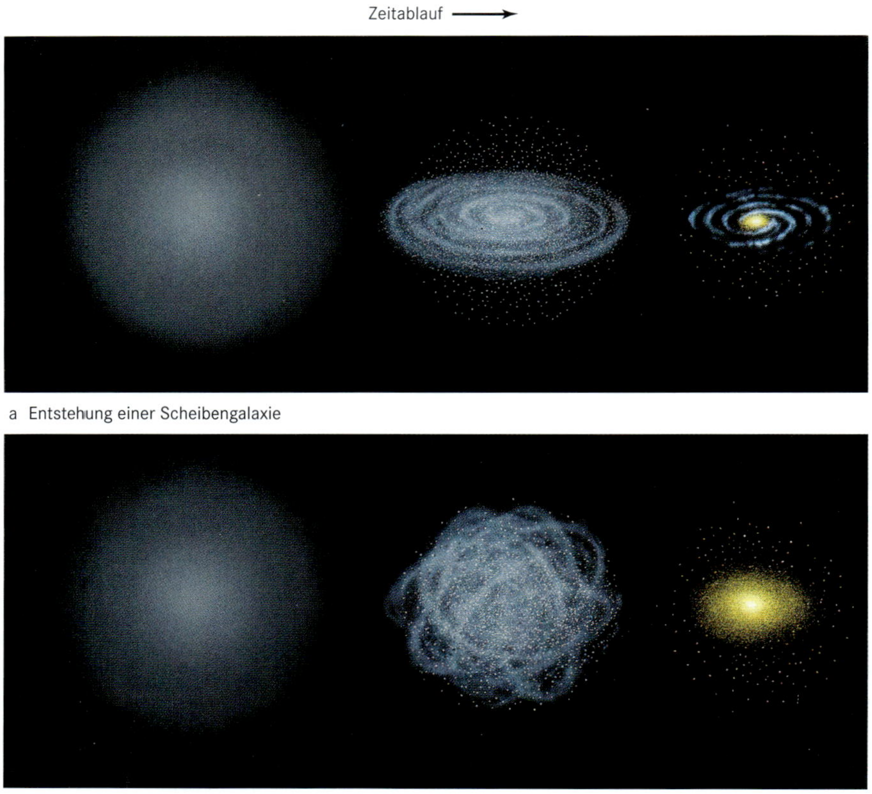

a Entstehung einer Scheibengalaxie

b Entstehung einer elliptischen Galaxie

Abb. 12.18 Die Entstehung einer Spiralgalaxie und einer elliptischen Galaxie. Eine Galaxie beginnt als riesige primordiale Gaswolke, die durch die Gravitation kollabiert. (a) Falls die Sternentstehungsrate niedrig ist, kollabiert ein großer Teil des Gases und bildet eine Scheibe. Dabei entsteht eine Spiralgalaxie. (b) Falls die Sternentstehungsrate dagegen hoch ist, wird das Gas in Sterne umgewandelt, noch bevor eine Scheibe entstehen kann. In diesem Fall ist das Ergebnis eine elliptische Galaxie.

Scheibe abzusetzen. Da die protogalaktische Scheibe einen reichen Wasserstoffvorrat besitzt, setzt sich die Sternentstehung fort und es entsteht eine Spiralgalaxie oder eine Linsengalaxie (also eine scheibenförmige Galaxie ohne Spiralarme). Ist die Sternentstehungsrate in der Protogalaxie zu Beginn dagegen hoch, wird praktisch alles prägalaktische Gas schon bei der Entstehung der Sterne aufgebraucht, bevor sich überhaupt eine Scheibe bilden kann. In diesem Fall entsteht eine elliptische Galaxie. Abb. 12.18 zeigt die unterschiedlichen Abläufe. In Abb. 12.19 sind die wichtigsten Entwicklungsstufen des frühen Universums zusammengefasst.

Nicht alle Galaxien behalten im Laufe der Entwicklung des Universums ihre Anfangsstruktur. Wir hatten schon in Abschnitt 11.17 gesehen, dass manche Galaxien kollidieren können, wobei sich die Struktur der Galaxie ändern kann. So kann z. B. aus einer Spiralgalaxie eine elliptische werden. Tatsächlich sind mit außerordentlich langen Belichtungszeiten, den sogenannten Hubble-Deep-Field-Aufnahmen (Beispiel: die Ausschnittsvergrößerung in Abb. 12.11) elliptische Galaxien in den allerersten Milliarden Jahren des Universums fotografiert worden, deren Farbe weit weniger gleichmäßig als die näher gelegener elliptischer Galaxien ist. Dabei wurden blaue Sterne in jungen elliptischen Galaxien, die mit der Verschmelzung von Spiralgalaxien und der daraus resultierenden Welle der Sternentstehung vereinbar sind, sowie viele gelbe und rote masseärmere Sterne beobachtet. Allerdings ist unser Verständnis der Galaxienentstehung und -entwicklung insgesamt immer noch lückenhaft.

Die Bestimmung des Orts und der Eigenschaften der Dunkelmaterie im Universum (siehe Abschnitt 11.7 und 11.18) ist bis heute von größter Bedeutung, wenn wir den Kosmos als Ganzes verstehen wollen. Sterne, Gas und Staub in Galaxien oder Galaxienhaufen, die wir beobachten können, betragen nur etwa 10–20 % der jeweiligen Masse der Objekte. Wir hatten bereits gesehen, dass diese beobachtbare Materie nicht ausreicht, um Galaxien oder Galaxienhaufen zusammenzuhalten. Sieht man von den massiven Neutrinos ab, wissen wir wenig darüber, woraus die restlichen 80–90 % der Galaxien oder Galaxienhaufen bestehen. Allerdings gibt es gegenwärtig einen gewissen Fortschritt im Verständnis der Verteilung der Dunkelmaterie. Im Jahr 2002 ist Astronomen bei der Kartierung großer Anzahlen von Galaxien und anhand von Computersimulation der Dunkelmaterie eine wichtige Entdeckung gelungen: In den Dimensionen von Gala-

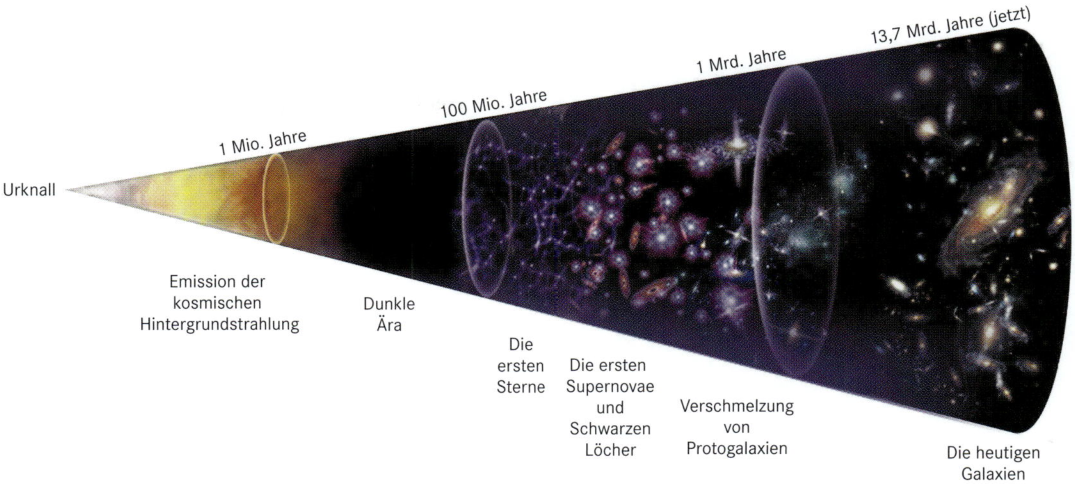

Abb. 12.19 Zeitablauf im frühen Kosmos. So sieht unsere gegenwärtige Vorstellung von der Entstehung von Sternen und Galaxien im frühen Universum aus. (Don Dixon)

xienhaufen fallen die Orte der Galaxien häufig mit Dunkelmateriekonzentrationen zusammen, während Lücken zwischen Galaxienhaufen mit Lücken an Dunkelmaterie übereinstimmen. Wahrscheinlich hat die Gravitationskraft der Dunkelmaterie dazu geführt, dass sich in einigen Gebieten Gas konzentrierte, was die Entstehung supermassiver Schwarzer Löcher und Galaxien begünstigte. Im Jahr 2007 konnten anhand der Bilder einer Galaxie, die von einer Gravitationslinse aus Dunkelmaterie fokussiert wurden, die Orte dieser Dunkelmaterie abgebildet werden (Abb. 12.20).

? Wären im Universum auch ohne Dunkelmaterie Gravitationslinsen möglich?

Das Schicksal des Universums

Nun wollen wir in die Zukunft blicken. Wird das Universum ewig bestehen bleiben? Oder wird seine Expansion eines Tages zum Stillstand kommen und es kollabieren?

12.13 Die mittlere Materiedichte ist ein entscheidender Faktor für die Zukunft unseres Universums

Während sich die Superhaufen im expandierenden Universum voneinander entfernen, wirken sie mit ihren anziehenden Gravitationskräften aufeinander ein und verzögern damit die Rate, mit der dies geschieht. Ließe sich allein daraus das Schicksal des Universums ablesen, brauchte man lediglich die gesamte sichtbare und (gegenwärtig noch) dunkle Materie zu ermitteln und zu addieren und könnte daraus berechnen, ob die Gravitationskraft reicht, um die Expansion schließlich anzuhalten.

Dies wäre eine ähnliche Berechnung wie die, wie hoch z. B. eine von der Erde aus abgeschossene Kanonenkugel fliegt. Die Gravitationskraft der Erde verzögert ja den Aufstieg der Kugel. Ist die Geschwindigkeit der Kugel kleiner als die Entweichgeschwindigkeit von der Erde (etwa 11 km/s senkrecht nach oben), fällt sie auf die Erde zurück. Ist ihre Geschwindigkeit höher als die Entweichgeschwindigkeit, verlässt sie die Erde und fliegt immer weiter von uns weg – obwohl sie natürlich nach wie vor von der Schwerkraft der Erde angezogen wird. Im Grenzfall ist die Geschwindigkeit der Kugel genau gleich der Entweichgeschwindigkeit. Die Kugel fällt dann gerade noch nicht auf die Erde zurück, wird aber unendlich lange immer langsamer und kommt schließlich unendlich weit entfernt von uns zur Ruhe.

In Analogie zu der Kanonenkugel würde man denken, dass eine Expansion des Universums, die zu langsam ist, um die gegenseitige Gravitationsanziehung seiner Teile zu überwinden, schließlich aufhört und in einen Kollaps übergeht. Falls die Expansion genau mit der Entweichgeschwindigkeit erfolgt, sollte es weiter expandieren und nach unendlich langer Zeit zum Stillstand kommen. Erfolgt die Expansion schnell genug, sollte das Universum ewig weiter ex-

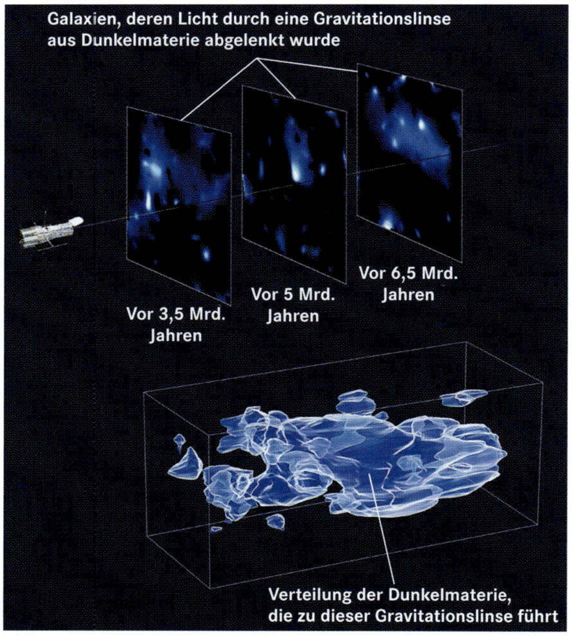

Abb. 12.20 Eine Abbildung von Dunkelmaterie. Oben: Mit dem Hubble-Teleskop konnte beobachtet werden, dass das Licht von Galaxien in derselben Richtung, aber in unterschiedlichen Entfernungen von der Erde, unterschiedlich stark von einer Gravitationslinse abgelenkt wird. Unten: Der größte Teil dieses Effekts beruht auf Dunkelmaterie. Subtrahiert man die Linseneffekte dazwischenliegender Galaxien, lässt sich aus den verzerrten Formen der Galaxien in verschiedenen Entfernungen die Verteilung der Dunkelmaterie ermitteln. (NASA, ESA und R. Massey, CIT)

pandieren. Tatsächlich trifft aber keiner dieser Fälle zu!

Die in der allgemeinen Relativitätstheorie formulierten Gesetze zur Beschreibung der Entwicklung des Universums sowie jüngste Beobachtungen entfernter Objekte zeigen, dass die Realität komplizierter ist. Nachdem sich die Astronomen mit der Vorstellung abgefunden hatten, dass die Gravitationskraft immer anziehend ist, hat die allgemeine Relativitätstheorie wieder einmal gezeigt, dass die Realität wenig Rücksicht auf unseren gesunden Menschenverstand nimmt: Es konnte nachgewiesen werden, dass die Gravitation abstoßend sein kann.

Damit müssen nun gleich zwei zusätzliche Effekte in Betracht gezogen werden: Die Wirkung der Materie auf die Struktur des Universums und das Wirken einer abstoßenden Gravitationskraft, **Dunkelenergie** (*nicht zu verwechseln mit der Dunkelmaterie!*) genannt. Wir betrachten zunächst, wie sich Materie und Energie auf die Form des Universums auswirken.

12.14 Die Gesamtstruktur der Raumzeit beeinflusst die Zukunft des Universums

In den 1920er Jahren wendeten Alexandre Friedmann in Russland, Georges Lemaître in Belgien, Willem de Sitter in den Niederlanden und Einstein selbst die allgemeine Relativitätstheorie auf das expandierende Universum an. Wie wir in Kapitel 10 und 11 gesehen hatten, besagt die allgemeine Relativitätstheorie, dass die Anwesenheit von Materie die Raumzeit zu Gravitationslinsen verformt und die Krümmung der Raumzeit um Schwarze Löcher bewirkt. Ähnlich krümmt auch Energie die Raumzeit, was nicht verwundert, da ja Materie und Energie über die Beziehung $E = mc^2$ verknüpft sind.

Es gibt nur drei Möglichkeiten dafür, welche Gesamtstruktur das Universum haben kann, die durch die Masse und Energie des Universums bestimmt sind sowie dadurch, wie schnell es expandiert. Wir wollen uns vorstellen, dass wir zwei starke Laserstrahlen in den Weltraum richten. Die beiden Strahlen sollen genau so ausgerichtet werden, dass sie beim Verlassen der Erde ideal parallel sind. Außerdem soll den Strahlen kein Hindernis im Weg stehen. Wir verfolgen die Strahlen durch die Raumzeit, deren Struktur wir bestimmen möchten. Davon, dass jeder der Strahlen für sich wegen der Expansion auffächern wird, da ihn das expandierende Universum auseinanderzieht, wollen wir hier absehen. Außerdem sieht die Analogie davon ab, dass in der allgemeinen Relativitätstheorie nicht nur der Raum, sondern die Raumzeit gekrümmt ist. Trotzdem beschreibt die folgende Analogie den Sachverhalt richtig.

Uns geht es hier nur um den Verlauf der Strahlen relativ zueinander. Es gibt drei Möglichkeiten, wie die Wege der Strahlen infolge der Krümmung des Universums aussehen können.

1. Die beiden anfangs parallelen Laserstrahlen nähern sich allmählich immer weiter an und schneiden sich schließlich in großer Entfernung von der Erde (Abb. 12.21a). In diesem Fall sagen wir, dass das Universum *positiv gekrümmt* ist. Dies ist ähnlich wie bei den Längengeraden auf der Erdoberfläche, die am Äquator parallel sind, sich an den Polen aber schneiden. Wenn das Universum das Licht in dieser Weise beeinflusst, kann seine Form also mit einer Kugeloberfläche verglichen werden: Der Raum ist kugelflächenförmig und das Universum hat eine positive Krümmung. Dies würde zutreffen, wenn es eine so hohe Masse und Energiedichte hätte, dass diese den Raum buchstäblich in sich

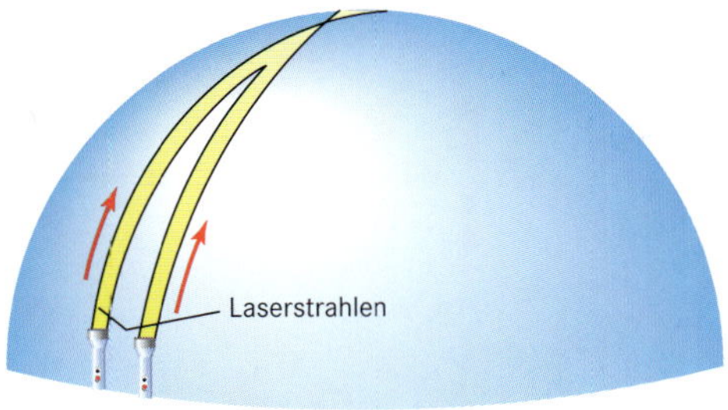

a Parallele Lichtstrahlen konvergieren.

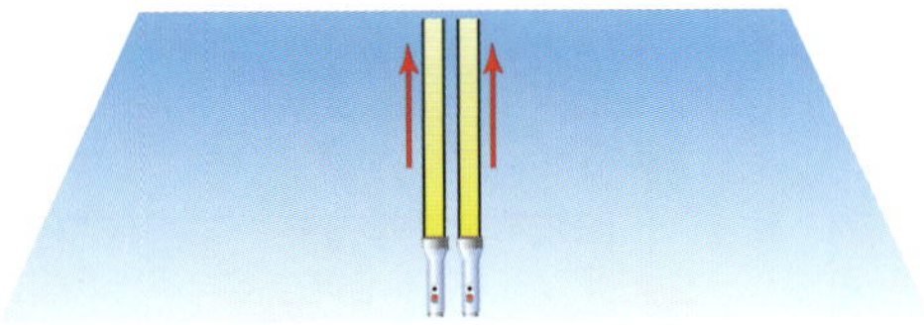

b Parallele Lichtstrahlen bleiben parallel.

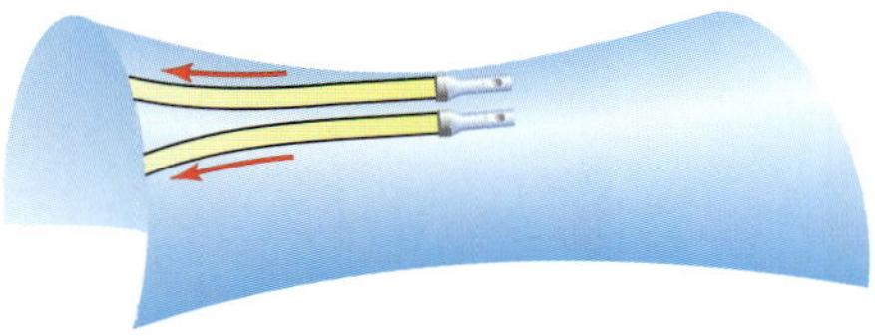

c Parallele Lichtstrahlen divergieren.

Abb. 12.21 Mögliche Geometrien des Universums. Die Struktur des Raums (hier zur Veranschaulichung zweidimensional) ist durch die Materie und Energie im Universum bestimmt. Je nachdem, ob die mittlere Materie- und Energiedichte im Weltraum größer, kleiner oder gleich einem kritischen Wert ist, ist die Krümmung entweder (a) positiv, (b) null oder (c) negativ. Die Linien auf jeder Oberfläche sind anfangs parallel. Je nach Krümmung des Raums konvergieren sie, bleiben sie parallel oder divergieren sie.

zurückkrümmen würden. Wenn keine nach außen gerichtete Kraft wirkt, wie sie etwa eine ausreichend große kosmologische Konstante (siehe Abschnitt 12.1) liefern würde, reicht die Energie eines solchen Universums nicht aus, um die ewige Expansion aufrechtzuerhalten. Eines Tages würde es also kollabieren.

Am einfachsten kann man sich ein solches Universum durch ein zweidimensionales Modell wie die Oberfläche eines Ballons veranschaulichen. In dieser Oberfläche leben wir. In einem solchen Universum könnte man im Prinzip geradlinig (d. h. auf einer Kurve auf der Oberfläche des Ballons) weiterlaufen und würde schließlich wieder da ankommen, wo man losgegangen ist. Genauso wie die Oberfläche eines Ballons hat ein dreidimensionales Universum mit positiver Krümmung weder einen Außenraum noch eine Mitte (die Mitte der Kugel in Abb. 12.21 liegt ja nicht in der Oberfläche!) und heißt **geschlossenes Universum**.

2. Andernfalls ist es möglich, dass die beiden Lichtstrahlen immer parallel bleiben (Abb. 12.21b). In diesem Fall ist der Raum nicht gekrümmt, d. h., es liegt ein **flaches Universum** vor, das unbeschränkt expandieren kann. Diese Struktur entspricht wohl am ehesten unserer Vorstellung.
3. Die zwei anfangs parallelen Lichtstrahlen divergieren auf ihrem Weg durch das Universum immer weiter voneinander (Abb. 12.21c). Dazu würde es kommen, wenn die Energie des Urknalls so groß wäre, dass das Universum ewig expandieren könnte. In diesem Fall hat das Universum eine negative Krümmung. Ein Sattel ist ein gutes Beispiel für eine negativ gekrümmte oder *hyperbolische* Oberfläche. Kurven auf einem Sattel, die anfangs parallel sind, divergieren immer stärker voneinander. Ein negativ gekrümmtes Universum würden wir also hyperbolisch nennen. Ein hyperbolisches Universum expandiert unbegrenzt und heißt **offenes Universum**. Sowohl das flache als auch das hyperbolische Universum sind offen und wachsen somit ewig.

Die meisten Astronomen bevorzugen das flache Universum. Die Erwartung, dass das Universum flach sein sollte, beruht auf den Beobachtungen, dass es homogen und isotrop ist. Der einzige bekannte Mechanismus zur Erklärung dieser Materie- und Energieverteilung im Weltraum ist die Inflation. Falls eine Inflation stattgefunden hat, muss das Universum allerdings wirklich mit hoher Genauigkeit flach sein, da während der Inflation sein Volumen und die Materie und Energie darin so stark expandiert sind. Dies lässt sich mit Berechnungen unterlegen.

Auch Beobachtungen mit Teleskopen sprechen sehr für die Annahme, dass das Universum flach ist. Dies ergibt sich aus der Untersuchung der Größen, die die Gebiete etwas höherer und niedrigerer Temperatur im kosmischen Mikrowellenhintergrund haben (siehe Abb. 12.15), und deren Vergleich mit den für ein flaches Universum vorhergesagten Größen. Tatsächlich stehen die Beobachtungen mit diesen theoretischen Abweichungen in Einklang. Hätte das Universum eine positive Krümmung, würde außerdem Licht aus den heißen Gebieten des frühen Universums gekrümmt und dadurch fokussiert, sodass hellere und größere Bilder entstehen würden, als sie beobachtet werden. Abb. 12.22 zeigt die Wirkungen der Raumzeit auf die Beobachtungen des kosmischen Mikrowellenhintergrunds.

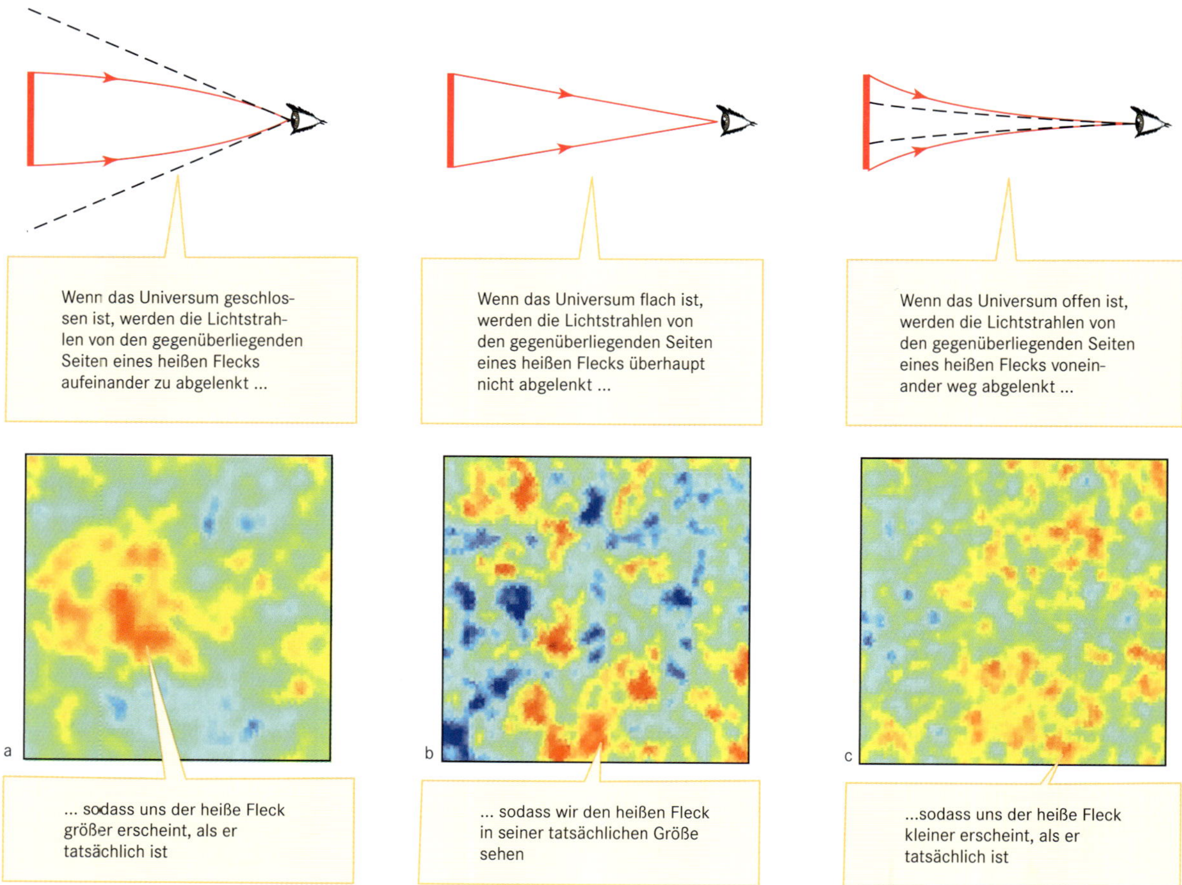

Abb. 12.22 Der kosmische Mikrowellenhintergrund und die Krümmung des Raums. Temperaturabweichungen im frühen Universum erscheinen im kosmischen Mikrowellenhintergrund als Hot Spots. Die scheinbaren Größen dieser Flecken hängen von der Raumkrümmung ab. (a) In einem geschlossenen Universum mit positiver Krümmung werden Lichtstrahlen von den gegenüberliegenden Seiten eines heißen Flecks aufeinander zu gebogen. Somit erscheint der heiße Fleck größer, als er tatsächlich ist (Strichlinien). (b) In einem flachen Universum werden die Lichtstrahlen nicht abgelenkt. (c) In einem offenen Universum werden die Lichtstrahlen voneinander weg abgelenkt. Die Strichlinien zeigen, dass ein heißer Fleck kleiner aussehen würde, als er tatsächlich ist. (The BOOMERANG Group, University of California, Santa Barbara)

? Gibt es Objekte, denen wir eine so hohe Geschwindigkeit erteilt haben, dass sie die Erde verlassen können, und wenn ja, welchen?

12.15 Dunkelenergie beschleunigt die Expansion des Universums

Bis vor wenigen Jahren bestand ein großer Widerspruch zwischen der Verteilung der beobachteten Materie und Energie im Universum und der Flachheit des Raums. So, wie es nicht genug sichtbare Materie gibt, um zu erklären, dass Galaxien und Galaxienhaufen gravitativ gebunden bleiben, werden nicht genug Materie und Energie beobachtet, um ein flaches Universum begründen zu können. Die sichtbare Materie trägt nur 4 % zur erforderlichen Masse bei. Die Photonen des kosmischen Mikrowellenhintergrunds liefern nur 0,005 % der erforderlichen Gravitationswirkungen, die notwendig sind, damit das Universum flach ist. Berechnungen der Masse, die notwendig ist, um Galaxien und Galaxienhaufen gravitativ gebunden zu halten, zusammen mit der Lichtablenkung ferner Galaxien und Quasare durch Dunkelmaterie-Gravitationslinsen zeigen, dass die bekannte Dunkelmaterie auch nur 23 % der erforderlichen Masse beitragen würde. Somit hat das Universum nur etwa 27 % der Masse und Energie, die es haben müsste, um flach zu sein. Selbst wenn man Fehler berücksichtigt, mit denen alle diese Beobachtungen noch behaftet sind, liegt der mögliche Massen- und Energiebereich aller Materie und Photonen im Universum immer noch nur zwischen 20 und 40 % des für ein flaches Universum erforderlichen Werts. Dennoch scheint es flach zu sein.

Mitte der 1990er Jahre hatten schließlich sowohl Ergebnisse der Untersuchung des Mikrowellenhintergrunds als auch der großräumigen Struktur des Universums eine bemerkenswerte Schlussfolgerung aufgedrängt: Die restliche Energie, die für ein flaches Universum notwendig ist, ist eine Form von Dunkelenergie mit der wesentlichen Auswirkung, dass das Universum beschleunigt expandiert. Jüngste Beobachtungen von Typ-Ia-Supernovae in extrem weit entfernten Galaxien konnten die Belege für die Existenz solcher Dunkelenergie untermauern (Abb. 12.23).

Die Lichtkurven (siehe Abschnitt 10.4) für Typ-Ia-Supernovae (Explosionen Weißer Zwerge in Doppelsternsystemen) sind sehr gut bekannt. Untersuchungen zeigen, dass sich diese Supernovae in nahe gelegenen Galaxien unabhängig von ihrer Umgebung ähnlich wie die in unserer Galaxis beobachteten verhalten. Da sie so hell sind, sind diese Supernovae hervorragende Standardkerzen zur Bestimmung der

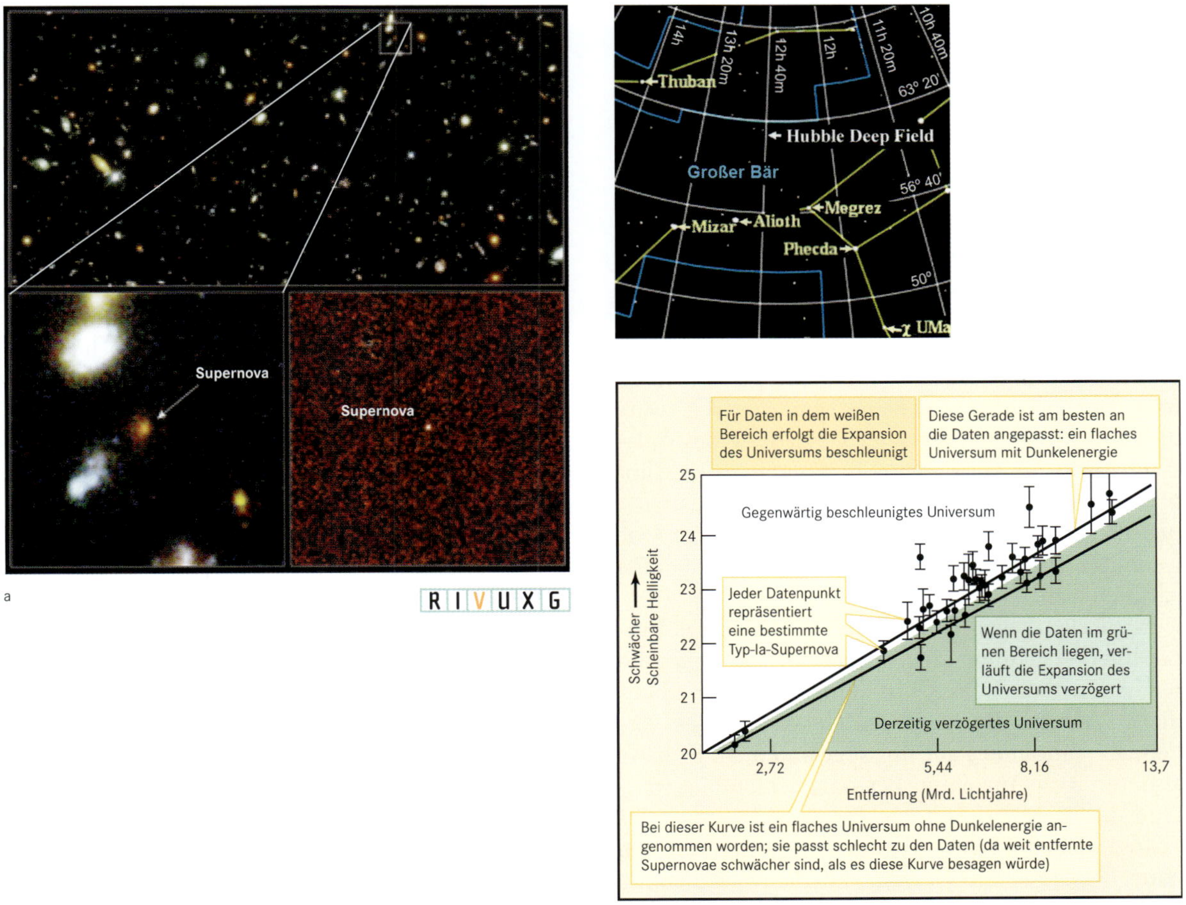

Abb. 12.23 Eine schwächere, weit entfernte Supernova. (a) Die Aufnahmen des Hubble-Teleskops zeigen die Galaxie, in der die Supernova SN 1997ff aufgetreten ist. Diese Supernova in einer Entfernung von über 10 Mrd. Lichtjahren war schwächer als erwartet, was darauf hindeutet, dass ihre Entfernung größer als die ist, die sie hätte, wenn die Expansion des Universums seit dem Urknall ständig verzögert worden wäre. Dies bekräftigt die Vorstellung, dass über riesige Entfernungen im Universum eine ausdehnende (kosmologische) Kraft wirkt. Der Pfeil in der linken Ausschnittsvergrößerung zeigt die Galaxie, in der die Supernova entdeckt wurde. Der helle Fleck in der rechten Ausschnittsvergrößerung zeigt die Supernova, wenn man das konstante Licht aller nahe gelegenen Objekte subtrahiert. (b) In diesem Diagramm sind die Entfernung und die Helligkeit vieler sehr weit entfernter Supernovae eingetragen. Die Orte der am weitesten entfernten Supernovae im oberen Gebiet deuten stark darauf hin, dass das Universum in den letzten 6 Mrd. Jahren beschleunigt expandiert ist. (a: Adam Riess, Space Telescope Science Institute, NASA)

Entfernungen von Objekten, die Milliarden Lichtjahre von uns weg sind. Unter der Annahme, dass sich Supernovae in weit entfernten Galaxien ähnlich wie die in unserer Galaxis verhalten, ergaben Beobachtungen 1998, dass die Supernovae in entfernten Galaxien schwächer erscheinen, als es sein müsste, wenn das Universum ewig verzögert oder auch nur mit konstanter Geschwindigkeit expandieren würde. Mit anderen Worten: Es muss jetzt schneller als zuvor expandieren, sodass entfernte Galaxien weiter weg sind, als es sonst der Fall wäre. Da sie weiter entfernt sind, erscheinen die Supernovae in ihnen schwächer als in einem ständig verzögerten Universum. Das Universum muss also *beschleunigt expandieren.*

Dazu müsste es freilich eine Art Abstoßungskraft geben, die die Rate, mit der sich die Superhaufen gegenwärtig entfernen, erhöht. Wir hatten schon erwähnt, dass hypothetisch eine Art Dunkelenergie angenommen wurde, die eine abstoßende Gravitationswirkung hat. Eine Bestätigung für diese Dunkelenergie kam 2003, als Licht sehr weit entfernter Galaxien beobachtet wurde, das auf seinem Weg zur Erde durch mehrere nahe gelegene Galaxienhaufen lief. Während sich das Licht auf dem Weg zu uns auf einen Galaxienhaufen zubewegte, wurde es gravitativ blauverschoben, d. h., das Licht gewann auf seinem Weg in Richtung des Haufens Energie. Gäbe es in einem flachen Universum keine Dunkelenergie, wäre dieses Licht bei Verlassen der Umgebung des Galaxienhaufens um genau denselben Betrag rotverschoben worden (hätte also Energie verloren). Es hätte uns dann mit derselben Wellenlänge erreicht, wie wenn es überhaupt nicht durch den Galaxienhaufen gelaufen wäre.

Gäbe es dagegen Dunkelenergie, würde das Universum beschleunigt (also immer stärker) expandieren. Somit wäre das Universum schneller expandiert, während das Licht den Galaxienhaufen verließ, als während es auf ihn zugelaufen ist. Es hätte also durch die Anziehung des Galaxienhaufens während der Annäherung mehr Energie gewonnen, als es anschließend, während es sich entfernte, verloren hätte. Mit anderen Worten, die Blauverschiebung des in den Haufen einfallenden Lichts wäre größer als die Rotverschiebung des Lichts, das den Haufen verlässt. Genau dies konnte beobachtet werden: Das Licht weit entfernter Galaxien wird auf seinem Weg zu uns durch Galaxienhaufen insgesamt blauverschoben. Damit expandiert das Universum beschleunigt.

Die kosmologische Konstante Es gibt zwei theoretische Deutungen der Dunkelenergie. Zunächst wollen wir betrachten, welche Folgen es hätte, wenn es die damals von Einstein eingeführte und anschließend verworfene kosmologische Konstante gäbe. Wie von Einstein beabsichtigt, gäbe es in diesem Fall eine abstoßende Naturkraft. Die dieser Kraft zugeordnete Energie würde im Vakuum des Weltraums erscheinen. In Abschnitt 10.28 und 12.8 hatten wir gesehen, dass selbst im Vakuum ständig Teilchen erscheinen und verschwinden. Diese tragen zur Energie des Kosmos bei, sodass auch der leere Raum eine Energie hat. Diese spezielle Energie, die in der kosmologischen Konstanten steckt, trägt zu einer abstoßenden Gravitationskraft bei, die mit der anziehenden Gravitationskraft von Materie und Strahlung, die die Expansion verzögert, konkurriert. Welche Gravitationskraft überwiegt, hängt davon ab, ob es mehr Vakuumenergie oder mehr Materie und Strahlung gibt.

Während das Universum expandiert, nimmt seine mittlere Materie- und Energiedichte ab. Mit anderen Worten, im Mittel enthält jeder Kubikmeter des Weltraums pro Sekunde weniger Masse und Energie als noch eine Sekunde zuvor. Dagegen bleibt die durch die kosmologische Konstante erzeugte Energiedichte unverändert – die Vakuumenergie in jedem Kubikmeter des Weltraums bleibt bei der Expansion des Universums konstant. Wenn das Universum noch expandiert, während die Vakuumenergie schon größer als die Materie und die Energie pro Volumeneinheit geworden ist, würde die abstoßende Gravitationskraft überwiegen und das Universum zwingen, wie beobachtet beschleunigt zu expandieren

Als Problem wird bei der kosmologischen Konstanten gelegentlich empfunden, dass ihre Abstoßungskraft gerade genauso stark sein müsste, dass das Universum erst mehrere Milliarden Jahre verzögert und daraufhin wie heute beobachtet beschleunigt expandiert. Um dies zu erklären, müsste das Verhältnis der Vakuumenergie zur Energie der Materie und Strahlung außerordentlich präzise feinabgestimmt werden. Bisher gibt es keine einleuchtende Erklärung dafür, weshalb die durch die kosmologische Konstante erzeugte Abstoßung nicht z. B. 100-mal so stark wie dieser Wert ist, sodass im Universum überhaupt noch keine Strukturen wie Sterne und Galaxien entstanden wären. Betrüge die Abstoßung der kosmologischen Konstanten andererseits 1 Milliardstel dieses fein abgestimmten Werts, wäre die Abstoßung der kosmologischen Konstante heute vernachlässigbar.

Die Quintessenz Trotz dieser Bedenken legen Beobachtungen weit entfernter Typ-Ia-Supernovae nahe, dass die auf das Universum wirkende Expansionskraft nahezu konstant ist. Dies ist mit der Erzeugung der Dunkelenergie durch die kosmologische Konstante vereinbar. Allerdings schließen diese Beobachtungen eine wichtige konkurrierende Theorie der Dunkelenergie, die der **Quintessenz**, auch nicht aus. Gegenwärtig wird eine Vielzahl mathematischer Beschreibungen dieser Quintessenz untersucht. Diese unterscheidet sich von der durch die kosmologische Konstante erzeugten Vakuumenergie dadurch, dass die Energie der Quintessenz nicht konstant ist, sondern sich bei der Expansion des Universums langsam ändert und außerdem vom Energie- und Materiefluss im Universum beeinflusst wird. Da sich die Quintessenz ändern kann, braucht sie nicht auf genau die Stärke feinabgestimmt worden zu sein, die das Universum flach macht und bei der trotzdem genau die geringe Beschleunigung erzeugt wird, die wir sehen. Stattdessen könnte sie zunächst beliebig stark gewesen und anschließend durch physikalische Eigenschaften des Universums so eingestellt worden sein, dass sie zur beobachteten Expansion passt.

Während das Universum gewachsen ist, hätte die Quintessenzenergie schließlich gegenüber der Materiegravitationsenergie zu dominieren begonnen. Wenn dies vor einigen Milliarden Jahren geschehen wäre, hätte die Quintessenz von da an eine negative Gravitationskraft ausgeübt, sodass das Universum beschleunigt worden wäre.

5 Die überraschende Entdeckung, dass das Universum beschleunigt expandiert, hat die Astronomen ihre Ansichten zum Schicksal des Kosmos vollständig revidieren lassen. Nun heißt es, dass *das Universum ewig expandieren wird.* Gleichzeitig löst sich zwanglos das Rätsel, dass das Universum flach ist, wie es das Auftreten einer inflationären Phase im frühen Universum erfordert. Die Dunkelenergie liefert die restlichen 73 % Energie, die benötigt werden, damit das Universum flach sein kann. Die Beiträge aller wichtigen Masse- und Energieanteile im Universum sind in Anhang C12 zusammengestellt.

Zusammenfassend ist unsere Kenntnis der Naturgesetze sicher noch nicht so umfassend, wie es wünschenswert wäre. Insbesondere können wir mit unseren Theorien noch nicht die Vorgänge im Universum zur Planck-Ära erklären, ganz abgesehen von der Frage, wie es überhaupt entstanden ist. Auf diese Herausforderungen sind die in letzter Zeit entwickelten Superstringtheorien gerichtet.

12.16 Superstringtheorie

Um die Gravitation und die anderen drei Grundkräfte der Natur in einer umfassenden Theorie für Alles zu vereinigen, muss ein Universum betrachtet werden, das mehr als die vier Dimensionen, die wir heute kennen (die drei Raumdimensionen und eine Zeitdimension), umfasst. Die Theorien zur mathematischen Beschreibung dieser neuen Formulierung der Gesetze des Universums heißen *Superstringtheorien.* Im Wesentlichen gibt es fünf solcher Theorien, die die Existenz aller bisher betrachteten Teilchen wie Quarks, Protonen, Neutronen, Elektronen und Photonen zulassen. Sicher wird letztlich nur eine dieser Superstringtheorien richtig sein, welche dies sein wird, ist aber derzeit noch offen.

In Superstringtheorien hat die Raumzeit zehn Dimensionen, von denen sechs überall auf winzige Volumina zusammengerollt sind, die sich unserem direkten Nachweis entziehen. Die restlichen vier Dimensionen sind die normale Raumzeit. Die verallgemeinerte Raumzeit der Superstringtheorien besitzt Eigenschaften, mit deren Hilfe alle vier Naturkräfte in einem Gleichungssystem zusammengefasst werden können.

Die Schwierigkeit bei der Vereinigung der Quantenmechanik (die die schwache, die starke und die elektromagnetische Kraft beschreibt) und der allgemeinen Relativitätstheorie (zur Beschreibung der Gravitation) besteht darin, dass die drei Kräfte in der Quantenmechanik quantisiert sind, was in der allgemeinen Relativitätstheorie nicht der Fall ist. Mit anderen Worten, die schwache, die starke und die elektromagnetische Kraft werden durch Teilchen übertragen. So sind die Quanten des Elektromagnetismus z. B. die Photonen. Die Gravitation beruht – zumindest der allgemeinen Relativitätstheorie folgend – auf einer stetigen und kontinuierlichen, also nicht quantisierten Kraft. Die Gravitationskraft wird als eine Folge der Raumzeitkrümmung durch Materie und Energie geformt.

Das Teilchen- und Wechselwirkungskonzept der Superstringtheorien unterscheidet sich sowohl von dem der Quantenmechanik als auch von dem der allgemeinen Relativitätstheorie. Teilchen werden nicht mehr als Massenpunkte beschrieben, sondern als winzige vibrierende Saiten aufgefasst, die für verschiedene Teilchenarten mit unterschiedlichen Frequenzen schwingen. Die Gravitation hat ein eigenes Energieübertragungsteilchen, das Graviton, ähnlich wie das Photon das Austauschteilchen des Elektromagnetismus ist. Die Wechselwirkungen zwischen den Strings erzeugen sämtliche Eigenschaften von Materie und Energie.

Die Aussagen der Superstringtheorien beginnen mit der Annahme, dass die allgemeine Relativitätstheorie die richtige „klassische" Theorie zur Beschreibung der Gravitationswechselwirkung zwischen Materie und Energie ist. Dies mag trivial erscheinen; da die allgemeine Relativitätstheorie aber im Rahmen ihrer Gültigkeit alle Erscheinungen richtig voraussagt, muss eine umfassendere Theorie wie die Superstringtheorie diese Genauigkeit mindestens liefern, oder sie ist falsch. Einige weitere Aussagen der Superstringtheorien sind:

- Das Universum kann keine positive Krümmung haben (was, wie wir gesehen haben, auch nicht der Fall ist).
- Ein Teil der Zusammenballungsstruktur, die wir als Superhaufen von Galaxien sehen, könnte durch die Aktivität von Superstrings während der Inflation verursacht worden sein (während der Rest eine Folge der Expansion von Quantenfluktuationen ist).
- Die Raumzeit braucht nicht vollständig stetig zu sein. Wie ein fehlerhafter Diamant oder zusammengefügte Eisstücke kann sie Strukturdefekte aufweisen. Diese Defekte der Raumzeit würden mit hoher Dichte als eindimensionale „kosmische Strings“ erscheinen. Ihre Anziehung würde normale Materie in der Nähe anziehen und zur Entstehung von Strings aus Galaxien führen. Allerdings sind diese kosmischen Strings noch nicht entdeckt worden.
- Bei einem Teil der Dunkelmaterie könnte es sich um Teilchen handeln, die von der Stringtheorie vorhergesagt werden.
- Die meisten Versionen der Superstringtheorien enthalten eine kosmologische Konstante, für deren Wert es aber noch keine tieferliegende Begründung gibt.
- Die Lichtgeschwindigkeit ist für alle Photonen gleich. Wenn von demselben Ereignis zu verschiedenen Zeiten Licht mit unterschiedlichen Wellenlängen ankäme, wären die Superstringtheorien (aber auch die allgemeine Relativitätstheorie) falsch.

Bisher sind Superstringtheorien mit den Beobachtungen vereinbar, wobei sich aber noch zeigen muss, ob eine von ihnen, und wenn ja, welche, auch der Überprüfung durch künftige Beobachtungen standhält und neue, nachprüfbare Erscheinungen voraussagt.

12.17 An den Grenzen unseres Wissens

Die in diesem Abschnitt vorgestellten Beobachtungen werfen sicher einige der größten noch unbeantworteten Fragen über den Kosmos auf. Was führte zum Urknall? Was geschah während der Planck-Zeit, also zwischen Urknall und 10^{-43} s? Ist unser Universum das einzige oder gibt es andere, möglicherweise mit grundlegend anderen physikalischen Eigenschaften, die gleichzeitig mit unserem Universum entstanden sind, mit denen wir aber keinen Kontakt aufnehmen können? Weshalb war das Universum zunächst in einem falschen Vakuumzustand? Wie entstanden im Einzelnen die Galaxien? Weshalb wurden aus dem Gas im frühen Universum nicht Sternsysteme, die Millionen Mal größer oder kleiner als Galaxien sind? Sind, wie heute angenommen, bei der Entwicklung der Galaxien Schwarze Löcher gewachsen? Woher kommt die Dunkelenergie? Welche der gegenwärtigen Annahmen für die Dunkelenergie – die kosmologische Konstante oder die Quintessenz – ist, wenn überhaupt, richtig? Es ist faszinierend zu wissen, dass noch zu unseren Lebzeiten auf diese Fragen Antworten gefunden werden könnten.

Schlüsselbegriffe

Der Urknall

- In der Astronomie wird davon ausgegangen, dass das Universum als eine außerordentlich dichte kosmische Singularität entstand, die in einem als Urknall bezeichneten Ereignis explodiert ist. Der weitere Verlauf der Expansion und die Rate, mit der sich die Superhaufen voneinander entfernen, werden durch das Hubble-Gesetz beschrieben.
- Das beobachtbare Universum erstreckt sich in jeder Richtung 13,7 Mrd. Lichtjahre von der Erde bis zum Rand des sichtbaren Universums. Objekte, die jenseits des Rands des sichtbaren Universums liegen könnten, können wir nicht sehen, da Licht von diesen Objekten noch nicht genug Zeit hatte, bis zu uns zu gelangen.
- Nach der Inflationstheorie ist das Universum in seiner Frühzeit kurzzeitig außerordentlich schnell expandiert, wobei sich ursprünglich zu uns benachbarte Materie so weit entfernt hat, dass wir sie noch nicht sehen können. Damit ist das heute beobachtbare Universum ein wachsendes Raumvolumen, das Materie und Strahlung enthält, die in den ersten Augenblicken nach dem Urknall mit unserer Materie und Strahlung in engem Kontakt war. Dies erklärt die beobachtete Isotropie und Homogenität des Universums.

Eine kurze Geschichte der Raumzeit, der Materie, der Energie und von allem

- Die im Universum beobachteten Wechselwirkungen lassen sich mit vier Grundkräften – Gravitation, Elektromagnetismus, starker Kernkraft und schwacher Kernkraft – erklären.
- Der gegenwärtigen Theorie zufolge waren direkt nach dem Urknall alle vier Kräfte gleich. Am Ende der Planck-Zeit (etwa 10^{-43} s nach dem Urknall) wurde die Gravitation zu einer separaten Kraft. Kurze Zeit später wurde dann die starke Kernkraft zu einer eigenen Kraft und eine letzte Aufspaltung führte zur elektromagnetischen Kraft und zur schwachen Kernkraft.
- Vor der Planck-Zeit war das Universum so dicht, dass die bekannten physikalischen Gesetze das Verhalten der Raumzeit, Materie und Energie zu dieser Zeit nicht beschreiben können.
- In den ersten 30.000 Jahren war das Universum strahlungsdominiert und Photonen verhinderten, dass sich die Materie zusammenballen konnte. Danach war es materiedominiert und es entstanden Superhaufen und kleinere Materiezusammenballungen. Heute ist das Universum dunkelenergiedominiert. Eine Dunkelenergie erzeugt die abstoßende Gravitationskraft, die dazu führt, dass sich die Superhaufen beschleunigt voneinander entfernen.
- Es wird davon ausgegangen, dass Materie und Energie im Verlauf der ersten 379.000 Jahre des Universums ein undurchsichtiges Plasma, den primordialen Feuerball, bildeten. Die kosmische Mikrowellen-Hintergrundstrahlung ist der stark rotverschobene Rest des Universums, wie es 379.000 Jahre nach dem Urknall aussah.
- Bis 379.000 Jahre nach dem Urknall führte die Expansion der Raumzeit dazu, dass die Temperatur des Universums unter 3000 K sank. Dadurch konnten Protonen und Elektronen zu Wasserstoffatomen kombinieren. In dieser Rekombinationsära wurde das Universum durchsichtig, sodass die Mikrowellen-Hintergrundstrahlung die ältesten Photonen im Universum enthält.
- Aus Teilen riesiger Wasserstoff- und Heliumwolken sind Galaxienhaufen und einzelne Galaxien entstanden, aus denen jeweils ein eigener Superhaufen wurde.
- Alle Superhaufen und einige Galaxienhaufen in jedem Superhaufen entfernen sich voneinander.
- In der materiedominierten Ära ist Struktur im Universum entstanden. Je länger sich das Universum in der dunkelenergiedominierten Ära entwickelt, desto mehr verschwindet die großräumige Struktur der Superhaufen.

Das Schicksal des Universums

- Die mittlere Materie- und Dunkelenergiedichte im Universum bestimmt die Krümmung des Raums und schließlich sein Schicksal.
- Beobachtungen zeigen, dass das Universum flach ist und dass der kosmische Mikrowellenhintergrund fast ideal isotrop ist. Dies ist die Folge eines kurzen Zeitabschnitts sehr schneller Expansion (der inflationären Epoche) im sehr frühen Universum.
- Das Universum expandiert beschleunigt und wird ewig weiter expandieren.

Was haben Sie gedacht?

1 *Was ist das Universum?* Die gesamte Materie, Energie und Raumzeit, die von der Erde aus jemals nachweisbar ist oder uns beeinflusst.

2 *Hatte das Universum einen Anfang?* Ja, dieser liegt etwa 13,7 Mrd. Jahre zurück, und das Ereignis war der Urknall.

3 *Wohin expandiert das Universum?* Nirgendwohin. Raum und Zeit (Raumzeit) sowie Materie und Energie im Universum sind erst im Urknall entstanden. Die Expansion des Universums ist die Expansion der Raumzeit selbst.

4 *Wie stark ist die Gravitation im Vergleich zu den anderen Naturkräften?* Die Gravitation ist die weitaus schwächste Kraft.

5 *Wird das Universum ewig bestehen?* Gegenwärtige Beobachtungen stützen die Annahme, dass es tatsächlich ewig bestehen bleibt.

Nachlese

1. Welche Naturkraft ist als zweite entstanden? **a.** Die Gravitation, **b.** die elektromagnetische Kraft, **c.** die schwache Kraft, **d.** die starke Kraft, **e.** alle sind gleichzeitig entstanden.
2. Welche der folgenden Beobachtungen lässt sich direkt durch die Inflation erklären? **a.** Dass das Universum homogen ist, **b.** dass das Universum expandiert, **c.** dass das Universum ewig bestehen wird, **d.** dass das Universum eine Hintergrundtemperatur hat, **e.** dass das Universum Teilchen enthält.
3. Was bedeutet die Aussage, dass wir in einem expandierenden Universum leben?

4. Erläutern Sie den Unterschied zwischen Dopplerrotverschiebung und kosmologischer Rotverschiebung.
5. Wie hängen das Schicksal des Universums, seine Struktur und seine mittlere Dichte zusammen?
6. Was wird schließlich aus der Mikrowellen-Hintergrundstrahlung, wenn das Universum ewig expandiert?
7. Was bedeutet die Aussage, dass das Universum dunkelenergiedominiert ist? Was heißt es, dass das Universum strahlungsdominiert ist? Was bedeutet es, dass es materiedominiert ist? Wodurch hat sich gezeigt, dass es strahlungsdominiert war?
8. Erläutern Sie den Unterschied zwischen einem Elektron und einem Positron.
9. Woher kommen der gegenwärtigen Auffassung zufolge die meisten Photonen in der kosmischen Mikrowellen-Hintergrundstrahlung?
10. Nennen Sie Beispiele für Wirkungen der vier physikalischen Grundkräfte im Universum.
11. Welche Beobachtungshinweise gibt es für **a.** den Urknall, **b.** die inflationäre Epoche, **c.** das Confinement von Quarks?

Kapitel 13
Astrobiologie

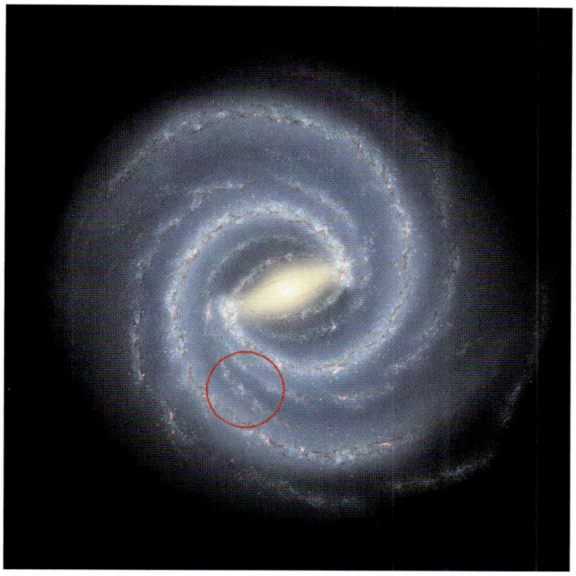

Der rote Kreis, dessen Mittelpunkt die Erde ist, umschließt das Gebiet des Alls, in dem die Astronomen nach außerirdischer Intelligenz suchen. (NASA/Space Telescope Science Institute)

Was meinen Sie?

1 **Warum ist Wasser für die Entstehung des Lebens so wichtig?**

2 **Welches Element eignet sich in einzigartiger Weise als Grundlage des Lebens, wie wir es kennen, und warum?**

3 **Wie suchen Astronomen nach intelligenten außerirdischen Lebensformen?**

4 **Haben die Astronomen bereits Spuren außerirdischer Zivilisationen entdeckt?**

5 **Angenommen, es gibt eine fortgeschrittene fremde Zivilisation in den Weiten des Alls. Könnte sie von unserer Existenz erfahren?**

Die Antworten finden Sie bei der jeweiligen Ziffer im Text und noch einmal zusammengefasst am Ende des Kapitels.

Wie uns ein Blick in den nächtlichen Sternenhimmel inspiriert, über die Grenzen unseres eigenen kleinen Selbst hinauszuschauen, regt uns die Beschäftigung mit der Astronomie zum Nachdenken an – über die Entstehung der Erde, die Natur der Sterne und sogar die Geburt unseres Universums. Zwei der vielleicht fesselndsten Fragen in diesem Zusammenhang sind: Wie entstand das Leben auf der Erde, und gibt es im All noch Leben außer uns?

Um die Ursprünge des irdischen Lebens zu erforschen, versuchen die Naturwissenschaftler, die dazu notwendigen Schritte im Labor nachzuvollziehen. Zu den Kernpunkten solcher Experimente gehört das Nachstellen der physikalischen Bedingungen, die zu jener fernen Zeit auf unserem Planeten geherrscht haben, und des verfügbaren Angebots an Ausgangsstoffen.

Einen Schritt vorwärts bei der Suche nach den Anfängen des Lebens würde es bedeuten, wenn es gelänge, primitives Leben in anderen Teilen des Sonnensystems zu finden, z. B. im Inneren von Mars oder Europa, Ganymed und weiteren Monden. In jüngerer Zeit haben die Astronomen begonnen, gezielt Ausschau danach zu halten. Missionen wurden

Abb. 13.1 Lander der Raumsonde Viking 1. Carl Sagan, Astronom und bekannter Populärwissenschaftler, neben einem Modell des Landegeräts der Viking 1. Das Foto wurde im Death Valley (Kalifornien) aufgenommen; die Szenerie erinnert an eine Marslandschaft. Sagan war an der Auswahl der Experimente der Viking-Mission maßgeblich beteiligt. (NASA Jet Propulsion Laboratory)

auf den Weg gebracht, die Leben auf anderen Welten suchen soll(t)en, etwa die beiden Flüge zum Mars in den 1970er Jahren (Abb. 13.1; siehe auch Abschnitt 5.13).

Die Suche nach hochentwickelten extraterrestrischen Zivilisationen geht, von der Erde aus gesehen, in verschiedene Richtungen. Es ist gut vorstellbar, dass Fremdlinge bereits Raumschiffe ausgesandt haben, um die Erde zu besuchen. Einige Leute behaupten sogar, Außerirdischen begegnet zu sein oder wenigstens ihre allgemein als UFOs („Unbekannte Flugobjekte") bezeichneten Transportmittel gesichtet zu haben. Das führt uns unmittelbar zur nächsten Frage: Wurde die Saat des Lebens – absichtlich oder zufällig – von Besuchern aus dem All auf die Erde gebracht? Falls es solche Besucher jemals gegeben haben sollte, ist das nicht auszuschließen. Ockhams Rasiermesser verlangt von uns aber, einfacheren Erklärungen den Vorzug zu geben.

Gibt es im Weltall überhaupt noch andere hochentwickelte Zivilisationen? Manche Leute finden die Vorstellung, unsere Erde sei der einzige belebte Himmelskörper, recht behaglich. Andere betrachten die schier unendliche Ausdehnung des Universums mit all den verschiedenartigen Objekten darin und meinen, es könne durchaus andere Welten geben, in denen Leben gedeiht. Sind wir allein im All – oder haben wir Nachbarn, die vielleicht ebenso eifrig nach Gesellschaft suchen wie wir? Diese Fragen versuchen Naturwissenschaftler heute mit fortgeschrittenen technischen Mitteln zu beantworten.

In diesem Kapitel geht es darum,

- wie nach Ansicht der Forscher eine Welt aussehen muss, auf der sich Leben entwickeln kann;
- warum es viele Forscher für möglich halten, dass es in unserem Sonnensystem auch außerhalb der Erde primitives Leben gibt;
- wie Forscher die Zahl der Planeten anderer Sterne abschätzen, auf denen es komplexe Lebensformen geben könnte;
- wie Forscher über die Grenzen des Sonnensystems hinaus nach Leben suchen und was sie bisher gefunden haben;
- wie wir versuchen, mit außerirdischen Zivilisationen Kontakt aufzunehmen.

13.1 Die Astrobiologie betrachtet den Kosmos und die Ursprünge des Lebens

Durch die fantastischen Fortschritte aller Wissenschaftszweige, die im 17. Jahrhundert begannen und seit Mitte des 20. Jahrhunderts ungeahnte Höhen erklimmen, haben die modernen Forscher sinnvolle Ansätze gefunden, um sich der Frage nach der Entstehung des irdischen Lebens zu widmen. Die **Astrobiologie** vereint Aspekte aller naturwissenschaftlichen Disziplinen, die dazu beitragen können, Herkunft, Evolution und Zukunft des Lebens auf unserem Planeten – und möglicherweise auf anderen Himmelskörpern – zu erklären. Wie gleich ausführlicher erläutert werden soll, versucht man beispielsweise seit den 1950er Jahren, die Umweltbedingungen zu modellieren, unter denen das Leben entstanden ist. Beflügelnd auf diese Bemühungen wirkt, dass sich die Beweise für die Existenz flüssigen Wassers in anderen „Welten" unseres Sonnensystems häufen; flüssiges Wasser ist bekanntlich eine Grundvoraussetzung für Lebensformen, wie wir sie kennen.

Einen bedeutenden Aufschwung als eigenständige Disziplin erlebte die Astrobiologie im Jahr 1996, als im Inneren des vom Mars stammenden Meteoriten ALH84001 Strukturen entdeckt wurden, die als Spuren organischen Lebens interpretiert werden *könnten* und das Interesse vieler Menschen, unter anderem der Geldgeber für Forschungsvorhaben der NASA und anderer Institutionen in der Welt, auf sich zogen. Heute arbeiten auf diesem Gebiet Tausende Wissenschaftler.

Fremde Lebensformen in unserem Sonnensystem zu finden, ist nur ein Arbeitsgebiet der Astrobiologie.

Ein anderes ist die Suche nach Leben jenseits der Grenzen des Sonnensystems. Mittlerweile sind mehr als 310 extrasolare Planeten („Exoplaneten“) bekannt. Die meisten von ihnen sind jupiterähnliche, wasserstoffreiche Riesen, aber es wurden auch einige erdähnliche Planeten gefunden, an deren Oberfläche es Wasser gibt. Ein Beispiel ist ein Planet des Sterns Gliese 581.

Ein drittes Arbeitsfeld ist die gezielte Suche nach hochentwickelten außerirdischen Zivilisationen. Sie beginnt auf der Erde mit Augenzeugenberichten von Personen, die „Aliens“ oder (häufiger) ihre UFOs beobachtet haben wollen. An UFOs zu glauben, mag unterhaltsam sein; sie wissenschaftlich nachzuweisen, ist hingegen eine ernste Sache. Bislang jedenfalls konnte niemand, der angeblich ein UFO gesehen oder einen Außerirdischen persönlich getroffen hat, einen physikalischen Beweis für dieses Ereignis vorlegen, der einen Wissenschaftler hätte überzeugen können, dass die Erde *jemals* Gastgeber fremder, intelligenter Lebensformen gewesen ist. Außerdem ist keine Technologie bekannt, mit der sich ein Raumschiff überlichtschnell fortbewegen könnte – was auch immer Science-Fiction-Romane, Filme und Fernsehshows zu diesem Thema zu sagen haben mögen. Wenn unsere Gäste also nicht von einem Planeten der wenigen Sterne kommen, deren Entfernung von uns nur wenige Lichtjahre beträgt, müssten sie Jahrhunderte oder gar Jahrtausende lang in den leeren Weiten des Raums unterwegs gewesen sein; und nach einer derart langen, aufwendigen Reise wäre es höchst unlogisch, wenn sie an der Erde vorbeiflögen, ohne zu landen.

Die organisierte Suche nach extraterrestrischer Intelligenz („SETI-Projekt“) läuft seit 1960. Damals startete der amerikanische Astronom Frank Drake das Projekt „Ozma“ (benannt nach Prinzessin Ozma von Oz in L. Frank Baums Kinderbuchreihe): Mit einem Radioteleskop am National Radio Astronomy Observatory in West Virginia versuchte er, Radiosignale „abzuhören“, die Zivilisationen auf Planeten der sonnenähnliche Sterne τ (tau) Ceti und ε (epsilon) Eridani gesendet haben könnten. Er fand nichts.

13.2 Leben beruht auf bestimmten physikalischen und chemischen Eigenschaften von Materie

Um die Astrobiologie auf eine physikalische Basis zu stellen, wollen wir zunächst überlegen, welche Bedingungen für die Existenz der uns vertrauten Lebensformen unerlässlich sind.

Zuallererst wäre da das Vorkommen flüssigen Wassers. In der neutralen, also weder sauren noch basischen Flüssigkeit können sich verschiedenste Atome und Moleküle in großer Zahl frei bewegen, miteinander verbinden und voneinander trennen. Zwar schließen sich Wassermoleküle auch selbst mit einigen Substanzen zusammen, aber das Medium lässt grundsätzlich vielerlei Wechselwirkungen gelöster Stoffe zu, ohne seinerseits an den Reaktionen beteiligt zu sein. Dies ist eine Voraussetzung für die Entstehung und Entwicklung komplexer Moleküle und Molekülverbände, auf denen die Funktionen von Lebewesen beruhen. Angesichts dieser Tatsachen sind die Biologen überzeugt, dass das irdische Leben in primordialen Gewässern, der „Ursuppe“, begann.

? „Vielleicht sind Aliens längst auf der Erde gelandet, wir haben sie nur nicht bemerkt.“ Wie würden die meisten Wissenschaftler auf diese Aussage reagieren?

Gesetzt den Fall, das Reaktionsmedium – flüssiges Wasser – ist vorhanden, so ist die zweite Bedingung für die Entstehung komplexer biologischer Moleküle ein Element, dessen Atome fest, aber nicht zu fest an mindestens drei andere Atome binden. Atome, die an zwei Partner binden, können Ketten (Abb. 13.2a) oder geschlossene Schleifen bilden, aber keine komplizierten räumlichen Strukturen unter Beteiligung von Atomen anderer Elemente (Abb. 13.2b), wie sie die Vielfalt lebenswichtiger Moleküle erfordert.

Fünf Elemente sind zum Aufbau kovalenter Bindungen (Bindungen, bei denen die Partner Elektronenpaare teilen) in der Lage: Bor (B), Kohlenstoff (C), Stickstoff (N), Silicium (Si) und Phosphor (P). Ionische Bindungen, bei denen die Partner Elektronen aufnehmen oder abgeben, sind starr und unflexibel; deshalb eignen sie sich nicht für die Bildung der komplexen und variablen Biomoleküle. Eine Sonderstellung unter den genannten fünf Elementen nimmt der Kohlenstoff ein: C–C-Bindungen sind relativ fest und trotzdem flexibel. Si–Si-Bindungen dagegen brechen schon bei geringfügigen Störungen auf; Substanzen mit Si–O-Bindungen bilden schwer modifizierbare Gele und Flüssigkeiten (Abb. 13.3a), und Si–O–O-Bindungen sind so stark, dass man sie in Kristallen findet (Abb. 13.3b). Ähnliche Probleme treten auch bei den drei anderen potenziellen Grundelementen des Lebens (Stickstoff, Bor, Phosphor) auf. Mögen die Lebensformen auf der Erde noch so vielfältig sein und unter sehr unterschiedlichen Bedingungen gedeihen, sie alle beruhen auf den einzigartigen Eigenschaften des Kohlenstoffatoms.

Z − X − X − X − X − Y

a Kettenförmiges Molekül

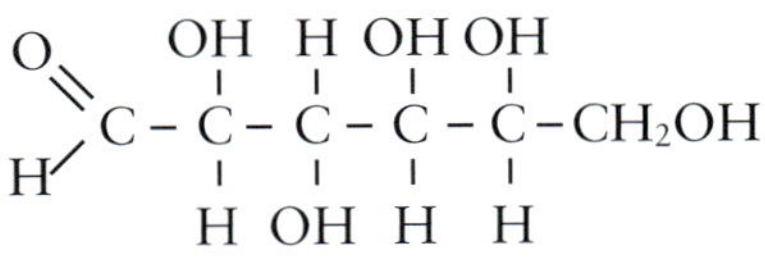

b Glucose

Abb. 13.2 Die Entstehung komplizierter Moleküle. (a) Können Atome (dargestellt durch Großbuchstaben) feste Bindungen zu zwei Nachbarn ausbilden (X), dann entstehen kettenförmige Moleküle. Die Kette bricht mit Atomen ab, die nur eine Bindung aufbauen können (Y und Z). Verzweigte oder vernetzte Strukturen (abgesehen von geschlossenen Schleifen) können aus solchen Atomen nicht entstehen. (b) Das Kohlenstoffatom (C) kann mehr als zwei (nämlich vier) feste Bindungen und damit auch komplizierte, verzweigte Moleküle bilden, wie sie für biologische Strukturen erforderlich sind. Kohlenstoffketten sind das Rückgrat der organischen Verbindungen. Der Einfachzucker Glucose z. B., Nährstoff für viele Lebensformen, ist ein verzweigtes Molekül aus Kohlenstoff-, Sauerstoff- und Wasserstoffatomen (C, O und H). Die Linien symbolisieren die Bindungen.

2 Die spezifischen chemischen Bindungen zwischen Kohlenstoffatomen ermöglichen die Bildung besonders langer, kompliziert aufgebauter Moleküle, die sich zudem zu Ketten, Gittern und Fasern zusammenschließen können. Aus diesem Grund eignen sich diese **organischen Verbindungen** zum Aufbau lebender Organismen. Biologen kennen heute bereits über 6 Mio. organische Kohlenstoffverbindungen.

Die Vielfalt und Stabilität der Organismen beruht auf komplexen, selbstregulierenden chemischen Reaktionen organischer Moleküle. Glücklicherweise gehört Kohlenstoff zu den häufigsten Elementen des Universums. Das reiche Angebot und die einzigartige Vielseitigkeit der Kohlenstoffatome lassen vermuten, dass diese auch in anderen Welten das Rückgrat von Lebensformen bilden.

Der dritte Faktor, neben Wasser und Kohlenstoff, ist eine Palette weiterer, für lebende Organismen unverzichtbarer Elemente. Dazu gehören Wasserstoff, Sauerstoff, Stickstoff und Schwefel, die ebenfalls zu den häufigen Elementen unserer Galaxie zählen. Alle organischen Moleküle, die Organismen brauchen, können ohne äußeres Zutun in den Ozeanen (auf der Erde oder anderen Himmelskörpern) entstehen. Trotzdem vertreten einige Astronomen die Ansicht, auf die gerade entstandenen Planeten sei ein Schauer organischer Substanzen aus dem All als Initialzün-

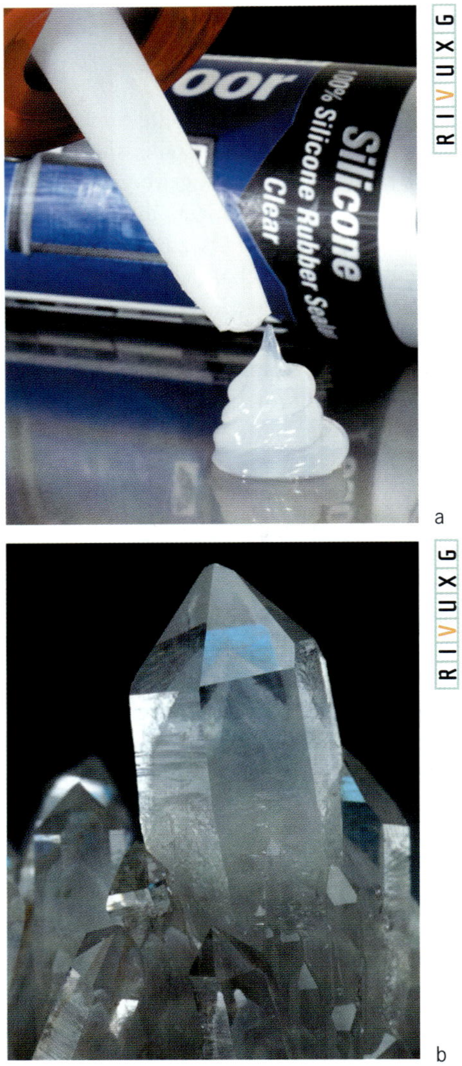

Abb. 13.3 Kohlenstofffreie „organische" Moleküle? Es gibt auch andere Elemente als Kohlenstoff, die drei oder mehr Bindungen zu ihren Nachbarn ausbilden können. Verketten oder vernetzen sich ihre Atome, entstehen aber Verbindungen, die zu weich oder zu hart, zu reaktionsfreudig oder zu inert für die Entwicklung lebendiger Organismen sind. Betrachten wir dies am Beispiel von Silicium. (a) Silicium-Sauerstoff-Bindungen, das Grundgerüst der Silicone, sind wenig reaktiv; außerdem liegen Silicone als Flüssigkeiten oder Gele vor. Sie eignen sich deshalb nicht zum Aufbau lebender Organismen. (b) Silicium-Sauerstoff-Sauerstoff-Bindungen sind sehr starr; die entsprechenden Verbindungen sind kristalline Festkörper wie der abgebildete Quarz. (a: Richard Megna/ Fundamental Photographs, New York; b: Mark A. Schneider/ Visuals Unlimited.)

dung der Evolution niedergegangen. Gestützt wird diese Theorie von der Beobachtung, dass Kometen in unserem Sonnensystem einen ganzen Cocktail organischer Moleküle mit sich führen, wie man aus ihren Spektren entnehmen kann.

Weitere Beweise für die Existenz organischer Stoffe im interplanetaren Raum lieferte (unter anderem) die Raumsonde Giotto beim Vorbeiflug am Kern des Halley'schen Kometen. 1997 startete die NASA die Mission Stardust, die bei einer Begegnung mit dem Kometen Wild 2 im Januar 2004 Staub- und andere Materieproben sammelte. Nach der erfolgreichen Rückkehr der Sonde im Januar 2006 wurden die Proben analysiert. Man fand darin organische Moleküle, die der Idee, das irdische Leben könne von Kometen „gesät" worden sein, zumindest nicht widersprechen.

In diesem Zusammenhang interessant ist auch eine spezielle Klasse von Meteoriten, die in der Frühzeit des Sonnensystems (siehe Abschnitt 6.1) entstandenen *kohligen Chondrite* (Abb. 13.4). Viele solche Chondrite, die zur Erde gefallen sind, enthalten ein ganzes Sortiment organischer Substanzen. Der Gedanke, die Planeten könnten schon seit ihrer Bildung einem ständigen Bombardement mit organischen Stoffen ausgesetzt gewesen sein, ist deshalb gar nicht so abwegig.

In interstellaren Wolken haben sich Kohlenstoffatome mit anderen Elementen zu einer eindrucksvollen Mannigfaltigkeit organischer Moleküle verbunden. Seit den 1960er Jahren empfangen Radioastronomen Mikrowellenstrahlung aus solchen Wolken und werten sie aus. Anhand der Emissionslinien konnten sie über 80 Verbindungen auf Kohlenstoffbasis identifizieren. Dazu gehören reine Kohlenstoff-Wasserstoff-Verbindungen wie polyzyklische Aromaten (PAKs) ebenso wie Ethanol (CH_3CH_2OH), Formaldehyd (H_2CO), Essigsäure ($HCOOCH_3$) und Acetaldehyd (CH_3CHO). 2003 wurde im Weltall die Aminosäure Glycin nachgewiesen. 2005 fand man PAKs in einer Entfernung von über 9 Mrd. Lichtjahren; dies was das erste Mal, dass es gelang, komplexe organische Moleküle in derart ferner Vergangenheit aufzuspüren. Sterne und Planeten ballen sich aus interstellaren Gas- und Staubwolken zusammen, in denen die beteiligten Elemente reichlich vorkommen. Die verhältnismäßig einfachen Substanzen können daher auch anderswo in unserer Galaxie als Grundbausteine des Lebens dienen. Tatsächlich beobachteten Astronomen mit dem Spitzer-Weltraumteleskop 2004 einige Zutaten des Lebens wie Methanol, Wasser und Kohlendioxid auf Umlaufbahnen um neugeborene Sterne.

Der interstellare Raum ist aber nicht die einzige Quelle organischen Materials. In einem klassischen

a

b

R I V U X G

Abb. 13.4 Kohliger Chondrit. (a) Kohlige Chondrite sind Meteoriten, die aus der Entstehungszeit unseres Sonnensystems stammen. Gezeigt ist ein Stück des Allende-Meteoriten, eines im Jahr 1969 in Mexiko niedergegangenen kohligen Chondriten. (b) Bei der chemischen Analyse kürzlich zur Erde gelangter kohliger Chondrite entdeckte man eine Vielzahl organischer Verbindungen. (a: Aus der Sammlung von Ronald A. Oriti; b: Harvard Smithsonian Center for Astrophysics)

Experiment zeigten 1952 die amerikanischen Chemiker Stanley Miller und Harold Urey, dass auf Planeten mit Vorkommen flüssigen Wassers einfache Ausgangsstoffe zu komplexen Molekülen reagieren können. Urey und Miller modellierten die Uratmosphäre so realitätsnah, wie es mit dem damaligen Wissensstand möglich war, indem sie Wasserstoff, Ammoniak, Methan und Wasserdampf in einen geschlossenen Behälter gaben und elektrischen Entladungen aussetzten, die Gewitterblitze simulieren sollten. Nach einer Woche hatte sich die Innenwand des Behälters mit einer rötlich-braunen, essenzielle Biomoleküle enthaltenden Substanz überzogen (Abb. 13.5).

Seitdem hat sich das Bild der Forscher von der Uratmosphäre unseres Planeten gewandelt. Wahrscheinlich handelte es sich eher um ein Gemisch aus Kohlendioxid, Stickstoff und Wasserstoff, dazu Wasserdampf, der aus Vulkanen entwich und von Kometen

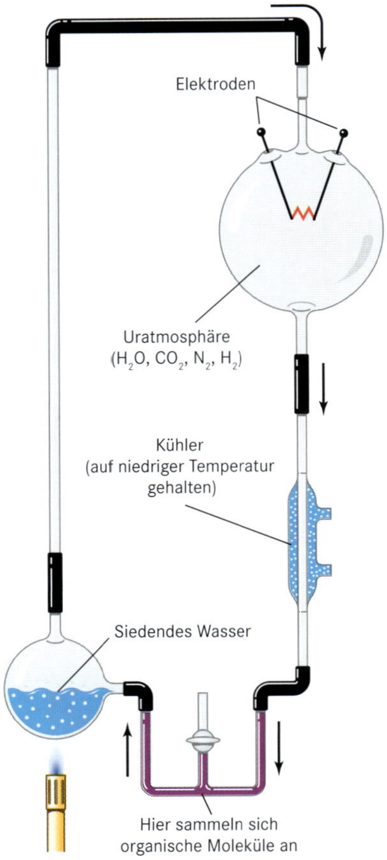

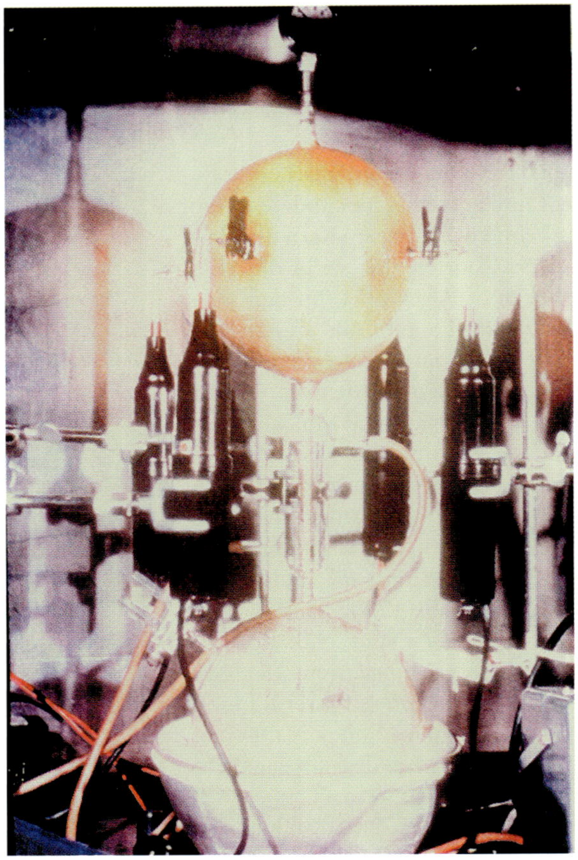

Abb. 13.5 Eine moderne Variante des Miller-Urey-Experiments. (a) Mit Versuchsanordnungen, die dem gegenwärtigen Wissensstand entsprechen, lässt sich beweisen, dass viele lebenswichtige organische Verbindungen aus Gasen gebildet werden können, die in der Uratmosphäre vorhanden waren. Das Experiment stützt die Hypothese, dass sich das irdische Leben auf der Basis gewöhnlicher chemischer Reaktionen entwickeln konnte. (b) Im ursprünglichen Experiment von Miller und Urey setzte sich eine schleimige Schicht organischen Materials (in den braunen Flaschen) an den Innenwänden der Glasgefäße ab. (b: NASA)

gebracht wurde. Entsprechend modifiziert, lieferte das Miller-Urey-Experiment auch für diese Zutaten eine Palette einfacher organischer Produkte, die sich vielleicht auch an irgendeinem fernen Ort des Universums gerade bilden.

Dabei sollten Sie stets bedenken, dass es von den in solchen Experimenten entstandenen Molekülen bis zum lebenden Organismus noch ein sehr großer Schritt ist. Unter anderem ungeklärt ist die Frage, wie sich simple organische Substanzen zu Zellen zusammenschließen und selbstreplizierende Systeme entwickeln konnten.

Der vierte Aspekt, den wir bei unserer Suche nach extraterrestrischem Leben beachten müssen, ist die Vereinbarkeit des Gedeihens von Organismen mit den physikalischen Umweltbedingungen (Temperatur, Strahlung und andere Parameter) des Heimatplaneten. Der entscheidende Faktor dabei ist: Wasser muss in flüssiger Form vorhanden sein, entweder an der Oberfläche des Himmelskörpers oder in seinem Inneren. Der Bereich um einen Stern oder Planeten, in dem dies erfüllt ist, heißt **bewohnbare Zone.** Die Erde befindet sich in der bewohnbaren Zone der Sonne; der Mond Europa befindet sich in der bewohnbaren Zone des Jupiter.

Ist der Abstand eines Planeten von seinem Zentralgestirn zu gering, so ist die Temperatur zu hoch und die UV-Einstrahlung zu stark, als dass sich kohlenstoffbasiertes Leben entwickeln könnte; ist der Abstand zu groß, gefriert das Wasser. Ist die Umwelt eines mäßig warmen Planeten in anderer Hinsicht lebensfeindlich (zu starke Strahlung, zu windig, zu viel seismische Aktivität), dann können sich einmal entstandene Organismen entweder nicht ausbreiten, oder sie sterben schnell wieder aus. Ist der Stern zu massiv, könnte er explodieren, bevor sich höher entwickeltes Leben auf einem seiner Planeten etablieren konnte. Ist der Stern hingegen zu klein, müsste der Planet ihm sehr nahe kommen, damit seine Oberfläche warm genug wird, um Wasser flüssig halten zu können. In diesem Fall besteht aber die Gefahr, dass die Gezeitenkräfte des Sterns den Planeten in eine gebundene Rotation zwingen. Seine Tagseite wäre dann zu heiß, die Nachtseite zu kalt für organisches Leben. Abb. 13.6 fasst alle genannten Faktoren zusammen.

? In welcher anderen Situation, der Sie in diesem Buch bereits begegnet sind, spielte die gebundene Rotation eine Rolle?

13.3 Die Hinweise auf außerirdisches Leben in unserem Sonnensystem häufen sich

Ungeachtet all dieser Einschränkungen mehren sich die Hinweise darauf, dass Leben auch entstehen kann, wenn nicht alle Bedingungen optimal sind. Geologen und Biologen haben Organismen auf der Erde in unglaublich lebensfeindlichen Biotopen entdeckt, etwa am Boden der Weltmeere, in einem See weit unter dem antarktischen Eisschild, tief in der Erdkruste und sogar in Thermalquellen (Abb. 13.7). Warum sollte nicht außerhalb der Erde Leben unter ähnlichen Bedingungen entstehen und florieren? Diskutiert werden momentan mindestens vier mögliche Habitate in unserem Sonnensystem, Mars sowie die Jupitermonde Europa, Ganymed und Kallisto.

? Warum kann es im Inneren des Monds Europa flüssiges Wasser geben?

Beobachtungen von Astronomen deuten darauf hin, dass es auf dem Mars einst flüssige Oberflächengewässer gab und noch heute unterirdische Seen geben könnte (siehe Kap. 5). Wie wir in Abschnitt 5.20 bis 5.22 gesehen haben, ist es wahrscheinlich, dass sich auch unter den gefrorenen Oberflächen von Europa, Ganymed und Kallisto Meere befinden. An diesen vier Orten des Sonnensystems könnten sich deshalb einfache Lebewesen entwickelt haben. In Abb. 5.34 war eine Probe zu sehen, die als Fossil primitiver Bakterien gedeutet werden könnte.

Ließe sich bestätigen, dass sich in einem dieser vier Lebensräume tatsächlich Organismen entwickelt haben, dann wäre bewiesen, dass komplexe organische Strukturen nicht auf die Erde beschränkt sind. Allerdings sind die chemischen Rohstoffe in allen vier Fällen so begrenzt, dass sich nirgends eine höher entwickelte, vernunftbegabte und in Gesellschaften lebende Form bilden konnte, wie der Mensch es ist.

13.4 Die Suche nach hochentwickelten Zivilisationen konzentriert sich auf Radiosignale

Bisher sind die Astronomen noch nicht auf einen erdähnlichen Planeten im System eines sonnenähnlichen Sterns gestoßen. Am nächsten kommt diesem Ideal ein 2007 entdeckter Exoplanet mit der fünffachen Erdmasse, der den Stern Gliese 581 (Spektralklasse M3, ein Drittel der Sonnenmasse) umrundet. Bekannt sind außerdem zahlreiche jupiterähnliche Riesenplaneten, die verschiedene Sterne in kurzem Abstand umkreisen. Enthält ein Sternsystem massereiche Planeten in der Nähe des Zentralgestirns, so ist ein erdähnlicher Planet desselben Systems vermutlich nicht bewohnbar, weil er von seinen massiven Nachbarn auf eine ausgeprägt elliptische Bahn gezwungen würde. Durch den stark schwankenden Abstand von seinem Stern wäre seine Oberfläche dann in zyklischem Rhythmus entweder zu heiß (und zu stark mit Strahlung belastet) oder zu kalt für organisches Leben. Allerdings enthalten nicht alle Planetensysteme sonnenähnlicher Sterne solche massiven Gasriesen.

Noch warten Milliarden sonnenähnlicher Sterne in unserer Galaxie auf ihre Erforschung. Die meisten Astronomen rechnen damit, dass sich eines Tages bewohnbare Exoplaneten finden werden. Diese Überzeugung motiviert auch die SETI-Forscher. Außerhalb unseres Sonnensystems können wir nicht, wie auf dem Mars, direkt nach fossilen Überresten von Lebewesen suchen, sondern wir sind auf eher technische Beweise angewiesen.

Wie sollen wir angesichts der ungeheuer großen astronomischen Entfernungen und der riesigen Anzahl von Sternen, die von bewohnbaren Planeten umrundet werden könnten, außerirdischen Zivilisationen auf die Spur kommen? Die gezielte Suche nach einzelnen erdähnlichen Exoplaneten in bewohnbaren Zonen ist technisch anspruchsvoll und extrem zeitaufwendig. Wie in Abschnitt 2.14 erklärt wurde, müssen dazu mit großer Sorgfalt Daten aufgenommen und ausgewertet werden, die erst seit rund 25 Jahren überhaupt in unserer Reichweite liegen. Ist ein geeigneter Planet entdeckt, bedeutet das aber noch lange nicht, 3

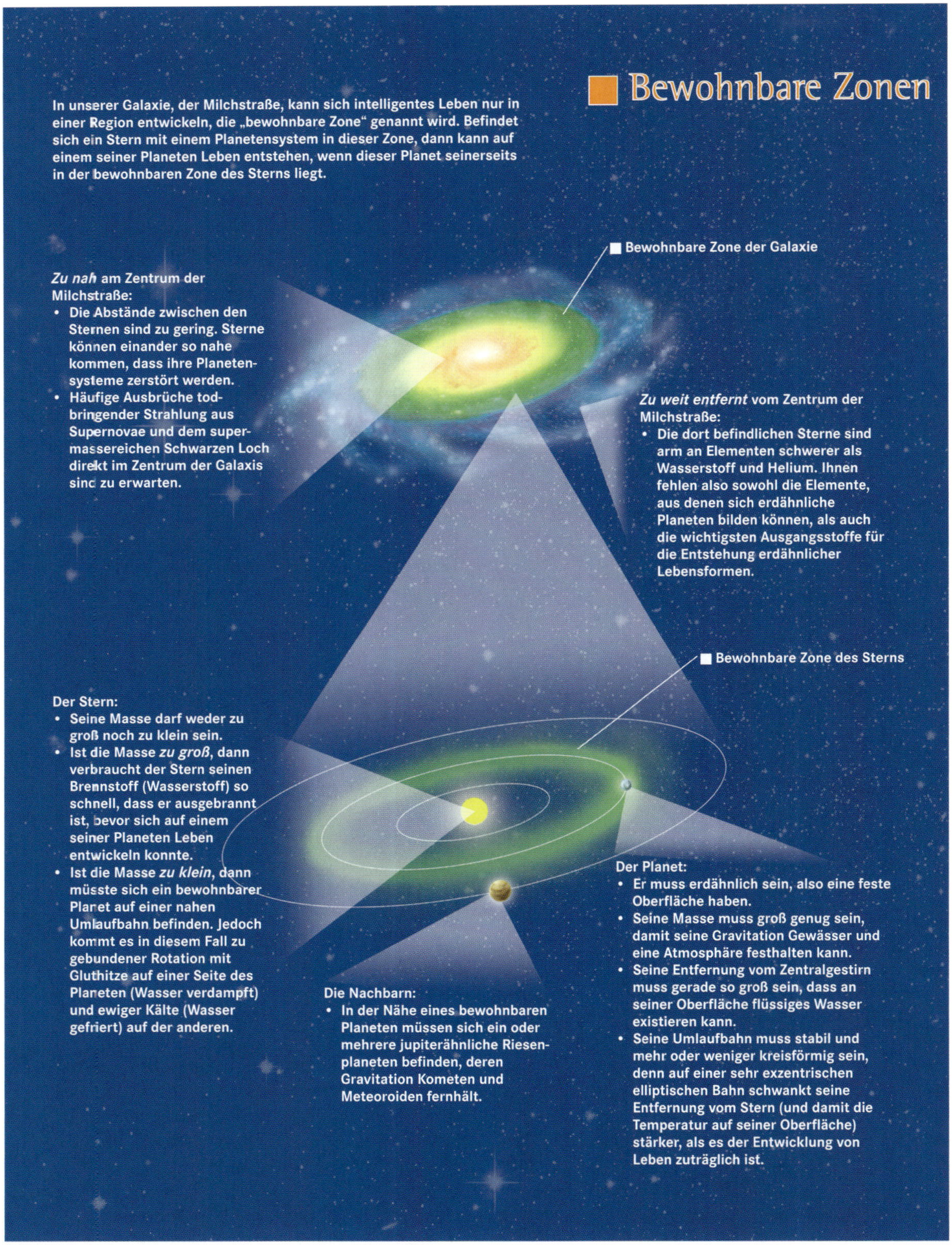

Abb. 13.6 Zone der bewohnbaren Planeten. Das Schema fasst die Bedingungen zusammen, die Regionen in der Galaxie und auf Umlaufbahnen um Sterne erfüllen müssen, damit die darin befindlichen Planeten prinzipiell bewohnbar sind. Die Erde befindet sich natürlich in einer geeigneten Zone.

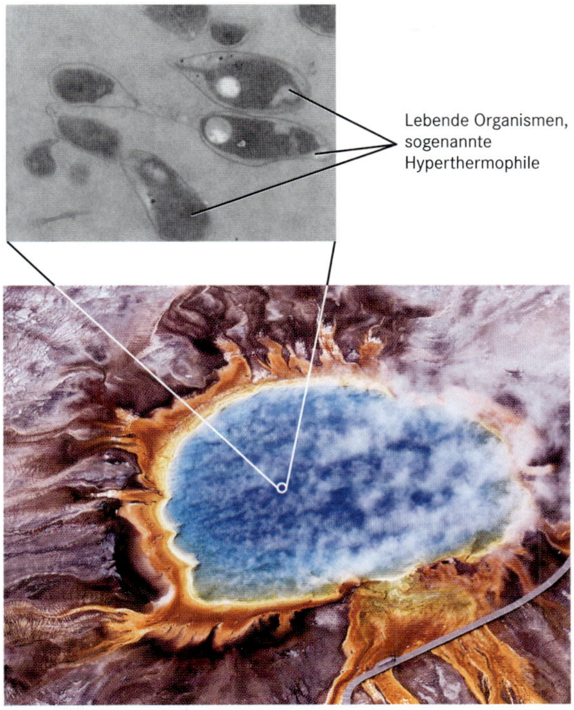

a Grand Prismatic Spring, eine heiße Quelle im Yellowstone-Nationalpark

b

R I V U X G

Abb. 13.7 Hyperthermophile Bakterien. (a) Diese mikroskopisch kleinen thermophilen (hitzeliebenden) Organismen fühlen sich in 80–100 °C heißem Wasser wohl, beispielsweise in der Grand Prismatic Spring im Yellowstone-Nationalpark. (b) Röhrenwürmer (die hellgrünen Röhren mit den roten kiemenartigen Büscheln) leben im Umkreis sogenannter Schwarzer Raucher. Das sind Schlote am Tiefseeboden, in denen ähnliche Temperaturen herrschen wie in der in (a) gezeigten heißen Quelle. Das abgebildete Biotop befindet sich mehr als 3000 m unter der Wasseroberfläche. (Mikrographie: NASA; a: Jim Peaco, Juli 2001, Yellowstone National Park. Foto: NPS Photo; b: Fisheries and Oceans of Canada)

dass er auch bewohnt ist. Die SETI-Forscher brauchen deshalb eine Methode, mit der sich die entmutigende Fahndung nach Exoplaneten umgehen lässt. Seit den 1950er und 1960er Jahren verfolgen sie eine vielversprechende Strategie: Sie horchen hinaus in den Weltraum auf Radiosignale fremder Zivilisationen.

Wie bereits gesagt, können Radiowellen enorme Entfernungen zurücklegen, ohne vom interstellaren Medium erheblich gestört zu werden. Da sie Gas- und Staubwolken durchdringen, bieten sie sich zur interstellaren Kommunikation an. Selbst wenn die Außerirdischen nicht versuchen sollten, Kontakt zu uns aufzunehmen, benutzen sie Radiowellen vielleicht zur Übermittlung von Informationen in ihrer eigenen Welt. Welche Frequenzbänder sollten wir also absuchen, um solche Signale mit möglichst großer Wahrscheinlichkeit aufzufangen?

Natürlich könnten wir die Frequenzen zufällig auswählen in der Hoffnung, irgendwann irgendetwas zu hören. Allerdings ist die Zahl möglicher Frequenzen riesig, und noch dazu müssen wir in allen Richtungen des Raums auf Empfang gehen. Haben wir eine Möglichkeit, unsere Chancen zu verbessern, einen Treffer zu landen? Wie sich bei genauerer Betrachtung herausstellt, passieren Wellen bestimmter Frequenzen interstellare Wolken besonders glatt; ein Teil davon wird außerdem nicht von Rauschen aus anderen Quellen überlagert. Bernard Oliver, einer der SETI-Pioniere, wies auf einige relativ klare Frequenzen in unmittelbarer Nähe der Mikrowellen-Emissionslinien des neutralen Wasserstoffatoms und des Hydroxyl-Radikals (OH) hin (Abb. 13.8). In humorvoller Anspielung auf diese Nachbarschaft nennt man den Bereich des Mikrowellenspektrums auch **Wasserloch.** Sollten außerirdische Lebewesen absichtlich Radiobotschaften ins All senden (zu eigenen Raumschiffen oder fremden Welten), dann ist es recht wahrscheinlich, dass sie diese Frequenzen benutzen.

Selbst wenn es, weit über unsere Galaxie verstreut, nur wenige hochentwickelte Zivilisationen geben sollte, reicht unsere Technik aus, um Radiosignale von ihnen zu empfangen. Seit dem Projekt Ozma wurden rund 100 organisierte Suchaktionen auf den Weg gebracht, die mit Radioteleskopen (Abb. 13.9), ausgefeilten elektronischen Anlagen und leistungsfähigen Computern sowohl gezielt lauschen als auch regelmäßig den gesamten Himmel überstreichen. Die NASA unterhält Zentren für Astrobiologie, die sich Fragen des Lebens in unserem Sonnensystem und in der Milchstraße widmen; die gegenwärtig laufenden SETI-Programme hingegen werden zum größten Teil privat finanziert. Im Rahmen mehrerer solcher Projekte werden unablässig riesige Datenmengen gesammelt.

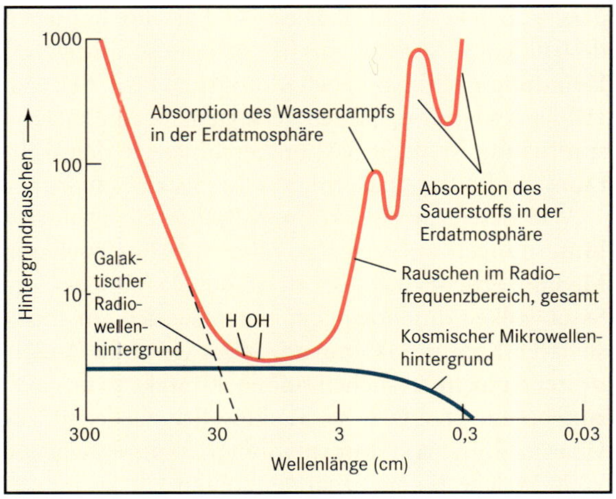

Abb. 13.8 Das „Wasserloch". Als Wasserloch wird im Fachjargon ein extrem störungsarmer Wellenlängenbereich zwischen 3 und 30 cm bezeichnet. Manche Forscher halten es für wahrscheinlich, dass interstellare Botschaften in diesem praktisch rauschfreien Frequenzband ausgetauscht werden.

Um dieser Zahlenmassen Herr zu werden, bittet ein SETI-Programm namens SETI@home (setiathome.berkeley.edu) die Besitzer privater PCs um Mithilfe. Dabei stellen die Forscher geeignete Auswertungssoftware zur Verfügung und liefern ständig aktuelle Daten; immer, wenn der Bildschirmschoner läuft, analysiert der Computer im Hintergrund Werte, sendet die Ergebnisse zu den Forschungszentren zurück und fordert neue Rohdaten an. Ein anderes Programm sucht Signale aus dem All mit einer Vielzahl kleiner, billiger Fernsehsatellitenempfänger.

4 In Abb. 13.10 sehen Sie, aus welchem Bereich unserer Galaxis wir Radiobotschaften empfangen könnten, die unseren eigenen Sendungen ähneln. Von Zeit zu Zeit fängt ein SETI-Projekt sehr starke oder ungewöhnliche Signale ein. Bis jetzt wurde aber keines dieser Signale je wiederholt, und die SETI-Forscher glauben nicht, bisher einer außerirdischen Zivilisation auf die Spur gekommen zu sein.

Würde je eine Nachricht aus einer anderen Welt empfangen, so wäre das eines der großartigsten Ereignisse in der Geschichte der Menschheit. Jede Kommunikation mit Außerirdischen könnte die Geschicke der Menschen grundlegend ändern, etwa durch den Austausch wissenschaftlicher Erkenntnisse oder eine besondere Art sozialer oder humanistischer Erleuchtung. In wenigen Jahren könnte unsere Industrie und Gesellschaftsstruktur um Jahrhunderte vorankommen. Ein solches Ereignis würde keinen einzigen Erdenbürger unberührt lassen.

R I V U X G

Abb. 13.9 Ein Radioteleskop, das in das SETI-Programm eingebunden ist. Das Radioteleskop des Observatoriums Arecibo im Norden von Puerto Rico ist mit 305 m Durchmesser der weltweit größte Empfänger seiner Art. Im vergangenen Jahrzehnt wurde das Teleskop gemeinsam mit einer Antenne in der kalifornischer Mojave-Wüste für eine Himmelsdurchmusterung auf der Suche nach extraterrestrischer Intelligenz genutzt. Seit 1996 ist außerdem eine Antenne im australischen Canberra an das Netz angeschlossen. (Mit freundlicher Genehmigung des NAIC-Arecibo Observatory, einer Einrichtung der NSF)

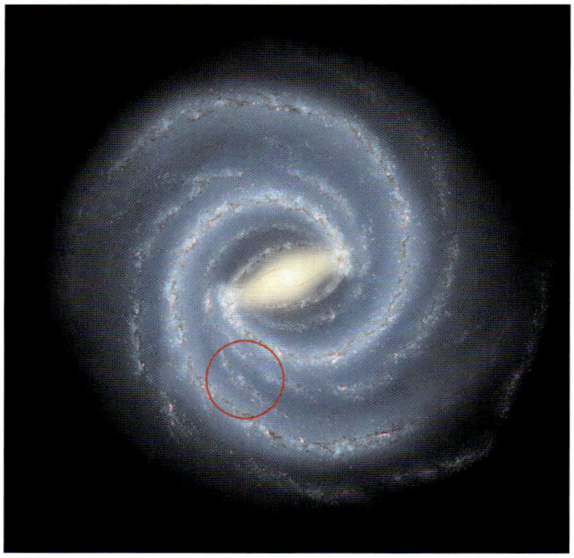

Abb. 13.10 In dieser Region suchen wir nach extraterrestrischer Intelligenz. Dargestellt ist die Milchstraße; im Mittelpunkt des roten Kreises liegt unser Sonnensystem. Der Kreis grenzt das Gebiet des Raums ein, aus dem die SETI-Programme Radiobotschaften erwarten können. Dabei wird vorausgesetzt, dass die Struktur dieser Signale den Radiosendungen ähnelt, die wir Menschen in den Raum schicken. (NASA/Space Telescope Science Institute)

? Stellen Sie sich vor, wir fangen Radiosignale auf, die eine fremde Zivilisation zufällig gesendet, also nicht speziell für uns bestimmt hat. Welche Informationen könnten wir solchen Signalen entnehmen?

13.5 Die Drake-Gleichung: Wie viele Zivilisationen gibt es in der Milchstraße?

Auf wie vielen Planeten in unserer Galaxie könnten komplexe Lebensformen existieren? Der Erste, der versuchte, diese Frage quantitativ zu beantworten, war Frank Drake. Sein Vorschlag lautete, die Anzahl N technisch hochentwickelter Zivilisationen in der Milchstraße mit einer später nach ihm benannten Formel abzuschätzen:

$$N = R^{\star} f_{\mathrm{P}} n_{\mathrm{E}} f_{\mathrm{L}} f_{\mathrm{i}} f_{\mathrm{c}} L.$$

In dieser **Drake-Gleichung** ist

- $R^{\star}$ die Rate, mit der sich in der Milchstraße sonnenähnliche Sterne bilden,
- f_{P} der Bruchteil der Sterne mit Planetensystem,
- n_{E} die Anzahl der Planeten pro Planetensystem, deren Umweltbedingungen geeignet für organisches Leben sind,
- f_{L} der Bruchteil der geeigneten Planeten, auf denen es tatsächlich Leben gibt,
- f_{i} der Bruchteil der Lebensformen, die intelligente Spezies hervorbringen,
- f_{c} der Bruchteil der intelligenten Zivilisationen, die eine geeignete Technologie entwickelt haben und benutzen, um Zeichen ihrer Existenz in den Weltraum zu schicken, und
- L die Überlebensdauer dieser intelligenten, technisch hochentwickelten Zivilisation.

Die Drake-Gleichung formuliert die Anzahl der extraterrestrischen Zivilisationen als Produkt einer Reihe von Termen, deren Zahlenwerte wir zum Teil aus unseren Kenntnissen über Sterne und ihre Evolution ableiten können. Dank neuer Hinweise auf extrasolare Planeten können die Astronomen beispielsweise hoffen, die ersten beiden Faktoren, $R^{\star}$ und f_{P}, aus Beobachtungen zu ermitteln. Aus den Überlegungen ausklammern sollten wir vielleicht alle Sterne, die massiver sind als 1,5 $M_{\odot}$, weil sie nicht so lange zur Hauptreihe gehören, wie es die Entwicklung intelligenten Lebens erfordert – 3,8 bis 4 Mrd. Jahre, wenn wir die Verhältnisse auf der Erde zugrunde legen. Nehmen wir diese Zeitspanne als typisch für die Evolution hochentwickelter Lebensformen an, dann ist ein massereicher Stern zum Riesen geworden oder gar in einer Supernova explodiert, lange bevor auf einem seiner Planeten Lebewesen mit Bewusstsein erscheinen konnten.

Sterne mit niedriger Masse leben zwar länger, sind aber zu kühl, um lebensfreundliche Bedingungen auf ihren Planeten schaffen zu können. Wie bereits bemerkt, müsste ein Planet einen solchen Stern auf einer sehr nahen Umlaufbahn umkreisen, wenn auf seiner Oberfläche flüssiges Wasser existieren soll. Die Gezeitenkräfte des Sterns zwingen den Planeten dann aber in eine gebundene Rotation; auf der Tagseite des Planeten herrscht dann ewige Gluthitze, sodass die Ozeane verdampfen, und auf der Nachtseite ewige klirrende Kälte. Organisches Leben könnte höchstens in der Nähe der Tag-Nacht-Grenze existieren. Diese starke räumliche Beschränkung schmälert die Wahrscheinlichkeit enorm, dass sich komplexe Lebewesen entwickeln, die eine technisierte Zivilisation errichten können.

Als „ideale" lebenspendende Sterne bleiben damit Hauptreihensterne übrig, deren Masse ungefähr gleich der Sonnenmasse ist. Solche Sterne gehören zu den Spektralklassen F5 bis M0. Auf der Grundlage statistischer Analysen der Sternbildung in der Milchstraße schätzen die Astronomen, dass pro Jahr etwa ein solcher Stern in der Milchstraße geboren wird. Das bedeutet: $R^{\star} = 1/\mathrm{Jahr}$.

In Abschnitt 2.10 und 2.11 haben wir gesehen, dass unser Planetensystem zeitgleich mit unserer Sonne entstanden ist und dass es gute Gründe gibt anzunehmen, dass derartige Prozesse der Planetenbildung bei isolierten Sternen die Regel sind. Viele Astronomen setzen deshalb $f_{\mathrm{P}} = 1$, mit Worten ausgedrückt: Die allermeisten sonnenähnlichen Sterne sollten über Planetensysteme verfügen.

Leider sind wir bei allen anderen Faktoren der Drake-Gleichung auf Spekulation und Hypothesen angewiesen. Keiner weiß, mit welcher Wahrscheinlichkeit ein Planetensystem über mindestens ein erdähnliches Mitglied verfügt. Nehmen wir unser Sonnensystem als Maßstab, können wir auch $n_{\mathrm{E}} = 1$ setzen. Konservativer geschätzt, könnte einer von zehn sonnenähnlichen Sternen von einem erdähnlichen Planeten umrundet werden, also $n_{\mathrm{E}} = 0{,}1$.

Nach allem, was wir über die Evolution des Lebens auf der Erde wissen, ist die Entstehung organischer Lebensformen unter den geeigneten Bedingungen eine Notwendigkeit: $f_{\mathrm{L}} = 1$. Natürlich haben die Biologen zu dieser Frage eine Menge zu sagen. Wenn wir wollen, können wir nun noch annehmen, dass die Evolution notwendigerweise zu Intelligenz führt (eine heiß diskutierte Vermutung!), $f_i = 1$. Ob außerirdische intelligente Zivilisationen versuchen würden, mit anderen Zivilisationen in der Galaxie Kontakt aufzunehmen, können wir nur raten; gehen wir zunächst optimistisch davon aus, dass sie es alle täten, und setzen auch noch $f_c = 1$.

Der unsicherste Faktor von allen ist der letzte, L. Ihn zu ermitteln oder auch nur vernünftig zu schätzen, haben wir keine Chance. Schauen wir auf unseren Heimatplaneten mit der zunehmenden, die Nahrungsketten bedrohenden Verschmutzung der Atmosphäre und der Gewässer und denken wir daran, wie nahe wir der völligen Auslöschung der Menschheit mit Massenvernichtungswaffen schon gekommen sind, dann scheint es nicht abwegig zu folgern: Vielleicht gehören wir Menschen zu den wenigen technisch entwickelten Zivilisationen, die es überhaupt geschafft haben, sich durch die allerersten Jahre hindurchzukämpfen; vielleicht ist L nicht größer als 100 Jahre. Alle aufgezählten Schätzwerte zusammengenommen, lautet unsere Drake-Gleichung

$$N = 1 \cdot 1 \cdot 0{,}1 \cdot 1 \cdot 1 \cdot 1 \cdot 100 = 10.$$

Die vielen hundert Milliarden Sterne der Milchstraße könnten also gerade einmal zehn Zivilisationen hervorgebracht haben, die technologisch hoch genug entwickelt sind, um Kontakt mit uns aufzunehmen. Natürlich sind unsere Schätzungen sehr grob. Verschiedene Leute haben im Laufe der Zeit ganz unterschiedlich motivierte Vorschläge für die einzelnen Terme vorgelegt, und entsprechend stark schwanken die Werte für N. Einen besonders großen Einfluss auf das Resultat hat die mittlere Lebensdauer der Zivilisation. Einige Forscher glauben, es gebe in der ganzen Milchstraße nur eine einzige hochentwickelte Gesellschaft – nämlich uns. Andere dagegen rechnen mit zig Millionen von intelligenten Lebewesen bewohnten Planeten. Solange die Wissenschaft keine genauere Schätzung ermöglicht, kann sich jeder den Wert heraussuchen, der ihm vernünftig erscheint.

13.6 Seit mehr als 100 Jahren sendet die Menschheit Botschaften ins All

5 Schon seit geraumer Zeit tun wir mehr, als einfach in die Weiten des Alls hinauszulauschen. Astronomen haben gebündelte Signale mit Radioteleskopen in Richtung von Sternsystemen geschickt, von denen sie annehmen, dass sie einen bewohnten Planeten beinhalten. Dazu gehören ein „Hallo", 1974 gerichtet auf den Kugelsternhaufen M13 (Abb. 13.11a), und eine Übertragung des Beatles-Songs *Across the Universe* 2008. Unbeabsichtigt macht die Menschheit sich schon viel länger bemerkbar – spätestens seit 1895, als der Italiener Guglielmo Marconi erstmals ein Signal drahtlos übertrug. Ein kugelförmiger Abschnitt des Sonnensystems mit einem Durchmesser von rund 115 Lichtjahren ist inzwischen von Radio- und Fernsehsignalen erfüllt. Sollten je Vertreter einer fremden Zivilisation in dieses Gebiet geraten, dann können sie Radiosendungen und Fernsehshows vergangener Jahrzehnte genießen und versuchen, daraus auf das Wesen der Menschheit zu schließen.

> **?** Nennen Sie zwei der oben genannten Schätzwerte für die Terme der Drake-Gleichung, mit denen Sie am wenigsten einverstanden sind. Wie viele Zivilisationen sollte es in der Milchstraße geben, wenn Sie stattdessen Ihre eigenen Werte einsetzen?

Auch vier Raumsonden tragen Informationen über die menschliche Zivilisation hinaus ins All. An Bord von Pioneer 10 und Pioneer 11, gestartet 1972 bzw. 1973, befinden sich Tafeln mit Symbolen, die inzwischen das Sonnensystem verlassen haben und durch den interstellaren Raum reisen. 1977 wurden Voyager 1 und Voyager 2 ausgeschickt, um das äußere Planetensystem zu erforschen. Ihnen wurden altmodische Schallplatten mit Bildern, Stimmen und Geräuschen mitgegeben. Angesichts der unermesslichen Weiten des Weltraums ist es sehr unwahrscheinlich, dass die winzigen Sonden jemals entdeckt werden – aber es ist nicht ausgeschlossen, dass eines fernen Tages, vielleicht in Millionen oder Milliarden Jahren, doch ein intelligentes Lebewesen darauf stößt. Aus der Bahnkurve der Sonde und den Informationen an Bord könnte es dann ermitteln, woher Pioneer oder Voyager kam. Falls das Reisebudget dieser Zivilisation großzügig bemessen ist, könnte sich vielleicht eine Abordnung auf den Weg machen, uns zu besuchen; wenigstens könnten sie eine Radiobotschaft senden. Hoffentlich sind unsere Nachfahren dann noch da, um sie würdig zu empfangen.

13.7 An den Grenzen unseres Wissens

In der Astrobiologie gibt es noch viele offene Fragen. Zahlreiche Details der Entwicklung des Lebens auf der

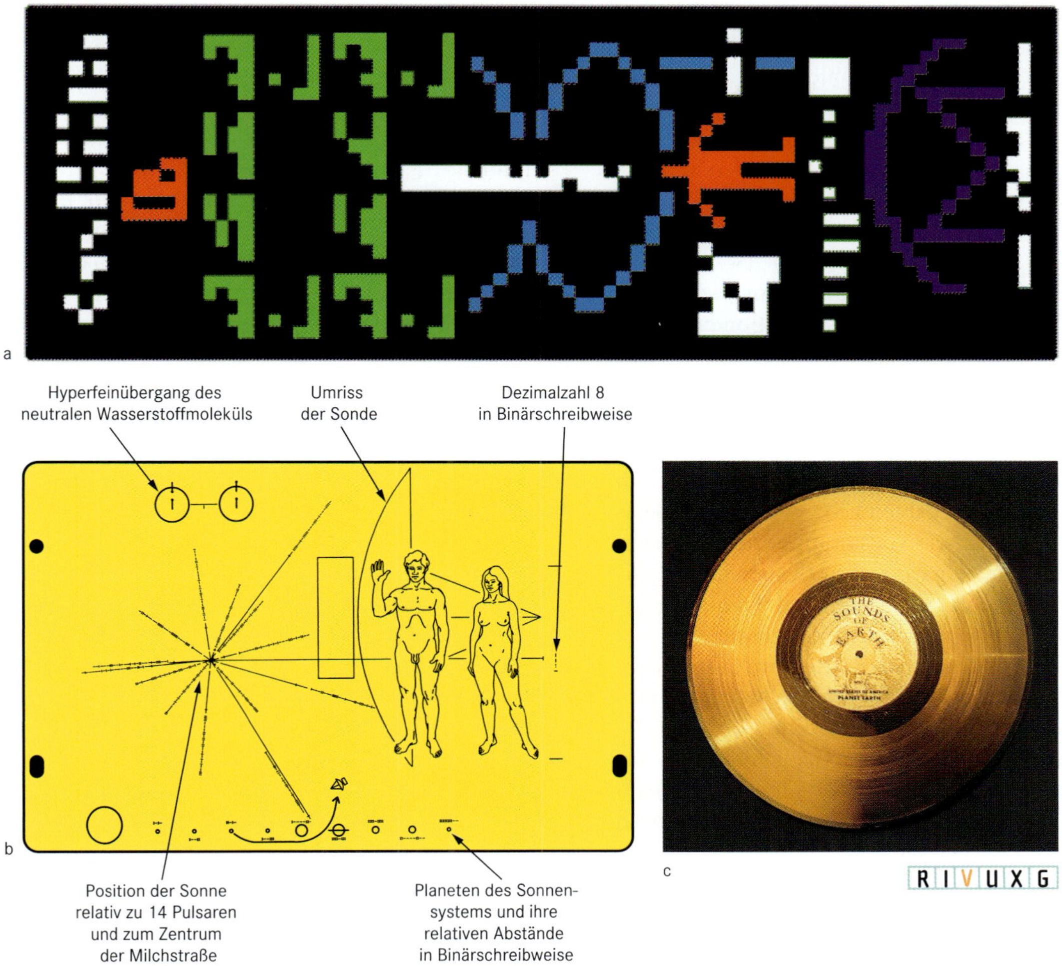

Abb. 13.11 Memorabilien der Menschheit im All. (a) Von Zeit zu Zeit wurden gerichtete Radiobotschaften ins All geschickt in der Hoffnung, eine fremde Zivilisation werde sie eines Tages auffangen. Hier sehen Sie eine bildliche Version des 1974 vom Arecibo-Radioteleskop in Richtung des Kugelsternhaufens M13 abgestrahlten Signals. Auch die Raumsonden Pioneer und Voyager, die inzwischen die Grenzen des Sonnensystems überschritten haben, tragen Botschaften von der Erde in die Ferne. (b) Pioneer 10 und Pioneer 11 führen goldene Tafeln mit, auf denen symbolisch dargestellt ist, wer wir sind, wie wir aussehen und wie weit unser Wissen reicht. (c) Lange bevor ein Ingenieur von DVDs träumte, wurden den Sonden Voyager 1 und Voyager 2 Schallplatten mit Bildern und Tönen mitgegeben, außerdem eine Anleitung zum Abspielen der Platte und Informationen über unsere Biologie, unseren technischen Stand und unser Grundlagenwissen. Auf jeder dieser Schallplatten hört man auch Kinderstimmen. Es besteht eine winzige Chance, dass eine außerirdische Zivilisation eines Tages eine solche Sonde entdeckt. (a: Frank Drake/UCSC et al., Arecibo Observatory/Cornell/NAIC; b, c: NASA)

Erde sind ungeklärt. Zwar sind wir inzwischen ziemlich sicher, dass es auf dem Mars einst flüssiges Wasser gab. Ob sich darin auch Leben entwickelt hat, bleibt zu erforschen. Gibt es heute noch Leben auf dem Mars oder auf Europa, Ganymed und Kallisto? Die Astronomen arbeiten außerdem an Modellen der Bildung organischer Moleküle im All. Von vorrangigem Interesse ist natürlich die Suche nach extraterrestrischen Lebensformen.

? Stellen Sie sich vor, eine fremde Zivilisation würde eine Pioneer-Sonde finden. Welche negativen Folgen könnte das haben?

Schlüsselbegriffe

- Die chemischen Bausteine kohlenstoffbasierter Lebensformen sind in der gesamten Milchstraße zu finden.
- Organische Moleküle und Wasser wurden in interstellaren Wolken, einigen Meteoriten, Kometen und in jungen Stern- und Planetensystemen nachgewiesen.
- Mit der Drake-Gleichung kann man die Anzahl technisch hochentwickelter Zivilisationen in der Milchstraße abschätzen, deren Radiobotschaften wir auffangen könnten. Die Ergebnisse dieser Schätzung schwanken zwischen 1 und mehreren Millionen.
- Mit Radioteleskopen suchen Astronomen nach Signalen vernunftbegabten Lebens in unserer Galaxie. Solche Projekte fasst man unter dem Oberbegriff SETI („Suche nach extraterrestrischer Intelligenz") zusammen. SETI wird auf Frequenzbändern betrieben, bei denen sich Radiowellen nahezu ungestört im interstellaren Medium ausbreiten. Bisher wurde noch kein Lebenszeichen gefunden, das von außerhalb der Erde stammte.
- Fremde Zivilisationen können täglich irdische Radio- und Fernsehsendungen, von Zeit zu Zeit auch gerichtet in dem Raum abgestrahlte Botschaften von uns empfangen.

Was haben Sie gedacht?

1 *Warum ist Wasser für die Entstehung des Lebens so wichtig?* Wasser als Medium lässt vielfältige Wechselwirkungen darin gelöster Atome und Moleküle zu.

2 *Welches Element eignet sich in einzigartiger Weise als Grundlage des Lebens, wie wir es kennen, und warum?* Kohlenstoff ist das einzige Element, dessen Atome flexible (aber noch hinreichend feste) Bindungen zu drei oder mehr Nachbaratomen ausbilden können.

3 *Wie suchen Astronomen nach intelligenten außerirdischen Lebensformen?* Sie lauschen auf Radiobotschaften, die von hochentwickelten Zivilisationen ausgesendet worden sein können.

4 *Haben die Astronomen bereits Spuren außerirdischer Zivilisationen entdeckt?* Nein, bis jetzt wurde außerhalb der Erde noch keine Spur von Leben gefunden.

5 *Angenommen, es gibt eine fortgeschrittene fremde Zivilisation in den Weiten des Alls. Könnte sie von unserer Existenz erfahren?* Ja; diese Wesen könnten entweder absichtlich und gerichtet ins All gesendete Radiosignale empfangen oder unsere alltäglichen Radio- und Fernsehsignale hören. Vielleicht finden sie auch eine irdische Raumsonde auf ihrem Weg durch die interstellaren Weiten.

Nachlese

1. Zu welcher Spektralklasse gehören Sterne, in deren Planetensystemen man am wahrscheinlichsten hochentwickeltes Leben finden wird? **a.** O, **b.** B, **c.** A, **d.** G, **e.** M.
2. Welches Element ist die Basis (das „Rückgrat") biologischer Moleküle? **a.** Sauerstoff, **b.** Kohlenstoff, **c.** Silicium, **d.** Wasserstoff, **e.** Stickstoff.
3. Welche Argumente können Sie vorbringen, die gegen das Senden von Botschaften (in Form von Radiosignalen oder an Bord von Raumsonden) ins All sprechen?
4. Überlegen Sie sich vernünftige Werte für die Parameter der Drake-Gleichung und rechnen Sie N aus. Wie viele Zivilisationen gibt es Ihrer Schätzung zufolge in unserer Heimatgalaxie?
5. Diskutieren Sie, welche biologischen Auswirkungen zu erwarten sind, wenn irdische Sonden auf Welten landen, in denen sich bereits Leben entwickelt hat.
6. Welche gesellschaftlichen Effekte könnte die Landung außerirdischer Sonden auf die Menschheit haben?
7. Welche Argumente sprechen dafür, dass die Erde in der Vergangenheit bereits Besuch aus dem All hatte? Welche Argumente sprechen dagegen? Stellen Sie eine Liste zusammen.

Scientific American-Beitrag

Warum sich ET noch nicht gemeldet hat

In der Drake-Gleichung für die Wahrscheinlichkeit extraterrestrischer Intelligenz wird die Lebensdauer von Zivilisationen stark überschätzt

von Michael Shermer

Sarah Simpson, „Why ET Hasn't Called", *Scientific American*, Juli 2002, S. 33.

In der Naturwissenschaft gibt es wohl keine spekulativere Formel als jene, die der Radioastronom Frank Drake 1961 zur Abschätzung der Anzahl technisch hochentwickelter Zivilisationen in unserer Galaxie aufstellte. Sie lautet:

$N = R\, f_P\, n_E\, f_L\, f_i\, f_c\, L.$

Darin ist N die Anzahl kommunikationsfähiger Zivilisationen, R die Rate, mit der sich in der Milchstraße geeignete Sterne bilden, f_P der Bruchteil der Sterne mit Planetensystem, n_E die Anzahl erdähnlicher Planeten pro Planetensystem, f_L der Bruchteil der Planeten, auf denen es tatsächlich Leben gibt, f_i der Bruchteil der Lebensformen, die intelligente Spezies hervorbringen, f_c der Bruchteil der intelligenten Zivilisationen, die eine geeignete Kommunikationstechnik entwickelt haben und benutzen, und L die Überlebensdauer dieser kommunikationsfähigen Zivilisationen.

Über die Rate, mit der sich Sterne bilden, wissen wir inzwischen ziemlich gut Bescheid; schlecht sieht es hingegen mit Daten aus, die die anderen Faktoren betreffen. Deshalb bedeutet die Anwendung dieser Formel nicht viel mehr als eine kreative Spekulation weltfremder Astronomen.

Die meisten Forscher, die sich mit SETI (der Suche nach extraterrestrischer Intelligenz) beschäftigen, schätzen die Grenzen ihrer Arbeit durchaus realistisch ein. Trotzdem wunderte ich mich sehr über die zahlreichen Vorbehalte gegenüber dem Faktor L. So gibt Seth Shostak vom SETI Institute zu bedenken: „Die fehlende Genauigkeit bei der Bestimmung all dieser Parameter verblasst im Vergleich zu unserer Unkenntnis hinsichtlich L", und Robert Zubrin, Präsident der Mars Society, warnt: „Am wenigsten gesichert ist der Zahlenwert von L; wir haben nur wenige Daten, auf deren Grundlage wir L abschätzen können, aber für welchen Wert wir uns entscheiden, beeinflusst das Ergebnis äußerst stark." Diese Unsicherheit spiegelt sich im Umfang des Wertebereichs wider, aus dem die Forscher wählen: Für L findet man Werte zwischen zehn Jahren und 10 Mio. Jahren, der Durchschnitt liegt bei etwa 50.000 Jahren.

Intelligentes Leben ist vielleicht nicht dafür gerüstet, lange in großen Populationen zu überleben.

Setzen wir den Faktor konservativ an, etwa L = 50.000 Jahre, so kommen wir (mit $R = 10$, $f_P = 0{,}5$, $n_E = 0{,}2$, $f_L = 0{,}2$, $f_i = 0{,}2$, $f_c = 0{,}2$) auf N = 400 Zivilisationen; das ist alle 4300 Lichtjahre eine. Rechnen wir mit Zubrins optimistischer (und modifizierter) Version der Drake-Gleichung, ergeben sich aus L = 50.000 Jahre immerhin N = 5 Mio. Zivilisationen, also bereits alle 185 Lichtjahre eine. (Zubrin setzt voraus, dass 10 % der 400 Mrd. Sterne des Universums geeignete Sterne der Spektralklassen G oder K sind, die nicht zu Mehrfachsternsystemen gehören und fast alle über Planeten verfügen, von denen ihrerseits 10 % eine aktive Biosphäre aufweisen, wovon wiederum 50 % so alt sind wie die Erde.) Zwischen diesen Ergebnissen für N findet man so gut wie jeden beliebigen Wert; 4000 erhält Thomas R. McDonough, 1 Mio. Carl Sagan.

Diese Inkonsistenz bei der Abschätzung von L finde ich verblüffend. Schließlich ist L der einzige Faktor der Drake-Gleichung, den wir im Lichte einer Fülle von Daten aus der Geschichte unserer eigenen, der menschlichen, Gesellschaft diskutieren können. Zu meinem persönlichen Vorschlag für L bin ich gelangt, indem ich mir die Überlebenszeit (vom Aufstreben bis zum Untergang – oder bis zur Gegenwart) von 60 Zivilisationen anschaute, darunter die Sumerer, das Zweistromland, Babylonien, die acht ägyptischen Dynastien, die sechs griechischen Zivilisationen, die Römische Republik und das Römische Reich und andere Kulturen der Antike, dazu verschiedene Gesellschaften aus der Zeit nach dem Niedergang des Römischen Reichs – die neun Dynastien (und zwei Republiken) Chinas, vier in Afrika, drei in Indien, zwei in Japan, sechs in Mittel- und Südamerika und sechs moderne Staaten Europas und Amerikas.

Diese 60 Zivilisationen in meiner Datenbank überdauerten zusammen 22 234 Jahre; damit ist L = 420,6 Jahre. Je moderner und technisierter die Zivilisationen sind, umso kürzer ist L: Betrachtet man nur die 28 Reiche und Staaten nach dem Fall Roms, landet man bei L = 304,5 Jahre. Setzt man nun diese Zahl in die Drake-Gleichung ein, muss man sich eigentlich nicht mehr fragen, warum ET noch nicht vorbeigeschaut oder wenigstens angerufen hat. Mit L = 420,6 gäbe es 3,36 Zivilisationen in unserer Galaxie, mit L = 304,5 gar nur 2,44. Kein Wunder, dass der galaktische Luftraum so ruhig ist!

Mein Herz schlägt für das SETI-Programm, aber die Menschheitsgeschichte lehrt, dass Zivilisationen in Zeiträumen auf- und untergehen, die zu kurz sind, um Entwicklungen zu ermöglichen, die eine Überwindung der leeren Weiten des interstellaren Raums (oder wenigstens eine Kommunikation über solche Entfernungen) zulassen. Die Evolution des Menschen fand in kleinen, nur 100 bis 200 Individuen umfassenden Stammesgruppen der Jäger und Sammler statt. Vielleicht sind wir (und vielleicht sind auch extraterrestrische Lebensformen) einfach nicht dafür gemacht, lange Zeit in großen Populationen zu überdauern.

Wie auch immer der wahre Wert von L sein mag, und ob N dann unter 10 oder über 10 Millionen liegt – wir haben dafür zu sorgen, dass L auf unserem Planeten (der einzigen uns bekannten Heimat einer Zivilisation) nicht irgendwann auf null fällt.

Michael Shermer ist der Herausgeber des Magazins *Skeptic* (www.skeptic.com) und Autor des Buchs *In Darwin's Shadow: The Life and Science of Alfred Russell Wallace.*

Anhang A

Die Zehnerpotenzschreibweise

In der Astronomie kommen außerordentlich große, aber auch extrem kleine Größen vor. Auf der einen Seite begegnen uns die sehr heißen und dichten Sternzentren, auf der anderen steht das eiskalte, fast ideale Vakuum des interstellaren Raums. Um so unterschiedliche Bedingungen zweckmäßig zu beschreiben, sind sowohl sehr große als auch sehr kleine Zahlen erforderlich. An die Stelle unverständlicher Zahlwörter wie „eine Million Milliarden Milliarden" (1.000.000.000.000.000.000.000.000) tritt daher eine zweckmäßige abgekürzte Notierung. Dabei werden die vielen Nullen so großer Zahlen zu einer 10 mit einem Exponenten, einer sogenannten **Zehnerpotenz**, zusammengefasst. Der Exponent gibt an, wie viele Nullen notwendig wären, wenn die Zahl ausgeschrieben würde. Somit ist

$10^0 = 1$
$10^1 = 10$
$10^2 = 100$
$10^3 = 1000$
$10^4 = 10.000$

usw. Mit anderen Worten: Der Exponent besagt, wie viele Zehnen multipliziert werden müssen, um die betreffende Zahl zu erhalten. So kann zehntausend als 10^4 („Zehn hoch Vier") geschrieben werden, da $10^4 = 10 \cdot 10 \cdot 10 \cdot 10 = 10.000$ ist. Ähnlich kann 273.000.000 als $2{,}73 \cdot 10^8$ ausgedrückt werden.

In der Zehnerpotenzschreibweise werden Zahlen als Produkt einer Ziffer zwischen 1 und 9 und einer geeigneten Zehnerpotenz geschrieben. So beträgt die Entfernung zwischen Erde und Sonne z. B. $1{,}5 \cdot 10^8$ km. Hat man sich erst einmal an diese Schreibweise gewöhnt, wird man feststellen, dass sie wesentlich zweckmäßiger als Zahlenangaben wie „150.000.000 km" oder „einhundertfünfzig Millionen Kilometer" ist.

Unter Verwendung negativer Exponenten kann die Zehnerpotenzschreibweise auch auf kleinere Zahlen als 1 angewendet werden. Dabei gibt ein negativer Exponent die Stelle an, an der das Dezimalkomma steht:

$10^0 = 1{,}0$
$10^{-1} = 0{,}1$
$10^{-2} = 0{,}01$
$10^{-3} = 0{,}001$
$10^{-4} = 0{,}000.1$

usw. Zum Beispiel hat ein Wasserstoffatom einen Durchmesser von $1{,}1 \cdot 10^{-8}$ cm. Diese Schreibweise ist zweckmäßiger als „0,000.000.011 cm" oder gar „11 milliardstel Zentimeter". Ähnlich ist 0,000.728 gleich $7{,}28 \cdot 10^{-4}$.

Mit der Zehnerpotenzschreibweise können also sowohl sehr große als auch sehr kleine Zahlen gleichermaßen kompakt ausgedrückt werden:

$$3.416.000 = 3{,}416 \cdot 10^6$$
$$0{,}000.000.807 = 8{,}07 \cdot 10^{-7}$$

Da keine langen Reihen von Nullen mehr notwendig sind, kann damit ein weiter Zahlenbereich ausgedrückt werden:

eintausend = 10^3
eine Million = 10^6
eine Milliarde = 10^9
eine Billion = 10^{12}

usw., und andererseits

ein Tausendstel = 10^{-3} = 0,001
ein Millionstel = 10^{-6} = 0,000.001
ein Milliardstel = 10^{-9} = 0,000.000.001
ein Billionstel = 10^{-12} = 0,000.000.000.001.

Anhang B

Temperaturskalen

Es gibt drei weit verbreitete Temperaturskalen. Am häufigsten wird die 1742 von dem schwedischen Astronomen Anders Celsius vorgeschlagene Celsius-Skala verwendet, in der Temperaturen in Grad Celsius (°C) angegeben werden. Die **Celsius-Skala** beruht auf dem Verhalten von Wasser, das in Höhe des Meeresspiegels auf der Erde bei 0 °C gefriert und bei 100 °C siedet.

In der Wissenschaft ist dagegen die **Kelvin-Skala** gebräuchlicher, die nach dem britischen Physiker Lord Kelvin (William Thomson) benannt ist, dem wir viele Erkenntnisse über Wärme und Temperatur zu verdanken haben. Auf der Kelvin-Temperaturskala gefriert Wasser bei 273 K und siedet bei 373 K. Achtung: Bei der Kelvin-Temperaturskala steht kein Gradzeichen!

Da Wasser sowohl um 100 K als auch um 100 °C erwärmt werden muss, um es vom Gefrierpunkt auf den Siedepunkt zu bringen, ist ein Kelvin genauso groß wie ein Grad Celsius. Bei der Betrachtung von Temperatur*änderungen* sind die Zahlenwerte in Kelvin und in Grad Celsius also gleich.

Eine Temperaturangabe in Kelvin ist stets gleich der Summe aus der entsprechenden Temperatur in Grad Celsius und 273. In der Wissenschaft ist die Kelvin-Skala daher so gebräuchlich, weil sie sich auf das physikalische Verständnis der Temperatur stützt. Wie wir wissen, sind die Atome, die kleinsten Bestandteile der Materie mit einem Durchmesser von 10^{-10} m, ständig in Bewegung. Die Temperatur eines Stoffs ist proportional zur mittleren Geschwindigkeit seiner Atome. Wenn ein Körper heiß ist, bewegen sich seine Atome mit hoher Geschwindigkeit, ist er kalt, bewegen sie sich dagegen nur langsam.

Die kälteste mögliche Temperatur ist diejenige, bei der sich die Atome so langsam wie möglich bewegen (ganz zum Stillstand kommen können sie allerdings nicht). Diese kleinstmögliche Temperatur, der sogenannte *absolute Nullpunkt*, ist der Anfangspunkt der Kelvin-Skala. Der absolute Nullpunkt liegt also bei 0 K oder –273 °C. Da kein Körper kälter als 0 K sein kann, enthält die Kelvin-Skala keine negativen Temperaturen.

In den Vereinigten Staaten wird nach wie vor häufig die veraltete **Fahrenheit-Skala** genutzt, in der Temperaturen in Grad Fahrenheit (°F) ausgedrückt werden. Als der deutsche Physiker Gabriel Fahrenheit diese Skala Anfang des 18. Jahrhunderts einführte, sollte 0 °F die damals kälteste (mit einem Gemisch aus Eis und Salzwasser) erreichbare Temperatur und 100 °F die Temperatur eines gesunden Menschen angeben. Auf der Fahrenheit-Skala gefriert Wasser bei 32 °F und siedet bei 212 °F. Da zwischen dem Gefrierpunkt und dem Siedepunkt von Wasser 180 Grad Fahrenheit liegen, ist ein Grad Fahrenheit nur 100/180 (= 5/9) so groß wie ein Grad in den beiden anderen Skalen.

Mit der folgenden Gleichung lassen sich Grad Fahrenheit in Grad Celsius umrechnen:

$$T_C = 5/9\,(T_F - 32°).$$

Eine einfache Umstellung führt auf die Umrechnung von Grad Celsius in Grad Fahrenheit:

$$T_F = 9/5\,T_C + 32°.$$

Dabei ist T_F die Temperatur in Grad Fahrenheit und T_C die Temperatur in Grad Celsius.

Wir wollen als Beispiel eine typische Zimmertemperatur von 68 °F betrachten. Mit der ersten Gleichung können wir diesen Wert in Grad Celsius umrechnen:

$$T_C = 5/9\,(68° - 32°) = 20\,°C.$$

Um die Angabe in Grad Kelvin zu erhalten, müssen wir zu dem Wert in Grad Celsius lediglich 273 Grad addieren. Somit sind 68 °F = 20 °C = 293 K. Die Abbildung zeigt die Beziehungen zwischen den drei Temperaturskalen.

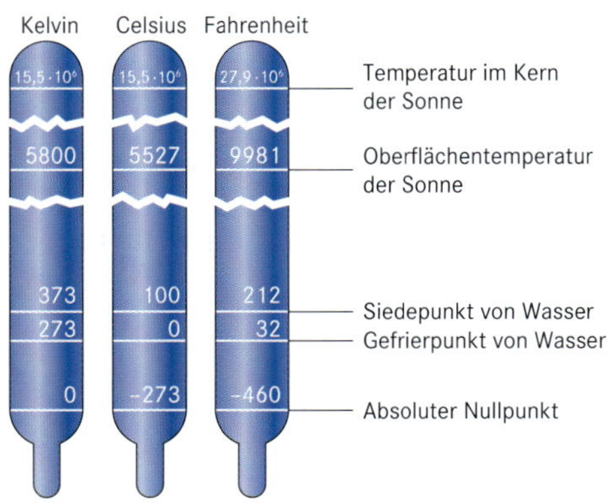

Die Kelvin-, die Celsius- und die Fahrenheit-Temperaturskala.

Anhang C

Datentabellen

Tab. C.1 Die Planeten: Bahndaten

Planet	Große Halbachse (AE)	Große Halbachse (10^6 km)	Siderische Umlaufzeit (Jahre)	Siderische Umlaufzeit (Tage)	Synodische Umlaufzeit (Tage)	Mittlere Bahngeschwindigkeit (km/s)	Exzentrizität	Bahnneigung gegen die Ekliptik (°)
Merkur	0,3871	57,9	0,2408	87,97	115,88	47,9	0,206	7,00
Venus	0,7233	108,2	0,6152	224,70	583,92	35,0	0,007	3,39
Erde	1,0000	149,6	1,0000	365,26	–	29,8	0,017	0,00
Mars	1,5237	227,9	1,8808	686,98	779,94	24,1	0,093	1,85
Jupiter	5,2034	778,6	11,862	4.332,6	398,9	13,1	0,048	1,31
Saturn	9,5371	1433,5	29,457	10.759	378,1	9,7	0,054	2,48
Uranus	19,1913	2872,5	84,01	30.685	369,7	6,8	0,047	0,77
Neptun	30,0690	4495,1	164,79	60.189	367,5	5,4	0,009	1,77

Tab. C.2 Die Planeten: Physikalische Daten

Planet	Äquatordurchmesser (km)	Äquatordurchmesser (Erde = 1)	Masse (kg)	Masse (Erde = 1)	Mittlere Dichte (kg/m^3)	Rotationszeit (Tage)	Neigung des Äquators gegen die Umlaufbahn (°)	Schwerkraft an der Oberfläche (Erde = 1)	Albedo	Entweichgeschwindigkeit (km/s)
Merkur	4.879	0,383	$3{,}302 \cdot 10^{23}$	0,055	5.427	58,6	0,0	0,38	0,12	4,3
Venus	12.104	0,949	$4{,}869 \cdot 10^{24}$	0,815	5.243	243,02^r	177,4	0,91	0,59	10,4
Erde	12.756	1,000	$5{,}974 \cdot 10^{24}$	1,000	5.515	0,996	23,45	1,000	0,37	11,2
Mars	6.794	0,533	$6{,}419 \cdot 10^{23}$	0,107	3.933	1,025	25,19	0,38	0,16	5,0
Jupiter	142.984	11,209	$1{,}899 \cdot 10^{27}$	317,83	1.326	0,413	3,13	2,5	0,52	59,5
Saturn	120.536	9,449	$5{,}685 \cdot 10^{26}$	95,16	687	0,445	26,73	1,1	0,47	35,5
Uranus	51.118	4,007	$8{,}683 \cdot 10^{25}$	14,54	1.270	0,717^r	97,77	0,91	0,56	21,3
Neptun	49.528	3,883	$1{,}024 \cdot 10^{26}$	17,147	1.638	0,671	28,32	1,1	0,4	23,5

Bei Jupiter, Saturn, Uranus und Neptun ist die innere Rotationszeit angegeben. Ein hochgestelltes r weist darauf hin, dass die Rotation rückläufig (entgegen der Richtung der Umlaufbahn) erfolgt.

Tab. C.3 Die Planeten: Ihre Monde

Planet	Mond	Entdecker	Mittlere Entfernung vom Mittelpunkt des Planeten (km)	Siderische Umlaufzeit (Tage)	Exzentrizität der Umlaufbahn	Durchmesser (km)	Masse (km)
Erde	Mond	–	384.000	27,322	0,0549	3476	$7{,}349 \cdot 10^{22}$
Mars	Phobos	Hall (1877)	9.378	0,319	0,02	28 × 23 × 2	$1{,}1 \cdot 10^{16}$
	Deimos	Hall (1877)	23.459	1,262	0,00	16 × 12 × 10	$2{,}4 \cdot 10^{15}$
Jupiter	Metis	Synott (1980)	127.960	0,2948	0,00	44	$1 \cdot 10^{17}$
	Adrastea	Jewitt u. a. (1979)	128.980	0,2983	0,00	24 × 16 × 20	$1{,}9 \cdot 10^{16}$
	Amalthea	Barnard (1892)	181.300	0,4982	0,00	270 × 170 × 150	$7{,}5 \cdot 10^{18}$
	Thebe	Synott (1979)	221.900	0,6745	0,02	98	$8 \cdot 10^{17}$
	Io	Galilei (1610)	421.600	1,769	0,00	3643	$8{,}93 \cdot 10^{22}$
	Europa	Galilei (1610)	670.900	3,551	0,01	3138	$4{,}8 \cdot 10^{22}$
	Ganymed	Galilei (1610)	1.070.000	7,155	0,00	5268	$1{,}48 \cdot 10^{23}$
	Kallisto	Galilei (1610)	1.883.000	16,689	0,01	4821	$1{,}08 \cdot 10^{23}$
	Themisto	Kowal (1975)	7.435.000	130,02	0,24	8	$6{,}9 \cdot 10^{14}$
	Leda	Kowal (1974)	11.094.000	238,72	0,15	18	$6 \cdot 10^{15}$
	Himalia	Perrine (1904)	11.480.000	250,57	0,16	170	$9{,}5 \cdot 10^{18}$
	Lysithea	Nicholson (1938)	11.720.000	259,22	0,11	38	$8 \cdot 10^{16}$
	Elara	Perrine (1905)	11.737.000	259,65	0,21	80	$8 \cdot 10^{17}$
	S/2000/J11	Sheppard u. a. (2000)	12.654.000	287	0,25	4	$9 \cdot 10^{13}$
	Euporie	Sheppard u. a. (2001)	19.017.000	$553{,}1^{r}$	0,16	2	$1{,}5 \cdot 10^{13}$
	Chaldene	Sheppard u. a. (2000)	20.375.000	$723{,}8^{r}$	0,24	4	$7{,}5 \cdot 10^{13}$
	Iocaste	Sheppard u. a. (2000)	20.733.000	632^{r}	0,22	5	$1{,}9 \cdot 10^{14}$
	Kale	Sheppard u. a. (2001)	20.804.000	721^{r}	0,48	2	$1{,}3 \cdot 10^{13}$
	Orthosie	Sheppard u. a. (2001)	20.876.000	623^{r}	0,27	2	$1{,}5 \cdot 10^{13}$
	Thyone	Sheppard u. a. (2001)	20.876.000	632^{r}	0,30	4	$9 \cdot 10^{13}$
	Euanthe	Sheppard u. a. (2001)	20.947.000	620^{r}	0,18	3	$4{,}5 \cdot 10^{13}$
	Harpalyke	Sheppard u. a. (2000)	21.019.000	623^{r}	0,23	4	$1{,}2 \cdot 10^{14}$
	Praxidike	Sheppard u. a. (2000)	21.162.000	625^{r}	0,22	7	$4{,}3 \cdot 10^{14}$
	Ananke	Nicholson (1951)	21.200.000	631^{r}	0,17	28	$4 \cdot 10^{16}$
	Hermippe	Sheppard u. a. (2001)	21.376.000	632^{r}	0,25	4	$9 \cdot 10^{13}$
	Taygete	Sheppard u. a. (2000)	21.734.000	732^{r}	0,25	5	$1{,}6 \cdot 10^{14}$
	Erinome	Sheppard u. a. (2000)	21.948.000	728^{r}	0,27	3	$4{,}5 \cdot 10^{13}$
	Carme	Nicholson (1938)	22.600.000	692^{r}	0,21	46	$9 \cdot 10^{16}$?
	Isonoe	Sheppard u. a. (2000)	22.806.000	726	0,26	4	$7{,}5 \cdot 10^{13}$
	Pasithee	Sheppard u. a. (2001)	22.949.000	715^{r}	0,29	2	$15 \cdot 10^{13}$
	Eurydome	Sheppard u. a. (2001)	23.378.000	721^{r}	0,35	3	$4{,}5 \cdot 10^{13}$
	Aitne	Sheppard u. a. (2001)	23.449.000	741^{r}	0,29	3	$4{,}5 \cdot 10^{13}$
	Pasiphae	Melotte (1908)	23.500.000	735^{r}	0,38	36	$2 \cdot 10^{17}$
	Megaclite	Sheppard u. a. (2000)	23.521.000	753^{r}	0,43	5	$2{,}1 \cdot 10^{14}$
	Sponde	Sheppard u. a. (2001)	23.592.000	749^{r}	0,45	2	$1{,}5 \cdot 10^{13}$
	Sinope	Nicholson (1914)	23.700.000	758^{r}	0,28	28	$8 \cdot 10^{16}$
	Autonoe	Sheppard u. a. (2001)	23.979.000	765^{r}	0,42	4	$9{,}0 \cdot 10^{13}$
	Kalyke	Sheppard u. a. (2000)	24.164.000	743^{r}	0,24	5	$1{,}9 \cdot 10^{14}$
	Callirrhoe	Scotti u. a. (1999)	24.200.000	759^{r}	0,28	8	$8{,}7 \cdot 10^{14}$

Tab. C.3 (Fortsetzung)

Planet	Mond	Entdecker	Mittlere Entfernung vom Mittelpunkt des Planeten (km)	Siderische Umlaufzeit (Tage)	Exzentrizität der Umlaufbahn	Durchmesser (km)	Masse (km)
Saturn	Pan	Showalter (1990)	133.570	0,573	0,00	20	$4{,}9 \cdot 10^{15}$
	Atlas	Terrile (1980)	137.670	0,602	0	40 × 30 × 30	$8 \cdot 10^{17}$
	Prometheus	Collins u. a. (1980)	139.353	0,613	0,00	140 × 80 × 100	$8 \cdot 10^{17}$
	Pandora	Collins u. a. (1980)	141.700	0,629	0,00	110 × 70 × 100	$2 \cdot 10^{17}$
	Epimetheus	Walker (1966)	151.422	0,694	0,01	140 × 100 × 100	$5 \cdot 10^{17}$
	Janus	Dolfuss (1966)	151.472	0,695	0,01	220 × 160 × 200	$2 \cdot 10^{18}$
	Mimas	Herschel (1789)	185.520	0,942	0,02	392	$3{,}8 \cdot 10^{19}$
	Enceladus	Herschel (1789)	238.020	1,370	0,00	444	$7{,}3 \cdot 10^{19}$
	Tethys	Cassini (1684)	294.660	1,888	0,00	1050	$6{,}3 \cdot 10^{20}$
	Calypso	Pascu u. a. (1980)	294.660	1,888	0 (?)	30 × 20 × 25	$8 \cdot 10^{17}$
	Telesto	Smith u. a. (1980)	294.660	1,888	0 (?)	24	$8 \cdot 10^{17}$
	Dione	Cassini (1684)	377.400	2,737	0,00	1120	$1{,}1 \cdot 10^{21}$
	Helene	Laques u. a. (1980)	377.400	2,737	0,01	40 × 30 × 30	$8 \cdot 10^{17}$
	Rhea	Cassini (1672)	527.040	4,518	0,00	1528	$2{,}3 \cdot 10^{21}$
	Titan	Huygens (1655)	1.221.830	15,945	0,03	5150	$1{,}3 \cdot 10^{23}$
	Hyperion	Bond u. a. (1848)	1.481.100	21,277	0,10	410 × 260 × 220	$8 \cdot 10^{17}$
	Iapetus	Cassini (1671)	3.561.300	79,330	0,03	1436	$1{,}6 \cdot 10^{21}$
	Phoebe	Pickering (1898)	12.952.000	$550{,}56^{r}$	0,16	220	$4 \cdot 10^{17}$
Uranus	Cordelia	Voyager 2 (1986)	49.752	0,335	0,00	26	$8 \cdot 10^{17}$
	Ophelia	Voyager 2 (1986)	53.763	0,376	0,01	30	$8 \cdot 10^{17}$
	Bianca	Voyager 2 (1986)	59.166	0,435	0,00	42	$8 \cdot 10^{17}$
	Cressida	Voyager 2 (1986)	61.767	0,464	0,00	66	$8 \cdot 10^{17}$
	Desdemona	Voyager 2 (1986)	62.658	0,474	0,00	54	$8 \cdot 10^{17}$
	Juliet	Voyager 2 (1986)	64.358	0,493	0,00	84	$8 \cdot 10^{17}$
	Portia	Voyager 2 (1986)	66.097	0,513	0,00	108	$8 \cdot 10^{17}$
	Rosalind	Voyager 2 (1986)	69.927	0,558	0,00	54	$8 \cdot 10^{17}$
	Mab	Showalter u. a. (2003)	97.734	(?)	0 (?)	26	$4 \cdot 10^{15}$
	Belinda	Voyager 2 (1986)	75.236	0,624	0,00	66	$8 \cdot 10^{17}$
	Perdita	Voyager 2 (1986)	76.420	0,638	0 (?)	20	$4 \cdot 10^{17}$
	Puck	Voyager 2 (1986)	86.004	0,762	0,00	144	$8 \cdot 10^{17}$
	Cupid	Showalter u. a. (2003)	74.800	(?)	0 (?)	10	$1{,}2 \cdot 10^{15}$
	Miranda	Kuiper (1948)	129.872	1,413	0,00	~470	$6{,}6 \cdot 10^{19}$
	Ariel	Lassel (1851)	190.945	2,520	0,00	~1160	$1{,}4 \cdot 10^{21}$
	Umbriel	Lassel (1851)	265.998	4,144	0,01	1169	$1{,}2 \cdot 10^{21}$
	Titania	Herschel (1787)	436.298	8,706	0,00	1578	$3{,}5 \cdot 10^{21}$
	Oberon	Herschel (1787)	583.519	13,463	0,00	1523	$3 \cdot 10^{21}$
	Caliban	Gladman u. a. (1997)	7.169.000	579^{r}	0,16	80	$8 \cdot 10^{17}$
	Sycorax	Gladman u. a. (1997)	12.213.000	1284^{r}	0,52	160	$8 \cdot 10^{17}$
	Stephano	Kavelaars u. a. (1999)	>7.979.000	677^{r}	0,23	32	$8 \cdot 10^{17}$
	Prospero	Kavelaars u. a. (1999)	>16.665.000	1993^{r}	0,43	50	$8 \cdot 10^{17}$
	Setebos	Kavelaars u. a. (1999)	>17.879.000	2194^{r}	0,59	47	$8 \cdot 10^{17}$
Neptun	Naiad	Voyager 2 (1989)	48.230	0,294	0,00	58	$8 \cdot 10^{17}$
	Thalassa	Voyager 2 (1989)	50.070	0,311	0,00	80	$8 \cdot 10^{17}$
	Despina	Voyager 2 (1989)	52.530	0,335	0,00	148	$8 \cdot 10^{17}$
	Galatea	Voyager 2 (1989)	61.950	0,429	0,05	178	$8 \cdot 10^{17}$
	Larissa	Voyager 2 (1989)	73.550	0,553	0,00	~190	$8 \cdot 10^{17}$
	Proteus	Voyager 2 (1989)	117.650	1,122	0,00	~415	$8 \cdot 10^{17}$
	Triton	Lassel (1846)	354.760	$5{,}877^{r}$	0,00	2704	$2{,}14 \cdot 10^{22}$
	Nereid	Kuiper (1949)	5.513.400	360,1	0,75	340	$2 \cdot 10^{19}$

Ein hochgestelltes r weist darauf hin, dass der Umlauf um den Planeten rückläufig (entgegen der Drehung des Planeten) erfolgt.

Tab. C.4 Zwergplaneten

	Pluto	Ceres	Eris	Makemake	Haumea
Entdeckungsjahr	1930	1801	2003	2005	2004
Große Halbachse (AE)	39,4817	2,766	67,668	45,79	43,34
Große Halbachse (10^6 km)	5.906,4	413,7	10.210	6.848,6	6.483,6
Siderische Umlaufzeit (Jahre)	247,7	4,599	557	310	285
Siderische Umlaufzeit (Tage)	90.470	1.680	$2{,}03 \cdot 10^5$	113.183	104.234
Mittlere Bahngeschwindigkeit (km/s)	4,67	17,88	3,44	4,48	4,48
Exzentrizität der Umlaufbahn	0,249	0,080	0,442	0,159	0,189
Bahnneigung gegen die Ekliptik (°)	17,14	10,59	44,19	28,96	28,19
Äquatordurchmesser (km)	2.390	941	2.400	1.900	1.960**
Äquatordurchmesser (Erde = 1)	0,19	0,074	0,19	0,151	0,156
Masse (kg)	$1{,}3 \cdot 10^{22}$	$9{,}5 \cdot 10^{20}$	$1{,}7 \cdot 10^{22}$	$4{,}0 \cdot 10^{21}$	$4{,}2 \cdot 10^{21}$
Masse (Erde = 1)	$2{,}2 \cdot 10^{-3}$	$1{,}6 \cdot 10^{-4}$	$2{,}8 \cdot 10^{-3}$	$6{,}77 \cdot 10^{-4}$	$7{,}11 \cdot 10^{-4}$
Mittlere Dichte (kg/m^3)	2.030	2.080	2.100	~2.000	~3.000
Rotationszeit (Tage)	6,388[r]	0,3781	?	?	0,163
Neigung des Äquators gegen die Umlaufbahn (°)	122,5	4	?	?	?
Schwerkraft an der Oberfläche (Erde = 1)	0,06	0,028	0,07	0,048	0,045
Entweichgeschwindigkeit (km/s)	1,2	0,51	1,3	0,84	0,84
Lage im Sonnensystem	Kuiper-Gürtel (TNO)*	Asteroidengürtel	TNO	Kuiper-Gürtel (TNO)	Kuiper-Gürtel (TNO)
Anzahl der bekannten Monde	3	0	1	0	2

* TNO = Trans-Neptun-Objekt

** Haumea ist mit Abmessungen von 1960 km × 1518 km × 996 km sehr lang gestreckt.

Tab. C.5 Die nächsten Sterne

Name*	Parallaxe (″)	Entfernung (Lj)	Spektralklasse	Radialgeschwindigkeit** (km/s)	Eigengeschwindigkeit (″/Jahr)	Scheinbare visuelle Helligkeit	Absolute visuelle Helligkeit	Leuchtkraft (Sonne = 1)
Sonne			G2 V			−26,7	+4,85	1,00
Proxima Centauri	0,769	4,22	M5.5 V	−22	3,853	+11,09	+15,53	$8{,}2 \cdot 10^{-4}$
Alpha Centauri A	0,747	4,40	G2 V	−25	3,710	−0,01	+4,38	1,77
Alpha Centauri B	0,747	4,40	K0 V	−21	3,724	+1,34	+5,71	0,55
Barnard-Stern	0,547	5,94	M4 V	−111	10,358	+9,53	+13,22	$3{,}6 \cdot 10^{-3}$
Wolf 359	0,419	7,80	M6 V	+13	4,696	+13,44	+16,6	$3{,}5 \cdot 10^{-4}$
Lalande 21185	0,393	8,32	M2 V	−84	4,802	+7,47	+10,44	0,023
L 726-8 A	0,374	8,56	M5.5 V	+29	3,368	+12,54	+15,4	$9{,}4 \cdot 10^{-4}$
L 726-8 B	0,374	8,56	M6 V	+32	3,368	+12,99	+15,9	$5{,}6 \cdot 10^{-4}$
Sirius A	0,380	8,61	A1 V	−9	1,339	−1,43	+1,47	26,1
Sirius B	0,380	8,61	Weißer Zwerg	−9	1,339	+8,44	+11,34	$2{,}4 \cdot 10^{-3}$
Ross 154	0,337	9,71	M3.5 V	−12	0,666	+10,43	+13,07	$4{,}1 \cdot 10^{-3}$
Ross 248	0,316	10,32	M5.5 V	−78	1,617	+12,29	+14,8	$1{,}5 \cdot 10^{-3}$
Epsilon Eridane	0,310	10,49	K2 V	+17	0,977	+3,73	+6,19	0,40
Lacaille 9352	0,304	10,73	M1.5 V	+10	6,896	+7,34	+9,75	0,051
Ross 128	0,299	10,87	M4 V	−31	1,361	+11,13	+13,51	$2{,}9 \cdot 10^{-3}$
L 789-6	0,294	11,09	M5 V	−60	3,259	+12,33	+14,7	$1{,}3 \cdot 10^{-3}$
61 Cygni A	0,286	11,36	K5 V	−65	5,281	+5,21	+7,49	0,16
61 Cygni B	0,286	11,44	K7 V	−64	5,172	+6,03	+8,31	0,095
Procyon A	0,286	11,40	F5 IV-V	−4	1,259	+0,38	+2,66	7,73
Procyon B	0,286	11,40	Weißer Zwerg	−4	1,259	+10,7	+12,98	$5{,}5 \cdot 10^{-4}$
BD +59° 1915 A	0,281	11,61	M3 V	−1	2,238	+8,94	+11,18	0,020
BD +59° 1915 B	0,281	11,61	M3.5 V	+1	2,313	+9,70	+11,97	0,010
Groombridge 34 A	0,281	11,65	M1.5 V	+12	2,918	+8,08	+10,32	0,030
Groombridge 34 B	0,281	11,65	M3.5 V	+11	2,918	+11,06	+13,3	$3{,}1 \cdot 10^{-3}$
Epsilon Indi	0,276	11,82	K5 V	−40	4,704	+4,69	+6,89	0,27
GJ1111	0,276	11,82	M6.5 V	−5	1,290	+14,78	+16,98	$2{,}7 \cdot 10^{-4}$
Tau Ceti	0,274	11,90	G8 V	−17	1,922	+3,49	+5,68	0,62
GJ 1061	0,272	12,08	M5.5 V	−20	0,826	+13,09	+15,26	$1{,}0 \cdot 10^{-3}$
L 725-32	0,269	12,12	M4.5 V	+28	1,372	+12,10	+14,25	$1{,}7 \cdot 10^{-3}$
BD +05° 1668	0,263	12,40	M3.5 V	+18	3,738	+9,84	+11,94	0,011
Kapteyns-Stern	0,255	12,79	M1.5 V	+246	8,670	+8,84	+10,87	0,013
Lacaille 8760	0,253	12,89	M0 V	+28	3,455	+6,67	+8,69	0,094
Krüger 60 A	0,248	13,05	M3 V	−33	0,990	+9,79	+11,76	0,010
Krüger 60 B	0,248	13,05	M4 V	−32	0,990	+11,41	+13,38	$3{,}4 \cdot 10^{-3}$

* Bei Doppelsternsystemen sind die beiden Sterne mit A und B bezeichnet.
** Eine positive Radialgeschwindigkeit besagt, dass sich der Stern entfernt, eine negative, dass er sich annähert.

Zusammenstellung aus dem Hipparcos-Generalkatalog und aus Daten des Research Consortium on Nearby Stars (RECONS). Die Tabelle enthält alle Sterne im Umkreis von 400 Parsec (13,05 Lichtjahre).

Tab. C.6 Die hellsten sichtbaren Sterne

Name	Bezeichnung	Entfernung (Lj)	Spektralklasse	Radialgeschwindigkeit* (km/s)	Eigengeschwindigkeit (″/Jahr)	Scheinbare visuelle Helligkeit	Relative scheinbare visuelle Helligkeit** (Sirius = 1)	Absolute visuelle Helligkeit	Leuchtkraft (Sonne = 1)
Sirius A	α CMa A	8,61	A1 V	9	1,339	-1,43	1,000	+1,47	26,1
Canopus	α Car	313	F0 I	+21	0,031	-0,62	0,470	-5,53	$1{,}4 \cdot 10^4$
Arktur	α Boo	36,7	K2 III	-5	2,279	-0,05	0,278	-0,31	199
Rigil Kentaurus	α Cen A	4,4	G2 V	-25	3,71	-0,01	0,268	+4,38	1,77
Vega	α Lyr	25,3	A0 V	-14	0,035	+0,03	0,258	+0,58	61,9
Capella	α Aur	42,2	G8 III	+30	0,434	+0,08	0,247	-0,48	180
Rigel	β Ori A	773	B8 Ia	+21	0,002	+0,18	0,225	-6,69	$7{,}04 \cdot 10^5$
Procyon	α CMi A	11,4	F5 IV-V	-4	1,259	+0,38	0,184	+2,66	7,73
Achernar	α Eri	144	B3 IV	+19	0,097	+0,45	0,175	-2,77	5250
Beteigeuze	α Ori	427	M2 Iab	+21	0,029	+0,45	0,175	-5,14	$4{,}1 \cdot 10^4$
Hadar	β Cen	525	B1 II	-12	0,042	+0,61	0,151	-5,42	$8{,}6 \cdot 10^4$
Altair	α Aql	16,8	A7 IV-V	-26	0,661	+0,77	0,132	+2,2	11,8
Aldebaran	α Tau A	65,1	K5 III	+54	0,199	+0,87	0,119	-0,63	370
Spica	α Vir	262	B1 V	+1	0,053	+0,98	0,108	-3,35	$2{,}5 \cdot 10^4$
Antares	α Sco A	604	M1 Ib	-3	0,025	+1,06	0,100	-5,28	$3{,}7 \cdot 10^4$
Pollux	β Gem	33,7	K0 III	+3	0,627	+1,16	0,091	+1,09	46,6
Fomalhaut	α PsA	25,1	A3 V	+7	0,368	+1,17	0,090	+1,74	18,9
Deneb	α Cyg	3230	A2 Ia	-5	0,002	+1,25	0,084	-8,73	$3{,}2 \cdot 10^5$
Minosa	β Cru	353	B0.5 III	+20	0,05	+1,25	0,084	-3,92	$3{,}4 \cdot 10^4$
Regulus	α Leo A	77,5	B7 V	+4	0,249	+1,36	0,076	-0,52	331

* Eine positive Radialgeschwindigkeit besagt, dass sich der Stern entfernt, eine negative, dass er sich annähert.
** Verhältnis der scheinbaren Helligkeit des Sterns zu der des Sirius, dem hellsten Stern am Nachthimmel.

Acrux bzw. α Cru (der hellste Stern im Kreuz des Südens) hat bei Beobachtung mit bloßem Auge eine scheinbare Helligkeit von +0,87. Obwohl diese genauso groß wie die des Aldebaran ist, ist er in der Liste nicht aufgeführt, da Acrux in Wahrheit ein Doppelsternsystem ist. Die beiden blauweißen Sterne des Systems haben eine scheinbare Helligkeit von +1,4 bzw. +1,9 und sind damit jeweils schwächer als die anderen hier angeführten Sterne.

Die Daten sind dem Hipparcos-Generalkatalog entnommen.

Tab. C.7a Die Sternbilder

Lateinischer Name	Deutscher Name	RA α (h)	Dek. δ (°)	Genitiv*	Abkürzung
Andromeda	Andromeda	1	+40	Andromedae	And
Antlia	Luftpumpe	10	-35	Antliae	Ant
Apus	Paradiesvogel	16	-75	Apodis	Aps
Aquarius[1,2]	Wassermann	22	-10	Aquarii	Aqr
Aquila	Adler	20	+15	Aquilae	Aql
Ara	Altar	17	-55	Arae	Ara
Aries[2]	Widder	3	+20	Arietis	Ari
Auriga	Fuhrmann	6	+40	Aurigae	Aur
Bootes	Bärenhüter	15	+30	Bootis	Boo
Caelum	Grabstichel	5	-40	Caeli	Cae
Camelopardalis	Giraffe	6	+70	Camelopardalis	Cam
Cancer[2]	Krebs	8,5	+15	Cancri	Cnc
Canes Venatici	Jagdhunde	13	+40	Canum Venaticorum	CVn
Canis Major	Großer Hund	7	-20	Canis Majoris	CMa
Canis Minor	Kleiner Hund	8	+5	Canis Minoris	CMi
Capricornus[1,2]	Steinbock	21	-20	Capricornii	Cap
Carina	Schiffskiel	9	-60	Carinae	Car
Cassiopeia	Kassiopeia	1	+60	Cassiopeiae	Cas
Centaurus	Zentaur	13	-45	Centauri	Cen
Cepheus	Kepheus	22	+65	Cephei	Cep
Cetus	Walfisch	2	-10	Ceti	Cet
Chamaelon	Chamäleon	2	-10	Chamaelontis	Cha
Circinus	Zirkel	15	-65	Circini	Cir
Columba	Taube	6	-35	Columbae	Col
Coma Berenices	Haar der Berenike	13	+20	Comae Berenices	Com
Corona Australis[3]	Südliche Krone	19	+40	Coronae Australis	CrA
Corona Borealis[4]	Nördliche Krone	16	+30	Coronae Borealis	CrB
Corvus[5]	Rabe	12	-20	Corvi	Crv
Crater	Becher	11	-15	Crateris	Crt
Crux[6]	Kreuz des Südens	12	-60	Crucis	Cru
Cygnus	Schwan	21	+40	Cygni	Cyg
Delphinus[1]	Delphin	21	+10	Delphini	Del
Dorado[7]	Schwertfisch	6	-55	Doradus	Dor
Draco[8]	Drache	15	+60	Draconis	Dra
Equuleus	Füllen	21	+10	Equulei	Equ
Eridanus	Eridanus	4	-30	Eridani	Eri
Fornax	Ofen	3	-30	Fornacis	For
Gemini[2]	Zwillinge	7	+20	Geminorum	Gem
Grus	Kranich	22	-45	Gruis	Gru
Hercules[9]	Herkules	17	+30	Herculis	Her
Horologium	Pendeluhr	3	-55	Horologii	Hor
Hydra	Wasserschlange	12	-25	Hydrae	Hya
Hydrus	Kleine Wasserschlange	2	-70	Hydri	Hyi
Indus	Indianer	22	-70	Indi	Ind
Lacerta	Eidechse	22	+45	Lacertae	Lac
Leo[2]	Löwe	11	+15	Leonis	Leo
Leo Minor	Kleiner Löwe	10	+35	Leonis Minoris	LMi
Lepus	Hase	6	-20	Leporis	Lep
Libra[2,10]	Waage	15	-15	Librae	Lib
Lupus	Wolf	15	-45	Lupi	Lup
Lynx	Luchs	8	+45	Lyncis	Lyn
Lyra[5]	Leier	19	+35	Lyrae	Lyr
Mensa	Tafelberg	6	-75	Mensae	Men
Microscopium	Mikroskop	21	-40	Microscopii	Mic
Monoceros	Einhorn	7	0	Monocerotis	Mon
Musca[11]	Fliege	12	-70	Muscae	Mus
Norma	Winkelmaß	16	-50	Normae	Nor
Octans[12]	Oktant	–	-90	Octantis	Oct

Tab. C.7a Fortsetzung

Lateinischer Name	Deutscher Name	RA α (h)	Dek. δ (°)	Genitiv*	Abkürzung
Ophiuchus[13]	Schlangenträger	17	0	Ophiuchi	Oph
Orion	Orion	6	0	Orionis	Ori
Pavo	Pfau	20	-70	Pavonis	Pav
Pegasus	Pegasus	23	+20	Pegasi	Peg
Perseus	Perseus	3	+45	Persei	Per
Phoenix	Phönix	1	-50	Phoenicis	Phe
Pictor	Maler	6	-55	Pictoris	Pic
Pisces[1,2]	Fische	1	+10	Piscium	Psc
Piscis Austrinus[1]	Südlicher Fisch	22	-30	Piscis Austrini	PsA
Puppis	Achterschiff	8	-30	Puppis	Pup
Pyxis	Schiffskompass	9	-30	Pyxidis	Pyx
Reticulum	Netz	4	-60	Reticuli	Ret
Sagitta	Pfeil	20	+20	Sagittae	Sge
Sagittarius[2,14]	Schütze	19	-25	Sagittarii	Sgr
Scorpius[2]	Skorpion	17	-30	Scorpii	Sco
Sculptor	Bildhauer	1	-30	Sculptoris	Scl
Scutum[16]	Schild	19	-10	Scuti	Sct
Serpens[13]	Schlange	17	0	Serpentis	Ser
Sextans	Sextant	10	0	Sextantis	Sex
Taurus[2]	Stier	5	+20	Tauri	Tau
Telescopium	Teleskop	19	-50	Telescopii	Tel
Triangulum	Dreieck	2	+30	Trianguli	Tri
Triangulum Australe	Südliches Dreieck	16	-65	Trianguli Australis	TrA
Tucana	Tukan	0	-65	Tucanae	Tuc
Ursa Major	Großer Bär	11	+60	Ursae Majoris	UMa
Ursa Minor	Kleiner Bär	16	+80	Ursae Minoris	UMi
Vela	Segel	10	-45	Velorum	Vel
Virgo[2]	Jungfrau	13	0	Virginis	Vir
Volans	Fliegender Fisch	8	-70	Volantis	Vol
Vulpecula	Fuchs	20	+25	Vulpeculae	Vul

* Der Genitiv wird bei der Bezeichnung von Sternen herangezogen. So ist Beteigeuze, der hellste Stern (α) im Orion, α Orionis.
1 Wegen der zahlreichen Wasserbilder werden diese Sternbilder auch unter dem Sammelbegriff „Feuchtgebiet" zusammengefasst.
2 Zählt zu den Tierkreiszeichen
3 Manchmal auch als Krone des Schützen angesehen
4 Krone der Ariadne
5 Corvus war Orpheus' Begleiter, die Lyra seine Harfe
6 Urprünglich ein Teil von Centaurus
7 Enthält die Große Magellan'sche Wolke und den Südpol der Ekliptik
8 Enthält den Nordpol der Ekliptik
9 Eines der ältesten bekannten Sternbilder
10 In der Antike als Scheren des Skorpions bekannt
11 Hieß früher Musca Australis, um Verwechslungen mit Musca Borealis, der nördlichen Fliege, zu vermeiden; seit die nördliche Fliege von der IAU nicht mehr als eigenes Sternbild geführt wird, nur noch Musca
12 Enthält den Himmelssüdpol
13 Nach der griechischen Überlieferung wird Ophiuchus mit dem Arzt Äskulap und Serpens mit dem Caduceus identifiziert
14 Enthält das galaktische Zentrum
15 Früher nach Lacaille Bildhauerwerkstatt, enthält den galaktischen Südpol
16 Schild des polnischen Helden John Sobieski
17 Enthält die Kleine Magellan'sche Wolke
18 Enthält den Himmelsnordpol

Tab. C.7b Die Sternbilder nach deutschen Namen geordnet

Deutscher Name	Lateinischer Name	RA (^{h})	Dek. (°)	Genitiv*	Abkürzung
Achterschiff	Puppis	8	-30	Puppis	Pup
Adler	Aquila	20	+15	Aquilae	Aql
Altar	Ara	17	-55	Arae	Ara
Andromeda	Andromeda	1	+40	Andromedae	And
Bärenhüter	Bootes	15	+30	Bootis	Boo
Becher	Crater	11	-15	Crateris	Crt
Bildhauer	Sculptor	1	-30	Sculptoris	Scl
Chamäleon	Chamaelon	2	-10	Chamaelontis	Cha
Delphin	Delphinus	21	+10	Delphini	Del
Drache	Draco	15	+60	Draconis	Dra
Dreieck	Triangulum	2	+30	Trianguli	Tri
Eidechse	Lacerta	22	+45	Lacertae	Lac
Einhorn	Monoceros	7	0	Monocerotis	Mon
Eridanus	Eridanus	4	-30	Eridani	Eri
Fische	Pisces	1	+10	Piscium	Psc
Fliege	Musca	12	-70	Muscae	Mus
Fliegender Fisch	Volans	8	-70	Volantis	Vol
Fuchs	Vulpecula	20	+25	Vulpeculae	Vul
Fuhrmann	Auriga	6	+40	Aurigae	Aur
Füllen	Equuleus	21	+10	Equulei	Equ
Giraffe	Camelopardalis	6	+70	Camelopardalis	Cam
Grabstichel	Caelum	5	-40	Caeli	Cae
Großer Bär	Ursa Major	11	+60	Ursae Majoris	UMa
Großer Hund	Canis Major	7	-20	Canis Majoris	CMa
Haar der Berenike	Coma Berenices	13	+20	Comae Berenices	Com
Hase	Lepus	6	-20	Leporis	Lep
Herkules	Hercules	17	+30	Herculis	Her
Indianer	Indus	22	-70	Indi	Ind
Jagdhunde	Canes Venatici	13	+40	Canum Venaticorum	CVn
Jungfrau	Virgo	13	0	Virginis	Vir
Kassiopeia	Cassiopeia	1	+60	Cassiopeiae	Cas
Kepheus	Cepheus	22	+65	Cephei	Cep
Kleine Wasserschlange	Hydrus	2	-70	Hydri	Hyi
Kleiner Bär	Ursa Minor	16	+80	Ursae Minoris	UMi
Kleiner Hund	Canis Minor	8	+5	Canis Minoris	CMi
Kleiner Löwe	Leo Minor	10	+35	Leonis Minoris	LMi
Kranich	Grus	22	-45	Gruis	Gru
Krebs	Cancer	8,5	+15	Cancri	Cne
Kreuz des Südens	Crux	12	-60	Crucis	Cru
Leier	Lyra	19	+35	Lyrae	Lyr
Löwe	Leo	11	+15	Leonis	Leo
Luchs	Lynx	8	+45	Lyncis	Lyn
Luftpumpe	Antlia	10	-35	Antliae	Ant
Maler	Pictor	6	-55	Pictoris	Pic
Mikroskop	Microscopium	21	-40	Microscopii	Mic
Netz	Reticulum	4	-60	Reticuli	Ret
Nördliche Krone	Corona Borealis	16	+30	Coronae Borealis	CrB
Ofen	Fornax	3	-30	Fornacis	For
Oktant	Octans	–	-90	Octantis	Oct
Orion	Orion	6	0	Orionis	Ori
Paradiesvogel	Apus	16	-75	Apodis	Aps
Pegasus	Pegasus	23	+20	Pegasi	Peg
Pendeluhr	Horologium	3	-55	Horologii	Hor
Perseus	Perseus	3	+45	Persei	Per
Pfau	Pavo	20	-70	Pavonis	Pav
Pfeil	Sagitta	20	+20	Sagittae	Sge
Phönix	Phoenix	1	-50	Phoenicis	Phe
Rabe	Corvus	12	-20	Corvi	Crv

Tab. C.7b Fortsetzung

Deutscher Name	Lateinischer Name	RA (^{h})	Dek. (°)	Genitiv*	Abkürzung
Schiffskiel	Carina	9	-60	Carinae	Car
Schiffskompass	Pyxis	9	-30	Pyxidis	Pyx
Schild	Scutum	19	-10	Scuti	Sct
Schlange	Serpens	17	0	Serpentis	Ser
Schlangenträger	Ophiuchus	17	0	Ophiuchi	Oph
Schütze	Sagittarius	19	-25	Sagittarii	Sgr
Schwan	Cygnus	21	+40	Cygni	Cyg
Schwertfisch	Dorado	6	-55	Doradus	Dor
Segel	Vela	10	-45	Velorum	Vel
Sextant	Sextans	10	0	Sextantis	Sex
Skorpion	Scorpius	17	-30	Scorpii	Sco
Steinbock	Capricornus	21	-20	Capricornii	Cap
Stier	Taurus	5	+20	Tauri	Tau
Südliche Krone	Corona Australis	19	+40	Coronae Australis	CrA
Südlicher Fisch	Piscis Austrinus	22	-30	Piscis Austrini	PsA
Südliches Dreieck	Triangulum Australe	16	-65	Trianguli Australis	TrA
Tafelberg	Mensa	6	-75	Mensae	Men
Taube	Columba	6	-35	Columbae	Col
Teleskop	Telescopium	19	-50	Telescopii	Tel
Tukan	Tucana	0	-65	Tucanae	Tuc
Waage	Libra	15	-15	Librae	Lib
Walfisch	Cetus	2	-10	Ceti	Cet
Wassermann	Aquarius	22	-10	Aquarii	Aqr
Wasserschlange	Hydra	12	-25	Hydrae	Hya
Widder	Aries[2]	3	+20	Arietis	Ari
Winkelmaß	Norma	16	-50	Normae	Nor
Wolf	Lupus	15	-45	Lupi	Lup
Zentaur	Centaurus	13	-45	Centauri	Cen
Zirkel	Circinus	15	-65	Circini	Cir
Zwillinge	Gemini[2]	7	+20	Geminorum	Gem

Tab. C.8 Einige nützliche astronomische Größen

Astronomische Einheit	1 AE = $1{,}496 \cdot 10^{11}$ m
Lichtjahr	1 Lj = $9{,}461 \cdot 10^{15}$ m = 63,240 AE
Parsec	1 pc = $3{,}086 \cdot 10^{16}$ m = 3,262 Lj
Sonnenmasse	$1\ M_\odot = 1{,}989 \cdot 10^{30}$ kg
Sonnenradius	$1\ R_\odot = 6{,}960 \cdot 10^{8}$ m
Sonnenleuchtkraft	$1\ L_\odot = 3{,}827 \cdot 10^{26}$ W
Erdmasse	$1\ M_\oplus = 5{,}974 \cdot 10^{24}$ kg
Erdäquatorradius	$1\ R_\oplus = 6{,}378 \cdot 10^{6}$ m
Mondmasse	$1\ M_{Mond} = 7{,}349 \cdot 10^{22}$ kg
Mondäquatorradius	$1\ R_{Mond} = 1{,}738 \cdot 10^{6}$ m

Tab. C.9 Einige nützliche physikalische Konstanten

Lichtgeschwindigkeit:	$c = 2{,}998 \cdot 10^{8}$ m/s
Gravitationskonstante:	$G = 6{,}668 \cdot 10^{-11}$ N m^2 kg^{-2}
Planck'sche Konstante:	$h = 6{,}626 \cdot 10^{-34}$ J s $= 4{,}136 \cdot 10^{-15}$ eV s
Boltzmann-Konstante:	$k = 1{,}380 \cdot 10^{-23}$ J K^{-1} $= 8{,}617 \cdot 10^{-5}$ eV K^{-1}
Stefan-Boltzmann-Konstante:	$\sigma = 5{,}670 \cdot 10^{-8}$ W m^{-2} K^{-4}
Elektronenmasse:	$m_e = 9{,}109 \cdot 10^{-31}$ kg
Masse eines Wasserstoffatoms:	$m_H = 1{,}673 \cdot 10^{-27}$ kg

Tab. C.10 Spiralgalaxien und wechselwirkende Galaxien

Spiralgalaxien	RA α	Dek. δ	Hubble-Typ	Wechselwirkende Galaxien	RA α	Dek. δ
M31 (NGC 224)	$0^h\ 42{,}7^m$	+41° 16'	Sb	M51 (NGC 5194)	$13^h\ 29{,}9^m$	+47° 12'
M58 (NGC 4579)	$12^h\ 37{,}7^m$	+11° 49'	Sb	M51b (NGC 5195)	$13^h\ 30{,}0^m$	+47° 16'
M61 (NGC 4303)	$12^h\ 21{,}9^m$	+ 4° 28'	Sc	M65 (NGC 3623)	$11^h\ 18{,}9^m$	+13° 05'
M63 (NGC 5055)	$13^h\ 15{,}8^m$	+42° 02'	Sb	M66 (NGC 3627)	$11^h\ 20{,}2^m$	+12° 59'
M64 (NGC 4826)	$12^h\ 56{,}7^m$	+21° 41'	Sb	M81 (NGC 3031)	$9^h\ 55{,}6^m$	+60° 04'
M74 (NGC 628)	$1^h\ 36{,}7^m$	+15° 47'	Sc	M82 (NGC 3034)	$9^h\ 55{,}8^m$	+69° 41'
M83 (NGC 5236)	$13^h\ 37{,}0^m$	-29° 52'	Sc	M95 (NGC 3351)	$10^h\ 44{,}0^m$	+11° 42'
M88 (NGC 4501)	$12^h\ 32{,}0^m$	+14° 25'	Sb	M96 (NGC 3368)	$10^h\ 46{,}8^m$	+11° 49'
M90 (NGC 4569)	$12^h\ 36{,}8^m$	+13° 10'	Sb	M101 (NGC 3379)	$10^h\ 47{,}8^m$	+12° 35'
M94 (NGC 4736)	$12^h\ 50{,}9^m$	+41° 07'	Sb			
M98 (NGC 4192)	$12^h\ 13{,}8^m$	+14° 54'	Sb			
M99 (NGC 4254)	$12^h\ 18{,}8^m$	+14° 25'	Sc			
M100 (NGC 4321)	$12^h\ 22{,}9^m$	+15° 49'	Sc			
M101 (NGC 5457)	$14^h\ 03{,}2^m$	+54° 21'	Sc			
M104 (NGC 4594)	$12^h\ 40{,}0^m$	-11° 37'	Sa			
M108 (NGC 3556)	$11^h\ 11{,}5^m$	+55° 40'	Sc			

Tab. C.11 Masse- und Energieanteile im Universum

	Einzelanteil	Gesamtanteil
Dunkelmaterie und Dunkelenergie		0,954 ± 0,003*
Dunkelenergie	0,72 ± 0,03	
Dunkelmaterie	0,23 ± 0,03	
Ur-Gravitationsstrahlung	$\leq 10^{-10}$	
Urknall-Ära		0,0010 ± 0,0005
Elektromagnetische Strahlung	$10^{-4,3 \pm 0,000001}$	
Neutrinos	$10^{-2,9 \pm 0,1}$	
Ruhemasse anderer Teilchen (Baryonen)		0,045 ± 0,003
Geladene Teilchen (Plasma) zwischen Sternen und Galaxien	0,0418 ± 0,003	
Hauptreihensterne in elliptischen Galaxien und Kernwülsten	0,0015 ± 0,0004	
Neutraler Wasserstoff und Helium	0,00062 ± 0,00010	
Hauptreihensterne in Galaxienscheiben und irregulären Galaxien	0,00055 ± 0,00014	
Weiße Zwerge	0,00036 ± 0,00008	
Molekulares Gas	0,00016 ± 0,00006	
Substellare Objekte	0,00014 ± 0,00007	
Schwarze Löcher	0,00007 ± 0,00002	
Neutronensterne	0,00005 ± 0,00002	
Planeten	$10^{-6 \pm 0,1}$	

Hinweis: Die Tabelle enthält die Hauptbeiträge zur Masse und Energie des Universums.

* Die Zahlen nach dem Plusminuszeichen geben die Grenzen möglicher Fehler an.

Anhang D

Grafische Darstellungen

Grafische Darstellungen dienen dazu, Zusammenhänge zwischen Variablen wie etwa zwischen der Temperatur und der Leuchtkraft von Sternen oder zwischen der Temperatur in verschiedenen Höhen in einer Atmosphäre zu veranschaulichen. Dabei werden die relevanten Werte einer der Variablen auf der horizontalen Achse oder *x*-Achse, auch Abszisse genannt, und die der anderen Variablen auf der vertikalen Achse oder *y*-Achse bzw. Ordinate dargestellt. „Relevant" besagt hier, dass grafische Darstellungen häufig nicht bei 0 beginnen. Wir wollen drei Beispiele betrachten. In Kapitel 5 gibt es eine Darstellung der Temperatur der Venusatmosphäre in verschiedenen Höhen (Abb. D.1).

Auf der horizontalen Achse ist die Temperatur in Kelvin (K) aufgetragen. Die vertikale Achse gibt die Höhe über der Venusoberfläche in Kilometern (km) an. An jeder Achse steht, welche Größe aufgetragen ist (hier Temperatur bzw. Höhe), und die Maßeinheit (hier K bzw. km). Wie hier in Abb. D.1 bei der Temperatur und Höhe ist es häufig so, dass Variablen nach rechts bzw. nach oben zunehmen. In anderen Fällen können die Größen aber auch nach links oder unten ansteigen.

Um eine grafische Darstellung zu verstehen, muss man zunächst wissen, dass ein auf der horizontalen Achse angegebener Wert durch das ganze Diagramm senkrecht nach oben verläuft. Zum Beispiel beträgt die Temperatur in allen Punkten auf der blauen Geraden in Abb. D.1 (die vom Wert 400 K auf der Achse nach oben verläuft) 400 K. Analog überträgt sich der Wert auf der vertikalen Achse oder Ordinate auf alle Punkte, die horizontal rechts davon liegen. So bezeichnen alle Punkte auf der schwarzen Geraden in Abb. D.1 eine Höhe von etwa 43 km über der Venusoberfläche. Um auf 43 km zu kommen, muss man zwischen 40 km und 45 km interpolieren (siehe Abb. D.2).

Eine Kurve oder eine Punktmenge in der grafischen Darstellung gibt die *Beziehung* zwischen der auf der horizontalen Achse dargestellten Variablen und der auf der vertikalen Achse an. Jeder Punkt einer Kurve oder auch jeder andere Punkt im Diagramm entspricht zwei Variablen. Wir betrachten beispielsweise den Schnittpunkt der beiden Geraden in Abb. D.1. Er gibt die Temperatur in einer bestimmten Höhe über der Venusoberfläche an. Um die Temperatur an diesem Punkt zu erhalten, zieht man eine Senkrechte (in diesem Beispiel auf der blauen Geraden) von diesem Punkt nach unten und liest den Wert der horizontalen Variablen darunter ab. Die zugehörige Höhe für diesen Punkt ergibt sich, wenn man horizontal (auf der schwarzen Geraden) nach links geht und den Wert der vertikalen Variablen dort entnimmt. In unserem Beispiel ergibt dies 400 K. Wandert man von dem Punkt horizontal, führt die Interpolation auf 43 km. Aus beiden Daten zusammen

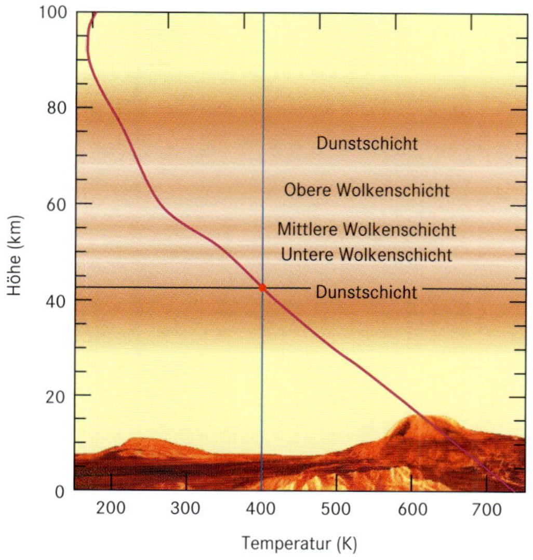

Abb. D.1 Graphische Darstellung mit linearen Skalen.

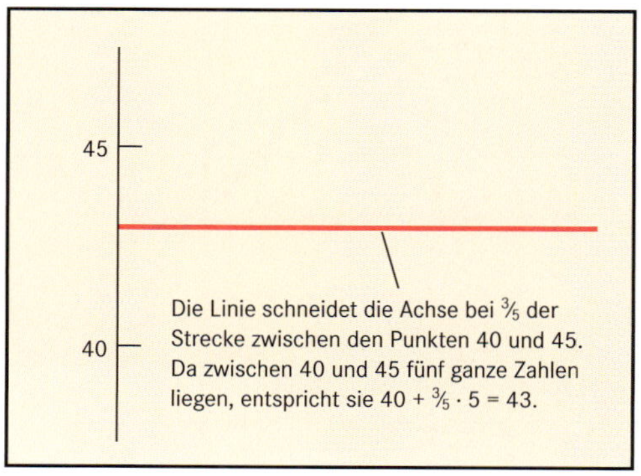

Abb. D.2 Interpolation.

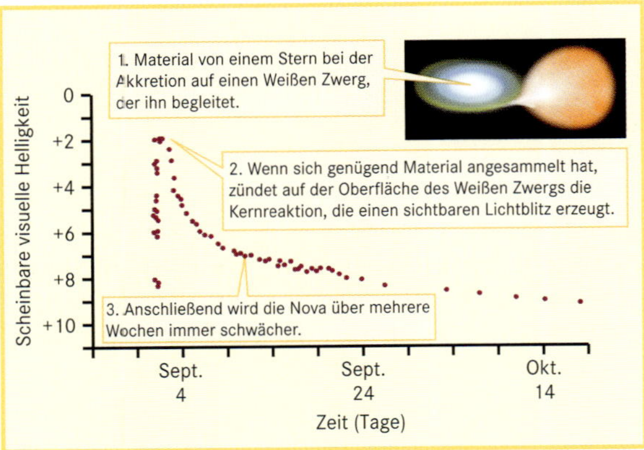

Abb. D.3 Die Helligkeit einer Nova.

folgt, dass *in einer Höhe von* 43 km *über der Venusoberfläche eine Temperatur von* 400 K *herrscht.*

Die rote Kurve in Abb. D.1 zeigt die Beziehung zwischen Höhe und Temperatur für einen Wertebereich von Orten über der Venus. Diese Darstellung ist wesentlich instruktiver als eine Wertetabelle der Höhen und Temperaturen. Insbesondere zeigt sie den Trend der Temperaturänderung mit der Höhe an. Gelegentlich werden übrigens auch am rechten und oberen Rand Variablen aufgetragen.

Manchmal ist nicht der gesamte Verlauf einer Kurve bekannt, sondern sind nur einzelne Punkte gegeben. Wir betrachten dazu ein zweites Beispiel, das aus Kapitel 10 stammt (Abb. D.3). Diese Darstellung zeigt die scheinbare Helligkeit einer Nova (die Helligkeit, mit der sie auf der Erde zu beobachten ist, unabhängig von der Entfernung oder anderen Faktoren) über der Zeit. Jeder Punkt besagt, wie hell diese Nova (eine Explosion auf der Oberfläche eines Sterns) zu einem bestimmten Zeitpunkt war. So erreichte die Nova am 2. September mit einer scheinbaren Helligkeit von etwa +2 die höchste Helligkeit. Ausgehend davon, dass die Zeit nach rechts zunimmt, sieht man sofort, dass die Helligkeit zunächst rasch ansteigt und anschließend langsam abfällt.

In den bisher betrachteten grafischen Darstellungen änderten sich die Variablen auf den Achsen gleichförmig. Zum Beispiel ist in Abb. D.1 der Abstand zwischen 300 K und 400 K derselbe wie der zwischen 400 K und 500 K usw. In vielen grafischen Darstellungen ändern sich die Werte auf den Achsen allerdings ungleichförmig (d. h. nichtlinear). Mit anderen Worten, die Änderung der Größe auf der Achse ändert sich selbst, sodass auf einen Zentimeter auf der Achse nicht immer derselbe Änderungsbetrag der aufgetragenen Größe kommt. In Abb. D.4 aus Kapitel 9 und in vielen anderen Darstellungen in der zweiten Hälfte dieses Buchs nimmt die Temperatur von links nach rechts abnehmend ab, während die Leuchtkraft (die pro Sekunde abgestrahlte Gesamtenergie) nach oben zunehmend zunimmt. In diesem Fall spricht man von logarithmischen Skalen.

Logarithmische und andere nichtlineare Achsen helfen, Daten, deren Werte sich über einen weiten Bereich ändern, kompakt darzustellen. Beispielsweise ist

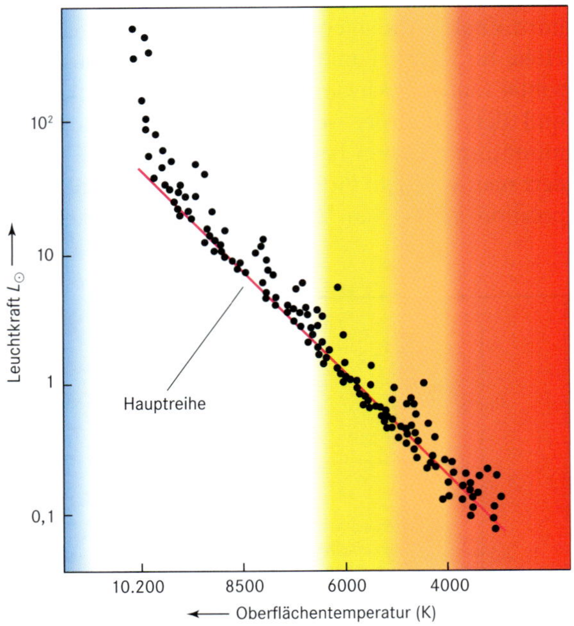

Abb. D.4 Grafische Darstellung mit logarithmischen Skalen.

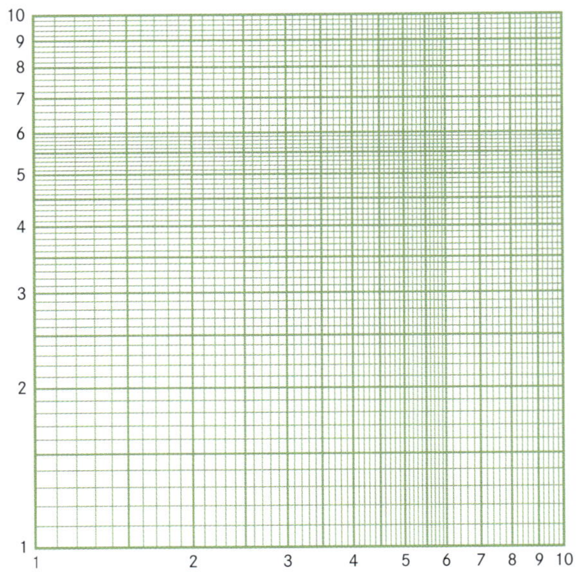

Abb. D.5 Logarithmische Skala.

der schwächste Stern in Abb. D.4 noch nicht einmal 0,1-mal so hell wie die Sonne, während der hellste fast 1000-mal so hell ist. Prinzipiell lassen sich die Werte aus logarithmischen Darstellungen auf die gleiche Weise wie aus linearen entnehmen. Man muss nur berücksichtigen, dass sie sich nicht verdoppeln bzw. verdreifachen, wenn man zwei oder drei Intervalle fortschreitet. Abb. D.5 zeigt eine logarithmische Skala für einen Wertebereich zwischen eins und zehn. Dieselbe Bezeichnung des Intervalls gilt z. B. auch zwischen 10^5 und 10^6. Wie man sieht, werden die Zahlen in der Nähe der höchsten Werte immer dichter, sodass man bei logarithmischen Darstellungen sorgfältiger als bei linearen interpolieren muss.

In Abb. D.4 hat ein Stern mit einer Oberflächentemperatur von 4000 K eine Leuchtkraft von etwa 0,1 $L_{\odot}$. Es gibt auch grafische Darstellungen, bei denen nur eine der Achsen logarithmisch und die andere linear ist.

Anhang E

Periodensystem der chemischen Elemente

1 **H** Wasserstoff																	2 **He** Helium
3 **Li** Lithium	4 **Be** Beryllium											5 **B** Bor	6 **C** Kohlenstoff	7 **N** Stickstoff	8 **O** Sauerstoff	9 **F** Fluor	10 **Ne** Neon
11 **Na** Natrium	12 **Mg** Magnesium											13 **Al** Aluminium	14 **Si** Silicium	15 **P** Phosphor	16 **S** Schwefel	17 **Cl** Chlor	18 **Ar** Argon
19 **K** Kalium	20 **Ca** Calcium	21 **Sc** Scandium	22 **Ti** Titan	23 **V** Vanadium	24 **Cr** Chrom	25 **Mn** Mangan	26 **Fe** Eisen	27 **Co** Cobalt	28 **Ni** Nickel	29 **Cu** Kupfer	30 **Zn** Zink	31 **Ga** Gallium	32 **Ge** Germanium	33 **As** Arsen	34 **Se** Selen	35 **Br** Brom	36 **Kr** Krypton
37 **Rb** Rubidium	38 **Sr** Strontium	39 **Y** Yttrium	40 **Zr** Zirconium	41 **Nb** Niob	42 **Mo** Molybdän	43 **Tc** Technetium	44 **Ru** Ruthenium	45 **Rh** Rhodium	46 **Pd** Palladium	47 **Ag** Silber	48 **Cd** Cadmium	49 **In** Indium	50 **Sn** Zinn	51 **Sb** Antimon	52 **Te** Tellur	53 **I** Iod	54 **Xe** Xenon
55 **Cs** Cäsium	56 **Ba** Barium	57 **La** Lanthan	72 **Hf** Hafnium	73 **Ta** Tantal	74 **W** Wolfram	75 **Re** Rhenium	76 **Os** Osmium	77 **Ir** Iridium	78 **Pt** Platin	79 **Au** Gold	80 **Hg** Quecksilber	81 **Tl** Thallium	82 **Pb** Blei	83 **Bi** Bismut	84 **Po** Polonium	85 **At** Astat	86 **Rn** Radon
87 **Fr** Francium	88 **Ra** Radium	89 **Ac** Actinium	104 **Rf** Rutherfordium	105 **Db** Dubnium	106 **Sg** Seaborgium	107 **Bh** Bohrium	108 **Hs** Hassium	109 **Mt** Meitnerium	110 **Ds** Darmstadtium	111 **Rg** Roentgenium							

58 **Ce** Cer	59 **Pr** Praseodym	60 **Nd** Neodym	61 **Pm** Promethium	62 **Sm** Samarium	63 **Eu** Europium	64 **Gd** Gadolinium	65 **Tb** Terbium	66 **Dy** Dysprosium	67 **Ho** Holmium	68 **Er** Erbium	69 **Tm** Thulium	70 **Yb** Ytterbium	71 **Lu** Lutetium
90 **Th** Thorium	91 **Pa** Protactinium	92 **U** Uran	93 **Np** Neptunium	94 **Pu** Plutonium	95 **Am** Americium	96 **Cm** Curium	97 **Bk** Berkelium	98 **Cf** Californium	99 **Es** Einsteinium	100 **Fm** Fermium	101 **Md** Mendelevium	102 **No** Nobelium	103 **Lr** Lawrencium

Anhang F

Wie Pluto vom Planeten zum Zwergplaneten wurde

Der Pluto hat vor einigen Jahren seinen Status als Planet verloren und wird nun nur noch als „Zwergplanet“ geführt. Damit umfasst unser Sonnensystem nur noch acht Planeten. Während die Schüler nun umlernen müssen, soll die neue Klassifizierung den Astronomen beim Verständnis der verschiedenartigen Körper auf Umlaufbahnen um die Sonne helfen.

Tatsächlich hat sich die Anzahl der Planeten schon mehrfach geändert. Im Jahr 1780 waren mit Merkur, Venus, Erde, Mars, Jupiter und Saturn sechs Planeten bekannt. Ein Jahr später: Der Uranus ist gerade entdeckt worden und die Menschen mussten sich daran gewöhnen, dass es statt sechs nun sieben Planten gibt. Nochmals 19 Jahre weiter: Am Neujahrstag des Jahres 1801 entdeckte der schweizerisch-italienische Amateurastronom Giuseppe Piazzi den achten Planeten, dem er den Namen *Ceres* gibt (Abb. F.1). Seine Umlaufbahn liegt zwischen der des Mars und der des Jupiter. Schon im nächsten Jahr fand der deutsche Astronom Heinrich Wilhelm Olbers im selben Gebiet des Sonnensystems den neunten Planeten, Pallas. Auf die Entdeckung der Pallas folgten innerhalb von nur fünf Jahren die Entdeckungen des zehnten und des elften Planeten, der Juno durch den deutschen Astronomen Karl Harding und der Vesta, erneut durch Olbers (Abb. F.2). Auch die Umlaufbahnen von Ceres, Pallas, Juno und Vesta liegen zwischen der des Mars und der des Jupiter.

Astraea, der fünfte Körper zwischen Mars und Jupiter, wurde 1845 von dem deutschen Amateurastronomen Karl Hencke entdeckt. So wie alle bis auf einen[1] der 18 weiteren Planeten, die bis 1852 gefunden wurden, ist er wesentlich kleiner als alle zuvor bekannten. Außerdem liegen die Umlaufbahnen aller dieser Kleinkörper in demselben Gebiet des Sonnensystems, nämlich zwischen der des Mars und der des Jupiter. Einige Astronomen begannen, alle diese Körper kleiner als Vesta (also Astraea und alle später entdeckten Kleinkörper) anhand ihrer Gemeinsamkeiten in den Fachzeitschriften als *Asteroiden*, *Kleinplaneten* oder *Planetoiden* zu bezeichnen. Daraufhin schrumpfte die Anzahl der Planeten von mehr als zwei Dutzend wieder auf zwölf. Die Begriffe *Asteroiden* und *Kleinplaneten* sind bis heute üblich.

Bis 1855 waren die Größen von Ceres, Pallas, Juno und Vesta stark überschätzt worden. In diesem Jahr wurde ein neues Größenbestimmungsverfahren eingeführt, mit dem die Größen nun unterschätzt wurden. Ausgehend von diesen kleineren Größen wurden diese vier Körper jetzt zu den Asteroiden gezählt, sodass nur noch acht Körper, nämlich Merkur, Venus, Erde, Mars, Jupiter, Saturn, Uranus und Neptun, als

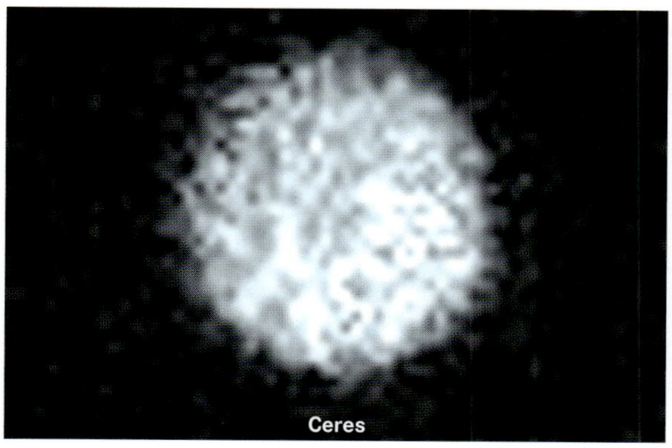

R I V U X G

Abb. F.1 Ceres, der größte Asteroid, mit einer Umlaufbahn zwischen der des Mars und der des Jupiter. (NASA, ESA, J. Parker [Southwest Research Institute], P. Thomas [Cornell University], L. McFadden [University of Maryland, College Park] und M. Mutcher und Z. Levary [STScI])

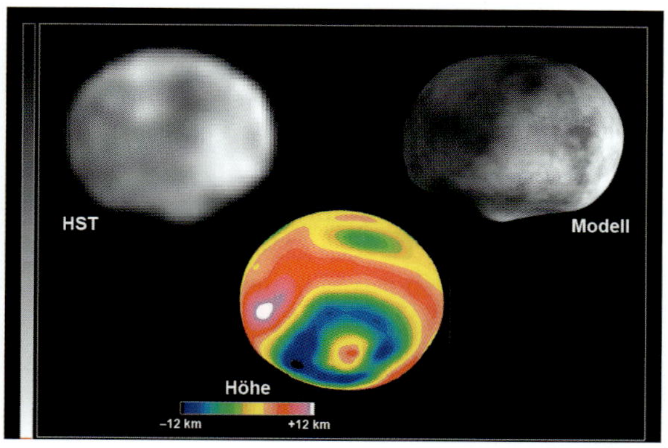

R I V U X G

Abb. F.2 Der Asteroid Vesta zwischen Mars und Jupiter. (Ben Zellner [Georgia Southern Univ.], Peter Thomas [Cornell Univ.] und NASA)

1 Die einzige Ausnahme ist der 1846 jenseits des Uranus entdeckte Riesenplanet Neptun.

Planeten galten. Dieser Klassifizierung liegt die Vorstellung zugrunde, dass sich die kleineren Körper – die Asteroiden – grundsätzlich von den acht Planeten unterscheiden.[2]

Mit modernen Beobachtungstechniken konnte schließlich ermittelt werden, dass die vier größten Asteroiden kleiner als ursprünglich angenommen, aber größer als 1855 ermittelt waren. Aber auch dann noch sind diese Asteroiden selbst im Vergleich zum kleinsten der acht Planeten, nämlich Merkur, immer noch sehr klein. Tatsächlich hat Ceres, der größte Asteroid, nur ein Viertel des Durchmessers unseres Monds.

Wir springen zum Jahr 1930. In diesem Jahr entdeckte der amerikanische Astronom Clyde Tombaugh den Pluto. Der Pluto lag offensichtlich ganz am Rand des bekannten Sonnensystems. Allerdings bringt ihn seine Umlaufbahn der Sonne gelegentlich sogar näher als Neptun. Tatsächlich ist die Umlaufbahn des Pluto viel ausgeprägter elliptisch als die der anderen Planeten, während sie stark den sehr elliptischen Umlaufbahnen vieler Asteroiden ähnelt. Andererseits liegt die Umlaufbahn des Pluto nicht wie die der Asteroiden zwischen Mars und Jupiter. Auch die Größe des Pluto ist ungewöhnlich. Mit einem Durchmesser von 18 % des Erddurchmessers, knapp die Hälfte des Merkur und gerade einmal zwei Drittel des Monds und nur das Vierfache der Ceres, lässt sich der Pluto weder eindeutig als Planet noch als Asteroid einordnen. Obwohl damals darüber diskutiert wurde, ob Pluto eher den Planeten oder der ständig wachsenden Zahl bekannter Asteroiden zuzurechnen ist, wurde er schließlich als Planet klassifiziert.

Auch wenn im 20. Jahrhundert immer neue Asteroiden entdeckt wurden, blieb der Status des Pluto bis 1978 unangetastet. In diesem Jahr wurde entdeckt, dass er einen Mond, Charon, hat, der fast so groß wie er selbst ist (Abb. F.3). (Der Pluto hat einen Durchmesser von 2300 km, während der des Charon 1190 km beträgt.) Zum Vergleich: Die Durchmesser von Erde und Erdmond, die Pluto und Charon am nächsten kommen, betragen 12.800 km bzw. 3500 km. Pluto und Charon sind zwei umeinander umlaufende Körper mit nahezu gleichen Massen, was in unserem Sonnensystem einmalig ist. Als in demselben sonnenfernen Gebiet Körper wie Sedna und Eris mit ähnlichen Größen entdeckt wurden, wurde der Status des Pluto als Planet immer fraglicher.

Inzwischen sind über 100.000 Asteroiden und andere Körper mit Umlaufbahnen außerhalb der des Neptun entdeckt worden. Ihre Größen und Umlaufbahnen weisen darauf hin, dass sie sich alle stark von den acht Planeten unterscheiden und eher Pluto ähnlich sind. Die Größe des Pluto liegt näher bei denen der anderen Asteroiden als bei der irgendeines anderen Planeten. Auch seine Umlaufbahn ähnelt mehr der anderer Körper außerhalb des Neptun als den Planetenumlaufbahnen. Dies alles führte schließlich zur Neueinordnung des Pluto im Sommer 2006 bei einem Treffen der für die Klassifizierung und Benennung von Körpern im Weltraum zuständigen Internationalen Astronomischen Union. Da zahlreiche konkurrierende Definitionen für Planeten und andere Körper im Sonnensystem im Raum standen und schließlich abgelehnt wurden, war dieses Treffen durchaus spannungsgeladen. Am Schluss wurden folgende Definitionen angenommen.

Abb. F.3 Pluto und sein Mond Charon. (Dr. R. Albrecht, ESA/ESO Space Telescope European Coordinating Facility; NASA)

Ein **Planet** ist ein Himmelskörper, der (a) sich auf einer Umlaufbahn um die Sonne bewegt, (b) dessen Masse groß genug ist, damit er im *hydrostatischen Gleichgewicht* ist (mit anderen Worten, der nahezu kugelförmig ist), und (c) der die Umgebung seiner Umlaufbahn von Kleinkörpern „geräumt" hat.

Während (a) selbsterklärend ist und sich Pluto tatsächlich auf einer Umlaufbahn um die Sonne bewegt, müssen die Bedingungen (b) und (c) näher erläutert werden. Zunächst kann ein Körper aufgrund der Bindungen zwischen seinen Atomen im Wesentlichen jede beliebige Form annehmen. Diese Bindungen führen dazu, dass Steine wie Steine oder Kartoffeln wie Kartoffeln aussehen. Hat ein Körper aber eine ausreichend große Masse, kann die Gravitationsanziehung zwischen seinen Teilchen so stark sein, dass sie ihn verformt (d. h. äußere Punkte nach innen zieht und innere nach außen drückt), bis er nahezu kugelförmig ist. Das resultierende Gleichgewicht zwischen der Schwerkraft, die nach innen zieht, und dem Gegendruck der verdichteten Mate-

2 Bis heute kennen wir noch nicht alle Unterschiede zwischen Planeten und Asteroiden oder zwischen den verschiedenen Asteroiden.

rie, der bestrebt ist, diese nach außen zu drücken, heißt hydrostatisches Gleichgewicht. Unser Sonnensystem enthält etwa drei Dutzend Körper, die dieses Kriterium erfüllen. Zu ihnen zählen Merkur, Venus, Erde, Mars, Jupiter, Saturn, Uranus, Neptun, Pluto, der Asteroid Ceres, unser Mond, mehrere Monde jedes der großen Planeten, der Plutomond Charon und mehrere inzwischen entdeckte Pluto-ähnliche Körper auf Umlaufbahnen jenseits des Neptun wie Sedna, Makemake, Haumea und Eris. Andererseits gibt es aber weit über 100.000 Körper im Sonnensystem, die eher Kartoffeln ähnlich sehen. Zu ihnen zählen die meisten Monde und Asteroiden sowie sämtliche Kometen.

Die dritte Bedingung, damit ein Körper als Planet betrachtet wird, die obige Bedingung (c), bedeutet, dass der Körper außerdem eine so starke Schwerkraft ausüben muss, dass er die unzähligen kleineren Bruchstücke auf Umlaufbahnen in seiner Nähe auf seine Oberfläche zieht. Die inneren acht Planeten genügen dieser Bedingung, während Beobachtungen noch zahlreiche Körper in der Umgebung des Pluto zeigen. Pluto hat nicht genug Schwerkraft, seine Umgebung zu räumen; daher ist er den neuen Kriterien zufolge kein Planet.

Trotzdem gehören Pluto und zahlreiche weitere Körper zu unserem Sonnensystem und müssen daher auch klassifiziert werden. Da uns nur sehr wenig über die chemischen Zusammensetzungen dieser Körper (auch des Pluto) bekannt ist, wissen wir noch nicht, ob sie alle in eine Objektklasse oder in mehrere verschiedene gehören. Zum Beispiel könnten einige von ihnen hauptsächlich aus Gestein und Metall bestehen, andere dagegen hauptsächlich aus Gestein und Eis; einige könnten Eishüllen aufweisen, andere Gesteinsoberflächen. Bis diese Einzelheiten geklärt sind, werden alle kugelförmigen Objekte auf Umlaufbahnen um die Sonne, die ihre Umgebungen im Weltraum noch *nicht* von Bruchstücken geräumt haben und die keine Monde anderer Körper sind, als **Zwergplaneten** klassifiziert. Zwergplaneten, deren Umlaufbahnen im Mittel weiter entfernt von der Sonne sind als die des Neptun, werden **Plutoiden** genannt. Pluto zählt sowohl zu den Zwergplaneten als auch zu den Plutoiden, während sein Mond Charon weder das eine noch das andere ist, da sich Charon auf einer Umlaufbahn um den etwas schweren Pluto bewegt. Der Asteroid Ceres wird nun als Zwergplanet klassifiziert. Die Plutoiden Eris, Makemake und Haumea sind ebenfalls Zwergplaneten.

Schließlich werden die vielfältigen Objekte im Sonnensystem, die weder Monde noch kugelförmig sind, **Kleinkörper des Sonnensystems (SSSB)** genannt. Dieser Begriff ist ebenso wenig befriedigend wie „Zwergplanet". Die vier inneren Planeten Merkur, Venus, Erde und Mars sind viel kleiner als die vier äußeren, sodass diese erdähnlichen Planeten leicht mit „Zwergplaneten" verwechselt werden könnten. So wie der Begriff „Planetoid" zugunsten von „Asteroid" fallengelassen wurde, ist es durchaus möglich, dass die Bezeichnungen Zwergplanet und Kleinkörper des Sonnensystems einmal geändert werden, um besser zum Ausdruck zu bringen, welche Objekte sie repräsentieren.

Wie schon mehrfach seit dem 18. Jahrhundert müssen sich die Menschen also erneut an neue Namen für alte astronomische Objekte gewöhnen. Sicher wird die Bezeichnung des Pluto als „Zwergplanet (134340) Pluto" keine seiner physikalischen Eigenschaften ändern. Auch wenn die Umbenennung eine Weile Verwirrung stiften könnte, erhoffen sich die Astronomen aber, dass die neuen Begriffsbildungen die Eigenschaften des Pluto ebenso wie die anderer Kleinkörper im Sonnensystem schließlich *besser* zum Ausdruck bringen werden (Abb. F.4).

Abb. F.4 Größenverhältnisse von Körpern des Sonnensystems. Die Größen aller Körper sind maßstabsgerecht. (Internationale Astronomische Union/NASA)

Anhang G1

Das geozentrische Universum

Heute, im 21. Jahrhundert, ist sicher schwer nachvollziehbar, wie jemand auf den Gedanken kommen könnte, dass sich die Sonne, die Planeten und die Sterne um die Erde bewegen. Schließlich *wissen* wir ja, dass die Erde um ihre Achse rotiert. Wir *wissen*, dass die Gravitationskraft der Sonne die Planeten auf ihren Umlaufbahnen hält, ebenso wie die der Erde bewirkt, dass der Mond sie umläuft. Diese Tatsachen gehören zu unserem Grundverständnis der Bewegungen der Himmelskörper, und wir haben sie bereits in der Schule gelernt.

Psychologen nennen diese Hintergrundinformationen, die wir zur Erläuterung von Tatsachen heranziehen, *konzeptionellen Rahmen*. Dieser enthält alle Informationen, die wir als bewiesen annehmen. So nehmen wir es als erwiesen an, dass für den Aufgang, die Bewegung, und den Untergang der Sonne am Himmel die Erdrotation verantwortlich ist, die zur scheinbaren Bewegung der Sonne führt.

Unsere Vorfahren sind mit einem anderen konzeptionellen Rahmen an den Kosmos herangegangen. Sie wussten noch nicht, dass die Erde rotiert. Sie konnten auch noch nicht wissen, dass die Kraft, die sie am Boden hält, dieselbe ist wie die, mit der die Sonne die Erde und die Erde den Mond anzieht. Ebenso wenig wussten sie, dass die Sonne wie die vielen gegeneinander unbeweglichen Lichtpunkte am Himmel ein Stern ist, und sie kannten auch noch keines der anderen Bewegungsgesetze der Mechanik, die wir heute als bewiesen annehmen.

Da unsere Ahnen nicht das Gefühl hatten, dass sich die Erde unter ihren Füßen bewegt, und auch sonst nichts auf eine Bewegung der Erde hindeutete – wie sollten sie da auf den Gedanken kommen, dass wir es sind, die sich bewegen? Auch heute noch ist die naive Annahme für jemanden ohne jeglichen wissenschaftlich begründeten konzeptionellen Rahmen, dass die Erde feststeht, während sich die Himmelskörper um sie bewegen.

Der vorwissenschaftliche konzeptionelle Rahmen für das Verständnis der Bewegung der Himmelskörper beruhte auf den Sinneseindrücken und auf dem gesunden Menschenverstand. Die Menschen beobachteten Bewegungen und zogen daraus „offensichtliche", vernünftige Schlussfolgerungen. Heute sind die bekannten und vielfach überprüften Gesetze der Physik Bestandteil unseres Verständnisses der Natur. Viele dieser Tatsachen laufen dem gesunden Menschenverstand zuwider, sodass unser moderner konzeptioneller Rahmen weit weniger als früher mit dem üblichen Menschenverstand übereinstimmt. Erst mithilfe der wissenschaftlichen Methode gelingt es, eine gewisse Intuition zu erlangen, die mit dem tatsächlichen Wirken der Natur in Einklang steht.

Die geozentrischen Deutungen der rückläufigen Bewegungen der Planeten Die alten Griechen entwickelten viele Theorien für die gelegentliche beobachtete rückläufige Bewegung der Planeten und für ihre daraus resultierenden Schleifen vor den Hintergrund der Sterne. Eine der erfolgreichsten Ideen formulierte Ptolemäus, der letzte bedeutende griechische Astronom des Altertums, der vor 1900 Jahren in Alexandria in Ägypten lebte. Abb. G.1. zeigt seine Grundidee: Jeder Planet bewegt sich auf einem kleinen Kreis, einem sogenannten *Epizykel*, dessen Mitte wiederum auf einem größeren Kreis, dem sogenannten *Deferenten*, umläuft. Von der Erde aus gesehen bewegt sich der Epizykel auf dem Deferenten nach Osten, sodass sowohl der Epizykel als auch der Planet in derselben Richtung (entgegen der Uhrzeigerrichtung) laufen.

Die meiste Zeit wird die Bewegung des Planeten auf seinem Epizykel zur Ostbewegung des Epizykels auf dem Deferenten addiert. Somit bewegt sich der Planet von der Erde aus gesehen vor dem Hintergrund der Sterne den größten Teil des Jahres normal nach links bzw. Osten (Abb. G.1a). Diese Bewegung wird rechtläufige Bewegung genannt. Ist der Planet dagegen auf dem erdnächsten Teil seines Epizykels, subtrahiert sich seine Bewegung auf dem Epizykel von der des Epizykels auf dem Deferenten. Der Planet wird dann unter den Sternbildern immer langsamer und hält schließlich in seiner üblichen Bewegung, in der Abbildung nach links (Osten), inne. Anschließend scheint er sich einige Wochen oder Monate unter den Sternen nach rechts (Westen) zu bewegen (Abb. G.1b). Mit diesem Epizyklen- und Deferentenkonzept waren die griechischen Astronomen in der Lage, die rückläufigen Planetenschleifen zu erklären.

Anhand der umfangreichen astronomischen Daten in der Bibliothek zu Alexandria, darunter Aufzeichnungen von Planetenstellungen über Hunderte von

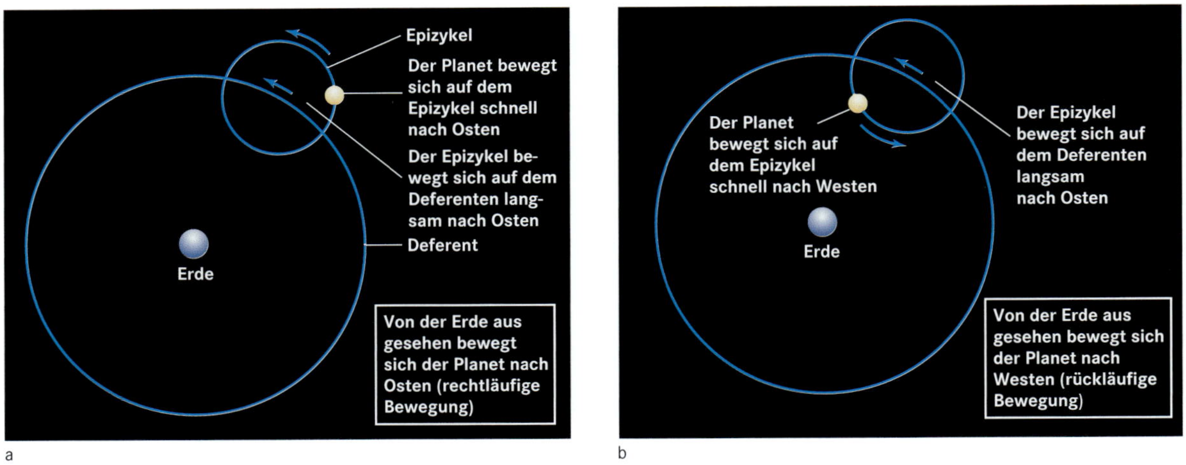

Abb. G.1 Eine geometrische Deutung für die Planetenbewegung. Jeder Planet läuft auf einem Epizykel um, der die Erde wiederum auf einem Deferenten umkreist. Von der Erde aus gesehen wird die Geschwindigkeit des Planeten auf dem Epizykel abwechselnd (a) zu der des Epizykel auf dem Deferenten addiert oder (b) von ihr subtrahiert, sodass abwechselnde Zeitdauern rechtläufiger und rückläufiger Bewegung entstehen.

Jahren, konnte Ptolemäus die Größen der Epizyklen und Deferenten und die erforderlichen Umdrehungsraten für die Planetenwege ableiten. Nach jahrelanger harter Arbeit stellte Ptolemäus seine Berechnungen in dem *Almagest* zusammen. In diesem Werk waren die Stellungen und Bahnen der Sonne, des Monds und der Planeten mit bis dahin beispielloser Genauigkeit beschrieben. Tatsächlich war der *Almagest* so erfolgreich, dass er zur Bibel der Astronomen wurde. Mehr als 1000 Jahre wurde die ptolemäische Kosmologie genutzt, um die Funktion des Himmels zu beschreiben.

Schließlich begann die augenscheinliche Erläuterung der geozentrischen Kosmologie aber doch ins Wanken zu geraten. Im Laufe der Jahre kamen immer mehr Fehler und Ungenauigkeiten hinzu, die zu Lebzeiten von Ptolemäus noch nicht erkennbar waren. Hierzu zählten besonders Fehler wegen der Präzession, der langsamen Änderung der Richtung der Rotationsachse der Erde. Im 15. Jahrhundert sahen sich die Astronomen daher zu einigen kosmetischen Anpassungen des ptolemäischen Systems veranlasst. Je mehr abstruse und willkürliche Details aber zu dem System hinzugefügt werden mussten, um es mit den beobachteten Planetenbewegungen in Einklang zu halten, desto unbefriedigender wurde es. Es war schließlich Newton, der klarstellte, dass auf einen Körper eine Kraft wirken muss, damit er einen anderen umlaufen kann. Eine solche Kraft zu beschreiben, war die ptolemäische Epizyklentheorie aber nicht in der Lage.

Anhang G2

Die Gezeiten

Die Gezeiten sind eine Folge des Zusammenwirkens des Umlaufs der Erde um ihren gemeinsamen Massenmittelpunkt mit dem Mond (oder mit der Sonne) und der Änderung der Stärke der Gravitationskraft des Monds (bzw. der Sonne) entlang des Erddurchmessers mit wachsendem Abstand vom Mond. Wir wollen zunächst von der Erdrotation absehen und uns für einen Moment auf die Bewegung von Erde und Mond um den gemeinsamen Massenmittelpunkt konzentrieren (siehe Abb. 4.27a). Dieser Massenmittelpunkt liegt 1720 km unter der Erdoberfläche auf der Verbindungslinie zwischen den Mittelpunkten von Erde und Mond.

Auf jeden Punkt der Erde wirkt wegen seiner Bewegung um den Massenmittelpunkt eine gleich starke Kraft, die vom Mond weg gerichtet ist. Diese Kraft ist ähnlich der nach außen wirkenden Kraft, die ein Kind auf einem Karussell fühlt. Sie ist die Gegenkraft zur Kraft des Sitzes, die das Kind in Bezug auf das Karussell in Ruhe hält. Um zu verstehen, dass diese Kraft in jedem Punkt der Erde gleich ist, muss man sich vor Augen halten, dass der erwähnte Massenmittelpunkt zwar im Raum ruht, aber jeder Punkt der (nicht rotierenden) Erde einen Kreis mit dem gleichen Radius um ihn beschreibt. Diese konstante, vom Mond weg gerichtete Kraft ist in Abb. G.2-1a an drei Orten eingezeichnet und mit $F_{\text{außen}}$ bezeichnet.

Außerdem wirkt auf die Erde die Gravitationsanziehung des Monds, die der erwähnten Kraft vom Mond weg entgegengerichtet ist. Die Gravitationsanziehung ist allerdings nicht konstant: Aus Kapitel 2 wissen wir, dass die von einem Körper auf einen anderen ausgeübte Gravitationskraft mit der Entfernung abnimmt. Somit ist die Gravitationsanziehung des Monds auf die Erde am mondnächsten Punkt der Erdoberfläche am stärksten. Die Anziehungskraft in diesem Punkt ist stärker als die im Mittelpunkt der Erde und diese wiederum größer als die auf der mondabgewandten Erdseite. Die Gravitationskräfte an diesen Orten sind in Abb. G.2-1a mit F_{Grav} bezeichnet.

Die in derselben bzw. entgegengesetzten Richtung wirkenden Kräfte addieren bzw. subtrahieren sich einfach, sodass sich die in Abb. G.2-1a eingezeichnete Gesamtkraft F_{Gez} ergibt. Dies ist die am jeweiligen Ort wirkende Gezeitenkraft. Zum Beispiel ist die Gezeitenkraft an einem Punkt auf der Erde direkt unter

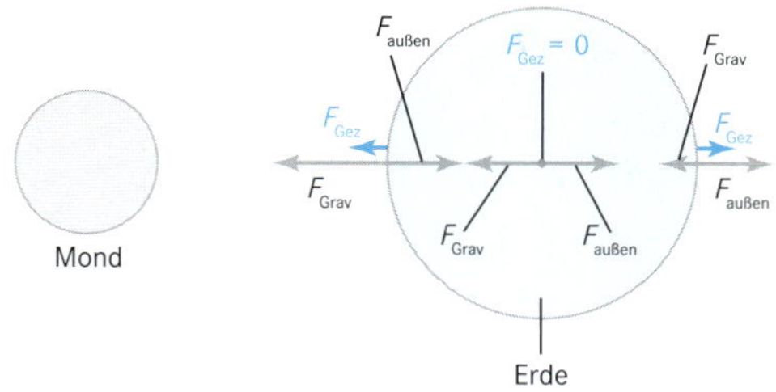

a

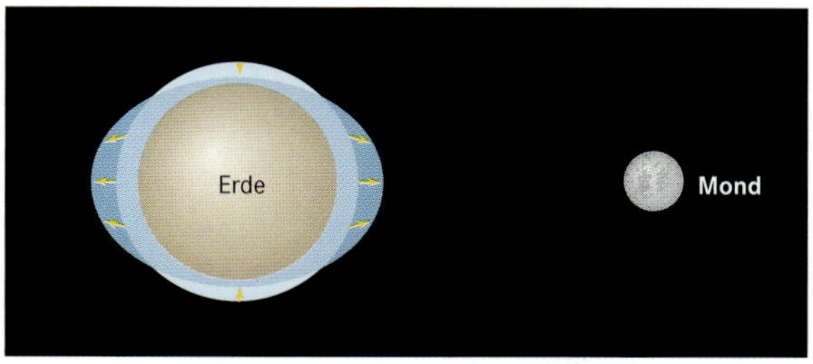

b

Abb. G.2-1 Die Gezeitenkräfte. (a) Der Mond erzeugt Gezeitenkräfte F_{Gez} auf die Erde. Die Kraft ist an jedem Punkt gleich der Differenz zwischen der Kraft $F_{\text{außen}}$ infolge der Umlaufbewegung der zwei Körper um ihren Massenmittelpunkt und der Gravitationskraft des Monds F_{Grav} an diesem Punkt. Betrag und Richtung jedes Pfeils repräsentieren die Stärke und die Richtung der Kraft. (b) Die Verschiebung der Wassermassen auf der Erdoberfläche führt zu den Gezeiten. Sieht man von den Wirkungen der Kontinente (siehe Abb. G.2-2) ab, wird deutlich, wie die Gravitationsanziehung des Monds auf der Erde zwei Ebben hervorruft. Die Wirkung der Sonne ist schwächer, ansonsten aber ähnlich.

dem Mond sehr stark und wirkt in Richtung des Monds. In der Mitte der Erde heben sich beide Kräfte vollständig auf. An dem Punkt auf der mondabgewandten Erdseite ist die Gezeitenkraft genauso stark wie direkt unter dem Mond, aber von diesem weg gerichtet. Abb. G.2-1b zeigt die Stärke der Gezeitenkraft an verschiedenen Orten.

Wir betrachten den mondnächsten Punkt der Erde. Aus der Stärke der Gezeitenkraft F_{Gez} scheint sich zu ergeben, dass die Gravitationskraft des Monds das Wasser dort anhebt, um die Flut zu erzeugen. Allerdings reicht die Gravitationskraft des Monds allein nicht aus, um das Wasser mehr als wenige Zentimeter anzuheben. Tatsächlich kommt es dort zur Flut, da das Wasser der Ozeane fast von der halben Erdseite

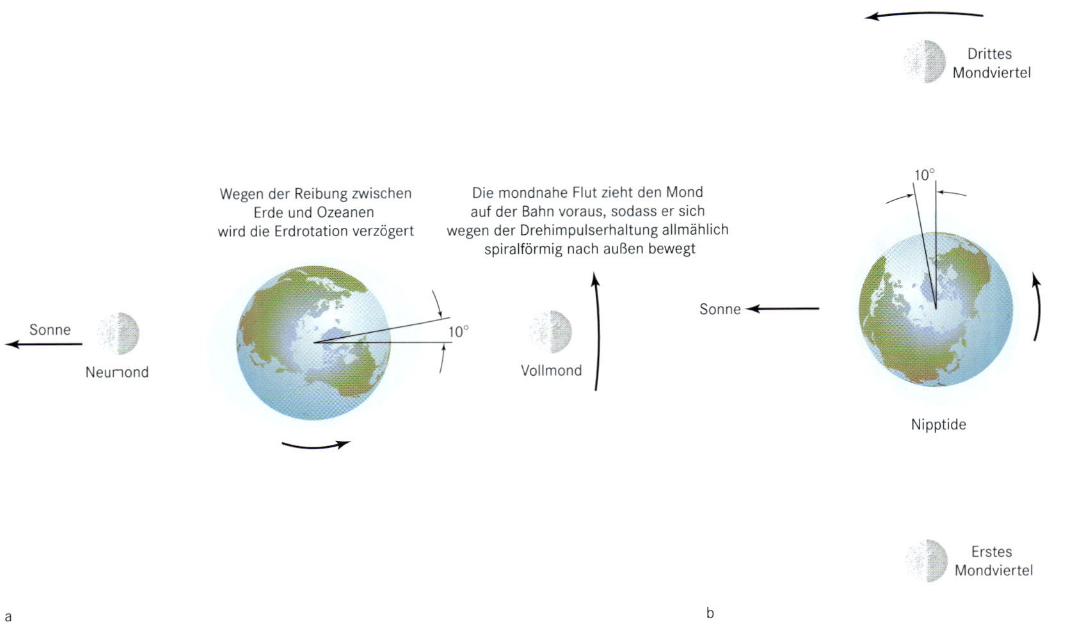

Abb. G.2-2 Die Gezeiten auf der Erde. Durch die Gravitationskräfte des Monds und der Sonne werden die Ozeane verformt. Wegen der schnellen Erdrotation ist die Flut auf der Mondseite der Erde dem Mond etwa 10° voraus. (a) Die stärkste Verformung (Springtide) tritt auf, wenn Sonne, Erde und Mond auf einer Linie stehen, d. h. Sonne und Mond entweder auf derselben Seite oder auf entgegengesetzten Seiten der Erde stehen. (b) Zur kleinsten Verformung (Nipptide) kommt es, wenn Sonne, Erde und Mond einen rechten Winkel bilden.

von der Gravitationskraft des Monds angezogen wird. Dieses Wasser fließt in Richtung Mond und füllt den Ozean direkt unter ihm, was zu einem Gezeitenwulst oder einer Flut führt. Genauso drückt die Gesamtkraft auf der mondabgewandten Erdseite das Wasser auf der anderen Hälfte der Erde an dem am weitesten entfernten Ort nach außen, sodass auf der mondabgewandten Erdseite gleichzeitig eine zweite, gleich starke Flut entsteht. Dort, wo das Wasser abfließt, kommt es dagegen zur Ebbe.

Bisher hatten wir von der Erdrotation abgesehen. Wenn diese hinzukommt, ändern sich die geografischen Orte von Ebbe und Flut nicht nur mit dem verhältnismäßig langsamen Umlauf des Monds im Verlauf eines Monats, sondern täglich. Abb. G.2-1b zeigt, dass die Flut auftritt, wenn der Mond entweder über uns am Himmel oder unter unseren Füßen steht, während er bei Ebbe in der Nähe des Horizonts steht. An den meisten Orten auf der Erde gibt es daher täglich zwei Fluten und zwei Ebben. Allerdings erstrecken sich diese Zyklen nicht genau über 24 h. Da gleichzeitig der Mond die Erde umläuft, ändern sich die Zeitpunkte von Ebbe und Flut an einem Ort täglich. Im Ergebnis beträgt die Zeitdauer zwischen aufeinanderfolgenden Fluten 12 h, 25 min.

Erschwerend kommt die Tatsache hinzu, dass die Ozeane nicht überall gleich tief sind und die Küsten um die Kontinente und Inseln vielfältig geformt sind. Infolgedessen gibt es an einigen Orten im Ozean nur einen einzigen Gezeitenzyklus am Tag. An einigen Orten ist die Änderung der Gezeiten kaum wahrnehmbar, während in einigen Kanälen wie etwa in der Fundy Bay zwischen den Vereinigten Staaten und Kanada und im Bristol-Kanal zwischen Wales und England jeweils zwei Gezeiten auftreten, die viel höher als anderswo sind.

Außerdem verschiebt die Erdrotation die Fluten von der Verbindungslinie der Mittelpunkte von Erde und Mond weg. Die Rotation der Erde nach Osten ist fast 30-mal so schnell wie der Umlauf des Monds um die Erde nach Osten. Damit schleppt die Erde die Fluten bei ihrer Umdrehung quasi nach Osten mit. Infolgedessen liegt der Flutberg nicht genau auf der Verbindungslinie zwischen den Mittelpunkten von Erde und Mond, sondern ist dem Mond auf seinem Umlauf um die Erde tatsächlich um 10° voraus (Abb. G.2-2). Dieser Winkel ist annähernd konstant, da die Gravitationskraft des Monds die Flutwelle nach Westen zieht, während sie die Erdrotation nach Osten drängt; beide Effekte heben sich auf. Ähnliches gilt für die Flut auf der gegenüberliegenden Seite der Erde.

Wendet man diese Betrachtungen auf das System Erde–Sonne an, ergeben sich qualitativ dieselben Ergebnisse.

Anhang G3

Das expandierende Universum

Um das Universum zu verstehen, nutzen die Astronomen Modelle, mathematische Darstellungen der uns umgebenden Welt. Bei deren Entwicklung ist es häufig zweckmäßig, mit einer einfachen Analogie zu beginnen. Da man sich die Expansion des Universums nur schwer vorstellen kann, ziehen wir als Analogie einen Kuchen mit Schokoladenstücken heran, der in einem Mikrowellengerät in der Internationalen Raumstation schwebt. Beim Backen wird der Kuchen größer, die Hausfrau sagt, er „geht", wobei sich seine Schokoladenstücke voneinander entfernen. Sie selbst werden dabei aber nicht größer und bewegen sich auch nicht durch den Teig. Jedes Schokoladenstück bleibt in seinem kleinen Teigstück in Ruhe, wird aber mit dem Kuchen mitgezogen, während er sich ausdehnt.

Nun stellen wir uns vor, dass jedes Schokoladenstück eine Metagalaxie und der Teig zwischen den Stücken der Rest der Raumzeit ist. Während sich das Universum ausdehnt, wird die Entfernung zwischen weit entfernten Metagalaxien immer größer. Die Ausdehnung des Universums ist die Ausdehnung der Raumzeit.

Wir nehmen nun an, dass wir auf einem bestimmten Schokoladenstück, sagen wird in Abb. G.3 auf dem Stück 3, leben. Wir sehen dann, wie sich die Stücke 2 und 4 mit gleichen Geschwindigkeiten von uns entfernen. Alle 10 min entfernen sich die Stücke 2 und 4 um 1 cm weiter von uns weg, während sich der Kuchen ausdehnt. Dies ist in dem rechten Mikrowellengerät gezeigt. Allerdings entfernen sich im selben Zeitraum die Stücke 1 und 5 doppelt so weit von uns wie die Stücke 2 und 4. Damit sich die Stücke 1 und 5 im gleichen Zeitraum doppelt so weit entfernen können, müssen sie sich doppelt so schnell wie die näher gelegenen Stücke 2 und 4 bewegen. Dies ist genau die Aussage des Hubble'schen Gesetzes der kosmologischen Expansion (Fluchtgeschwindigkeit = $H_0 \cdot$ Entfernung): ***Doppelte Entfernung bedeutet doppelte Geschwindigkeit.***

Um zu sehen, weshalb die Erde dabei nicht im Zentrum des Universums zu stehen braucht, stellen wir uns nun vor, wir würden auf dem Schokoladenstück 4 leben. Von diesem Stück aus sieht man dann, wie sich die Stücke 3 und 5 mit derselben Rate von uns entfernen, mit der sich die Stücke 2 und 4 entfernen würden, wenn wir auf dem Stück 3 lebten. Von Stück 4 aus gesehen entfernen sich die Stücke 2 und 6 doppelt so schnell wie die Stücke 3 und 5. Von jedem Stück aus gesehen entfernen sich alle anderen Stücke. So ist es auch im Universum: Alle Metagalaxien entfernen sich auf gleiche Weise von uns, unabhängig davon, wo wir uns im Universum befinden.

Abb. G.3 Eine Analogie zwischen dem expandierenden Universum und der Ausdehnung eines Kuchens mit Schokoladenstücken. Das expandierende Universum kann mit einem Kuchen mit Schokoladenstücken verglichen werden, der in der Internationalen Raumstation gebacken wird und sich dabei ausdehnt. So, wie sich alle Stücke voneinander entfernen, während der Kuchen geht, entfernen sich alle Metagalaxien voneinander, während sich das Universum ausdehnt.

Anhang H1

Astronomische Entfernungseinheiten

An verschiedenen Stellen in diesem Buch stellt sich heraus, dass einige unserer herkömmlichen Maßeinheiten unzweckmäßig sind. Um die Durchmesser von Kratern auf dem Mond oder die Höhen von Vulkanen auf dem Mars anzugeben, sind Kilometer sicher gut geeignet. Für die großen Entfernungen zu Planeten, Sternen oder Galaxien sind sie dagegen unzweckmäßig – das wäre so, wie wenn man die Entfernung zwischen New York und San Francisco in Millimetern angeben würde. Daher haben die Astronomen einige neue Maßeinheiten festgelegt.

Bei der Erörterung von Entfernungen im Sonnensystem bedienen sie sich einer Maßeinheit, die **Astronomische Einheit** (AE) heißt. Diese ist die mittlere Entfernung zwischen Erde und Sonne:

$1\ \text{AE} \approx 1{,}5 \cdot 10^{8}\ \text{km}.$

So ist z. B. der Jupiter durchschnittlich 5,2-mal so weit von der Sonne entfernt wie die Erde. Die durchschnittliche Entfernung zwischen Sonne und Jupiter beträgt also 5,2 AE. Dies lässt sich mit der angegebenen Beziehung leicht in Kilometer umrechnen.

Wenn es um Entfernungen zu den Sternen geht, haben die Astronomen die Wahl zwischen zwei verschiedenen Längeneinheiten. Eine ist das **Lichtjahr** (Lj). Ein Lichtjahr ist die *Entfernung*, die das Licht in einem Jahr im Vakuum (d. h. ohne Luft) zurücklegt. Dabei ist zu beachten, dass das Lichtjahr, auch wenn es den Wortstamm *Jahr* enthält, eine Entfernung und keine Zeit angibt.

$1\ \text{Lj} \approx 9{,}46 \cdot 10^{12}\ \text{km} \approx 63.000\ \text{AE}.$

Der Weltraum zwischen den Planeten, Sternen und Galaxien ist ein nahezu ideales Vakuum. Ein Lichtjahr sind annähernd 10 Billionen Kilometer. Proxima Centauri, derjenige Stern, der der Erde außer der Sonne am nächsten ist, ist etwas mehr als 4,2 Lichtjahre von uns entfernt.

Die zweite häufig verwendete Längeneinheit ist das **Parsec** (pc), diejenige Entfernung, in der zwei Objekte in einer Entfernung von 1 AE unter einem Winkel von 1", also 1 Bogensekunde, erscheinen. Wir stellen uns vor, wir unternehmen eine Reise in den Weltraum, weit über die Grenzen der äußeren Planeten hinaus. Blicken wir auf unser Sonnensystems zurück, wird der Winkel zwischen Sonne und Erde mit zunehmender Entfernung immer kleiner. Wenn sie von unserer Blickrichtung aus nebeneinander stehen und der Winkel zwischen ihnen 1/3600° (1") beträgt, haben wir eine Entfernung erreicht, die die Astronomen 1 Parsec nennen. Dies ist in der unten stehenden Abbildung gezeigt. Das Parsec ist länger als ein Lichtjahr, genauer gilt

$1\ \text{pc} \approx 3{,}09 \cdot 10^{13}\ \text{km} \approx 3{,}26\ \text{Lj}.$

Somit beträgt die Entfernung zu unserem nächsten Stern außer der Sonne 1,3 pc oder 4,2 Lj. Ob man Entfernungen in Lichtjahren oder Parsec angibt, ist letztlich eine Frage des Geschmacks.

Für größere Entfernungen bedient man sich Kilolichtjahren (kLj), Megalichtjahren (MLj), Kiloparsec (kpc) und Megaparsec (Mpc). Die Vorsätze „Kilo" und „Mega" bedeuten wie üblich „tausend" bzw. „eine Million":

$1\ \text{kLj} = 10^{3}\ \text{Lj}$
$1\ \text{MLj} = 1\ \text{Mio. Lj} = 10^{6}\ \text{Lj}$
$1\ \text{kpc} = 10^{3}\ \text{pc}$
$1\ \text{Mpc} = 1\ \text{Mio. pc} = 10^{6}\ \text{pc}$

Zum Beispiel beträgt die Entfernung von der Erde zum Zentrum unserer Milchstraße etwa 8,6 kpc und der reiche Galaxienhaufen in Richtung des Sternenbilds Jungfrau ist 20 Mpc entfernt.

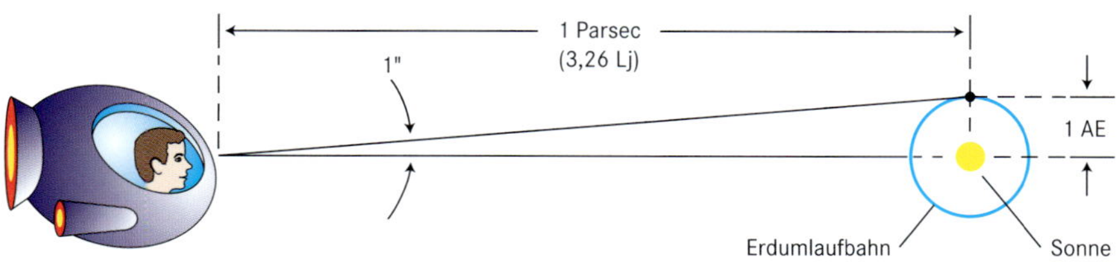

Abb. H.1 Ein Parsec. Das Parsec, eine von Astronomen häufig verwendete Längeneinheit, ist gleich 3,26 Lj. Das Parsec ist die Entfernung, bei der 1 AE senkrecht zur Sichtlinie des Beobachters unter einem Winkel von 1" erscheint.

Anhang H2

Energie und Impuls

Jeder Körper kann zwei Formen von Energie besitzen. Die erste, die **kinetische Energie**, hängt mit seiner Bewegung zusammen. Für Geschwindigkeiten, die klein gegen die Lichtgeschwindigkeit sind, kann die kinetische Energie E_{kin} eines Körpers wie folgt ausgedrückt werden:

$$E_{\text{kin}} = \frac{1}{2} m v^2.$$

Dabei ist m die Masse des Körpers und v seine Geschwindigkeit. Die kinetische Energie ist ein Maß dafür, wie viel Arbeit der Körper an der Umgebung verrichten kann, oder äquivalent, wie viel Arbeit die Umgebung an ihm verrichtet hat, um ihm diese Geschwindigkeit zu erteilen.

Auch die **Arbeit** ist eine streng definierte Größe, die allerdings nicht immer mit unserer intuitiven Vorstellung davon übereinstimmt. Sie ist als Produkt der auf einen Körper wirkenden Kraft F und der Strecke d, über die sich der Körper in Kraftrichtung bewegt, definiert:

$$W = F\,d.$$

Wenn man z. B. eine horizontale Kraft von 50 N ausübt (N ist die Maßeinheit Newton der Kraft) und dadurch einen Körper 10 m in Richtung der Kraft bewegt, verrichtet man eine Arbeit von 50 N · 10 m = 500 J. (J steht für die Maßeinheit Joule, die durch 1 N · 1 m = 1 J definiert ist.)

Die zweite Energieform ist die **potenzielle Energie**. Sie gibt die Energie eines Körpers im Ergebnis seiner räumlichen Lage an. Hält man z. B. einen Bleistift in einer bestimmten Höhe über dem Fußboden, besitzt dieser Bleistift potenzielle Energie, die durch die Erdanziehungskraft in kinetische umgewandelt werden kann. Damit dies geschieht, braucht man den Bleistift lediglich loszulassen.

Es gibt verschiedenen Formen potenzieller Energie. Zu ihnen gehört die in einer Batterie gespeicherte potenzielle Energie ebenso wie die von Körpern unter dem Einfluss der Schwerkraft. Wir wollen uns hier auf die *potenzielle Energie der Gravitation* konzentrieren. In großer Entfernung von extrem massebehafteten Objekten wie Sternen oder extrem dichten Objekten wie Schwarzen Löchern kann die potenzielle Energie der Gravitation E_{pot} wie folgt geschrieben werden:

$$E_{\text{pot}} = \frac{G\,m\,m_{\text{E}}}{r}.$$

Dabei ist $G = 6{,}6683 \cdot 10^{-11}$ N m^2/kg^2 die Gravitationskonstante, m die Masse des Körpers, dessen potenzielle Energie der Gravitation angegeben wird, m_{E} die Masse des Körpers, von dem die Gravitationsanziehung ausgeht, und r die Entfernung zwischen den Massenmittelpunkten beider Körper.

In der Nähe der Erdoberfläche vereinfacht sich diese Gleichung zu

$$E_{\text{pot}} = m\,g\,h.$$

Dabei ist $g = 9{,}8$ m/s^2 die Gravitationsbeschleunigung (Schwerebeschleunigung) auf der Erdoberfläche und h die Höhe des Körpers über der Erdoberfläche.

Potenzielle Energie kann in kinetische Energie umgewandelt werden und umgekehrt. Wenn wir den vorhin erwähnten Bleistift fallen lassen, beginnt seine potenzielle Energie der Gravitation abzunehmen, während die kinetische Energie mit derselben Rate zunimmt. Die Gesamtenergie des Bleistifts bleibt dabei erhalten. Wirft man den Bleistift umgekehrt nach oben, beginnt die kinetische Energie, die man ihm dabei gibt, abzunehmen, sobald man ihn loslässt, während die potenzielle Energie mit derselben Rate zunimmt.

Zwei weitere charakteristische Größen für die Bewegung eines Körpers, und damit auch für seine kinetische Energie, sind der **Impuls** und der **Drehimpuls**. Der Impuls $\mathbf{p}$ wird durch die Gleichung

$$\mathbf{p} = m\,\mathbf{v}$$

beschrieben, wobei $\mathbf{v}$ die Geschwindigkeit des Körpers ist. Dabei sind $\mathbf{p}$ und $\mathbf{v}$ fett geschrieben, was darauf hinweisen soll, dass sie neben einer Zahl für den Betrag auch die Richtung der Bewegung darstellen. Durch einfaches Einsetzen findet man die Beziehung:

$$E_{\text{kin}} = \frac{p^2}{2\,m}.$$

Der Impuls besagt, wie viel Energie ein Körper wegen seiner Bewegung auf einer Geraden (Linearbewegung) besitzt.

Analog dazu ist der Drehimpuls L als

$$L = I\,\boldsymbol{\omega}$$

definiert. Dabei ist I das **Trägheitsmoment** eines Körpers und $\boldsymbol{\omega}$ (kleines griechisches Omega) die Winkelgeschwindigkeit. Auch sie ist fett geschrieben, da sie ebenfalls eine Richtung besitzt. So, wie die Masse eines Körpers ein Maß dafür ist, wie schwer es ist, seine geradlinige Bewegung zu ändern, gibt das Trägheitsmoment an, wie schwer es ist, die Drehzahl zu ändern, mit der ein Körper rotiert oder einen anderen umläuft. Das Trägheitsmoment eines Körpers hängt von seiner Masse und von seiner geometrischen Gestalt ab. Auch die Drehbewegung trägt zur kinetischen Energie eines Körpers bei; ihr Beitrag ist

$$E_{\text{kin}} = \frac{L^2}{2\,I}.$$

Mithilfe dieser Größen kann das erste Newton'sche Axiom, die **Impulserhaltung**, wie folgt formuliert werden: ***Der Impuls eines Körpers, auf den keine äußere Gesamtkraft wirkt, bleibt konstant.***

Ganz ähnlich lässt sich die **Drehimpulserhaltung** für die Drehbewegung formulieren: ***Der Drehimpuls eines Körpers, auf den kein äußeres Gesamtdrehmoment wirkt, bleibt konstant.***

Drehmomente entstehen, wenn auf einen Körper eine Kraft wirkt, die nicht auf die Rotationsachse des Körpers gerichtet ist. Dies ist in der unten stehenden Abbildung verdeutlicht.

Da die Erde um ihre Achse rotiert und sich auf einer Umlaufbahn um die Sonne bewegt, hat auch sie einen Drehimpuls. Genauso hat der Mond einen Drehimpuls, da er um seine Achse rotiert und um die Erde umläuft. Praktisch alle astronomischen Objekte haben einen Drehimpuls; es ist sicher nicht übertrieben zu sagen, dass die Drehimpulserhaltung zu den wichtigsten Gesetzen im Kosmos zählt. Schließlich ist sie es, die die Planeten auf ihren Umlaufbahnen um die Sonne und die Monde auf ihren Umlaufbahnen um die Planeten hält. Sie sorgt dafür, dass astronomische Körper mit verhältnismäßig konstanten Drehzahlen rotieren, und sie ist für zahlreiche weitere in diesem Buch erwähnte Erscheinungen verantwortlich.

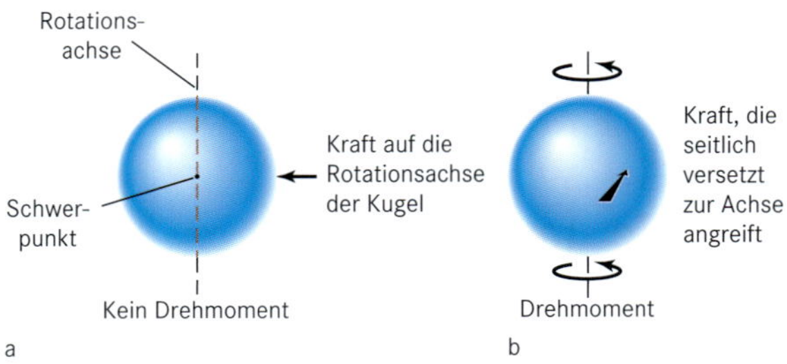

Abb. H.2 Drehimpuls und Drehmoment. (a) Wenn auf einen Körper eine Kraft in Richtung seiner Rotationsachse oder seines Massenmittelpunkts wirkt, übt sie auf den Körper kein Drehmoment aus. (b) Wirkt die Kraft dagegen in einer anderen Richtung, entsteht ein Drehmoment, das dazu führt, dass sich der Drehimpuls des Körpers ändert. Wenn der Körper um eine feste Achse rotieren kann, ist dies die Rotationsachse; bei einem Globus etwa der durch ihn verlaufende Stab. Wird der Körper dabei nicht festgehalten, verläuft die Rotationsachse durch einen Punkt, der *Massenmittelpunkt* heißt. Der Massenmittelpunkt eines Körpers ist der Punkt, der sich in einem Gravitationsfeld genau auf einer Ellipsenbahn bewegt. Rotiert der Körper zusätzlich um seine eigene Achse, führen alle anderen Punkte Oszillationen um ihn aus.

Anhang H3

Altersbestimmung mittels Radioaktivität

Die Isotope vieler chemischer Elemente sind radioaktiv. Sie können spontan in andere Elemente zerfallen. Jedes radioaktive Isotop hat eine charakteristische **Halbwertszeit** d. h. die Zeit, in der die Hälfte der Anfangskonzentration des Isotops in ein anderes Element zerfallen ist. Nach zwei Halbwertszeiten ist die Konzentration eines radioaktiven Isotops auf $1/2 \cdot 1/2 = 1/4$ ihres Anfangswerts gefallen (Abb. H.3). Zu den wichtigsten radioaktiven Elementen, die in der Astronomie für die Altersbestimmung von Objekten herangezogen werden, zählt das Uranisotop mit 146 Neutronen, ^{238}U („U zweihundertachtunddreißig"). Die Halbwertszeit für den Zerfall von ^{238}U zu Blei beträgt 4,5 Mrd. Jahre.

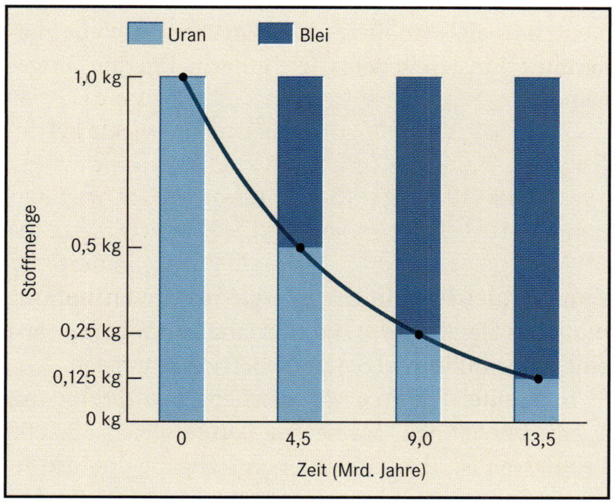

Abb. H.3 Die Umwandlung von Uran zu Blei. Die Rate, mit der 1 kg Uran wie im Text beschrieben zu Blei zerfällt. Nach 13,5 Mrd. Jahren sind noch 1/8 kg Uran vorhanden.

Um die Zeit zu ermitteln, seitdem ein Körper, etwa ein auf der Erde entdecktes Gesteinsstück aus dem Kosmos, erstarrt ist, wird zunächst geschätzt, wie viel Blei er bei seiner Entstehung enthielt. Anschließend werden die Mengen an Uran und Blei gemessen, die er heute enthält. Durch Subtraktion der Menge des ursprünglich enthaltenen Bleis kann man aus dem Gehalt an Uran und Blei anhand der grafischen Darstellung des radioaktiven Zerfalls sein Alter bestimmen.

Beispiel Auf der Erde wurde ein kosmischer Kleinkörper entdeckt, der gleiche Mengen Blei und Uran enthält. Wie viel Zeit ist seit seiner Bildung vergangen? Wenn wir davon ausgehen, dass er ursprünglich überhaupt kein Blei enthielt, zeigt die grafische Darstellung, dass ein Blei-Uran-Gemisch im Verhältnis von 1:1 4,5 Mrd. Jahre nach Entstehung des Körpers vorliegt. Seit der Bildung ist also gerade eine Halbwertszeit des Urans vergangen.

Zum Vergleich Dieses Verfahren lässt sich prinzipiell auf jedes radioaktive Isotop anwenden. Allerdings sind die Halbwertszeiten einiger Isotope so kurz, dass sie in der Astronomie nicht genutzt werden können. So ist z. B. die bekannte Kohlenstoffmethode, mit der das Alter von Gegenständen aus der Urzeit auf der Erde bestimmt wird, in der Astronomie kaum nutzbar, da ^{14}C eine Halbwertszeit von nur 5730 Jahren hat. Mit der Kohlenstoffmethode können also nur Alter bis allerhöchstens 100.000 Jahre bestimmt werden, da danach praktisch sämtlicher Kohlenstoff in der Probe zerfallen ist. Für astronomische Zeiträume ist das zu kurz, da die meisten Vorgänge viel länger dauern.

Anhang H4

Die Kernfusion

Wie funktioniert die Kernfusion, die unsere Sonne zum Leuchten bringt? Damit Kerne verschmelzen können, müssen sie auf extrem hohe Temperaturen und Drücke kommen. Auf den Kern der Sonne trifft dies zu, da die gesamte Masse der Sonne nach innen drückt. Im Sonnenkern herrschen eine Temperatur von 15,5 Mio. K und ein Druck von ca. $3{,}4 \cdot 10^{11}$ atm. Die Dichte ist dort 160-mal so hoch wie die von Wasser.

Normalerweise können sich Atomkerne nicht berühren, da die positive elektrische Ladung der Protonen verhindert, dass ihnen andere, ebenfalls positiv geladene Protonen zu nahe kommen. Unter der extremen Hitze und dem außerordentlich hohen Druck im Zentrum der Sonne bewegen sich die Protonen aber so schnell, dass sie sich sehr nahe kommen können. Wenn dies geschieht, können sie durch die anziehende Wirkung der Kernkraft miteinander verschmelzen.

Die Kernumwandlungen in der Sonne laufen auf verschiedenen Wegen ab, die aber alle vom einfachsten Atom, dem Wasserstoff (H), ausgehen. Die meisten Wasserstoffkerne bestehen nur aus einem einzelnen Proton. Das Endergebnis der Verschmelzung sind Kerne des zweiteinfachsten Atoms, des Heliums (He), die aus zwei Protonen und aus zwei Neutronen bestehen. Die Verschmelzung von Wasserstoff zu Helium verläuft über mehrere Schritte.

Abb. H.4 zeigt den Weg, auf dem die Wasserstofffusion in der Sonne am häufigsten abläuft. Er wird *Proton-Proton-Zyklus* oder *PP-Zyklus* genannt.

An der Proton-Proton-Verschmelzung sind positiv geladene Antiteilchen des Elektrons, e^+, sogenannte **Positronen**, und neutrale, fast masselose Teilchen, sogenannte **Neutrinos** ν, beteiligt. Wenn diese Positronen im Sonnenkern mit Elektronen zusammenstoßen, werden beide Teilchen in Strahlung umgewandelt; ihre Masse wird dabei in Gammastrahlungsenergie von Photonen umgewandelt. Im letzten Schritt, in dem schließlich das Helium entsteht, werden außerdem zwei Protonen an den Sonnenkern freigesetzt, die dann für die erneute Fusion zur Verfügung stehen.

Da im PP-Zyklus netto Neutrinos und Sonnenenergie erzeugt werden, kann die Wasserstofffusion wie folgt zusammengefasst werden:

$$4\,{}^{1}\mathrm{H} \rightarrow 1\,{}^{4}\mathrm{He} + \text{Neutrinos} + \text{Energie.}$$

Beispiel Aus der eben aufgestellten Gleichung kann die in einer Kernfusionsreaktion freigesetzte Energie berechnet werden. Dazu brauchen wir nur zu betrachten, wie viel Masse in Energie umgewandelt wird:

$$\begin{aligned} \text{Masse von 4 Wasserstoffatomen} &= 6{,}693 \cdot 10^{-27}\ \text{kg} \\ -\ \text{Masse von 1 Heliumatom} &= 6{,}645 \cdot 10^{-27}\ \text{kg} \\ \text{Massenverlust} &= 0{,}048 \cdot 10^{-27}\ \text{kg.} \end{aligned}$$

Ein kleiner Bruchteil (0,7 %) der Masse des in der Kernfusionen verbrauchten Wasserstoffs trägt also nicht zur Masse des dabei entstehenden Heliums bei. Sieht man von der vergleichsweise kleinen Masse des Neutrinos ab, wird dieser Massenverlust nach der bekannten Einstein'schen Gleichung in Energie umgewandelt:

$$\begin{aligned} E &= m\,c^2 \\ &= (0{,}048 \cdot 10^{-27}\ \text{kg}) \cdot (3 \cdot 10^{8}\ \text{m/s})^2 \\ &= 4{,}3 \cdot 10^{-12}\ \text{J.} \end{aligned}$$

Zum Vergleich Mit der Energie bei der Entstehung nur eines Heliumatoms könnte eine 10-W-Lampe fast eine halbe billionstel Sekunde betrieben werden.

In Kapitel 7 hatten wir gesehen, dass die oft mit 1 $M_\odot$ bezeichnete Masse der Sonne gleich 333.000 Erdmassen ist. Ihre Gesamtenergieabgabe pro Sekunde, die **Sonnenstrahlungsintensität**, wird mit 1 $L_\odot$ bezeichnet und beträgt $3{,}9 \cdot 10^{26}$ W. Damit diese Leuchtkraft erzeugt wird, müssen im Kern der Sonne 600 Mio t Wasserstoff Kern pro Sekunde in Helium umgewandelt werden. Dies ist doppelt so viel wie das Gewicht des Empire State Building in New York. Die gewaltige Rate ist nur möglich, da die Sonne einen so riesigen Vorrat an Wasserstoff enthält, der ausreicht, damit sie weitere 5 Mrd. Jahre mit der gegenwärtigen Rate strahlen kann.

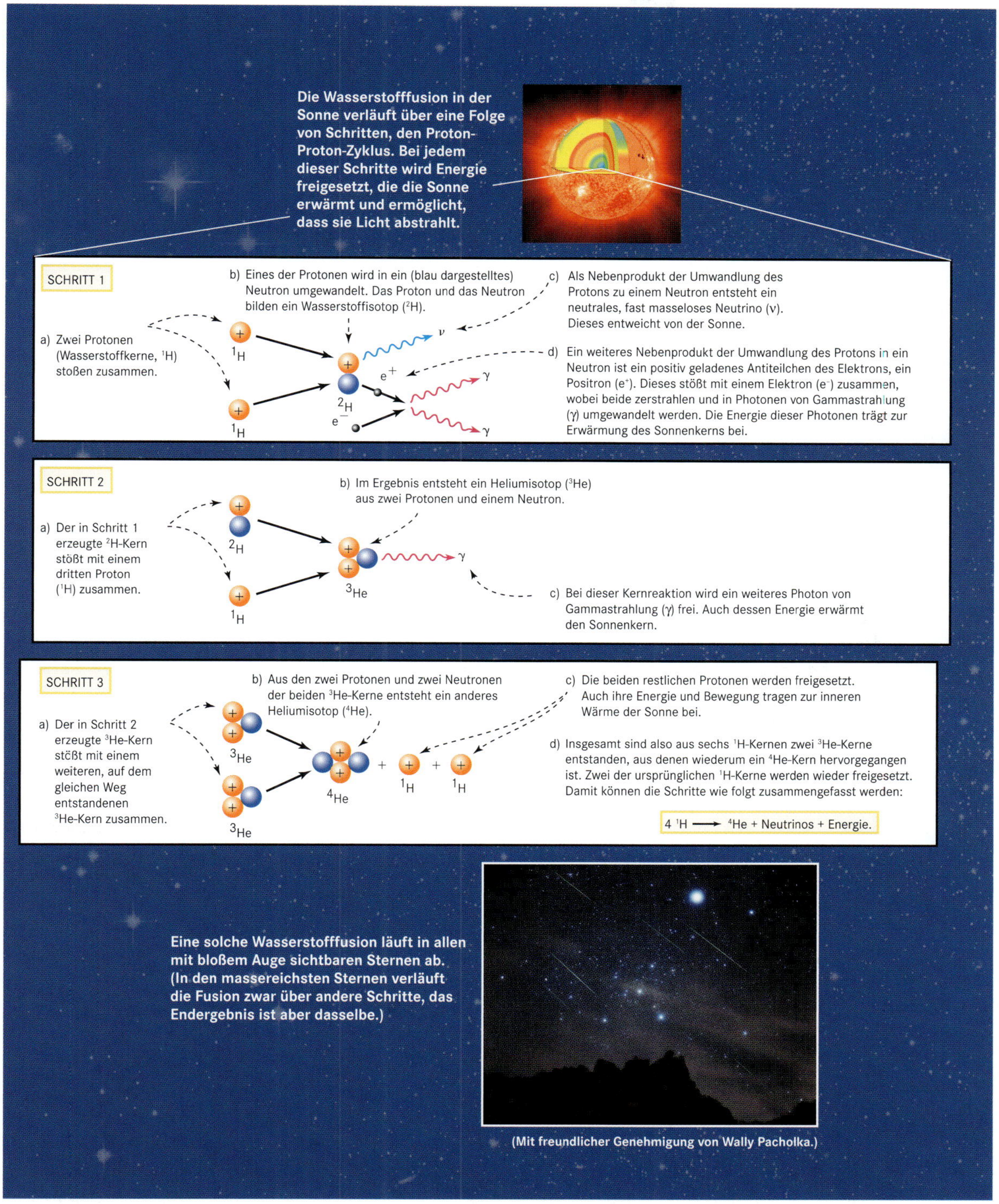

Abb. H.4 Schritte bei der Wasserstofffusion zu Helium beim Proton-Proton-Zyklus.

Anhang H5

Die Entfernungen zu den nächstgelegenen Sternen

In Anhang H1, Astronomische Entfernungseinheiten, hatten wir 1 Parsec (1 pc) als die Entfernung definiert, in der zwei Objekte in einer Entfernung von 1 AE unter einem Winkel von 1" erscheinen. Diese Entfernung sind $3{,}09 \cdot 10^{13}$ km oder 206.265 AE. Das Wort *Parsec* (eine Zusammensetzung aus den englischen Wörtern **par**allax und **sec**ond) rührt von der Verwendung der Parallaxe zur Entfernungsmessung her. Unter Verwendung von Parsec lassen sich die Entfernungen zu Sternen besonders einfach angeben:

$$\text{Entfernung zu einem Stern in Parsec} = \frac{1}{\text{Parallaxenwinkel des Sterns in Bogensekunden}}$$

oder

$$d = \frac{1}{p}.$$

Dabei ist d die Entfernung des Sterns und p der Parallaxenwinkel, unter dem er zu sehen ist.

Die Gleichung ist nur in diesen Einheiten so einfach, was erklärt, dass viele Astronomen kosmische Entfernungen lieber in Parsec als in Lichtjahren angeben. Da Lichtjahre (Lj) intuitiver sind, sind Entfernungen im vorliegenden Buch dennoch vorzugsweise in dieser Maßeinheit angegeben. In Lichtjahren lautet die obige Gleichung näherungsweise:

$$\text{Entfernung zu einem Stern in Lichtjahren} \approx \frac{3{,}26}{\text{Parallaxenwinkel des Sterns in Bogensekunden}}$$

oder

$$d_{\text{Lj}} = \frac{3{,}26}{p}.$$

Dabei ist d_{Lj} die Entfernung zu einem Stern in Lichtjahren.

Beispiel Proxima Centauri, unser nächster Stern, hat einen Parallaxenwinkel von 0,77", sodass er eine Entfernung von 1/0,77 oder ungefähr 1,3 pc hat. Proxima Centauri ist also 4,24 Lj entfernt. Die Parallaxe von Proxima Centauri ist vergleichbar mit dem Winkeldurchmesser eines 2-Cent-Stücks in einer Entfernung von 3 km. Die Parallaxenwinkel der 25 nächsten Sterne sind in Tab. C.5 zusammengestellt.

Anhang H6

Die Entfernungs-Helligkeits-Beziehung

Je näher ein Stern ist, desto heller erscheint er. Da die Helligkeit umgekehrt proportional zum Quadrat der Entfernung ist, ergibt sich eine einfache Gleichung für die absolute Helligkeit M. Wir betrachten einen Stern mit der scheinbaren Helligkeit m in einer Entfernung d (in Parsec) von der Erde. Es gilt dann

$$M = m - 5 \log(d/10).$$

Dabei ist log der Logarithmus zur Basis 10. Diese Gleichung kann wie folgt umgestellt werden:

$$m - M = 5 \log d - 5.$$

Beispiel Wir betrachten Proxima Centauri, denjenigen Stern, der der Erde abgesehen von der Sonne am nächsten steht. Aus der Messung seines Parallaxenwinkels wissen wir, dass er $d = 1{,}3$ pc von der Erde entfernt ist. Seine scheinbare Helligkeit ist $m = +11{,}1$. Somit ist seine absolute Helligkeit

$$M = 11{,}1 - 5 \log (1{,}3/10) = 11{,}1 - (-4{,}4) = +15{,}5.$$

Zum Vergleich Unsere Sonne ist ein durchschnittlicher Stern mit $M = +4{,}8$, während Proxima Centauri ein sehr schwacher Stern ist. Wenn man zwei der Größen d, m und M kennt, kann man die dritte berechnen. Wenn z. B. aus anderen Angaben die absolute und die scheinbare Helligkeit eines Sterns bekannt sind, kann die Gleichung zur Bestimmung seiner Entfernung genutzt werden.

Anhang H7

Die Gravitationskraft (Schwerkraft)

Nach dem Newton'schen Gravitationsgesetz wirkt zwischen zwei Körpern mit den Massen m_1 und m_2 in einer Entfernung r die Gravitationskraft oder Schwerkraft F

$$F = \frac{G\, m_1\, m_2}{r^2}.$$

In dieser Formel ist G die **universelle Gravitationskonstante**, deren Wert aus Laborexperimenten bestimmt worden ist:

$$G = 6{,}668 \cdot 10^{-11}\ \mathrm{N\ m^2\ kg^{-2}}.$$

Dabei ist N die Maßeinheit der Kraft, das Newton.

Aus der Gleichung $F = G\,(m_1\, m_2/r^2)$ ergibt sich z. B. die Kraft von der Sonne auf die Erde oder die betragsmäßig gleiche Kraft der Erde auf die Sonne. Wenn m_1 die Masse der Erde ($6{,}0 \cdot 10^{24}$ kg) und m_2 die Masse der Sonne ($2{,}0 \cdot 10^{30}$ kg) und r die Entfernung zwischen Erdmittelpunkt und Sonnenmittelpunkt ($1{,}5 \cdot 10^{11}$ m) ist, ergibt sich

$$F = 3{,}6 \cdot 10^{22}\ \mathrm{N}.$$

Mit dieser Zahl kann anhand des zweiten Newton'schen Axioms $F = m\,a$ die Beschleunigung ermittelt werden, die die Sonne der Erde erteilt, um sie auf ihrer Bahn zu halten:

$$a_{\mathrm{Erde}} = F/m_1 = 6{,}0 \cdot 10^{-3}\ \mathrm{m/s^2}.$$

Nach dem dritten Newton'schen Axiom übt die Erde auf die Sonne eine gleich große Kraft auf, sodass die Sonne mit

$$a_{\mathrm{Sonne}} = F/m_2 = 1{,}8 \cdot 10^{-8}\ \mathrm{m/s^2}$$

beschleunigt wird.

Mit anderen Worten, die Erde zieht auch die Sonne an, sodass sich die Sonne auf die Erde zu bewegt. Da die Sonne eine viel größere Masse hat, ist aber die Beschleunigung der Erde durch die Sonne 300.000-mal so groß wie die der Sonne durch die Erde.

Antworten auf Fragen und Lösungen zu Rechenaufgaben in den Kapiteln

KAPITEL 1

FRAGE: Die Planeten bewegen sich zuweilen durch Sternbilder hindurch, während das bei Sternen nicht vorkommen kann. Welche zwei möglichen Eigenschaften der Planeten könnten dafür verantwortlich sein?
ANTWORT: 1. Die Planeten könnten nicht so weit wie die Sterne von der Erde entfernt sein. Die unterschiedlichen Entfernungen würden dann dazu führen, dass wir sehen, wie sich die Planeten bewegen (richtig). 2. Die Planeten sind etwa genauso weit entfernt wie die Sterne, bewegen sich aber schneller am Himmel (falsch).
FRAGE: Warum muss das Foto in Abb. 1.14 in Richtung Westen aufgenommen worden sein? *Hinweis:* Schauen Sie sich Abb. 1.18 näher an.
ANTWORT: Auf der Nordhalbkugel wandern Sterne, wenn sie aufgehen, nach Süden (rechts) und, wenn sie untergehen, nach Norden (rechts). Wenn das Foto am Morgen aufgenommen worden wäre, würden sich die Sterne in die falsche Richtung bewegen.

KAPITEL 2

FRAGE: Wir haben in Kapitel 1 gesehen, dass die Umlaufbahn des Monds um die Erde kein perfekter Kreis ist. An welcher Stelle seiner Umlaufbahn bewegt sich der Mond am schnellsten und an welcher am langsamsten?
ANTWORT: Nach dem zweiten Kepler'schen Gesetz bewegt sich der Mond am erdnächsten Punkt (Perigäum) am schnellsten und am erdfernsten Punkt (Apogäum) am langsamsten.
FRAGE: Sie sitzen in einem fahrenden Auto. Durch welches Experiment können Sie bestätigen, dass Ihr Körper – physikalisch gesehen – Trägheit aufweist?
ANTWORT: Hierzu fährt man zunächst ein Stück mit konstanter Geschwindigkeit und bremst anschließend rasch. In diesem Moment merkt man, wie man in den Sicherheitsgurt fällt. Ohne Trägheit würde man mit derselben Geschwindigkeit wie das Auto abgebremst, ohne in den Sicherheitsgurt zu fallen.
FRAGE: Welche chemischen Elemente auf der Erde können seit Anbeginn des Universums unverändert vorliegen?
ANTWORT: Der größte Teil des Wasserstoffs und des Heliums sowie etwas Lithium auf der Erde sind schon kurz nach Beginn des Universums entstanden. Alle anderen Elemente auf der Erde (und im restlichen Universum) sind erst später aus diesen Grundelementen entstanden.
FRAGE: Warum verändert sich die Albedo der Erde ständig?
ANTWORT: Da die Eigenschaften der Oberfläche und der Atmosphäre der Erde wie Wolkendecke, Aktivität der Ozeanoberfläche, Schnee, Eis und Pflanzendecke beständiger Veränderung ausgesetzt sind, ändert sich auch der Anteil des Lichts, der in den Weltraum zurückgeworfen wird (die Albedo).

KAPITEL 3

FRAGE: Die Schallgeschwindigkeit in Luft liegt bei 340 m/s. Wie können Sie bei einem Gewitter mithilfe dieses Wertes feststellen, in welcher Entfernung sich ein Blitz befand, den Sie gerade gesehen haben?
ANTWORT: Zunächst muss man die Zeitdauer zwischen dem Blitz und dem nachfolgenden Donner messen. Da man den Blitz praktisch sofort nach dem Einschlag sieht, während sich der Donner mit der Schallgeschwindigkeit viel langsamer fortpflanzt, ergibt sich die Entfernung des Einschlagspunkts als Produkt der Schallgeschwindigkeit mit der Zeit zwischen Blitz und Donner.
FRAGE: Wo werden in Abb. 3.10c die vom Primärspiegel reflektierten Lichtstrahlen tatsächlich in einen Punkt fokussiert?
ANTWORT: Der Brennpunkt liegt dort, wo sich die beiden am Primärspiegel reflektierten Strahlen links vom zweiten Spiegel treffen.

FRAGE: Warum „löscht" der menschliche Sehsinn jedes empfangene Bild nach einem kleinen Sekundenbruchteil wieder?
ANTWORT: Das Gehirn löscht die Bilder, um Bewegungen zu erkennen. Würde es dies nicht tun, würde das Gehirn mit Licht gesättigt und könnte Änderungen (mit anderen Worten: Bewegungen) nicht wahrnehmen.
FRAGE: An welchen Gegenständen in einem Wohnhaus spricht ein Infrarotdetektor am stärksten an?
ANTWORT: Mit Infrarotdetektoren lassen sich zuhause Wärmequellen u. a. in der Küche, im Heizkeller und an Kaminen erkennen.
FRAGE: Überlegen Sie anhand der vorstehenden Ausführungen, woher die Farben bei einem Feuerwerk rühren können.
ANTWORT: Die Elektronenübergänge in den chemischen Elementen und Verbindungen, die die Feuerwerkskörper enthalten, senden Licht mit spezifischen Wellenlängen aus, das den Feuerwerkskörpern ihre besondere Farbe verleiht.
FRAGE: Welcher Übergang in Abb. 3.49 entspricht der Balmer-Linie H_α?
ANTWORT: H_α in Abb. 3.49 ist der Übergang von $n = 3$ zu $n = 2$. Er hat von allen Balmer-Übergängen die niedrigste Energie (und das dabei entstehende Photon folglich die längste Wellenlänge).
FRAGE: Wie hören Sie den Ton einer Hupe eines Auto, das sich Ihnen nähert? Ist er höher oder tiefer als beim stehenden Auto?
ANTWORT: Eine Hupe, die näher kommt, klingt höher als eine ruhende.
3. 9-mal soviel.

KAPITEL 4

FRAGE: Welchen Einfluss auf die Kohlendioxidkonzentration in der Atmosphäre hätte eine Zunahme der Vegetation auf der Erdoberfläche?
ANTWORT: Da ein Teil des CO_2 (zusammen mit Wasser) in Sauerstoff und Glucose umgewandelt wird, nähme der Kohlendioxidgehalt in der Atmosphäre ab.
FRAGE: Was geschieht mit den Van-Allen-Gürteln, wenn sich das Magnetfeld der Erde umpolt?
ANTWORT: Wenn sich das Erdmagnetfeld umpolt, verschwinden die daraus resultierenden Van-Allen-Gürtel, sodass mehr hochenergetische Teilchen als gegenwärtig in die Erdatmosphäre eintreten können.
FRAGE: Warum haben nicht die Gezeiten der Weltmeere die Erde in eine gebundene Rotation bezüglich des Monds gezwungen?
ANTWORT: Der Drehimpuls der Erde ist zu hoch, um sie so stark abzubremsen, dass eine gebundene Rotation entsteht.

KAPITEL 5

FRAGE: Angenommen, der junge Merkur wurde tatsächlich von einem Planetesimal getroffen. Woran könnte es liegen, dass dabei kein dem Erdmond vergleichbarer Trabant entstanden ist?
ANTWORT: Dies könnte zwei Gründe haben: Der Körper könnte senkrecht aufgeschlagen sein. Die Bruchstücke sind dann in alle Richtungen davongeflogen. Außerdem könnte das Material des auftreffenden Körpers eine niedrige Dichte gehabt haben, sodass seine Masse nicht reichte, um einen Mond auszustoßen.
FRAGE: Warum ist Merkur nicht in gebundener Rotation bezüglich der Sonne?
ANTWORT: Seine Umlaufbahn ist so stark elliptisch, dass nicht immer dieselbe Seite zur Sonne weisen kann.
FRAGE: Warum schlagen auf der Venus heute nur sehr wenige Meteoriten ein, noch viel weniger als beispielsweise auf dem Mond?
ANTWORT: Praktisch jeder Körper, der auf die Venusoberfläche zufliegt, verdampft in der dicken Atmosphäre, sodass keine Kraterbildung möglich ist.
FRAGE: In einer Windhose auf dem Mars kann man sich leichter auf den Beinen halten als in einer Windhose auf der Erde, die mit ähnlicher Geschwindigkeit weiterzieht. Warum, denken Sie, ist das so?
ANTWORT: Die Luft auf dem Mars ist dünner als die auf der Erde. Daher ist der Luftdruck auf dem Mars niedriger, sodass sich der Wind bei gleicher Geschwindigkeit dort weniger auswirkt als auf der Erde.
FRAGE: Müsste der Radius der Umlaufbahn unseres Monds größer oder kleiner sein, damit dieser – bei gleicher Bahnrichtung – im Westen aufginge?
ANTWORT: Nach dem dritten Kepler'schen Gesetz müsste er der Erde näher sein, um im Westen aufzugehen.
FRAGE: Warum wäre der terrestrische Kern des Jupiter viel größer, wenn er sich ohne seine äußere (gasförmige und flüssige) Hülle auf seiner Umlaufbahn befände?
ANTWORT: Das liegt daran, dass die Außenschichten des Jupiter den terrestrischen Kern stark komprimieren.
FRAGE: Woher stammt der größte Teil der Wärme im Inneren von Io, die aktiven Vulkanismus und Geysire hervorruft?

ANTWORT: Die notwendige Wärme rührt von der Reibung der Gesteine her, die durch die Gezeiten verformt werden.
FRAGE: Welche beiden Faktoren sorgen für die Entstehung der Zonen und Gürtel des Saturn?
ANTWORT: Die Zonen und Gürtel sind eine Folge der Konvektion der äußeren Schichten sowie der Rotation des Saturn.
FRAGE: Welche Beweise haben die Astronomen für das Vorkommen von flüssigem Wasser im Inneren von Enkeladus?
ANTWORT: Eisschollen auf der Oberfläche und Wasserdampf in der Atmosphäre sind starke Hinweise auf flüssiges Wasser.
FRAGE: Wie werden die Uranusringe auf ihren Bahnen gehalten?
ANTWORT: Die Uranusringe werden von den beiden Schäfermonden Cordelia und Ophelia auf der Umlaufbahn gehalten.
FRAGE: Befindet sich der Mond innerhalb oder außerhalb der Roche-Grenze der Erde?
ANTWORT: Unser Mond liegt außerhalb der Roche-Grenze der Erde. Wäre das nicht so, wäre er längst zerrissen worden und würde als Ringsystem die Erde umlaufen.

KAPITEL 6

FRAGE: Nennen Sie die modernen Kriterien für die Klassifikation eines Himmelskörpers als Planet oder als Zwergplanet.
ANTWORT: Merkur, Venus, Erde, Mars, Jupiter, Saturn, Uranus und Neptun sind Planeten. Pluto, Ceres, Eris, Makemake und Haumea sind Zwergplaneten.
FRAGE: Warum bezweifeln die Astronomen, dass die Hauptgürtelasteroiden Überbleibsel eines einzelnen Planeten sind?
ANTWORT: Die Gesamtmasse aller Körper im Asteroidengürtel ist wesentlich kleiner als die eines jeden Planeten.
FRAGE: Welche Indizien sprechen dafür, dass Shoemaker-Levy 9 kein fester, von einer Eisschicht umgebener Gesteinsbrocken war?
ANTWORT: Shoemaker-Levy 9 ist unter der verhältnismäßig schwachen Gezeitenwirkung des Jupiter in zahlreiche Teile zerbrochen. Bei einem festen Kometen wäre das nicht so leicht passiert.
FRAGE: Warum sind Stein-Eisen-Meteoriten viel seltener als Stein- oder Eisenmeteoriten?
ANTWORT: Stein-Eisen-Meteoriten entstehen an den Grenzflächen zwischen Gesteins- und Metallbestandteilen von Asteroiden. Da diese Grenzschichten sehr dünn sind, sind diese Meteoriten so selten.

KAPITEL 7

FRAGE: Welche Atmosphärenschicht der Sonne ist die kälteste? Welche ist die dichteste?
ANTWORT: Am kältesten ist eine Teilschicht der Chromosphäre, während die Photosphäre am dichtesten ist.
FRAGE: Warum fällt die Sonne nicht unter dem Einfluss ihrer eigenen ungeheuren Gravitationskraft in sich zusammen?
ANTWORT: Ein Teil der Energie, die in ihrem Kern erzeugt wird, drückt Gase nach außen, die der nach innen gerichteten Schwerkraft entgegenwirken.
FRAGE: Warum wiesen die ersten Detektoren Solarneutrinos nicht in der Anzahl nach, die das Sonnenmodell vorhersagte?
ANTWORT: Diese Neutrinodetektoren sprachen nur auf einen Neutrinotyp an. Da sich einige der Sonnenneutrinos vor Erreichen der Erde von einem Typ in einen anderen umwandeln, konnten von den ersten Detektoren nicht alle Neutrinos nachgewiesen werden.
5. Nächstes Minimum 2018, nächstes Maximum 2013.

KAPITEL 8

FRAGE: Welcher der folgenden Körper hat von der Erde aus den kleinsten Parallaxenwinkel: der Mond, der Mars oder der Stern Sirius?
ANTWORT: Da der Sirius am weitesten entfernt ist, ist sein Parallaxenwinkel kleiner als der des Mars und der unseres Monds.
FRAGE: Hauptreihensterne welcher Spektralklasse sind am größten: F5, A8 oder K0?
ANTWORT: Heißere Hauptreihensterne sind größer als kältere. Somit sind die Hauptreihensterne der Spektralklasse A8 größer als die von F5 oder K0.
FRAGE: Auf welchen Sterntyp trifft die Masse-Leuchtkraft-Beziehung nicht zu?
ANTWORT: Die Masse-Leuchtkraft-Beziehung gilt ausschließlich für die Hauptreihensterne.
FRAGE: Was geschieht mit den Spektrallinien spektroskopischer Doppelsterne bei Beobachtung auf der Erde?
ANTWORT: Wenn sich die beiden Sterne auf ihrer Umlaufbahn nicht gerade senkrecht zu unserer Sichtlinie bewegen, werden die Spektrallinien in entgegen-

gesetzten Richtungen verschoben. Bewegen sich die Sterne gerade senkrecht zu unserer Sichtlinie, ändern sich die Spektrallinien überhaupt nicht.
15. 25-mal so hell.

KAPITEL 9

FRAGE: Wie unterscheiden sich T-Tauri-Sterne von Hauptreihensternen wie der Sonne?
ANTWORT: Im Unterschied zu Hauptreihensternen mit der Masse der Sonne senden T-Tauri-Sterne große Mengen Gas und Staub aus, wobei ihre Helligkeit stark schwankt.
FRAGE: Erreicht ein Stern mit 0,5 $M_{\odot}$ oder einer mit 2 $M_{\odot}$ eher die Hauptreihe?
ANTWORT: Da schwerere Sterne schneller die Hauptreihe erreichen, trifft ein Stern mit der doppelten Sonnenmasse dort schneller als einer mit der halben ein.
FRAGE: Wird in der Sonne ein Heliumblitz auftreten? Begründen Sie Ihre Antwort!
ANTWORT: Da die Materie im Sonnenkern entartet bleibt, während sie zu einem Riesen expandiert, wird es in der Sonne einen Heliumblitz geben.
FRAGE: Wie viele Heliumatome sind für die Bildung eines Sauerstoffatoms notwendig?
ANTWORT: Ein Sauerstoffatom entsteht aus vier Heliumatomen.
FRAGE: Aus welchen Beobachtungen wird gefolgert, dass sich die Größen von Cepheiden ändern?
ANTWORT: Die zyklischen Helligkeitsänderungen und die Doppler-Verschiebung weisen darauf hin.

KAPITEL 10

FRAGE: Weshalb treten in den Spektren von Typ-Ia-Supernovae keine Wasserstofflinien auf?
ANTWORT: Die Wasserstofflinien fehlen, da der explodierende Stern hauptsächlich aus Kohlenstoff und Sauerstoff besteht.
FRAGE: Weshalb wurden bei der Supernova SN 1987A schon Neutrinos beobachtet, bevor sie sichtbar war?
ANTWORT: Dies liegt daran, dass die Neutrinos schon von dem sterbenden Stern ausgehen. Das sichtbare Licht entsteht dagegen erst beim Ausbruch.
FRAGE: Können wir dem Leuchtturmmodell der Pulsare zufolge alle nahe gelegenen Pulsare sehen? Begründen Sie Ihre Antwort!
ANTWORT: Nahe gelegene Pulsare, deren Strahlen nicht in unsere Richtung weisen, können wir nicht sehen.
FRAGE: Weshalb ändern Glitches die Rotationsgeschwindigkeiten von Pulsaren?
ANTWORT: Dies liegt daran, dass bei einem Glitch die Masse umverteilt wird. Damit dabei der Drehimpuls des Pulsars erhalten bleibt, muss sich seine Winkelgeschwindigkeit ändern.
FRAGE: Wie viel Masse m muss zerstrahlt werden, um eine bestimmte Energie E zu erzeugen?
ANTWORT: Nach der Einstein'schen Gleichung $E = m\,c^2$ ist zur Erzeugung der Energie E die Masse E / c^2 notwendig.
FRAGE: Welche Auswirkungen hätte ein Schwarzes Loch in einer Entfernung von 1 AE auf unsere Erde?
ANTWORT: Da die bisher erörterten Schwarzen Löcher eine höhere Masse als die Sonne haben, würde ein Schwarzes Loch in einer Entfernung von 1 AE die Erde stärker als die Sonne anziehen.
FRAGE: Weshalb muss mindestens ein Teilchen in dem Hawking-Prozess immer in das Schwarze Loch fallen?
ANTWORT: Dies muss so sein, damit der Impuls des bei dem Prozess entstehenden Teilchenpaars erhalten bleibt.

KAPITEL 11

FRAGE: Betrachten Sie Abb. 11.4. Wie würde sich die Helligkeit eines Cepheiden mit einer maximalen Helligkeit von 1000 $L_{\odot}$ ändern, wenn er alle fünf Tage beobachtet würde?
ANTWORT: Ein Cepheide mit einer maximalen Helligkeit von 1000 $L_{\odot}$ hat eine Periode von 5 Tagen. Würden wir ihn alle fünf Tage beobachten, würde sich seine Helligkeit von einer bis zur nächsten Beobachtung überhaupt nicht ändern.
FRAGE: Auf welche andere Aktivität lässt sich aus der Anwesenheit von Supernovaresten im Zentrum unserer Galaxis schließen?
ANTWORT: Sterne, die zu Supernovae werden, und ihre Reste sind in astronomischen Zeiträumen gemessen kurzlebig. Wenn im Zentrum unserer Galaxis Supernovareste vorkommen, müssen dort auch neue Sterne entstehen.
FRAGE: Welche Spiralklassifizierung hat die in Abb. 11.23 gezeigte Galaxie M74 beim Vergleich mit den Galaxien in Abb. 11.20?
ANTWORT: M74 ist eine Sc-Galaxie.
FRAGE: Die in Abb. 11.32 gezeigte Große Magellan'sche Wolke ist am Südhimmel mit bloßem Auge zu se-

hen. Mit welchen zwei Objekten könnte sie verwechselt werden?
ANTWORT: Gelegentlich wird die Große Magellan'sche Wolke als Teil der Milchstraße oder als Wolke am Nachthimmel angesehen.
FRAGE: Wenn die Dunkelmaterie in Abb. 11.49c plötzlich verschwinden würde, was würden wir dann von den dahinterliegenden Galaxienhaufen sehen?
ANTWORT: Wegen der dann fehlenden Ablenkung des Lichts durch die Dunkelmaterie würden sich die Formen der Galaxien ändern, die wir sehen.
FRAGE: Um wie viel langsamer oder schneller würden sich die Superhaufen voneinander entfernen, wenn die Hubble-Konstante dreimal so groß wie gegenwärtig wäre?
ANTWORT: Die Superhaufen würden sich dann dreimal so schnell voneinander entfernen.
FRAGE: Weshalb kann man Teleskope als Zeitmaschinen ansehen?
ANTWORT: Das in Teleskope einfallende Licht breitet sich mit einer endlichen Geschwindigkeit aus. Sie zeigen uns deshalb Ereignisse und Objekte so, wie sie einmal in der Vergangenheit ausgesehen haben.
FRAGE: Wie unterscheiden sich die Spektren von Quasaren von denen von Sternen?
ANTWORT: Die Spektren von Quasaren weisen Emissionslinien auf, während die von Sternen Absorptionslinien zeigen.
FRAGE: Welche astronomischen Objekte sind noch beobachtet worden, nachdem ihr Licht durch eine Gravitationslinse gegangen ist?
ANTWORT: Außer Quasaren sind Galaxien beobachtet worden, deren Licht durch die Schwerkraft abgelenkt worden ist.
14. 20-mal.

KAPITEL 12

FRAGE: Wir wollen einmal annehmen, dass die von Einstein eingeführte kosmologische Konstante die entgegengesetzte Wirkung hätte, d. h. anziehend wäre. Was würde dann mit einem anfangs statischen Universum geschehen?
ANTWORT: Wenn die kosmologische Konstante anziehend wäre, würde ein anfangs statisches Universum zusammenstürzen.
FRAGE: Welchen Wert hätte die Hubble-Konstante gegenüber dem heutigen, wenn das Universum schon doppelt so alt wäre?
ANTWORT: Da der Kehrwert der Hubble-Konstante das Weltalter ist, wäre die Hubble-Konstante halb so groß wie heute.
FRAGE: Wären im Universum auch ohne Dunkelmaterie Gravitationslinsen möglich?
ANTWORT: Gravitationslinsen können auch ohne Dunkelmaterie auftreten. Die Lichtablenkung kann auch von der Schwereanziehung von Superhaufen, Galaxienhaufen, einzelnen Galaxien und anderen Massenverteilungen herrühren.

KAPITEL 13

FRAGE: In welcher anderen Situation, der Sie in diesem Buch bereits begegnet sind, spielte die gebundene Rotation eine Rolle?
ANTWORT: Als weitere Beispiele hatten wir die Umlaufbahnen der meisten Monde im Sonnensystem um ihre jeweiligen Planeten kennengelernt. Hierzu zählt auch der Umlauf des Monds um die Erde und die gebundene Rotation des Pluto mit seinem Mond Charon.
FRAGE: Stellen Sie sich vor, eine fremde Zivilisation würde eine Pioneer-Sonde finden. Welche negativen Folgen könnte das haben?
ANTWORT: Wenn die Außerirdischen sie entdecken würden, könnten sie deren Bahn zur Erde zurückverfolgen. Besuche der Außerirdischen könnten Krankheiten auslösen, gegen die wir keine Abwehrkräfte haben, oder es könnte ein interplanetarer Krieg ausbrechen, wenn wir nicht mit den neuen Nachbarn auskommen könnten.

Begriffserklärungen

Hinweis: Einige der folgenden Begriffe sind hier mit Blick auf ihre Verwendung in der Astronomie erläutert, haben darüber hinaus aber auch noch allgemeinere Bedeutungen.

21-cm-Strahlung (HI-Linie): Radioemission von einem Wasserstoffatom, die beim Übergang des Elektrons in einen anderen Spinzustand (Spinumklappen, Hyperfeinstrukturübergang) abgestrahlt wird.

3:2-Resonanz bei Merkur: Gebrochen gebundene Rotation des Merkur, bei der er drei volle Rotationen um seine Achse während zweier voller Umläufe um die Sonne ausführt.

Absolute Helligkeit: Die scheinbare Helligkeit (gemessen in Magnituden), die ein Stern oder ein anderes astronomisches Objekt hätte, wenn er sich in einer Standardentfernung von 10 Parsec von der Erde befände. Die Helligkeit ist ein Maß für den Strahlungsstrom, d. h. für die pro Zeiteinheit und Detektorfläche einströmende Energie.

Absorptionslinie: Dunkle Linie in einem kontinuierlichen Spektrum. Sie entsteht, wenn Photonen mit einer bestimmten Energie (Farbe) von Atomen oder Molekülen absorbiert werden.

Absorptionsspektrum: Spektrum mit dunklen Absorptionslinien oder dunklen Banden.

Abspaltungstheorie: Theorie, der zufolge der Mond aus Materie entstanden ist, die durch die sehr schnelle Rotation von der Erde weggeschleudert wurde.

Achromatische Linse: Linsenkombination, die die Farbfehler der chromatischen Aberration minimiert.

Adaptive Optik: Primärteleskopspiegel, der ständig und automatisch nachjustiert wird, um die Verzerrung des Sternenlichts durch die Bewegung der Erdatmosphäre zu kompensieren.

AGB-Stern: Stern auf dem Asymptotischen Riesenast (AGB) des Hertzsprung-Russel-Diagramms.

Akkretion: Allmähliche Akkumulation von Materie durch einen Himmelskörper, gewöhnlich infolge der Gravitationsanziehung.

Akkretionsscheibe: Eine Materiescheibe, in der sich Gas, Staub und feste Körper auf spiralförmigen Bahnen zur Mitte eines zentralen Sterns oder Schwarzen Lochs bewegen.

Aktive galaktische Kerne (AGN): Helle leuchtkräftige Kerne einiger Galaxien, in denen supermassive Schwarze Löcher die Energie für die Strahlung liefern. Je nach Beobachtungswinkel, Masse und Akkretion sehen wir Seyfert-Galaxien, Radiogalaxien, Radiodoppelquellen, BL-Lacertae-Objekte und Quasare.

Aktive Galaxie: Sehr leuchtkräftige Galaxie, die häufig einen aktiven galaktischen Kern enthält.

Aktive Optik: System, das ein Spiegelteleskop bei Temperatur- oder Formänderungen der Montierung nachstellt; die aktive Optik hilft, das Bild zu optimieren.

Albedo: Anteil des einfallenden Sonnenlichts, der von Planeten, Asteroiden oder Satelliten direkt in den Weltraum zurückgestreut wird.

Allgemeine Relativitätstheorie: Von Einstein formulierte Gravitationstheorie, die physikalische Vorgänge anhand der Geometrie von Raum und Zeit beschreibt.

Alter-Null-Hauptreihe (ZAMS): Sterne im Hertzsprung-Russel-Diagramm, in deren Kernen gerade das Wasserstoffbrennen begonnen hat.

Aminosäuren: Chemische Bausteine der Proteine.

Angeregter Zustand: Zustand eines Atoms, in dem ein Elektron Energie aufgenommen hat und in eine höhere Umlaufbahn gelangt ist, als es dem Grundzustand entspricht.

Anorthosit: Helles Gestein, das in den Mondebenen und in einigen sehr alten Gebirgen auf der Erde vorkommt.

Aphel: Der am weitesten von der Sonne entfernte Punkt der Umlaufbahn eines Planeten oder eines anderen Körpers des Sonnensystems.

Apollo-Asteroiden: Asteroiden, die die Umlaufbahn der Erde um die Sonne kreuzen können.

Äquinoktium: *Siehe* Tagundnachtgleiche.

Arbeit: Änderung der Energie eines Objekts infolge einer von außen einwirkenden Kraft.

A-Ring: Der äußerste von der Erde aus sichtbare Saturnring, der sich außen direkt an die Cassini'sche Teilung anschließt.

Armer Galaxienhaufen: Galaxienansammlung aus nur wenigen Galaxien.

Asterismus: Sterngruppe, die neben den von der IAU festgelegten Sternbildern auch andere Konfigurationen umfassen kann.

Asteroid (Kleinplanet): Gesteinskörper mit einem Durchmesser von mehr als einigen Hundert Metern, der die Sonne umläuft, aber weder zu den Planeten noch zu den Monden zählt.

Asteroidengürtel (Hauptgürtel): Ring aus Kleinkörpern im Sonnensystem mit einer Breite von 1,5 Astronomischen Einheiten zwischen den Umlaufbahnen von Mars und Jupiter, in dem die meisten Asteroiden zu finden sind.

Astrobiologie: Die Untersuchung von möglichem Leben im Weltall.

Astronomie: Wissenschaftsgebiet, das Objekte und Erscheinungen außerhalb der Erdatmosphäre behandelt.

Astronomische Einheit (AE): Durchschnittliche Entfernung zwischen Erde und Sonne, $1{,}5 \cdot 10^8$ km.

Astrophysik: Zweig der Astronomie, der die Physik astronomischer Objekte und Erscheinungen zum Gegenstand hat.

Asymptotischer Riesenast: Rote-Riesen-Stadium im Hertzsprung-Russel-Diagramm, bei dem das Heliumbrennen des Sterns abgeschlossen ist und er zum zweiten Mal expandiert.

Atom: Kleinster Bestandteil eines Elements, der die Merkmale des Elements aufweist.

Atomkern: Der aus Protonen und Neutronen bestehende massereiche Teil eines Atoms, der von den Elektronen umgeben ist.

Atomkerndichte: Materiedichte im Kern eines Atoms; etwa 10^{17} kg/m^3.

Auflösung: Bildauflösung, häufig angegeben als Pixel pro Fläche.

Auflösungsvermögen: Der Abstand zwischen den feinsten Einzelheiten auf einem optischen Bild, die gerade noch unterschieden werden können.

Aurora: *Siehe* Polarlicht.

Bahnneigung: Die Neigung oder der Winkel der Umlaufebene eines Objekts um die Sonne gegenüber der Ekliptik.

Balkengalaxie: Spiralgalaxie, deren Spiralarme von den Enden eines durch den Zentralwulst verlaufenden Balkens ausgehen.

Bedeckung: Verfinsterung eines astronomischen Objekts außer Mond und Sonne, die durch einen anderen Himmelskörper hervorgerufen wird.

Bedeckungsveränderlicher: Doppelsternsystem, bei dem ein Stern von der Erde aus gesehen periodisch vor seinem Partner vorbeikommt und ihn bedeckt.

Beobachtbares Universum: Der gesamte Raum innerhalb der Entfernung, die das Licht seit dem Urknall durchlaufen konnte.

Beschleunigung: Richtungs- oder Betragsänderung der Geschwindigkeit.

Beugungsgitter: Optisches Bauelement mit eng benachbarten Linien auf einer Glasplatte, mit dem Licht wie bei einem Prisma in ein Spektrum zerlegt werden kann.

Bewohnbare Zone: Bereich um einen Stern, in dem Wasser in flüssiger Form existieren kann und damit Leben, wie wir es kennen, möglich wäre.

Blasar: *Siehe* BL-Lacertae-Objekte.

Blauverschiebung: Dopplerverschiebung des Lichts einer sich nähernden Quelle in Richtung kürzerer Wellenlängen – alle Strukturmerkmale des Spektrums verschieben sich um den gleichen Betrag.

Blende (Öffnungsverhältnis, Lichtstärke): Ein Maß dafür, wie viel Licht ein Teleskop im Brennpunkt sammelt.

BL-Lacertae-Objekte (Lacertiden): Typ aktiver Galaxien, Blasare.

Bogenminute: 1/60 eines Bogengrads.

Bogensekunde: 1/60 einer Bogenminute.

Bogenwinkel: Maß für den Winkel zwischen zwei Objekten oder zwischen zwei Teilen desselben Objekts als Verhältnis der Bogenlänge zum Radius.

Bohr'sches Atom: Von Nils Bohr entworfenes Atommodell, in dem Elektronen den Atomkern auf verschiedenen Bahnen umkreisen.

Bok-Globule: Kleine rundliche Dunkelwolken, in denen sich Sterne bilden.

Brauner Zwerg: Planetenähnlicher Zwergstern mit einer Masse von mindestens 13 M_{Jupiter} und höchstens 0,08 $M_\odot$; die Masse eines Braunen Zwergs reicht nicht aus, um in seinem Kernen eine Kernfusion in Gang zu setzen.

Brechung: Ablenkung von Lichtstrahlen beim Übergang zwischen verschiedenen optischen Medien.

Brennebene: Die Ebene im Abstand der Brennweite einer Linse oder eines Hohlspiegels, in der ein ausgedehntes Objekt fokussiert wird.

Brennpunkt oder Fokus: Der Punkt, in dem eine Linse oder ein Hohlspiegel die (parallel einfallenden) Lichtstrahlen von einer Punktquelle bündelt (fokussiert).

Brennpunkte einer Ellipse: Die beiden Punkte innerhalb einer Ellipse, für die die Summe der Abstände zu einem beliebigen Punkt der Ellipse immer den gleichen Wert ergibt.

Brennweite: Abstand einer Linse oder eines Hohlspiegels vom Brennpunkt, in dem die Lichtstrahlen zusammenlaufen bzw. fokussiert werden.

B-Ring: Der hellste der drei von der Erde aus sichtbaren Saturnringe, der sich innen direkt an die Cassini'sche Teilung anschließt.

Caldera: Ringförmiger Kraterkessel eines Vulkans, der beim Ausbruch oder Einsturz entsteht.

Cassegrain-Fokus: Optik in einem Spiegelteleskop, bei der die Lichtstrahlen von einem Sekundärspiegel durch ein Loch im Primärspiegel nach hinten reflektiert werden.

Cassini'sche Teilung: Auffällige Lücke zwischen dem A- und dem B-Ring des Saturns: 1675 von G. D. Cassini entdeckt.

CCD: Festkörper-Siliciumbauelement für die bildgebende Erfassung von Photonen durch Ladungskopplung (*charge coupled device*).

Celsius-Temperaturskala: *Siehe* Temperatur (Celsius).

Cepheiden: Veränderliche Sterne, die sich durch periodisch schwankende Helligkeit auszeichnen. Gelbe, pulsierende Überriesen, die in zwei Cepheiden-Typen unterteilt werden.

Ceres: Der größte bekannte und auch zuerst entdeckte Asteroid.

Chandrasekhar-Grenze: Die maximale Masse, bei der sich ein Stern zu einem Weißen Zwerg entwickeln kann, ist etwa 1,4 $M_\odot$.

Chromatische Aberration: Die Abweichung der Brennpunkte, in denen verschiedenfarbige Lichtstrahlen hinter einer Linse fokussiert werden.

Chromosphäre: Schicht in der Sonnenatmosphäre zwischen der Photosphäre und der Korona.

Confinement: Derjenige Zeitpunkt kurz nach dem Urknall, an dem durch die Verbindung von Quarks Protonen und Neutronen entstanden.

Coudé-Fokus: Spiegelteleskop, in dem mehrere Spiegel Licht zu einem Brennpunkt außerhalb der beweglichen Teile des Teleskops lenken.

C-Ring: Der schwache, innere Abschnitt des Hauptringsystems des Saturn.

Deferent: Fester Kreis im geozentrischen Universum, auf dem sich ein kleinerer Kreis (Epizykel) bewegt, auf dem wiederum die Planeten, die Sonne oder der Mond kreisen.

Deklination (δ): Himmelskoordinate, die der geografischen Breite der Erde entspricht; sie wird als Winkel gemessen, den ein Objekt am nördlichen oder südlichen Himmel mit dem Himmelsäquator einschließt.

Dichte: Quotient aus der Masse eines Objekts und seinem Volumen.

Dichter Kern: Gebiet interstellarer Gaswolken mit einer etwas überdurchschnittlichen Dichte. Wenn sie kollabieren, entstehen einer oder einige Sterne.

Dichtewelle: Dichteschwankungen, insbesondere in einer Spiralgalaxie.

Dichtewellentheorie: Erklärung von C. C. Lin und F. Shu, wie die Spiralarme in Galaxien entstanden sind (*siehe* Spiraldichtewelle).

Differenzielle Rotation: Rotation eines nichtstarren Körpers, bei der Teile des Körpers in verschiedenen Breiten oder bei verschiedenen Radien mit unterschiedlichen Drehzahlen rotieren.

Differenzierung: *Siehe* Planetendifferenzierung.

Doppelstern: Zwei Sterne, die den gemeinsamen Schwerpunkt umlaufen.

Doppelsternspektrum: Spektrum mit Spektrallinien zweier Sterne (spektroskopischer Doppelstern).

Dopplereffekt (oder **Dopplerverschiebung**): Wellenlängenänderung von Strahlung wegen einer Relativbewegung zwischen der Quelle und dem Beobachter auf der Sichtlinie.

Drake-Gleichung: Mathematische Beziehung, mit der die Anzahl möglicher extraterrestrischer Zivilisationen in unserer Galaxis geschätzt werden kann.

Drehimpuls: Maß für die Energie einer Drehbewegung – Rotation oder Umlauf eines Objekts – mit der Dimension Joule · Sekunde (Wirkung).

Drehimpulserhaltung: Wenn die Summe der auf ein System wirkenden äußeren Drehmomente null ist, ist sein Gesamtdrehimpuls konstant.

Dreiviertelmond: Mondphase, bei der von der Erde aus mehr als die Hälfte, aber nicht die gesamte Mondscheibe beleuchtet ist.

Dunkelnebel: Wolke aus interstellarem Gas und Staub, die das Licht weiter entfernter Sterne verdeckt.

Dunkle Ära: Zeitalter des Universums vor der Entkopplung von Materie und Hintergrundstrahlung vor der ersten Welle der Sternentstehung.

Dunkle Energie: Energie, die zu einer Gravitationsabstoßung führt, die die Expansion des Universums beschleunigt, sodass sich alle kosmischen Objekte immer schneller voneinander entfernen.

Dunkle Materie (fehlende Masse): Bisher noch nicht entdeckte nichtleuchtende Materie im Universum, die sich von normaler Materie wahrscheinlich wesentlich unterscheidet. Ihre Existenz wird angenommen, um die beobachtete Expansionsgeschwindigkeit des Universums zu erklären. Sie ist zuerst bei den Rotationskurven von Galaxien, später auch in der Dynamik von Galaxienhaufen aufgefallen.

Dynamotheorie: Theorie zur Erzeugung eines Magnetfelds durch elektrische Kreisströme.

Eigenbewegung: Positionsänderung eines Sterns am Himmel.

Einfangtheorie: Die Vorstellung, dass im Schwerefeld eines Sterns oder Planeten kleine Körper eingefangen werden. Insbesondere besagt diese Theorie, dass der Mond an einem anderen Ort im Sonnensystem entstanden ist und erst nachträglich von der Schwerkraft der Erde eingefangen wurde.

Einschlagkrater (Impaktkrater): Krater auf der Oberfläche eines Planeten oder Monds, der durch den Einschlag eines Asteroiden, Meteoriten oder Kometen entstanden ist.

Einstein-Kreuz: Vier Bilder derselben Galaxie oder desselben Quasars, die durch eine Gravitationslinse zwischen Erde und Galaxie bzw. Quasar hervorgerufen werden. Gravitationslinsen sind Objekte, deren Gravitation das Licht wie eine Linse ablenkt.

Einstein-Ring: Kreis- oder bogenförmiges Bild derselben Galaxie oder desselben Quasars durch eine Gravitationslinse zwischen Galaxie bzw. Quasar und Erde.

Eisenmeteorit: Meteorit, der hauptsächlich aus Eisen sowie einer Beimischung von Nickel besteht; auch kurz *Eisen* genannt.

Ekliptik: Die Projektion der scheinbaren Bahn der Sonne im Verlauf des Jahres auf die Himmelskugel; die Ebene, in der die Umlaufbahn der Erde um die Sonne verläuft und die um ca. 23 Grad gegen die Äquatorebene der Erde geneigt ist.

Elektromagnetische Kraft: Kraft infolge der Wechselwirkung zwischen elektrisch geladenen Teilchen; eine der vier Grundkräfte der Natur.

Elektromagnetische Strahlung: Strahlung aus schwingenden elektrischen und magnetischen Feldern; je nach Schwingungsfrequenz unterscheidet man Gammastrahlung, Röntgenstrahlung, Ultraviolettstrahlung, sichtbares Licht, Infrarotstrahlung und Radiowellen.

Elektromagnetisches Spektrum: Der gesamte Bereich der elektromagnetischen Strahlung.

Elektron: Negativ geladenes Elementarteilchen, das als Bestandteil des Atoms den Atomkern umläuft.

Elektronenentartungsdruck: Hoher Druck infolge der Abstoßung dicht gepackter (entarteter) Elektronen.

Elektronenübergang: Energie- und Bahnänderung eines Elektrons in einem Atom oder Molekül.

Element: Substanz, die mit chemischen Mitteln nicht in einfachere Stoffe zerlegt werden kann. Alle Atome eines Elements enthalten dieselbe Anzahl Protonen.

Ellipse: Eine geschlossene Kurve, die beim vollständigen Schnitt durch einen Kegel als Randkurve in der Schnittebene entsteht; die Planeten bewegen sich auf elliptischen Umlaufbahnen.

Elliptische Galaxie: Elliptisch geformte Galaxie mit wenig interstellarer Materie und ohne Spiralarme.

Elliptische Riesengalaxie: Sehr große und massereiche elliptische Galaxie, üblicherweise in der Nähe des Zentrums eines mächtigen Galaxienhaufens.

Elliptische Zwerggalaxie: Kleine elliptische Galaxie, die deutlich weniger Sterne als eine typische Galaxie enthält.

Elongation: Der Winkel zwischen einem Planeten und der Sonne von der Erde aus gesehen.

Emissionslinie: Eine helle Linie im dem elektromagnetischen Spektrum, das von einer Quelle abgestrahlt wird.

Emissionslinienspektrum: Spektrum, das nur helle Emissionslinien enthält.

Emissionsnebel: Leuchtender Gasnebel, der von einem nahe gelegenen Stern zur Strahlung angeregt wird.

Encke-Teilung: Ein dünner ringförmiger Zwischenraum im A-Ring des Saturn, möglicherweise erstmals von J. F. Encke 1838 beobachtet.

Energie: Erhaltungsgröße in der Physik, die in mechanischer Form die Fähigkeit, Arbeit zu verrichten, ausdrückt.

Energieniveau (in einem Atom): Diskrete Energie eines Elektrons auf einer Umlaufbahn um einen Atomkern.

Energiestromdichte: Energie, die pro Quadratmeter Oberfläche und pro Sekunde von einer Strahlungsquelle abgegeben wird.

Enger Doppelstern: Doppelstern, dessen beide Sterne nur wenige Sterndurchmesser entfernt sind.

Entfernungsmodul: Die Differenz zwischen der scheinbaren und der absoluten Helligkeit eines Objekts.

Entkopplung: Epoche im frühen Universum, in der Elektronen und Ionen erstmals zu stabilen Atomen kombinierten und sich Materie und Strahlung entkoppelten – das Universum wurde durchsichtig; nach der Entkopplung dominierte die elektromagnetische Strahlung nicht mehr gegenüber der Materie.

Entwicklungsweg: Der Weg eines Sterns im Verlauf seiner Entwicklung im Hertzsprung-Russel-Diagramm.

Epizykel: Im geozentrischen Universum die kleine Kreisbahn, die ein Planet beim Umkreisen der Erde auf seiner kreisförmigen Umlaufbahn (Deferent) beschreibt.

Erdähnlicher Planet: Planeten mit einer ähnlichen Zusammensetzung und Dichte wie die Erde: Merkur, Venus, Erde, Mars.

Ereignishorizont: Gebiet um ein Schwarzes Loch, in dem die Entweichgeschwindigkeit höher als die

Lichtgeschwindigkeit ist; die Grenze eines Schwarzen Lochs.

Ergosphäre: Das Raumgebiet, das sich außen unmittelbar an den Ereignishorizont eines rotierenden Schwarzen Lochs anschließt und in dem kein Körper ruhen kann.

Expansion des Universums: Die Fluchtbewegung von Galaxien und Superhaufen. Während sich das Universum ständig ausdehnt, entfernen sich Galaxien und Superhaufen immer weiter voneinander.

Explodierende Galaxie: Galaxie mit einer außergewöhnlich hohen Sternentstehungsrate.

Exzentrizität: Maß zwischen 0 und 1 für die Abweichung einer Planetenbahn von der Kreisform; die Exzentrizität bei geschlossenen Umlaufbahnen nimmt Werte zwischen 0 (kreisförmige Umlaufbahn) und 1 (Ellipse) an; für den Wert 1 ergibt sich eine Parabel und oberhalb von 1 ist die Bahn hyperbolisch.

Farben-Helligkeits-Diagramm: Darstellung der Oberflächentemperaturen (Farben) über den absoluten Helligkeiten von Sternen im Hertzsprung-Russel-Diagramm.

Fahrenheit-Temperaturskala: *Siehe* Temperatur (Fahrenheit).

Fehlende Masse: *Siehe* Dunkle Materie.

Feuerradarm: Spiralarm einer Galaxie, der von der Rotationsrichtung weg zeigt, kennzeichnend für alle Spiralgalaxien.

Filament: Als dunkler Streifen sichtbare große Gasmenge, die das Magnetfeld der Sonne aus der Photosphäre in die Korona emporhebt. An der Kante der Sonnenscheibe kann man Filamente von der Seite sehen; man nennt sie dann Protuberanzen.

Finsternis (Eklipse): Es gibt Mond- und Sonnenfinsternisse. Bei einer Mondfinsternis steht die Erde zwischen Sonne und Mond, sodass das Sonnenlicht nicht auf den Mond fällt. Bei einer Sonnenfinsternis steht der Mond zwischen Sonne und Erde, sodass das Sonnenlicht (in der Totalitätszone) nicht zur Erde gelangt.

Finsternisbahn: Die Bahn, die der Mondschatten während einer totalen oder ringförmigen Sonnenfinsternis auf der Erdoberfläche durchläuft.

Flächensatz: Zweites Kepler'sches Gesetz, dem zufolge der Fahrstrahl zwischen Sonne und Erde in gleichen Zeiten gleiche Flächen überstreicht.

Flare: Heftiger Ausbruch auf der Sonnenoberfläche.

Flimmern (Szintillation): Scheinbare Helligkeitsschwankungen oder Verschiebungen von Position oder Farbe eines Sterns am Nachthimmel, die durch Bewegung der Erdatmosphäre hervorgerufen wird.

Fotometrie: Messung von Lichtstärken.

Frequenz: Die Anzahl vollständiger Schwingungen pro Sekunde. Bei Wellen entspricht die Frequenz der Anzahl der Wellenberge oder Wellentäler, die pro Sekunde durch einen festen Punkt gehen.

F-Ring: Dünner Ring, der sich direkt an den Außenrand des Hauptringsystems des Saturn anschließt.

Frühlingspunkt: Punkt auf der Ekliptik, an dem die Sonnenbahn den Himmelsäquator von Süden nach Norden durchstößt; Frühlingsanfang, um den 21. März.

Galaktischer Kannibalismus: Kollision zwischen zwei Galaxien mit unterschiedlichen Massen und Größen, bei der die größere Galaxie die kleinere „verschlingt".

Galaxie: Große Anhäufung von Sternen, Gas und Staub, die durch ihre gegenseitige Gravitationsanziehung zusammengehalten werden.

Galaxienhaufen: Anhäufung einiger Hundert bis einiger Tausend Galaxien, die durch die Schwerkraft gebunden sind.

Galaxienkern: Zentrum einer Galaxie; insbesondere der Kern unserer Milchstraße (der Galaxis mit ihrem galaktischen Kern).

Galaxiensuperhaufen: *Siehe* Superhaufen.

Galaxienverschmelzung: Kollision und nachfolgende Verschmelzung zweier annähernd gleich großer Galaxien.

Galaxis: Die Galaxie, zu der unser Sonnensystem gehört (die Milchstraße).

Galilei'sche Monde: Die vier großen Jupitermonde (Kallisto, Europa, Ganymed, Io), die von der Erde aus bereits mit einem kleinen (Galilei'schen) Fernrohr sichtbar sind.

Gamma-Ray-Burst: Kurzer Gammaausbruch bei Strahlungsquellen außerhalb unserer Galaxis.

Gammastrahlung: Die elektromagnetische Strahlung mit der höchsten Energie.

Gasschweif (Plasmaschweif): Der verhältnismäßig gerade Schweif eines Kometen, der von der Einwirkung des Sonnenwinds auf die Ionen in der Koma eines Kometen herrührt.

Gebundene Rotation: Rotation, bei der die Umlaufzeit eines Monds um einen Planeten der Rotationszeit entspricht – der Erdmond rotiert gebunden und zeigt deshalb der Erde immer dasselbe „Gesicht".

Geburtslinie: Linie im Hertzsprung-Russel-Diagramm, auf der sich Protosterne verschiedener Massen in den frühen Entwicklungsstadien zur Hauptreihe bewegen.

Geozentrische Kosmologie: Das historische Weltbild mit der Erde im Mittelpunkt des Universums.

Geschlossenes Universum: Universum, das so viel Materie enthält, dass es am Ende seiner Entwicklung kollabiert. Das geschlossene Universum hat eine endliche Ausdehnung und keinen „Außenraum".

Geschwindigkeit: Die Ortsänderung eines Körpers pro Zeiteinheit (Weg/Zeit).

Getrennter Doppelstern: Doppelsternsystem, in dem die Oberflächen beider Sterne innerhalb ihrer Roche-Keulen liegen.

Gewicht: Die Kraft, die einen Körper an der Oberfläche eines Sterns oder Planeten radial nach innen zieht.

Gezeitenkraft: Gravitationswirkung bei ausgedehnten Körpern, auf deren Teile die Anziehungskraft unterschiedlich stark wirkt; diese Kraftdifferenz, die Gezeitenkraft, erzeugt in den Erdmeeren Gezeitenwülste auf der dem Mond zugewandten bzw. der vom Mond abgewandten Seite, die an den Küsten zu Ebbe und Flut führen.

Glitch: Plötzliche Beschleunigung der Periode eines Pulsars.

Grad (°): Maßeinheit für den Winkel oder für die Celsius-Temperatur.

Grand Unified Theory (GUT): Vereinheitlichte Theorie zur Beschreibung und Erklärung der physikalischen Grundkräfte mit Ausnahme der Gravitation.

Grand-Design-Spiralgalaxie: Spiralgalaxie mit dünnen, zierlichen und gut abgegrenzten Armen.

Granulation: Körnige Oberflächenstruktur der Photosphäre der Sonne und anderer Sterne; die „Körnung" entsteht durch Konvektion heißen Materials unterhalb der Photosphäre.

Granulen: Helle Konvektionsbereiche mit Durchmessern von etwa 1000 km, die auf der Sonne ständig zu beobachten sind.

Gravitation (Schwerkraft): Die Wechselwirkung zwischen allen Körpern, die Massen haben und sich aufgrund ihrer Masse anziehen.

Gravitationsinstabilität: Ungleichgewicht zwischen Gravitations- und Gasdruck in einer Materieansammlung, das zum Kollaps führt. Die Entstehung von Riesenplaneten lässt sich im Gravitationsinstabilitätsmodell auf schnell kollabierende Gase zurückführen, ohne dass ein erdartiger Keimplanet als Anfangsvoraussetzung angenommen werden muss.

Gravitationslinse: Eine Gravitationsquelle (etwa eine Galaxie), die die Strahlen eines fernen Objekts auf dem Weg zur Erde so ablenkt, dass auf der Erde ein verzerrtes Bild oder Mehrfachbild des Objekts bobachtet wird.

Gravitationsrotverschiebung: Die Rotverschiebung von Photonen, die aus dem Gravitationsfeld eines massereichen Objekts wie etwa eines Sterns oder Schwarzen Lochs austreten.

Gravitationswellen (Gravitationsstrahlung): Wellen in der Raumzeit, die bewegte nichtkugelförmige Körper aufgrund ihrer Masse im Gravitationsfeld abstrahlen.

Große Halbachse: Die Hälfte der Längsachse einer Ellipse.

Große Magellan'sche Wolke (GMW): Irreguläre Galaxie, ein Begleiter der Milchstraße in etwa 179.000 Lichtjahren Entfernung.

Große Mauer: Riesiger Galaxienbogen zwischen zwei Galaxienlücken im Kosmos.

Größenklassen: Helligkeitsklassifizierung nach Standardwerten der Magnitude.

Großer Dunkler Fleck: Großer dunkler Wolkenwirbel eines Sturms, den es einmal auf der Südhalbkugel des Neptun gab.

Großer Roter Fleck: Großer, orangerot gefärbter Wolkenwirbel eines Sturms auf der Südhalbkugel des Jupiter.

Größte Elongation: Der größtmögliche Winkel zwischen der Sonne und einem inneren Planeten.

Grundzustand: Das niedrigste Energieniveau eines Atoms.

Gürtel (des Jupiter): Dunklere Wolkenbänder in der Jupiter-Atmosphäre.

GUT: *Siehe* Grand Unified Theory.

Halbschatten: Teil eines Schattens, in dem der Körper, der den Schatten wirft, nur einen Teil der Lichtquelle bedeckt.

Halbschattenfinsternis: Mondfinsternis, in der der Mond nur durch den Halbschatten der Erde läuft.

Halo (einer Galaxie): Kugelförmige Verteilung von Kugelsternhaufen, isolierten Sternen und möglicherweise dunkler Materie in der Umgebung einer Galaxie.

Hauptgürtelasteroid: Asteroid, dessen Umlaufbahn im Asteroidengürtel liegt.

Hauptreihe: Linie im Hertzsprung-Russel-Diagramm, die von den heißesten und hellsten Sternen bis zu den schwächsten und kältesten Sternen quer durch das Diagramm verläuft.

Hauptreihenstern: Ein Stern, in dessen Kern Wasserstoff zu Helium fusioniert; aufgrund seiner Oberflächentemperatur und Leuchtkraft liegt er im Hertzsprung-Russel-Diagramm auf der Hauptreihe.

Hawking-Prozess: Die Entstehung realer Teilchen aus virtuellen außerhalb, aber ganz in der Nähe des Ereignishorizonts eines Schwarzen Lochs; durch diesen Prozess können Schwarze Löcher verdampfen.

Headtail-Radioquelle: Radioquelle, deren Emission von einem hellen Kernbereich(„Kopf") und zwei entgegengerichteten „Schweifen" ausgeht, die zwei entgegengerichtete Materieströme widerspiegeln.

Helioseismologie: Seismologische Untersuchung von Schwingungen der Sonnenoberfläche.

Heliozentrische Kosmologie: Das Weltbild mit der Sonne im Mittelpunkt des Sonnensystems und des Kosmos.

Heliumblitz: Die explosionsartige Zündung des Heliumbrennens im Kern eines massearmen Riesensterns.

Heliumbrennen im Kern: Heliumfusion, bei der im Kernbereich eines Sterns Kohlenstoff und Sauerstoff entsteht.

Heliumbrennen: Die Kernfusion von Helium zu Kohlenstoff und Sauerstoff in Sternen.

Heliumfusion: Die Verschmelzung von Heliumkernen durch Fusionsreaktionen.

Heliumschalenblitz: Die explosionsartige Zündung der Heliumfusion in einer dünnen Schale um den Kern eines Sterns mit niedriger Masse.

Herbstpunkt: Schnittpunkt der Ekliptik und des Himmelsäquators, den die Sonne von Norden nach Süden bei Herbstanfang überquert (um den 23. September).

Hertzsprung-Russel-Diagramm (HRD): Diagramm mit der absoluten Helligkeit oder der Leuchtkraft von Sternen als Funktion der Oberflächentemperaturen oder Spektralklassen.

H-II-Region: Bereiche im interstellaren Raum, in denen Wasserstoff in ionisierter Form (H-II) vorliegt.

Himmelsäquator: Großkreis an der Himmelskugel in der Ebene senkrecht zur Achse durch die beiden Himmelspole.

Himmelsnordpol: Der Ort der Himmelskugel direkt über dem Nordpol der Erde; Punkt, in dem die Drehachse der Erde die Himmelssphäre durchstößt.

Himmelspole: Punkte, um die sich der Himmel zu drehen scheint bzw. in denen die Rotationsachse der Erde die Himmelssphäre schneidet.

Himmelssphäre: Gedachte Himmelskugel mit einem sehr großen Radius um den Beobachter in der Mitte; die scheinbare Sphäre, als die sich der Nachthimmel darstellt.

Himmelssüdpol: Ort an der Himmelskugel direkt über dem Südpol der Erdrotation.

Hochländer: Stark zerklüftete Berggebiete auf der Mondoberfläche.

Homogenität: Gleichförmigkeit des Universums über hinreichend große Abstände.

Horizontalast im HRD: Im Hertzsprung-Russel-Diagramm eines typischen Kugelsternhaufens häufen sich auf einem horizontalen Ast in der Nähe der Hauptreihe heiße Sterne mit Heliumbrennen.

Horizontproblem (Isotropieproblem): Die Schwierigkeit zu erläutern, weshalb die kosmische Hintergrundstrahlung aus anscheinend nicht zusammenhängenden Gebieten des Universums ein und dieselbe Temperatur aufweist.

Hotspot-Vulkanismus: Die Entstehung von Vulkanen auf der Oberfläche eines Planeten durch ein Reservoir von heißem Magma im Mantel des Planeten oder in seiner dünnen Kruste.

HRD: *Siehe* Hertzsprung-Russel-Diagramm.

Hubble-Fluss: Die homogene Expansion des Universums, die die Galaxien voneinander fliehen lässt.

Hubble-Gesetz: Die Rotverschiebungen ferner Galaxien sind proportional zu ihren Entfernungen von der Erde. Die Proportionalitätskonstante ist die Hubble-Konstante.

Hubble-Klassifizierung: System zur Klassifizierung von Galaxien nach ihrem Aussehen in eine von vier großen Kategorien: Spiralgalaxien, Balkengalaxien, elliptische Galaxien und irreguläre Galaxien.

Hubble-Konstante (H_0): Die Proportionalitätskonstante zwischen den Fluchtgeschwindigkeiten ferner Galaxien und ihren Entfernungen; sie ist ein Maß für die Expansionsgeschwindigkeit und das Alter des Universums.

Hydrostatisches Gleichgewicht: Gleichgewicht zwischen dem Gravitationsdruck (nach innen gerichtet) und dem Gasdruck (nach außen gerichtet) in einer Sternschicht.

Hyperbel: Kegelschnitt aus zwei Kurvenabschnitten, der bei einer Schnittebene parallel zu nur einem Kegelmantel entsteht.

Impaktbrekzie: Gestein mit kantigen Bruchstücken, das durch einen Meteoriteneinschlag verbacken wurde.

Impaktkrater: *Siehe* Einschlagkrater.

Impuls: Maß für den Trägheitswiderstand eines Körpers gegenüber einer Änderung seiner Linearbewegung; Produkt aus der Masse des Körpers und seiner Geschwindigkeit.

Impulserhaltung: Wenn die Summe der auf ein System wirkenden äußeren Kräfte null ist, ist sein Gesamtimpuls konstant.

Inflation: Plötzliche Aufblähung des Raums, abrupte Zunahme der Expansionsgeschwindigkeit.

Inflationäre Epoche: Kurze Phase des Aufblähens des expandierenden Universums unmittelbar nach dem Urknall.

Infrarotstrahlung: Elektromagnetische Strahlung mit einer größeren Wellenlänge als sichtbares Licht, aber einer kleineren als Radiowellen.

Instabilitätsstreifen: Gebiet pulsierender Sterne (Pulsationsveränderliche) im Hertzsprung-Russel-Diagramm.

Interferometrie: Durch Kombination von zwei oder mehr Teleskopen, deren Bilder überlagert werden, lässt sich anhand einer Interferenzanalyse die Auflösung erhöhen.

Intergalaktisches Gas: Gas zwischen den Galaxien innerhalb eines Galaxienhaufens.

Interstellare Extinktion: Die Abschwächung von Sternenlicht beim Durchgang durch das interstellare Medium.

Interstellare Rötung: Die Rötung von Sternenlicht beim Durchgang durch das interstellare Medium, da kurzwelliges Licht stärker als langwelliges gestreut wird.

Interstellarer Staub: Mikroskopische feste Körner verschiedener Verbindungen im interstellaren Raum, üblicherweise mit einem Eismantel.

Interstellares Gas: Dünnes Gas im interstellaren Raum.

Interstellares Medium: Sammelbegriff für Gas und Staub im interstellaren Raum.

Ion: Atom, das durch Verlust oder Aufnahme eines oder mehrerer Elektronen elektrisch geladen ist.

Ionisierung: Prozess, durch den ein Atom Elektronen verliert oder gewinnt.

Ionosphäre (Thermosphäre): Gebiet der Erdatmosphäre über der Mesosphäre, in dem viele Atome durch das Sonnenlicht ionisiert werden.

Irreguläre Galaxie: Asymmetrische Galaxie, die weder Spiralarme noch eine elliptische Form besitzt.

Irregulärer Galaxienhaufen: Ungleichmäßig verteilte Gruppe von Galaxien, die durch ihre Gravitationsanziehung aneinander gebunden sind.

Irreguläre Spiralgalaxie: Eine Spiralgalaxie, deren Arme breit, verschwommen und schlecht abgegrenzt sind.

Isotope: Atome mit derselben Anzahl an Protonen (Ordnungszahl), aber unterschiedlichen Anzahlen an Neutronen. Die Eigenschaften ihrer Kerne unterscheiden sich häufig stark.

Isotropie: Die Gleichförmigkeit der Galaxiendichte und der Hintergrundstrahlung in allen Richtungen: Die mittlere Anzahl der Galaxien ist in allen Richtungen und Entfernungen gleich; die Temperatur des kosmischen Mikrowellenhintergrunds ist ebenfalls in allen Richtungen im Wesentlichen gleich.

Isotropieproblem (Horizontproblem): Die Schwierigkeit zu erläutern, weshalb anscheinend nicht zusammenhängende Gebiete des Universums dieselbe Temperatur haben.

Jahr: Siderische Umlaufszeit eines Planeten um die Sonne.

Jeans'sche Instabilität: Die Bedingung, bei der die Gravitationskräfte die thermischen Kräfte überwinden, sodass ein Teil der interstellaren Wolke kollabiert und Sterne und Planeten entstehen.

Kegelschnitt: Schnittkurve zwischen einem Kreiskegel und einer Ebene: je nach Neigung ein Kreis, eine Ellipse, eine Parabel oder eine Hyperbel.

Kelvin: *Siehe* Temperatur (Kelvin).

Kepler'sche Gesetze: Drei von Johannes Kepler formulierte Gesetze, die die Planetenbewegung beschreiben: Umlauf auf ellipsenförmigen Bahnen, Flächensatz und Gesetz der Umlaufzeiten.

Kern: Zentraler Teil eines astronomischen Objekts.

Kernakkretionsmodell: Theorie für die Entstehung von Planeten, derzufolge Riesenplaneten aus erdähnlichen Planeten hervorgegangen sind, indem sie nach und nach große Mengen Wasser, Wasserstoff und Helium angelagert haben.

Kernfusion: Die Bildung von Elementen mit höherer Masse aus solchen mit niedrigeren Massen, indem diese verschmelzen.

Kernphotoeffekt: Kernspaltung im Kern eines massereichen Sterns unter der Einwirkung hochenergetischer Gammastrahlen.

Kernschatten: Zentraler, vollständig dunkler Teil eines Schattens.

Kerr-Löcher: Rotierende, ungeladene Schwarze Löcher.

Kiloparsec (kpc): 1000 Parsec, etwa 3260 Lichtjahre.

Kinetische Energie: Die Bewegungsenergie eines Körpers.

Kirchhoff'sche Strahlungsgesetze: Das von Gustav Kirchhoff formulierte Gesetz über den Zusammenhang zwischen der Temperatur einer Strahlungsquelle (oder eines Absorbers) und dem Strahlungsspektrum der abgestrahlten (oder absorbierten) Wärmestrahlung bei thermischem Gleichgewicht.

Kirkwood-Lücken: Von Daniel Kirkwood entdeckte Lücken in den Umlaufbahnen der Asteroiden, die durch die Gravitationsanziehung der Planeten zustande kommen.

Kleine Magellan'sche Wolke (KMW): Irreguläre Galaxie, ein Begleiter der Milchstraße (Galaxis).

Kleinkörper: *Siehe* Asteroid.

Kleinkörper im Sonnensystem (SSSB): Alle Objekte, die um die Sonne umlaufen und nicht zu den Planeten, Zwergplaneten oder Monden zählen.

Knotenlinie: Linie, in der die Ebene der Mondumlaufbahn die Ekliptik schneidet.

Kohlenstoffbrennen: Kernfusion von Kohlenstoffkernen zu Sauerstoff und Neon.

Kohlenwasserstoff: Molekül auf Kohlenstoff- und Wasserstoffgrundlage.

Kohlige Chondrite: Klasse sehr alter, kohlenstoffreicher Meteoriten.

Kollisionstheorie der Mondentstehung: Theorie, dass der Mond durch den Aufprall eines planetengroßen Objekts auf die Erde entstanden ist; sie gilt derzeit als die plausibelste Erklärung für die Entstehung des Monds.

Koma (eines Kometen): Nahezu kugelförmige diffuse Gashülle, die sich in der Nähe der Sonne um den Kometenkern bildet und als leuchtender Kopf des Kometen sichtbar wird.

Komet: Kleinköper aus Eis und Staub, der die Sonne umläuft. Bei Annäherung an die Sonne verdampft sein Eis. Dabei entstehen die Koma, die (Plasma- und Staub-) Schweife und der Wasserstoffhalo.

Kometenkern: „Schmutziger Schneeball" aus Eis und Staub; fester Teil eines Kometen.

Konjunktion: Konstellation von Körpern des Sonnensystems, bei der sie von der Erde aus am Himmel nahe beieinander zu stehen scheinen (Gleichschein).

Konstellation: Relative Positionen von Körpern des Sonnsystems am Himmel, z. B. Konjunktion (Gleichschein) oder Opposition (Gegenschein).

Kontaktdoppelstern: Enges Doppelsternsystem, dessen Sterne beide ihre Roche-Keulen ausfüllen oder sogar über sie hinausgehen.

Kontinentaldrift: Langsame Verschiebung der Kontinente auf der Erdoberfläche infolge der Plattentektonik.

Kontinuierliches Spektrum (Kontinuum): Lichtspektrum über einen bestimmten Wellenlängenbereich, das keine Spektrallinien enthält.

Konvektion: Wärmeübertragung durch die Bewegung von Flüssigkeits- oder Gasströmen, die Energie transportieren.

Konvektionszone: Schicht in einem Stern, in der Energie durch Konvektion nach außen transportiert wird.

Korona: Äußere Atmosphärenschicht der Sonne.

Koronaler Massenauswurf: Große Mengen energiereicher Gase, die aus der Sonnenkorona ausgestoßen werden.

Koronales Loch: Region in der inneren Korona der Sonne, die im Röntgenbereich dunkel erscheint und aus der Sonnenwind abströmen kann, weil das lokale Magnetfeld zu schwach ist, um die energiereiche Sonnenmaterie einzuschließen.

Koronograph: Spezielles Teleskop mit einer Scheibe, die die Sonnenscheibe verdeckt, sodass die Korona fotografiert werden kann.

Kosmische Sekundärstrahlung: Teilchen, die durch einfallende kosmische Teilchenstrahlung in der Atmosphäre der Erde entstehen.

Kosmische Strahlung (kosmische Primärstrahlung): Hochenergetische Teilchen, die durch den Weltraum fliegen.

Kosmische Zensur: Die Annahme, dass ein Schwarzes Loch nicht ohne Ereignishorizont im realen Universum beobachtbar ist. Der Ereignishorizont stellt dabei die einzig mögliche Verbindung zwischen einem Schwarzen Loch und dem Beobachter im restlichen Universum dar.

Kosmischer Mikrowellenhintergrund: Photonen aus allen Teilen des Himmels, deren Spektrum dem eines schwarzen Körpers mit einer Temperatur von 2,73 K entspricht; es handelt sich um abgekühlte Strahlung aus dem primordialen Feuerball zu Beginn des Urknalls.

Kosmologie: Wissenschaft von der Entstehung, Struktur und Entwicklung des Universums.

Kosmologische Konstante: Eine Konstante, die in den Gleichungen der allgemeinen Relativitätstheorie die kosmische Expansionsgeschwindigkeit beschreibt. Sie lässt sich als Druck auffassen, der der Gravitation im Universum entgegenwirkt.

Kosmologische Rotverschiebung: Zunahme der Wellenlänge des Lichts von fernen Galaxien und Quasaren, die sich infolge der Expansion des Universums mit hoher Fluchtgeschwindigkeit entfernen.

Kraft: Die Impulsänderung eines Körpers pro Zeiteinheit.

Krater: Kreisförmige Vertiefungen auf einem Planeten oder Mond, die durch Einschläge von Meteoriten, Asteroiden oder Kometen entstanden (Einschlag- oder Impaktkrater) oder durch Ausbrüche von Vulkanen hervorgerufen wurden (Vulkankrater).

Kraterwall: Ring um einen Krater, der durch denselben Einschlag wie der Krater entstand.

Kruste: Feste Oberschicht von Himmelskörpern wie den erdähnlichen Planeten, Monden, Asteroiden und einigen Sternresten.

Kugelsternhaufen: Großer kugelförmiger Haufen gravitativ gebundener Sterne, meist in den Außenbereichen einer Galaxie.

Kuiper-Gürtel: Ring um die Sonne außerhalb der Umlaufbahn des Pluto, der viele Kometen enthält; einige davon werden gelegentlich ins Innere des Sonnensystems gelenkt.

Kurzperiodischer Komet: Komet, der in der Nähe der Sonne um die Planeten umläuft, wobei er alle 200 Jahre oder öfter erneut als „Schweifstern" zu beobachten ist.

Lacertiden: *Siehe* BL-Lacertae-Objekte.

Lagrange-Punkte (Librationspunkte): Gleichgewichtspunkte im Sonnensystem, an denen die Gravitationskräfte der Sonne und eines Planeten Gesteinstrümmer und Staub gefangen halten.

Langperiodischer Komet: Komet, dessen Umlauf um die Sonne 10.000 Jahre oder länger dauert.

Leuchtkraft: Die Energie, die von einem Stern oder von einem anderen Objekt pro Zeiteinheit im gesamten elektromagnetischen Spektrum abgestrahlt wird.

Leuchtkraftklasse: Einteilung eines Sterns bei gegebener Spektralklasse nach seiner Leuchtkraft und Dichte in sieben Klassen: Überriese (I), heller Riese (II), Riese (III), Unterriese (IV) Hauptreihenstern (V).

Leuchtturmmodell: Erklärung für die Helligkeitsschwankungen eines Pulsars. Der Pulsar rotiert um eine Achse und sendet wie ein Leuchtturm Strahlungsbündel quer zur Rotationsachse nach außen – er „blinkt".

Librationspunkte: *Siehe* Lagrange-Punkte.

Licht: Elektromagnetische Strahlung im sichtbaren Spektralbereich; weist sowohl Welleneigenschaften als auch Teilcheneigenschaften auf; die Lichtteilchen heißen Photonen.

Lichtgrenze: *Siehe* Terminator.

Lichtjahr (Lj): Die Entfernung, die das Licht im Vakuum in einem Jahr zurücklegt.

Lichtkurve: Die Darstellung der Helligkeit eines Sterns oder eines anderen astronomischen Objekts als Funktion der Zeit.

Linienspektrum: Dunkle Absorptionslinien oder helle Emissionslinien in einem kontinuierlichen Spektrum.

Linsengalaxie: Scheibengalaxie ohne Spiralarme.

Linsenteleskop: Ein Teleskop, in dem das wichtigste lichtsammelnde Bauelement eine Linse ist.

Lokale Gruppe: Etwa 40 Galaxien, zu denen auch unsere Milchstraße, die Galaxis, zählt.

Lücke (Void): Großes, annähernd kugelförmiges Gebiet des Universums mit extrem wenigen Galaxien.

Lyman-Serie: Eine Serie von Spektrallinien des Wasserstoffs, die durch Elektronenübergänge in das und aus dem untersten Energieniveau des Wasserstoffatoms auftreten.

Magnetar: Besonders heißer, schnell rotierender Neutronenstern, dessen Rotation zu besonders starken Magnetfeldern führt.

Magnetfeld: Ein Kraftfeld in der Nähe eines magnetischen Körpers, bei dem die magnetische Kraft auf einen Probemagneten an verschiedenen Punkten des Feldes nachgewiesen werden kann.

Magnetodynamik: Theorie, die die Erscheinungen des Sonnenzyklus auf periodische Richtungswechsel des Sonnenmagnetfelds in der Sonnenatmosphäre zurückführt.

Magnetosphäre: Der Bereich in der Umgebung eines Planeten, in den sich sein Magnetfeld erstreckt.

Magnitude (m): Größenklasse, Maßeinheit für die Helligkeit von Sternen und anderen astronomischen Objekten. Die scheinbaren Magnituden liegen zwischen +30 (schwächster mit dem Hubble-Teleskop beobachteter Stern) und –26,7 (Sonne).

Mantel (eines Planeten): Bei erdähnlichen Planeten die Schicht zwischen der äußeren Kruste und dem inneren Kern.

Mare (Plural: **Maria**): Lateinisch für „Meer"; eine große, verhältnismäßig kraterfreie Ebene auf dem Mond.

Mare-Basalt: Dunkle, erstarrte Lava in Mond-Maria.

Maskons: Gebiete mit sehr dichter Materie in der Nähe der Mondoberfläche; das Wort ist ein Kürzel für Massekonzentrationen.

Masse: Maß für die Gesamtmaterie, die ein Körper enthält.

Masse-Leuchtkraft-Beziehung: Zusammenhang zwischen den Massen und Leuchtkräften der Hauptreihensterne.

Massenmittelpunkt: Derjenige Punkt in der Mitte eines starren Körpers oder Massensystems in einem Schwerefeld, in dem sich alle gravitativen Kräfte im idealen Gleichgewicht zu null addieren; um den Massenmittelpunkt bewegen sich die Himmelskörper auf elliptischen Umlaufbahnen um den Zentralkörper oder Begleitstern.

Materiedominiertes Universum: Universum, in dem das im gesamten Raum vorhandene Strahlungsfeld die Existenz neutraler Atome nicht verhindern kann.

Meeresbodenspreizung: Prozess, bei dem der Auftrieb von Magma in Spalten im Ozeanboden zur Trennung benachbarter Abschnitte der Erdkruste führt.

Megaparsec (Mpc): Eine Million Parsec.

Mesosphäre: Schicht in der Erdatmosphäre über der Stratosphäre.

Metallarmer Stern: *Siehe* Population-II-Stern.

Metalle: In der Astronomie alle Elemente außer Wasserstoff und Helium.

Metallischer Wasserstoff: Eine metallähnliche flüssige Phase des Wasserstoffs, die unter extrem hohem Druck entsteht.

Metallreicher Stern: *Siehe* Population-I-Stern.

Meteor: Lichtspur am Himmel, wenn ein Kleinkörper in der Erdatmosphäre verdampft; „Sternschnuppe".

Meteorit: Auf die Erde aufgeschlagener Rest eines Kleinkörpers, der als Meteor die Erdatmosphäre durchlaufen hat, ohne vollständig zu verglühen.

Meteoroid: Kleiner Gesteinskörper im interplanetaren Raum.

Meteorschauer: Zahlreiche Meteore, die von einem gemeinsamen Punkt am Himmel auszugehen scheinen.

Microlensing: Gravitationsfokussierung von Licht eines weit entfernten Sterns durch ein näheres Objekt, sodass der Stern heller erscheint.

Milchstraße: Die Galaxis, die Heimatgalaxie unseres Sonnensystems.

Mittelgroßes Schwarzes Loch: Schwarzes Loch mit einer Masse zwischen einigen Hundert und einigen Tausend Sonnenmassen.

Modell: Theoretischer Zusammenhang für beobachtbare Größen oder Hypothese, die durch Beobachtungen oder experimentelle Prüfungen bestätigt wurde.

Molekül: Zwei oder mehr miteinander verbundene Atome.

Molekülwolken: Nebel, die häufig in wesentlich größere Gas- und Staubkörper eingebettet sind.

Monde (natürliche Satelliten): Körper, die um größere Körper umlaufen, die wiederum um Sterne umlaufen.

Mondfinsternis: Finsternis, bei der die Erde zwischen Sonne und Mond steht und das Sonnenlicht daher nicht auf den Mond auffallen kann.

Mondmonat: *Siehe* Synodischer Monat.

Mondphasen: Neumond (dunkel), Vollmond (gesamte Mondscheibe beleuchtet), Halbmond (halbe Mondscheibe beleuchtet). Auf der Nordhalbkugel ist bei zunehmendem Mond die rechte, bei abnehmendem die linke Hälfte beleuchtet

Mondsichel: Mondphase, in der der Mond weniger als halb voll erscheint.

Mondviertel: Zwischen Neumond und Halbmond zunehmender Halbmond (erstes Viertel); zwischen Halbmond und Vollmond zunehmender Halbmond (zweites Viertel); zwischen Vollmond und Halbmond abnehmender Vollmond (drittes Viertel); zwischen Halbmond und Neumond abnehmender Halbmond (letztes Viertel).

Nebel: Wolke aus interstellarem Gas und Staub.

Neonfusion: Kernfusion von Neonkernen.

Neumond: Die Mondphase, bei der der Mond am Himmel am nächsten bei der Sonne steht.

Neutrino: Subatomares Elementarteilchen ohne elektrische Ladung und mit einer sehr geringen Masse, das in vielen Kernreaktionen und in Supernovae eine große Rolle spielt.

Neutron: Kernbaustein ohne elektrischen Ladung, dessen Masse nahezu genauso groß wie die des Protons ist.

Neutronenentartungsdruck: Hoher Druck durch entartete Neutronen, der bei hinreichend hohem Gravitationsdruck durch Verschmelzung von Protonen im Atomkern mit Elektronen aus der Atomhülle entstehen.

Neutronenstern: Sehr kompakter, dichter Sternrest, der fast nur aus Neutronen besteht.

New General Catalogue (NGC): Katalog von Sternhaufen, Nebeln und Galaxien, erstmals veröffentlicht 1888, an den sich astronomische Bezeichnungen von Objekten anlehnen.

Newton'sche Bewegungsgleichungen: Von Isaac Newton aufgestelltes Gleichungssystem, das die Bewegung von Körpern infolge der auf sie wirkenden Kräfte beschreibt.

Newton'sches Spiegelteleskop: Optische Anordnung in einem Spiegelteleskop, bei der ein kleiner ebener Spiegel konvergierende Lichtstrahlen zu einem Brennpunkt auf einer Seite des Teleskoptubus reflektiert.

NGC: *Siehe* New General Catalogue.

Nichtthermische Strahlung: *Siehe* Synchrotronstrahlung.

Nipptide (Nippflut): Der kleinste Gezeitenunterschied im Laufe eines Tages; tritt im ersten und dritten Viertel der Mondphasen auf, wenn sich Ebbe und Flut am wenigsten unterscheiden.

Nördliche Ebene (oder Borealis-Becken): Verhältnismäßig junges, kraterfreies Gebiet auf der Nordhalbkugel des Mars.

Nordlicht: *Siehe* Polarlicht.

Nova (Plural: Novae): Stern in einem Doppelsternsystem, in dem es zu einem plötzlichen Ausbruch von Strahlungsenergie kommt, in dessen Folge seine Helligkeit vorübergehend um einen Faktor zwischen 10^4 und 10^6 steigt.

OBAFGKM-Folge: Abfolge der Spektralklassifizierungen von Sternen von den heißesten bis zu den kältesten. Merkspruch vieler Astronomen zum Behalten: „Oh, Be A Fine Girl, Kiss Me".

OB-Assoziation: Eine Gruppe gravitativ nicht gebundener sehr junger, massereicher Sterne, vor allem der Spektralklassen O und B.
Obere Konjunktion: Stellung, bei der Merkur oder Venus von der Erde aus gesehen auf der gegenüberliegenden Seite der Sonne steht.
Objektivlinse: Die Hauptlinse eines Linsenteleskops.
Ockhams Rasiermesser: Prinzip, dem zufolge die einfachste wissenschaftliche Theorie zu wählen ist, die eine Erscheinung richtig erklärt, und alles Übrige abgeschnitten werden muss.
Offener Sternhaufen: Locker gebundene Gruppe junger Sterne in der Galaxienscheibe.
Offenes Universum: Universum mit global hyperbolischer Geometrie; es wird sich unbegrenzt weiter ausdehnen, denn es hat nicht genug Masse, um die Expansion irgendwann zu stoppen und wieder zu kollabieren.
Okkultation: Auslöschung des Lichts eines entfernteren Objekts, etwa eines Sterns, durch ein Hindernis in der Sichtlinie zwischen der Erde und diesem Objekt.
Okular: Vergrößerungslinse oder -linsenkombination zum Betrachten des im Brennpunkt eines Teleskops erzeugen Bilds.
Oort'sche (Kometen-)Wolke: Kugelförmiger Bereich des Sonnensystems außerhalb des Kuiper-Gürtels, in dem sich vermutlich die meisten Kometen am längsten aufhalten.
Opposition: Stellung eines Planeten, bei der seine Elongation 180 Grad beträgt und er somit der Sonne am Himmel gegenübersteht.
Optischer Doppelstern: Ein Sternpaar am Himmel, das nahe beieinander steht, ohne in einem Binärsystem aneinander gebunden zu sein – tatsächlich können solche Sterne sehr unterschiedliche Abstände von der Erde haben.
Ordnungszahl: Anzahl der Protonen in einem Atomkern.
Organisches Molekül: Molekül einer Verbindung auf Kohlenstoffgrundlage.
Ozonschicht: Die untere Schicht der Stratosphäre, in der sich das meiste Ozon (O_3) in der Luft befindet.
Paarerzeugung: Die Entstehung eines Teilchen-Antiteilchen-Paars aus hochenergetischen Photonen oder einem starken Feld.
Parabel: Offene Kurve, die Schnittkurve eines Kreiskegels mit einer Ebene parallel zu einer der Seiten des Kegels.
Parallaxe: Scheinbare Verschiebung eines Objekts vor dem Hintergrund weiter entfernter Objekte durch die Eigenbewegung des Beobachters – durch die Erdbahnbewegung sehen wir Sterne mit dem Wechsel der Jahreszeiten unter verschiedenen Winkeln.
Parsec (pc): Entfernungseinheit für die Parallaxensekunde, die definiert ist als die Entfernung, bei der der mittlere Erdbahnradius, also eine Astronomische Einheit, am Himmel unter einem Winkel von einer Bogensekunde erscheinen würde (1 Parsec = 3,26 Lichtjahre).
Partielle Finsternis: Eine Mond- oder Sonnenfinsternis, bei der das verfinsterte Objekt nicht vollständig bedeckt wird.
Pauli'sches Ausschließungsprinzip: Prinzip der Quantenmechanik, demzufolge zwei gleiche Teilchen nicht gleichzeitig denselben mittleren Ort und Impuls haben können.
Pekuliare Galaxie: Galaxie einer der Hubble-Klassen, die so aussieht, als ob sie auseinandergeblasen wird.
Perihel: Der Punkt der Umlaufbahn eines Planeten, an dem er der Sonne am nächsten ist.
Periode: Zeitintervall zwischen aufeinanderfolgenden Wiederholungen einer sich regelmäßig wiederholenden Erscheinung.
Periode-Leuchtkraft-Beziehung: Zusammenhang zwischen der Periode und der mittleren Leuchtkraft eines pulsierenden Veränderlichen.
Periodensystem: Anordnung der chemischen Elemente nach ihren Eigenschaften; geht auf D. Mendelejew zurück.
Photon: Das Quant (die diskrete kleinste Einheit) der elektromagnetischen Energie.
Photonendruck : *Siehe* Strahlungsdruck.
Photosphäre: Der Bereich der Sonnenatmosphäre, der das meiste sichtbare Licht in den Weltraum ausstrahlt.
Pixel: Bildelement, meist quadratischer Rasterpunkt, der einem Element einer CCD-Kamera entspricht. Der Name „Pixel" ist eine Kontraktion von „Picture Element".
Plages Helle (und folglich relativ heiße) Gebiete in der Chromosphäre der Sonne, die wahrscheinlich mit der Entstehung von Sonnenflecken verbunden sind.
Planck-Ära: Zeit zwischen dem Urknall und der Planck-Zeit (10^{-43} s).
Planck-Gesetz: Zusammenhang zwischen der von einem Photon transportierten Energie und seiner Frequenz.
Planck-Zeit: Kurzes Zeitintervall mit einer Dauer von etwa 10^{-43} s unmittelbar nach dem Urknall, in dem alle vier Grundkräfte (Gravitation, Elektromagnetismus, schwache und starke Kraft) gleich stark waren.

Planet: Objekt, das um einen Stern umläuft und infolge seiner eigenen Schwerkraft nahezu kugelförmig ist; ein Planet zieht kleine Objekte in seiner Umgebung an und ist kein Mond eines größeren umlaufenden Körpers.

Planetarischer Nebel: Strahlende Gashülle, die von einem alten, massearmen Stern ausgestoßen wird.

Planetendifferenzierung: Prozess im Frühstadium der Entwicklung eines Planeten, in dem dichtere Elemente nach innen sinken und leichtere nach außen steigen.

Planetesimal: Primordiales, asteroidenähnliches Objekt, aus dem sich durch Anlagerung von Masse (Akkretion) schließlich die Planeten bildeten.

Plasma: Heißes, ionisiertes Gas.

Plasmaschweif: *Siehe* Gasschweif.

Plattentektonik: Verschiebung großer Segmente (Platten) der Erdoberfläche durch Konvektionsbewegungen im darunterliegenden Erdmantel.

Polarlicht: Leuchterscheinung in den Polarregionen (Nord- bzw. Südlicht). Man sieht die Strahlung von Atomen der oberen Atmosphäre, die durch geladene Teilchen des Sonnenwinds angeregt werden.

Polymer: Langes Molekül, das aus vielen gleichartigen kleineren Molekülen besteht.

Population-II-Stern: Stern, dessen Spektrum verhältnismäßig wenige Spektrallinien von Elementen zeigt, die schwerer als Helium sind; metallarmer Stern.

Population-I-Stern: Stern wie die Sonne, dessen Spektrum Spektrallinien vieler Elemente zeigt, die schwerer als Helium sind; metallreicher Stern.

Positron: Elementarteilchen, das dem Elektron ähnelt, aber nicht negativ, sondern positiv geladen ist; Antiteilchen des Elektrons.

Potenzielle Energie: Die Energie eines Körpers aufgrund seiner Position im Gravitationsfeld oder einem anderen Kraftfeld.

Präzession: Die kreisende Bewegung der Drehachse bei rotierenden Körpern oder Systemen, die durch äußere Kräfte ein Drehmoment erfahren. Die Erdachse beschreibt einen Kegel, weil die Gravitationsanziehung von Mond und Sonne an Äquator und Nordpol unterschiedlich stark ist und deshalb ein Drehmoment erzeugt. Die langsame Präzessionsbewegung der Erde führt auch zu einer Verschiebung der Äquinoktien (Tagundnachtgleichen) auf der Ekliptik – sie bewegen sich daher langsam nach Westen.

Primärfokus: Brennpunkt des Primärspiegels in einem Spiegelteleskop.

Primärspiegel: Der große Hohlspiegel in einem Spiegelteleskop, der ähnlich wie die Objektivlinse in einem Linsenteleskop einfallendes Licht sammelt.

Primordiale Kernfusion: Umwandlung von Protonen und Elektronen zu Wasserstoff, Helium und etwas Lithium durch Kernfusion in den ersten Minuten des Universums.

Primordialer Feuerball: Extrem heiße kompakte Phase im Universum unmittelbar nach dem Urknall.

Primordiales Schwarzes Loch: Verhältnismäßig massearmes Schwarzes Loch, das vermutlich in der Frühzeit des Universums entstand.

Prisma: Keilförmiges optisches Bauelement aus Glas zur Zerlegung von weißem Licht in ein Spektrum.

Prograde Umlaufbahn: Umlaufbahn eines Monds oder Satelliten um einen Planeten in derselben Richtung, in der auch der Planet rotiert.

Propagierende Sternentstehung: Prozess, bei dem sich die Sternentstehung von einem Teil der Galaxie in ein benachbartes Gebiet ausbreitet, weil sterbende Sterne in ihrer Umgebung die Sternentstehung fördern.

Proplyd: *Siehe* Protoplanetare Scheibe.

Proton: Schweres, positiv geladenes Kernteilchen.

Protoplanet: Embryonales Entwicklungsstadium eines Planeten, in dem er durch Zusammenstöße mit Planetesimalen wächst.

Protoplanetare Scheibe: Scheibe aus einem Material, das einen Protostern oder einen neugeborenen Stern umkreist.

Protosonne: Die Sonne vor Einsetzen der Wasserstofffusion in ihrem Kern.

Protostern: Das früheste Entwicklungsstadium eines Sterns vor Einsetzen der Kernfusion, in der Gas schnell auf ihn einstürzt.

Protuberanz: Flammenartiger Materiestrom in der Nähe des Sonnenrands, der bis in die Korona hineinreicht. Seitenansicht eines Filaments.

Pulsar: Pulsierende Quelle, die zu einem schnell rotierenden Neutronenstern gehört, dessen Magnetfeldachse nicht mit seiner Rotationsachse übereinstimmt (Leuchtturmmodell).

Quadratisches Abstandsgesetz: Die Gravitationskraft zwischen zwei Körpern und die scheinbare Helligkeit einer Lichtquelle sind beide umgekehrt proportional zum Quadrat ihrer Entfernung.

Quantenmechanik: Gebiet der Physik, in dem die Struktur und das Verhalten von Atomen und ihre Wechselwirkung miteinander und mit Licht behandelt werden.

Quarks: Elementarteilchen, aus denen die Protonen und Neutronen im Atomkern bestehen.

Quasar (quasistellares Objekt): Sternähnliche (quasistellare) Radioquelle mit sehr großer Rotverschiebung. Der Name „Quasar" ist eine Kontraktion von „quasistellar",

Quasistellares Objekt (QSO): *Siehe* Quasar.

Quintessenz: Form der Dunklen Energie, die als Erklärung der Expansionsbeschleunigung des Universums diskutiert wird.

Radialgeschwindigkeit: Geschwindigkeitskomponente eines Körpers parallel zur Blickrichtung.

Radioaktivität: Zerfall bestimmter Atomkerne durch spontane Emission von Teilchen.

Radioastronomie: Zweig der Astronomie, der Beobachtungen bei Radiowellenlängen behandelt.

Radiodoppelquelle: Extragalaktische Radioquelle mit zwei großen Radioemissionskeulen, häufig auf gegenüberliegenden Seiten einer aktiven Galaxie.

Radiogalaxie: Galaxie, die einen ungewöhnlich hohen Anteil Radiowellen ausstrahlt.

Radioteleskop: Teleskop für den Nachweis von Radiowellen.

Radiowellen: Langwellige elektromagnetische Strahlung.

Rand des sichtbaren Universums: Eine Kugel mit der Erde als Mittelpunkt, deren Radius gleich der vom Licht seit dem Urknall zurückgelegten Entfernung ist.

Randverdunkelung: Die Erscheinung, dass die Sonnenscheibe in Randnähe dunkler aussieht als in der Mitte.

Raumzeit: Konzept der speziellen Relativitätstheorie, dem zufolge der Ort, die Bewegung und die Wirkung jedes Objekts oder Ereignisses in einer einheitlichen vierdimensionalen Struktur aus Raum und Zeit zu beschreiben sind.

Rechtläufige Bewegung: Die allmähliche Bewegung eines Planeten vor dem Hintergrund der Sterne, während er von der Erde aus gesehen nach Osten wandert. (Im Gegensatz dazu erfolgt die retrograde Bewegung nach Westen.)

Reflexion: Zurückwerfen von Lichtstrahlen von einer spiegelglatten Oberfläche.

Reflexionsnebel: Verhältnismäßig dichte Gas- und Staubwolke im interstellaren Raum, die von einem zwischen ihr und der Erde stehenden Stern beleuchtet wird.

Refraktor: *Siehe* Linsenteleskop.

Regelmäßiger Galaxienhaufen: Gleichmäßig verteilte Gruppe von Galaxien, die durch ihre gegenseitige Gravitationsanziehung gebunden sind.

Regolith: Pulveriges, unbelebtes Material auf der Oberfläche eines Monds oder Planeten.

Reicher Galaxienhaufen: Galaxienansammlung aus vielen Galaxien.

Rekombinationsära: Die Zeit ungefähr 500.000 Jahre nach dem Urknall, zu der das Universum durchsichtig wurde.

Rektaszension (RA) (α): Koordinate im Himmelskoordinatensystem, die analog zur geografischen Länge auf der Erde ist und vom Frühlingspunkt am Himmelsäquator aus gemessen wird.

Resonanz: Maximale Energieübertragung durch periodische Krafteinwirkung zwischen zwei Objekten, die auch bei einer schwachen periodischen Gravitationsanziehung bei bestimmten Frequenzen zu starken Veränderungen führen kann.

Retrograde Bewegung: *Siehe* Rückläufige Bewegung.

Retrograde Rotation: Rotation eines Planeten entgegen seiner Umlaufrichtung um die Sonne. Nur Uranus und Venus haben eine retrograde Rotation.

Riesenmolekülwolke: Große interstellare Wolke aus kaltem Gas und Staub in einer Galaxie.

Riesenstern: Stern mit einem Durchmesser von ungefähr dem Zehn– bis 100-fachen der Sonne.

Rille: Gewundener Riss oder Eindruck auf der Mondoberfläche durch Einfall einer erstarrten Lavaröhre.

Ringförmige Sonnenfinsternis: Sonnenfinsternis, bei der der Mond zu weit entfernt ist, um die Sonne vollständig zu verdecken, sodass bei der maximalen Verfinsterung immer noch ein Sonnenring um den Mond sichtbar ist.

Ringlet: Eines der zahlreichen eng beieinanderliegenden dünnen Teilchenbänder in Ringsystemen von Planeten.

Roche-Grenze: Der kürzeste Abstand von einem Planeten oder anderen Objekt, in dem ein zweiter Körper durch seine eigene Schwerkraft zusammengehalten werden kann.

Roche-Keulen: Die tropfenförmigen Gebiete, die in einem Doppelsternsystem jeden Partner umgeben – die beiden Gebiete, in denen Gas durch die Schwerkraft an einen der beiden Sterne gebunden ist.

Röntgen-Burster: Neutronenstern in einem Doppelsternsystem, der Masse anhäuft und an dessen Oberfläche Kernfusion stattfindet und Energie in Form kurzer Röntgenausbrüche abgestrahlt wird.

Röntgenstrahlen: Elektromagnetische Strahlung, deren Wellenlänge zwischen der von Ultraviolettstrahlung und Gammastrahlen liegt.

Rotation: Drehung eines Körpers um eine durch ihn verlaufende Achse.

Rotationskurve (einer Galaxie): Grafische Darstellung der Umlaufgeschwindigkeit des Materials in einer Galaxie über dem Abstand zum Mittelpunkt (der Galaxie).

Roter Riese: Großer, kalter Stern mit hoher Leuchtkraft.

Roter Überriese: Sehr großer, kalter Stern mit hoher Leuchtkraft; steht im Hertzsprung-Russel-Diagramm in der rechten oberen Ecke.

Roter Zwerg: Massearmer Hauptreihenstern.

Rotverschiebung: Verschiebung des Lichts ferner Galaxien und Quasare zu längeren Wellenlängen; Dopplerverschiebung von Licht jeder sich entfernenden Quelle.

RR-Lyrae-Veränderlicher: Pulsationsveränderliche Sterne mit einer kürzeren Periode als einem Tag.

Rückläufige Bewegung: Die von der Erde aus beobachtete gelegentliche scheinbare Rückwärtsbewegung (d. h. Bewegung nach Westen) eines Planeten vor dem Hintergrund der Sterne.

Rückläufige Umlaufbahn: Umlaufbahn eines Monds oder Satelliten um einen Planeten entgegen der Rotationsrichtung des Planeten.

Sa, Sb, Sc: Einteilung von Spiralgalaxien danach, wie groß ihre Zentralwülste sind und wie eng die vom Zentralwulst ausgehenden Spiralarme an diesen Kernbereich angeschmiegt sind; die Arme einer Sa-Galaxie sind am engsten.

Sagittarius A: Starke Radioquelle im Sternbild Schütze, die zum Kern der Milchstraße gehört.

Satellit: Körper, der einen größeren umläuft.

Sauerstofffusion: Kernfusion von Sauerstoffkernen.

SBa, SBb, SBc: Einteilung von Balkenspiralgalaxien danach, wie eng ihre Spiralarme angeschmiegt sind; die Arme von SBa-Galaxien sind am engsten angeschmiegt.

Scarp: Felsen auf dem Merkur, der vermutlich entstanden ist, als sich der Merkur abgekühlt hat und geschrumpft ist.

Schäfermond: Kleiner Mond, dessen Gravitationsanziehung bei Ringplaneten wie Saturn oder Uranus zu einem deutlich abgegrenzten Materiering führt.

Schalenbrennen: Fusionsreaktionen in verschiedenen Schalen um den Kern eines Sterns.

Scheibe (einer Galaxie): Abgeplattete Ansammlung von Materie wie Sterne, Gas und Staub in einer Spiralgalaxie wie der Milchstraße.

Scheinbare Helligkeit: Helligkeit eines Sterns oder eines anderen Objekts von der Erde aus gesehen. Bei einem Stern im Abstand von 10 Parsec (Standardentfernung) ist die scheinbare Helligkeit gleich der absoluten Helligkeit.

Schmidt-Korrekturplatte: Eine besonders geformte Linse, die die sphärische Aberration bei Hohlspiegeln korrigiert und ein besonders großes Sehfeld ermöglicht.

Schockwelle: *Siehe* Stoßwelle.

Schwache Kernkraft: Eine der vier Grundkräfte; Wechselwirkung zwischen Atomkernen, insbesondere beim radioaktiven Beta-Zerfall.

Schwarzer Körper: Theoretisches Ideal eines strahlenden Objekts, das sämtliche darauf auffallende Strahlung absorbiert und wieder aussendet.

Schwarzes Loch: Objekt, dessen Schwerkraft so stark ist, dass die Entweichgeschwindigkeit von ihm höher als die Lichtgeschwindigkeit ist.

Schwarzschild-Loch: Nichtrotierendes, ungeladenes Schwarzes Loch.

Schwarzschild-Radius: Entfernung vom Mittelpunkt bis zum Ereignishorizont eines Schwarzen Lochs.

Schweif (eines Kometen): Gas- und Staubteilchen, die vom Strahlungsdruck des Sonnenlichts und vom Sonnenwind aus dem Kern des Kometen mitgerissen werden.

Schwerkraft: *Siehe* Gravitation.

Schwesterplanettheorie der Mondentstehung: Theorie, der zufolge der Mond gleichzeitig mit der Erde entstanden ist und seither um sie umläuft.

Seismische Wellen: Durch oder um einen Himmelskörper laufende Wellen, meist im Zusammenhang mit Beben.

Seismograph: Gerät zum Aufzeichnen und Messen seismischer Wellen, wie sie z. B. bei Erdbeben erzeugt werden.

Seismologie: Untersuchung von Erdbeben und damit zusammenhängenden Erscheinungen.

Sekundärspiegel (Fangspiegel): Verhältnismäßig kleiner Spiegel, der in Spiegelteleskopen dazu dient, das Licht aus dem Tubus in das Okular des Beobachtungsstutzens an der Seite oder unten am Spiegelteleskop zu lenken.

SETI: Suche nach extraterrestrischer Intelligenz.

Seyfert-Galaxie: Spiralgalaxie mit einem hellen Kern, deren Spektrum Emissionslinien zeigt (*siehe* Aktive galaktische Kerne).

Shapley-Curtis-Debatte: Zunächst ergebnislose Debatte, die Harlow Shapley und Heber Curtis 1920 darüber führten, ob Spiralnebel zur Milchstraße gehören oder eigenständige Sternsysteme sind.

Siderische Umlaufzeit: Die Umlaufzeit eines Objekts um ein anderes, bis es wieder denselben Stand unter den Sternen hat.

Siderischer Monat: Zeitdauer eines vollen Mondumlaufs im Bezugssystem der Sterne. Bis der Mond von einem Stern aus gesehen auf seiner Bahn um die Erde wieder denselben Punkt erreicht, vergehen 27,33 Erdentage.

Singularität: Ort unendlicher Krümmung der Raumzeit in einem Schwarzen Loch.

Solarer Urnebel (Sonnennebel): Gas- und Staubwolke, aus der die Sonne und der Rest des Sonnensystems entstanden sind.

Solstitium: *Siehe* Sonnenwende.

Sommersonnenwende: Punkt auf der Ekliptik, an dem die Sonne am weitesten nördlich vom Himmelsäquator steht; der Tag mit der längsten Tageslichtdauer auf der Nordhalbkugel, um den 21. Juni.

Sonne: Der Stern, den die Erde und die anderen Planeten unseres Sonnensystems umlaufen.

Sonnenfackel: *Siehe* Flare.

Sonnenfinsternis: Finsternis, bei der der Mond die Sonne verdeckt.

Sonnenfleck: Vorübergehend kälteres Gebiet der Sonnenphotosphäre, das durch Magnetfelder entsteht, die aus dem Inneren aufsteigen.

Sonnenfleckenmaximum: Die Zeit des Sonnenfleckenzyklus, in der die Anzahl der Sonnenflecken am höchsten ist.

Sonnenfleckenminimum: Die Zeit des Sonnenfleckenzyklus, in der die Anzahl der Sonnenflecken am geringsten ist.

Sonnenfleckenzyklus: Die Schwankungen der Sonnenflecken nach Zahl und Ort ihres Auftretens, die im langjährigen Mittel eine Periode von ungefähr elf Jahren aufweisen.

Sonnenkorona: *Siehe* Korona.

Sonnenleuchtkraft ($L_\odot$): Die von der Sonne pro Sekunde abgestrahlte Gesamtenergie.

Sonnenmodell: Gleichungssystem zur Beschreibung des inneren Aufbaus der Sonne und der Energieerzeugung im Kernbereich.

Sonnenseismologie: *Siehe* Helioseismologie.

Sonnensystem: Die Sonne, die Planeten und ihre Monde, die Asteroiden, Kometen und ähnliche Objekte, die sich auf Umlaufbahnen um die Sonne bewegen.

Sonnentag: Die Zeit von einem Mittag bis zum nächsten; bei der Erde 24 h.

Sonnenwende (Solstitium): Einer der beiden Punkte auf der Ekliptik, an dem sich die Sonne nördlich oder südlich am weitesten vom Himmelsäquator entfernt.

Sonnenwind: Von der Sonne ausgehender Teilchenstrom (hauptsächlich Elektronen und Protonen).

Sonnenzyklus: Ein 22-jähriger Zyklus, in dem sich die Polarität des Magnetfelds der Sonne zweimal umkehrt.

Speichen: Veränderliche dunkle Gebiete der Saturnringe.

Spektralanalyse: Identifizierung von Chemikalien anhand ihrer Spektren.

Spektralklasse (Spektraltyp): Klassifizierung von Sternen nach ihren Spektren.

Spektrallinien: Dunkle oder helle Linien bei bestimmten Wellenlängen in einem Spektrum.

Spektrogramm: Aufnahme eines Spektrums.

Spektrograph: Gerät zum Aufnehmen eines Spektrums.

Spektroskop: Gerät zum direkten Beobachten eines Spektrums.

Spektroskopie: Verfahren zur Bobachtung und Untersuchung von Spektren.

Spektroskopische Parallaxe: Verfahren zur Bestimmung der Entfernung eines Sterns von der Erde durch Messung seiner Oberflächentemperatur, Leuchtkraft und scheinbaren Helligkeit anhand von Vergleichsobjekten mit bekannter Entfernung.

Spektroskopischer Doppelstern: Doppelstern, der anhand der periodischen Dopplerverschiebung seiner Spektrallinien als Doppelstern zu identifizieren ist. Dabei können die Spektrallinien beider Sterne oder nur eines Partners sichtbar sein.

Spektrum: Die Gesamtheit der beobachteten Komponenten in der elektromagnetischen Strahlung, die durch ein Prisma oder durch ein Beugungsgitter in ihre Wellenlängenkomponenten (Farben) zerlegt wurde.

Spezielle Relativitätstheorie: Von Einstein formulierte Theorie der Bewegung mit Geschwindigkeiten in der Nähe der Lichtgeschwindigkeit anhand der Raumzeit. Raum, Zeit und Masse sind relative Messgrößen, die von der Bewegung des Bobachters abhängen.

Sphärische Aberration: Abbildungsfehler bei sphärischen Linsen oder Hohlspiegeln, weil Strahlen aus unterschiedlichen Bereichen nicht im selben Brennpunkt fokussiert werden. Achsenferne Strahlen haben eine kürzere Brennweite als achsennahe, was zu verschwommenen Bildern führt.

Spiegelteleskop: Teleskop, in dem das wichtigste lichtsammelnde Bauelement ein Hohlspiegel ist.

Spikule: Schmaler Strahl aufsteigender Gase in der Sonnenchromosphäre.

Spin: Eigendrehimpuls des Elektrons, Protons und anderer Teilchen.

Spiralarme: Spiralförmige Streifen aus interstellarem Gas, Staub und jungen Sternen, die vom Zentralwulst in der Materiescheibe einer Galaxie nach außen verlaufen.

Spiraldichtewelle: Spiralförmige Druckwelle, die die Scheibe einer Spiralgalaxie umläuft und zur Entstehung neuer Sterne führt.

Spiralgalaxie: Abgeplattete rotierende Galaxie mit feuerradähnlichen Spiralarmen, die vom Zentralwulst der Galaxie nach außen verlaufen.

Springtide (Springflut): Größte Tagesabweichung zwischen Ebbe und Flut, die bei Neumond oder Vollmond auftritt.

Standardkerze: Objekt mit bekannter Leuchtkraft, das zur Entfernungsbestimmung von Galaxien dient.

Starke Kernkraft: Kraft, die Protonen und Neutronen im Kern bindet.

Staubschweif: Kometenschweif aus Staubteilchen, die aus dem Kern des Kometen entweichen.

Staubteufel: Wirbelwind in Trocken- oder Wüstengebieten auf der Erde oder auf dem Mars.

Stefan-Boltzmann-Gesetz: Die Beziehung zwischen der Strahlungsleistung eines Objekts und seiner Temperatur T in Kelvin: Die Strahlungsleistung ist proportional zu T^4.

Stein-Eisen-Meteorit: Meteorit, der ungefähr zu gleichen Teilen aus Gestein und aus Eisen besteht.

Steinmeteorit (Chondrit): Meteorit, der aus Gestein mit sehr geringen Eisenbeimengungen besteht; wird auch *Stein* genannt.

Stern: Selbstleuchtende Gaskugel.

Sternbild: Eine von 88 Sterngruppen, die nach einer Konvention der Internationalen Astronomischen Union (IAU) zur Kennzeichnung von Himmelsregionen verwendet werden und den gesamten Himmel einschließlich aller darin enthaltenen Objekte überdecken; häufig tragen Sternbilder Namen von Personen oder Tieren oder auch Gegenständen der griechischen Mythologie..

Sternentwicklung: Das Altern eines Sterns, bei dem sich Leuchtkraft, Temperatur und chemische Zusammensetzung ändern.

Sternhaufen: Gruppe von gravitativ gebundenen Sternen.

Sternmodell: Theoretisch abgeleitete Vorstellung über die physikalischen Bedingungen innerhalb eines Sterns.

Sternparallaxe: Scheinbare Verschiebung der Position eines nahe gelegenen Sterns an der Himmelskugel, die auf die Bahnbewegung der Erde um die Sonne zurückgeht.

Sternscheibchen: Scheinbare Ausdehnung eines Sterns auf einem Foto oder auf einem CCD-Rasterbild, die durch Streuung des Sternlichts beim Durchgang durch die Erdatmosphäre zustande kommt.

Sternschnuppe: *Siehe* Meteor.

Sternspektroskopie: Untersuchungen der Eigenschaften von Sternen anhand ihrer Spektren.

Stoßwelle, Schockwelle: Abrupte Verdichtung von Gas in der Umgebung von Körpern, die sich mit höherer Geschwindigkeit als Schallgeschwindigkeit durch das Gas bewegen (Überschallknall) oder Schockwellen durch Explosionen.

Strahlung: Elektromagnetische Strahlung, die aus Photonen besteht, im Gegensatz zu Materieströmen oder Teilchenstrahlen.

Strahlungsdominiertes Universum: Zeit zu Beginn des Universums, in der die elektromagnetische Strahlung die Kombination von Ionen und Elektronen zu neutralen Atomen verhinderte.

Strahlungsdruck, Photonendruck: Der Druck (Kraft pro Flächeneinheit), den Photonen im stellaren oder interstellaren Gas hervorrufen.

Strahlungskeulen: Große Radioemissionsgebiete auf den gegenüberliegenden Seiten einer Radiogalaxie.

Strahlungskurve: Strahlungsintensität in Abhängigkeit von Wellenlänge, Frequenz, Energie oder Zeit. In der Strahlungskurve wird die Intensität der elektromagnetischen Strahlung, die bei einer festen Temperatur des Körpers abgestrahlt wird, als Funktion der Wellenlänge oder Frequenz abgetragen.

Strahlungszone: Bereich eines Sterns, in dem energiereiche Photonen von innen nach außen diffundieren und dabei Energie aus dem heißen Innenbereich nach außen transportieren.

Stratosphäre: Zweite Schicht der Erdatmosphäre, direkt oberhalb der Troposphäre.

Strukturgleichungen der Sterne: Gleichungssystem, das die Wechselwirkung von Materie, Energie und Gravitation in einem Stern beschreibt.

Südliche Mauer: Riesige Galaxienschicht zwischen zwei Leerräumen im Kosmos.

Südliches Hochland: Älteres Kratergebiet auf der Südhalbkugel des Mars.

Südlicht: *Siehe* Polarlicht.

Supergranule: Große Konvektionszelle in der Sonnenchromosphäre, die viele Granulen enthält.

Superhaufen: Durch Schwerkraft gebundene Ansammlung vieler Galaxienhaufen. Die Galaxienansammlung, die das gesamte beobachtbare Universum ausfüllt, wird bisweilen als *Metagalaxis* bezeichnet.

Supermassive Schwarze Löcher: Schwarze Löcher mit Massen von mehr als 1000 Sonnenmassen.

Supernova (Plural: **Supernovae**): Sternexplosion, bei der die Helligkeit eines Sterns plötzlich etwa auf das Millionenfache steigt.

Supernovarest: Nebel, der nach der Explosion einer Supernova übrig bleibt.

Superstring-Theorien: Theorien, die das Verhalten von Raumzeit und Materie beschreiben, ohne Teilchen als Punktmassen zu beschreiben. Teilchen werden als Anregungen eindimensionaler Linienstrings oder mehrdimensionaler Superstrings behandelt.

Synchrotronstrahlung: Strahlung geladener Teilchen, die sich durch ein Magnetfeld bewegen; nichtthermische Strahlung.

Synodische Umlaufzeit: Das Zeitintervall zwischen aufeinanderfolgenden gleichen Stellungen eines Planeten, von der Erde aus gesehen.

Synodischer Monat (Mondmonat): Die Zeitspanne eines vollen Umlaufs des Monds um die Erde, bis er in Bezug auf die Sonne wieder am selben Ort steht. Länge eines Zyklus der Mondphasen; beträgt 29,5 Erdentage.

Szintillation: *Siehe* Flimmern.

Tagundnachtgleiche (Äquinoktium): Einer der zwei Tage im Jahr, an denen die Sonne durch den Himmelsäquator läuft und sich auf der Schnittlinie von Himmels- und Erdäquator befindet. Die Tage und Nächte sind dann auf allen geografischen Breiten gleich lang, weil das Sonnenlicht exakt senkrecht zur Erdachse einfällt (*siehe* Herbstpunkt, Frühlingspunkt).

Teilchenschauer: *Siehe* Kosmische Sekundärstrahlung.

Teleskop: Instrument zum Beobachten ferner Objekte.

Temperatur (Celsius): Temperaturskala, bei der Wasser bei 0° gefriert und bei 100° siedet.

Temperatur (Fahrenheit): Temperaturskala, bei der Wasser bei 32° gefriert und bei 212° siedet.

Temperatur (Kelvin): Grundgröße der Physik, die entsprechend der Gradteilung der Celsius-Skala gemessen wird, allerdings nicht mit dem Gefrierpunkt von Wasser als Nullpunkt, sondern entsprechend der absoluten Temperaturskala in Kelvin in Bezug auf den absoluten Temperaturnullpunkt. Wasser gefriert bei 273 K und siedet bei 373 K.

Terminator: Tagundnachtgrenze auf der Oberfläche eines um die Sonne laufenden Körpers. Auf dieser Linie liegen Orte, an denen die Sonne bei ihrem Auf- oder Untergang gerade noch oder schon nicht mehr sichtbar ist.

Theorie für Alles (Theory of Everything): Gegenwärtig untersuchte Theorien, die alle vier Grundkräfte der Natur erklären sollen.

Theorie: *Siehe* Wissenschaftliche Theorie.

Thermisches Gleichgewicht: Gleichgewicht zwischen Wärmeaufnahme und -abgabe eines Systems.

Thermosphäre: *Siehe* Ionosphäre.

Tierkreis (Zodiakum): 13 Sternbilder am Himmel, die die Sonne im Laufe des Jahrs scheinbar durchläuft; Band der Sternbilder in der Ekliptikebene.

Totale Finsternis: Sonnenfinsternis, bei der der Mond die Sonne vollständig verdeckt, oder Mondfinsternis, bei der der Mond ganz in den Kernschatten der Erde eintritt.

Trägheitsgesetz (Erstes Newtonsches Axiom): Physikalisches Gesetz, dem zufolge ein Körper in Ruhe bleibt oder sich mit konstanter Geschwindigkeit in einer gleichbleibenden Richtung bewegt, solange keine äußere Kraft auf ihn wirkt.

Trägheitsmoment (um eine Achse): Maß für den Trägheitswiderstand eines Körpers gegenüber der Änderung seiner Rotationsbewegung um die Achse.

Transversalgeschwindigkeit: Geschwindigkeitskomponente eines Körpers senkrecht zur Sichtlinie.

Treibhauseffekt: Einfang von Infrarotstrahlung in der Nähe der Oberfläche eines Planeten durch seine Atmosphäre.

Trojaner: Zwei Gruppen von Asteroiden, die dem Jupiter auf seiner Umlaufbahn vorauslaufen bzw. nacheilen. Sie befinden sich an den stabilen Lagrange-Punkten der Umlaufbahn des Jupiter um die Sonne.

Troposphäre: Unterste Schicht der Erdatmosphäre.

Tscherenkow-Strahlung: Strahlung, die von Teilchen ausgesendet wird, wenn sie mit höherer Geschwindigkeit (Phasengeschwindigkeit) durch ein Medium laufen als Licht in diesem Medium.

T-Tauri-Sterne: Junge, veränderliche Sterne vor Eintritt in die Hauptreihe; gehören zu interstellarer Materie und zeigen unregelmäßige Änderungen der Leuchtkraft.

Tully-Fisher-Relation: Die Beziehung zwischen Leuchtkraft und Rotation bei Spiralgalaxien; die Rotationsgeschwindigkeit lässt sich dabei aus der Verbreiterung von Spektrallinien, insbesondere der 21-Zentimeter-Linie des Wasserstoffs, bestimmen.

Turnoff-Punkt: Ort der hellsten Hauptreihensterne im Hertzsprung-Russel-Diagramm eines Kugelsternhaufens; der Punkt, an dem die Sterne die Hauptreihe gerade verlassen.

Typ-Ia-Supernova: Supernova, die entsteht, nachdem ein Weißer Zwerg so viel Masse von seinem Begleiter aufgenommen hat, dass er die Chandrasekhar-Grenze übersteigt und durch seine Eigengravitation kollabiert.

Typ-I-Cepheiden: Cepheiden der Population I in den Scheiben von Spiralgalaxien.

Typ-II-Cepheiden: Cepheiden der Population II in elliptischen Galaxien und in den Halos von Scheibengalaxien, deren Helligkeit um 1,5 Magnituden schwächer ist als die von Typ-I-Cepheiden.

Typ-II-Supernova: Supernova, die nach der Umwandlung des Kerns eines massereichen Sterns in Eisen durch einsetzendes Kohlenstoffbrennen entsteht.

Übergangszone: Bereich der Sonne zwischen Chromosphäre und Korona, in dem die Temperatur sprunghaft auf über 1 Million Kelvin steigt.

Überkontaktdoppelstern: Enges Doppelsternsystem, in dem die beiden Sterne eine gemeinsame Atmosphäre besitzen.

Überriese: Stern mit sehr hoher Leuchtkraft.

Ultraviolettstrahlung (UV-Strahlung): Elektromagnetische Strahlung mit kürzeren Wellenlängen als Licht, aber längeren als Röntgenstrahlen.

Umlaufbahn: Der Weg eines Objekts, auf dem es sich um ein zweites Objekt bewegt.

Universelle Gravitationskonstante: Proportionalitätskonstante im Newton'schen Gravitationsgesetz; üblicherweise mit *G* bezeichnet.

Universelles Gravitationsgesetz: Das Newton'sche Gesetz der Massenanziehung, demzufolge die Anziehungskraft zwischen zwei Körpern zu ihren Massen proportional ist und nach dem quadratischen Abstandsgesetz mit dem Abstand abnimmt.

Universum: Der gesamte Weltraum einschließlich aller Materie und Strahlung.

Untere Konjunktion: Stellung, bei der Merkur oder Venus direkt zwischen Sonne und Erde steht.

Unterriese: Stern mit einer Leuchtkraft zwischen der von Hauptreihensternen und normalen Riesen derselben Spektralklasse.

Urknall: Beginn des Universums vor etwa 13,7 Milliarden Jahren aus einer „Explosion", in deren Verlauf Raum und Zeit, Materie und Energie entstanden.

Ursprüngliche Massenfunktion: Anzahl der gebildeten Sterne auf der Hauptreihe mit den verschiedenen Massen.

UV-Strahlung: *Siehe* Ultraviolettstrahlung.

Van-Allen-Strahlungsgürtel: Zwei abgeflachte, torusförmige Gebiete um die Erde, in denen zahlreiche geladene Teilchen (hauptsächlich Protonen und Elektronen) im Erdmagnetfeld gefangen sind.

Veränderlicher: Ein Stern, dessen Leuchtkraft schwankt.

Vergrößerung: Gibt den Faktor an, um den der Winkeldurchmesser eines Objekts durch ein Teleskop größer erscheint, als es dem Gesichtswinkel bei der Beobachtung mit bloßem Auge entspricht.

Very Long Baseline Interferometry (VLBI): Beobachtung mit gekoppelten weit entfernten Radioteleskopen, bei denen man durch Überlagern der Bilder sehr hohe Auflösungen erreicht.

Virtuelles Teilchen: Teilchen, die paarweise erzeugt und wieder vernichtet werden, ohne direkt messbar zu sein.

Visueller Doppelstern: Doppelstern, dessen beide Komponenten mit einem Teleskop aufgelöst werden können.

Void: *Siehe* Lücke.

Vollmond: Mondphase, bei der auf der Erde die vollständig beleuchtete Mondscheibe zu sehen ist.

Vor-Hauptreihenstern: Stadium der Sternentstehung unmittelbar vor dem Eintritt in die Hauptreihe; dabei kontrahiert der junge Stern langsam.

Wärmeenergie: Bewegungsenergie der Atome und/oder Moleküle in einer Substanz.

Wärmeleitung: Wärmeübertragung durch den direkten Übergang von Energie von einem Atom zum anderen.

Wasserloch: Bereich des elektromagnetischen Spektrums im Radiobereich von einigen Tausend Megahertz, in dem sehr wenig Hintergrundstrahlung aus dem Weltraum die Messungen mit Radioteleskopen stört.

Wasserstoffbrennen im Kern: Wasserstofffusion, bei der im Zentrum eines Sterns Helium entsteht.

Wasserstoffbrennen: Kernfusion von Wasserstoff zu Helium in Sternen.

Wasserstofffusion: Kernfusion von Wasserstoff zu Helium.

Wasserstoffhalo: Weit ausgedehnte, dünne Wasserstoffgaskugel um den Kopf eines Kometen.

Weißer Zwerg: Sternrest mit niedriger Masse, dessen Kernbrennstoff fast erschöpft ist und der ungefähr auf die Größe der Erde geschrumpft ist.

Wellenlänge: Abstand zwischen zwei aufeinanderfolgenden Wellenbergen in einer Welle.

Widmanstätten-Figuren: Ätzmuster auf polierten Oberflächen von Eisenmeteoriten, die den Kristallaufbau, das Widmanstätten-Gefüge, erkennen lassen.

Wien'sches Verschiebungsgesetz: Beziehung zwischen der Wellenlänge, bei der ein Schwarzer Körper am intensivsten strahlt (maximale Strahlungsleistung) und seiner Temperatur: Die Wellenlänge ist umgekehrt proportional zur Temperatur.

Winkel: Die Öffnung zwischen zwei Geraden, die sich in einem Punkt schneiden.

Winkelauflösung: Der kleinste Winkelabstand, in dem ein Teleskop die Details eines astronomischen Objekts gerade noch getrennt abbilden kann.

Winkeldurchmesser: Der Durchmesser eines Objekts, angegeben durch den Bogenwinkel, den das Objekt am Himmel überdeckt.

Wintersonnenwende: Der Punkt auf der Ekliptik, an dem die Sonne am weitesten südlich vom Himmelsäquator steht; der Tag mit der kürzesten Sonnenscheindauer auf der Nordhalbkugel, um den 22. Dezember.

Wissenschaftliche Methode: Methode, Wissenschaft auf der Grundlage von Beobachtung, Experimentieren und Formulieren von Hypothesen (überprüfbaren Theorien) zu betreiben.

Wissenschaftliche Theorie (Hypothese): Aussage über Zusammenhänge in der Natur, die sich überprüfen und präzisieren lässt.

Wolf-Rayet-Sterne: Rotierende Sterne mit wenigstens 20 $M_{\odot}$, starken Magnetfeldern und Sternwinden.

Wormhole: *Siehe* Wurmloch.

Wurmloch (Wormhole): Hypothetischer Verbindungsschlauch zwischen Schwarzen Löchern und anderen Orten im Universum.

Zeeman-Effekt: Aufspaltung von Spektrallinien in einem Magnetfeld.

Zehnerpotenzschreibweise: Zweckmäßige Darstellung sehr großer und sehr kleiner Zahlen als Produkt einer Zahl zwischen 1 und 9 und einer Zehnerpotenz.

Zeitzonen: 24 Abschnitte der Erdoberfläche, die jeweils durch Linien konstanter geografischer Länge im Abstand von 15° getrennt sind; bei einigen politischen Grenzen sind Abweichungen festgelegt.

Zenit: Der Punkt an der Himmelskugel senkrecht über dem Beobachter.

Zentralwulst: Sternverteilung in Form einer abgeflachten Kugel, welche die Kerne einer Spiralgalaxie wie die Milchstraße umgibt.

Zirkumpolarsterne: Alle Sterne, die für einen Beobachter bei einer bestimmten geographischen Breite nie untergehen; an den Polen sind das alle dort sichtbaren Sterne; am Äquator gibt es keine Zirkumpolarsterne.

Zonen (des Jupiter): Helle Bänder in der Atmosphäre des Jupiter.

Zwergplanet: Die Sonne umlaufender Himmelskörper, dessen Masse so groß ist, dass er durch seine Schwerkraft annähernd kugelförmig wird, der andererseits aber nicht genug Masse hat, um alle kleinen Objekte seiner Umgebung an seiner Oberfläche anzulagern.

Zwergstern: Jeder Stern, der kleiner als ein Riese ist, z. B. ein Hauptreihenstern unterhalb des Riesenasts im Hertzsprung-Russel-Diagramm oder ein Weißer Zwerg.

Index

K

L

N

O

P

Q

R

S

T